KB086954

3년치 중학수학 한 권으로 총정리

316개의 핵심 개념과 필수 예제들을
한 권에 담은 중학수학의 모든 것!

김동환 · 양신모 지음

에듀인사이트

쉽고 빠르게 수학 기초를 다지는

3년 치 중학수학 한 권으로 총정리

개정판 1쇄 발행 2018년 11월 15일 | 개정판 6쇄 발행 2023년 11월 20일 | 지은이 김동환, 양신모 | 펴낸이 한기성 | 펴낸곳 에듀인사이트(인사이트) | 기획 • 편집 신승준 | 표지 및 본문 디자인 (주)GNU | 전산 • 편집 조인배 | 인쇄 • 제본 천광인쇄사 | 등록번호 제2002-000049호 | 등록일자 2002년 2월 19일 | 주소 서울시 마포구 연남로5길 19-5 | 전화 02-322-5143 | 팩스 02-3143-5579 | 홈페이지 https://edu.insightbook.co.kr | 페이스북 https://www.facebook.com/eduinsightbook | 이메일 edu@insightbook.co.kr
ISBN 978-89-6626-722-4 53410

책값은 뒤표지에 있습니다. 잘못 만들어진 책은 바꾸어 드립니다.
이 책의 정오표는 https://edu.insightbook.co.kr/library/에서 확인하실 수 있습니다.(오류에 대한 정보는 홈페이지를 통해 알려주세요.)

에듀인사이트는 인사이트 출판사의 교육 임프린트입니다.

머리말

수학은 우리에게 지식을 체계화시킬 수 있는 논리라는 능력을 제공해 줍니다. 그러나 이러한 능력은 단순히 암기함으로써 얻어지는 것이 아니라 한 단계 한 단계 수학 지식을 이해해 나가는 훈련 과정에서 얻어지는 것입니다. 이 책은 수학의 논리적 사고 능력을 키우는 것과 더불어 중학수학의 기본 개념들을 탐구하고 적용할 수 있는 능력을 쌓게 함으로써, 장차 고등수학에서도 통하는 수학에 대한 기초 역량을 기르기 위해 기획하였습니다.

여러분들은 축구를 즐기지 않더라도 축구를 하기 위해서는 축구공, 축구화, 보호대, 유니폼, 골대, 축구장과 같은 기본 도구가 필요하다는 것을 압니다. 그리고 이러한 도구를 효과적으로 다루기 위한 기본적인 기법(기술), 예를 들어 킥, 헤딩, 트래핑, 스토핑, 태클 등을 익혀야 한다는 것도 알고 계실 겁니다. 그러나 좀 더 많은 게임에서 이기길 원한다면 축구의 방법론을 배워야 합니다. 방법론이란 다양한 문제 상황에서 누가, 언제, 어디서, 왜, 어떠한 도구와 기법을 사용해야 하는지에 대한 내용을 담고 있는 개념의 집합입니다.

수학에는 축구와는 비교할 수 없을 정도로 많은 도구, 기법, 방법론이 있고 때로는 이들을 구분하기 모호한 경우도 있습니다. 그래도 일반적인 것을 나열해 보면, 우선적으로 수학의 정의와 정리들은 대표적인 수학 도구라고 말할 수 있습니다.

수학의 긴 역사와 함께 많은 수학 기법이 만들어졌습니다. 예를 들어 미지수가 2개인 연립방정식의 가감법, 대입법 등이 바로 이들 수학 기법에 해당합니다. 또 여러분이 방정식의 해를 구하고자 한다면 대입법, 가감법을 활용해야 할 것입니다. 문제 상황에 따라 사용할 기법을 선택하는 것, 이것이 수학의 방법론에 해당하는 것들입니다.

수학을 공부한다는 것은 개념 이해 못지않게 이들 방법에도 익숙해지는 과정입니다. 문제를 해결하는 과정에서 여러분은 수학의 다양한 방법을 적절하게 사용하는 훈련을 거치게 됩니다. 축구에서 사용하는 화려한 기술이 수많은 훈련의 결과이듯, 수학에서 사용하는 방법 역시 수많은 연습의 결과임을 결코 잊어서는 안 됩니다.

고등수학의 개념과 방법은 모두 중학교 수학에 그 뿌리를 두고 있습니다. 기초가 부실하면 높은 건물을 지을 수 없듯이 고등수학의 개념과 방법을 배우기 전에 그 뿌리에 해당하는 중학수학에는 문제가 없는지 먼저 점검해 보는 것이 순서일 것입니다. 이 교재를 잘 활용하여 중학수학에서 다루는 개념과 방법에 대한 이해를 높이고, 이러한 지식이나 방법이 고등수학에서 어떻게 활용되는지 함께 연결시켜 학습한다면 이 교재가 의도하고 있는 목적은 충분히 달성될 것입니다. 이 책이 여러분의 수학 기초를 튼튼히 하는 데 작은 밑거름이 되기를 바랍니다.

2018년 10월 김동환

왜 중학수학 총정리인가?

고등수학, 탄탄한 기본기로 대비하라!

Restarting Mathematics

중학수학은 고등수학의 뿌리다

중학교 수학을 제대로 완성하지 못하고 고등학교에 진학하는 친구, 고등학생이지만 수학의 기초가 부족한 친구는 중학수학에서 다시 시작해야 합니다. 고등수학 과정은 상당 부분 중학수학 과정과 중복되어 있고 그것을 심화한 내용이기 때문입니다. 한마디로 중학수학은 고등수학의 뿌리입니다. 계통성이 뚜렷한 수학 과목의 특성상 중학 과정을 제대로 소화하지 못하고서 고등수학을 잘하기는 쉽지 않습니다. 중학수학으로 기본기를 다지는 것이 순서인 까닭입니다.

수학 기본기는 기본 방법들에 능숙해지는 것

수학은 개념을 이해하는 것이 첫 번째입니다. 그리고 그 개념을 적용하기 위한 방법 역시 잘 알아야 합니다. 예컨대 두 미지수의 해를 구하는 것이 연립방정식이라면 이를 구하기 위한 방법으로 가감법이나 대입법을 알아야 합니다. 이차방정식이라면 인수분해나 완전제곱식, 근의 공식 등이 되겠지요. 아는 정도가 아니라 완전히 숙달시켜야 합니다. 고등수학은 이것을 기본으로 해서 심화된 내용을 배우거나 이를 기초로 새로운 내용을 배우기 때문입니다.

누구도 연습이라는 과정은 피할 수 없다

막연히 이해하는 것에 그치지 않고 기본적인 방법들을 능숙하게 다루기 위해서는 연습이라는 과정이 꼭 필요합니다. 적정 수준 이상의 연습이 없다면 문제를 해결하기 위한 다양한 방법들을 원하는 대로 사용하기 어렵습니다. 흔히 수학 공부는 '머리로 하는 것이 아니라 손으로 하는 것'이라고 말합니다. 풀고 또 푸는 연습 과정을 통해 개념에 대한 이해가 깊어지고 방법을 다루는 능력이 더욱 정교해지기 때문입니다. 연습만이 훌륭한 기본기를 만들어 냅니다.

쉬운 책으로 시작하라

노력은 하는데 수학 성적이 안 올라 상처받는 친구들이 주변에는 참 많습니다. 수학 머리가 나쁘다고 자학하는 친구들을 보면 안타깝습니다. 그러나 그들이 공부하는 방법을 보면 자기 실력은 무시하고 잘하는 친구들이 보는 책을 그대로 따라 하는 경우가 많습니다. 나도 열심히 하면 되겠지 하는 막연한 생각만으로 이름만 들어도 알 만한 책을 사서 풀어 봅니다. 그러나 대부분 몇 장을 넘기지 못하고 곧 포기하고 맙니다.

자기 수준에 맞는 책을 골라 기본기를 다지는 데 주력하세요. 운동 선수가 구사하는 화려한 기술도 탄탄한 기본기가 뒷받침되어야 가능합니다. 지금은 기본기를 다지는 데 더 주력하세요. 기본기가 튼튼해지면 어려운 수학 내용도 스펀지처럼 빨아들이게 됩니다.

이 책은 뭐가 다른가?

영역별로 정리하고, 4,000여 문제로 기본을 튼튼하게!

5개 영역별로 정리해 수학의 기본 체계를 세운다

중학수학 전체를 생각하면 일단 머리부터 아픕니다. 그러나 이 책은 중학수학 전체를 영역별로 나누었습니다. 중학 3년 동안 왔다 갔다 배웠던 내용을 수·연산, 문자와 식, 함수, 기하, 확률과 통계 등 5개 영역으로 한 번에 쭉 공부할 수 있기에, 띄엄띄엄 배웠던 내용이 실타래처럼 연결되어 수학의 기초를 다지기에 안성맞춤입니다. 또한, 쉬운 것부터 차근차근 공부할 수 있기에 수학이 부족한 친구도 쉽게 따라 하게 됩니다.

핵심 개념을 319개로 쪼개 각개격파하니 이해하기 훨씬 쉽다

분석(分析)이라는 말이 있습니다. 이것은 어떤 개념을 낱낱이 해체하여 그 근원을 살피는 것을 말합니다. 이 책은 중학수학의 핵심 개념을 학생들이 이해하기 쉽도록 낱낱이 쪼개 제시합니다. 복합적인 개념을 해체해 하나하나 이해하고 문제를 통해 바로 확인할 수 있으니 개념 이해가 한층 쉬워집니다. 분량이 많아 보여도 이 책을 속도감 있게 뗄 수 있는 이유가 바로 여기에 있습니다.

4,000여 개의 기본 문제로 개념의 깊이를 더한다

시험을 위해 꼬아 놓은 문제는 철저히 배제하고, 개념 이해를 돕는 기본 문제만을 배치했습니다. 요약된 개념을 잘 이해하지 못하더라도 염려 마세요. 잘게 쪼개 난도를 확 낮춘 문제와 이해를 돕는 각종 장치가 개념을 쉽게 깨치도록 도와줍니다.
수학의 기본 개념들은 궁극적으로 연습을 통해 자기 것이 됩니다. 4,000여 개의 풍부한 문제로 반복 학습할 수 있어, 이 책 한 권이면 기본기를 다지는 데 충분합니다.

27개의 소단원 해설로 나무만 보지 않고 숲을 보다

소단원의 핵심 내용을 알기 쉽게 풀이하여 개념 하나하나에 얽매이지 않고 소단원 전체를 관통하는 핵심 원리를 알게 했습니다. 더 나아가 이런 수학 개념들이 실제 생활에서는 어떻게 적용되는지 살펴봄으로써 이런 개념이 왜 필요한지도 깨닫게 해줍니다. 수학 공부는 결코 우리의 삶과 떨어져 있지 않습니다.

1,200여 개 도형 컷이 어려운 도형 이해를 돕는다

학생들이 어려워하는 도형 단원. 1,200여 컷에 달하는 많은 양의 기초 도형 문제가 개념 이해를 한층 쉽게 만들어 줍니다. 도형 문제가 까다롭다고요? 이제 걱정 없습니다.

친절한 해답지로 잘 모르는 문제도 그냥 넘어가지 않는다

해설이 더 어렵다거나 필요한 해설이 누락되는 경우가 많다고요? 본문 3분의 1이 넘는 120여 쪽의 충실한 해답지가 있어 이젠 든든합니다. 친절한 해설과 알찬 팁으로 그냥 모르고 넘어가는 문제가 없도록 노력했습니다.

이 책은
어떻게 구성되었나?

- 실력테스트 총정리 & 업그레이드 문제
- Science & Technoloy 실생활 응용 예제

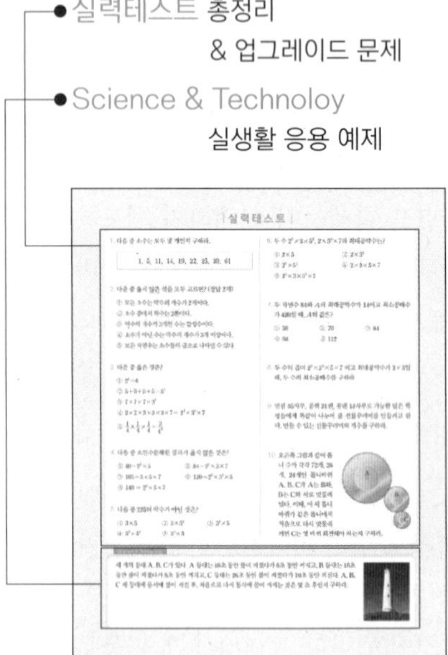

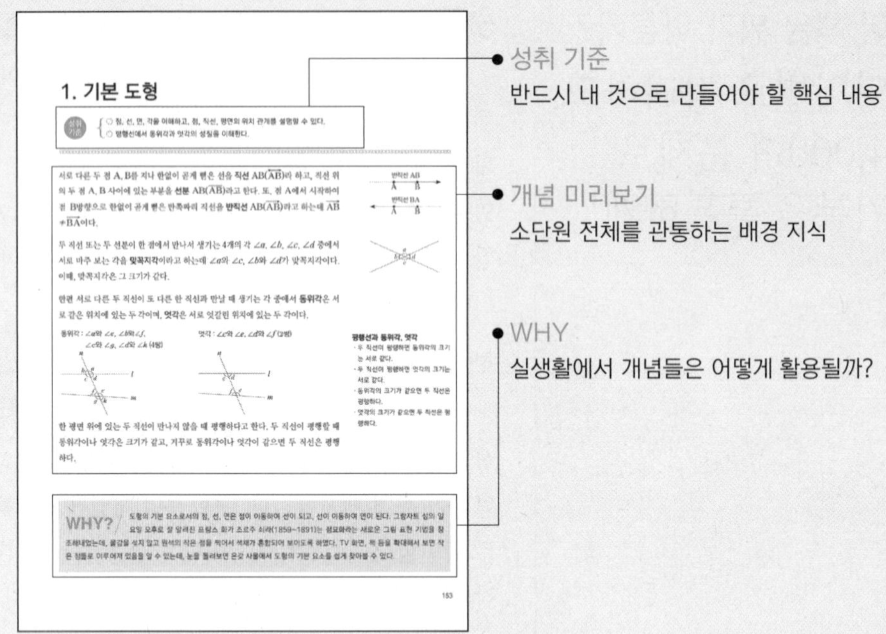

- 성취 기준
반드시 내 것으로 만들어야 할 핵심 내용
- 개념 미리보기
소단원 전체를 관통하는 배경 지식
- WHY
실생활에서 개념들은 어떻게 활용될까?

정답 및 해설
가장 두껍고 친절한 해설집

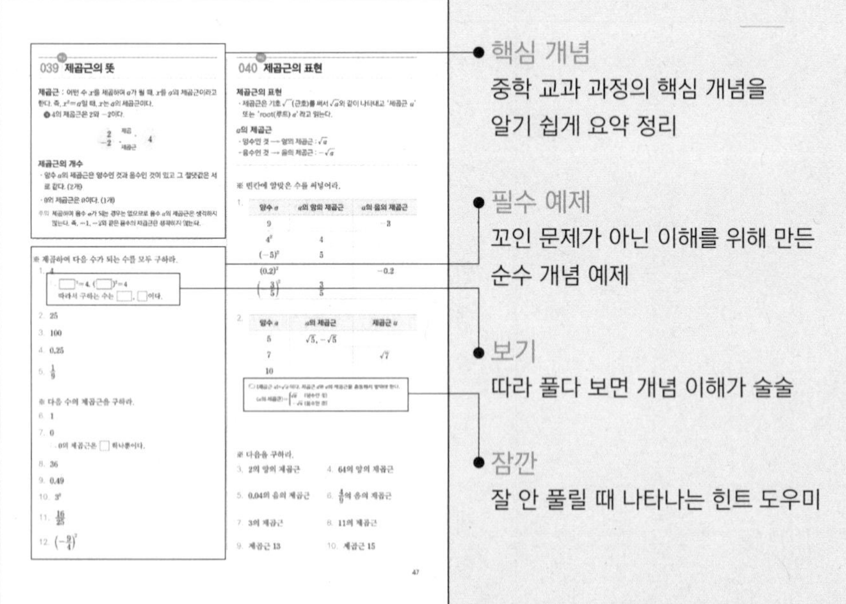

- 핵심 개념
중학 교과 과정의 핵심 개념을 알기 쉽게 요약 정리
- 필수 예제
꼬인 문제가 아닌 이해를 위해 만든 순수 개념 예제
- 보기
따라 풀다 보면 개념 이해가 술술
- 잠깐
잘 안 풀릴 때 나타나는 힌트 도우미

〈중학수학 진단 평가 50제〉 & 《3년 치 중학수학 한 권으로 총정리》 활용법

중학수학 진단 평가 50제

1. 학력 진단 평가로 실력 점검

이 책의 부록으로 제공하는 '중학수학 진단 평가 50제'를 이용해 제한된 시간 안에 자기 실력을 테스트합니다. 총 50문제가 제공됩니다.
(에듀인사이트 홈페이지 http://edu.insightbook.co.kr 자료실에서 중학수학 진단 평가 파일을 제공하고 있으니 이것을 다운받아 실력을 점검해 보셔도 좋습니다.)

2. 테스트 결과에 따른 공부 방법

(1) 90점 이상

굳이 이 책으로 공부하지 않아도 됩니다. 만일 취약한 영역이 있다면 그 부분만 집중적으로 풀어 봐도 좋습니다. 고등수학을 공부하다가 중학교 때 배웠던 개념이나 공식이 생각나지 않을 때 참고하면 좋습니다.

(2) 80점 이상 90점 미만

335개의 핵심 단원 문제 가운데 짝수 또는 홀수 번 문제만 풀어 보세요. 비슷한 난도의 문제가 중복되어 출제되어 있으므로 기본 실력이 갖추어져 있는 친구들은 짝, 홀수 중 하나를 선택해 속도감 있게 중학수학을 마무리합니다. 5개 영역 가운데 특정 영역이 부족한 경우는 그 영역만을 집중적으로 공부해도 좋습니다.

(3) 60점 이상 ~80점 미만

전체를 꼼꼼하게 풀어 보기를 권장합니다. 기본기가 완벽하게 완성되었다고 보기 힘든 점수입니다. 처음부터 차근차근 풀어 보면서 틀린 문제의 경우 표시해 두었다가, 문제를 모두 푼 다음 오답 문제만 다시 한 번 풀어 보세요.

(4) 60점 미만

두 번 이상 풀어 보기를 권합니다. 전반적으로 기초가 많이 부족한 경우입니다. 잘 모르는 문제가 나오면 표시해 두고 넘어가면서 일단 속도 있게 모두 풀어 봅니다. 두 번째 풀 때는 표시해 둔 부분을 포함하여 이 책의 문제를 완전히 자기 것으로 만든다는 느낌으로 꼼꼼하게 풀도록 합니다. 두 번째 풀 때는 잘 몰랐던 개념도 더 깊이 이해하게 되고, 문제 푸는 속도나 방법 적용 능력이 훨씬 좋아졌다는 것을 느끼게 됩니다.

3. 가능한 연습장을 이용해 풀자.

본문 내의 괄호와 박스 문제를 제외하고 가능한 문제는 연습장에 옮겨 적은 다음, 풀이 과정을 꼼꼼히 적어 가며 풉니다. 옮겨 적는 과정에서 자신도 차분해질 뿐만 아니라 문제에 대해 한 번 더 생각하는 습관이 생깁니다.

4. 알찬 계획이 목표 달성의 열쇠

아무리 의지가 중요하다고 해도 이 많은 문제를 며칠 내에 끝마칠 수는 없습니다. 하루에 몇 개의 소주제 또는 몇 페이지를 푼다는 식으로 계획을 세워 시작하십시오. 그리고 계획한 것은 꼭 지키십시오. 계획이 분명할수록 실행 의지도 높아지고 목표를 이룰 확률도 커집니다.

차례

영역 Ⅰ. 수와 연산

영역 Ⅱ. 문자와 식

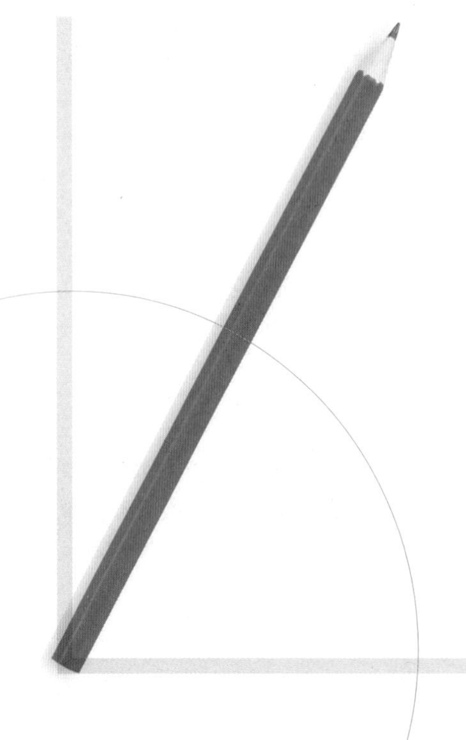

영역 Ⅲ. 함수

영역 Ⅳ. 기하

영역 Ⅴ. 확률과 통계

중학수학 과정 한 눈에 보기(고등수학과의 연계)

고등 과정은 중학수학의 심화판이라고 생각하면 편합니다.
고등학교에 들어가기 전에 중학수학의 기초를 제대로 세우는 것이 필요한 까닭입니다.

중학교 수학	수와 연산	문자와 식	함수	기하	확률과 통계
중학교 수학 ❶	• 소인수분해 • 정수와 유리수	• 문자의 사용과 식의 계산 • 일차방정식	• 좌표평면과 그래프	• 기본 도형 • 작도와 합동 • 평면도형의 성질 • 입체도형의 성질	• 자료의 정리와 해석
중학교 수학 ❷	• 유리수와 순환소수	• 식의 계산 • 일차부등식과 연립일차방정식	• 일차함수와 그래프 • 일차함수와 일차방정식의 관계	• 삼각형과 사각형의 성질 • 도형의 닮음 • 피타고라스 정리	• 확률과 그 기본 성질
중학교 수학 ❸	• 제곱근과 실수	• 다항식의 곱셈과 인수분해 • 이차방정식	• 이차함수와 그래프	• 삼각비 • 원의 성질	• 대푯값과 산포도 • 상관관계
고등 과정	• 다항식, 방정식, 부등식		• 함수, 유리함수와 무리함수	• 평면좌표, 직선의 방정식, 원의 방정식, 도형의 이동	• 경우의 수, 순열과 조합

수학이 만만해지는 중학수학 기본서

시작합니다

I 수와 연산

학습 내용

중학교 수학 ❶	중학교 수학 ❷	중학교 수학 ❸
1. 소인수분해 2. 정수와 유리수	3. 유리수와 순환소수	4. 제곱근과 실수

수의 존재를 둘러싼 비밀

인류는 문명이 시작되기 전부터 채집하거나 사냥한 물건과 가축을 세기 위하여 자연수를 사용하였다. 그러나 오늘날 흔히 사용하는 영하 4도와 같은 수, 즉 0보다 작은 수로 상대적인 상황을 나타내는 음수의 존재는 18세기에 이르러서야 비로소 수학적으로 인정을 받게 되었다. 또한, 기원 전 4000년 전에 이집트의 피라미드 건축에 활용된 '제곱하여 자연수가 되는 수'의 존재는 당시 수학자들에 의해 철저히 비밀에 붙여졌는데, 이는 지배 계층이 피지배 계층에게 농사를 짓고 살아가는 데 필요한 최소한의 수 개념만을 가르치고 나머지는 철저히 비밀에 붙였기 때문이다.

1. 소인수분해

○ 소인수분해의 뜻을 알고, 자연수를 소인수분해할 수 있다.
○ 최대공약수와 최소공배수의 성질을 이해하고,이를 구할 수 있다.

6의 약수는 1, 2, 3, 6으로 4개가 있지만 7의 약수는 1과 7뿐이다. 이처럼 1보다 큰 자연수 중 1과 그 자신만을 약수로 가지는 수를 **소수**라고 한다. 또, 1보다 큰 자연수 중 소수가 아닌 수를 **합성수**라고 한다. 1은 소수도 아니고 합성수도 아니다.

· **소수점이 있는 수와 약수가 2개뿐인 자연수**
0.1, 0.3, 1.5, …와 같은 수를 한자로 나타내면 작은 수라는 뜻의 '소수(小數)'이고, 2, 3, 5,…와 같은 수를 한자로 나타내면 바탕이 되는 수라는 뜻의 '소수(素數)'이다. 이 둘은 음은 같지만 뜻은 다르다.

6은 2×3 또는 1×6으로 나타낼 수 있으므로 1, 2, 3, 6은 모두 6의 약수이다. 이들을 6의 인수라고도 하며, 특히 2, 3과 같이 소수인 인수를 소인수라고 한다.
또, $6=2\times3$과 같이 자연수를 그 수의 소인수들만의 곱으로 나타내는 것을 **소인수분해**한다고 한다. 예를 들어, $15=1\times15=3\times5$이므로 1, 3, 5, 15는 15의 인수이고, 그 중 소인수는 3과 5이다. 따라서 15를 소인수분해하면 $15=3\times5$이다.

· **소수와 합성수의 약수**
소수의 약수는 2개이고 합성수의 약수는 3개 이상이다.

두 개 이상의 자연수에서 공통인 약수를 그 자연수들의 공약수라 하고 공약수 중 가장 큰 수를 **최대공약수**라고 한다. 또한 두 개 이상의 자연수에서 공통인 배수를 공배수라 하고 공배수 중 가장 작은 수를 **최소공배수**라고 한다. 예를 들어 8과 12의 공약수는 1, 2, 4이고 최대공약수는 4이다. 또, 8과 12의 공배수는 24, 48, 72, …이고 최소공배수는 24이다.

최대공약수는 오른쪽과 같이 주어진 수들을 각각 소인수분해하여 공통으로 나타나는 수를 모두 곱하여 구할 수 있다.
또한 최소공배수는 오른쪽과 같이 주어진 수들을 각각 소인수분해하여 공통으로 나타나는 수와 이들 이외에 어느 한쪽에만 나타나는 수를 모두 곱하여 구할 수 있다.

$$\begin{aligned}24&=2\times2\times2\times3\\36&=2\times2\qquad\times3\times3\\&\quad\;2\times2\qquad\times3\qquad=12\end{aligned}$$

$$\begin{aligned}24&=2\times2\times2\times3\\36&=2\times2\qquad\times3\times3\\&\quad\;2\times2\times2\times3\times3=72\end{aligned}$$

WHY? 인터넷 사이트에 접속할 때 사용하는 비밀번호는 암호화된 코드를 사용한다. 오늘날 널리 쓰이는 RSA 암호화 체계에서는 암호화 열쇠와 암호 해독 열쇠를 사용하는데, 암호화 단계에서 두 개의 큰 소수의 곱셈을 이용하여 암호를 만들고 암호를 해독하는 단계에서 원래의 소수를 알아낸다. 두 소수를 곱하여 암호를 만들기는 쉽지만 암호 해독 열쇠 없이는 이 큰 수를 소인수분해하여 찾는 것이 어렵다. 이처럼 소수를 이용한 암호 기술은 현대의 인터넷 상거래, 개인의 정보 보호 등에 폭넓게 이용된다

핵심

001 거듭제곱

거듭제곱 : 같은 수나 문자를 여러 번 곱한 것을 간단히 나타낸 것

밑 : 거듭제곱에서 여러 번 곱한 수나 문자

지수 : 거듭제곱에서 여러 번 곱한 수나 문자의 곱한 횟수

곱한 개수

3개

$2\times2\times2=2^3$

2^3 ← 지수, ← 밑

※ 다음을 거듭제곱을 이용하여 나타내어라.

1. $2\times2\times2\times2=2^{\square}$

2. $3\times3\times3\times3$

3. $a\times a\times a\times a\times a$

4. $2\times2\times2\times5\times5=2^{\square}\times5^{\square}$

5. $3\times3\times3\times7\times7$

6. $a\times a\times b\times b\times b$

7. $\frac{2}{3}\times\frac{2}{3}\times\frac{2}{3}=\left(\frac{2}{3}\right)^{\square}$

8. $\frac{1}{7}\times\frac{1}{7}\times\frac{1}{7}\times\frac{1}{7}\times\frac{1}{7}$

9. $\frac{1}{3\times3\times5\times5\times5}=\frac{1}{3^{\square}\times5^{\square}}$

10. $\frac{1}{2\times2\times5\times5\times7}$

핵심

002 약수와 배수

자연수 a를 자연수 b로 나눌 때 나머지가 0이면 a는 b로 나누어 떨어진다고 한다.
이때 b는 a의 약수, a는 b의 배수라고 한다.

b의 배수

$a=b\times$자연수

a의 약수

※ 다음 수의 약수를 모두 구하라.

1. 6

 ↳ 6을 두 자연수의 곱으로 나타내면
 $6=1\times\square=2\times\square$
 즉 6은 1, 2, 3, 6으로 나누어 떨어지므로
 6의 약수는 1, 2, $\square$, $\square$이다.

2. 8

3. 10

4. 12

5. 16

6. 27

※ 1부터 50까지의 자연수 중에서 다음 수의 배수를 모두 구하라.

7. 10

 ↳ 1부터 50 이하의 자연수 중에서 10의 배수는
 10, $\square$, 30, $\square$, 50

8. 12

9. 15

10. 26

핵심

003 소수와 합성수

소수 : 1보다 큰 자연수 중에서 1과 자기 자신만을 약수로 가지는 수

참고 소수는 $2=1\times2$, $3=1\times3$, $5=1\times5$, …와 같이 1과 자기 자신만을 약수로 가지므로 약수가 2개이다.

합성수 : 1보다 큰 자연수 중에서 소수가 아닌 수

참고 합성수는 $4=1\times4=2\times2$, $6=1\times6=2\times3$, … 과 같이 약수가 3개 이상이다.

주의 1은 소수도 아니고 합성수도 아니다.

※ 다음 수의 약수를 모두 구하고, 소수인지 합성수인지 ( ) 안에 써넣어라.

1. 7 약수 : ______________ (　　)

2. 8 약수 : ______________ (　　)

3. 9 약수 : ______________ (　　)

4. 13 약수 : ______________ (　　)

5. 18 약수 : ______________ (　　)

6. 23 약수 : ______________ (　　)

※ 다음 물음에 답하여라.

7. 소수에 모두 ○표 하여라.

1, 11, 14, 17, 20, 23

8. 합성수에 모두 ○표 하여라.

1, 2, 13, 21, 48, 61

※ 다음을 읽고 물음에 답하여라.

소수의 배수는 소수 자신을 제외하면 모두 합성수이다. 이 사실을 이용하면 소수를 쉽게 찾을 수 있다.
① 1은 소수가 아니므로 지운다.
② 2를 남기고 2의 배수를 모두 지운다.
③ 3을 남기고 3의 배수를 모두 지운다.
④ 5를 남기고 5의 배수를 모두 지운다.
⋮

9. 위와 같은 방법으로 1부터 30까지의 자연수 중에서 소수를 모두 찾아라.

1	2	3	4	5
6	7	8	9	10
11	12	13	14	15
16	17	18	19	20
21	22	23	24	25
26	27	28	29	30

위와 같이 소수를 발견하는 방법을 고안한 사람은 기원전 200년경 그리스의 수학, 천문, 지리학자인 에라토스테네스이다. 또한 해시계로 지구 둘레의 길이를 처음으로 계산하였고, 지리상의 위치를 위도, 경도로 표시한 것도 그가 처음인 것으로 알려져 있다.

※ 소수와 합성수에 대한 다음 설명 중 옳은 것에는 ○표를, 옳지 않은 것에는 ×표를 하여라.

10. 1은 소수이다. (　　)

11. 15는 합성수이다. (　　)

12. 소수의 약수의 개수는 2개이다. (　　)

13. 가장 작은 합성수는 2이다. (　　)

14. 소수 중 2는 유일한 짝수이다. (　　)

15. 합성수는 약수가 3개 이상인 자연수이다. (　　)

004 인수와 소인수

인수 : 자연수 a, b, c에 대하여 $a=b\times c$일 때, b, c를 a의 인수라고 한다.

소인수 : 소수인 인수

$12=1\times12$
$12=2\times6$
$12=3\times4$
12의 인수 ⟶ 1, 2, 3, 4, 6, 12 (2, 3: 소인수)

※ 다음 수의 인수를 모두 구하라.

1. 20
   ↳ $20=1\times\square=2\times\square=4\times\square$
   따라서 20의 인수는 1, 2, 4, □, □, □이다.

2. 27

3. 30

4. 45

5. 50

※ 다음 수의 소인수를 모두 구하라.

6. 20

7. 27

8. 30

9. 45

10. 50

005 소인수분해

소인수분해 : 자연수를 소인수만의 곱으로 나타내는 것

소인수분해하는 방법

방법 1	방법 2(가지치기)	방법 3(거꾸로 나눗셈)
$60=2\times30$ $=2\times2\times15$ $=2\times2\times3\times5$	60 〈 2, 30 〈 2, 15 〈 3, 5	2) 60 2) 30 3) 15 5
↓	↓	↓
$60=2^2\times3\times5$	$60=2^2\times3\times5$	$60=2^2\times3\times5$

참고 소인수분해한 결과는 크기가 작은 소인수부터 차례로 쓰고, 같은 소인수의 곱은 거듭제곱으로 나타낸다.

※ 다음 □ 안에 알맞은 수를 써넣어라.

1. $12=2\times\square$
   $=2\times2\times\square$
   $\therefore 12=2^{\square}\times\square$

   12 〈 □, 6 〈 2, □
   $\therefore 12=2^{\square}\times\square$

2. $28=2\times\square$
   $=2\times2\times\square$
   $\therefore 28=2^{\square}\times\square$

   28 〈 □, 14 〈 2, □
   $\therefore 28=2^{\square}\times\square$

3. $50=2\times\square$
   $=2\times\square\times5$
   $\therefore 50=2\times\square$

   50 〈 □, 25 〈 5, □
   $\therefore 50=2\times\square$

4. $90=2\times\square$
   $=2\times\square\times15$
   $=2\times3\times\square\times5$
   $\therefore 90=2\times3^{\square}\times\square$

   90 〈 2, □ 〈 3, □ 〈 □, 5
   $\therefore 90=2\times3^{\square}\times\square$

※ 다음은 거꾸로 된 나눗셈 방법으로 소인수분해하는 과정이다. □ 안에 알맞은 수를 써넣어라.

5. 2) 12
2) □
□

∴ $12=2^2\times$ □

6. 2) 20
2) □
□

∴ $20=2^2\times$ □

7. 2) 44
□) □
□

∴ $44=$ □ $\times$ □

8. 2) 50
□) □
□

∴ $50=2\times$ □

9. 2) 42
3) □
□

∴ $42=2\times$ □ $\times$ □

10. 2) 60
2) □
3) □
□

∴ $60=2^2\times3\times$ □

※ 다음을 거꾸로 된 나눗셈 방법으로 소인수분해하여라.

11.) 24

∴ 24=

12.) 30

∴ 30=

13.) 36

∴ 36=

14.) 45

∴ 45=

15.) 72

∴ 72=

16.) 80

∴ 80=

※ 다음 수의 소인수를 모두 구하라.

17. 98

└, $98=2\times$ □ 이므로 98의 소인수는 2, □ 이다.

2) 98
□) □
□

18. 108

19. 120

20. 150

21. 240

※ 다음 수에 가장 작은 자연수 a를 곱하여 어떤 수의 제곱이 되게 하려고 할 때, a의 값을 구하라.

22. 18

└, 2) 18
□) □
□

$18=2\times$ □ 이므로 제곱인 수가 되기 위해서는 지수가 모두 짝수가 되어야 하므로 곱해야 할 가장 작은 자연수는 □ 이다.

23. 24

24. 32

25. 168

26. 180

핵심

006 소인수분해와 약수의 개수

소인수분해를 이용하면 자연수의 약수를 빠짐없이 구할 수 있다.
자연수 A가 $A=a^m\times b^n$ 으로 소인수분해되었다고 해보자.

약수 구하기 : A의 약수는
a^m의 약수 $(m+1)$개 : $1, a, a^2, \cdots, a^m$과
b^n의 약수 $(n+1)$개 : $1, b, b^2, \cdots, b^n$을 각각 곱해서 구한다.

예 $12=2^2\times3$의 약수 (2^2의 약수)

$\times$	1	2	2^2
1	$1\times1=1$	$1\times2=2$	$1\times2^2=4$
3	$3\times1=3$	$3\times2=6$	$3\times2^2=12$

3의 약수

따라서 12의 약수는 1, 2, 3, 4, 6, 12이다.

약수의 개수 : A의 약수의 개수는 a^m의 약수의 개수와 b^n의 약수의 개수를 곱한 $(m+1)(n+1)$개이다.

※ 다음 표를 완성하고, 주어진 수의 약수를 모두 구하라.

1. $15=3\times5$

$\times$	1	5
1		
3		

2. $28=2^2\times7$

$\times$	1	2	2^2
1			
7			

3. $100=2^2\times5^2$

$\times$	1	2	2^2
1			
5			
5^2			

※ 다음 수의 약수의 개수를 구하라.

4. 2^3

└ 2^3의 약수의 개수는 $\square+1=\square$(개)

5. 3^4

6. $2^3\times5^2$

└ $2^3\times5^2$의 약수의 개수는
$(\square+1)\times(\square+1)=\square$(개)

7. 5×11^3

8. $2\times3^2\times5^3$

힌트 $2\times3^2\times5^3$의 약수는 2×3^2의 약수 각각에 대하여 $1, 5, 5^2, 5^3$을 곱한 것과 같다.

9. $36=2^{\square}\times3^{\square}$

10. 48

11. 108

12. 120

13. 144

핵심

007 공약수와 최대공약수

공약수 : 두 개 이상의 자연수에서 공통인 약수

최대공약수 : 공약수 중에서 가장 큰 수

공약수는 최대공약수의 약수이다.

서로소 : 최대공약수가 1인 두 자연수

※ 다음을 구하라.

1. 18, 27

① 18의 약수 : 1, 2, 3, ☐, ☐, 18

② 27의 약수 : ________

③ 18과 27의 공약수 : ________

④ 18과 27의 최대공약수 : ________

2. 24, 36

① 24의 약수 : ________

② 36의 약수 : ________

③ 24와 36의 공약수 : ________

④ 24와 36의 최대공약수 : ________

※ 다음 두 자연수가 서로소이면 ○표, 서로소가 아니면 ×표 하여라.

3. 6, 16 (　　)

4. 8, 24 (　　)

5. 18, 32 (　　)

6. 24, 35 (　　)

7. 26, 45 (　　)

8. 42, 63 (　　)

핵심

008 공배수와 최소공배수

공배수 : 두 개 이상의 자연수에서 공통인 배수

최소공배수 : 공배수 중에서 가장 작은 수

공배수는 최소공배수의 배수이다.

※ 다음을 구하라.

1. 6, 9

① 6의 배수 : 6, 12, 18, ☐, ☐, 36, ⋯

② 9의 배수 : ________

③ 6과 9의 공배수 : ________

④ 6과 9의 최소공배수 : ________

2. 10, 15

① 10의 배수 : ________

② 15의 배수 : ________

③ 10과 15의 공배수 : ________

④ 10과 15의 최소공배수 : ________

※ 1에서 100까지 자연수 중에서 다음 두 자연수의 공배수 개수를 구하라.

3. 4, 6

4. 6, 9

5. 10, 15

6. 12, 24

7. 14, 21

8. 24, 32

핵심

009 소인수분해하여 최대공약수, 최소공배수 구하기

각 수를 소인수분해한 다음

최대공약수 : 공통인 소인수를 모두 곱한다. 이때 공통인 소인수는 지수가 같거나 작은 것을 택한다.

최소공배수 : 공통인 소인수는 지수가 같거나 큰 것을 택하고, 공통이 아닌 소인수도 모두 택하여 곱한다.

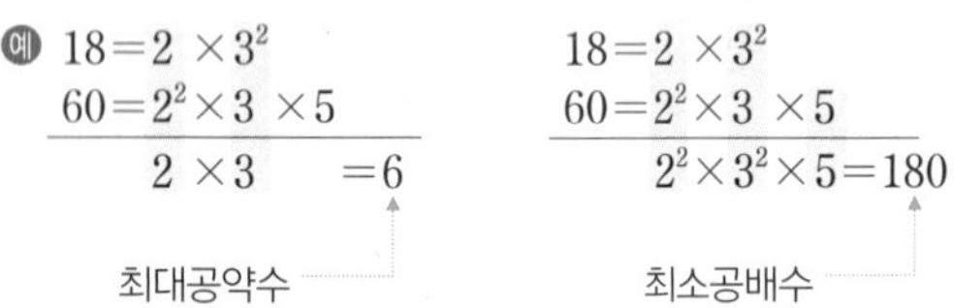

※ 다음은 소인수분해를 이용하여 두 수의 최대공약수와 최소공배수를 구하는 과정이다. □ 안에 알맞은 수를 써넣어라.

1. 12, 15

$12=2^2\times\square$

$15=\quad\square\times5$

(최대공약수)$=\square$

(최소공배수)$=\square\times3\times\square=\square$

2. 15, 24

15=

24=

(최대공약수)=

(최소공배수)=

3. 6, 12, 40

$6=\square\times3$

$12=\square\times3$

$40=\square\quad\times5$

(최대공약수)$=\square$

(최소공배수)$=\square\times3\times5=\square$

※ 다음 두 수의 최대공약수와 최소공배수를 소인수분해를 이용하여 구하라.

4. $2^2\times3,\ 2^3\times3^2$

5. $2\times3^2,\ 2^2\times3\times5$

6. 6, 9

7. 10, 15

8. 12, 24

9. 14, 21

10. 24, 32

11. 24, 60

※ 다음 세 수의 최대공약수와 최소공배수를 소인수분해를 이용하여 구하라.

12. $2^2\times3\times5,\ 2\times3^2\times5,\ 2\times5\times7$

13. 15, 20, 30

14. 24, 36, 54

핵심 010 공약수로 나누어 최대공약수, 최소공배수 구하기

나눌 공약수가 1밖에 없을 때까지 공약수로 계속 나눈 다음

최대공약수 : 나눈 공약수를 모두 곱한다.

최소공배수 : 나눈 공약수와 마지막 몫을 모두 곱한다.

예
```
2) 12  18  30        2) 12  18  30
3)  6   9  15        3)  6   9  15
    2   3   5            2   3   5
```
(최대공약수) $=2\times3=6$

(최소공배수) $=2\times3\times2\times3\times5=180$

※ 다음은 거꾸로 된 나눗셈 방법으로 소인수분해하는 과정이다. □안에 알맞은 수를 써넣어라.

1.
```
2) 20  30
□) □  15
   2   □
```
(최대공약수) $=2\times$ □ $=$ □

(최소공배수) $=2\times$ □ $\times2\times$ □ $=$ □

2.
```
2) 6  12  30
□) □   6   □
   1   □   □
```
(최대공약수) $=2\times$ □ $=$ □

(최소공배수) $=2\times$ □ $\times1\times$ □ $\times$ □ $=$ □

3.
```
2) 4  28  42
□) □  14   □
□) □   □   □
   1   □   □
```
(최대공약수) $=$

(최소공배수) $=$

※ 다음 두 수의 최대공약수와 최소공배수를 공약수로 나누어 구하라.

4. 9, 12

5. 16, 20

6. 25, 35

7. 12, 24

8. 24, 32

9. 14, 21

10. 24, 60

※ 다음 세 수의 최대공약수와 최소공배수를 공약수로 나누어 구하라.

11. 6, 8, 12

12. 12, 18, 30

13. 24, 36, 60

14. 36, 60, 72

핵심

011 최대공약수와 최소공배수의 관계

두 자연수 A, B의 최대공약수를 G, 최소공배수를 L이라고 하면

$$G \,)\, \underline{A \quad B}$$
$$\quad a \quad b$$

(a, b는 서로소, $L=a\times b\times G$)

$A=a\times G$, $B=b\times G$

$L=\boldsymbol{a\times b\times G}$

두 수의 곱은 최소공배수와 최대공약수의 곱과 같다.

→ $\boldsymbol{A\times B}=(a\times G)\times(b\times G)$
$\quad =(a\times b\times G)\times G=\boldsymbol{L\times G}$

※ 두 자연수 A, B의 최대공약수 G와 최소공배수 L에 대하여 다음 값을 구하라.

1. $G=3$, $L=12$일 때, $A\times B$의 값
   ↳ $A\times B=L\times G=\square\times\square=\square$

2. $G=4$, $L=28$일 때, $A\times B$의 값

3. $G=2$, $L=40$, $A=10$일 때, B의 값

4. $G=3$, $L=36$, $A=12$일 때, B의 값

5. $G=2$, $L=48$, $A=6$일 때, B의 값

※ 두 자연수 A, B의 최대공약수 G, 최소공배수 L에 대하여 다음 표의 빈칸에 알맞은 수를 써넣어라.

	A	B	G	L
6.		15	5	60
7.	6	10	2	
8.	10		5	50
9.	24	36		72
10.	15	6	3	

※ 다음 물음에 답하여라.

11. 자연수 A와 16의 최대공약수는 4이고 최소공배수는 48일 때, A의 값을 구하라.
    ↳ $A\times\square=48\times4$에서 $A=\square$

12. 자연수 A와 30의 최대공약수는 10이고 최소공배수는 60일 때, A의 값을 구하라.

13. 두 자연수 18과 A의 최대공약수가 9이고 최소공배수가 54일 때, A의 값을 구하라.

14. 두 자연수 20과 A의 최대공약수가 10이고, 최소공배수가 60일 때, A의 값을 구하라.

15. 두 자연수의 곱이 320이고 최대공약수가 4일 때, 이 두 자연수의 최소공배수를 구하라.
    ↳ 320=(최소공배수)×$\square$에서
    (최소공배수)=$\square$

16. 두 자연수의 곱이 600이고 최대공약수가 10일 때, 이 두 자연수의 최소공배수를 구하라.

17. 두 자연수의 곱이 160이고 최소공배수가 40일 때, 이 두 자연수의 최대공약수를 구하라.

18. 두 자연수의 곱이 240이고 최소공배수가 60일 때, 이 두 자연수의 최대공약수를 구하라.

핵심

012 최대공약수의 활용

문제 속에 다음과 같은 표현이 있으면 최대공약수를 이용한다.

- '가장 큰', '최대의', '가능한 한 많은', '가능한 크게' 등의 표현이 있을 때 → **최대**
- '나누어 떨어지게 하는', '똑같이 나누어 주는', '같은 간격으로 나누는', '남는 부분이 없이 정사각형(정육면체)으로 나누는' 등의 표현이 있을 때 → **공약수**

최대공약수의 활용 예

- 몇 개의 자연수를 동시에 나누어 떨어지게 하는 가장 큰 자연수를 구하는 문제
- 일정한 양을 가능한 한 많은 사람에게 똑같이 나누어 주는 문제
- 직사각형을 가장 큰 정사각형으로 채우는 문제

※ 다음 두 수를 나누어 떨어지게 하는 자연수 중에서 가장 큰 수를 구하라.

1. 48, 72

2. 54, 66

3. 60, 90

※ 다음과 같은 두 종류의 과일을 가능한 한 많은 학생들에게 똑같이 나누어 주려고 한다. 똑같이 나누어 줄 수 있는 최대 학생 수를 구하라.

4. 사과 20, 귤 36

   ① 사과와 귤을 똑같이 나누어 줄 수 있는 학생 수는 20과 □의 공약수이다.

   ② 2) 20 □
   □) □ 18
   5 □

   ③ 똑같이 나누어 줄 수 있는 최대 학생 수는 20, □의 최대공약수인 □명이다.

5. 자두 45, 복숭아 60

6. 배 48, 감 54

7. 사과 56, 귤 48

8. 자두 60, 복숭아 45

9. 키위 72, 오렌지 54

※ 가로 길이, 세로 길이가 각각 다음과 같은 직사각형 모양의 종이에 남는 부분이 없게 가능한 큰 정사각형 모양의 색종이를 붙이려고 한다. 이때 정사각형 모양의 종이 한 변의 길이를 구하라.

10. 가로 길이 24cm, 세로 길이 18cm

    └ 정사각형 색종이 한 변의 길이는 24와 18의 □공약수이어야 한다. 따라서 구하는 한 변의 길이는□cm 이다.

    2) 24 18
    □) □ 9
    4 □

11. 가로 길이 18cm, 세로 길이 48cm

12. 가로 길이 36cm, 세로 길이 54cm

13. 가로 길이 48cm, 세로 길이 60cm

14. 가로 길이 56cm, 세로 길이 72cm

핵심

013 최소공배수의 활용

문제 속에 다음과 같은 표현이 있으면 최소공배수를 이용한다.

- '가장 작은', '최소의', '가능한 한 적은', '가능한 한 작게' 등의 표현이 있을 때 → **최소**
- '동시에 출발하여 다시 만나는', '빈틈없이 정사각형(정육면체)이 되도록', '다시 맞물리는' 등의 표현이 있을 때 → **공배수**

최소공배수의 활용 예

- 어떤 두 수 또는 세 수로 나누어도 나머지가 같은 가장 작은 자연수를 구하는 문제
- 일정한 크기의 직사각형을 붙여서 가장 작은 정사각형을 만드는 문제
- 출발 간격이 다른 두 열차가 동시에 출발하여 다시 만나는 시각을 구하는 문제

※ 다음을 구하라.

1. 9와 12 어느 것으로 나누어도 나누어 떨어지는 자연수 중 가장 작은 수

   ㄴ 9와 12의 최소공배수는 ☐이므로 구하는 가장 작은 수는 ☐이다.

2. 12와 20 어느 것으로 나누어도 나누어 떨어지는 자연수 중 가장 작은 수

※ 가로 길이, 세로 길이가 각각 다음과 같은 직사각형을 붙여서 가능한 한 작은 정사각형을 만들 때, 정사각형 한 변의 길이를 구하라.

3. 가로 길이 2cm, 세로 길이 3cm

   ㄴ 2와 3의 최소공배수는 ☐이므로 구하는 정사각형 한 변의 길이는 ☐cm이다.

4. 가로 길이 6cm, 세로 길이 9cm

5. 가로 길이 10cm, 세로 길이 15cm

6. 가로 길이 12cm, 세로 길이 18cm

※ 어느 버스 정류장에서 광주행 버스 A와 부산행 버스 B가 다음과 같은 시간 간격으로 출발한다. 오전 10시에 두 버스가 동시에 출발했다면 다시 처음으로 동시에 출발하게 되는 시각을 구하라.

7. A버스 12분, B버스 8분

   ㄴ 12와 8의 최소공배수가 ☐이므로 A버스와 B버스가 다시 처음으로 동시에 출발하게 되는 시각은 오전 10시 ☐분이다.

8. A버스 15분, B버스 10분

9. A버스 20분, B버스 15분

※ 서로 맞물려 도는 두 톱니바퀴 A, B의 톱니바퀴 수는 다음과 같다. 이 두 톱니바퀴가 같은 톱니에서 처음으로 다시 맞물리려면 A, B는 각각 몇 바퀴 회전해야 하는지 구하라.

10. A의 톱니 9개, B의 톱니 6개

    ㄴ 9와 6의 최소공배수는 ☐이므로 ☐개의 톱니가 회전하면 같은 톱니에서 처음으로 다시 맞물린다.
    (A의 회전 수)=☐÷9=☐(바퀴)
    (B의 회전 수)=☐÷6=☐(바퀴)

11. A의 톱니 12개, B의 톱니 9개

12. A의 톱니 20개, B의 톱니 15개

| 실력테스트 |

1. 다음 중 소수는 모두 몇 개인지 구하라.

1, 5, 11, 14, 19, 22, 25, 39, 61

2. 다음 중 옳지 않은 것을 모두 고르면? (정답 2개)

① 모든 소수는 약수의 개수가 2개이다.
② 소수 중에서 짝수는 2뿐이다.
③ 약수의 개수가 3개인 수는 합성수이다.
④ 소수가 아닌 수는 약수의 개수가 3개 이상이다.
⑤ 모든 자연수는 소수들의 곱으로 나타낼 수 있다.

3. 다음 중 옳은 것은?

① $2^3=6$
② $5+5+5+5=5^4$
③ $7\times7\times7=3^7$
④ $2\times2\times3\times3\times3\times7=2^2\times3^3\times7$
⑤ $\frac{1}{4}\times\frac{1}{4}\times\frac{1}{4}=\frac{3}{4^3}$

4. 다음 중 소인수분해한 결과가 옳지 않은 것은?

① $40=2^3\times5$　② $84=2^2\times3\times7$
③ $105=3\times5\times7$　④ $120=2^2\times3^2\times5$
⑤ $140 = 2^2\times5\times7$

5. 다음 중 225의 약수가 아닌 것은?

① 3×5　② 3×5^2　③ $3^2\times5$
④ $3^2\times5^2$　⑤ $3^3\times5$

6. 두 수 $2^3\times3\times5^2$, $2\times5^3\times7$의 최대공약수는?

① 2×5　② 2×5^2
③ $2^3\times5^3$　④ $2\times3\times5\times7$
⑤ $2^3\times3\times5^3\times7$

7. 두 자연수 84와 A의 최대공약수가 14이고 최소공배수가 420일 때, A의 값은?

① 56　② 70　③ 84
④ 98　⑤ 112

8. 두 수의 곱이 $2^3\times3^3\times5\times7$ 이고 최대공약수가 2×3일 때, 두 수의 최소공배수를 구하라.

9. 연필 35자루, 공책 21권, 볼펜 14자루로 가능한 많은 학생들에게 똑같이 나누어 줄 선물꾸러미를 만들려고 한다. 만들 수 있는 선물꾸러미의 개수를 구하라.

10. 오른쪽 그림과 같이 톱니 수가 각각 72개, 36개, 24개인 톱니바퀴 A, B, C가 A는 B와, B는 C와 서로 맞물려 있다. 이때 이 세 톱니바퀴가 같은 톱니에서 처음으로 다시 맞물리려면 C는 몇 바퀴 회전해야 하는지 구하라.

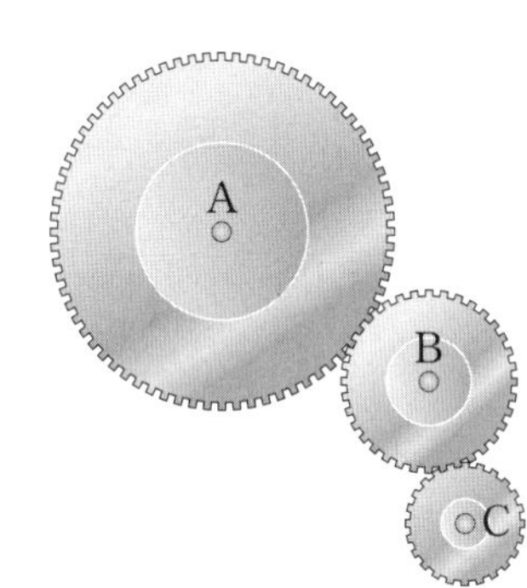

Science & Technology

세 개의 등대 A, B, C가 있다. A 등대는 10초 동안 불이 켜졌다가 6초 동안 꺼지고, B 등대는 16초 동안 불이 켜졌다가 8초 동안 꺼지고, C 등대는 26초 동안 불이 켜졌다가 10초 동안 꺼진다. A, B, C 세 등대에 동시에 불이 켜진 후, 처음으로 다시 동시에 불이 켜지는 것은 몇 초 후인지 구하라.

2. 정수와 유리수

- ○ 양수와 음수, 정수와 유리수의 개념을 이해한다.
- ○ 정수와 유리수의 대소 관계를 판단할 수 있다.
- ○ 정수와 유리수의 사칙계산의 원리를 이해하고, 그 계산을 할 수 있다.

기온을 나타낼 때, 0℃보다 높은 영상 5℃는 +5℃로, 0℃보다 낮은 영하 3℃는 −3℃로 나타내기도 한다. 이처럼 우리 생활에서 0을 기준으로 서로 반대되는 양을 기호 +와 −를 사용하여 나타낼 수 있는데 이익을 +로 나타내면 손해는 −로 나타낼 수 있다. 이때 '+'를 양의 부호, '−'를 음의 부호라 하고, '+'가 붙은 수를 **양수**, '−'가 붙은 수를 **음수**라고 한다. 양수는 '+'를 생략하여 나타내기도 한다.

+1, +2, +3, … 과 같이 자연수에 양의 부호(+)가 붙은 수를 **양의 정수**라 하고 −1, −2, −3, … 과 같이 자연수에 음의 부호(−)가 붙은 수를 **음의 정수**라고 한다. 이때 양의 정수, 0, 음의 정수를 통틀어 **정수**라고 한다. 양의 정수는 자연수와 같다.

• +를 '플러스'로 읽고, −는 '마이너스'로 읽는다. 즉 +5는 '플러스 5', −3은 '마이너스 3'으로 읽는다.

$+\frac{2}{3}, -\frac{1}{2}, \cdots$ 과 같이 분자, 분모가 모두 자연수인 분수에 양의 부호(+)가 붙은 수와 음의 부호(−)가 붙은 수, 그리고 0을 통틀어 **유리수**라고 한다. 그런데 $+2.5=+\frac{5}{2}$, $-0.3=-\frac{3}{10}$ 이므로 +2.5, −0.3도 유리수이다.

양수와 음수, 0을 아래와 같은 수직선 위에 나타낼 수 있다.

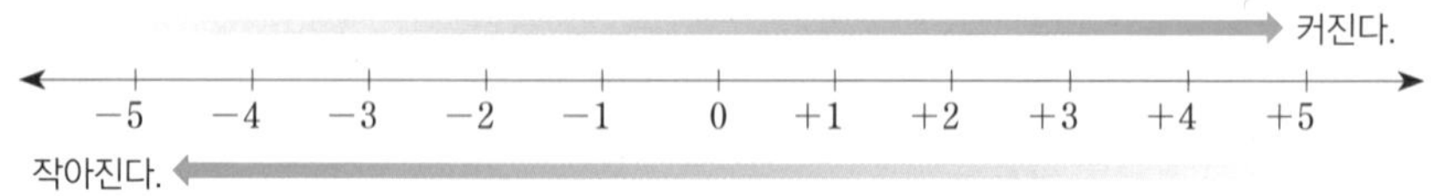

• 양수는 양의 부호(+)를 생략하여 나타내기도 하는데, 수직선에서도 같은 방법으로 양의 부호(+)를 생략하여 나타낼 수 있다.

이때 오른쪽에 있는 수일수록 왼쪽에 있는 수보다 크고, 수직선 위에서 어떤 수를 나타내는 점과 0을 나타내는 점 사이의 거리를 **절댓값**이라고 한다.

• 절댓값이 1인 수는 +1과 −1의 2개가 있는 것처럼 0을 빼고는 절댓값이 같은 수는 2개씩 있다.

WHY? 우리가 사는 세계에는 뜨거움과 차가움, 위와 아래, 오른쪽과 왼쪽, 이익과 손해, 증가와 감소 등과 같이 서로 반대되는 현상들이 많이 있다. 이러한 반대되는 성질을 나타내는데 필요한 음수는 처음에는 수로 인정받지 못하다가 피보나치와 데카르트에 이르러서야 정당한 수로 인정받게 되었다.

핵심
014 정수

부호를 가진 수 : 서로 반대되는 성질을 가지는 양을 각각 수로 나타낼 때, 부호 +, −를 사용하여 나타낸다.

+(↑)	영상	증가	득점	이익	수입	해발	지상
−(↓)	영하	감소	실점	손해	지출	해저	지하

- 양수 : 양의 부호 +가 붙은 수 예 $+1,\ +1.5,\ +\frac{1}{2},\cdots$
- 음수 : 음의 부호 −가 붙은 수 예 $-1,\ -2.5,\ -\frac{1}{3},\cdots$

주의 0은 양수도 아니고 음수도 아니다.

참고 양수는 양의 부호 +를 생략하여 나타내기도 한다. 즉 +1을 1로 나타내기도 하므로 +1과 1은 같은 것으로 생각한다.

정수
- 양의 정수 : 자연수에 양의 부호 +가 붙은 수
- 음의 정수 : 자연수에 음의 부호 −가 붙은 수
- 정수 : 양의 정수, 0, 음의 정수를 통틀어 정수라고 한다.

※ 다음을 +, −부호를 사용하여 나타내어라.

1. 영상 7℃ → +7℃, 영하 3℃ → □℃

2. 3명 증가 → +3명, 4명 감소 → □명

3. 해발 150m → □m, 해저 200m → □m

※ 다음 수를 양의 부호 + 또는 음의 부호 −를 사용하여 나타내어라.

4. 0보다 1만큼 큰 수　5. 0보다 2만큼 작은 수

6. 0보다 3만큼 큰 수　7. 0보다 5만큼 작은 수

※ 다음 수에 대하여 물음에 답하여라.

$$-5,\ +0.23,\ \frac{4}{2},\ 0,\ -\frac{2}{3},\ +9$$

8. 양의 정수를 모두 골라라. 힌트 $\frac{4}{2}=2$

9. 음의 정수를 모두 골라라.

10. 정수를 모두 골라라.

핵심
015 유리수

유리수 : $-2=-\frac{2}{1},\ 0.3=\frac{3}{10}$과 같이 분자와 분모가 모두 정수인 분수 $\frac{a}{b}$(단, $b\neq0$) 꼴로 나타낼 수 있는 수

- 양의 유리수 : 분자, 분모가 정수인 분수에 양의 부호 +가 붙은 수
- 음의 유리수 : 분자, 분모가 정수인 분수에 음의 부호 −가 붙은 수
- 양의 유리수, 0, 음의 유리수를 통틀어 유리수라고 한다.

유리수의 분류

- 유리수
  - 정수
    - 양의 정수(자연수) : $+1,\ +2,\ +3,\cdots$
    - 0
    - 음의 정수 : $-1,\ -2,\ -3,\cdots$
  - 정수가 아닌 유리수 : $+\frac{1}{2},\ -\frac{2}{3},\ +0.2,\cdots$

※ 다음 수에 대하여 물음에 답하여라.

$$-0.1,\ +2,\ 0,\ \frac{2}{3},\ -1,\ -\frac{6}{3},\ 3$$

1. 양수를 모두 골라라.

2. 양의 정수를 모두 골라라.

3. 정수를 모두 골라라.

4. 정수가 아닌 유리수를 모두 골라라.

5. 유리수를 모두 골라라.

※ 다음 설명 중 옳은 것에는 ○표를, 옳지 않은 것에는 ×표를 하여라.

6. 양의 정수는 자연수와 같다. (　　)

7. 0은 양의 정수도 음의 정수도 아니다. (　　)

8. 0은 유리수이다. (　　)

9. 자연수는 모두 유리수이다. (　　)

10. 유리수는 분자가 0이 아닌 정수, 분모가 정수인 분수로 나타낼 수 있는 수이다. (　　)

11. 유리수는 양의 유리수와 음의 유리수로 이루어져 있다. (　　)

핵심 016 수직선

일정한 간격으로 눈금을 표시하여 수를 대응시킨 직선을 수직선이라고 한다.

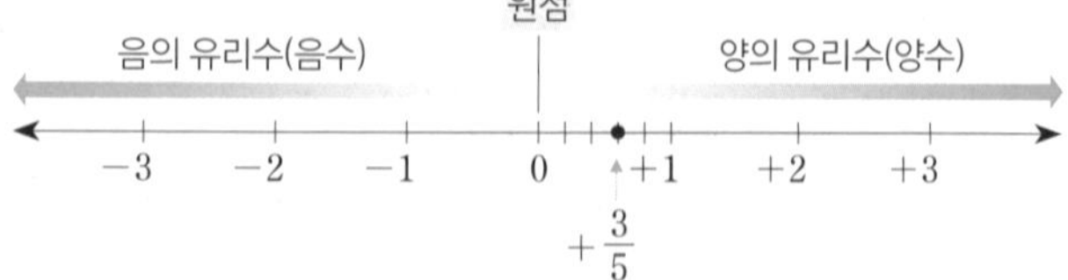

즉 직선 위에 원점(기준점)을 정한 다음 원점에는 수 0을 대응시키고, 원점의 오른쪽에는 양수를, 왼쪽에는 음수를 대응시킨 직선이 수직선이다.

※ 다음 수직선에서 점 A, B에 대응하는 수를 각각 나타내어라.

1.

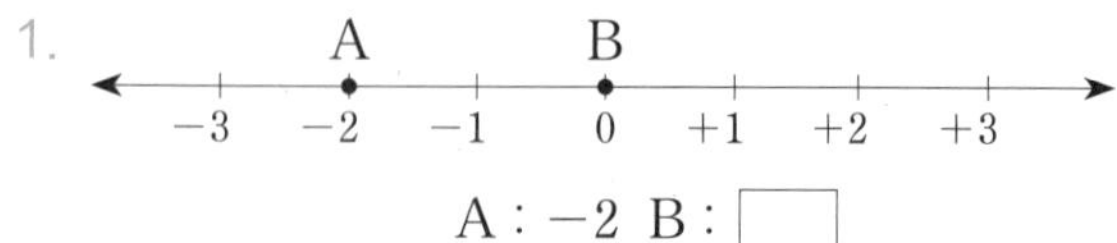

A : −2, B : ☐

2.

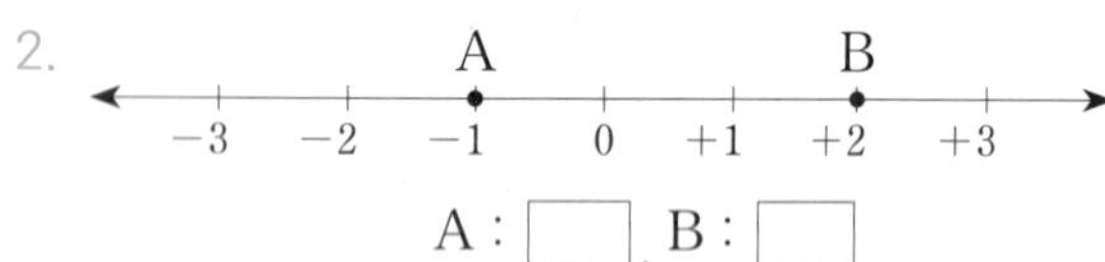

A : ☐, B : ☐

※ 다음 두 수에 대응하는 점을 수직선 위에 나타내어라.

3. A(−3), B(+2)

4. 0보다 1만큼 작은 수 A, 0보다 3만큼 큰 수 B

−3 −2 −1 0 +1 +2 +3

5. A(−2.5), B(+1.5)

−3 −2 −1 0 +1 +2 +3

6. $A\left(-\frac{3}{2}\right)$, $B\left(+\frac{5}{4}\right)$

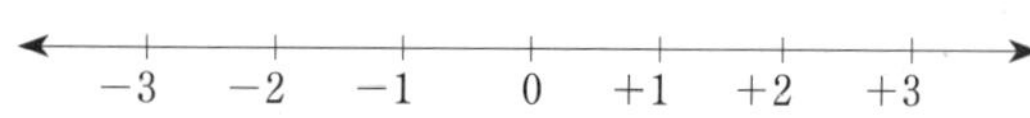

핵심 017 절댓값

절댓값 : 수직선 위에서 원점과 어떤 수를 나타내는 점 사이의 거리

절댓값의 기호 : 어떤 수의 절댓값은 기호 | |를 사용해 나타낸다.

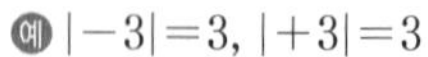
예 $|-3|=3$, $|+3|=3$

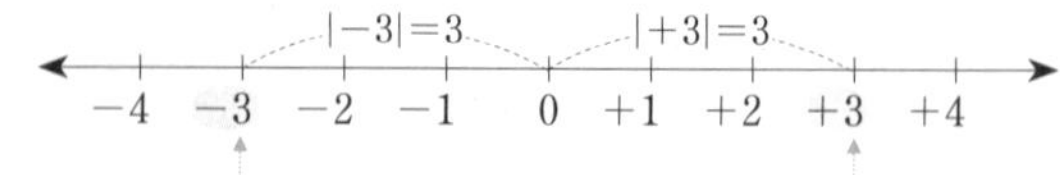

참고 절댓값은 원점에서의 거리이므로 부호를 떼고 생각하면 편리하다.

절댓값의 성질

- 0의 절댓값은 0이다. ⟶ $|0|=0$
- 어떤 수의 절댓값은 그 수에서 +, −를 없앤 수와 같다.
- 원점에서 멀어질수록 절댓값이 커진다.

※ 다음 수의 절댓값을 구하라.

1. −5
2. +4.5
3. 0
4. $-\frac{5}{2}$

※ 다음 수를 수직선 위에 나타내어라.

5. 절댓값이 2.5인 수

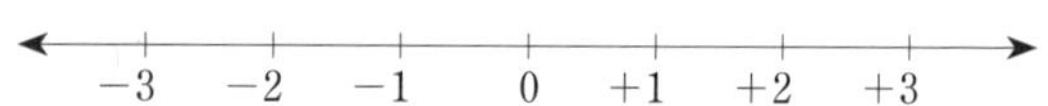

6. 절댓값이 1인 양수

7. 절댓값이 $\frac{1}{2}$인 음수

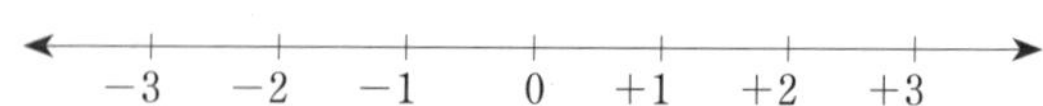

※ 절댓값이 큰 수부터 차례로 나열하여라.

8. −5, +2, −3, −4, +1

↳ $|-5|=5$, $|+2|=$☐, $|-3|=3$, $|-4|=$☐, $|+1|=1$이므로 절댓값이 큰 수부터 차례로 나열하면 −5, ☐, −3, ☐, +1이다.

9. −4, +5.3, −6.8, −9, +7

핵심

018 수의 대소 관계

수를 수직선 위에 나타내었을 때 오른쪽에 있는 수가 왼쪽에 있는 수보다 크다.

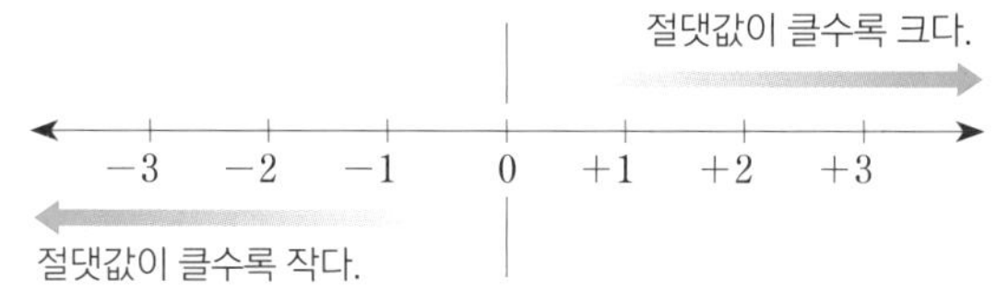

- 양수는 0보다 크고, 음수는 0보다 작다.
- 양수는 음수보다 크다.
- 양수끼리는 절댓값이 클수록 큰 수
- 음수끼리는 절댓값이 작을수록 큰 수

※ 다음 ◯ 안에 기호 $<$ 또는 $>$ 중 알맞은 것을 써넣어라.

1. $+3$ ◯ 0
2. -2 ◯ 0
3. -3 ◯ $+2$
4. $+2$ ◯ $+5$
5. -3 ◯ -6
6. $|-3|$ ◯ -2

※ 다음 수를 작은 것부터 차례대로 나열하여라.

7. $-6,\ 0,\ +4$
8. $-1.5,\ -3,\ -2$
9. $-4,\ -6,\ 0,\ -\frac{7}{2}$
10. $0,\ +\frac{27}{5},\ -6,\ -5.4,\ +6$

※ 다음 중 옳은 것에는 ○표, 옳지 않은 것에는 ×표를 하여라.

11. 가장 작은 정수는 0이다. (　　)
12. 음수는 0보다 작다. (　　)
13. 수직선에서 왼쪽에 있을수록 더 큰 수이다. (　　)
14. 음수는 절댓값이 클수록 작다. (　　)

핵심

019 부등호의 사용

$x>a$	x는 a보다 크다. x는 a 초과이다.	$x<a$	x는 a보다 작다. x는 a 미만이다.
$x\geq a$	x는 a보다 크거나 같다. x는 a 이상이다. x는 a보다 작지 않다.	$x\leq a$	x는 a보다 작거나 같다. x는 a 이하이다. x는 a보다 크지 않다.

참고 기호 '$\leq$'는 '$<$ 또는 $=$'를 의미한다.

※ 다음 문장을 **보기** 와 같이 부등호를 사용하여 나타내고, 수직선 위에도 나타내어라.

보기

x는 1 미만이다. → $x<1$

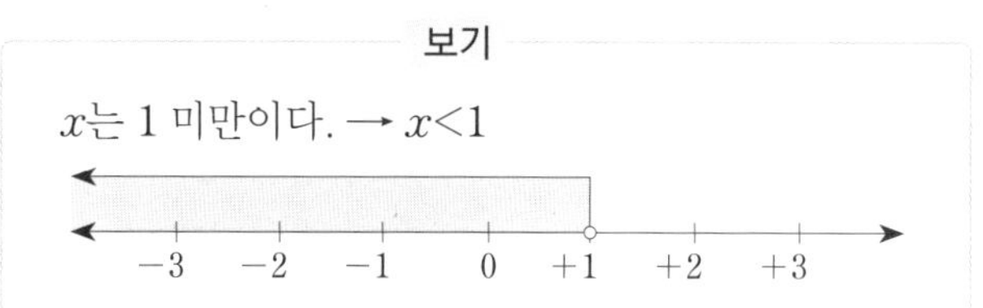

수직선에 나타낼 때, 등호를 포함하면 ●, 등호를 포함하지 않으면 ○

1. x는 2보다 작지 않다. → x ◯ 2

2. x는 -2보다 크고 1보다 크지 않다.
→ -2 ◯ x ◯ 1

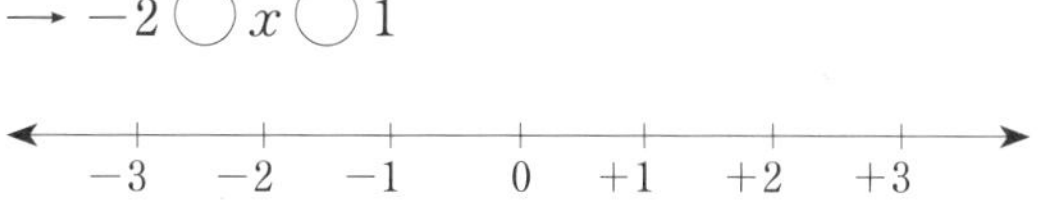

※ 다음을 부등호를 사용하여 나타내어라.

3. x는 -1 초과 2 이하이다.
4. x는 -3 이상 -2 미만이다.

※ 다음을 구하라.

5. 절댓값이 2 미만인 정수
6. 절댓값이 1 이하인 정수

020 유리수의 덧셈 (1)

부호가 같은 두 수의 덧셈 ⟶ 두 수 절댓값의 합에 공통인 부호를 붙인다.

양수의 합

$(+3)+(+2)=+5$

음수의 합

$(-3)+(-2)=-5$

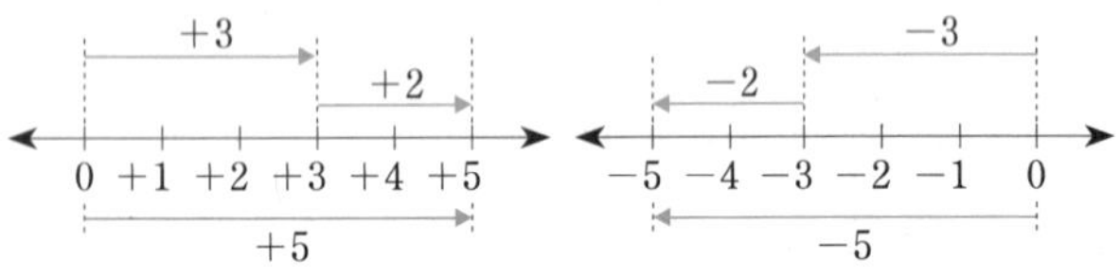

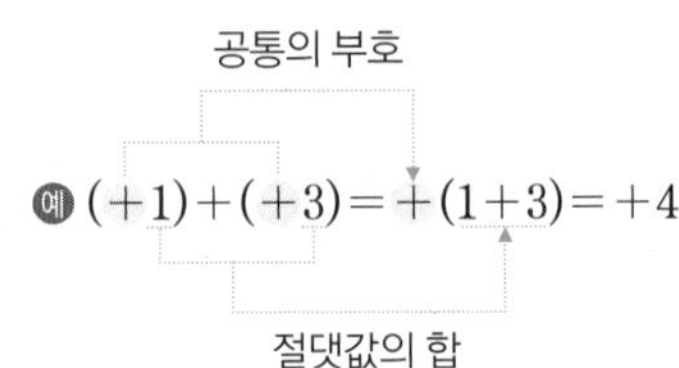

※ 수직선을 보고 □ 안에 알맞은 수를 써넣어라.

1. 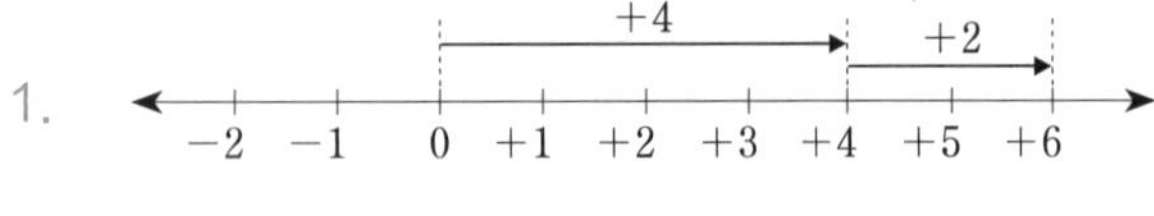

$(+4)+(+2)=\square$

2. 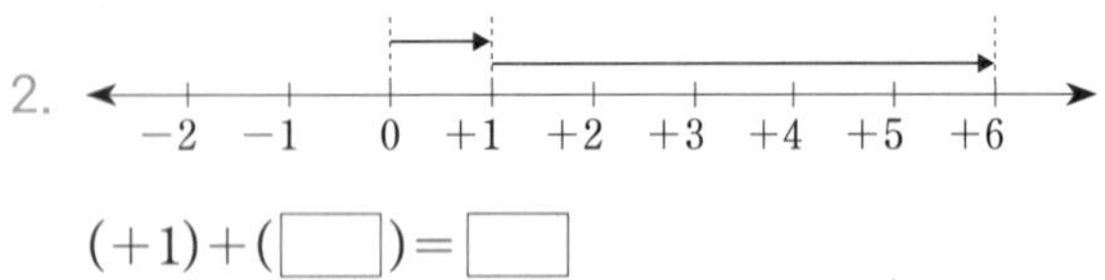

$(+1)+(\square)=\square$

3. 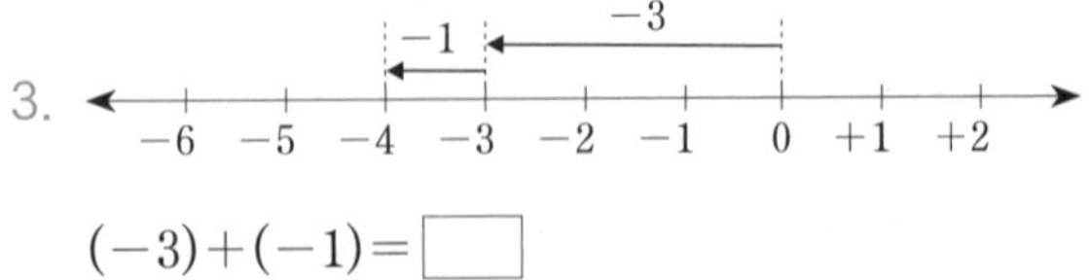

$(-3)+(-1)=\square$

4.

$(-1)+(\square)=\square$

※ 다음을 계산하여라.

5. $(+5)+(+8)=+(5+\square)=+\square$

6. $(+13)+(+7)$

7. $(+0.5)+(+6.5)$

8. $(-9)+(-3)=-(9+\square)=-\square$

9. $(-8)+(-12)$

10. $(-4.2)+(-6.3)$

11. $\left(+\frac{3}{5}\right)+\left(+\frac{7}{5}\right)$

12. $\left(+\frac{7}{9}\right)+\left(+\frac{20}{9}\right)$

13. $\left(-\frac{1}{2}\right)+\left(-\frac{7}{2}\right)$

14. $\left(-\frac{6}{7}\right)+\left(-\frac{8}{7}\right)$

※ 다음 □ 안에 알맞은 수를 써넣어라.

15. $(+4)+(\square)=+9$

16. $(\square)+(+13)=+30$

17. $(-9)+(\square)=-22$

18. $(\square)+(-28)=-47$

021 유리수의 덧셈 (2)

핵심

부호가 다른 두 수의 덧셈 ⟶ 두 수 절댓값의 차에 절댓값이 큰 수의 부호를 붙인다.

양수의 절댓값이 클 때

$(+5)+(-4)=+1$

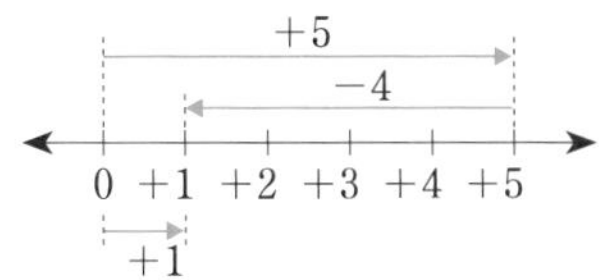

음수의 절댓값이 클 때

$(-5)+(+4)=-1$

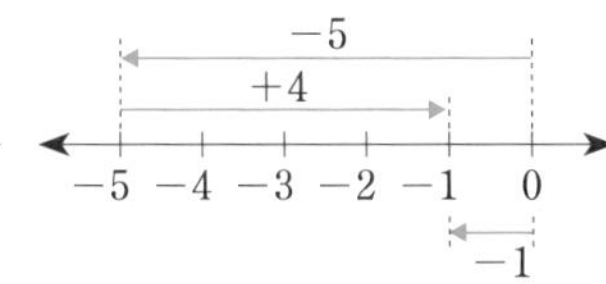

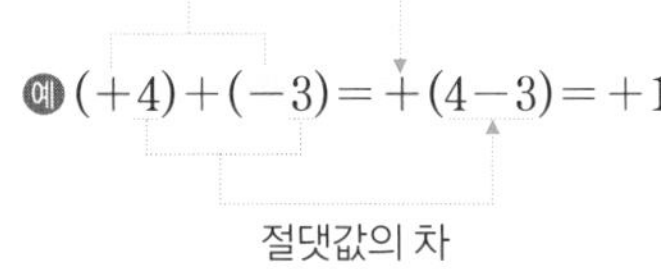

※ 수직선을 그리고 다음을 계산하여라.

1.

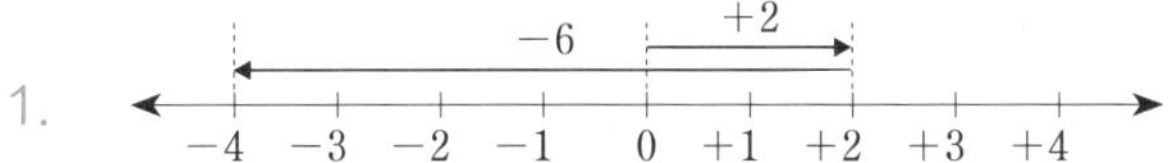

$(+2)+(-6)=\square$

2. −2 −1 0 +1 +2 +3 +4 +5 +6

$(+4)+(-5)=\square$

3.

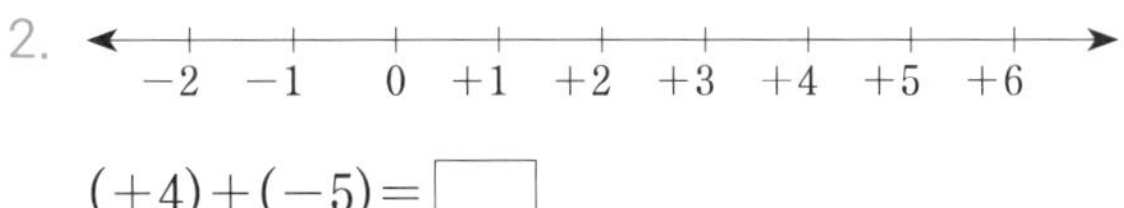

$(-5)+(+3)=\square$

4.

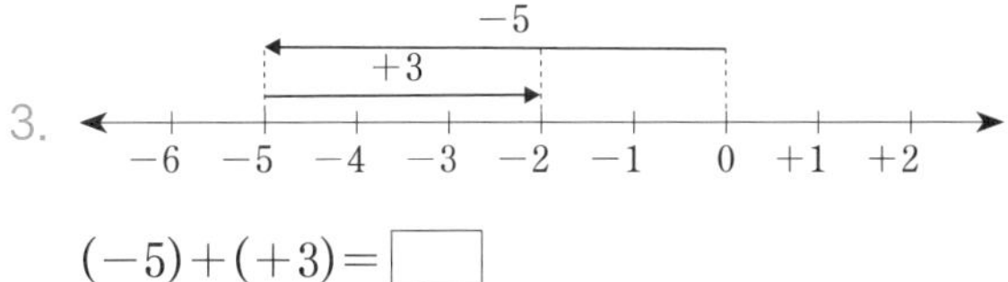

$(-4)+(+5)=\square$

※ 다음을 계산하여라.

5. $(+8)+(-4)=+(8-\square)=+\square$

6. $(+12)+(-7)$

7. $(-15)+(+25)=+(\square-15)=+\square$

8. $(-8)+(+15)$

9. $(-9)+(+3)=-(9-\square)=-\square$

10. $(-16)+(+9)$

11. $(+12)+(-18)=-(18-\square)=-\square$

12. $(+14)+(-30)$

13. $(+5.5)+(-3.5)$

14. $(+2.3)+(-7.3)$

15. $\left(-\frac{1}{2}\right)+\left(+\frac{7}{2}\right)$

16. $\left(-\frac{16}{9}\right)+\left(+\frac{7}{9}\right)$

※ 다음 □ 안에 알맞은 수를 써넣어라.

17. $(+5)+(\square)=+3$

18. $(\square)+(+18)=+15$

19. $(-19)+(\square)=-10$

20. $(\square)+(-28)=-13$

핵심

022 덧셈의 교환법칙, 결합법칙

덧셈만으로 이루어진 식은 순서를 바꾸어서 계산할 수 있다.

세 수 a, b, c에 대하여

덧셈의 교환법칙 : $a+b=b+a$

●+▲=▲+●

덧셈의 결합법칙 : $(a+b)+c=a+(b+c)$

(●+▲)+■=●+(▲+■)

※ 다음 식의 계산 과정을 보고 알맞은 법칙에 ○표 하여라.

1. $(-7)+(+5)+(-3)$
$=(-7)+(-3)+(+5)$ (교환법칙, 결합법칙)
$=(-10)+(+5)$
$=-5$

2. $(-2.8)+(+5.5)+(-3.2)$
$=(+5.5)+(-2.8)+(-3.2)$ (교환법칙, 결합법칙)
$=(+5.5)+\{(-2.8)+(-3.2)\}$ (교환법칙, 결합법칙)
$=(+5.5)+(-6)$
$=-0.5$

※ 다음을 계산하여라.

3. $(+4)+(-10)+(+6)$

4. $(-4.6)+(+3)+(-5.4)$

5. $(+2)+(-1.3)+(-3)+(+4.3)$

6. $\left(-\frac{1}{4}\right)+(+3)+\left(+\frac{9}{4}\right)$

7. $\left(+\frac{3}{7}\right)+\left(-\frac{2}{5}\right)+\left(+\frac{4}{7}\right)$

8. $\left(+\frac{3}{2}\right)+\left(-\frac{2}{3}\right)+\left(-\frac{1}{2}\right)+\left(-\frac{1}{3}\right)$

핵심

023 유리수의 뺄셈

뺄셈은 빼는 수의 부호를 바꾸어 덧셈으로 고쳐서 계산한다.

뺄셈을 덧셈으로

예 $(-1)-(+5)=(-1)+(-5)=-6$

빼는 수의 부호는 반대로

※ 다음을 계산하여라.

1. $(+3)-(-10)=(+3)+(\square)=\square$

2. $(+7)-(-4)$

3. $(-4)-(+10)=(-4)+(\square)=\square$

4. $(-8)-(+12)$

5. $(+10)-(+8)=(+10)+(\square)=\square$

6. $(+15)-(+12)$

7. $(-2)-(-10)=(-2)+(\square)=\square$

8. $(-8)-(-13)$

9. $0-(+14)$

10. $(+5.5)-(-3.5)$

11. $(-1.5)-(+2.5)$

12. $\left(+\frac{1}{3}\right)-\left(-\frac{1}{2}\right)$

13. $\left(-\frac{1}{4}\right)-\left(+\frac{2}{3}\right)$

핵심 024 괄호가 없는 식의 덧셈, 뺄셈의 계산

괄호가 없는 식의 덧셈, 뺄셈에서는 생략된 +부호를 살려서 괄호가 있는 식으로 고친 다음 계산한다.

예 $2-3=(+2)-(+3)$
$=(+2)+(-3)$
$=-(3-2)=-1$

※ 괄호를 넣어 다음을 계산하여라.

1. $-2+3=(-2)+(+\square)=\square$

2. $-5+7$

3. $10+5$

4. $-4.2+3.2$

5. $2.6+5.4$

6. $5-7=(+5)-(+7)=(+5)+(\square)=\square$

7. $-6+9$

8. $3-8$

9. $-4.5-2.5$

10. $5.7-2.3$

※다음 빈칸에 알맞은 수를 써넣어라.

11.

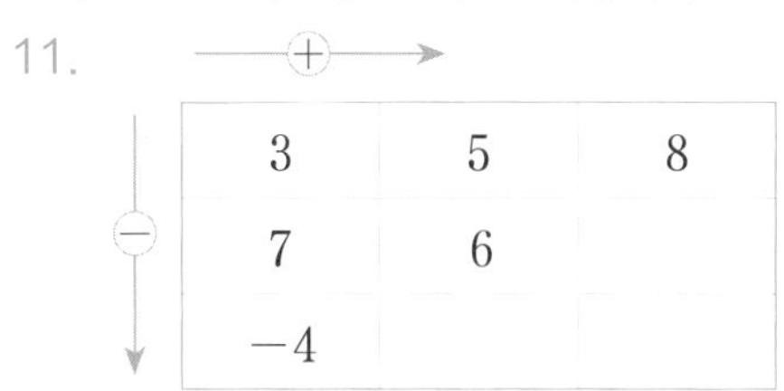

3	5	8
7	6	
−4		

12.

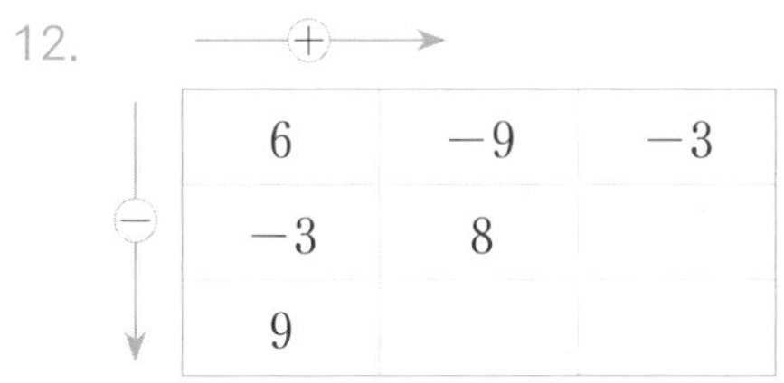

6	−9	−3
−3	8	
9		

※ 다음을 계산하여라.

13. $4-6+7$

14. $3-6-2$

15. $5-3+13-2$

16. $-6-11+18-2$

17. $5.3-4.1+3.8$

18. $\frac{1}{2}+\frac{2}{3}-\frac{5}{4}-\frac{7}{6}$

핵심

025 유리수의 곱셈

부호가 같은 두 수의 곱셈 : 두 수의 절댓값의 곱에 양의 부호 +를 붙인다.

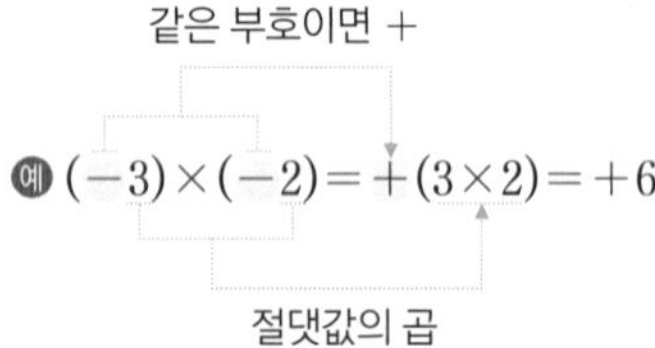

부호가 다른 두 수의 곱셈 : 두 수의 절댓값의 곱에 음의 부호 −를 붙인다.

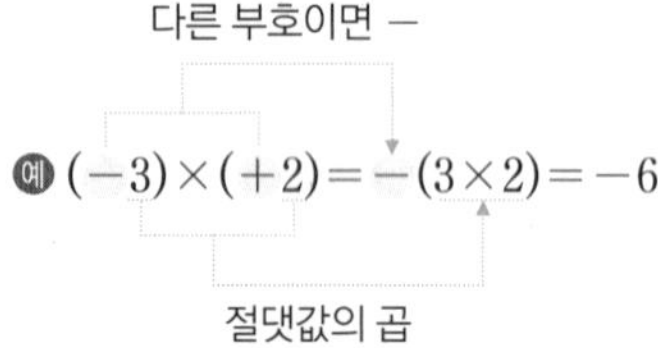

주의 어떤 수와 0의 곱은 항상 0이다.

※ 다음을 계산하여라.

1. $(+8)\times(+9)=+(8\times\square)=\square$

2. $(-5)\times(-6)$

3. $(+2.5)\times(+4)$

4. $(+4)\times(-6)=-(4\times\square)=\square$

5. $(-3)\times(+7)$

6 $(+0.5)\times(-6)$

※ 아래의 이웃한 두 쌓기나무의 수를 곱한 것이 위의 쌓기나무의 수가 된다고 할 때, 다음 빈칸에 알맞은 수를 써넣어라.

7

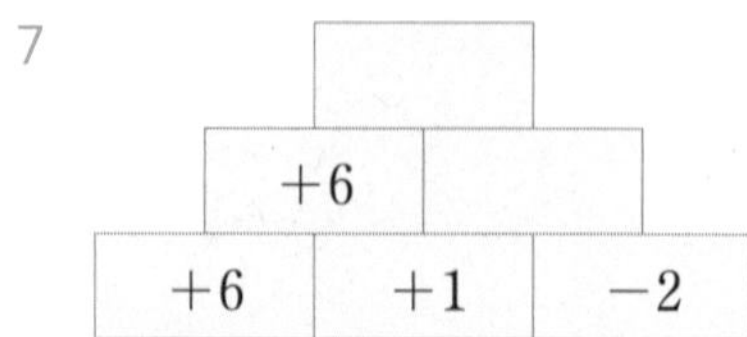

8

	−10	
−3	+2	−5

※ 다음을 계산하여라.

9. $\left(+\frac{1}{2}\right)\times\left(+\frac{3}{5}\right)=+\left(\square\times\square\right)=+\square$

10. $\left(-\frac{3}{5}\right)\times\left(-\frac{3}{4}\right)$

11. $\left(+\frac{9}{4}\right)\times(+2)$

12. $\left(-\frac{9}{2}\right)\times\left(-\frac{4}{3}\right)$

13. $\left(+\frac{5}{7}\right)\times\left(+\frac{7}{10}\right)$

14. $\left(-\frac{5}{2}\right)\times\left(-\frac{2}{15}\right)$

15. $\left(+\frac{2}{3}\right)\times\left(-\frac{4}{5}\right)=-\left(\square\times\square\right)=-\square$

16. $\left(-\frac{1}{4}\right)\times\left(+\frac{8}{3}\right)$

17. $\left(+\frac{3}{5}\right)\times(-5)$

18. $\left(-\frac{1}{3}\right)\times\left(+\frac{9}{4}\right)$

19. $\left(+\frac{3}{2}\right)\times\left(-\frac{4}{15}\right)$

20. $\left(-\frac{2}{5}\right)\times\left(+\frac{15}{8}\right)$

026 곱셈의 교환법칙, 결합법칙

곱셈만으로 이루어진 식은 순서를 바꾸어서 계산할 수 있다.

세 수 a, b, c에 대하여

곱셈의 교환법칙 : $a\times b=b\times a$

곱셈의 결합법칙 : $(a\times b)\times c=a\times(b\times c)$

※ 다음 식의 계산 과정을 보고 알맞은 법칙에 ○표 하여라.

1. $(-2)\times(+7)\times(-5)$
$=(-2)\times(-5)\times(+7)$ (교환법칙, 결합법칙)
$=(+10)\times(+7)$
$=+70$

2. $\{(-4)\times(+9)\}\times(-5)$
$=\{(+9)\times(-4)\}\times(-5)$ (교환법칙, 결합법칙)
$=(+9)\times\{(-4)\times(-5)\}$ (교환법칙, 결합법칙)
$=(+9)\times(+20)$
$=+180$

※ 다음을 계산하여라.

3. $(-5)\times(+7)\times(-4)$

4. $(+2)\times(-6)\times\left(-\frac{2}{3}\right)$

5. $(-5)\times\left(+\frac{1}{4}\right)\times\left(-\frac{8}{5}\right)$

6. $\left(+\frac{5}{3}\right)\times(-2)\times\left(-\frac{6}{15}\right)$

7. $\left(+\frac{2}{5}\right)\times\left(-\frac{14}{9}\right)\times\left(-\frac{3}{7}\right)$

8. $\left(-\frac{4}{3}\right)\times\left(+\frac{4}{5}\right)\times\left(-\frac{3}{8}\right)$

027 거듭제곱의 계산

양수의 거듭제곱 : 지수에 관계없이 부호는 항상 양수이다.

음수의 거듭제곱 : 지수에 따라 부호가 결정된다.
{ 짝수이면 → $+$
{ 홀수이면 → $-$

예 ① $(-2)^2=(-2)\times(-2)=+4$
② $(-2)^3=(-2)\times(-2)\times(-2)$
$=-(2\times2\times2)=-8$

※ 다음을 계산하여라.

1. $(-3)^2$

2. -3^2
$-3^2=-(3\times3)$

3. $(-3)^3$

4. -3^3

5. $(-4)^2$

6. $(-4)^3$

7. $\left(-\frac{1}{3}\right)^3$

8. $\left(-\frac{1}{3}\right)^4$

9. $\left(-\frac{2}{3}\right)^2$

10. $-\frac{2}{3^3}$

※ 다음을 계산하여라.

11. $(-3)^2\times(-1)^3$

12. $-3^2\times(-2)^2$

13. $(-1)^{50}\times(-2)^3$

14. $2^2\times\left(-\frac{1}{2}\right)^3$

15. $(-10)^{2017}\times\left(-\frac{1}{10}\right)^{2016}$

핵심

028 세 개 이상의 유리수 곱셈

세 개 이상의 수를 곱할 때에는 먼저 곱의 부호를 정한다.

이때 음의 부호가 $\begin{cases} \text{짝수 개이면 } + \\ \text{홀수 개이면 } - \end{cases}$

$\underbrace{(-)\times(-)\times\cdots\times(-)}_{\text{짝수 개}} \longrightarrow (+)$

$\underbrace{(-)\times(-)\times\cdots\times(-)}_{\text{홀수 개}} \longrightarrow (-)$

예 ① $(-2)\times(-5)\times(+3)\times(-4)=-(2\times5\times3\times4)$

$=-120$

② $\left(-\frac{2}{3}\right)^3=\left(-\frac{2}{3}\right)\times\left(-\frac{2}{3}\right)\times\left(-\frac{2}{3}\right)=-\left(\frac{2\times2\times2}{3\times3\times3}\right)$

$=-\frac{8}{27}$

※ 다음을 계산하여라.

1. $(-2)\times(+3)\times(-5)$

└ 음의 정수는 -2, -5의 2개, 즉 짝수 개이므로 곱의 부호는 ☐이다.

$(-2)\times(+3)\times(-5)=+(2\times3\times\square)$

$=+\square$

2. $(-2)\times(-8)\times(-3)$

3. $(+2)\times(-8)\times(-5)$

4. $(-3)\times(+5)\times(-4)$

5. $(-7)\times(-6)\times(-2)$

6. $\left(-\frac{1}{2}\right)\times(+4)\times\left(-\frac{6}{5}\right)$

7. $\left(+\frac{1}{2}\right)\times\left(-\frac{4}{3}\right)\times\left(+\frac{3}{5}\right)$

8. $\left(-\frac{5}{3}\right)\times\left(-\frac{5}{6}\right)\times\left(-\frac{3}{5}\right)$

9. $(-2)\times(+8)\times(-1)\times(-4)$

10. $(-5)\times(+2)\times(-1)\times(+4)$

핵심

029 분배법칙

세 수 a, b, c에 대하여

- $a\times(b+c)=a\times b+a\times c$

●×(▲+■)=●×▲+●×■

- $(a+b)\times c=a\times c+b\times c$

(●+▲)×■=●×■+▲×■

※ 분배법칙을 이용하여 다음을 계산하여라.

1. $12\times\left\{\frac{2}{3}+\left(-\frac{5}{4}\right)\right\}=12\times\frac{2}{3}+12\times\left(-\frac{5}{4}\right)$

$=(\square)+(\square)$

$=\square$

2. $6\times\left\{\frac{1}{2}+\left(-\frac{2}{3}\right)\right\}$

3. $(-35)\times\left\{\frac{2}{7}+\left(-\frac{1}{5}\right)\right\}$

4. $8\times\left\{4+\left(-\frac{5}{2}\right)\right\}$

5. $7\times(-12)+7\times5=7\times(\square+\square)$

$=7\times(\square)$

$=\square$

6. $4\times(-24)+4\times(-26)$

7. $27\times2+(-17)\times2$

8. $2\times4.8+2\times(-7.8)$

9. $6\times(-2.9)+6\times5.9$

10. $24\times(-1.2)+76\times(-1.2)$

핵심

030 유리수의 나눗셈

부호가 같은 두 수의 나눗셈 : 두 수의 절댓값으로 나눈 몫에 양의 부호 +를 붙인다.

예 $(-4)\div(-2)=+(4\div 2)=+2$

부호가 다른 두 수의 나눗셈 : 두 수의 절댓값으로 나눈 몫에 음의 부호 −를 붙인다.

예 $(+4)\div(-2)=-(4\div 2)=-2$

참고 $2\div 0$과 같이 어떤 수를 0으로 나누는 것은 생각하지 않는다. 그러나 $0\div 2$와 같이 0을 0이 아닌 수로 나눈 몫은 항상 0이다.

※ 다음을 계산하여라.

1. $(+10)\div(+2)$
2. $(+15)\div(+3)$
3. $(+48)\div(+8)$
4. $(+30)\div 10$
5. $(-12)\div(-3)$
6. $(-16)\div(-4)$
7. $(+21)\div(-7)$
8. $(-24)\div(+6)$
9. $(-100)\div 20$
10. $0\div(-100)$

※ 다음 □ 안에 알맞은 수를 써넣어라.

11. $(+22)\div(\square)=+2$
12. $(-36)\div(\square)=+4$
13. $(\square)\div(-7)=+6$
14. $(\square)\div(-5)=0$
15. $(-54)\div(\square)=-6$
16. $(+60)\div(\square)=-3$

핵심

031 역수를 이용한 유리수의 나눗셈

역수 : 두 수의 곱이 1이 될 때, 한 수를 다른 수의 역수라고 한다.

예 ① $\frac{1}{2}\times 2=1$ ← $\frac{1}{2}$과 2는 서로의 역수

② $\left(-\frac{2}{3}\right)\times\left(-\frac{3}{2}\right)=1$ ← $-\frac{2}{3}$와 $-\frac{3}{2}$은 역수

역수를 이용한 나눗셈 : 어떤 수로 나누는 것은 그 수의 역수를 곱하는 것과 같다.

같은 부호이면 +

예 $(-12)\div\left(-\frac{3}{4}\right)=+\left(12\div\frac{3}{4}\right)=+\left(12\times\frac{4}{3}\right)=+16$

나누는 수의 역수를 곱한다

※ 다음 수의 역수를 구하라.

1. 3
2. -2
3. $\frac{1}{5}$
4. $-\frac{5}{2}$
5. 0.5
6. 1.2

소수의 역수는 우선 소수를 분수로 고친 다음 분자와 분모를 바꾼다.

※ 다음을 계산하여라.

7. $\left(+\frac{3}{8}\right)\div\left(+\frac{5}{4}\right)=\left(+\frac{3}{8}\right)\times\left(\square\right)=\square$
8. $\left(-\frac{7}{6}\right)\div\left(-\frac{5}{3}\right)$
9. $\left(-\frac{9}{5}\right)\div\left(+\frac{3}{2}\right)$
10. $\left(+\frac{3}{2}\right)\div\left(-\frac{5}{4}\right)$
11. $(-6)\div\left(-\frac{12}{5}\right)$
12. $\left(-\frac{3}{2}\right)\div(+0.5)$

032 덧셈, 뺄셈, 곱셈, 나눗셈의 혼합 계산

핵심

① 거듭제곱이 있으면 거듭제곱을 먼저 계산한다.
② 괄호가 있는 식은 괄호 안을 먼저 계산한다. 이때 괄호는 ( ), { }, [ ]의 순서로 푼다.
③ 곱셈, 나눗셈을 먼저 계산하고 덧셈, 뺄셈은 나중에 계산한다.

예 $5-(4-6)\div(-2)=5-(-2)\div(-2)$

①

$=5-(+1)$

②

$=(+5)+(-1)=+4$

③

※ 다음을 계산하여라.

1. $(-2)\times(-4)+6$

2. $24-36\div(-6)$

3. $-3+7\times3-17$

4. $3\times(-7)-(-30)\div6$

5. $\left(-\frac{9}{8}\right)+\frac{1}{3}\div\frac{8}{3}$

6. $\left(-\frac{2}{7}\right)-\frac{5}{7}\div\left(-\frac{5}{2}\right)$

7. $(-4)\times3-(-1)^5$

8. $(-1)^3\times(-5)-3^2$

9. $(-8)\times5-18\div3^2$

10. $-3^2\times2+(-2)^3\div4$

11. $10+(-2)^2\div\left(-\frac{4}{5}\right)$

12. $(-3)^2-9\div\left(-\frac{3}{2}\right)^2$

13. $(-7)+\{(-6)\div3+4\}$

14. $18-2\times[5-\{2+(6-2)\}]$

15. $(-18)\div(-2)+6\times\{(-1)^2+4\}$

16. $\frac{1}{2}+(-1)\div\{6-(-2)^2\}$

17. $\frac{3}{7}\times\{(-2)+(-5)\}\div(-3)^2$

18. $\left(-\frac{5}{2}\right)\div\left\{\left(-\frac{1}{4}\right)+\frac{3}{2}\right\}$

19. $\frac{4}{5}+\left\{(-2)-\frac{2}{5}\right\}\div\frac{4}{3}$

20. $5-2\times\left\{(-2)^4+4\div\left(-\frac{2}{5}\right)\right\}$

| 실력테스트 |

1. 다음 그림은 수직선을 이용하여 두 수의 덧셈을 한 것이다. 이 그림이 나타내는 식으로 알맞은 것은?

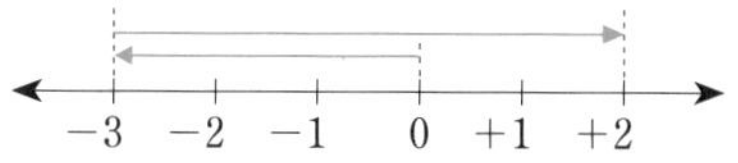

① $(-3)+(-2)$ ② $(-3)+(+2)$ ③ $(-3)+(+5)$
④ $(+3)+(-5)$ ⑤ $(-5)+(+3)$

2. 다음 두 수의 대소 관계를 부등호로 나타내어라.

① 3 ◯ 4 ② -2 ◯ -3
③ $\frac{1}{2}$ ◯ $\frac{1}{3}$ ④ 0 ◯ -20

3. 다음 중 옳지 <u>않은</u> 것은?

① 절댓값이 가장 작은 음의 정수는 -1이다.
② 음수끼리는 절댓값이 큰 수가 작다.
③ 양수와 음수를 통틀어 유리수라고 한다.
④ 절댓값이 7인 수는 -7과 7이다.
⑤ 수직선에서 4에 대응하는 점에서의 거리가 6인 점에 대응하는 수는 -2와 10이다.

4. 다음 중 계산 결과가 양수인 것은?

① $(-10)-(-5)$ ② $0\div(+7)$
③ -3^4 ④ $(-25)\times(+3)\times(-2)^2$
⑤ $(-36)\div(-5)\div6$

5. 오른쪽 그림에서 삼각형의 세 변에 놓인 세 수의 합이 각각 0일 때, $a+b+c$의 값을 구하라.

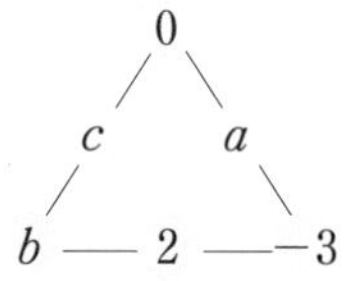

6. $a\times(-4)=-2$, $b\div\frac{1}{2}=-4$일 때, $a+b$의 값을 구하라.

7. 다음 식의 계산 순서를 차례로 나열하여라.

$$\frac{1}{2}\underset{\substack{\uparrow\\\text{㉠}}}{-}\left[\frac{2}{3}\underset{\substack{\uparrow\\\text{㉡}}}{+}(-2)\underset{\substack{\uparrow\\\text{㉢}}}{\times}\left\{6\underset{\substack{\uparrow\\\text{㉣}}}{\div}\left(-\frac{1}{2}\right)\underset{\substack{\uparrow\\\text{㉤}}}{\times}\frac{1}{3}\right\}\right]$$

※ 다음을 계산하여라.

8. $(-6)+(+7)$

9. $(+5)-(-6)$

10. $\left(-\frac{1}{3}\right)-\left(+\frac{5}{4}\right)$

11. $-3+5-1-7$

12. $(-8)\times(+5)$

13. $\left(+\frac{5}{3}\right)\times\left(-\frac{9}{10}\right)$

14. $(-24)\div(-6)$

15. $\left(-\frac{2}{3}\right)\div\left(+\frac{1}{6}\right)$

16. $1-(-2)^3\times(-3)\div\frac{9}{2}$

17. $\{8-(-2)^2\}\times3-(-9)\div(-3)$

Science & Technology

오른쪽 그림과 같은 주사위에서 마주 보는 면에 있는 두 수의 곱이 1일 때, 보이지 않는 세 면에 있는 수의 곱을 구하라.

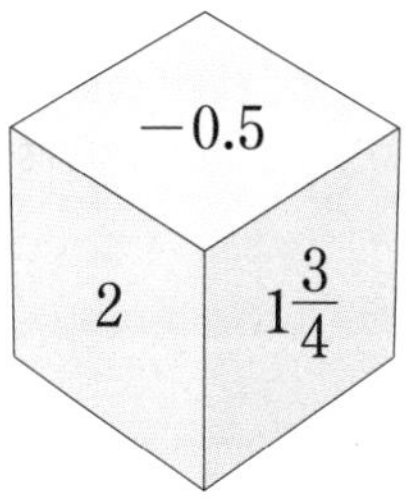

3. 유리수와 순환소수

○ 순환소수의 뜻을 안다.
○ 유리수와 순환소수의 관계를 이해한다.

유리수는 분모가 0이 아닌 $\frac{(\text{정수})}{(\text{정수})}$ 꼴의 분수로 나타낼 수 있는 수를 말한다. 이러한 분수는 나눗셈을 하여 정수 또는 소수로 나타낼 수 있다. 예를 들어,

$$\frac{6}{2}=6\div2=3,\ \frac{2}{5}=2\div5=0.4,\ \frac{1}{6}=1\div6=0.166666\cdots$$

이다. 이때 0.4와 같이 소수점 아래에 0이 아닌 숫자가 유한개인 소수를 **유한소수**라 하고, 0.166666 ⋯과 같이 소수점 아래에 0이 아닌 숫자가 무한히 많은 소수를 **무한소수**라고 한다.

• $\frac{13}{15}$이나 $\frac{26}{33}$처럼 분수의 위아래에 있는 숫자가 커지면 두 수의 크기를 비교하기가 쉽지 않지만 소수로 바꾸면 두 수를 한 눈에 비교할 수 있다.

• 유한(有限) : 수나 양 따위에 일정한 한계나 한도가 있는 것. ↔ 무한(無限)

무한소수 중에는 0.333 ⋯, 1.252525 ⋯와 같이 소수점 아래의 어떤 자리에서부터 일정한 숫자의 배열이 한없이 되풀이 되는 소수가 있는데, 이러한 소수를 **순환소수**라고 한다. 정수가 아닌 분수를 기약분수로 나타내었을 때 분모의 소인수가 2 또는 5뿐이면 유한소수로 나타낼 수 있고, 2 또는 5 이외의 소인수를 가지면 이 분수는 순환소수로 나타낼 수 있다.

• 기약분수(旣約分數) : 분모와 분자의 공약수가 1뿐이어서 더는 약분되지 않는 분수

유한소수나 순환하는 무한소수는 분모가 0이 아닌 분수 꼴로 나타낼 수 있다.
유한소수 0.3, 0.27은 $0.3=\frac{3}{10}$, $0.27=\frac{27}{100}=\frac{27}{10^2}$과 같이 분모가 10의 거듭제곱인 분수로 나타낼 수 있다.
또, 순환소수는 소수점 아랫부분이 같아지도록 10의 거듭제곱을 곱하여 두 개의 식을 만든 다음, 두 식을 변끼리 빼서 분수로 만들 수 있다. 순환소수 0.77777⋯을 분수로 나타내면 오른쪽 그림처럼 $\frac{7}{9}$이다. 이처럼 순환소수는 모두 분수로 나타낼 수 있으므로 유리수이다.

$$\begin{array}{rl} & 10x=7.777\cdots \\ -) & x=0.777\cdots \\ \hline & 9x=7 \\ & \therefore x=\frac{7}{9} \end{array}$$

WHY? 기원전 3000년경 고대 이집트 유적에서 분수를 사용한 흔적을 찾아볼 수 있다. 그러나 일상생활에서 분수를 더하거나 빼는 것은 통분해야 하므로 상당히 번거로운 계산이다. 번거로운 계산을 줄이기 위해 본격적으로 소수를 사용한 스테빈(Stevin, S. ; 1548~1620)은 '모든 계산과 측정이 분수없이 완벽해질 수 있는 산술의 종류가 소수'라고 설명하였다.

핵심

033 유리수와 소수

유리수 : $\dfrac{(\text{정수})}{(0\text{이 아닌 정수})}$의 꼴로 나타낼 수 있는 수

참고 모든 유리수는 (분자)÷(분모)를 계산하면 정수 또는 정수가 아닌 유리수가 된다.

소수의 분류

- 유한소수 : 소수점 아래에 0이 아닌 숫자가 유한개인 소수
  예 0.1, 1.3, 3.25, ⋯
- 무한소수 : 소수점 아래에 0이 아닌 숫자가 무한히 계속되는 소수
  예 0.222⋯, 1.252525⋯, ⋯

※ 주어진 수가 어디에 해당하는지 알맞은 기호를 써넣어라. A는 정수, B는 정수가 아닌 유리수이다.

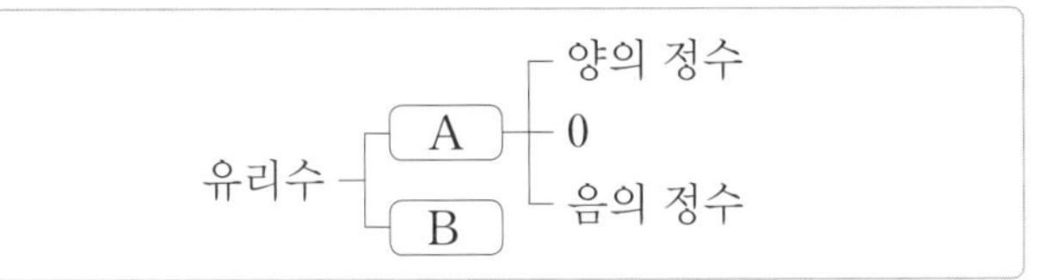

1. 3 ( )
2. -1.5 ( )
3. 0 ( )
4. 3.2 ( )
5. $\dfrac{8}{2}$ ( )
6. 1.454545⋯ ( )
7. 0.333 ( )
8. -0.912 ( )
9. 0.333⋯ ( )
10. $\dfrac{1}{3}$ ( )

※ 다음 소수가 유한소수이면 '유', 무한소수이면 '무'를 써넣어라.

11. 0.6 ( )
12. $-0.666\cdots$ ( )
13. 2.85 ( )
14. $-0.121212\cdots$ ( )
15. -3.8125 ( )
16. 4.212121⋯ ( )

※ 다음 분수를 **보기** 와 같이 소수로 나타내었을 때, 유한소수인지 무한소수인지 구분하여라.

보기

$\dfrac{1}{2}=1\div 2=0.5$ → 유한소수

17. $\dfrac{2}{3}=\square\div\square=\square$ → $\square$소수
18. $\dfrac{3}{5}=\square\div\square=\square$ → $\square$소수
19. $\dfrac{5}{6}=\square\div\square=\square$ → $\square$소수
20. $\dfrac{4}{9}=\square\div\square=\square$ → $\square$소수
21. $\dfrac{13}{10}=\square\div\square=\square$ → $\square$소수
22. $\dfrac{6}{11}=\square\div\square=\square$ → $\square$소수
23. $\dfrac{7}{20}=\square\div\square=\square$ → $\square$소수

핵심

034 유한소수로 나타낼 수 있는 분수

기약분수로 나타내었을 때, 분모의 소인수가 2나 5뿐이면 분모를 10의 거듭제곱으로 고칠 수 있으므로 유한소수로 나타낼 수 있다.

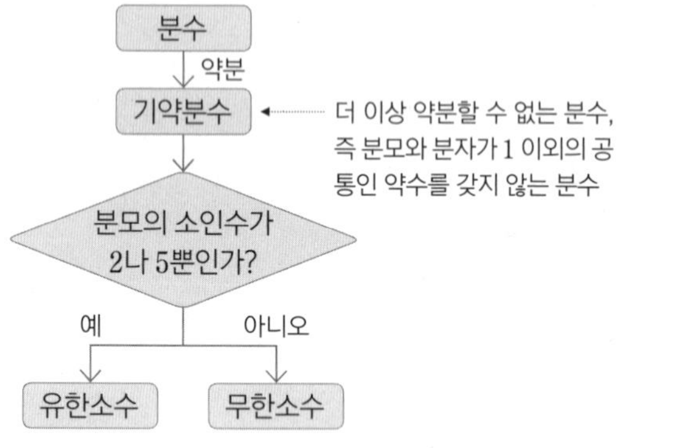

※ 다음은 10의 거듭제곱을 이용하여 분수를 소수로 나타내는 과정이다. □ 안에 알맞은 수를 써넣어라.

1. $\frac{4}{5}=\frac{4\times\square}{5\times\square}=\frac{8}{10}=0.8$

분모, 분자에 같은 수를 곱해서 분모를 10의 거듭제곱으로 나타낸다.

2. $\frac{1}{4}=\frac{1}{2^2}=\frac{1\times\square}{2^2\times\square}=\frac{25}{100}=0.25$

3. $\frac{3}{20}=\frac{3}{2^2\times5}=\frac{3\times\square}{2^2\times5\times\square}=\frac{\square}{100}=\square$

4. $\frac{4}{25}=\frac{4}{5^2}=\frac{4\times\square}{5^2\times\square}=\frac{\square}{\square}=\square$

5. $\frac{1}{40}=\frac{1}{2^3\times5}=\frac{1\times\square}{2^3\times5\times\square}=\frac{\square}{\square}=\square$

※ 다음 분수 중 유한소수로 나타낼 수 있는 것에는 ○표, 그렇지 않은 것에는 ×표 하여라.

6. $\frac{7}{3^2\times5}$ (　　)

7. $\frac{3}{2^2\times5}$ (　　)

8. $\frac{3}{2\times5\times7}$ (　　)

9. $\frac{22}{5\times11}$ (　　)

기약분수가 아니므로 약분한다.

10. $\frac{27}{2^2\times3^2\times5}$ (　　)

11. $\frac{30}{2^4\times3^2\times5}$ (　　)

※ 다음 분수를 소수로 나타낼 때, 유한소수인 것에는 '유한', 무한소수인 것에는 '무한'을 써넣어라.

12. $\frac{9}{4}$ (　　)

13. $\frac{2}{9}$ (　　)

14. $\frac{7}{12}$ (　　)

15. $\frac{6}{15}$ (　　)

16. $\frac{15}{24}$ (　　)

17. $\frac{20}{45}$ (　　)

18. $\frac{12}{60}$ (　　)

19. $\frac{13}{65}$ (　　)

20. $\frac{10}{75}$ (　　)

035 순환소수

순환소수 : 소수점 아래 어떤 자리에서부터 일정한 숫자의 배열이 한없이 되풀이(순환)되는 무한소수

순환마디 : 순환소수의 소수점 아래에서 숫자의 배열이 반복되는 부분

$0.45454545\cdots$
순환마디

순환소수의 표현 : 순환마디 양 끝의 숫자 위에 점을 찍어 나타낸다.

예 $0.666\cdots=0.\dot{6}$, $1.353535\cdots=1.\dot{3}\dot{5}$,
$2.3548548548\cdots=2.3\dot{5}4\dot{8}$

※ 다음 소수 중에서 순환소수인 것에는 ○표, 순환하지 않는 무한소수인 것에는 ×표 하여라.

1. $0.666\cdots$ (　　)
2. $0.101010\cdots$ (　　)
3. $3.151515\cdots$ (　　)
4. $0.101001000\cdots$ (　　)
5. $3.141592168\cdots$ (　　)

※ 다음 순환소수를 순환마디를 써서 간단히 나타내어라.

6. $0.777\cdots$ →
7. $0.2444\cdots$ →
8. $0.125125125\cdots$ →
9. $1.636363\cdots$ →
10. $1.7242424\cdots$ →

※ 다음 분수를 소수로 고친 후 순환마디를 써서 간단히 나타내어라.

11. $\frac{2}{3}=2\div\square=\square$ →
12. $\frac{5}{6}$ →
13. $\frac{8}{11}$ →

036 순환소수를 분수로 나타내는 원리

다음 방법으로 순환소수를 분수로 나타낼 수 있다.

① 주어진 순환소수를 x로 놓는다.
② 소수점 아래 부분이 같아지도록 10의 거듭제곱을 곱하여 두 개의 식을 만든다.
③ 두 식을 변끼리 빼어 소수 부분을 없앤 후 x값을 구한다.

예 $0.3\dot{7}$을 분수로 나타내기

$x=0.3\dot{7}=0.3777\cdots$로 놓으면

$$\begin{array}{rl} 100x=37.777\cdots \\ -\underline{)\ 10x=\ \ 3.777\cdots} \\ 90x=34 \end{array}$$

소수점 아래 부분이 같아진다.

$\therefore x=\frac{34}{90}=\frac{17}{45}$

※ 다음 순환소수를 기약분수로 나타내어라.

1. $0.1\dot{7}$

└ $x=0.1\dot{7}=0.1777\cdots$로 놓으면

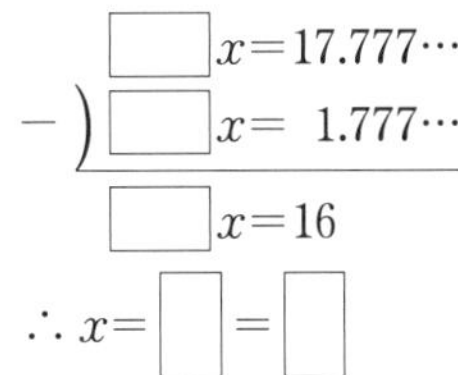

2. $0.4\dot{8}$
3. $2.1\dot{5}\dot{2}$
4. $0.\dot{7}$
5. $1.\dot{2}$
6. $0.\dot{1}\dot{8}$
7. $0.\dot{1}0\dot{7}$

※ 다음 순환소수를 x로 놓고 분수로 나타낼 때, 가장 편리한 식을 알맞게 짝지어라.

8. $0.3\dot{7}\dot{2}$	•	•	㉠ $10x-x$
9. $0.04\dot{3}$	•	•	㉡ $100x-x$
10. $0.\dot{0}\dot{3}$	•	•	㉢ $100x-10x$
11. $1.7\dot{2}$	•	•	㉣ $1000x-10x$
12. $1.\dot{8}$	•	•	㉤ $1000x-100x$

037 순환소수를 분수로 나타내는 공식

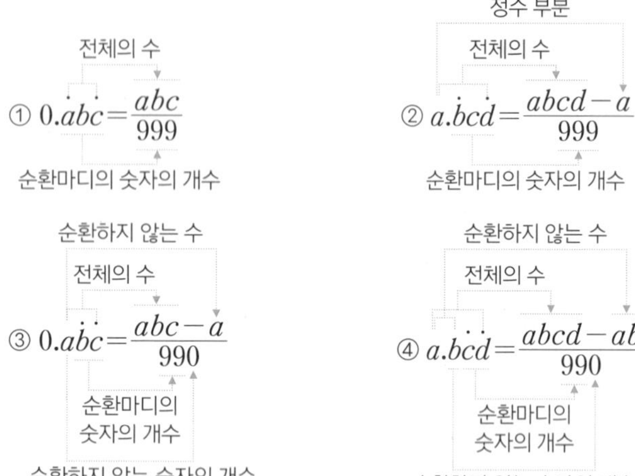

- 분모 : 순환마디의 숫자 개수만큼 9를 쓰고, 소수점 아래에서 순환마디에 포함되지 않는 숫자가 있으면 그 개수만큼 0을 쓴다.
- 분자 : 소수점 기호를 뺀 수에서 (전체의 수) − (순환하지 않는 수)

※ 다음은 순환소수를 분수로 나타내기 위한 과정이다. □ 안에 알맞은 수를 써넣어라.

1. $0.\dot{1}2\dot{4}=\frac{\square}{999}$

2. $1.\dot{2}3\dot{5}=\frac{\square-\square}{999}=\frac{\square}{999}$

3. $0.1\dot{0}\dot{6}=\frac{\square-\square}{990}=\frac{\square}{990}=\frac{\square}{\square}$

4. $2.4\dot{0}\dot{3}=\frac{\square-\square}{990}=\frac{\square}{990}=\frac{\square}{\square}$

※ 다음 순환소수를 기약분수로 나타내어라.

5. $0.\dot{3}\dot{9}$

6. $1.\dot{2}0\dot{5}$

7. $0.2\dot{4}\dot{6}$

8. $2.15\dot{8}$

038 유리수와 소수의 관계

- 0이 아닌 유리수는 유한소수 또는 순환소수로 나타낼 수 있다.
- 유한소수와 순환소수는 분수로 나타낼 수 있으므로 모두 유리수이다.

소수 { 유한소수 / 무한소수 { 순환소수 } 유리수이다. / 순환하지 않는 무한소수 — 유리수가 아니다.

※ 다음 설명 중 옳은 것에는 ○표, 틀린 것에는 ×표 하여라.

1. 순환소수는 무한소수이다. ( )

2. 유리수가 아닌 소수가 있다. ( )

3. 모든 순환소수는 유리수이다. ( )

4. 순환소수 중에는 유리수가 아닌 것도 있다. ( )

5. 모든 유한소수는 유리수이다. ( )

6. 모든 소수는 유리수이다. ( )

7. 순환소수는 분수로 나타낼 수 있다. ( )

8. 모든 유리수는 분수로 나타낼 수 있다. ( )

9. 유리수는 소수점 아래에 0이 아닌 숫자가 유한개인 소수이다. ( )

10. 기약분수 중에는 유한소수로 나타낼 수 없는 것도 있다. ( )

| 실력테스트 |

1. 다음은 분수 $\frac{26}{400}$을 유한소수로 나타내는 과정이다. $a-b+c$의 값을 구하라.

$$\frac{26}{400}=\frac{a}{200}=\frac{a\times b}{200\times b}=\frac{c}{1000}=0.065$$

2. 다음 분수 중 분모를 10의 거듭제곱으로 나타낼 수 없는 것을 모두 고르면? (정답 2개)

① $\frac{9}{30}$ ② $\frac{6}{28}$ ③ $\frac{13}{65}$
④ $\frac{3}{16}$ ⑤ $\frac{3}{18}$

3. 다음 분수 중 유한소수로 나타낼 수 없는 것은? (정답 2개)

① $\frac{15}{2^2\times3^2\times5}$ ② $\frac{30}{3\times5^2}$ ③ $\frac{12}{2^3\times3\times5}$
④ $\frac{2^2}{24}$ ⑤ $\frac{2^2\times3^2}{72}$

4. 분수 $\frac{5}{2^3\times7}$에 자연수 a를 곱한 분수가 유한소수라고 한다. 다음 중 a의 값으로 알맞은 것은?

① 2 ② 3 ③ 5
④ 7 ⑤ 8

5. 분수 $\frac{42}{30\times x}$가 유한소수일 때, 다음 중 x의 값이 될 수 없는 것은?

① 7 ② 14 ③ 21
④ 28 ⑤ 35

6. 다음 중 옳지 않은 것은? (정답 2개)

① 순환소수는 유리수이다.
② 유한소수로 나타낼 수 없는 유리수는 모두 순환소수로 나타낼 수 있다.
③ 순환소수 중에는 분수로 나타낼 수 없는 수도 있다.
④ 무한소수는 모두 유리수가 아니다.
⑤ 0이 아닌 유리수는 유한소수 또는 순환소수로 나타낼 수 있다.

7. 다음은 순환소수 $5.2\dot{3}\dot{4}$를 분수로 나타내는 과정이다. (가) ~ (마)에 들어갈 알맞은 수를 구하라.

$x=5.2\dot{3}\dot{4}$로 놓으면
$x=5.2343434\cdots$ …… ㉠
㉠의 양변에 (가), (나)을 각각 곱하면
(가) $x=5234.343434\cdots$ …… ㉡
(나) $x=\quad 52.343434\cdots$ …… ㉢
㉡－㉢을 하면 (다) $x=$ (라)
$\therefore x=$ (마)

8. 다음 중 옳지 않은 것은?

① $3.\dot{1}\dot{7}=\frac{317-3}{99}$ ② $2.\dot{1}3\dot{4}=\frac{2134-2}{999}$
③ $1.0\dot{5}\dot{7}=\frac{1057-10}{990}$ ④ $0.0\dot{9}1\dot{3}=\frac{913}{9990}$
⑤ $5.1\dot{2}=\frac{512-51}{900}$

※ 다음 순환소수를 기약분수로 나타내어라.

9. $0.3\dot{1}$ 10. $2.1\dot{5}\dot{2}$

11. $3.1\dot{1}2\dot{0}$ 12. $0.04\dot{3}\dot{2}$

Science & Technology

소수 $1.\dot{2}345\dot{6}$의 소수점 아래 2015번째 자리의 숫자를 a, 소수점 아래 2017번째 자리의 숫자를 b라고 할 때, $b-a$의 값을 구하라.

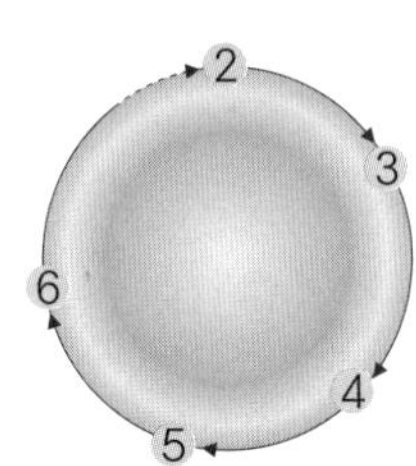

4. 제곱근과 실수

- ○ 제곱근의 뜻을 알고, 그 성질을 이해한다.
- ○ 무리수의 개념을 이해한다.
- ○ 실수의 대소 관계를 판단할 수 있다.
- ○ 근호를 포함한 식의 사칙계산을 할 수 있다.

제곱하여 4가 되는 수로는 2와 -2가 있다. 즉 $2^2=4$, $(-2)^2=4$이다. 이와 같이 어떤 수를 제곱하여 a가 되는 수, 즉 $x^2=a$를 만족하는 x를 a의 **제곱근**이라고 한다. 예를 들어 4의 제곱근은 2, -2이다.

2, -2 —제곱→ 4, 4 —제곱근→ 2, -2

양수 a의 제곱근은 항상 양수와 음수 두 개가 있으며 이들의 절댓값은 서로 같다. 이때 양수 a의 두 제곱근을 기호 $\sqrt{\ }$를 사용하여 양수인 것은 $\sqrt{a}$, 음수인 것은 $-\sqrt{a}$로 나타낸다. 그리고 $\sqrt{a}$와 $-\sqrt{a}$를 함께 $\pm\sqrt{a}$로 나타내기도 한다. 여기서 $\sqrt{\ }$를 근호라 하고, $\sqrt{a}$를 '제곱근 a' 또는 '루트 a'라고 읽는다.

한편, $\sqrt{3}$과 $-\sqrt{3}$은 3의 제곱근이므로 $(\sqrt{3})^2=3$, $(-\sqrt{3})^2=3$이다. 이와 같이 양수 a의 두 제곱근 $\sqrt{a}$와 $-\sqrt{a}$를 제곱하면 a가 되므로, $(\sqrt{a})^2=a$, $(-\sqrt{a})^2=a$임을 알 수 있다.

$\sqrt{a}$, $-\sqrt{a}$ —제곱→ a, a —제곱근→ $\sqrt{a}$, $-\sqrt{a}$

크기가 다른 2개의 정사각형에서 큰 정사각형의 한 변의 길이는 작은 정사각형의 한 변의 길이보다 크다. 즉 두 제곱근의 대소 관계는 근호 안의 수가 큰 것이 크다.

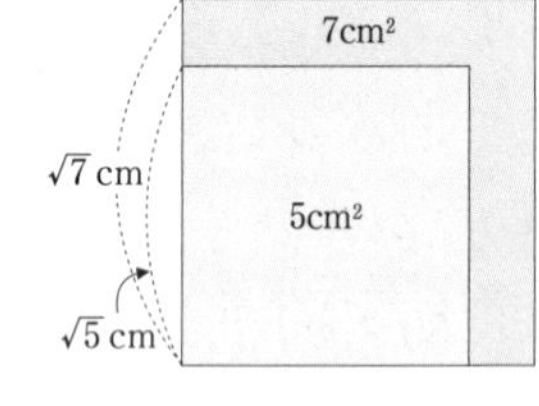

소수 중에는 0.10110111011110⋯과 같이 순환하지 않는 무한소수가 있다. $\sqrt{2}$, 원주율 π 등도 순환하지 않는 무한소수이다. (예: $\sqrt{2}=1.414213562373095\cdots$)
이와 같이 순환하지 않는 무한소수를 **무리수**라고 하며, 유리수와 무리수를 통틀어 **실수**라고 한다.
유리수와 마찬가지로 실수도 수직선 위에 나타내었을 때 오른쪽에 있는 수가 더 큰 수이고, 왼쪽에 있는 수가 더 작은 수이다.

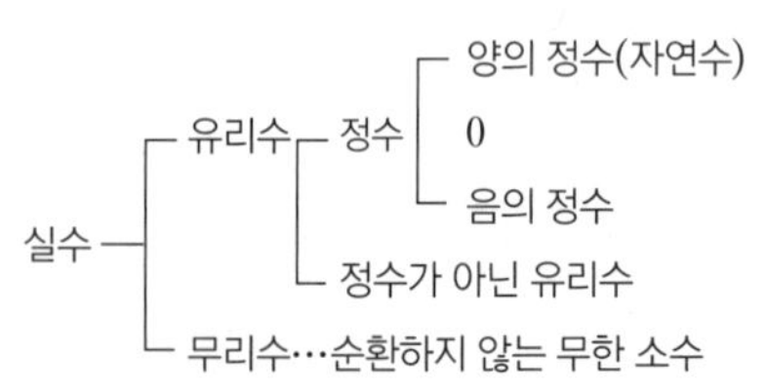

WHY? 한 변의 길이가 1인 정사각형의 대각선의 길이는 유리수로는 나타낼 수 없다. 고대 그리스의 피타고라스 학파 사람들은 이와 같은 길이를 나타낼 수 있는 수가 존재한다는 것을 알게 되었지만 피타고라스는 제자들에게 이 사실을 발설하지 못하게 하였다. 왜냐하면 그들은 정수와 정수의 비만으로 세상 만물을 표현할 수 있다고 했었기 때문이다.

핵심
039 제곱근의 뜻

제곱근 : 어떤 수 x를 제곱하여 a가 될 때, x를 a의 제곱근이라고 한다. 즉 $x^2=a$일 때, x는 a의 제곱근이다.

예 4의 제곱근은 2와 -2이다.

$$\begin{matrix} 2 \\ -2 \end{matrix} \underset{\text{제곱근}}{\overset{\text{제곱}}{\rightleftarrows}} 4$$

제곱근의 개수

- 양수 a의 제곱근은 양수인 것과 음수인 것이 있고 그 절댓값은 서로 같다. (2개)
- 0의 제곱근은 0이다. (1개)

주의 제곱하여 음수 a가 되는 경우는 없으므로 음수 a의 제곱근은 생각하지 않는다. 즉 -1, -2와 같은 음수의 제곱근은 생각하지 않는다.

※ 제곱하여 다음 수가 되는 수를 모두 구하라.

1. 4

   └ $\square^2=4$, $(\square)^2=4$

   따라서 구하는 수는 $\square$, $\square$이다.

2. 25

3. 100

4. 0.25

5. $\frac{1}{9}$

※ 다음 수의 제곱근을 구하라.

6. 1

7. 0

   └ 0의 제곱근은 $\square$ 하나뿐이다.

8. 36

9. 0.49

10. 3^2

11. $\frac{16}{25}$

12. $\left(-\frac{9}{4}\right)^2$

핵심
040 제곱근의 표현

제곱근의 표현

- 제곱근은 기호 $\sqrt{\ }$ (근호)를 써서 $\sqrt{a}$와 같이 나타내고 '제곱근 a' 또는 'root(루트) a'라고 읽는다.

a의 제곱근

- 양수인 것 → 양의 제곱근 : $\sqrt{a}$
- 음수인 것 → 음의 제곱근 : $-\sqrt{a}$

※ 빈칸에 알맞은 수를 써넣어라.

1.

양수 a	a의 양의 제곱근	a의 음의 제곱근
9		-3
4^2	4	
$(-5)^2$	5	
$(0.2)^2$		-0.2
$\left(-\frac{3}{5}\right)^2$	$\frac{3}{5}$	

2.

양수 a	a의 제곱근	제곱근 a
5	$\sqrt{5}, -\sqrt{5}$	
7		$\sqrt{7}$
10		

(제곱근 a)$=\sqrt{a}$이다. 제곱근 a와 a의 제곱근을 혼동하지 말아야 한다.

$$(a\text{의 제곱근})=\begin{cases}\sqrt{a} & (\text{양수인 것})\\ -\sqrt{a} & (\text{음수인 것})\end{cases}$$

※ 다음을 구하라.

3. 2의 양의 제곱근

4. 64의 양의 제곱근

5. 0.04의 음의 제곱근

6. $\frac{4}{9}$의 음의 제곱근

7. 3의 제곱근

8. 11의 제곱근

9. 제곱근 13

10. 제곱근 15

041 제곱근의 성질

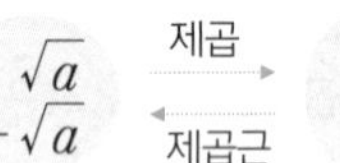

- 제곱근의 뜻에서 양수 a의 두 제곱근 $\sqrt{a}, -\sqrt{a}$를 제곱하면 다시 a가 된다.

  → $(\sqrt{a})^2=a, (-\sqrt{a})^2=a$

  예 $(\sqrt{2})^2=2, (-\sqrt{2})^2=(-\sqrt{2})\times(-\sqrt{2})=2$

- 양수 a에 대해 $\sqrt{a^2}$과 $\sqrt{(-a)^2}$은 모두 a가 된다.

  → $\sqrt{a^2}=a, \sqrt{(-a)^2}=a$

  예 $\sqrt{2^2}=2, \sqrt{(-2)^2}=\sqrt{(-2)\times(-2)}=2$

※ 다음 수를 근호를 사용하지 않고 나타내어라.

1. $(\sqrt{3})^2$
2. $(-\sqrt{3})^2$
3. $(\sqrt{5})^2$
4. $(-\sqrt{5})^2$
5. $\sqrt{3^2}$
6. $\sqrt{(-3)^2}$
7. $\sqrt{5^2}$
8. $\sqrt{(-5)^2}$
9. $\sqrt{\left(\frac{3}{2}\right)^2}$
10. $\sqrt{\left(-\frac{3}{4}\right)^2}$

※ 다음을 계산하여라.

11. $\sqrt{4^2}+\sqrt{(-3)^2}$
12. $\sqrt{7^2}+\sqrt{(-9)^2}$
13. $\sqrt{25}+\sqrt{(-2)^2}$
14. $\sqrt{16}-\sqrt{81}$
15. $\sqrt{(-2)^2}+(-\sqrt{3^2})$
16. $\sqrt{3^2}-\sqrt{(-3)^2}$
17. $(\sqrt{7})^2+(-\sqrt{9})^2$
18. $\left(\sqrt{\frac{3}{2}}\right)^2+\left(-\sqrt{\frac{3}{4}}\right)^2$

042 $\sqrt{A^2}$의 성질

$\sqrt{A^2}$의 꼴을 간단히 할 때에는 결과가 음이 아닌 수가 되도록 근호를 벗긴다.

$\sqrt{a^2}$의 꼴

- $a\geq0$일 때 $\sqrt{a^2}=a$
- $a<0$일 때 $\sqrt{a^2}=-a$

예 $\sqrt{(-2)^2}=\sqrt{4}=2$

$\sqrt{(\text{양수})^2}=(\text{양수})$ — 그대로

$\sqrt{(\text{음수})^2}=-(\text{음수})$ — 앞에 $-$를 붙인다.

$\sqrt{(a-b)^2}$의 꼴 : 먼저 $a-b$의 부호를 조사한다.

- $a-b\geq0$일 때 $\sqrt{(a-b)^2}=a-b$
- $a-b<0$일 때 $\sqrt{(a-b)^2}=-(a-b)=-a+b$

※ 다음 ○ 안에 알맞은 부등호를 써넣어라.

1. $a>0$일 때, $2a$ ○ 0
2. $a<0$일 때, $2a$ ○ 0
3. $a>0$일 때, $-2a$ ○ 0
4. $a<0$일 때, $-2a$ ○ 0
5. $0<a<2$일 때, $2-a$ ○ 0

   부등호가 2개인 경우에는 부등식의 기본 성질을 이용하여 부등호의 방향을 결정하기 보다는 '2에서 2보다 작은 a를 빼면?'으로 생각하는 편이 빠르다.

6. $0<a<2$일 때, $a-2$ ○ 0

※ 다음을 간단히 하여라.

7. $a>0$일 때, $\sqrt{(2a)^2}$
8. $a<0$일 때, $\sqrt{(2a)^2}$
9. $a>0$일 때, $\sqrt{(-2a)^2}$
10. $a<0$일 때, $\sqrt{(-2a)^2}$

※ $0<a<2$일 때, 다음을 간단히 하여라.

11. $\sqrt{(2-a)^2}$
12. $\sqrt{(a-2)^2}$
13. $\sqrt{(2-a)^2}+\sqrt{(a-2)^2}$

핵심 043 제곱근의 대소 관계

$a>0$, $b>0$일 때

- $a<b$이면 $\sqrt{a}<\sqrt{b}$
- $\sqrt{a}<\sqrt{b}$이면 $a<b$

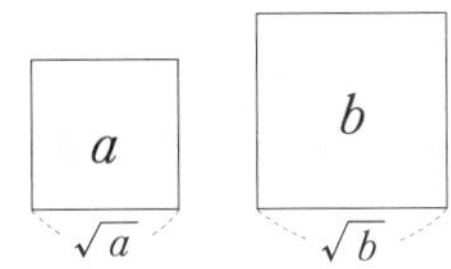

※ 다음 ○ 안에 알맞은 부등호를 써넣어라.

1. $\sqrt{3}$ ○ $\sqrt{7}$

2. $\sqrt{2^2}$ ○ $\sqrt{(-3)^2}$

3. $-\sqrt{8}$ ○ $-\sqrt{10}$

   두 양수 a, b에 대하여 $a<b$이면 $-\sqrt{a}>-\sqrt{b}$이다.

4. $-\sqrt{\frac{4}{5}}$ ○ $-\sqrt{\frac{3}{4}}$

※ 다음 ○ 안에 알맞은 부등호를 써넣어라.

5. 2 ○ $\sqrt{2}$

   └ $2=\sqrt{\square^2}=\sqrt{\square}$이므로 2 ○ $\sqrt{2}$이다.

6. 3 ○ $\sqrt{10}$

7. $\frac{1}{8}$ ○ $\sqrt{\frac{1}{8}}$

8. 0.1 ○ $\sqrt{0.1}$

9. -2 ○ $-\sqrt{5}$

10. $-\frac{1}{2}$ ○ $-\sqrt{\frac{1}{3}}$

※ 다음 부등식을 만족하는 자연수 x의 개수를 구하라.

11. $\sqrt{x}\leq 3$

    └ 양변을 제곱하면 $x\leq\square$
    따라서 자연수 x의 개수는 $\square$개이다.

12. $3<\sqrt{x}<4$

13. $1<\sqrt{x}\leq 2$

핵심 044 무리수와 실수

무리수 : 순환하지 않는 무한소수, 즉 유리수가 아닌 수

예 $\sqrt{2}, \sqrt{3}, \sqrt{\frac{5}{4}}, \cdots$와 같이 근호 안이 유리수의 제곱이 아닌 수나 원주율 $\pi=3.141592653\cdots$ 등은 순환하지 않는 무한소수이다.

참고
- 분자, 분모($\neq 0$)가 정수인 분수로 나타낼 수 없는 수
- 순환하지 않는 무한소수
- 근호를 벗길 수 없는 수

실수 : 유리수와 무리수를 통틀어 실수라고 한다.

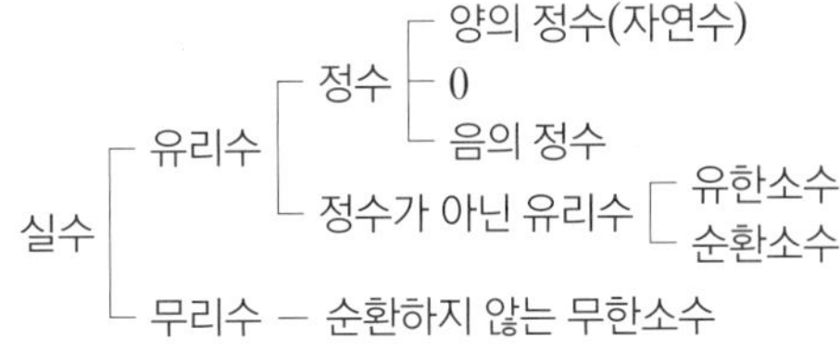

※ 다음 수가 유리수이면 '유', 무리수이면 '무'를 ( ) 안에 써넣어라.

1. $\sqrt{5}$ ( )
2. $\sqrt{9}$ ( )
3. $\sqrt{10}$ ( )
4. $\sqrt{\frac{4}{25}}$ ( )
5. 0 ( )
6. $0.\dot{2}3\dot{5}$ ( )
7. π ( )
8. $\sqrt{0.25}$ ( )

※ 다음 중 옳은 것에는 ○표, 옳지 않은 것에는 ×표 하여라.

9. 무한소수는 무리수이다. ( )

10. 근호를 포함한 수는 모두 무리수이다. ( )

11. 무리수는 $\frac{(\text{정수})}{(0\text{이 아닌 정수})}$ 꼴로 나타낼 수 없다. ( )

12. 무한소수 중에는 유리수인 것도 있다. ( )

13. $0.123\dot{4}5\dot{6}$은 유리수이다. ( )

14. 근호 안이 유리수의 제곱이면 그 수는 유리수이다. ( )

핵심 045 무리수를 수직선 위에 나타내기

넓이가 a인 정사각형 한 변의 길이 $\sqrt{a}$를 이용해서, 수직선 위에 $\sqrt{a}$에 대응하는 점을 나타낼 수 있다.

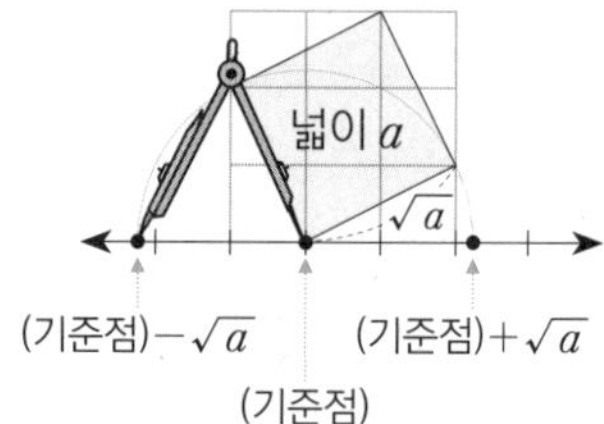

기준점에서 반지름이 $\sqrt{a}$인 원을 그려 수직선과 각각 만나는 점에 대응하는 수는 ⟶ (기준점)$-\sqrt{a}$, (기준점)$+\sqrt{a}$

※ 다음 그림은 한 변의 길이가 1인 정사각형이다. 수직선 위 점 P에 대응하는 수를 구하라.

1.

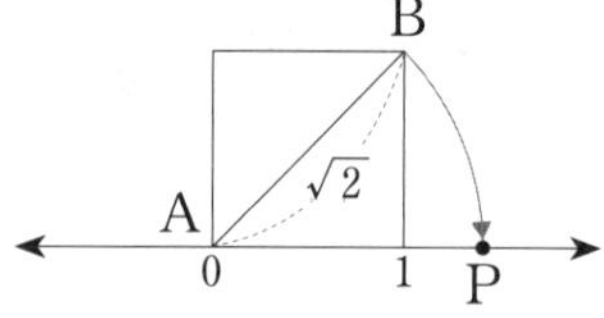

↳ $\overline{AB}=\sqrt{2}$이고 점 P가 기준점인 0의 오른쪽에 있으므로 P(0+□)=P(□)

$\overline{AB}=\overline{AP}$

2.

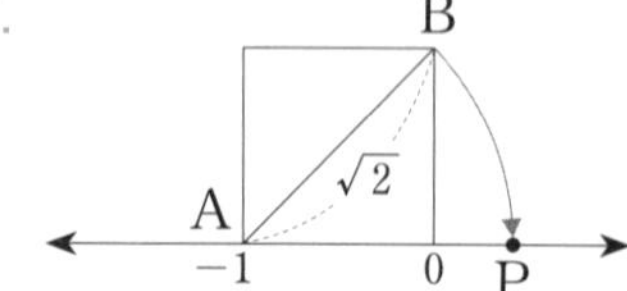

3.

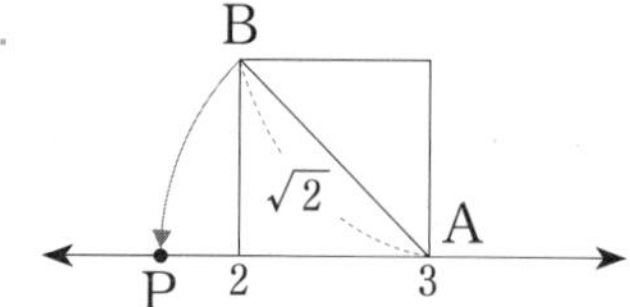

※ 다음 그림에서 모눈 한 칸은 한 변의 길이가 1인 정사각형이다. 수직선 위 점 P에 대응하는 수를 구하라.

4.

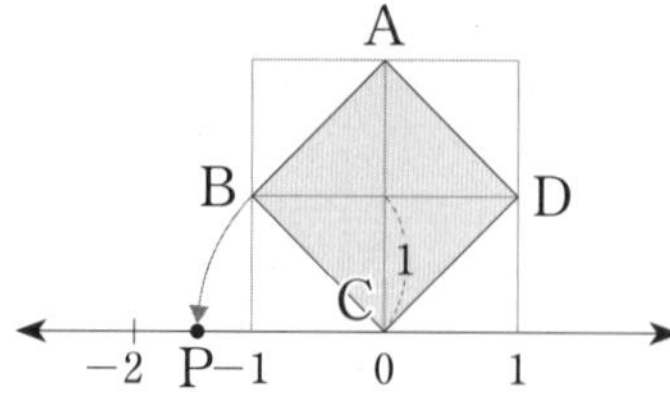

↳ □ABCD의 넓이는 2이므로 □ABCD 한 변의 길이는 □이다.

∴ $\overline{CP}$=□

점 C의 좌표가 0이므로 P(0−□)=P(□)

5.

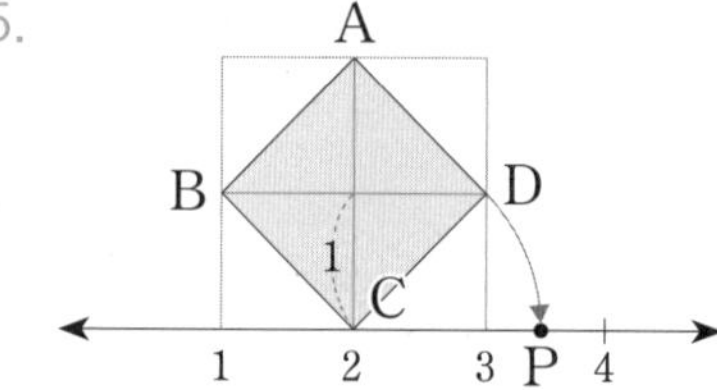

6.

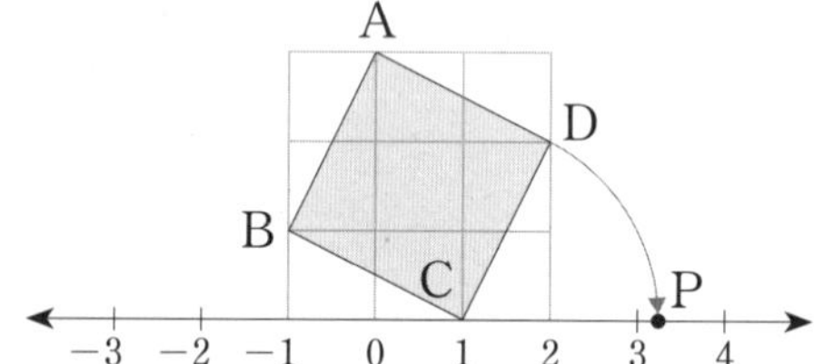

↳ □ABCD의 넓이는 □이므로 □ABCD 한 변의 길이는 □이다.

∴ $\overline{CP}$=□

점 C의 좌표가 1이므로 P(1+□)

7.

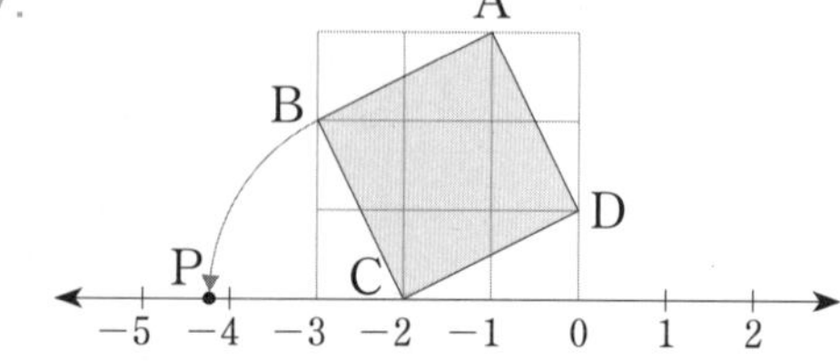

핵심 046 실수와 수직선

수직선은 실수에 대응하는 점으로 완전히 메울 수 있음이 알려져 있다.

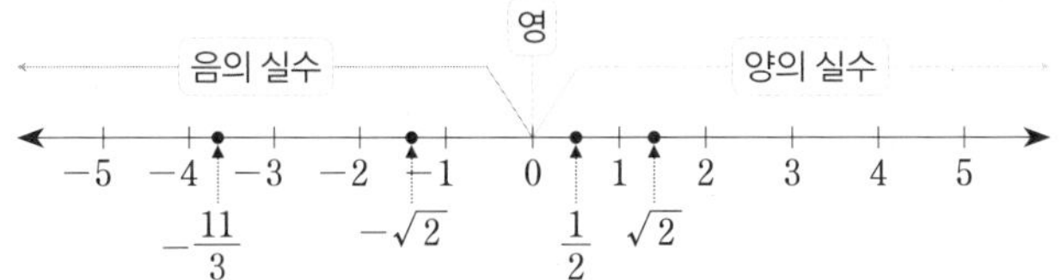

- 실수와 수직선 위의 점은 하나씩 대응한다.
- 서로 다른 두 실수 사이에는 무수히 많은 실수가 있다.

※ 다음 중 옳은 것에는 ○표, 옳지 않은 것에는 ×표를 하여라.

1. 1과 2 사이에는 유리수가 없다. (   )
2. $\sqrt{3}$과 2 사이에는 무수히 많은 무리수가 있다. (   )
3. 무리수로 수직선을 완전히 메울 수 있다. (   )
4. 서로 다른 두 무리수 사이에는 무수히 많은 유리수가 있다. (   )
5. 서로 다른 두 유리수 사이에는 무수히 많은 무리수가 있다. (   )
6. 유리수와 무리수만으로 수직선을 완전히 메울 수 없다. (   )
7. 수직선 위의 모든 점은 실수와 대응한다. (   )

※ 다음 중 $\sqrt{5}$와 $\sqrt{6}$ 사이에 있는 수에는 ○표, 그렇지 않은 것에는 ×표 하여라. (단, $\sqrt{5}$의 값은 2.236, $\sqrt{6}$의 값은 2.449로 계산한다.)

8. $\frac{\sqrt{5}+\sqrt{6}}{2}$ (   )
9. $\sqrt{5}+0.1$ (   )
10. $\sqrt{5}+0.2$ (   )
11. $\sqrt{6}-0.2$ (   )
12. $\sqrt{6}-0.3$ (   )

핵심 047 실수의 대소 관계

두 실수 a, b의 대소 관계는 $a-b$의 부호로 알 수 있다.

- $a-b>0$이면 $a>b$
- $a-b=0$이면 $a=b$
- $a-b<0$이면 $a<b$

참고 등식(또는 부등식)의 양변에 같은 수를 더하거나 빼어도 등식(또는 부등식)은 성립한다.

※ 다음 ○ 안에 알맞은 부등호를 써넣어라.

1. $\sqrt{5}-1$ ○ 2
   └ $\sqrt{5}-1-2=\sqrt{5}-3=\sqrt{5}-\sqrt{9}$ ○ 0
   $\therefore \sqrt{5}-1$ ○ 2
2. $\sqrt{3}+1$ ○ 3
3. $\sqrt{10}-1$ ○ 3
4. $\sqrt{5}+2$ ○ $\sqrt{3}+2$
5. $\sqrt{7}-1$ ○ $\sqrt{5}-1$
6. $3+\sqrt{5}$ ○ $\sqrt{8}+\sqrt{5}$
7. $2-\sqrt{6}$ ○ $\sqrt{5}-\sqrt{6}$
8. $\sqrt{5}+2$ ○ $\sqrt{5}+\sqrt{3}$
9. $\sqrt{6}-\sqrt{8}$ ○ $\sqrt{6}-3$
10. $3+\sqrt{3}$ ○ $\sqrt{3}+2$
11. $4-\sqrt{8}$ ○ $\sqrt{14}-\sqrt{8}$
12. $\sqrt{12}+\sqrt{15}$ ○ $\sqrt{12}+4$
13. $5-\sqrt{2}$ ○ $5-\sqrt{3}$
14. $3+\sqrt{5}$ ○ $3+\sqrt{6}$

핵심

048 제곱근의 곱셈

$a>0$, $b>0$이고 m, n이 유리수일 때

- $\sqrt{a}\sqrt{b}=\sqrt{ab}$
- $m\sqrt{a}\times n\sqrt{b}=mn\sqrt{ab}$
- $\sqrt{a^2b}=\sqrt{a^2}\times\sqrt{b}=a\sqrt{b}$

$\sqrt{2^2\times3}=2\sqrt{3}$

※ 다음을 간단히 하여라.

1. $\sqrt{3}\sqrt{5}=\sqrt{3\times\square}=\sqrt{\square}$

2. $\sqrt{2}\sqrt{10}$

3. $\sqrt{3}\sqrt{16}$

4. $\sqrt{\frac{10}{3}}\sqrt{\frac{9}{5}}=\sqrt{\frac{10}{3}\times\frac{9}{5}}=\sqrt{\square}$

5. $\sqrt{\frac{14}{15}}\sqrt{\frac{10}{7}}$

6. $3\sqrt{2}\times2\sqrt{5}=(3\times\square)\times\sqrt{\square\times5}=\square\sqrt{\square}$

7. $5\sqrt{3}\times4\sqrt{7}$

※ 다음 수를 $a\sqrt{b}$의 꼴로 나타내어라.

8. $\sqrt{28}=\sqrt{\square^2\times7}=\square\sqrt{7}$

9. $\sqrt{50}$

10. $-\sqrt{75}$

11. $-\sqrt{98}$

※ 다음 수를 $\sqrt{a}$ 또는 $-\sqrt{a}$의 꼴로 나타내어라.

12. $3\sqrt{2}=\sqrt{\square^2\times2}=\sqrt{\square}$

13. $4\sqrt{3}$

14. $-5\sqrt{5}$

15. $-6\sqrt{2}$

핵심

049 제곱근의 나눗셈

$a>0$, $b>0$이고 m, n이 유리수일 때

- $\frac{\sqrt{b}}{\sqrt{a}}=\sqrt{\frac{b}{a}}$
- $m\sqrt{a}\div n\sqrt{b}=\frac{m}{n}\sqrt{\frac{a}{b}}$ (단, $n\neq0$)
- $\frac{\sqrt{b}}{\sqrt{a}}\div\frac{\sqrt{d}}{\sqrt{c}}=\frac{\sqrt{b}}{\sqrt{a}}\times\frac{\sqrt{c}}{\sqrt{d}}=\frac{\sqrt{bc}}{\sqrt{ad}}$
- $\frac{\sqrt{b}}{\sqrt{a^2}}=\frac{\sqrt{b}}{a}$

$\frac{\sqrt{b}}{\sqrt{a^2}}=\frac{\sqrt{b}}{a}$

※ 다음을 간단히 하여라.

1. $\frac{\sqrt{6}}{\sqrt{2}}=\sqrt{\frac{\square}{2}}=\sqrt{\square}$

2. $\frac{\sqrt{18}}{\sqrt{6}}$

3. $\frac{\sqrt{27}}{\sqrt{3}}$

4. $\sqrt{10}\div\sqrt{3}$

5. $3\sqrt{7}\div6\sqrt{2}$

6. $\frac{\sqrt{3}}{\sqrt{5}}\div\frac{\sqrt{3}}{\sqrt{25}}$

7. $\sqrt{15}\div\sqrt{3}\times\sqrt{2}$

8. $2\sqrt{10}\times\sqrt{6}\div\sqrt{2}$

※ 다음 수를 $\frac{\sqrt{b}}{a}$의 꼴로 나타내어라.

9. $\sqrt{\frac{2}{9}}=\sqrt{\frac{2}{\square^2}}=\frac{\sqrt{2}}{\square}$

10. $\sqrt{\frac{3}{25}}$

11. $\sqrt{\frac{21}{400}}$

※ 다음 수를 $\sqrt{\frac{b}{a}}$의 꼴로 나타내어라.

12. $\frac{\sqrt{3}}{2}$

13. $\frac{\sqrt{5}}{3}$

14. $\frac{\sqrt{13}}{7}$

핵심

050 분모의 유리화

분모의 유리화 : 분모가 근호를 포함한 무리수일 때, 분모, 분자에 0이 아닌 같은 수를 곱하여 분모를 유리수로 고치는 것

분모의 유리화 방법

- $\dfrac{a}{\sqrt{b}}=\dfrac{a\sqrt{b}}{\sqrt{b}\sqrt{b}}=\dfrac{a\sqrt{b}}{b}$ (단, $b>0$)
- $\dfrac{\sqrt{a}}{\sqrt{b}}=\dfrac{\sqrt{a}\sqrt{b}}{\sqrt{b}\sqrt{b}}=\dfrac{\sqrt{ab}}{b}$ (단, $a>0$, $b>0$)
- $\dfrac{a}{b\sqrt{c}}=\dfrac{a\sqrt{c}}{b\sqrt{c}\sqrt{c}}=\dfrac{a\sqrt{c}}{bc}$ (단, $b\neq0$, $c>0$)

※ 다음은 분모를 유리화하는 과정이다. □ 안에 알맞은 수를 써넣어라.

1. $\dfrac{2}{\sqrt{3}}=\dfrac{2\times\square}{\sqrt{3}\times\square}=\dfrac{2\square}{\square}$

2. $\dfrac{\sqrt{3}}{\sqrt{7}}=\dfrac{\sqrt{3}\times\square}{\sqrt{7}\times\square}=\dfrac{\square}{\square}$

3. $\dfrac{\sqrt{5}}{\sqrt{8}}=\dfrac{\sqrt{5}}{2\sqrt{2}}=\dfrac{\sqrt{5}\times\square}{2\sqrt{2}\times\square}=\dfrac{\square}{4}$

※ 다음 수의 분모를 유리화하여라.

4. $\dfrac{3}{\sqrt{5}}$

5. $\dfrac{3}{\sqrt{6}}$

6. $\dfrac{\sqrt{5}}{\sqrt{2}}$

7. $\sqrt{\dfrac{7}{10}}$

8. $\dfrac{\sqrt{3}}{6\sqrt{2}}$

9. $\dfrac{\sqrt{3}}{\sqrt{32}}$

10. $\dfrac{\sqrt{5}}{\sqrt{72}}$

핵심

051 제곱근의 덧셈과 뺄셈

근호가 들어 있는 식의 덧셈과 뺄셈은 근호 안의 수가 같은 것끼리 모아서 계산한다.

m, n이 유리수이고 $a>0$일 때

- $m\sqrt{a}+n\sqrt{a}=(m+n)\sqrt{a}$
- $m\sqrt{a}-n\sqrt{a}=(m-n)\sqrt{a}$

※ 다음을 간단히 하여라.

1. $4\sqrt{2}+3\sqrt{2}=(4+\square)\sqrt{2}=\square\sqrt{2}$

2. $3\sqrt{5}+4\sqrt{5}$

3. $5\sqrt{3}-2\sqrt{3}=(5-\square)\sqrt{3}=\square\sqrt{3}$

4. $2\sqrt{6}-7\sqrt{6}$

5. $\sqrt{8}+3\sqrt{2}=\square\sqrt{2}+3\sqrt{2}=(\square+3)\sqrt{2}=\square\sqrt{2}$

   근호 안의 수를 소인수분해하여 근호 밖으로 나올 수 있는 인수가 있는지 확인한다.

6. $\sqrt{50}+3\sqrt{2}$

7. $\sqrt{12}+3\sqrt{3}$

8. $\sqrt{12}+\sqrt{48}$

9. $\sqrt{27}-\sqrt{3}=\square\sqrt{3}-\sqrt{3}=(\square-1)\sqrt{3}=\square\sqrt{3}$

10. $\sqrt{48}-2\sqrt{3}$

11. $\sqrt{75}-\sqrt{27}$

12. $2\sqrt{3}+9\sqrt{3}-7\sqrt{3}$

13. $4\sqrt{2}-10\sqrt{2}+9\sqrt{2}$

14. $5\sqrt{2}-3\sqrt{2}-\sqrt{2}$

15. $2\sqrt{2}+\sqrt{18}-\sqrt{50}$

16. $\sqrt{75}-2\sqrt{3}+\sqrt{27}$

17. $\sqrt{5}+\sqrt{45}-\sqrt{20}$

18. $\sqrt{48}-\sqrt{27}+\sqrt{75}$

핵심

052 근호가 있는 식의 분배법칙

괄호가 있으면 분배법칙을 이용하여 괄호를 푼다.

$$\sqrt{a}(\sqrt{b}+\sqrt{c})=\sqrt{ab}+\sqrt{ac}$$

※ 다음을 간단히 하여라.

1. $\sqrt{2}(\sqrt{3}+\sqrt{5})=\sqrt{2}\sqrt{3}+\sqrt{2}\sqrt{5}=\sqrt{\square}+\sqrt{\square}$
2. $\sqrt{3}(\sqrt{5}-\sqrt{7})$
3. $\sqrt{5}(\sqrt{3}+\sqrt{7})$
4. $\sqrt{6}(\sqrt{5}-\sqrt{11})$
5. $(\sqrt{2}+\sqrt{3})\sqrt{5}$
6. $(\sqrt{5}-\sqrt{7})\sqrt{6}$
7. $(\sqrt{3}+\sqrt{5})\sqrt{7}$
8. $(\sqrt{5}-\sqrt{7})\sqrt{11}$
9. $\sqrt{2}(\sqrt{6}+\sqrt{8})=\sqrt{2}\sqrt{6}+\sqrt{2}\sqrt{8}$
   $=\sqrt{12}+\sqrt{16}=\square\sqrt{\square}+\square$
10. $(\sqrt{10}+3\sqrt{5})\sqrt{5}$
11. $\sqrt{3}(\sqrt{6}-\sqrt{2})$
12. $(\sqrt{8}-\sqrt{12})\sqrt{3}$
13. $2\sqrt{3}(\sqrt{6}+\sqrt{12})$
14. $3\sqrt{5}(2\sqrt{10}-\sqrt{5})$

※ 다음을 간단히 하여라.

15. $(\sqrt{6}+\sqrt{12})\div\sqrt{2}=\sqrt{\frac{6}{2}}+\sqrt{\frac{12}{2}}=\sqrt{\square}+\sqrt{\square}$
16. $(\sqrt{35}+\sqrt{21})\div\sqrt{7}$
17. $(\sqrt{42}-\sqrt{18})\div\sqrt{6}$
18. $(6\sqrt{42}+5\sqrt{14})\div\sqrt{7}$
19. $(8\sqrt{10}-6\sqrt{2})\div\sqrt{8}$

핵심

053 분배법칙을 이용한 분모의 유리화

$a>0,\ b>0,\ c>0$일 때

- $\frac{\sqrt{a}+\sqrt{b}}{\sqrt{c}}=\frac{(\sqrt{a}+\sqrt{b})\sqrt{c}}{\sqrt{c}\sqrt{c}}=\frac{\sqrt{ac}+\sqrt{bc}}{c}$
- $\frac{c}{\sqrt{a}+\sqrt{b}}=\frac{c(\sqrt{a}-\sqrt{b})}{(\sqrt{a}+\sqrt{b})(\sqrt{a}-\sqrt{b})}$
  $=\frac{c\sqrt{a}-c\sqrt{b}}{a-b}$ (단, $a\neq b$)

참고 분모가 두 개의 항으로 되어 있는 무리수일 때,
곱셈 공식 $(a+b)(a-b)=a^2-b^2$을 이용한다. (핵심 111에서 배운다.)

※ 다음 수의 분모를 유리화하여라.

1. $\frac{\sqrt{3}+\sqrt{5}}{\sqrt{2}}=\frac{(\sqrt{3}+\sqrt{5})\sqrt{2}}{\sqrt{2}\sqrt{2}}=\frac{\sqrt{\square}+\sqrt{\square}}{\square}$
2. $\frac{\sqrt{5}-\sqrt{2}}{\sqrt{3}}$
3. $\frac{\sqrt{3}+\sqrt{6}}{\sqrt{2}}$
4. $\frac{\sqrt{12}-6}{\sqrt{3}}$

※ 다음 수의 분모를 유리화하여라.

5. $\frac{1}{2+\sqrt{3}}=\frac{\square}{(2+\sqrt{3})(\square)}=\square$
6. $\frac{1}{2-\sqrt{3}}$
7. $\frac{2}{\sqrt{5}+\sqrt{3}}$
8. $\frac{4}{\sqrt{5}-\sqrt{3}}$
9. $\frac{2\sqrt{3}}{\sqrt{7}+\sqrt{3}}$
10. $\frac{2\sqrt{2}}{2-\sqrt{2}}$
11. $\frac{\sqrt{3}}{\sqrt{3}+\sqrt{2}}$
12. $\frac{\sqrt{5}}{\sqrt{5}-2}$

핵심

054 근호를 포함한 복잡한 식의 계산

① 괄호가 있으면 괄호를 푼다.
② $\sqrt{a^2b}$의 꼴은 $a\sqrt{b}$로 고친다.
③ 곱셈, 나눗셈을 먼저 계산한다.
④ 분모에 무리수가 있으면 분모를 유리화한다.
⑤ 근호 안의 수가 같은 것끼리 모아 덧셈, 뺄셈을 한다.

※ 다음 식을 간단히 하여라.

1. $\sqrt{3}(\sqrt{2}-\sqrt{5})+2\sqrt{3}(\sqrt{5}+\sqrt{2})$

2. $\sqrt{3}(2\sqrt{3}+1)+\sqrt{2}(\sqrt{6}-\sqrt{8})$

3. $\sqrt{3}(2\sqrt{6}+2\sqrt{2})+(\sqrt{18}-\sqrt{24})$

4. $2\sqrt{6}(3-\sqrt{12})+\sqrt{3}(\sqrt{2}+6\sqrt{6})$

5. $(2-\sqrt{6})\div\sqrt{2}+\sqrt{3}(\sqrt{6}+1)$

6. $(\sqrt{18}-2\sqrt{5})\div\sqrt{2}-\sqrt{5}\left(\sqrt{2}+\dfrac{2}{\sqrt{2}}\right)$

7. $(\sqrt{27}-3\sqrt{2})\div\sqrt{3}-\sqrt{2}\left(\sqrt{3}-\dfrac{1}{\sqrt{2}}\right)$

8. $\dfrac{\sqrt{27}+3}{\sqrt{3}}-\dfrac{\sqrt{8}+\sqrt{6}}{\sqrt{2}}$

9. $\dfrac{1+\sqrt{6}}{\sqrt{3}}-\dfrac{1-\sqrt{6}}{\sqrt{2}}$

10. $\dfrac{\sqrt{2}}{2+\sqrt{3}}+\dfrac{\sqrt{2}}{2-\sqrt{3}}$

※ 다음 계산 결과가 유리수가 되도록 하는 유리수 a의 값을 구하라.

11. $3\sqrt{2}-5\sqrt{2}+a\sqrt{2}+4$

$\rightarrow (3-5+a)\sqrt{2}+4$

$=(-2+a)\sqrt{\square}+\square$이므로

$a-2=\square \qquad \therefore a=\square$

a, b가 유리수이고 $\sqrt{m}$이 무리수일 때, $a+b\sqrt{m}$이 유리수가 될 조건은 $\longrightarrow b=0$

12. $3-12\sqrt{3}+2\sqrt{3}+a\sqrt{3}$

13. $8\sqrt{6}+4\sqrt{6}-a\sqrt{6}-10$

14. $5+a\sqrt{3}-\dfrac{4}{3}-\dfrac{\sqrt{3}}{2}$

15. $\dfrac{a}{\sqrt{2}}-2+3\sqrt{2}-\sqrt{32}$

※ $A=\sqrt{2}+\sqrt{3}$, $B=\sqrt{2}-\sqrt{3}$일 때, 다음 식의 값을 구하라.

16. $A+B$

17. $B-A$

18. AB

19. $\dfrac{1}{A}+\dfrac{1}{B}=\dfrac{A+\square}{AB}=\square$

20. $\dfrac{1}{A}-\dfrac{1}{B}$

핵심

055 제곱근표

제곱근표 : 1.00부터 99.9까지의 수에 대한 양의 제곱근의 어림값을 소수점 아래 셋째 자리까지 계산해 놓은 표

제곱근표 보는 방법 : 처음 두 자리 수의 가로줄과 끝자리 수의 세로줄이 만나는 곳에 있는 수를 읽는다.

제곱근표에 없는 제곱근 값 구하기

- 근호 안이 100 이상인 수일 때
  → $\sqrt{100a}=10\sqrt{a}$, $\sqrt{10000a}=100\sqrt{a}$, ⋯
- 근호 안이 0 이상 1 미만인 수일 때
  → $\sqrt{\frac{a}{100}}=\frac{\sqrt{a}}{10}$, $\sqrt{\frac{a}{10000}}=\frac{\sqrt{a}}{100}$, ⋯

※ 제곱근표를 이용하여 다음 수의 어림한 값을 구하라.

수	0	1	2	3	4
1.0	1.000	1.005	1.010	1.015	1.020
1.1	1.049	1.054	1.058	1.063	1.068
1.2	1.095	1.100	1.105	1.109	1.114
1.3	1.140	1.145	1.149	1.153	1.158
⋮	⋮	⋮	⋮	⋮	⋮
99	9.950	9.955	9.960	9.965	9.970

1. $\sqrt{1.23}$
2. $\sqrt{1.31}$
3. $\sqrt{1.04}$
4. $\sqrt{1.24}$
5. $\sqrt{1.32}$
6. $\sqrt{99.3}$

※ 제곱근표에서 $\sqrt{2}$의 값이 1.414, $\sqrt{20}$의 값이 4.472일 때, 다음 제곱근의 어림한 값을 구하라.

7. $\sqrt{200}=\sqrt{100\times2}=\square\sqrt{2}=\square\times1.414=\square$
8. $\sqrt{2000}$
9. $\sqrt{20000}$
10. $\sqrt{0.2}=\sqrt{\frac{\square}{100}}=\frac{\sqrt{\square}}{10}=\square$
11. $\sqrt{0.02}$
12. $\sqrt{0.002}$

핵심

056 무리수의 정수 부분과 소수 부분

- 무리수는 순환하지 않는 무한소수이므로 정수 부분과 소수 부분으로 나눌 수 있다. 즉

(무리수)=(정수 부분)+(소수 부분)

- 무리수의 소수 부분은 무리수에서 정수 부분을 뺀 것과 같다.

※ 다음 수의 정수 부분과 소수 부분을 각각 구하라.

1. $\sqrt{5}$
   └ $2=\sqrt{\square}<\sqrt{5}<\sqrt{\square}=3$이므로
   $\sqrt{5}$의 정수 부분은 $\square$이고
   소수 부분은 $\sqrt{5}-\square$이다.
2. $\sqrt{10}$
3. $\sqrt{29}$
4. $2\sqrt{3}$
5. $3\sqrt{5}$
6. $\sqrt{6}+3$
   └ $\sqrt{\square}<\sqrt{6}<\sqrt{\square}$이므로 $\square+3<\sqrt{6}+3<\square+3$
   따라서 $\sqrt{6}+3$의 정수 부분은 $\square$이고
   소수 부분은 $\sqrt{6}+3-\square=\sqrt{6}-\square$이다.
7. $3-\sqrt{6}$
8. $2\sqrt{5}+3$
9. $2\sqrt{10}-3$

| 실력테스트 |

1. 다음 중 옳은 것은?

① $\sqrt{64}$의 제곱근은 8이다.
② $\sqrt{(-3)^2}$의 음의 제곱근은 -3이다.
③ 0의 제곱근은 없다.
④ -81의 제곱근은 -9이다.
⑤ $-\sqrt{3}$은 3의 음의 제곱근이다.

2. $\sqrt{81}-\sqrt{(-2)^2}\times(-\sqrt{3})^2\times\{-\sqrt{(-1)^2}\}$을 계산하면?

① 9 ② 11 ③ 13 ④ 15 ⑤ 17

3. $a<0$일 때, $\sqrt{(-a)^2}-\sqrt{9a^2}$을 간단히 하면?

① $-3a$ ② $-2a$ ③ a
④ $2a$ ⑤ $3a$

4. $\sqrt{\dfrac{240}{x}}$이 자연수가 되는 가장 작은 자연수 x의 값은?

① 2 ② 3 ③ 6 ④ 10 ⑤ 15

5. 다음 중 두 실수의 대소 관계가 옳은 것은?

① $3-\sqrt{2}<-\sqrt{3}$ ② $3\sqrt{2}-1<2\sqrt{3}-1$
③ $4\sqrt{2}-1>2\sqrt{2}+1$ ④ $2\sqrt{5}+1>3\sqrt{3}+1$
⑤ $2\sqrt{2}+\sqrt{3}>3+\sqrt{3}$

6. 그림에서 □ABCD는 정사각형이고 B(1), C(2)이다. $\overline{AC}=\overline{PC}$, $\overline{BD}=\overline{BQ}$일 때, $\overline{PQ}$의 길이를 구하라.

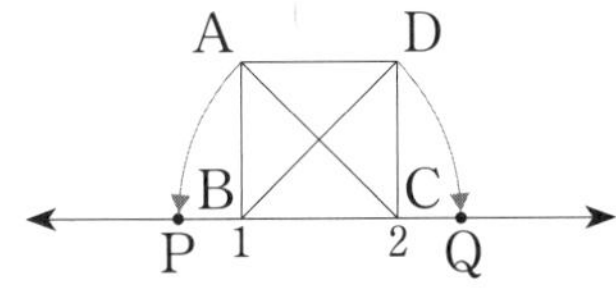

7. 두 실수 $2\sqrt{2}$와 $\sqrt{5}+2$ 사이의 수가 아닌 것은?

① 3 ② 5 ③ $\sqrt{10}$
④ $2\sqrt{3}$ ⑤ $\sqrt{5}+1$

8. $\sqrt{2}=a$, $\sqrt{3}=b$일 때, $\sqrt{72}$를 a, b를 이용하여 나타내면?

① a^2b ② a^3b^2 ③ $2a^3b^2$
④ a^6b^4 ⑤ $a^2b\sqrt{ab}$

9. $\dfrac{\sqrt{2}}{2-\sqrt{2}}=a+b\sqrt{2}$일 때, $a-b$의 값은?(단, a, b는 유리수)

① 0 ② -1 ③ 1 ④ -2 ⑤ 2

10. $5-\sqrt{3}$의 정수 부분을 a, 소수 부분을 b라고 할 때, $3a-2b$의 값을 구하라.

11. $\sqrt{0.5}=a$, $\sqrt{5}=b$일 때, 다음 중 옳지 않은 것은?

① $\sqrt{50}=10a$ ② $\sqrt{500}=10b$
③ $\sqrt{0.05}=\dfrac{b}{10}$ ④ $\sqrt{0.005}=\dfrac{a}{10}$
⑤ $\sqrt{0.0005}=\dfrac{a}{100}$

12. 제곱근표에서 $\sqrt{2}$의 값이 1.414, $\sqrt{20}$의 값이 4.472일 때, $\sqrt{0.32}$의 값은?

① 0.1414 ② 0.2828 ③ 0.5656
④ 0.4472 ⑤ 0.8944

$\sqrt{0.32}=\sqrt{\dfrac{32}{100}}=\dfrac{4\sqrt{2}}{10}$

Science & Technology

일반적으로 실에 매달린 추의 무게가 일정할 때, 그 추가 1회 왕복하는 데 걸리는 시간은 추가 매달린 실의 길이의 제곱근에 정비례한다. 추의 길이를 0.24배로 하였을 때 추가 왕복하는 시간은 몇 배가 될까? (제곱근표에서 $\sqrt{6}$의 값은 2.449, $\sqrt{60}$의 값은 7.746이다.)

① 0.2449배 ② 0.2828배
③ 0.5656배 ④ 0.4898배
⑤ 0.8944배

Ⅱ 문자와 식

학습 내용

중학교 수학 ❶	중학교 수학 ❷	중학교 수학 ❸
1. 문자의 사용과 식의 계산 2. 일차방정식	3. 식의 계산 4. 일차부등식 5. 연립일차방정식	6. 다항식의 곱셈과 인수분해 7. 이차방정식

"어떤 수?"를 대신한 문자 x

이집트의 승려 아메스가 남긴 파피루스에는 '아하 문제'라는 것이 있는데, '아하'란 알지 못하는 값을 말한다.

"아하에 아하의 $\frac{1}{7}$을 더하면 19가 된다. 아하는 얼마인가?"

당시 이집트 사람들은 '아하'에 일일이 숫자를 대입해서 문제를 풀었지만 우리는 '아하'라는 모르는 수를 x로 두어 문제를 쉽게 풀 수 있다. 문자를 사용하여 식을 나타내면 실생활에서 만나게 되는 여러 가지 복잡한 문제들을 매우 효과적이고도 쉽게 해결할 수 있다. 수학을 벗어난 일상생활에서도 우리가 사용하고 있는 기호는 매우 많다. 거리의 교통 표지판, 지도상의 특정 표시나 음악의 악보에 이르기까지 모두 약속한 기호들로 이루어져 있다.

1. 문자의 사용과 식의 계산

- ○ 다양한 상황을 문자를 사용한 식으로 간단히 나타낼 수 있다.
- ○ 식의 값을 구할 수 있다.
- ○ 일차식의 덧셈과 뺄셈의 원리를 이해하고, 그 계산을 할 수 있다.

500원짜리 사과를 1개, 2개, 3개, … 살 때의 가격은 사과 1개의 값과 개수를 곱하여 500×1(원), 500×2(원), 500×3(원), … 과 같이 나타낼 수 있다. 이것을 한 개의 식으로 간단히 나타낼 수는 없을까? 사과 개수 대신 문자 x를 사용하면, 사과를 살 때의 금액은 $500\times x$(원)과 같이 한 개의 식으로 나타낼 수 있다. 이처럼 문자를 사용하면 수량 사이의 관계를 간단히 표현할 수 있다.

문자를 사용한 식에서는 ×, ÷ 기호를 생략하여 식을 간단히 나타낼 수 있는데 이렇게 하면 식을 읽기가 훨씬 쉬워진다.

① 수와 문자, 문자와 문자의 곱에서 곱셈 기호(×) 및 1은 생략한다.

⇨ $3\times a=3a,\ 1\times a=a$

② 문자와 숫자의 곱에서는 숫자를 먼저 쓰고, 문자는 알파벳 순서대로 쓴다.

⇨ $b\times25\times a=25ab,\ a\times c\times b=abc$

③ 같은 문자의 곱은 거듭제곱으로 나타낸다. ⇨ $a\times a\times a=a^3$

④ 나눗셈 기호(÷)는 사용하지 않고 분수 꼴로 나타낸다. ⇨ $a\div2=\dfrac{a}{2}$

• ×, ÷ 기호는 생략할 수 있지만 +, − 기호는 생략할 수 없다. 수와 수의 곱은 곱셈 기호(×)를 생략하고 두 수 사이에 가운뎃점(·)을 넣어 나타내기도 한다.

$2\times5=2\cdot5$

문자를 사용한 식에서 문자 대신에 수를 넣는 것을 **대입**한다고 하며, 문자에 수를 대입하여 얻은 값을 **식의 값**이라고 한다. 문자에 수를 대입할 때에는 생략된 곱셈 기호를 다시 사용하여 계산하고, 음수를 대입할 때에는 괄호를 사용한다.

$2x-4y+3$은 $2x+(-4y)+3$으로 $2x,\ -4y,\ 3$의 합이다. 여기서 수 또는 문자의 곱으로 이루어진 $2x,\ -4y,\ 3$을 각각 **항**이라 하고 3과 같이 수만으로 이루어진 항을 **상수항**이라고 한다. 또, 항에서 곱해진 문자의 개수를 **차수**라고 한다.

$2x+6$
$=2\times(-1)+6$ ← 대입
$=4$ ← 식의 값

항 → $2x+(-4y)+3$ ← 상수항

$7x^2$ ← 차수

WHY? 왜 숫자 대신 x를 사용했을까? 미지수를 처음으로 x를 사용하여 나타낸 사람은 프랑스의 데카르트(Descartes, R.: 1596~1650)였다. 그 당시에는 미지수를 '미지의 그 무엇'이라고 풀어서 표현하였는데, 이것이 번거롭다고 생각한 데카르트는 그의 논문에서 '다음에는 미지의 그 무엇을 x라고 한다.'고 하였다. 이때부터 미지수 x가 사용되기 시작하였는데, 그것은 인쇄소에 x라는 활자가 많이 남아 있었기 때문이다.

핵심

057 문자를 사용한 식

문자의 사용 : 문자를 사용하면 수량 사이의 관계를 간단히 식으로 나타낼 수 있다.

문자를 사용하여 식 세우기

① 문제의 뜻을 파악하여 수량 사이의 관계 또는 규칙을 찾는다.
② 찾은 규칙에 맞게 문자를 사용하여 식을 세운다.

※ 다음을 문자를 사용한 식으로 나타내어라.

1. 500원짜리 노트 x권의 가격

 └ 500원짜리 노트 x권의 가격 ⟶ $500\times\square$(원)

2. 한 송이에 1500원 하는 포도 y송이의 가격

3. 200원짜리 연필 a자루와 100원짜리 지우개 b개를 샀을 때의 가격

 └ 200원짜리 연필 a자루의 가격 ⟶ $200\times\square$(원)
 100원짜리 지우개 b개의 가격 ⟶ $100\times\square$(원)
 따라서 전체 가격은 $200\times\square+100\times\square$(원)

4. 800원짜리 아이스크림을 x개 사고 10000원을 냈을 때의 거스름돈

 (거스름돈)=(지불한 금액)−(물건의 가격)

5. 500원짜리 지우개를 a개 사고 5000원을 냈을 때의 거스름돈

6. 시속 80km의 속력으로 달리는 자동차가 t시간 동안 이동한 거리

 (거리)=(속력)×(시간)

7. 한 변의 길이가 $x$cm인 정사각형의 둘레의 길이

8. 밑변의 길이가 $a$cm, 높이가 $b$cm인 삼각형의 넓이

 (삼각형의 넓이)$=\frac{1}{2}\times$(밑변의 길이)×(높이)

핵심

058 곱셈, 나눗셈 기호의 생략

곱셈 기호(×)의 생략

- 수와 문자, 문자와 문자의 곱은 곱셈 기호(×)를 생략하여 식을 간단하게 나타낼 수 있다.
 예 $3\times x=3x$, $x\times(-2)=-2x$
- 수와 문자의 곱은 수를 문자 앞에 쓰고, 문자와 문자의 곱은 보통 알파벳 순서로 쓴다

$$b\times3\times b\times a=3ab^2$$

- 같은 문자의 곱은 거듭제곱으로 나타낸다.

참고 1이나 −1과 문자와의 곱에서는 숫자 1을 생략한다. 즉
$1\times a=a$, $(-1)\times b=-b$

주의 $0.1\times x$는 $0.x$로 쓰지 않고 $0.1x$라고 쓴다.

나눗셈 기호(÷)의 생략

나눗셈 기호(÷)를 생략할 때에는 분수의 꼴로 나타낸다.

예 $2a\div3=\frac{2a}{3}$ 또는 $2a\div3=2\times a\times\frac{1}{3}=\frac{2}{3}a$

※ 다음 식을 곱셈 기호를 생략하여 나타내어라.

1. $2\times a$
2. $b\times(-3)$
3. $a\times(-1)\times b$
4. $b\times0.1\times a$
5. $(x+y)\times3$
6. $(x+2)\times(-1)$
7. $x\times y\times x\times x$
8. $x\times(-1)\times x\times y$

※ 다음 식을 곱셈 기호, 나눗셈 기호를 생략하여 나타내어라.

9. $a\div3$
10. $(-2)\div a$
11. $a\div b$
12. $a\div b\div c$
13. $(m+n)\div3$
14. $1\div(3n+2)$
15. $x\times3\div y$
16. $x\times y\div5\times z$

059 식의 값

대입 : 식에 있는 문자 대신 수를 넣는 것

식의 값 : 식의 문자에 어떤 수를 대입하여 계산한 값

예 $x=-2$일 때, 식 $3-x$의 값

→ $3-(-2)=3+2=5$

참고 식에 대입하는 값이 음수일 때에는 ( )에 넣어 대입한다.

※ $x=-3$일 때, 다음 식의 값을 구하라.

1. $1-3x=1-3\times(\square)=1+\square=\square$

2. $3x+2$

3. $\dfrac{6}{x}$

4. $-\dfrac{x}{3}$

5. x^2+x

6. $\dfrac{2x+3}{3x-1}$

※ $a=-2$, $b=3$일 때, 다음 식의 값을 구하라.

7. $2a+b=2\times(\square)+\square=\square$

8. $-4a+b$

9. $b(a+b)$

10. a^2+b^2

11. $(a+b)^2$

12. $\dfrac{a+b}{2}$

13. $\dfrac{b-2}{a+3}$

060 다항식과 일차식

다항식

- 항 : 수 또는 문자의 곱으로만 이루어진 식
- 상수항 : 수만으로 이루어진 항
- 계수 : 문자 앞에 곱해진 수

$3x+15y+5$ (x의 계수, y의 계수, 상수항; 항)

- 다항식 : 하나의 항 또는 2개 이상의 항의 합으로 이루어진 식
- 단항식 : 하나의 항만으로 이루어진 식 예 $3x$, $15y$, 5

일차식

- 항의 차수 : 문자가 들어 있는 항에서 문자가 곱해진 개수 ($3x^2$ ← 차수)
- 다항식의 차수 : 차수가 가장 큰 항의 차수

예 다항식 $3x^2+x-5$에서 차수가 가장 높은 항은 $3x^2$이므로 이 다항식의 차수는 2이다.

- 일차식 : 차수가 1인 다항식

※ 다음 표의 빈칸을 알맞게 채우고, 단항식인 것을 모두 말하여라.

	항	상수항	x의 계수
1. $3x-2$	$3x$, -2		
2. $x-2y+5$			
3. $3x^2$		0	
4. -10			
5. $-\dfrac{3}{4}x$			
6. $\dfrac{1}{2}x^2+\dfrac{2}{3}$			
7. $0.5x-2.3y$			

단항식: ____________

※ 다음 중에서 일차식인 것에 ○표 하여라.

8. $-2,\ 5-3x,\ \dfrac{x+1}{2},\ \dfrac{10}{y}$

9. $-\dfrac{1}{3}x,\ x^2-5,\ 2y+y^2,\ \dfrac{1}{x}+4$

핵심 061 일차식과 수의 곱셈, 나눗셈

(단항식)×(수) : 수끼리 곱하여 문자 앞에 쓴다.

예 $3a\times5=3\times a\times5=3\times5\times a=15a$

(단항식)÷(수) : 나누는 수의 역수를 곱한다.

예 $6a\div3=6\times a\times\frac{1}{3}=6\times\frac{1}{3}\times a=2a$

(일차식)×(수) : 분배법칙을 이용하여 일차식의 각 항에 수를 곱한다.

예 $2(3x-1)=2\times3x+2\times(-1)=6x-2$

(일차식)÷(수) : 분배법칙을 이용하여 일차식의 각 항에 나누는 수의 역수를 곱한다.

예 $(6x+2)\div2=(6x+2)\times\frac{1}{2}=6x\times\frac{1}{2}+2\times\frac{1}{2}=3x+1$

※ 다음 식을 간단히 하여라.

1. $3a\times4=3\times\square\times a=\square a$
2. $2b\times(-6)$
3. $(-15a)\div5$
4. $8b\div(-4)$
5. $\left(-\frac{9}{2}a\right)\div\left(-\frac{3}{8}\right)$

※ 다음 식을 간단히 하여라.

6. $3(x+2)=\square\times x+\square\times2=3x+\square$
7. $-(2x+7)$
8. $(2x-1)\times(-5)$
9. $\frac{1}{4}(-8x+12)$
10. $(2x-4)\times\frac{3}{2}$
11. $\left(\frac{1}{2}x-\frac{2}{3}\right)\times6$
12. $(3x+9)\div3$
13. $(-10x+5)\div\frac{1}{5}$
14. $(15x+10)\div\left(-\frac{5}{2}\right)$

핵심 062 일차식의 덧셈과 뺄셈

동류항 : 문자와 차수가 같은 항

예 $5x$와 $2x$, 3과 -6

동류항
$5x+3+2x-6$
동류항

동류항의 덧셈과 뺄셈

- 동류항의 덧셈 : 동류항의 계수끼리 더한 후 문자를 곱한다.

  예 $5x+2x=(5+2)x=7x$

- 동류항의 뺄셈 : 동류항의 계수끼리 뺀 후 문자를 곱한다.

일차식의 덧셈과 뺄셈

① 괄호가 있으면 분배법칙을 이용하여 괄호를 푼다.
② 동류항끼리 모은다.
③ 동류항끼리 계산한다.

주의 괄호 앞에 −가 있으면 괄호 안에 있는 모든 항의 부호를 바꾸어 괄호를 푼다.

※ 다음 식에서 동류항끼리 짝지어 써라.

1. $5a-3+4a+1$
2. $3x-1+\frac{x}{2}+4$

※ 다음 식을 간단히 하여라.

3. $-5a+7a=(-5+\square)a=\square a$
4. $4x-2x$
5. $b-2a-3b+5a$
6. $x+2y-y+3y$
7. $-6a+3+4a-3$
8. $3x-1+4y-2x-5y+6$

※ 다음 식을 간단히 하여라.

9. $-x+(3x-2)$
10. $2x-(-3x+1)$
11. $(x+3)+(-2x+1)$
12. $(3x+2)-5(2x-1)$
13. $5(x+4)-2(-5x+6)$

핵심

063 복잡한 일차식의 덧셈과 뺄셈

분수 꼴인 일차식의 계산 : 분모의 최소공배수로 통분한 다음 동류항끼리 모아서 계산한다.

주의 통분할 때, 분자에 괄호를 한다.

복잡한 괄호가 있는 일차식의 계산 : 소괄호 ( ), 중괄호 { }, 대괄호 [ ] 순으로 정리한다.

※ 다음 식을 간단히 하여라.

1. $\frac{x-3}{2}+\frac{x+1}{4}=\frac{2x-\square}{4}+\frac{x+1}{4}$
$=\frac{\square x-\square}{4}$

2. $\frac{x-4}{2}-\frac{3x-2}{6}$

3. $\frac{x+1}{3}+\frac{2x-3}{6}$

4. $\frac{-x+2}{3}-\frac{2x-5}{9}$

5. $\frac{3x-4}{2}+\frac{5x+1}{3}$

6. $\frac{x+3}{4}+\frac{-x+1}{6}$

7. $\frac{x-2}{3}+3x-2$

8. $-2x-5+\frac{2x+1}{5}$

9. $\left(\frac{x}{2}+\frac{1}{3}\right)+\left(\frac{x}{3}+\frac{2}{3}\right)$

10. $\left(\frac{x}{4}+2\right)+\left(\frac{x}{2}+\frac{2}{3}\right)$

11. $\left(2x-\frac{2}{3}\right)-\left(\frac{x}{3}+2\right)$

12. $6\left(\frac{1}{2}x+2\right)-3\left(x+\frac{1}{3}\right)$

13. $4\left(2x+\frac{1}{2}\right)-6\left(\frac{x}{3}+\frac{1}{2}\right)$

14. $\frac{2}{3}(3x-6)+\frac{1}{4}(4x-12)$

15. $-\frac{3}{4}(8x-12)+\frac{2}{3}(3x-9)$

※ 다음을 계산하여라.

16. $3x-\{1-(2x+3)\}=3x-(1-2x\square 3)$
$=3x-(-2x-\square)$
$=3x+\square x+\square$
$=\square x+\square$

17. $2x-\{3x-(4-5x)\}$

18. $5x+\{x-4(2x+1)\}$

19. $-3a+\{3a-(a-5)-1\}$

20. $2x-1-2\{x-3(x+3)\}$

21. $-2x+[3x+1-\{1-(x-3)\}]$

22. $-[3(x-2)-\{3+4(x-1)\}]+2x$

| 실력테스트 |

1. 다음 중 문자를 사용하여 나타낸 식으로 옳지 않은 것은?

① 닭 x마리와 소 y마리의 총 다리 수 → $(2x+4y)$개

② 농구 선수가 3점짜리 슛 x골과 2점짜리 슛 y골을 성공시켰을 때의 점수 → $(3x+2y)$점

③ 5개에 a원인 지우개 1개의 값 → $5a$원

④ 한 권에 a원인 공책 3권을 1000원을 내고 살 때의 거스름돈 → $(1000-3a)$원

⑤ 10km 떨어진 지점을 시속 3km로 x시간 동안 갔을 때 남은 거리 → $(10-3x)$km

2. 다음 중 곱셈, 나눗셈 기호를 생략하여 나타낸 것으로 옳은 것은?

① $0.1\times x\times y=xy$　② $2\times a\div\frac{1}{b}=\frac{2a}{b}$

③ $a\div(b\times c)=\frac{ac}{b}$　④ $x\div y\times 5=\frac{x}{5y}$

⑤ $a\times b\times(-1)\times a\times a=-a^3b$

3. 다음 중 $\frac{a}{2bc}$와 같은 식은?

① $2a\div b\div c$　② $a\div 2b\div c$　③ $a\times b\div 2c$

④ $a\div 2b+c$　⑤ $a\div b-2c$

4. $x=2,\ y=-3$일 때, x^2-y의 값은?

① -1　② 1　③ 3　④ 5　⑤ 7

5. 가로, 세로 높이가 각각 x, 1, 3인 직육면체의 겉넓이를 x의 식으로 나타내어라.

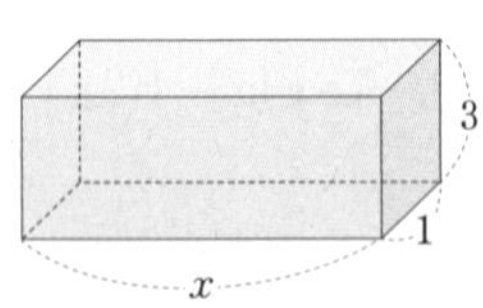

6. 다항식 $3x^2-x-1$에 대한 설명으로 옳지 않은 것은?

① 다항식의 차수는 2이다.

② 항은 모두 3개이다.

③ x의 계수는 0이다.

④ x^2의 계수는 3이다.

⑤ 상수항은 -1이다.

7. 다음 표의 빈칸에 알맞은 수를 써넣어라.

일차식	$x+2$	$x-1$	$-3x+1$	x
x의 계수	1	1		
상수항			1	0
$x=-1$일 때 식의 값	1			-1

8. $\frac{2x-1}{3}-\frac{x+1}{2}$을 간단히 하였을 때, x의 계수와 상수항의 합은?

① $-\frac{5}{3}$　② $-\frac{3}{2}$　③ $-\frac{2}{3}$

④ $\frac{2}{3}$　⑤ $\frac{3}{2}$

9. $-2x+6-\{3x-(4-5x)-2\}=Ax+B$일 때, $A+B$의 값은?

① -22　② -10　③ 2

④ 6　⑤ 18

10. $\frac{2}{3}(6x-15)-\frac{2}{5}(10x-15)$를 간단히 하였을 때, 일차항의 계수와 상수항의 합을 구하라.

Science & Technology

한 변의 길이가 10m인 정사각형 모양의 땅이 있다. 어두운 부분은 길을 만들고 나머지 부분에 꽃밭을 만들 때, 꽃밭의 넓이는 얼마인가?

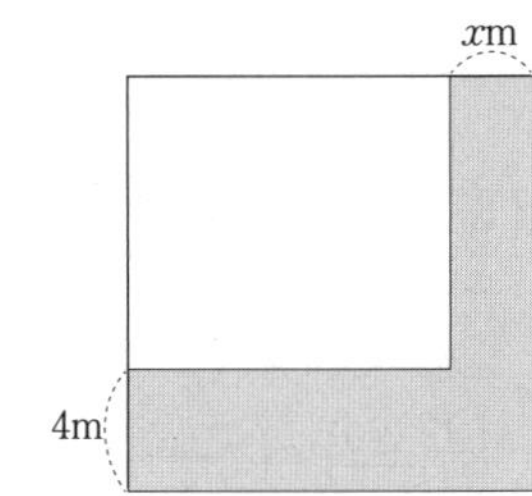

① $(40-4x)\text{m}^2$　② $(60-6x)\text{m}^2$

③ $(60-4x)\text{m}^2$　④ $(40-6x)\text{m}^2$

⑤ $(10-x)\text{m}^2$

2. 일차방정식

○ 방정식과 그 해의 의미를 알고, 등식의 성질을 이해한다.
○ 일차방정식을 풀 수 있고, 이를 활용하여 문제를 해결할 수 있다.

등호(=)를 사용하여 두 식이 같다고 나타낸 것을 **등식**이라고 한다.
등식에는 참인 등식과 거짓인 등식, 참·거짓을 말할 수 없는 등식이 있다. 등호의 왼쪽에 있는 좌변과 등호의 오른쪽에 있는 우변의 값이 같을 때는 참이고, 다를 때는 거짓이다. 반면 미지수 x값에 따라 좌변과 우변의 값이 같을 때도 있고 다를 때도 있으면 참과 거짓을 말할 수 없다. 이러한 등식을 x에 대한 **방정식**이라고 한다.

등호

$2x+4=10$

좌변 우변

양변

방정식을 성립시키는 어떤 수를 **방정식의 해**라고 하는데, 주어진 방정식의 좌변에 x만 남도록 등식을 변형하면 x의 값이 구해진다. 방정식의 해를 구하는 데 필요한 다음의 조작은 마치 균형이 잡힌 접시저울에서 같은 양만큼 더하거나 빼는 조작을 해도 접시저울은 균형을 잃지 않는 것과 같은 원리이다.

등식의 성질 : ① 양변에 같은 수를 더해도 등식은 성립한다.
② 양변에서 같은 수를 빼도 등식은 성립한다.
③ 양변에 같은 수를 곱해도 등식은 성립한다.
④ 양변을 0이 아닌 같은 수로 나누어도 등식은 성립한다.

→ $a=b$이면 $a+c=b+c$
→ $a=b$이면 $a-c=b-c$
→ $a=b$이면 $ac=bc$
→ $a=b$이면 $\frac{a}{c}=\frac{b}{c}$ (단, $c\neq0$)

등식의 양변에서 같은 수를 더하거나 빼도 등식은 성립하므로 오른쪽 그림과 같이 등식의 어느 한 변에 있는 항을 부호를 바꾸어 다른 변으로 옮길 수 있는데, 이것을 **이항**이라고 한다.

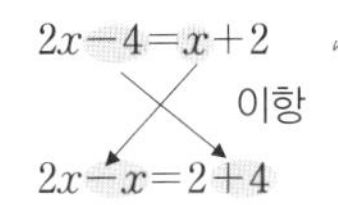

WHY? '아하'는 얼마일까? 기원전 1650년경에 만들어진 것으로 추정되는 세계에서 가장 오래된 수학책 "린드 파피루스"에 실린 85개의 수학 문제 중에는 알지 못하는 값인 '아하'를 구하는 '아하 문제'가 포함되어 있다. 파피루스에는 피라미드 높이를 정하는 법, 토지 측량, 노동자에게 급료를 나누어 주는 방법 등 84개의 문항이 적혀 있다. 서문에 쓰여 있는 '수학은 세상의 모든 지식의 문으로 들어가는 열쇠이다.'라는 말처럼 당시의 수학은 정치와 경제를 이끌어가는 지배층의 비밀 무기였다.

핵심 064 방정식과 항등식

등식 : 등호(=)를 사용하여 두 수 또는 두 식이 서로 같음을 나타낸 식

참고 수나 식의 참, 거짓에 관계없이 등호를 사용하여 나타낸 식은 모두 등식이다.

등호
$2x-1=3$
좌변 우변
양변

방정식 : 미지수의 값에 따라 참 또는 거짓이 되는 등식

예 $x+1=2$는 x에 1을 대입하면 참이지만, 그 이외의 값을 대입하면 거짓이므로 방정식이다.

- 미지수 : 방정식에 들어 있는 x, y 등의 문자
- 방정식의 해(근) : 방정식을 참이 되게 하는 미지수의 값
- 방정식을 푼다 : 방정식의 해를 구하는 것

항등식 : 미지수에 어떤 수를 대입해도 항상 참이 되는 등식

예 $2x+3x=5x$

※ 다음 문장을 등식으로 나타내어라.

1. 어떤 수 x의 3배에 5를 더한 값은 11이다.
   ↳ $\square x+5=\square$

2. 아버지의 나이 45살에서 성은이의 나이 x살을 빼면 31살이다.

3. 시속 60km의 속력으로 x시간 동안 이동한 거리는 180km이다.

※ -1, 0, 1 중에서 다음 방정식의 해가 되는 것을 찾아라.

4. $2x+3=1$

5. $3x+2=4x+1$

※ 다음 중 방정식인 것에는 '방', 항등식인 것에는 '항'을 써넣어라.

6. $2x=-4$ ( )

7. $2x+3=5$ ( )

8. $x+2x=3x$ ( )

9. $2x+3=2(x-1)+5$ ( )

핵심 065 등식의 성질

등식의 성질

- 등식의 양변에 같은 수를 더해도 등식은 성립한다.
  → $a=b$이면 $a+c=b+c$
- 등식의 양변에서 같은 수를 빼어도 등식은 성립한다.
  → $a=b$이면 $a-c=b-c$
- 등식의 양변에 같은 수를 곱해도 등식은 성립한다.
  → $a=b$이면 $ac=bc$
- 등식의 양변을 0이 아닌 같은 수로 나누어도 등식은 성립한다.
  → $a=b$이면 $\frac{a}{c}=\frac{b}{c}$ (단, $c\neq0$)

등식의 성질을 이용한 방정식의 풀이

등식의 성질을 이용하여 주어진 방정식을 '$x=$(수)'의 꼴로 고쳐서 해를 구할 수 있다.

※ 등식이 성립하도록 □ 안에 알맞은 수를 써넣어라.

1. $a=b$이면 $a+3=b+\square$

2. $a=b$이면 $a-5=b-\square$

3. $\frac{a}{2}=\frac{b}{3}$이면 $3a=\square b$
   ↳ $\frac{a}{2}\times\square=\frac{b}{3}\times\square$ → $3a=\square b$

4. $2a=5b$이면 $\frac{a}{5}=\frac{b}{\square}$

※ 등식의 성질을 이용하여 다음 방정식을 풀어라.

5. $3x-2=7$
   ↳ $3x-2+2=7+\square$, $3x=9$
   $\frac{3x}{\square}=\frac{9}{\square}$ $\therefore x=3$

6. $2x+1=3$

7. $3x-5=-2$

8. $\frac{x}{3}+1=2$

9. $\frac{2}{5}x+1=-1$

핵심

066 일차방정식

이항 : 등식의 어느 한 변에 있는 항을 부호를 바꾸어 다른 변으로 옮기는 것

$x-7=3$
이항
$x=3+7$

일차방정식 : 방정식의 모든 항을 좌변으로 이항하여 정리한 식이 '(일차식)$=0$'의 꼴로 변형되는 방정식

※ 다음 등식에서 밑줄 친 항을 이항하여라.

1. $x+\underline{4}=6$ → $x=6-\square$
2. $\underline{2}-x=3$
3. $5x=\underline{4x}+3$
4. $2x+\underline{3}=\underline{-x}+6$
5. $x+\underline{7}=5\underline{-3x}$

※ 다음 방정식을 $ax=b$의 꼴로 나타내어라.

6. $x-2=3x-1$
7. $2x+1=x+3$
8. $-x+1=2x-5$
9. $\frac{1}{3}x+2=x-4$
10. $x-2=\frac{1}{3}x+4$

※ 다음 중 일차방정식인 것에는 ○표, 아닌 것에는 ×표 하여라.

11. $3x-1=8$ ( )
12. $2x+5=3x-4$ ( )
13. $2x-1=1+2x$ ( )
14. $\frac{1}{2}(x-4)=\frac{1}{2}x-2$ ( )

※ 다음 등식이 일차방정식일 때, 상수 a의 값이 될 수 없는 수에 ○표 하여라.

15. $ax+2=3x+1$

1, 2, 3, 4, 5

16. $3-x=ax+1$

-2, -1, 0, 1, 2

핵심

067 일차방정식의 풀이

일차방정식의 풀이

① x를 포함한 항은 좌변으로, 상수항은 우변으로 이항한다.
② 양변을 정리하여 $ax=b$ $(a\neq0)$의 꼴로 만든다.
③ 양변을 x의 계수 a로 나누어, 해 $x=\frac{b}{a}$를 구한다.

괄호가 있는 일차방정식의 풀이 : 먼저 괄호를 풀어 정리한 후 방정식을 푼다.

※ 다음 일차방정식을 풀어라.

1. $3x-10=x-2$
   → x를 포함한 항은 좌변으로, 상수항은 우변으로 이항하면
   $3x-\square=-2+10$
   $\square x=8$ $\quad\therefore x=\square$
2. $4x=-5x-18$
3. $4x-3=2x-1$
4. $5x-3=3x+17$
5. $x+4=4x-2$

※ 다음 일차방정식을 풀어라.

6. $3(2x-3)=2x+3$
   → $\square x-9=2x+3$
   $\square x=12$ $\quad\therefore x=\square$
7. $3(x+1)=4x-2$
8. $2(6x-9)=3(8x-2)$
9. $5(x-1)=4(2x+1)$
10. $5x+3(12-x)=50$
11. $3(2x-5)-(x-10)=0$

핵심

068 복잡한 일차방정식의 풀이

계수가 소수인 일차방정식의 풀이

- 양변에 10, 100, 1000, ⋯ 중에서 알맞은 수를 곱하여 계수를 정수로 고쳐서 풀면 계산이 편리하다.

계수가 분수인 일차방정식의 풀이

- 양변에 분모의 최소공배수를 곱하여 계수를 정수로 고쳐서 풀면 계산이 편리하다.

비례식으로 이루어진 일차방정식의 풀이

- 외항의 곱과 내항의 곱이 같다는 비례식의 성질을 이용하여 푼다.

참고 비례식의 성질

외항의 곱

$$a:b=c:d \Leftrightarrow ad=bc$$

내항의 곱

※ 다음 일차방정식을 풀어라.

1. $0.6x-1.5=0.4x-0.3$

   양변에 10을 곱해 계수를 정수로 만든다.

2. $0.5x-0.2=0.4(x-1)$

3. $0.21x-1.8=0.16x+0.2$

4. $0.3x-1.4=0.2x-1$

5. $0.12x+2.6=0.01x+0.4$

6. $\frac{1}{4}x-2=\frac{x-7}{6}$

   4와 6의 최소공배수를 양변에 곱한다.

7. $\frac{1}{2}x-7=8-x$

8. $\frac{1}{3}x-6=\frac{3}{2}x+1$

9. $\frac{6-x}{5}-\frac{2x-3}{10}=-\frac{1}{2}$

10. $\frac{-2x-1}{3}+\frac{1}{2}=1-\frac{x+5}{2}$

※ 다음 비례식을 만족하는 x의 값을 구하라.

11. $(x-2):(x+1)=2:1$

    └ $x-2=\square(x+1)$, $x-2=\square x+\square$

    $-x=\square$ ∴ $x=\square$

12. $(x-2):(x+6)=3:2$

13. $(x+2):(6x+4)=1:4$

14. $(1.5x+3):(2-0.2x)=5:2$

※ 방정식의 해가 $x=-2$일 때, 상수 a의 값을 구하라.

15. $x+a=4$

    └ $\square+a=4$, $a=4+\square$ ∴ $a=\square$

16. $ax+3=-3$

17. $ax+1=-2x+a$

18. $3(ax+1)=2(a-x)$

※ 다음 x에 대한 두 방정식의 해가 같을 때, 상수 a의 값을 구하라.

19. $x+3=2$, $x+a=3$

    └ 두 방정식의 해가 같으므로 $x+3=2$의 해는 $x+a=3$을 만족한다. $x+3=2$에서 $x=\square$

    $x=\square$을 $x+a=3$에 대입하면

    $\square+a=3$ ∴ $a=\square$

20. $3-2x=-7+3x$, $3+4x=a$

21. $3x+7=-4x-7$, $a(x+4)=3x-6$

22. $2x-4=3(x-1)$, $2(x+a)=5x+7$

핵심

069 일차방정식의 활용 문제 풀이 순서

① 구하려고 하는 것을 미지수 x로 놓는다.

② 문제에서 등식 관계(=)가 되는 수량을 찾아 방정식을 세운다.

참고 '~은(는, 하면) ~이다.'에서 '은(는)'을 등호(=)로 놓을 수 있는지 우선 살펴본다.

③ 방정식을 푼다.

④ 구한 해가 문제의 뜻에 맞는지 확인한다.

※ 다음 문장을 등식으로 나타내어라.

1. 800원짜리 사과 x개의 값은 4000원이다.

2. 가로의 길이가 5cm, 세로의 길이가 $x$cm인 직사각형의 둘레의 길이는 15cm이다.

3. 어떤 수 x의 4배는 x에서 12를 뺀 것과 같다.

4. 어떤 수 x에 3을 더한 것의 2배는 30과 같다.

5. 시속 80km 속력으로 x시간 달린 거리는 240km이다.

※ 방정식을 세워서 답을 구하라.

6. 어떤 수에서 5를 빼면 16이 된다. 어떤 수를 구하라.

7. 어떤 수의 3배에 2를 더하면 20이 된다. 어떤 수를 구하라.

8. 어떤 수의 3배는 어떤 수에 14를 더한 것과 같다. 어떤 수를 구하라.

9. 어떤 수에 10을 더한 것은 어떤 수의 3배에서 2를 뺀 것과 같다. 어떤 수를 구하라.

핵심

070 자릿수, 나이에 대한 문제

자릿수에 대한 문제

- 십의 자리 숫자가 a, 일의 자리 숫자가 b인 두 자리의 자연수
  → $10a+b$

나이에 대한 문제

- (x년이 지난 후의 나이)=(올해 나이)$+x$

※ 방정식을 세워서 답을 구하라.

1. 일의 자리 숫자가 4인 두 자리의 자연수에서 십의 자리 숫자와 일의 자리 숫자를 바꾼 수는 처음 수보다 27만큼 크다고 한다. 처음 수를 구하라.

   ↳ 십의 자리 숫자를 x라고 하면
   처음 수 : $x\times$ ☐ $+4$
   십의 자리와 일의 자리를 바꾼 수 : $4\times$ ☐ $+x$
   이므로 $4\times$ ☐ $+x=(x\times$ ☐ $+4)+27$
   $\therefore x=$ ☐
   따라서 처음 수는 ☐이다.

2. 일의 자리 숫자가 7인 두 자리의 자연수에서 십의 자리 숫자와 일의 자리 숫자를 바꾼 수는 처음 수보다 36만큼 크다고 한다. 처음 수를 구하라.

3. 올해 아버지 나이는 45살, 보라 나이는 13살이다. 아버지 나이가 보라 나이의 3배가 되는 것은 몇 년 후인지 구하라.

   ↳ x년 후, 아버지와 보라의 나이는
   아버지 : $45+$ ☐, 보라 : $13+$ ☐

4. 올해 이모 나이는 32살, 성규 나이는 14살이다. 이모 나이가 성규 나이의 2배가 되는 것은 몇 년 후인지 구하라.

핵심

071 물건의 가격에 대한 문제

물건의 가격과 개수에 대한 문제

→ 물건의 개수를 x로 놓고, 전체 금액에 대한 방정식을 세운다.

※ 방정식을 세워서 답을 구하라.

1. 400원짜리 아이스크림과 600원짜리 음료수를 합하여 10개를 사고 4800원을 지불하였다. 아이스크림과 음료수는 각각 몇 개씩 샀는지 구하라.

   ㄴ 아이스크림의 개수를 x개라고 하면
   음료수의 개수는 ($\square-x$)개이므로
   $\square x+600(\square-x)=4800$ $\quad\therefore x=\square$
   따라서 아이스크림은 $\square$개, 음료수는 $\square$개를 샀다.

2. 800원짜리 사과와 300원짜리 귤을 합하여 10개를 사고 5000원을 지불하였다. 사과와 귤은 각각 몇 개씩 샀는지 구하라.

3. 400원짜리 연필과 500원짜리 볼펜을 합하여 10자루를 사고 5000원을 내었더니 거스름돈으로 600원을 받았다. 연필과 볼펜은 각각 몇 자루씩 샀는지 구하라.

4. 600원짜리 자두와 800원짜리 복숭아를 합하여 10개를 사고 7000원을 내었더니 거스름돈으로 400원을 받았다. 자두와 복숭아는 각각 몇 개씩 샀는지 구하라.

핵심

072 남고 모자람에 대한 문제

사람들에게 물건을 나누어 주는 문제

→ 사람 수를 x로 놓는다.

사람들이 의자에 앉는 문제

→ 의자의 수를 x로 놓는다.

※ 방정식을 세워서 답을 구하라.

1. 사탕을 아이들에게 나누어 주는데, 한 아이에게 4개씩 주면 3개가 남고, 5개씩 나누어 주면 8개가 모자란다. 이때 사탕의 개수를 구하라.

   ㄴ 아이들 수를 x명이라고 하면
   사탕의 개수에서 $4x+3=5x-\square$ $\quad\therefore x=\square$
   따라서 아이들 수는 $\square$명이므로
   사탕의 개수는 $4\times\square+3=\square$(개)이다.

2. 사람들에게 귤을 나누어 주는데, 한 사람에게 3개씩 나누어 주면 20개가 남고, 5개씩 나누어 주면 36개가 모자란다. 이때 귤의 개수를 구하라.

3. 음악실에 긴 의자가 있다. 의자 하나에 3명씩 앉으면 학생이 13명이 남고, 5명씩 앉으면 빈자리 없이 의자만 7개 남는다. 이때 학생은 모두 몇 명이 있는지 구하라.

   ㄴ 의자의 수를 x개라 하면
   학생의 수에서 $3x+13=\square(x-7)$ $\quad\therefore x=\square$
   따라서 의자의 수는 $\square$개이므로
   학생의 수는 $3\times\square+13=\square$(명)이다.

4. 긴 의자가 몇 개 있다. 한 의자에 4명씩 앉으면 6명의 학생이 못 앉고, 5명씩 앉으면 빈 의자 2개가 남고 어떤 한 의자에는 3명이 앉는다. 의자 수와 학생 수를 차례로 구하라.

073 거리, 속력, 시간에 대한 문제

거리, 속력, 시간의 공식

- (거리)=(속력)×(시간)
- (속력)=$\frac{(\text{거리})}{(\text{시간})}$
- (시간)=$\frac{(\text{거리})}{(\text{속력})}$

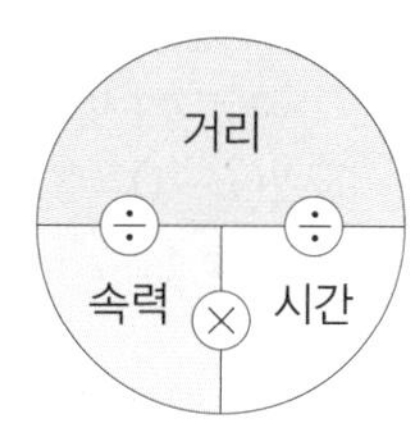

시간의 합 또는 차가 주어지는 경우

⟶ 시간에 대한 방정식을 세운다.

※ 방정식을 세워서 답을 구하라.

1. 동우가 등산을 하는데 올라갈 때에는 시속 3km로 걷고, 내려올 때에는 같은 길을 시속 6km로 걸어서 모두 2시간이 걸렸다. 올라간 거리를 x라고 할 때, □ 안에 알맞은 것을 써넣어라.

   ㄴ 모두 2시간이 걸렸으므로 시간에 대한 방정식을 세운다.

   올라갈 때 걸린 시간은 $\frac{x}{\square}$이다.

   내려올 때 걸린 시간은 $\frac{\square}{6}$이다.

   전체 걸린 시간은

   $\frac{x}{\square}+\frac{\square}{6}=\square$ $\quad\therefore x=\square$

   따라서 올라간 거리는 □km

2. 보라가 등산을 하는데 올라갈 때에는 시속 2km로 걷고, 내려올 때는 같은 길을 시속 3km로 걸어서 모두 5시간이 걸렸다고 한다. 올라간 거리를 구하라.

3. 준수가 등산을 하는데 올라갈 때에는 시속 2km로 걷고, 내려올 때는 같은 길을 시속 4km로 걸어서 모두 3시간이 걸렸다고 한다. 올라간 거리를 구하라.

4. 혜리가 두 지점 A, B 사이를 왕복하는데 갈 때는 시속 3km로, 돌아올 때도 시속 3km로 걸었더니 2시간이 걸렸다. A, B 두 지점 사이의 거리를 구하라.

5. 경수가 두 지점 A, B 사이를 왕복하는데 갈 때는 시속 2km로 걸어서 가고, 올 때는 시속 4km로 걸어서 모두 3시간이 걸렸다. 두 지점 A, B 사이의 거리를 구하라.

6. 현빈이가 두 지점 A, B 사이를 왕복하는데 갈 때는 시속 6km로 가고, 올 때는 시속 4km로 와서 모두 150분이 걸렸다고 한다. 두 지점 A, B 사이의 거리를 구하라.

7. 효린이가 두 지점 A, B 사이를 왕복하는데 갈 때는 시속 4km로 가고, 올 때는 시속 3km로 와서 모두 70분이 걸렸다고 한다. 두 지점 A, B 사이의 거리를 구하라.

8. 승호가 두 지점 A, B 사이를 왕복하는데 갈 때는 시속 5km로 가고, 올 때는 시속 3km로 와서 모두 160분이 걸렸다고 한다. 두 지점 A, B 사이의 거리를 구하라.

| 실력테스트 |

1. 다음 중 [ ] 안의 수가 주어진 방정식의 해가 되는 것은?

① $-x+5=7$ [2]　② $x+3=-5$ [-2]
③ $2x-16=0$ [-8]　④ $3x-6=15$ [-7]
⑤ $\frac{x}{6}+1=0$ [-6]

2. 등식 $3x+2b=ax-8$이 모든 x에 대하여 항상 참이 될 때, 상수 a, b에 대하여 $a-b$의 값은?

① 6　② 7　③ 8
③ 9　⑤ 10

3. $x=y$일 때, 다음 중 옳지 않은 것은?

① $x+2=y+2$　② $x-3=y-3$
③ $4x=4y$　④ $\frac{x}{5}=\frac{y}{5}$
⑤ $x+y=0$

4. 일차방정식 $3x+8=2x+5$, $2x+a=-5x$의 해가 같을 때, 상수 a의 값은?

① 3　② 9　③ 15
④ 21　⑤ 24

5. 일차방정식 $3x+a=\frac{1}{2}x+5a$의 해가 $x=8$일 때, 상수 a의 값은?

① -5　② -3　③ 2
④ 3　⑤ 5

6. 다음 방정식 중 해가 나머지 넷과 다른 하나는?

① $3x=x+6$　② $x-2=4-2x$
③ $2(x-1)=3x-5$　④ $2x-11=-5$
⑤ $3x+2=x+8$

7. 현재 아버지 나이는 48살이고 아들 나이는 14살이다. 아버지 나이가 아들 나이의 3배가 되는 것은 몇 년 후인가?

① 2년 후　② 3년 후　③ 5년 후
④ 6년 후　⑤ 8년 후

8. 유람선을 타고 잔잔한 바닷가의 두 지점 A, B 사이를 왕복하는데 갈 때는 시속 30km, 올 때는 시속 20km로 운행하여 모두 1시간이 걸렸다. 두 지점 A, B 사이의 거리는?

① 8km　② 9km　③ 10km
④ 11km　⑤ 12km

9. 학생들에게 토마토를 나누어 주는데 한 사람에게 5개씩 나누어 주면 2개가 남고, 6개씩 나누어 주면 6개가 모자란다고 한다. 이때 학생 수와 토마토 개수를 각각 구하라.

10. 등산을 하는데 올라갈 때는 시속 2km로 걷고, 내려올 때는 올라갈 때보다 3km 더 먼 길을 시속 4km로 걸었더니 모두 6시간이 걸렸다. 올라간 거리를 구하라.

Science & Technology

어느 미술관에서 폭이 4m인 벽에 오른쪽 그림과 같이 가로의 길이가 60cm인 직사각형 모양의 액자 4개를 걸려고 한다. 벽 양끝 여백과 액자 사이의 간격을 모두 같게 배열할 때, 액자 사이의 간격을 구하라.

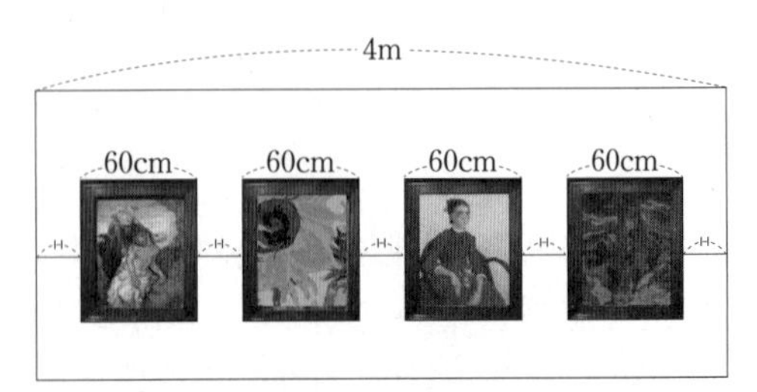

3. 식의 계산

- ○ 지수법칙을 이해한다.
- ○ 다항식의 덧셈과 뺄셈의 원리를 이해하고, 그 계산을 할 수 있다.
- ○ '(단항식)×(다항식)', '(다항식)÷(단항식)'과 같은 곱셈과 나눗셈의 원리를 이해하고, 그 계산을 할 수 있다.

다음 두 식은 같은 식을 나타내므로 어떻게 써도 괜찮다.

$$(-3)+(2\times(4+1)),\ -3+2\times(4+1)$$

괄호가 많은 첫 번째 식보다 두 번째 식이 훨씬 보기에 편한데, 곱셈과 나눗셈을 덧셈과 뺄셈보다 먼저 해야 되는 규칙을 알고 있기 때문에 문제가 될 것은 없다.

두 거듭제곱의 곱 $2^2\times2^3$은 2^5으로 오른쪽과 같이 간단하게 나타낼 수 있으며, 2^5의 지수 5는 2^2의 지수 2와 2^3의 지수 3의 합과 같다.

$$2^2\times2^3=\underbrace{(2\times2)}_{2번}\times\underbrace{(2\times2\times2)}_{3번}=\underbrace{2\times2\times2\times2\times2}_{5번}=2^5$$

그러면 문자가 여러 개인 다항식의 덧셈, 뺄셈은 어떻게 할까?

문자가 2개 이상인 다항식의 덧셈, 뺄셈은 문자가 1개인 일차식의 덧셈, 뺄셈에서처럼 먼저 괄호를 풀고, 동류항끼리 모아서 계산한다.

덧셈만으로 이루어진 식 또는 곱셈만으로 이루어진 식은 순서를 바꾸어서 계산할 수 있다.

$$(2a+3b)+(3a+b)=2a+3b+3a+b=2a+3a+3b+b=5a+4b$$

단항식의 곱셈은 계수는 계수끼리, 문자는 문자끼리 곱하여 계산한다. 단항식의 나눗셈은 역수를 이용하여 나눗셈을 곱셈으로 고치거나, 분수 꼴로 고쳐서 계산한다.

계수끼리의 곱

$$3a\times2b=6ab$$

문자끼리의 곱

[방법 1] $6a^2b\div2a=6a^2b\times\frac{1}{2a}=6\times\frac{1}{2}\times a^2\times\frac{1}{a}\times b=3ab$

[방법 2] $6a^2b\div2a=\frac{6a^2b}{2a}=\frac{6}{2}\times\frac{a^2\times b}{a}=3ab$

'(단항식)×(다항식)'은 분배법칙을 이용하여

$$3a(2a+b)=3a\times2a+3a\times b=6a^2+3ab$$

와 같이 계산하며, '(다항식)÷(단항식)'은 단항식의 나눗셈과 마찬가지로 역수를 이용하여 나눗셈을 곱셈으로 고치거나, 분수 꼴로 고쳐서 계산한다.

전개

$$3a(2a+b)=6a^2+3ab$$

단항식과 다항식의 곱셈을 하나의 다항식으로 나타내는 것을 전개라고 한다.

WHY? 나노 기술은 이제 우리 일상에 깊숙이 들어와 있다. 나노(nano)는 10억분의 1을 나타내는 단위로 '난쟁이'를 뜻하는 고대 그리스어 나노스(nanos)에서 유래되었다. 즉 1나노미터(nm)는 1m의 10억분의 1에 해당하는 길이이다. 큰 단위의 복잡한 식의 계산에서는 문제를 푸는 사람의 사고력과 컴퓨터의 빠르고 정확한 계산력이 해결의 열쇠가 된다.

1밀리미터(mm) $\frac{1}{1000}=\frac{1}{10^3}$미터(m) → 1마이크로미터(μm) $\left(\frac{1}{10^3}\right)^2=\frac{1}{10^6}$미터(m) → 1나노미터(nm) $\left(\frac{1}{10^3}\right)^3=\frac{1}{10^9}$미터(m)

핵심

074 지수법칙 (1) - 거듭제곱의 곱셈

$a \neq 0$이고, m, n이 자연수일 때,

• $a^m \times a^n = \underbrace{a \times a \times \cdots \times a}_{m\text{개}} \times \underbrace{a \times a \times \cdots \times a}_{n\text{개}}$

$= a^{m+n}$

예 $2^3 \times 2^2 = 2^{3+2} = 2^5$

지수의 합

참고 밑이 같은 숫자 또는 문자일 때, 지수법칙이 적용된다.

$a^3 \times a^2 = a^{3+2} = a^5$

주의 $a^m \times b^n = (ab)^{m+n}$, $a^m \times a^n = a^{m \times n}$처럼 잘못 계산하지 않도록 한다.

※ 다음 식을 간단히 하여라.

1. $a^5 \times a^3 = a^{\square + \square} = a^{\square}$

2. $x^2 \times x^6$

3. $5^6 \times 5^4$

4. $a^3 \times a \times a^4$

5. $x^3 \times x^2 \times x^4$

6. $2^3 \times 2^2 \times 2^5$

7. $x^2 \times y^4 \times x^3 \times y^2 = x^{2+\square} y^{4+\square} = x^{\square} y^{\square}$

8. $2^2 \times 3^4 \times 3^5 \times 2$

※ 다음 □ 안에 알맞은 수를 써 넣어라.

9. $a^3 \times a^{\square} = a^8$

10. $2^3 \times 2^{\square} = 32$

11. $x^4 \times x^{\square} \times y^5 \times y^3 = x^7 y^{\square}$

12. $2 \times 3 \times 4 \times 5 \times 6 = 2^{\square} \times 3^{\square} \times 5$

핵심

075 지수법칙 (2) - 거듭제곱의 거듭제곱

$a \neq 0$이고, m, n이 자연수일 때,

• $(a^m)^n = \underbrace{a^m \times a^m \times \cdots \times a^m}_{n\text{개}} = a^{\overbrace{m+m+\cdots+m}^{n\text{개}}} = a^{mn}$

예 $(2^2)^3 = 2^{2\times3} = 2^6$

지수의 곱

주의 $(a^m)^n = a^{m+n}$처럼 잘못 계산하지 않도록 한다.

$(a^2)^3 = a^{2\times3} = a^6$

※ 다음 식을 간단히 하여라.

1. $(a^3)^4$

2. $(x^3)^2 \times (x^2)^4$

3. $a^3 \times (b^3)^2 \times (b^2)^5$

4. $y^2 \times (x^5)^2 \times (y^2)^3$

※ 다음 □ 안에 알맞은 수를 써 넣어라.

5. $(a^{\square})^2 = a^{12}$

6. $(x^{\square})^2 \times (x^4)^3 = x^{20}$

7. $(2^3)^4 \times (2^{\square})^3 = 2^{21}$

※ $a = 2^4$일 때, 다음을 a를 써서 나타내어라.

8. $2^5 = 2^{4+\square} = 2^4 \times \square = a \times \square = \square a$

9. $2^{32} = 2^{4\times\square} = (2^4)^{\square} = a^{\square}$

10. $4^8 = (2^2)^{\square} = 2^{2\times\square} = 2^{4\times\square} = (2^4)^{\square} = a^{\square}$

076 지수법칙 (3) - 거듭제곱의 나눗셈

핵심

$a \neq 0$이고, m, n이 자연수일 때,

- $m>n$ 일 때, $a^m \div a^n = a^{m-n}$
- $m=n$ 일 때, $a^m \div a^n = 1$
- $m<n$ 일 때, $a^m \div a^n = \dfrac{1}{a^{n-m}}$

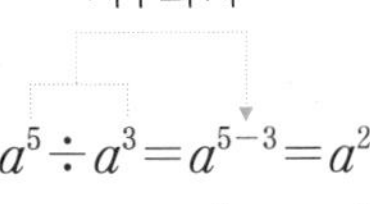

$a^5 \div a^3 = a^{5-3} = a^2$

$a^3 \div a^5 = \dfrac{1}{a^{5-3}} = \dfrac{1}{a^2}$

지수의 차

참고 $a^m \div a^n = \dfrac{\overbrace{a \times a \times \cdots \times a}^{m\text{개}}}{\underbrace{a \times a \times \cdots \times a}_{n\text{개}}}$의 지수법칙은 m, n의 대소를 먼저 비교한 후 적용한다.

※ 다음 식을 간단히 하여라.

1. $a^5 \div a^4$
2. $x^8 \div x^4$
3. $5^{12} \div 5^4$
4. $b^2 \div b^2$
5. $y^7 \div y^7$
6. $3^{10} \div 3^{10}$
7. $c^2 \div c^5$
8. $z^3 \div z^8$
9. $3^3 \div 3^9$

※ 다음 식을 간단히 하여라.

10. $(a^2)^5 \div a^3$

11. $(x^3)^4 \div (x^4)^2$

12. $y^4 \div (y^3)^2$

13. $a^8 \div a^3 \div a^2 = a^{\square} \div a^2 = a^{\square}$

14. $(x^3)^4 \div (x^2)^3 \div (x^2)^2$

15. $(y^4)^5 \div (y^3)^2 \div (y^2)^4$

※ 다음 식에서 a의 값을 구하라.

16. $(x^3)^a \div x^2 = x^{10}$

17. $x^a \div x^3 \div x^4 = 1$

18. $x^a \div x^6 = \dfrac{1}{x^3}$

077 지수법칙 (4) - 곱 또는 몫의 거듭제곱

핵심

곱의 거듭제곱

- $(ab)^n = \underbrace{ab \times ab \times \cdots \times ab}_{n\text{개}} = a^n b^n$

$(ab)^3 = a^3 b^3$

몫의 거듭제곱

- $\left(\dfrac{a}{b}\right)^n = \underbrace{\dfrac{a}{b} \times \dfrac{a}{b} \times \cdots \times \dfrac{a}{b}}_{n\text{개}} = \dfrac{a^n}{b^n} \ (b \neq 0)$

$\left(\dfrac{a}{b}\right)^3 = \dfrac{a^3}{b^3}$

주의 $a^m \times b^n = (ab)^{m \times n}$, $a^m \times b^n = (a+b)^{m \times n}$과 같이 잘못 계산하지 않도록 한다.

※ 다음 식을 간단히 하여라

1. $(a^2b)^3$
2. $(x^4y^3)^7$
3. $(2a^5)^3$
4. $(4x^6)^2$
5. $(3a^2b^4)^3$
6. $(5x^3y^4)^2$
7. $\left(\dfrac{b}{a^2}\right)^3$
8. $\left(\dfrac{y^4}{x^2}\right)^3$
9. $\left(\dfrac{2}{a^4}\right)^3$
10. $\left(\dfrac{x^6}{5}\right)^2$
11. $\left(\dfrac{2a^3}{b^5}\right)^2$
12. $\left(\dfrac{2x^5}{3y^2}\right)^3$

※ 다음 식을 간단히 하여라.

13. $(-3a^5)^2$
14. $(-2x^2)^3$
15. $(-5a^2b)^2$
16. $(-2xy^2)^3$
17. $\left(-\dfrac{3}{a}\right)^2$
18. $\left(-\dfrac{2}{a^3}\right)^3$
19. $\left(-\dfrac{4a^3}{b^2}\right)^2$
20. $\left(-\dfrac{y^5}{3x}\right)^3$

※ 다음을 만족하는 상수 a, b의 값을 구하라.

21. $(x^a y^3)^2 = x^6 y^{3b}$

22. $72^3 = (2^3 \times 3^a)^3 = 2^9 \times 3^b$

078 단항식의 곱셈

$2ab$, $-3xy$, $5x^2y^3z$와 같이 수나 문자의 곱만으로 이루어진 단항식끼리의 곱셈은 다음과 같이 계산한다.

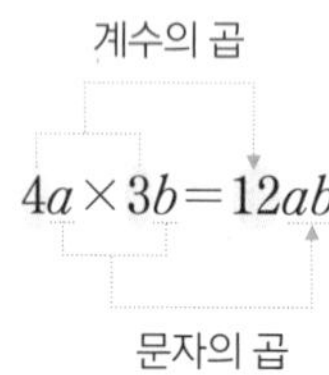

- 교환법칙을 이용하여 계수는 계수끼리, 문자는 같은 문자끼리 곱하고, 계수는 문자 앞에 쓴다.
- 같은 문자끼리의 곱은 지수법칙을 이용하여 간단히 한다.

※ 다음 식을 간단히 하여라.

1. $2a \times 3b$
2. $5x \times 6y$
3. $(-4a) \times 3b$
4. $5x \times (-3y)$
5. $3ab^2 \times 4a^3b$
6. $2x^2y \times (-3xy)$
7. $\frac{3}{5}a^2b \times \frac{5}{3}ab^2$
8. $\frac{5}{2}x^2y \times (-4xy^2)$
9. $(-ab) \times (2ab)^3$
10. $(-2x)^2 \times (-4xy)$
11. $(3b)^2 \times (-2ab)^2$
12. $(-xy^2)^3 \times (2x^2y)^2$
13. $\left(\frac{1}{3}a^2b\right)^2 \times 27ab$
14. $(-2x^3y)^3 \times \left(\frac{1}{2}xy\right)^4$

※ 다음을 만족하는 상수 a, b의 값을 구하라.

15. $3x^2 \times ax = 6x^b$
16. $(xy^3)^2 \times 2x^3y = ax^5y^b$
17. $ax^3y^3 \times (-xy^2)^2 = 5x^by^7$

079 단항식의 나눗셈

단항식끼리의 나눗셈은 다음 두 가지 방법 중 편리한 것을 택하여 계산한다.

- 분수 꼴로 계산하는 방법

$A \div B = \frac{A}{B}$ 　　예 $6ab \div 3a = \frac{6ab}{3a} = 2b$

- 나눗셈을 역수의 곱셈으로 계산하는 방법

$A \div B = A \times \frac{1}{B} = \frac{A}{B}$ 　　예 $6ab \div 3a = 6ab \times \frac{1}{3a} = 2b$

참고 나누는 식에 분수가 있으면 역수의 곱셈으로 계산하는 것이 편리하다. 즉

$10ab \div \frac{2}{3}a = 10ab \times \frac{3}{2a} = 15b$

※ 다음 식을 간단히 하여라.

1. $4a^3 \div 2a$
2. $12x^8 \div (-3x^2)$
3. $6a^4b \div 3ab$
4. $8x^3y^2 \div (-2xy)$

※ 다음 수의 역수를 구하라.

5. $\frac{2a}{3}$
6. $\frac{2}{5x}$
7. $-\frac{1}{2}x$
8. $-\frac{2}{5}x^2y$

※ 다음 식을 간단히 하여라.

9. $3a^5b^5 \div \frac{3}{2}a^3b^7$
10. $2x^3y^3 \div \left(-\frac{2}{3}xy^3\right)$
11. $12a^2b^4 \div \left(-\frac{3}{4}ab\right)$
12. $\left(-\frac{2}{3}x^2y\right) \div \left(-\frac{1}{6}xy^2\right)$
13. $8a^8b^4 \div (-2a^2b)^3 \div a^2b$
14. $(-3x^2y^5)^2 \div \left(-\frac{3}{x^2y^6}\right) \div xy$

※ 다음을 만족하는 상수 a, b의 값을 구하라.

15. $(x^4y^2)^a \div (x^2y^b)^3 = \frac{x^2}{y^5}$
16. $(5xy^a)^2 \div x^{12}y^6 = \frac{25y^2}{x^b}$

080 단항식 곱셈과 나눗셈의 혼합 계산

다음 순서에 따라 계산한다.

① 괄호가 있는 거듭제곱은 지수법칙을 이용하여 괄호를 푼다.

② 나눗셈은 분수 꼴 또는 역수의 곱셈으로 고친다.

③ 계수는 계수끼리, 문자는 문자끼리 계산한다.

주의 곱셈과 나눗셈이 섞여 있는 식에서 괄호가 있으면 괄호를 먼저 계산한 다음 앞에서부터 순서대로 계산한다.

※ 다음 식을 간단히 하여라.

1. $3ab^3\times4a^2b\div2a^3b^2$

2. $12x^3y^2\times2y\div3x^2$

3. $6ab^2\div2a^2b\times3ab^3$

4. $16xy^4\div4x^2y\times2xy^4$

5. $(-a^3)\div(-2a)^3\times8a^4$

6. $2ab\times(3ab)^2\div3a^2b^5$

7. $(2xy)^2\div(-4x^2y)\times(-5xy)$

8. $(-2ab)^3\div(-4a)\times2ab^2$

9. $\left(-\frac{3}{2}xy^2\right)^3\times\left(\frac{x^2}{y}\right)^4\div(-27x^3y)$

※ 다음 길이를 구하라.

10. 높이가 $2a^2b$이고 넓이가 $4a^3b^5$인 삼각형의 밑변의 길이

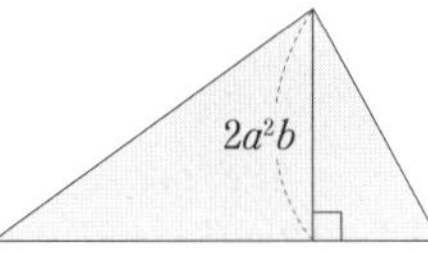

11. 가로의 길이가 $2ab$, 높이가 $\frac{5}{4}b$인 직육면체의 부피가 $25a^3b^2$일 때, 밑면의 세로 길이

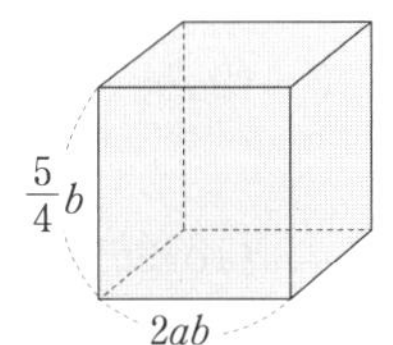

081 다항식의 덧셈과 뺄셈

다항식의 덧셈과 뺄셈

- 다항식의 덧셈과 뺄셈 : 괄호를 풀고 동류항끼리 모아서 계산한다.
- 여러 가지 괄호가 있는 식의 계산 : 소괄호 ( ), 중괄호 { }, 대괄호 [ ]의 순으로 풀어서 계산한다.

이차식의 덧셈과 뺄셈

① 괄호가 있으면 괄호를 푼다.

② 동류항끼리 모아서 계산한 후 내림차순으로 정리한다.

참고 **내림차순** : 다항식의 각 항을 차수가 높은 것에서 낮은 것 순서로 쓴 것.

※ 다음 식을 간단히 하여라.

1. $(a+2b)+(3a+b)$

2. $(2x-y)+(x+3y)$

3. $(3a+2b)-(a-2b)$

4. $(x-2y)-(6x-4y)$

5. $(a+3b+1)+(3a-2b-2)$

6. $(-2x-y+1)-(-x+3y-1)$

7. $3a+b+\{3b-(3a-b)\}$

8. $6x-[x+y-\{3y-(x-3y)\}]$

※ 다음 식을 간단히 하여라.

9. $(a^2-4a)+(3a^2-a)$

10. $(-b^2+3b)+(-2b^2+5b)$

11. $(2x^2-2x)-(-x^2+3x)$

12. $(a^2-2a+3)+(2a^2+3a-2)$

13. $(-b^2+2b+1)+(2b^2-b-3)$

14. $(3x^2+2x+1)-(x^2-3x+1)$

15. $3a^2-4a-\{3a+1-(2a^2-2a+1)\}$

16. $x^2-2x-\{4x^2-1-(3x^2-2x+1)\}$

핵심
082 단항식과 다항식의 곱셈

단항식과 다항식의 곱셈 : 분배법칙을 이용하여 단항식을 다항식의 각 항에 곱한다.

예 $2x(x+y)=2x\times x+2x\times y$
$=2x^2+2xy$

전개와 전개식

- 전개 : 단항식과 다항식의 곱을 하나의 다항식으로 나타내는 것
- 전개식 : 전개하여 얻은 다항식

전개

$3x\times(x+y)=3x^2+3xy$

전개식

※ 다음 식을 전개하여라.

1. $2a(3a+1)$
2. $-x(2x-4)$
3. $3a(5a+2b)$
4. $-2x(3x-5y)$
5. $2a(3a+b-5)$
6. $-3x(3x+5y+1)$
7. $\frac{2}{3}a(9a-12)$
8. $-\frac{6}{5}x(10x-20y)$
9. $(2a-5)\times(-3a)$
10. $(3x-2y)\times(-4x)$
11. $(3a^2+a-5)\times 2a$
12. $(x^2-3x+2)\times(-2x)$
13. $(4a-8)\times\left(-\frac{3}{2}a\right)$
14. $(18x-24)\times\left(-\frac{5}{6}x\right)$
15. $(9a^2-3a-6)\times\left(-\frac{a}{3}\right)$
16. $(-5x^2-10x+15)\times\left(-\frac{x}{5}\right)$

핵심
083 다항식과 단항식의 나눗셈

다음 두 가지 방법 중 편리한 것을 택하여 계산한다.

분수 꼴로 계산하는 방법

$(A+B)\div C=\frac{A+B}{C}=\frac{A}{C}+\frac{B}{C}$

예 $(a^2+2ab)\div a=\frac{a^2+2ab}{a}=a+2b$

나눗셈을 역수의 곱셈으로 계산하는 방법

$(A+B)\div C=(A+B)\times\frac{1}{C}=\frac{A}{C}+\frac{B}{C}$

예 $(a^2+2ab)\div\frac{1}{2}a=(a^2+2ab)\times\frac{2}{a}=2a+4b$

참고 나누는 식이 분수 꼴일 때에는 역수의 곱셈으로 계산하는 것이 편리하다.

※ 다음 식을 간단히 하여라.

1. $(4a+8)\div 2$
2. $(10x-5)\div 5$
3. $(3ab-9b)\div(-3b)$
4. $(6xy+4x)\div 2x$
5. $(9ab^2+6a^2b)\div 3ab$
6. $(8x^2y+12xy)\div 4xy$
7. $(6ab^2-9a^3b^4)\div(-3ab^2)$
8. $(8x^2y^3+12xy^2)\div 4xy^2$
9. $(3ab+2b)\div\frac{b}{2}$
10. $(xy+3x)\div\frac{1}{2}x$
11. $(ab-5b)\div\left(-\frac{1}{3}b\right)$
12. $(2xy^2+4x^2y)\div\frac{2xy}{3}$
13. $(9ab^2-6a^3b^4)\div\frac{3}{2}ab^2$
14. $(16x^2y^3+8xy^2)\div\left(-\frac{4}{3}xy^2\right)$

핵심 084 단항식과 다항식의 혼합 계산

곱셈과 나눗셈을 먼저 계산한다.

- 단항식과 다항식의 곱셈은 전개하여 다항식으로 나타낸다.
- 다항식과 단항식의 나눗셈은 나누는 식이 분수일 때, 나눗셈을 곱셈으로 고쳐서 계산한다.

덧셈과 뺄셈을 한다.

- 괄호를 풀고 동류항끼리 모아서 간단히 한다.

※ 다음 식을 간단히 하여라.

1. $a(2a-3b)+(a^2+2ab)\div a$

2. $3x(x+5)-(6x^2-4xy)\div 2x$

3. $a(a+b)+(6a^2b-12a^2)\div 3a$

4. $2x(x-2)-(6x^2y-4xy)\div(-2y)$

5. $(15a^2b+5ab^2)\div 5b+(a-2b)\times 3a$

6. $(x^3y^2-3x^2y^2)\div(-xy)+(x-2)\times 2xy$

7. $(9ab^2-6ab)\div 3b-\dfrac{8a^2-4a}{2a}$

8. $(6xy-9xy^2)\div 3y-\dfrac{15x^2-6x}{3x}$

9. $(3a^2-6ab)\div 3a+(2ab-3b^2)\div\dfrac{1}{2}b$

10. $(4x^2-6xy)\div 2x+(2xy-4y^2)\div\dfrac{2}{3}y$

※ 다음 길이를 구하라.

11. 가로의 길이가 a이고, 넓이가 $3a^2b-2ab$인 직사각형의 세로 길이를 구하라.

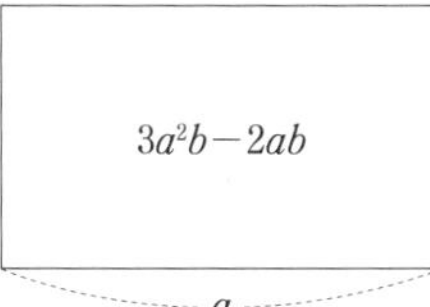

12. 가로, 세로의 길이가 각각 $3a$, b이고, 부피가 $6a^2b+9ab^3$인 직육면체의 높이를 구하라.

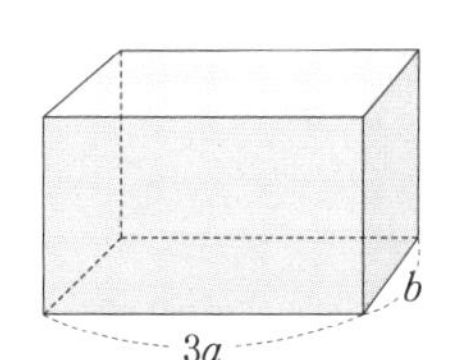

핵심 085 식의 대입

식의 값 : 어떤 식의 문자 대신 수를 대입하여 계산한 값

식의 대입 : 주어진 식의 문자에 그 문자를 나타내는 다른 식을 대입하는 것

※ $x=-1$, $y=2$일 때, 다음 식의 값을 구하라.

1. $3x+y$

2. $2x-3y$

3. $-x-2y$

4. $2(x+y)-3(-x+y)$

5. $(12x^2y+6xy^2)\div 3xy$

   주어진 식이 복잡할 때는 먼저 식을 간단히 한다.

6. $\dfrac{3x^2y-2xy+4xy^2}{xy}$

※ $y=-2x+1$일 때, 다음 식을 x에 대한 식으로 나타내어라.

7. $6x+2y-3=6x+2(-2x+1)-3$
   $=6x-\square x+\square-3$
   $=\square x-\square$

8. $2x-3y+5$

9. $4x-2y-5$

※ $A=x-3y$, $B=2x+y$일 때, 다음을 x, y에 대한 식으로 나타내어라.

10. $A+3B$

11. $2A-B$

12. $-3A+4B$

13. $3A-4B-(A-2B)$

   먼저 주어진 식을 간단히 한 후 식을 대입한다.

14. $B-A-(3A-B)$

핵심

086 등식의 변형

y에 대하여 푼다. : y를 다른 문자의 식으로 나타낸다.
→ $y=$(다른 문자의 식)

x에 대하여 푼다. : x를 다른 문자의 식으로 나타낸다.
→ $x=$(다른 문자의 식)

※ 다음 등식을 y에 대하여 풀어라.

1. $4x-2y+6=0$
   ↳ $4x-2y+6=0$에서 $-2y=\square x+\square$
   $\therefore y=\square x-\square$

2. $-4x+2y=12$

3. $6x+3y=9$

4. $x=3y+15$

5. $4x=y+7$

※ 다음 등식을 x에 대하여 풀어라.

6. $2x+4y-6=0$

7. $-2x+4y=8$

8. $3x+6y=21$

9. $y=3x+12$

10. $3x-y=2$

※ 다음 등식을 [ ] 안의 문자에 대하여 풀어라.

11. $3x-y+2=0$ $[x]$

12. $5=\dfrac{a+b+c}{3}$ $[a]$

13. $-3x+2y=15$ $[y]$

14. $S=\dfrac{1}{2}(a+b)h$ $[h]$

※ 다음 비례식을 등식으로 나타내고, 이 등식을 y에 대하여 풀어라.

15. $(x+y):(2x-y)=3:4$

16. $(2x-y):(-3x+2y)=1:2$

17. $\dfrac{1}{x}:\dfrac{1}{y}=3:1$

※ 우리나라에서는 기온을 섭씨온도로 표시한다. 그러나 미국이나 유럽에서는 화씨온도를 주로 사용하는데, 섭씨온도 x °C를 화씨온도 y °F로 나타내면

$$y=\frac{9}{5}x+32$$

이다. 다음 물음에 답하라.

18. 등식 $y=\dfrac{9}{5}x+32$를 x에 대하여 풀어라.

19. 화씨온도 59 °F는 섭씨온도로 얼마인지 구하라.

※ 둘레의 길이가 16 cm인 이등변삼각형에 대하여 다음 물음에 답하라.

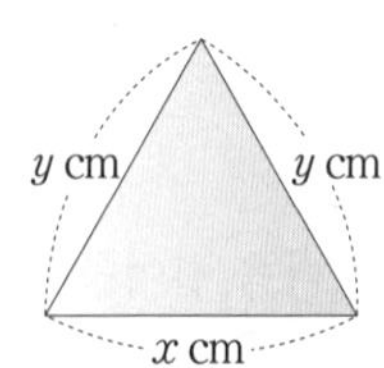

20. x와 y 사이의 관계를 식으로 나타내어라.

21. 위에서 구한 등식을 y에 대하여 풀어라.

22. $x=6$일 때, y의 값을 구하라.

| 실력테스트 |

1. 다음 중 옳은 것은? (단, $a \neq 0, b \neq 0$)

① $a^4+a^4=a^8$　② $b^3 \times b^4=b^{12}$
③ $a^{10} \div a^4=a^6$　④ $(-2b^3)^2=-4b^6$
⑤ $\left(\frac{a^3}{b}\right)^2=\frac{a^6}{b}$

2. $2^x \times 4^2=2^7$을 만족하는 x의 값은?

① 1　② 2　③ 3　④ 4　⑤ 5

3. $5^4=a$일 때, 25^4을 a에 대한 식으로 나타낸 것은?

① a^2　② a^4　③ a^6　④ a^8　⑤ a^{10}

$25^4=(5^2)^{\square}=5^{2\times\square}=5^{4\times\square}=(5^4)^{\square}$

4. 어떤 식에 $\left(-\frac{2a^2}{b}\right)^3$을 곱해야 하는데 잘못하여 나누었더니 $\frac{b^8}{8a^8}$이 되었다. 바르게 계산한 결과는?

① $-\frac{b^5}{a^2}$　② $-\frac{2a^3}{b}$　③ $\frac{a^2}{b^5}$
④ $2a^4b^5$　⑤ $8a^4b^2$

5. 다음 중 계산 결과가 나머지 넷과 다른 하나는?

① $(3^2)^3$　② $3^{12} \div 3^2$　③ $3^3 \times 3^3$
④ $3^2 \times 3^2 \times 3^2$　⑤ $3^5+3^5+3^5$

6. $3x-[2x-2y-\{3x-y-(x+3y)\}]=ax+by$를 만족하는 상수 a, b에 대하여 $a+b$의 값을 구하라.

7. 다음 식을 간단히 하여라.

$$(4a^2b-8ab+2b) \div (-2b)+(a^2x-ax) \div \frac{1}{3}x$$

8. 오른쪽 그림과 같은 직사각형 ABCD에서 색칠한 부분의 넓이를 x와 y에 대한 식으로 나타내면?

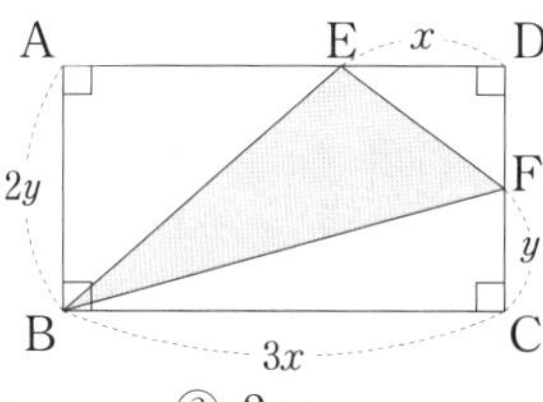

① $-y^2+xy$　② y^2+xy　③ $2xy$
④ y^2+3xy　⑤ y^2+5xy

(구하는 넓이)=(□ABCD의 넓이)−(3개의 삼각형의 넓이)

9. $2x+3y+4=y-4x-2$일 때, $4y+10x+12$를 x에 대한 식으로 나타내면?

① $-2x$　② $-2x+24$　③ $-2x-24$
④ $-22x-2$　⑤ $22x+24$

10. $x=1,\ y=2$일 때, $\frac{6x^2y-9xy}{-3x}-\frac{8xy^2-4y^2}{2y}$의 값은?

① -4　② -2　③ -1　④ 2　⑤ 4

Science & Technology

금의 순도를 나타낼 때, 전체 무게의 $\frac{x}{24}$만큼 금이 들어 있으면 xK로 나타낸다. 금 세공사가 24K 반지 ag과 18K 목걸이 bg을 녹여서 cK 팔찌를 만들었다.

① 24K ag에 들어 있는 금의 무게는 몇 g인가?
② 18K bg에 들어 있는 금의 무게는 몇 g인가?
③ c를 a와 b에 대한 식으로 나타내어라.

4. 일차부등식

○ 부등식과 그 해의 의미를 알고, 부등식의 성질을 이해한다.
○ 일차부등식을 풀 수 있고, 이를 활용하여 문제를 해결할 수 있다.

$5>4$, $3x+1\geq4$와 같이 부등호 $<$, $>$, $\leq$, $\geq$를 사용하여 수 또는 식의 대소 관계를 나타낸 식을 **부등식**이라고 한다.
부등식 $x-2\geq0$은 x의 값이 2 또는 3일 때에는 참이 되지만 x의 값이 1 또는 0일 때에는 거짓이 된다. 이처럼 주어진 부등식을 참이 되게 하는 x의 값을 그 부등식의 해라고 한다.

등식에서는 양변에 같은 수를 더하거나 빼거나, 곱하거나 나누어도 등식이 성립했었지만, 부등식에서는 음수를 곱하거나 나눌 때 부등호의 방향이 반대로 바뀐다는 점이 등식과는 다르다.
부등식의 양변에 같은 수를 더하거나 빼면 부등호의 방향이 변하지 않는 것은 당연하다. 또, 부등식의 양변에 양수를 곱하거나 나누어도 부등호의 방향은 변하지 않음을 쉽게 알 수 있다. 그러나 부등식의 양변에 음수를 곱하거나 나눌 때는 부등호의 방향이 바뀐다.
예를 들어 부등식 $1<4$의 양변에 -1을 곱하면 좌변은 $1\times(-1)=-1$이고 우변은 $4\times(-1)=-4$가 되어 $-1>-4$와 같이 부등호의 방향이 반대로 바뀐다.

이러한 부등식의 성질을 이용하여 부등식을 정리하였을 때,

(x에 대한 일차식)>0, (x에 대한 일차식)<0,
(x에 대한 일차식)≥0, (x에 대한 일차식)≤0

의 네 가지 중 어느 하나로 변형되면 그 부등식을 x에 대한 **일차부등식**이라고 한다.

부등식의 성질
$a<b$이면
→ $a+c<b+c$, $a-c<b-c$
$a<b$, $c>0$이면
→ $ac<bc$, $\frac{a}{c}<\frac{b}{c}$
$a<b$, $c<0$이면
→ $ac>bc$, $\frac{a}{c}>\frac{b}{c}$

$2\times(-2)>6\times(-2)$

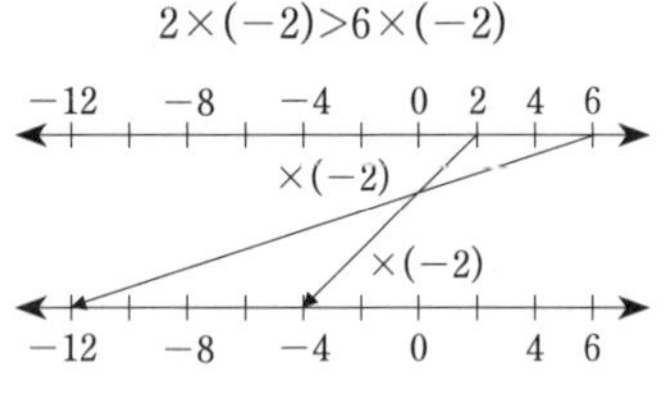

WHY? 냉장고의 온도 센서, 투표를 통한 후보자의 선출, 약품의 임상 시험, 인공위성을 대기권 밖으로 쏘아 올리는 데 필요한 속도, 긴 다리의 바람에 대한 허용 안전치, 안전하게 운반할 수 있는 선박의 화물 적재량, 아주 적은 전기 신호를 증폭하는 증폭기 등 실생활에서는 부등식에 기초한 수학적 방법들이 광범위하게 활용되고 있다.

핵심

087 부등식의 뜻

부등식 : 부등호($<$, $>$, $\le$, $\ge$)를 사용하여 수 또는 식의 대소 관계를 나타낸 식

예 $x+2>3$

부등식의 표현

$a<b$	a는 b보다 **작다.** (a는 b **미만**이다.)
$a>b$	a는 b보다 **크다.** (a는 b **초과**이다.)
$a\le b$	a는 b보다 **작거나 같다.** (a는 b **이하**이다.) (a는 b보다 크지 않다.)
$a\ge b$	a는 b보다 **크거나 같다.** (a는 b **이상**이다.) (a는 b보다 작지 않다.)

참고 부등호의 왼쪽에 있는 식을 좌변, 오른쪽에 있는 식을 우변, 좌변과 우변을 통틀어 양변이라고 한다.

※ 다음 중 부등식인 것에는 ○표, 아닌 것에는 ×표 하여라.

1. $3+4$
2. $3+4=7$
3. $-3>1$
   거짓인 부등식도 부등식이다.
4. $x+5$
5. $x+5<1$
6. $3x+2=5$
7. $3x-2\ge 3x+5$
8. $2x-3<2x+1$

※ 다음을 부등식으로 나타내어라.

9. x에 2를 더하면 10보다 크다.
10. x의 3배에서 2를 뺀 값은 5보다 작다.
11. 어떤 수 x의 2배는 x에 6을 더한 것보다 크거나 같다.
12. 어떤 수 x를 4배한 것에서 3을 뺀 것은 20보다 작거나 같다.
13. 시속 $x$km로 3시간 동안 간 거리는 10km 이상이다.

핵심

088 부등식의 해

부등식의 참, 거짓

부등식에서 좌변과 우변 값의 대소 관계가

- 주어진 부등호의 방향과 일치하면 → 참
- 주어진 부등호의 방향과 다르면 → 거짓

부등식의 해 : 부등식을 참이 되게 하는 미지수의 값

부등식을 푼다. : 부등식의 해를 모두 구하는 것

※ 다음 [ ] 안의 수가 주어진 부등식의 해인 것에는 ○표, 아닌 것에는 ×표 하여라.

1. $2x+3>5$ [0]
   └ $x=0$을 대입하면
   (좌변)$=2\times0+3=$□, (우변)$=5$
   즉 (좌변)□(우변)이고 주어진 부등식을 만족하지 않으므로 해가 아니다.
2. $5-2x\le 6$ [2]
3. $5x+2<3x$ [-1]
4. $4x+1\ge 5$ [1]
5. $-2x+3\ge x+5$ [3]
6. $2(x+3)>-4$ [-2]
7. $\frac{x}{2}-4\le 5-\frac{x}{3}$ [1]

※ x의 값이 [ ] 안에 주어진 수와 같을 때, 다음 부등식의 해를 구하라.

8. $x-3>0$ [3, 4]
   └ $x=3$일 때, $3-3=0$이므로 해가 아니다.
   $x=4$일 때, $4-3=1>0$이므로 해이다.
   따라서 구하는 해는 □이다.
9. $2x-1>3$ [1, 2, 3]
10. $-x+3\le 2$ [0, 1, 2]
11. $-3x-2\ge 1$ [-2, -1, 0]
12. $3-2x<5$ [-2, -1, 0, 1]
13. $3x-1\le 2x+1$ [0, 1, 2, 3]
14. $4x-5\ge 3$ [-1, 0, 1, 2]
15. $3-x<4$ [-2, -1, 0, 1, 2]

핵심 089 부등식의 기본 성질

- 부등식의 양변에 같은 수를 더하거나 빼어도 부등호의 방향은 바뀌지 않는다.

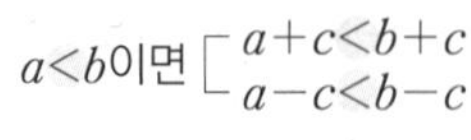

$a<b$이면 $\begin{cases} a+c<b+c \\ a-c<b-c \end{cases}$

- 부등식의 양변에 같은 양수를 곱하거나 나누어도 부등호의 방향은 바뀌지 않는다.

$a<b,\ c>0$이면 $\begin{cases} ac<bc \\ \dfrac{a}{c}<\dfrac{b}{c} \end{cases}$

- 부등식의 양변에 같은 음수를 곱하거나 나누면 부등호의 방향이 바뀐다.

$a<b,\ c<0$이면 $\begin{cases} ac>bc \\ \dfrac{a}{c}>\dfrac{b}{c} \end{cases}$

참고 부등호 $<$, $>$를 $\le$, $\ge$로 바꾸어도 부등식의 성질은 성립한다.

※ $a<b$일 때, 다음 □ 안에 알맞은 부등호를 써넣어라.

1. $a+1$ □ $b+1$
2. $a-3$ □ $b-3$
3. $2a$ □ $2b$
4. $\dfrac{a}{3}$ □ $\dfrac{b}{3}$
5. $-4a$ □ $-4b$
6. $a\div(-5)$ □ $b\div(-5)$
7. $2a-1$ □ $2b-1$
8. $-a+3$ □ $-b+3$
9. $\dfrac{a}{3}-4$ □ $\dfrac{b}{3}-4$
10. $-\dfrac{3}{2}a+1$ □ $-\dfrac{3}{2}b+1$

※ 다음 □ 안에 알맞은 부등호를 써넣어라.

11. $a+2<b+2$이면 a □ b
12. $a-4>b-4$이면 a □ b
13. $2a<2b$이면 a □ b
14. $-5a\ge-5b$이면 a □ b
15. $2a+5>2b+5$이면 a □ b
16. $-3a+4\le-3b+4$이면 a □ b

핵심 090 부등식의 해와 수직선

부등식의 해 구하기

부등식의 성질을 이용하여 다음과 같이 한 변에 x만 남긴 모양으로 고쳐서 해를 구한다.

$$x>(\text{수}),\ x<(\text{수}),\ x\ge(\text{수}),\ x\le(\text{수})$$

부등식의 해를 수직선 위에 나타내기

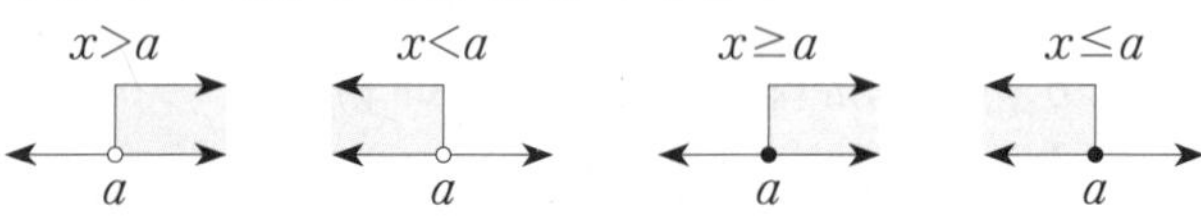

참고 수직선에서 ○는 $x=a$인 점을 포함하지 않고, ●는 $x=a$인 점을 포함한다.

※ 다음 부등식의 해를 수직선 위에 나타내어라.

1. $x<2$

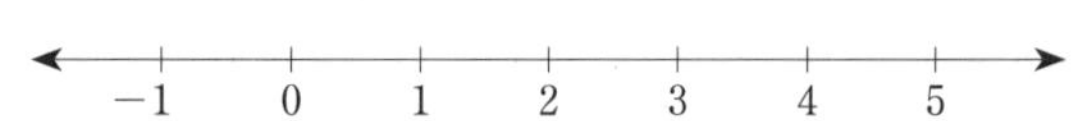

2. $x>3$

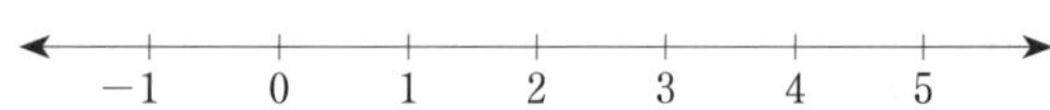

3. $x\le1$

4. $x\ge2$

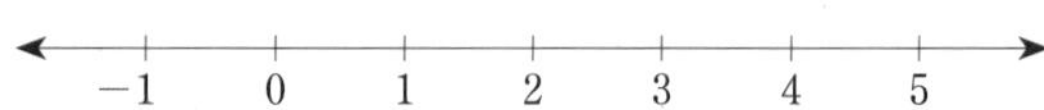

※ 부등식의 해를 구하고, 그 해를 수직선 위에 나타내어라.

5. $x+5>8$

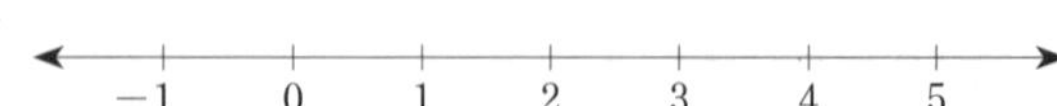

6. $x-3<6$

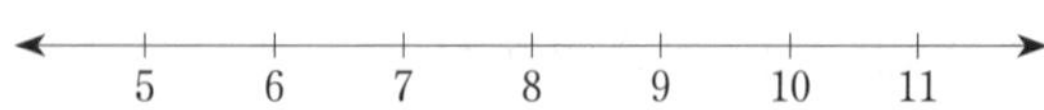

7. $\dfrac{1}{2}x\ge4$

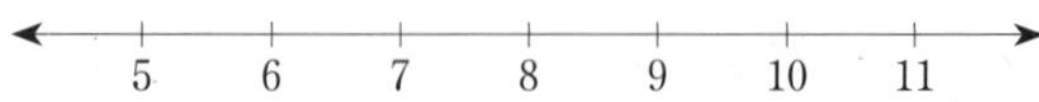

8. $-5x\le15$

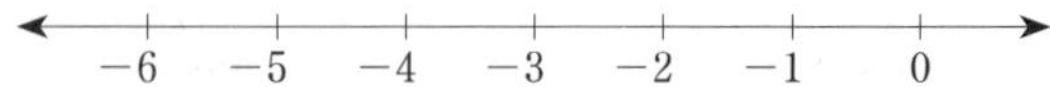

핵심 091 일차부등식

일차부등식 : 우변의 모든 항을 좌변으로 이항하여 정리한 식이 다음의 어느 하나의 꼴로 되는 부등식

$$(\text{일차식})>0,\ (\text{일차식})<0,$$
$$(\text{일차식})\geq 0,\ (\text{일차식})\leq 0$$

※ 다음 부등식에서 밑줄 친 항을 이항하여라.

1. $x\underline{+4}>6$ ↳ $x>6-\square$
2. $\underline{2}-x<3$
3. $5x\geq \underline{4x}+3$
4. $x\leq 7\underline{-2x}$
5. $2x\underline{+3}<\underline{-x}+6$
6. $-2x\underline{+12}>\underline{6x}-4$
7. $3x\underline{+2}<\underline{x}+8$
8. $-3x\underline{+8}>\underline{2x}+3$
9. $x\underline{+7}\leq 5\underline{-3x}$
10. $\underline{5}\geq \underline{2x}-3$
11. $\underline{-4}<\underline{-2x}+2$

※ 다음 중 일차부등식인 것에는 ○표, 아닌 것에는 ×표 하여라.

12. $3x+5<5$ ( )
13. $2x+5=3x-4$ ( )
14. $2x-7\geq 6+x$ ( )
15. $2x-1\leq 1+2x$ ( )
16. $4+3>5$ ( )
17. $4(x-1)\leq x+3$ ( )
18. $\frac{1}{2}(x-4)\geq \frac{1}{2}x-2$ ( )
19. $x^2+2x+1>0$ ( )
20. $x^2+5x<x^2-3$ ( )

핵심 092 일차부등식의 풀이

① 미지수 x를 포함한 항은 좌변으로, 상수항은 우변으로 이항한다.
② 양변을 간단히 하여 $ax>b,\ ax<b,\ ax\geq b,\ ax\leq b(a\neq 0)$ 꼴로 나타낸다.
③ 양변을 x의 계수로 나눈다. 이때 계수가 음수이면 부등호의 방향이 바뀐다.

※ 다음 일차부등식을 풀고, 그 해를 수직선 위에 나타내어라.

1. $3x-5<x-1$

↳ $3x-5<x-1 \rightarrow 3x-x<-1+\square$
$\rightarrow \square x<\square$ $\quad\therefore x<\square$

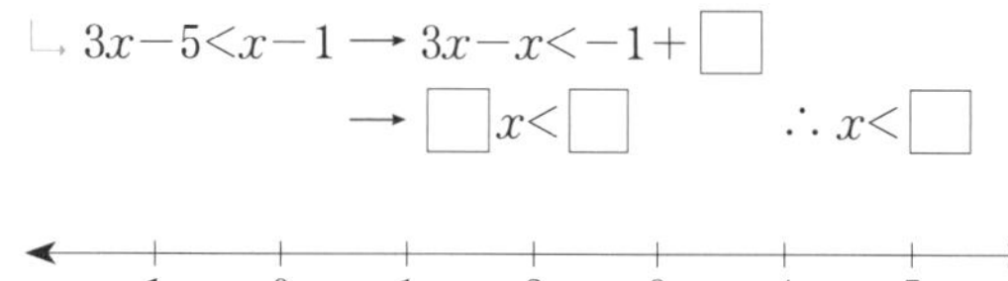

2. $2x+3\geq 3x-5$

3. $2x+6>3x-2$

4. $x+5\leq 9+3x$

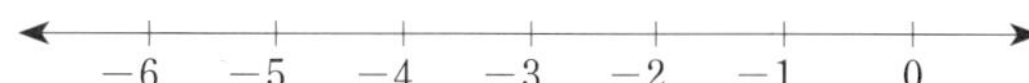

5. $-2x+12>6x-4$

6. $2x+16\geq 2+4x$

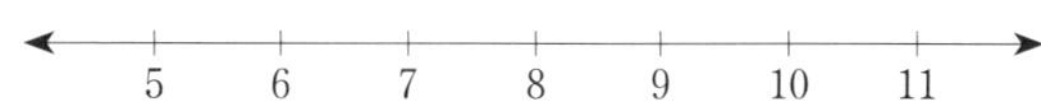

7. $2x+18<-6+5x$

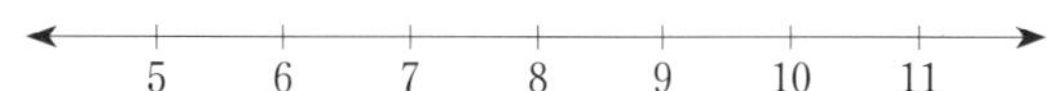

핵심

093 여러 가지 일차부등식의 풀이

괄호가 있는 일차부등식

분배법칙을 이용하여 괄호를 풀고 부등식을 간단히 정리한 후 푼다.

계수가 소수인 일차부등식

부등식의 양변에 10의 거듭제곱을 곱하여 계수를 정수로 바꾼 후 푼다.

계수가 분수인 일차부등식

부등식의 양변에 분모의 최소공배수를 곱하여 계수를 정수로 바꾼 후 푼다.

※ 다음 일차부등식을 풀어라.

1. $-3(x-1)>-x+7$
2. $5x-9<2(x+3)$
3. $-(x-6)>3(x-2)$
4. $1-(x+2)\le 4(2x-1)$
5. $x-(3-x)\ge 1-4(x+1)$

※ 다음 일차부등식을 풀어라.

6. $0.5x-1<1.5x$
7. $0.5x+0.6>0.3x+1$
8. $1-0.7x\le 0.3x-2$
9. $0.3x-1\ge 0.5-0.2x$

※ 다음 일차부등식을 풀어라.

10. $\frac{3x+1}{2}-\frac{x+7}{4}<0$
11. $\frac{3}{2}+\frac{1}{4}x\le -\frac{1}{2}x$
12. $\frac{x}{3}-\frac{1}{2}<x+\frac{5}{6}$
13. $0.3x+\frac{2(x-3)}{5}>3$

    소수와 분수를 먼저 정수로 만든다.
14. $1.1x+\frac{3}{5}\le 0.7x+1$
15. $0.2x+5\le 1-\frac{2x+4}{5}$

핵심

094 부등식의 활용 문제 풀이 순서

① 주어진 문제의 뜻을 파악하고, 무엇을 미지수로 놓을지 결정한다. — 미지수 정하기

② 수량들 사이의 관계를 부등식으로 나타낸다. — 부등식 세우기

③ 부등식을 푼다. — 부등식 풀기

④ 구한 해가 문제의 뜻에 맞는지 확인한다. — 확인하기

참고 물건의 개수, 사람 수 등은 자연수이므로 구한 해의 범위에서 자연수만 택해야 한다.

※ 다음을 읽고 물음에 답하여라.

1. 한 번에 550kg까지 운반할 수 있는 엘리베이터가 있다. 몸무게가 60kg인 사람이 1개에 20kg인 상자를 여러 개 실어 운반하려고 할 때, 한 번에 운반할 수 있는 상자는 최대 몇 개인가?

   ① 상자를 x개 운반한다고 할 때, 상자와 사람의 전체 무게를 식으로 나타내어라.

   ② 부등식을 세우고, 그 해를 구하라.

   ↳ $\square x+\square\le 550$ $\quad\therefore x\le\square$ ……㉠

   ③ 물건은 최대 몇 개까지 운반할 수 있는지 구하라.

   ↳ ㉠의 범위에서 최대의 자연수는 $\square$이다.
   따라서 상자를 최대 $\square$개까지 실어 운반할 수 있다.

2. 등산을 하는데 올라갈 때에는 시속 2km, 내려올 때에는 시속 3km로 걸어서 전체 걸리는 시간을 2시간 이내로 하려고 한다. 최대 몇 km 지점까지 올라갈 수 있는가?

   ① 올라간 거리를 x km라고 할 때, 올라갔다가 내려온 전체 시간을 식으로 나타내어라.

   ② 부등식을 세우고, 그 해를 구하라.

   ③ 최대 몇 km 지점까지 올라갈 수 있는지 구하라.

| 실력테스트 |

1. 다음 중 [ ] 안의 수가 주어진 부등식의 해가 아닌 것은?

① $5x-1\le4$ [0]　② $x+3<7$ [1]
③ $3x<x+2$ [-1]　④ $-x\ge2x$ [2]
⑤ $\frac{x-1}{4}-\frac{x}{2}<1$ [1]

2. 다음 부등식 중 $x+4>0$과 해가 같은 것은?

① $x-4<0$　② $2x+1>x+5$
③ $x+2<2x+6$　④ $-x>4$
⑤ $x+2>6$

3. 다음 중 옳은 것을 모두 고르면?

> ㉠ $a<b$이면 $ac<bc$이다.
> ㉡ $a-c>b-c$이면 $a-b>0$이다.
> ㉢ $ac>bc$이고 $c>0$이면 $a>b$이다.

① ㉠　② ㉡　③ ㉠, ㉢
④ ㉡, ㉢　⑤ ㉠, ㉡, ㉢

4. $a>b$일 때, 다음 중 옳은 것은?

① $2a-5<2b-5$　② $5-3(a+1)<5-3(b+1)$
③ $\frac{a}{4}+1<\frac{b}{4}+1$　④ $-a>-b$
⑤ $-2a+3>-2b+3$

5. 일차부등식 $\frac{x-2}{4}-\frac{2x-1}{5}<0$을 만족하는 가장 작은 정수는?

① -5　② -4　③ -2　④ -1　⑤ 1

6. $-2\le x<1$일 때, $3x-2$의 값의 범위에 있는 수 중 가장 큰 정수를 구하라.

7. 일차부등식 $a-3x\ge-x$를 만족하는 자연수 x의 개수가 2개일 때, 상수 a의 값의 범위는?

① $a>4$　② $4<a<6$
③ $4\le a<6$　④ $4<a\le6$
⑤ $4\le a\le6$

8. 한 번에 750kg까지 운반할 수 있는 엘리베이터가 있다. 몸무게의 합이 120kg인 두 사람이 이 엘리베이터로 1개에 50kg인 물건을 운반할 때, 한 번에 최대 몇 개까지 가능한가?

① 10개　② 11개　③ 12개　④ 13개　⑤ 14개

9. 윗변의 길이가 7cm, 아랫변의 길이가 11cm인 사다리꼴이 있다. 이 사다리꼴의 넓이가 54cm^2 이상이 되려면 사다리꼴의 높이는 최소 몇 cm 이상이어야 하는가?

① 4cm　② 5cm　③ 6cm
④ 7cm　⑤ 8cm

10. 집에서 4km 떨어져 있는 학교까지 가는데 처음에는 시속 4km로 걷다가 도중에 시속 6km로 달려서 50분 이내에 도착하려고 한다. 집에서 최대 몇 km까지 시속 4km로 걸을 수 있는지 구하라.

Science & Technology

집 근처의 가게에서는 장미를 1송이에 1000원에 살 수 있는데, 왕복 1000원의 버스비를 들여 시장에 가서 사면 1송이에 850원에 살 수 있다고 한다. 장미를 최소 몇 송이 이상 사는 경우에 시장에 가는 것이 싼지 구하라.

5. 연립일차방정식

○ 미지수가 2개인 연립일차방정식을 풀 수 있고, 이를 활용하여 문제를 해결할 수 있다.

$x+2y=5$와 같이 미지수가 2개이고 차수가 모두 1인 방정식을 미지수가 2개인 일차 방정식이라 하고, $\begin{cases} x+2y=5 \\ x-y=1 \end{cases}$ 과 같이 두 개 이상의 방정식을 한 쌍으로 묶어서 나타낸 것을 **연립방정식**이라고 한다.

연립방정식에서 두 방정식을 동시에 만족시키는 x, y의 값 또는 그 순서쌍 (x, y)를 연립방정식의 해라고 한다. 또한 연립방정식의 해를 구하기 위해 미지수 하나를 없애는 것을 **소거**라고 한다.

소거(消去) : 둘 이상의 미지수를 가진 방정식에서 특정한 미지수를 없애는 것.

오른쪽과 같이 우선 2개의 방정식에서 미지수 하나를 소거하여 만들어지는 방정식의 해를 구한 후 이 값을 처음의 방정식에 대입하여 다른 미지수의 값을 구한다.

미지수를 소거하는 방법

가감법

$$\begin{array}{rr} & x+y=5 \\ +) & 2x-y=4 \\ \hline & 3x \quad =9 \end{array}$$

대입법

$y=3x+2$

↓ 대입

$2x+y=17$

↓ y를 소거

$2x+(3x+2)=17$

연립방정식을 푸는 방법으로는 두 방정식을 변끼리 더하거나 빼서 푸는 **가감법**과 한 방정식을 다른 방정식에 대입하여 푸는 **대입법**이 있다. 이 두 가지 방법 모두 미지수 하나를 소거하여 해를 구한다는 점에서는 마찬가지이므로, 연립방정식을 풀 때는 문제에 따라 계산하기 편리한 방법을 선택하여 푼다.

연립방정식의 계수가 소수나 분수일 때는 양변에 적당한 수를 곱하여 계수를 정수로 바꾸어서 풀면 계산이 편리하다. 한편, 연립방정식은 그 해가 단 하나뿐인 경우도 있지만 그 해가 무수히 많거나 해가 없는 경우도 있다.

WHY? 흔히 'CT' 라고 불리는 컴퓨터 단층 촬영은 체내에 X선을 통과시킨 후 X선이 신체의 각 부분에서 얼마만큼 흡수됐는지를 측정한다. 이런 과정을 한 방향뿐 아니라 여러 방향에서 되풀이한다. 한 방향에서 X선을 투과시킬 때마다 신체의 각 부분을 미지수로 하는 방정식을 얻을 수 있고 여러 방향에서 X선을 투과시켜서 연립방정식을 얻게 된다. 컴퓨터가 복잡한 계산 과정을 거쳐 연립방정식을 풀면 각 부분이 X선을 흡수한 양을 알아낼 수 있고, 이를 토대로 신체의 단면 영상을 얻을 수 있다.

핵심

095 미지수가 2개인 일차방정식

미지수가 2개인 일차방정식 : 미지수가 2개이고 차수가 모두 1인 방정식

$$3x+4y=0$$
$$2x+y+1=0$$
$$x-y+3=0$$

두 미지수 x, y에 대한 일차방정식의 꼴

$$ax+by+c=0\ (a,\ b,\ c\text{는 상수},\ a\neq0,\ b\neq0)$$

참고 x의 계수 a와 y의 계수 b는 모두 0이 아니어야 한다. 예를 들어 $x+2y+1=x+y$는 모든 항을 좌변으로 이항하여 정리하면 $y+1=0$이 되므로 미지수가 2개인 일차방정식이 아니다.

미지수가 2개인 일차방정식의 해 : 일차방정식을 만족하는 x, y의 값 또는 그 순서쌍 (x, y)

※ 다음 중 미지수가 2개인 일차방정식인 것에는 ○표, 그렇지 않은 것에는 ×표 하여라.

1. $2x-3y$ (　　)
2. $x+2y-5=0$ (　　)
3. $\frac{1}{x}+2y=3$ (　　)
4. $\frac{x}{2}+3y=4$ (　　)
5. $4x+y=3-y$ (　　)
6. $3x+y=2x+y$ (　　)

※ x, y가 자연수일 때, 다음 일차방정식에 대하여 표를 완성하고, 해를 구하라.

7. $x+y=4$

x	1	2	3	4
y				

↳ x, y가 자연수이므로 해는 (1,　), (2,　), (3,　)이다.

8. $3x+y=10$

x	1	2	3	4
y				

↳ x, y가 자연수이므로 해는 (1,　), (2,　), (3,　)이다.

※ 다음 중 일차방정식 $2x-y=5$의 해인 것에는 ○표, 아닌 것에는 ×표 하여라.

9. (3, 1) (　　)
10. (2, 3) (　　)

핵심

096 미지수가 2개인 연립일차방정식

연립방정식

- 연립방정식 : 두 개 이상의 방정식을 한 쌍으로 묶어서 나타낸 것
- 연립일차방정식 : 각각의 방정식이 일차방정식인 연립방정식

연립방정식의 해

- 연립방정식의 해 : 연립방정식에서 각각의 방정식을 동시에 만족하는 x, y의 값 또는 그 순서쌍 (x, y), 즉 각각의 일차방정식의 해 중에서 공통인 해
- 연립방정식을 푼다 : 연립방정식의 해를 구하는 것

※ 다음 연립방정식 중에서 $x=3$, $y=1$을 해로 갖는 것에는 ○표, 그렇지 않은 것에는 ×표 하여라.

1. $\begin{cases} x-y=1 & \cdots\cdots ㉠ \\ x+2y=5 & \cdots\cdots ㉡ \end{cases}$ (　　)

↳ 두 일차방정식에 $x=\square$, $y=\square$을 각각 대입하면

$\begin{cases} 3-\square=2\neq1 \\ \square+2=5 \end{cases}$

따라서 $x=3$, $y=1$은 방정식 ㉡만 만족하므로 주어진 연립방정식의 (해이다, 해가 아니다).

2. $\begin{cases} 2x-y=5 \\ x+3y=10 \end{cases}$ (　　)

3. $\begin{cases} 3x-y=8 \\ 2x-3y=3 \end{cases}$ (　　)

4. $\begin{cases} x-4y=-1 \\ 2x+3y=8 \end{cases}$ (　　)

5. $\begin{cases} x+2y=5 \\ 3x+5y=14 \end{cases}$ (　　)

6. $\begin{cases} 4x+y=13 \\ x-5y=-2 \end{cases}$ (　　)

핵심 097 연립방정식의 풀이 (1) - 가감법

소거 : 미지수가 2개인 연립방정식에서 한 미지수를 없애는 것

가감법 : 두 일차방정식을 변끼리 더하거나 빼어서 한 미지수를 소거하여 연립방정식의 해를 구하는 방법

$$\begin{array}{rl} & x+y=5 \\ +) & 2x-y=4 \\ \hline & 3x \quad =9 \end{array}$$

가감법을 이용한 풀이 순서

- 소거하려고 하는 문자의 계수의 절댓값이 같을 때
  → 두 방정식을 변끼리 더하거나 뺀다.
- 소거하려고 하는 문자의 계수의 절댓값이 같지 않을 때
  → 소거하려는 문자의 계수의 절댓값이 같아지도록 양변에 적당한 수를 곱한 후 두 방정식을 변끼리 더하거나 뺀다.

※ 다음 연립방정식에서 x를 소거하여라.

1. $\begin{cases} x+3y=6 \\ x+y=2 \end{cases}$ → $\begin{array}{rl} & x+3y=6 \\ -) & x+y=2 \\ \hline & 2y=\square \end{array}$

2. $\begin{cases} -2x+y=1 \\ 2x-3y=-5 \end{cases}$ → $\begin{array}{rl} & -2x+y=1 \\ \square) & 2x-3y=-5 \\ \hline & -2y=\square \end{array}$

3. $\begin{cases} x-3y=6 \\ 2x+y=5 \end{cases}$ $\xrightarrow{\times 2}$ $\begin{array}{rl} & 2x-\square y=\square \\ \square) & 2x+y=5 \\ \hline & \square y=\square \end{array}$

※ 다음 연립방정식에서 y를 소거하여라.

4. $\begin{cases} 3x+y=7 \\ x-y=1 \end{cases}$ → $\begin{array}{rl} & 3x+y=7 \\ +) & x-y=1 \\ \hline & 4x \quad =\square \end{array}$

5. $\begin{cases} 2x+3y=9 \\ 3x-y=8 \end{cases}$ $\xrightarrow[\times 3]{}$ $\begin{array}{rl} & 2x+3y=9 \\ \square) & \square x-3y=\square \\ \hline & \square x \quad =\square \end{array}$

6. $\begin{cases} x+2y=-5 \\ 3x-5y=7 \end{cases}$ $\xrightarrow[\times 2]{\times 5}$ $\begin{array}{rl} & \square x+10y=\square \\ \square) & \square x-10y=\square \\ \hline & \square x \quad =\square \end{array}$

※ 다음 연립방정식을 가감법으로 풀어라.

7. $\begin{cases} -x+2y=3 & \cdots\cdots ㉠ \\ 2x+y=9 & \cdots\cdots ㉡ \end{cases}$

└ ㉠×2+㉡을 하면

$$\begin{array}{rl} & -2x+4y=6 \\ +) & 2x+y=9 \\ \hline & \square y=15 \end{array} \qquad \therefore y=\square$$

$y=\square$을 ㉡에 대입하면

$2x+\square=9 \qquad \therefore x=\square$

8. $\begin{cases} x+y=6 \\ 3x-2y=3 \end{cases}$

9. $\begin{cases} 3x+y=7 \\ -x+2y=0 \end{cases}$

10. $\begin{cases} 3x-y=3 \\ x-3y=-7 \end{cases}$

11. $\begin{cases} 2x-3y=9 \\ 3x+2y=20 \end{cases}$

12. $\begin{cases} 2x-3y=7 \\ 5x+2y=8 \end{cases}$

13. $\begin{cases} -3x+2y=1 \\ 2x-5y=3 \end{cases}$

14. $\begin{cases} 3x-5y=1 \\ -4x+3y=-5 \end{cases}$

핵심

098 연립방정식의 풀이 (2) - 대입법

대입법 : 연립방정식의 한 방정식을 한 미지수에 대하여 푼 후, 그 식을 다른 방정식에 대입하여 해를 구하는 방법

대입법을 이용한 풀이 순서

① 연립방정식의 한 방정식을 한 미지수에 대하여 푼 다음 다른 방정식에 대입하여 그 미지수를 소거한다.
② 대입하여 만들어진 미지수가 1개인 일차방정식의 해를 구한다.
③ ②에서 구한 해를 ①의 식에 대입하여 다른 미지수의 값을 구한다.

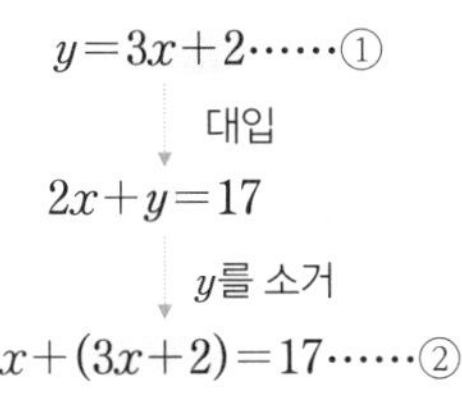

※ ㉠을 ㉡에 대입하여 한 미지수를 소거하고, 이때 만들어진 미지수가 1개인 일차방정식의 해를 구하라.

1. $\begin{cases} x=2y-3 & \cdots\cdots ㉠ \\ 2x+3y=1 & \cdots\cdots ㉡ \end{cases}$

$2x+3y=1 \longrightarrow 2(\square)+3y=1$

$\square$ $\therefore y=1$

2. $\begin{cases} y=-x+1 & \cdots\cdots ㉠ \\ 3x+2y=5 & \cdots\cdots ㉡ \end{cases}$

$3x+2y=5 \longrightarrow$ ______________

$\square$ $\therefore x=\square$

3. $\begin{cases} y=2x-1 & \cdots\cdots ㉠ \\ y=-x+5 & \cdots\cdots ㉡ \end{cases}$

$y=-x+5 \longrightarrow$ ______________

$\square$ $\therefore x=\square$

4. $\begin{cases} 3x=y-2 & \cdots\cdots ㉠ \\ 3x=2y-5 & \cdots\cdots ㉡ \end{cases}$

$3x=2y-5 \longrightarrow$ ______________

$\square$ $\therefore y=\square$

※ 다음 연립방정식을 대입법으로 풀어라.

5. $\begin{cases} x-y=1 & \cdots\cdots ㉠ \\ 2x+3y=7 & \cdots\cdots ㉡ \end{cases}$

└ ㉠을 x에 대하여 풀면

$x=y+1$ ……㉠′

㉠′을 ㉡에 대입하면

$2x+3y=7 \longrightarrow 2(\square)+3y=7$

$\square$ $\therefore y=\square$

$y=\square$을 ㉠′에 대입하면 $x=\square+1=\square$

따라서 구하는 연립방정식의 해는 $x=\square$, $y=\square$이다.

6. $\begin{cases} x+y=5 \\ 5x-2y=4 \end{cases}$

7. $\begin{cases} x+2y=4 \\ -3x+5y=-1 \end{cases}$

8. $\begin{cases} 2x-y=3 \\ 5x+3y=2 \end{cases}$

9. $\begin{cases} 2x-y=5 \\ 2x+3y=1 \end{cases}$

10. $\begin{cases} x+3y=2 \\ 2x+3y=1 \end{cases}$

11. $\begin{cases} x-3y=1 \\ 2x+3y=2 \end{cases}$

12. $\begin{cases} -3x+2y=3 \\ 5x-2y=-1 \end{cases}$

핵심 099 괄호가 있는 연립방정식의 풀이

분배법칙을 이용하여 괄호를 풀고 동류항을 정리하여 간단한 모양으로 고친 후, 가감법이나 대입법을 이용하여 연립방정식을 푼다.

$$\begin{cases} 5(2x-1)+y=2 \\ 3x-y=6 \end{cases} \rightarrow \begin{cases} 10x+y=7 \\ 3x-y=6 \end{cases}$$

※ 다음 연립방정식을 괄호를 풀어 간단한 꼴로 정리한 후 풀어라.

1. $\begin{cases} 2(x-y)+3y=1 \\ x+2(x-y)=5 \end{cases}$

$\rightarrow \begin{cases} \square x+y=1 \\ \square x-\square y=5 \end{cases}$ $\therefore x=\square, y=\square$

2. $\begin{cases} 2(x+y)+3y=4 \\ 5x-4(x-y)=5 \end{cases}$

$\rightarrow \begin{cases} \_\_\_\_\_\_ \\ \_\_\_\_\_\_ \end{cases}$

3. $\begin{cases} 5(2x-1)+y=3 \\ x-(y-3)=6 \end{cases}$

$\rightarrow \begin{cases} \_\_\_\_\_\_ \\ \_\_\_\_\_\_ \end{cases}$

4. $\begin{cases} x+4(y-1) = 16 \\ 3(x+2)-2y=-4 \end{cases}$

$\rightarrow \begin{cases} \_\_\_\_\_\_ \\ \_\_\_\_\_\_ \end{cases}$

5. $\begin{cases} 3x-4(x+2y)=5 \\ 2(x-y)=3-5y \end{cases}$

$\rightarrow \begin{cases} \_\_\_\_\_\_ \\ \_\_\_\_\_\_ \end{cases}$

6. $\begin{cases} 3(x+y-3)=6y \\ 4x=3(x-2y)-11 \end{cases}$

$\rightarrow \begin{cases} \_\_\_\_\_\_ \\ \_\_\_\_\_\_ \end{cases}$

핵심 100 계수가 분수인 연립방정식의 풀이

분모의 최소공배수를 양변에 곱하여 계수를 정수로 바꾸어 푼다.

$$\begin{cases} \frac{x}{10}-\frac{y}{5}=-\frac{2}{5} & \leftarrow \times 10 \\ \frac{x}{2}+\frac{y}{3}=2 & \leftarrow \times 6 \end{cases} \rightarrow \begin{cases} x-2y=-4 \\ 3x+2y=12 \end{cases}$$

※ 다음 연립방정식의 계수를 정수로 만들어 풀어라.

1. $\begin{cases} \frac{1}{2}x-\frac{1}{3}y=\frac{2}{3} \\ \frac{1}{3}x+\frac{1}{6}y=\frac{5}{6} \end{cases}$

$\rightarrow \begin{cases} 3x-\square y=\square \\ 2x+y=\square \end{cases}$ $\therefore x=\square, y=\square$

2. $\begin{cases} \frac{1}{3}x+\frac{1}{2}y=2 \\ \frac{2}{3}x-\frac{1}{4}y=\frac{3}{2} \end{cases}$

$\rightarrow \begin{cases} \_\_\_\_\_\_ \\ \_\_\_\_\_\_ \end{cases}$

3. $\begin{cases} x-\frac{y}{6}=\frac{3}{2} \\ \frac{x}{3}-\frac{y}{2}=-\frac{5}{6} \end{cases}$

$\rightarrow \begin{cases} \_\_\_\_\_\_ \\ \_\_\_\_\_\_ \end{cases}$

4. $\begin{cases} \frac{x-1}{2}+y=-1 \\ \frac{1}{5}x-\frac{2}{3}y=3 \end{cases}$

$\rightarrow \begin{cases} \_\_\_\_\_\_ \\ \_\_\_\_\_\_ \end{cases}$

5. $\begin{cases} \frac{x}{2}=\frac{x+y}{5} \\ \frac{1}{2}(x-y)=x+5 \end{cases}$

$\rightarrow \begin{cases} \_\_\_\_\_\_ \\ \_\_\_\_\_\_ \end{cases}$

101 계수가 소수인 연립방정식의 풀이

10의 거듭제곱을 양변에 곱해 계수를 정수로 바꾸어 푼다.

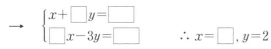

$$\begin{cases} 0.1x-0.2y=-0.4 & \leftarrow \times 10 \\ 0.03x+0.02y=0.12 & \leftarrow \times 100 \end{cases} \rightarrow \begin{cases} x-2y=-4 \\ 3x+2y=12 \end{cases}$$

※ 다음 연립방정식의 계수를 정수로 만들어 풀어라.

1. $\begin{cases} 0.1x+0.5y=1.5 \\ 0.5x-0.3y=1.9 \end{cases}$

$\rightarrow$ 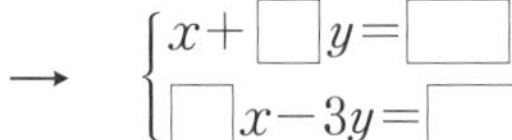

$\therefore x=\square,\ y=2$

2. $\begin{cases} 0.3x+0.4y=0.1 \\ 0.6x+0.5y=-0.1 \end{cases}$

$\rightarrow \begin{cases} \underline{\qquad\qquad} \\ \underline{\qquad\qquad} \end{cases}$

3. $\begin{cases} 0.2x-0.5y=-0.2 \\ 0.05x+0.1y=0.4 \end{cases}$

$\rightarrow \begin{cases} \underline{\qquad\qquad} \\ \underline{\qquad\qquad} \end{cases}$

4. $\begin{cases} \dfrac{x}{4}+\dfrac{y}{3}=\dfrac{5}{12} \\ 0.3x-0.1y=1 \end{cases}$

$\rightarrow \begin{cases} \underline{\qquad\qquad} \\ \underline{\qquad\qquad} \end{cases}$

5. $\begin{cases} \dfrac{x}{3}+\dfrac{y}{2}=3 \\ 0.3x+0.4y=2.5 \end{cases}$

$\rightarrow \begin{cases} \underline{\qquad\qquad} \\ \underline{\qquad\qquad} \end{cases}$

6. $\begin{cases} 0.2x-0.3y=1 \\ \dfrac{1}{3}x+\dfrac{5}{6}y=-1 \end{cases}$

$\rightarrow \begin{cases} \underline{\qquad\qquad} \\ \underline{\qquad\qquad} \end{cases}$

102 $A=B=C$ 꼴의 연립방정식의 풀이

$A=B=C$ 꼴의 연립방정식과 다음 세 연립방정식은 그 해가 모두 같으므로 가장 간단한 것을 선택하여 푼다.

$$\begin{cases} A=B \\ A=C \end{cases} \text{ 또는 } \begin{cases} A=B \\ B=C \end{cases} \text{ 또는 } \begin{cases} A=C \\ B=C \end{cases}$$

참고 가장 간단한 식을 두 번 써서 연립방정식을 만들면 계산이 간단해진다.

$$4x+5y=2x+y=-3 \rightarrow \begin{cases} 4x+5y=-3 \\ 2x+y=-3 \end{cases}$$

※ 다음 $A=B=C$ 꼴의 연립방정식을 주어진 꼴로 고친 후 풀어라.

1. $x+2y=-x+y=9$

$\begin{cases} A=C \\ B=C \end{cases} \rightarrow \begin{cases} \underline{\qquad\qquad} \\ \underline{\qquad\qquad} \end{cases}$

2. $2x+y=x+2y=-6$

$\begin{cases} A=C \\ B=C \end{cases} \rightarrow \begin{cases} \underline{\qquad\qquad} \\ \underline{\qquad\qquad} \end{cases}$

3. $2x-3y+1=y-3=x+2y-7$

$\begin{cases} A=B \\ B=C \end{cases} \rightarrow \begin{cases} \underline{\qquad\qquad} \\ \underline{\qquad\qquad} \end{cases}$

4. $x+y=4x+2y+3=3x+2y+4$

$\begin{cases} A=B \\ A=C \end{cases} \rightarrow \begin{cases} \underline{\qquad\qquad} \\ \underline{\qquad\qquad} \end{cases}$

5. $\dfrac{x+y}{3}=\dfrac{2x+y}{10}=1$

$\begin{cases} A=C \\ B=C \end{cases} \rightarrow \begin{cases} \underline{\qquad\qquad} \\ \underline{\qquad\qquad} \end{cases}$

6. $\dfrac{2x+4}{6}=\dfrac{x+y}{3}=x-y$

$\begin{cases} A=B \\ A=C \end{cases} \rightarrow \begin{cases} \underline{\qquad\qquad} \\ \underline{\qquad\qquad} \end{cases}$

103 해가 특수한 연립방정식

연립방정식 $\begin{cases} ax+by+c=0 \\ a'x+b'y+c'=0 \end{cases}$ 에서

- $\dfrac{a}{a'}=\dfrac{b}{b'}=\dfrac{c}{c'}$ 이면 → 해가 무수히 많다
- $\dfrac{a}{a'}=\dfrac{b}{b'}\neq\dfrac{c}{c'}$ 이면 → 해가 없다

참고 $\begin{cases} x+2y=3 & \cdots\cdots ㉠ \\ 2x+4y=6 & \cdots\cdots ㉡ \end{cases}$ ← $\dfrac{1}{2}=\dfrac{2}{4}=\dfrac{3}{6}$

→ ㉠과 ㉡은 같은 식이므로 연립방정식의 해가 무수히 많다.

$\begin{cases} x+2y=4 & \cdots\cdots ㉢ \\ x+2y=6 & \cdots\cdots ㉣ \end{cases}$ ← $\dfrac{1}{1}=\dfrac{2}{2}\neq\dfrac{4}{6}$

→ ㉢과 ㉣은 좌변은 같고 우변이 다르므로 이것을 만족하는 x, y의 값은 없다. 즉 연립방정식의 해는 없다.

※ 다음 연립방정식 중 해가 무수히 많은 것에는 ○표, 해가 없는 것에는 ×표 하여라.

1. $\begin{cases} 2x+y=3 \\ 4x+2y=6 \end{cases}$ (　　)
2. $\begin{cases} 2x+y=-3 \\ -6x-3y=6 \end{cases}$ (　　)
3. $\begin{cases} -x+2y=5 \\ 3x-6y=15 \end{cases}$ (　　)
4. $\begin{cases} x-3y=-4 \\ -2x+6y=8 \end{cases}$ (　　)

※ 다음 연립방정식의 해가 무수히 많을 때, 상수 a의 값을 구하라.

5. $\begin{cases} x+ay=3 \\ 2x+4y=6 \end{cases}$
6. $\begin{cases} 2x-3y=a \\ -6x+9y=12 \end{cases}$

※ 다음 연립방정식의 해가 없을 때, 상수 a의 조건을 구하라.

7. $\begin{cases} x-3y=a \\ -4x+12y=8 \end{cases}$
8. $\begin{cases} 12x+3y=6 \\ ax+y=-2 \end{cases}$

104 연립방정식의 활용 문제 풀이 순서

① 주어진 문제의 뜻을 파악하고, 구하려는 것을 x, y로 놓는다. — 미지수 정하기
② 문제의 뜻에 맞게 x, y에 대한 연립방정식을 세운다. — 방정식 세우기
③ 이 연립방정식을 푼다. — 방정식 풀기
④ 구한 해가 문제의 뜻에 맞는지 확인한다. — 확인하기

※ 다음을 읽고 물음에 답하여라.

> 큰 정수 x와 작은 정수 y의 합이 15이고, 차가 7이다.

1. 두 정수 x, y의 합이 15임을 이용해 방정식을 세워라.
2. 두 정수의 차가 7임을 이용해 방정식을 세워라.
3. 세운 두 방정식을 연립방정식으로 나타내어라.
   $\begin{cases} \_\_\_\_\_\_\_\_ \\ \_\_\_\_\_\_\_\_ \end{cases}$
4. 두 정수 x, y의 값을 각각 구하라.

※ 다음을 읽고 물음에 답하여라.

> x의 2배에 y를 더하면 4이고, x의 3배에서 y를 빼면 1이다.

5. x의 2배에 y를 더하면 4임을 이용해 방정식을 세워라.
6. x의 3배에서 y를 빼면 1임을 이용해 방정식을 세워라.
7. 세운 두 방정식을 연립방정식으로 나타내어라.
   $\begin{cases} \_\_\_\_\_\_\_\_ \\ \_\_\_\_\_\_\_\_ \end{cases}$
8. x, y의 값을 각각 구하라.

핵심 105 자연수의 문제

십의 자리 숫자가 x, 일의 자리 숫자가 y인 두 자리의 자연수에 대하여

- 처음 두 자리의 자연수 → $10x+y$
- 십의 자리와 일의 자리의 숫자를 바꾼 수 → $10y+x$

※ 다음을 읽고 물음에 답하여라.

> 십의 자리 숫자가 x, 일의 자리 숫자가 y인 두 자리의 자연수가 있다. 각 자리 숫자의 합이 14이고, 십의 자리 숫자와 일의 자리 숫자를 바꾼 수는 처음 수보다 18이 크다.

1. 각 자리 숫자의 합이 14임을 이용해 방정식을 세워라.

2. 십의 자리 숫자와 일의 자리 숫자를 바꾼 수는 처음 수보다 18이 큼을 이용해 방정식을 세워라.
   └ 원래의 수 : $10x+\square$
   바꾼 수 : $\square y+x$
   $\therefore \square y+x=(10x+\square)\square 18$

3. 위에서 세운 두 방정식을 연립하여 풀어라.

4. 처음 두 자리의 자연수를 구하라.

※ 다음 물음에 답하여라.

5. 두 자리의 자연수가 있다. 이 수의 각 자리 숫자의 합은 14이고, 십의 자리 숫자와 일의 자리 숫자를 바꾼 수는 처음 수보다 36이 크다. 이때 처음 수를 구하라.

6. 두 자리의 자연수가 있다. 각 자리 숫자의 합은 10이고, 이 자연수의 십의 자리 숫자와 일의 자리 숫자를 바꾼 수는 처음 수의 3배보다 2만큼 작다고 할 때, 처음 수를 구하라.

핵심 106 나이의 문제

두 사람의 나이를 x, y로 놓고 연립방정식을 세운다.

a년 전 또는 b년 후의 나이

a년 전 나이	←	현재 나이	→	b년 후 나이
$(x-a)$살		x살		$(x+b)$살

※ 다음을 읽고 물음에 답하여라.

> 현재 x살인 혜리와 y살인 남동생 나이의 합은 29살이고, 5년 후 혜리의 나이는 남동생 나이의 2배가 된다.

1. (현재 혜리의 나이)+(현재 남동생의 나이)=29임을 이용해 방정식을 세워라.

2. (5년 후 혜리의 나이)=(5년 후 남동생의 나이)×2임을 이용해 방정식을 세워라.
   └ 5년 후 혜리의 나이 : $x+5$
   5년 후 남동생의 나이 : $y+\square$
   $\therefore x+5=(y+\square)\times\square$

3. 위에서 세운 두 방정식을 연립하여 풀어라.

4. 현재 혜리와 남동생의 나이를 각각 구하라.

※ 다음 물음에 답하여라.

5. 현재 규태와 이모 나이의 합은 34살이다. 5년 전에 이모 나이가 규태 나이의 2배였다고 할 때, 현재 규태 나이와 이모 나이를 각각 구하라.

6. 현재 보라와 아버지 나이의 합은 51살이다. 12년 후에 아버지 나이가 보라 나이의 2배가 될 때, 현재 보라와 아버지 나이를 각각 구하라.

107 가격, 개수의 문제

$\begin{cases} (\text{A의 개수})+(\text{B의 개수})=(\text{전체 개수}) \\ (\text{A의 전체 가격})+(\text{B의 전체 가격})=(\text{전체 가격}) \end{cases}$

※ 다음을 읽고 물음에 답하여라.

> 300원짜리 자두 x개와 600원짜리 복숭아 y개를 모두 합하여 10개를 샀더니 4200원이었다.

1. (자두의 개수)+(복숭아의 개수)=10임을 이용해 방정식을 세워라.

2. (자두의 총 금액)+(복숭아의 총 금액)=4200임을 이용해 방정식을 세워라.
   ↳ 자두의 총 금액 : $300x$
   복숭아의 총 금액 : $\square y$
   $\therefore 300x+\square y=4200$

3. 위에서 세운 두 방정식을 연립하여 풀어라.

4. 자두의 개수와 복숭아의 개수를 각각 구하라.

※ 다음 물음에 답하여라.

5. 한 개에 600원 하는 사과와 한 개에 200원 하는 귤을 합하여 15개를 사고 5000원을 지불하였다. 사과와 귤을 각각 몇 개씩 샀는지 구하라.

6. 50원짜리와 100원짜리 동전을 합하여 20개를 모았더니 1700원이 되었다. 50원짜리 동전과 100원짜리 동전의 개수를 각각 구하라.

7. 연필 5자루와 공책 2권의 값은 4100원이고, 연필 3자루와 공책 4권의 값은 4700원이다. 연필 한 자루의 값과 공책 한 권의 값을 각각 구하라.
   전체 금액에 대한 방정식을 두 개 세운다.

108 거리, 속력, 시간의 문제

중간에 속력이 바뀌는 문제

$\begin{cases} (\text{처음 거리})+(\text{나중 거리})=(\text{전체 거리}) \\ (\text{처음 걸린 시간})+(\text{나중 걸린 시간})=(\text{전체 시간}) \end{cases}$

참고 거리, 속력, 시간의 공식

$(\text{거리})=(\text{속력})\times(\text{시간})$, $(\text{속력})=\frac{(\text{거리})}{(\text{시간})}$, $(\text{시간})=\frac{(\text{거리})}{(\text{속력})}$

※ 다음을 읽고 물음에 답하여라.

> 병만이는 집에서 6km 떨어진 박물관까지 가는데 처음에는 시속 8km로 달리다가 중간에 시속 4km로 걸어 총 1시간이 걸렸다. 이때 달려간 거리를 $x$km, 걸어간 거리를 $y$km라고 한다.

1. (달려간 거리)+(걸어간 거리)=6임을 이용해 방정식을 세워라.

2. (달려간 시간)+(걸어간 시간)=1임을 이용해 방정식을 세워라.
   ↳ (달려간 시간)$=\frac{x}{8}$, (걸어간 시간)$=\frac{y}{\square}$
   $\therefore \frac{x}{8}+\frac{y}{\square}=1$

3. 위에서 세운 두 방정식을 연립하여 풀어라.

4. 병만이가 달려간 거리를 구하라.

※ 다음 물음에 답하여라.

5. 혜리는 A지점에서 12km 떨어진 B지점까지 가는데 처음에는 버스를 타고 시속 20km 속도로 가다가 버스에서 내려 시속 4km로 걸어서 모두 1시간이 걸렸다. 혜리가 버스를 타고간 거리와 걸어서 간 거리를 각각 구하라.

6. 효린이가 등산을 하는데 올라갈 때에는 시속 2km로 걷고, 내려올 때에는 2km가 더 먼 길을 시속 3km로 걸어서 모두 4시간이 걸렸다. 효린이가 올라간 거리와 내려온 거리를 각각 구하라.

핵심

109 증가와 감소, 이익과 할인의 문제

x가 5% 증가(이익)

→ $\begin{cases} \text{증가량} : 0.05x \\ \text{증가한 후 전체의 양} : (1+0.05)x \end{cases}$

x가 5% 감소(할인)

→ $\begin{cases} \text{감소량} : 0.05x \\ \text{감소한 후 전체의 양} : (1-0.05)x \end{cases}$

참고 증가 또는 감소한 후 전체의 양을 이용해서 식을 세우면 계산이 복잡해지므로 기준이 되는 시점으로부터의 증가량 또는 감소량만으로 방정식을 세운다.

※ 다음을 읽고 물음에 답하여라.

> 성은이가 중간고사에서 받은 수학과 영어 점수의 합은 165점이었다. 기말고사는 중간고사에 비하여 수학 점수는 20% 올라가고, 영어 점수는 10% 내려가서 두 과목 점수의 합이 171점이 되었다. 이때 중간고사의 수학과 영어 점수를 각각 x, y라고 한다.

1. (중간고사 수학 점수)+(중간고사 영어 점수)=165임을 이용해 방정식을 세워라.

2. (수학 점수의 증가량)+(영어 점수의 증가량)=171−165임을 이용해 방정식을 세워라.
   ↳ 수학 점수의 증가량 : $0.2x$,
   영어 점수의 증가량 : $-\square y$
   수학과 영어 점수의 증가량 : $171-165=\square$이므로
   $0.2x-\square y=\square$

3. 위에서 세운 두 방정식을 연립하여 풀어라.

4. 중간고사에서 성은이가 받은 수학과 영어 점수를 각각 구하라.

※ 다음 물음에 답하여라.

5. 어느 회사의 올해 입사 지원자 수는 작년에 비하여 여자가 15% 늘고, 남자는 10% 줄어 전체 지원자 수는 20명이 늘어난 520명이 되었다고 한다. 작년에 지원한 여자와 남자 지원자 수를 각각 구하라.

6. 어느 농장에서는 작년에 오리와 닭을 합하여 1100마리를 사육하였다. 올해는 작년에 비해 오리의 수가 6% 줄었고, 닭의 수가 8% 증가하여 전체적으로 45마리가 감소하였다. 작년에 이 농장에서 사육한 오리와 닭은 각각 몇 마리인지 구하라.

※ 다음을 읽고 물음에 답하여라.

> 어느 의류 회사에서 새로 제작한 티셔츠 A의 원가는 티셔츠 B의 원가보다 2천 원이 더 들었다. 티셔츠 A, B의 원가에 30% 이익을 붙여 정가를 정하였더니 정가의 합이 39000원이었다. 이때 티셔츠 A, B의 원가를 각각 x, y라고 한다.

7. (티셔츠 A의 원가)−(티셔츠 B의 원가)=2000임을 이용해 방정식을 세워라.

8. (티셔츠 A의 정가)+(티셔츠 B의 정가)=39000임을 이용해 방정식을 세워라.
   ↳ (티셔츠 A의 정가)$=(1+0.3)x$
   (티셔츠 B의 정가)$=(1+\square)y$
   $\therefore 1.3x+\square y=39000$

9. 위에서 세운 두 방정식을 연립하여 풀어라.

10. 티셔츠 A, B의 원가를 각각 구하라.

※ 다음 물음에 답하여라.

11. 어느 음반 제작 회사에서 제작한 두 개의 음악 CD 원가의 차는 1000원이다. 두 음악 CD 원가의 300%가 되도록 정가를 정하였더니 정가의 합이 27000원이었다. 두 음악 CD 각각의 원가를 구하라.

12. 어느 백화점에서 파는 바지 A의 정가는 티셔츠 B의 정가보다 3만 원이 비싸다. 행사 기간 중 바지와 티셔츠 A, B를 묶음으로 구매하면 정가의 20%를 할인해서 56000원에 판다고 한다. 바지 A와 티셔츠 B의 정가를 각각 구하라.

| 실력테스트 |

1. x, y에 대한 일차방정식 $x+ay-8=0$의 한 해가 $(4, -2)$일 때, 상수 a의 값을 구하라.

2. 연립방정식 $\begin{cases} ax+by=5 \\ bx+ay=7 \end{cases}$의 해가 $(2, 1)$일 때, 상수 a, b에 대하여 $a-b$의 값은?

① -2 ② -1 ③ 0
④ 1 ⑤ 2

$x=2$, $y=1$을 대입하여 나온 a, b의 연립방정식을 푼다.

3. 다음 두 연립방정식의 해가 같을 때, 상수 a, b에 대하여 $a+b$의 값은?

$$\begin{cases} x+y=3 \\ 2x-y=a \end{cases}, \quad \begin{cases} 3x+y=7 \\ x+by=5 \end{cases}$$

① -6 ② -3 ③ 0
④ 3 ⑤ 6

4. $\begin{cases} \frac{x}{3}+\frac{y}{4}=2 \\ 0.1x+0.3y=1.5 \end{cases}$의 해를 $x=a$, $y=b$라고 할 때, $a+b$의 값은?

① -7 ② -4 ③ 1
④ 4 ⑤ 7

5. 연립방정식 $\frac{x+y}{3}=\frac{2x+y}{5}=\frac{x+3y}{2}$의 해를 $x=a$, $y=b$라고 할 때, $a+b$의 값은?

① -2 ② 0 ③ 1
④ 3 ⑤ 5

6. 연립방정식 $\begin{cases} 3x-ay=2 \\ bx+4y=-8 \end{cases}$의 해가 무수히 많을 때, 상수 a, b의 값을 구하라.

7. 사과 4개, 귤 3개를 사면 2400원, 사과 6개, 귤 2개를 사면 3200원이라고 한다. 사과 한 개의 값과 귤 한 개의 값을 각각 구하라.

8. 가로 길이가 세로 길이보다 9cm 더 긴 직사각형이 있다. 이 직사각형 둘레의 길이가 82cm일 때, 이 직사각형의 넓이를 구하라.

9. 어느 박물관의 입장료가 어른은 1200원, 청소년은 800원이다. 한 가족 7명이 입장하는 총 입장료가 7200원이라고 할 때, 어른 수와 청소년 수를 각각 구하라.

10. 은결이는 박물관을 갔다 오는데, 갈 때는 시속 6km로, 올 때는 다른 길로 시속 8km로 달려서 모두 3시간이 걸렸다. 갔다 온 총 거리는 21km일 때, 올 때의 거리를 구하면? (박물관에 머문 시간은 무시한다.)

① 8km ② 9km ③ 10km
④ 11km ⑤ 12km

Science & Technology

어느 과수원에서 작년에 사과와 배를 합하여 500상자를 수확하였다. 올해 수확한 양은 작년에 비해 사과는 5% 감소하였고, 배는 10% 증가하여 전체로는 4% 증가하였다고 한다. 올해 사과와 배의 수확량을 각각 구하라.

6. 다항식의 곱셈과 인수분해

○ 다항식의 곱셈과 인수분해를 할 수 있다.

다항식과 다항식의 곱은 분배법칙을 이용하여 다음과 같이 전개한다.

$$(a+b)(c+d)=\underset{①}{ac}+\underset{②}{ad}+\underset{③}{bc}+\underset{④}{bd}$$

이와 같이 계산하면 다음과 같은 곱셈 공식을 얻을 수 있다.

㉠ $(x+y)^2=(x+y)\times(x+y)=x^2+2xy+y^2$ 합의 제곱

$(x-y)^2=(x-y)\times(x-y)=x^2-2xy+y^2$ 차의 제곱

㉡ $(x+y)(x-y)=x^2-y^2$ 합과 차의 곱

㉢ $(x+a)(x+b)=x^2+(a+b)x+ab$ x의 계수가 1인 두 일차식의 곱

㉣ $(ax+b)(cx+d)=acx^2+(ad+bc)x+bd$ x의 계수가 1이 아닌 두 일차식의 곱

㉢	x	a
x	x^2	ax
b	bx	ab

㉣	ax	b
cx	acx^2	bcx
d	adx	bd

전개의 반대 개념으로 하나의 다항식을 두 개 이상의 다항식의 곱으로 나타내는 것을 **인수분해**한다고 한다. 인수분해 공식은 곱셈 공식에서 등호의 왼쪽과 오른쪽을 서로 바꾸어 놓은 것과 같다.

x^2+5x+6 ⇄ $(x+2)(x+3)$ (인수분해 →, ← 전개)

자연수에서와 마찬가지로 다항식에서도 하나의 다항식을 두 개 이상의 다항식의 곱으로 나타내었을 때, 곱해진 각각의 식을 처음 다항식의 **인수**라고 한다. 예를 들어 $x^2+5x+6=(x+2)(x+3)$이므로 $x+2$, $x+3$은 다항식 x^2+5x+6의 인수이다.

즉 하나의 다항식을 두 개 이상의 인수의 곱으로 나타내는 것이 인수분해이다.
다항식을 인수분해할 때에는 더 이상 인수분해할 수 없을 때까지 하여야 한다. 마치 자연수를 소인수분해할 때 더 이상의 합성수가 나오지 않을 때까지 하는 것과 마찬가지이다.

$3x^2-3=3(x^2-1)$(×)
$3x^2-3$
$=3(x^2-1)$
$=3(x+1)(x-1)$(○)

WHY? 차수가 낮은 다항식의 곱으로 나타내는 방법인 인수분해는 복잡한 방정식을 풀 때 매우 유용하게 쓰인다. 오늘날에는 이러한 방법을 통하여 각종 암호를 만들어 전자 투표나 전자 상거래 등을 안전하게 할 수 있게 되었으며, Google처럼 인터넷 검색 광고 분야의 세계적인 기업이 탄생하기도 하였다. 이외에도 바다를 가로지르는 교량이나 천체 관측이 가능한 파라볼라 망원경과 안테나 그리고 방대한 데이터의 분석에도 인수분해에 기초한 다양한 방법들이 이용되고 있다.

110 다항식과 다항식의 곱셈

- 분배법칙을 이용하여 식을 전개하고, 동류항이 있으면 동류항끼리 모아서 간단히 한다.

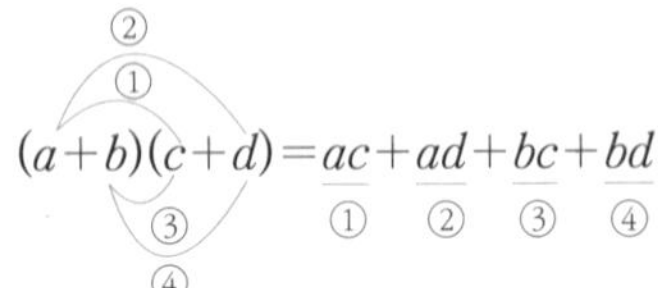

※ 다음 식을 전개하여라.

1. $(x+1)(x+1)$
2. $(x+2y)(x+2y)$
3. $(x-1)(x-1)$
4. $(x-2y)(x-2y)$
5. $(x+1)(x-1)$
6. $(-x+1)(-x-1)$
7. $(x+2y)(x-2y)$
8. $(x-1)(x+3)$
9. $(x+2)(x-3)$
10. $(x-1)(x-3)$
11. $(x+y)(x-3y)$
12. $(x-2y)(x-5y)$
13. $(2x+1)(x+1)$
14. $(2x-1)(3x+2)$
15. $(2x-y)(x+2y)$
16. $(3x-2y)(2x+y)$

※ 다음에서 좌변의 식을 전개하였더니 우변이 되었다. 두 상수 A, B의 값을 구하라.

17. $(x-3)(x+A)=x^2+Bx+12$
18. $(3x+A)(4x-2)=12x^2+Bx-10$

111 곱셈 공식 (1), (2)

곱셈 공식 (1) - 합의 제곱, 차의 제곱

- $(a+b)^2=a^2+2ab+b^2$
- $(a-b)^2=a^2-2ab+b^2$

곱셈 공식 (2) - 합과 차의 곱

- $(a+b)(a-b)=a^2-b^2$

참고 $(a+b)(a-b)=a^2-ab+ba-b^2=a^2-b^2$

※ 다음 식을 전개하여라.

1. $(x+2)^2$
2. $(x+3)^2$
3. $(2x+1)^2$
4. $(3x+1)^2$
5. $(x+3y)^2$
6. $(2x+3y)^2$
7. $(x-2)^2$
8. $(x-3)^2$
9. $(2x-1)^2$
10. $(2x-3y)^2$
11. $(-x+3y)^2$
12. $(-x-2y)^2$

※ 다음 식을 전개하여라.

13. $(x+2)(x-2)$
14. $(x-3)(x+3)$
15. $(2x+3)(2x-3)$
16. $(3x-2)(3x+2)$
17. $(x+2y)(x-2y)$
18. $(x-3y)(x+3y)$
19. $(2x+3y)(2x-3y)$
20. $(3x-2y)(3x+2y)$
21. $(-3x+5y)(-3x-5y)$
22. $(-5x-3y)(-5x+3y)$

112 곱셈 공식 (3)

핵심

곱셈 공식 (3) - x의 계수가 1인 두 일차식의 곱

• $(x+a)(x+b)=x^2+\underbrace{(a+b)}_{\text{합}}x+\underbrace{a\times b}_{\text{곱}}$

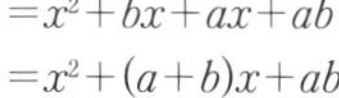

참고 $(x+a)(x+b)$
$=x^2+bx+ax+ab$
$=x^2+(a+b)x+ab$

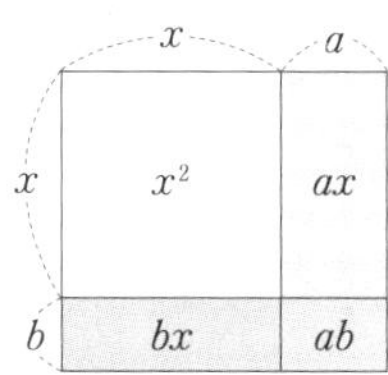

※ 다음 □ 안에 알맞은 수를 써넣어라.

1. $(x+3)(x+2)=x^2+(\square+\square)x+\square\times\square$
$=x^2+\square x+\square$

2. $(x-2)(x+4)=x^2+(\square+\square)x+\square\times\square$
$=x^2+\square x-\square$

3. $(x-2)(x-5)$

※ 다음 식을 전개하여라.

4. $(x+1)(x+5)$
5. $(x+4)(x+6)$
6. $(x-2)(x+4)$
7. $(x+6)(x-3)$
8. $(x-2)(x-6)$
9. $(x-4)(x-6)$
10. $(x+y)(x+2y)$
11. $(x+3y)(x+4y)$
12. $(x-2y)(x+5y)$
13. $(x+4y)(x-3y)$
14. $(x-5y)(x-6y)$

※ 다음 식을 만족하는 상수 a, b의 값을 구하라.

15. $(x-1)(x+6)=x^2+ax+b$

16. $(x-2y)(x-4y)=x^2+axy+by^2$

113 곱셈 공식 (4)

핵심

곱셈 공식 (4) - x의 계수가 1이 아닌 두 일차식의 곱

• $(ax+b)(cx+d)=acx^2+(ad+bc)x+bd$

참고 $(ax+b)(cx+d)$
$=acx^2+adx+bcx+bd$
$=acx^2+(ad+bc)x+bd$

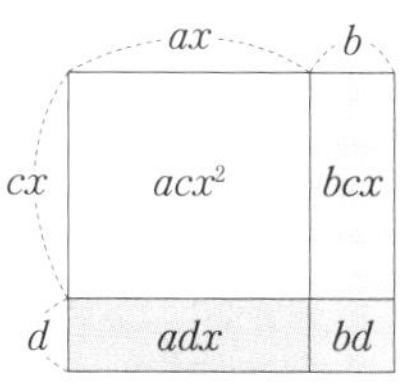

※ 다음 □ 안에 알맞은 수를 써넣어라.

1. $(2x+3)(5x+1)$
$=(2\times\square)x^2+(2\times\square+3\times\square)x+3\times\square$
$=\square x^2+17x+\square$

2. $(4x-3)(x+2)$
$=(\square\times1)x^2+(4\times\square+\square\times1)x+\square\times2$
$=\square x^2+5x-\square$

3. $(x-2y)(\square x-5y)=2x^2-\square xy+10y^2$

4. $(2x-y)(\square x-6y)=8x^2-\square xy+6y^2$

※ 다음 식을 전개하여라.

5. $(2x+5)(2x+3)$
6. $(2x-5)(3x+4)$
7. $(3x+4)(2x-3)$
8. $(3x-4)(4x-2)$
9. $(2x+3y)(5x+y)$
10. $(3x+y)(5x-2y)$
11. $(x-2y)(2x+5y)$
12. $(2x-y)(4x-6y)$

※ 다음 식을 만족하는 상수 a, b, c의 값을 구하라.

13. $(3x-4)(2x+1)=ax^2+bx+c$

14. $(2x-y)(x-5y)=ax^2+bxy+cy^2$

핵심 114 곱셈 공식의 변형

- $x^2+y^2=(x+y)^2-2xy \leftarrow (x+y)^2=x^2+2xy+y^2$
- $x^2+y^2=(x-y)^2+2xy \leftarrow (x-y)^2=x^2-2xy+y^2$
- $(x-y)^2=(x+y)^2-4xy$
- $(x+y)^2=(x-y)^2+4xy$

※ $x+y=4$, $xy=3$일 때, 다음 식의 값을 구하라.

1. $x^2+y^2=(x+y)^2-\square xy$
$=4^2-\square\times 3=\square$

2. $(x-y)^2=(x+y)^2-\square xy$
$=4^2-\square\times 3=\square$

※ $x+y=6$, $xy=4$일 때, 다음 식의 값을 구하라.

3. x^2+y^2

4. $(x-y)^2$

※ $x-y=3$, $xy=6$일 때, 다음 식의 값을 구하라.

5. x^2+y^2

6. $(x+y)^2$

※ $x-y=2$, $xy=5$일 때, 다음 식의 값을 구하라.

7. x^2+y^2

8. $(x+y)^2$

핵심 115 인수분해의 뜻

인수 : 하나의 다항식을 두 개 이상의 단항식이나 다항식의 곱으로 나타낼 때 곱해진 각각의 식

인수분해 : 하나의 다항식을 두 개 이상의 인수 곱으로 나타내는 것

$$x^2-2x-3 \underset{\text{전개}}{\overset{\text{인수분해}}{\rightleftarrows}} (x+1)(x-3)$$

참고 인수분해는 전개의 역이다.(핵심 111~113의 곱셈 공식 참조)

※ 다음 식은 어떤 다항식을 인수분해한 것인지 구하라.

1. $2x(x+5)$
└ $2x(x+5)=2x\times\square+2x\times\square=\square+\square$

2. $(x+3)^2$

3. $(3x-2)^2$

4. $(x+1)(x-1)$

5. $(x-2)(x+4)$

6. $(3x+2)(2x+5)$

7. $(2x-3y)(3x+2y)$

※ 다음 식의 인수가 아닌 것을 찾아 ×표 하여라.

8. $x^2(y-x)$

$x,\ x^2,\ x^2y,\ x(y-x),\ x^2(y-x)$

$8=1\times8=2\times4$에서 인수는 1, 2, 4, 8이었던 것처럼 다항식도 $x^2(y-x)=x\times x(y-x)=x^2\times(y-x)=\cdots$에서 곱해진 각각의 식을 인수라고 한다.

9. $3xy(x+2y)$

$3,\ x,\ 2y,\ xy,\ xy(x+2y)$

10. $xy^2(x+1)$

$x,\ y,\ x^2,\ y^2,\ xy(x+1)$

11. $(x+1)^2(x-1)$

$x+1,\ (x+1)(x-1),\ (x+1)^2,\ (x-1)^2$

12. $2(x+1)(x+3)$

$2,\ x,\ x+1,\ x+3,\ (x+1)(x+3)$

핵심 116 공통 인수를 이용한 인수분해

공통 인수 : 다항식의 각 항에 공통으로 들어 있는 인수

다항식의 각 항에 공통으로 들어 있는 인수가 있으면
→ 공통 인수로 묶어 인수분해한다.

$$ma+mb=m(a+b)$$

※ 다음 식을 인수분해하여라.

1. xy^2+xy
   ↳ 공통 인수가 □이므로 묶어서 인수분해하면
   $xy^2+xy=\square(y+1)$ 　 $xy=1\times xy$

2. a^3+2a^2

3. $6a^2b-2ab$

4. $ax+ay-az$

5. $a^5-a^3b+a^4$

6. $2a^2b+8a^3b^2-4a^2b^3$

7. $a(x+y)+b(x+y)$
   ↳ 공통 인수 □로 묶어 인수분해하면
   $a(x+y)+b(x+y)=\square(a+b)$

8. $(x-y)+5xy(x-y)$

9. $3(a-b)-(x+3y)(a-b)$

10. $(x-3)(a+b)+(x-3)(a-2b)$

11. $x(a-b)-y(b-a)$
    $b-a=-(a-b)$

12. $xy(3a-1)-(1-3a)$

핵심 117 $a^2\pm2ab+b^2$ 꼴의 인수분해

$$a^2+2ab+b^2=(a+b)^2$$
$$a^2-2ab+b^2=(a-b)^2$$

※ 다음 식을 인수분해하여라.

1. $x^2+20x+100$
   ↳ $x^2+20x+100=(x+\square)^2$
   $x^2+2\times x\times\square+\square^2$

2. $x^2-14x+49$
   ↳ $x^2-14x+49=(x-\square)^2$
   $x^2-2\times x\times\square+\square^2$

3. x^2+4x+4

4. x^2-6x+9

5. $x^2+12x+36$

6. $x^2-18x+81$

7. $16x^2+8x+1$

8. $25x^2-10x+1$

9. $9x^2+12x+4$

10. $25x^2-40x+16$

11. $4x^2+12xy+9y^2$

12. $9x^2-24xy+16y^2$

13. $25x^2+30xy+9y^2$

14. $36x^2-48xy+16y^2$

15. $x^2+x+\frac{1}{4}$

16. $x^2-x+\frac{1}{4}$

핵심 118 완전제곱식이 될 조건

완전제곱식 : 다항식의 제곱으로 된 식 또는 여기에 상수를 곱한 식

예 $(a+b)^2$, $(x+2)^2$, $2(x-1)^2$

x^2+ax+b가 완전제곱식이 되기 위한 b의 조건

→ $b=\left(\frac{a}{2}\right)^2$

예 x^2+4x+b가 완전제곱식이 되려면 $b=\left(\frac{4}{2}\right)^2=4$이어야 한다.

즉 $\underset{x^2+2\times x\times 2+2^2}{\underline{x^2+4x+b}}=(x+2)^2$

참고 $x^2+ax+b=x^2+2\times x\times\frac{a}{2}+\left(\frac{a}{2}\right)^2=\left(x+\frac{a}{2}\right)^2$

$x^2+ax+b(b>0)$가 완전제곱식이 되기 위한 a의 조건

→ $a=\pm2\sqrt{b}$

예 x^2+ax+4가 완전제곱식이 되려면 $a=\pm2\sqrt{4}=\pm4$이어야 한다. 즉 $x^2+ax+4=\underset{x^2+4x+4}{\underline{(x+2)^2}}$ 또는 $x^2+ax+4=\underset{x^2-4x+4}{\underline{(x-2)^2}}$

참고 $x^2+ax+b=x^2\pm2\sqrt{b}x+(\pm\sqrt{b})^2=(x\pm\sqrt{b})^2$

※ 다음 식이 완전제곱식이 되도록 □ 안에 알맞은 것을 써넣어라.

1. $x^2+6x+\square$
2. $x^2-8x+\square$
3. $x^2+10xy+\square$
4. $x^2-12xy+\square$
5. $x^2+x+\square$
6. $x^2-xy+\square$
7. $4x^2+12x+\square$
8. $4x^2-28xy+\square$

※ 다음 식이 완전제곱식이 되도록 □ 안에 알맞은 양수를 써넣어라.

9. $x^2+\square x+9$
10. $x^2-\square x+16$
11. $25x^2+\square x+1$
12. $81x^2-\square x+1$
13. $4x^2+\square x+9$
14. $9x^2-\square x+16$
15. $4x^2+\square xy+16y^2$
16. $25x^2-\square xy+49y^2$

핵심 119 a^2-b^2 꼴의 인수분해

$$\underset{\text{제곱의 차}}{a^2-b^2}=\underset{\text{합}}{(a+b)}\underset{\text{차}}{(a-b)}$$

※ 다음 식을 인수분해하여라.

1. $x^2-9=x^2-\square^2=(x+\square)(x-\square)$
2. x^2-25
3. $4x^2-1$
4. $36x^2-49$
5. $4x^2-9y^2=(\square x)^2-(\square y)^2$
 $=(2x+\square y)(2x-\square y)$
6. $25x^2-81y^2$
7. $x^2-\frac{4}{9}y^2$ 힌트 $\frac{4}{9}y^2=\left(\frac{2}{3}\right)^2y^2=\left(\frac{2}{3}y\right)^2$
8. $\frac{1}{4}x^2-\frac{1}{9}y^2$
9. $\frac{1}{25}x^2-\frac{1}{49}y^2$
10. $\frac{9}{16}x^2-\frac{4}{25}y^2$
11. $x^4-16=(x^2)^2-\square^2$
 $=(x^2+\square)(x^2-\square)$
 $=(x^2+4)(x+\square)(x-\square)$
12. x^4-81

※ 다음 식을 인수분해하여라.

13. $2x^2-8=\square(x^2-\square)=\square(x^2-\square^2)$
 $=\square(x+\square)(x-\square)$

 힌트 공통 인수가 있으면 먼저 공통 인수로 묶는다.

14. $5x^2-20$
15. $x-x^3$
16. x^2y-y^3
17. $5x^2-20y^2$
18. $\frac{1}{2}x^2-\frac{1}{8}y^2$

핵심 120 x^2의 계수가 1인 이차식의 인수분해

$x^2+(a+b)x+ab$의 인수분해

두 수의 곱

$$x^2+(a+b)x+ab=(x+a)(x+b)$$

② ① ③

두 수의 합

① 곱해서 상수항이 되는 두 수를 모두 찾는다.
② 찾은 두 수 중에서 합이 x의 계수가 되는 두 수 a, b를 찾는다.
③ $(x+a)(x+b)$의 꼴로 나타낸다.

※ 합과 곱이 각각 다음과 같은 두 정수를 구하라.

1. 합이 3, 곱이 2
   ㄴ 곱이 2인 두 정수는 (1, □), (−1, □)이고, 이 중 합이 3인 두 정수는 □, □이다.

2. 합이 12, 곱이 35

3. 합이 −5, 곱이 4

4. 합이 10, 곱이 21

5. 합이 3, 곱이 −10

6. 합이 −6, 곱이 −55

※ 다음 식을 인수분해하여라.

7. x^2+4x+3
   ㄴ 곱이 3인 두 수는 (1, □), (−1, □)이고, 이 중 합이 4인 두 정수는 □, □이므로 $x^2+4x+3=(x+□)(x+□)$

8. x^2+5x+6

9. x^2+x-30

10. $x^2-10x+21$

11. $x^2+7x+10$

12. $x^2-12x+35$

13. $x^2+3x-40$

14. $x^2-7xy+12y^2$

15. $x^2+3xy-18y^2$

16. $x^2-xy-42y^2$

핵심 121 x^2의 계수가 1이 아닌 이차식의 인수분해

$acx^2+(ad+bc)x+bd$의 인수분해

$$acx^2+(ad+bc)x+bd=(ax+b)(cx+d)$$

①	②	③
ax	b	bcx
cx	d	$+)\ adx$
		$(ad+bc)x$

① 곱해서 x^2의 계수가 되는 두 수 a, c를 세로로 나열한다.
② 곱해서 상수항이 되는 두 수 b, d를 세로로 나열한다.
③ ①, ②의 수를 대각선으로 곱하여 합한 것이 x의 계수가 되는 것을 찾는다.
④ $(ax+b)(cx+d)$의 꼴로 나타낸다.

※ 다음은 다항식을 인수분해하는 과정이다. □ 안에 알맞은 것을 써넣어라.

1. $3x^2+10x+8$
   $=(x+□)(□+4)$

x	□	□
□	4	$+)\ 4x$
		$10x$

2. $2x^2+x-10$
   $=(x-□)(□+5)$

x	□	□
□	5	$+)\ 5x$
		x

3. $4x^2-16x+15$
   $=(2x-□)(□-5)$

$2x$	□	□
□	−5	$+)\ -10x$
		$-16x$

4. $6x^2-11x-21$
   $=(x-□)(□+7)$

x	□	□
□	7	$+)\ 7x$
		$-11x$

5. $6x^2+5x+1$

6. $2x^2+7x+3$

7. $3x^2+x-24$

8. $12x^2+5x-2$

9. $5x^2-16x+12$

10. $6x^2-31x+5$

11. $8x^2-x-9$

12. $3x^2-10x-8$

13. $2x^2-7xy+3y^2$

14. $10x^2+xy-24y^2$

핵심
122 치환을 이용한 인수분해

$(x-y)^2+2(x-y)+1$과 같이 주어진 식에 공통부분이 있는 식의 인수분해

⟶ 공통 부분을 한 문자로 치환하여 인수분해한 후 원래의 식을 대입하여 정리한다.

※ 다음 식을 인수분해하여라.

1. $(x+y)^2+2(x+y)+1$
   ↳ $x+y=A$라고 하면
   (주어진 식)$=A^2+2A+1$
   $=(A+\square)^2$
   $=(x+y+\square)^2$

2. $(x-y)^2+12(x-y)+36$

3. $(x+2y)^2-4(x+2y)+4$

4. $(2x-y)^2-10(2x-y)+25$

5. $(x+y)^2-4(x+y)-32$

6. $(3x+2y)^2+6(3x+2y)+5$

7. $(3x-2y)^2+5(3x-2y)-24$

8. $(3x-5y)^2-6(3x-5y)-16$

9. $(x+y)(x+y+3)+2$
   ↳ $x+y=A$라고 하면
   (주어진 식)$=A(A+\square)+2$
   $=A^2+\square A+2$
   $=(A+\square)(A+\square)$
   $=(x+y+\square)(x+y+\square)$

10. $(x-y)(x-y+1)-6$

11. $(x+y)(x+y+6)+8$

12. $(x-y)(x-y-6)-16$

13. $(3x+y)(3x+y-4)+3$

14. $(2x-y)(2x-y-2)-15$

15. $(3x+2y)(3x+2y+11)+18$

16. $(2x-3y)(2x-3y+2)-24$

핵심
123 복잡한 식의 인수분해

인수분해 공식을 직접 적용하기 어려운 복잡한 식의 인수분해는 다음 순서대로 생각한다.

① 공통 인수가 있으면 공통 인수로 묶어 내고 인수분해 공식을 이용한다.
② 항이 여러 개 있으면 적당한 항끼리 묶는다.
③ 문자가 여러 개 있으면 한 문자에 대하여 내림차순으로 정리한다.

참고 한 문자에 대하여 내림차순으로 정리할 때에는
→ 차수가 낮은 문자에 대하여 정리하는 것이 계산이 간편해진다.

※ 다음 식을 인수분해하여라.

1. $2x^2y+4xy^2+2y^3=2y(x^2+\square+y^2)$
   $=2y(\square)^2$

   공통 인수가 있으면 공통 인수로 묶어 내고 인수분해 공식을 이용한다.

2. $3x^2y-12xy+12y$

3. $8x^2y-2y^3$

4. $-x^2y+9y$

5. x^3+5x^2-6x

6. $6x^2y-10xy-4y$

7. $(x+y)^2+(x+y)$

※ 다음 식을 인수분해하여라.

8. $(x+1)^2-y^2=(x+1+\square)(x+1-\square)$
   $=(x+\square+1)(x-\square+1)$

제곱의 차일 때에는 합・차 공식을 이용한다.(핵심 111 참조)

9. $x^2-(3y-2)^2$

10. $(x+3)^2-(y+2)^2$

11. $x^2-6x+9-y^2$

12. $-x^2-4x-4+y^2$

13. $5x^2y-20y^3$

14. $3x^3y-12xy^3$

※ 다음 식을 인수분해하여라.

15. $xy+x+y+1=x(y+\square)+(y+\square)$
$=(x+\square)(y+\square)$

항이 여러 개 있으면 적당한 항끼리 묶는다.

16. $xy-x-2y+2$

17. $xy-3x-3y+9$

18. $xy-2y+2-x$

19. $x^2+xy+x+y$

20. $x^2-xy+y-x$

21. x^3+x^2+x+1

22. x^3-2x^2-x+2

※ 다음 식을 인수분해하여라.

23. $x^2+xy-3x-2y+2=y(\square)+(\square)$
$=y(x-2)+(\square)(x-2)$
$=(x-2)(\square)$

문자가 여러 개이고 차수가 다르면 차수가 가장 낮은 문자에 대하여 내림차순으로 정리한다.

24. $x^2+xy-x+y-2$
$=y(\quad)+(\quad)$
$=$________
$=$________

25. $x^2+xy-3x+y-4$

26. $x^2+xy+6x+3y+9$

27. $x^2-2xy-4x+2y+3$

28. $x^2+4y^2+4xy+xz+2yz$
$=z(\quad)+(\quad)$
$=$________
$=$________

29. $xz-3yz+x^2+9y^2-6xy$

30. $x^2+y^2+2xz-2yz-2xy$

핵심

124 인수분해의 활용

- 수를 계산할 때, 인수분해 공식을 이용하면 편리한 경우
  예 $94^2-6^2=(94+6)(94-6)$
  $=100\times88=8800$
- 식의 값을 구할 때, 주어진 식을 인수분해한 다음 대입하면 편리한 경우
  예 $a=2+\sqrt{3}$, $b=2-\sqrt{3}$일 때, a^2-b^2의 값
  $a^2-b^2=(a+b)(a-b)$
  $=4\times2\sqrt{3}=8\sqrt{3}$

※ 인수분해 공식을 이용하여 다음을 계산하라.

1. 67^2-33^2

2. $5\times1.5^2-5\times0.5^2$

3. $97^2+2\times97\times3+3^2$

4. $32^2-2\times32\times2+2^2$

5. $\dfrac{96^2+76^2-16-24^2}{100}$

6. $\dfrac{2019\times2020+2019}{2020^2-1}$

※ 인수분해 공식을 이용하여 다음을 구하라.

7. $a=76$일 때, $a^2+8a+16$의 값

8. $a=23$일 때, a^2-6a+9의 값

9. $a=2+\sqrt{3}$일 때, a^2-4a+4의 값

10. $x=\sqrt{3}+1$, $y=\sqrt{3}-1$일 때, $x^2-2xy+y^2$의 값

11. $x=2+\sqrt{3}$, $y=2-\sqrt{3}$일 때, $x^2-2xy+y^2-4$의 값

| 실력테스트 |

1. 다음 중 옳은 것은?

① $(-x+5)(-x-5)=-x^2-25$
② $(y+3)(y-2)=y^2-y-6$
③ $(2b+1)(2b-1)=2b^2-1$
④ $(-x+1)(-x+3)=x^2-4x+3$
⑤ $(a+5)(5-a)=a^2-25$

2. 다음 등식에서 □ 안에 알맞은 수는?

$$(1-x)(1+x)(1+x^2)=1-x^{\square}$$

① 1　② 2　③ 3　④ 4　⑤ 5

3. $(2x+a)(bx-4)=-2x^2+cx+12$를 만족하는 상수 a, b, c에 대하여 $a+b+c$의 값은?

① -15　② -9　③ -7　④ -5　⑤ 1

4. 오른쪽 그림의 색칠한 부분의 넓이는?

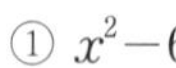

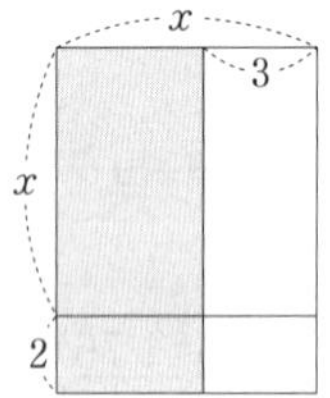

① x^2-6　② x^2+6
③ x^2-x+6　④ x^2+x-6
⑤ x^2-x-6

5. 다음 중 인수분해가 바르게 된 것을 모두 고르면? (정답 2개)

① $9x^2-25y^2=(3x-5y)^2$
② $6x^2-10x-4=(3x-1)(2x-4)$
③ $3x^2-xy-10y^2=(3x+5y)(x-2y)$
④ $x^3-4x=x(x+2)(x-2)$
⑤ $2x^2-4x-30=2(x+5)(x-3)$

6. 다음 중 완전제곱식으로 나타낼 수 없는 것은?

① x^2+2x+1　② $a^2-a+\frac{1}{4}$
③ $16x^2+24xy+9y^2$　④ $25a^2-10a+1$
⑤ $4x^2-12xy+36y^2$

7. 다음 두 다항식의 공통 인수는?

$$(3x+1)^2-4(x-1)^2$$
$$(x-2)(x-1)-(x-2)(3x+5)$$

① $x-2$　② $x+1$　③ $x-1$
④ $x+2$　⑤ $x+3$

8. 다항식 $ax^2+7x-15$를 인수분해하면 $(2x-b)(x+5)$라고 할 때, $a-b$의 값은?

① 5　② 3　③ 1
④ 0　⑤ -1

9. $x=\sqrt{2}+1$, $y=\sqrt{2}-1$일 때, $x^2-y^2-3x-3y$의 값은?

① $-2\sqrt{2}$　② $-\sqrt{2}$　③ 0
④ $\sqrt{2}$　⑤ $2\sqrt{2}$

힌트 $x^2-y^2-3x-3y=(x+y)(x-y)-3(x+y)$
$=(x+y)(x-y-3)$

10. 다음 그림에서 두 도형 (가), (나)의 넓이가 서로 같을 때, 도형 (나)의 가로의 길이를 구하라.

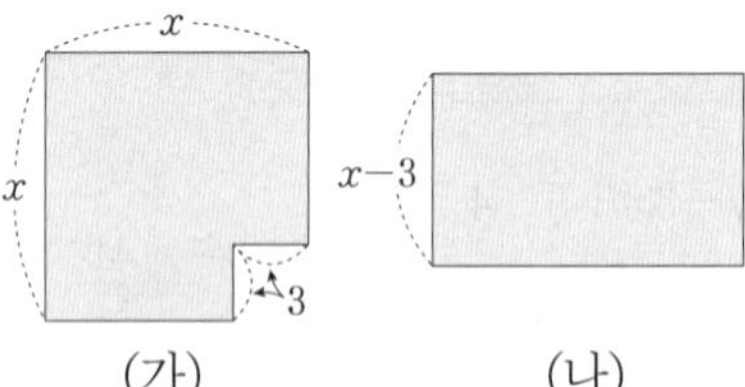

Science & Technology

$x^2=(x-a)(x+a)+a^2$을 이용하면 자연수의 제곱을 쉽고 빠르게 암산으로 할 수 있다.

① $15^2=10\times20+5^2=$ ＿＿	② $35^2=$ ＿＿	③ $55^2=$ ＿＿	④ $85^2=$ ＿＿
⑤ $11^2=10\times12+1^2=$ ＿＿	⑥ $21^2=$ ＿＿	⑦ $19^2=$ ＿＿	⑧ $29^2=$ ＿＿
⑨ $12^2=10\times14+2^2=$ ＿＿	⑩ $22^2=$ ＿＿	⑪ $18^2=$ ＿＿	⑫ $28^2=$ ＿＿
⑬ $13^2=10\times16+3^2=$ ＿＿	⑭ $23^2=$ ＿＿	⑮ $17^2=$ ＿＿	⑯ $27^2=$ ＿＿
⑰ $14^2=10\times18+4^2=$ ＿＿	⑱ $24^2=$ ＿＿	⑲ $16^2=$ ＿＿	⑳ $26^2=$ ＿＿

7. 이차방정식

○ 이차방정식을 풀 수 있고, 이를 활용하여 문제를 해결할 수 있다.

$ax^2+bx+c=0$ (a, b, c는 상수, $a\neq 0$)처럼, 방정식의 모든 항을 좌변으로 이항하여 정리하였을 때,

$$(x\text{에 대한 이차식})=0$$

의 꼴로 나타내어지는 방정식을 **이차방정식**이라고 한다.

이차방정식이 참이 되게 하는 x의 값을 이차방정식의 해 또는 근이라 하고 이차방정식의 해를 모두 구하는 것을 이차방정식을 푼다고 한다.

> 이차방정식
> $x^2-5x+6=0$
> └ x에 대한 이차식

① 인수분해를 이용한 이차방정식의 풀이

이차방정식 $ax^2+bx+c=0$의 좌변을 두 일차식의 곱으로 인수분해할 수 있는 경우에는 인수분해를 이용하여 푼다.

예 $x^2-2x=0$의 좌변을 인수분해하면 $x(x-2)=0$이고, 이때 해는 $x=0$ 또는 $x=2$이다.

> 두 식 A, B에 대하여
> $AB=0$이면
> $A=0$ 또는 $B=0$이다.

② 제곱근을 이용한 이차방정식의 풀이

$x^2=k$ $(k\geq 0)$과 같은 형태의 이차방정식은 제곱근을 이용하여 푼다. 이때 해는 $x=\sqrt{k}$ 또는 $x=-\sqrt{k}$이다.

> $x^2=6$에서
> x는 6의 제곱근이므로
> $x=\pm\sqrt{6}$

③ 완전제곱식을 이용한 이차방정식의 풀이

이차방정식의 좌변이 인수분해가 되지 않을 때에는 완전제곱식 $(x+p)^2=q$의 꼴로 변형하여 풀 수 있다.

예 $(x+3)^2-5=0$에서 $(x+3)^2=5$이므로 $x+3=\pm\sqrt{5}$이고, 이때 해는 $x=-3\pm\sqrt{5}$이다.

④ 근의 공식을 이용한 이차방정식의 풀이

이차방정식 $ax^2+bx+c=0$ $(a\neq 0)$의 근은 $x=\dfrac{-b\pm\sqrt{b^2-4ac}}{2a}$ (단, $b^2-4ac\geq 0$)

예 $x^2+6x+4=0$의 근은

$$x=\frac{-6\pm\sqrt{6^2-4\times 1\times 4}}{2}=\frac{-6\pm\sqrt{20}}{2}=\frac{-6\pm 2\sqrt{5}}{2}=-3\pm\sqrt{5}$$

> 이차방정식을 풀 때마다
> (완전제곱식)=(상수)
> 의 꼴로 고치는 것이 번거로우므로 완전제곱식을 이용한 풀이 방법을 일반화시킨 것이 근의 공식이다.

WHY? 예로부터 사람들은 선분을 둘로 나누었을 때, 짧은 부분과 긴 부분의 길이의 비가 긴 부분과 전체의 길이의 비와 같은 경우가 가장 이상적이라 생각하고 나뉜 두 부분의 비를 황금비라고 불렀다.

오른쪽 그림에서 $1:x=x:(x+1)$이고 이차방정식 $x^2=x+1$, 즉 $x^2-x-1=0$을 풀면 $x=\dfrac{1\pm\sqrt{5}}{2}$이다.

문제의 뜻에서 $x>0$이므로 $x=\dfrac{1+\sqrt{5}}{2}$이고 어림한 값으로 황금비는 약 1 : 1.618이다.

핵심 125 이차방정식의 뜻

x에 관한 이차방정식 : 방정식의 모든 항을 좌변으로 이항하여 정리하였을 때

(x에 관한 이차식)$=0$

의 꼴로 나타내어지는 방정식

이차방정식의 일반형

- $ax^2+bx+c=0$ (a, b, c는 상수, $a \neq 0$)

※ 다음 중 이차방정식인 것에는 ○표, 아닌 것에는 ×표 하여라.

1. $3x^2+x-2=0$ (　　)
2. $2x^2-x=0$ (　　)
3. $2x+5=0$ (　　)
4. $5x-3=x^2$ (　　)

   모든 항을 좌변으로 이항하여 (x에 관한 이차식)$=0$의 꼴인지 확인한다.

5. $3x^2=7$ (　　)
6. $x(x-1)=x^2+1$ (　　)
7. $3(x-1)(x+1)=x^2$ (　　)

※ 다음 등식이 x에 관한 이차방정식일 때, 상수 a의 값이 될 수 없는 수를 구하라.

8. $ax^2=5x$
9. $(a+1)x^2-3x+2=0$
10. $ax^2+3=2x^2-4x+1$

※ 다음 이차방정식을 전개하여 $ax^2+bx+c=0$의 꼴로 나타낼 때, 상수 a, b, c의 값을 각각 구하라.

11. $(x+1)(x-2)=0$
12. $(x-2)(x+4)=0$
13. $(2x-1)(3x+2)=0$

핵심 126 이차방정식의 해

이차방정식의 해(근) : 이차방정식 $ax^2+bx+c=0$을 참이 되게 하는 x의 값

이차방정식을 푼다 : 이차방정식의 해를 모두 구하는 것

※ 다음 [ ] 안의 수가 주어진 이차방정식의 해이면 ○표, 아니면 ×표 하여라.

1. $x^2+x=0$ [1] (　　)

   ↳ $x=\square$을 $x^2+x=0$에 대입하면

   $\square^2+\square=2\neq0$

   따라서 $x=1$은 주어진 방정식의 (해이다, 해가 아니다).

2. $x^2-4=0$ [2] (　　)
3. $x^2+3x+4=0$ [-1] (　　)
4. $x^2+2x-3=0$ [1] (　　)
5. $x^2-3x-4=0$ [-1] (　　)
6. $x^2-x-1=0$ [2] (　　)

※ x의 값이 -1, 1, 2로 주어졌을 때, 다음 이차방정식의 해를 구하라.

7. $x^2-2x+1=0$

   ↳ $x=-1$일 때, $(-1)^2-2\times(-1)+1=\square$

   $x=1$일 때, $1^2-2\times1+1=\square$

   $x=2$일 때, $2^2-2\times2+1=\square$

   따라서 주어진 방정식의 해는 $x=\square$이다.

8. $x^2+x-2=0$
9. $x^2-3x-4=0$

※ 다음을 만족시키는 상수 a의 값을 구하라.

10. 이차방정식 $x^2+ax+3=0$의 한 근이 $x=1$이다.
11. 이차방정식 $ax^2+3x-2=0$의 한 근이 $x=-2$이다.

핵심

127 인수분해를 이용한 이차방정식의 풀이

$AB=0$의 성질

• 두 식 A, B에 대하여 $AB=0$이면 $A=0$ 또는 $B=0$이다.

인수분해를 이용한 이차방정식의 풀이

① 주어진 방정식을 (이차식)$=0$의 꼴로 정리한다.

② 좌변을 (일차식)$\times$(일차식)$=0$의 꼴로 인수분해한다.

③ $AB=0$의 성질을 이용하여 해를 구한다.

$(x-a)(x-b)=0$의 꼴이면 ⟶ 해는 $x=a$ 또는 $x=b$

$(ax-b)(cx-d)=0$의 꼴이면 ⟶ 해는 $x=\frac{b}{a}$ 또는 $x=\frac{d}{c}$

※ 다음 중 $AB=0$인 경우이면 ○표, 아니면 ×표 하여라.

1. $A=0, B=0$ (　　)
2. $A=0, B\neq0$ (　　)
3. $A\neq0, B=0$ (　　)
4. $A\neq0, B\neq0$ (　　)

※ 다음 이차방정식의 해를 구하라.

5. $x(x+3)=0$

　└ $x(x+3)=0$이면 $x=\square$ 또는 $x+3=\square$

　　$\therefore x=\square$ 또는 $x=\square$

6. $x(x-6)=0$
7. $(x-1)(x-3)=0$
8. $(x+2)(x-4)=0$
9. $(x-3)(x+2)=0$
10. $(x+1)(x+7)=0$
11. $\left(x-\frac{1}{2}\right)\left(x-\frac{1}{3}\right)=0$
12. $\left(x+\frac{2}{3}\right)\left(x-\frac{3}{5}\right)=0$
13. $(4x-3)(5x+2)=0$
14. $(3x+1)(2x+5)=0$

※ 다음 이차방정식을 풀어라.

15. $x^2+5x+4=0$

　└ 이차방정식 $x^2+5x+4=0$의 좌변을 인수분해하면

　　$(x+1)(x+\square)=0$이므로

　　$x=\square$ 또는 $x=\square$

16. $x^2+x-30=0$
17. $x^2-4x-12=0$
18. $x^2+3x-10=0$
19. $x^2-2x-8=0$
20. $x^2-5x+4=0$
21. $x^2-7x+12=0$
22. $x^2+3x-18=0$
23. $x^2-x-6=0$
24. $x^2+5x=0$
25. $4x^2-8x=0$
26. $6x^2+5x+1=0$
27. $2x^2+7x+3=0$
28. $3x^2+x-24=0$
29. $2x^2+5x-3=0$
30. $5x^2-16x+12=0$
31. $6x^2-13x+6=0$
32. $8x^2-x-9=0$
33. $3x^2-10x-8=0$
34. $2x^2-7x+3=0$
35. $10x^2+x-24=0$

핵심

128 이차방정식의 중근

이차방정식의 중근 : 이차방정식의 두 근이 중복되어 서로 같을 때, 이 근을 중근이라고 한다.

예 $(x-2)^2=0$

중근을 가질 조건 : 주어진 이차방정식이 (완전제곱식)$=0$ 꼴로 인수분해되면 이 이차방정식은 중근을 갖는다.

• $ax^2+bx+c=0\ (a\neq0) \longrightarrow a(x+\bigstar)^2=0$

참고 이차방정식 $x^2+bx+c=0$에서 $c=\left(\frac{b}{2}\right)^2$이면 중근을 갖는다.

$$x^2\pm mx+\left(\frac{m}{2}\right)^2=\left(x\pm\frac{m}{2}\right)^2$$

제곱

2배

※ 다음 이차방정식의 해를 구하라.

1. $x^2+2x+1=0$

  ↳ 좌변을 인수분해하여 근을 구하면

  $(x+\square)^2=0$ $\therefore x=\square$(중근)

2. $x^2-6x+9=0$

3. $x^2+10x+25=0$

4. $x^2-14x+49=0$

5. $36x^2+12x+1=0$

6. $64x^2-16x+1=0$

7. $4x^2+12x+9=0$

8. $25x^2-40x+16=0$

※ 다음 이차방정식이 중근을 가질 때, 상수 a의 값을 구하라.

9. $x^2+4x+a=0$

  ↳ 이차방정식 $x^2+4x+a=0$에서

  $a=\left(\frac{\square}{2}\right)^2=\square$

10. $x^2-6x+a=0$

11. $x^2+12x+a=0$

12. $x^2-4x+a+3=0$

13. $x^2+8x+2a-4=0$

14. $x^2+ax+16=0$(단, $a>0$)

15. $x^2-ax+36=0$(단, $a>0$)

핵심

129 제곱근을 이용한 이차방정식의 풀이

이차방정식 $x^2=k\,(k\geq0)$의 해

$$x^2=k \xrightarrow{x\text{는 }k\text{의 제곱근}} x=\pm\sqrt{k}$$

이차방정식 $(x+p)^2=q\,(q\geq0)$의 해

• $(x+p)^2=q \longrightarrow x+p=\pm\sqrt{q} \longrightarrow x=-p\pm\sqrt{q}$

예 $(x-2)^2=3 \longrightarrow x-2=\pm\sqrt{3} \longrightarrow x=2\pm\sqrt{3}$

※ 다음 이차방정식의 해를 구하라.

1. $x^2=3$

2. $x^2=5$

3. $x^2=9$

4. $2x^2=10$

  양변을 2로 나눈다.

5. $3x^2=12$

6. $5x^2=45$

※ 다음 이차방정식의 해를 구하라.

7. $(x+3)^2=7$

  ↳ $x+3=\pm\square$ $\therefore x=-3\pm\square$

8. $(x-5)^2=3$

9. $(x+2)^2=5$

10. $(x-5)^2=9$

11. $(x+2)^2=4$

12. $(x-3)^2=16$

13. $2(x+3)^2=10$

  ↳ 양변을 2로 나누면 $(x+3)^2=5$

  $x+3=\pm\square$ $\therefore x=-3\pm\square$

14. $5(x-2)^2=35$

15. $7(x+4)^2=42$

16. $3(x-1)^2=12$

17. $4(x+2)^2=36$

18. $6(x-5)^2=54$

핵심

130 완전제곱식을 이용한 이차방정식의 풀이

이차방정식 $ax^2+bx+c=0$에서 좌변이 인수분해되지 않을 때, $(x+p)^2=q$의 꼴로 변형하여 해를 구할 수 있다.

① x^2의 계수 a로 양변을 나누어 x^2의 계수를 1로 만든다.
② 상수항을 우변으로 이항한다.
③ 좌변을 완전제곱식으로 만들기 위해 양변에 $\left(\frac{x\text{의 계수}}{2}\right)^2$을 더한다.
④ 좌변을 완전제곱식으로 정리한다.
⑤ 제곱근을 이용해 $(x+p)^2=q$를 푼다.

※ 완전제곱식을 이용하여 다음 이차방정식을 풀어라.

1. $x^2+6x-1=0$
   ↳ $x^2+6x=1$에서
   $x^2+6x+\square^2=1+\square^2$
   $(x+\square)^2=\square$
   $x+\square=\square$ $\quad\therefore x=-\square\pm\square$

2. $x^2-4x+2=0$

3. $x^2+8x-1=0$

4. $x^2-10x+4=0$

5. $x^2+12x-3=0$

6. $x^2+14x+2=0$

7. $2x^2+8x+4=0$
   ↳ $2x^2+8x=-4$의 양변을 2로 나누면
   $x^2+4x=-2$
   $x^2+4x+\square^2=-2+\square^2$
   $(x+\square)^2=\square$ $\quad\therefore x=-\square\pm\square$

8. $3x^2-12x+6=0$

9. $4x^2+16x+12=0$

10. $5x^2+20x+10=0$

11. $-6x^2+24x+24=0$

12. $-8x^2+48x+32=0$

핵심

131 근의 공식을 이용한 이차방정식의 풀이

이차방정식 $ax^2+bx+c=0$ $(a\neq0)$의 근은

$$x=\frac{-b\pm\sqrt{b^2-4ac}}{2a}\ (\text{단, } b^2-4ac\geq0)$$

참고 이차방정식 $ax^2+bx+c=0$ $(a\neq0)$에서 b가 짝수인 경우에는 다음과 같이 근의 공식을 좀 더 간단히 나타낼 수 있다.

$$x=\frac{-b'\pm\sqrt{b'^2-ac}}{a}$$

※ 근의 공식을 이용하여 다음 이차방정식을 풀어라.

1. $2x^2-5x+1=0$
   ↳ $a=\square$, $b=-5$, $c=\square$이므로
   $$x=\frac{-(-5)\pm\sqrt{(\square)^2-4\times2\times\square}}{2\times\square}$$
   $$=\frac{5\pm\sqrt{\square}}{\square}$$

2. $2x^2+x-4=0$

3. $x^2-5x+5=0$

4. $2x^2-x-2=0$

5. $2x^2+5x-1=0$

6. $x^2+3x+1=0$

7. $3x^2+5x+1=0$

8. $x^2+3x-2=0$

9. $3x^2-4x-2=0$

10. $x^2+7x-2=0$

11. $5x^2-7x+1=0$

12. $x^2-8x+9=0$

핵심

132 이차방정식의 근의 개수

이차방정식 $ax^2+bx+c=0(a\neq0)$의 근의 개수는 근의 공식 $x=\dfrac{-b\pm\sqrt{b^2-4ac}}{2a}$에서 b^2-4ac의 부호에 의해 결정된다.

- $b^2-4ac>0$이면 서로 다른 두 근을 갖는다.
  → 근이 2개, $x=\dfrac{-b\pm\sqrt{b^2-4ac}}{2a}$
- $b^2-4ac=0$이면 한 근(중근)을 갖는다.
  → 근이 1개, $x=-\dfrac{b}{2a}$
- $b^2-4ac<0$이면 근은 없다. → 근이 0개

※ 다음은 이차방정식의 근의 개수를 구하는 과정이다. 빈칸에 알맞은 것을 써넣어라.

$ax^2+bx+c=0$	b^2-4ac의 값	근의 개수
1. $x^2+2x-3=0$		
2. $x^2-5x+1=0$		
3. $x^2+6x+9=0$		
4. $x^2-x+4=0$		
5. $3x^2+7x-2=0$		
6. $5x^2-6x+1=0$		
7. $4x^2+4x+1=0$		
8. $2x^2-x+3=0$		

※ 다음 이차방정식의 근의 개수가 [ ] 안과 같을 때, 상수 k의 값 또는 범위를 구하라.

9. $x^2-4x+k=0$ [2개]
   ↳ $(\square)^2-4\times1\times k>0$이어야 하므로
   $-4k>\square$ $\therefore k<\square$

10. $x^2+6x+k=0$ [1개]

11. $x^2-8x+k=0$ [0개]

12. $3x^2+6x+k=0$ [2개]

13. $2x^2-4x+k=0$ [1개]

14. $3x^2+8x+k=0$ [0개]

핵심

133 복잡한 이차방정식의 풀이

$ax^2+bx+c=0$의 꼴로 정리한다.

- 계수가 분수이면 양변에 분모의 최소공배수를 곱한다.
- 계수가 소수이면 양변에 10, 100, 1000, …을 곱한다.
- 괄호가 있으면 전개하여 간단히 정리한다.

참고 **인수분해, 완전제곱식, 근의 공식은 언제, 어떨 때 사용하면 좋을까?**
인수분해가 쉽지 않다고 판단될 때 근의 공식을 이용하는 것이 좋다. 근의 공식은 해가 유리수든 근호를 갖는 무리수든 관계없이 항상 해를 구할 수 있는 것이 장점이지만 계산량이 다소 많아진다. 유리수 범위에서 인수분해가 가능한 꼴이면 계산이 간편한 인수분해를 이용한다.
완전제곱식을 이용하는 방법은 이차방정식의 해를 구할 때보다 다음 단원에서 배울 이차함수의 최댓값, 최솟값을 구할 때 유용하다.

※ 다음 이차방정식을 풀어라.

1. $x(x-3)=10$
   ↳ $x^2-3x-10=0$
   $(x+\square)(x-\square)=0$
   $\therefore x=-\square$ 또는 $x=\square$

2. $x^2-4(2x-3)=0$

3. $(x+1)(x+2)=6$

4. $x(x-2)-4(x-1)=0$

5. $x(x-4)=2x^2-3$

※ 다음 이차방정식을 풀어라.

6. $\frac{1}{6}x^2+x+\frac{3}{2}=0$

7. $x^2+3x-\frac{5}{4}=0$

8. $\frac{1}{2}x^2-\frac{3}{2}x+\frac{1}{4}=0$

9. $\frac{1}{4}x^2+x-\frac{1}{2}=0$

※ 다음 이차방정식을 풀어라.

10. $0.1x^2-0.3x+0.2=0$

11. $0.01x^2+0.12x+0.11=0$

12. $0.01x^2-0.2x+1=0$

13. $0.3x^2-0.2x-0.2=0$

핵심

134 근이 주어진 이차방정식

- 두 근이 α, β이고, x^2의 계수가 a인 이차방정식은
  → $a(x-\alpha)(x-\beta)=0$
- 중근이 α이고, x^2의 계수가 a인 이차방정식은
  → $a(x-\alpha)^2=0$
- $ax^2+bx+c=0$에서 a, b, c가 유리수일 때,
  한 근이 $p+q\sqrt{m}$이면 다른 한 근은 $p-q\sqrt{m}$이다. (단, p, q는 유리수)

참고 **$p+q\sqrt{m}$이 근이면 다른 한 근이 $p-q\sqrt{m}$인 이유는?**

근의 공식 $x=\frac{-b\pm\sqrt{b^2-4ac}}{2a}$에서 근호 안이 완전제곱수가 아니면 무리수를 근으로 갖는데, 근호 밖의 부호를 보면 ± 부분만 반대가 되기 때문이다.

※ 다음과 같은 이차방정식을 $ax^2+bx+c=0$의 꼴로 나타내어라.

1. 두 근이 1, 3이고, x^2의 계수가 1인 이차방정식
   └ $(x-\square)(x-\square)=0$
   $x^2-\square x+\square=0$

2. 두 근이 -2, 3이고, x^2의 계수가 1인 이차방정식

3. 중근이 2이고, x^2의 계수가 3인 이차방정식

4. 중근이 -5이고, x^2의 계수가 2인 이차방정식

※ 다음 이차방정식의 한 근이 [ ] 안의 수일 때, 유리수 k의 값을 구하라.

5. $x^2-4x+k=0$ $[2+\sqrt{3}]$
   └ 한 근이 $2+\sqrt{3}$이므로 다른 한 근은 $\square$이다.
   $x^2-4x+k=\{x-(2+\sqrt{3})\}\{x-(\square)\}$이므로
   $k=(2+\sqrt{3})(\square)$
   $=4-\square=\square$

6. $x^2-6x+k=0$ $[3-\sqrt{5}]$

7. $x^2+kx-1=0$ $[1+\sqrt{2}]$

8. $x^2+kx+3=0$ $[3-\sqrt{6}]$

※ 다음 이차방정식의 한 근이 [ ] 안의 수일 때, 다른 한 근을 구하라. (단, a는 상수)

9. $x^2-ax-(2+a)=0$ $[-2]$

10. $x^2+2ax-(4a-1)=0$ $[3]$

11. $x^2+x+a=0$ $[-2]$

12. $2x^2-ax+2a+4=0$ $[-1]$

※ 다음 이차방정식의 두 근을 α, $\beta(\alpha>\beta)$라 할 때, $\alpha-\beta$의 값을 구하라.

13. $x^2-x-12=0$

14. $x^2-x-6=0$

15. $2(x-2)^2=24$

16. $5(x-2)^2=45$

17. $\frac{(3x+1)^2}{2}=5$

※ 다음 물음에 답하여라.

18. 이차방정식 $x^2+ax+b=0$의 두 근이 2, 3일 때, $x^2+bx-a=0$을 풀어라. (단, a, b는 상수)
   └ 두 근이 2, 3이고 x^2의 계수가 1인 이차방정식은
   $(x-2)(x-3)=0$
   $x^2-5x+\square=0$ $\therefore a=-5, b=\square$
   따라서 $x^2+\square x+5=0$을 풀면
   $(x+\square)(x+\square)=0$
   $\therefore x=\square$ 또는 $x=\square$

19. 이차방정식 $x^2+ax+b=0$의 두 근이 2, -3일 때, 방정식 $bx^2+ax+1=0$을 풀어라. (단, a, b는 상수)

핵심

135 이차방정식의 활용

① 문제의 뜻을 파악하고 구하려고 하는 값을 미지수 x로 놓는다. — 미지수 정하기
② 수량 사이의 관계를 이용하여 이차방정식을 세운다. — 방정식 세우기
③ 이차방정식을 푼다. — 방정식 풀기
④ 구한 해 중에서 문제의 뜻에 맞는 것만을 답으로 한다. — 확인하기

※ 다음을 읽고 물음에 답하여라.

> 연속하는 두 자연수의 곱이 두 자연수의 제곱의 합보다 31만큼 작을 때, 이 두 수 중에서 작은 수를 구하려고 한다.

1. 연속하는 두 자연수 중에서 작은 자연수를 x라고 할 때, 큰 자연수를 x를 사용하여 나타내어라.

2. 두 자연수의 곱이 두 자연수의 제곱의 합보다 31만큼 작음을 이용하여 x에 대한 방정식을 세워라.
   ↳ $x(\square)=x^2+(\square)^2-31$에서
   $x^2+x-\square=0$

3. 위에서 세운 방정식을 풀어라.

4. 두 자연수 중에서 작은 수를 구하라.

※ 다음을 읽고 물음에 답하여라.

> 어떤 책을 펼쳤더니 펼쳐진 두 면 쪽수의 제곱의 합이 113이었다. 펼쳐진 두 면의 쪽수를 구하려고 한다.

5. 펼친 두 면 중 왼쪽 면의 쪽수를 x라고 할 때, 오른쪽 면의 쪽수를 x를 사용하여 나타내어라.

6. 펼친 두 면 쪽수의 제곱의 합이 113임을 이용하여 x에 대한 방정식을 $x^2+ax+b=0$ 꼴로 나타내어라.

7. 위에서 세운 방정식을 풀어라.

8. 두 면의 쪽수를 각각 구하라.

※ 다음을 읽고 물음에 답하여라.

> 초속 40m의 속력으로 지면과 수직으로 위로 던져 올린 공의 t초 후의 높이를 $(-5t^2+40t)$m라고 한다. 이 공이 다시 지면에 떨어지는 것은 몇 초 후인지 구하려고 한다.

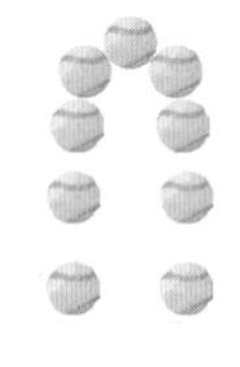

9. 공이 다시 지면에 떨어질 때의 높이는 얼마인가?

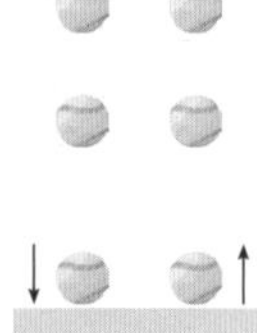

10. t초 후에 공이 지면에 떨어진다고 할 때, t에 대한 방정식을 $t^2+at+b=0$ 꼴로 나타내어라.

11. 위에서 세운 방정식을 풀어라.

12. 공이 다시 지면에 떨어지는 것은 몇 초 후인지 구하라.

※ 다음을 읽고 물음에 답하여라.

> 세로의 길이가 가로의 길이보다 5cm만큼 짧고 넓이가 126cm²인 직사각형 모양의 종이가 있다. 이 종이의 가로 길이를 구하려고 한다.

13. 종이의 가로 길이를 $x$cm라고 할 때, 세로 길이를 x를 사용하여 나타내어라.

14. 종이의 넓이가 126cm²임을 이용하여 x에 대한 방정식을 $x^2+ax+b=0$ 꼴로 나타내어라.

15. 위에서 세운 방정식을 풀어라.

16. 가로의 길이를 구하라.

| 실력테스트 |

1. 다음 중 x에 대한 이차방정식이 <u>아닌</u> 것은?

① $(x+1)(x+2)=x+3$
② $4x-x^2=4x^2-2x-3$
③ $2x^2-5x-1=2x(x-3)$
④ $3x^2+2x=(x+3)(x+7)$
⑤ $5x-2=3x^2$

2. 두 이차방정식 $x^2-7x+10=0$, $x^2-9x+14=0$을 동시에 만족시키는 x의 값은?

① 2　② 3　③ 4
④ 5　⑤ 6

3. 이차방정식 $(x-1)(x-5)=3$을 $(x+a)^2=b$의 꼴로 고칠 때, $b-a$의 값은?

① -7　② -5　③ 5
④ 7　⑤ 10

4. 이차방정식 $x(x-2)-(2x+1)(2x-1)=0$을 풀어라.

5. 이차방정식 $x^2+2kx+6k-9=0$이 중근을 가질 때, 이차방정식 $x^2-5x+2k=0$을 풀어라. (단, k는 상수)

6. 이차방정식 $\frac{2}{5}x^2-0.3=\frac{7}{10}x$의 근이 $x=\frac{a\pm\sqrt{b}}{8}$일 때, 두 유리수 a, b에 대하여 $b-a$의 값은?

① 72　② 78　③ 84
④ 90　⑤ 96

7. 이차방정식 $x^2-4x+k=0$이 중근을 가질 때, 이차방정식 $(k+1)x^2+2x-3=0$의 근의 개수를 구하라.

8. 이차방정식 $x^2+x-12=0$의 두 근을 α, β라고 할 때, $\alpha-\beta$의 값은? (단, $\alpha>\beta$)

① -1　② 1　③ 2
④ 7　⑤ 8

9. 차가 2이고 곱이 195인 두 자연수가 있다. 이 두 수의 합을 구하라.

10. 연속하는 4개의 자연수가 있다. 가장 큰 수의 제곱에서 가장 작은 수의 제곱을 뺀 수는 나머지 두 수의 곱보다 3만큼 작다고 한다. 가장 큰 수는?

① 5　② 6　③ 7
④ 8　⑤ 9

Science & Technology

13000여 개의 섬이 있는 인도네시아의 어느 섬에서 해수면으로부터의 높이가 800m인 화산이 폭발하여 초속 60m의 속력으로 용암을 분출하였다. 이때 분출물의 t초 후의 해수면으로부터의 높이는

$$(-5t^2+60t+800)\text{m}$$

라고 한다. 분출물이 해수면에 도달할 때까지 걸리는 시간은 분출한 지 몇 초 후인가?

Ⅲ 함수

학습 내용

중학교 수학 ❶	중학교 수학 ❷	중학교 수학 ❸
1. 좌표평면과 그래프	2. 일차함수와 그래프, 일차함수와 일차방정식의 관계	3. 이차함수와 그래프

살아 움직이는 변화를 살피다!

함수는 여러 가지 변화를 설명하고 예측하기 위해 만들어진 개념이다. 고대 문명에서는 별들의 움직임을 이해하고 예측하려는 방법들이 많이 고안되었고, 근대에 들어와서는 움직이는 물체들이 시간에 따라 어떻게 변하는지를 예측하기 위하여 그래프나 함수의 식 등을 사용하였다. 다양하게 나타나는 자연과 사회 현상을 변화하는 양의 관계나 규칙 등으로 표현하고 분석하기 위한 도구로써 이제 함수라는 개념은 보편적인 수학 방법론으로 자리 잡게 되었다.

1. 좌표평면과 그래프

- ○ 순서쌍과 좌표를 이해한다.
- ○ 다양한 상황을 그래프로 나타내고, 주어진 그래프를 해석할 수 있다.
- ○ 정비례, 반비례 관계를 이해하고, 그 관계를 표, 식, 그래프로 나타낼 수 있다.

우리 주변에는 물을 끓일 때의 시간과 온도, 자동차 속력과 이동 거리, 정사각형 한 변의 길이와 넓이의 관계처럼 변하는 두 양 사이에 일정한 관계가 있는 것이 있다. 예를 들어 한 권에 800원짜리 노트를 x권 살 때의 금액을 y원이라고 하면 노트가 한 권씩 늘어날 때마다 금액도 800원씩 늘어난다.

x(권)	1	2	3	4	…
y(원)	800	1600	2400	3200	…

이 관계를 식으로 나타내면 $y=800x$가 된다. 이처럼 두 양 x, y에서 x가 2배, 3배, …가 되면 y도 2배, 3배, … 가 될 때 y는 x에 **정비례**한다고 하며, $y=ax$의 꼴로 나타난다. 또 x, y와 같이 여러 가지 값을 갖는 문자를 **변수**라고 한다. $y=ax$를 그래프로 나타내면 원점 O를 지나는 직선이다.

$y=ax$ 그래프

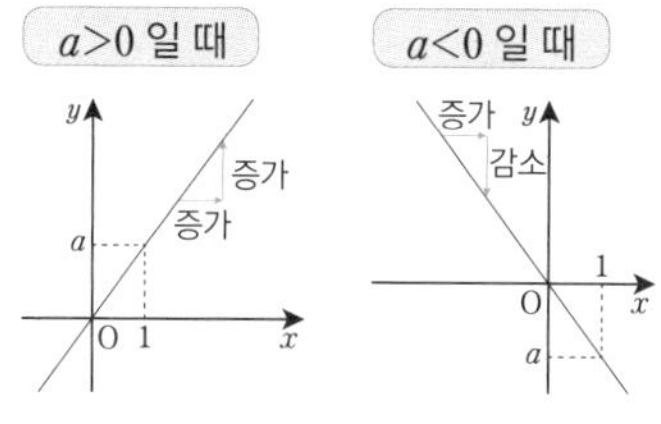

• 변수와 달리 일정한 값을 가지는 수나 문자를 상수라고 한다.

이번에는 직사각형의 넓이가 $60cm^2$로 정해져 있다고 하자. 가로 길이 x가 변함에 따라서 세로 길이 y는 다음과 같이 변한다.

가로 길이 $x$cm	1	2	3	4	5	6
세로 길이 $y$cm	60	30	20	15	12	10

이 관계를 식으로 나타내면 $x \times y=60 \longrightarrow y=\frac{60}{x}$이다. 두 양 x, y에서 x가 2배, 3배, …가 되면 y는 $\frac{1}{2}$배, $\frac{1}{3}$배, …가 될 때 y는 x에 **반비례**한다고 하며, $y=\frac{a}{x}$의 꼴로 나타난다. $y=\frac{a}{x}$를 그래프로 나타내면 좌표축에 한없이 가까워지는 한 쌍의 곡선이다.

$y=\frac{a}{x}$ 그래프

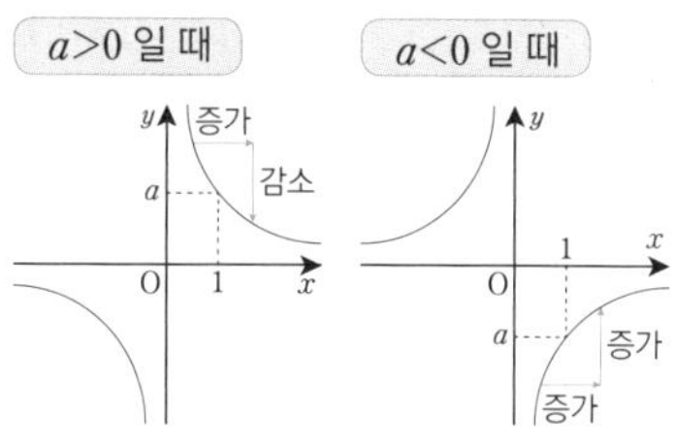

WHY? 어떻게 하면 안전하고 경제성 있는 스키장을 운영할 수 있을까? 스키장의 리프트를 너무 빨리 돌리면 슬로프에 사람이 많아져서 안전사고가 발생할 가능성이 커지고, 리프트를 너무 늦게 돌리면 수익이 떨어진다. 이처럼 변하는 양 사이의 관계를 파악해 실생활에 필요한 해답을 얻는데 함수라는 수학적 원리가 중요하게 작용한다. 실제로 미국의 콜로라도 마운틴 대학의 스키장 운영 과정에는 '기술 수학'이란 필수 과목이 있어, 스키 탈 줄은 몰라도 이 과목을 이수해야 졸업할 수 있다고 한다.

136 수직선 위의 점의 좌표

수직선 위의 점에 대응하는 수를 그 점의 좌표라고 한다.

좌표가 a인 점 P를 기호 P(a)로 나타낸다.

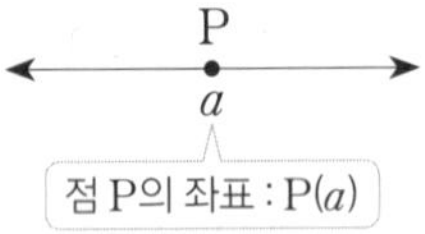

※ 다음 점을 아래 수직선 위에 나타내어라.

1. A(0), B(1), C(4), D(-3)

2. A(2), B(-2), C$\left(\frac{1}{2}\right)$, D$\left(-\frac{1}{2}\right)$

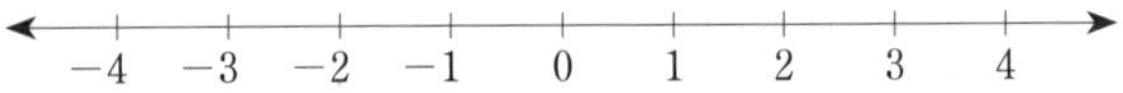

3. A$\left(\frac{3}{2}\right)$, B$\left(\frac{5}{2}\right)$, C$\left(-\frac{3}{2}\right)$, D$\left(-\frac{7}{2}\right)$

※ 다음 수직선 위 점 A, B, C, D의 좌표를 기호로 나타내어라.

4. 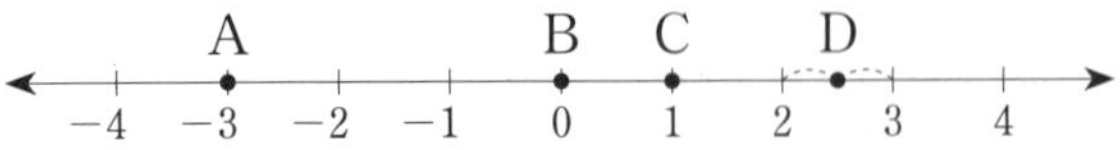

5. 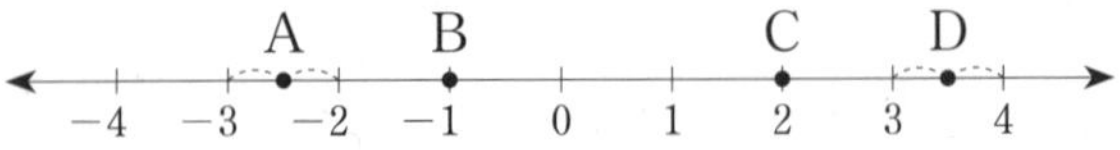

6. 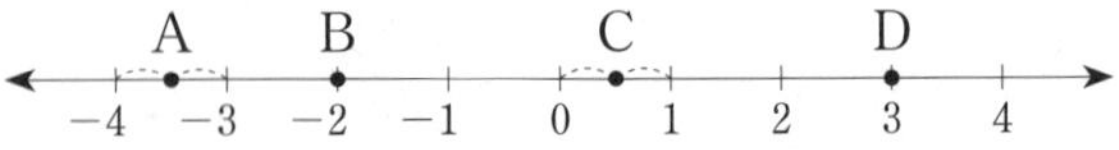

137 순서쌍과 좌표

좌표평면

두 수직선이 서로 수직으로 만날 때,

- x축 : 가로의 수직선
- y축 : 세로의 수직선
- 좌표축 : x축과 y축을 통틀어 좌표축이라고 한다.
- 원점 : 두 좌표축의 교점 O
- 좌표평면 : 좌표축이 정해져 있는 평면

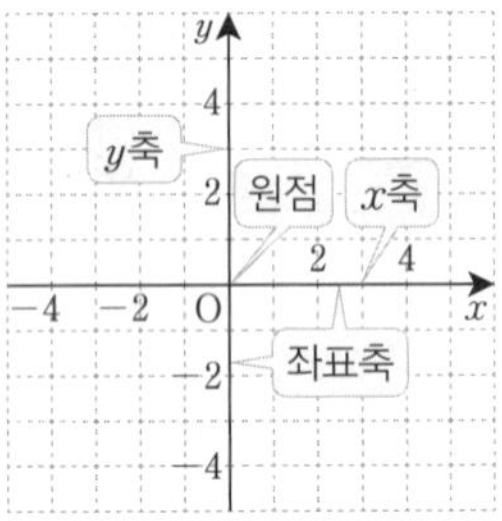

좌표평면

좌표평면 위의 점의 좌표

- 순서쌍 : 두 수의 순서를 정하여 쌍으로 나타낸 것
- 좌표평면 위의 점 P의 x좌표가 a, y좌표가 b일 때, 순서쌍 (a, b)를 점 P의 좌표라 하고 기호 P(a, b)로 나타낸다.

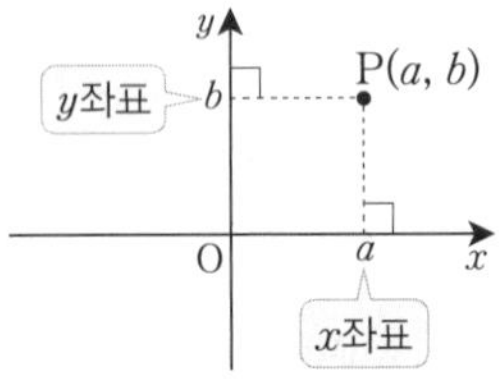

※ 다음 점을 좌표평면 위에 나타내어라.

1. A(1, 3)
2. B(2, -3)
3. C(-3, 4)
4. D(-4, -3)

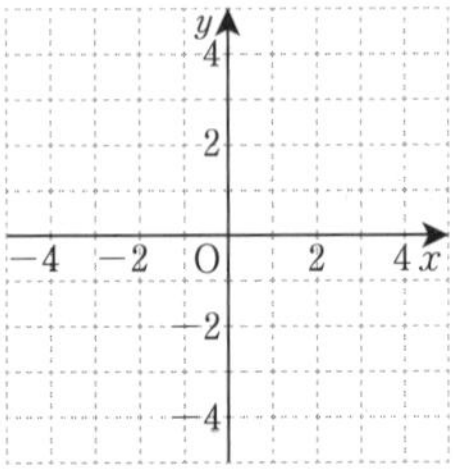

※ 오른쪽 그림을 보고 다음 점의 좌표를 기호로 나타내어라.

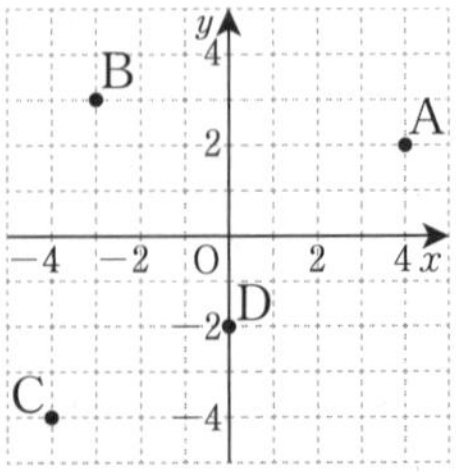

5. A
6. B
7. C
8. D

※ 다음 점의 좌표를 구하라.

9. x축 위에 있고 x좌표가 3인 점 A

10. y축 위에 있고 y좌표가 -4인 점 B

핵심 138 사분면

사분면 : 좌표평면은 오른쪽 그림과 같이 좌표축에 의하여 네 부분으로 나누어지는데, 이 네 부분을 각각 제 1 사분면, 제 2 사분면, 제 3 사분면, 제 4 사분면이라고 한다.

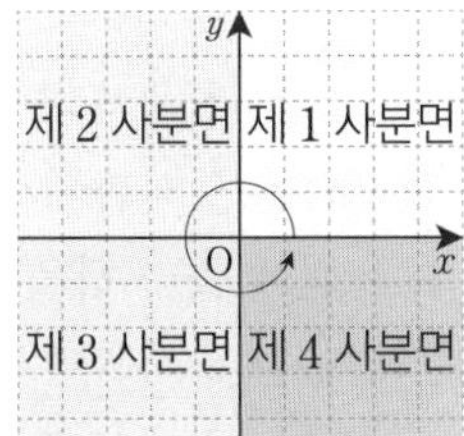

각 사분면의 좌표의 부호

부호 \ 사분면	제1사분면	제2사분면	제3사분면	제4사분면
x좌표의 부호	$+$	$-$	$-$	$+$
y좌표의 부호	$+$	$+$	$-$	$-$

참고 좌표축 위의 점은 어느 사분면에도 속하지 않는다.

※ 다음 점을 좌표평면 위에 나타내고 제 몇 사분면 위에 있는지 말하여라.

1. A$(-2, 1)$
2. B$(3, -2)$
3. C$(-3, -4)$
4. D$(2, 3)$

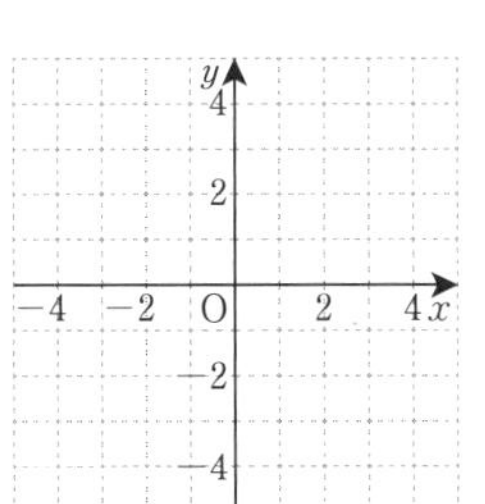

※ 점 P(a, b)가 제 2 사분면 위의 점이라고 할 때, 다음 점은 각각 제 몇 사분면 위의 점인지 말하여라.

5. A$(-a, b)$
   ㄴ 점 P(a, b)가 제 2 사분면 위의 점이므로
   부호는 $(-, +)$, 즉 $a<0$, $b>0$
   따라서 점 A$(-a, b)$의 부호는 ($\square$, $\square$)이므로
   제$\square$사분면 위의 점이다.
6. B(b, a)
7. C(ab, b)
8. D(ab, a)

핵심 139 대칭인 점의 좌표

점 (a, b)에 대하여

x축에 대하여 대칭인 점의 좌표 :
$(a, -b)$ → y좌표의 부호만 바뀐다.

y축에 대하여 대칭인 점의 좌표 :
$(-a, b)$ → x좌표의 부호만 바뀐다.

원점에 대하여 대칭인 점의 좌표 :
$(-a, -b)$ → x좌표, y좌표의 부호가 모두 바뀐다.

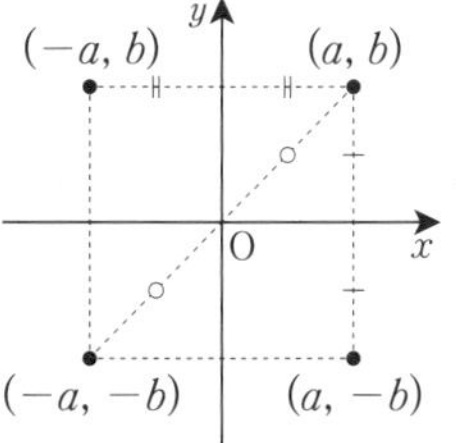

※ 점 A$(3, -2)$에 대하여 다음 점의 좌표를 구하라.

1. x축에 대하여 대칭인 점 B
2. y축에 대하여 대칭인 점 C
3. 원점에 대하여 대칭인 점 D

※ 점 A$(-2, 4)$에 대하여 다음 점의 좌표를 구하라.

4. x축에 대하여 대칭인 점 B
5. y축에 대하여 대칭인 점 C
6. 원점에 대하여 대칭인 점 D

※ 점 A$(-3, -4)$에 대하여 y축에 대하여 대칭인 점을 B, 원점에 대하여 대칭인 점을 C라고 할 때, 다음 물음에 답하여라.

7. 점 B의 좌표를 구하라.
8. 점 C의 좌표를 구하라.
9. 세 점 A, B, C를 좌표평면 위에 나타내어라.

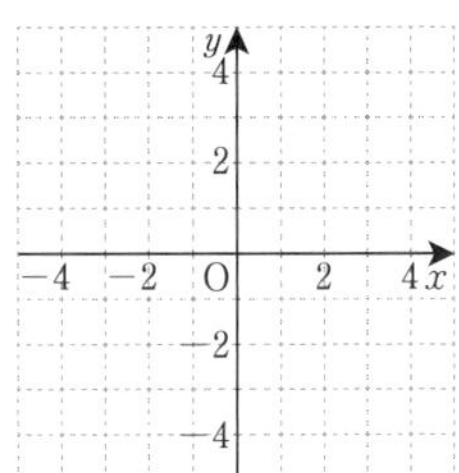

10. 세 점 A, B, C를 꼭짓점으로 하는 삼각형 ABC의 넓이를 구하라.

핵심 140 그래프

그래프 : 주어진 자료나 상황을 좌표평면 위에 점, 직선, 곡선 등의 그림으로 나타낸 것

그래프의 다양한 예

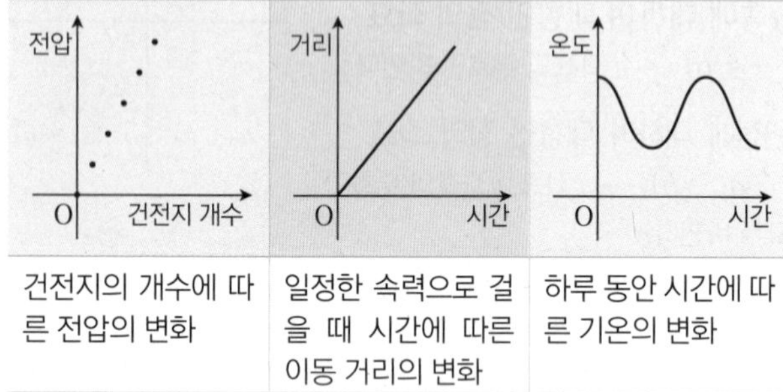

건전지의 개수에 따른 전압의 변화	일정한 속력으로 걸을 때 시간에 따른 이동 거리의 변화	하루 동안 시간에 따른 기온의 변화

참고 **그래프의 장점**
다양한 상황을 일상 언어, 표, 그래프, 식으로 나타낼 수 있는데, 어떤 현상을 그래프로 나타내면 증가와 감소, 규칙적 변화 등을 쉽게 파악할 수 있다.

※ 아래 그림은 어느 자동차가 움직일 때 시간에 따른 속력의 변화를 나타낸 그래프이다. 다음을 구하라.

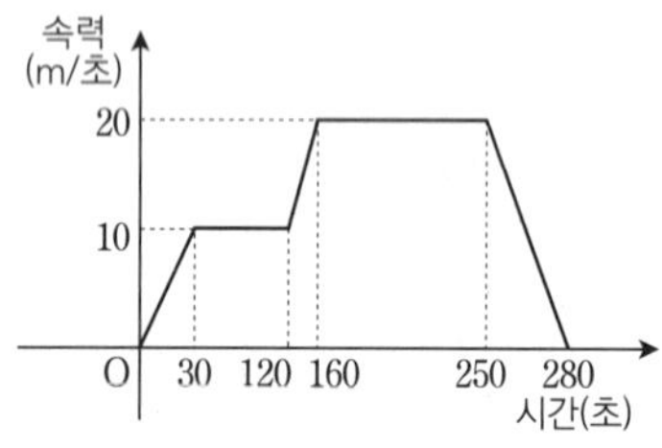

1. 자동차가 가장 빨리 움직일 때의 속력
   ↳ 그래프에서 속력의 값이 가장 큰 것을 찾으면
   □(m/초)

2. 자동차가 일정한 속력으로 움직인 시간의 합
   ↳ 일정한 속력으로 움직인 시간은 □초 ~ □초,
   □초~ □초이다.
   따라서 구하는 시간은 □ + □ = □(초)

3. 자동차가 움직이기 시작해서 정지할 때까지 걸린 시간

※ 아래 그림은 시간에 따른 집으로부터의 거리 변화를 나타낸 그래프이다. 그래프에 알맞은 예를 보기에서 찾아라.

보기
ㄱ. 나는 집에서 출발하여 도서관까지 갔다.
ㄴ. 나는 도서관에서 출발하여 집으로 오는 도중에 서점에 들러 책을 사고 집으로 왔다.
ㄷ. 나는 도서관에서 공부를 하고 있었다.
ㄹ. 나는 집에서 출발하여 도서관에 가서 공부를 하다가 집으로 왔다.

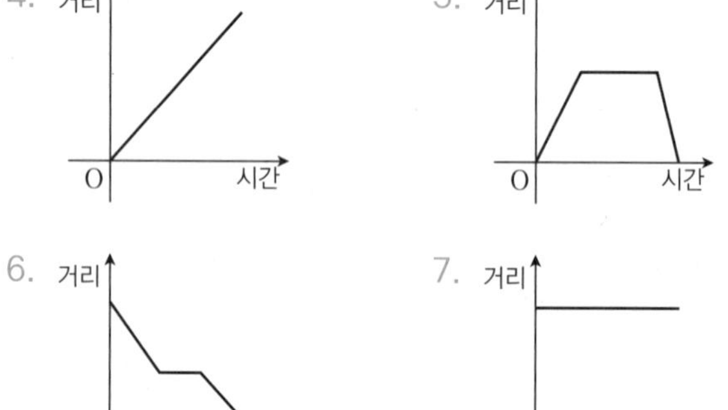

※ 아래 그림과 같은 그릇에 일정한 속력으로 물을 채운다. 시간에 따른 물의 높이의 변화를 나타낸 그래프로 알맞은 것을 보기에서 찾아라.

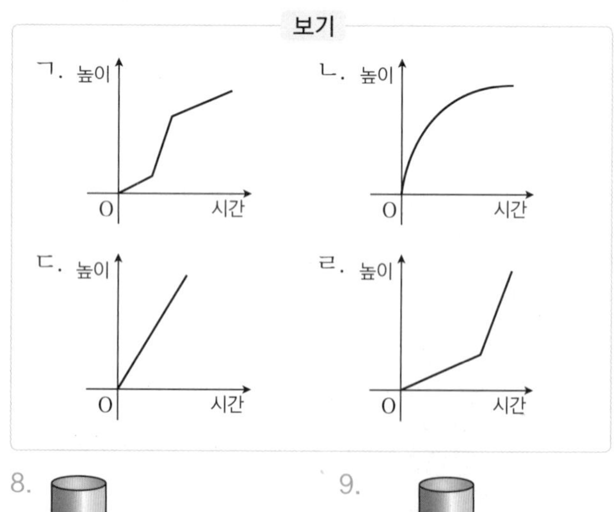

8.

9.

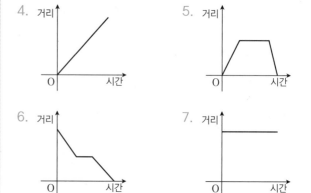

※ 오른쪽 그림은 경수, 혜린, 보아 세 사람이 집에서 도서관에 갈 때까지 시간에 따른 이동 거리의 변화를 나타낸 그래프이다. 다음 설명 중 옳은 것에는 ○표, 옳지 않은 것에는 ×표 하여라.

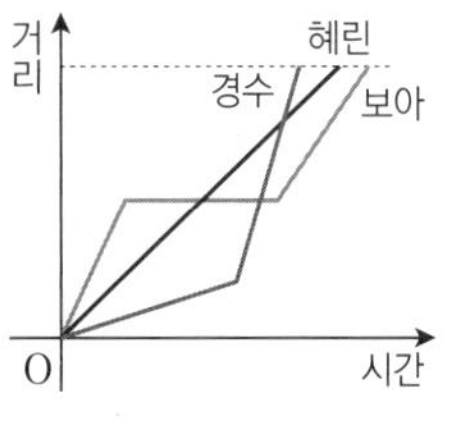

10. 도서관에 가장 늦게 도착한 사람은 보아이다. (　　)

11. 경수는 처음에는 빨리 가다가 중간에 천천히 이동해서 제일 먼저 도착하였다. (　　)

12. 혜린이는 일정한 속력으로 계속 가서 두 번째로 도착하였다. (　　)

13. 보아는 처음에는 가장 늦은 속력으로 갔고 중간에 멈추어 시간을 보내고 이동하여 가장 늦게 도착하였다. (　　)

※ 지진이 발생하면 P파와 S파가 도달하는 시간의 차이인 PS시를 이용하여 지진이 발생한 진앙과의 거리를 측정한다. 아래 그림은 가로축에 지진이 발생한 진앙과의 거리를, 세로축에 지진파의 도달 시간을 나타낸 그래프이다. 물음에 답하여라.

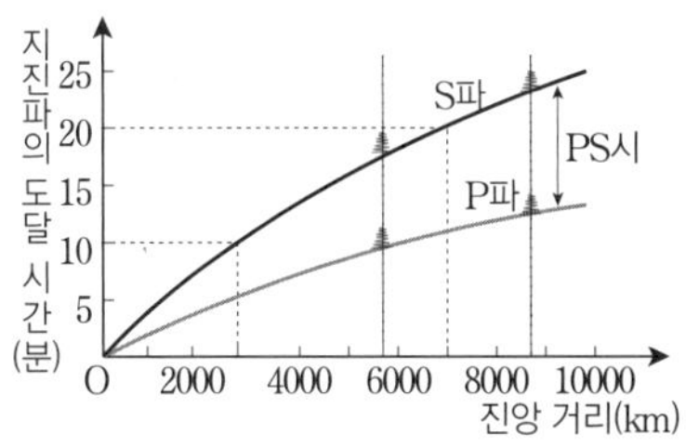

14. 지진이 발생한 진앙과의 거리가 3000km일 때 S파가 도달하는 시간을 구하라.

15. S파가 20분 만에 도달하였을 때 진앙과의 거리를 구하라.

※ 아래 그림은 가로축에 연도를, 세로축에 그해 4월 측정한 평균 온도에서 기준 온도를 뺀 값을 나타낸 그래프이다. 물음에 답하여라.

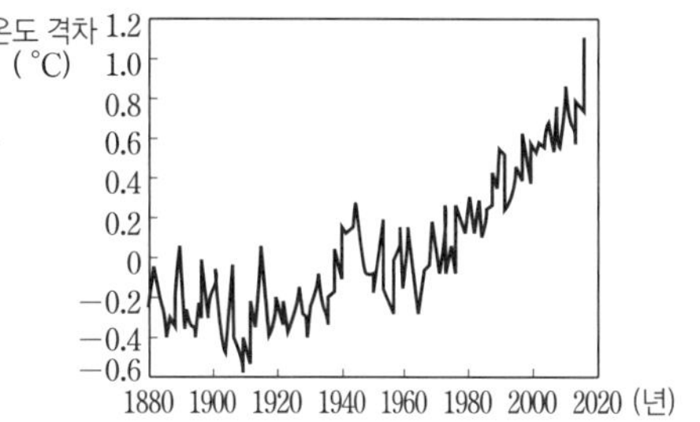

16. 보기에서 온도가 가장 낮은 연도를 골라라.

보기

ㄱ. 1880　　ㄴ. 1910　　ㄷ. 1980

17. 다음은 그래프를 보고 1980년부터 2018년도까지 온도 변화의 대체적인 경향을 말한 것이다. 보기에서 옳은 것을 모두 골라라.

보기

ㄱ. 그래프의 방향이 오른쪽 위로 향하면 평균 온도가 증가한다.
ㄴ. 그래프의 방향이 오른쪽 아래로 향하면 평균 온도가 감소한다.
ㄷ. 평균 온도는 1940년까지는 기준 온도보다 낮은 값을 기록한 후 1960년을 전후하여 지구의 온도는 급격히 올라가고 있다.

※ 아래 그림은 관람차 A의 시간에 따른 지면에서의 높이의 변화를 나타낸 그래프이다. 그래프를 보고 다음을 구하라.

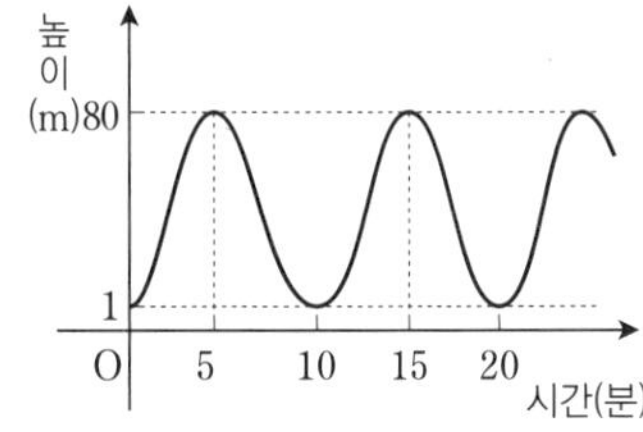

18. 관람차 A가 가장 높이 올라갔을 때의 높이

19. 관람차가 한 바퀴 회전하는 데 걸린 시간

20. 관람차를 한 시간 동안 운행했을 때, A가 꼭대기에 올라간 횟수

핵심

141 정비례

변수 : x, y와 같이 변하는 여러 가지 값을 나타내는 문자

정비례 관계 : 두 변수 x, y에서 x가 2배, 3배, 4배, …로 변함에 따라 y가 2배, 3배, 4배, …로 변하는 관계가 있으면 x, y는 정비례한다고 한다.

x	1	2	3	4	…
y	4	8	12	16	…

(2배, 3배)

정비례 관계의 식 : x와 y가 정비례할 때, x, y 사이에는 다음과 같은 식이 성립한다.

$$y=ax \text{ (단, } a\neq0)$$

참고 x와 y가 정비례할 때, $y=2\times x$, $y=3\times x$, $y=4\times x$, …와 같이 나타낼 수 있다. 이때 일정한 값 2, 3, 4, …를 비례상수라고 한다.

※ 성은이의 맥박 수는 1분에 80회이다. x분 동안 잰 성은이의 맥박 수를 y회라 할 때, 다음 물음에 답하라.

1. 아래 표를 완성하여라.

x	1	2	3	4	…
y					…

2. x와 y 사이에는 어떤 관계에 있는지 알맞은 말에 ○표 하여라. (정비례, 반비례)

3. x와 y 사이의 관계를 식으로 나타내어라.

※ 가로가 5cm, 세로가 $x$cm인 직사각형의 넓이를 $y\text{cm}^2$라 할 때, 다음 물음에 답하라.

4. 아래 표를 완성하여라.

x	1	2	3	4	…
y					…

5. x와 y 사이에는 어떤 관계에 있는지 알맞은 말에 ○표 하여라. (정비례, 반비례)

6. x와 y의 관계를 식으로 나타내어라.

※ 다음 중 x와 y 사이의 관계가 정비례하는 것에는 ○표, 정비례하지 않는 것에는 ×표 하여라.

7. 한 개에 500원 하는 지우개 x개의 가격 y원 (　　)

8. 물 5L를 x명이 똑같이 나누어 마실 때 한 사람이 마시는 물의 양 yL (　　)

9. 가로의 길이가 $x$cm이고, 세로의 길이가 10cm인 직사각형의 넓이 $y\text{cm}^2$ (　　)

10. 우리 학교 1학년 학생 230명 중 남학생 수 x와 여학생 수 y (　　)

11. 1분에 2L씩 나오는 수돗물을 받을 때 받는 시간 x분과 받는 물의 양 yL (　　)

12. 1분 동안 운동으로 열량 8kcal를 소모할 때 x분 동안 운동으로 소모하는 열량 $y$kcal (　　)

※ y가 x에 정비례하고 x의 값에 대응하는 y의 값이 다음과 같을 때, x와 y 사이의 관계식을 구하라.

13. $x=5$일 때, $y=1$

└ $y=ax$에 $x=5$, $y=1$을 대입하면

□$=5a$, $a=$□

$\therefore y=$□x

14. $x=1$일 때, $y=3$

15. $x=-6$일 때, $y=-6$

16. $x=-2$일 때, $y=-4$

핵심

142 $y=ax(a\neq0)$의 그래프

$y=ax$ $(a\neq0)$의 그래프는 원점 $(0, 0)$과 점 $(1, a)$를 지나는 직선이다.

$a>0$ 일 때

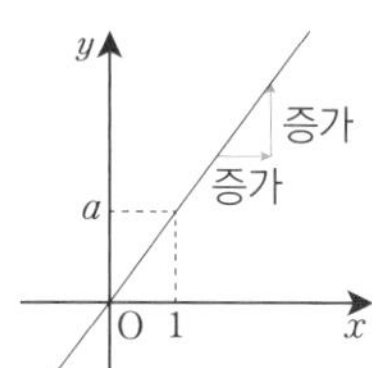

- 제1사분면과 제3사분면을 지난다.
- x값이 증가하면 y값도 증가한다.
- 오른쪽 위로 향하는 직선이다.

$a<0$ 일 때

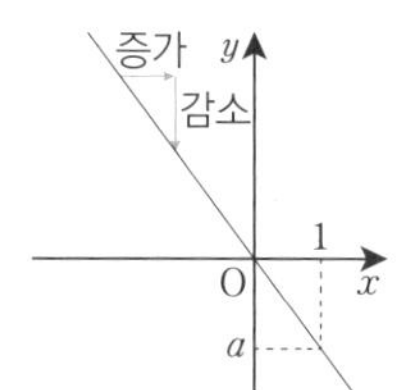

- 제2사분면과 제4사분면을 지난다.
- x값이 증가하면 y값은 감소한다.
- 오른쪽 아래로 향하는 직선이다.

참고 a의 절댓값이 클수록 y축에 가까워진다.

※ $y=2x$에 대하여 x의 범위가 다음과 같을 때, 표를 완성하고 좌표평면 위에 각각의 그래프를 그려라.

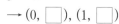

1.

x	-2	-1	0	1	2
y	-4				
(x, y)	$(-2, -4)$				

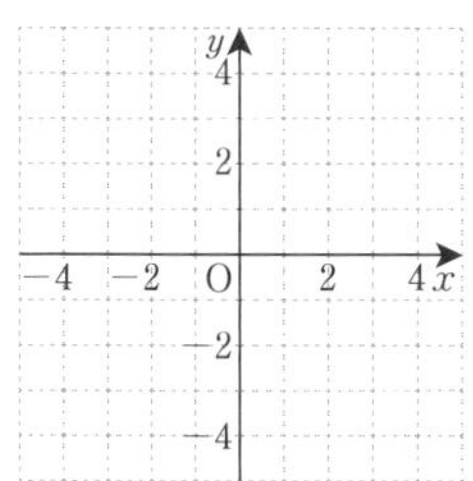

2. 수 전체

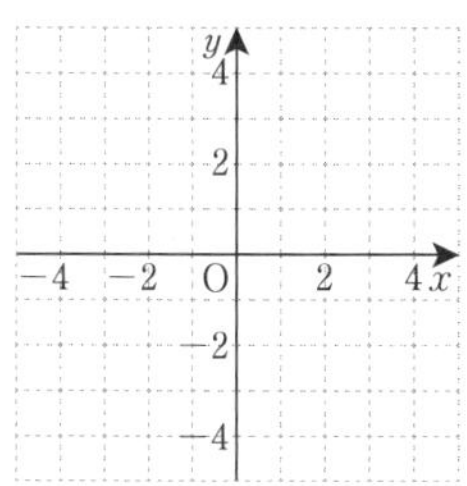

※ 다음 □ 안에 알맞은 수를 써넣고, 그래프를 그려라.

3. $y=-2x$

→ (0, □), (1, □)

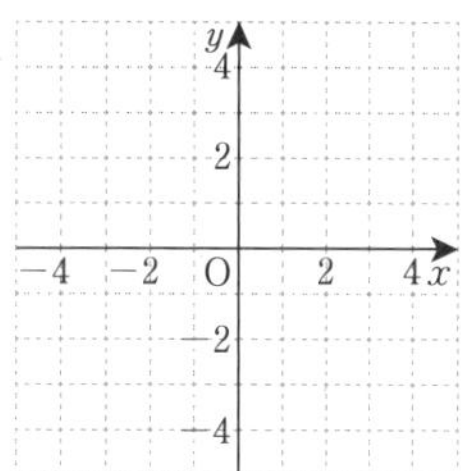

4. $y=3x$

→ (0, □), (1, □)

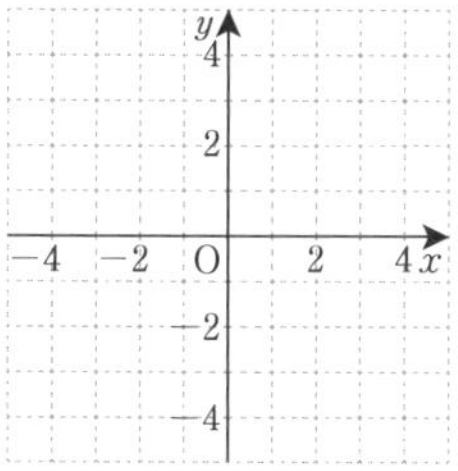

5. $y=-\frac{1}{2}x$

→ (0, □), (2, □)

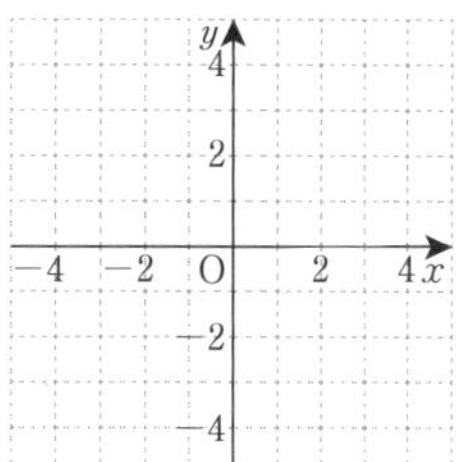

6. $y=\frac{2}{3}x$

→ (0, □), (3, □)

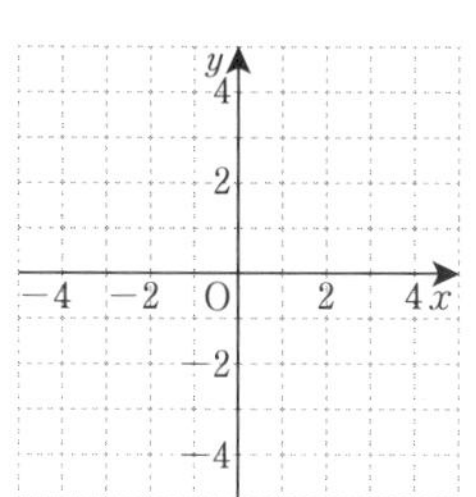

※ 다음 식의 그래프는 몇 사분면을 지나는지 말하여라.

7. $y=-x$

└ $y=-x$의 그래프는 $y=ax$에서 $a<0$이므로 오른쪽 (위, 아래)로 향하는 직선이다.
따라서 제□사분면, 제□사분면을 지난다.

8. $y=5x$

9. $y=-\frac{3}{2}x$

10. $y=0.4x$

※ 다음 식의 그래프를 오른쪽 그림에서 찾아 그 기호를 써라.

11. $y=-2x$ (　　)

12. $y=-\frac{2}{3}x$ (　　)

13. $y=\frac{3}{2}x$ (　　)

14. $y=\frac{1}{3}x$ (　　)

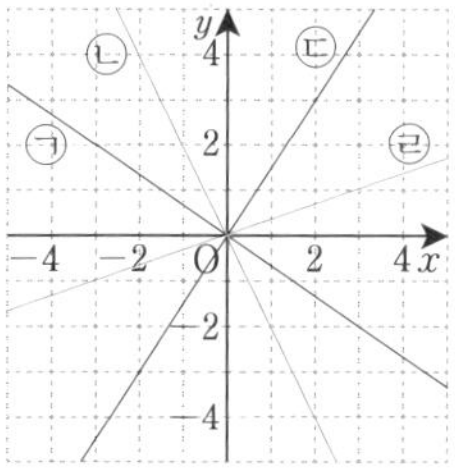

ㄱ ㄴ ㄷ ㄹ

핵심

143 반비례

반비례 : 두 변수 x, y에서 x가 2배, 3배, 4배, …로 변함에 따라 y가 $\frac{1}{2}$배, $\frac{1}{3}$배, $\frac{1}{4}$배, …로 변하는 관계가 있으면 x와 y는 반비례한다고 한다.

(2배, 3배 →)

x	1	2	3	4	…
y	12	6	4	3	…

($\frac{1}{2}$배, $\frac{1}{3}$배 →)

반비례 관계의 식 : x와 y가 반비례할 때, x, y 사이에는 다음과 같은 식이 성립한다.

$$y=\frac{a}{x}\ (\text{단}, a\neq 0)$$

참고 반비례 관계는 두 변수의 곱이 $xy=a$로 일정하다.
x와 y가 반비례할 때, $x\times y=2$, $x\times y=3$, $x\times y=4$, …와 같이 나타낼 수 있다. 이때 일정한 값 2, 3, 4, …를 비례상수라고 한다

※ 연필 12자루를 친구들에게 나누어 주려고 한다. 나누어 줄 친구의 수를 x, 한 사람에게 줄 연필의 수를 y라 할 때, 다음 물음에 답하라.

1. 아래 표를 완성하여라.

x	1	2	3	4	6	12
y						

2. x와 y 사이에는 어떤 관계에 있는지 알맞은 말에 ○표 하여라. (정비례, 반비례)

3. x와 y 사이의 관계를 식으로 나타내어라.

※ 넓이가 50cm^2인 직사각형에서 가로의 길이를 $x$cm, 세로의 길이를 $y$cm라 할때, 다음 물음에 답하라.

4. 아래 표를 완성하여라.

x	1	2	5	10	25	50
y						

5. x와 y 사이에는 어떤 관계에 있는지 알맞은 말에 ○표 하여라. (정비례, 반비례)

6. x와 y의 관계를 식으로 나타내어라.

※ 다음 중 x와 y 사이의 관계가 정비례하는 것에는 '정', 반비례하는 것에는 '반', 정비례도 반비례도 아닌 것에는 '×'를 써넣어라.

7. 하루 24시간 중 잠을 자는 x시간과 활동하는 y시간 ( )

8. 하루에 4시간씩 일을 할 때 x일 동안 일한 y시간 ( )

9. 1분 동안 운동으로 열량 6kcal를 소모할 때 x분 동안 운동으로 소모하는 열량 $y$kcal ( )

10. 1초에 100MB씩 자료를 전송할 때 x초에 전송하는 자료 yMB ( )

11. 물 1200L를 x명이 똑같이 나누어 사용할 때 한 명이 사용할 수 있는 물 yL ( )

12. 한 시간에 광석 1kg을 채집하는 기계 x대로 광석 360kg을 채집할 때 필요한 y시간 ( )

※ y가 x에 반비례하고 x의 값에 대응하는 y의 값이 다음과 같을 때, x와 y 사이의 관계식을 구하라.

13. $x=3$일 때, $y=1$
└ $y=\frac{a}{x}$에 $x=3$, $y=1$을 대입하면
$\square=\frac{a}{3}$, $a=\square$
$\therefore y=\frac{\square}{x}$

14. $x=1$일 때, $y=5$

15. $x=-6$일 때, $y=-6$

16. $x=-2$일 때, $y=-4$

핵심

144 $y=\frac{a}{x}(a\neq 0)$의 그래프

$y=\frac{a}{x}$ $(a\neq 0)$의 그래프는 원점에 대하여 대칭이고 좌표축에 한없이 가까워지는 한 쌍의 매끄러운 곡선으로, 점 $(1,\ a)$를 지난다.

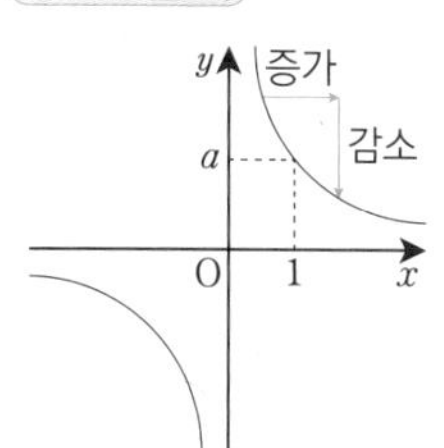

$a<0$ 일 때

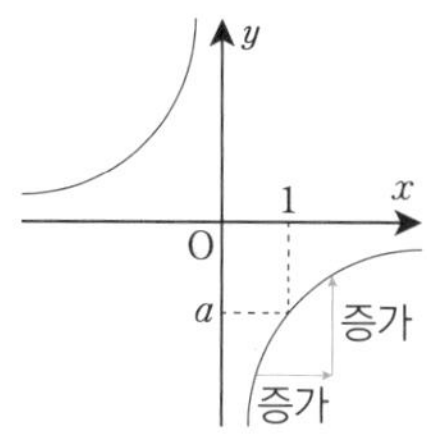

$a>0$ 일 때	$a<0$ 일 때
• 제 1 사분면과 제 3 사분면을 지난다.	• 제 2 사분면과 제 4 사분면을 지난다.
• 각 사분면에서 x값이 증가하면 y값은 감소한다.	• 각 사분면에서 x값이 증가하면 y값도 증가한다.

참고 a의 절댓값이 클수록 원점에서 멀어진다.

※ $y=-\frac{6}{x}$에 대하여 표를 완성하고, x의 범위가 다음과 같을 때, 좌표평면 위에 각각의 그래프를 그려라.

1.

x	-6	-3	-2	-1	1	2	3	6
y	1							

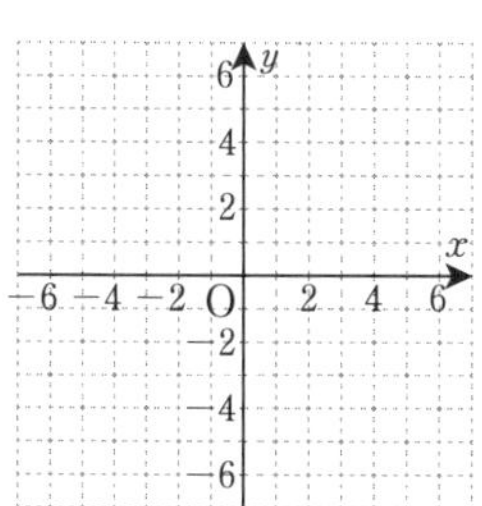

2. 0을 제외한 수 전체

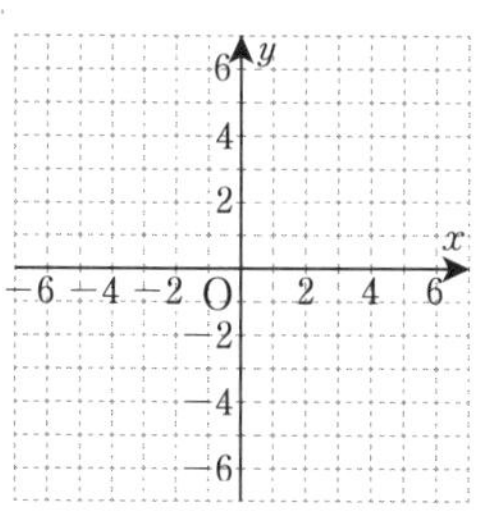

※ 다음 식의 그래프를 그려라.

3. $y=\frac{4}{x}$

4. $y=-\frac{8}{x}$

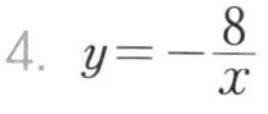

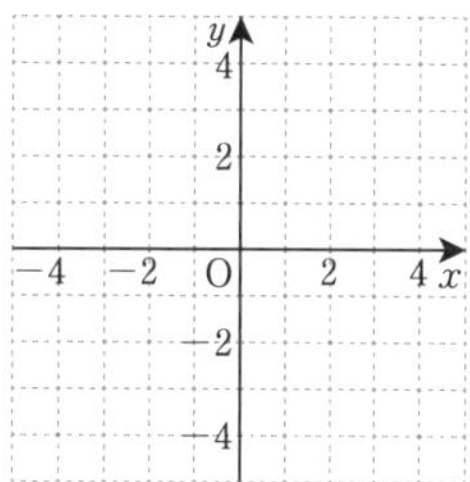

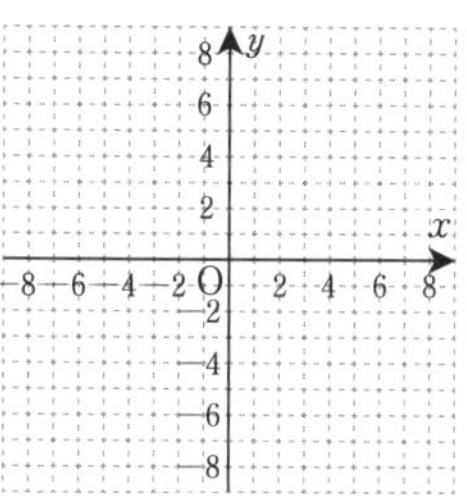

5. $y=\frac{6}{x}$

6. $y=-\frac{4}{x}$

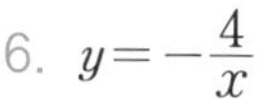

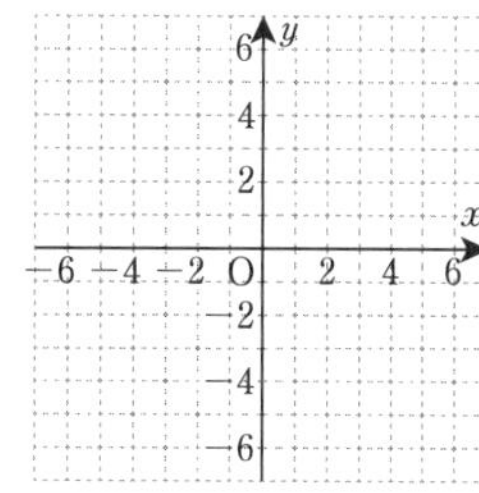

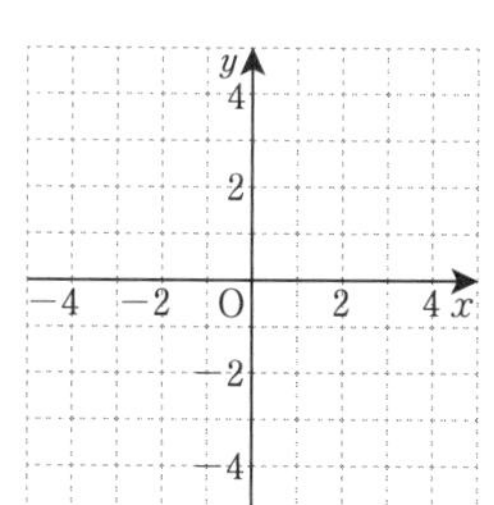

※ 다음 식의 그래프는 몇 사분면을 지나는지 말하여라.

7. $y=-\frac{8}{x}$

8. $y=\frac{10}{x}$

9. $y=\frac{12}{x}$

10. $y=-\frac{16}{x}$

※ 다음 중 $y=-\frac{20}{x}$에 대한 설명으로 옳은 것에는 ○표, 옳지 않은 것에는 ×표 하여라.

11. x축, y축과 각각 두 점에서 만난다. (　　)

12. 각 사분면에서 x값이 증가할 때 y값도 증가한다. (　　)

13. $(-4,\ -5)$를 지난다. (　　)

14. 제 1 사분면과 제 3 사분면을 지난다. (　　)

15. $y=\frac{2}{x}$의 그래프보다 원점에서 가깝다. (　　)

핵심

145 정비례, 반비례 그래프의 식 구하기

① 그래프의 모양을 판단한다.

② 그래프가 원점을 지나는 직선이면 $y=ax$, 그래프가 원점에 대하여 대칭인 곡선이면 $y=\frac{a}{x}$로 놓는다.

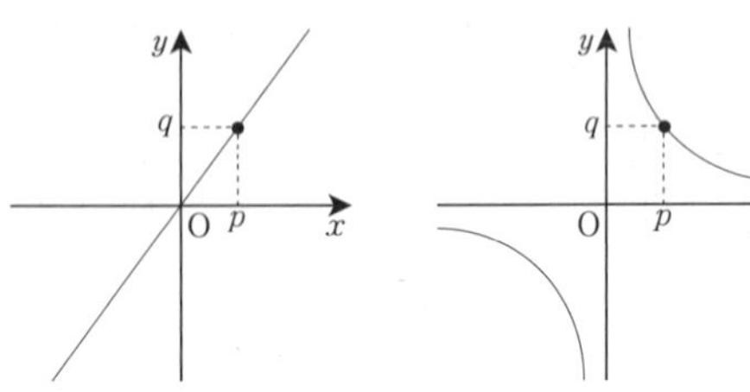

③ 지나는 점 (p, q)의 좌표를 ②의 식에 대입하여 a의 값을 구한다.

※ 다음 그래프의 식을 구하라.

1.

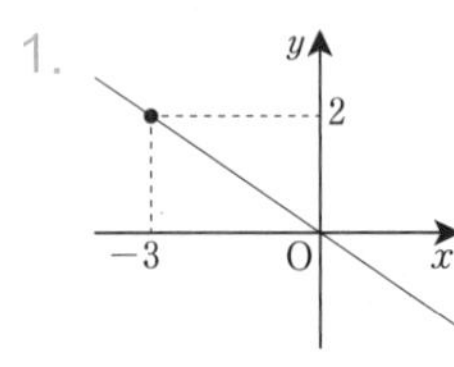

↳ 원점을 지나는 직선이므로 $y=ax$라고 놓자.
점 $(-3, 2)$를 지나므로 $x=-3$, $y=2$를 대입하면
$\square=-3a$ $\therefore a=\square$
따라서 그래프의 식은
$y=\square$

2.

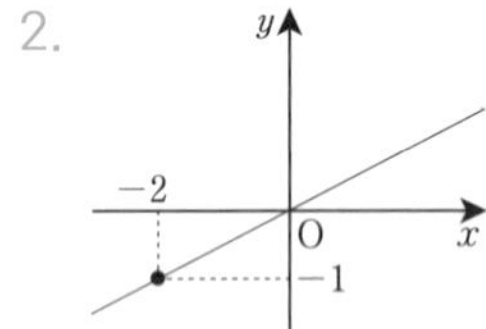

3.

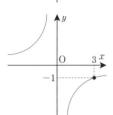

원점에 대칭인 곡선이므로 $y=\frac{a}{x}$라고 놓자.

4.

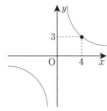

※ 다음 그래프를 보고 물음에 답하여라.

5. 오른쪽 그림은 $y=2x$, $y=\frac{a}{x}$의 그래프이다. 점 P의 x좌표가 -1일 때, 상수 a의 값을 구하여라.

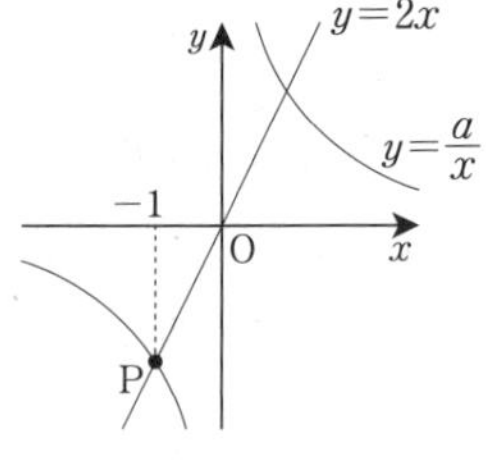

↳ 점 P는 $y=2x$의 그래프 위의 점이므로 $x=-1$일때
$y=2\times(\square)=\square$에서 $P(-1, \square)$

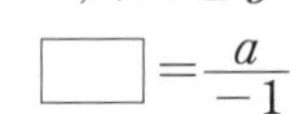

또, 점 P는 $y=\frac{a}{x}$의 그래프 위의 점이므로
$\square=\frac{a}{-1}$ $\therefore a=\square$

6. 오른쪽 그림은 $y=-2x$, $y=\frac{a}{x}$의 그래프이다. 점 P의 y좌표가 -4일 때, 상수 a의 값을 구하여라.

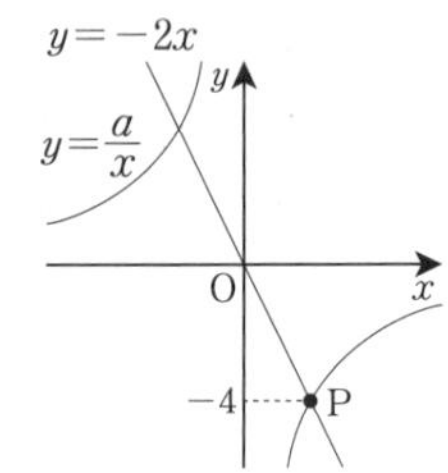

7. 오른쪽 그림과 같이 $y=ax$, $y=\frac{b}{x}$의 그래프가 점 $P(4, 2)$에서 만날 때, 상수 a, b의 값을 구하여라.

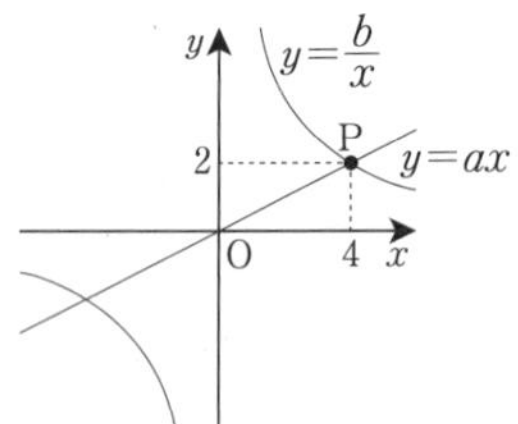

8. 오른쪽 그림은 $y=-3x$, $y=\frac{a}{x}(x<0)$의 그래프이다. 점 P의 y좌표가 b일 때, 상수 a, b의 값을 구하여라.

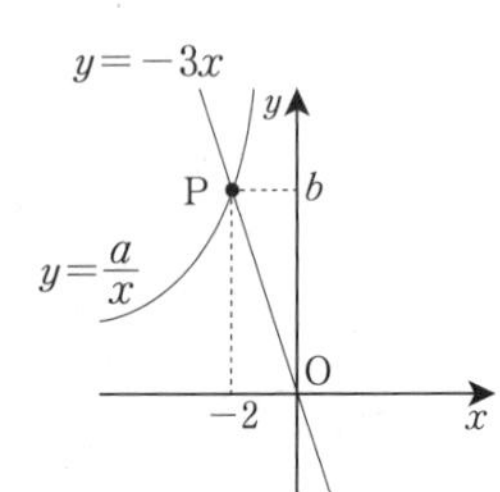

핵심

146 정비례, 반비례의 활용

① 변화하는 두 양을 변수 x, y로 놓는다.
② x와 y 사이의 관계를 식으로 나타낸다.
→ 정비례 관계에 있으면 $y=ax$의 꼴
→ 반비례 관계에 있으면 $y=\frac{a}{x}$의 꼴
③ 관계식 또는 그래프를 이용하여 답을 구한다.
④ 구한 값이 문제의 조건에 맞는지 확인한다.

※ 다음을 읽고, 물음에 답하여라.

1. 10초에 50장을 인쇄하는 복사기가 있다. 이 복사기는 x초 동안 y장을 인쇄한다고 한다.

① 다음 표의 빈칸을 채우고, x와 y의 관계식을 구하라.

x(초)	1	2	3	…	x
y(장)					

↳ 10초에 50장을 인쇄하므로 1초에 5장을 인쇄한다. 따라서 구하는 관계식은 $y=$_____이다.

② 7초 동안 인쇄한 매수를 구하라.

③ 120장을 인쇄하는 데 몇 초가 걸리는지 구하라.

2. 성은이가 차를 타고 분속 1.5km의 속력으로 x분 동안 간 거리를 $y$km라고 한다.

① x와 y의 관계식을 구하라.

② 성은이가 20분 동안 간 거리를 구하라.

③ 성은이가 60km를 갔을 때, 걸린 시간을 구하라.

※ 다음을 읽고, 물음에 답하여라.

3. 넓이가 60cm^2인 직사각형의 가로의 길이를 $x$cm, 세로의 길이를 $y$cm라고 한다.

① 다음 표의 빈칸을 채우고, x와 y의 관계식을 구하라.

x(cm)	1	2	3	…	x
y(cm)					

② 가로의 길이가 10cm일 때, 세로의 길이를 구하라.

③ 세로의 길이가 15cm일 때, 가로의 길이를 구하라.

4. 온도가 일정할 때, 기체의 부피 $y\text{cm}^3$는 압력 x기압에 반비례한다. 압력이 2기압일 때, 부피가 60cm^3인 기체가 있다.

① x와 y의 관계식을 구하라.

② 압력이 3기압일 때, 기체의 부피를 구하라.

③ 기체의 부피가 20cm^3일 때, 압력을 구하라.

5. 공장에서 기계 40대를 15시간 가동시켜야 끝나는 일이 있다. 이 일을 하는데 필요한 기계의 대수를 x대, 작업 시간을 y시간이라고 한다.

① x와 y의 관계식을 구하라.

② 100대의 기계를 가동시켰을 때 몇 시간 만에 이 일을 끝낼 수 있는지 구하라.

③ 3시간 만에 이 일을 끝내기 위해서는 몇 대의 기계를 가동시켜야 하는지 구하라.

핵심

147 정비례, 반비례 그래프의 해석

두 양의 변화 관계가 그래프로 주어진 문제를 풀 때에는 구하는 양과 그래프 사이의 관계를 파악한 후 관계식을 세운다.

① 구하는 양이 그래프에서 가로축과 세로축 중 어디에 해당하는지 파악한다.

② 축에서 수선을 그어 그래프와 만나는 점을 찾는다.

③ 관계식을 세운 다음 문제의 뜻에 맞는 것을 답으로 한다.

※ 다음 물음에 답하여라.

1. 집에서 1.2km 떨어진 도서관까지 재효는 걸어서 가고, 효린이는 자전거를 타고 가기로 하였다. 오른쪽 그래프는 두 사람이 동시에 출발했을 때, 걸린 시간 x와 이동 거리 y의 관계를 나타낸 것이다. 효린이가 도서관에 도착한 후 몇 분을 기다려야 재효가 도착하는지 구하라.

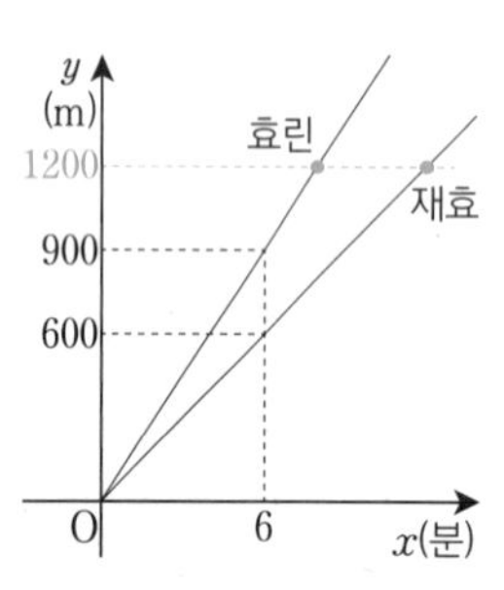

└ ① 구하는 것은 (시간, 거리)이다.

② 거리 1200m에 대응하는 그래프 위의 점을 찾는다.

③ 관계식을 세우고 문제의 뜻에 맞게 답한다.

[관계식]

효린 : 1분에 150m를 간다. → $y=150x$

재효 : 1분에 ☐m를 간다. → $y=$ ☐ x

[1200m에 대응하는 시간]

효린 : $1200=150x$ $\quad\therefore x=8$(분)

재효 : $1200=$ ☐ x $\quad\therefore x=$ ☐(분)

따라서 효린이는 ☐분을 기다려야 한다.

2. 속력이 오른쪽 그래프와 같은 두 자전거 A와 B가 있다. 같은 지점을 출발하여 6km 떨어진 곳에 동시에 도착하려면 자전거 B는 자전거 A보다 몇 분 먼저 출발해야 하는지 구하라.

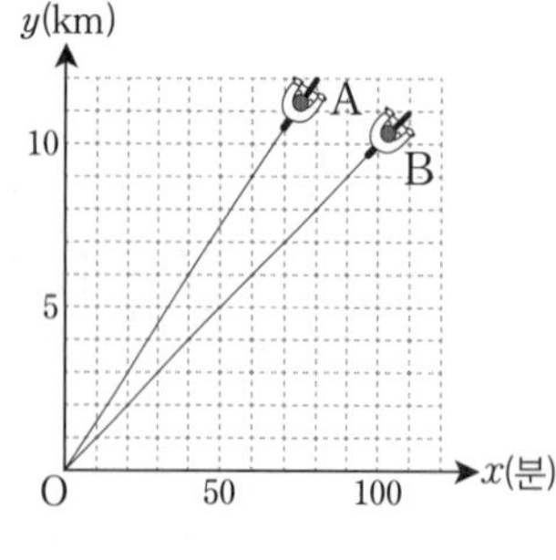

3. 두 개의 수문 A, B가 있는 댐이 있다. 오른쪽 그래프는 A, B의 수문을 열 때 흘러 나가는 물의 양을 시간에 따라 나타낸 것이다. A, B의 수문을 동시에 열 때, 1시간 동안 방류되는 물의 양을 구하라.

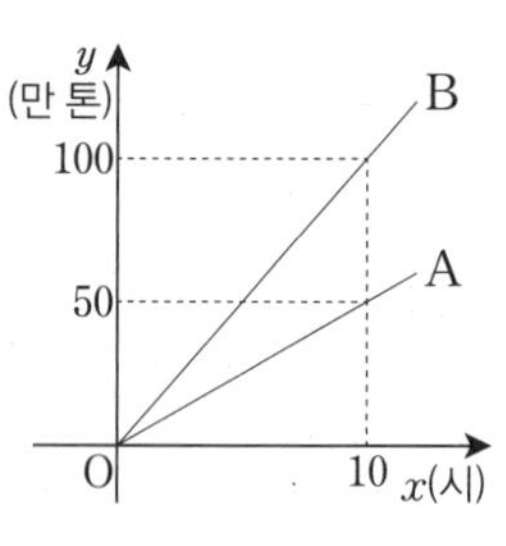

4. 오른쪽 그림은 출발지부터 도착지까지의 자동차의 속력과 시간의 관계를 그래프로 나타낸 것이다. 시속 100km로 자동차가 달릴 때, 도착지까지 걸리는 시간을 구하라.

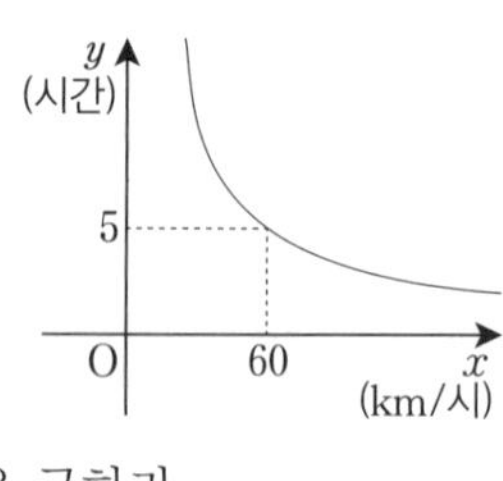

5. 오른쪽 그래프는 일정한 온도에서 어떤 기체의 압력 x기압과 부피 yL의 관계를 나타낸 것이다. 몇 기압일 때, 부피가 8L가 되는지 구하라.

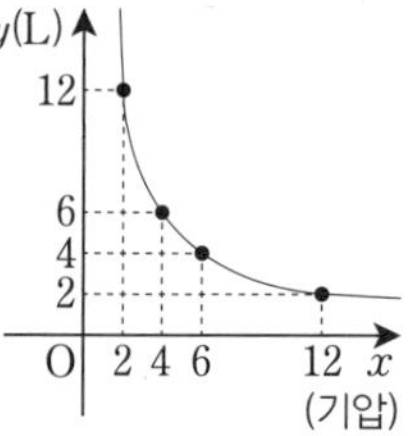

| 실력테스트 |

1. 오른쪽 그림과 같은 그릇에 일정한 속력으로 물을 채울 때, 시간에 따른 물의 높이의 변화를 나타낸 그래프로 알맞은 것은?

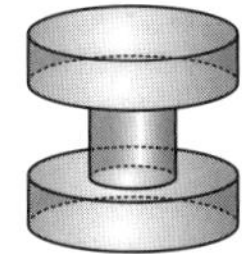

①
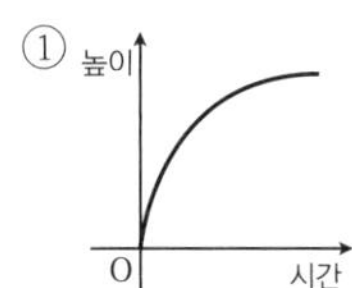

②
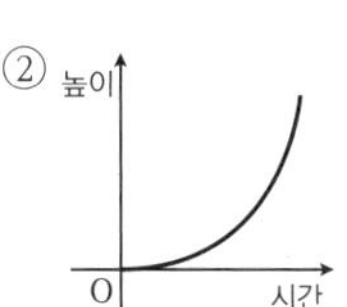

③
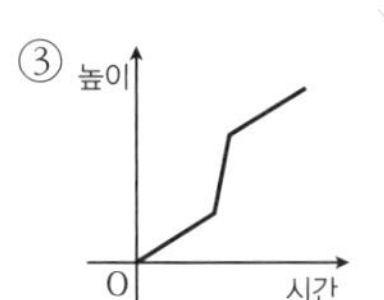

④
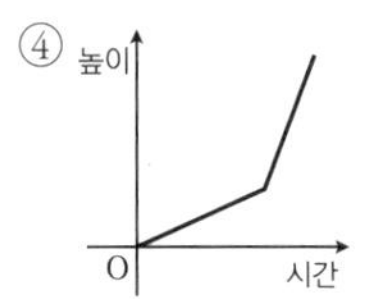

⑤
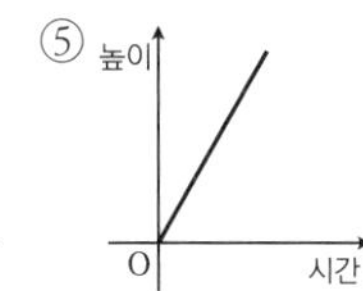

2. 다음에서 바르게 짝지어진 것은?

① A(3, -4) ⟶ 제 2 사분면
② B(-1, -2) ⟶ 제 3 사분면
③ C(0, 3) ⟶ x축 위
④ D(2, 5) ⟶ 제 4 사분면
⑤ E(-2, 0) ⟶ y축 위

3. 점 A(x, y)가 제 2 사분면 위에 있을 때, 다음 **보기** 중 옳은 것을 모두 고르면?

보기

ㄱ. $x+y<0$　　ㄴ. $x-y<0$
ㄷ. $x\times y<0$　　ㄹ. $x\div y>0$

4. 두 점 A(-2, 2), B(-3, -2)와 y축에 대하여 대칭인 점을 각각 C, D라고 할 때, 네 점 A, B, C, D를 꼭짓점으로 하는 사각형의 넓이는?

① 16　② 20　③ 24　④ 28　⑤ 32

5. 다음 중 $y=\frac{8}{x}$의 그래프 위에 있지 <u>않은</u> 점은?

① $(-2, -4)$　② $(-4, -2)$　③ $(1, 8)$
④ $(8, 1)$　⑤ $(2, -4)$

6. $y=\frac{a}{x}$의 그래프가 두 점 $(-3, 2)$, $(b, 6)$을 지날 때, b의 값을 구하라.

7. 점 P(a, 2)가 직선 $y=-2x$ 위의 점일 때, 점 Q(a, $2a$)는 제 몇 사분면 위의 점인가?

① 제 1 사분면　② 제 2 사분면
③ 제 3 사분면　④ 제 4 사분면
⑤ 어느 사분면에도 속하지 않는다.

8. 오른쪽 그림은 $y=-\frac{4}{3}x$와 $y=\frac{p}{x}$의 그래프이다. 점 Q의 y좌표가 4일 때, p의 값을 구하라.

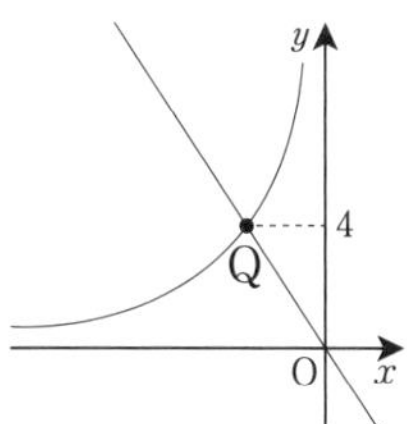

9. 오른쪽 그림은 A, B 두 사람이 같은 지점을 동시에 출발하여 간 거리와 시간과의 관계를 나타낸 그래프이다. 두 사람 사이의 거리가 3km가 되는 것은 출발하여 몇 분 후인지 구하라.

(km) 8 7 6 5 4 3 2 1 0　10　20(분)　A　B

Science & Technology

오른쪽 그림과 같은 저울은 추의 위치를 조절하여 수평을 유지할 수 있다. 저울이 수평을 이루고 있을 때, 물체 A의 무게와 추의 무게는 각각 G지점으로부터의 거리에 반비례한다. 추의 무게가 2kg일 때, 물체 A의 무게를 구하라.

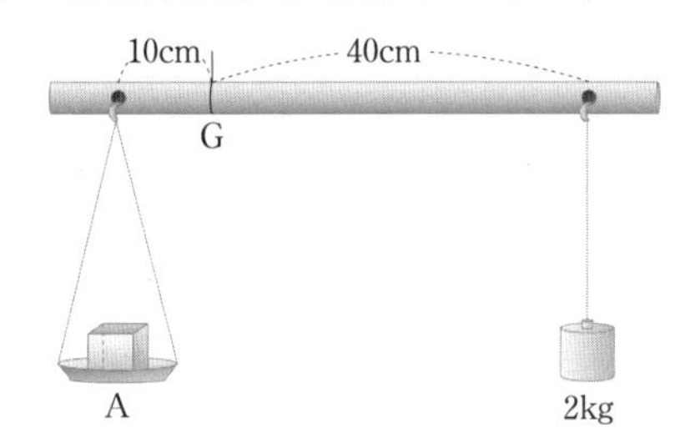

추의 무게 y는 거리 x에 반비례하므로 $y=\frac{a}{x}$에서 상수 a의 값을 구한 다음 물체 A의 무게를 구한다.

2. 일차함수와 그래프, 일차함수와 일차방정식의 관계

○ 함수의 개념을 이해한다.
○ 일차함수의 의미를 이해하고, 그 그래프를 그릴 수 있다.
○ 일차함수의 그래프의 성질을 이해하고, 이를 활용하여 문제를 해결할 수 있다.
○ 두 일차함수의 그래프와 연립일차방정식의 관계를 이해한다.

물이 5L 들어 있는 수조에 매분 2L의 비율로 물을 넣었을 때의 경과 시간(x)과 수조 안에 있는 물의 양(y)의 관계는 다음 표와 같이 나타낼 수 있다.

경과 시간 x(분)	0	1	2	3	4	…
물의 양 y(L)	5	7	9	11	13	…

이 관계를 식으로 나타내면 $y=2x+5$와 같이 나타낼 수 있다. 이처럼 x의 값이 정해지면 y의 값도 하나로 정해질 때, 'y는 x의 함수이다'라고 한다.

$y=ax+b$(a, b는 상수, $a\neq0$)와 같이 y가 x의 일차식으로 나타나는 것을 **일차함수**라고 한다. 일차함수 $y=ax+b$에서 x값의 증가량에 대한 y값의 증가량의 비율은 항상 일정하며, 그 비율은 x의 계수 a와 같다. 즉 a는 x가 1 증가할 때 y가 a만큼 증가함을 나타내고, b는 x값이 0일 때 y값인 y절편을 나타낸다.

기울기가 +이면 그래프는 오른쪽 위를 향하고, 기울기가 −이면 그래프는 오른쪽 아래를 향하게 된다.

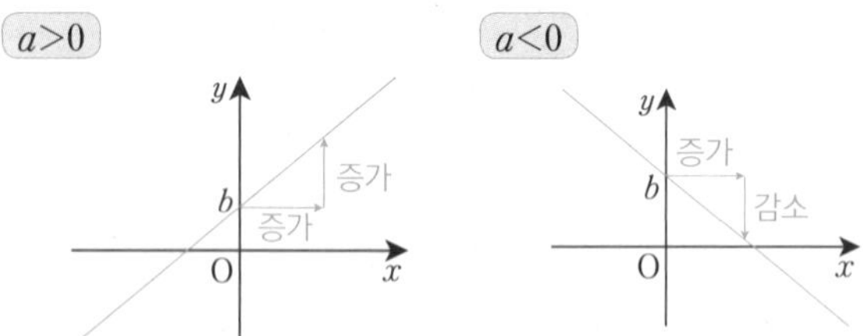

일차함수는 기울기가 일정하므로 그래프로 나타내면 직선이 된다. 기울기와 한 점의 좌표 또는 두 점의 좌표를 알면 $y=ax+b$의 그래프를 그릴 수 있다.

두 변수 x와 y사이에서 x의 값이 변할 때, 각각의 x의 값에 따라 y의 값이 하나씩 정해지는 대응 관계가 성립하면, y를 x의 함수라고 한다.

(기울기)

$$=\frac{(y\text{값의 증가량})}{(x\text{값의 증가량})}=a$$

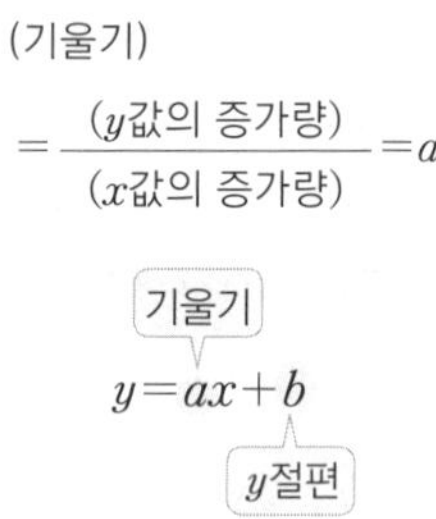

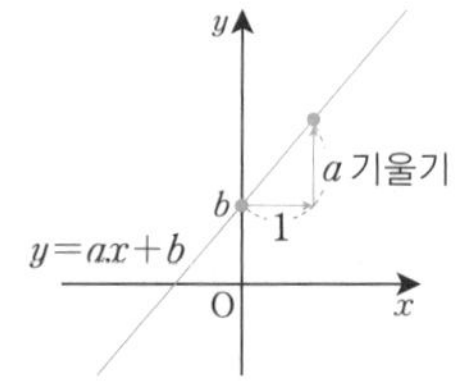

$y=ax+b$ 그래프를 그릴 수 있는 조건

① 기울기(a)와 y절편(y축과 만나는 점의 y좌표 : b)
② 기울기와 한 점의 좌표
③ y절편과 한 점의 좌표
④ 두 점의 좌표

WHY? 우리는 생활 곳곳에서 일차함수를 이용한다. 회사나 상점이 처음 문을 연 후, 드는 비용을 넘어 이익을 내기까지 얼마의 기간이 걸릴까 하는 문제도 일차함수의 식으로 나타낸다. 즉 함숫값이 양수가 되는 시점을 이익을 보는 시점이라고 예측할 수 있다. 또한, 자동차 운행 거리에 따른 연료의 소비량, 사용 시간에 따른 전력 소비량, 전파를 이용해 자동차의 속도위반 측정, 심해 탐사 등에도 일차함수의 성질이 광범위하게 이용된다.

148 핵심 함수의 뜻

상수 : 일정한 값을 가지는 수나 문자

함수 : 두 변수 x, y에 대하여 x값이 정해짐에 따라 y값이 오직 하나씩 정해질 때, y는 x의 함수라 하며 기호로 $y=f(x)$로 나타낸다.

함숫값 : 함수 $y=f(x)$에서 x값이 정해지면 그에 따라 정해지는 $f(x)$의 값

예 함수 $y=f(x)$에서 $x=1$일 때의 함숫값은 $f(1)$이다.

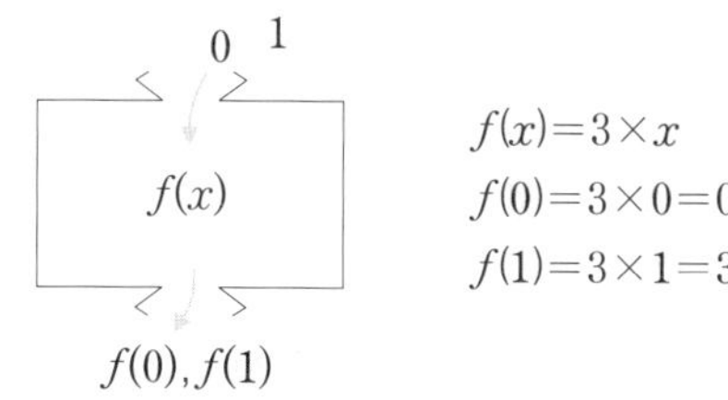

※ 다음 중 y가 x의 함수인 것에는 ○표, 함수가 아닌 것에는 ×표 하여라.

1. 500원짜리 볼펜 x개의 가격 y원 ( )

2. 자연수 x의 약수 y ( )

   $2=1\times2$에서 2의 약수는 1, 2이다. 이와 같이 하나의 자연수 x에 대하여 약수 y는 여러 개 나올 수 있다.

3. 자연수 x의 약수의 개수 y ( )

4. 시속 50km로 x시간 동안 달린 거리 $y$km ( )

5. 자연수 x보다 작은 소수 y ( )

※ 다음과 같은 함수 $y=f(x)$에 대하여 $x=4$일 때의 함숫값을 구하라.

6. $y=5x$

   └ $f(4)=5\times\square=\square$

7. $y=-3x$

8. $y=\dfrac{8}{x}$

9. $y=-\dfrac{12}{x}$

※ 함수 $f(x)=2x$, $g(x)=\dfrac{8}{x}$ 에 대하여 다음을 구하라.

10. $3f(2)+5g(-4)$

11. $2f(-3)+3g(2)$

※ 함수 $f(x)=ax$에 대하여 다음을 만족하는 상수 a의 값을 구하라.

12. $f(2)=4$

    └ $f(x)=ax$, $f(2)=4$이므로

    $\square=4$ $\quad\therefore a=\square$

13. $f(-3)=12$

※ 함수 $f(x)=\dfrac{a}{x}$에 대하여 다음을 만족하는 상수 a의 값을 구하라.

14. $f(3)=2$

    └ $f(x)=\dfrac{a}{x}$, $f(3)=2$이므로

    $\square=2$ $\quad\therefore a=\square$

15. $f(-2)=6$

※ 함수 $f(x)=ax-4$에 대하여 다음을 구하라.

16. $f(3)=5$일 때, $f(4)$의 값

    └ $f(3)=a\times3-4=5$

    $3a-4=5$, $3a=\square$ $\quad\therefore a=\square$

    $f(x)=\square x-4$이므로

    $f(4)=\square\times4-4=\square$

17. $f(2)=6$일 때, $f(3)$의 값

핵심 149 일차함수의 뜻

함수 $y=f(x)$에서 y가 x에 대한 일차식

$$y=ax+b\,(a\neq0,\ a,\ b\text{는 상수})$$

로 나타내질 때, 이 함수 $y=f(x)$를 일차함수라고 한다.

참고 $y=ax+b$에서 반드시 $a\neq0$이어야 y가 x에 대한 일차식이 되어 일차함수가 된다.

※ 다음 중 y가 x에 관한 일차함수인 것에는 ○표, 아닌 것에는 ×표 하여라.

1. $y=2x-3$ ( )

2. $y=5$ ( )

3. $y=\frac{3}{x}$ ( )

일차함수는 $y=ax+b$ (단, $a\neq0$)의 꼴이어야 한다.

4. $y=-\frac{3}{x}+7$ ( )

5. $y=x(x+1)$ ( )

6. $y=-3(x+1)+3x$ ( )

※ 다음에서 y를 x에 대한 식으로 나타내고, y가 x의 일차함수인지 아닌지 말하여라.

7. 자동차가 시속 60km로 x시간 동안 달린 거리가 $y$km이다.

8. 한 변의 길이가 $x$cm인 정사각형의 넓이가 $y\text{cm}^2$이다.

9. 1200원짜리 과자 x개의 가격은 y원이다.

※ 일차함수 $f(x)=2x+1$에 대하여 다음을 구하라.

10. $f(2)$

11. $f(-1)$

12. $f(2)+f(-1)$

핵심 150 일차함수 $y=ax+b$의 그래프

평행이동 : 한 도형을 일정한 방향으로 일정한 거리만큼 이동하는 것

일차함수 $y=ax+b$의 그래프 : 일차함수 $y=ax$의 그래프를 y축의 방향으로 b만큼 평행이동한 직선이다.

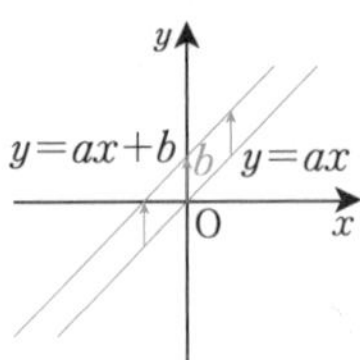

※ 함수 $y=x$와 $y=x+1$에 대하여 다음 표를 완성하고, 좌표평면 위에 각각의 그래프를 그려라.

1.

x	$\cdots$	-3	-2	-1	0	1	2	3	$\cdots$
$y=x$									
$y=x+1$									

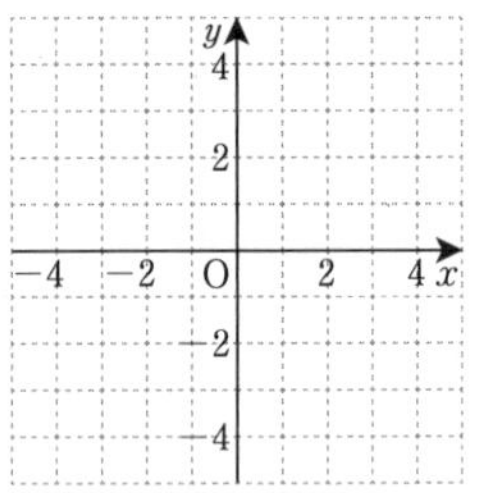

※ 오른쪽 그림은 일차함수 $y=\frac{1}{2}x$의 그래프이다. 이 그래프를 이용하여 다음 일차함수의 그래프를 그려라.

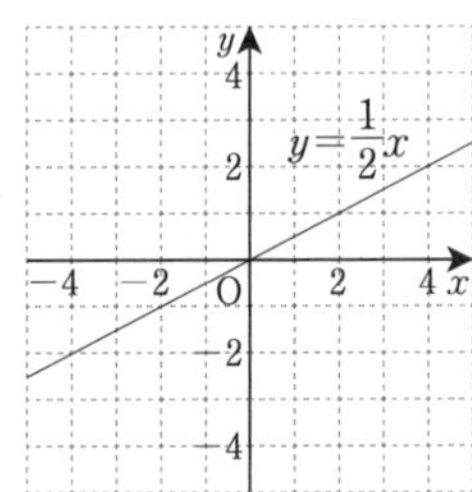

2. $y=\frac{1}{2}x+2$

3. $y=\frac{1}{2}x-1$

※ 다음 일차함수의 그래프를 y축의 방향으로 [ ] 안의 수만큼 평행이동한 그래프의 식을 구하라.

4. $y=2x$ [1]

5. $y=-3x$ [2]

6. $y=\frac{2}{3}x$ [-1]

7. $y=-\frac{1}{4}x$ [-3]

핵심

151 일차함수의 그래프와 x절편, y절편

x절편 : 일차함수의 그래프가 x축과 만나는 점의 x좌표 ⟶ $y=0$일 때의 x의 값

y절편 : 일차함수의 그래프가 y축과 만나는 점의 y좌표 ⟶ $x=0$일 때의 y의 값

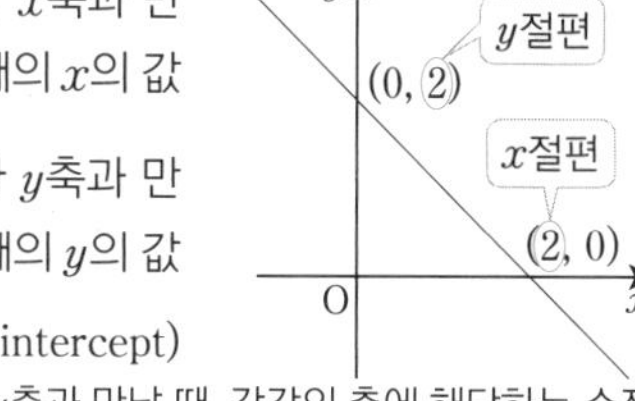

참고 절편(截 끊을 절, 片 조각 편, intercept)
: 함수의 그래프가 x축 또는 y축과 만날 때, 각각의 축에 해당하는 수직선에 대응하는 값

일차함수 $y=ax+b$의 그래프에서

$$x\text{절편} : -\frac{b}{a},\ y\text{절편} : b$$

참고 일차함수 $y=ax+b$에서 그래프의 y절편은 상수항 b와 같다.

※ 다음 일차함수의 그래프를 보고, x절편과 y절편을 각각 구하라.

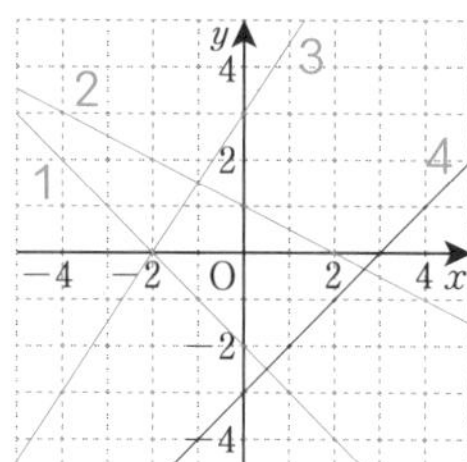

1. x절편 : □, y절편 : □
2. x절편 : □, y절편 : □
3. x절편 : □, y절편 : □
4. x절편 : □, y절편 : □

※ 다음 일차함수의 식을 보고, x절편과 y절편을 각각 구하라.

일차함수	x절편	y절편
	$y=0$을 대입하면	$x=0$을 대입하면
5. $y=x+2$	$0=x+2$ ∴ x절편 : □	$y=0+2$ ∴ y절편 : □
6. $y=-2x+4$	$0=$ ____ ∴ x절편 : □	$y=$ ____ ∴ y절편 : □
7. $y=\frac{1}{2}x-2$	___ $=$ ____ ∴ x절편 : □	___ $=$ ____ ∴ y절편 : □
8. $y=-\frac{3}{2}x+6$	___ $=$ ____ ∴ x절편 : □	___ $=$ ____ ∴ y절편 : □

핵심

152 x절편, y절편을 이용한 그래프 그리기

일차함수의 그래프는 직선이므로 서로 다른 두 점을 알면 쉽게 그래프를 그릴 수 있다.

x절편, y절편을 이용한 일차함수의 그래프 그리기

x절편, y절편을 구하여 각각을 좌표평면 위에 나타낸 후, 두 점 (x절편, 0), (0, y절편)을 직선으로 연결한다.

※ x절편과 y절편이 각각 다음과 같은 일차함수의 그래프를 그려라.

1. x절편 : 3
   y절편 : 1

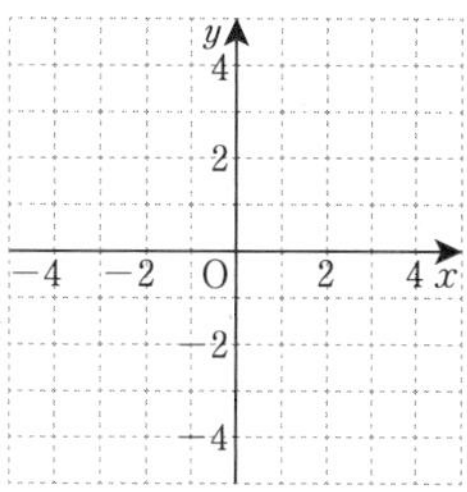

2. x절편 : -4
   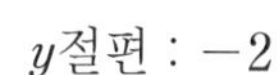
   y절편 : -2

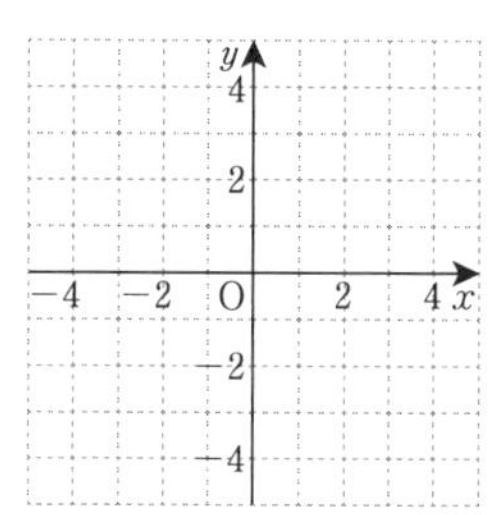

※ 다음 일차함수의 식에서 x절편과 y절편을 구하고, 이를 이용하여 그래프를 그려라.

3. $y=x+3$

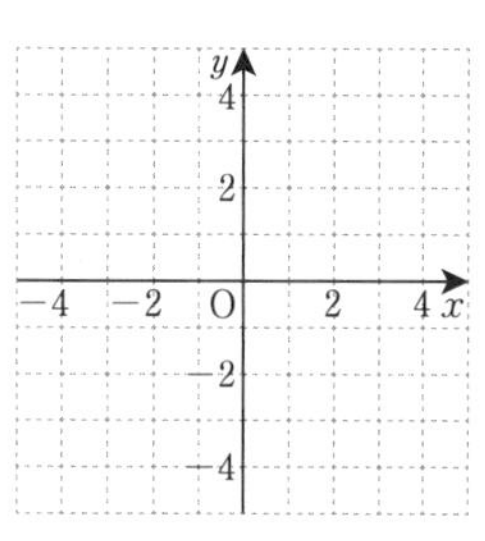

4. $y=-2x+4$

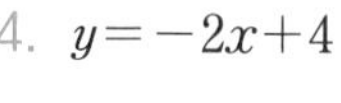

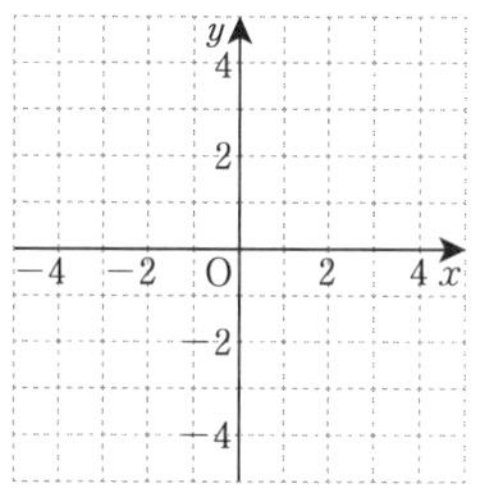

5. $y=\frac{1}{2}x+2$

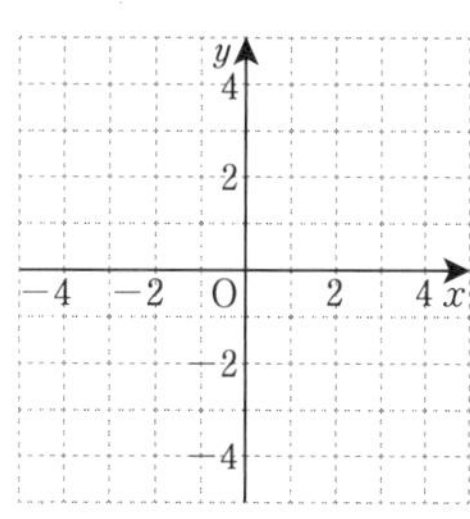

6. $y=\frac{4}{3}x-4$

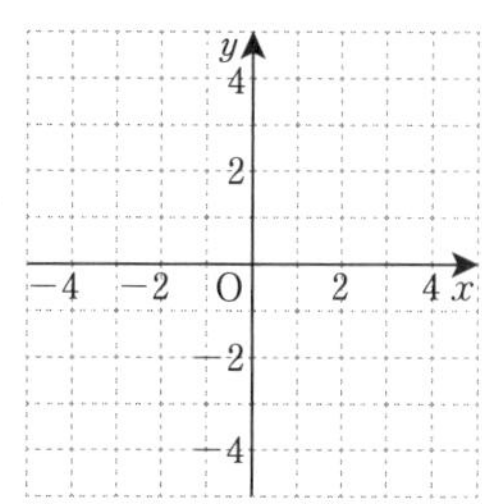

핵심

153 일차함수 그래프의 기울기

$y=ax+b$ 그래프의 기울기 :
x값의 증가량에 대한 y값의 증가량의 비율

$$(\text{기울기})=\frac{(y\text{값의 증가량})}{(x\text{값의 증가량})}=a$$

기울기
$y=ax+b$
y절편

그래프 위의 두 점에서 기울기 구하기

두 점을 (x_1, y_1), (x_2, y_2)라고 하면 $\dfrac{y_2-y_1}{x_2-x_1}$

※ 다음 일차함수 그래프의 기울기와 y절편을 각각 구하라.

1. $y=-2x+5$

2. $y=5x+3$

3. $y=\frac{1}{2}x-1$

4. $y=-\frac{2}{3}x+2$

※ 다음 일차함수에 대하여 x값의 증가량이 3일 때, y값의 증가량을 구하라.

5. $y=2x+1$

└ $y=2x+1$의 기울기가 ☐이므로

$\dfrac{(y\text{값의 증가량})}{(x\text{값의 증가량})}=\dfrac{(y\text{값의 증가량})}{3}=$ ☐

∴ (y값의 증가량)= ☐

6. $y=4x-1$

7. $y=-x+3$

8. $y=\frac{2}{3}x-5$

※ 다음 각 일차함수의 그래프에서 기울기를 구하라.

9.

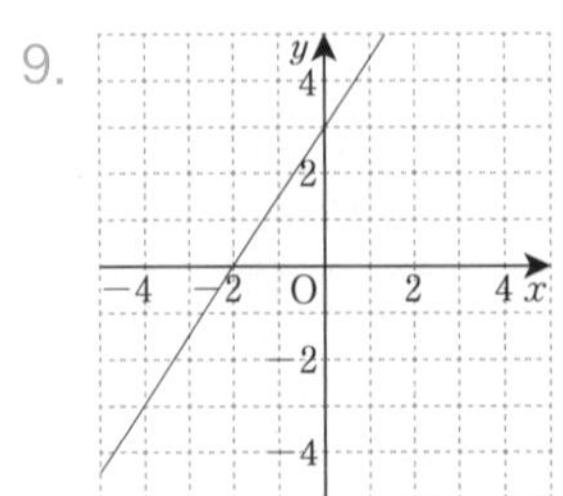

10.

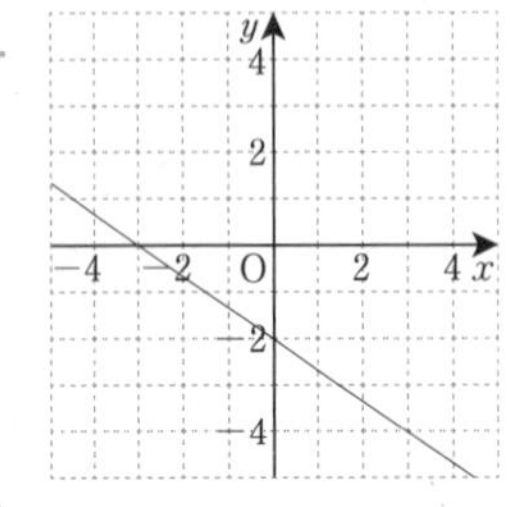

※ 오른쪽 좌표평면 위의 4개의 점 A, B, C, D 중에서 다음 두 점을 지나는 일차함수 그래프의 기울기를 구하라.

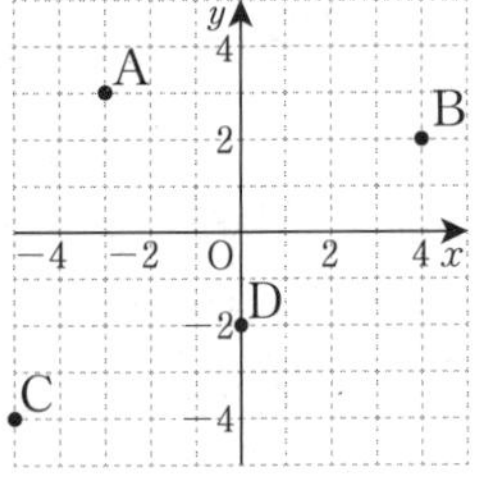

11. 두 점 A, B

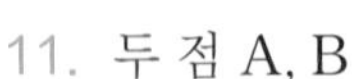

12. 두 점 C, D

※ 다음 두 점을 지나는 직선의 기울기를 구하라.

13. $(-1, 1)$, $(3, 5)$

14. $(-2, 4)$, $(4, 1)$

15. $(3, -2)$, $(5, 2)$

16. $(-3, 5)$, $(4, 0)$

※ 다음에 알맞은 함수의 식을 **보기** 에서 찾아 그 기호를 써라.

보기

㉠ $y=2x-3$	㉡ $y=-2x+1$
㉢ $y=\frac{3}{2}x+1$	㉣ $y=-\frac{3}{2}x+6$
㉤ $y=\frac{2}{3}x-4$	㉥ $y=-\frac{2}{3}x+3$

17. x값이 1만큼 증가할 때,
y값은 2만큼 증가하는 일차함수

18. x값이 2만큼 증가할 때,
y값은 3만큼 감소하는 일차함수

19. x값이 3만큼 증가할 때,
y값은 2만큼 감소하는 일차함수

20. x값이 6만큼 증가할 때,
y값은 4만큼 증가하는 일차함수

154 기울기와 y절편을 이용한 그래프 그리기

핵심

일차함수 $y=ax+b$의 그래프는 y절편이 b이고 기울기가 a이므로

① y축 위에 점 $(0, b)$를 나타낸다.

② $(0, b)$에서 x축으로 ★, y축으로 ▲ 만큼 이동하여 기울기가 a가 되는 다른 한 점을 찾는다.

③ 위의 두 점을 지나는 직선을 그린다.

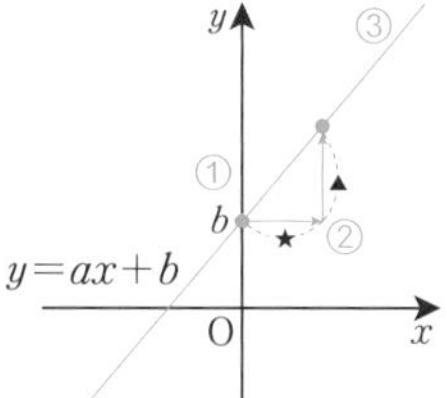

※ 기울기와 y절편이 각각 다음과 같은 일차함수의 그래프를 그려라.

1. 기울기 : $\frac{2}{3}$

y절편 : 1

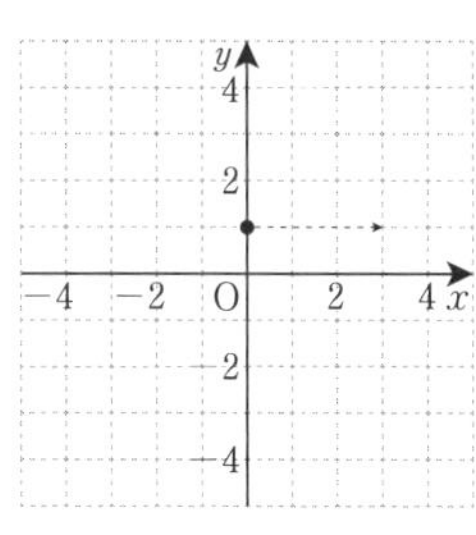

2. 기울기 : $-\frac{3}{2}$

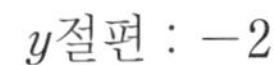

y절편 : -2

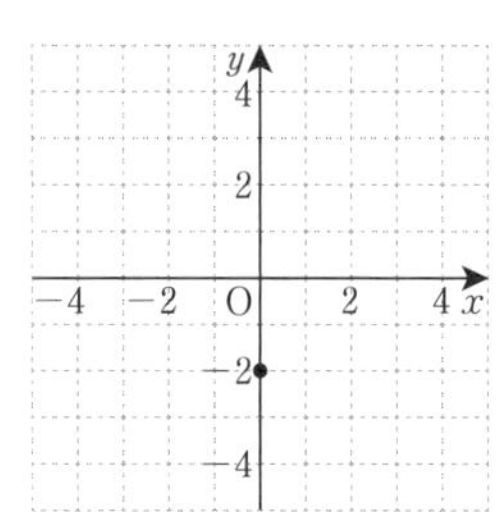

※ 다음 일차함수의 그래프를 기울기와 y절편을 이용하여 그려라.

3. $y=2x+1$

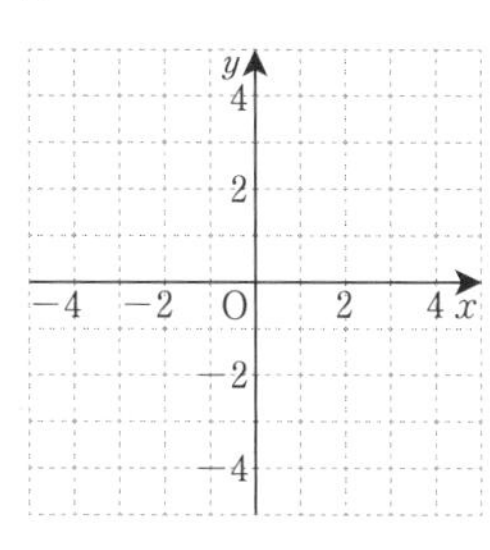

4. $y=-2x-1$

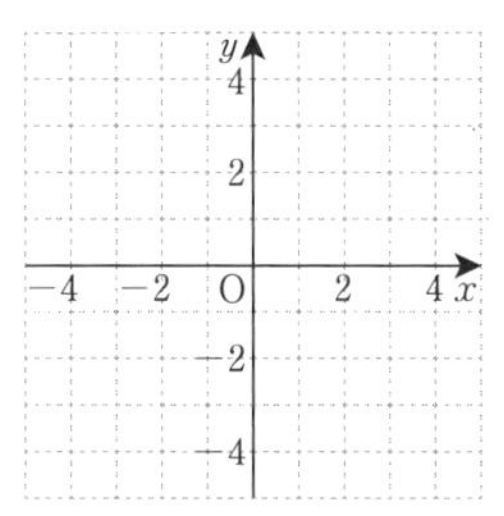

5. $y=-\frac{1}{2}x+1$

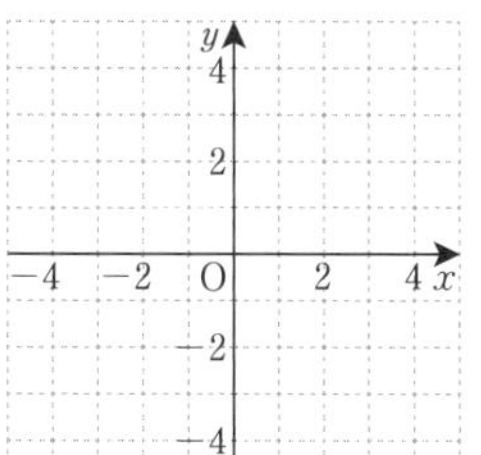

6. $y=\frac{4}{3}x-2$

155 일차함수 $y=ax+b$ 그래프의 성질

핵심

일차함수 $y=ax+b$의 그래프는 기울기가 a이고 y절편이 b인 직선이다.

a의 부호에 따른 그래프의 증가, 감소

$a>0$

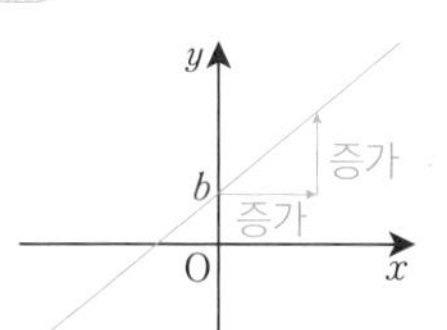

- x값이 증가하면 y값도 증가한다.
- 오른쪽 위로 향하는 직선이다.

$a<0$

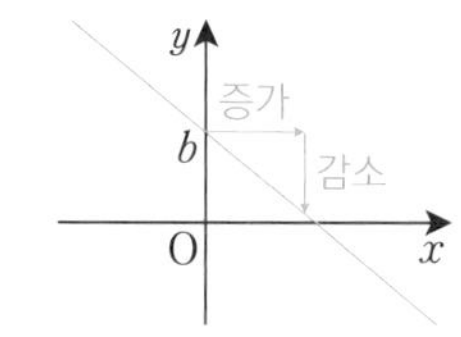

- x값이 증가하면 y값은 감소한다.
- 오른쪽 아래로 향하는 직선이다.

b의 부호에 따른 그래프의 위치

- $b>0$이면 y축과 양의 부분에서 만나고, $b<0$이면 y축과 음의 부분에서 만난다.

참고 그래프가 지나는 사분면 : $b>0$이면 제 1, 제 2 사분면, $b<0$이면 제 3, 제 4 사분면을 지나며 나머지 하나의 사분면은 a의 부호에 따라 결정된다.

※ 다음 일차함수 $y=ax+b$의 그래프를 보고, a와 b의 조건에 알맞은 그래프를 찾아 그 기호를 써라.

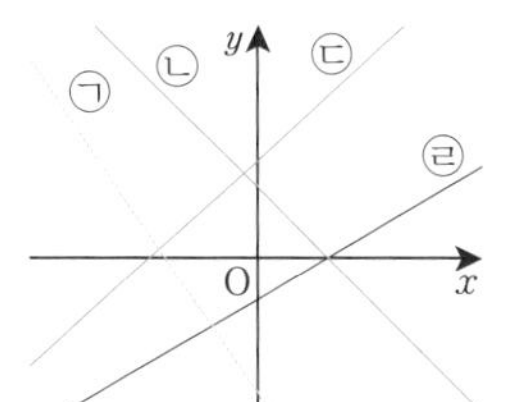

1. $a<0, b>0$
2. $a>0, b>0$
3. $a<0, b<0$
4. $a>0, b<0$

※ 일차함수 $y=-ax+b$의 그래프가 다음 그림과 같을 때, a, b의 부호를 말하여라.

5.

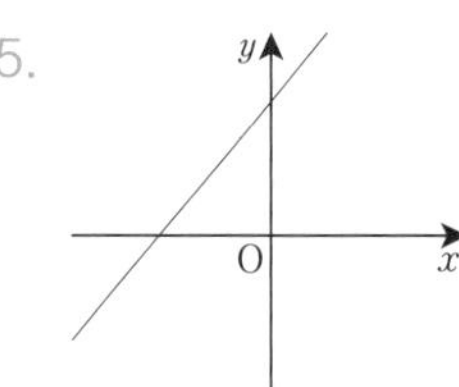

6.

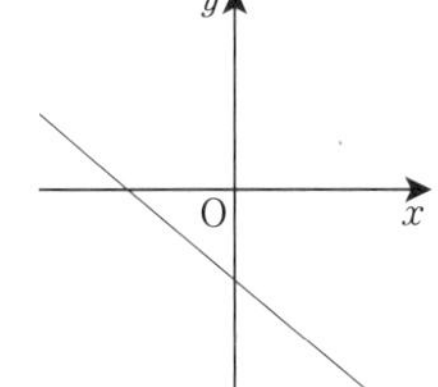

핵심 156 일차함수 그래프의 평행과 일치

두 일차함수 $y=ax+b$, $y=a'x+b'$의 그래프는 다음과 같은 경우에 평행하거나 일치한다.

- 기울기가 같고 y절편이 다른 경우
  $a=a'$, $b\neq b' \longrightarrow$ 평행
- 기울기가 같고 y절편이 같은 경우
  $a=a'$, $b=b' \longrightarrow$ 일치

서로 평행한 두 일차함수 그래프의 기울기는 같다.

※ 다음 일차함수 중에서 그래프가 서로 평행한 것끼리 짝지어라.

1. $y=5x+1$ • • ㉠ $y=-4x$
2. $y=-4x+3$ • • ㉡ $y=5x-5$
3. $y=4x+3$ • • ㉢ $y=\frac{2}{3}x+6$
4. $y=\frac{3}{2}x-5$ • • ㉣ $y=4x-3$
5. $y=\frac{2}{3}x-1$ • • ㉤ $y=\frac{3}{2}x-3$

※ 다음 두 일차함수의 그래프가 평행할 때, 상수 a, b의 조건을 각각 구하라.

6. $y=-ax+4$, $y=\frac{1}{2}x+2b$

   └, 두 그래프가 평행하므로 기울기가 같고 y절편은 다르다.
   $-a=\frac{1}{2}$, $4\neq 2b$ $\quad\therefore a=\square$, $b\neq\square$

7. $y=2ax-6$, $y=-6x+2b$

※ 다음 두 일차함수의 그래프가 일치할 때, 상수 a, b의 값을 각각 구하라.

8. $y=ax+6$, $y=\frac{1}{2}x-3b$

   └, 두 그래프가 일치하므로 기울기와 y절편이 모두 같다.
   $a=\frac{1}{2}$, $6=-3b$ $\quad\therefore a=\square$, $b=\square$

9. $y=-ax-4$, $y=\frac{1}{3}x+2b$

핵심 157 기울기와 한 점을 알 때, 일차함수의 식

기울기가 a이고 y절편이 b인 일차함수의 식

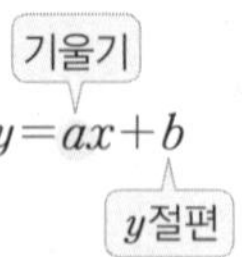

기울기가 a이고 한 점 (x_1, y_1)을 지날 때

① 일차함수의 식을 $y=ax+b$로 놓는다.
② $y=ax+b$에 $x=x_1$, $y=y_1$을 대입하여 y절편 b의 값을 구한다.

다른 방법 $y-y_1=a(x-x_1)$

※ 다음과 같은 직선을 그래프로 하는 일차함수의 식을 구하라.

1. 기울기가 -2이고, y절편이 3인 직선
2. 기울기가 $\frac{2}{3}$이고, y절편이 -1인 직선
3. 기울기가 2이고, y축과 점 $(0, 3)$에서 만나는 직선
4. 일차함수 $y=2x+5$의 그래프와 평행하고, 점 $(0, -5)$를 지나는 직선

※ 다음과 같은 직선을 그래프로 하는 일차함수의 식을 구하라.

5. 기울기가 -1이고, 점 $(3, 2)$를 지나는 직선
6. 기울기가 2이고, 점 $(-2, 4)$를 지나는 직선
7. 기울기가 $\frac{2}{5}$이고, 점 $(5, -1)$을 지나는 직선
8. 일차함수 $y=\frac{3}{4}x+1$의 그래프와 평행하고, 점 $(4, -1)$을 지나는 직선
9. 기울기가 -3이고, 일차함수 $y=\frac{1}{2}x-1$의 그래프와 x축 위에서 만나는 직선

핵심

158 두 점을 알 때, 일차함수의 식

서로 다른 두 점 (x_1, y_1), (x_2, y_2)를 알 때

① (기울기)$=\dfrac{(y\text{값의 증가량})}{(x\text{값의 증가량})}=\dfrac{y_2-y_1}{x_2-x_1}$을 구한다.

② 일차함수의 식을 $y=ax+b$로 놓고 a에 기울기를 대입한다.

③ $y=ax+b$에 두 점 중 한 점의 좌표를 대입하여 y절편 b의 값을 구한다.

다른 방법 $y-y_1=\dfrac{y_2-y_1}{x_2-x_1}(x-x_1)$

※ 다음 두 점을 지나는 직선을 그래프로 하는 일차함수의 식을 구하라.

1. (1, 3), (2, 5)

└ 기울기가 $a=\dfrac{5-\square}{2-1}=\square$이므로

일차함수의 식을 $y=\square x+b$로 놓으면

점 (1, 3)을 지나므로 $\square=2\times1+b$ $\therefore b=\square$

따라서 이 일차함수의 식은 $y=\square x+\square$

2. (1, −2), (−1, 4)

3. (−2, 6), (1, −3)

4. (−1, 0), (1, 4)

5. (1, 6), (−3, −2)

6. (−2, 2), (3, 12)

※ 다음 두 점을 지나는 직선을 y축의 방향으로 [ ] 안의 수만큼 평행이동한 직선을 그래프로 하는 일차함수의 식을 구하라.

7. (2, −1), (−2, 1) [1]

8. (−1, 6), (2, −3) [−3]

9. (3, −2), (1, 4) [5]

10. (−3, 4), (2, −1) [−2]

핵심

159 x절편, y절편을 알 때, 일차함수의 식

원점을 지나지 않는 직선의 x절편이 m이고 y절편이 n일 때

① 두 점 $(m, 0)$, $(0, n)$을 지나는 직선의 기울기를 구한다.

(기울기)$=\dfrac{n-0}{0-m}=-\dfrac{n}{m}$

② 일차함수의 식을 $y=ax+b$로 놓고

a에 기울기 $-\dfrac{n}{m}$, b에 y절편 n을 각각 대입한다.

다른 방법 $\dfrac{x}{m}+\dfrac{y}{n}=1$

※ 다음과 같은 직선을 그래프로 하는 일차함수의 식을 구하라.

1. x절편이 3, y절편이 1인 직선

2. x절편이 −1, y절편이 2인 직선

3. x절편이 −3, y절편이 −1인 직선

4. x절편이 1, y절편이 −2인 직선

5. 두 점 (2, 0), (0, −3)을 지나는 직선

※ 다음과 같은 직선을 그래프로 하는 일차함수의 식을 구하라.

6.
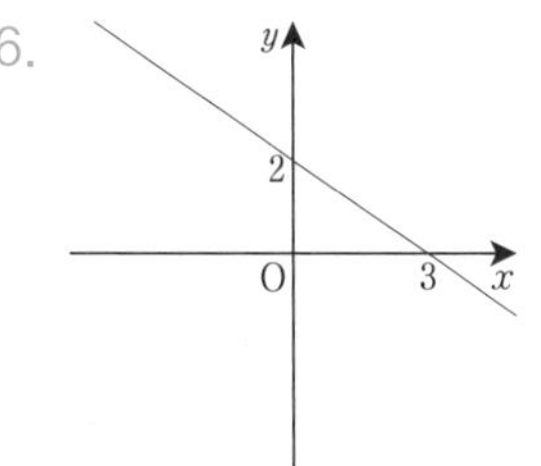

7.
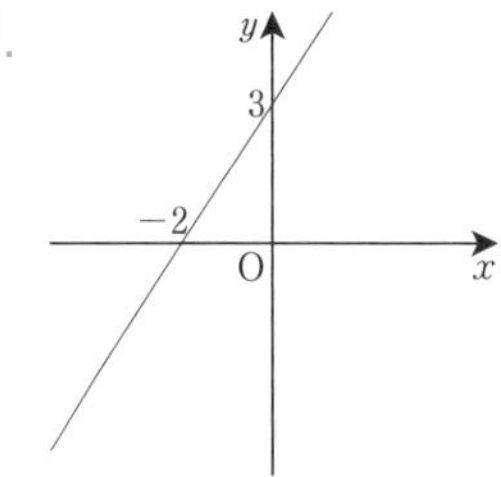

8.
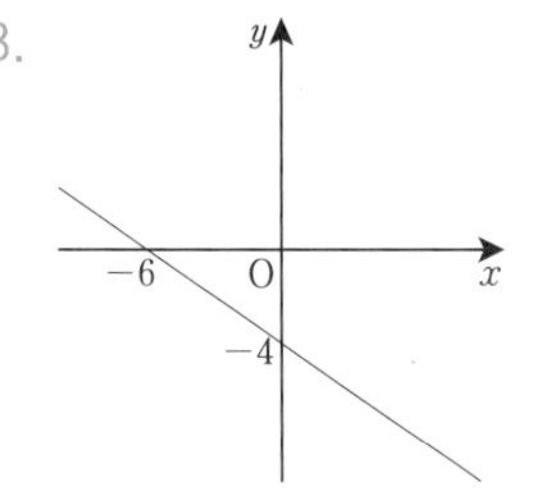

9.
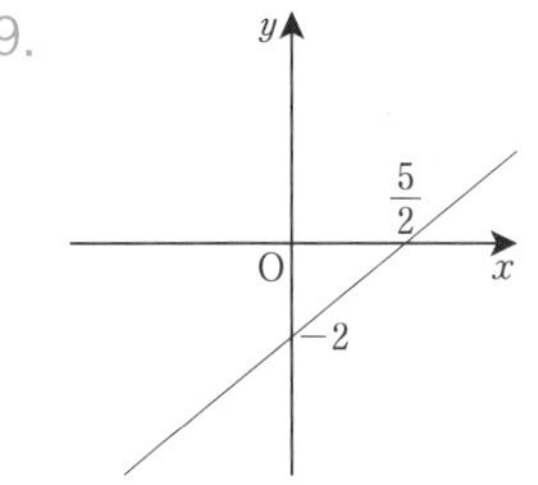

핵심

160 일차함수의 활용

일차함수를 활용하여 문제를 푸는 순서

① 변하는 두 양을 변수 x, y로 정한다.

② 변하는 두 양 사이의 관계를 함수 $y=f(x)$로 나타낸다.

③ 관계식을 이용하여 x값 또는 y값을 구한다.

④ 구한 값이 문제의 조건에 맞는지 확인한다.

※ 다음 표는 길이가 30cm인 양초에 불을 붙인 후 1분마다 양초의 길이를 재어 나타낸 것이다. x분 후 남은 양초의 길이를 $y$cm라고 할 때, 물음에 답하여라.

시간(분)	0	1	2	3	4
남은 양초의 길이(cm)	30	28	26	24	22

1. x와 y 사이의 관계식을 구하라.
   ↳ 처음 초의 길이는 30cm이고 1분에 □cm씩 초가 탄다. 따라서 x와 y 사이의 관계식은
   $y=30-\square x$

2. 불을 붙인 지 12분 후 남은 양초의 길이를 구하라.
   ↳ 위의 관계식에 $x=12$를 대입하면
   $y=30-\square\times 12=\square$(cm)

3. 남은 양초의 길이가 14cm가 되는 것은 불을 붙인 지 몇 분 후인지 구하라.
   ↳ 위의 관계식에 $y=14$를 대입하면
   $14=30-\square x$ $\therefore x=\square$(분)

※ 다음 물음에 답하여라.

4. 다음 표는 주전자의 물을 가열하는 데 걸리는 시간과 온도 사이의 관계이다. 물의 온도가 92°C가 되는 시간을 구하라.

시간 x(분)	0	1	2	3	4	6	8	10
온도 y(도)	8	15	22	29	36	50	64	78

5. 길이가 20cm인 용수철이 20g당 1cm씩 길이가 늘어난다고 한다. 무게가 200g인 물체를 달았을 때, 용수철의 길이를 구하라.

6. 서울에서 600km 떨어진 제주 남쪽 해상에서 태풍이 한 시간에 25km의 속력으로 서울쪽으로 북상하고 있다. 태풍이 서울에 도달할 때까지 걸리는 시간을 구하라.

7. 오른쪽 그림과 같은 직사각형 ABCD에서 점 P가 점 B를 출발하여 점 C까지 변 BC 위를 초속 2cm로 움직이고 있다. 점 P가 출발한 지 x초 후 사다리꼴 APCD의 넓이를 $y\text{cm}^2$라고 할 때, 사다리꼴 APCD의 넓이가 80cm^2가 되는 것은 출발한 지 몇 초 후인지 구하라.

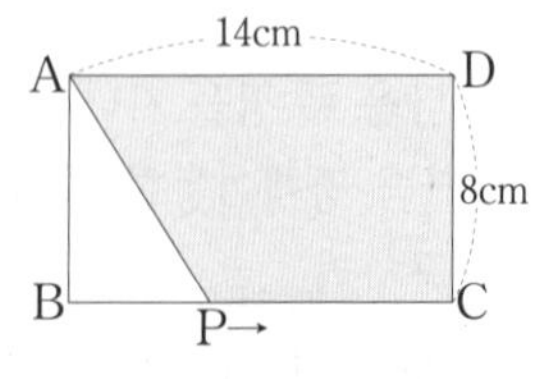

(사다리꼴의 넓이)
$=\frac{1}{2}\times$(밑변의 길이+윗변의 길이)$\times$(높이)

핵심 161 일차방정식과 일차함수의 관계

직선의 방정식 : x, y값의 범위가 수 전체일 때, 일차방정식

$$ax+by+c=0\,(a\neq 0 \text{ 또는 } b\neq 0)\cdots\cdots\bigstar$$

의 해는 무수히 많고, 그 해를 좌표평면 위에 나타내면 직선이 된다. 이때 방정식 ★을 직선의 방정식이라고 한다.

일차방정식 $ax+by+c=0\,(a\neq 0,\ b\neq 0)$의 그래프는 일차함수 $y=-\frac{a}{b}x-\frac{c}{b}$의 그래프와 같다.

$ax+by+c=0$ (단, $a\neq 0$, $b\neq 0$) ⇄ (그래프 / 일차방정식) 직선 ⇄ (그래프 / 일차함수) $y=mx+n$ (단, $m\neq 0$)

※ 다음 일차방정식을 $y=ax+b$의 꼴로 나타내어라.

1. $2x+y-4=0$
2. $x-2y+4=0$
3. $3x+y-6=0$
4. $x-3y+6=0$

※ 다음 일차방정식의 그래프를 오른쪽 좌표평면 위에 그려라.

5. $x-y+2=0$
6. $2x+y=4$
7. $3x-2y-6=0$
8. $x+2y=-4$

※ 다음은 일차방정식 $2x-5y+20=0$의 그래프에 대한 설명이다. 옳은 것에는 ○표, 옳지 않은 것에는 ×표 하여라.

9. 직선이다. ( )
10. x절편은 5이다. ( )
11. y절편은 2이다. ( )
12. 점 $(-5, 2)$를 지난다. ( )
13. $y=\frac{5}{2}x$의 그래프와 평행하다. ( )

핵심 162 축에 평행한 직선

y축에 평행한 직선
- 그래프의 방정식은 $x=a$
- 점 $(a, 0)$을 지난다.
- 기울기는 생각할 수 없다.
- 함수가 아니다.

x축에 평행한 직선
- 그래프의 방정식은 $y=b$
- 점 $(0, b)$를 지난다.
- 기울기는 0이다.
- 함수이다.

※ 다음 조건을 만족하는 직선의 방정식을 찾아 짝지어라.

1. y축에 평행하다. 점 $(2, 0)$을 지난다. • • ㉠ $3y-6=0$
2. x축에 평행하다. 점 $(0, 2)$를 지난다. • • ㉡ $x-2=0$
3. y축에 평행하다. 점 $(-3, 0)$을 지난다. • • ㉢ $-4y=12$
4. x축에 평행하다. 점 $(0, -3)$을 지난다. • • ㉣ $-2x=6$

※ 일차방정식의 그래프를 오른쪽 좌표평면 위에 그려라.

5. $x-4=0$
6. $2x+6=0$
7. $2y-4=0$
8. $3y+9=0$

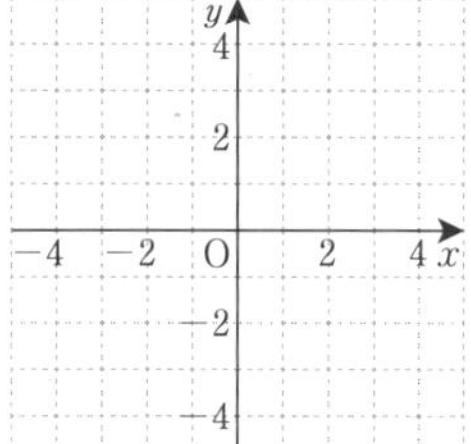

※ 다음을 만족하는 직선의 방정식을 구하라.

9. 점 $(2, -1)$을 지나고 x축에 평행한 직선
10. 점 $\left(2, -\frac{5}{2}\right)$를 지나고 y축에 평행한 직선
11. 두 점 $(5, -3)$, $(5, 2)$를 지나는 직선
12. 두 점 $(-5, 0)$, $(7, 0)$을 지나는 직선

핵심 163 연립방정식의 해와 두 방정식의 그래프

연립일차방정식

$\begin{cases} ax+by+c=0 \\ a'x+b'y+c'=0 \end{cases}$

의 해는 두 방정식의 그래프의 교점의 좌표와 같다.

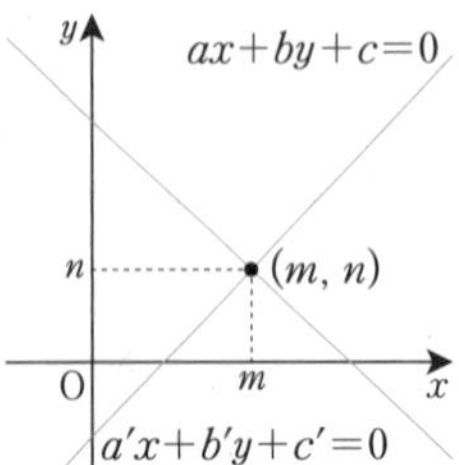

연립방정식의 해 $x=m, y=n$ ↔ 두 직선의 교점의 좌표 (m, n)

※ 그래프를 이용하여 연립방정식의 해를 구하라.

1. $\begin{cases} x-3y=3 \\ 2x+y=-1 \end{cases}$

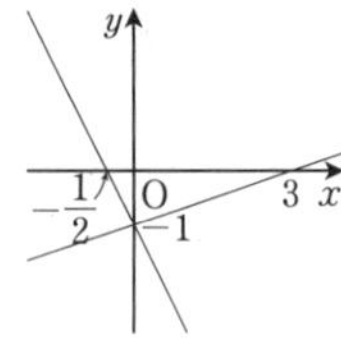

2. $x+y=2x-y=3$

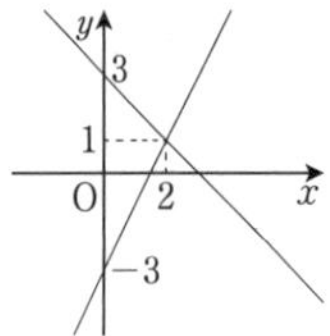

※ 다음은 두 일차방정식의 그래프를 그린 것이다. 이때 상수 a, b의 값을 각각 구하라.

3. $\begin{cases} x-ay=-4 \\ x+y=b \end{cases}$

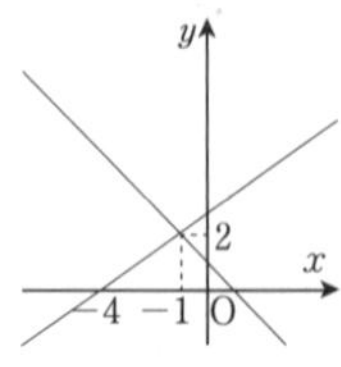

4. 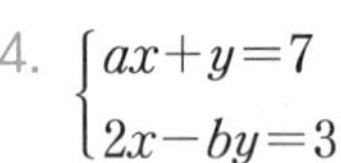 $\begin{cases} ax+y=7 \\ 2x-by=3 \end{cases}$

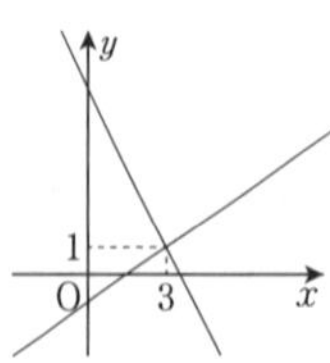

두 직선의 교점의 좌표가 연립방정식의 해이므로 교점의 좌표를 각각의 방정식에 대입한다.

5. $\begin{cases} ax-y=4 \\ x+by=5 \end{cases}$

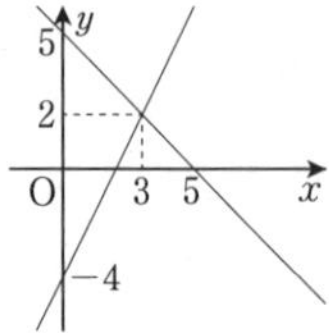

6. 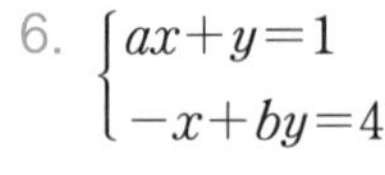 $\begin{cases} ax+y=1 \\ -x+by=4 \end{cases}$

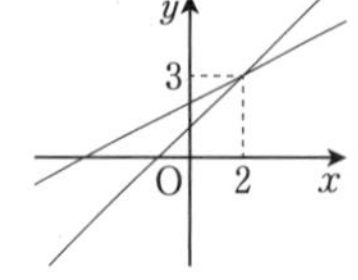

핵심 164 연립방정식의 해의 개수와 그래프의 위치 관계

$\begin{cases} ax+by+c=0 \\ a'x+b'y+c'=0 \end{cases}$ 에서 해의 개수는 두 방정식의 그래프의 교점의 개수와 같다.

해의 개수	1개	해는 없다.	해는 무수히 많다.
두 직선의 위치 관계	한 점에서 만난다.	평행하다.	일치한다.
계수의 비	$\frac{a}{a'} \neq \frac{b}{b'}$	$\frac{a}{a'} = \frac{b}{b'} \neq \frac{c}{c'}$	$\frac{a}{a'} = \frac{b}{b'} = \frac{c}{c'}$
기울기와 y절편	기울기가 다르다.	기울기는 같고 y절편이 다르다.	기울기와 y절편이 같다.

※ 다음 두 직선의 위치 관계를 말하고, 연립방정식의 해의 개수를 구하라.

1. $\begin{cases} 2x+y=4 \\ 4x+2y=4 \end{cases}$

↳ $\frac{\square}{4}=\frac{\square}{2}\neq\frac{\square}{4}$이므로 두 직선은 □하고, 해의 개수는 □개이다.

2. $\begin{cases} 2x-y=2 \\ 3x-2y=2 \end{cases}$

3. $\begin{cases} x-y=2 \\ 2x-2y=4 \end{cases}$

※ 다음 연립방정식의 해가 무수히 많을 때, 상수 a, b의 값을 각각 구하라.

4. $\begin{cases} 3x+ay=2 \\ 6x+2y=b \end{cases}$

5. $\begin{cases} ax+8y=1 \\ 3x-4y=b \end{cases}$

※ 다음 연립방정식의 해가 없을 때, 상수 a의 값을 구하라.

6. $\begin{cases} y=-x+2 \\ ax+2y=8 \end{cases}$

7. $\begin{cases} ax-y+1=0 \\ 3x+y-5=0 \end{cases}$

| 실력테스트 |

1. 일차함수 $y=3x-2$의 그래프를 y축의 방향으로 p만큼 평행이동한 그래프가 점 $(2, 6)$을 지날 때, p의 값은?

① 1 ② 2 ③ 3
④ 4 ⑤ 5

2. 다음 중 직선 $y=3x-1$과 평행하고, x절편이 2인 직선이 지나는 점은?

① $(1, -4)$ ② $(1, -3)$
③ $(1, 2)$ ④ $(1, 3)$
⑤ $(1, 4)$

3. 점 $A(1, 1)$, $B(2, 3)$, $C(-2, -k)$가 한 직선 위에 있을 때, k의 값은?

① 1 ② 2 ③ 3
④ 4 ⑤ 5

4. 일차함수 $y=-ax-b$의 그래프가 오른쪽 그림과 같을 때, a, b의 부호를 구하라.

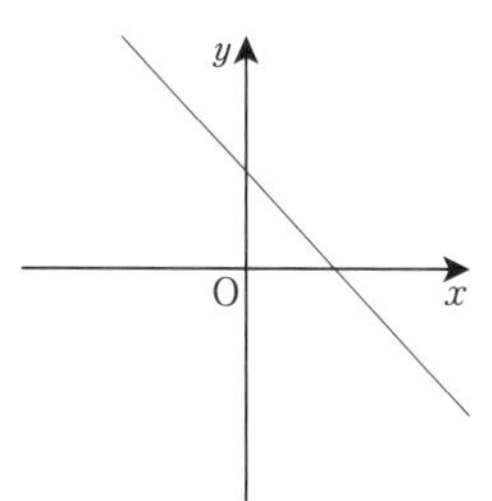

5. 점 $(3, -6)$을 지나고, 일차함수 $y=-2x+9$의 그래프와 평행한 직선을 그래프로 하는 일차함수의 식을 구하라.

6. 오른쪽 그림은 $y=ax+b$의 그래프이다. $3a+b$의 값은?

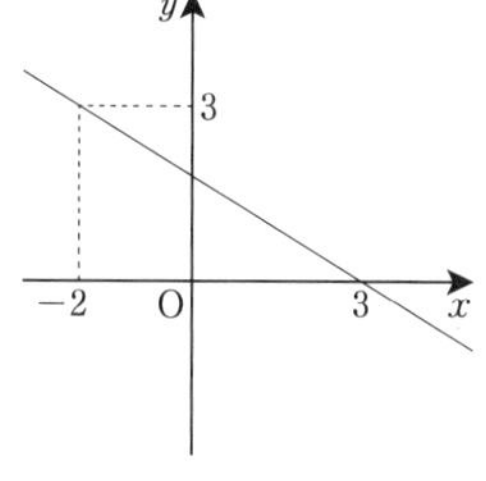

① -2 ② -1
③ 0 ④ 1
⑤ 2

$f(3)=3a+b$

7. 150L의 물이 들어 있는 물통에서 3분마다 9L의 비율로 물이 흘러 나간다. 물이 흘러 나가기 시작하여 x분 후에 물통에 남아 있는 물의 양을 yL라고 할 때, 물통에 물이 60L가 남아 있을 때는 몇 분 후인지 구하라.

8. 두 점 $(a+3, -1)$, $(2a-1, 2)$를 지나는 직선이 y축에 평행할 때, a의 값은?

① -2 ② -1 ③ 1 ④ 2 ⑤ 4

9. 오른쪽 그림과 같이 두 직선 $y=x+1$, $y=-2x+4$와 x축으로 둘러싸인 삼각형의 넓이는?

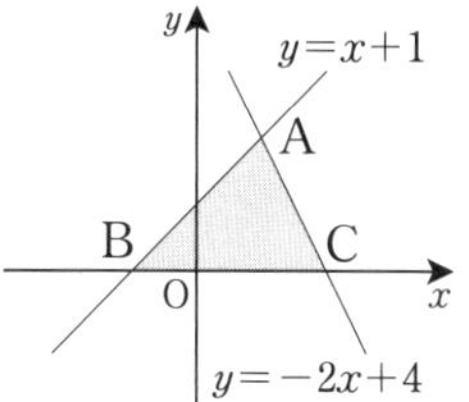

① 3 ② 4 ③ 6 ④ 8 ⑤ 9

10. 두 직선 $2x-ay+1=0$, $4x-6y+b=0$의 교점이 무수히 많을 때, 상수 a, b에 대하여 ab의 값을 구하라.

Science & Technology

오른쪽 그림과 같이 크기가 같은 정육각형을 한 줄로 이어서 그려나갈 때, 정육각형 x개를 그리면 선분의 개수는 y개가 된다고 하자. 정육각형 100개를 그릴 때의 선분의 개수를 구하라.

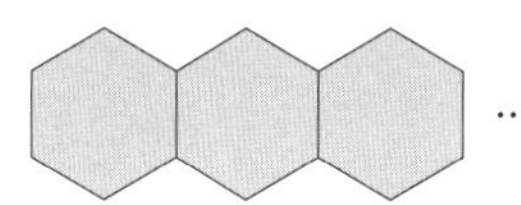

3. 이차함수와 그래프

○ 이차함수의 의미를 이해하고, 그 그래프를 그릴 수 있다.
○ 이차함수의 그래프의 성질을 이해한다.

y가 x의 이차식 $y=ax^2+bx+c\,(a\neq0,\ a,\ b,\ c$는 상수)로 나타나는 것을 **이차함수**라고 한다. 이차함수 $y=ax^2$에서 가장 간단한 꼴인 ① $y=x^2$과 ② $y=-x^2$을 표와 그래프로 나타내면 다음과 같다.

• 이차함수 $y=ax^2$의 그래프와 같은 모양의 곡선을 포물선이라고 한다.

① $y=x^2$

x	$\cdots$	-3	-2	-1	0	$+1$	$+2$	$+3$	$\cdots$
y	$\cdots$	$+9$	$+4$	$+1$	0	$+1$	$+4$	$+9$	$\cdots$

$y=ax^2$에서 $a=1>0$일 때는

x	$-$	0	$+$
y	↘	0	↗

- 아래로 볼록한 그래프
- $x<0$일 때 : x의 값이 증가하면 y의 값은 감소
- $x>0$일 때 : x의 값이 증가하면 y의 값도 증가

② $y=-x^2$

x	$\cdots$	-3	-2	-1	0	$+1$	$+2$	$+3$	$\cdots$
y	$\cdots$	-9	-4	-1	0	-1	-4	-9	$\cdots$

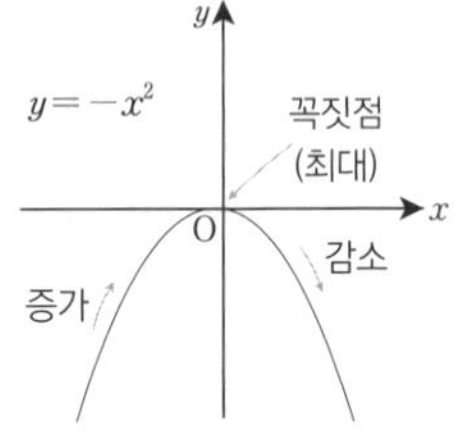

$y=ax^2$에서 $a=-1<0$일 때는

x	$-$	0	$+$
y	↗	0	↘

- 위로 볼록한 그래프
- $x<0$일 때 : x의 값이 증가하면 y의 값도 증가
- $x>0$일 때 : x의 값이 증가하면 y의 값은 감소

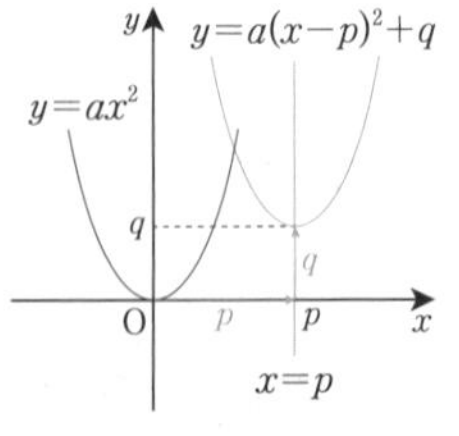

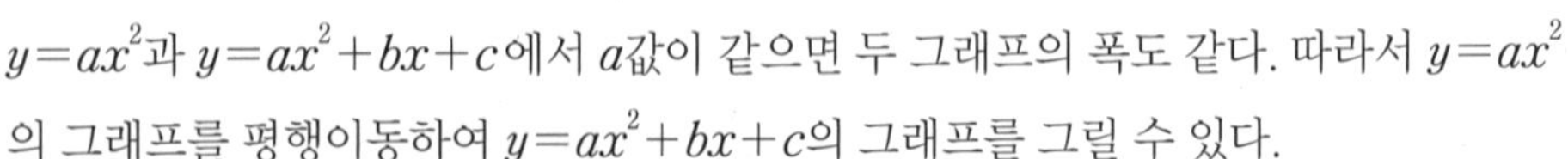

$y=ax^2$과 $y=ax^2+bx+c$에서 a값이 같으면 두 그래프의 폭도 같다. 따라서 $y=ax^2$의 그래프를 평행이동하여 $y=ax^2+bx+c$의 그래프를 그릴 수 있다.

WHY? 포물선은 공중으로 비스듬히 던진 물체가 그리는 곡선을 말한다. 비스듬히 쏘아 올린 물 로켓이 그리는 곡선이나 분수에서 뿜어져 나오는 물줄기가 그리는 곡선 모양은 모두 포물선 모양으로, 물 로켓이나 뿜어져 나온 물줄기가 최고 높이에 올라갔을 때의 높이를 이차함수의 식에서 알 수 있다. 포물선은 매끄럽고 대칭을 이루는 곡선 모양으로 파라볼라 안테나, 자동차의 헤드라이트 등과 같이 우리 주변에서 흔히 활용된다.

핵심

165 이차함수의 뜻

함수 $y=f(x)$에서 $f(x)$가 x에 대한 이차식

$$y=ax^2+bx+c\ (a\neq 0,\ a,\ b,\ c\text{는 상수})$$

로 나타내질 때, 이 함수 $y=f(x)$를 이차함수라고 한다.

예 $y=x^2$, $y=\frac{1}{2}x^2+x$, $y=x^2-2x+1$

※ 다음 중 이차함수인 것에는 ○표, 아닌 것에는 ×표 하여라.

1. $y=-2x+1$ (　　)
2. $y=x^2+2x-1$ (　　)
3. $y=-\frac{x^2}{4}+1$ (　　)
4. $y=\frac{3}{x^2}$ (　　)
5. $y=x(x+3)-3$ (　　)
6. 가로의 길이가 $x$cm, 세로의 길이가 5cm인 직사각형의 둘레의 길이 $y$cm
   $y=$__________ (　　)
7. 밑변의 길이가 $x$cm, 높이가 3cm인 삼각형의 넓이 $y\text{cm}^2$
   $y=$__________ (　　)
8. 밑변의 길이와 높이가 모두 $x$cm인 삼각형의 넓이 $y\text{cm}^2$
   $y=$__________ (　　)
9. 가로의 길이가 $x$cm, 세로의 길이가 $(x+1)$cm인 직사각형의 넓이 $y\text{cm}^2$
   $y=$__________ (　　)

※ 주어진 이차함수 $y=f(x)$에 대하여 다음을 구하라.

10. $y=-x^2+1$
    ① $f(-1)$　② $f(0)$
    ③ $f(1)$
11. $y=x^2-2x+5$
    ① $f(0)$　② $f(1)$
    ③ $f(2)$

핵심

166 이차함수 $y=x^2$의 그래프

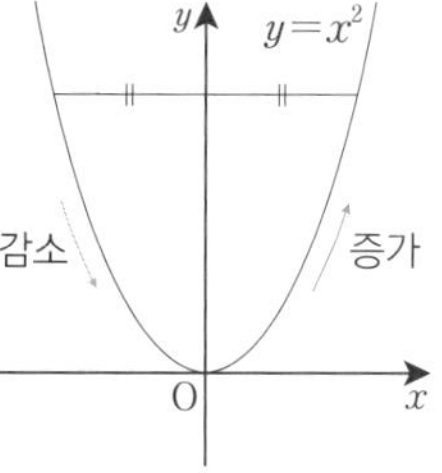

- 원점을 지나고 아래로 볼록한 곡선이다.
- y축에 대칭이다.
- $x<0$일 때 : x값이 증가하면 y값은 감소
  $x>0$일 때 : x값이 증가하면 y값도 증가
- 원점을 제외한 모든 부분은 x축보다 위쪽에 있다.
- $y=-x^2$의 그래프와 x축에 대칭이다.

참고 $y=x^2$과 $y=-x^2$의 그래프는 실수 x에 대하여 x^2의 값은 $-x^2$의 값과 부호가 반대이므로 x축에 대칭이다.

※ 이차함수 $y=-x^2$에 대하여 물음에 답하여라.

1. 다음 표를 완성하여라.

x	⋯	-3	-2	-1	0	1	2	3	⋯
$y=-x^2$									

2. 1의 표에서 구한 순서쌍 (x, y)를 좌표평면 위에 나타내어라.
3. x값의 범위가 실수 전체일 때, 이차함수 $y=-x^2$의 그래프를 좌표평면에 나타내어라.

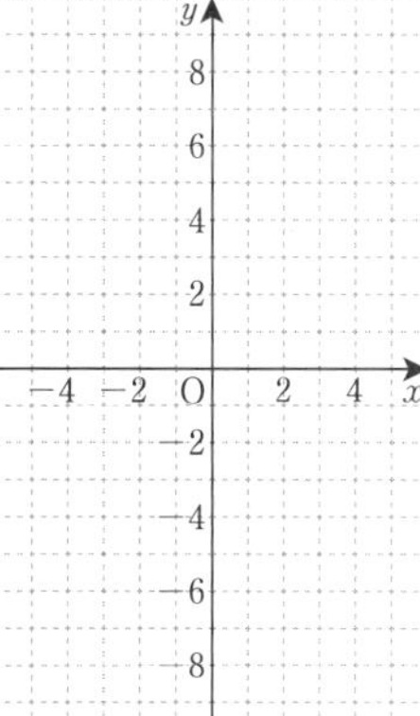

※ 다음은 이차함수 $y=x^2$의 그래프에 대한 설명이다. 알맞은 말에 ○표 하여라.

4. 원점을 지나고 (위로, 아래로) 볼록하다.
5. 그래프는 대칭축이 (x축, y축)인 선대칭도형이다.
6. $x<0$일 때, x값이 증가하면 y값은 (증가한다, 감소한다).
7. $y=-x^2$의 그래프와 (x축, y축)에 서로 대칭이다.

167 이차함수 $y=ax^2$의 그래프

이차함수 $y=ax^2$의 그래프와 같은 모양의 곡선을 포물선이라고 한다.

- 포물선은 한 직선에 대칭인 도형으로, 그 직선을 포물선의 축이라고 한다.
- 포물선과 축이 만나는 교점을 포물선의 꼭짓점이라고 한다.

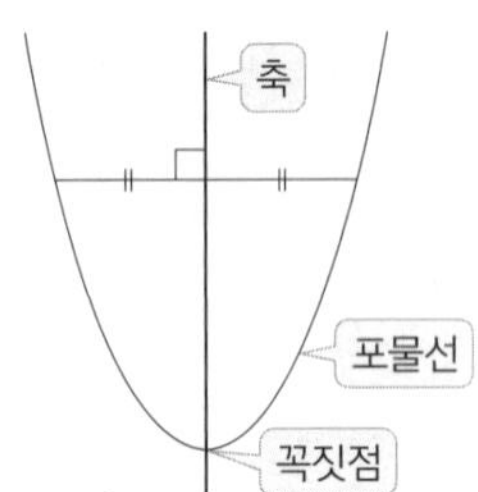

이차함수 $y=ax^2(a\neq0)$의 그래프

- 원점을 꼭짓점으로 하고, y축을 축으로 하는 포물선
- $a>0$이면 아래로 볼록
  $a<0$이면 위로 볼록
- a의 절댓값이 클수록 포물선의 폭이 좁아진다.
- $y=ax^2$과 $y=-ax^2$의 그래프는 x축에 대칭이다.

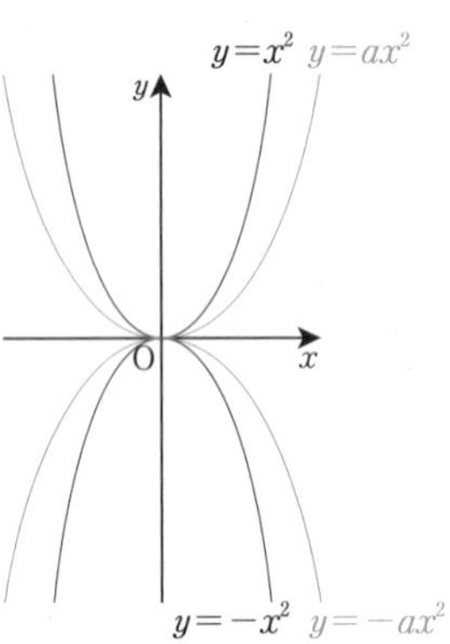

※ 다음 이차함수의 그래프에 대하여 물음에 답하여라.

보기

ㄱ. $y=\frac{1}{2}x^2$ ㄴ. $y=-x^2$ ㄷ. $y=-\frac{2}{3}x^2$

ㄹ. $y=x^2$ ㅂ. $y=\frac{2}{3}x^2$ ㅁ. $y=-3x^2$

1. 그래프가 위로 볼록한 이차함수는?
2. x축에 대칭인 이차함수끼리 짝지어라.
3. 그래프의 폭이 가장 좁은 이차함수는?
4. 그래프의 폭이 가장 넓은 이차함수는?

※ 이차함수 $y=ax^2$의 그래프가 다음 점을 지날 때, 상수 a의 값을 구하라.

5. $(1, 4)$
6. $(-2, 8)$
7. $(3, 3)$
8. $(2, -4)$

168 이차함수 $y=ax^2+q$의 그래프

$y=ax^2+q$의 그래프

- 이차함수 $y=ax^2$의 그래프를 y축의 방향으로 q만큼 평행이동한 것이다.
- y축을 축으로 하고 점 $(0, q)$를 꼭짓점으로 하는 포물선이다.

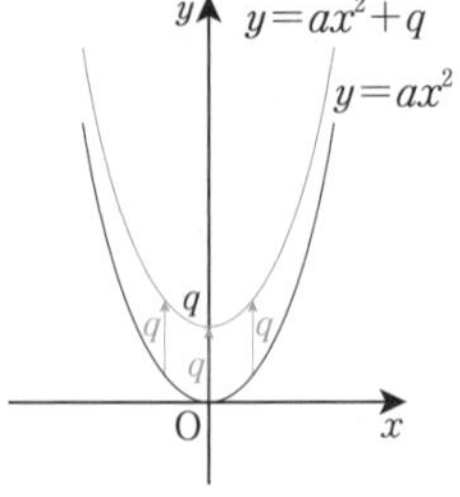

※ 다음 이차함수의 그래프를 y축의 방향으로 [ ] 안의 수만큼 평행이동한 그래프가 나타내는 함수를 구하라.

1. $y=x^2$ [1]
2. $y=-x^2$ [2]
3. $y=2x^2$ [-1]
4. $y=-\frac{1}{2}x^2$ [3]

※ 다음은 이차함수 $y=3x^2$의 그래프를 평행이동한 것이다. □ 안에 알맞은 것을 써넣어라.

5. $y=3x^2+2$ ← □축의 방향으로 □만큼 평행이동
6. $y=3x^2+5$ ← □축의 방향으로 □만큼 평행이동
7. $y=3x^2-3$ ← □축의 방향으로 □만큼 평행이동
8. $y=3x^2-7$ ← □축의 방향으로 □만큼 평행이동

※ 오른쪽 그림은 이차함수 $y=x^2$의 그래프이다. 이 그래프를 이용하여 다음 이차함수의 그래프를 그려라.

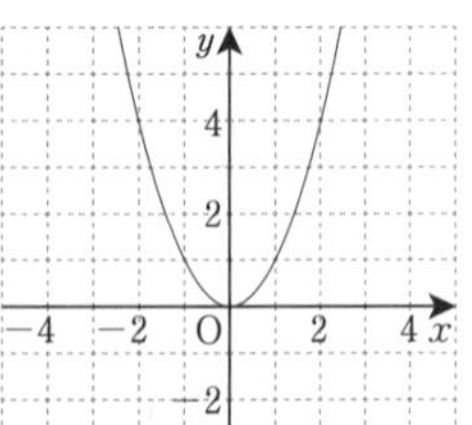

9. $y=x^2+1$
10. $y=x^2-2$

※ 다음 이차함수가 나타내는 그래프의 꼭짓점의 좌표를 구하라.

11. $y=x^2+3$ (,)
12. $y=-x^2+2$ (,)
13. $y=\frac{2}{3}x^2+4$ (,)
14. $y=\frac{1}{2}x^2-3$ (,)

169 이차함수 $y=a(x-p)^2$의 그래프

$y=a(x-p)^2$의 그래프

- 이차함수 $y=ax^2$의 그래프를 x축의 방향으로 p만큼 평행이동한 것이다.
- 직선 $x=p$를 축으로 하고 점 $(p, 0)$을 꼭짓점으로 하는 포물선이다.

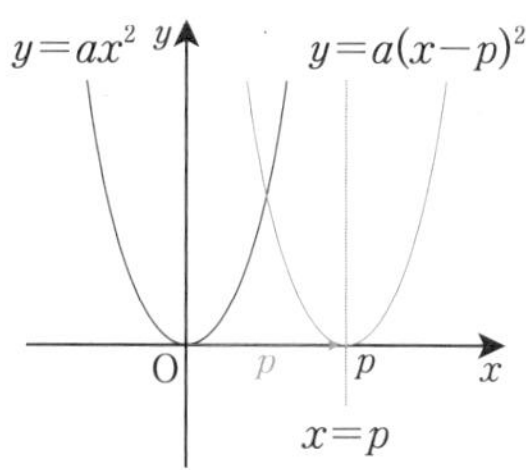

※ 다음 이차함수의 그래프를 x축의 방향으로 [ ] 안의 수만큼 평행이동한 그래프가 나타내는 함수를 구하라.

1. $y=x^2$ [1]
2. $y=-x^2$ [−1]
3. $y=2x^2$ [4]
4. $y=-2x^2$ [2]

※ 다음은 이차함수 $y=3x^2$의 그래프를 평행이동한 것이다. □ 안에 알맞은 것을 써넣어라.

5. $y=3(x+2)^2$ ← □축의 방향으로 □만큼 평행이동
6. $y=3(x+4)^2$ ← □축의 방향으로 □만큼 평행이동
7. $y=3(x-2)^2$ ← □축의 방향으로 □만큼 평행이동
8. $y=3(x-5)^2$ ← □축의 방향으로 □만큼 평행이동

※ 오른쪽 그림은 이차함수 $y=2x^2$의 그래프이다. 이 그래프를 이용하여 다음 이차함수의 그래프를 그려라.

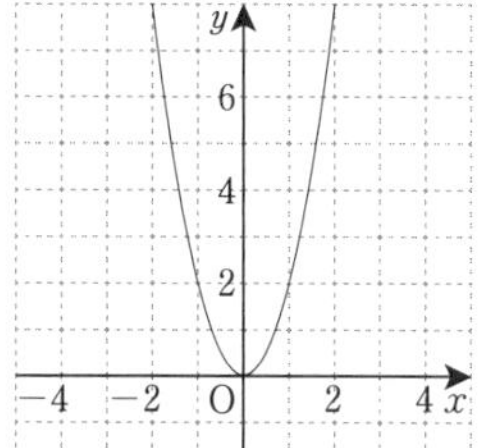

9. $y=2(x-2)^2$
10. $y=2(x+3)^2$

※ 다음 이차함수의 식에서 그래프의 축의 방정식과 꼭짓점의 좌표를 각각 구하라.

11. $y=4(x-3)^2$ 축의 방정식 : 직선 $x=$____
꼭짓점 : (____, ____)

12. $y=-2(x+2)$ 축의 방정식 : 직선 $x=$____
꼭짓점 : (____, ____)

170 이차함수 $y=a(x-p)^2+q$의 그래프

$y=a(x-p)^2+q$의 그래프

- 이차함수 $y=ax^2$의 그래프를 x축의 방향으로 p만큼, y축의 방향으로 q만큼 평행이동한 것이다.
- 직선 $x=p$를 축으로 하고 점 (p, q)를 꼭짓점으로 하는 포물선이다.

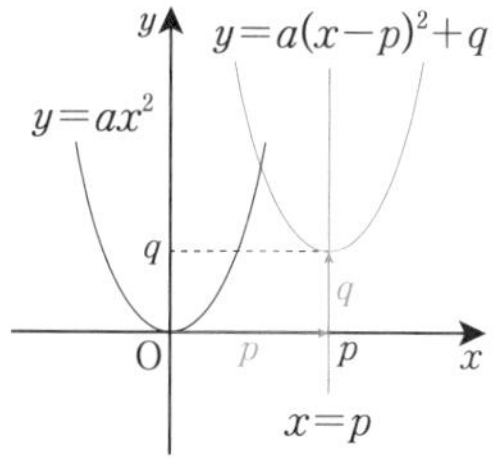

※ 다음 이차함수 그래프를 x축과 y축의 방향으로 [ ] 안의 수만큼 평행이동한 그래프가 나타내는 함수를 구하라.

1. $y=x^2$ [2, 1]
2. $y=-x^2$ [−1, 2]
3. $y=3x^2$ [−2, −3]
4. $y=-2x^2$ [3, −2]

※ 다음은 이차함수 $y=-2x^2$의 그래프를 평행이동한 것이다. □ 안에 알맞은 것을 써넣어라.

5. $y=-2(x+3)^2+1$ ← x축의 방향으로 □만큼, y축의 방향으로 □만큼 평행이동
6. $y=-2(x-1)^2-3$ ← x축의 방향으로 □만큼, y축의 방향으로 □만큼 평행이동
7. $y=-2(x+2)^2+5$ ← x축의 방향으로 □만큼, y축의 방향으로 □만큼 평행이동

※ 오른쪽 그림은 이차함수 $y=2x^2$의 그래프이다. 이 그래프를 이용하여 다음 이차함수의 그래프를 그려라.

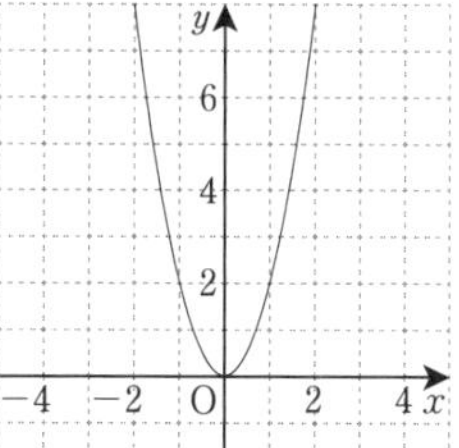

8. $y=2(x-3)^2+2$
9. $y=2(x+2)^2-1$

※ 다음에서 축의 방정식과 꼭짓점의 좌표를 각각 구하라.

10. $y=2(x-1)^2-5$ 축의 방정식 : $x=$____
꼭짓점 : (____, ____)

11. $y=-(x+3)^2+2$ 축의 방정식 : $x=$____
꼭짓점 : (____, ____)

핵심 171 이차함수 $y=ax^2+bx+c$의 그래프

이차함수 $y=ax^2+bx+c$의 그래프는 $y=a(x-p)^2+q$의 꼴로 고쳐서 그릴 수 있다.

$y=ax^2+bx+c$

┌ 더한 만큼 빼 주어야 같은 식이 된다.

$$\rightarrow y=a\left\{x^2+\frac{b}{a}x+\left(\frac{b}{2a}\right)^2-\left(\frac{b}{2a}\right)^2\right\}+c$$ 핵심 130 참조

$$\rightarrow y=a\left(x+\frac{b}{2a}\right)^2-a\times\left(\frac{b}{2a}\right)^2+c$$

$$\rightarrow y=a\left(x+\frac{b}{2a}\right)^2-\frac{b^2-4ac}{4a}$$

- 축의 방정식 : $x=-\frac{b}{2a}$
- 꼭짓점의 좌표 : $\left(-\frac{b}{2a}, -\frac{b^2-4ac}{4a}\right)$
- y축과의 교점의 좌표 : $(0, c)$

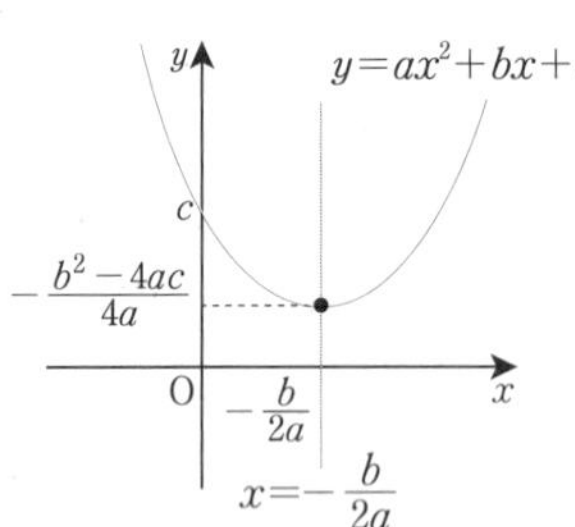

※ 다음 이차함수의 식을 $y=a(x-p)^2+q$의 꼴로 고쳐라.

1. $y=-x^2+2x+5$
   $=-(x^2-2x+1-1)+\square$
   $=-(x-\square)^2-1\times(-1)+\square$
   $=-(x-\square)^2+\square$

2. $y=x^2-6x+10$

3. $y=-x^2+4x+2$

4. $y=x^2-4x+5$

5. $y=-2x^2+8x-5$
   $=-2(x^2-4x+\square-\square)-5$
   $=-2(x-\square)^2-2\times(-\square)-5$
   $=-2(x-\square)^2+\square$

6. $y=2x^2-4x+4$

7. $y=-\frac{1}{2}x^2+4x+3$

8. $y=\frac{1}{3}x^2+2x-4$

※ 다음 이차함수에 대하여 축의 방정식, 꼭짓점의 좌표, y축과의 교점의 좌표를 각각 구하라.

9. $y=x^2+4x+1$
   축의 방정식 : $x=$____
   꼭짓점 : (____, ____)
   y축과의 교점 : (____, ____)

10. $y=-x^2+6x-4$
   축의 방정식 : $x=$____
   꼭짓점 : (____, ____)
   y축과의 교점 : (____, ____)

11. $y=-x^2+4x-9$
   축의 방정식 : $x=$____
   꼭짓점 : (____, ____)
   y축과의 교점 : (____, ____)

12. $y=\frac{1}{2}x^2+4x+1$
   축의 방정식 : $x=$____
   꼭짓점 : (____, ____)
   y축과의 교점 : (____, ____)

※ 다음 이차함수의 그래프를 꼭짓점과 y축과의 교점의 좌표를 이용하여 오른쪽 좌표평면 위에 그려라.

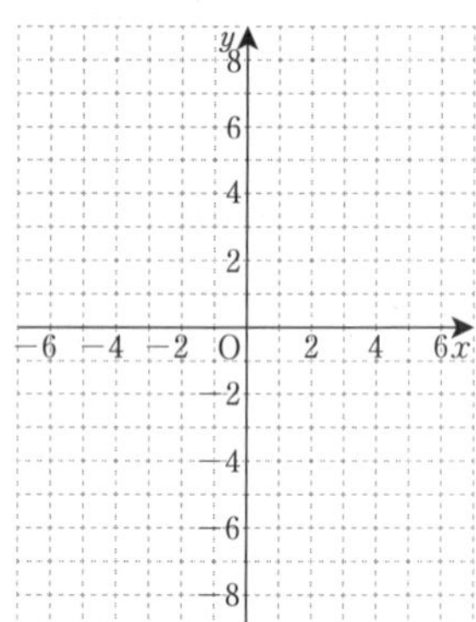

13. $y=x^2-2x+2$

14. $y=-x^2-2x+3$

15. $y=3x^2+12x+9$

16. $y=-2x^2+8x-10$

※ 오른쪽 그림은 다음에 주어진 이차함수의 그래프를 그린 것이다. 각각의 함수에 해당하는 그래프를 골라라.

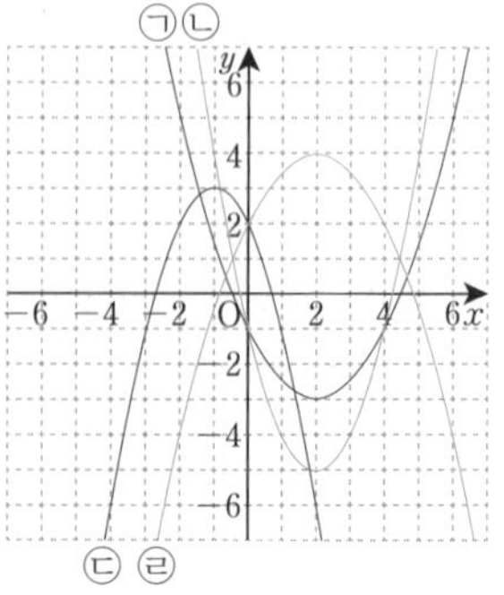

17. $y=x^2-4x-1$

18. $y=-x^2-2x+2$

19. $y=\frac{1}{2}x^2-2x-1$

20. $y=-\frac{1}{2}x^2+2x+2$

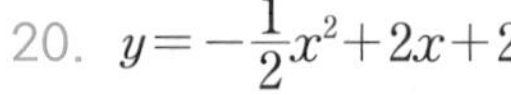

핵심 172 이차함수 그래프의 식 구하기

꼭짓점 (p, q)와 다른 한 점을 알 때

$y=a(x-p)^2+q$에 다른 한 점을 대입하여 a의 값을 구한다.

예 꼭짓점 $(1, 2)$와 점 $(3, 4)$를 지나는 포물선이라면
$4=a(3-1)^2+2$에서 a의 값을 구한다.

그래프 위의 서로 다른 세 점을 알 때

① 이차함수의 식을 $y=ax^2+bx+c$로 놓는다.

② 세 점의 좌표를 각각 대입하여 a, b, c의 값을 구한다.
← 미지수가 3개이므로 3개의 방정식에서 a, b, c의 값이 구해진다.

참고 ① y축과의 교점 $(0, k)$와 다른 두 점을 알 때
→ $y=ax^2+bx+k$에 다른 두 점을 대입하여 a, b의 값을 구한다.
② x축과의 두 교점 $(\alpha, 0), (\beta, 0)$과 다른 한 점을 알 때
→ $y=a(x-\alpha)(x-\beta)$에 또 다른 한 점을 대입하여 a의 값을 구한다.

※ 그래프가 다음 꼭짓점 P와 다른 한 점 Q를 지나는 이차함수의 식을 $y=a(x-p)^2+q$의 꼴로 나타내어라.

1. 꼭짓점 $\mathrm{P}(2, 1)$, 점 $\mathrm{Q}(1, 3)$
 ㄴ 꼭짓점의 좌표가 $(2, 1)$이므로
 $y=a(x-2)^2+\square$
 점 $(1, 3)$을 지나므로
 $3=a(1-2)^2+\square$ $\therefore a=\square$
 $\therefore y=\square(x-2)^2+\square$

2. 꼭짓점 $\mathrm{P}(2, -1)$, 점 $\mathrm{Q}(1, -6)$

3. 꼭짓점 $\mathrm{P}(1, 2)$, 점 $\mathrm{Q}(-2, 1)$

4. 꼭짓점 $\mathrm{P}(2, -3)$, 점 $\mathrm{Q}(0, 5)$

5. 꼭짓점 $\mathrm{P}(-2, 3)$, 점 $\mathrm{Q}(0, 11)$

6. 꼭짓점 $\mathrm{P}(1, -4)$, 점 $\mathrm{Q}(-1, 0)$

※ 다음 포물선이 나타내는 이차함수의 식을 구하라.

7.
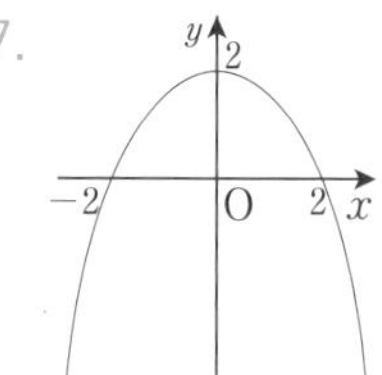

8.
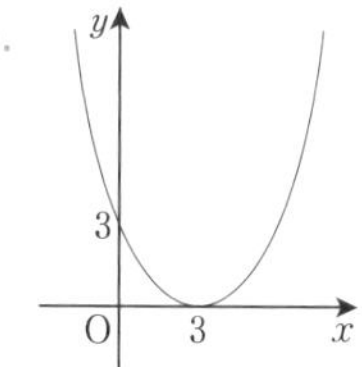

9.
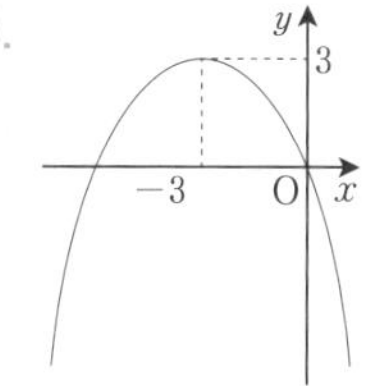

10.

※ 그래프가 다음 세 점을 지나는 이차함수의 식을 $y=ax^2+bx+c$의 꼴로 나타내어라.

11. $(0, -1), (1, 2), (-1, 4)$
 ㄴ 구하는 식을 $y=ax^2+bx+c$로 놓고 세 점의 좌표를 각각 대입하면
 $-1=c$, $2=a+b+c$, $4=a-b+c$
 세 식을 연립하여 풀면
 $a=\square$, $b=\square$, $c=-1$
 따라서 구하는 이차함수의 식은
 $y=\square x^2-x-\square$

 주어진 문제에서 x좌표가 0인 것(y축과의 교점)이 있으면 계산을 줄일 수 있다. 이 문제의 경우 $(0, -1)$을 지나므로 구하는 식을 $y=ax^2+bx-1$로 놓고 풀어도 된다.

12. $(0, -1), (1, -2), (-1, 3)$

13. $(-2, -3), (0, 5), (2, 5)$

14. $(1, 0), (2, 0), (3, 4)$
 ㄴ 구하는 식을 $y=a(x-1)(x-\square)$로 놓고
 $x=3$, $y=4$를 대입하면 $a=\square$
 따라서 구하는 이차함수의 식은
 $y=\square(x-1)(x-\square)=\square x^2-\square x+4$

15. $(-2, 0), (3, 0), (0, 3)$

핵심

173 $y=ax^2+bx+c$의 최댓값과 최솟값

이차함수 $y=a(x-p)^2+q$의 최댓값, 최솟값

- $a>0$ 일 때, $x=p$에서 최솟값은 q, 최댓값은 없다.
- $a<0$ 일 때, $x=p$에서 최댓값은 q, 최솟값은 없다.

$a>0$

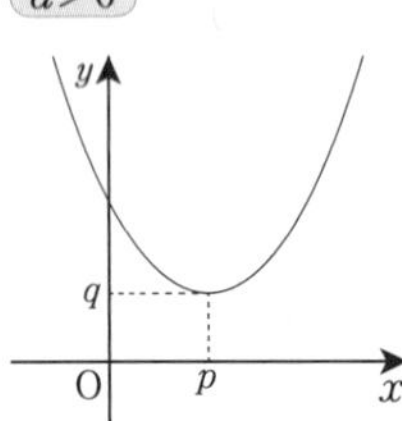

$a<0$

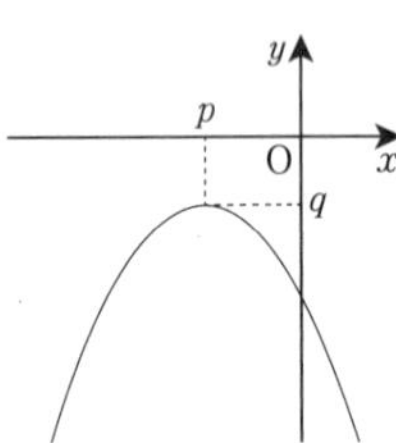

이차함수 $y=ax^2+bx+c$의 최댓값, 최솟값

⟶ $y=a(x-p)^2+q$의 꼴로 고쳐서 구한다.

※ 다음 이차함수의 그래프를 보고 최댓값 또는 최솟값을 구하라.

1. 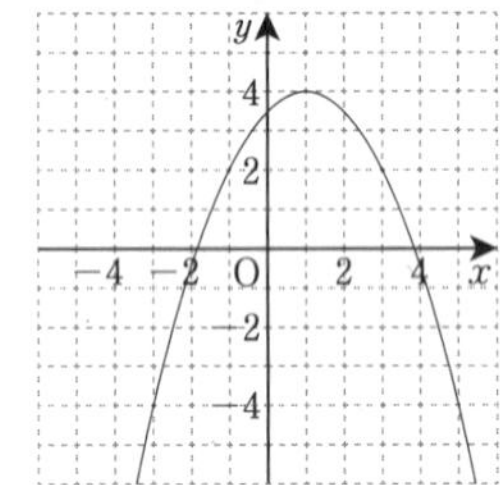

2. 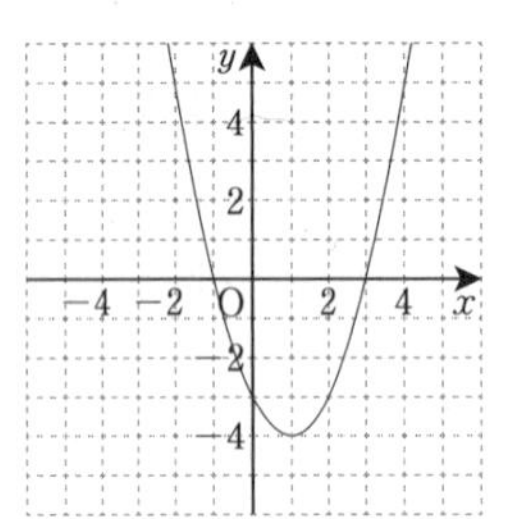

3. 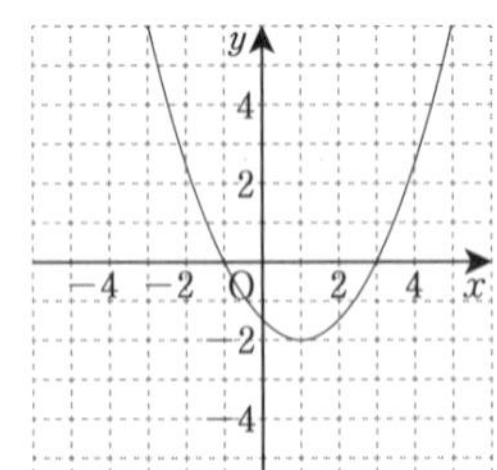

4. 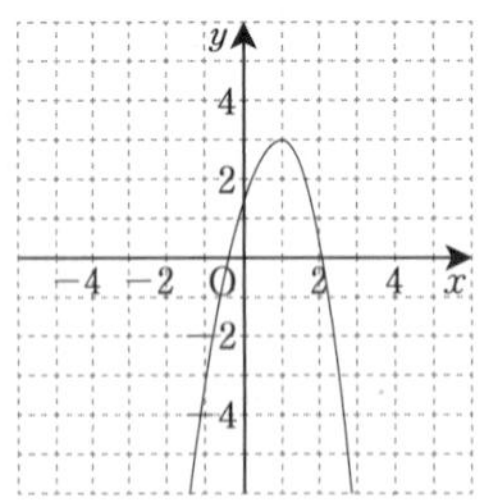

※ 다음 이차함수의 최댓값 또는 최솟값을 구하고, 그때의 x값을 구하라.

5. $y=-3x^2$

6. $y=x^2+2$

7. $y=3(x-2)^2$

8. $y=-\frac{1}{3}(x+2)^2-1$

※ 다음 이차함수의 최댓값 또는 최솟값을 구하고, 그때의 x값을 구하라.

9. $y=-x^2-4x+3$

   ↳ 주어진 식을 변형하면
   $y=-(x+\square)^2+\square$
   따라서 $x=\square$에서 최댓값 $\square$을 갖는다.

10. $y=-2x^2+4x-5$

11. $y=2x^2-4x-1$

12. $y=-x^2+4x$

13. $y=2x^2-8x$

※ 다음 조건을 만족하는 상수 b, c의 값을 구하라.

14. 이차함수 $y=-2x^2+bx+c$가 $x=-3$에서 최댓값 -2를 갖는다.

15. 이차함수 $y=-x^2+bx+c$가 $x=2$에서 최댓값 -1을 갖는다.

16. 이차함수 $y=2x^2+bx+c$가 $x=-1$에서 최솟값 6을 갖는다.

17. 이차함수 $y=2x^2+bx+c$가 $x=2$에서 최솟값 -4를 갖는다.

※ 다음 물음에 답하여라.

18. 골키퍼가 찬 축구공의 x초 후의 높이를 ym라고 할 때, $y=-5x^2+20x$의 관계식이 성립한다. 축구공의 최고 높이를 구하라.

19. 물로켓을 초속 30m의 속력으로 위를 향하여 쏘아 올렸다. x초 후의 물로켓의 높이를 ym라고 할 때, $y=-5x^2+30x$의 관계식이 성립한다. 물로켓의 최고 높이를 구하라.

| 실력테스트 |

1. 다음 **보기** 의 이차함수의 그래프에 대한 설명으로 옳지 않은 것은?

보기

ㄱ. $y=x^2$ ㄴ. $y=-\frac{1}{2}x^2$ ㄷ. $y=2x^2$

ㄹ. $y=\frac{1}{3}x^2$ ㅁ. $y=-x^2$ ㅂ. $y=-4x^2$

① 아래로 볼록한 그래프는 ㄱ, ㄷ, ㄹ이다.
② 그래프의 폭이 가장 좁은 것은 ㅂ이다.
③ $x<0$일 때, x의 값이 증가하면 y의 값이 감소하는 것은 ㄴ, ㅁ, ㅂ이다.
④ 보기의 그래프는 모두 원점을 꼭짓점으로 한다.
⑤ ㄱ과 ㅁ은 x축에 대칭이다.

2. 이차함수 $y=ax^2$의 그래프가 두 점 $(-1, -2)$, $(1, b)$를 지날 때, 상수 a, b의 값을 각각 구하라.

3. 이차함수 $y=\frac{1}{4}(x+3)^2-2$의 그래프에 대한 설명으로 옳은 것은? (정답 2개)

① 위로 볼록한 포물선이다.
② $y=\frac{1}{4}x^2$의 그래프를 x축의 방향으로 3, y축의 방향으로 -2만큼 이동한 것이다.
③ 꼭짓점의 좌표는 $(3, -2)$이다.
④ $y=x^2$의 그래프보다 폭이 넓다.
⑤ 축의 방정식은 $x=-3$이다.

4. 이차함수 $y=-2x^2$의 그래프를 x축의 방향으로 2, y축의 방향으로 3만큼 평행이동한 그래프가 점 $(1, a)$를 지날 때, a의 값을 구하라.

5. 다음 이차함수의 그래프 중 모든 사분면을 지나는 것은?

① $y=x^2+2$ ② $y=-(x-4)^2$
③ $y=(x-3)^2-10$ ④ $y=-(x+3)^2+1$
⑤ $y=2(x-1)^2-1$

꼭짓점과 y축과의 교점의 좌표를 생각한다.

6. $a>0$, $b<0$, $c<0$일 때, 다음 중 이차함수 $y=ax^2+bx+c$의 그래프로 알맞은 것은?

①
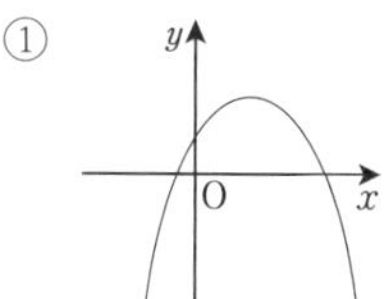

②
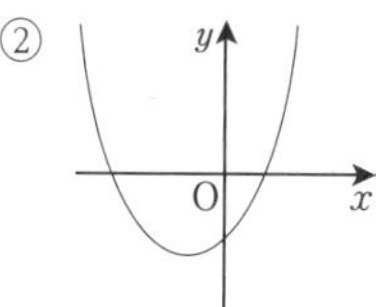

③
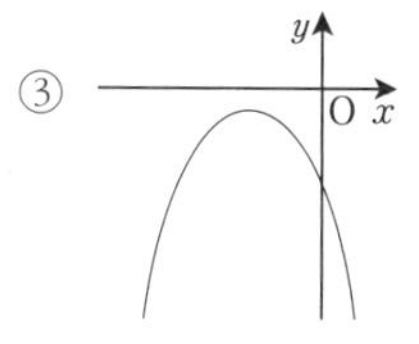

④
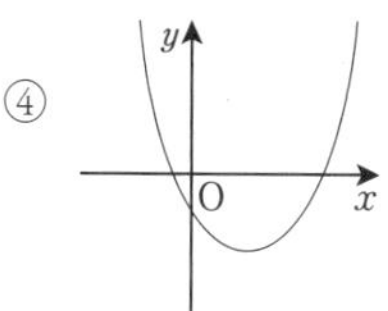

⑤
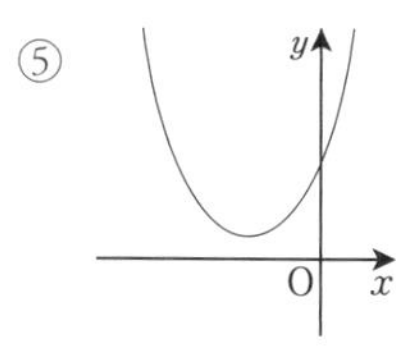

7. 다음 이차함수 중에서 꼭짓점이 x축 위에 있는 것은?

① $y=(x+1)(x-1)$ ② $y=x^2+4x+3$
③ $y=-3x^2+2x$ ④ $y=x^2-4x+4$
⑤ $y=x^2+x+2$

8. 이차함수 $y=-3x^2+bx+c$가 $x=1$일 때, 최댓값 2를 갖는다고 할 때, 상수 b, c의 값을 구하라.

Science & Technology

수면 위에서 수직으로 초속 10m로 물을 뿜는 분수가 있다. x초 후의 물의 높이를 ym라고 하면 $y=-5x^2+10x$의 관계가 성립한다. 물이 가장 높이 올라갔을 때의 높이를 구하라.

Ⅳ 기하

학습 내용

중학교 수학 ❶	중학교 수학 ❷	중학교 수학 ❸
1. 기본 도형 2. 작도와 합동 3. 평면도형의 성질 4. 입체도형의 성질	5. 삼각형의 성질 6. 사각형의 성질 7. 도형의 닮음 8. 피타고라스 정리	9. 삼각비 10. 원의 성질

신은 기하학적으로 사고한다

논리적으로 생각하기를 즐겼던 그리스 인들은 초현실적인 관념의 세계 속에서 명상하기를 좋아했다. 그리스의 자유인들은 논리적 사고를 기르기 위해서, 수학을 모든 학문에 접근하기 위한 기본 소양으로 생각하였다. 이런 성격에 맞는 수학이 바로 기하학이었고, 기하학은 그들의 이성적 사고를 돕는 기초 학문이었다. '수학을 모르는 자는 철학을 하지 못한다.', '신은 기하학적으로 사고한다.'라고까지 할 정도로 그리스 인들은 '따질 수 있는 능력'을 키우기 위한 기하학 공부를 중요하게 생각했다. 그래서 기하학은 논리적 체계를 갖춘 학문으로 발전하게 되었고, 오늘날까지도 큰 영향을 미치고 있다.

1. 기본 도형

○ 점, 선, 면, 각을 이해하고, 점, 직선, 평면의 위치 관계를 설명할 수 있다.
○ 평행선에서 동위각과 엇각의 성질을 이해한다.

서로 다른 두 점 A, B를 지나 한없이 곧게 뻗은 선을 **직선** AB($\overleftrightarrow{AB}$)라 하고, 직선 위의 두 점 A, B 사이에 있는 부분을 **선분** AB($\overline{AB}$)라고 한다. 또, 점 A에서 시작하여 점 B방향으로 한없이 곧게 뻗은 반쪽짜리 직선을 **반직선** AB($\overrightarrow{AB}$)라고 하는데 $\overrightarrow{AB} \neq \overrightarrow{BA}$이다.

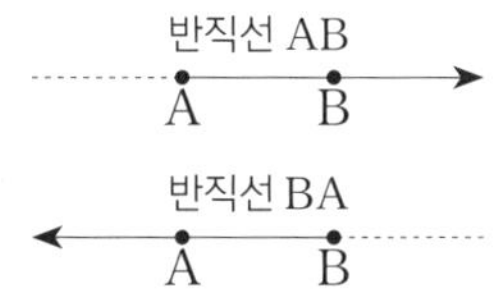

두 직선 또는 두 선분이 한 점에서 만나서 생기는 4개의 각 $\angle a$, $\angle b$, $\angle c$, $\angle d$ 중에서 서로 마주 보는 각을 **맞꼭지각**이라고 하는데 $\angle a$와 $\angle c$, $\angle b$와 $\angle d$가 맞꼭지각이다. 이때 맞꼭지각은 그 크기가 같다.

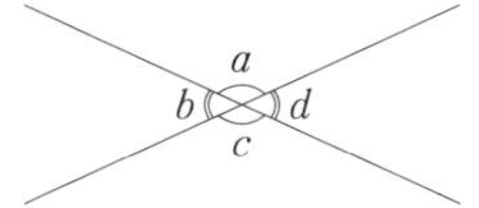

한편 서로 다른 두 직선이 또 다른 한 직선과 만날 때 생기는 각 중에서 **동위각**은 서로 같은 위치에 있는 두 각이며, **엇각**은 서로 엇갈린 위치에 있는 두 각이다.

동위각 : $\angle a$와 $\angle e$, $\angle b$와$\angle f$,
$\angle c$와 $\angle g$, $\angle d$와 $\angle h$ (4쌍)

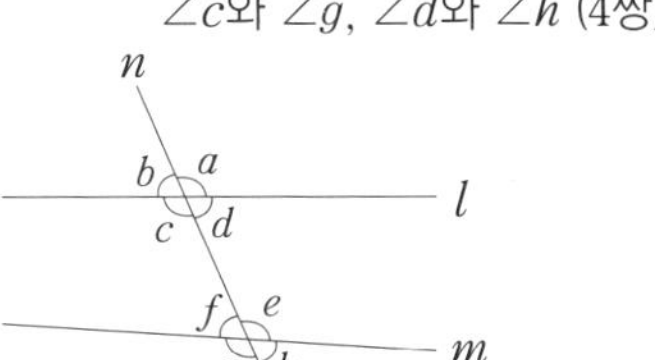

엇각 : $\angle c$와 $\angle e$, $\angle d$와 $\angle f$ (2쌍)

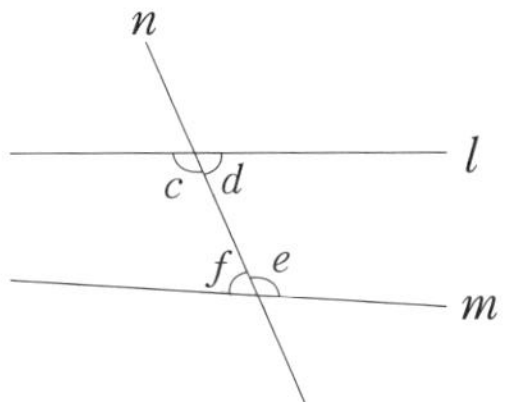

한 평면 위에 있는 두 직선이 만나지 않을 때 평행하다고 한다. 두 직선이 평행할 때 동위각이나 엇각은 크기가 같고, 거꾸로 동위각이나 엇각이 같으면 두 직선은 평행하다.

평행선과 동위각, 엇각

- 두 직선이 평행하면 동위각의 크기는 서로 같다.
- 두 직선이 평행하면 엇각의 크기는 서로 같다.
- 동위각의 크기가 같으면 두 직선은 평행하다.
- 엇각의 크기가 같으면 두 직선은 평행하다.

WHY? 도형의 기본 요소로서의 점, 선, 면은 점이 이동하여 선이 되고, 선이 이동하여 면이 된다. 그랑자트 섬의 일요일 오후로 잘 알려진 프랑스 화가 조르주 쇠라(1859~1891)는 점묘화라는 새로운 그림 표현 기법을 창조해내었는데, 물감을 섞지 않고 원색의 작은 점을 찍어서 색채가 혼합되어 보이도록 하였다. TV 화면, 책 등을 확대해서 보면 작은 점들로 이루어져 있음을 알 수 있는데, 눈을 돌려보면 온갖 사물에서 도형의 기본 요소를 쉽게 찾아볼 수 있다.

핵심
174 점, 선, 면

점, 선, 면 : 점이 움직인 자리는 선이 되고, 선이 움직인 자리는 면이 된다.

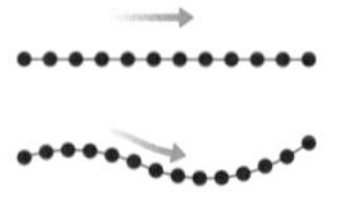

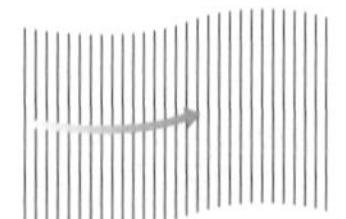

교점, 교선 : 선과 선 또는 선과 면이 만나서 생기는 점을 교점이라 하고, 면과 면이 만나서 생기는 선을 교선이라고 한다.

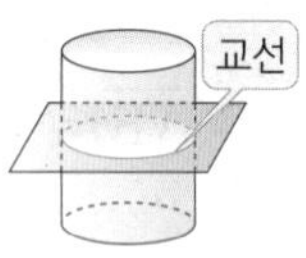

※ 오른쪽 입체도형에 대하여 다음을 구하라.

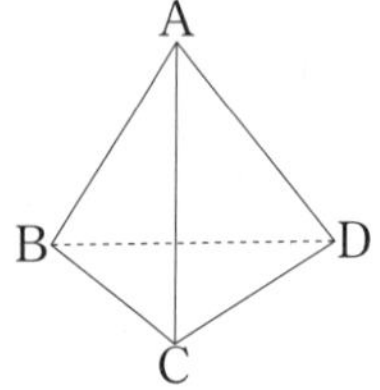

1. 모서리 AC와 모서리 BC가 만나서 생기는 교점

2. 모서리 BD와 모서리 AD가 만나서 생기는 교점

3. 면 ABC와 면 ACD가 만나서 생기는 교선

4. 면 BCD와 면 ABD가 만나서 생기는 교선

※ 다음 도형에서 교점의 개수를 구하라.

5. 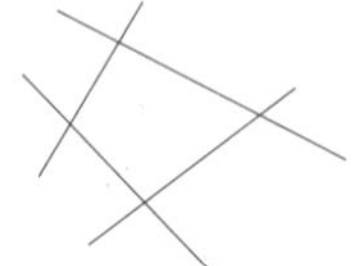

6. 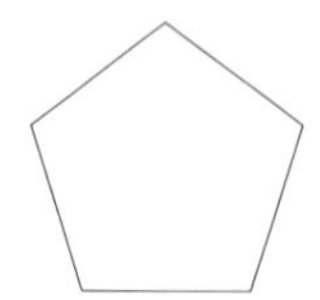

※ 다음 도형에서 교점의 개수와 교선의 개수를 구하라.

7. 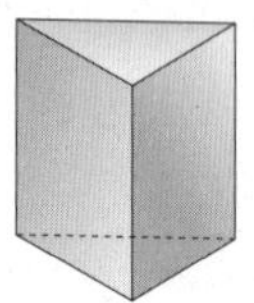

8. 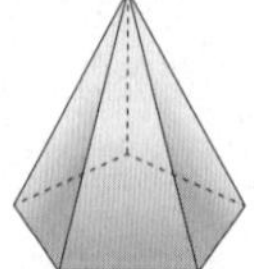

핵심
175 직선, 반직선, 선분

직선의 결정 : 한 점을 지나는 직선은 무수히 많지만 서로 다른 두 점을 지나는 직선은 오직 하나뿐이다.

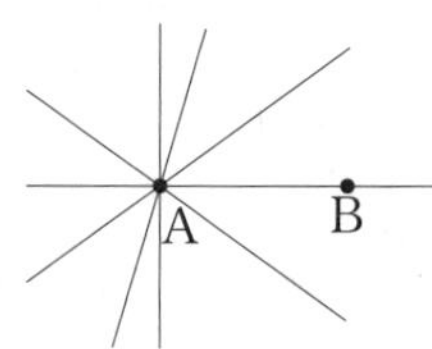

직선, 반직선, 선분

- 직선 AB($\overleftrightarrow{AB}$) : 서로 다른 두 점 A, B를 지나는 직선
- 반직선 AB($\overrightarrow{AB}$) : 직선 AB 위의 한 점 A에서 시작하여 점 B의 방향으로 곧게 뻗은 직선의 일부분
- 선분 AB($\overline{AB}$) : 직선 AB에서 두 점 A, B를 양 끝점으로 하는 직선의 일부분

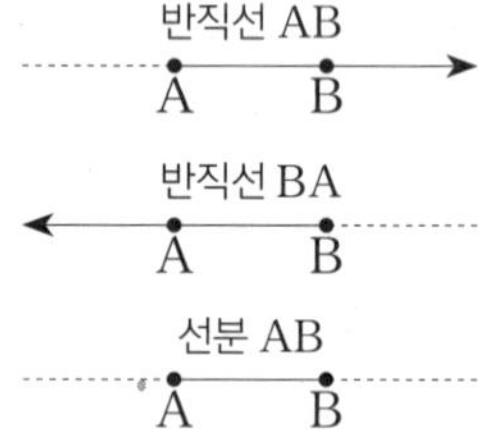

※ 아래 그림과 같이 직선 위에 네 점 A, B, C, D가 있다. □안에 두 도형이 같으면 =, 다르면 ≠를 써넣어라.

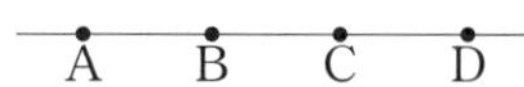

1. $\overrightarrow{AB}$ □ $\overrightarrow{AD}$

2. $\overrightarrow{BA}$ □ $\overrightarrow{BD}$

3. $\overline{BC}$ □ $\overline{CB}$

4. $\overrightarrow{AD}$ □ $\overrightarrow{BD}$

5. $\overleftrightarrow{AC}$ □ $\overleftrightarrow{BD}$

※ 다음 그림에서 두 점을 지나는 직선, 반직선, 선분의 개수를 구하라.

6. 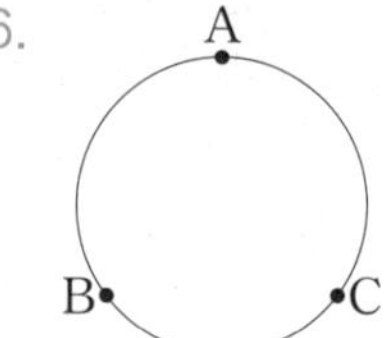

7. 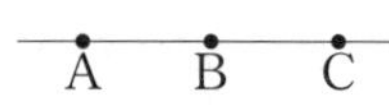

핵심

176 두 점 사이의 거리

두 점 A, B 사이의 거리 : 두 점 A, B를 잇는 무수히 많은 선 중에서 길이가 가장 짧은 선인 선분 AB의 길이

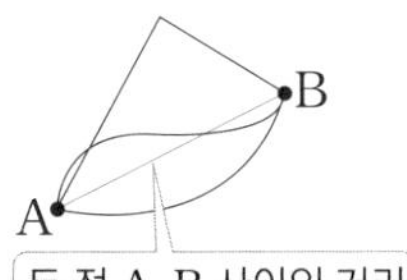

참고 $\overline{AB}$는 도형으로서의 선분 AB를 나타내기도 하지만, 선분 AB의 길이를 나타내는 기호로도 사용한다.

선분 AB의 중점 : 선분 AB를 이등분하는 점 M

$\overline{AM}=\overline{BM}=\frac{1}{2}\overline{AB}$

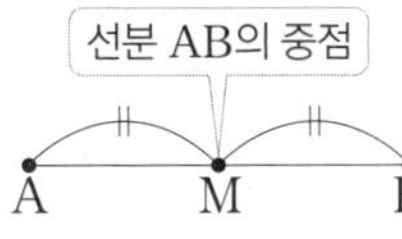

※ 다음 그림을 보고 □ 안에 알맞은 것을 써넣어라.

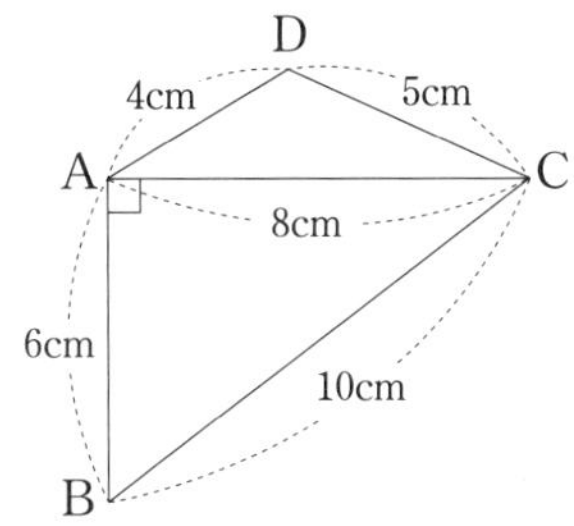

1. 두 점 A, B 사이의 거리
→ $\overline{AB}=\square$cm

2. 두 점 A, C 사이의 거리
→ $\overline{AC}=\square$cm

3. 두 점 A, D 사이의 거리
→ $\overline{AD}=\square$cm

4. 두 점 C, D 사이의 거리
→ $\overline{CD}=\square$cm

※ 다음 그림에서 점 M은 $\overline{AB}$의 중점이고, 점 N은 $\overline{AM}$의 중점이다. □ 안에 알맞은 수를 써넣어라.

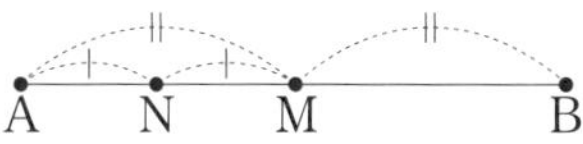

5. $\overline{AB}=\square\overline{AM}$

6. $\overline{AB}=\square\overline{AN}$

7. $\overline{AN}=\square\overline{AM}$

8. $\overline{AN}=\square\overline{AB}$

9. $\overline{NB}=\square\overline{AB}$

※ 다음 그림에서 점 M은 $\overline{AB}$의 중점이고, 점 N은 $\overline{MB}$의 중점이다. □ 안에 알맞은 수를 써넣어라.

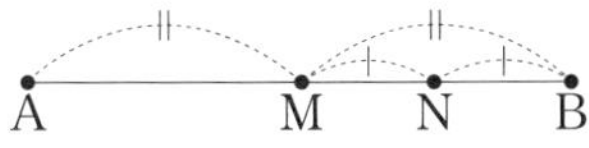

10. $\overline{AB}=10$cm일 때, $\overline{MB}=\square$cm

11. $\overline{AB}=8$cm일 때, $\overline{NB}=\square$cm

12. $\overline{MN}=3$cm일 때, $\overline{AB}=\square$cm

13. $\overline{AB}=12$cm일 때, $\overline{AN}=\square$cm

핵심 177 각

각 : 한 점 O에서 시작하는 두 반직선 OA, OB로 이루어진 도형

(기호) $\angle AOB$, $\angle BOA$, $\angle O$, $\angle a$

각의 크기 : $\angle AOB$에서 꼭짓점 O를 중심으로 $\overrightarrow{OA}$가 $\overrightarrow{OB}$까지 회전한 양

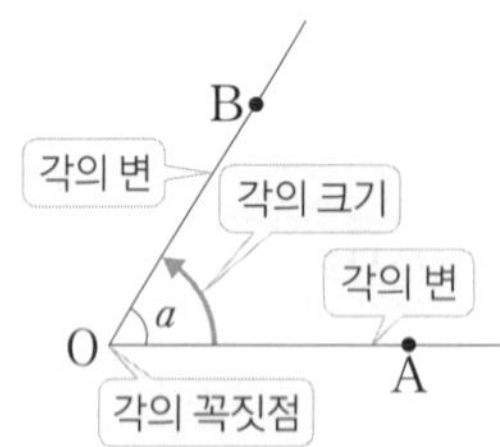

예 $\overrightarrow{OA}$가 $\overrightarrow{OB}$까지 회전한 양이 $70°$이면 $\angle AOB=70°$

각의 분류

- 평각 : 크기가 $180°$인 각
- 직각 : 평각 크기의 $\frac{1}{2}$인 각, 즉 크기가 $90°$인 각

직각을 나타낼 때, 다음과 같이 표시한다.

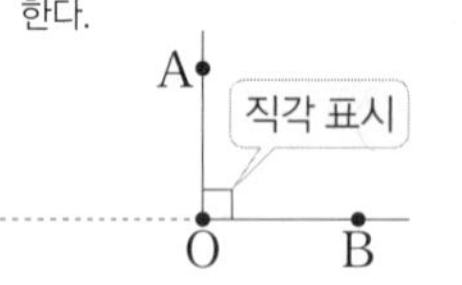

- 예각 : 크기가 $0°$보다 크고 $90°$보다 작은 각
- 둔각 : 크기가 $90°$보다 크고 $180°$보다 작은 각

※ 그림에서 다음 각의 크기를 구하라.

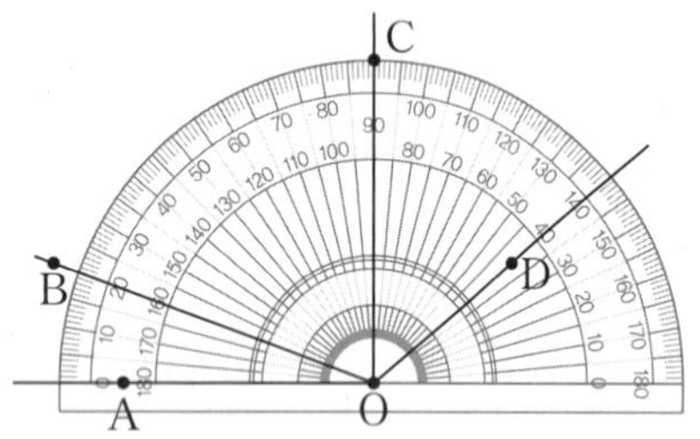

1. $\angle AOB$

2. $\angle AOC$

3. $\angle AOD$

4. $\angle BOC$

5. $\angle COD$

※ 그림에서 다음 각의 크기를 구하고 평각, 직각, 예각, 둔각으로 분류하여라.

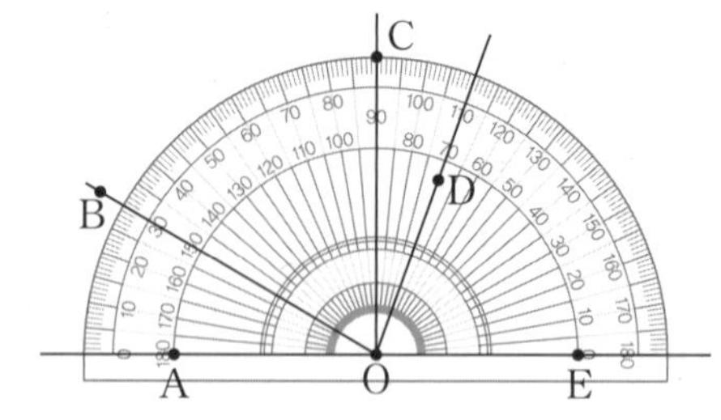

6. $\angle AOB$ 크기 : ______ 분류 : ______

7. $\angle BOE$ 크기 : ______ 분류 : ______

8. $\angle COE$ 크기 : ______ 분류 : ______

9. $\angle DOC$ 크기 : ______ 분류 : ______

10. $\angle EOA$ 크기 : ______ 분류 : ______

※ 그림에서 $\angle x$의 크기를 구하라.

11. $130°$, x

12. $50°$, x, $60°$

13. x, $45°$

14. $30°$, x

핵심 178 맞꼭지각

교각 : 두 직선이 한 점에서 만날 때 생기는 4개의 각, 즉 $\angle a$, $\angle b$, $\angle c$, $\angle d$

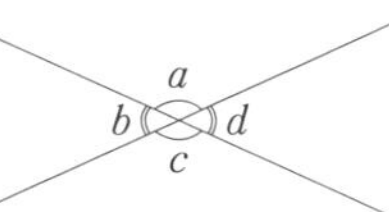

맞꼭지각 : 두 직선이 한 점에서 만날 때 생기는 4개의 각 중에서 서로 마주 보는 각, 즉 $\angle a$와 $\angle c$, $\angle b$와 $\angle d$

맞꼭지각의 성질 : 맞꼭지각의 크기는 서로 같다. 즉 $\angle a=\angle c$, $\angle b=\angle d$

※ 그림에서 다음 각의 맞꼭지각을 찾아 써라.

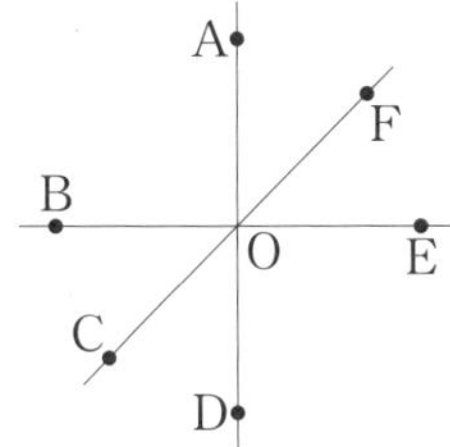

1. $\angle$AOB

2. $\angle$BOC

3. $\angle$COE

4. $\angle$EOA

※ 그림에서 다음 각의 크기를 구하라.

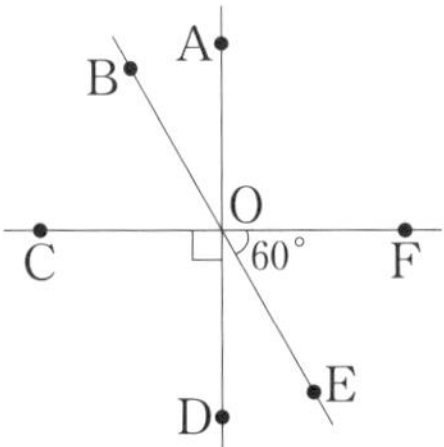

5. $\angle$BOC

6. $\angle$AOF

7. $\angle$AOB

8. $\angle$BOF

※ 그림에서 $\angle x$의 크기를 구하라.

9.

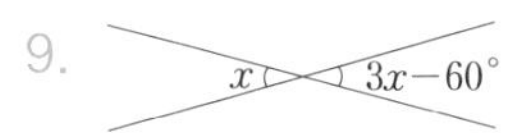

└ $x=3x-60°$

$2x=$ ☐

$\therefore x=$ ☐

10.

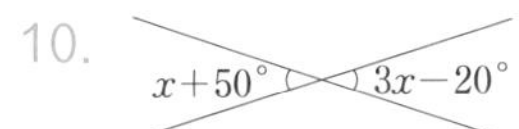

11.

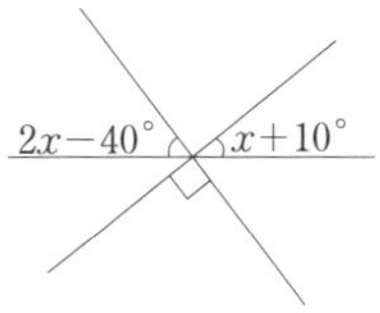

12.

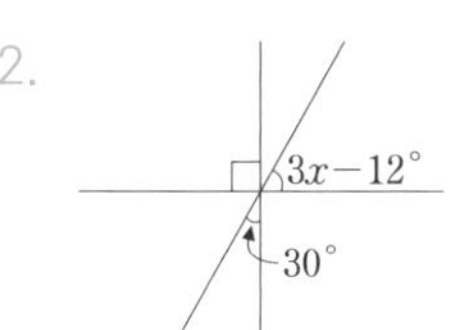

13.

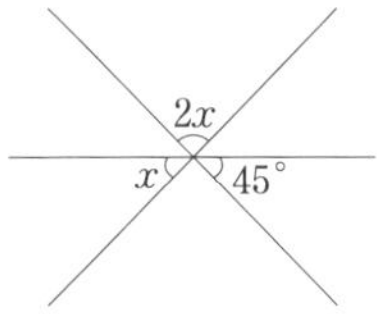

14.

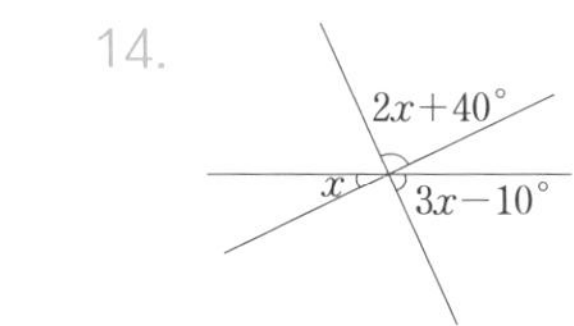

※ $\angle x:\angle y:\angle z$의 비가 다음과 같을 때, $\angle x$의 크기를 구하라.

15.

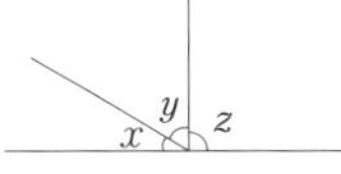

$\angle x:\angle y:\angle z=1:2:3$

16.

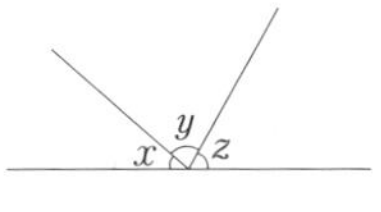

$\angle x:\angle y:\angle z=2:4:3$

17.

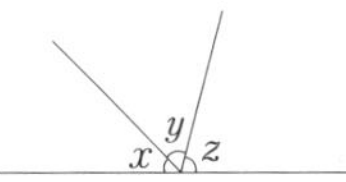

$\angle x:\angle y:\angle z=3:4:5$

18.

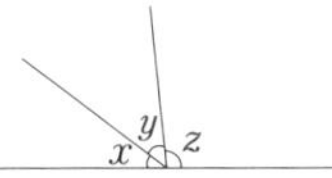

$\angle x:\angle y:\angle z=3:4:8$

핵심 179 수직과 수선

직교(直交) : 두 선분 AB, CD의 교각이 직각일 때, 두 선분은 서로 직교한다고 한다.
(기호) $\overline{AB} \perp \overline{CD}$

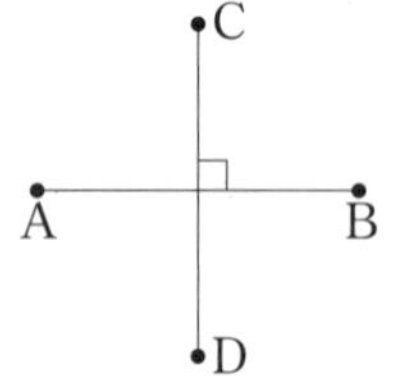

수선(垂線) : 두 직선이 서로 수직(垂直)일 때, 한 직선을 다른 직선의 수선이라고 한다.

수직이등분선 : 선분 AB의 중점 M을 지나고 선분 AB에 수직인 직선 l을 선분 AB의 수직이등분선이라고 한다.

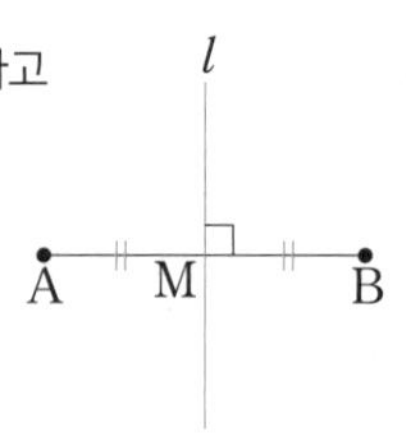

수선의 발 : 직선 l 위에 있지 않은 점 P에서 직선 l에 그은 수선과 직선 l이 만나서 생기는 교점 H

점과 직선 사이의 거리 : 점 P와 직선 l 위의 점을 잇는 가장 짧은 선분의 길이, 즉 선분 PH의 길이

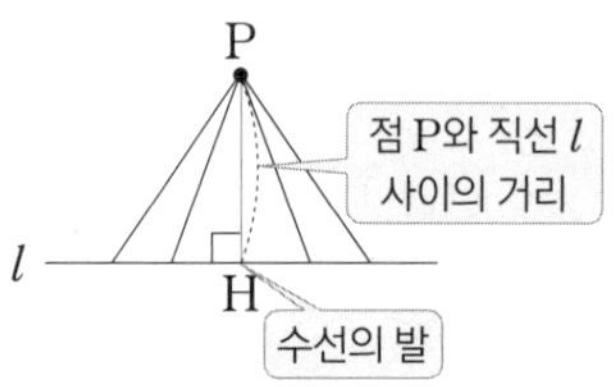

※ 오른쪽 그림에서 ∠AOD=90° 일 때, 다음 □ 안에 알맞은 것을 써넣어라.

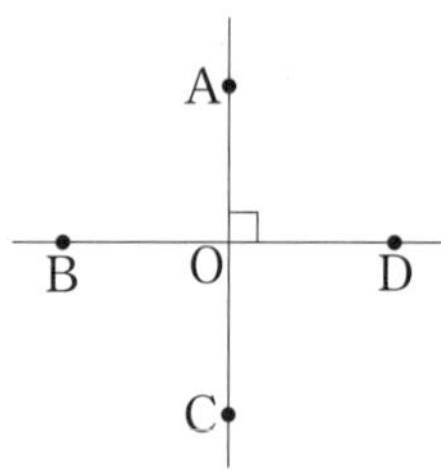

1. $\overline{AC}$ □ $\overline{BD}$

2. $\overleftrightarrow{AC}$ □ $\overleftrightarrow{BD}$

3. $\overleftrightarrow{AC}$는 $\overleftrightarrow{BD}$의 □이다.

4. 직선 AC가 선분 BD의 수직이등분선이면 $\overline{BO}$=$\overline{\square}$이다.

5. 점 B에서 $\overleftrightarrow{AC}$에 내린 수선의 발은 점 □이다.

6. 점 D와 $\overleftrightarrow{AC}$ 사이의 거리는 선분 □의 길이와 같다.

※ 오른쪽 그림을 보고 다음 물음에 답하여라.

7. 점 A, B, C, D에서 직선 l에 내린 수선의 발을 P, Q, R, S라고 할 때, 네 점 P, Q, R, S를 모눈종이 위에 나타내어라.

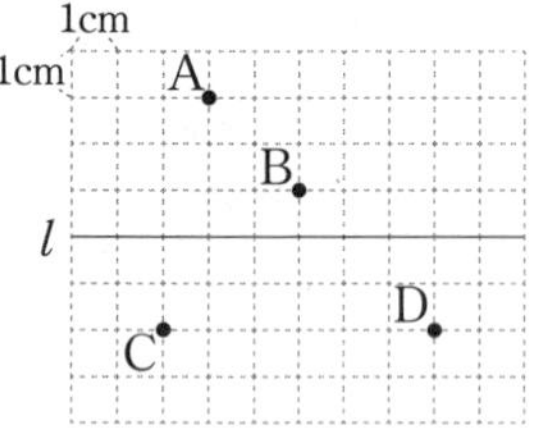

8. 점 A, B, C, D와 직선 l 사이의 거리를 각각 구하라.

※ 그림에서 다음을 구하라.

9. ① 점 A에서 $\overline{BC}$에 내린 수선의 발

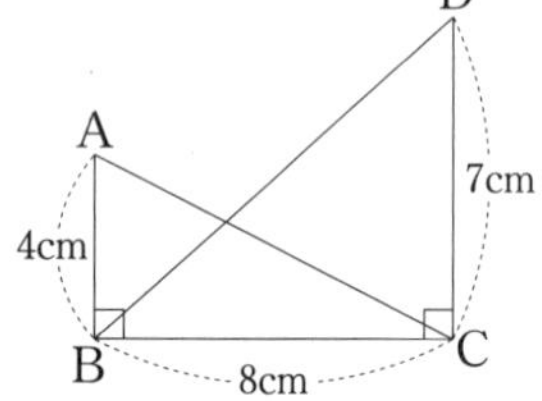

② 점 B와 $\overline{CD}$ 사이의 거리

10. ① 점 D에서 $\overline{AB}$에 내린 수선의 발

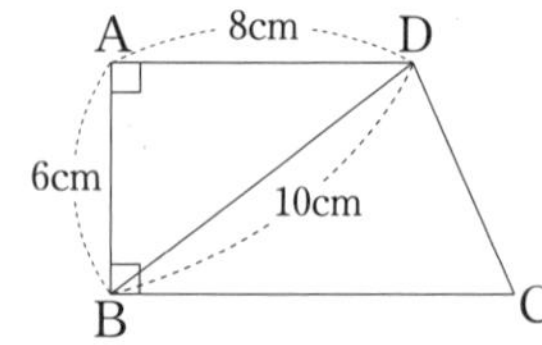

② 점 D와 $\overline{AB}$ 사이의 거리

11. ① 점 B에서 $\overline{CD}$에 내린 수선의 발

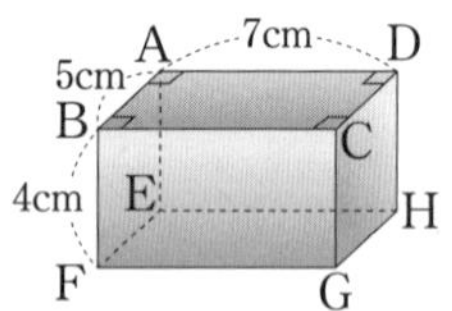

② 점 B와 $\overline{CD}$ 사이의 거리

12. ① 점 B에서 $\overline{AC}$에 내린 수선의 발

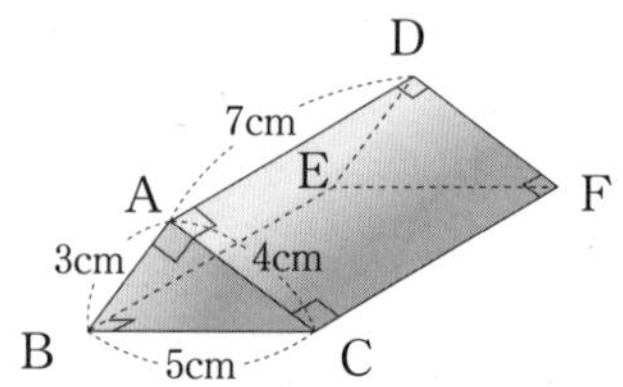

② 점 C와 $\overline{DF}$ 사이의 거리

핵심
180 동위각과 엇각

서로 다른 두 직선이 다른 한 직선과 만나서 생기는 각 중에서

동위각(同位角) : 서로 같은 위치에 있는 두 각

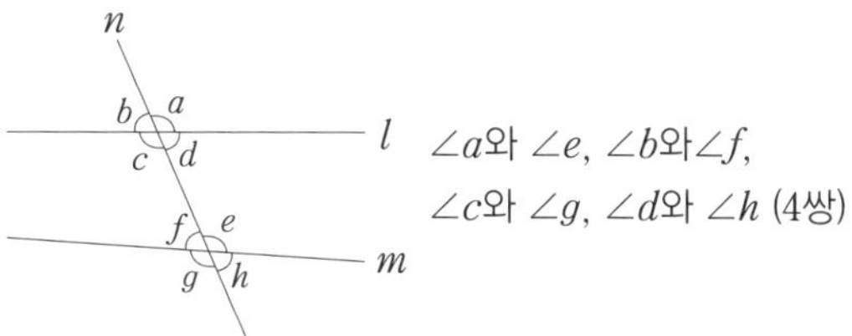

$\angle a$와 $\angle e$, $\angle b$와 $\angle f$,
$\angle c$와 $\angle g$, $\angle d$와 $\angle h$ (4쌍)

엇각 : 서로 엇갈린 위치에 있는 두 각

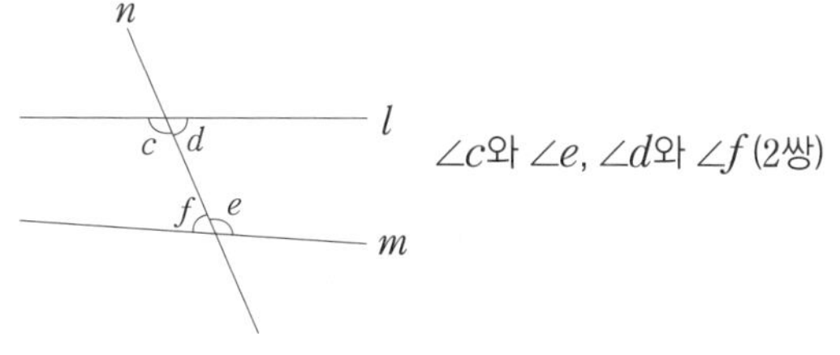

$\angle c$와 $\angle e$, $\angle d$와 $\angle f$ (2쌍)

※ 그림에서 다음을 구하라.

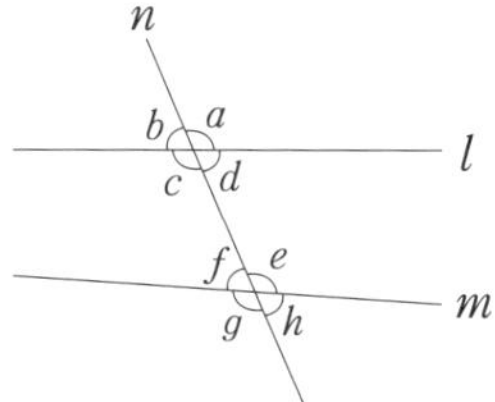

1. $\angle b$의 동위각
2. $\angle h$의 동위각
3. $\angle d$의 엇각
4. $\angle e$의 엇각

※ 그림에서 다음을 구하라.

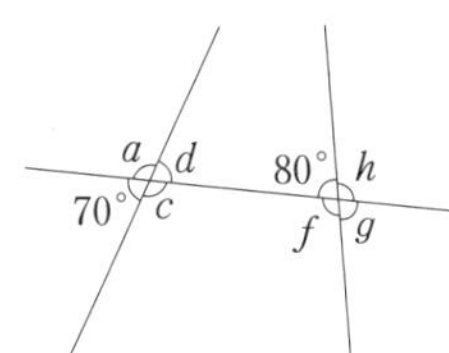

5. $\angle a$의 동위각의 크기
6. $\angle g$의 동위각의 크기
7. $\angle c$의 엇각의 크기
8. $\angle f$의 엇각의 크기

핵심
181 평행선의 성질

평행선 : 한 평면 위의 두 직선 l, m이 만나지 않을 때, 두 직선은 서로 평행하다고 하고, 기호로 $l /\!/ m$과 같이 나타낸다.

l

m

이때 서로 평행한 두 직선을 평행선이라고 한다.

평행선의 성질

평행한 두 직선이 다른 한 직선과 만날 때

- 동위각의 크기는 같다.
  $l /\!/ m$이면 $\angle a = \angle c$
- 엇각의 크기는 같다.
  $l /\!/ m$이면 $\angle b = \angle c$

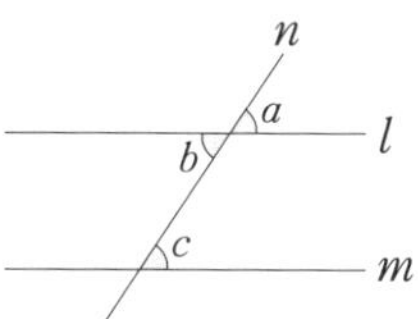

※ 그림에서 $l /\!/ m$일 때, $\angle x$의 크기를 구하라.

1. l, m, x, 130°

2. l, m, x, 135°

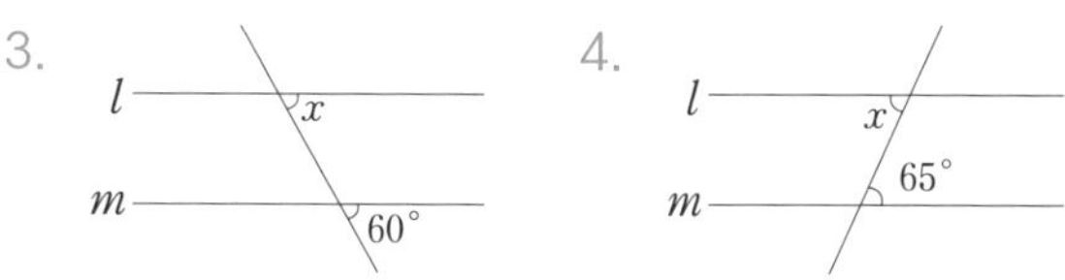

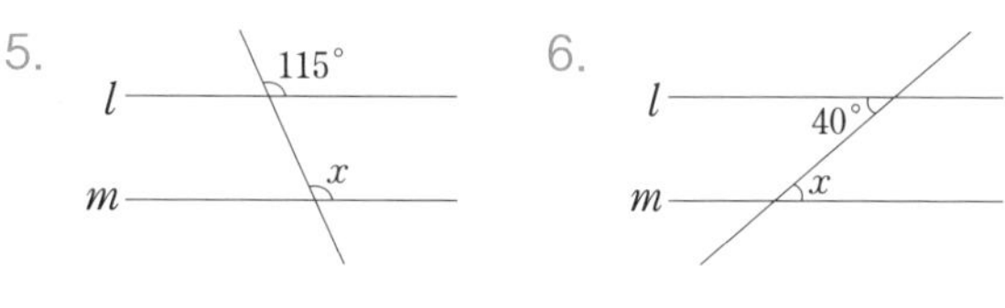

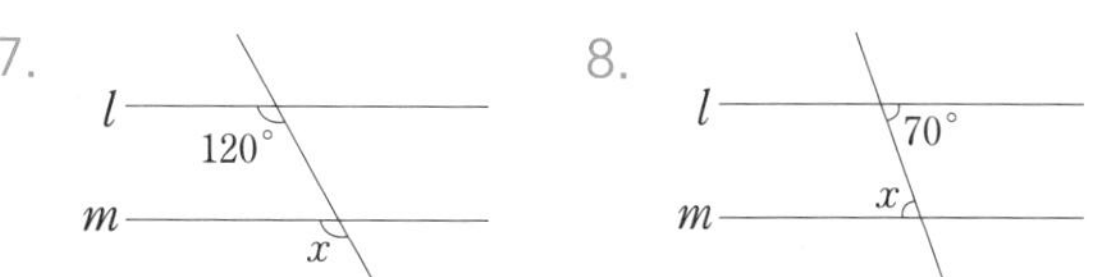

핵심

182 두 직선이 평행할 조건

서로 다른 두 직선이 한 직선과 만날 때

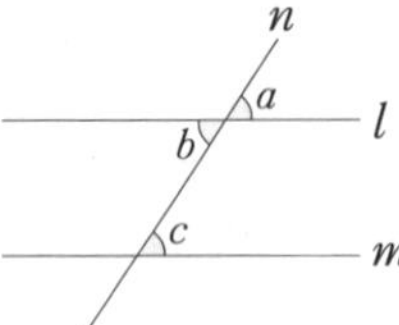

동위각의 크기가 같으면 두 직선은 평행하다.

$\angle a = \angle c$이면 $l \mathbin{/\!/} m$

엇각의 크기가 같으면 두 직선은 평행하다.

$\angle b = \angle c$이면 $l \mathbin{/\!/} m$

※ 그림에서 두 직선 l, m이 서로 평행하면 ○표, 평행하지 않으면 ×표 하여라.

1.

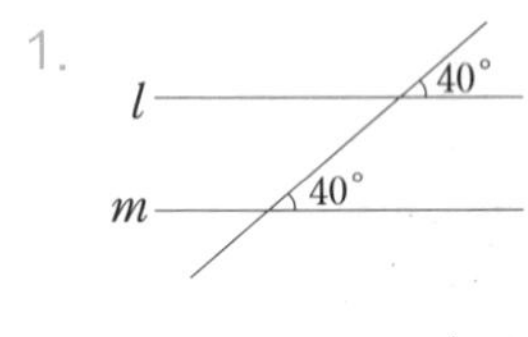

( )

2.

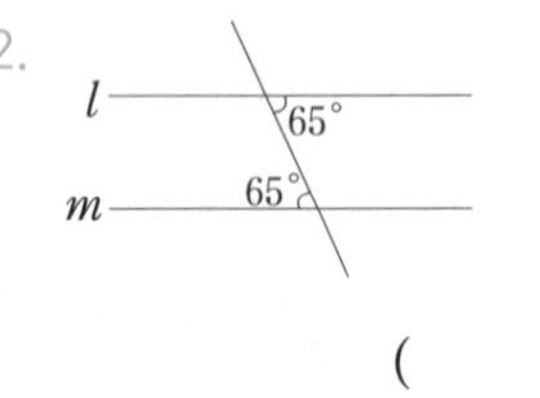

( )

3. ( )

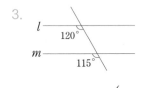

4.

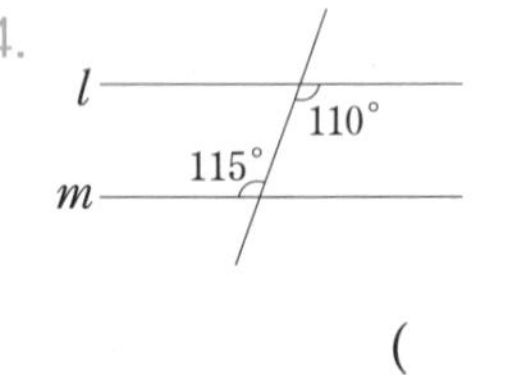

( )

5. ( )

6.

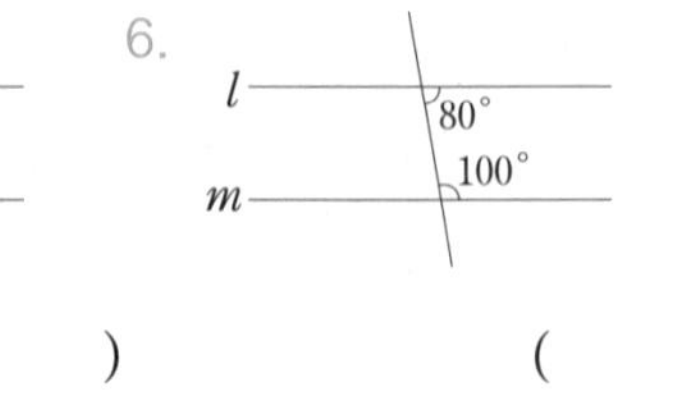

( )

7. ( )

8. ( )

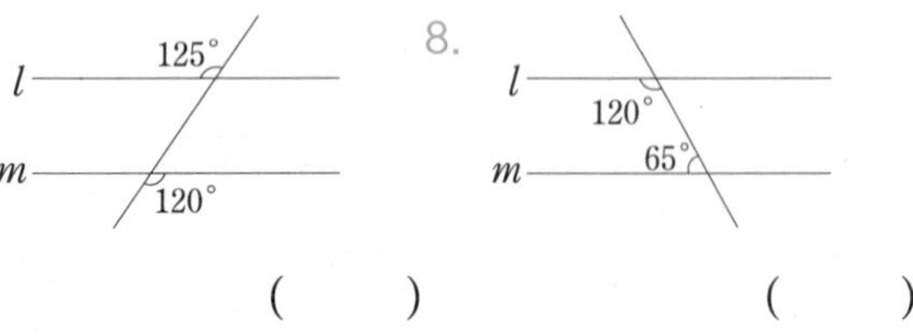

※ 그림에서 평행한 두 직선을 찾아 기호 $/\!/$를 사용하여 나타내어라.

9.

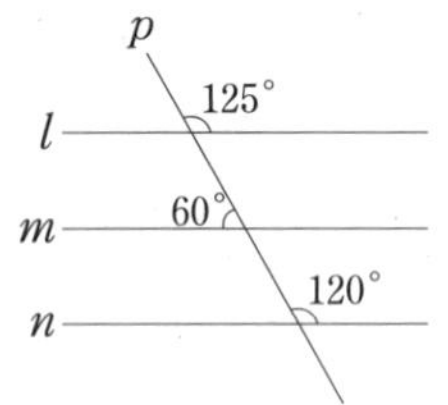

10.

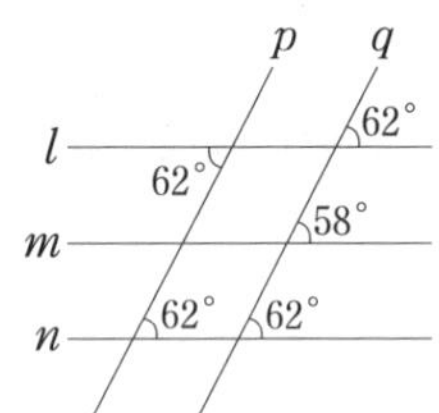

11.

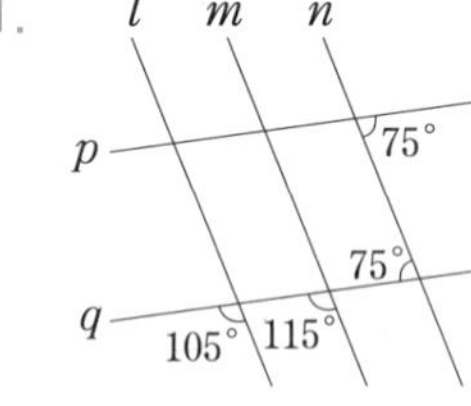

12.

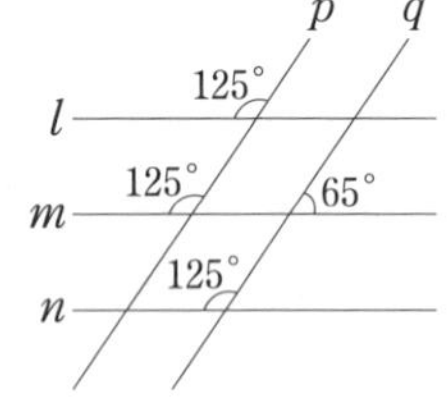

※ 그림에서 $\angle x$의 크기를 구하라.

13.

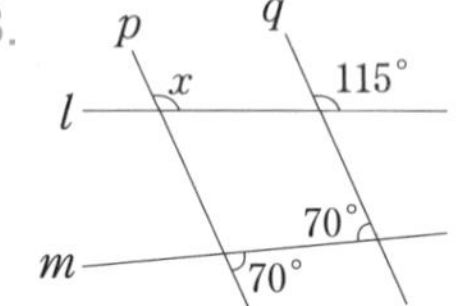

14.

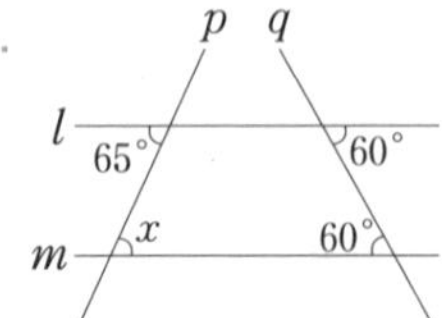

15.

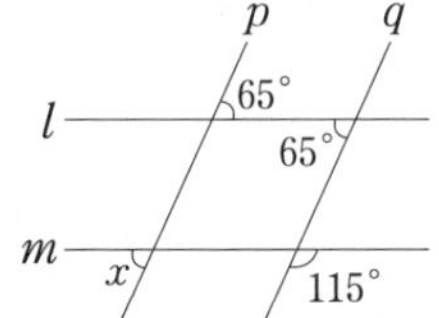

핵심 183 평행선의 성질 활용 (1)

평행선과 동위각, 엇각의 활용

맞꼭지각은 크기가 같고, 평각의 크기는 180°임을 이용한다.

보조선을 그어 각의 크기 구하는 문제

주어진 평행선과 평행한 보조선을 그은 다음 동위각, 엇각의 성질을 이용한다.

※ 그림에서 $l /\!/ m$일 때, $\angle x$의 크기를 구하라.

1. 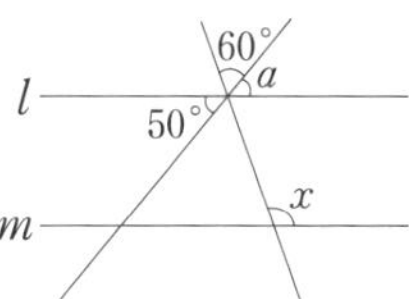

└ $\angle a=$ ☐

$\therefore \angle x=$ ☐ + ☐ = ☐

2. 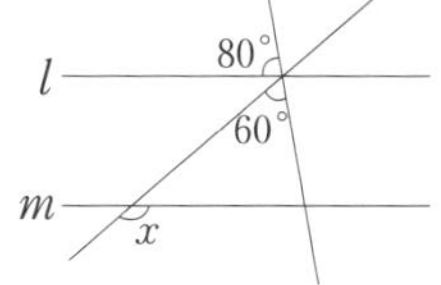

3. 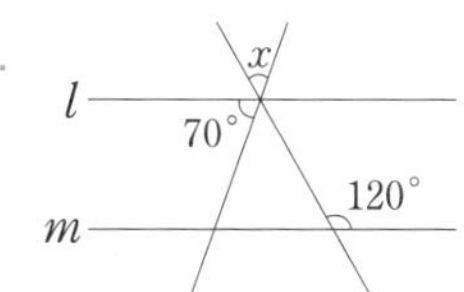

4. 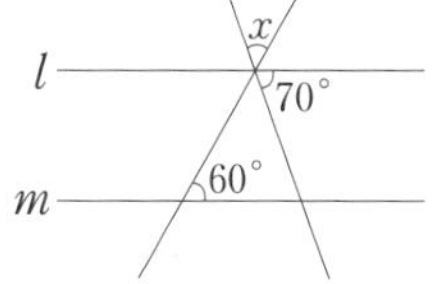

5. 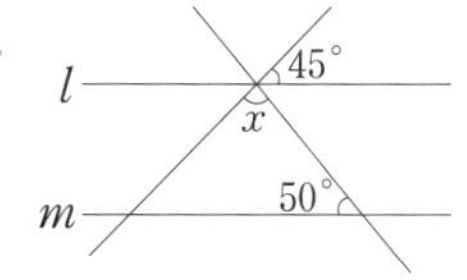

※ 그림에서 $l /\!/ m$일 때, $\angle x$의 크기를 구하라.

6. 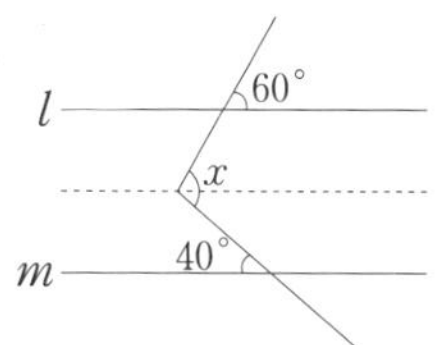

└ 직선 l, m과 평행한 보조선을 긋는다.

$\therefore \angle x=$ ☐ + ☐ = ☐

7. 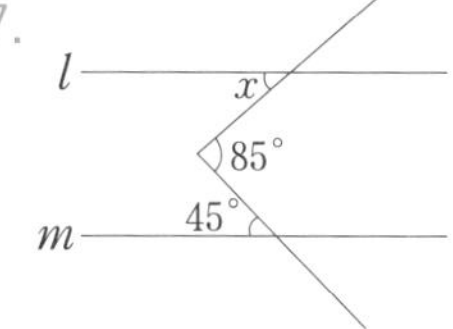

8. 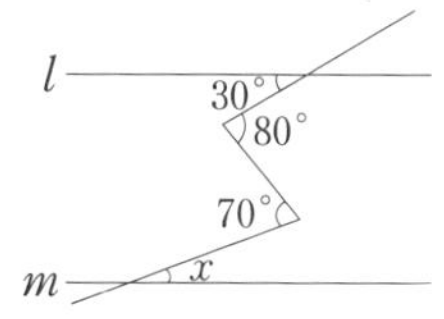

9. 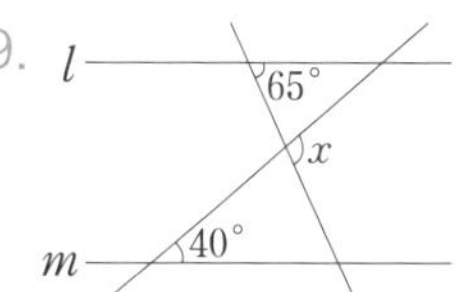

10. 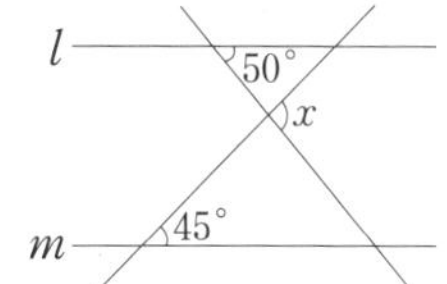

11. 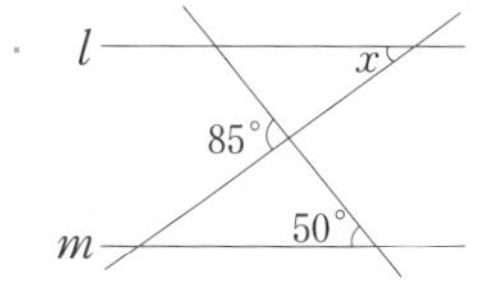

12. 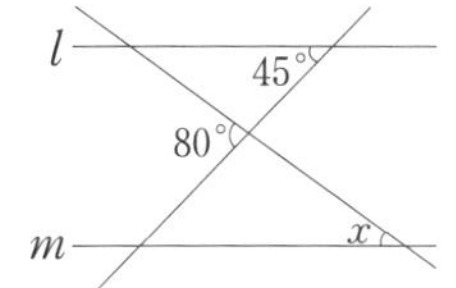

핵심 184 평행선의 성질 활용 (2)

폭이 일정한 종이를 접으면 접은 각(①, ①′)의 크기는 같고, 엇각(②)의 크기도 같다.

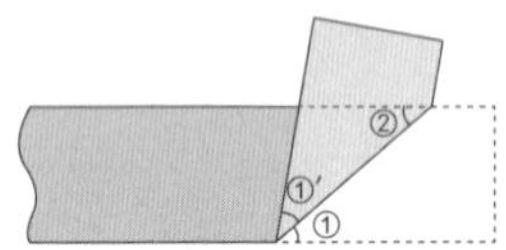

참고 직사각형 모양의 종이를 오른쪽 그림과 같이 접을 경우에는 보조선을 그어 생각한다. 이때 $\angle b+\angle x=90°$이다.

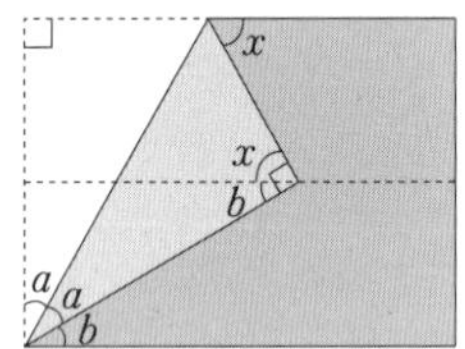

※ 그림과 같이 폭이 일정한 종이를 접었을 때, $\angle x$의 크기를 구하라.

1.

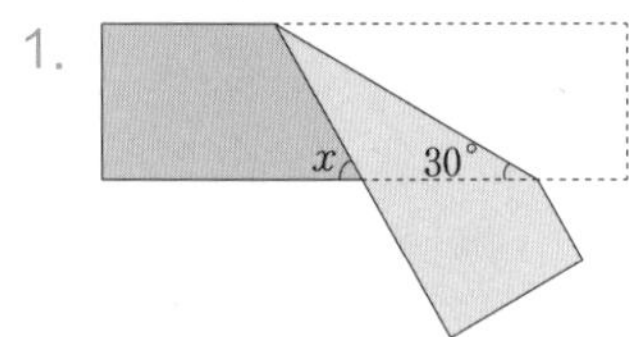

↳ 엇각의 크기는 같고, 접은 각도 같으므로
$\angle x=$ ☐ $+$ ☐ $=$ ☐

2.

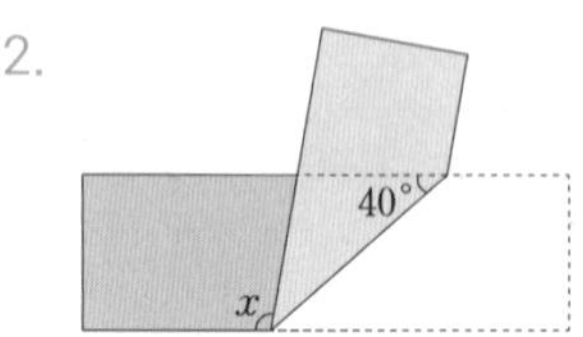

3.

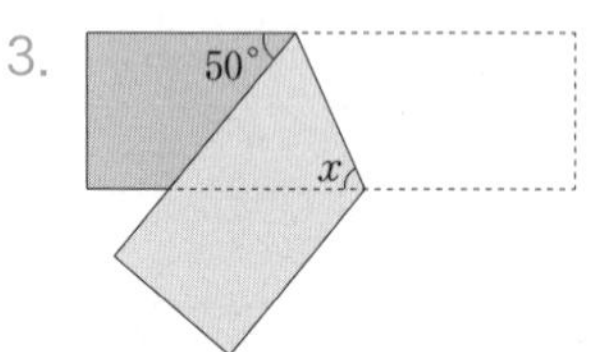

핵심 185 점과 직선, 점과 평면의 위치 관계

점과 직선의 위치 관계

- 점 A가 직선 l 위에 있다.
- 점 B가 직선 l 밖에 있다.

참고 점이 직선 위에 있다는 것은 점이 직선에 포함된다는 것을 뜻한다.

점과 평면의 위치 관계

- 점 A가 평면 P 위에 있다.
- 점 B가 평면 P 밖에 있다.

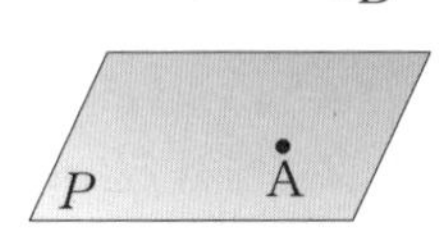

※ 그림에서 다음의 위치 관계에 있는 점을 모두 구하라.

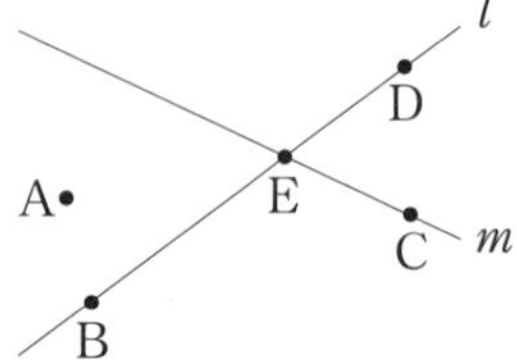

1. 직선 l 위에 있는 점

2. 직선 l 밖에 있는 점

3. 직선 m에 포함되는 점

4. 직선 m 위에 있지 않은 점

※ 그림에서 다음을 구하라.

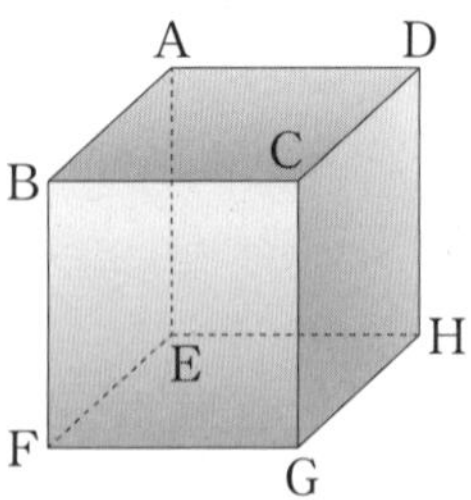

5. 모서리 AD 위에 있는 꼭짓점

6. 모서리 AB 밖에 있는 꼭짓점

7. 면 ABCD 위에 있는 꼭짓점

8. 면 ABCD 밖에 있는 꼭짓점

186 평면에서 두 직선의 위치 관계

핵심

평면에서 두 직선의 위치 관계

- 한 점에서 만난다.

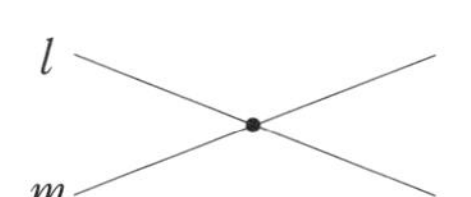

- 평행하다. ($l /\!/ m$)

- 일치한다. ($l=m$)

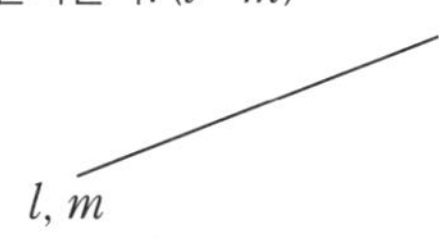

참고 두 직선이 일치하는 경우는 하나의 직선으로 생각한다.

※ 오른쪽 그림의 직사각형에서 다음을 구하라.

1. 직선 AD와 평행한 직선

2. 직선 AD와 한 점에서 만나는 직선

※ 오른쪽 그림의 정육각형에서 다음 설명이 옳으면 ○표, 옳지 않으면 ×표 하여라.

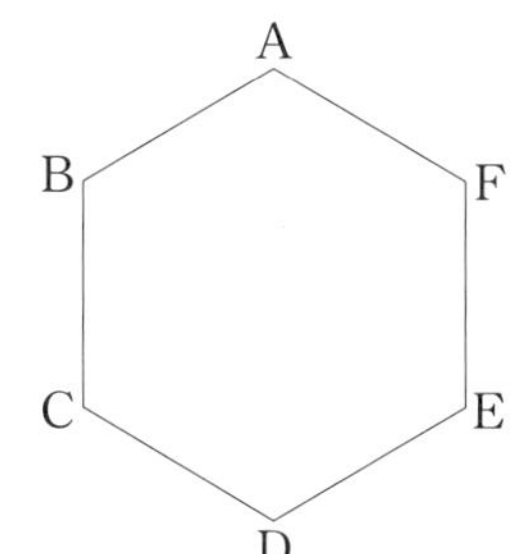

3. $\overleftrightarrow{AB}$와 $\overleftrightarrow{DE}$는 평행하다. (　　)

4. $\overleftrightarrow{CD}$와 $\overleftrightarrow{DC}$는 일치한다. (　　)

5. $\overleftrightarrow{DE}$와 $\overleftrightarrow{AF}$는 만난다. (　　)

6. $\overleftrightarrow{BC}$와 만나는 직선은 $\overleftrightarrow{AB}$, $\overleftrightarrow{CD}$뿐이다. (　　)

7. $\overleftrightarrow{CD}$와 만나는 직선은 3개이다. (　　)

187 공간에서 두 직선의 위치 관계

핵심

꼬인 위치 : 공간에서 두 직선이 만나지도 않고 평행하지도 않을 때, 두 직선은 꼬인 위치에 있다고 한다.

공간에서 두 직선의 위치 관계

- 한 점에서 만난다.

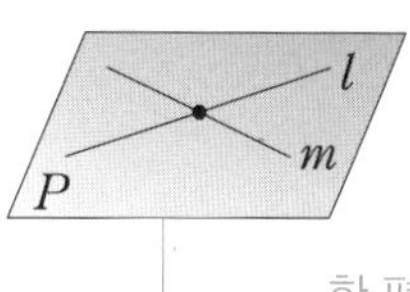

- 평행하다. ($l /\!/ m$)

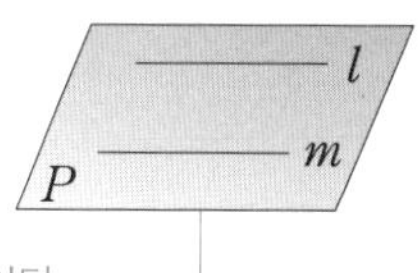

한 평면 위에 있다.

- 꼬인 위치에 있다.

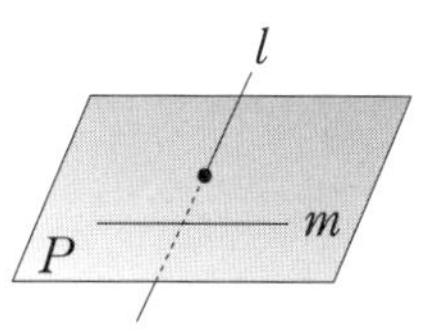

한 평면 위에 있지 않다.

※ 오른쪽 그림과 같이 정육면체의 일부분을 잘라 낸 입체 도형에서 다음을 구하라.

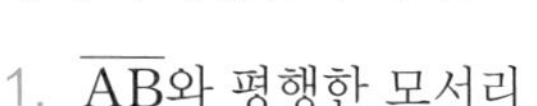

A C B D G E F

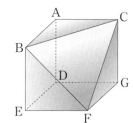

1. $\overline{AB}$와 평행한 모서리

2. $\overline{AB}$와 만나는 모서리

3. $\overline{AB}$와 꼬인 위치에 있는 모서리

※ 오른쪽 그림의 정오각기둥에서 다음을 구하라.

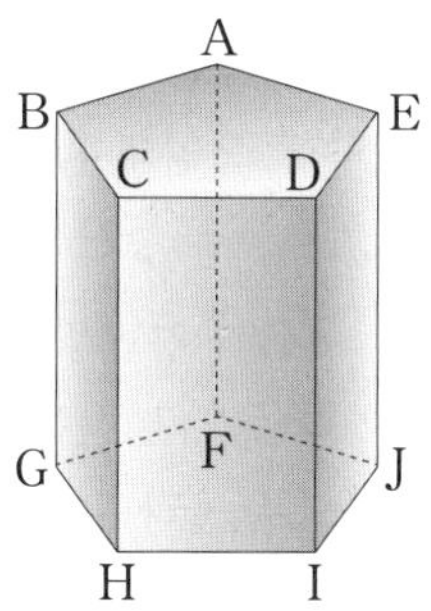

4. 모서리 AB와 수직으로 만나는 모서리의 개수

5. 모서리 BG와 수직으로 만나는 모서리의 개수

6. 모서리 CD와 평행한 모서리의 개수

7. 모서리 EJ와 꼬인 위치에 있는 모서리의 개수

핵심

188 공간에서 직선과 평면의 위치 관계

공간에서 직선과 평면의 위치 관계

- 한 점에서 만난다.

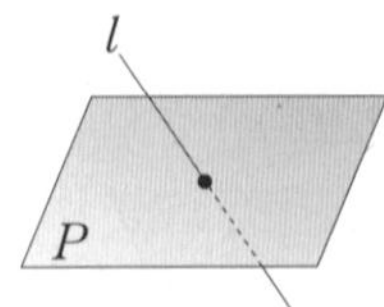

- 평행하다. ($l /\!/ P$)

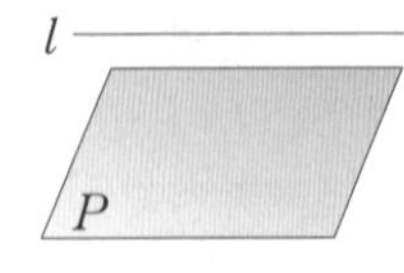

- 직선이 평면에 포함된다.

직선과 평면의 수직 : 직선 l이 평면 P와 한 점 H에서 만나고 이 점 H를 지나는 평면 P 위의 모든 직선과 수직일 때, 직선 l과 평면 P는 수직이다 또는 직교한다고 하고 $l \perp P$로 나타낸다.

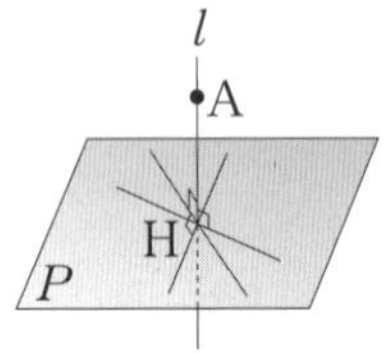

점과 평면 사이의 거리 : 평면 P 위에 있지 않은 점 A에서 평면 P에 내린 수선의 발 H까지의 거리, 즉 $\overline{\mathrm{AH}}$의 길이

※ 오른쪽 그림과 같은 정육면체에서 다음을 구하라.

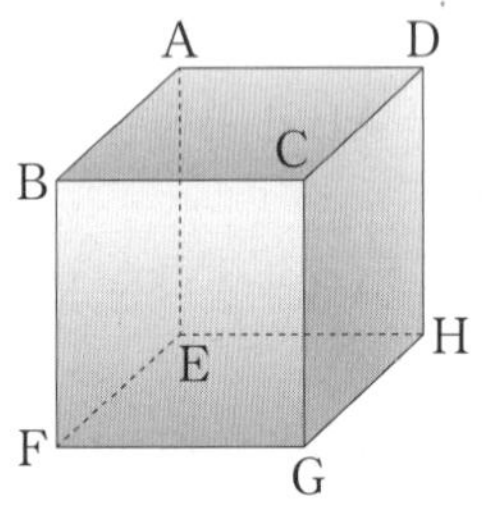

1. 모서리 AB를 포함하는 면

2. 모서리 AB와 한 점에서 만나는 면

3. 모서리 AB와 평행한 면

※ 오른쪽 그림은 평면 P 위에 직사각형 모양의 색종이를 반으로 접어서 올려놓은 것이다.

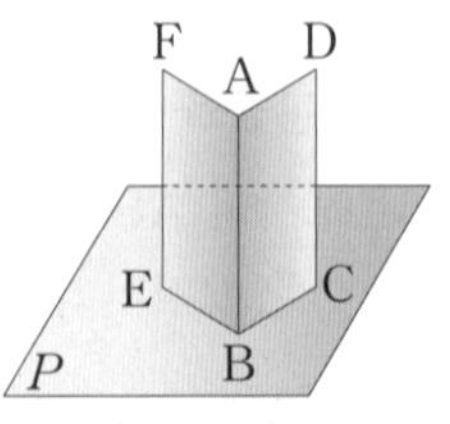

4. $\overline{\mathrm{AB}}$가 평면 P와 수직임을 설명하기 위하여 필요한 것을 모두 골라라.

ㄱ. $\overline{\mathrm{AB}} \perp \overline{\mathrm{BC}}$	ㄴ. $\overline{\mathrm{FE}} \perp \overline{\mathrm{AF}}$	ㄷ. $\overline{\mathrm{AD}} \perp \overline{\mathrm{AF}}$
ㄹ. $\overline{\mathrm{AB}} \perp \overline{\mathrm{BE}}$	ㅁ. $\overline{\mathrm{BC}} \perp \overline{\mathrm{BE}}$	

핵심

189 공간에서 두 평면의 위치 관계

공간에서 두 평면의 위치 관계

- 한 직선에서 만난다.

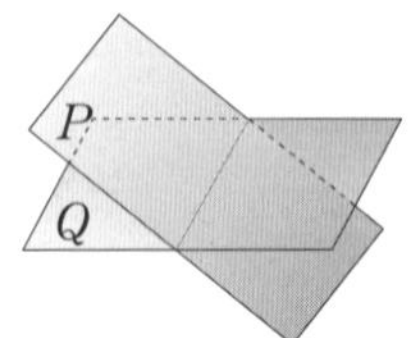

- 평행하다. ($P /\!/ Q$)

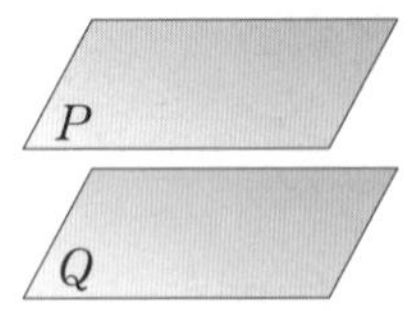

- 일치한다.

참고 두 평면 P, Q가 한 직선에서 만날 때, 그 만나는 직선은 두 평면 P, Q의 교선이다.

두 평면의 수직 : 두 평면 P와 Q가 만나고 평면 P가 평면 Q에 수직인 직선 l을 포함할 때, 평면 P와 Q는 서로 수직이다 또는 직교한다고 하고 $P \perp Q$로 나타낸다.

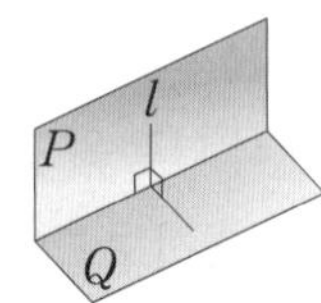

평행한 두 평면 사이의 거리 : 평면 P 위의 한 점 A에서 평면 Q에 내린 수선의 발 H까지의 거리, 즉 $\overline{\mathrm{AH}}$의 길이

※ 오른쪽 그림의 정육면체에서 다음을 구하라.

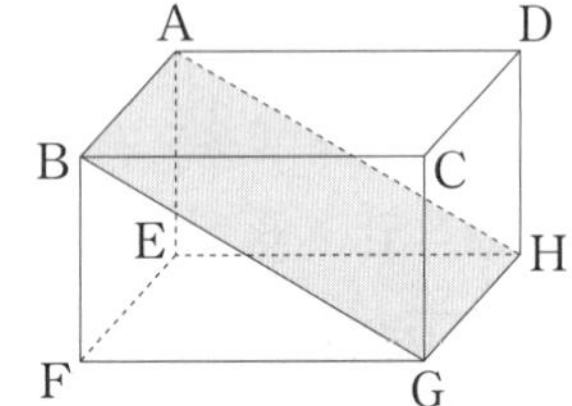

1. 면 ABCD와 평행한 면

2. 면 ABCD와 수직인 면의 개수

3. 면 ABGH와 만나는 면의 개수

4. 면 ABGH와 수직인 면

5. 면 ABGH와 면 BFGC의 교선

| 실력테스트 |

1. 오른쪽 그림과 같이 네 점 A, B, C, D가 한 직선 위에 일정한 간격으로 있을 때, 다음 중 옳은 것을 모두 고르면?

A B C D

① $\overrightarrow{BA}=\overrightarrow{AB}$　　② $\overleftrightarrow{AB}=\overleftrightarrow{BC}$

③ $\overline{CD}=\overline{DC}$　　④ $\overleftrightarrow{AB}=\overleftrightarrow{AC}$

⑤ $\overrightarrow{AC}=\overrightarrow{AD}$

2. 오른쪽 그림에서 $\overline{AB}=24$cm 이다. 점 C는 $\overline{AB}$의 중점이고 $2\overline{CD}=\overline{DB}$일 때, $\overline{DB}$의 길이를 구하라.

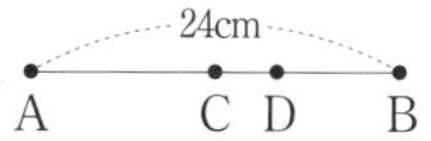

24cm
A C D B

3. 오른쪽 그림에서 $\overline{AE}\perp\overline{BO}$, $\angle AOC=4\angle BOC$, $\angle DOE=3\angle COD$일 때, $\angle BOD$의 크기는?

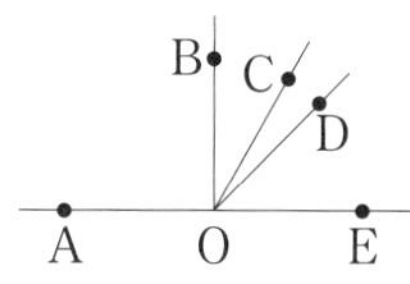

① 30°　　② 40°　　③ 45°

④ 50°　　⑤ 60°

4. 오른쪽 그림에서 $\angle a$, $\angle b$ 의 크기를 각각 구하라.

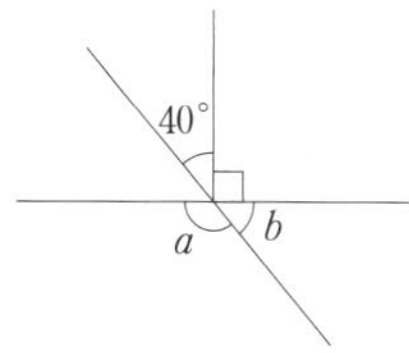

5. 오른쪽 그림에서 $l \mathbin{/\!/} m$일 때, $\angle x$의 크기를 구하라.

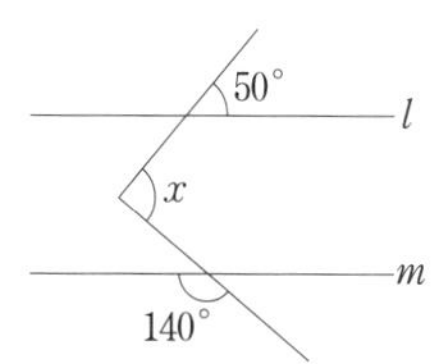

6. 오른쪽 그림과 같이 직사각형 모양의 종이를 접었을 때, $\angle x$, $\angle y$의 크기를 각각 구하라.

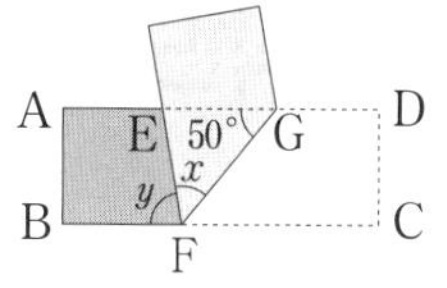

7. 오른쪽 그림에서 평행한 두 직선을 모두 찾아라.

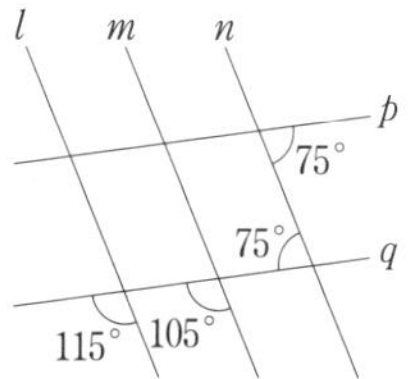

8. 오른쪽 그림은 두 면 ABCD와 EFGH가 사다리꼴이고, 나머지 면은 직사각형인 사각기둥이다. $\overline{AB}$와 평행한 면의 개수를 a, $\overline{CG}$와 꼬인 위치에 있는 모서리의 개수를 b라고 할 때, $a+b$의 값을 구하라.

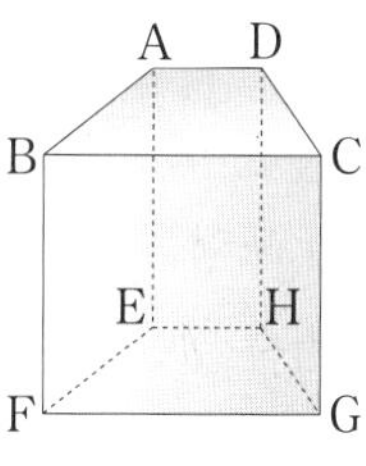

9. 공간에서 서로 다른 두 직선과 서로 다른 두 평면의 위치 관계에 대한 다음 설명 중 옳은 것은?

① 한 직선에 평행한 두 평면은 평행하다.

② 한 평면에 수직인 두 직선은 수직이다.

③ 한 평면에 평행한 두 직선은 수직이다.

④ 한 평면에 수직인 두 직선은 평행하다.

⑤ 한 평면에 수직인 두 평면은 수직이다.

Science & Technology

오른쪽 그림과 같은 계단 난간에서 $l \mathbin{/\!/} m$일 때, $\angle a$, $\angle b$, $\angle c$의 크기를 각각 구하라.

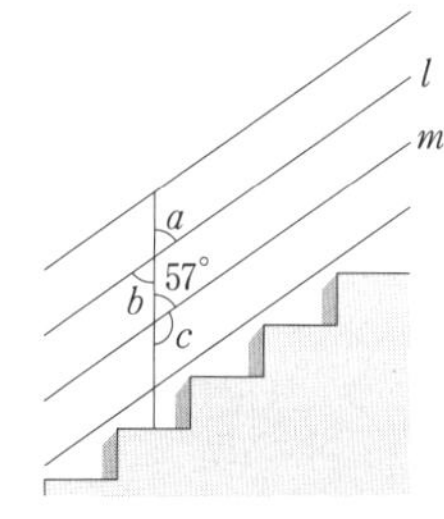

2. 작도와 합동

○ 삼각형을 작도할 수 있다.
○ 삼각형의 합동 조건을 이해하고, 이를 이용하여 두 삼각형이 합동인지 판별할 수 있다.

눈금이 없는 자와 컴퍼스만을 사용하여 도형을 그리는 것을 **작도**라고 한다. 다음의 각 경우에 삼각형은 단 하나만 작도할 수가 있다. 이러한 경우가 아니면 삼각형이 그려지지 않거나 여러 개의 삼각형이 그려지게 된다.

- 작도에서 자는 길이를 재는 용도로 사용하지 않고, 선을 긋는 용도로만 사용한다.

① 세 변의 길이를 알 때

② 두 변의 길이와 그 끼인 각의 크기를 알 때

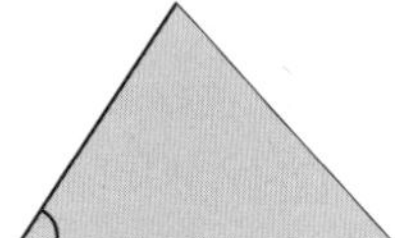

③ 한 변의 길이와 그 양 끝각의 크기를 알 때

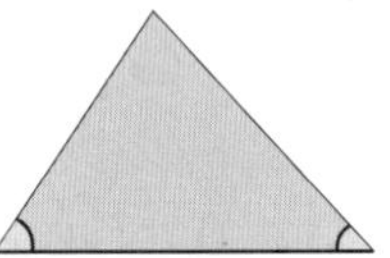

어떤 도형을 모양이나 크기를 바꾸지 않고 돌리거나 뒤집어서 다른 도형에 완전히 포갤 수 있을 때, 이 두 도형을 서로 **합동**이라고 한다. 합동인 두 도형에서 서로 포개어지는 점, 변, 각은 서로 **대응**한다고 하고, 이를 각각 대응점, 대응변, 대응각이라고 한다. 이때 대응변의 길이와 대응각의 크기는 같다.

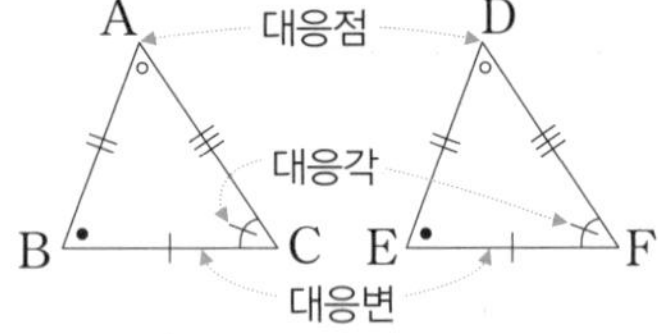

한편 두 개의 삼각형에서도 변의 길이와 각의 크기가 같으면 서로 합동인 도형이 만들어진다. 두 삼각형은 다음의 각 경우에 합동이다.

- S는 Side(변), A는 Angle(각)의 머리글자이다.

① 대응하는 세 변의 길이가 각각 같다.
(SSS 합동)

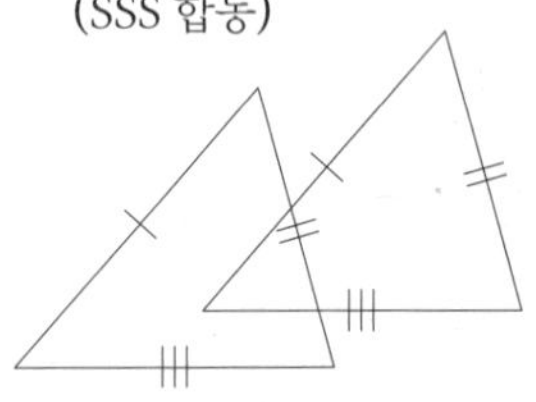

② 대응하는 두 변의 길이가 각각 같고 그 끼인 각의 크기가 같다.
(SAS 합동)

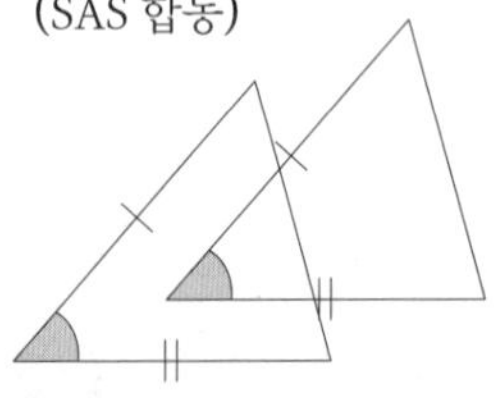

③ 대응하는 한 변의 길이가 같고 그 양 끝각의 크기가 각각 같다.
(ASA 합동)

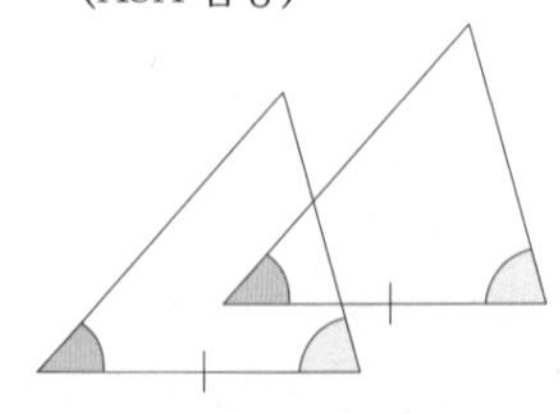

WHY? 원래 고대 이집트의 나일 강 주변은 지대가 낮아 홍수로 자주 범람하였는데, 홍수로 없어진 토지의 경계를 다시 그려야 했고 이 과정에서 경험적으로 다양한 지식을 가지게 되었다. 작도는 이런 토지 측량 등에 이용된 초보적인 수학 방법이었다. 후에 수학자들은 이런 경험적인 지식을 토대로 생각을 확장해 나갔고 기하학(geometry)이라는 수학의 한 분야를 발달시켰다. 현재 기하학은 지도 제작, 위성항법장치, 심해 측량, 우주 관측 등에까지 폭넓게 응용되고 있는 대표적인 수학 방법이 되었다.

핵심

190 작도

작도(지을 作, 그림 圖) : 눈금 없는 자와 컴퍼스만을 사용하여 도형을 그리는 것

- 눈금 없는 자의 사용 : 직선을 긋거나 선분을 연장할 때
- 컴퍼스의 사용 : 선분의 길이를 다른 직선 위에 옮기거나 원을 그릴 때

길이가 같은 선분의 작도

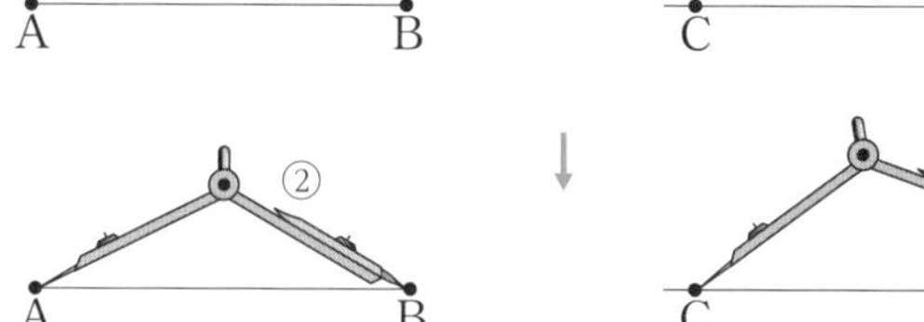

크기가 같은 각의 작도

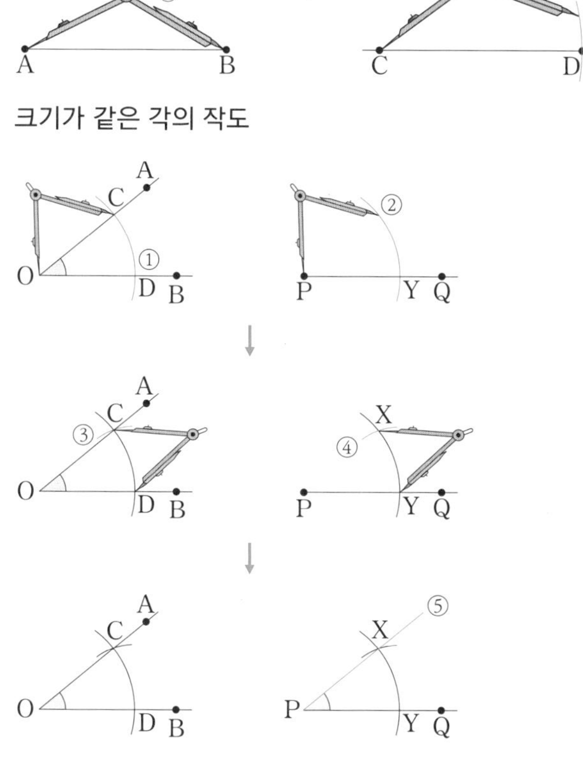

※ 작도에 대한 다음 설명 중 옳은 것에는 ○표, 옳지 않은 것에는 ×표 하여라.

1. 도형을 작도할 때 각도기를 사용한다. ( )

2. 선분을 연장할 때 자를 사용한다. ( )

3. 선분의 길이를 잴 때 자를 사용한다. ( )

4. 같은 길이의 선분을 옮길 때, 컴퍼스를 사용한다. ( )

5. 호를 그릴 때 컴퍼스를 사용한다. ( )

※ 다음 그림은 선분 AB를 연장하여 $\overline{AC}=2\overline{AB}$가 되도록 하는 점 C를 작도하는 과정이다. □ 안에 알맞은 것을 써넣어라.

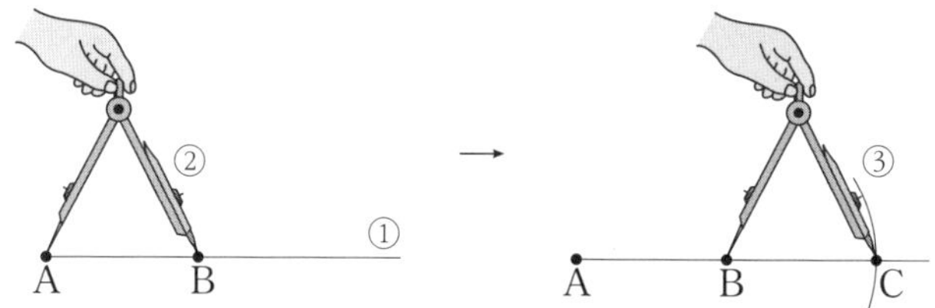

6. □를 사용하여 $\overline{AB}$를 점 B의 방향으로 연장한다.

7. □를 사용하여 $\overline{AB}$의 길이를 잰다.

8. □를 사용하여 점 B를 중심으로 반지름의 길이가 □인 원을 그리면 이 원과 $\overline{AB}$의 연장선의 교점이 C이다.

※ 다음 그림은 ∠XOY와 크기가 같은 각을 $\overrightarrow{O'P}$를 한 변으로 하여 작도하는 과정이다. □ 안에 알맞은 것을 써넣어라.

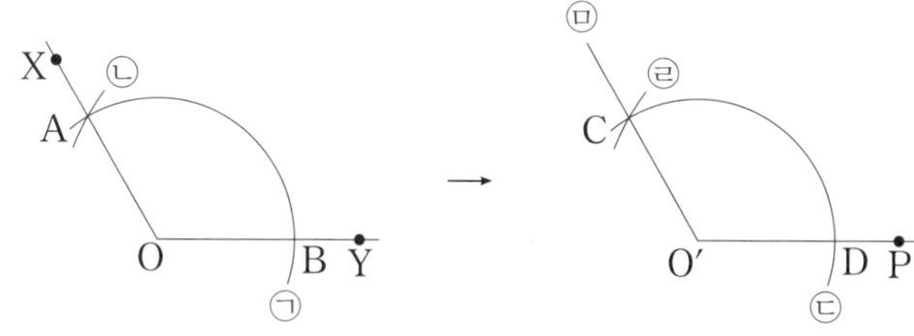

9. 작도 순서는 ㉠ → □ → □ → □ → □이다.

10. $\overline{OA}$ = □ = □ = $\overline{O'D}$

11. $\overline{AB}$ = □

핵심 191 삼각형의 구성 요소

삼각형 ABC : 세 꼭짓점이 A, B, C인 삼각형
(기호) △ABC

대변, 대각 : ∠A와 마주 보는 변 BC를 ∠A의 대변이라 하고, 변 BC와 마주 보는 ∠A를 변 BC의 대각이라고 한다.

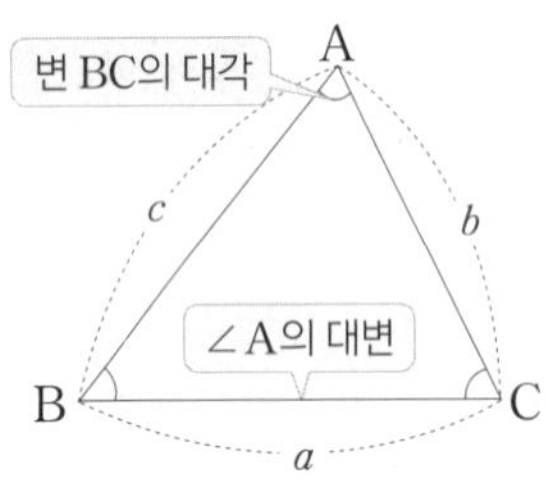

참고 도형의 꼭짓점은 대문자 A, B, C, …로, 변은 소문자 a, b, c, …로 나타낸다. △ABC에서 ∠A, ∠B, ∠C의 대변 BC, CA, AB를 각각 a, b, c로 나타내기도 한다.

삼각형의 세 변의 길이 사이의 관계
삼각형의 두 변의 길이의 합은 나머지 한 변의 길이보다 크다.

세 선분이 주어졌을 때, 삼각형이 될 수 있는 조건
(가장 긴 선분의 길이)<(나머지 두 선분의 길이의 합)

※ 오른쪽 그림과 같은 △ABC에서 다음을 구하라.

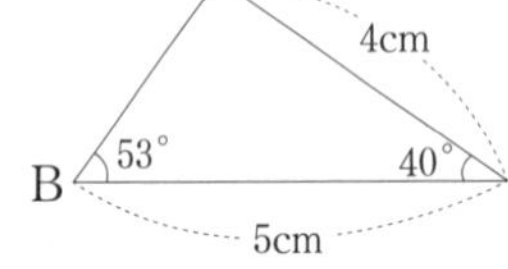

1. ∠A의 대변의 길이

2. ∠B의 대변의 길이

3. 변 AC의 대각의 크기

※ 세 선분의 길이가 다음과 같을 때, 삼각형을 만들 수 있으면 ○표, 만들 수 없으면 ×표 하여라.

4. 3cm, 4cm, 5cm ( )
└ 가장 긴 선분의 길이가 나머지 두 선분의 길이의 합보다 작아야 한다.
3+☐>☐이므로 삼각형을 만들 수 ☐.

5. 3cm, 3cm, 6cm ( )

6. 4cm, 1cm, 4cm ( )

7. 2cm, 3cm, 6cm ( )

핵심 192 삼각형의 작도

다음 3가지 경우에 삼각형을 단 하나로 작도할 수 있다.

세 변의 길이가 주어질 때

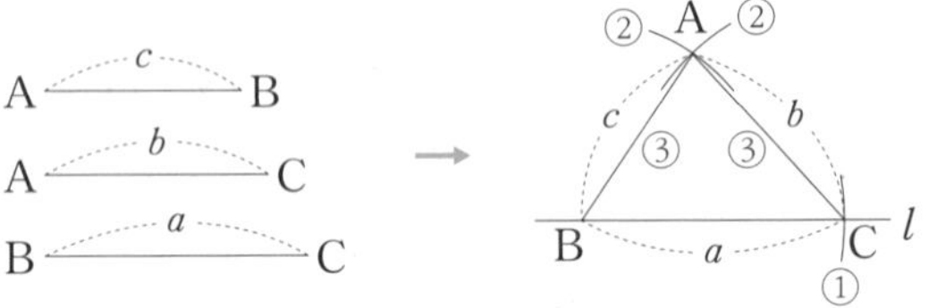

두 변의 길이와 그 끼인 각의 크기가 주어질 때

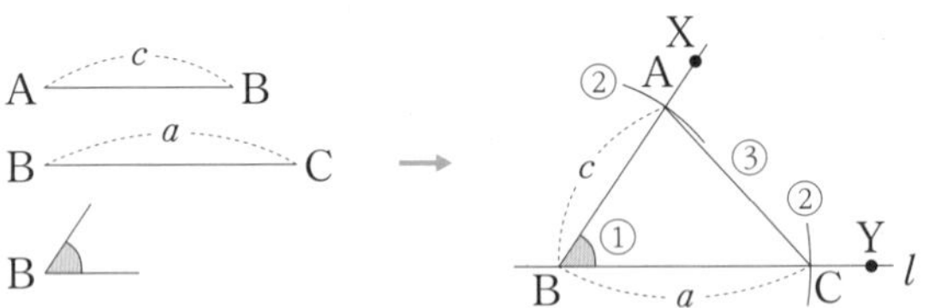

한 변의 길이와 그 양 끝각의 크기가 주어질 때

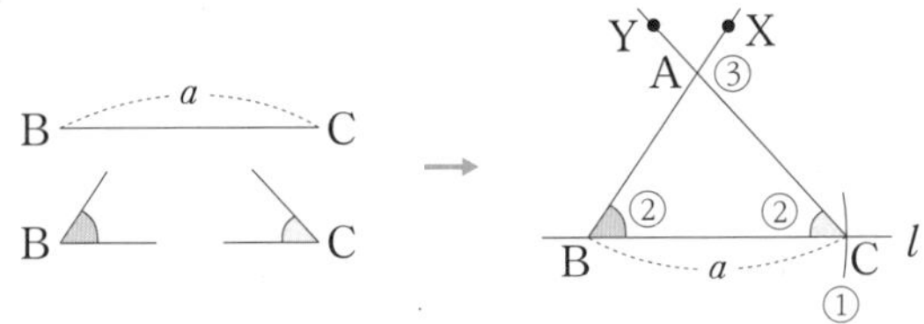

※ 다음은 주어진 조건에 따라 △ABC를 작도하는 과정이다. 작도 순서를 완성하여라.

1.

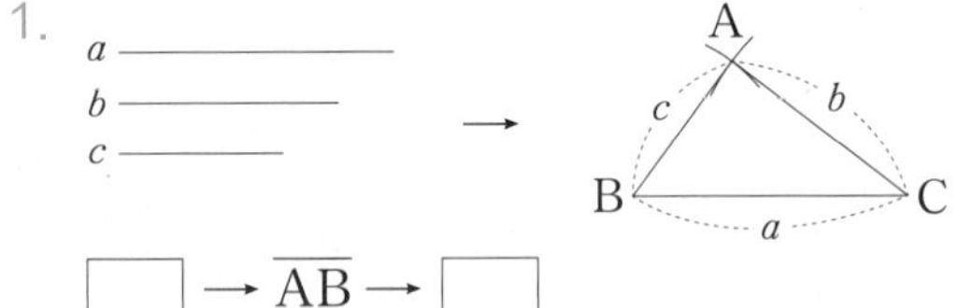

☐ → $\overline{AB}$ → ☐

2.

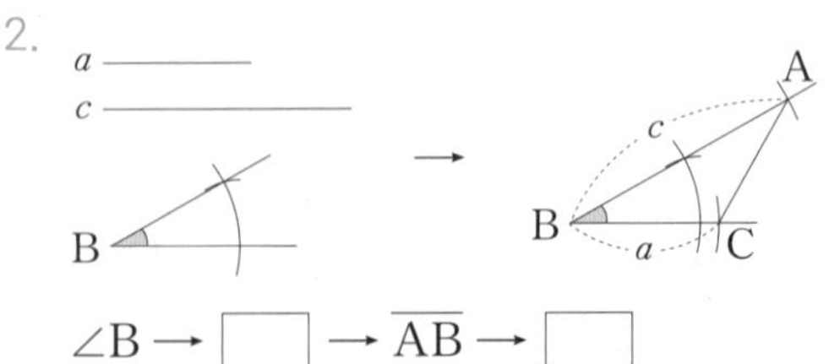

∠B → ☐ → $\overline{AB}$ → ☐

3.

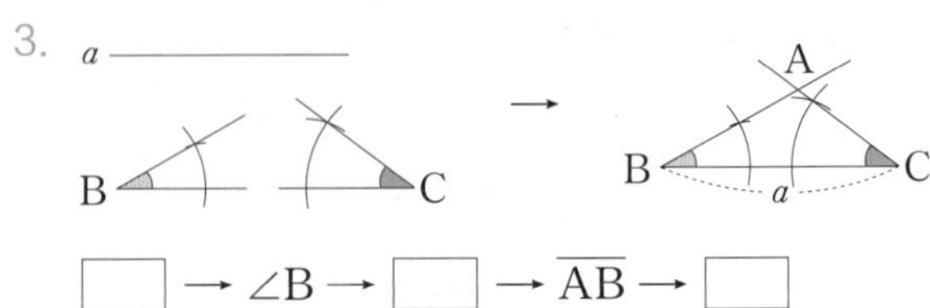

☐ → ∠B → ☐ → $\overline{AB}$ → ☐

핵심 193 삼각형이 하나로 정해지는 조건

삼각형이 하나로 정해지는 경우

- 세 변의 길이가 주어질 때
- 두 변의 길이와 그 끼인 각이 주어질 때
- 한 변의 길이와 그 양 끝각의 크기가 주어질 때

참고 삼각형이 하나로 정해지지 않는 경우

① 두 변의 길이와 그 끼인 각이 아닌 다른 한 각의 크기가 주어질 때

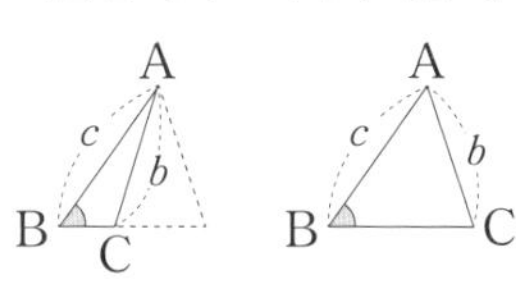

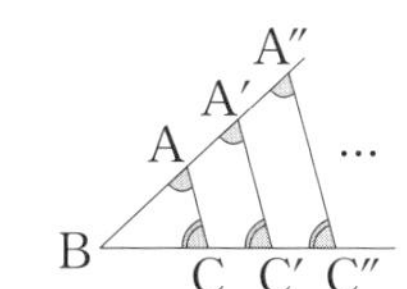

삼각형이 2개로 그려지거나 그려지지 않는 경우(b가 짧거나 길 때)가 생긴다.

② 세 각의 크기가 주어질 때

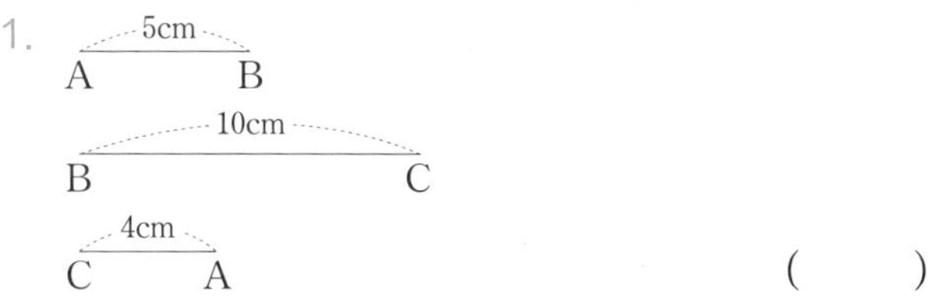

모양은 같고 크기가 다른 삼각형이 무수히 많이 그려진다.

※ 다음 각 경우 △ABC가 하나로 결정되면 ○표, 그렇지 않으면 ×표 하여라.

1.

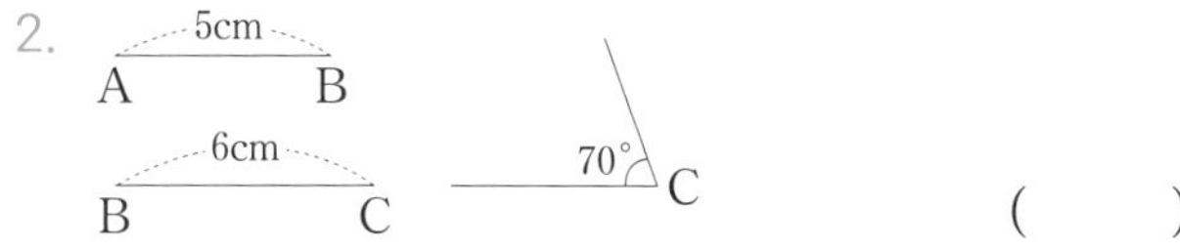

( )

2. 5cm A B, 6cm B C, 70° C ( )

3. $\overline{AB}=3cm$, $\overline{BC}=5cm$, $\overline{CA}=7cm$ ( )

4. $\angle A=30°$, $\angle B=60°$, $\angle C=90°$ ( )

5. $\overline{AB}=5cm$, $\overline{BC}=6cm$, $\angle A=45°$ ( )

6. $\overline{AB}=7cm$, $\angle A=45°$, $\angle B=60°$ ( )

핵심 194 합동

합동(합할 合, 한 가지 同) : 한 도형을 모양이나 크기를 바꾸지 않고 뒤집거나 옮겨서 다른 도형에 완전히 포갤 수 있을 때 두 도형을 서로 합동이라 하고 ≡로 나타낸다.

대응 : 합동인 두 도형에서 서로 포개어지는 꼭짓점, 변, 각을 서로 대응한다고 한다.

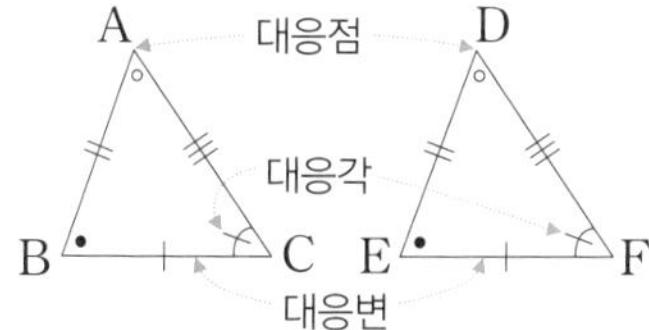

합동인 도형의 성질

- 대응하는 변의 길이는 서로 같다.
- 대응하는 각의 크기는 서로 같다.

참고 합동인 도형을 기호로 나타낼 때에는 꼭짓점을 대응하는 차례대로 쓴다. 즉 △ABC와 △DEF가 서로 합동이면 △ABC≡△DEF

※ 각각의 물음에 알맞은 기호 또는 값을 써라.

1.

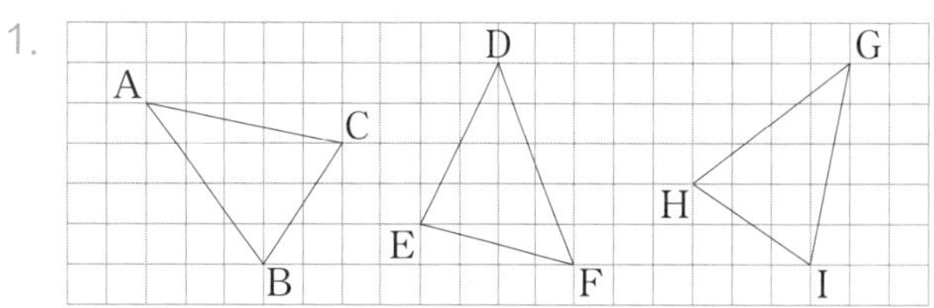

① △ABC≡△☐

② ∠A의 대응각 ③ ∠B의 대응각

④ $\overline{AB}$의 대응변 ⑤ $\overline{BC}$의 대응변

2. 다음 두 사각형은 합동이다.

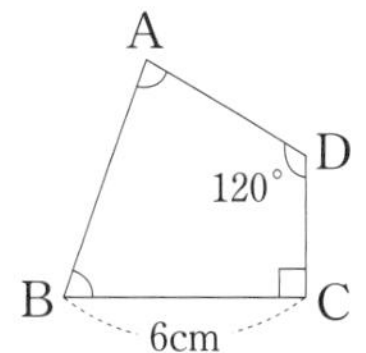

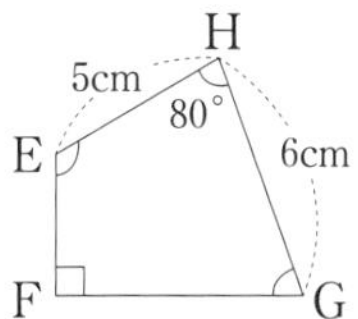

① □ABCD≡□☐

② 꼭짓점 B의 대응점

③ ∠A의 크기 ④ ∠E의 크기

⑤ $\overline{FG}$의 길이 ⑥ $\overline{AD}$의 길이

핵심

195 삼각형의 합동 조건

삼각형은 다음의 각 경우에 합동이다.

SSS 합동 : 대응하는 세 변의 길이가 각각 같을 때

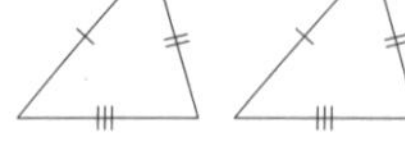

SAS 합동 : 대응하는 두 변의 길이가 각각 같고, 그 끼인 각의 크기가 같을 때

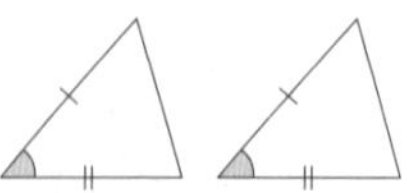

ASA 합동 : 대응하는 한 변의 길이가 같고, 그 양 끝각의 크기가 각각 같을 때

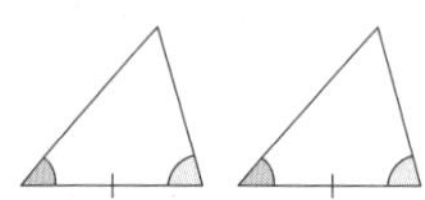

참고 S, A는 각각 Side(변), Angle(각)의 첫 글자이다.

※ 다음 두 삼각형이 합동일 때, 합동 조건을 말하여라.

1.

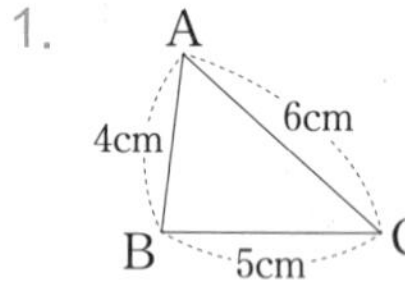

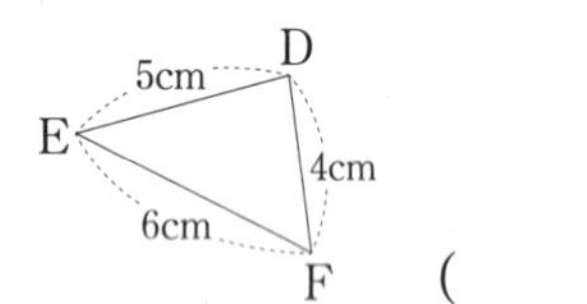

(　　　) 합동

2.

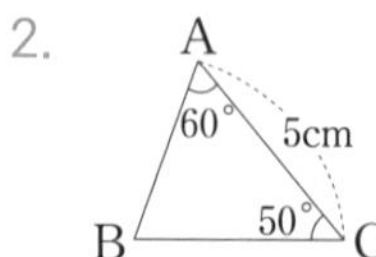

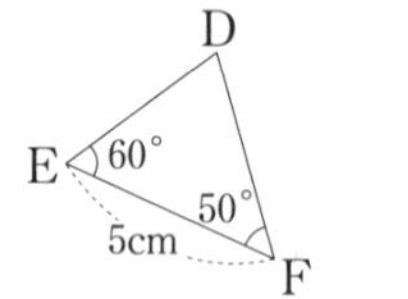

(　　　) 합동

3.

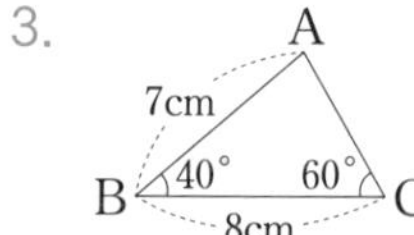

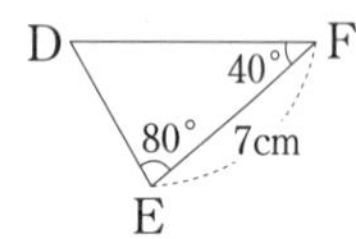

(　　　) 합동

※ 그림을 보고 합동인 삼각형끼리 짝지어라.

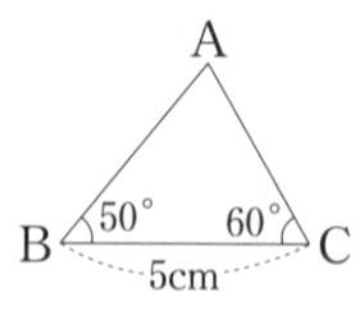

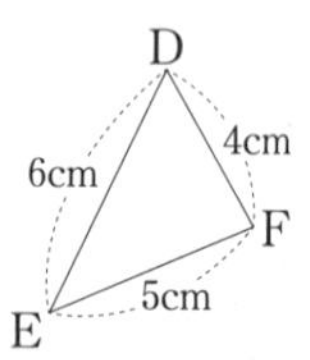

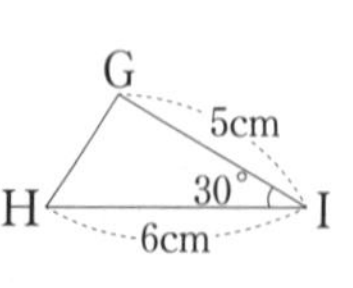

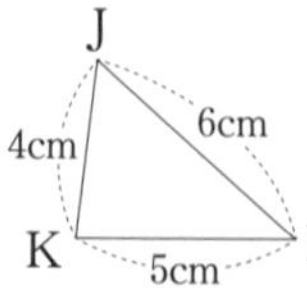

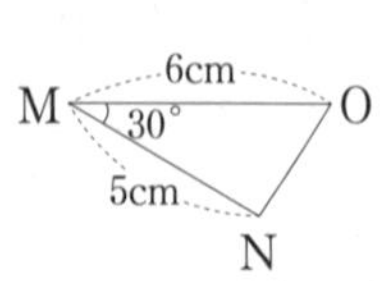

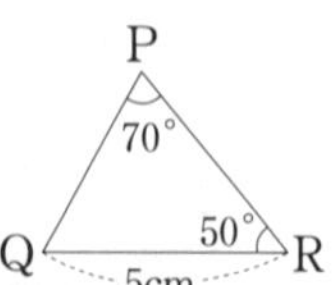

4. △ABC≡△☐　　5. △DEF≡△☐

6. △GHI≡△☐

※ 다음 그림에서 서로 합동인 삼각형을 찾아 기호 ≡를 사용하여 나타내고, 합동 조건을 써라.

7.

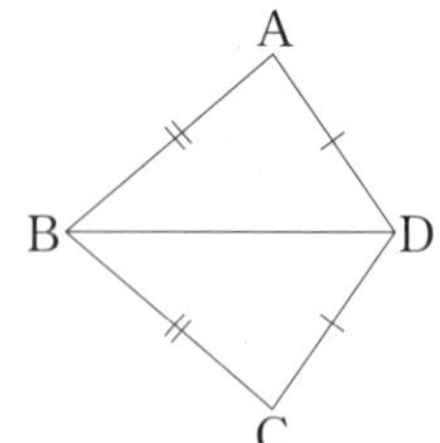

8.

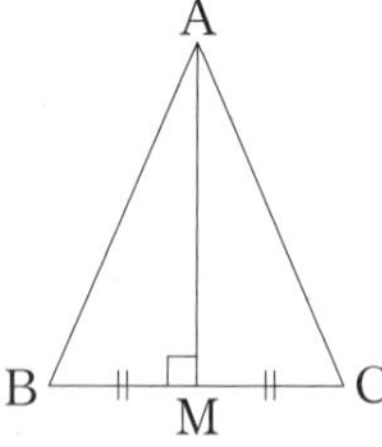

9.

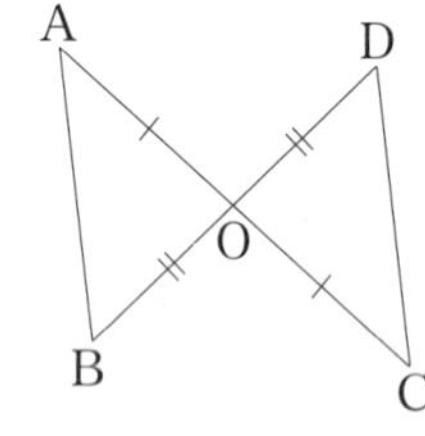

10.

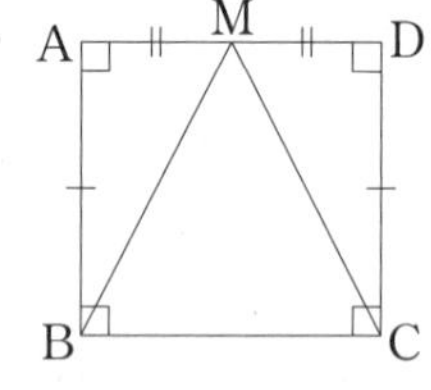

11.

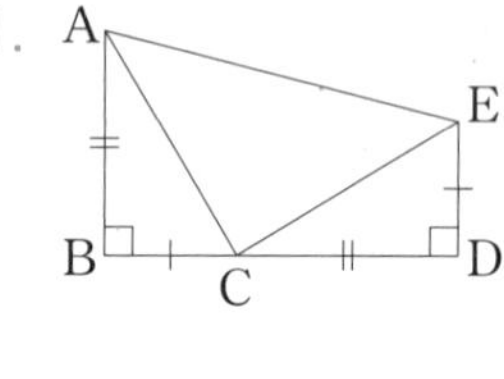

12.

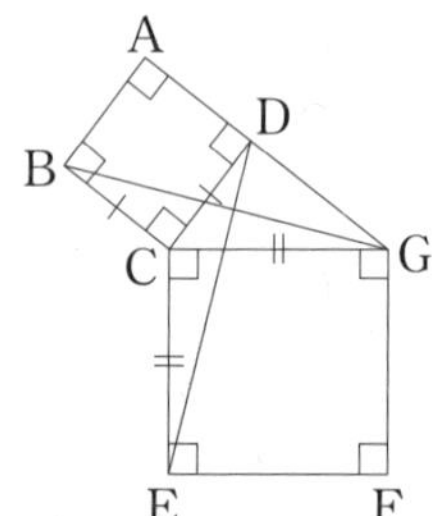

※ 다음 그림에서 서로 합동인 삼각형을 모두 찾아 기호 ≡를 사용하여 나타내어라.

13.

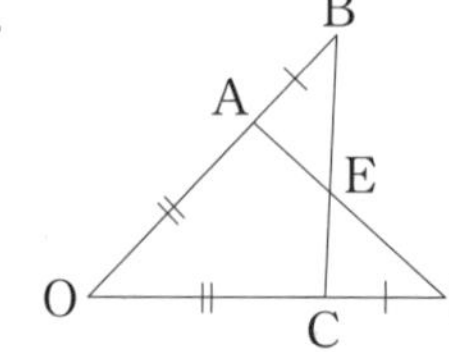

14.

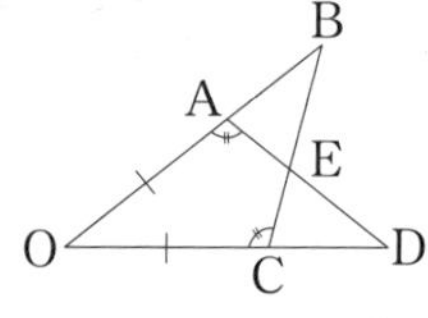

| 실력테스트 |

1. 오른쪽 그림과 같이 한 변 AB와 그 양 끝각 ∠A, ∠B가 주어졌을 때, 다음 중 △ABC를 작도하는 순서로 옳지 <u>않은</u> 것은?

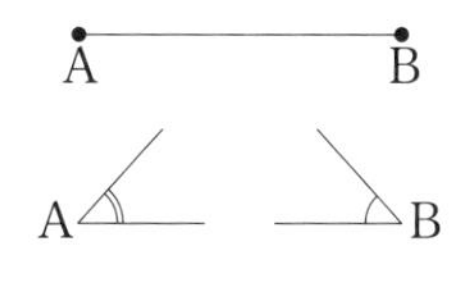

① $\overline{AB}$ → ∠A → ∠B ② $\overline{AB}$ → ∠B → ∠A
③ ∠A → $\overline{AB}$ → ∠B ④ ∠B → $\overline{AB}$ → ∠A
⑤ ∠A → ∠B → $\overline{AB}$

2. 다음 중 삼각형 ABC가 하나로 정해지는 것을 모두 고르면? (정답 2개)

① $\overline{AB}=6$cm, $\overline{BC}=4$cm, $\overline{CA}=10$cm
② ∠A=70°, ∠B=30°, ∠C=80°
③ $\overline{AB}=5$cm, $\overline{CA}=4$cm, ∠B=50°
④ $\overline{AC}=7$cm, ∠A=20°, ∠C=100°
⑤ $\overline{AB}=5$cm, ∠A=100°, ∠C=60°

3. 오른쪽 그림의 △ABC에서 ∠A의 크기가 주어지고 다음과 같은 조건이 더 주어질 때, 삼각형이 하나로 정해지지 <u>않는</u> 것을 모두 고르면? (정답 2개)

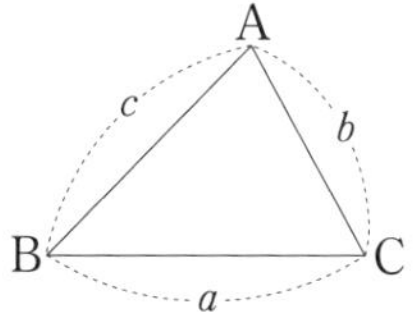

① a, c ② b, c ③ a, ∠C
④ b, ∠C ⑤ ∠B, ∠C

4. 아래 그림에서 사각형 ABCD와 사각형 EFGH가 합동일 때, x, y의 값을 각각 구하라.

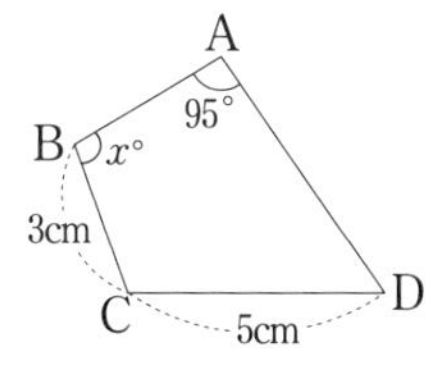

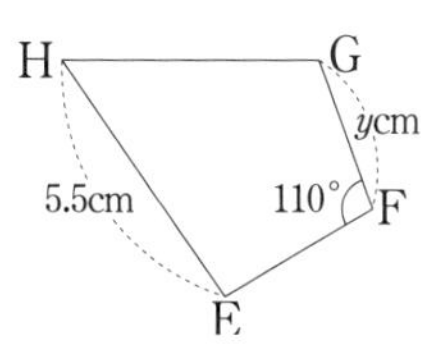

5. 다음 **보기** 중 오른쪽 그림의 삼각형과 합동인 삼각형을 모두 골라라. (정답 2개)

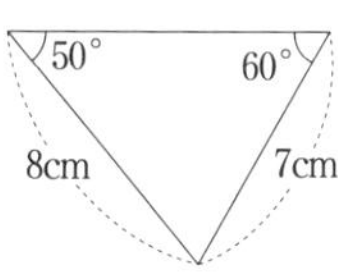

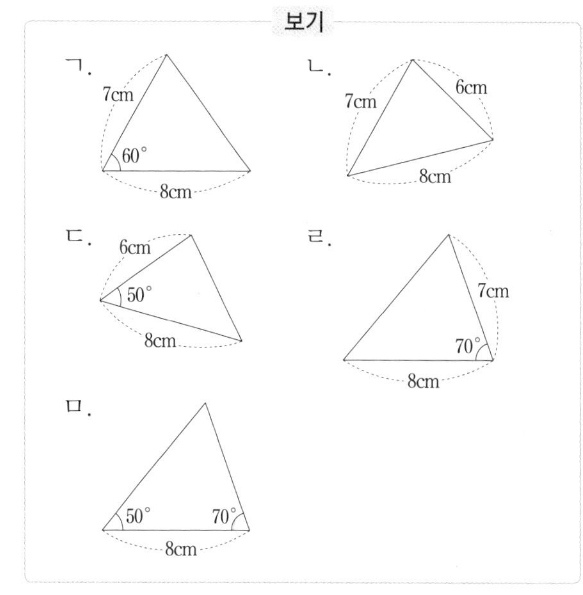

6. 오른쪽 그림에서 △ABC와 △DCE는 정삼각형이다. ∠DEH=35°일 때, ∠BDC의 크기는?

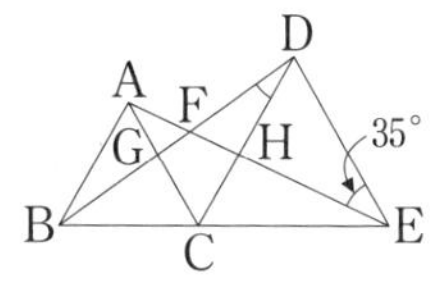

① 20° ② 25° ③ 30° ④ 35° ⑤ 40°

7. 오른쪽 그림에서 사각형 ABCD와 사각형 ECFG가 정사각형일 때, $\overline{DF}$의 길이는?

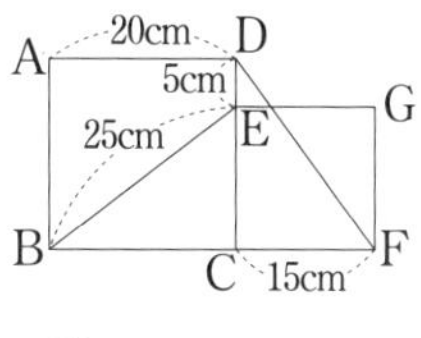

① 17cm ② 19cm
③ 21cm ④ 23cm ⑤ 25cm

Science & Technology

바닷가 A지점에서 바위섬인 D지점까지의 거리를 오른쪽 그림과 같은 방법으로 구할 때, 이용되는 삼각형의 합동 조건을 써라.

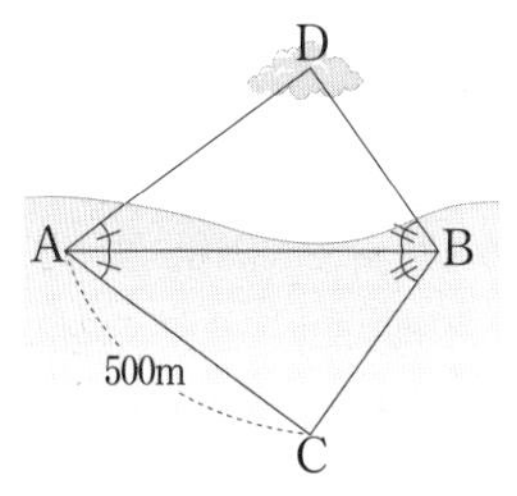

3. 평면도형의 성질

○ 다각형의 성질을 이해한다.
○ 부채꼴의 중심각과 호의 관계를 이해하고, 이를 이용하여 부채꼴의 넓이와 호의 길이를 구할 수 있다.

다각형에서 이웃한 두 변으로 이루어지는 각을 **내각**, 다각형의 한 내각의 꼭짓점에서 한 변과 그 변에 이웃한 변의 연장선이 이루는 각을 **외각**이라고 한다. 또, 다각형의 각 꼭짓점에서 한 내각과 그 외각의 크기의 합은 $180°$이다.

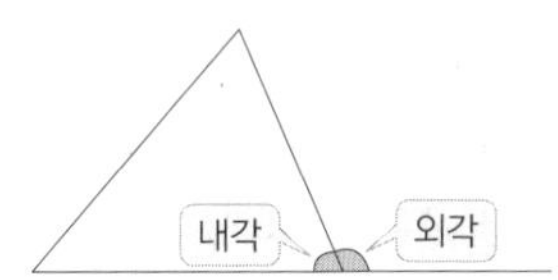

n각형의 각 꼭짓점에서 그을 수 있는 대각선의 개수는 $(n-3)$이고 이를 모두 합하면 $n(n-3)$이다. 이때 각각의 대각선은 양 끝 꼭짓점에서 중복되어 세어지므로 실제 대각선의 총 개수는 $n(n-3)$을 2로 나눈 값인 $\frac{n(n-3)}{2}$이다.

삼각형의 내각의 크기의 합은 $180°$이고 n각형은 $n-2$개의 삼각형으로 나눌 수 있으므로, n각형의 내각의 크기의 합은 $180° \times (n-2)$이다. 각의 크기가 모두 같은 정n각형인 경우 한 내각의 크기는 $\frac{180° \times (n-2)}{n}$가 된다.

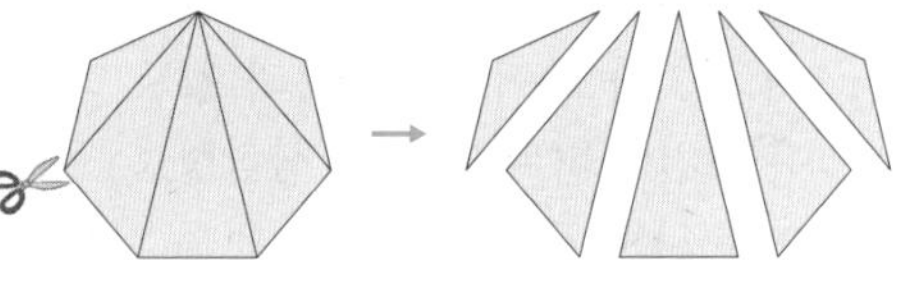

한편, 다각형의 외각의 크기의 합은 그 모양 또는 변의 개수와 관계없이 항상 $360°$이다. 각의 크기가 모두 같은 정n각형인 경우 한 외각의 크기는 $\frac{360°}{n}$가 된다.

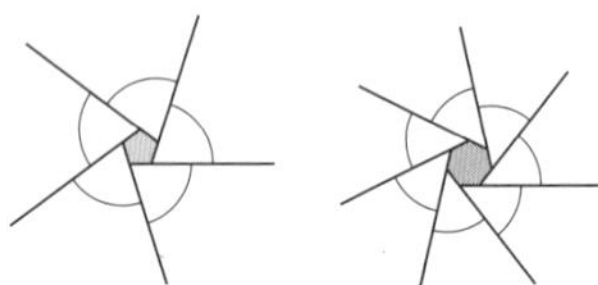

오른쪽 그림과 같이 원 위의 두 점에 의하여 두 부분으로 나누어진 원의 각 부분을 **호**, 원 위의 두 점을 잇는 선분을 **현**, 원 위의 두 점을 지나는 직선을 **할선**이라고 한다.
또, 원에서 호와 두 반지름으로 이루어지는 부채 모양의 도형을 **부채꼴**, 부채꼴에서 두 반지름이 이루는 각을 **중심각**이라 하고, 현과 호로 이루어지는 활 모양의 도형을 **활꼴**이라고 한다.

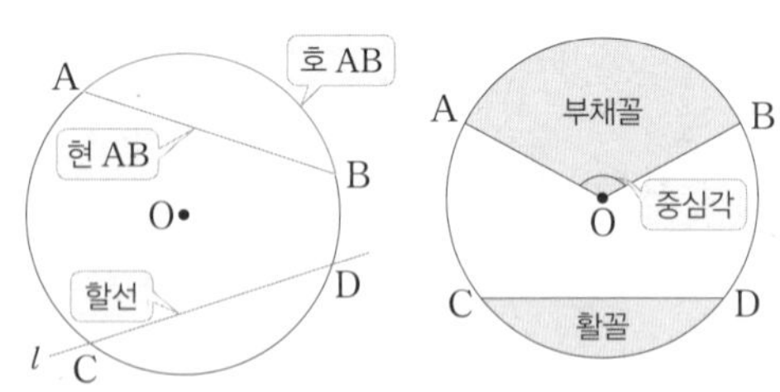

WHY? 모자이크는 여러 가지 색깔의 돌이나 유리, 금속, 타일 따위를 붙여서 무늬나 그림을 표현하는 기법으로, 조각을 잘게 짜 맞출수록 자연스럽고 사실적인 표현이 가능해진다. 평면을 겹치지 않게 덮을 수 있는 정다각형으로는 정삼각형과 정사각형, 정육각형뿐인데, 정육각형을 사용하면 같은 길이의 재료로 더 큰 넓이의 공간을 확보할 수 있다. 똑같은 길이의 끈으로 정삼각형, 정사각형, 정육각형을 만들어 보면, 넓이가 가장 넓은 것은 정육각형이라는 것을 알 수 있다. 정육각형 모양의 벌집은 벌이 새끼를 키우고 꿀을 저장하기에 가장 효율적이고 경제적인 구조임을 알 수 있다.

핵심

196 내각, 외각

내각(內角) : 다각형에서 이웃하는 두 변으로 이루어진 내부의 각

외각(外角) : 다각형의 각 꼭짓점에서 한 변과 그 변에 이웃한 변의 연장선이 이루는 외부의 각

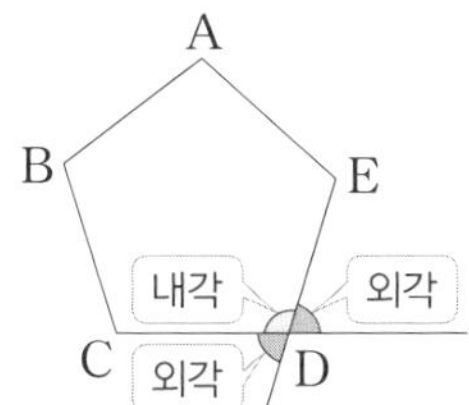

다각형의 각 꼭짓점에서 한 내각의 크기와 한 외각의 크기의 합은 $180°$이다.

참고 다각형 : 3개 이상의 선분으로 둘러싸인 평면도형

※ 육각형 ABCDEF에서 다음 각의 크기를 구하라.

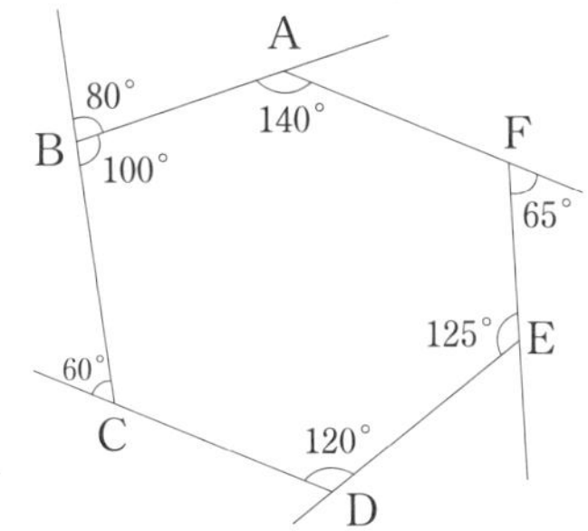

1. ∠A의 내각

2. ∠B의 외각

3. ∠C의 내각

4. ∠D의 외각

5. ∠E의 외각

6. ∠F의 내각

핵심

197 대각선의 개수

n각형의 한 꼭짓점에서 그을 수 있는 대각선의 개수 : $(n-3)$

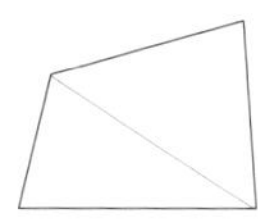 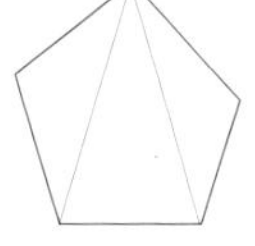 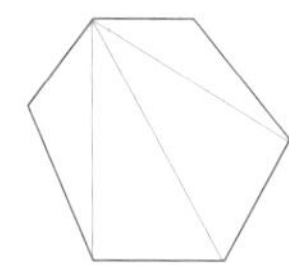

n각형의 대각선의 개수 : $\dfrac{n(n-3)}{2}$

참고 n개의 꼭짓점에서 각각 $(n-3)$개의 대각선을 그을 수 있는데, $n(n-3)$개의 대각선 중에는 같은 대각선이 2개씩 있으므로 2로 나누어야 한다.

※ 오른쪽 그림의 다각형에서 다음을 구하라.

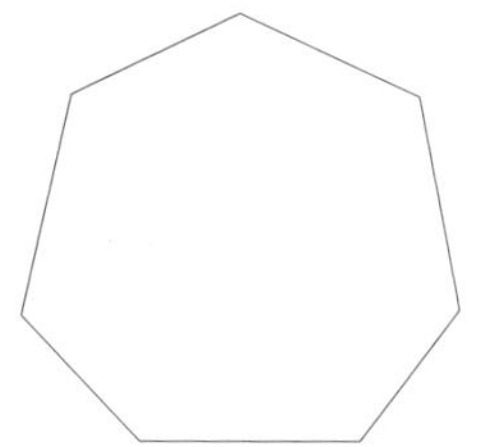

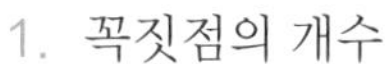

1. 꼭짓점의 개수

2. 한 꼭짓점에서 그을 수 있는 대각선의 개수

3. 대각선의 총 개수

※ 다음 다각형의 대각선의 총 개수를 구하라.

4. 육각형

5. 팔각형

※ 다음과 같은 다각형의 이름을 써라.

6. 한 꼭짓점에서 2개의 대각선을 그을 수 있는 다각형
   └, 구하는 다각형을 n각형이라고 하면
   $n-3=2$에서 $n=\square$ 따라서 $\square$이다.

7. 한 꼭짓점에서 6개의 대각선을 그을 수 있는 다각형

8. 대각선의 총 개수가 35개인 다각형

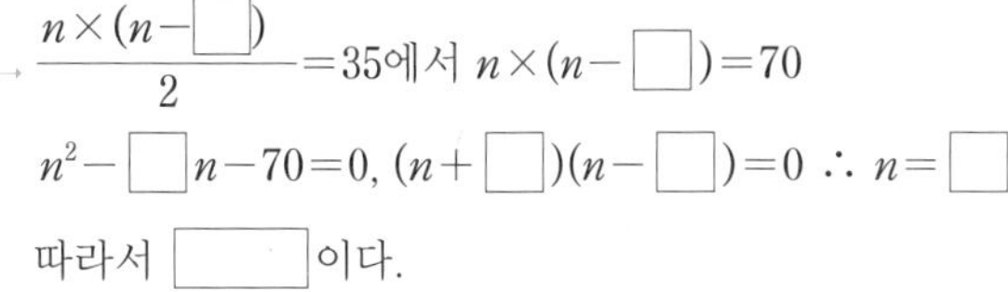

   └, $\dfrac{n\times(n-\square)}{2}=35$에서 $n\times(n-\square)=70$
   $n^2-\square n-70=0$, $(n+\square)(n-\square)=0$ ∴ $n=\square$
   따라서 $\square$이다.

9. 대각선의 총 개수가 54개인 다각형

핵심

198 삼각형의 한 외각의 크기

삼각형의 세 내각의 크기의 합이 180°인 이유

• △ABC에서 점 C를 지나고 $\overline{AB}$에 평행한 직선 CE를 그으면 동위각, 엇각의 성질에서
$\angle A+\angle B+\angle C=180^\circ$

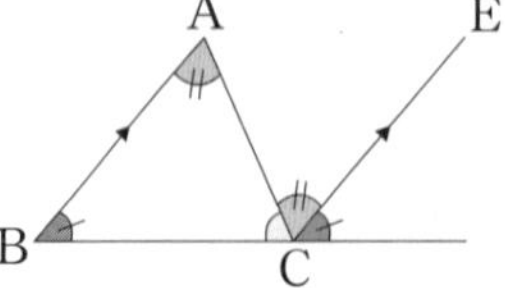

삼각형의 한 외각의 크기

• 삼각형의 한 외각의 크기는 그와 이웃하지 않는 두 내각의 크기의 합과 같다.

참고 △ABC에서 세 내각의 크기의 합이 180°이고 한 꼭짓점 C에서의 내각과 외각의 크기의 합도 180°이므로
⟶ 한 외각의 크기는 그와 이웃하지 않는 두 내각의 크기의 합과 같다.

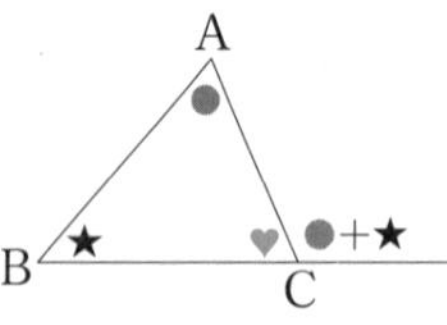

※ 다음 그림에서 $\angle x$의 크기를 구하라.

1.

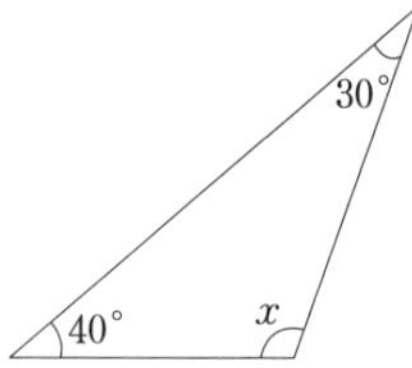

2.

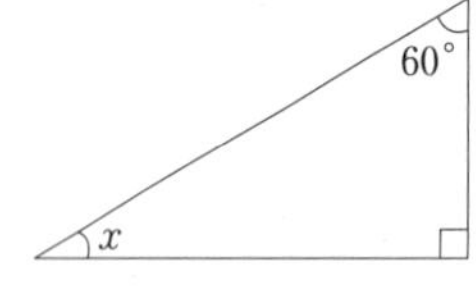

3.

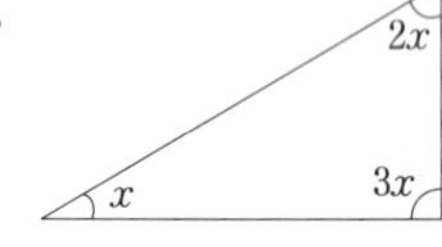

4.

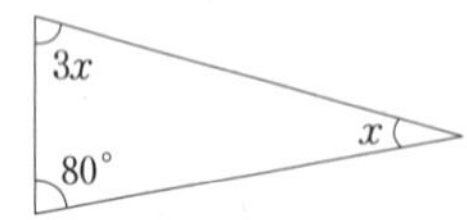

5.

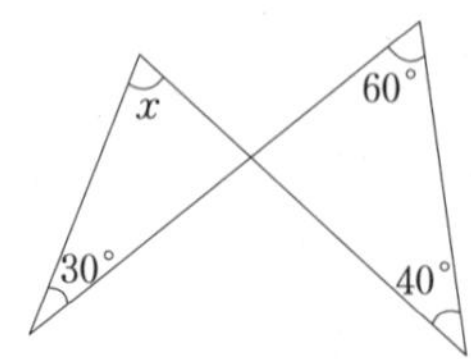

6.

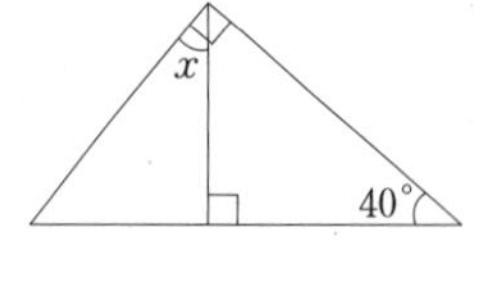

※ 다음 그림에서 $\angle x$의 크기를 구하라.

7.

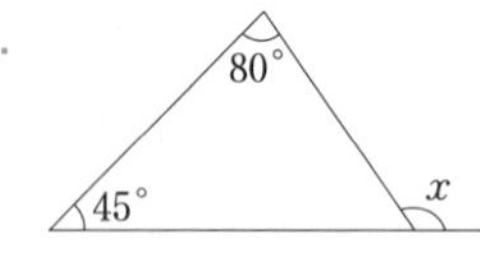

8.

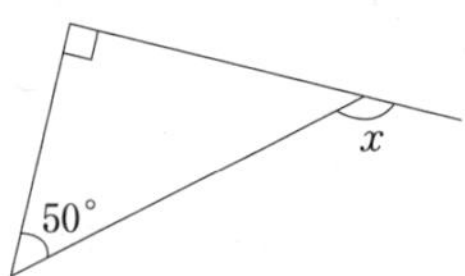

9.

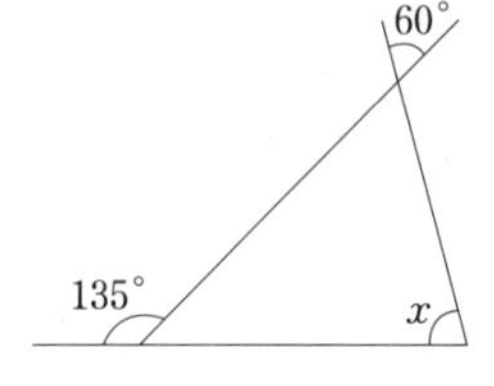

10.

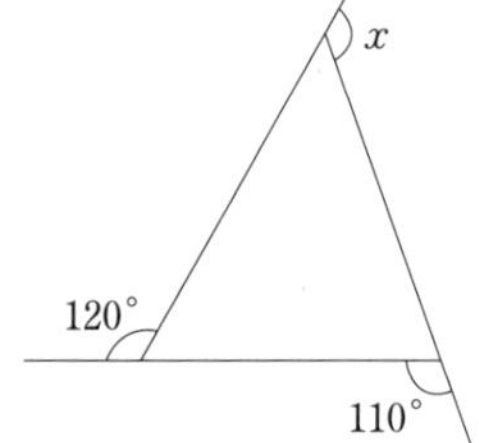

※ 다음 그림에서 $\angle x$, $\angle y$의 크기를 각각 구하라.

11.

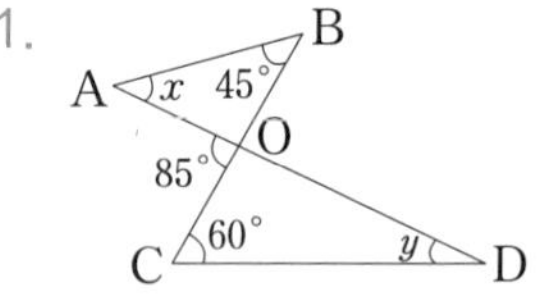

12.

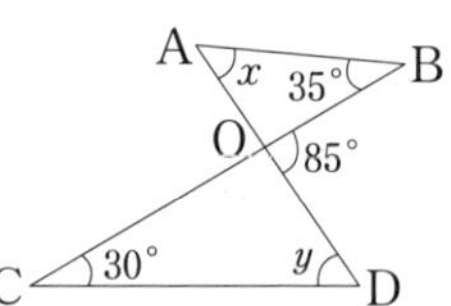

13.

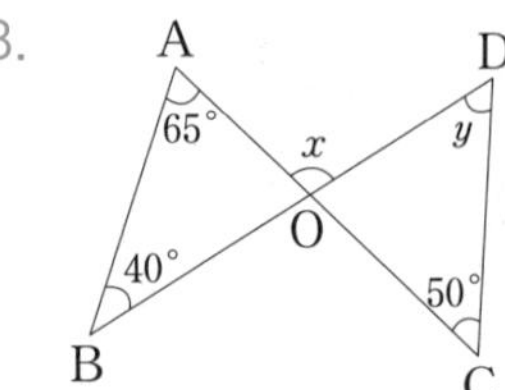

14.

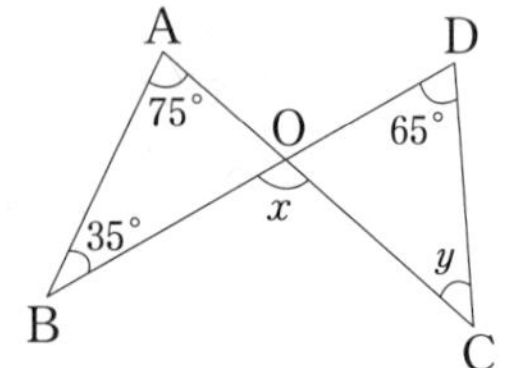

199 다각형의 내각의 크기의 합

n각형의 한 꼭짓점에서 대각선을 그어 만들어지는 삼각형의 개수 : $(n-2)$

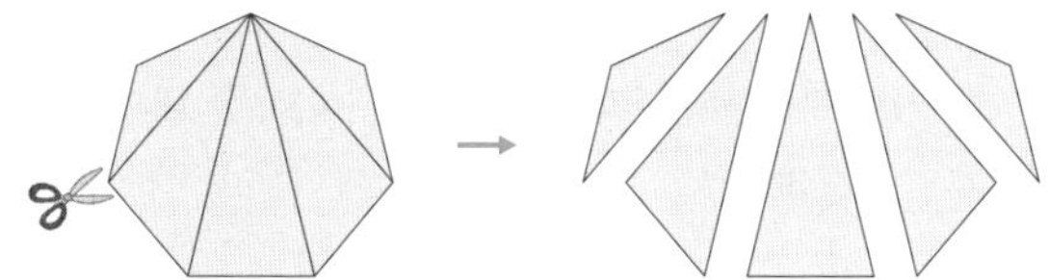

n각형의 내각의 크기의 합 : $180° \times (n-2)$

※ 오른쪽 그림의 다각형에서 다음을 구하라.

1. 한 꼭짓점에서 대각선을 그어 만들어지는 삼각형의 개수

2. 내각의 크기의 합
   └ $180° \times \square = \square$

※ 다음 다각형의 내각의 크기의 합을 구하라.

3. 사각형

4. 육각형

5. 팔각형

※ 다음 다각형에서 $\angle x$의 크기를 구하라.

6.

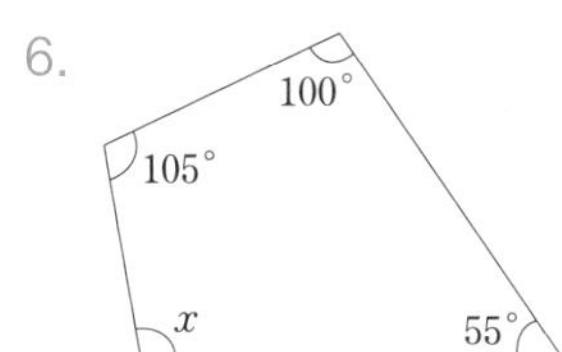

7.

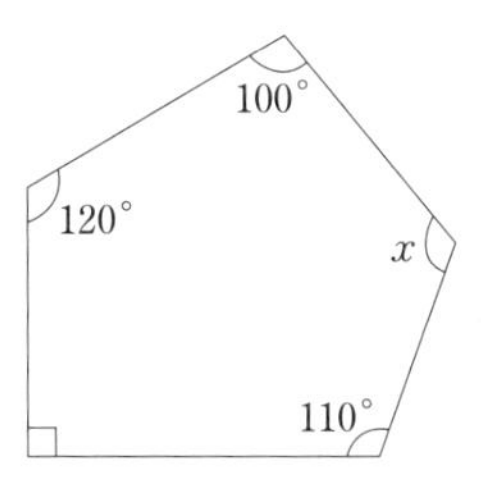

8.

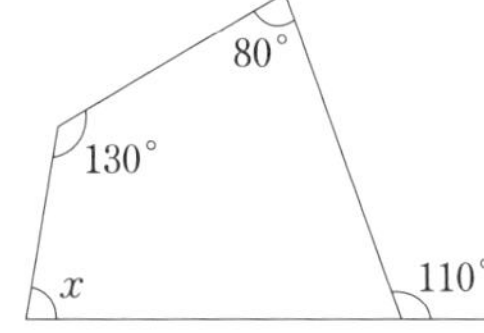

9.

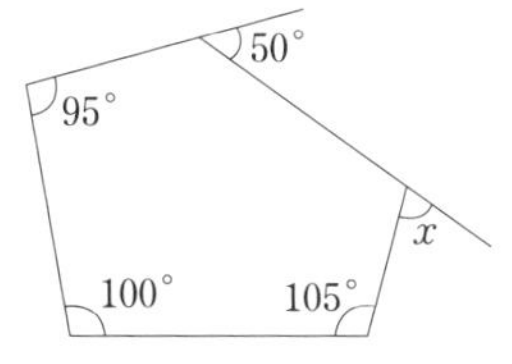

200 다각형의 외각의 크기의 합

다각형의 외각의 크기의 합은 항상 $360°$이다.

참고 n각형에서 평각$(180°)$의 개수는 n이므로
(외각의 크기의 합)
$=180° \times n-$(내각의 크기의 합)
$=180° \times n-180° \times (n-2)$
$=180° \times 2$
$=360°$

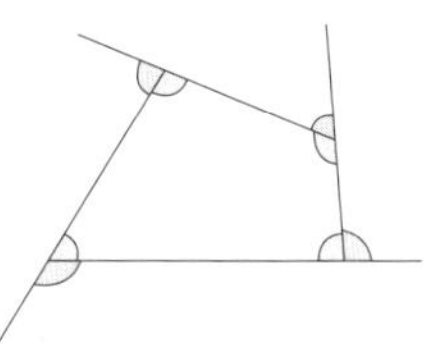

※ 다음 그림에서 $\angle x$의 크기를 구하라.

1.

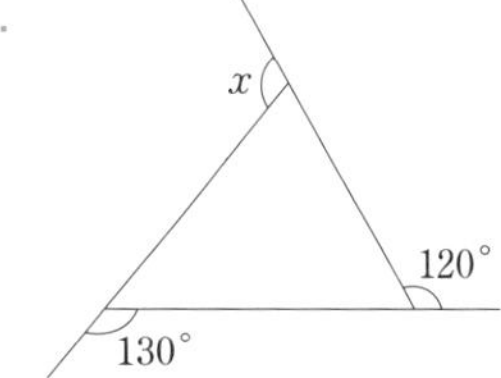

2.

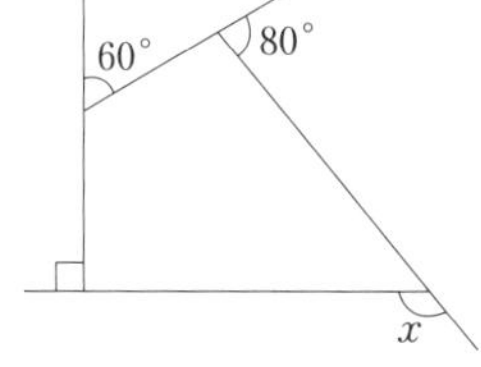

3.

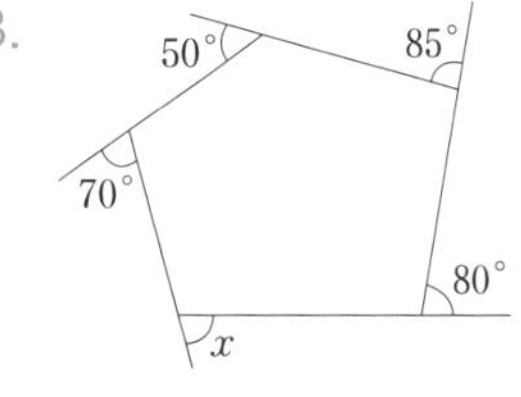

4.

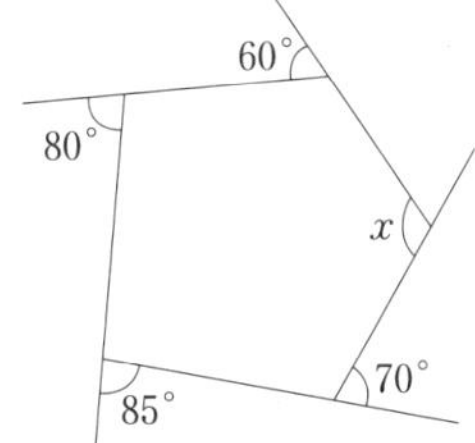

※ 다음 그림에서 $\angle x$, $\angle y$의 크기를 각각 구하라.

5.

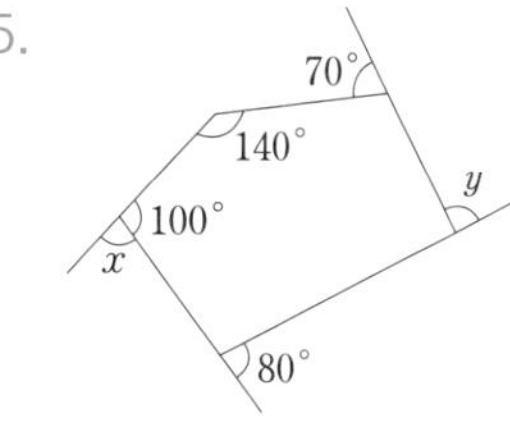

6.

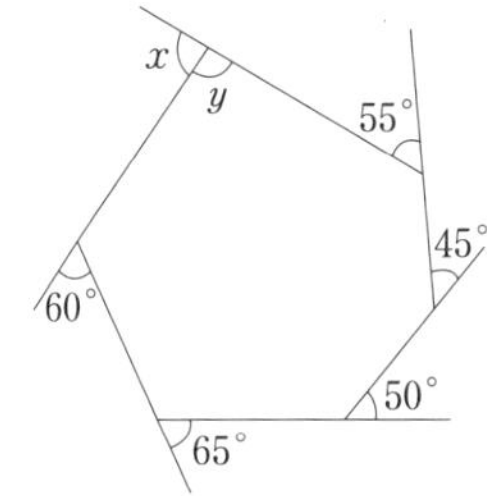

핵심 201 정다각형의 한 내각과 한 외각의 크기

정n각형의 한 내각의 크기 : $\dfrac{180°\times(n-2)}{n}$

정n각형의 한 외각의 크기 : $\dfrac{360°}{n}$

참고 정n각형의 한 내각의 크기는 한 외각의 크기로부터 구할 수도 있다.
즉 정n각형의 한 내각의 크기는
$180°-\dfrac{360°}{n}$이다.
예를 들어 정십이각형의 한 내각의 크기는 $180°-\dfrac{360°}{12}=150°$이다.

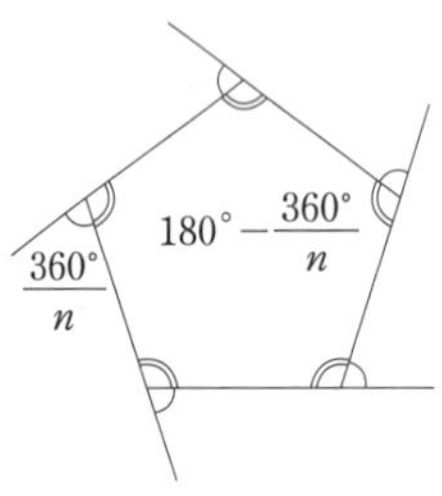

※ 다음 정다각형의 한 외각 $\angle x$, 한 내각 $\angle y$의 크기를 각각 구하라.

1.

└ $\angle x=\dfrac{360°}{\square}=\square$, $\angle y=\square-\angle x=\square$

2.

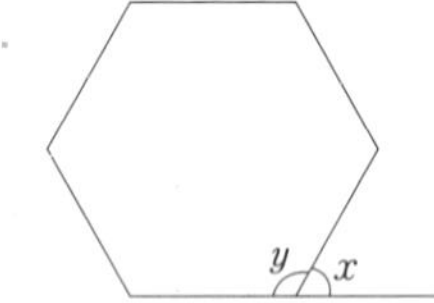

3.

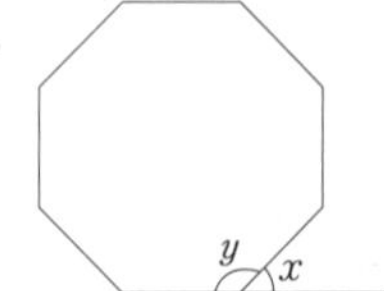

4.

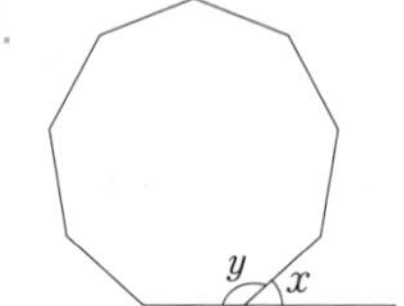

※ 한 외각의 크기가 다음과 같은 정다각형을 구하고 한 내각의 크기를 구하라.

5. 한 외각의 크기가 30°

└ 정n각형이라고 하면 한 외각의 크기는
$\dfrac{360°}{n}=30°$이므로 $n=\square$
따라서 구하는 정다각형은 $\square$이고, 한 내각의 크기는
$\square-30°=\square$이다.

6. 한 외각의 크기가 10°

※ 한 외각의 크기와 한 내각의 크기의 비가 다음과 같은 정다각형을 구하라.

7. 1 : 2

└ 한 외각의 크기는 $180°\times\dfrac{1}{3}=60°$
정n각형이라고 하면 $\dfrac{360°}{n}=60°$ $\therefore n=\square$
따라서 구하는 정다각형은 $\square$이다.

8. 1 : 3

9. 2 : 3

※ 내각의 크기의 합이 다음과 같은 정다각형의 한 외각의 크기를 구하라.

10. 540°

└ 정n각형이라고 하면
$180°\times(n-2)=540°$ $\therefore n=\square$
따라서 한 외각의 크기는 $\dfrac{360°}{\square}=\square$

11. 1440°

12. 1800°

핵심 202 원과 부채꼴

원 : 평면 위의 한 점 O로부터 일정한 거리에 있는 점들로 이루어진 도형

호 : 원 위의 두 점을 양 끝으로 하는 원의 일부분

(기호) $\overset{\frown}{AB}$

현 : 원 위의 두 점을 이은 선분

할선 : 원 위의 두 점을 지나는 직선

부채꼴 : 호와 두 반지름으로 이루어진 부채 모양의 도형

중심각 : 두 반지름이 이루는 각

참고 ∠AOB를 $\overset{\frown}{AB}$ 또는 부채꼴 AOB의 중심각이라고 한다.

활꼴 : 현과 호로 이루어진 활 모양의 도형

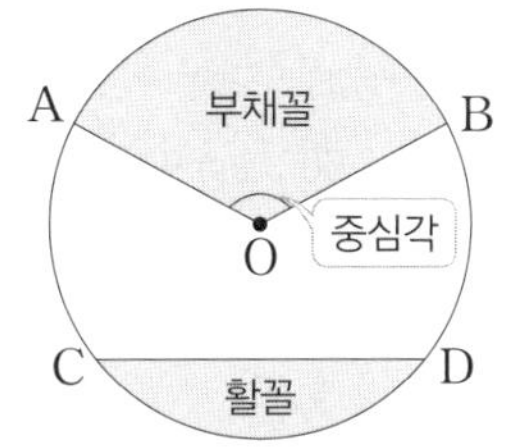

참고 $\overset{\frown}{AB}$는 보통 작은 쪽의 호를 나타내고, 큰 쪽의 호를 나타낼 때에는 호 위에 한 점 C를 잡아 $\overset{\frown}{ACB}$와 같이 나타낸다.

※ 주어진 그림의 원 O 위에 다음을 나타내어라.

1. 호 AB

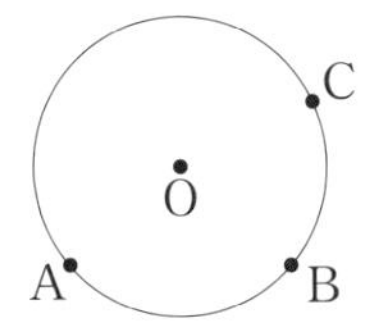

2. 현 AB

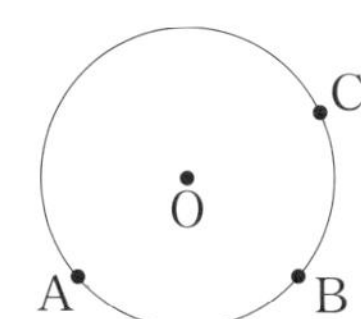

3. 부채꼴 AOB

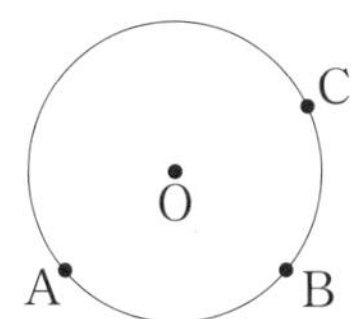

4. 호 AB의 중심각

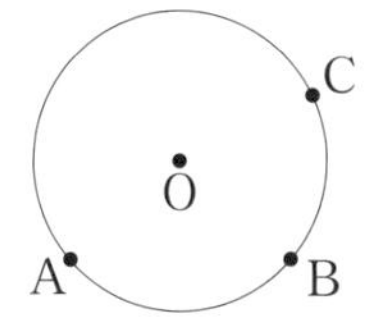

5. 호 ACB의 중심각

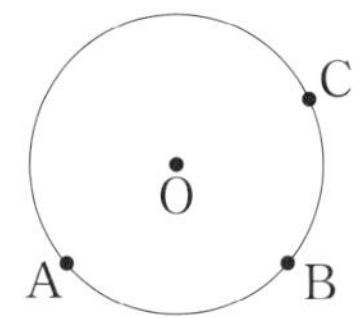

6. 호 AB와 현 AB로 이루어진 활꼴

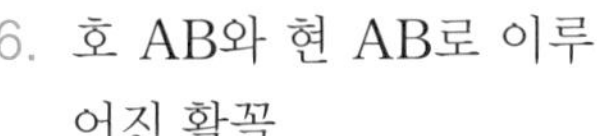

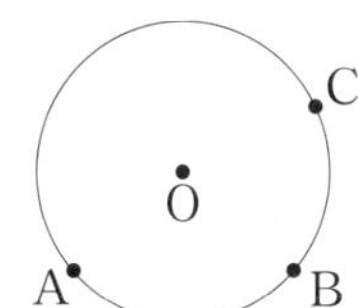

※ 오른쪽 그림의 원 O에 대하여 다음을 기호로 나타내어라.

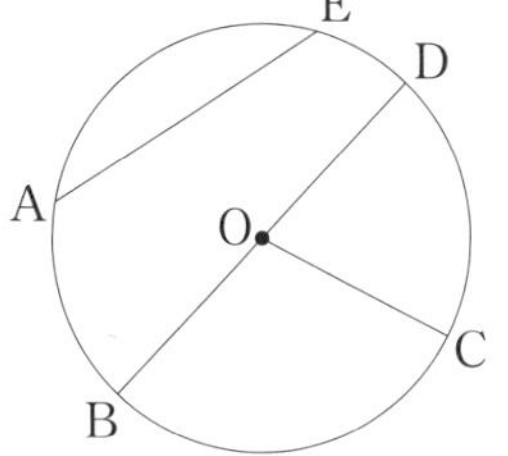

7. 원 O의 지름

8. $\overset{\frown}{AE}$ 에 대한 현

9. $\overset{\frown}{BC}$에 대한 현

10. $\overline{CD}$에 대한 호

11. 중심각 BOC에 대한 호

12. $\overset{\frown}{CD}$에 대한 중심각

13. 부채꼴 COD에 대한 중심각

※ 다음 설명 중 옳은 것에는 ○표, 옳지 않은 것에는 ×표 하여라.

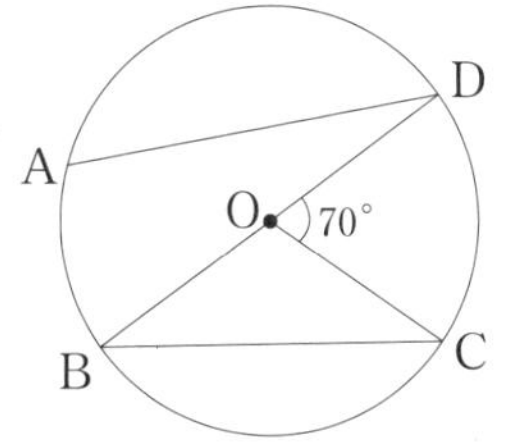

14. 지름 $\overline{BD}$는 현이 아니다. ( )

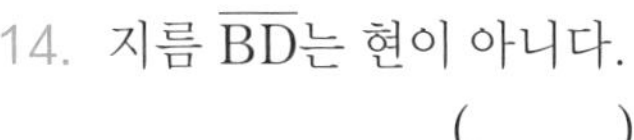

15. 부채꼴 COD의 중심각의 크기는 70°이다. ( )

16. $\overset{\frown}{BC}$에 대한 중심각의 크기는 110°이다. ( )

17. $\overset{\frown}{BC}$에 대한 중심각의 크기와 $\overset{\frown}{BAC}$에 대한 중심각의 크기는 같다. ( )

18. $\overset{\frown}{BC}$와 $\overline{BC}$로 둘러싸인 도형은 부채꼴이다. ( )

핵심

203 중심각의 크기와 호의 길이

한 원 또는 합동인 두 원에서

- 같은 크기의 중심각에 대한 호의 길이는 같다.
- 같은 길이의 호에 대한 중심각의 크기는 같다.

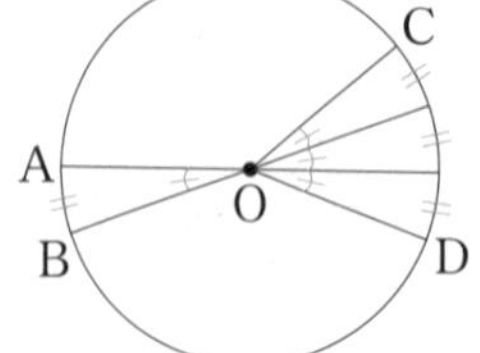

- 호의 길이는 중심각의 크기에 정비례한다.
  → $\angle AOB : \angle COD = \overparen{AB} : \overparen{CD}$

참고 중심각의 크기가 같으면 현의 길이도 같다. 또, 현의 길이가 같으면 중심각의 크기도 같다. 그러나 현의 길이는 중심각의 크기에 정비례하지 않는다.

※ 다음 그림에서 x의 값을 구하라.

1.

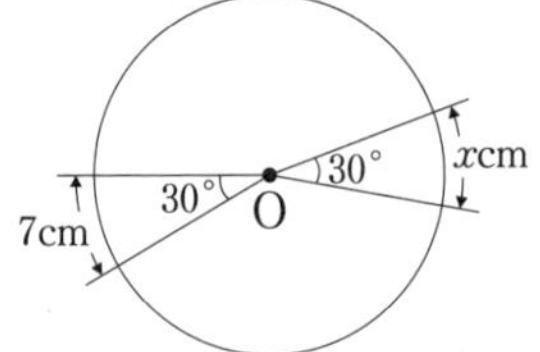

2.

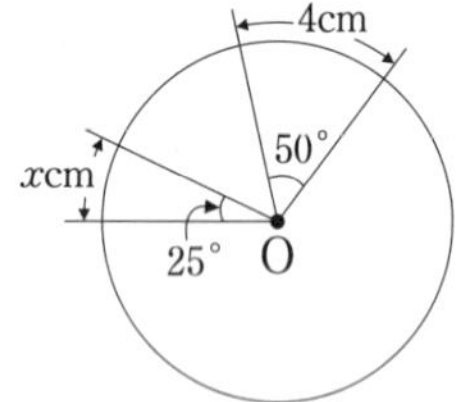

↳ 호의 길이는 중심각의 크기에 정비례하므로

$25 : 50 = x :$ □ $\therefore x =$ □

3.

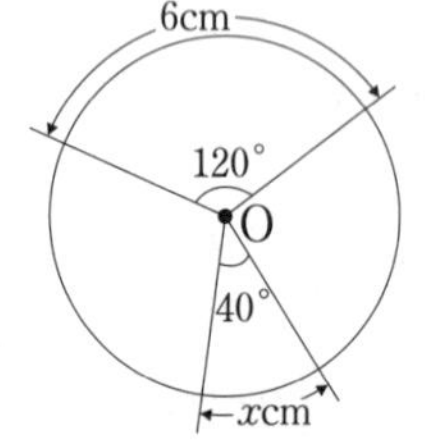

※ 다음 그림에서 x의 값을 구하라.

4.

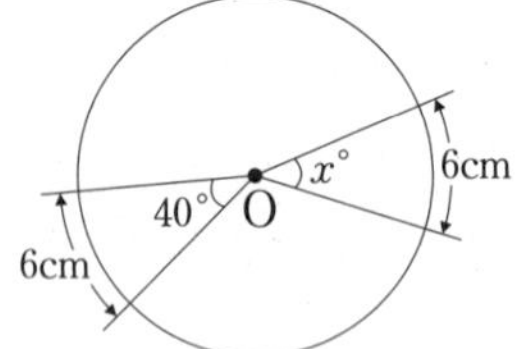

5.

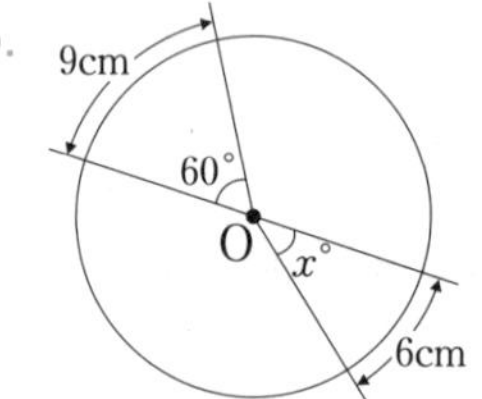

↳ $60 : x = 9 :$ □ $\therefore x =$ □

6.

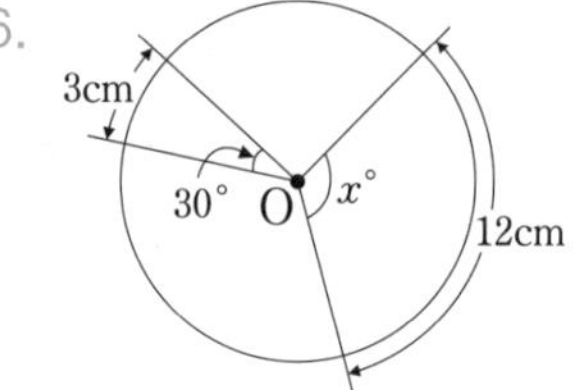

※ 다음 그림에서 x, y의 값을 각각 구하라.

7.

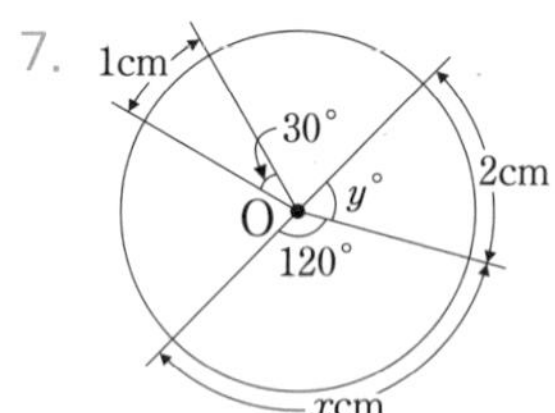

↳ $30 : 120 =$ □ $: x$ $\therefore x =$ □

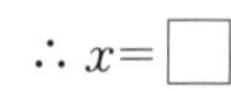

□ $: y = 1 : 2$ $\therefore y =$ □

8.

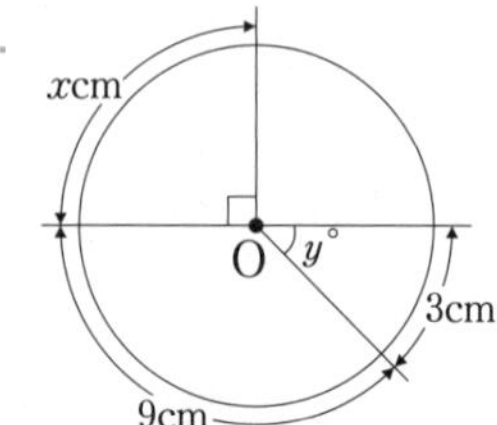

핵심

204 중심각의 크기와 부채꼴의 넓이

- 한 원 또는 합동인 두 원에서 부채꼴의 넓이는 중심각의 크기에 정비례한다.
  ∠AOB : ∠COD
  =(부채꼴 OAB의 넓이) : (부채꼴 OCD의 넓이)

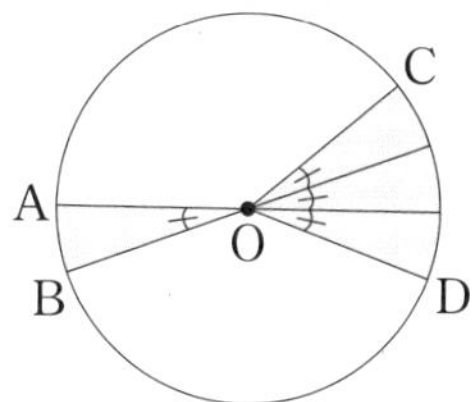

※ 다음 그림에서 x의 값을 구하라.

1.

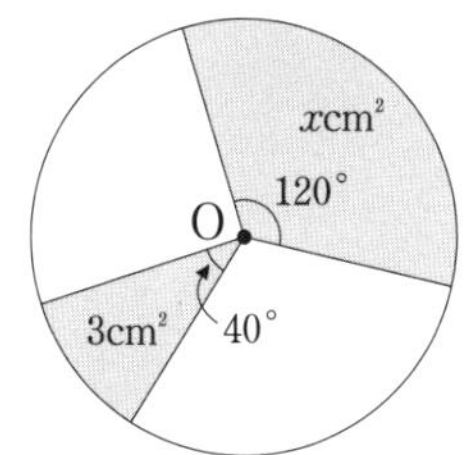

└ 40 : 120= □ : x
$\therefore x=$ □ (cm^2)

2.

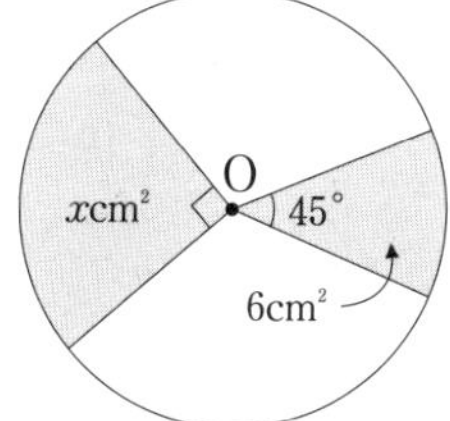

3.

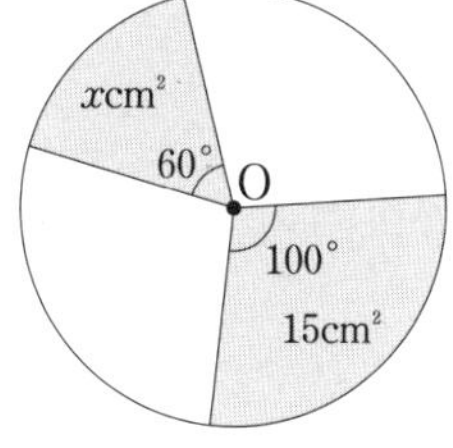

4.

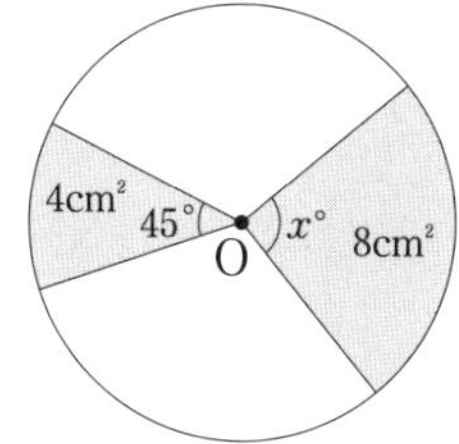

5.

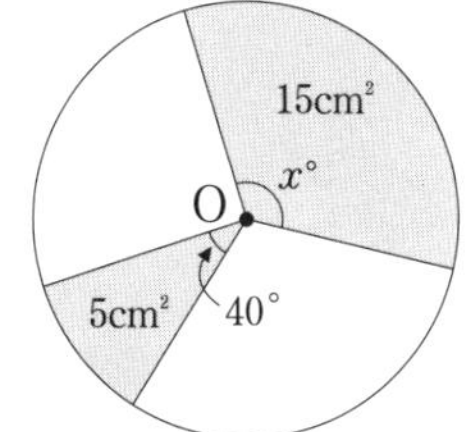

6.

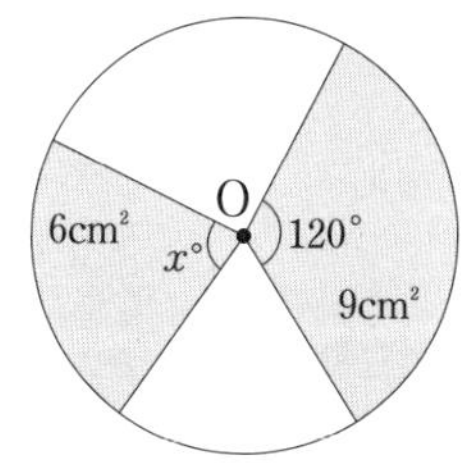

핵심

205 원의 둘레의 길이와 넓이

원주율(π) : 원의 지름의 길이에 대한 원의 둘레의 길이의 비

$$(\text{원주율})=\frac{(\text{원의 둘레의 길이})}{(\text{원의 지름의 길이})}=\pi$$

원의 둘레 길이와 넓이 : 반지름의 길이가 r인 원의 둘레 길이를 l, 넓이를 S라고 하면

$$l=2\pi r,\ S=\pi r^2$$

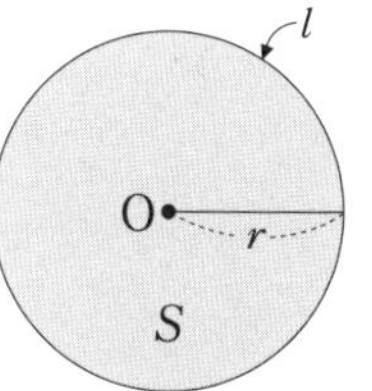

참고

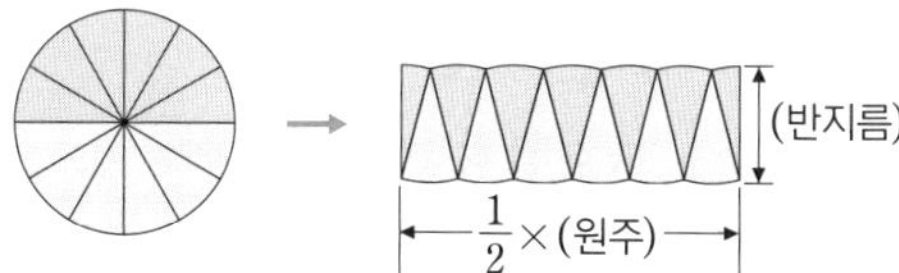

※ 다음 그림에서 색칠한 부분의 둘레 길이 l과 넓이 S를 각각 구하라.

1.

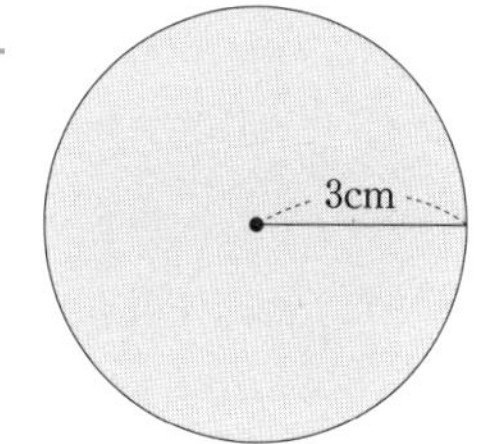

2.

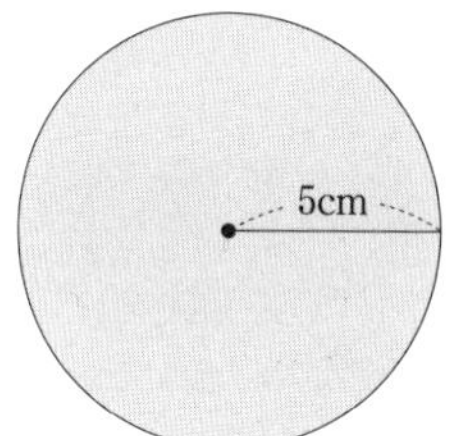

3.

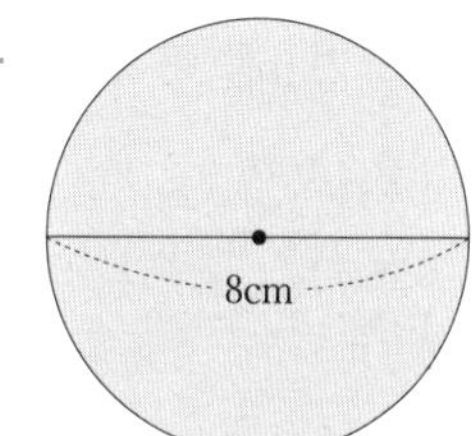

4.

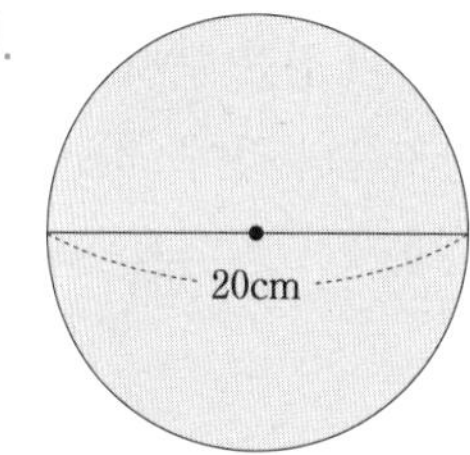

5.

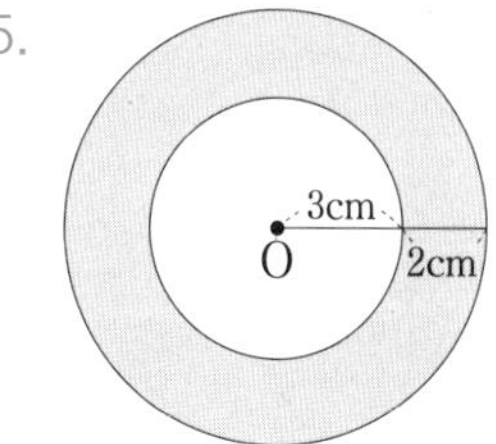

6.

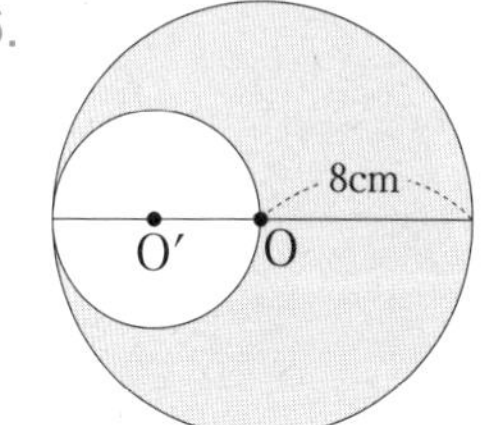

핵심

206 부채꼴의 호의 길이와 넓이

반지름의 길이가 r이고, 중심각의 크기가 $x°$인 부채꼴의 호의 길이를 l, 넓이를 S라고 하면

$$l=2\pi r\times\frac{x}{360}$$
$$S=\pi r^2\times\frac{x}{360}$$

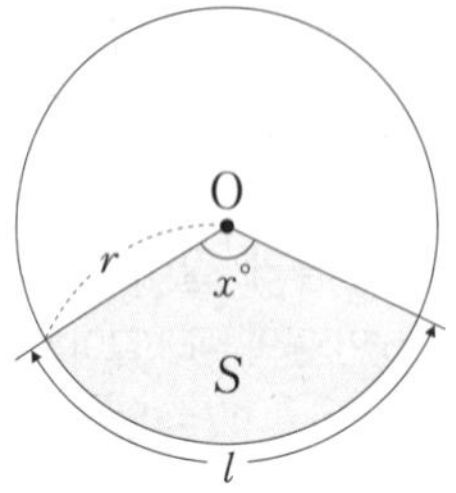

※ 다음과 같은 부채꼴의 호의 길이를 구하라.

1. 반지름의 길이 : 6cm , 중심각의 크기 : 60°

   ↳ $2\pi\times6\times\frac{\square}{360}=\square$(cm)

2. 반지름의 길이 : 4cm , 중심각의 크기 : 90°

3.

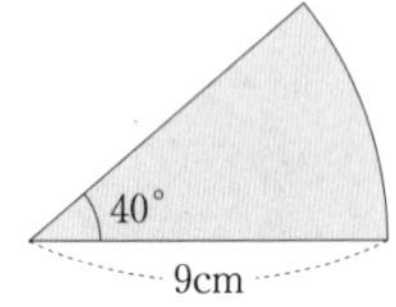

4.

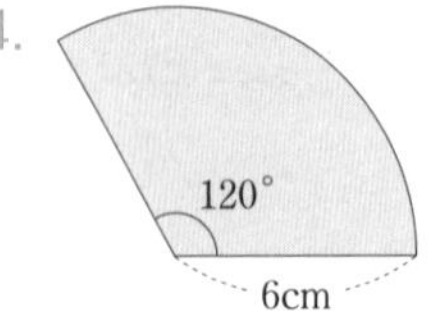

※ 다음과 같은 부채꼴의 중심각의 크기 x를 구하라.

5. 반지름의 길이 : 4cm, 호의 길이 : 2πcm

   ↳ $2\pi\times\square\times\frac{x}{360°}=2\pi$　　$\therefore x=\square°$

6. 반지름의 길이 : 9cm , 호의 길이 : 6πcm

7.

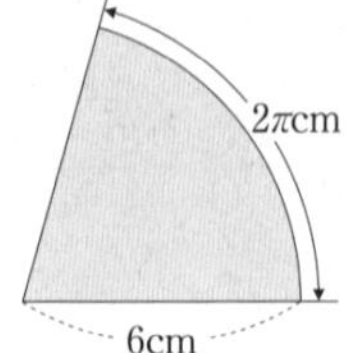

8.

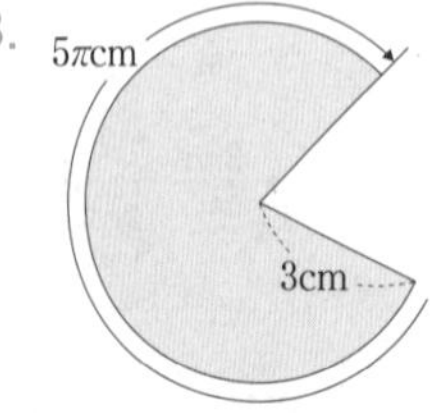

※ 다음과 같은 부채꼴의 반지름 길이 r를 구하라.

9. 중심각의 크기 : 45°, 호의 길이 : 2πcm

   ↳ $2\pi\times r\times\frac{\square}{360}=2\pi$　　$\therefore r=\square$(cm)

10. 중심각의 크기 : 120°, 호의 길이 : 6πcm

11.

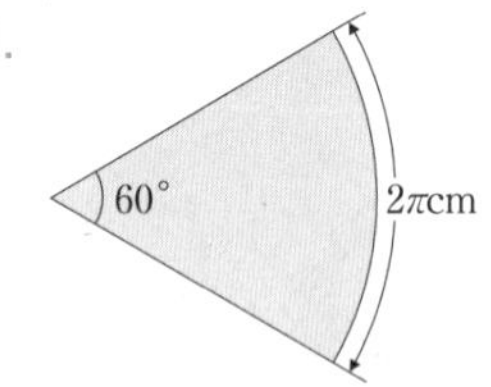

12.

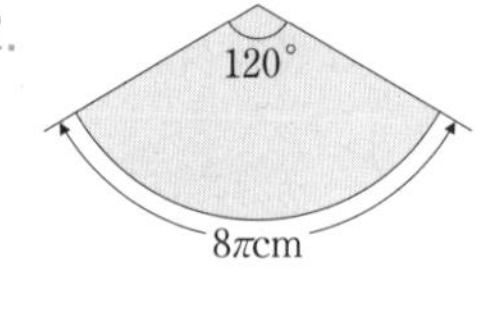

※ 다음과 같은 부채꼴의 넓이를 구하라.

13. 반지름의 길이 : 6cm, 중심각의 크기 : 60°

    ↳ $\pi\times6^2\times\frac{\square}{360}=\square$(cm^2)

14. 반지름의 길이 : 3cm, 중심각의 크기 : 120°

15. 반지름의 길이 : 4cm, 중심각의 크기 : 270°

16.

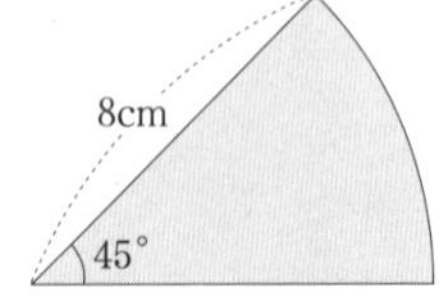

17.

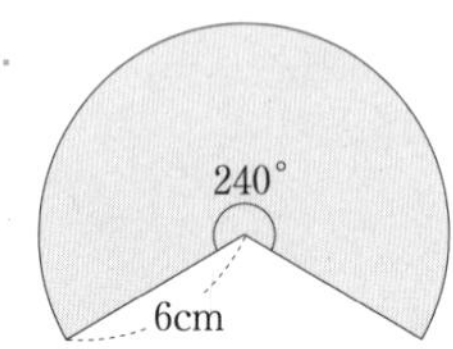

18.

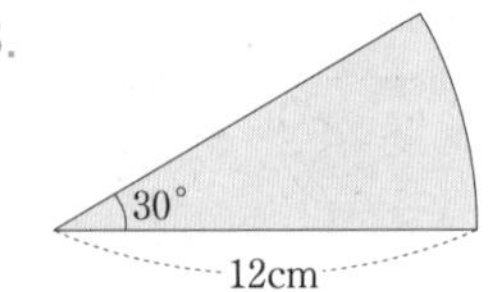

19.

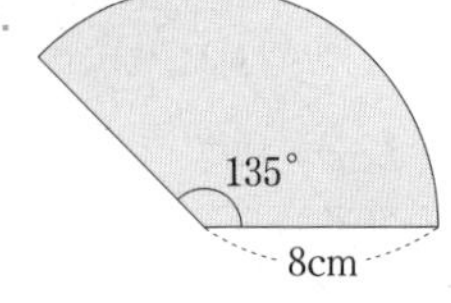

※ 다음 그림에서 색칠한 부분의 넓이를 구하라.

20.

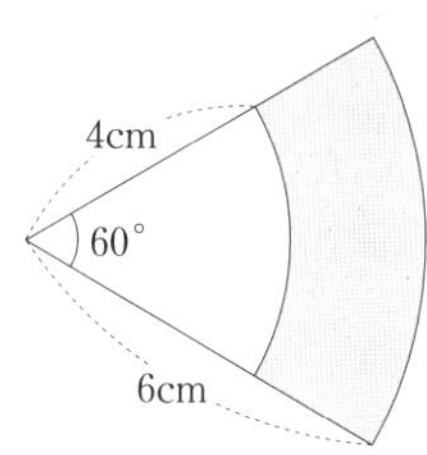

21.

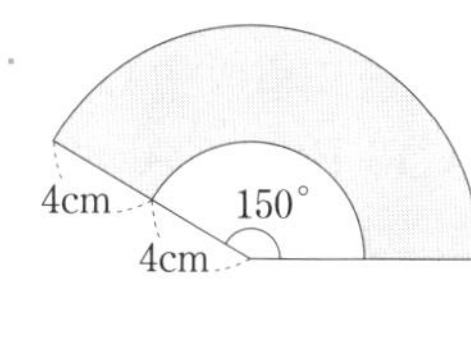

22.

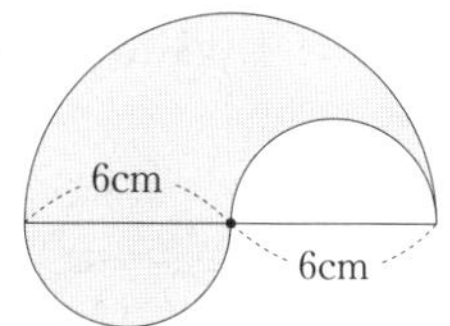

23.

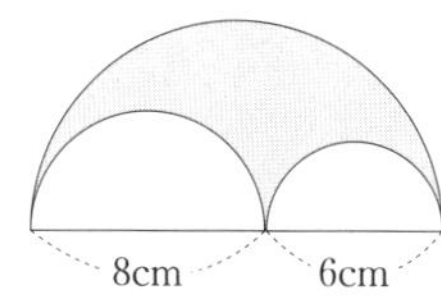

24.

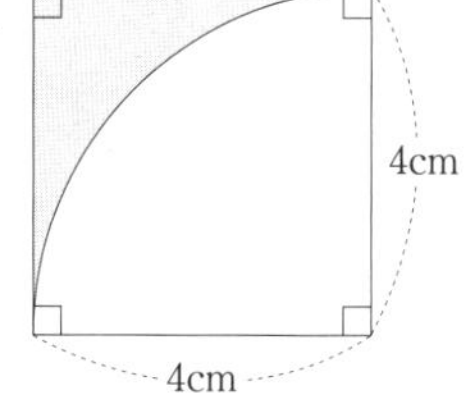

25.

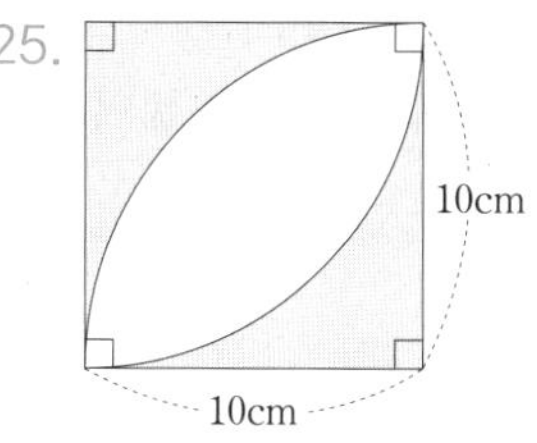

26.

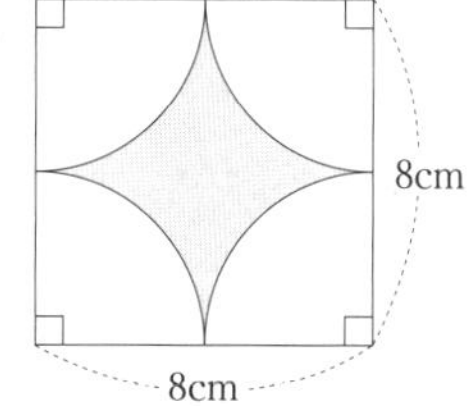

27.

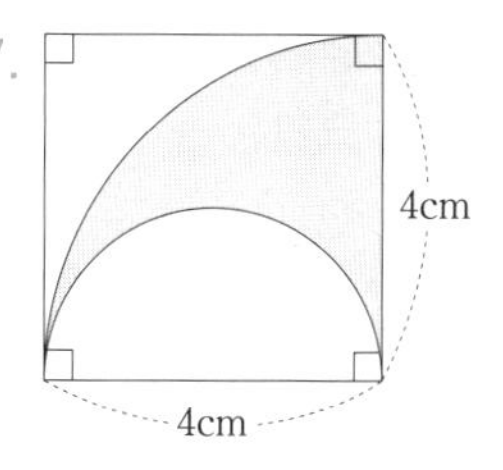

핵심 207 호의 길이와 넓이 사이의 관계

반지름의 길이가 r인 부채꼴의 호의 길이를 l, 넓이를 S라고 하면

$$S=\frac{1}{2}rl$$

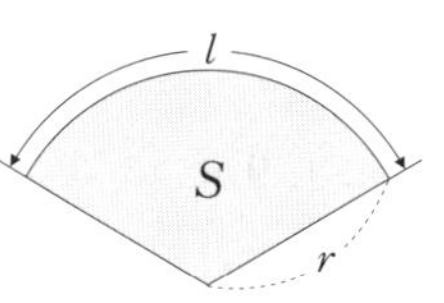

※ 다음과 같은 부채꼴의 넓이 S를 구하라.

1. 반지름의 길이 : 6cm, 호의 길이 : 4πcm

└ $S=\frac{1}{2}\times6\times\square=\square(\text{cm}^2)$

2. 반지름의 길이 : 5cm, 호의 길이 : 10πcm

3. 반지름의 길이 : 12cm, 호의 길이 : 8πcm

4.

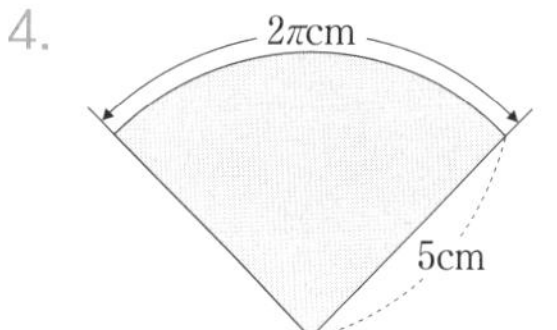

5.

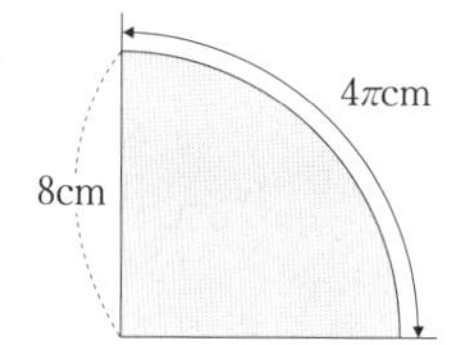

※ 다음과 같은 부채꼴의 반지름의 길이 r를 구하라.

6. 호의 길이 : 4πcm, 넓이 : $10\pi\text{cm}^2$

7. 호의 길이 : 5πcm, 넓이 : $20\pi\text{cm}^2$

8. 호의 길이 : 8πcm, 넓이 : $32\pi\text{cm}^2$

9.

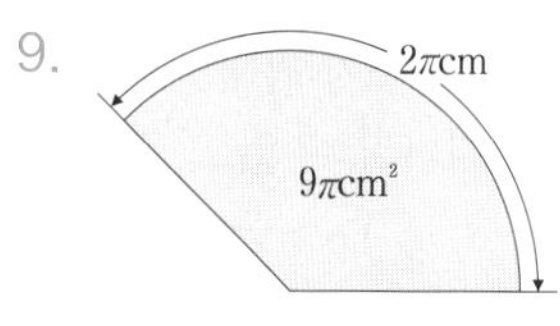

10.

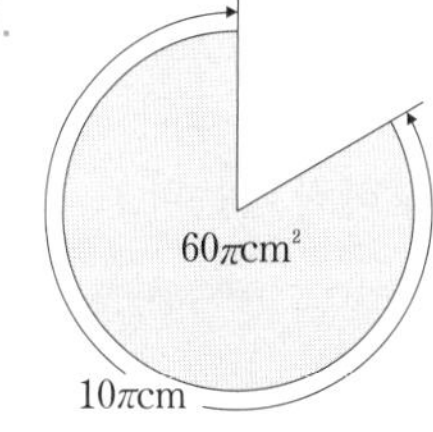

| 실력테스트 |

1. 한 꼭짓점에서 4개의 대각선을 그을 수 있는 다각형의 대각선의 총 개수는?

① 9　② 14　③ 27
④ 35　⑤ 44

2. 한 내각의 크기가 $135°$인 정다각형의 대각선의 총 개수는?

① 9　② 14　③ 20
④ 27　⑤ 35

3. 오른쪽 그림에서 $\overline{AB}=\overline{AC}=\overline{CD}$, $\angle ADE=150°$일 때, $\angle x$의 크기를 구하라.

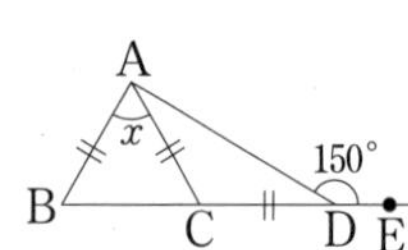

4. 오른쪽 그림에서 $\angle x$의 크기는?

① $100°$　② $105°$
③ $110°$　④ $115°$
⑤ $120°$

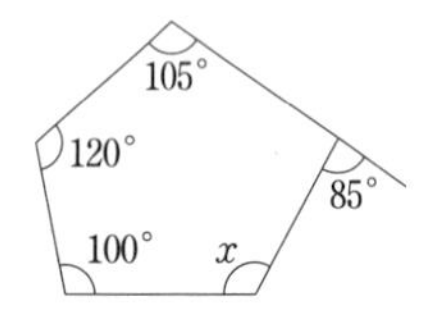

5. 한 내각의 크기와 한 외각의 크기의 비가 7 : 2인 정다각형을 구하라.

힌트 정다각형의 한 내각의 크기와 한 외각의 크기의 합은 $180°$이다.

6. 오른쪽 그림의 원 O에서 $\widehat{AB} : \widehat{BC} : \widehat{CA} = 3 : 4 : 5$일 때, $\angle BOC$의 크기를 구하라.

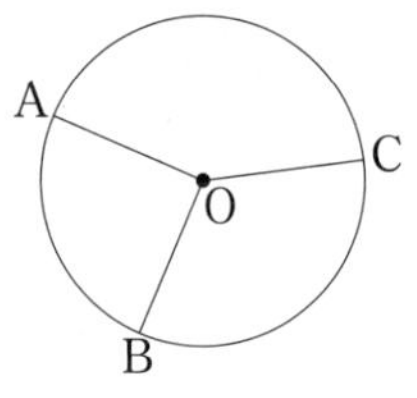

7. 오른쪽 그림의 반원 O에서 $\overline{AC} /\!/ \overline{OD}$일 때, $\widehat{AC}$ 의 길이는?

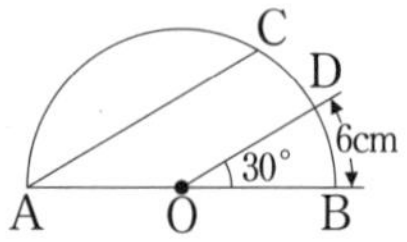

① 6cm　② 12cm
③ 18cm　④ 24cm　⑤ 27cm

힌트 점 C와 중심 O를 잇고 호의 길이는 중심각의 크기에 비례함을 이용한다.

8. 오른쪽 그림에서 색칠한 부분의 넓이는?

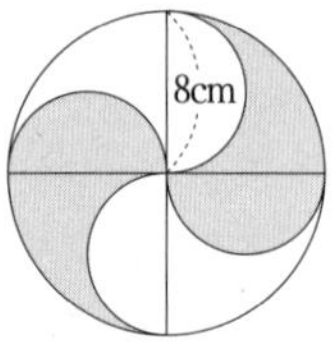

① $30\pi cm^2$　② $32\pi cm^2$
③ $34\pi cm^2$　④ $36\pi cm^2$
⑤ $38\pi cm^2$

9. 오른쪽 그림의 정사각형에서 색칠한 부분의 넓이를 구하라.

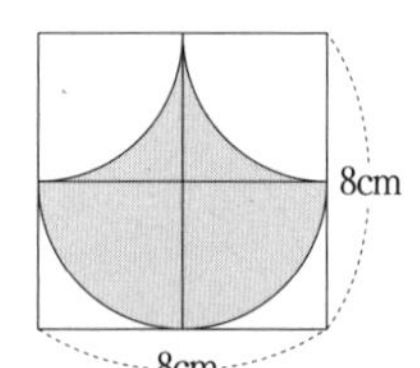

10. 호의 길이가 πcm이고, 넓이가 $2\pi cm^2$인 부채꼴의 중심각의 크기를 구하라.

Science & Technology

오른쪽 그림과 같이 한 변의 길이가 6m인 정사각형 모양의 꽃밭의 P 지점에 길이가 8m인 끈으로 소를 묶어 놓았다. 소가 최대한 움직일 수 있는 영역의 넓이를 구하라. (단, 소와 끈은 꽃밭 위를 지나갈 수 없고, 끈의 매듭 길이와 소의 크기는 생각하지 않는다.)

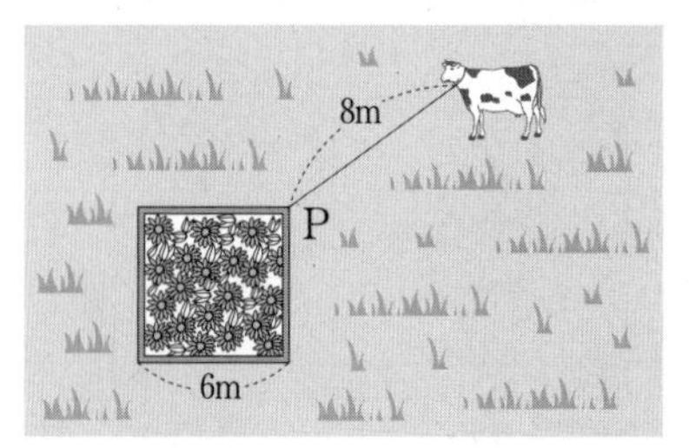

4. 입체도형의 성질

- ○ 다면체의 성질을 이해한다.
- ○ 회전체의 성질을 이해한다.
- ○ 입체도형의 겉넓이와 부피를 구할 수 있다.

다각형인 면으로만 둘러싸인 입체도형을 **다면체**라고 하는데, 다면체는 둘러싸인 면의 개수에 따라 사면체, 오면체, 육면체, … 라고 한다. 특히, 각 면이 모두 합동인 정다각형이고 각 꼭짓점에 모인 면의 개수가 모두 같은 다면체를 **정다면체**라고 하는데, 정다면체는 정사면체, 정육면체, 정팔면체, 정십이면체, 정이십면체의 5가지뿐이다.

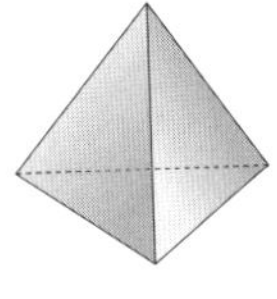
정사면체

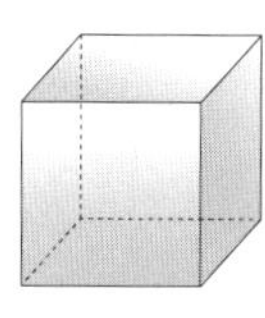
정육면체

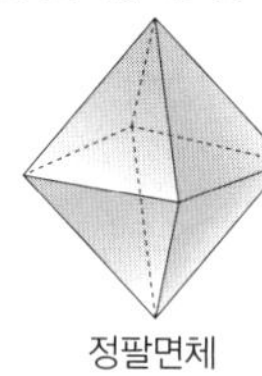
정팔면체

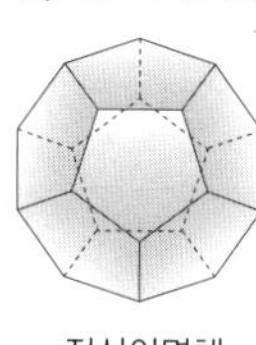
정십이면체

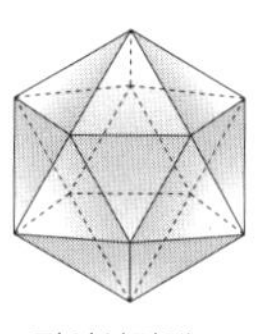
정이십면체

한 직선을 축으로 하여 평면 도형을 한 바퀴 돌릴 때 생기는 입체도형을 **회전체**라고 한다. 회전체를 회전축에 수직인 평면으로 자를 때 생기는 단면은 항상 원이 된다.

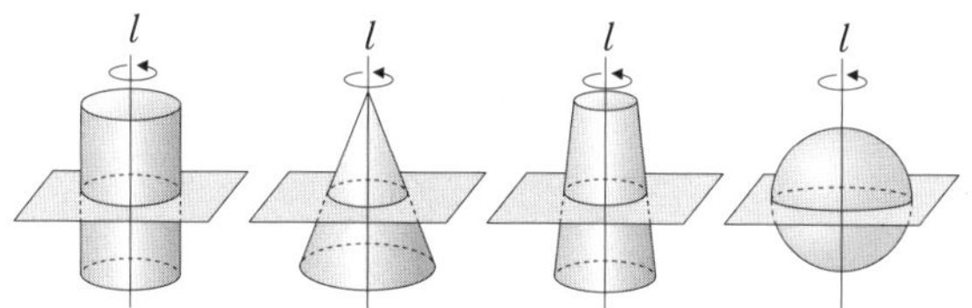

또, 회전체를 회전축을 포함하는 평면으로 자를 때 생기는 단면은 모두 합동이고 회전축에 대하여 선대칭도형이 된다.

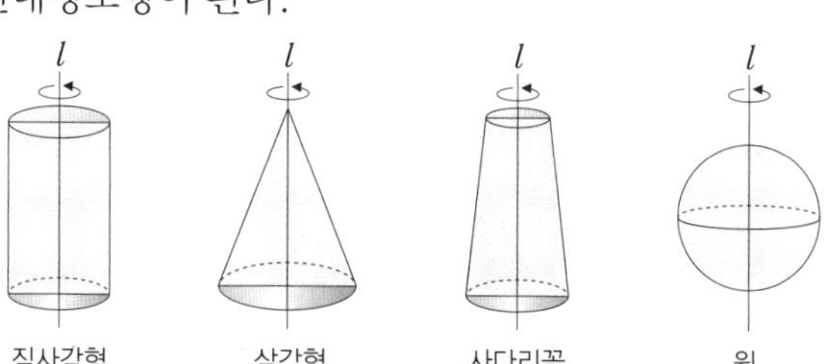

직사각형 삼각형 사다리꼴 원

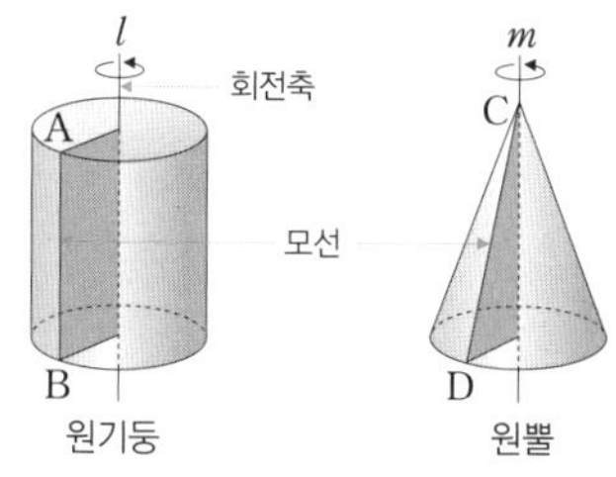

원기둥 원뿔

- 선대칭도형이란 한 도형을 어떤 직선으로 접었을 때 완전히 겹쳐지는 도형을 말하고, 그 직선을 대칭축이라고 한다.

WHY? 자연에서, 또 인간이 만든 조형물에서 두 종류의 입체도형을 쉽게 연상할 수 있다. 하나는 다각형의 형태로 이루어진 입체이고, 다른 하나는 곡면으로 이루어진 입체이다.

해와 달, 물방울에서는 구를, 나무와 말미잘에서는 원기둥을, 소금에서는 정육면체를 연상할 수 있고, 선사 시대의 무덤인 돌멘(Dolmen)에서는 직육면체를, 루브르 박물관과 이집트의 피라미드에서는 사각뿔을, 16세기 성당 꼭대기의 돔(dome)에서는 구를 연상할 수 있다. 이처럼 자연과 인공 조형물에서 다양한 입체를 찾아볼 수 있다.

핵심

208 다면체

다면체(多面體) : 다각형인 면만으로 둘러싸인 입체도형

- 면 : 다면체를 둘러싸고 있는 다각형
- 모서리 : 다각형의 변
- 꼭짓점 : 다각형의 꼭짓점

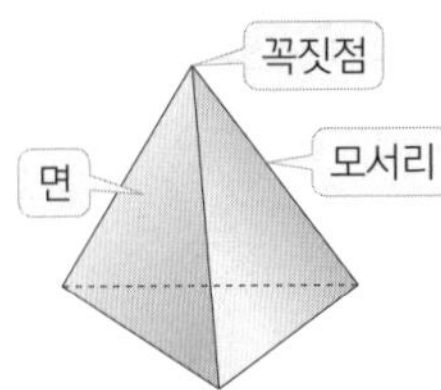

다면체는 면의 개수에 따라 사면체, 오면체, 육면체, …라고 한다.

※ 다음 입체도형 중 다면체인 것에는 ○표, 다면체가 아닌 것에는 ×표를 하여라.

1. 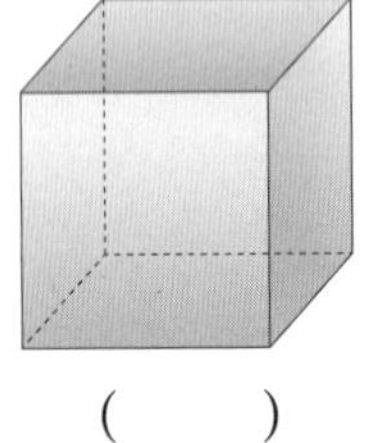

( )

2. 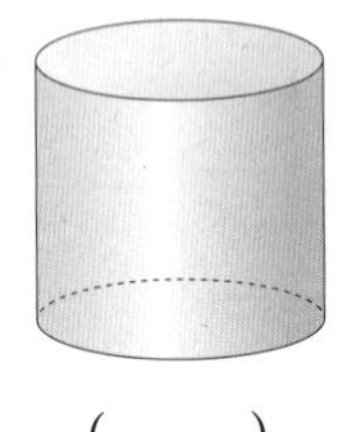

( )

3. 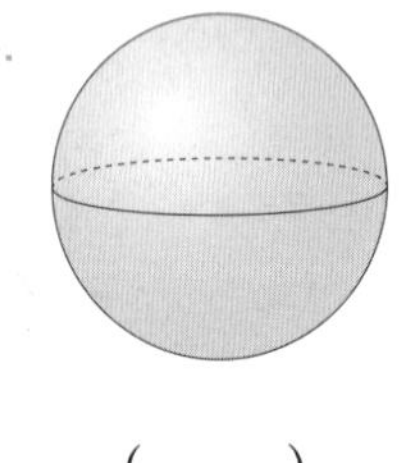

( )

4. 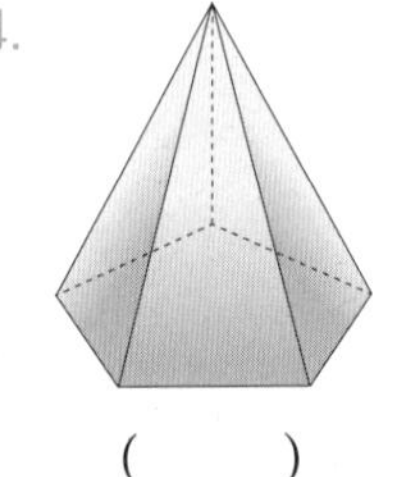

( )

※ 다음 다면체는 몇 면체인지 말하여라.

5. 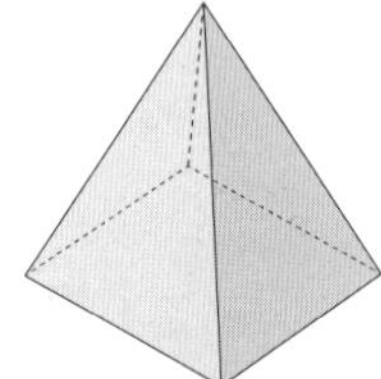

6. 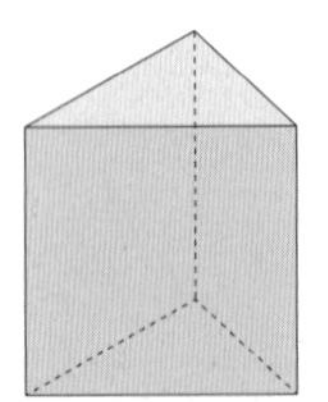

7. 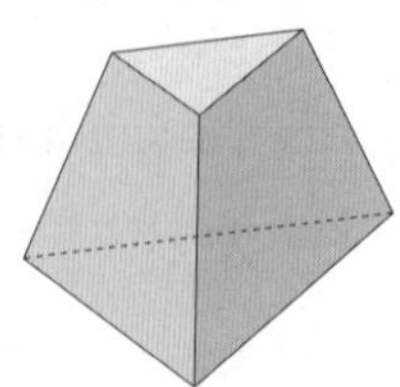

8. 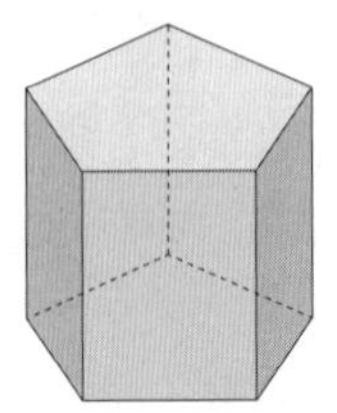

※ 다음 다면체의 꼭짓점과 모서리의 개수를 각각 구하라.

9. 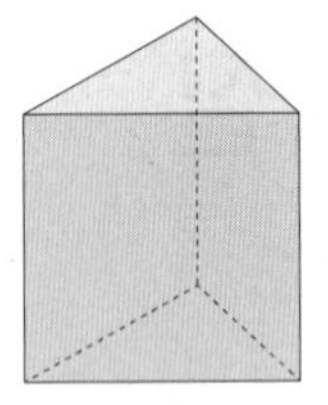

꼭짓점의 개수 : □개
모서리의 개수 : □개

10. 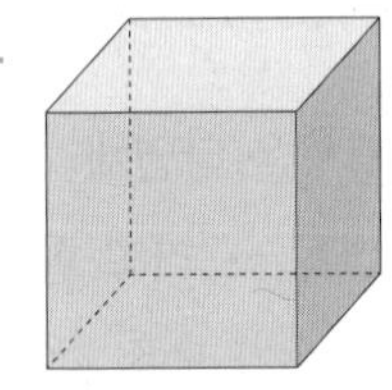

꼭짓점의 개수 : □개
모서리의 개수 : □개

11. 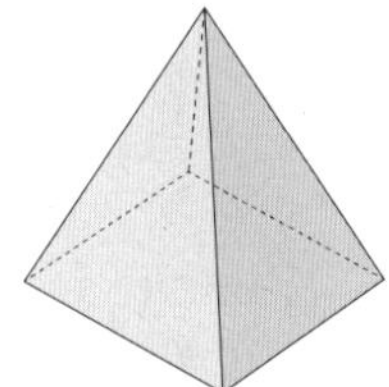

꼭짓점의 개수 : □개
모서리의 개수 : □개

12. 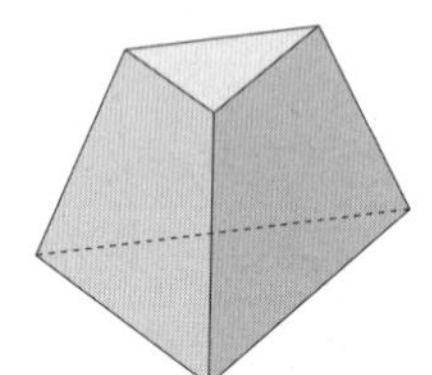

꼭짓점의 개수 : □개
모서리의 개수 : □개

13. 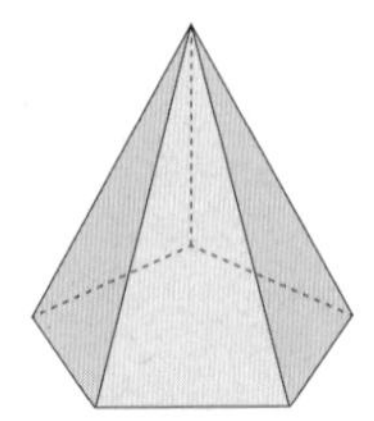

꼭짓점의 개수 : □개
모서리의 개수 : □개

14. 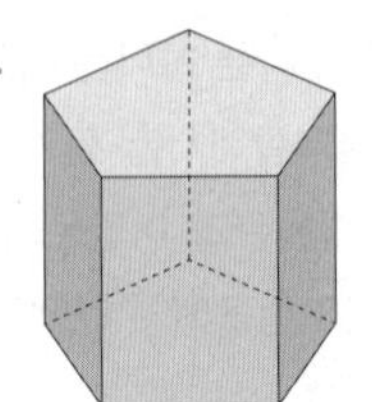

꼭짓점의 개수 : □개
모서리의 개수 : □개

핵심

209 각뿔대

각뿔대 : 각뿔을 그 밑면에 평행한 평면으로 잘라서 생기는 입체도형 중 각뿔이 아닌 쪽의 다면체

- 밑면 : 각뿔대에서 평행한 두 면
- 옆면 : 각뿔대에서 밑면이 아닌 면
- 높이 : 각뿔대의 두 밑면 사이의 거리

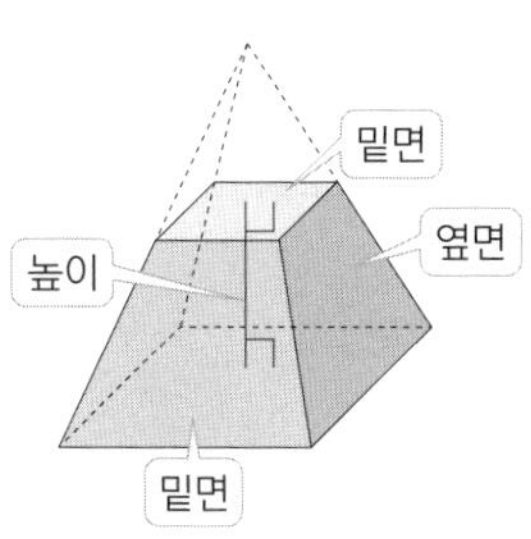

각뿔대는 밑면의 모양에 따라 삼각뿔대, 사각뿔대, 오각뿔대, …라고 한다.

참고 각기둥, 각뿔, 각뿔대는 밑면의 모양에 따라 이름이 결정된다.

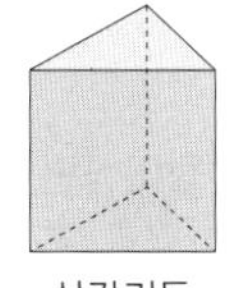
삼각기둥

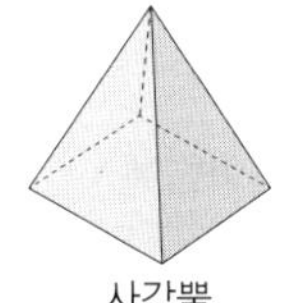
사각뿔

※ 다음 각뿔대의 밑면의 모양과 각뿔대의 이름을 써라.

1.

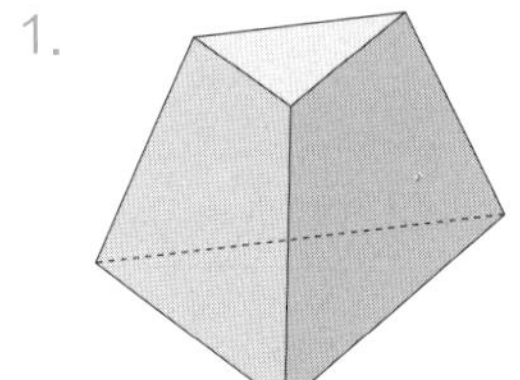

밑면의 모양 : ☐
각뿔대의 이름 : ☐

2.

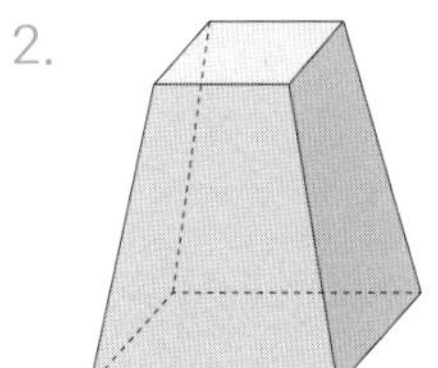

밑면의 모양 : ☐
각뿔대의 이름 : ☐

3.

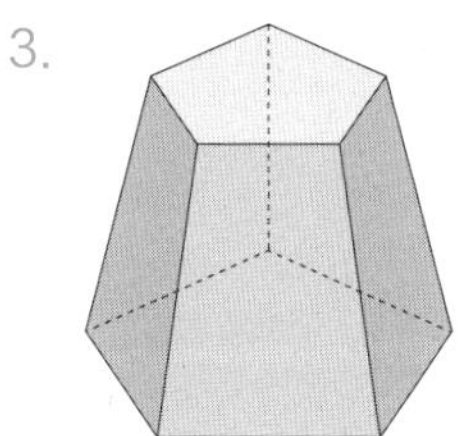

밑면의 모양 : ☐
각뿔대의 이름 : ☐

※ 다음 각뿔대를 보고, 표를 완성하여라.

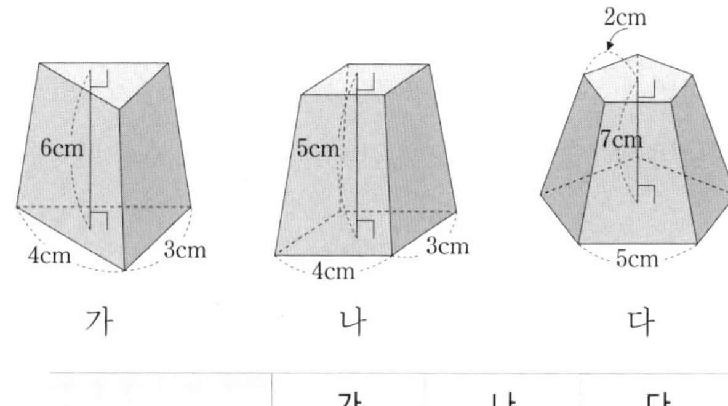

		가	나	다
4.	옆면의 모양			
5.	높이			
6.	면의 개수			
7.	꼭짓점의 개수			
8.	모서리의 개수			

※ 다음 조건을 만족하는 입체도형을 구하라.

9.

ㄱ. 두 밑면이 서로 평행하다.
ㄴ. 옆면은 사다리꼴이다.
ㄷ. 팔면체이다.

____

10.

ㄱ. 옆면은 삼각형이다.
ㄴ. 밑면은 오각형이다.
ㄷ. 면의 개수는 6개이다.

____

11.

ㄱ. 밑면은 육각형이다.
ㄴ. 옆면은 삼각형이다.
ㄷ. 꼭짓점의 개수는 7개이다.

____

핵심

210 정다면체

정다면체 : 모든 면이 합동인 정다각형이고, 각 꼭짓점에 모인 면의 개수가 모두 같은 다면체

정다면체의 종류 : 정사면체, 정육면체, 정팔면체, 정십이면체, 정이십면체의 5가지뿐이다.

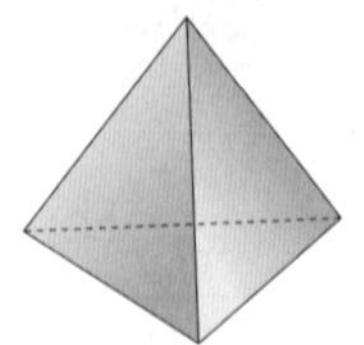

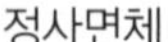
정사면체

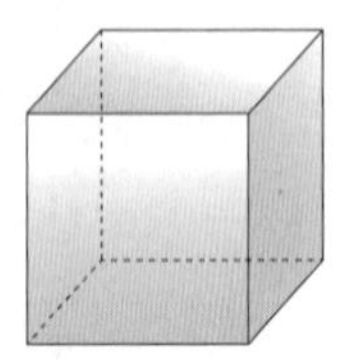

정육면체

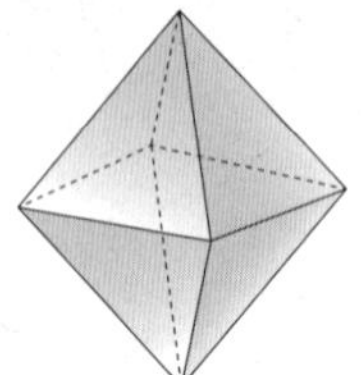

정팔면체

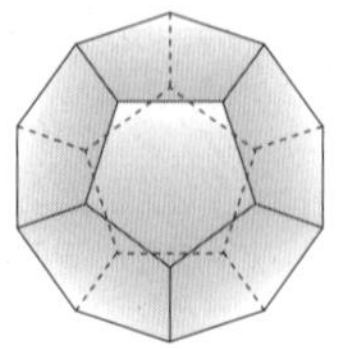

정십이면체

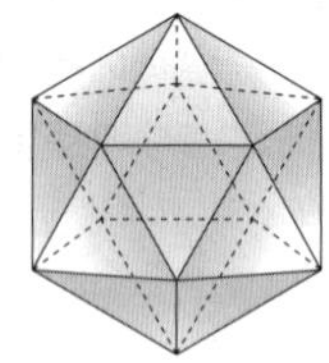

정이십면체

※ 다음 표를 완성하여라.

		정사면체	정육면체	정팔면체	정십이면체	정이십면체
	정다면체의 모양					
1.	면의 모양	정삼각형				
2.	한 꼭짓점에 모인 면의 개수	3				
3.	꼭짓점의 개수				20	12
4.	모서리의 개수				30	30
5.	면의 개수					20

※ 다음 중 정다면체에 대한 설명으로 옳은 것에는 ○표, 옳지 않은 것에는 ×표 하여라.

6. 정다면체는 모두 5가지뿐이다. (　　)
7. 각 꼭짓점에 모인 면의 개수가 같다. (　　)
8. 면의 모양이 정육각형인 정다면체가 있다. (　　)
9. 모든 면이 합동인 다면체는 정다면체이다. (　　)
10. 각 꼭짓점에 모인 면의 개수가 같은 다면체는 정다면체이다. (　　)

※ 다음 조건을 만족하는 정다면체를 모두 구하라.

11. 각 면의 모양이 정삼각형
12. 각 면의 모양이 정사각형
13. 각 면의 모양이 정오각형
14. 한 꼭짓점에 모인 면이 5개
15. 한 꼭짓점에 모인 면이 3개

211 정다면체의 전개도

핵심

정다면체의 전개도는 여러 가지 모양으로 그릴 수 있는데, 다음은 그중 한 가지이다.

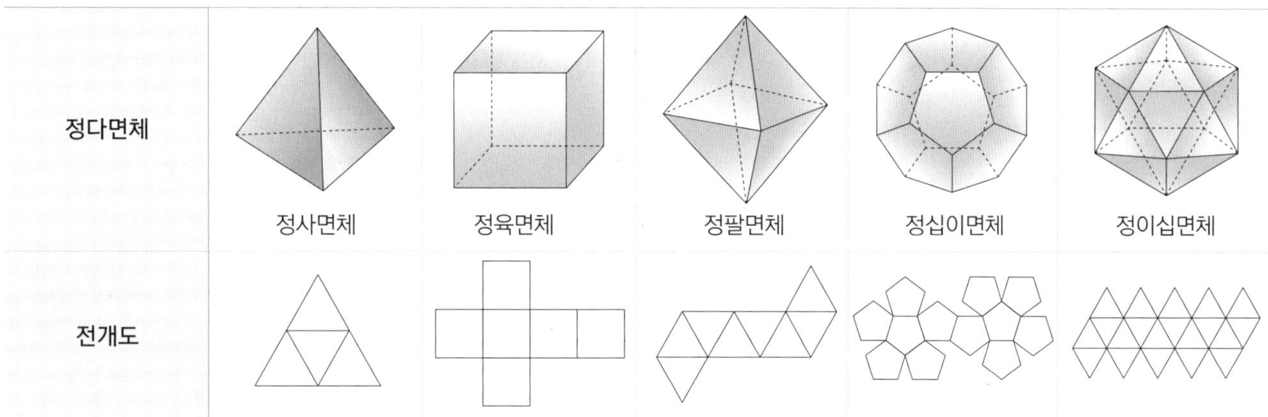

※ 다음 중 정사면체의 전개도가 될 수 있는 것에는 ○표, 될 수 없는 것에는 ×표 하여라.

1.

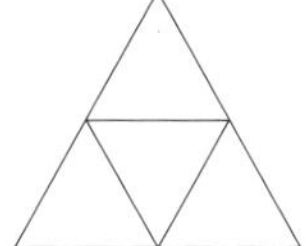

( )

2.

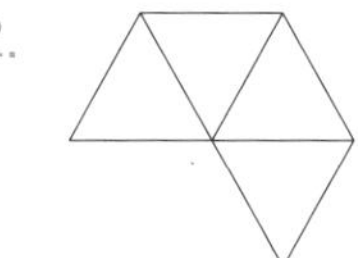

( )

3. ( )

※ 다음 중 정육면체의 전개도가 될 수 있는 것에는 ○표, 될 수 없는 것에는 ×표 하여라.

6.

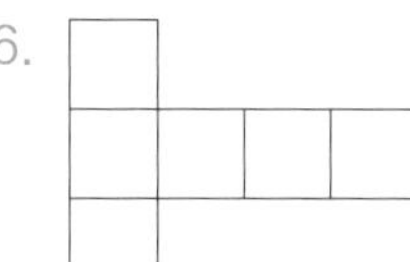

( )

7.

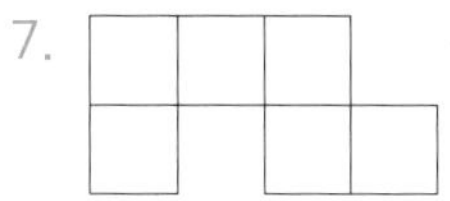

( )

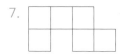

8.

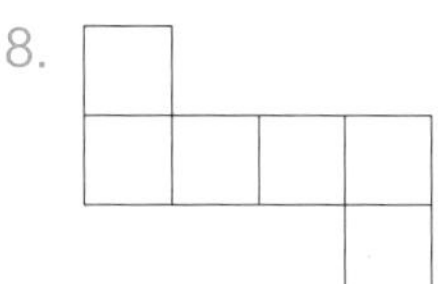

( )

※ 주어진 그림과 같은 전개도로 만들어지는 정다면체에 대하여 다음을 구하라.

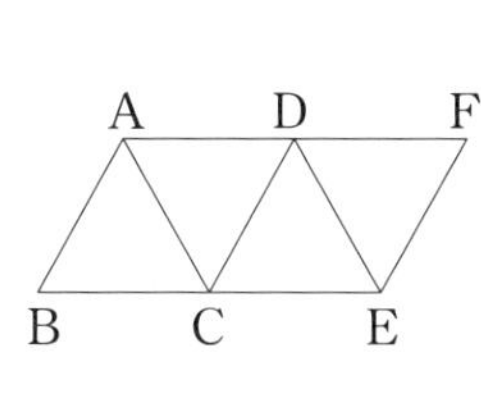

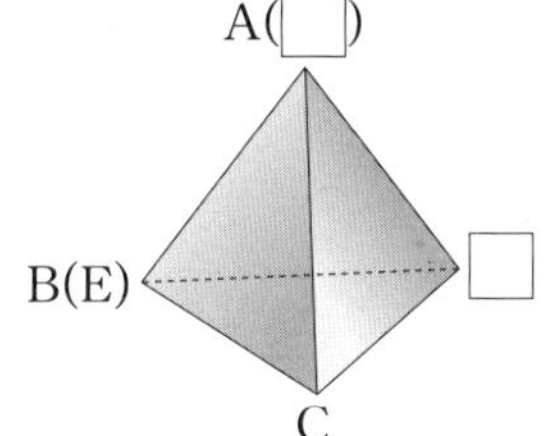

4. 모서리 AB와 겹치는 모서리

종이를 접어 만들어 보면 쉽게 알 수 있다.

5. 모서리 AB와 꼬인 위치에 있는 모서리

※ 주어진 그림과 같은 전개도로 만들어지는 정다면체에 대하여 다음을 구하라.

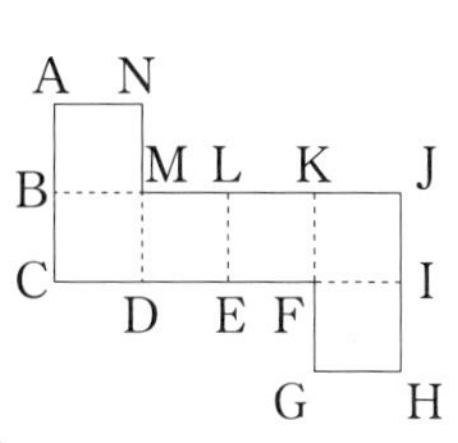

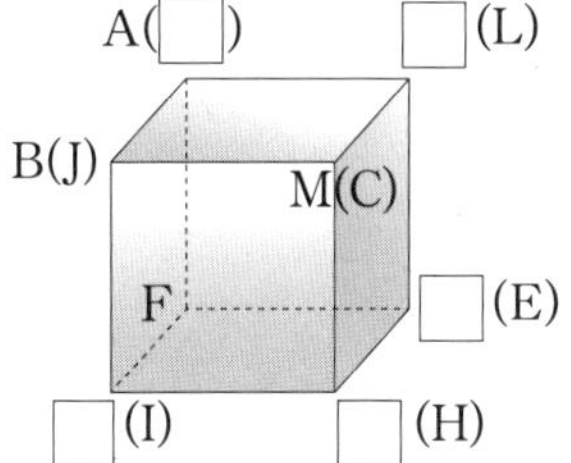

9. 모서리 AB와 겹치는 모서리

10. 모서리 CD와 겹치는 모서리

핵심
212 회전체

회전체 : 평면도형을 한 직선을 축으로 하여 1회전시킬 때 생기는 입체도형

- 회전축 : 회전시킬 때 축이 되는 직선
- 모선 : 원기둥, 원뿔에서와 같이 회전할 때 옆면을 만드는 선분

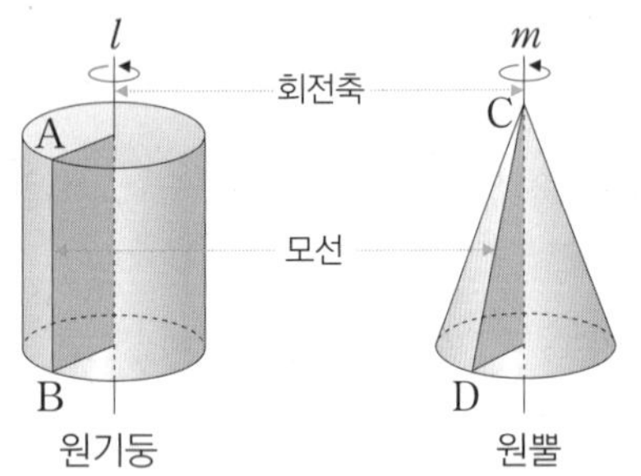

원뿔대 : 원뿔을 그 밑면에 평행한 평면으로 잘라서 생기는 두 입체도형 중에서 원뿔이 아닌 쪽의 입체도형

원뿔대의 높이 : 원뿔대의 두 밑면에 수직인 선분의 길이

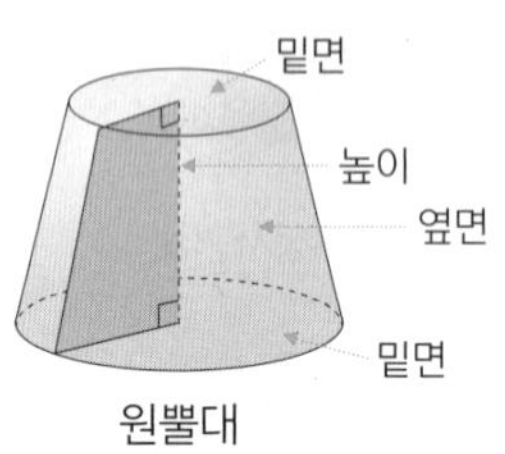

※ 다음 입체도형 중 회전체인 것에는 ○표, 회전체가 아닌 것에는 ×표 하여라.

1. 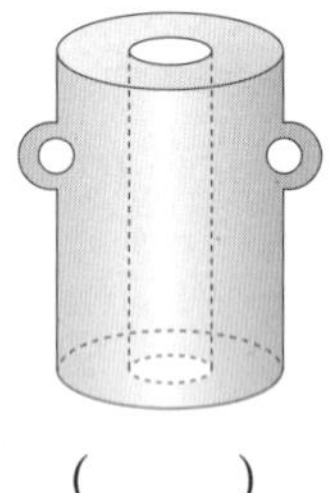
( )

2. 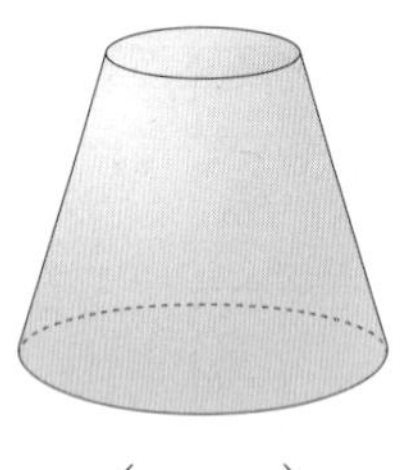
( )

3. 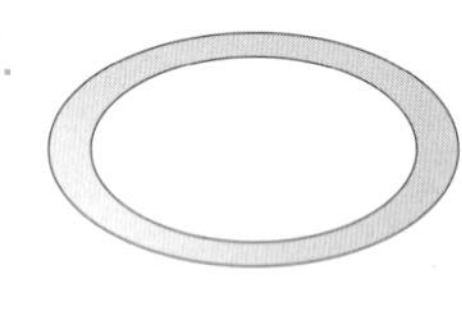
( )

4. 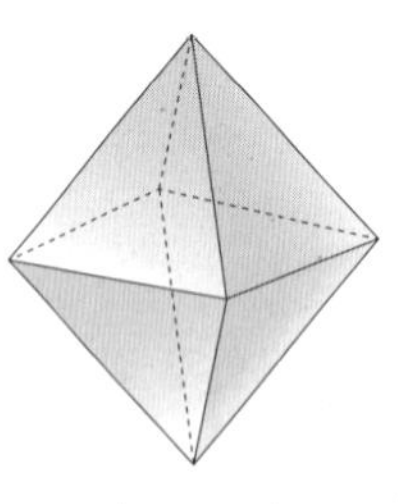
( )

5. 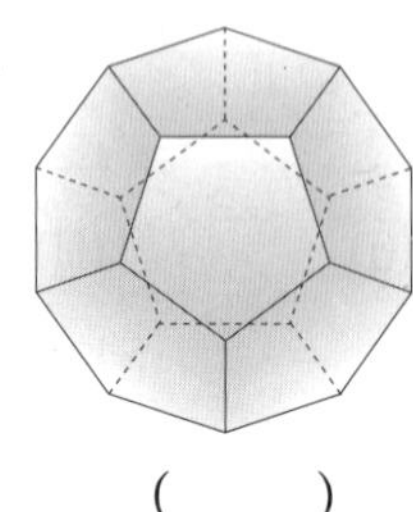
( )

6. 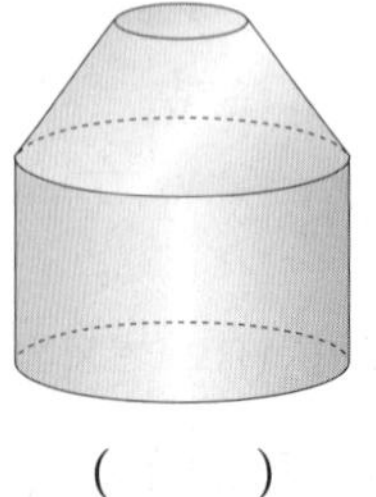
( )

※ 다음 평면도형을 직선 l을 회전축으로 하여 1회전시킬 때 생기는 회전체를 그려라.

7. 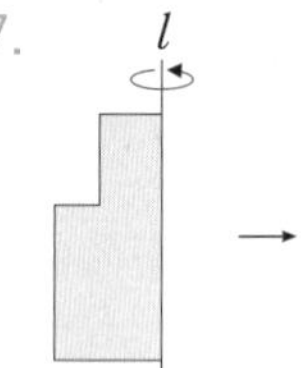

8. 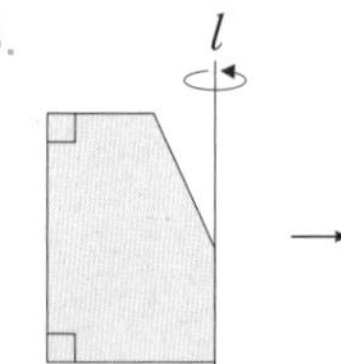

9. 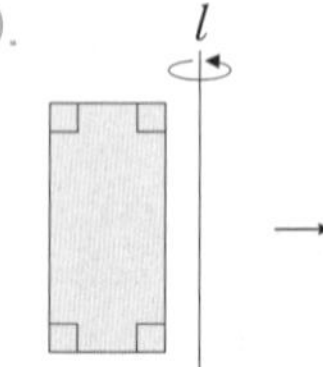

10. 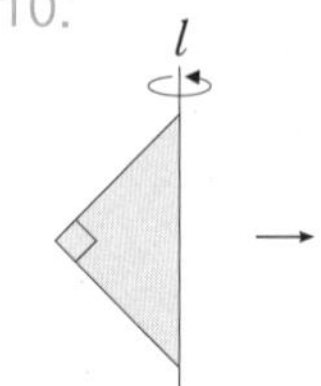

핵심 213 회전체의 성질

회전체를 회전축에 수직인 평면으로 자른 단면 : 잘린 면은 항상 원이다.

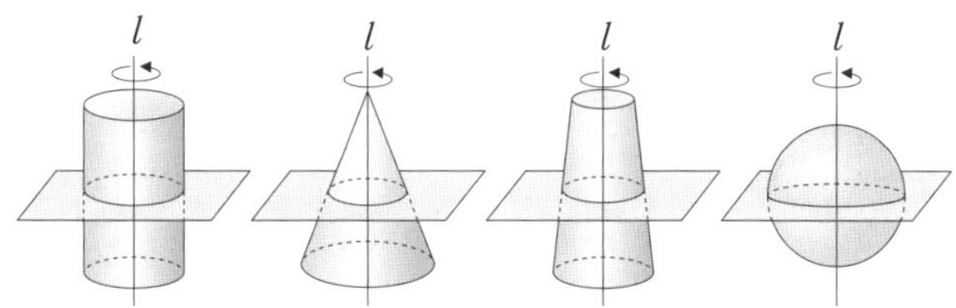

회전체를 회전축을 포함하는 평면으로 자른 단면 : 잘린 면은 회전축을 대칭축으로 하는 선대칭도형이고, 항상 합동이다.

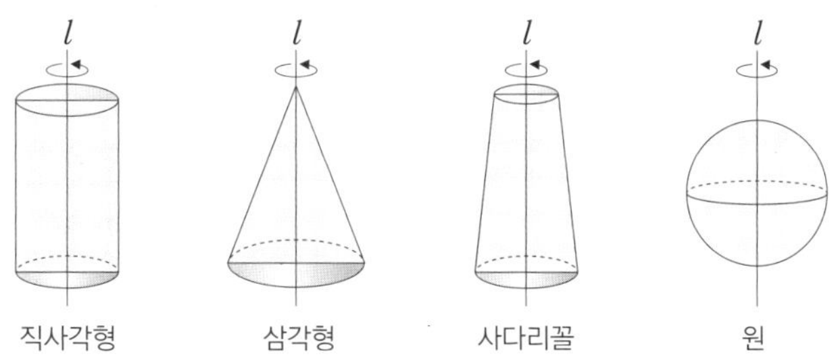

참고 선대칭도형이란 한 도형을 어떤 직선으로 접었을 때 완전히 겹쳐지는 도형을 말하고, 그 직선을 대칭축이라고 한다.

※ 다음 회전체를 회전축에 수직인 평면으로 자를 때 생기는 단면의 모양을 그려라.

1.

2.

※ 다음 회전체를 회전축을 포함하는 평면으로 자를 때 생기는 단면의 모양을 그려라.

3.

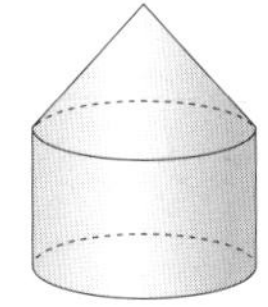

4.

※ 다음 중 회전체에 대한 설명으로 옳은 것에는 ○표, 옳지 않은 것에는 ×표 하여라.

5. 회전체를 회전축에 수직인 평면으로 자른 단면은 서로 합동인 원이다. (　　)

6. 원기둥을 회전축을 포함하는 평면으로 자르면 그 단면은 직사각형이다. (　　)

7. 원뿔대는 직사각형을 회전하여 얻어진 회전체이다. (　　)

8. 회전체를 회전축을 포함하는 평면으로 자른 단면은 선대칭도형이다. (　　)

9. 모든 회전체의 회전축은 하나뿐이다. (　　)

10. 회전축을 포함하는 평면으로 자른 단면은 항상 합동이다. (　　)

214 기둥의 겉넓이

(각기둥의 겉넓이)=(밑넓이)×2+(옆넓이)

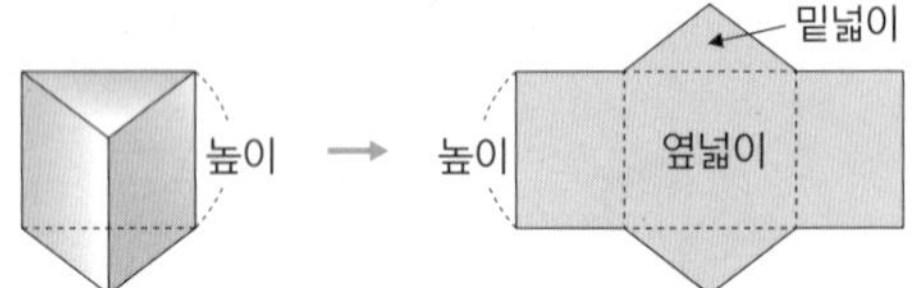

(원기둥의 겉넓이)=(밑넓이)×2+(옆넓이)=$2\pi r^2+2\pi rh$

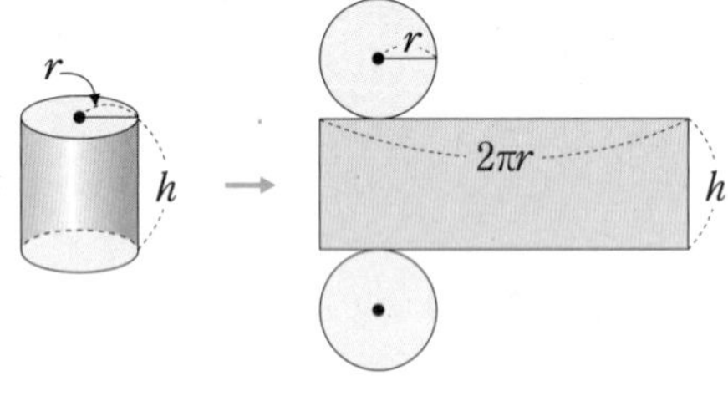

※ 그림과 같은 입체도형의 넓이를 다음 순서대로 구하라.

1.

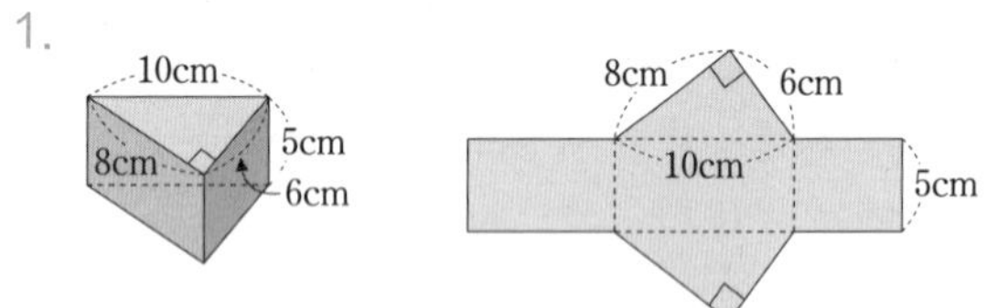

① (밑넓이)=$\frac{1}{2}\times 8\times 6=\square$($cm^2$)

② (옆넓이)=$\square\times 5=\square$(cm^2)

③ (겉넓이)=$\square\times 2+\square=\square$($cm^2$)

2.

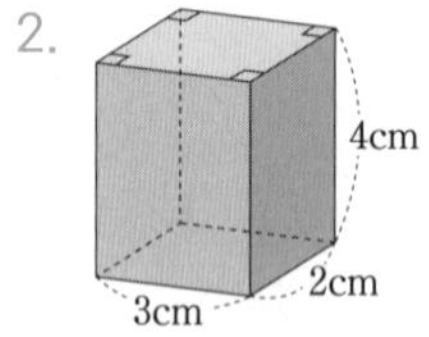

① 밑넓이

② 옆넓이

③ 겉넓이

3.

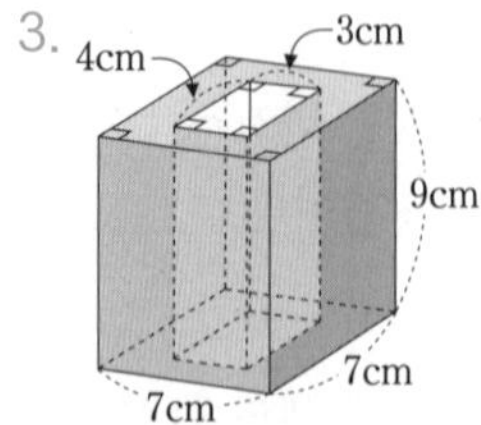

① 밑넓이

② 옆넓이

③ 겉넓이

※ 그림과 같은 입체도형의 넓이를 다음 순서대로 구하라.

4.

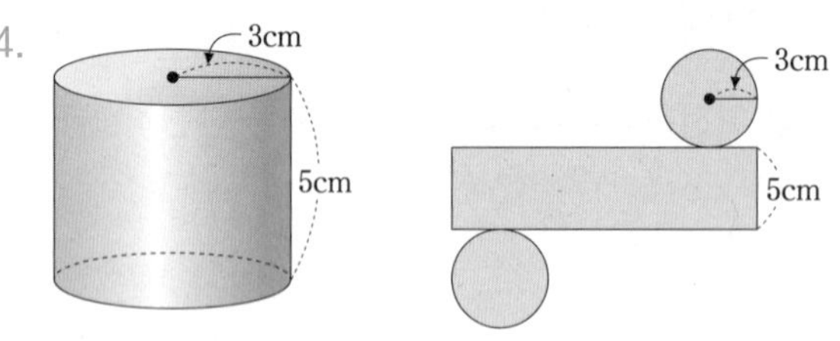

① (밑넓이)=$\pi\times\square^2=\square$($cm^2$)

② (옆넓이)=$2\pi\times\square\times\square=\square$($cm^2$)

③ (겉넓이)=$\square\pi\times 2+\square\pi=\square$($cm^2$)

5.

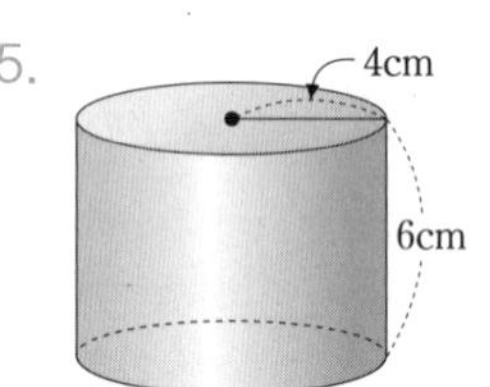

① 밑넓이

② 옆넓이

③ 겉넓이

6.

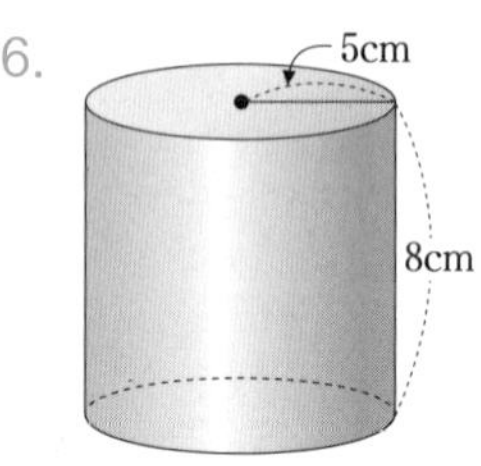

① 밑넓이

② 옆넓이

③ 겉넓이

7.

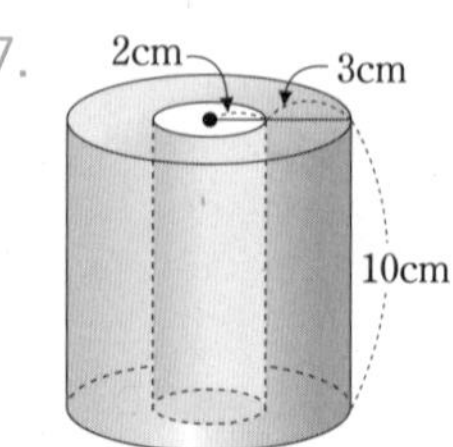

① 밑넓이

② 옆넓이

③ 겉넓이

핵심

215 기둥의 부피

각기둥의 부피 : 밑넓이가 S, 높이가 h인 각기둥의 부피 V는

$$V=Sh$$

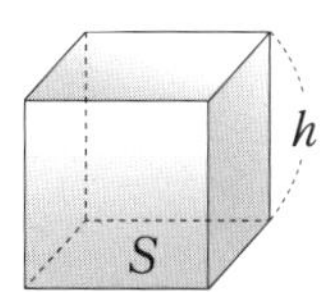

원기둥의 부피 : 밑면의 반지름 길이가 r, 높이가 h인 원기둥의 부피 V는

$$V=\pi r^2h$$

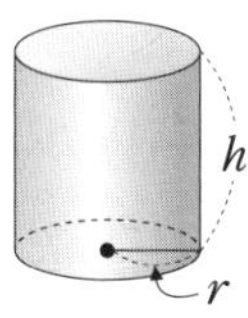

※ 그림과 같은 입체도형의 부피를 다음 순서대로 구하라.

1.

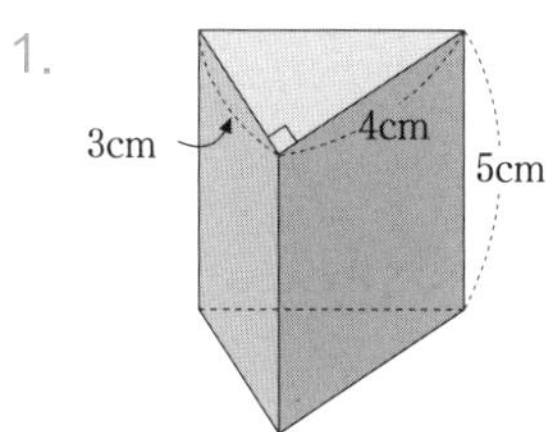

① (밑넓이)$=\frac{1}{2}\times\square\times\square=\square$(cm²)

② (부피)$=\square\times5=\square$(cm³)

2.

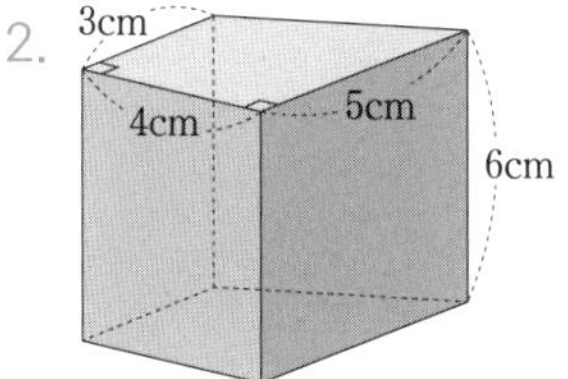

① 밑넓이

② 부피

3.

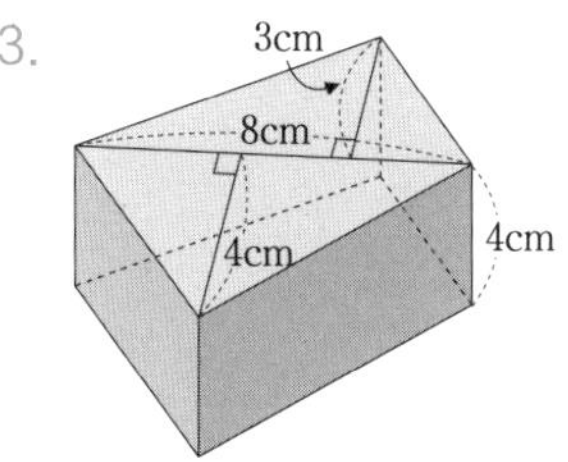

① 밑넓이

② 부피

※ 그림과 같은 입체도형의 부피를 다음 순서대로 구하라.

4.

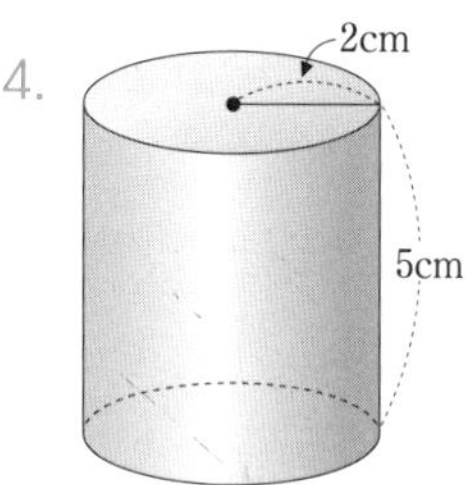

① (밑넓이)$=\pi\times\square^2=\square$(cm²)

② (부피)$=\square\pi\times\square=\square$(cm³)

5.

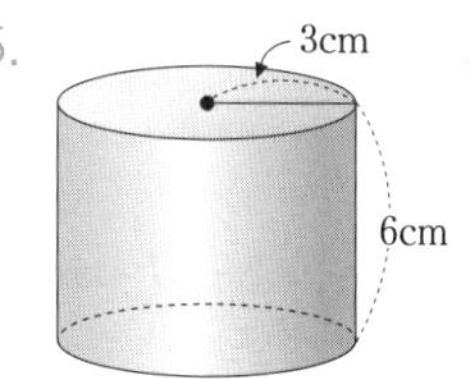

① 밑넓이

② 부피

6.

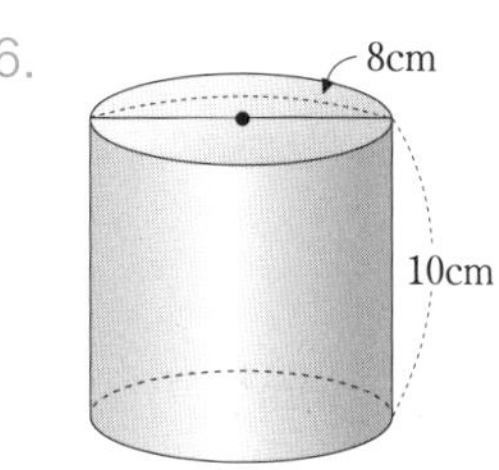

① 밑넓이

② 부피

7.

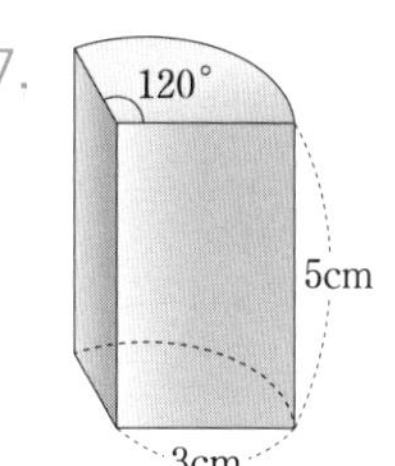

① 밑넓이

② 부피

핵심

216 뿔의 겉넓이

(각뿔의 겉넓이)=(밑넓이)+(옆넓이)

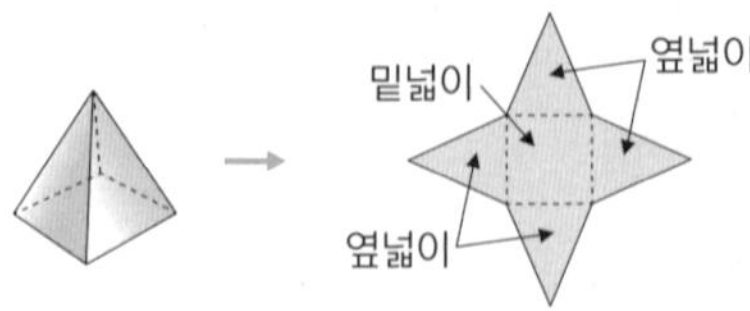

(원뿔의 겉넓이)=(밑넓이)+(옆넓이)$=\pi r^2+\pi rl$

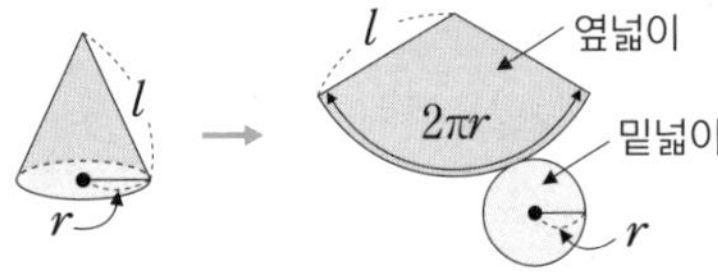

참고
- 부채꼴 호의 길이는 원 둘레 길이와 같으므로 $2\pi r$
- 부채꼴의 넓이(옆넓이)는 $\frac{1}{2}\times$(호의 길이)$\times$(부채꼴의 반지름의 길이)$=\frac{1}{2}\times 2\pi r\times l=\pi rl$

※ 그림과 같은 입체도형의 겉넓이를 순서대로 구하라.

1.

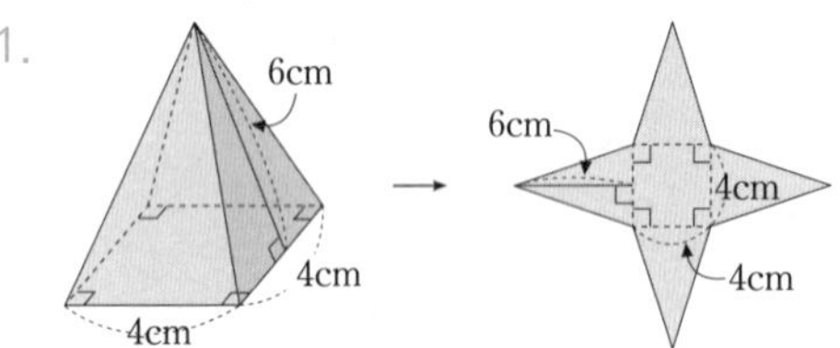

① (밑넓이)$=\square\times\square=\square$(cm²)

② (옆넓이)$=\frac{1}{2}\times\square\times 6\times\square=\square$(cm²)

③ (겉넓이)$=\square+\square=\square$(cm²)

2.

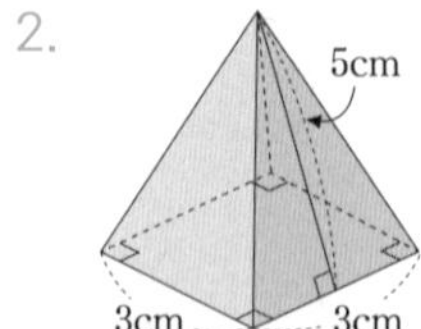

① 밑넓이

② 옆넓이

③ 겉넓이

3.

① 밑넓이

② 옆넓이

③ 겉넓이

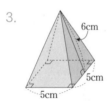

※ 그림과 같은 입체도형의 겉넓이를 다음 순서대로 구하라.

4.

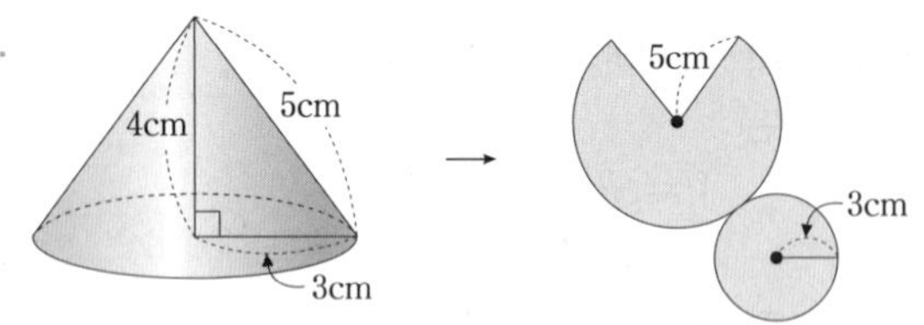

① (밑넓이)$=\pi\times\square^2=\square$(cm²)

② (부채꼴의 호의 길이)$=2\pi\times\square=\square$(cm)

③ (옆넓이)$=\frac{1}{2}\times\square\times\square\pi=\square$(cm²)

④ (겉넓이)$=\square\pi+\square\pi=\square$(cm²)

5.

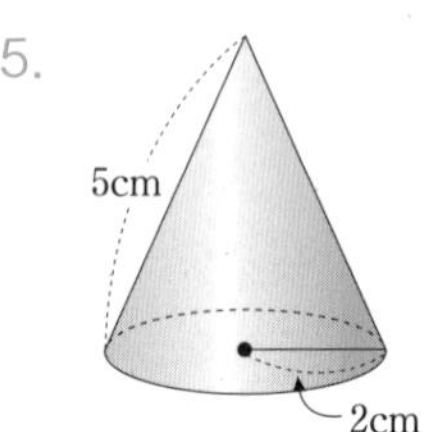

① 밑넓이 ② 부채꼴의 호의 길이

③ 옆넓이 ④ 겉넓이

6.

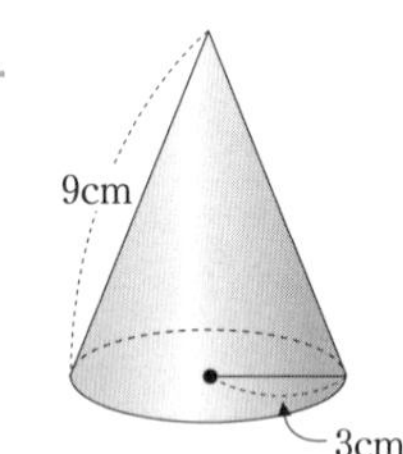

① 밑넓이 ② 부채꼴의 호의 길이

③ 옆넓이 ④ 겉넓이

7.

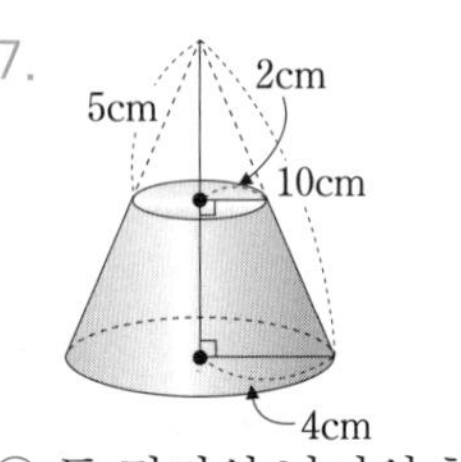

① 두 밑면의 넓이의 합

② 옆넓이 ③ 겉넓이

핵심

217 뿔의 부피

각뿔의 부피 : 밑넓이가 S, 높이가 h인 각뿔의 부피 V는

$$V=\frac{1}{3}Sh$$

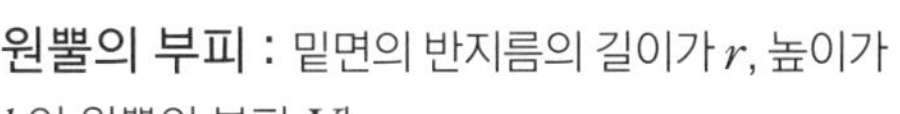

원뿔의 부피 : 밑면의 반지름의 길이가 r, 높이가 h인 원뿔의 부피 V는

$$V=\frac{1}{3}Sh=\frac{1}{3}\pi r^2h$$

참고 뿔의 부피는 밑면과 높이가 각각 같은 기둥의 부피의 $\frac{1}{3}$이다.

※ 그림과 같은 입체도형의 부피를 다음 순서대로 구하라.

1.

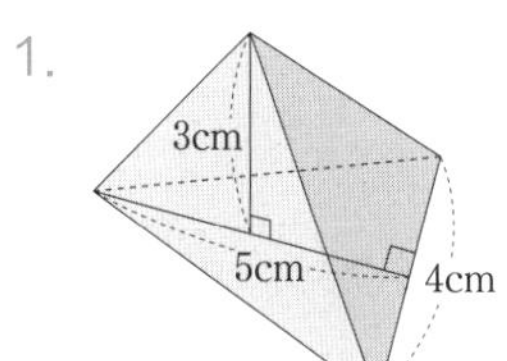

① (밑넓이)$=\frac{1}{2}\times\square\times\square=\square$(cm^2)

② (부피)$=\frac{1}{3}\times\square\times\square=\square$(cm^3)

2.

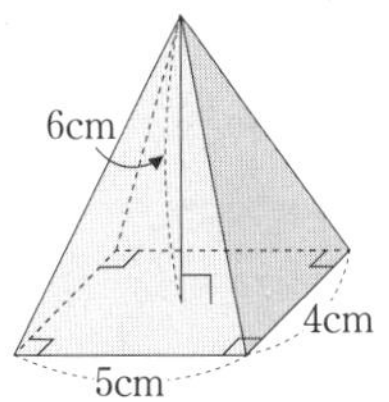

① 밑넓이

② 부피

3.

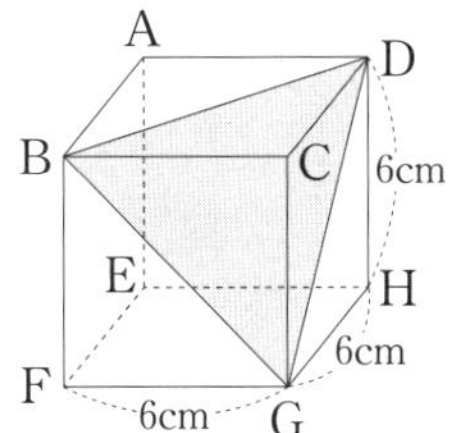

① △BCD의 넓이

② △BCD를 밑면으로 하는 삼각뿔의 높이

③ 부피

4.

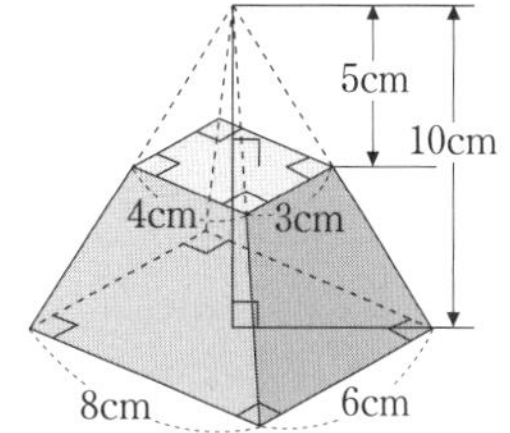

① 큰 사각뿔의 부피

② 작은 사각뿔의 부피

③ 사각뿔대의 부피

※ 그림과 같은 입체도형의 부피를 다음 순서대로 구하라.

5.

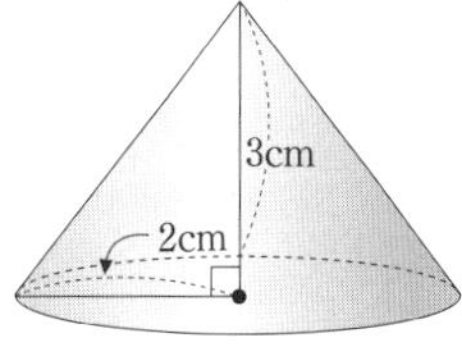

① (밑넓이)$=\pi\times\square^2=\square$(cm^2)

② (부피)$=\frac{1}{3}\times\square\pi\times\square=\square$(cm^3)

6.

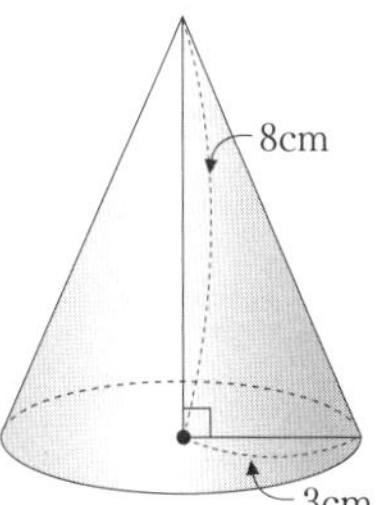

① 밑넓이

② 부피

7.

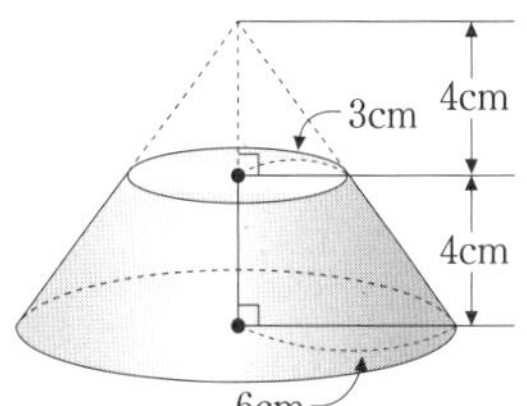

① 큰 원뿔의 부피

② 작은 원뿔의 부피

③ 원뿔대의 부피

핵심 218 구의 겉넓이

반지름의 길이가 r인 구의 겉넓이 S는

$$S=4\pi r^2$$

참고 반지름의 길이가 r인 구의 겉넓이는 반지름의 길이가 $2r$인 원의 넓이와 같다.

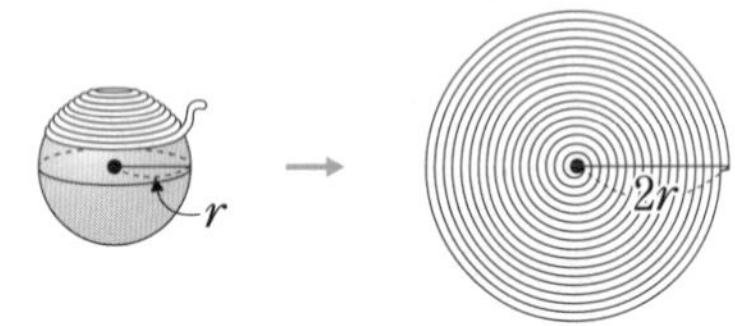

※ 그림과 같은 구의 겉넓이를 구하라.

1. 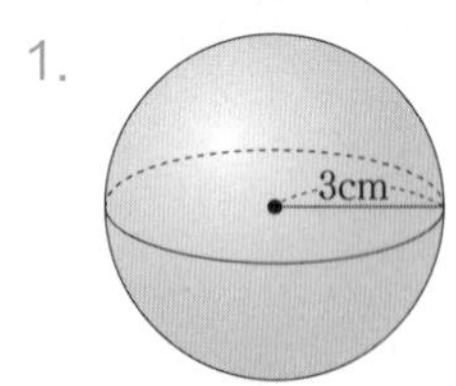

2. 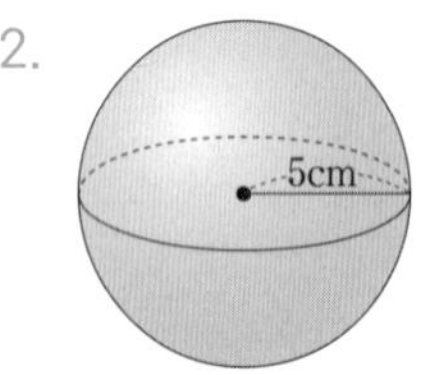

(겉넓이)$=4\pi\times\square^2$

$=\square$ (cm^2)

※ 그림과 같이 구의 일부분을 잘라낸 입체도형의 겉넓이를 다음 순서대로 구하라.

3. 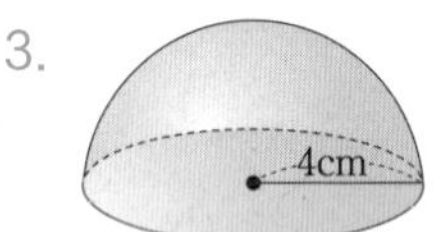

① 곡면의 넓이

② 평면의 넓이

③ 겉넓이

4. 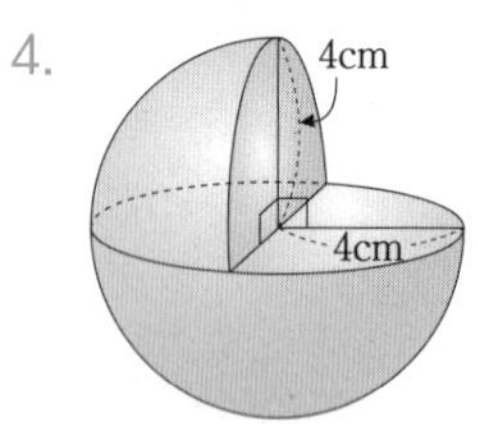

① 곡면의 넓이

② 평면의 넓이

③ 겉넓이

핵심 219 구의 부피

반지름의 길이가 r인 구의 부피 V는

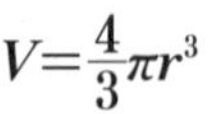

$$V=\frac{4}{3}\pi r^3$$

참고

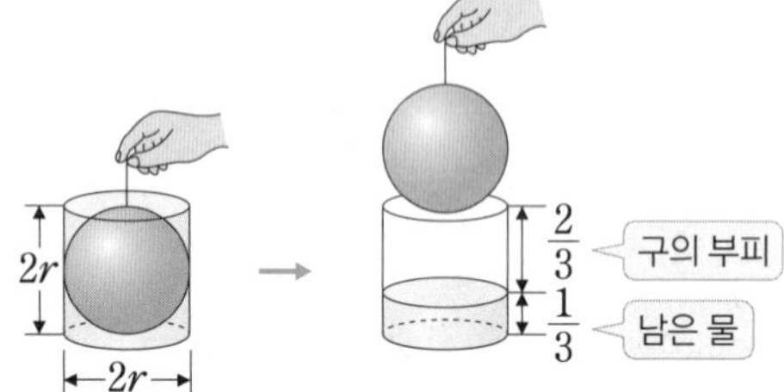

반지름의 길이가 r인 구의 부피는 반지름의 길이가 r이고 높이가 $2r$인 원기둥의 부피 $2\pi r^3$의 $\frac{2}{3}$이다.

※ 그림과 같은 구의 부피를 구하라.

1. 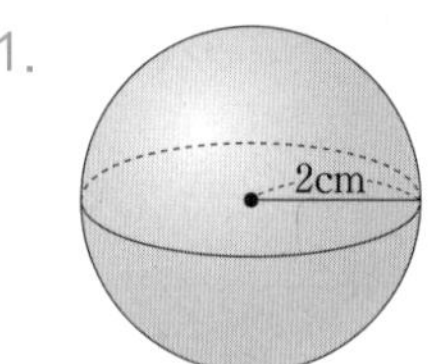

2. 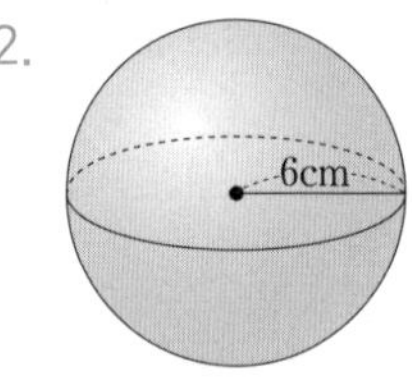

(부피)$=\frac{4}{3}\pi\times\square^3=\square$ (cm^3)

※ 그림과 같은 입체도형의 부피를 구하라.

3. 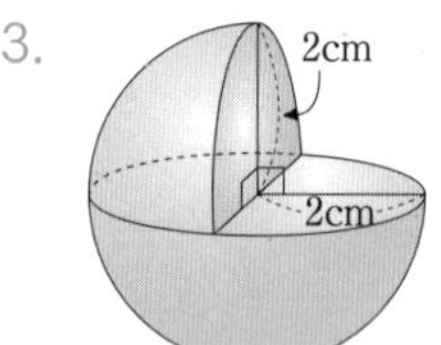

4. 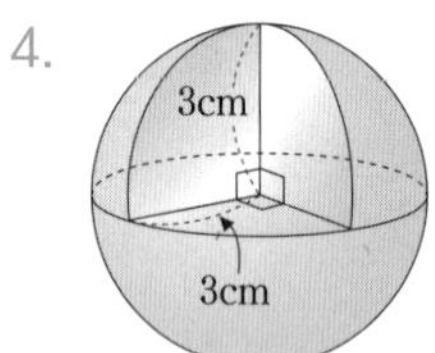

※ 그림과 같이 원기둥 안에 높이가 같은 원뿔과 구가 꼭 맞게 들어가 있다. 구의 반지름의 길이가 3cm일 때, 다음을 구하라.

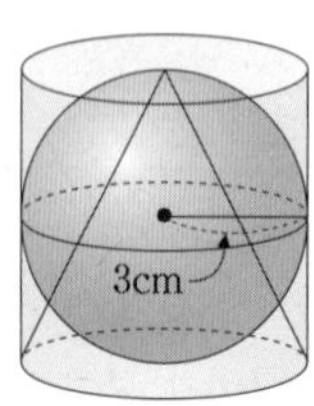

5. 원뿔의 부피

6. 구의 부피

7. 원기둥의 부피

8. (원뿔의 부피) : (구의 부피) : (원기둥의 부피)

실력테스트

1. 다음 조건을 모두 만족하는 입체도형을 구하라.

> (가) 십면체이다.
> (나) 두 밑면은 서로 평행하다.
> (다) 옆면의 모양은 사다리꼴이다.

2. 다음 중 입체도형과 그 옆면 모양을 바르게 짝지은 것은?

① 사각기둥 — 정사각형　② 사각뿔 — 사각형
③ 삼각뿔대 — 사다리꼴　④ 정육면체 — 오각형
⑤ 오각뿔 — 사다리꼴

3. 다음 중 정다면체에 대한 설명으로 옳지 않은 것은?

① 정다면체는 5가지뿐이다.
② 정다면체의 각 면은 정삼각형, 정사각형, 정오각형뿐이다.
③ 한 꼭짓점에 모인 면의 개수가 가장 많은 것은 정이십면체이다.
④ 정삼각형이 한 꼭짓점에 5개씩 모인 정다면체는 정십이면체이다.
⑤ 정사면체, 정팔면체, 정이십면체의 한 면의 모양은 모두 같다.

4. 다음 중 회전축을 포함하는 평면으로 자를 때 생기는 단면의 모양으로 옳지 않은 것은?

① 구 — 원　② 원기둥 — 직사각형
③ 원뿔대 — 사다리꼴　④ 반구 — 반원
⑤ 원뿔 — 직각삼각형

5. 오른쪽 그림과 같이 직사각형을 직선 l을 회전축으로 하여 1회전시켰을 때 생기는 입체도형의 겉넓이는?

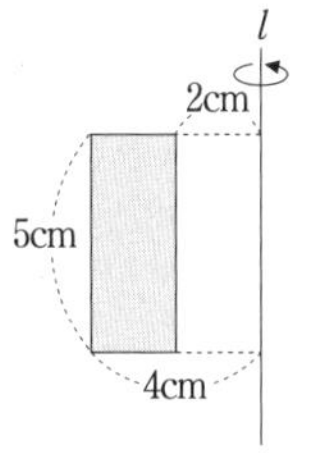

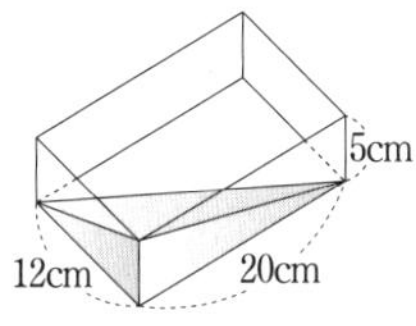

① $48\pi\text{cm}^2$　② $64\pi\text{cm}^2$
③ $84\pi\text{cm}^2$　④ $86\pi\text{cm}^2$
⑤ $90\pi\text{cm}^2$

6. 오른쪽 그림과 같이 직육면체 모양의 그릇에 물을 가득 채운 후 그릇을 기울여 물을 흘려보냈다. 이때 남아 있는 물의 부피는?

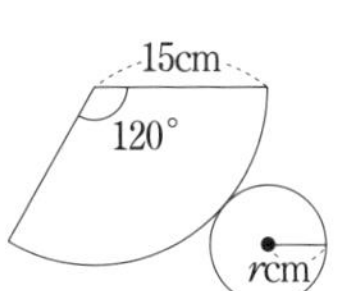

① 100cm^3　② 150cm^3　③ 200cm^3
④ 250cm^3　⑤ 300cm^3

7. 오른쪽 그림과 같은 전개도로 만들어지는 원뿔에 대하여 다음 물음에 답하여라.

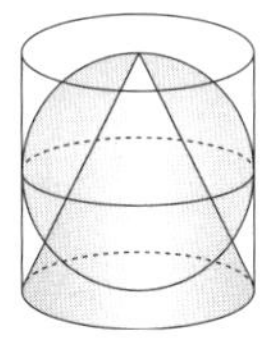

① r의 값을 구하라.

② 겉넓이를 구하라.

8. 오른쪽 그림과 같이 원기둥 안에 꼭 들어맞는 구와 원뿔이 있다. 원기둥의 부피가 $27\pi\text{cm}^3$일 때, 원뿔의 부피를 구하라.

Science & Technology

지름의 길이가 8cm인 야구공의 겉면은 오른쪽 그림과 같이 똑같이 생긴 두 조각의 가죽으로 이루어져 있다. 이때 가죽 한 조각의 넓이를 구하라.

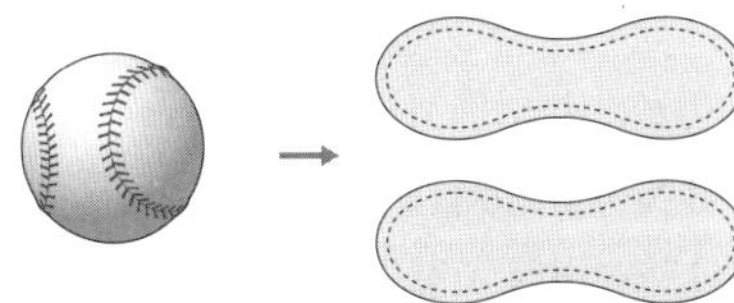

5. 삼각형의 성질

○ 이등변삼각형의 성질을 이해하고 설명할 수 있다.
○ 삼각형의 외심과 내심의 성질을 이해하고 설명할 수 있다.

두 변의 길이가 같은 삼각형을 이등변삼각형이라고 하는데, 이등변삼각형은 두 밑각의 크기가 같고, 꼭지각의 이등분선은 밑변을 수직이등분한다.

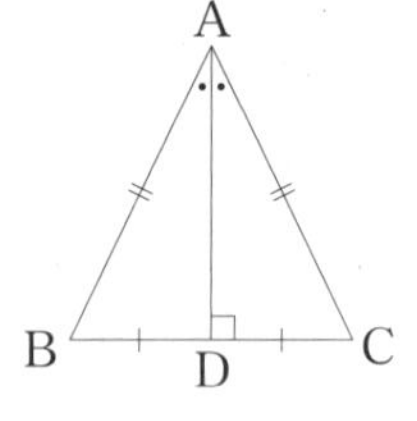

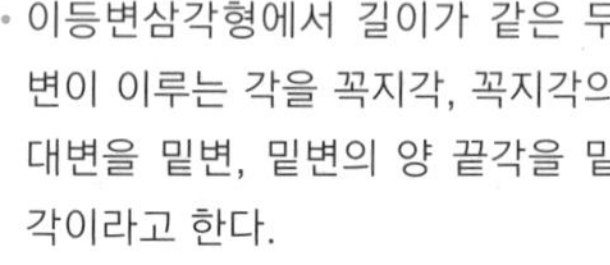

• 이등변삼각형에서 길이가 같은 두 변이 이루는 각을 꼭지각, 꼭지각의 대변을 밑변, 밑변의 양 끝각을 밑각이라고 한다.

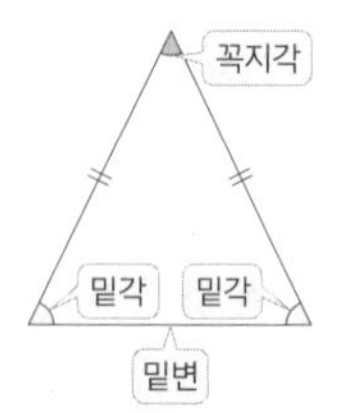

직각삼각형에서는 일반적인 삼각형의 합동 조건보다 빗변을 이용한 합동 조건을 이용하는 것이 편리하다. 두 직각삼각형은 다음의 각 경우에 서로 합동이다.

① 빗변의 길이와 한 예각의 크기가 각각 같을 때(RHA 합동 조건)

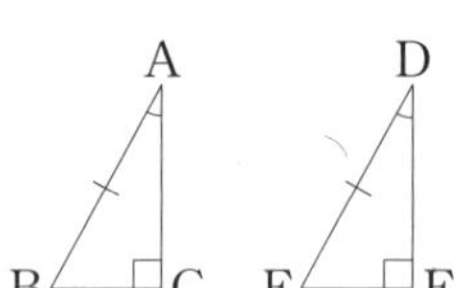

② 빗변의 길이와 다른 한 변의 길이가 각각 같을 때(RHS 합동 조건)

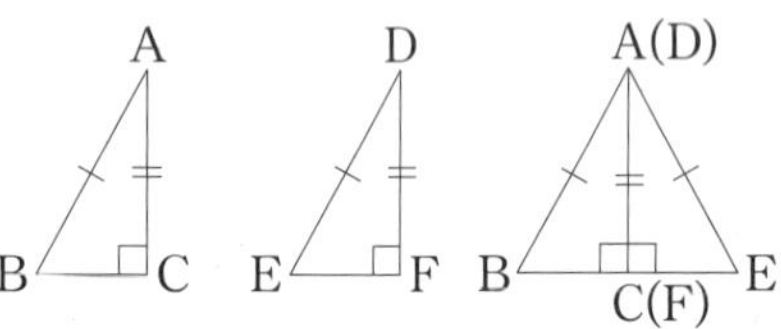

삼각형의 세 변의 수직이등분선이 만나는 점을 **외심**이라고 한다. 외심에서 삼각형의 세 꼭짓점에 이르는 거리는 같다.

삼각형의 세 내각의 이등분선이 만나는 점을 **내심**이라고 한다. 내심에서 삼각형의 세 변에 이르는 거리는 같다.

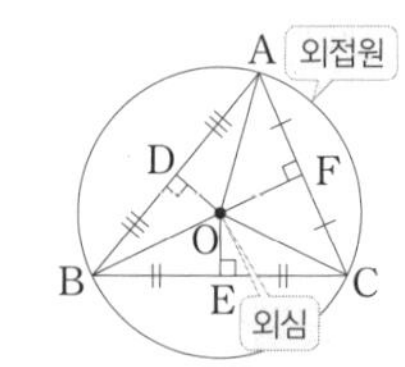

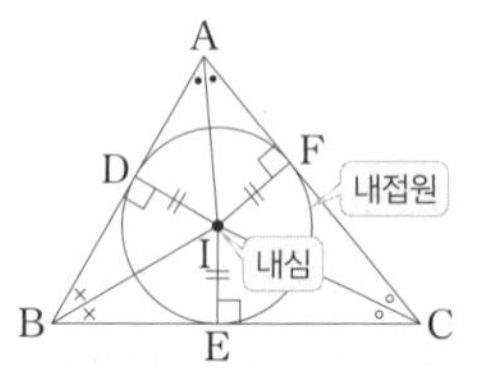

WHY? 전파망원경은 우주의 여러 가지 현상을 관측하는 장치로, 현재 세계 최대 규모의 전파망원경은 안테나의 지름이 305m인 푸에르토리코의 아레시보 천문대에 있는 전파망원경이다. 우리나라는 삼각형의 외심의 성질을 이용하여 아레시보 전파망원경의 15분의 1 수준인 지름 21m의 전파망원경을 서울 연세대학·울산 울산대학·서귀포 탐라대학에 설치하고, 이들 3곳을 하나의 원으로 묶은 한반도 크기의 초거대 전파망원경을 세계 최초로 운영하고 있다. 이외에도 삼각형의 외심의 성질은 지진의 발생지, 레이더, 심해탐사, GPS를 활용한 지도 등에 다양하게 활용된다.

핵심 220 이등변삼각형

이등변삼각형 : 두 변의 길이가 같은 삼각형

이등변삼각형의 구성 요소

- 꼭지각 : 길이가 같은 두 변이 이루는 각
- 밑변 : 꼭지각의 대변
- 밑각 : 밑변의 양 끝각

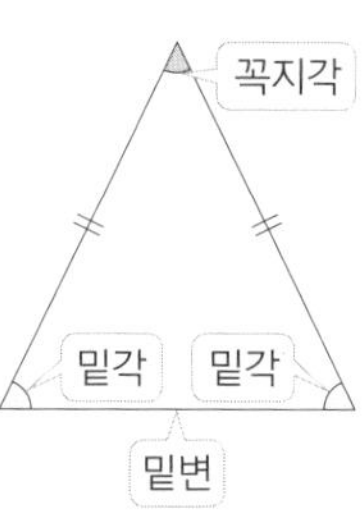

참고 도형에서 ॥, ।, •, ◦ 등 같은 기호를 사용하여 변의 길이(또는 각의 크기)가 같음을 나타낸다.

※ 다음 그림과 같이 ∠A가 꼭지각인 이등변삼각형 ABC에서 x의 값을 구하라.

1.

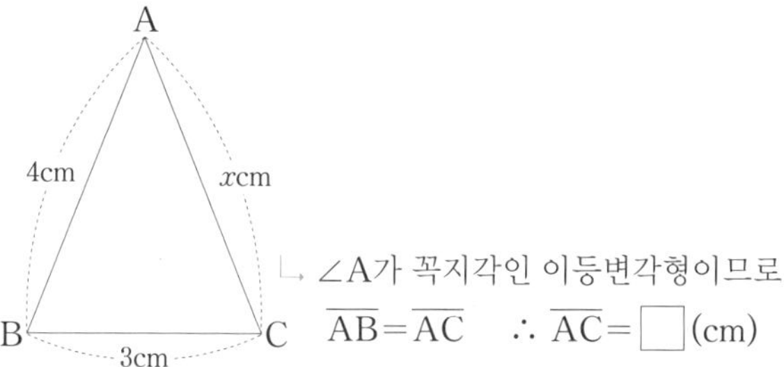

↳ ∠A가 꼭지각인 이등변각형이므로
$\overline{AB}=\overline{AC}$ ∴ $\overline{AC}=\square$(cm)

2.

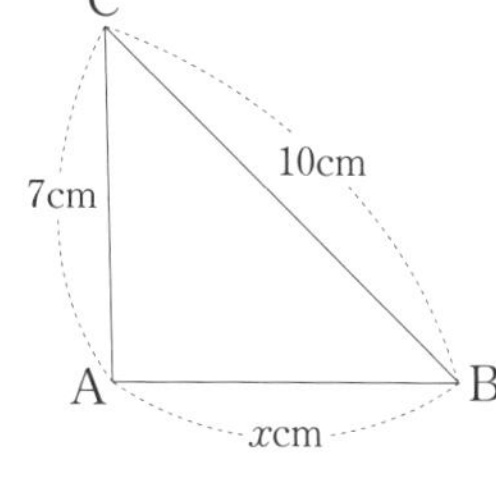

3.

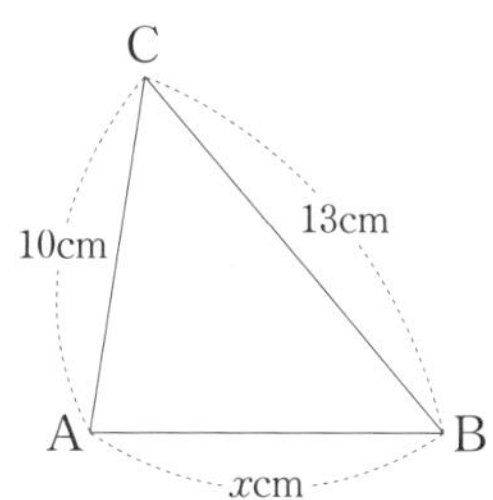

※ 다음 그림과 같이 ∠A가 꼭지각인 이등변삼각형 ABC의 둘레 길이를 구하라.

4.

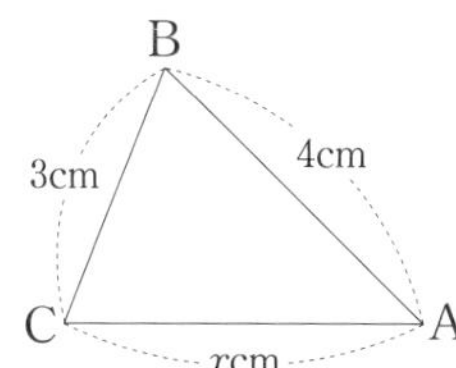

5.

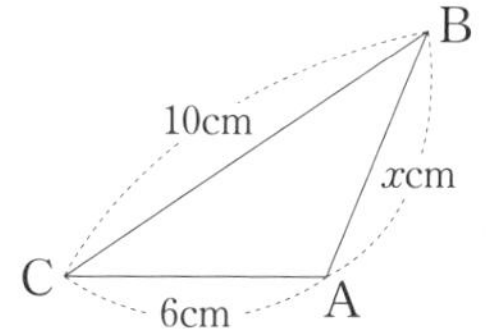

핵심 221 이등변삼각형의 성질 (1)

- 이등변삼각형에서 두 밑각의 크기는 서로 같다.
  즉 △ABC에서 $\overline{AB}=\overline{AC}$이면
  ∠B=∠C

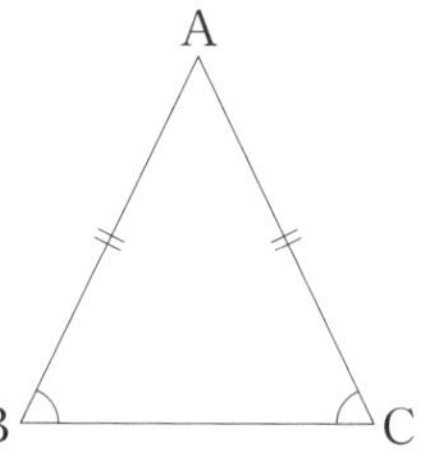

※ 다음 그림과 같은 이등변삼각형 ABC에서 ∠x의 크기를 구하라.

1.

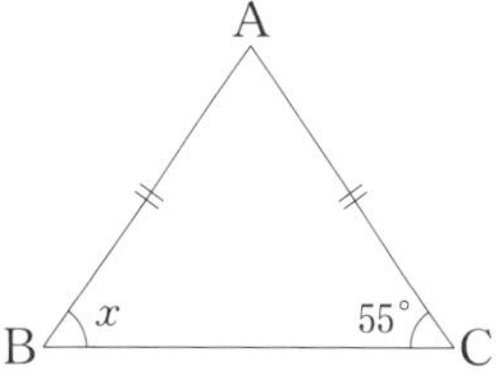

↳ △ABC가 $\overline{AB}=\overline{AC}$인 이등변삼각형이므로
∠B=∠C ∴ ∠x=$\square$

2.

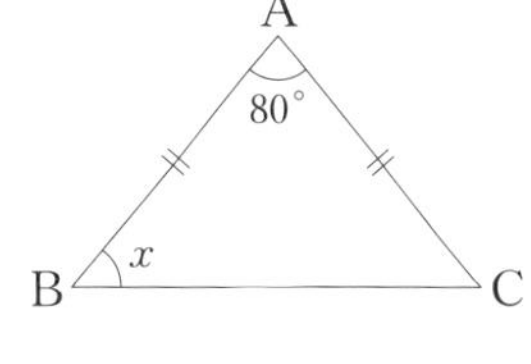

3.

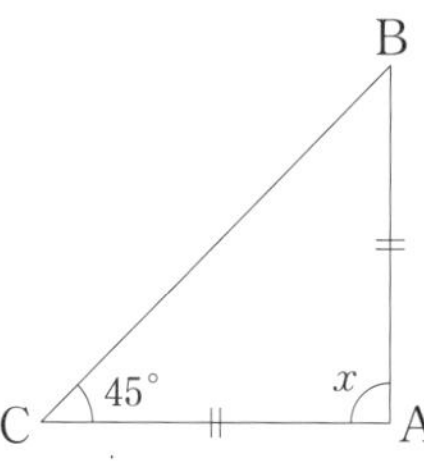

4.

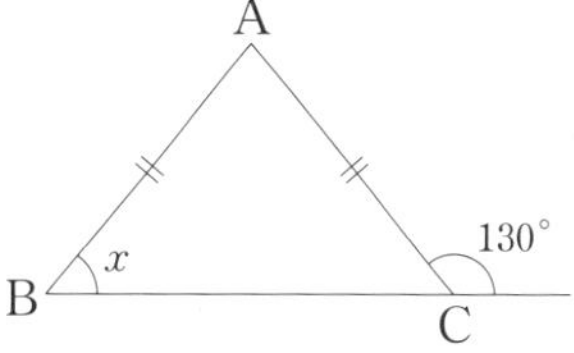

↳ △ABC가 $\overline{AB}=\overline{AC}$인 이등변삼각형이므로
∴ ∠x=∠ACB=180°−$\square$=$\square$

5.

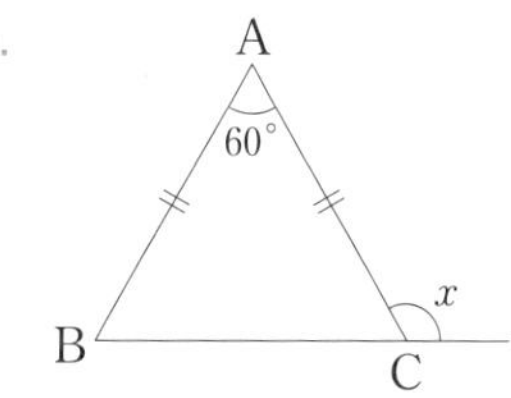

6.

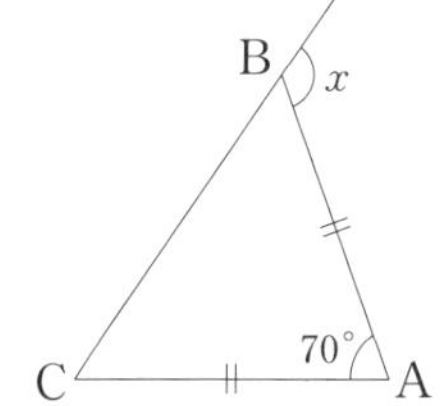

핵심

222 이등변삼각형의 성질 (2)

- 이등변삼각형에서 꼭지각의 이등분선은 밑변을 수직이등분한다.
  → △ABC에서 $\overline{AB}=\overline{AC}$, $\angle BAD=\angle CAD$이면 $\overline{BD}=\overline{CD}$, $\overline{AD}\perp\overline{BC}$
- 이등변삼각형에서 밑변을 수직이등분하는 직선은 꼭지각을 이등분한다.

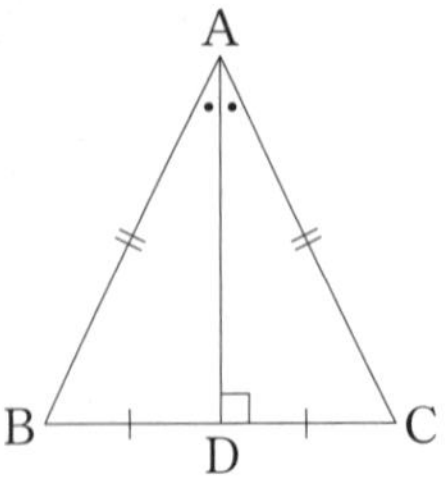

※ 다음 그림과 같은 이등변삼각형 ABC에서 x의 값을 구하라.

1.

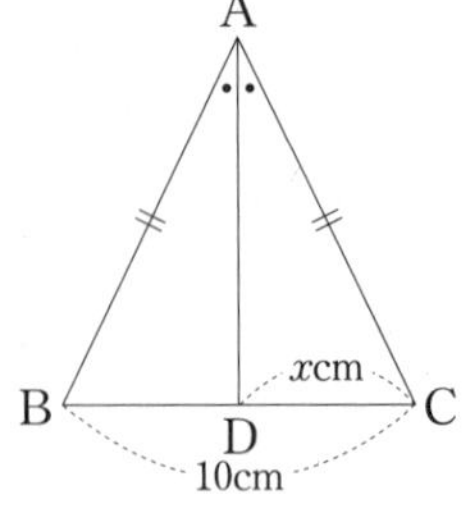

└ $x=\frac{1}{2}\times\square=\square$

2.

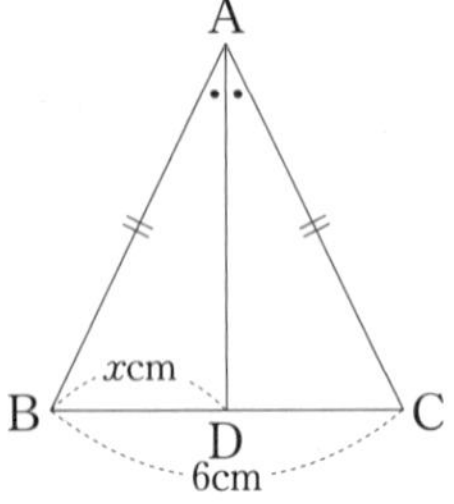

3.

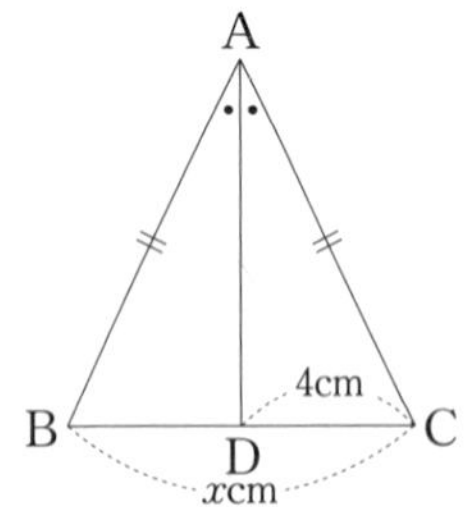

4.

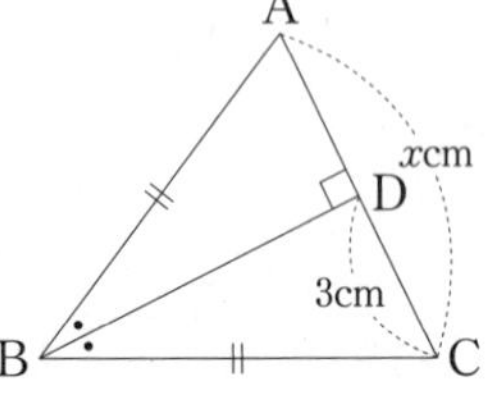

5.

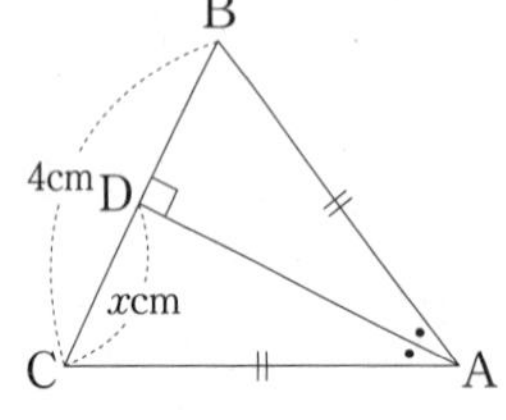

※ 다음 그림과 같은 이등변삼각형 ABC에서 $\angle x$의 크기를 구하라.

6.

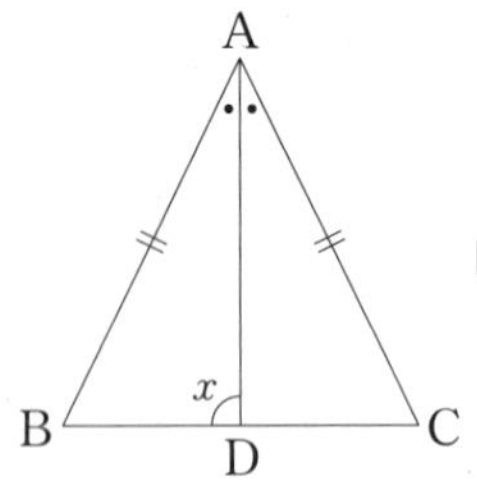

└ $\overline{AD}$는 이등변삼각형 ABC의 꼭지각의 이등분선이므로 $\overline{AD}\perp\overline{BC}$ $\therefore \angle x=$

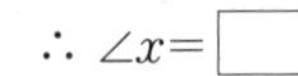

7.

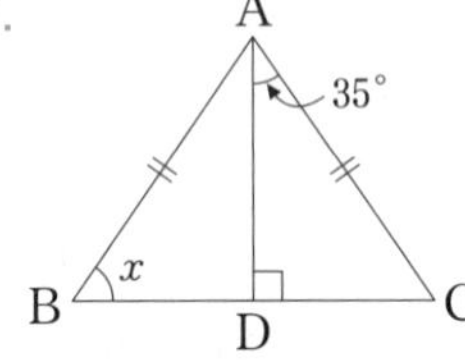

8.

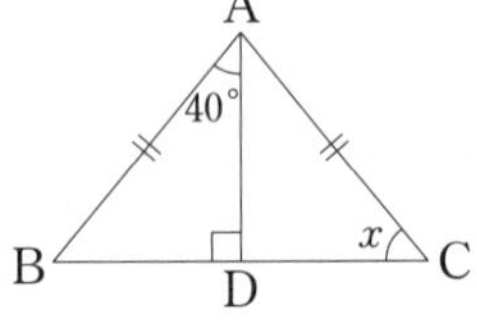

9.

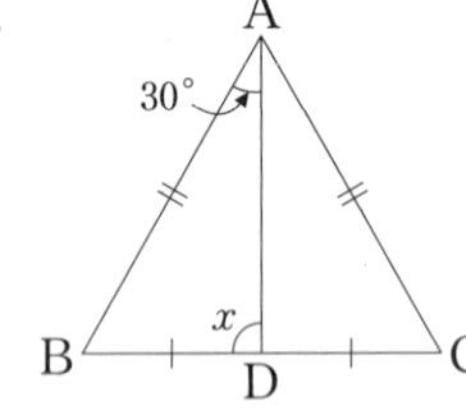

10.

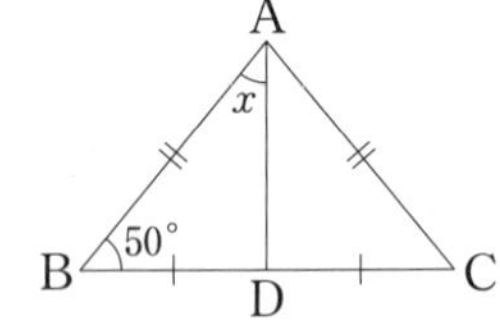

11.

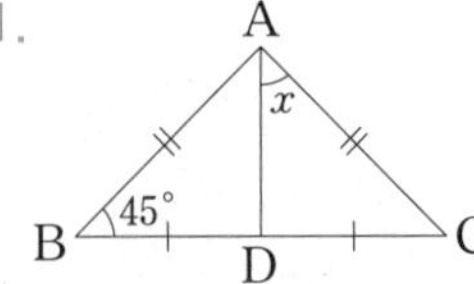

12.

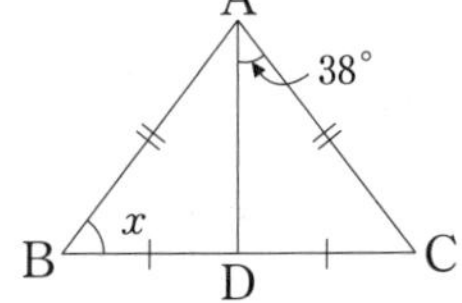

223 이등변삼각형이 되는 조건

- 두 내각의 크기가 같은 삼각형은 이등변삼각형이다.
  즉 △ABC에서 ∠B=∠C이면
  $\overline{AB}=\overline{AC}$

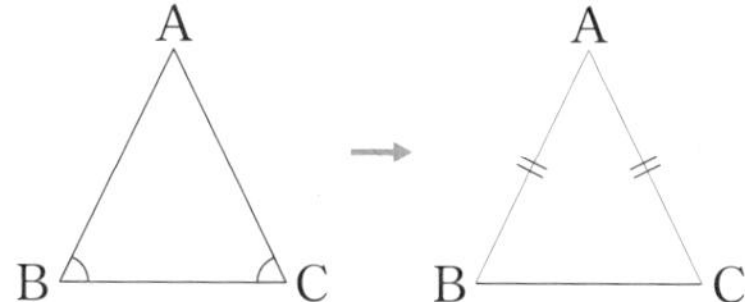

※ 다음 그림에서 x의 값을 구하라.

1.

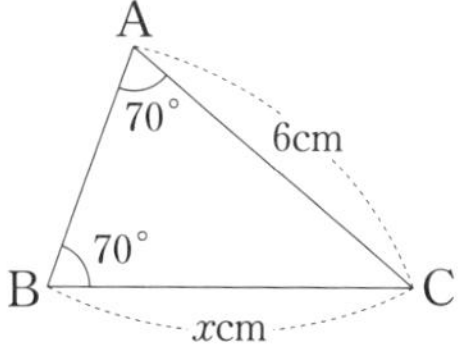

2.

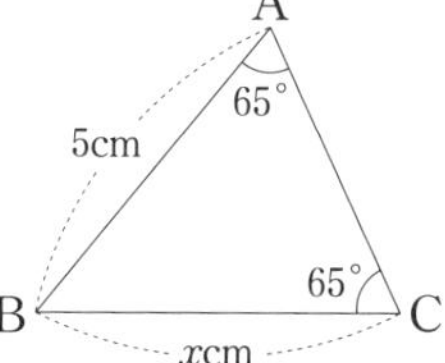

3.

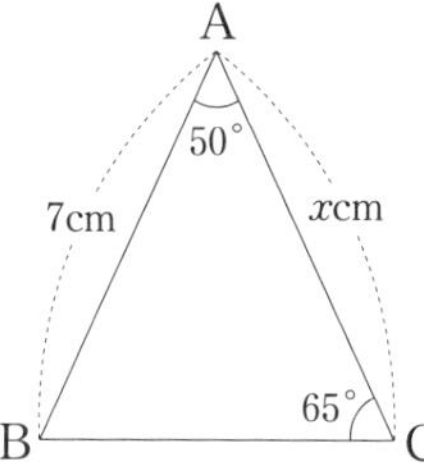

4.

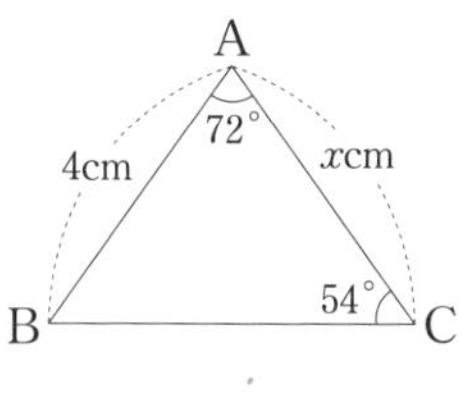

5.

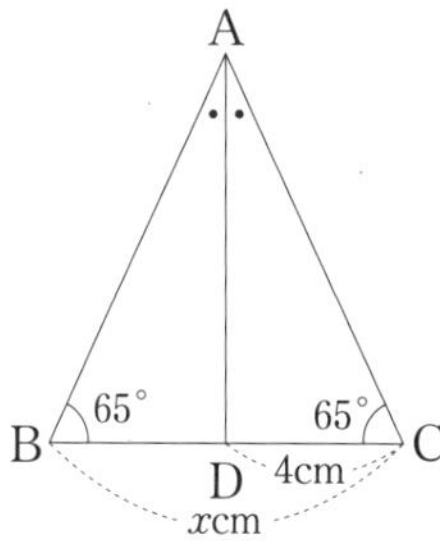

6.

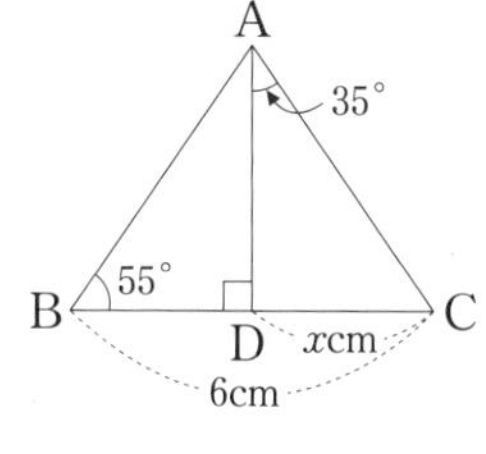

7.

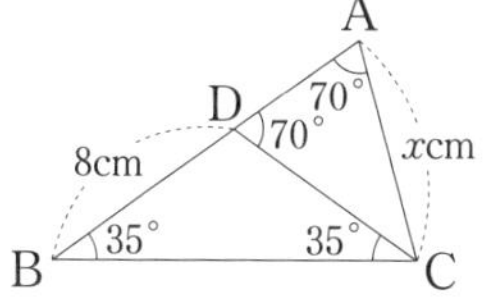

8.

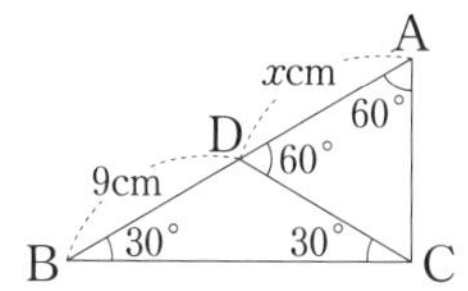

도움말 △DBC, △CAD는 꼭지각이 각각 ∠D, ∠C인 이등변삼각형이다.

※ 다음 설명 과정에서 □ 안에 알맞은 것을 써넣어라.

9. 두 내각의 크기가 같은 삼각형은 이등변삼각형이다.

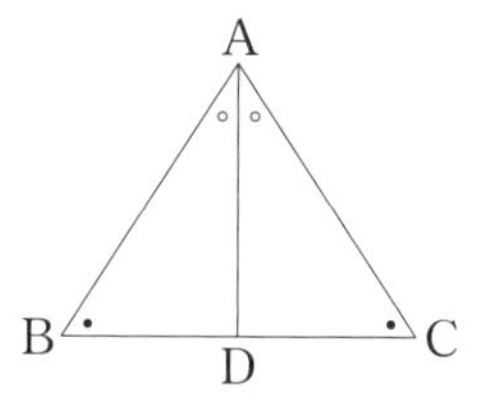

△ABC에서 ∠B=∠C일 때, ∠A의 이등분선을 그어 $\overline{BC}$와의 교점을 D라고 하자.

△ABD와 △ACD에서

∠BAD=□ …… ①

이고, 삼각형의 세 내각의 크기의 합은 180°이므로

∠ADB=∠ADC …… ②

□는 공통인 변 …… ③

이다.

①, ②, ③에서 한 변의 길이와 양 끝각의 크기가 같으므로

△ABD≡△ACD(ASA 합동)

따라서 $\overline{AB}$=□이므로 △ABC는 이등변삼각형이다.

10. △ABC에서 $\overline{AB}=\overline{AC}$이고, ∠B와 ∠C의 이등분선의 교점을 D라고 할 때, △DBC는 이등변삼각형이다.

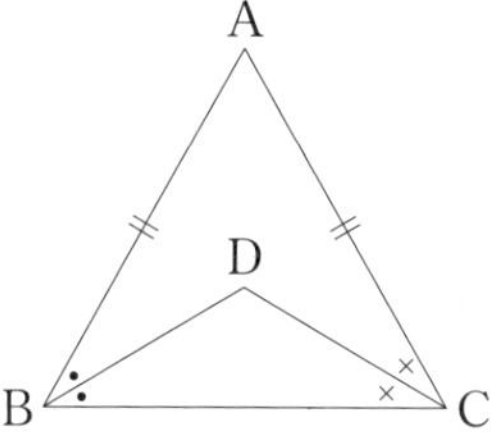

△ABC에서 $\overline{AB}=\overline{AC}$이므로

∠ABC=□

∠DBC=$\frac{1}{2}$□, ∠DCB=$\frac{1}{2}$□

∴ ∠DBC=∠DCB

따라서 △DBC는 이등변삼각형이다.

핵심

224 이등변삼각형의 응용

연속한 두 개의 삼각형

삼각형 ABD에서 한 외각의 크기는 그와 이웃하지 않는 두 내각의 크기의 합

$\angle ADC = \angle DBA + \angle DAB$

임을 이용한다.

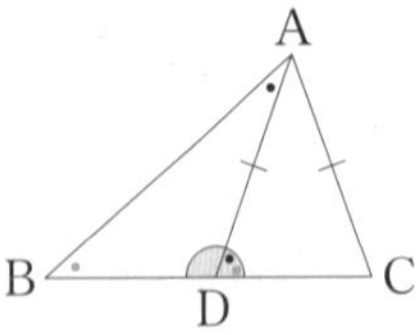

한 외각의 이등분선과 이등변삼각형

삼각형 ABC의 한 외각 ACE의 크기를 구한 다음, 삼각형 BCD에서

$\angle DCE = \angle CBD + \angle CDB$

임을 이용한다.

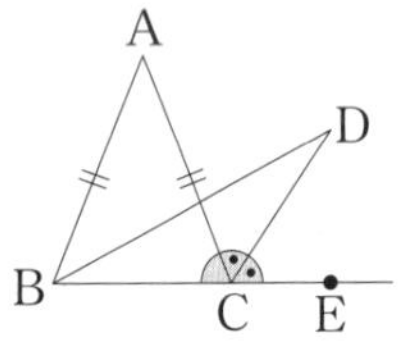

※ $\overline{AB} = \overline{AC}$인 이등변삼각형 ABC에서 $\angle x$의 크기를 구하라.

1.

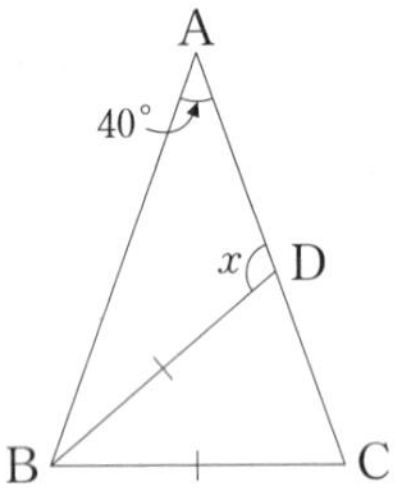

↳ △ABC에서 $\angle ABC = \angle ACB =$ ☐

△BCD에서 $\angle BDC = \angle BCD =$ ☐

$\therefore \angle x = 180° -$ ☐ $=$ ☐

2.

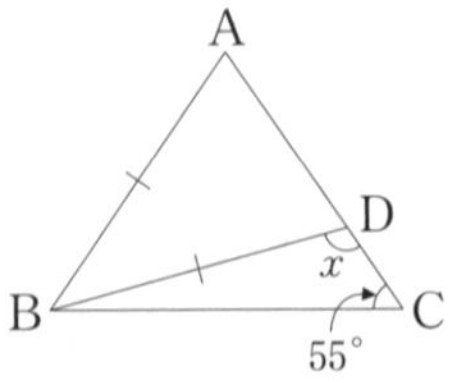

3.

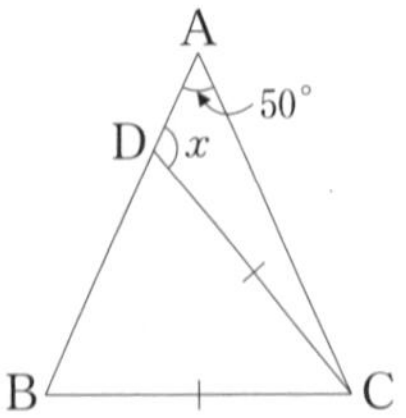

4.

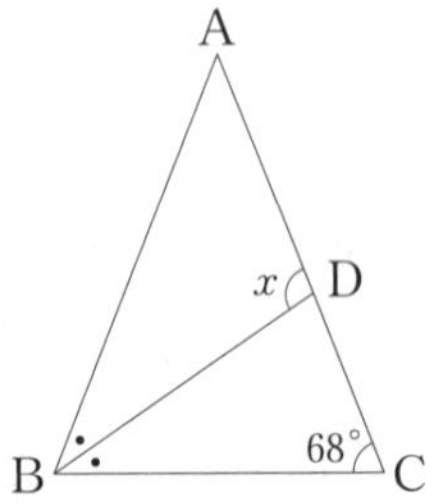

5.

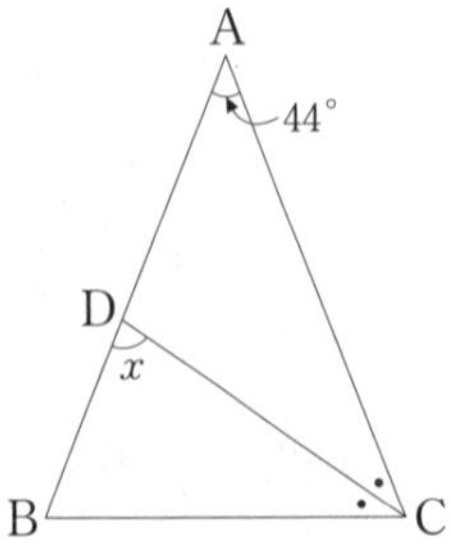

※ 오른쪽 그림과 같이 $\overline{AB} = \overline{AC}$인 이등변삼각형 ABC에서 $\angle B$의 이등분선과 $\angle C$의 외각의 이등분선의 교점을 D라고 할 때, 다음을 구하라.

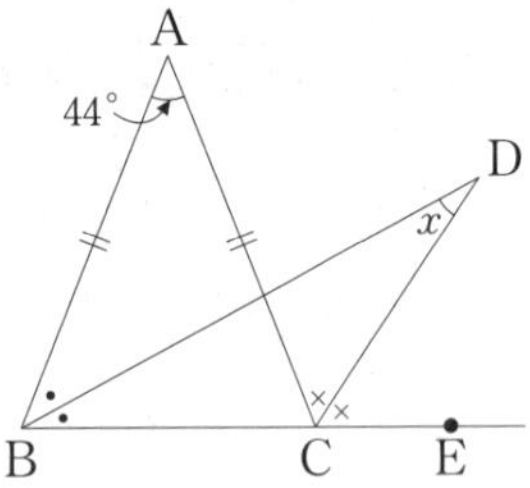

6. $\angle ACE$의 크기

↳ $\angle ACB = \frac{1}{2}(180° -$ ☐ $) =$ ☐

$\angle ACE = 180° - \angle ACB =$ ☐

7. $\angle DCE$의 크기

↳ $\angle DCE = \frac{1}{2}\angle ACE =$ ☐

8. $\angle x$의 크기

↳ △CBD에서

$\angle CBD + \angle CDB = \angle DCE$이므로

$34° + \angle x =$ ☐ $\therefore \angle x =$ ☐

※ 다음 그림에서 $\angle x$의 크기를 구하라.

9.

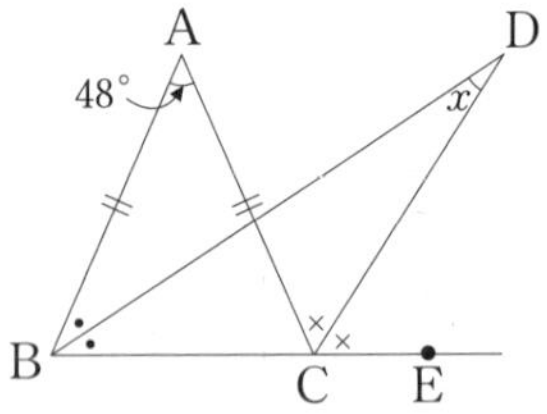

10.

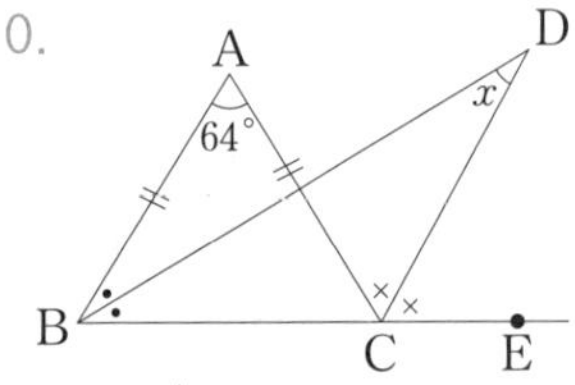

※ 오른쪽 그림과 같이 직사각형 모양의 종이를 접었다. 다음 물음에 답하여라.

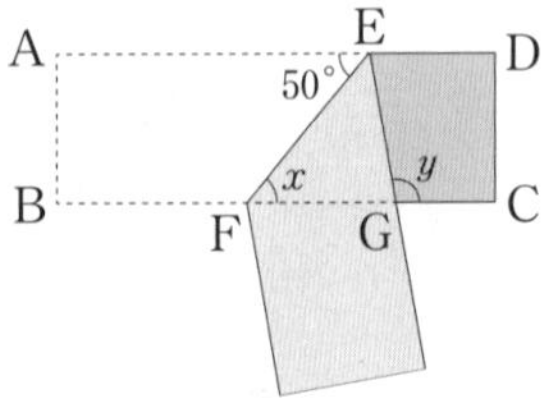

11. $\angle x$, $\angle y$의 크기를 각각 구하라.

12. △GEF는 어떤 삼각형인가?

핵심

225 직각삼각형의 합동 조건

RHA 합동 : 두 직각(R)삼각형에서 빗변(H)의 길이와 한 예각(A)의 크기가 각각 같으면 합동이다.

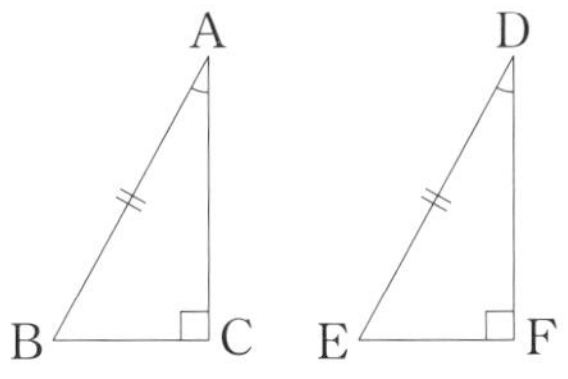

RHS 합동 : 두 직각(R)삼각형에서 빗변(H)의 길이와 다른 한 변(S)의 길이가 각각 같으면 합동이다.

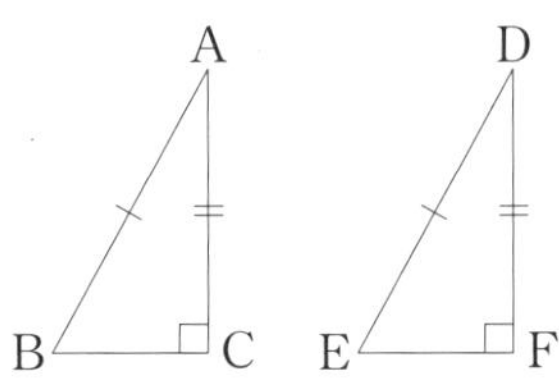

※ 다음 물음에 답하여라.

1. 빗변의 길이와 다른 한 변의 길이가 각각 같은 두 직각삼각형은 합동임을 설명하는 과정이다. □ 안에 알맞은 것을 써넣어라.

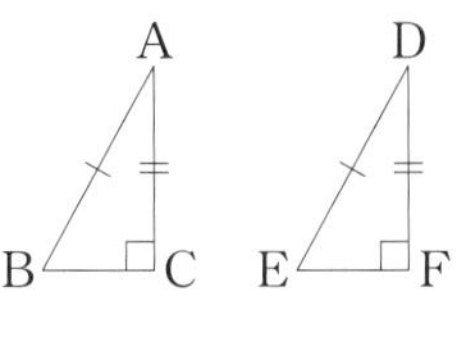

> △ABC와 △DEF를 그림과 같이 $\overline{AC}$, $\overline{DF}$를 맞붙이면
> △ABE는 이등변삼각형이므로
> ∠B= □
> ∠BAC=90°−∠B
> =90°−∠E= □
> ∴ △ABC≡△DEF
>
> 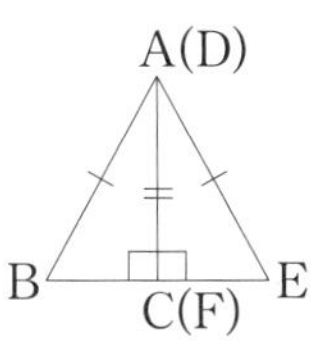

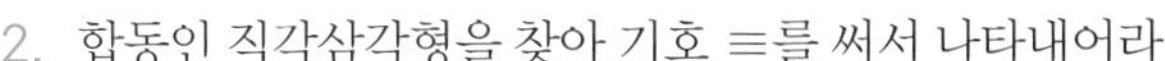

2. 합동인 직각삼각형을 찾아 기호 ≡를 써서 나타내어라.

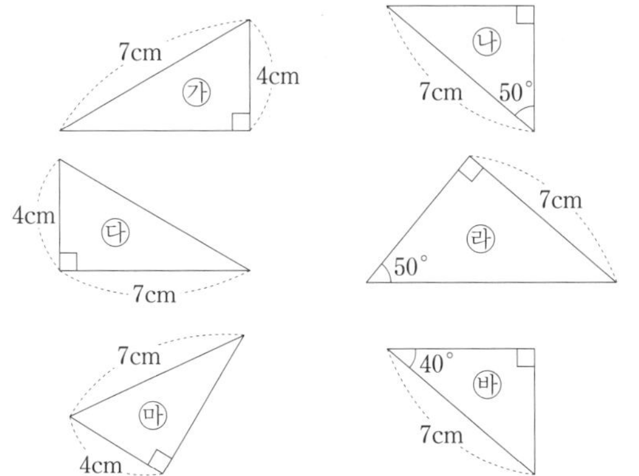

※ 다음 그림에서 x의 값을 구하라.

3.

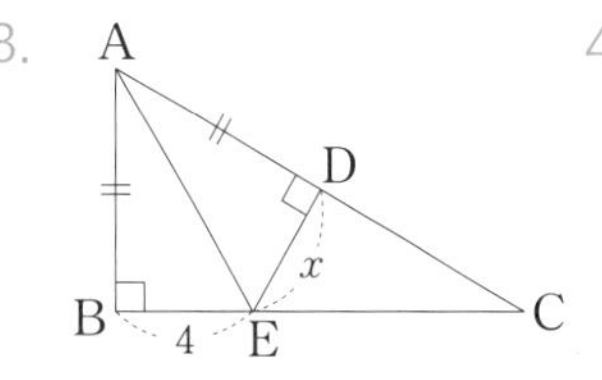

4.

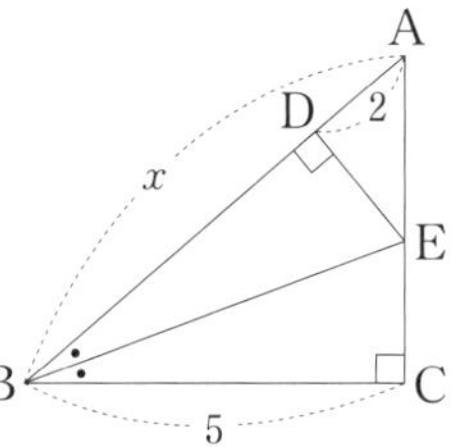

5.

(그림: A, B, C, D, E, 32°, $x°$)

6.

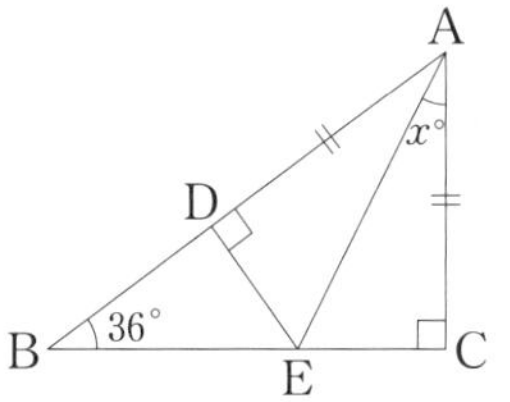

※ 다음 물음에 답하여라.

7. 직각삼각형의 합동을 이용하여 $\overline{DE}$의 길이를 구하는 과정이다. □ 안에 알맞은 것을 써넣어라.

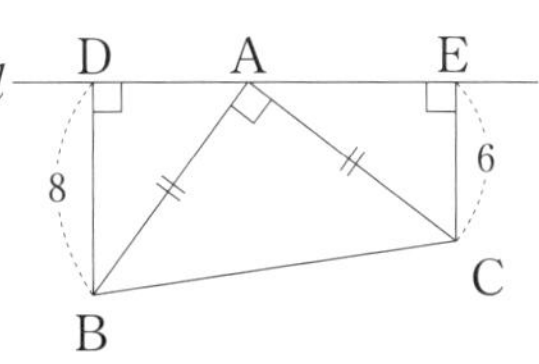

> ∠DAE=∠DAB+90°+∠EAC=180°이므로
> ∠DAB+∠EAC=90°
> △ABD에서 ∠DAB+∠ABD= □ 이므로
> ∠ABD=∠EAC …… ①
> △ABD와 △CAE에서 $\overline{AB}$= □ …… ②
> ①, ②에서 직각삼각형의 빗변 길이와 한 예각의 크기가 같으므로
> △ABD≡△CAE
> 따라서 $\overline{DE}$의 길이는
> $\overline{DA}$+$\overline{AE}$=6+ □ = □ 이다.

8. △ABC가 직각이등변삼각형일 때, 색칠한 부분의 넓이를 구하라.

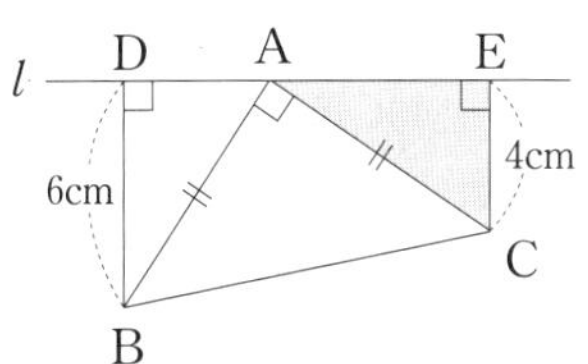

핵심

226 삼각형의 외심

외접원과 외심 : 한 다각형의 모든 꼭짓점이 원 위에 있을 때, 이 원을 다각형의 외접원이라 하고, 외접원의 중심을 외심(外心)이라 한다.

삼각형의 외심 : 삼각형의 세 변의 수직이등분선의 교점

삼각형의 외심의 성질 : 외심에서 세 꼭짓점에 이르는 거리는 모두 같다. 즉,

$\overline{OA}=\overline{OB}=\overline{OC}$

$=$(외접원 O의 반지름 길이)

참고 $\overline{OD}$, $\overline{OE}$, $\overline{OF}$는 세 변의 수직이등분선이므로

$\triangle ODA \equiv \triangle ODB$ ……①
$\triangle OEB \equiv \triangle OEC$ ……② SAS 합동
$\triangle OFC \equiv \triangle OFA$ ……③

①에서 $\overline{OA}=\overline{OB}$
②에서 $\overline{OB}=\overline{OC}$ $\therefore$ $\overline{OA}=\overline{OB}=\overline{OC}$
③에서 $\overline{OC}=\overline{OA}$

※ 오른쪽 그림에서 점 O가 △ABC의 외심일 때, 옳은 것에는 ○표, 옳지 않은 것에는 ×표 하여라.

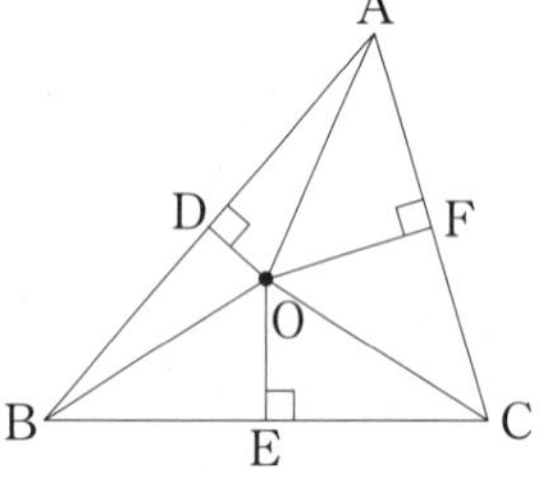

1. $\overline{BE}=\overline{CE}$ ( )

2. $\overline{OA}=\overline{OB}=\overline{OC}$ ( )

3. $\overline{OD}=\overline{OE}=\overline{OF}$ ( )

4. $\triangle OAD \equiv \triangle OBD$ ( )

5. $\triangle OCE \equiv \triangle OCF$ ( )

6. $\angle OAF = \angle OCF$ ( )

※ 다음 그림에서 점 O가 △ABC의 외심일 때, x의 값을 구하라.

7.

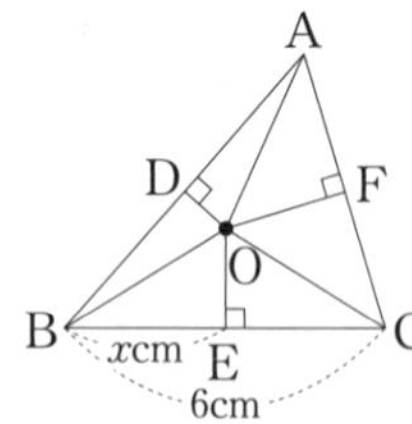

↳ 삼각형의 외심은 세 변의 수직이등분선의 교점이므로 $x=\frac{1}{2}\overline{BC}=\square$

8.

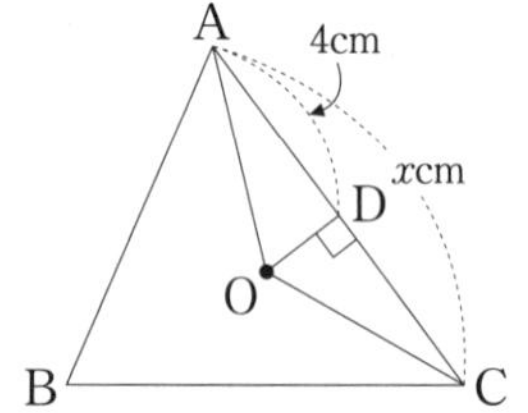

9.

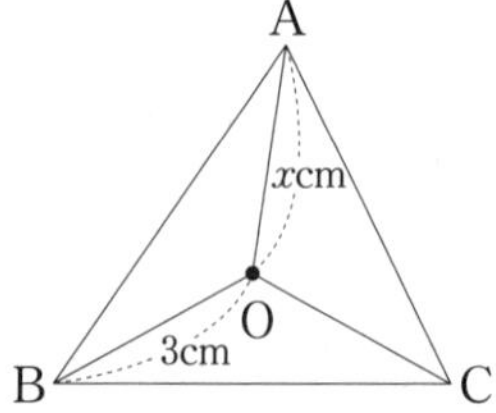

10.

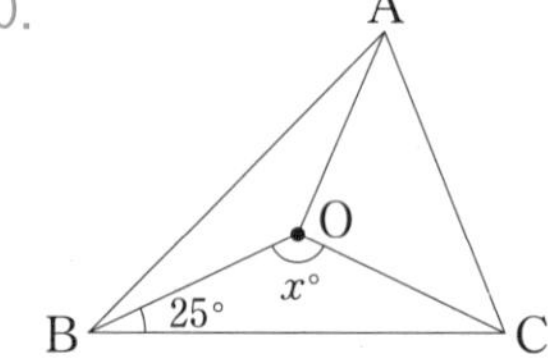

11.

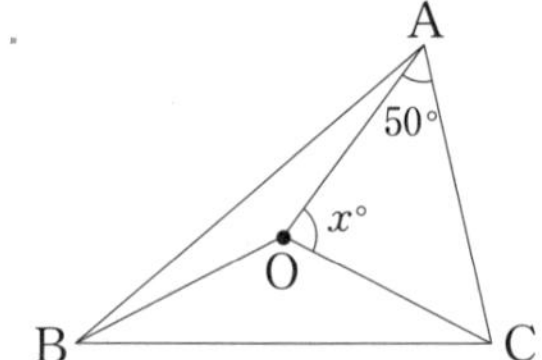

※ 다음 그림에서 점 O가 △ABC의 외심일 때, △ABC의 둘레 길이를 구하라.

12.

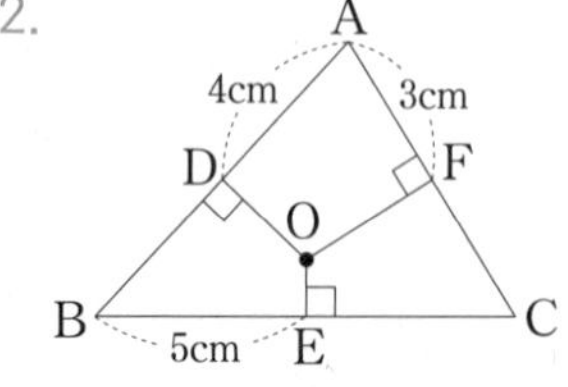

13.

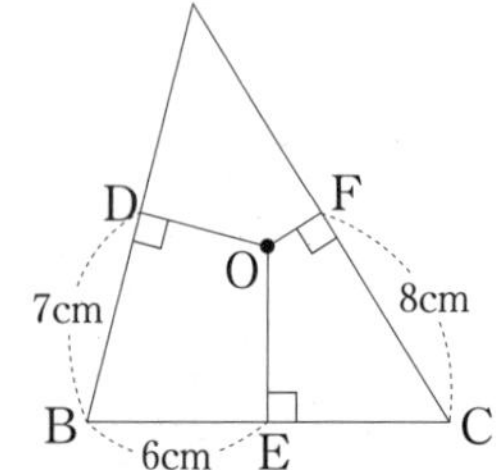

핵심

227 삼각형의 외심의 활용

점 O가 삼각형 ABC의 외심일 때

$\angle x+\angle y+\angle z=90°$

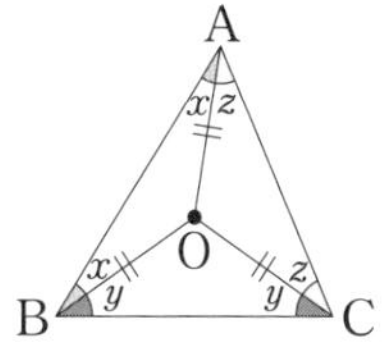

→
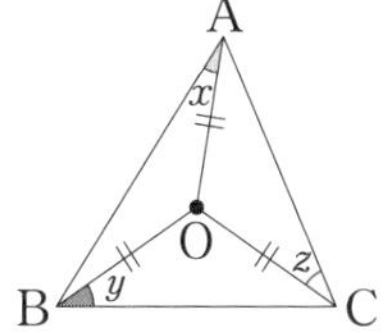

$\angle BOC=2\angle A$

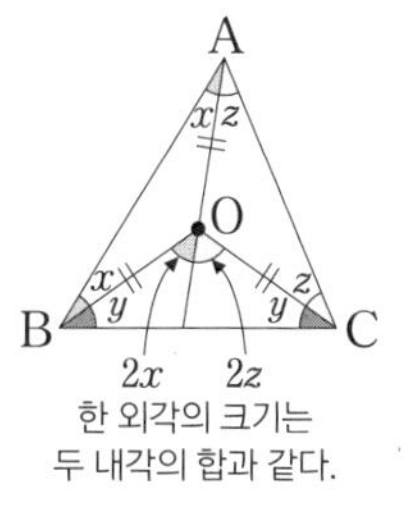

→
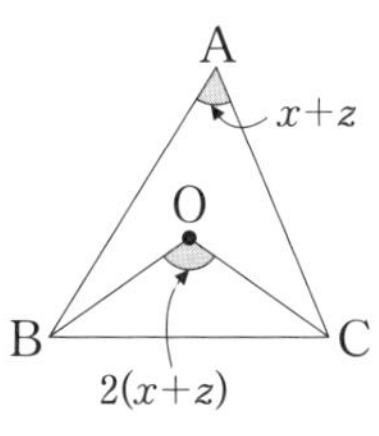

참고 외심의 위치

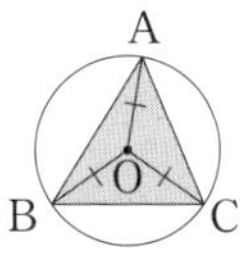

예각삼각형
: 삼각형의 내부

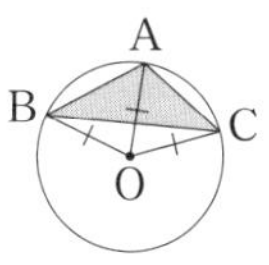

둔각삼각형
: 삼각형의 외부

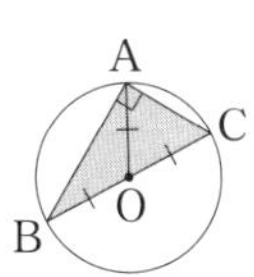

직각삼각형
: 빗변의 중점

※ 다음 그림에서 점 O가 △ABC의 외심일 때, $\angle x$의 크기를 구하라.

1. 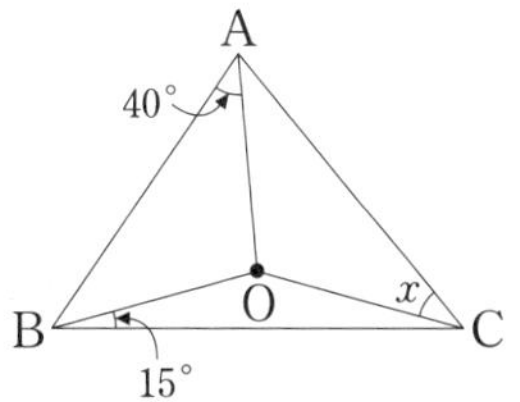

2. 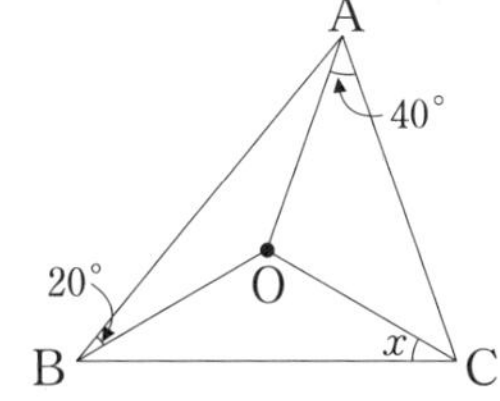

3. 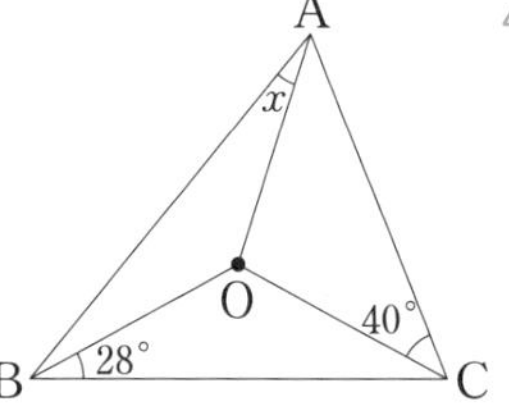

4. 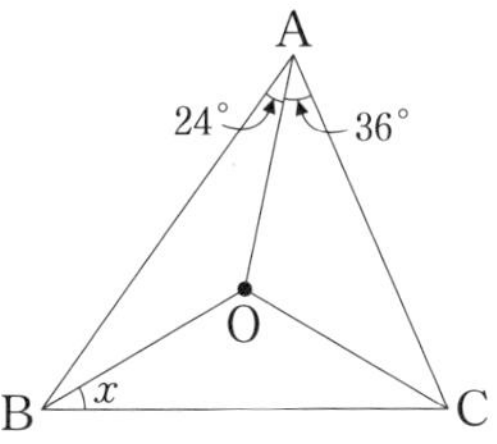

5. 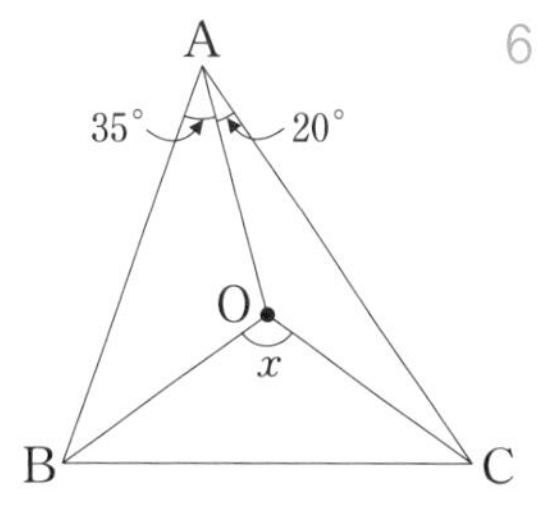

6. 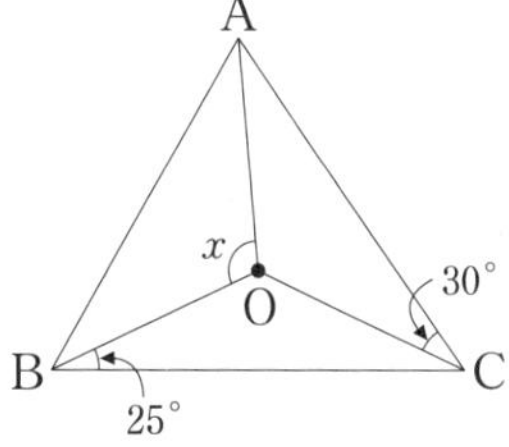

7. 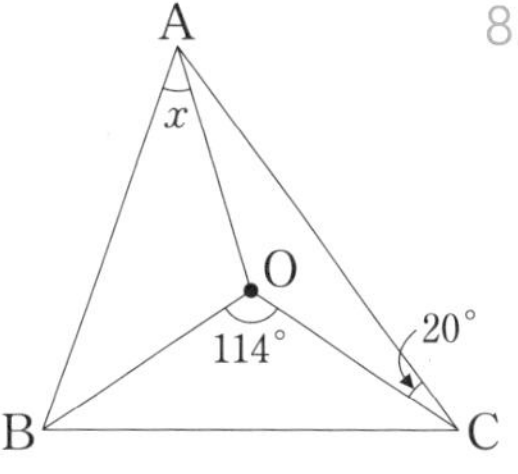

8. 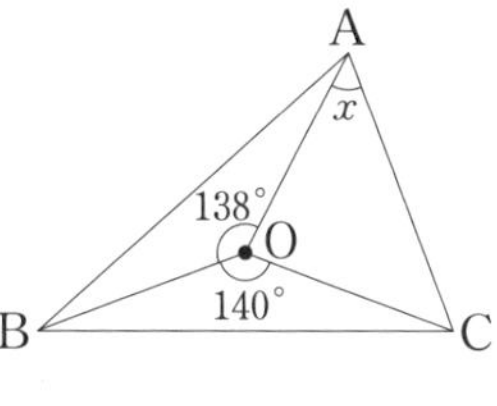

9. 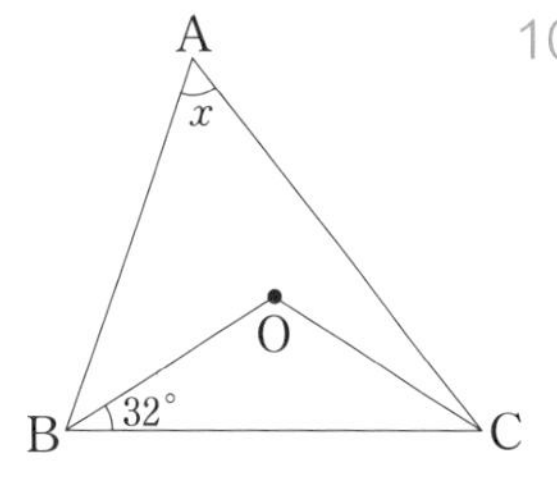

10. 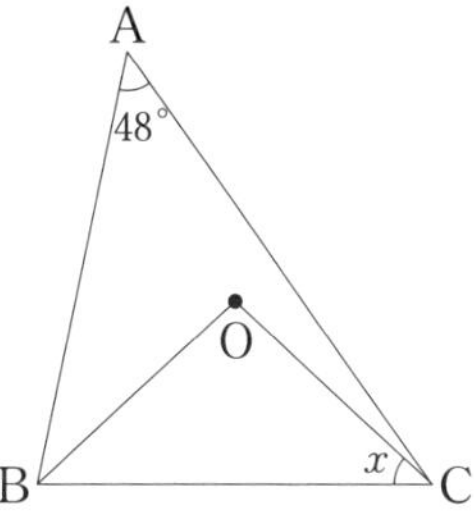

※ 다음 그림에서 △ABC는 $\angle C=90°$인 직각삼각형이고 점 O가 외심일 때, x의 값을 구하라.

11. 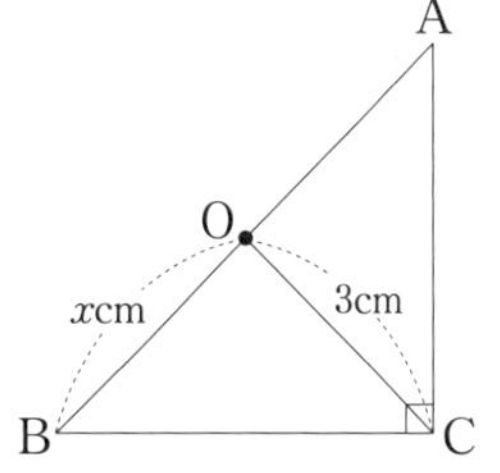

12. 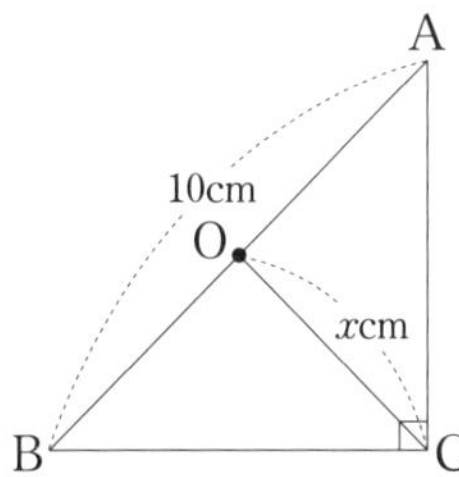

13. 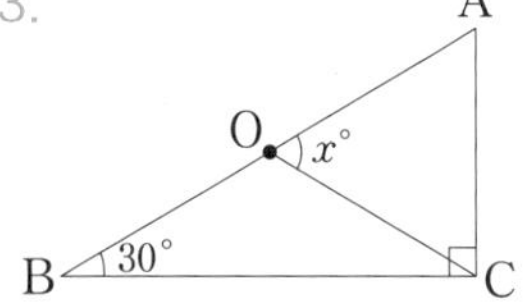

14. 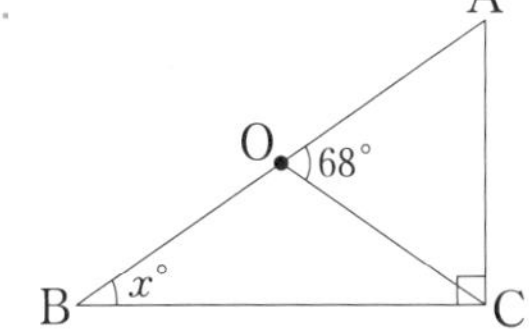

핵심 228 삼각형의 내심

원의 접선

- 접선과 접점 : 원과 직선이 한 점에서 만날 때, 직선이 원에 접한다고 하며 그 직선을 원의 접선, 만나는 점을 접점이라고 한다.
- 원의 접선과 반지름의 관계 : 원의 접선은 그 접점을 지나는 반지름과 서로 수직이다

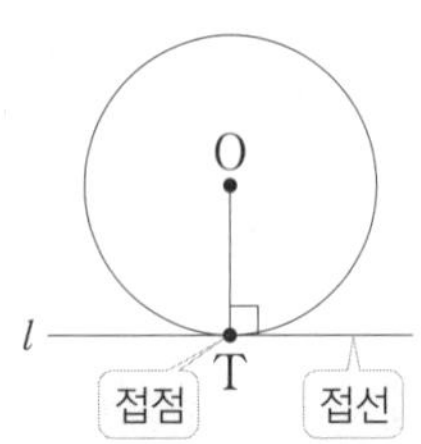

삼각형의 내심

- 내접원과 내심 : 한 원이 다각형의 모든 변에 접할 때, 이 원을 다각형의 내접원이라 하고, 내접원의 중심을 내심(內心)이라고 한다.
- 삼각형의 내심 : 삼각형의 세 내각의 이등분선의 교점
- 삼각형의 내심의 성질 : 내심에서 세 변에 이르는 거리는 모두 같다. 즉 $\overline{ID}=\overline{IE}=\overline{IF}$=(내접원 I의 반지름 길이)

참고 $\overline{IA}$, $\overline{IB}$, $\overline{IC}$는 세 내각의 이등분선이므로

$\triangle IAD \equiv \triangle IAF$ ……①
$\triangle IBD \equiv \triangle IBE$ ……② RHA 합동
$\triangle ICE \equiv \triangle ICF$ ……③

①에서 $\overline{ID}=\overline{IF}$
②에서 $\overline{ID}=\overline{IE}$ $\therefore \overline{ID}=\overline{IE}=\overline{IF}$
③에서 $\overline{IE}=\overline{IF}$

※ 오른쪽 그림에서 점 I가 △ABC의 내심일 때, 옳은 것에는 ○표, 옳지 않은 것에는 ×표 하여라.

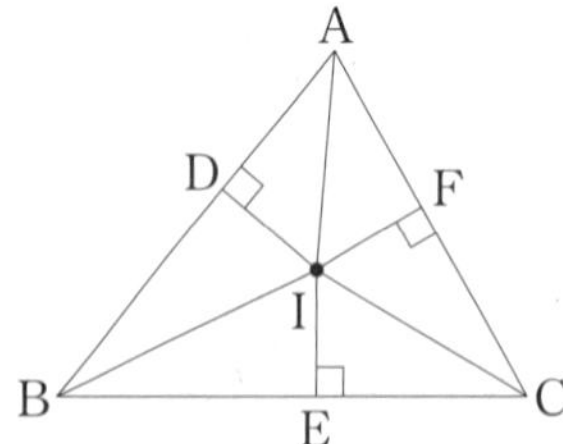

1. $\overline{IA}=\overline{IB}=\overline{IC}$ ( )
2. $\overline{ID}=\overline{IE}=\overline{IF}$ ( )
3. $\triangle BEI \equiv \triangle CEI$ ( )
4. $\triangle CEI \equiv \triangle CFI$ ( )
5. $\overline{AD}=\overline{BD}$ ( )
6. $\angle DBI = \angle EBI$ ( )

※ 아래 그림에서 다음을 나타내는 점을 모두 구하라.

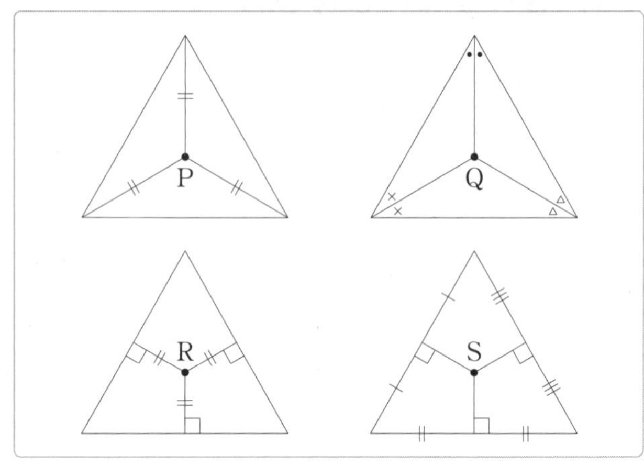

7. 외심

8. 내심

※ 다음 그림에서 점 I가 △ABC의 내심일 때, x의 값을 구하라.

9.

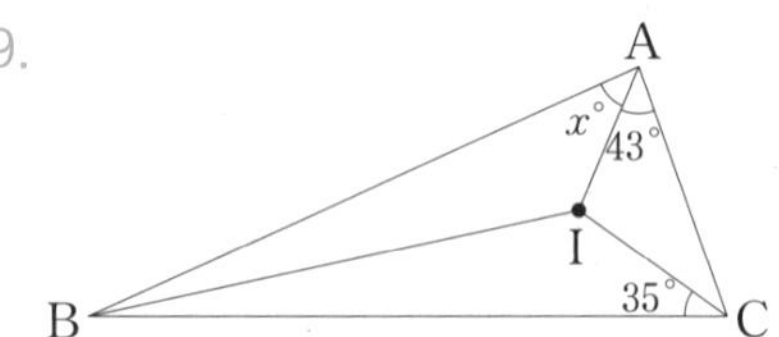

10.

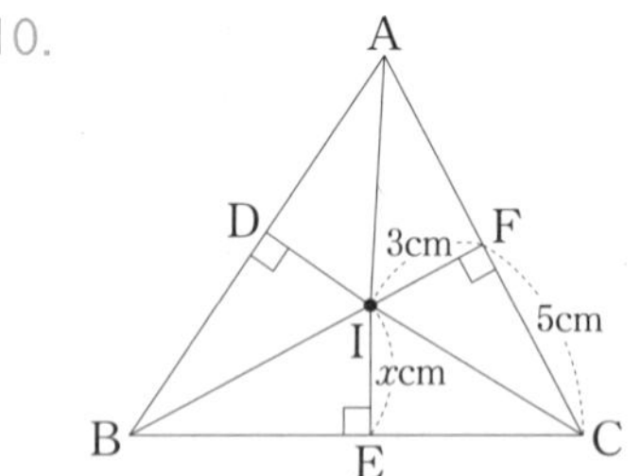

11.

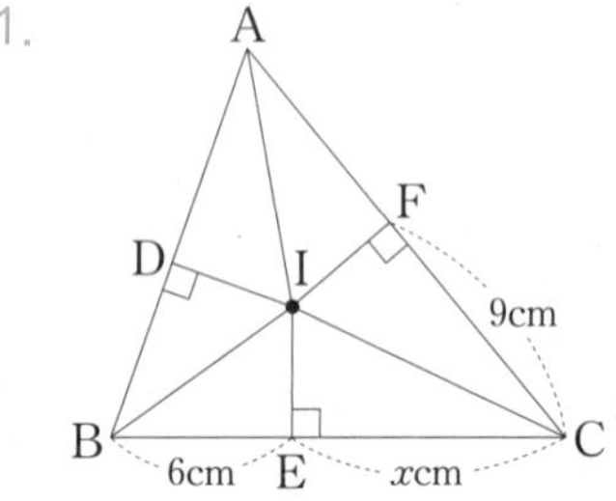

229 핵심 삼각형의 내심의 활용 (1)

점 I가 삼각형 ABC의 내심일 때

$\angle x+\angle y+\angle z=90^\circ$

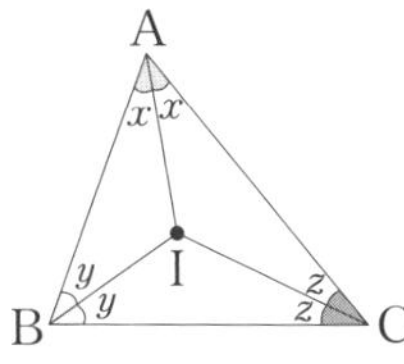

→

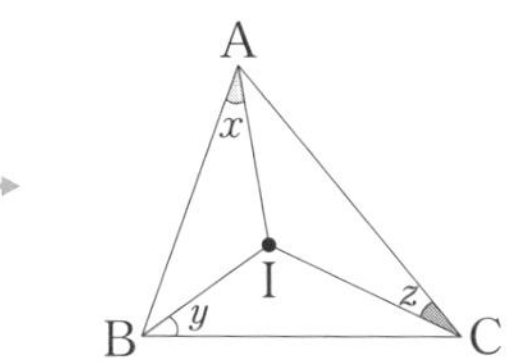

$\angle BIC=90^\circ+\frac{1}{2}\angle A$

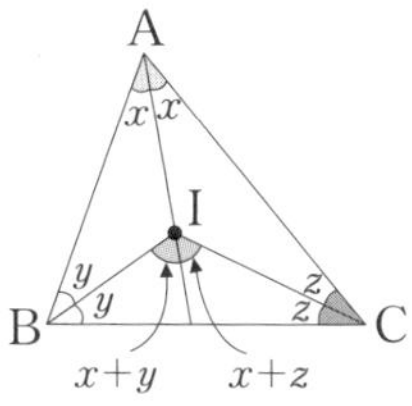

→

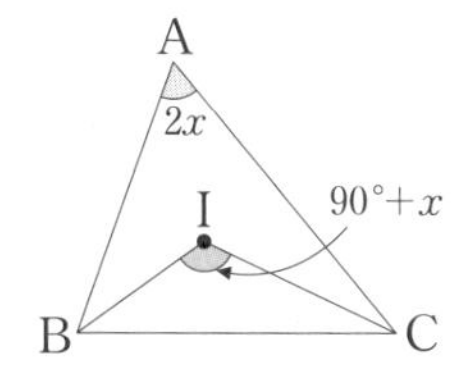

※ 다음 그림에서 점 I가 △ABC의 내심일 때, ∠x의 크기를 구하라.

1.

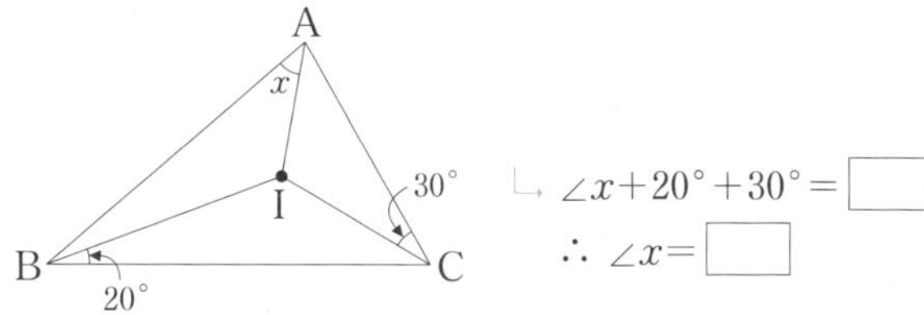

↳ $\angle x+20^\circ+30^\circ=$ ☐

$\therefore \angle x=$ ☐

2.

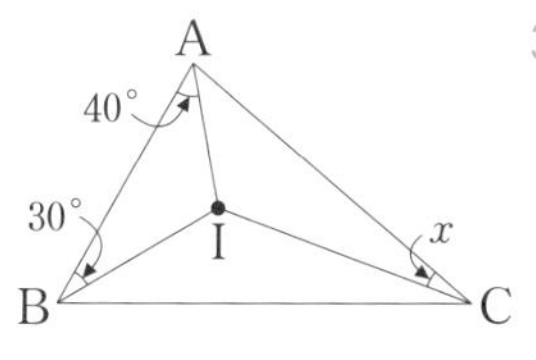

3.

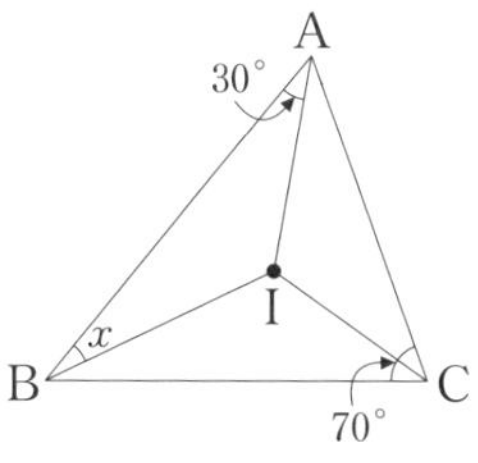

4.

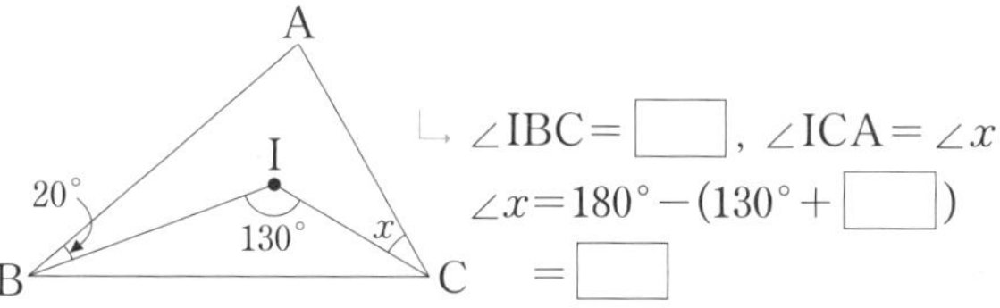

↳ $\angle IBC=$ ☐, $\angle ICA=\angle x$

$\angle x=180^\circ-(130^\circ+$ ☐$)$

$=$ ☐

5.

6.

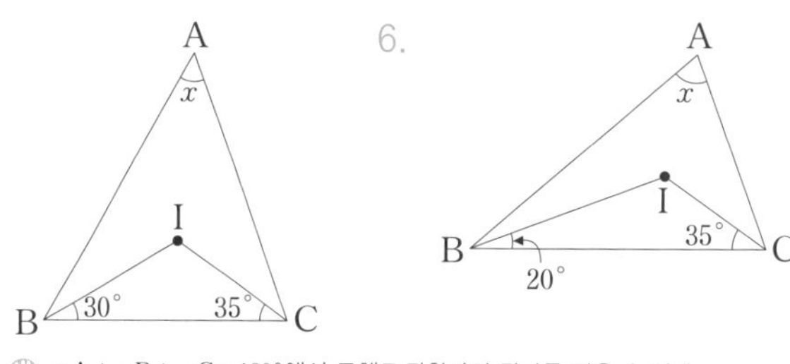

∠A+∠B+∠C=180°에서 구해도 마찬가지 결과를 얻을 수 있다.

※ 다음 그림에서 점 I가 △ABC의 내심일 때, ∠x의 크기를 구하라.

7.

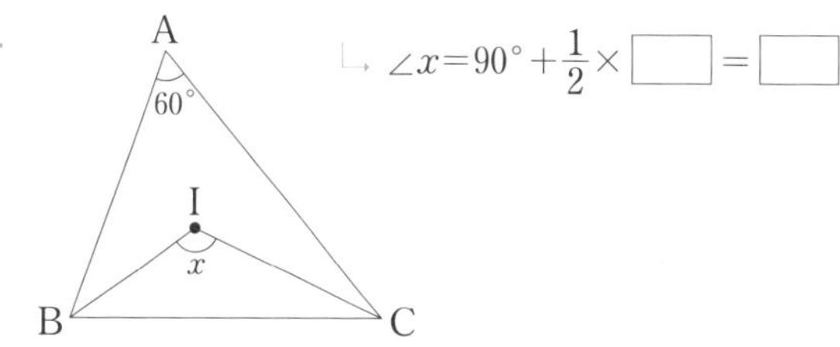

↳ $\angle x=90^\circ+\frac{1}{2}\times$ ☐ $=$ ☐

8.

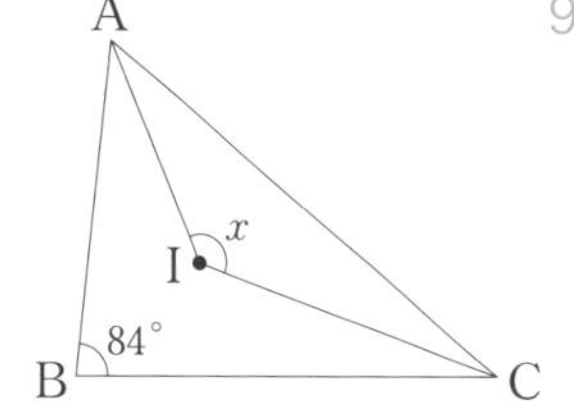

9.

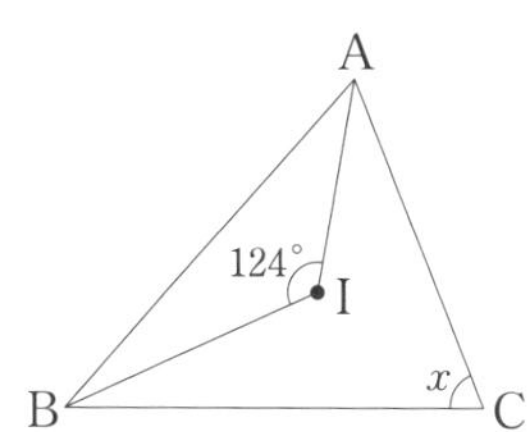

10.

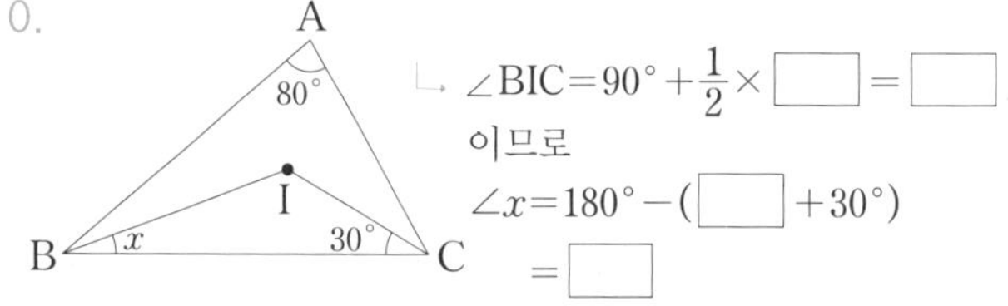

↳ $\angle BIC=90^\circ+\frac{1}{2}\times$ ☐ $=$ ☐

이므로

$\angle x=180^\circ-($☐$+30^\circ)$

$=$ ☐

11.

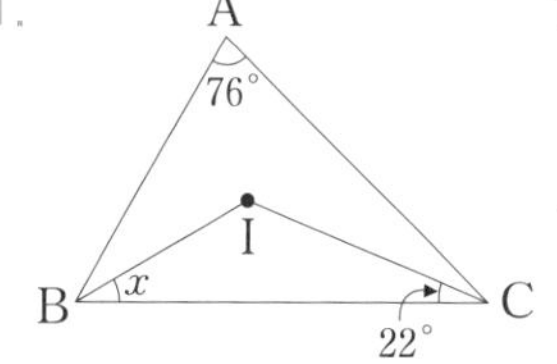

12.

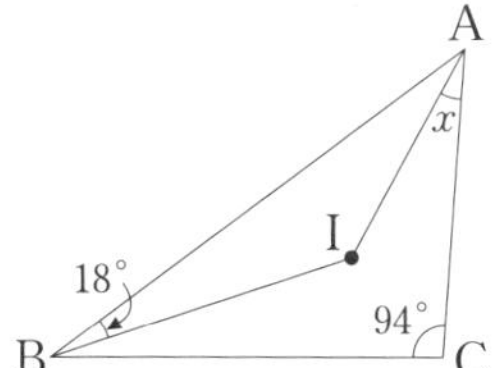

핵심

230 삼각형의 내심의 활용 (2)

점 I가 삼각형 ABC의 내심, r가 내접원의 반지름일 때

내접원의 반지름의 길이

$\triangle$ABC의 넓이$=\frac{1}{2}r(a+b+c)$

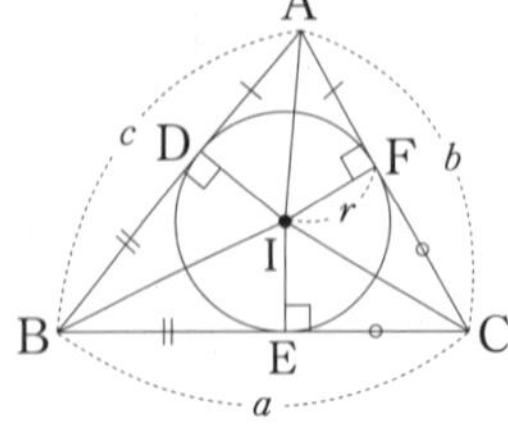

내접원과 접선의 길이

$\overline{AD}=\overline{AF}$, $\overline{BD}=\overline{BE}$, $\overline{CE}=\overline{CF}$

참고 $\triangle IAD\equiv\triangle IAF$, $\triangle IBD\equiv\triangle IBE$, $\triangle ICE\equiv\triangle ICF$

※ $\triangle$ABC의 넓이가 다음과 같을 때, $\triangle$ABC의 내접원의 반지름 길이를 구하라.

1.

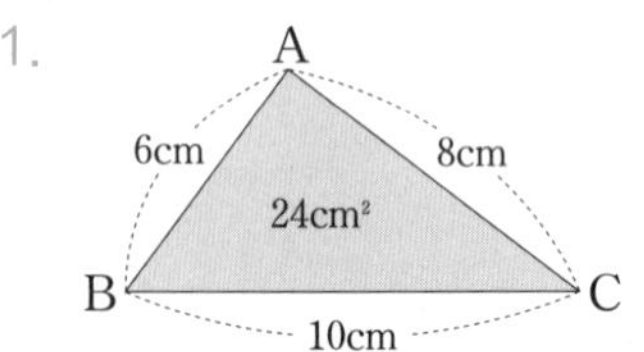

↳ 내접원의 반지름 길이를 r라고 하면

$\triangle ABC=\frac{1}{2}\times r\times(\square+8+10)$

$=24(cm^2)$

$\therefore r=\square$cm

2.　　3.

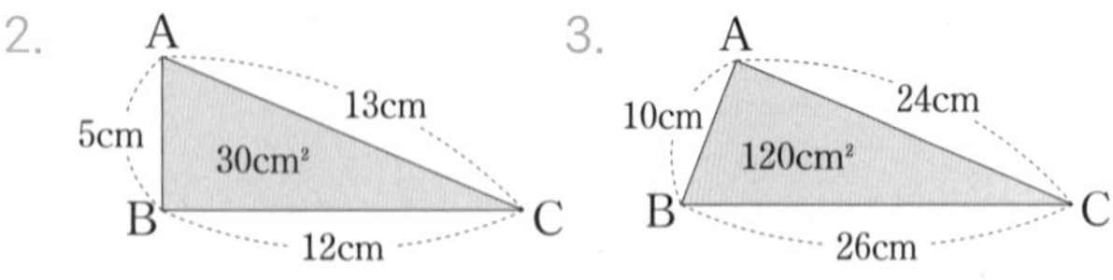

※ 다음 그림에서 점 I가 직각삼각형 ABC의 내심일 때, 내접원의 반지름 r의 길이를 구하라.

4.　　5.

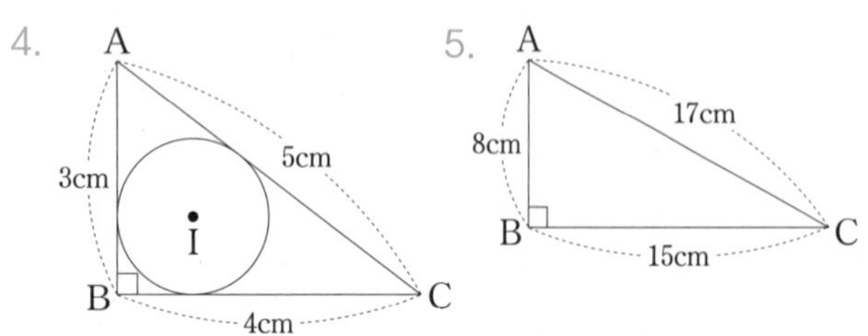

※ 다음 그림에서 점 I는 삼각형 ABC의 내심일 때, x의 값을 구하라.

6.

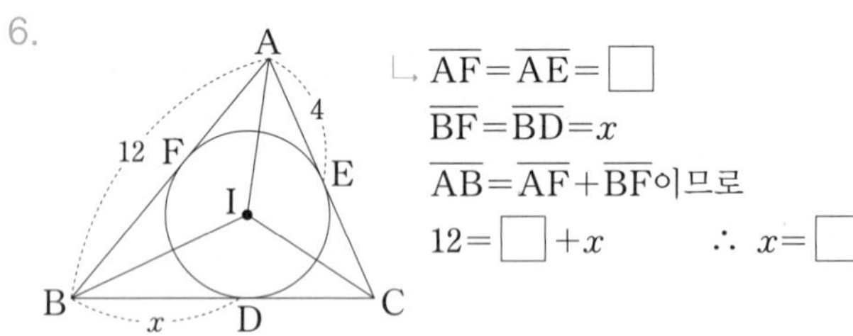

↳ $\overline{AF}=\overline{AE}=\square$

$\overline{BF}=\overline{BD}=x$

$\overline{AB}=\overline{AF}+\overline{BF}$이므로

$12=\square+x$　　$\therefore x=\square$

7.　　8.

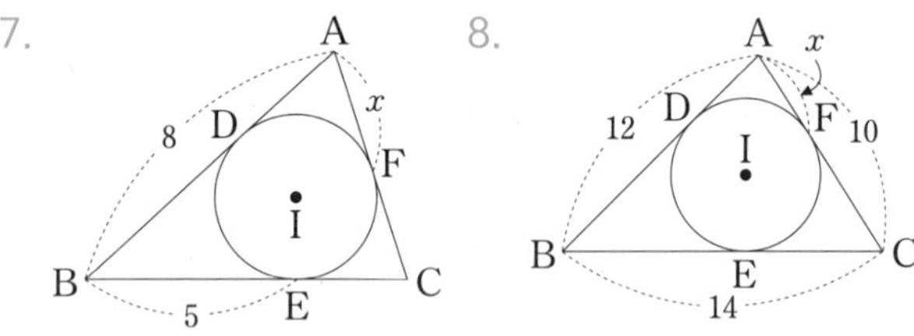

※ 오른쪽 그림에서 점 I는 $\triangle$ABC의 내심이고 $\overline{DE}/\!/\overline{BC}$일 때, 다음을 구하라.

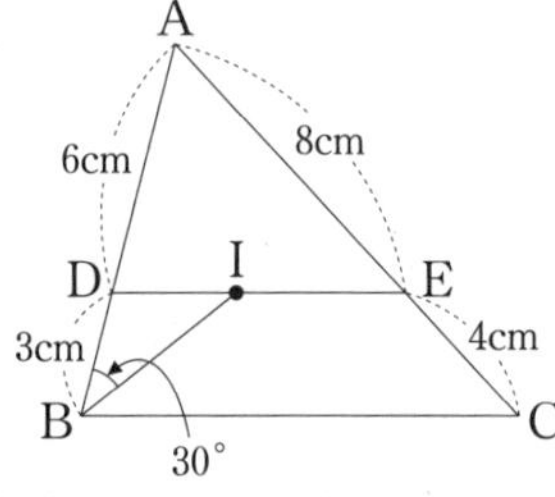

9. $\angle$DIB의 크기

10. $\overline{DI}$의 길이

↳ $\triangle$DBI는 이등변삼각형이므로 $\overline{DI}=\overline{DB}=\square$(cm)

11. $\overline{DE}$의 길이

※ 다음 그림에서 점 I는 $\triangle$ABC의 내심이고 $\overline{DE}/\!/\overline{BC}$일 때, $\triangle$ADE의 둘레 길이를 구하라.

12.

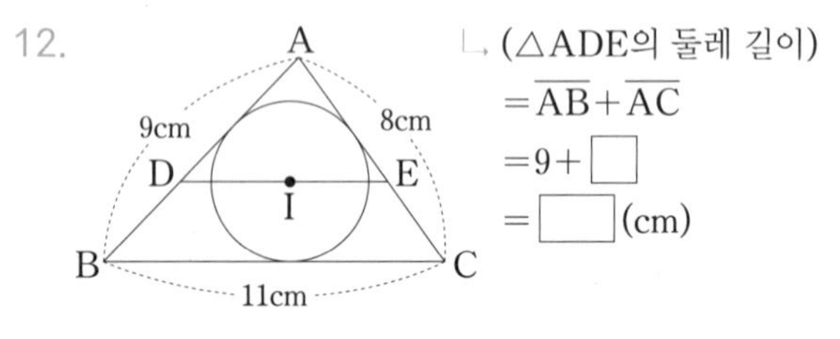

↳ ($\triangle$ADE의 둘레 길이)

$=\overline{AB}+\overline{AC}$

$=9+\square$

$=\square$(cm)

13.

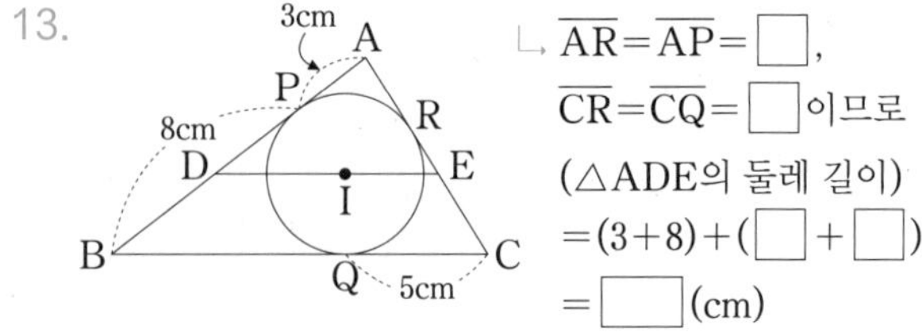

↳ $\overline{AR}=\overline{AP}=\square$,

$\overline{CR}=\overline{CQ}=\square$이므로

($\triangle$ADE의 둘레 길이)

$=(3+8)+(\square+\square)$

$=\square$(cm)

| 실력테스트 |

1. 오른쪽 그림에서 $\overline{AB}=\overline{AC}$, $\overline{BC}=\overline{BD}$, $\angle BAC=32°$일 때, $\angle BDC$의 크기는?

① 68°　② 70°　③ 72°　④ 74°　⑤ 76°

2. 오른쪽 그림과 같은 직각삼각형 ABC에서 $\overline{AB}=\overline{AE}$, $\overline{AC}\perp\overline{DE}$, $\angle C=40°$일 때, $\angle ADE$의 크기를 구하라.

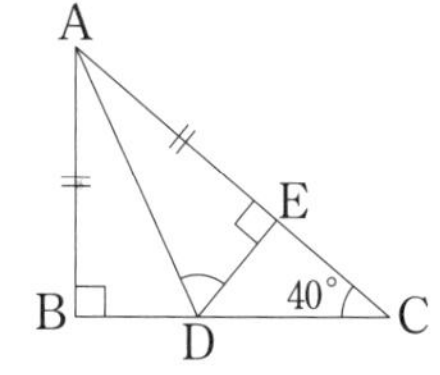

3. 오른쪽 그림에서 $\overline{DA}:\overline{AE}=5:2$일 때, $\triangle ABC$의 넓이는?

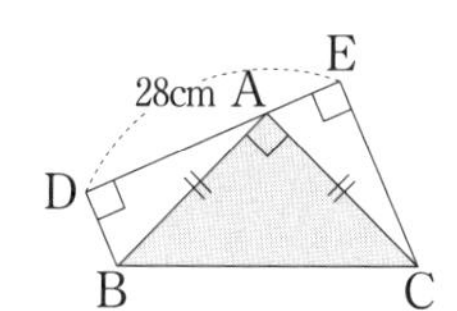

① $232cm^2$　② $280cm^2$　③ $312cm^2$　④ $332cm^2$　⑤ $392cm^2$

4. 오른쪽 그림에서 원 O는 $\triangle ABC$의 외접원일 때, $\angle A$의 크기를 구하라.

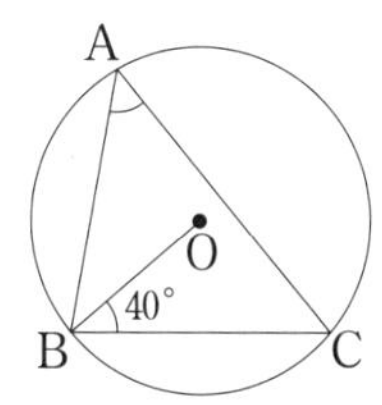

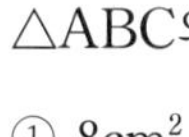

5. 오른쪽 그림에서 점 I는 $\triangle ABC$의 내심이고, $\angle ABI=25°$, $\angle ACI=30°$일 때, $\angle BIC$의 크기를 구하라.

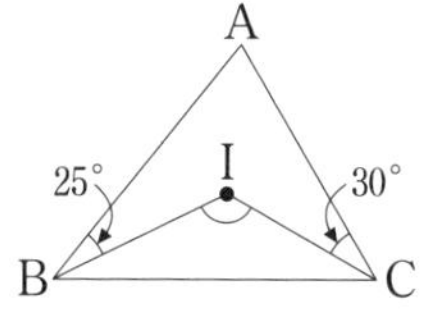

6. 오른쪽 그림에서 두 점 O, I는 각각 $\triangle ABC$의 외심과 내심이고 $\angle BOC=96°$일 때, $\angle BIC$의 크기는?

① 108°　② 110°　③ 112°　④ 114°　⑤ 116°

7. 오른쪽 그림에서 점 I는 $\angle C=90°$인 직각삼각형 ABC의 내심일 때, $\triangle IBC$의 넓이를 구하라.

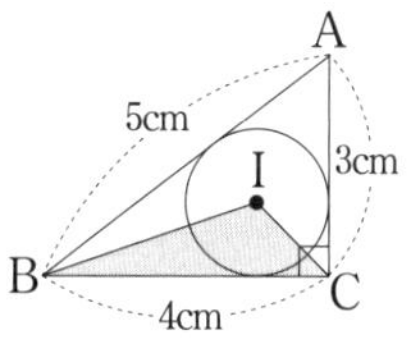

8. 오른쪽 그림에서 점 I는 $\triangle ABC$의 내심이다. 내접원의 반지름의 길이가 1cm이고 $\overline{AB}=6cm$, $\overline{CR}=3cm$, $\overline{AR}=2cm$일 때, $\triangle ABC$의 넓이는?

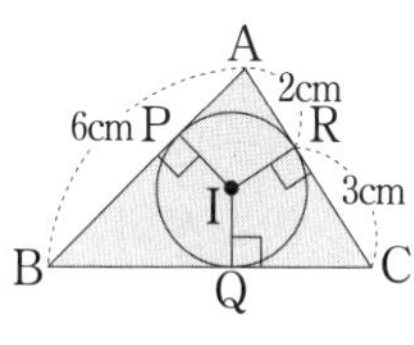

① $8cm^2$　② $9cm^2$　③ $10cm^2$　④ $11cm^2$　⑤ $12cm^2$

Science & Technology

나연, 수지, 설현 세 학생이 오른쪽 그림과 같은 운동장의 어느 한 지점에서 각각 조회대, 정문, 농구대까지 달리기 시합을 하려고 한다. 세 학생이 달리는 거리를 동일하게 한다면 몇 m씩 달리게 되는지 구하라.

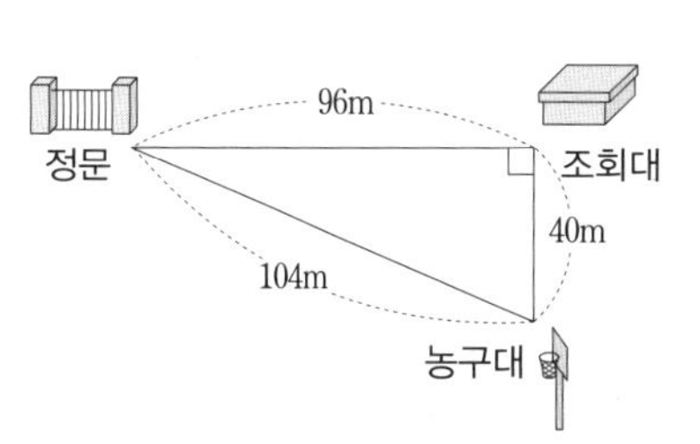

6. 사각형의 성질

○ 사각형의 성질을 이해하고 설명할 수 있다.

사각형 ABCD에서 마주 보는 변을 대변, 마주 보는 각을 대각이라고 한다. 두 개의 종이테이프나 직사각형의 종이를 겹쳐서 엇갈리게 놓으면 오른쪽 그림과 같은 두 쌍의 대변이 각각 평행한 평행사변형이 만들어진다. 이것을 $\overline{AC}$로 잘라 두 개의 삼각형을 만든 다음 두 삼각형을 포개면 완전히 포개어진다.

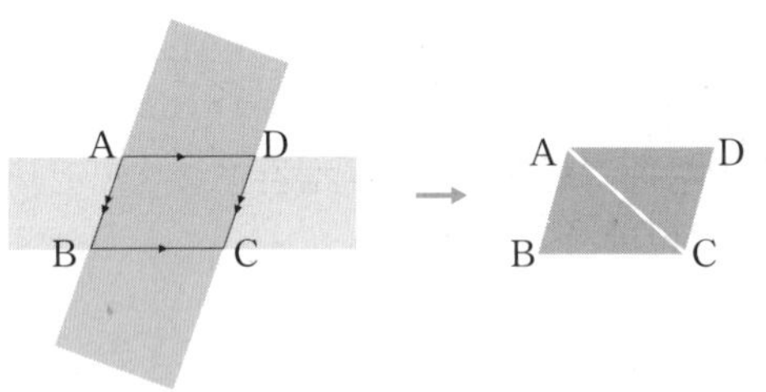

이것으로부터 평행사변형은 다음과 같은 성질이 있음을 알 수 있다.

① 두 쌍의 대변의 길이가 각각 같다.

② 두 쌍의 대각의 크기가 각각 같다.

③ 두 대각선은 서로 다른 것을 이등분한다.

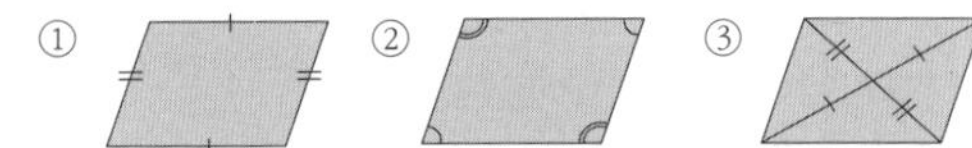

사각형이 다음 중 어느 한 조건을 만족하면 평행사변형이 된다.

① 두 쌍의 대변이 각각 평행하다.

② 두 쌍의 대변의 길이가 각각 같다.

③ 두 쌍의 대각의 크기가 각각 같다.

④ 두 대각선이 서로 다른 것을 이등분한다.

⑤ 한 쌍의 대변이 평행하고 그 길이가 같다.

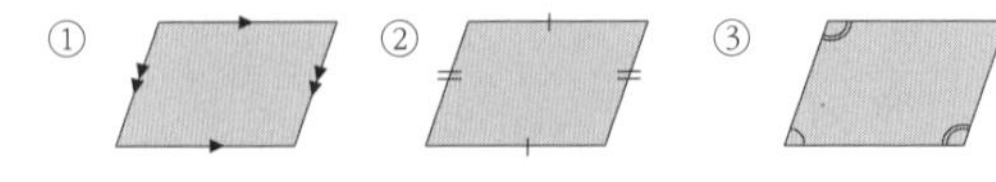

여러 가지 사각형 사이의 관계는 오른쪽과 같다.

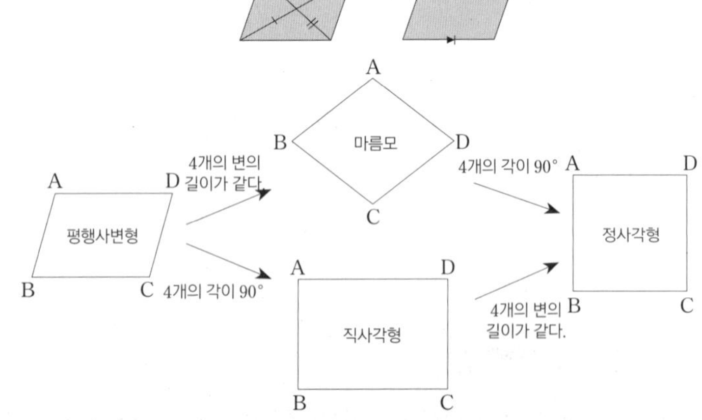

WHY? 삼각형은 세 변의 길이를 주면 모양이 하나로 정해지지만 사각형은 네 변의 길이를 줘도 모양이 하나로 정해지지 않는다. 특히, 두 쌍의 대변이 평행인 평행사변형은 그 모양이 어떻게 변하더라도 마주보는 변끼리는 평행하므로, 수평을 유지해야 하는 장치 등에서 쉽게 찾아볼 수 있다. 이런 장치로는 놀이공원에 있는 마법의 양탄자나 자동차를 수평으로 들어 올리는 리프트, 전력선과 전동차의 간격이 변하더라도 안정적인 전기를 공급받기 위한 펜터그래프 등이 있다.

231 평행사변형과 그 성질

사각형 ABCD

- 사각형 ABCD를 기호로 □ABCD와 같이 나타낸다.
- 마주 보는 변을 대변이라 하고, 마주 보는 각을 대각이라고 한다.

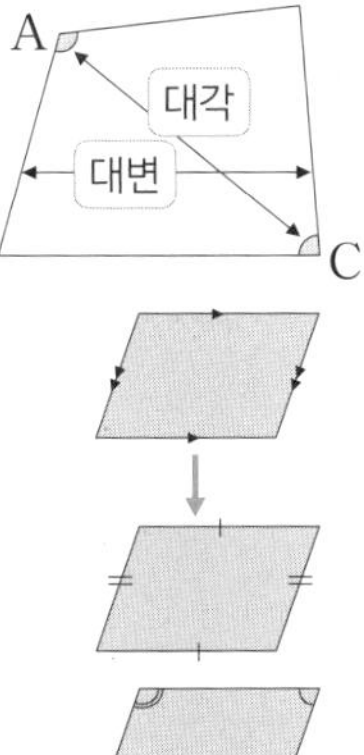

평행사변형 : 두 쌍의 대변이 각각 평행한 사각형

평행사변형의 성질

- 두 쌍의 대변의 길이가 각각 같다.
- 두 쌍의 대각의 크기가 각각 같다.
- 두 대각선은 서로 다른 것을 이등분한다.

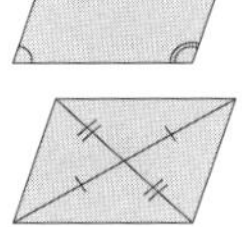

※ 다음 그림과 같은 평행사변형 ABCD에서 x, y의 값을 각각 구하라.

1. 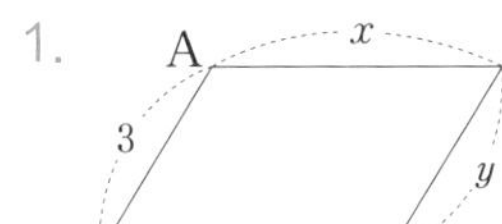

2.  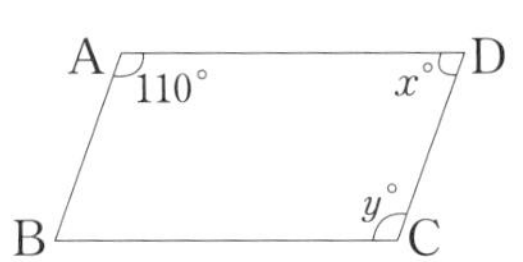

3. 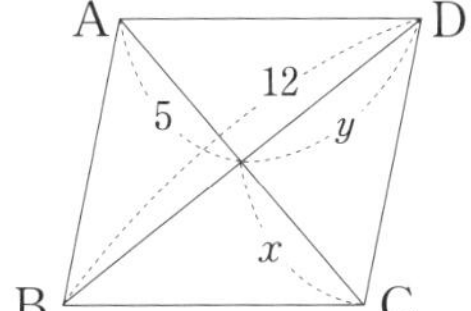

4. 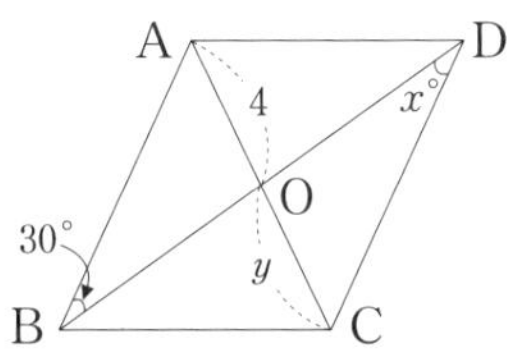

5. 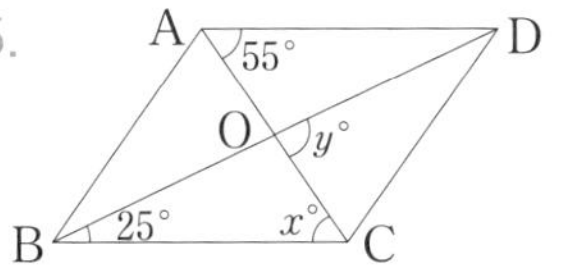

6. 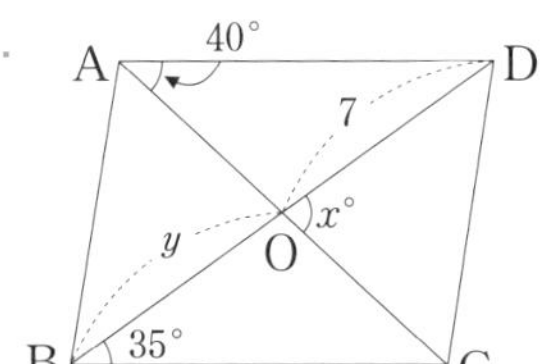

232 평행사변형이 되는 조건

사각형이 다음 어느 한 조건을 만족하면 그 사각형은 평행사변형이다.

- 두 쌍의 대변이 각각 평행하다.
- 두 쌍의 대변의 길이가 각각 같다.
- 두 쌍의 대각의 크기가 각각 같다.
- 두 대각선은 서로 다른 것을 이등분한다.
- 한 쌍의 대변이 평행하고, 그 길이가 같다.

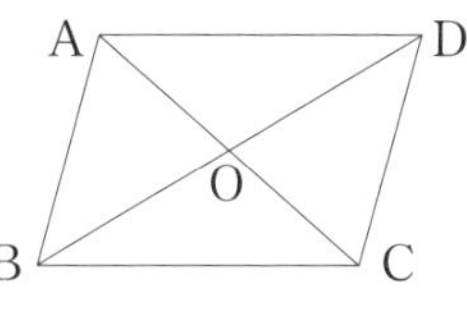

※ 다음 중 사각형 ABCD가 평행사변형이 되는 조건에는 ○표, 그렇지 않은 것에는 ×표 하여라.

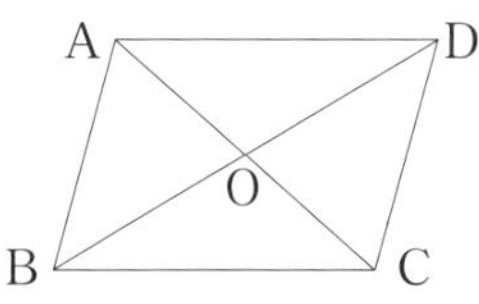

1. $\overline{AB}=\overline{DC}$, $\overline{AD}=\overline{BC}$ (　　)

2. $\angle A=\angle B$, $\angle C=\angle D$ (　　)

3. $\overline{AB}/\!/\overline{DC}$, $\overline{AB}=\overline{DC}$ (　　)

4. $\overline{AC}=\overline{BD}$, $\overline{AB}=\overline{BC}$ (　　)

※ 다음 사각형 ABCD가 평행사변형이 되도록 □ 안에 알맞은 수를 써넣어라.

5. 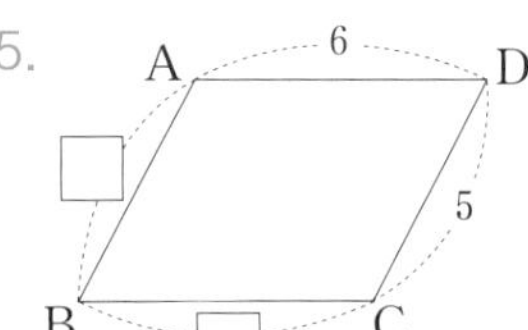

6. 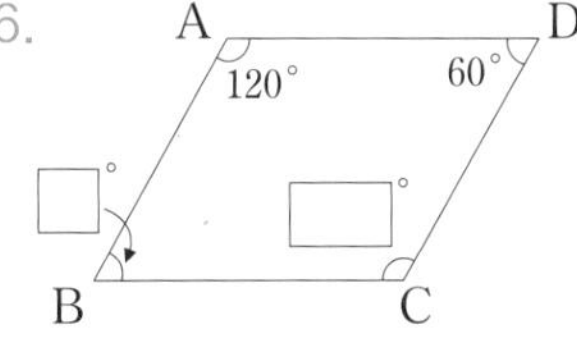

7.  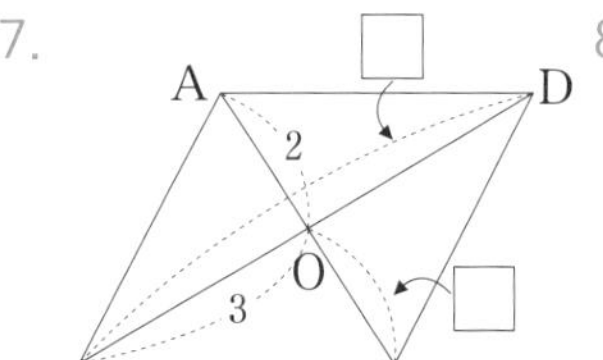

8. 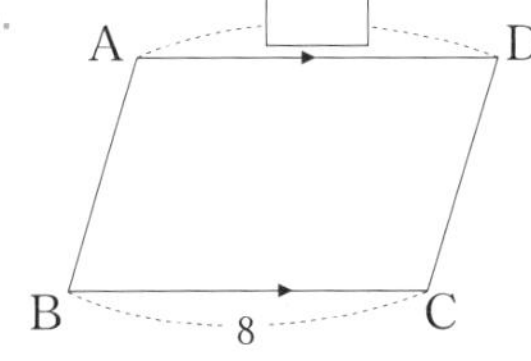

핵심

233 평행사변형과 넓이

- 평행사변형의 한 대각선은 평행사변형의 넓이를 이등분한다.
- 평행사변형의 두 대각선에 의하여 만들어지는 4개의 삼각형 넓이는 같다.
- 평행사변형 ABCD 내부의 한 점 P에 대하여

$\triangle PAB+\triangle PCD$
$=\triangle PDA+\triangle PBC$
$=\frac{1}{2}\square ABCD$

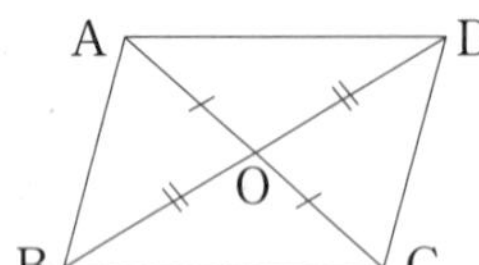

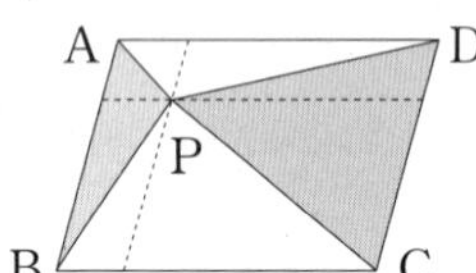

※ 다음 평행사변형 ABCD의 넓이가 $20cm^2$일 때, 색칠한 부분의 넓이를 구하라.

1.

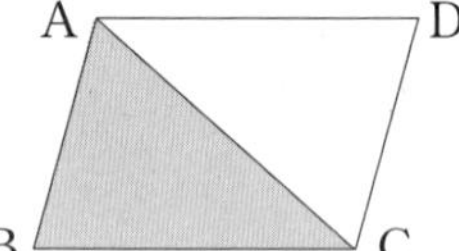

2.

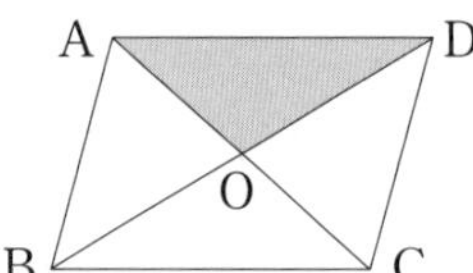

3.

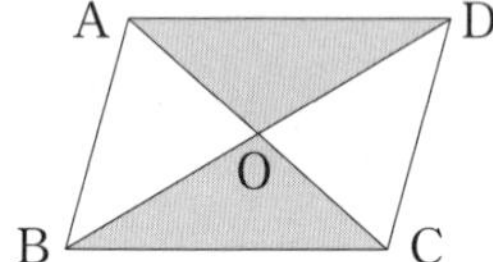

※ 다음 평행사변형 ABCD의 넓이가 $36cm^2$일 때, 색칠한 부분의 넓이를 구하라.

4.

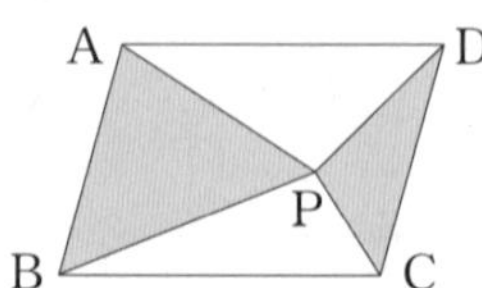

힌트 $\triangle PAB+\triangle PCD=\frac{1}{2}\square ABCD$

5.

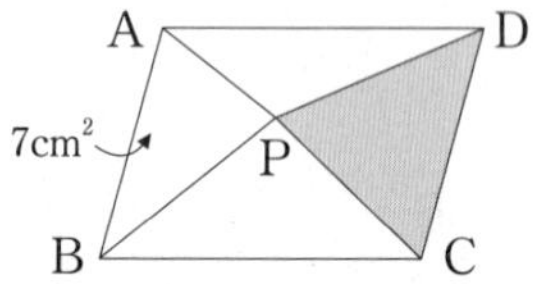

※다음 그림과 같은 평행사변형 ABCD에서 색칠한 부분의 넓이를 구하라.

6.

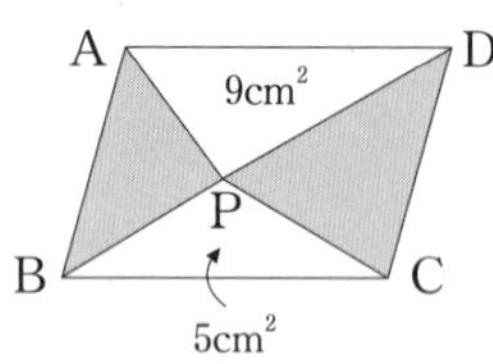

↳ $\triangle PAB+\triangle PCD=\triangle PAD+\triangle PBC$
$=9+\square=\square(cm^2)$

7.

A D 12cm² P 9cm² 14cm² B C

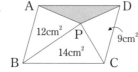

8.

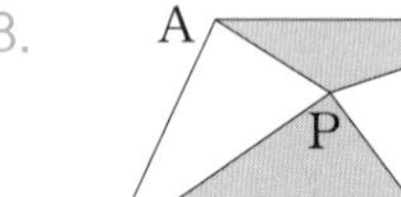

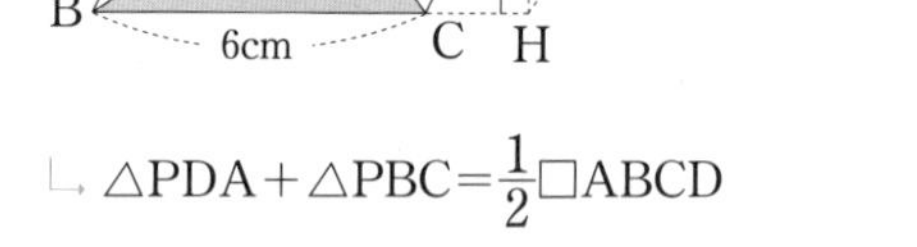

↳ $\triangle PDA+\triangle PBC=\frac{1}{2}\square ABCD$
$=\frac{1}{2}\times\square=\square(cm^2)$

9.

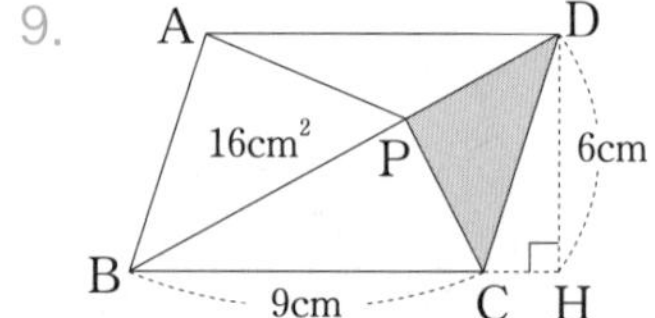

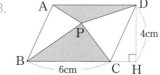

핵심

234 직사각형과 그 성질

직사각형 : 네 각의 크기가 모두 같은 사각형, 즉
$\angle A=\angle B=\angle C=\angle D=90°$

- 직사각형은 두 쌍의 대각의 크기가 각각 같으므로 평행사변형이다. 따라서 평행사변형의 성질을 모두 만족한다.

직사각형의 성질 : 두 대각선은 길이가 같고, 서로 다른 것을 이등분한다. 즉
$\overline{AC}=\overline{BD}$,
$\overline{OA}=\overline{OB}=\overline{OC}=\overline{OD}$

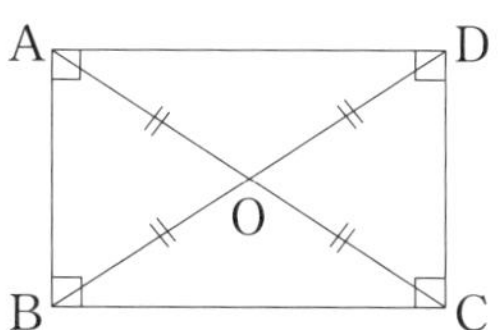

※ 다음 그림과 같은 직사각형에서 x, y의 값을 구하라.

1. 16cm, $y°$, $x$cm

└ 직사각형은 두 대각선의 길이가 같고, 서로 다른 것을 이등분하므로 $x=$□
직사각형은 네 각의 크기가 모두 같으므로 $y°=$□°

2.

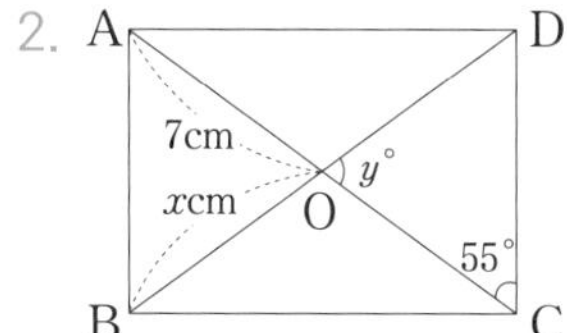

3.

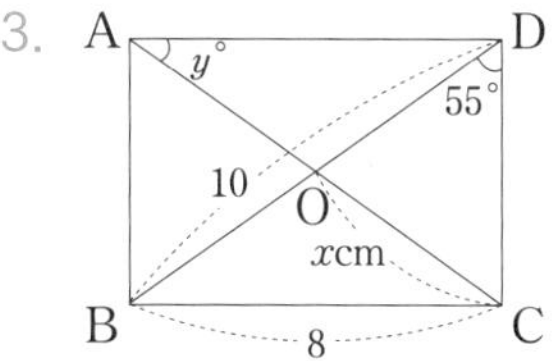

4.

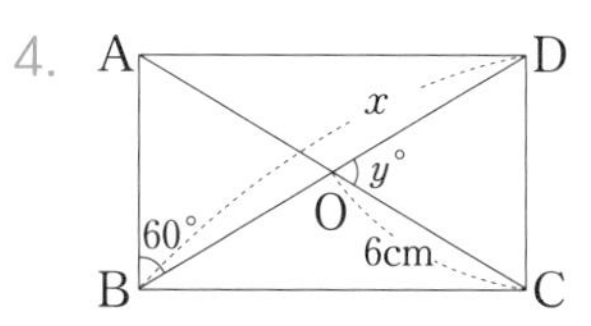

5.

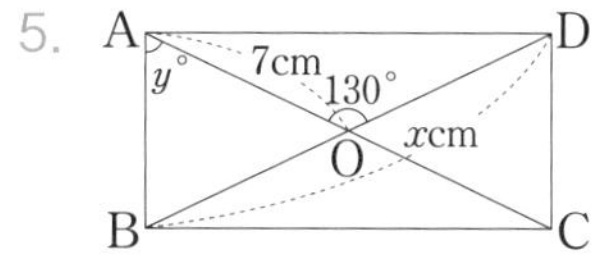

핵심

235 평행사변형이 직사각형이 되는 조건

평행사변형이 다음 중 어느 한 조건을 만족시키면 직사각형이 된다.

- 한 내각이 직각이다.
- 두 대각선의 길이가 같다.

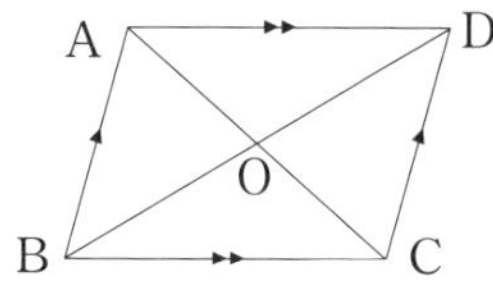

※ 다음 중 평행사변형 ABCD가 직사각형이 되는 조건에는 ○표, 그렇지 않은 것에는 ×표 하여라.

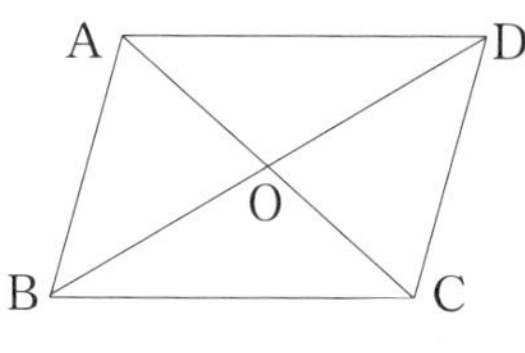

1. $\angle B=90°$ ( )

2. $\overline{AB}=\overline{AD}$ ( )

3. $\overline{AC}=\overline{BD}$ ( )

4. $\overline{AC}\perp\overline{BD}$ ( )

※ 다음 평행사변형 ABCD가 직사각형이 되도록 □ 안에 알맞은 수를 써넣어라.

5.

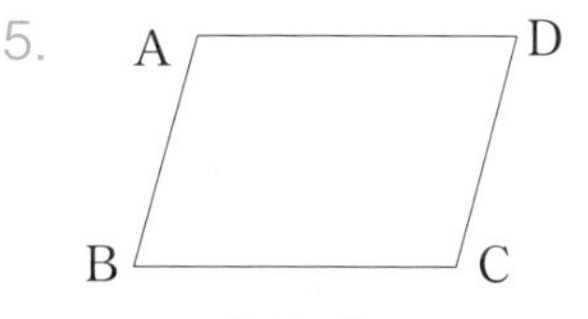

$\angle A=$□°

6.

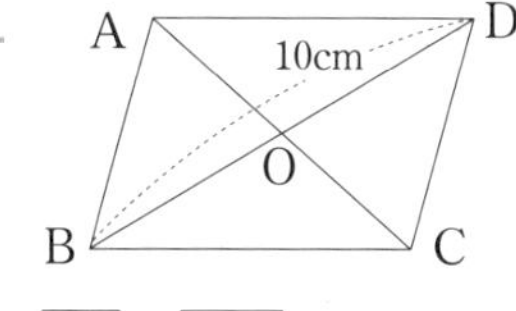

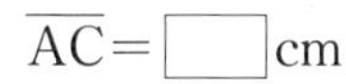

$\overline{AC}=$□cm

7.

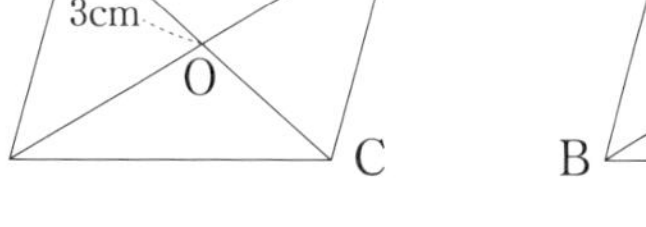

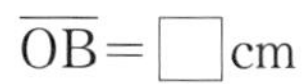

$\overline{OB}=$□cm

8.

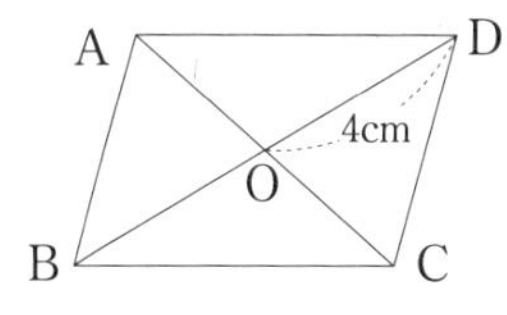

$\overline{AC}=$□cm

핵심 236 마름모와 그 성질

마름모 : 네 변의 길이가 모두 같은 사각형

- 마름모는 두 쌍의 대변의 길이가 각각 같으므로 평행사변형이다. 따라서 평행사변형의 성질을 모두 만족한다.

마름모의 성질 : 두 대각선은 서로 다른 것을 수직이등분한다.

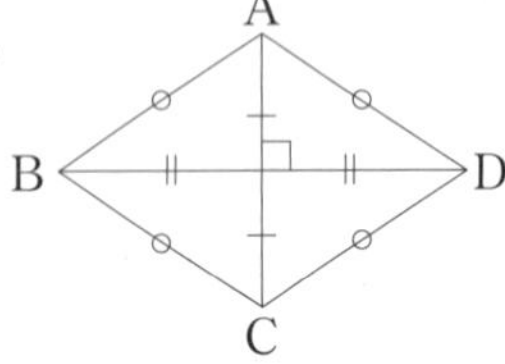

※ 다음 그림과 같은 마름모에서 x, y의 값을 구하라.

1.

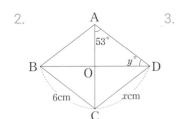

└ 마름모는 네 변의 길이가 모두 같으므로 $x=\square$
마름모는 두 대각선이 서로 다른 것을 $\square$하므로
$y°=\square°$

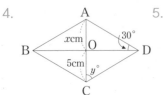

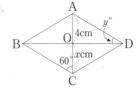

2.

3. 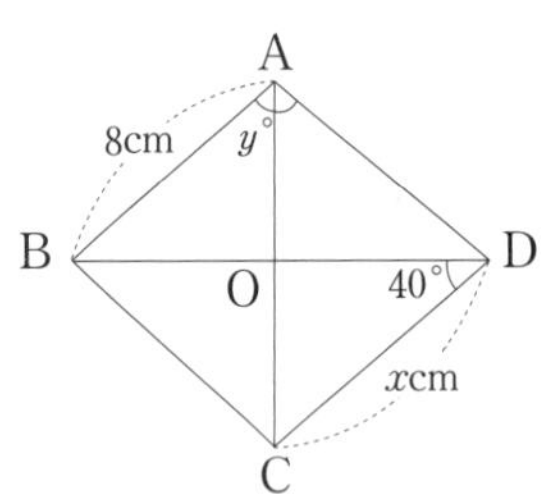

4.

5.

핵심 237 평행사변형이 마름모가 되는 조건

평행사변형이 다음 중 어느 한 조건을 만족시키면 마름모가 된다.

- 이웃하는 두 변의 길이가 같다.
- 두 대각선이 직교한다.

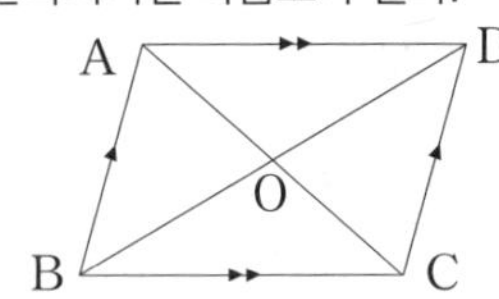

※ 다음 중 평행사변형 ABCD가 마름모가 되는 조건에는 ○표, 그렇지 않은 것에는 ×표 하여라.

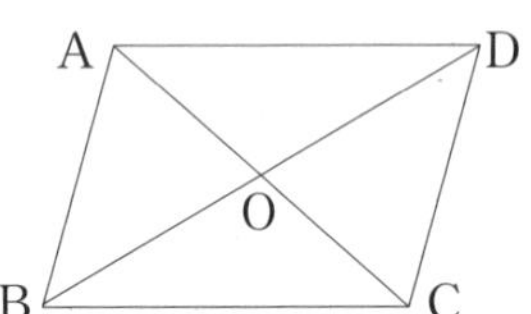

1. $\overline{AB}=\overline{BC}$ ( )

2. $\overline{OA}=\overline{OD}$ ( )

3. $\angle AOD=90°$ ( )

4. $\angle ABD=\angle ADB$ ( )

5. $\angle A=\angle D$ ( )

※ 다음 평행사변형 ABCD가 마름모가 되도록 □ 안에 알맞은 수를 써넣어라.

6. 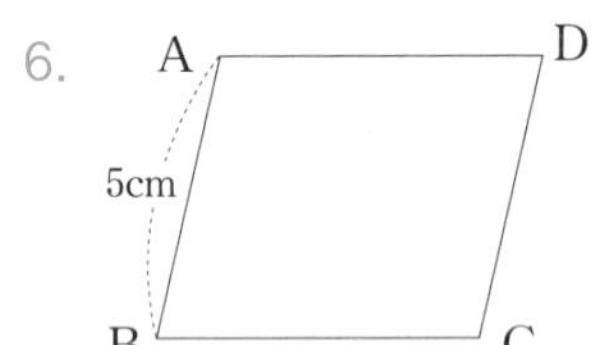

$\overline{AD}=\square$cm

7. 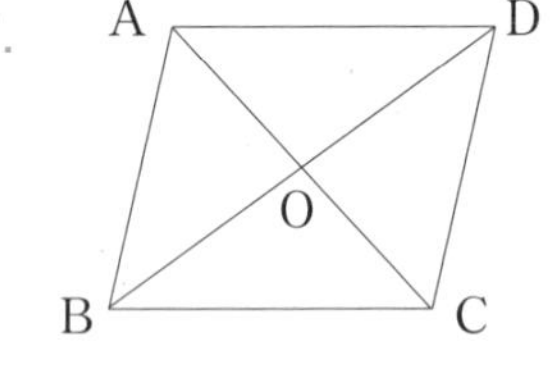

$\angle AOB=\square°$

8. 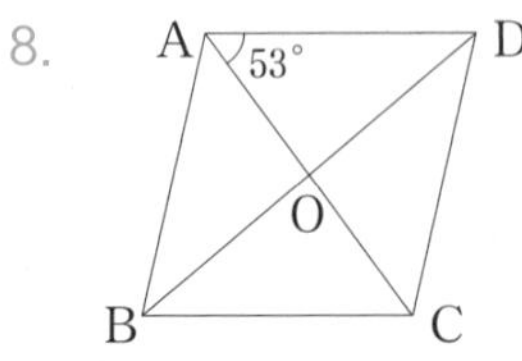

$\angle ACD=\square°$

9. 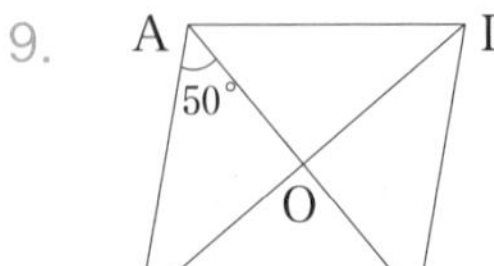

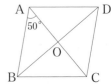

$\angle ABO=\square°$

238 정사각형과 그 성질

정사각형 : 네 내각의 크기가 모두 같고, 네 변의 길이가 모두 같은 사각형

- 정사각형은 네 내각의 크기가 같으므로 직사각형이다. 또, 네 변의 길이가 같으므로 마름모이다. 따라서 직사각형과 마름모의 성질을 모두 만족한다.

정사각형의 성질 : 두 대각선은 길이가 같고, 서로 다른 것을 수직이등분한다.

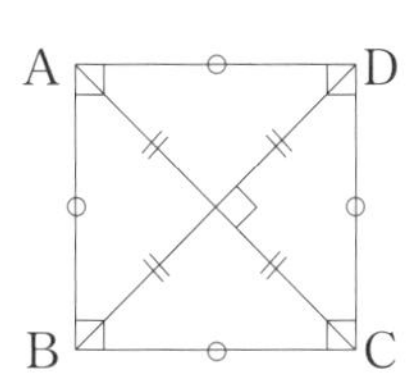

※ 다음 그림과 같은 정사각형에서 x, y의 값을 구하라.

1.

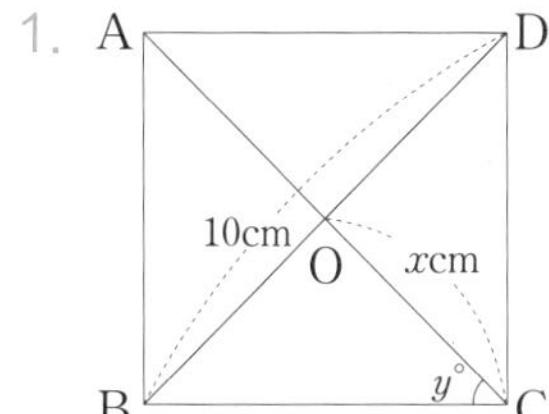

ㄴ 정사각형의 두 대각선은 길이가 같고, 서로 다른 것을 수직이등분하므로 $x=$ ☐

$\overline{OB}=\overline{OC}$, $\angle BOC=$ ☐$°$

이므로 $y°=\dfrac{☐°}{2}=$ ☐$°$

2.

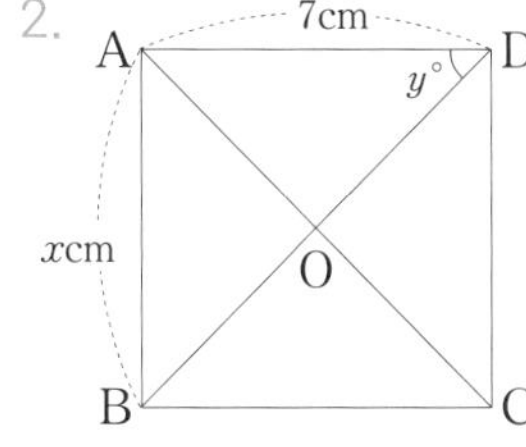

3.

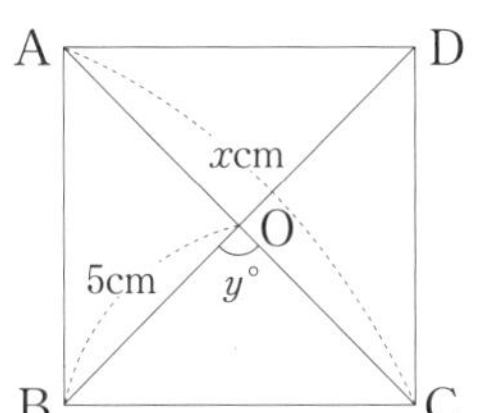

4.

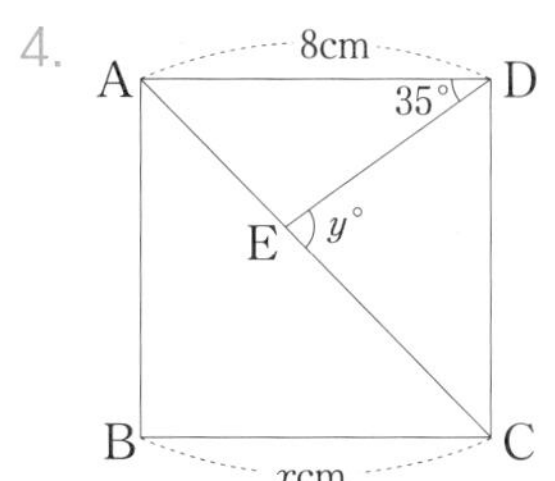

5.

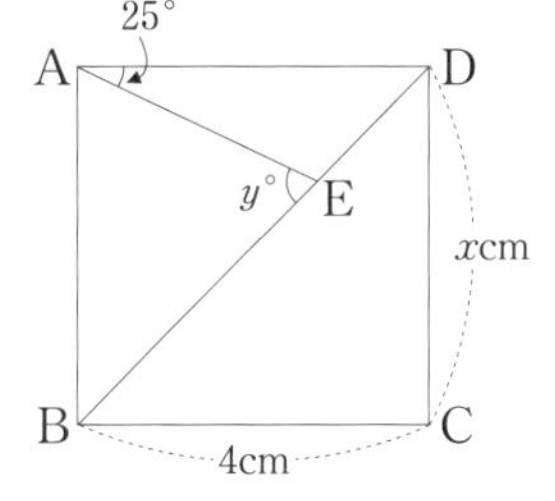

239 직사각형이 정사각형이 되는 조건

직사각형이 다음 중 어느 한 조건을 만족시키면 정사각형이 된다.

- 이웃하는 두 변의 길이가 같다.
- 두 대각선이 직교한다.

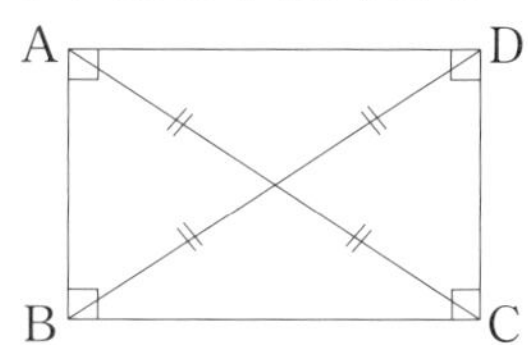

※ 다음 중 직사각형 ABCD가 정사각형이 되는 조건에는 ○표, 그렇지 않은 것에는 ×표 하여라.

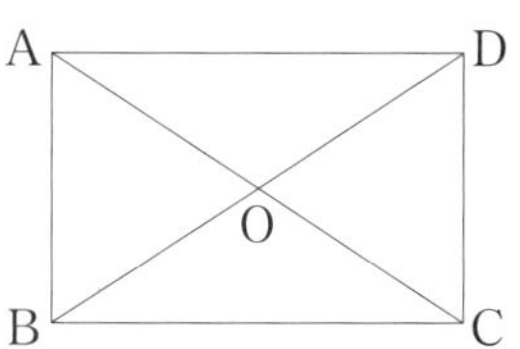

1. $\overline{AD}=\overline{CD}$ ( )

2. $\overline{AC}=\overline{BD}$ ( )

3. $\overline{AC}\perp\overline{BD}$ ( )

4. $\angle AOB=\angle COD$ ( )

5. $\angle ABO=\angle OBC$ ( )

※ 다음 직사각형 ABCD가 정사각형이 되도록 ☐ 안에 알맞은 수를 써넣어라.

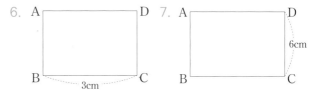

6. 7.

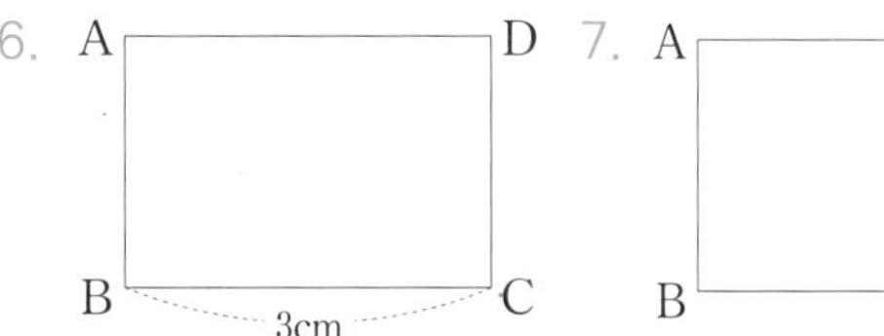

$\overline{CD}=$ ☐cm

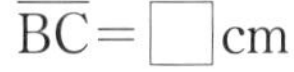

$\overline{BC}=$ ☐cm

8. 9.

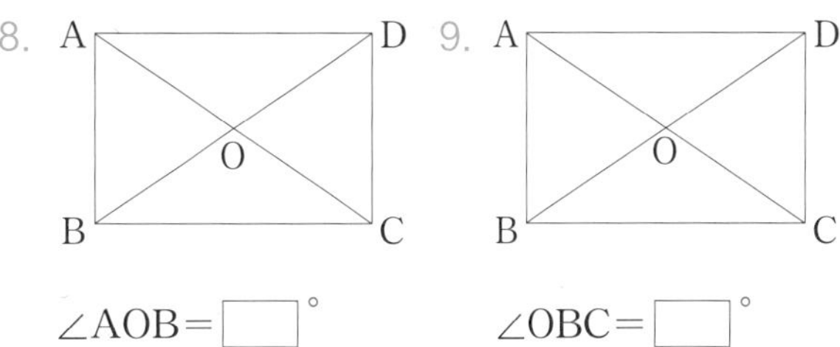

$\angle AOB=$ ☐$°$

$\angle OBC=$ ☐$°$

240 마름모가 정사각형이 되는 조건

마름모가 다음 중 어느 한 조건을 만족시키면 정사각형이 된다.

- 한 내각이 직각이다.
- 두 대각선의 길이가 같다.

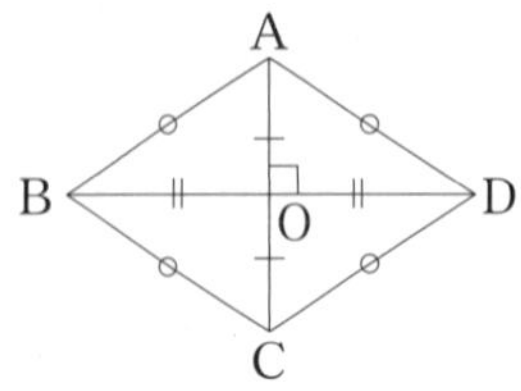

※ 다음 중 마름모 ABCD가 정사각형이 되는 조건에는 ○표, 그렇지 않은 것에는 × 표 하여라.

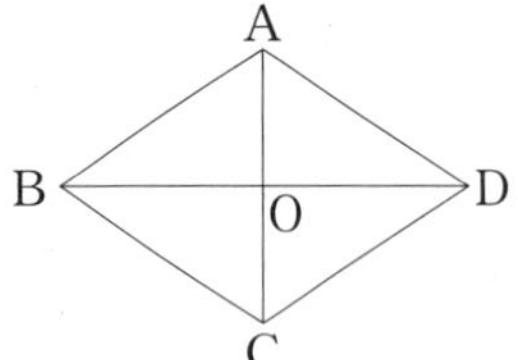

1. $\overline{OB}=\overline{OD}$ ( )
2. $\overline{OA}=\overline{OB}$ ( )
3. $\angle ABD=\angle CBD$ ( )
4. $\overline{AC}\perp\overline{BD}$ ( )
5. $\angle B=\angle C$ ( )

※ 다음 마름모 ABCD가 정사각형이 되도록 □ 안에 알맞은 수를 써넣어라.

6. 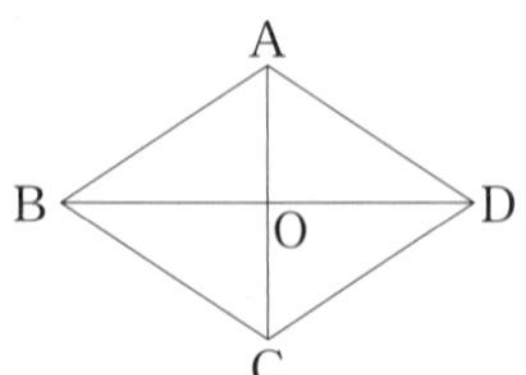

$\angle ADC=\square°$

7. 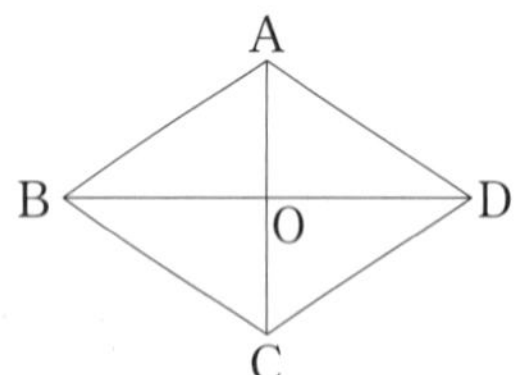

$\angle ABD=\square°$

8. 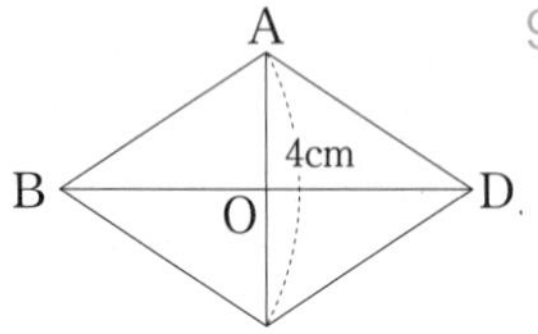

$\overline{BD}=\square$cm

9. 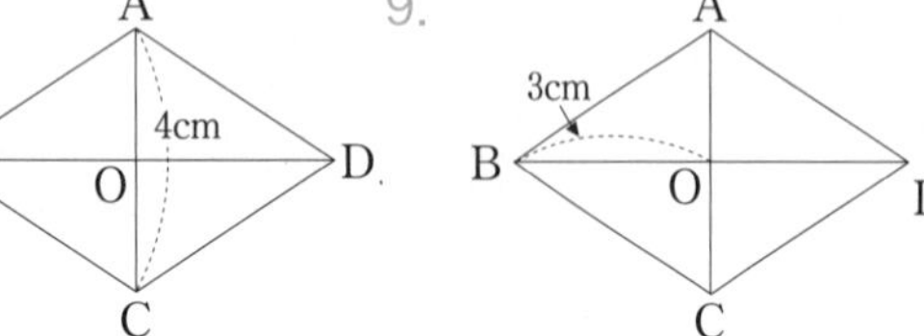

$\overline{AC}=\square$cm

241 등변사다리꼴과 그 성질

사다리꼴 : 한 쌍의 대변이 평행한 사각형

참고 나머지 한 쌍의 대변도 평행한 사다리꼴은 평행사변형이다.

등변사다리꼴 : 아랫변 양 끝각의 크기가 같은 사다리꼴

등변사다리꼴의 성질

- 평행하지 않은 한 쌍의 대변의 길이가 같다.
- 두 대각선의 길이가 같다.

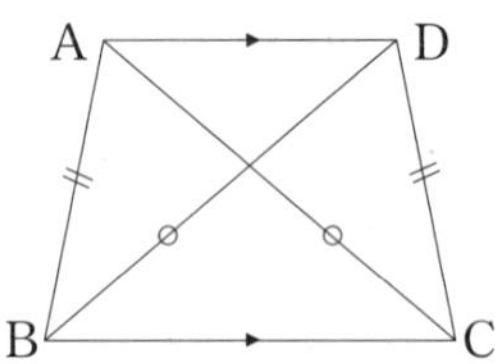

※ 그림의 사각형 ABCD가 $\overline{AD}/\!/\overline{BC}$인 등변사다리꼴일 때, □ 안에 알맞은 것을 써넣어라.

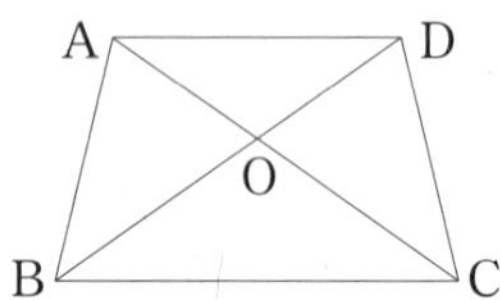

1. $\overline{AC}=\square$
2. $\angle B=\square$
3. $\overline{AB}=\square$
4. $\triangle ABC\equiv\square$
5. $\triangle OAB\equiv\square$
6. $\overline{AO}=\square$
7. $\overline{BO}=\square$
8. $\angle ABD=\square$

※ 다음 그림의 사각형 ABCD가 $\overline{AD}/\!/\overline{BC}$인 등변사다리꼴일 때, x의 값을 구하라.

9. 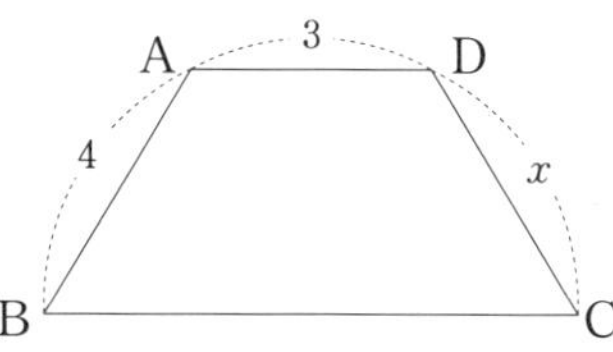

10. 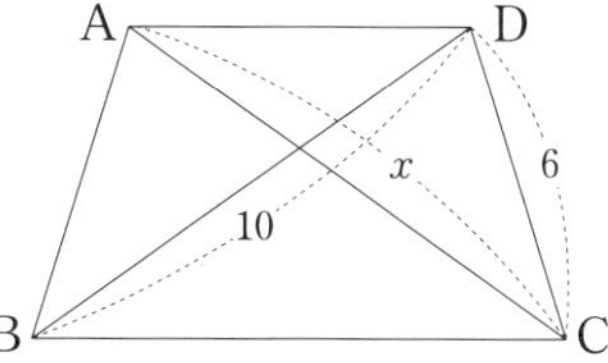

11. 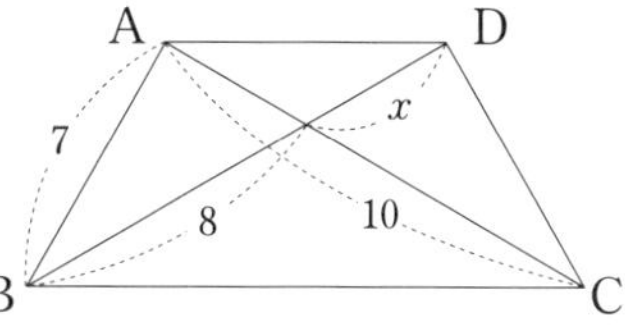

※ 다음 그림의 사각형 ABCD가 $\overline{AD}/\!/\overline{BC}$인 등변사다리꼴일 때, $\angle x$의 크기를 구하라.

12. 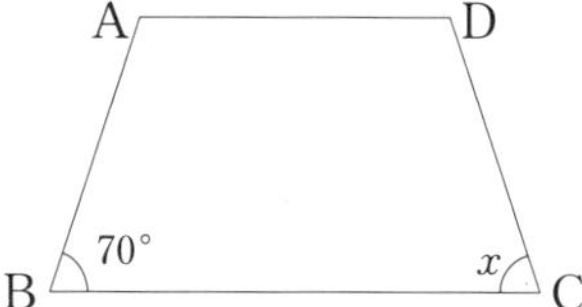

13. 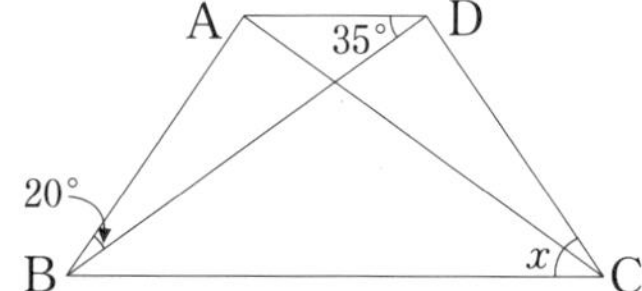

14. 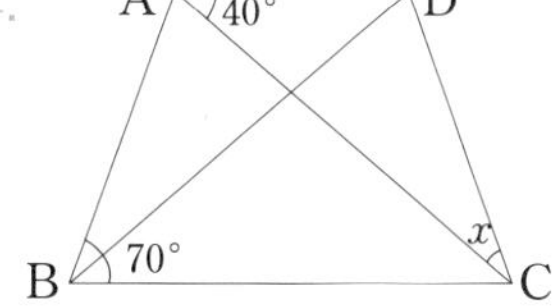

※ 다음 그림과 같은 등변사다리꼴 ABCD에서 x의 값을 구하라.

15. 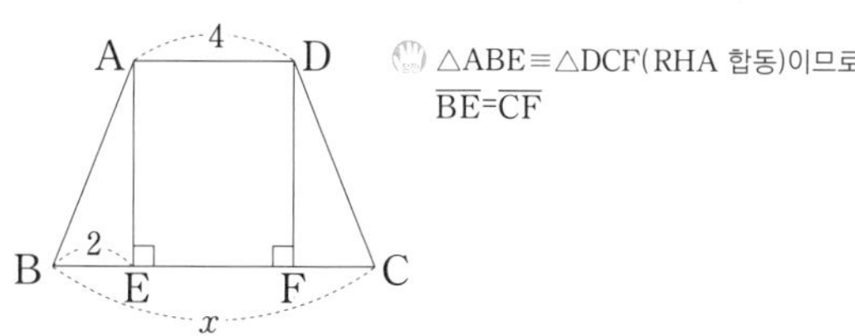
△ABE≡△DCF(RHA 합동)이므로 $\overline{BE}=\overline{CF}$

16. 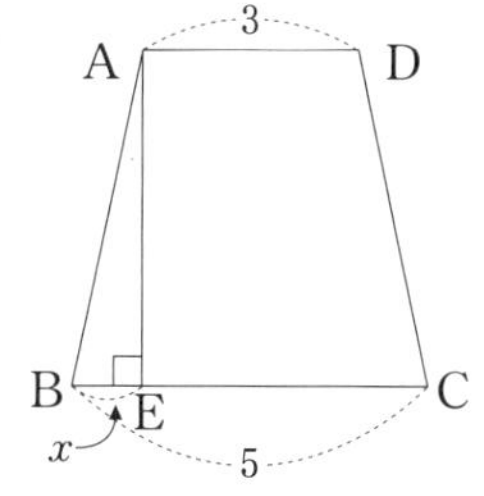

17. 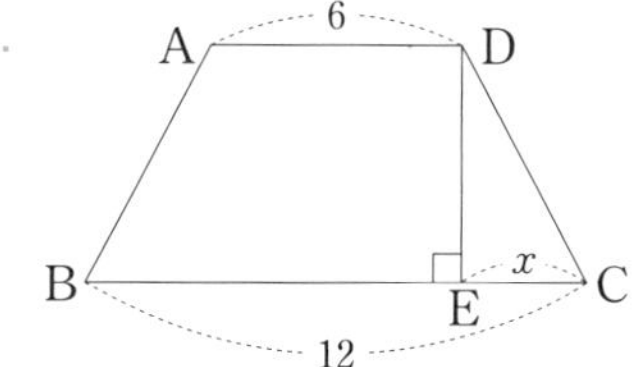

18. 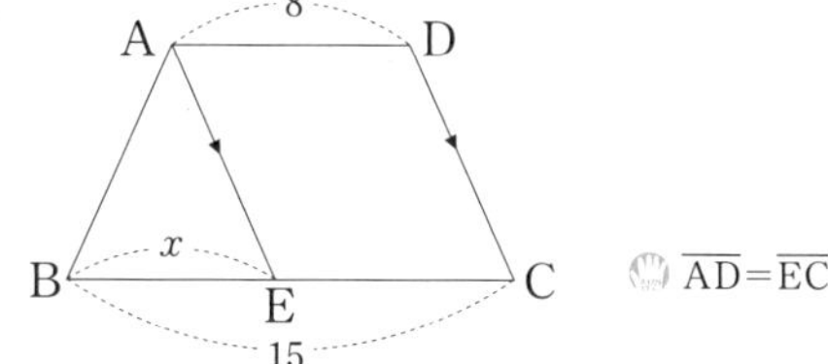
$\overline{AD}=\overline{EC}$

19. 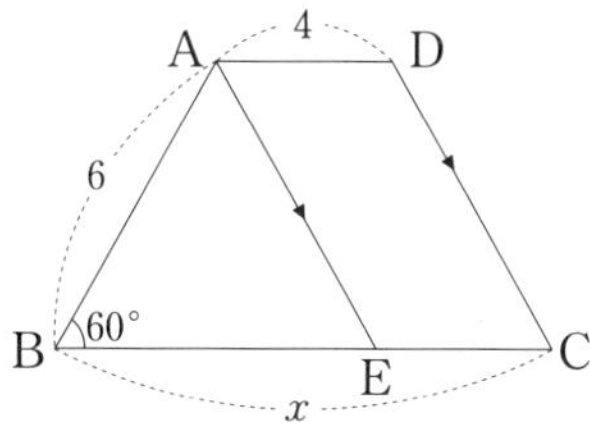

20. 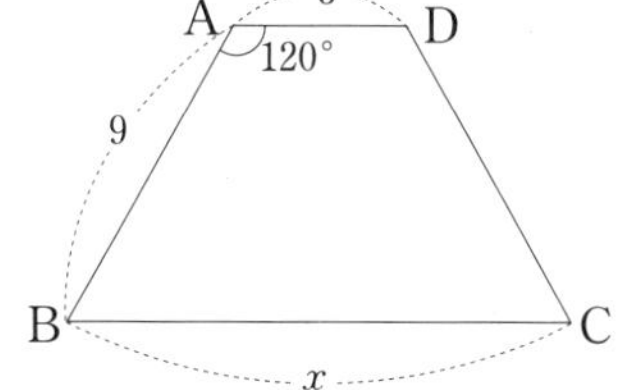

242 여러 가지 사각형 사이의 관계

핵심

여러 가지 사각형 사이의 관계

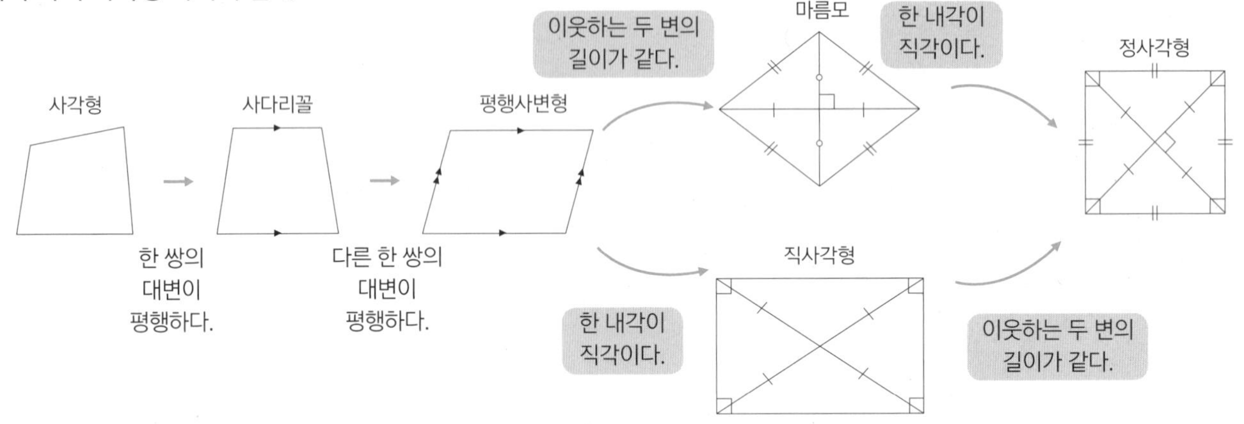

사각형의 각 변의 중점을 연결하여 만든 사각형

- 평행사변형 → 평행사변형
- 정사각형 → 정사각형
- 직사각형 → 마름모
- 등변사다리꼴 → 마름모
- 마름모 → 직사각형
- 사각형 → 평행사변형

※ 다음을 만족하는 사각형을 **보기** 에서 모두 찾아 써라.

보기

ㄱ. 사다리꼴　　ㄴ. 평행사변형
ㄷ. 직사각형　　ㄹ. 마름모
ㅁ. 정사각형　　ㅂ. 등변사다리꼴

1. 두 대각선의 길이가 같다.

2. 두 대각선이 서로 다른 것을 이등분한다.

3. 두 대각선이 직교한다.

4. 네 변의 길이가 모두 같다.

5. 네 내각의 크기가 같다.

6. 한 쌍의 대변은 길이가 같고 다른 한 쌍의 대변은 길이가 다르다.

※ 다음 그림과 같은 사각형 ABCD의 각 변의 중점을 연결하여 사각형을 만들고 어떤 사각형이 되는지 써라.

7. 사각형

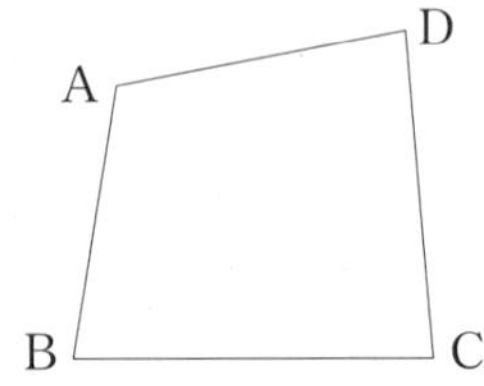

8. 정사각형

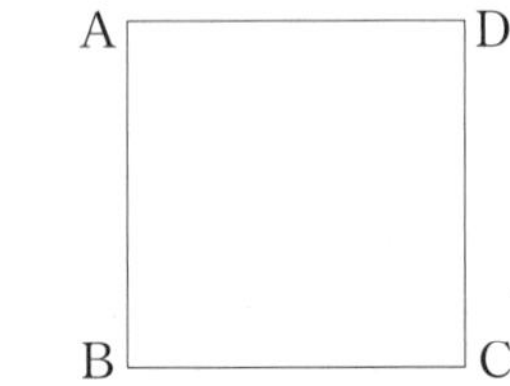

9. 평행사변형

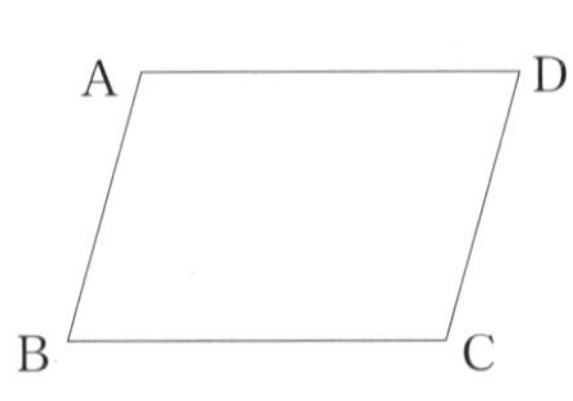

10. 등변사다리꼴

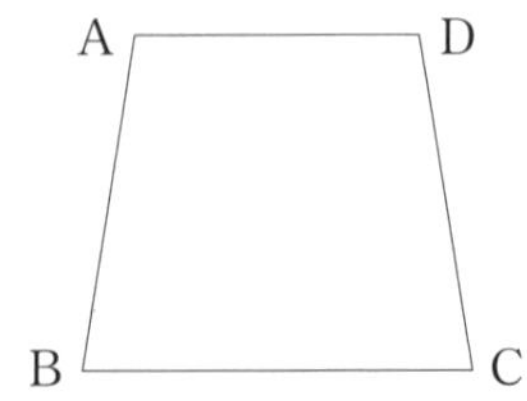

11. 직사각형

12. 마름모

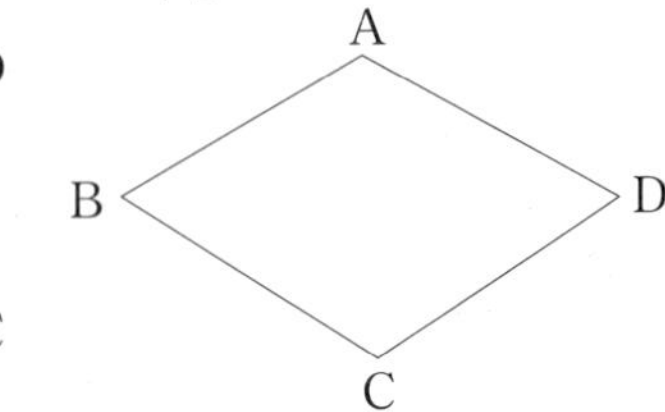

핵심

243 평행선과 넓이

평행선과 삼각형의 넓이

꼭짓점이 평행선 위에 있는 두 삼각형의 높이는 같다. 따라서 밑변의 길이가 같으면 두 삼각형의 넓이는 같다. 즉

△ABC=△ABD

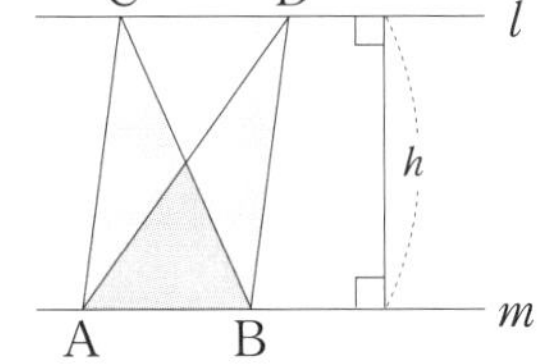

참고 ≡는 두 도형이 합동임을 나타내고, =는 두 도형의 넓이가 같음을 나타낸다.

높이가 같은 두 삼각형의 넓이의 비

높이가 같은 두 삼각형에서 넓이의 비는 밑변의 길이의 비와 같다. 즉

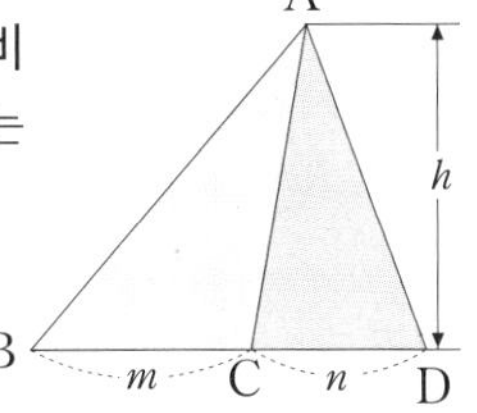

※ 오른쪽 그림에서 $\overline{AE}/\!/\overline{BD}$일 때, 다음 삼각형과 넓이가 같은 삼각형을 찾아라.

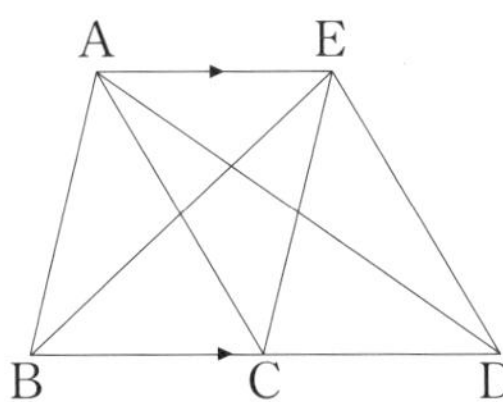

1. △ABC
2. △ACD
3. △ABD

※ 다음 그림에서 △ABC의 넓이가 32cm²일 때, 색칠한 부분의 넓이를 구하라.

4. $\overline{BC}:\overline{CD}=2:1$

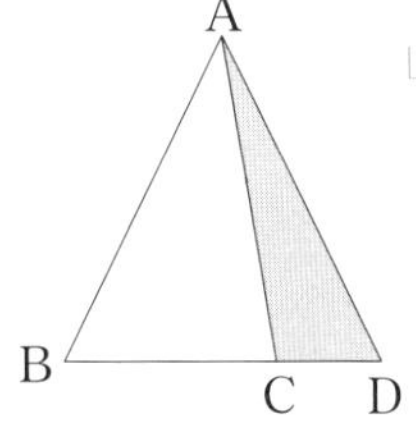

└, $\overline{BC}:\overline{CD}=2:1$이고, 높이가 같으므로
△ABC : △ACD=☐ : ☐
따라서 △ACD의 넓이는 ☐(cm²)

5. $\overline{BD}:\overline{CD}=1:1$, $\overline{AE}:\overline{ED}=1:3$

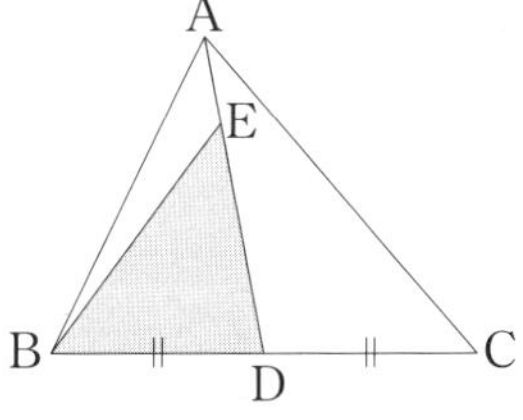

※ 오른쪽 그림과 같이 $\overline{AD}/\!/\overline{BC}$인 사다리꼴 ABCD에 대하여 다음 삼각형의 넓이를 구하라.

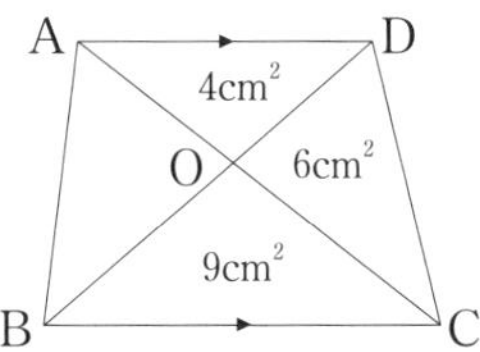

6. △OAB
└, △ABC=△DBC이므로
△OAB+△OBC=△OCD+△OBC
△OAB=△OCD=☐(cm²)

7. △ABC

8. △ABD
└, △ABD=△ACD이므로
△ABD=4+☐=☐(cm²)

※ 다음 그림에서 △ABC의 넓이가 20cm²일 때, 색칠한 부분의 넓이를 구하라.

9.

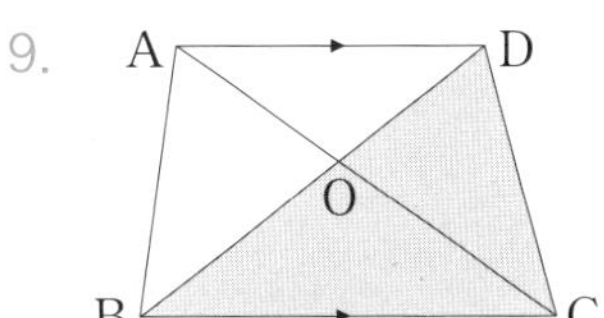

└, $\overline{AD}/\!/\overline{BC}$이므로
△DBC=△☐=☐(cm²)

10.

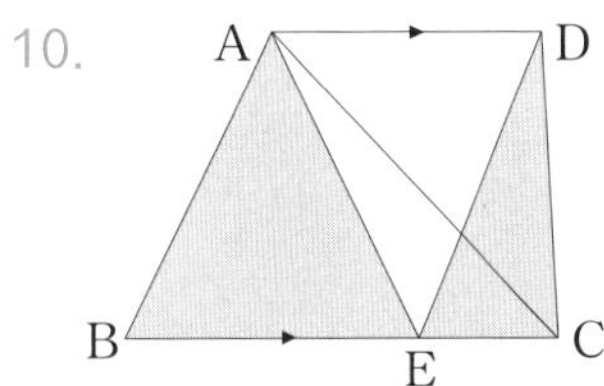

11.

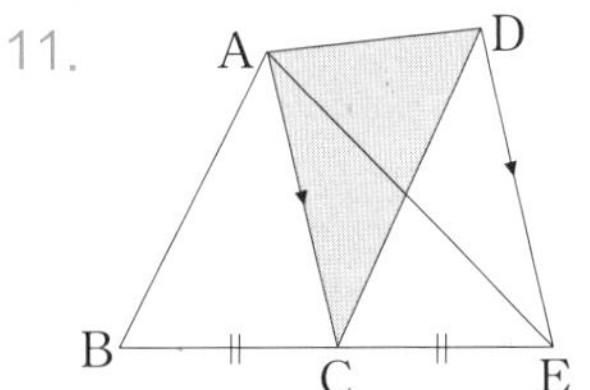

핵심

244 평행선과 삼각형의 넓이의 활용

사각형을 넓이가 같은 삼각형으로 바꾸는 순서

① 꼭짓점 D에서 대각선 AC에 평행한 직선을 긋는다.

② 변 BC의 연장선과 직선 ①의 교점을 E라고 하면

△ACD=△ACE이다.

③ □ABCD=△ABE

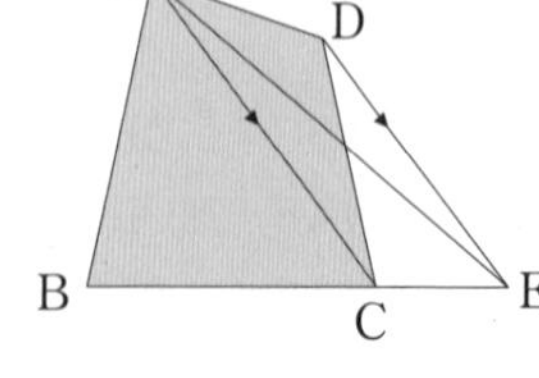

참고 □ABCD=△ABC+△ACD

=△ABC+△ACE=△ABE

※ 다음 그림에서 $\overline{AC}$ ∥ $\overline{DE}$일 때, □ 안에 알맞은 것을 써넣고, 물음에 답하여라.

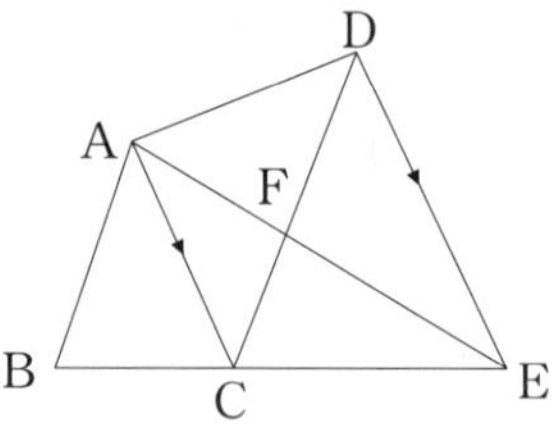

1. △ACE=△□

2. □ABCD=△ABC+△ACD

=△ABC+△□

=△□

3. △ABC=$5cm^2$, △ACE=$8cm^2$ 일 때, □ABCD의 넓이를 구하라.

※ 다음 그림에서 색칠한 부분의 넓이를 구하라.

4. □ABCD=$30cm^2$

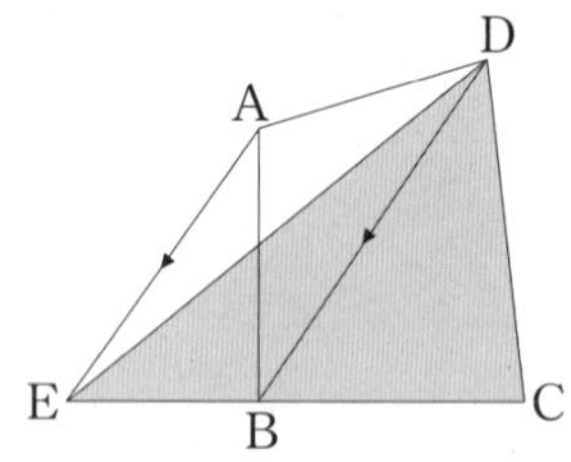

5. △ABE=$30cm^2$, △ABC=$14cm^2$

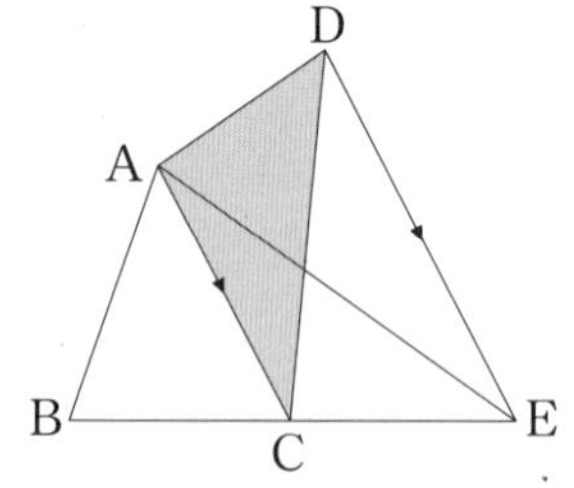

6.

D
A
4cm
B
5cm
C
3cm
E

↳ $\overline{AC}$ ∥ $\overline{DE}$이므로 □ABCD=△ABE

△ABE=$\frac{1}{2}$×(5+□)×4=□(cm^2)

7.

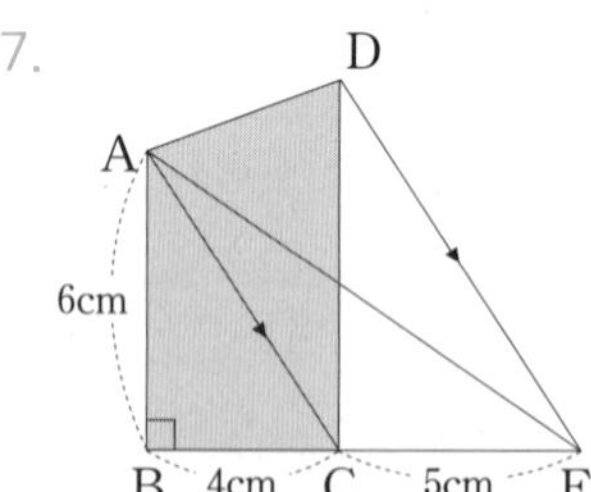

8.

D
A
4cm
B
6cm
C
3cm
E

| 실력테스트 |

1. 오른쪽 그림과 같은 평행사변형 ABCD에서 점 O는 두 대각선의 교점이고 $\angle BAC=60°$, $\angle ADB=30°$일 때, $\angle x+\angle y$의 값을 구하라.

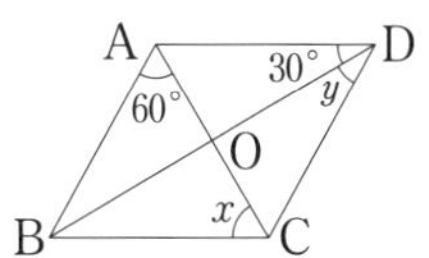

2. 평행사변형 ABCD에서 두 대각선의 교점을 O라고 할 때, 다음 중 옳지 않은 것은?

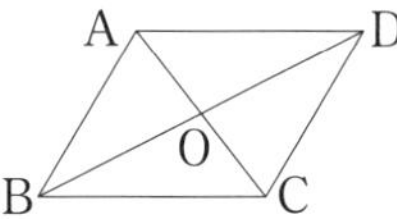

① $\overline{AD}=\overline{BC}$ ② $\angle ABC=\angle CDA$
③ $\angle BAC=\angle DAC$ ④ $\overline{OA}=\overline{OC}$
⑤ $\angle ADB=\angle DBC$

3. 오른쪽 그림과 같은 평행사변형에서 $\angle B$, $\angle D$의 이등분선이 $\overline{AD}$, $\overline{BC}$와 만나는 점을 각각 E, F라고 할 때, $\overline{DE}$의 길이를 구하라.

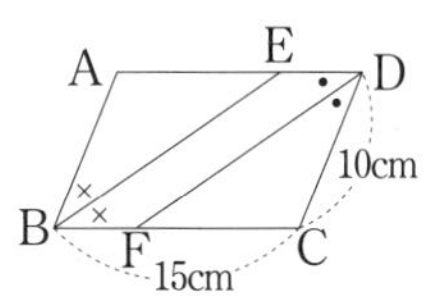

4. 오른쪽 그림과 같은 평행사변형 ABCD의 꼭짓점 A, C에서 대각선 BD에 내린 수선의 발을 각각 E, F라고 할 때, 다음 중 옳지 않은 것은?

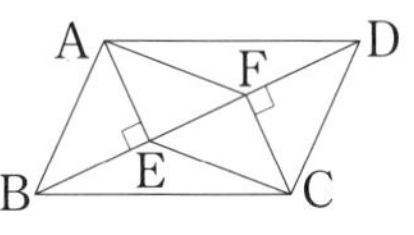

① $\triangle ABE\equiv\triangle CDF$ ② $\overline{AE}=\overline{CF}$
③ $\overline{AF}=\overline{CE}$ ④ $\angle EAF=\angle FCE$
⑤ $\overline{BE}=\overline{EF}$

5. 오른쪽 그림과 같은 평행사변형 ABCD에서 다음 조건을 추가했을 때, 직사각형이 되지 않는 것은?

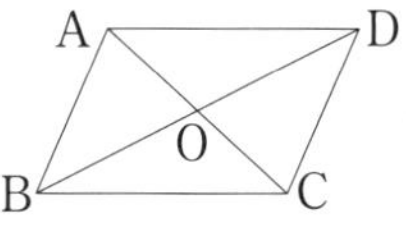

① $\overline{AC}=\overline{BD}$ ② $\overline{AB}=\overline{BC}$
③ $\angle A=90°$ ④ $\angle A=\angle B$
⑤ $\overline{AO}=\overline{BO}=\overline{CO}=\overline{DO}$

6. 오른쪽 그림과 같은 평행사변형 ABCD의 내부에 한 점 P가 있다. $\square ABCD=50cm^2$, $\triangle PBC=11cm^2$일 때, $\triangle PAD$의 넓이를 구하라.

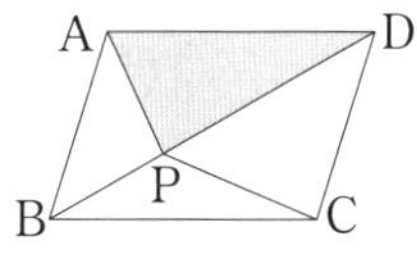

7. 오른쪽 그림과 같이 $\overline{AD}/\!/\overline{BC}$인 등변사다리꼴 ABCD에서 $\angle B=70°$, $\angle ACD=25°$일 때, $\angle DAC$의 크기를 구하라.

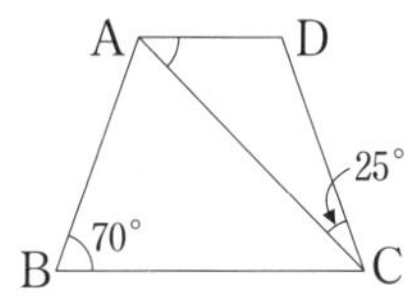

8. 오른쪽 그림에서 $\overline{AC}/\!/\overline{DE}$이고, $\square ABCD=32cm^2$일 때, $\triangle ABE$의 넓이를 구하라.

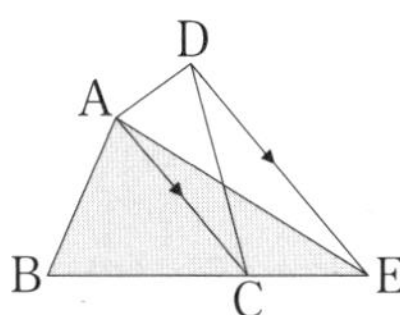

Science & Technology

오른쪽 그림과 같이 직사각형 ABCD 모양의 땅에 오각형 ABEFG 모양의 잔디밭이 있다. 이 잔디밭을 넓이가 같은 사각형 모양으로 바꾸려고 한다. $\overline{AB}$를 한 변으로 하는 사각형 모양의 잔디밭을 만드는 방법을 써라.

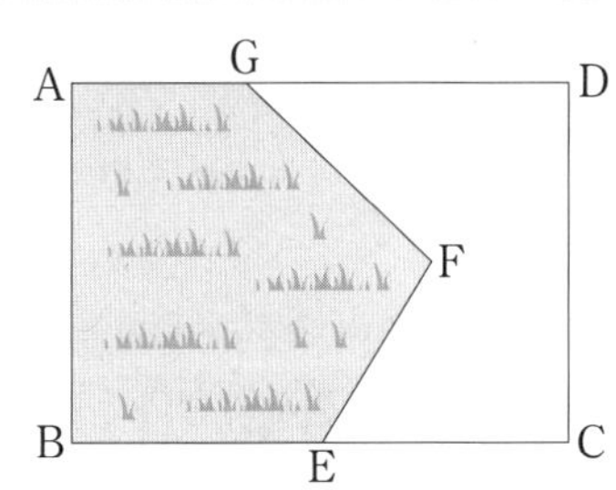

7. 도형의 닮음

- ○ 도형의 닮음의 의미와 닮은 도형의 성질을 이해한다.
- ○ 삼각형의 닮음 조건을 이해하고, 이를 이용하여 두 삼각형이 닮음인지 판별할 수 있다.
- ○ 평행선 사이의 선분의 길이의 비를 구할 수 있다.

한 도형을 일정한 비율로 확대 또는 축소하여 얻은 도형이 다른 도형과 합동이 될 때, 이들 두 도형은 닮음의 관계에 있다 또는 서로 닮았다고 하고, 대응하는 변의 길이 비를 **닮음비**라고 한다. 닮은 두 도형 사이에는 다음과 같은 성질이 있다.

- 닮은 두 평면도형에서 대응하는 변의 길이의 비는 일정하고, 대응하는 각의 크기는 서로 같다.
- 닮은 두 입체도형에서 대응하는 모서리의 길이의 비는 일정하고, 대응하는 면은 서로 닮은 도형이다.

두 삼각형에서 다음 중 하나가 성립하면 서로 닮은 도형이다.

- 대응하는 세 쌍의 변의 길이의 비가 같을 때
- 대응하는 두 쌍의 변의 길이의 비가 같고 그 끼인 각의 크기가 같을 때
- 대응하는 두 쌍의 각의 크기가 각각 같을 때

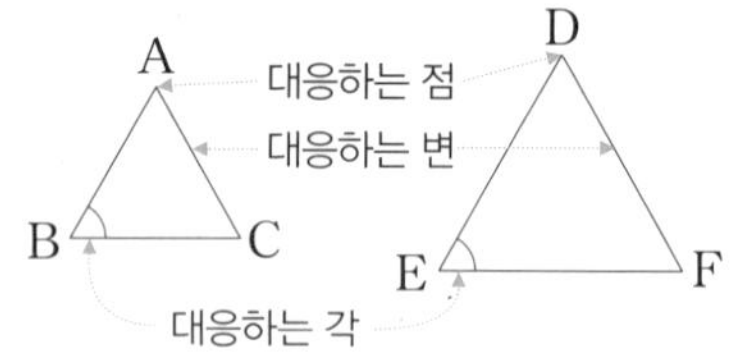

평행한 두 직선이 다른 한 직선과 만날 때 생기는 동위각과 엇각의 크기는 각각 같으므로, 삼각형의 한 변과 평행한 평행선으로 만들어지는 두 개의 삼각형은 서로 닮음이다. 오른쪽 그림에서 $\overline{DE} /\!/ \overline{BC}$이면 $\overline{AD}:\overline{AB}=\overline{AE}:\overline{AC}=\overline{DE}:\overline{BC}$가 된다. 또, $\overline{DE} /\!/ \overline{BC}$일 때 $\overline{AD}:\overline{DB}=\overline{AE}:\overline{EC}$도 성립한다.

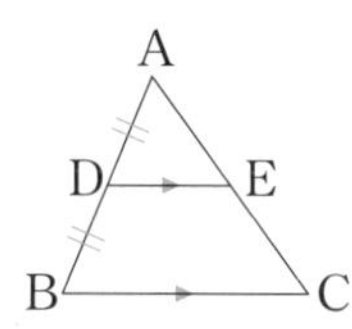

평행한 세 직선과 다른 두 직선이 만날 때는 오른쪽 그림처럼 한 직선을 평행이동시켜도 길이의 비는 변함이 없다. 위에서 살펴본 삼각형과 평행선 사이의 관계에서 $l /\!/ m /\!/ n$이면 $a:b=c:d$가 성립한다.

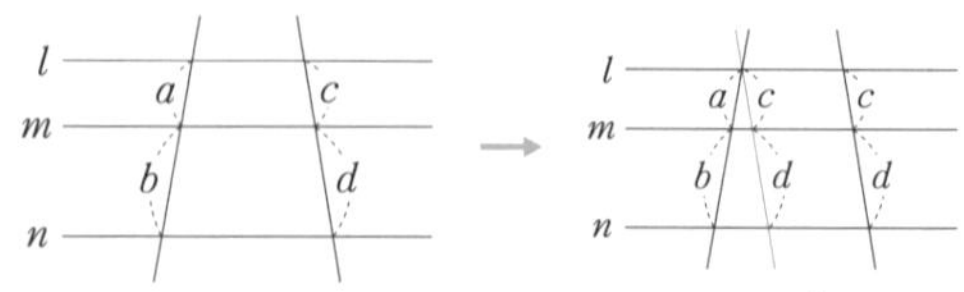

WHY? 우리 주변의 그림, 사진, 복사기 등에서 여러 가지 모양이 확대 또는 축소되어 나타나는 것을 볼 수 있다. 이것은 결국 모양은 변하지 않고 크기만 변한 것이므로 도형의 닮음을 이용한 것이다. 닮음비를 이용하면 실생활과 관련된 여러 가지 문제를 해결할 수 있다. 탈레스(Thales : ?B.C.640~?B.C.546)는 닮음을 이용하여 피라미드의 높이를 재었는데 자기 그림자의 길이가 자신의 키와 같아지는 순간에 피라미드 그림자의 길이를 재어 그 높이를 알아냈다고 한다.

핵심 245 닮은 도형

닮음 : 한 도형을 일정한 비율로 확대하거나 축소한 도형이 다른 도형과 합동이 될 때, 이 두 도형은 서로 닮음 관계에 있다 또는 서로 닮은 도형이라고 한다.

닮음 기호 : △ABC와 △DEF가 서로 닮은 도형일 때, 기호 ∽를 사용하여 △ABC ∽ △DEF와 같이 나타낸다.

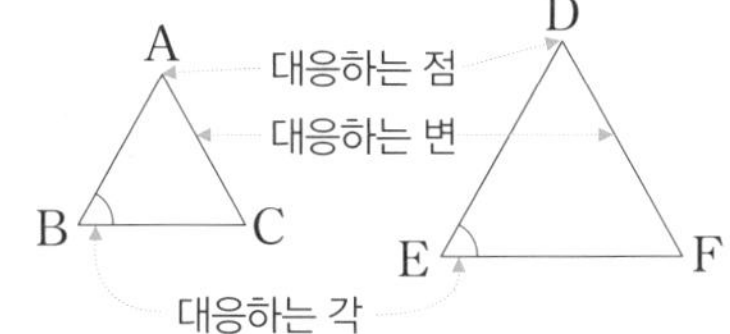

주의 두 도형의 꼭짓점은 대응하는 순서대로 쓴다.

참고 기호 ∽는 닮음을 의미하는 라틴어 Similis(영어의 Similar)의 첫 글자 S를 옆으로 뉘어서 쓴 것이다.

※ 아래 그림에서 □ABCD ∽ □EFGH일 때, 다음을 구하라.

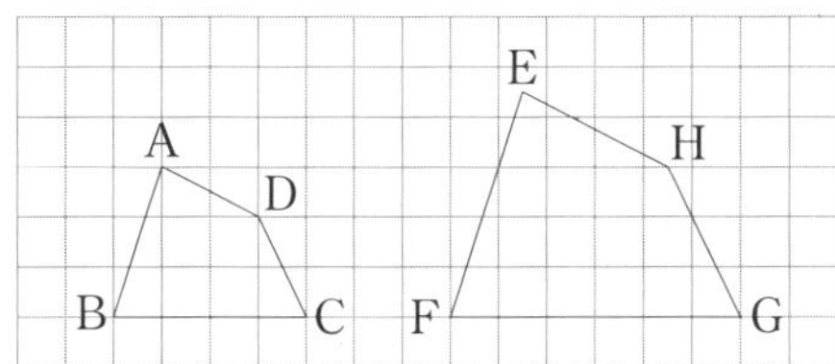

1. 점 A에 대응하는 점
2. ∠D에 대응하는 각
3. $\overline{BC}$에 대응하는 변

※ 아래 그림에서 두 사각뿔은 서로 닮은 도형이다. $\overline{AB}$와 $\overline{FG}$가 대응하는 모서리일 때, 다음을 구하라.

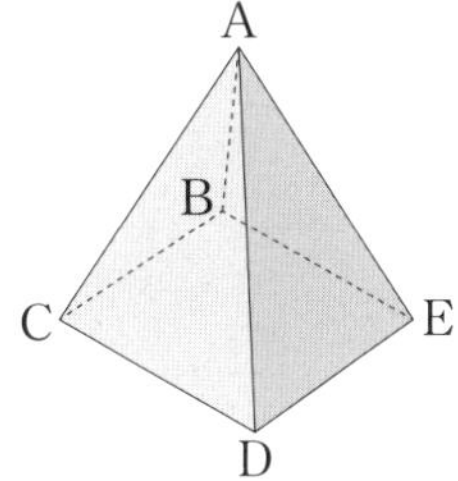

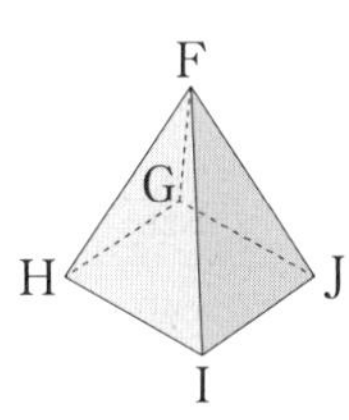

4. 점 C에 대응하는 점
5. 모서리 CD에 대응하는 모서리
6. 면 ADE에 대응하는 면

핵심 246 닮음의 성질

평면도형에서 닮음의 성질

두 닮은 평면도형에서

- 대응하는 변의 길이의 비는 일정하다.
- 대응하는 각의 크기는 서로 같다.

입체도형에서 닮음의 성질

두 닮은 입체도형에서

- 대응하는 모서리의 길이의 비는 일정하다.
- 대응하는 면은 서로 닮은 도형이다.

※ 아래 그림에서 △ABC ∽ △DEF일 때, 다음을 구하라.

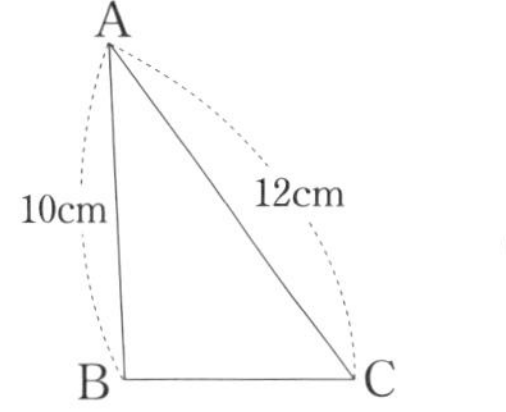

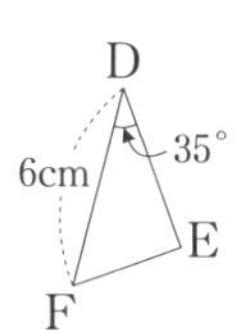

1. ∠A의 크기
2. △ABC와 △DEF의 닮음비
3. $\overline{DE}$의 길이

※ 아래 그림에서 두 삼각기둥은 서로 닮은 도형이고 △ABC와 △GHI가 서로 대응하는 면일 때, 다음을 구하라.

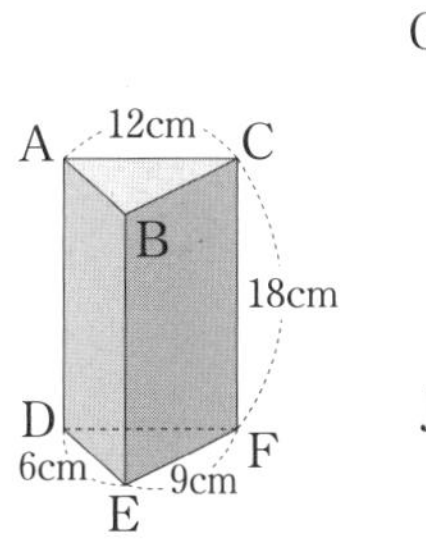

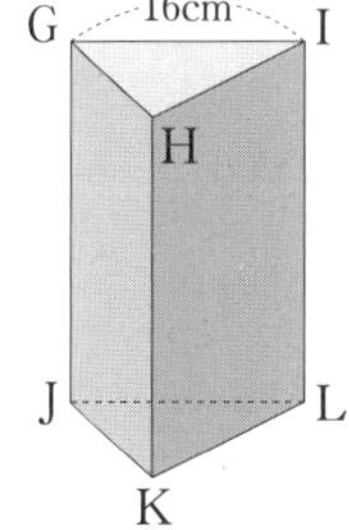

4. 두 삼각기둥의 닮음비
5. $\overline{IL}$의 길이
6. $\overline{JK}$의 길이
7. $\overline{KL}$의 길이

핵심

247 삼각형의 닮음 조건

두 삼각형은 다음 중 어느 한 조건을 만족하면 서로 닮은 도형이다.

SSS 닮음 : 대응하는 세 쌍의 변의 길이의 비가 같다.
$a : a' = b : b' = c : c'$

SAS 닮음 : 대응하는 두 쌍의 변의 길이의 비가 같고, 그 끼인 각의 크기가 같다.
$a : a' = c : c'$, $\angle B = \angle B'$

AA 닮음 : 대응하는 두 쌍의 각의 크기가 같다.
$\angle B = \angle B'$, $\angle C = \angle C'$

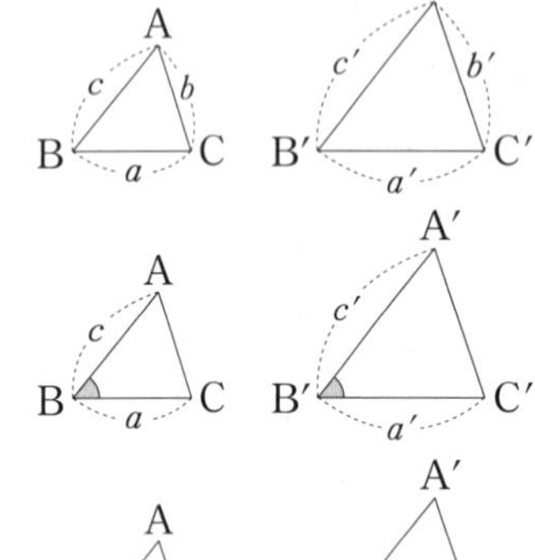

※ 다음 두 삼각형이 닮음일 때, 닮음 조건을 말하여라.

1.

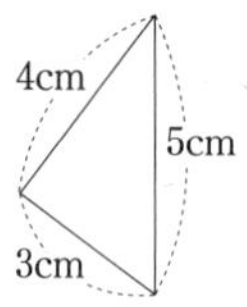

6cm
8cm
10cm

2.

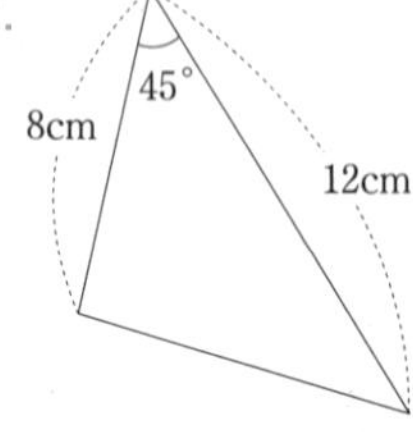

6cm
45°
4cm

3.

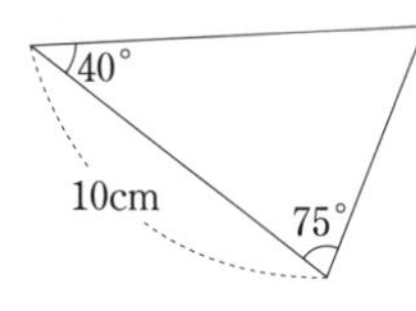

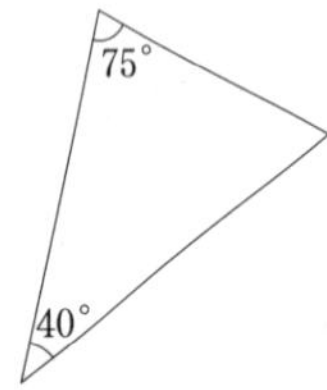

※ 다음에서 닮음인 삼각형을 찾아 기호로 나타내고, 닮음 조건을 말하여라.

4.

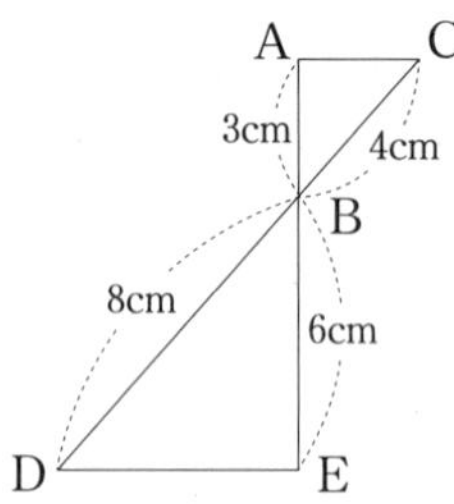

5.

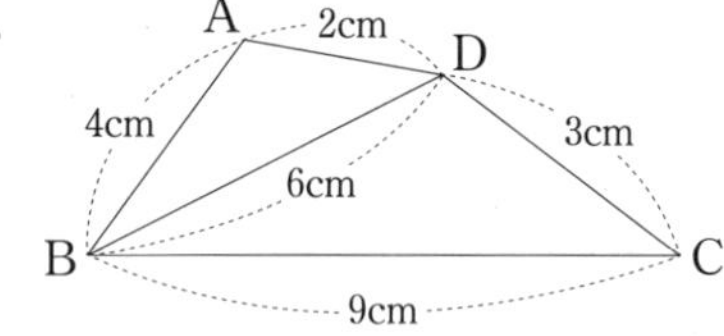

6.

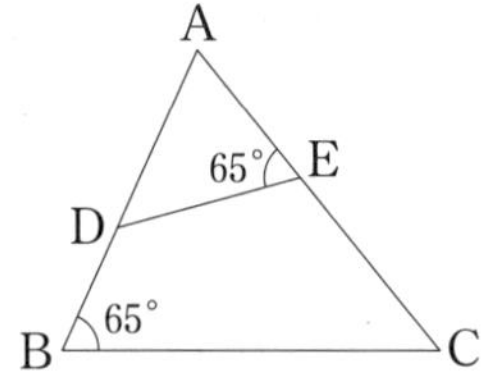

※ 다음 그림에서 x의 값을 구하라.

7.

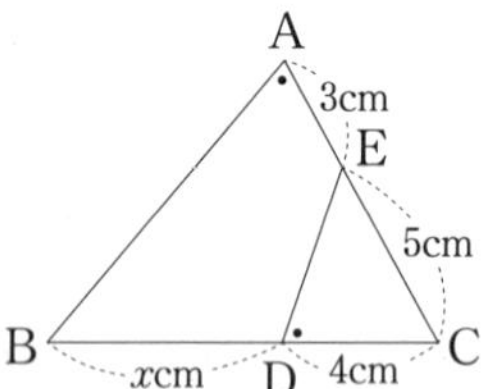

닮음인 도형을 찾을 때에는 우선 공통인 각을 생각한다. ∠C가 공통이고 ∠CDE=∠CAB이므로 △CDE ∽ △CAB(AA 닮음)

8.

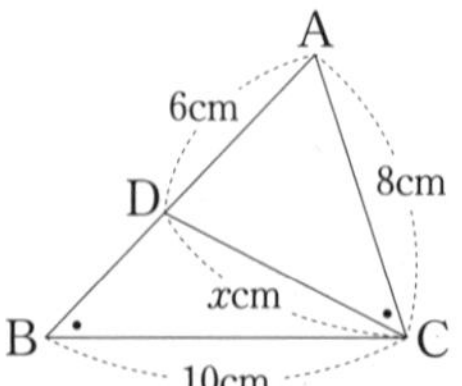

9.

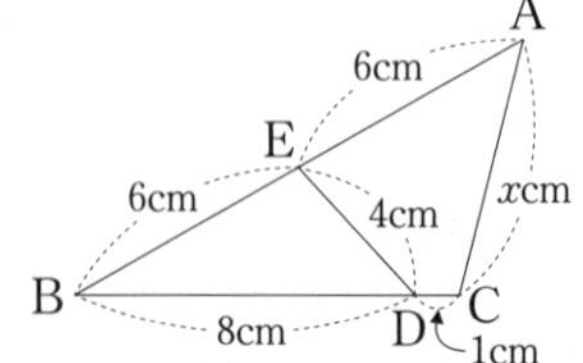

핵심

248 직각삼각형의 닮음

$\angle A = 90^\circ$인 직각삼각형 ABC에서 $\overline{AH} \perp \overline{BC}$일 때

직각삼각형의 닮음 관계

$\triangle ABC \backsim \triangle HBA \backsim \triangle HAC$

(AA 닮음)

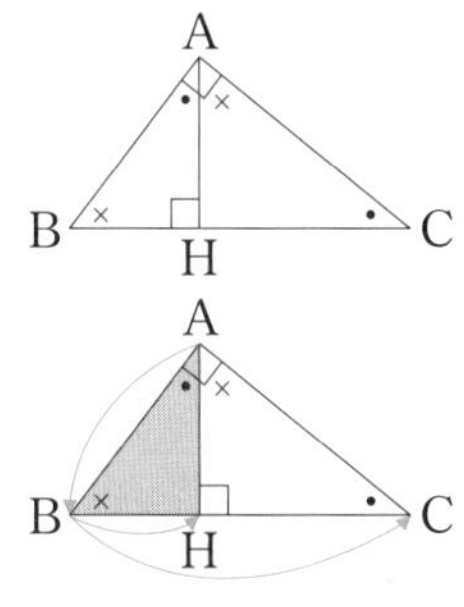

직각삼각형의 닮음 활용

- $\overline{AB}^2 = \overline{BH} \times \overline{BC}$
  ← $\triangle ABC \backsim \triangle HBA$이므로
  $\overline{AB} : \overline{HB} = \overline{BC} : \overline{BA}$

- $\overline{AC}^2 = \overline{CH} \times \overline{CB}$
  ← $\triangle ABC \backsim \triangle HAC$이므로
  $\overline{AC} : \overline{HC} = \overline{BC} : \overline{AC}$

- $\overline{AH}^2 = \overline{HB} \times \overline{HC}$
  ← $\triangle HBA \backsim \triangle HAC$이므로
  $\overline{AH} : \overline{CH} = \overline{BH} : \overline{AH}$

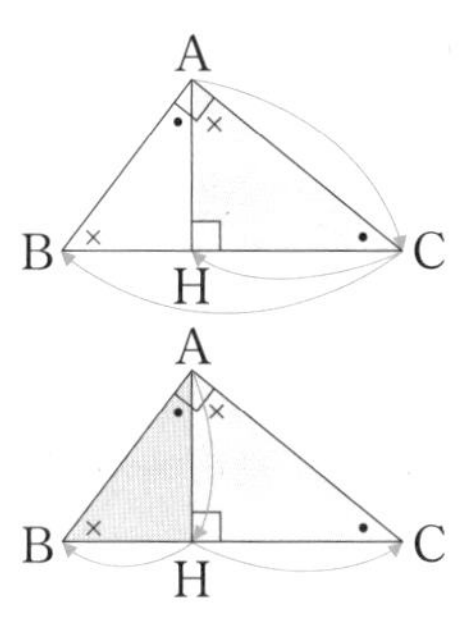

※ 아래 그림을 보고 다음 물음에 답하여라.

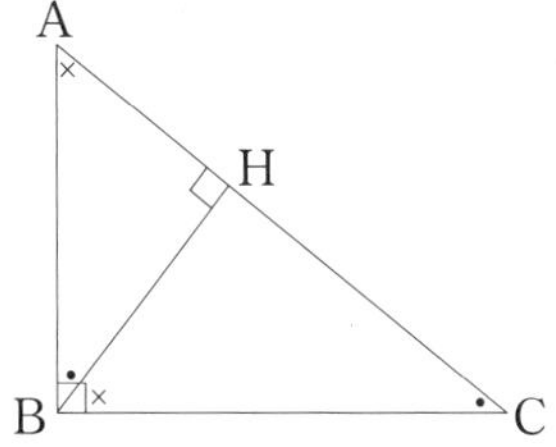

1. $\triangle ABC$와 닮음인 삼각형을 모두 찾아 기호로 나타내어라.

2. 다음 삼각형에서 $\triangle ABC$의 $\overline{AC}$에 대응하는 변을 찾아 써라.

   ① $\triangle AHB$

   ② $\triangle BHC$

3. 다음 삼각형에서 $\triangle AHB$의 $\overline{AH}$에 대응하는 변을 찾아 써라.

   ① $\triangle ABC$

   ② $\triangle BHC$

※ 다음 그림에서 x의 값을 구하라.

4.

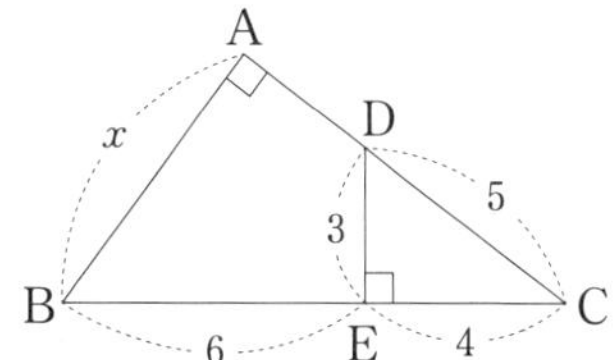

5.

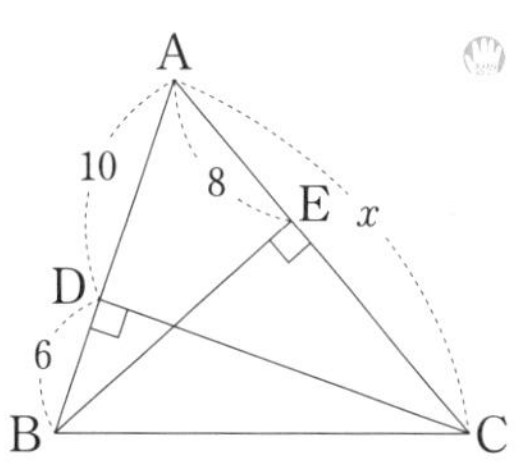

닮음인 도형을 찾을 때에는 우선 공통인 각을 생각한다. $\angle A$가 공통이고 $\angle BEA = \angle CDA$이므로 $\triangle BEA \backsim \triangle CDA$ (AA 닮음)

6.

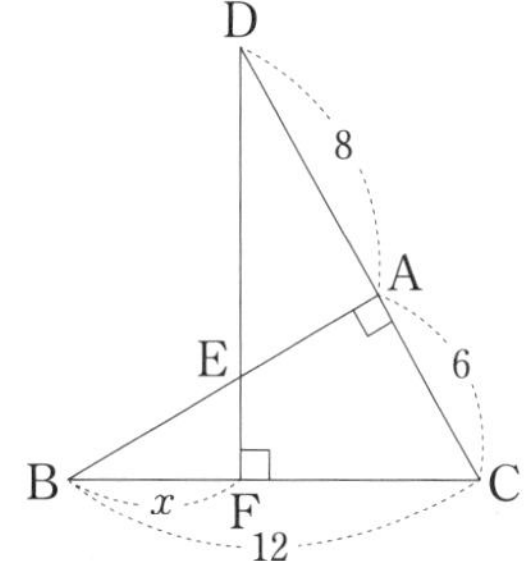

※ 다음 그림에서 x의 값을 구하라.

7.

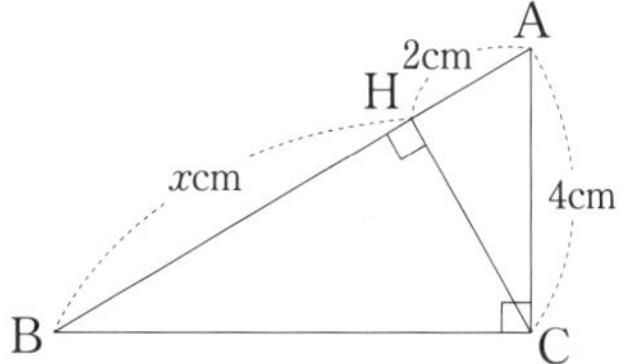

8.

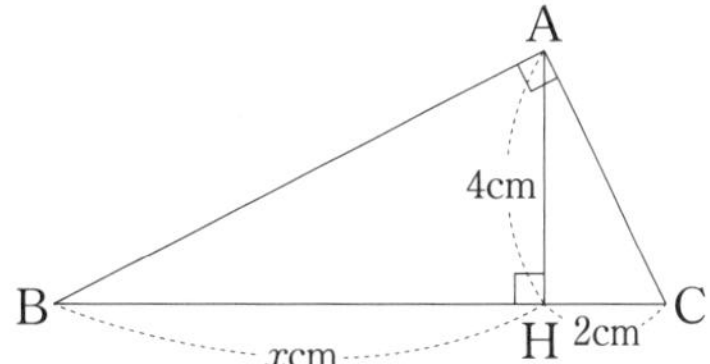

9.

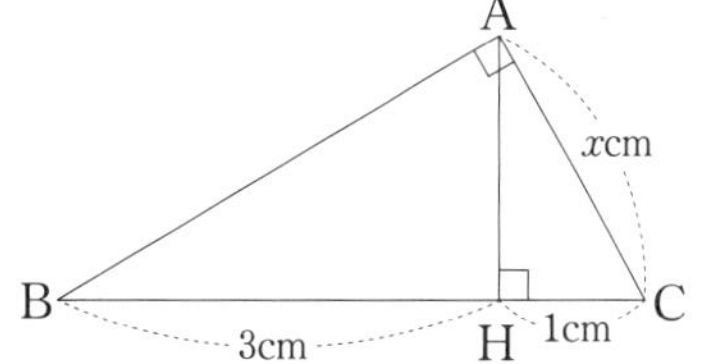

핵심 249 삼각형에서 평행선과 선분의 길이의 비

△ABC에서 점 D, E가 $\overline{AB}$, $\overline{AC}$ 또는 그 연장선 위에 있을 때

삼각형에서 평행선과 선분의 길이의 비 (1)

①

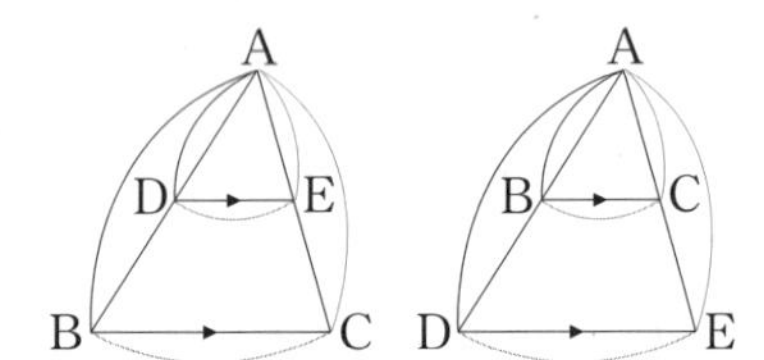

$\overline{BC} /\!/ \overline{DE}$이면 $\overline{AB}:\overline{AD}=\overline{AC}:\overline{AE}=\overline{BC}:\overline{DE}$

②

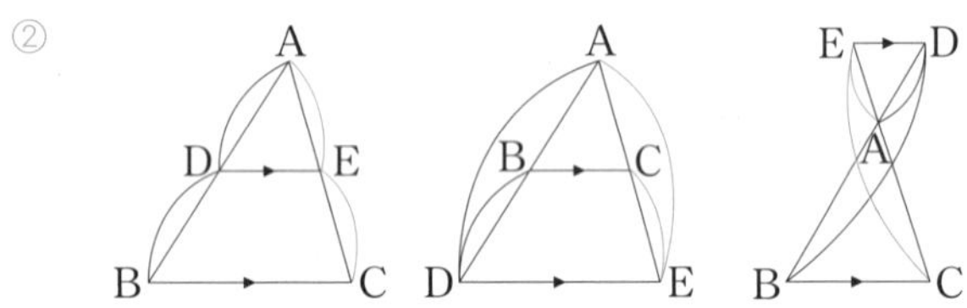

$\overline{BC} /\!/ \overline{DE}$이면 $\overline{AD}:\overline{DB}=\overline{AE}:\overline{EC}$

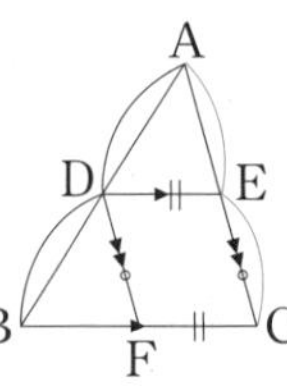

주의 $\overline{AD}:\overline{DB} \neq \overline{DE}:\overline{BC}$임에 주의한다. 오른쪽 그림에서 △ADE ∽ △DBF이기 때문이다.

삼각형에서 평행선과 선분의 길이의 비 (2)

- $\overline{AB}:\overline{AD}=\overline{AC}:\overline{AE}=\overline{BC}:\overline{DE}$이면 $\overline{BC} /\!/ \overline{DE}$
- $\overline{AD}:\overline{DB}=\overline{AE}:\overline{EC}$이면 $\overline{BC} /\!/ \overline{DE}$

※ 다음 그림에서 $\overline{BC} /\!/ \overline{DE}$일 때, x의 값을 구하라.

1.

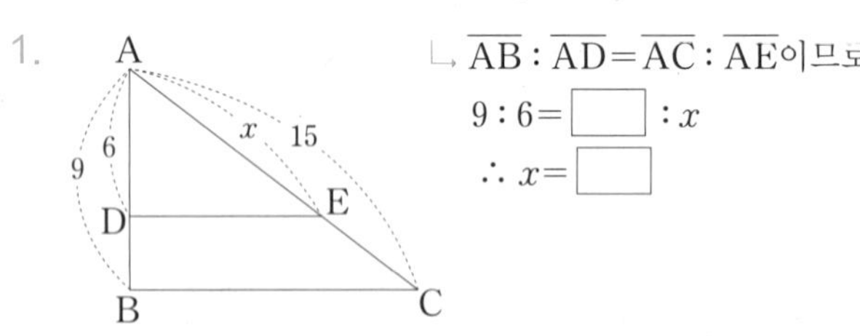

↳ $\overline{AB}:\overline{AD}=\overline{AC}:\overline{AE}$이므로

$9:6=$ ☐ $:x$

$\therefore x=$ ☐

2. 3.

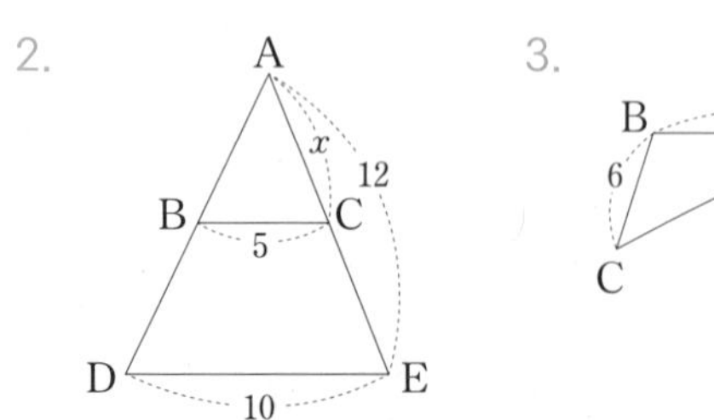

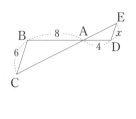

4. 5.

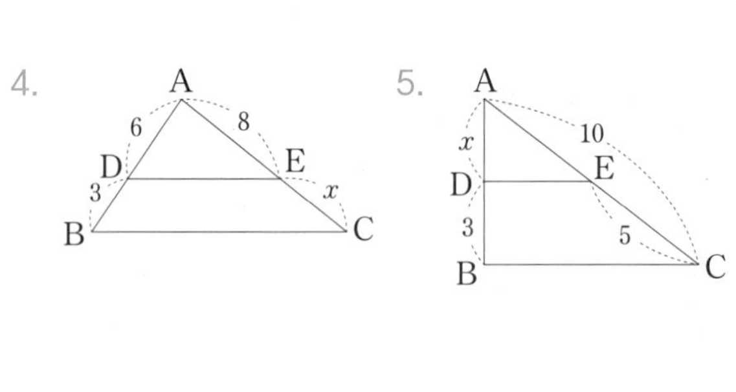

6. 7.

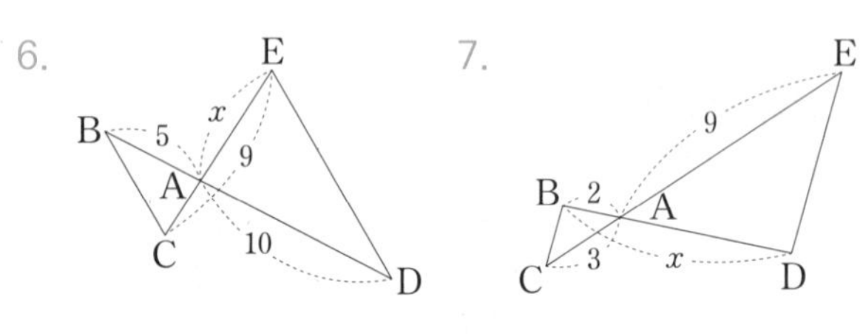

※ 다음 그림에서 $\overline{BC} /\!/ \overline{DE}$인 것은 ○표, 그렇지 않은 것은 ×표 하여라.

8. ( ) 9. ( )

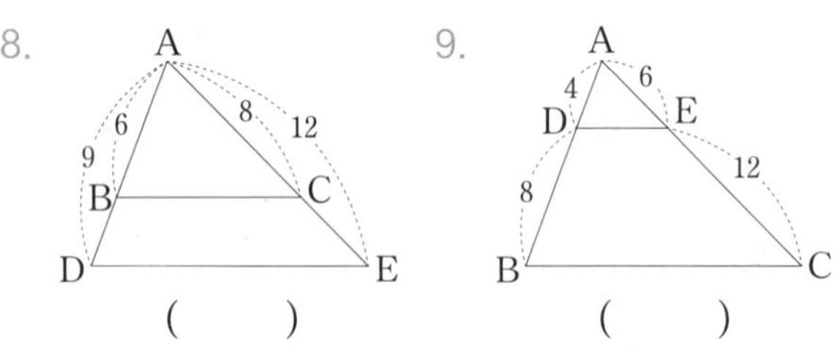

10. ( ) 11. ( )

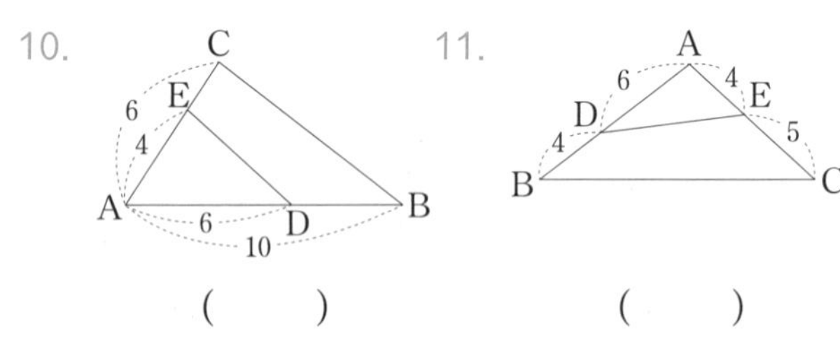

12. ( ) 13. ( )

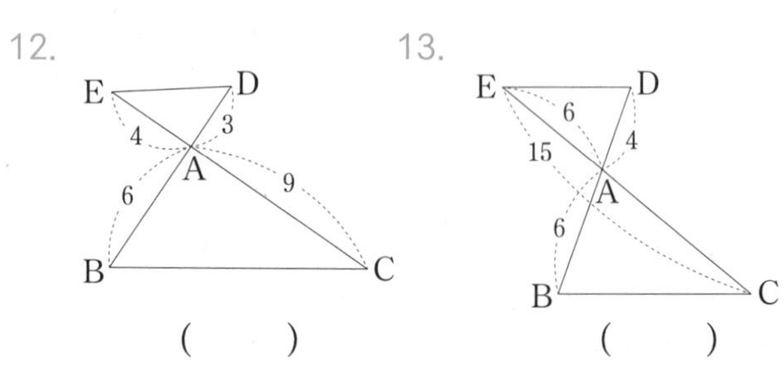

핵심

250 삼각형의 내각의 이등분선의 성질

△ABC에서 ∠A의 이등분선이 $\overline{BC}$와 만나는 점을 D라고 하면

$\overline{AB} : \overline{AC} = \overline{BD} : \overline{CD}$

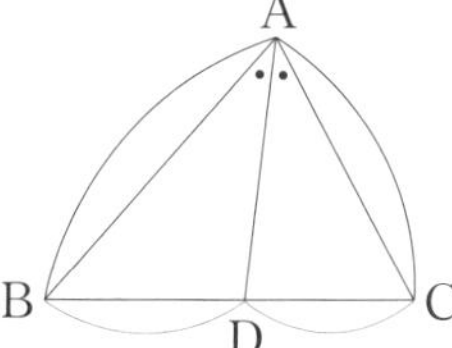

참고 오른쪽 그림과 같이 꼭짓점 C를 지나고 ∠A의 이등분선과 평행인 직선을 그으면 △ACE는 이등변삼각형이므로
$\overline{AC} = \overline{AE}$
$\overline{AB} : \overline{AC} = \overline{BD} : \overline{CD}$

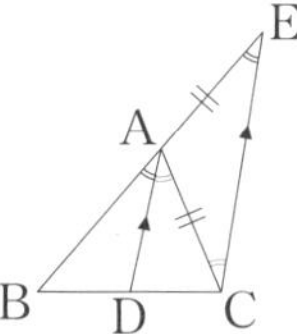

※ 다음 그림과 같은 △ABC에서 $\overline{AD}$가 ∠A의 이등분선일 때, x의 값을 구하라.

1.

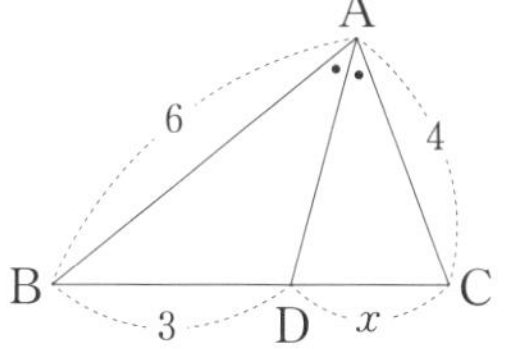

└ $\overline{AB} : \overline{AC} = \overline{BD} : \overline{CD}$ 이므로
$6 : \square = \square : x$
$\therefore x = \square$

2.

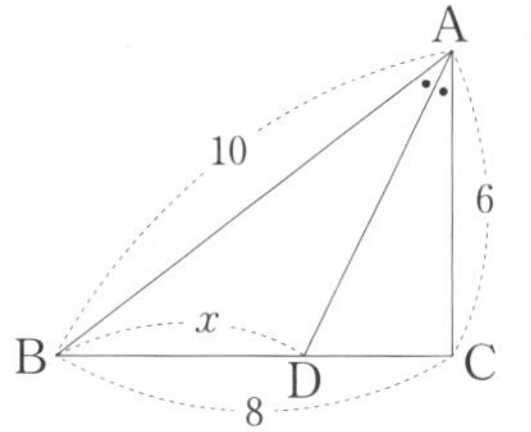

3.

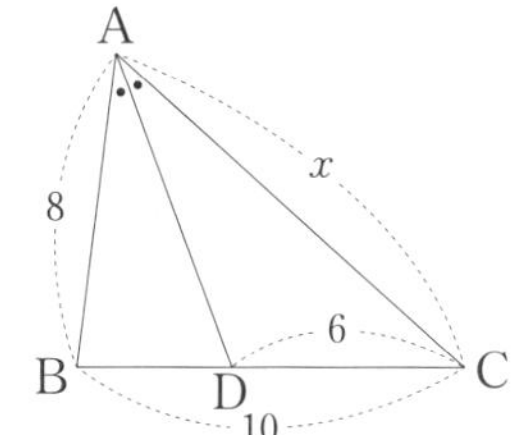

※ 오른쪽 그림과 같은 △ABC에서 $\overline{AD}$가 ∠A의 이등분선일 때, 다음을 구하라.

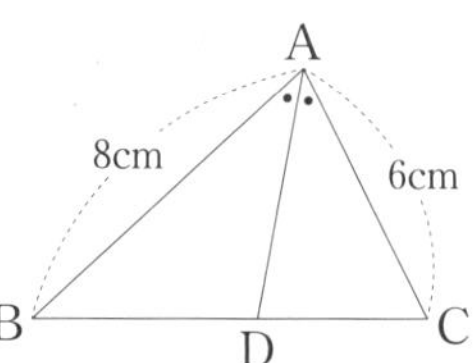

4. $\overline{BD}$와 $\overline{CD}$의 길이의 비

점 D는 ∠A의 이등분선과 $\overline{BC}$와의 교점이므로
$\overline{BD} : \overline{CD} = \overline{AB} : \overline{AC}$

5. △ABD와 △ADC의 넓이의 비

두 삼각형 △ABD, △ADC의 높이가 같으므로
△ABD : △ADC $= \overline{BD} : \overline{CD}$

6. △ABD$=12\text{cm}^2$일 때, △ADC의 넓이

핵심

251 삼각형의 외각의 이등분선의 성질

△ABC에서 ∠A의 외각의 이등분선이 $\overline{BC}$의 연장선과 만나는 점을 D라고 하면

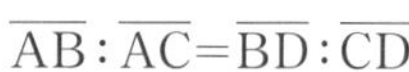

$\overline{AB} : \overline{AC} = \overline{BD} : \overline{CD}$

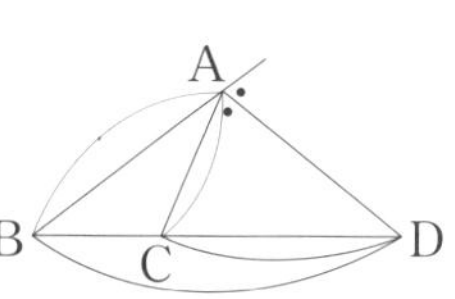

주의 $\overline{AB} : \overline{AC} \neq \overline{BC} : \overline{CD}$

참고 오른쪽 그림과 같이 꼭짓점 C를 지나고 $\overline{AB}$에 평행인 직선을 그으면 △CEA는 이등변삼각형이므로

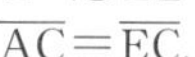

$\overline{AC} = \overline{EC}$,
$\overline{AB} : \overline{AC} = \overline{AB} : \overline{EC} = \overline{BD} : \overline{CD}$

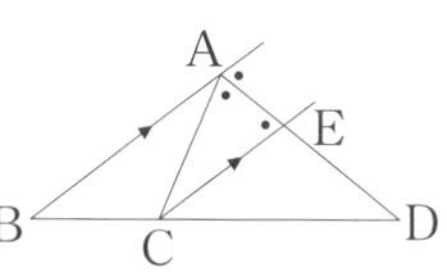

※ 다음 그림과 같은 △ABC에서 $\overline{AD}$가 ∠A의 외각의 이등분선일 때, x의 값을 구하라.

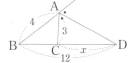

1.

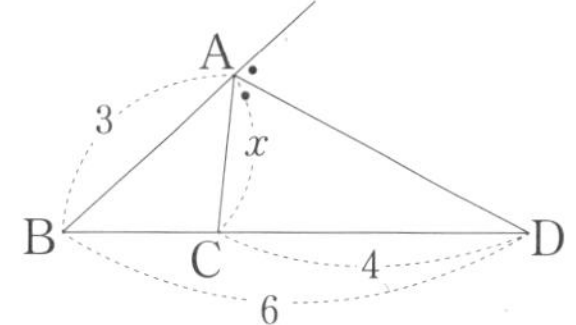

└ $\square : \overline{AC} = \square : \overline{CD}$이므로
$\square : x = \square : 4$
$\therefore x = \square$

2. (A, 4, 3, B, C, x, D, 12)

3.

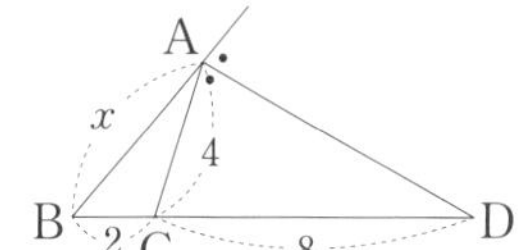

4.

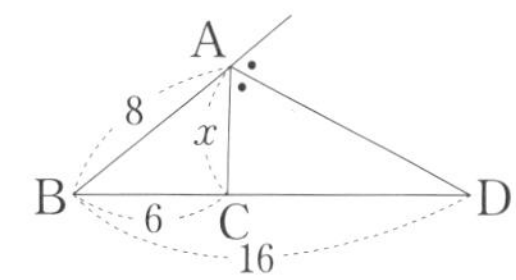

5.

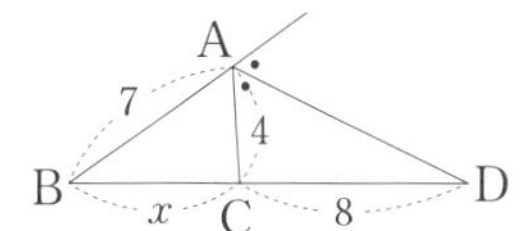

핵심 252 평행선 사이의 선분의 길이의 비

세 평행선이 다른 두 직선과 만날 때, 평행선 사이의 선분의 길이의 비는 같다. 즉 $l /\!/ m /\!/ n$이면 $a:b=c:d$

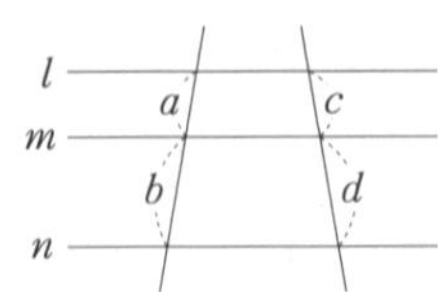
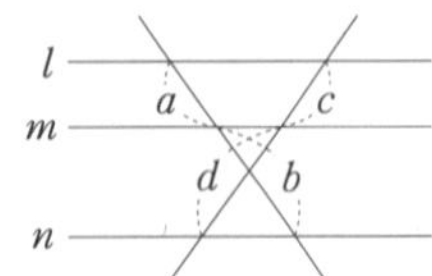

참고

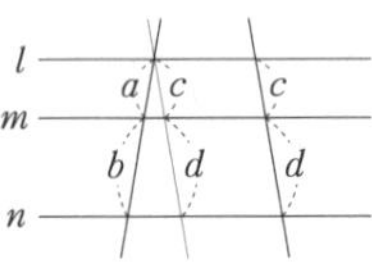
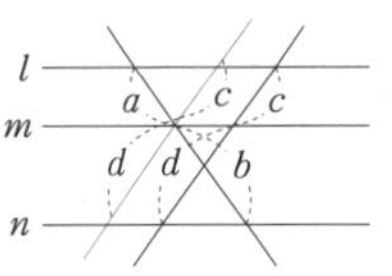

비례식의 성질에서 $a:c=b:d$로 계산하여도 된다.

※ 다음 그림에서 $l /\!/ m /\!/ n$일 때, x의 값을 구하라.

1.

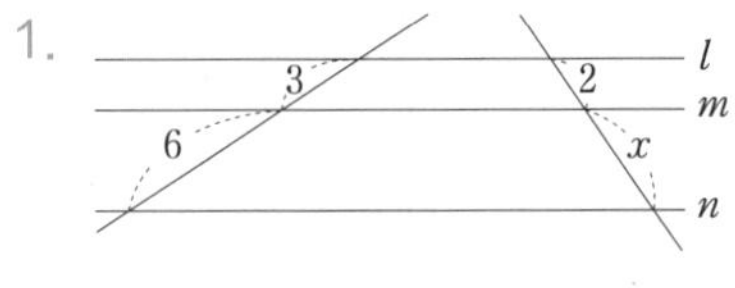

↳ $3:\square=\square:x$ $\therefore x=\square$

2.

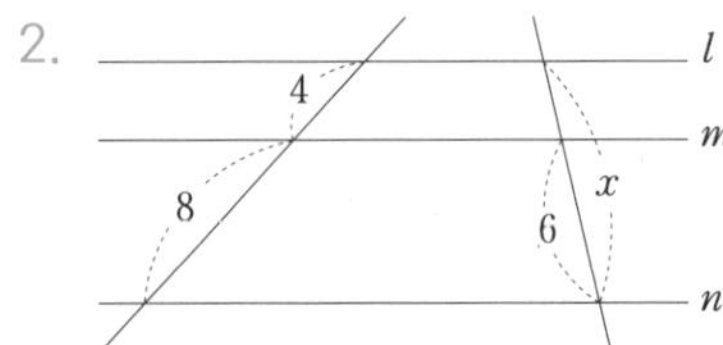

3.

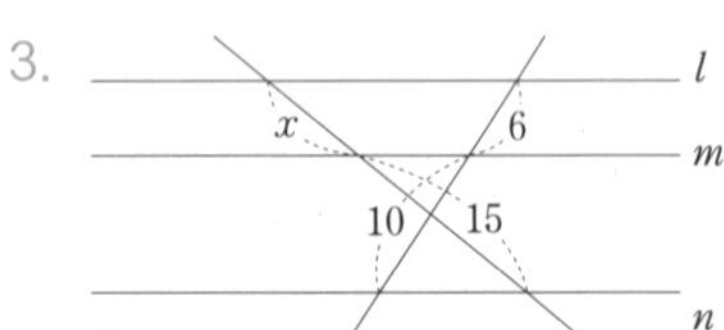

4.

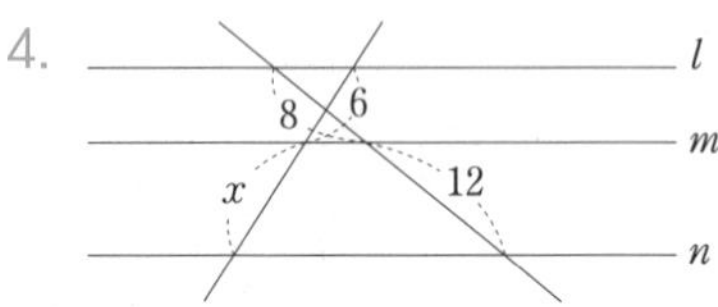

핵심 253 사다리꼴에서 평행선과 선분의 길이의 비

$\overline{AD} /\!/ \overline{BC}$인 사다리꼴 ABCD에서 $\overline{EF} /\!/ \overline{BC}$일 때,

$$\overline{EF}=\frac{mb+na}{m+n}$$

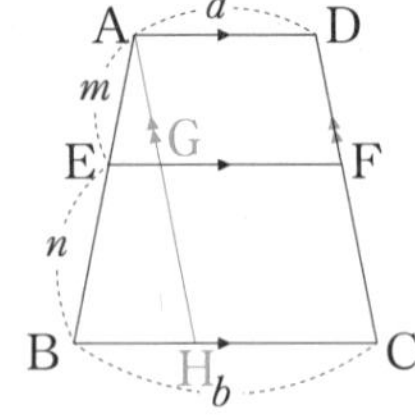

평행선을 그어 구하는 방법

① $\overline{GF}=\overline{AD}=\overline{HC}=a$

② $\triangle ABH$에서
$\overline{EG}:\overline{BH}=m:(m+n)$

③ $\overline{EF}=\overline{EG}+\overline{GF}$

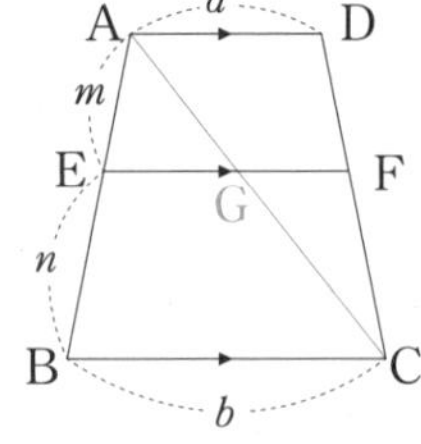

대각선을 그어 구하는 방법

① $\triangle ABC$에서
$\overline{EG}:\overline{BC}=m:(m+n)$

② $\triangle ACD$에서
$\overline{GF}:\overline{AD}=n:(m+n)$

③ $\overline{EF}=\overline{EG}+\overline{GF}$

※ 오른쪽 그림의 사다리꼴 ABCD에서 $\overline{AD} /\!/ \overline{EF} /\!/ \overline{BC}$, $\overline{AH} /\!/ \overline{DC}$일 때, $\overline{EF}$의 길이를 구하려고 한다. □ 안에 알맞은 수를 써넣어라.

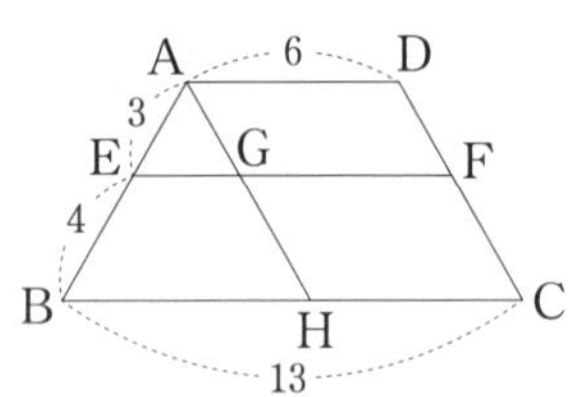

1. $\overline{HC}=\overline{GF}=\overline{AD}=\square$

2. $\overline{BH}=\overline{BC}-\overline{HC}=13-\square=\square$

3. $\overline{EG}:\overline{BH}=\overline{AE}:\overline{AB}$이므로
$\overline{EG}:\square=3:(3+\square)$ $\therefore \overline{EG}=\square$

4. $\overline{EF}=\overline{EG}+\overline{GF}=\square$

※ 다음 그림의 사다리꼴 ABCD에서 $\overline{AD}/\!/\overline{EF}/\!/\overline{BC}$일 때, $\overline{EF}$의 길이를 구하라.

5.

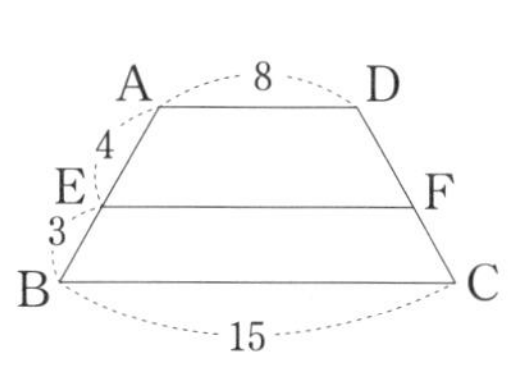

6.

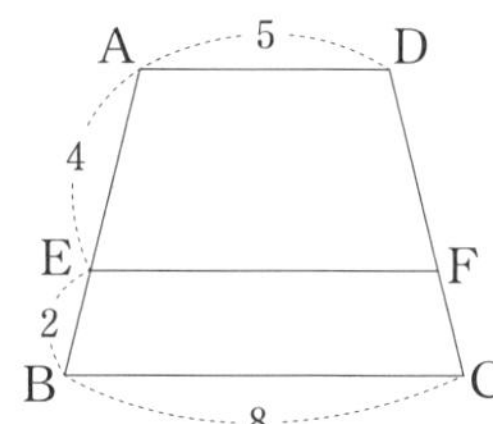

※ 오른쪽 그림의 사다리꼴 ABCD에서 $\overline{AD}/\!/\overline{EF}/\!/\overline{BC}$일 때, $\overline{EF}$의 길이를 구하려고 한다. □ 안에 알맞은 수를 써넣어라.

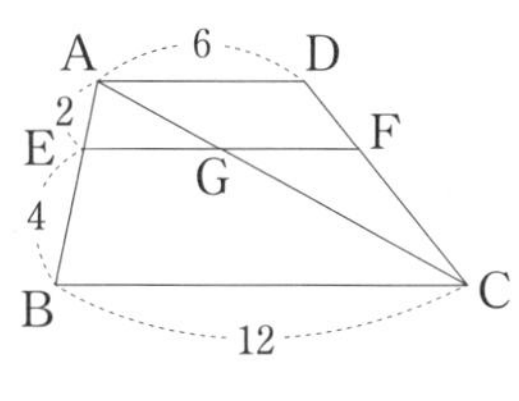

7. △ABC에서 $\overline{EG}:\overline{BC}=\overline{AE}:\overline{AB}$이므로

$\overline{EG}:12=2:(2+\square)$ ∴ $\overline{EG}=\square$

8. △CDA에서 $\overline{GF}:\overline{AD}=\overline{BE}:\overline{BA}$이므로

$\overline{GF}:6=4:(4+\square)$ ∴ $\overline{GF}=\square$

9. $\overline{EF}=\overline{EG}+\overline{GF}=\square$

※ 다음 그림의 사다리꼴 ABCD에서 $\overline{AD}/\!/\overline{EF}/\!/\overline{BC}$일 때, $\overline{EF}$의 길이를 구하라.

10.

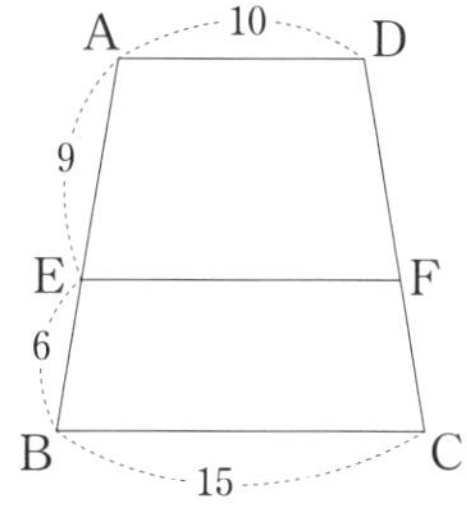

11.

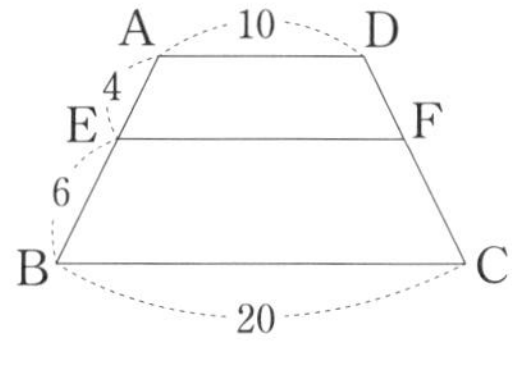

핵심

254 평행선 사이의 선분의 길이 비의 응용

$\overline{AC}$와 $\overline{BD}$의 교점이 E이고

$\overline{AB}/\!/\overline{EF}/\!/\overline{DC}$일 때

$$\begin{aligned}\overline{BF}:\overline{FC}&=\overline{BE}:\overline{ED}\\&=\overline{AE}:\overline{EC}\\&=\overline{AB}:\overline{DC}\\&=a:b\end{aligned}$$

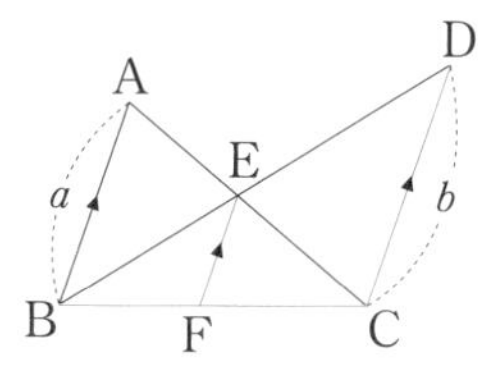

△BCD에서 $\overline{EF}:\overline{CD}=\overline{BE}:\overline{BD}=\overline{BE}:(\overline{BE}+\overline{ED})$

즉 $\overline{EF}:b=a:(a+b)$이므로

$$\overline{EF}=\frac{ab}{a+b}$$

※ 오른쪽 그림에서 $\overline{AB}/\!/\overline{EF}/\!/\overline{DC}$일 때, 다음을 구하라.

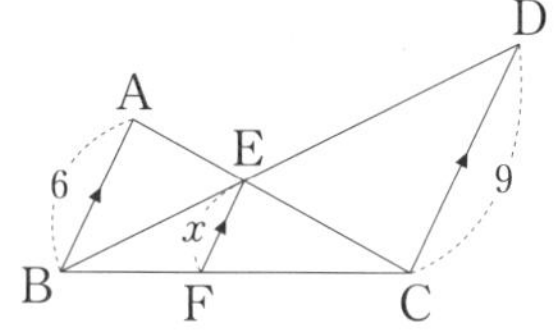

1. $\overline{BE}:\overline{ED}$

└ $\overline{AB}/\!/\overline{DC}$이므로 $\overline{BE}:\overline{ED}=\overline{AB}:\overline{DC}=6:\square$

2. $\overline{EF}:\overline{CD}$

└ $\overline{EF}:\overline{CD}=\overline{BE}:\square=6:(6+\square)$

3. $\overline{EF}$의 길이

└ $\overline{EF}=\dfrac{6\times9}{6+\square}=\dfrac{54}{\square}=\square$

※ 다음 그림에서 $\overline{AB}/\!/\overline{EF}/\!/\overline{DC}$일 때, $\overline{EF}$의 길이를 구하라.

4.

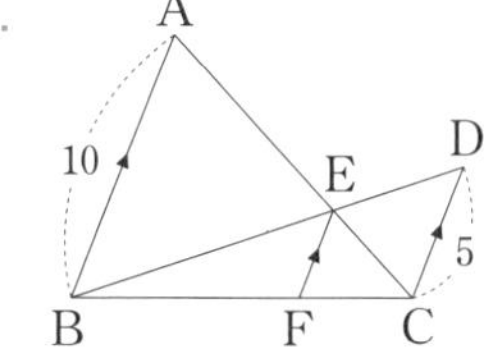

5.

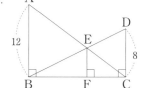

A
D
E
12
8
B
F
C

핵심 255 삼각형의 두 변의 중점을 연결한 선분의 성질

- 삼각형의 두 변의 중점을 연결한 선분은 나머지 한 변과 평행하고, 그 길이는 나머지 한 변의 길이의 $\frac{1}{2}$이다.

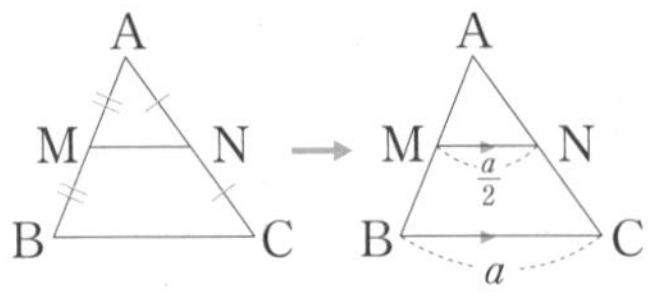

즉 $\overline{AM}=\overline{MB}$, $\overline{AN}=\overline{NC}$이면

$\overline{MN}/\!/\overline{BC}$, $\overline{MN}=\frac{1}{2}\overline{BC}$

- 삼각형의 한 변의 중점을 지나 다른 한 변에 평행한 직선은 나머지 한 변의 중점을 지난다.

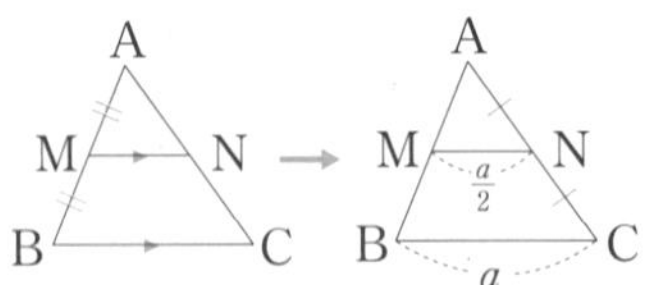

즉 $\overline{AM}=\overline{MB}$, $\overline{MN}/\!/\overline{BC}$이면

$\overline{AN}=\overline{NC}$, $\overline{MN}=\frac{1}{2}\overline{BC}$

※ 다음 그림의 △ABC에서 점 M이 $\overline{AB}$의 중점이고 $\overline{MN}/\!/\overline{BC}$일 때 x, y의 값을 각각 구하라.

1.

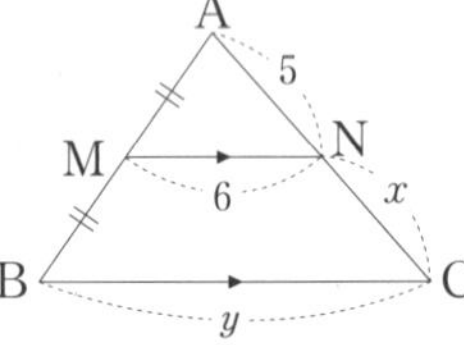

2.

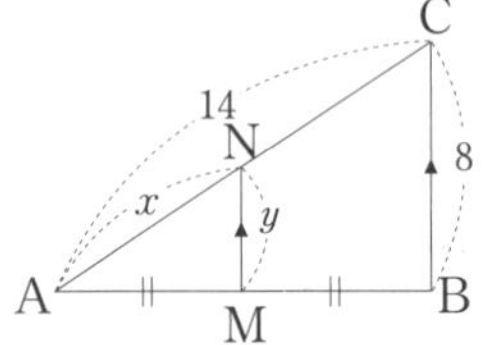

※ 아래 그림에서 다음을 구하라.

3. ① $\overline{DG}$의 길이

└→ △ADG에서

$\overline{DG}=2\overline{EF}=$ ☐

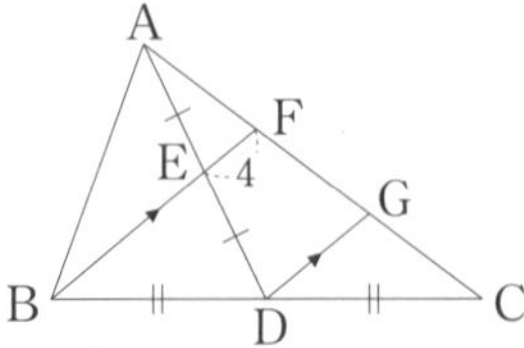

② $\overline{BF}$의 길이

└→ △CBF에서 $\overline{BF}=2\overline{DG}=$ ☐

③ $\overline{BE}$의 길이

4. ① $\overline{GF}$의 길이

② $\overline{BF}$의 길이

③ $\overline{BG}$의 길이

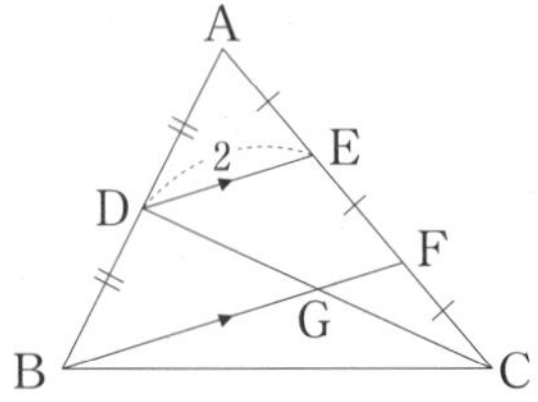

핵심 256 사다리꼴의 중점을 연결한 선분의 성질

사다리꼴 ABCD에서 $\overline{AD}/\!/\overline{BC}$이고 $\overline{AB}$, $\overline{DC}$의 중점을 각각 M, N이라고 하면

- $\overline{AD}/\!/\overline{MN}/\!/\overline{BC}$
- $\overline{MN}=\overline{MQ}+\overline{QN}$

$=\frac{1}{2}(\overline{BC}+\overline{AD})$

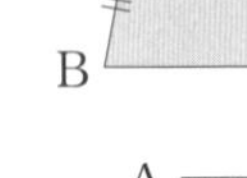

- $\overline{PQ}=\overline{MQ}-\overline{MP}$

$=\frac{1}{2}(\overline{BC}-\overline{AD})$

(단, $\overline{BC}>\overline{AD}$)

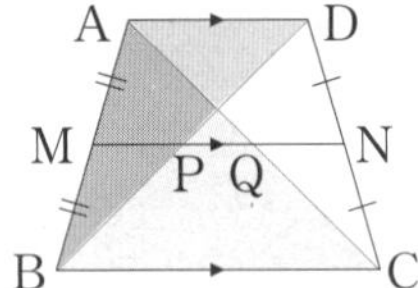

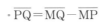

※ 다음 그림과 같이 $\overline{AD}/\!/\overline{BC}$인 사다리꼴 ABCD에서 $\overline{AM}=\overline{MB}$, $\overline{DN}=\overline{NC}$일 때, x의 값을 구하라.

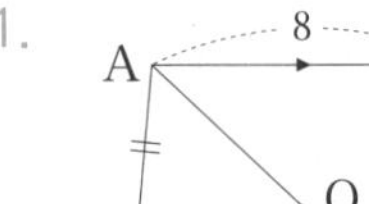

1.

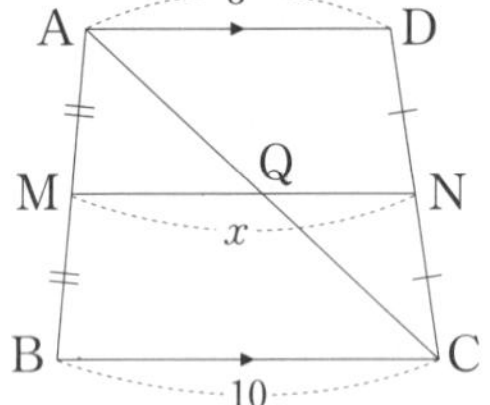

2.

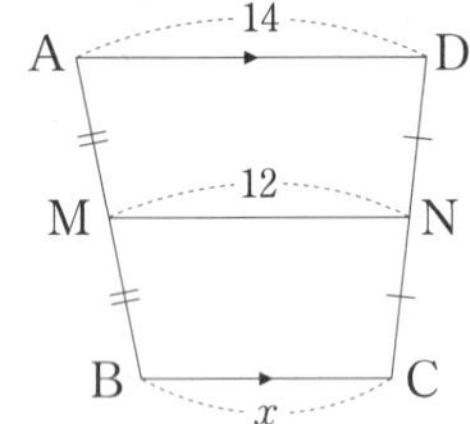

※ 다음 그림과 같이 $\overline{AD}/\!/\overline{BC}$인 사다리꼴 ABCD에서 점 M, N이 $\overline{AB}$, $\overline{DC}$의 중점일 때, x의 값을 구하라.

3.

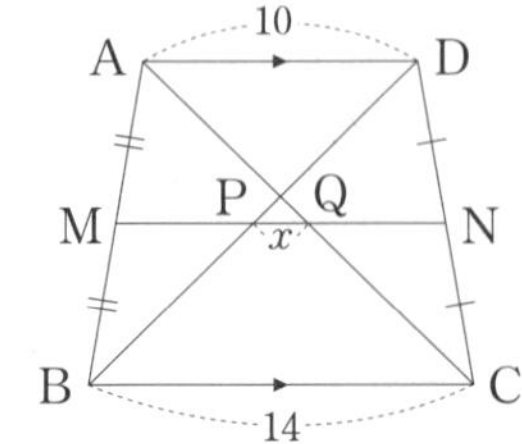

4.

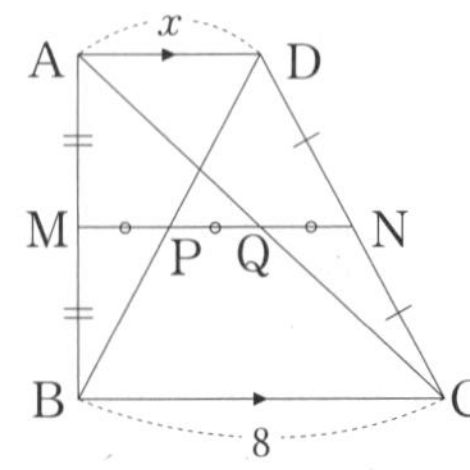

힌트 △ABC에서 $\overline{MQ}=\frac{1}{2}\overline{BC}$

△ABD에서 $\overline{AD}=2\overline{MP}=\overline{MQ}$

핵심
257 삼각형의 중선과 무게중심

중선 : 삼각형의 한 꼭짓점과 그 대변의 중점을 이은 선분

삼각형의 무게중심 : 삼각형의 세 중선은 한 점에서 만나고, 이 교점을 무게중심이라고 한다.

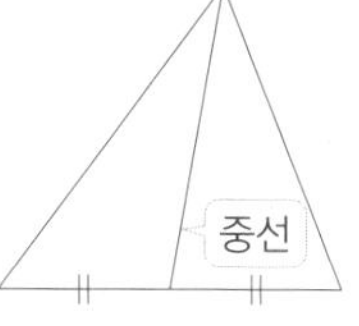

무게중심의 성질 : 삼각형의 무게중심은 세 중선의 길이를 각 꼭짓점으로부터 2 : 1로 나눈다. 즉
△ABC의 무게중심이 G일 때,
$\overline{AG}:\overline{GD}=\overline{BG}:\overline{GE}$
$=\overline{CG}:\overline{GF}=2:1$

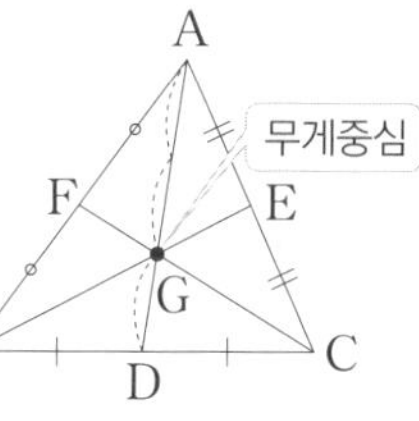

※ 다음 그림에서 점 G가 △ABC의 무게중심일 때, x, y의 값을 각각 구하라.

1.

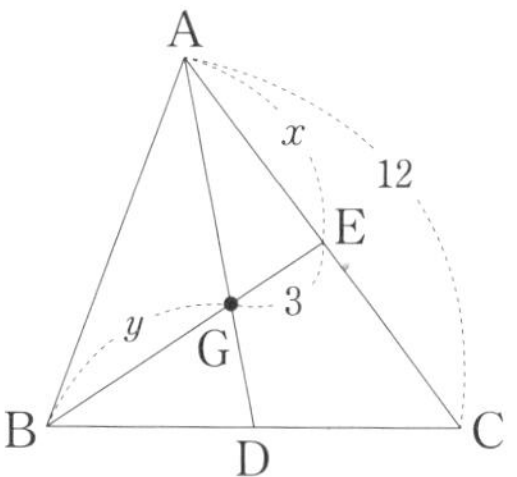

2.

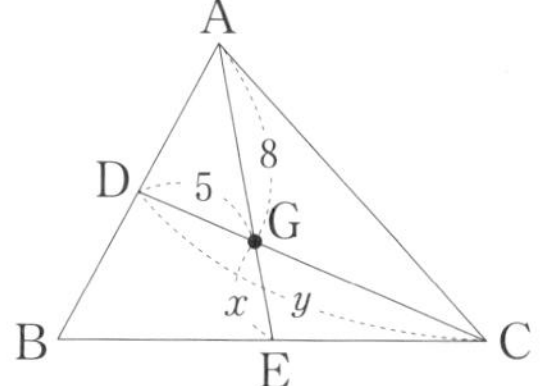

3.

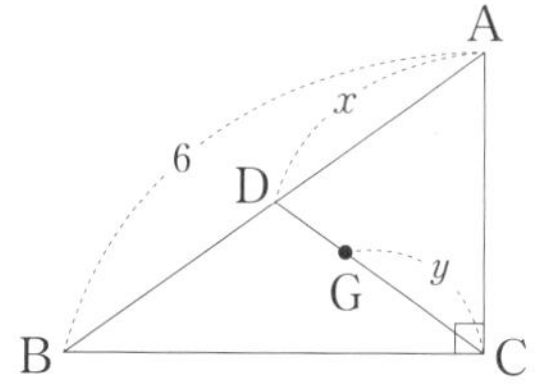

직각삼각형의 빗변의 중점은 외심이므로 $\overline{AD}=\overline{BD}=\overline{DC}$

※ 다음 그림에서 점 G는 △ABC의 무게중심이고 점 G′은 △GBC의 무게중심일 때, x의 값을 구하라.

4.

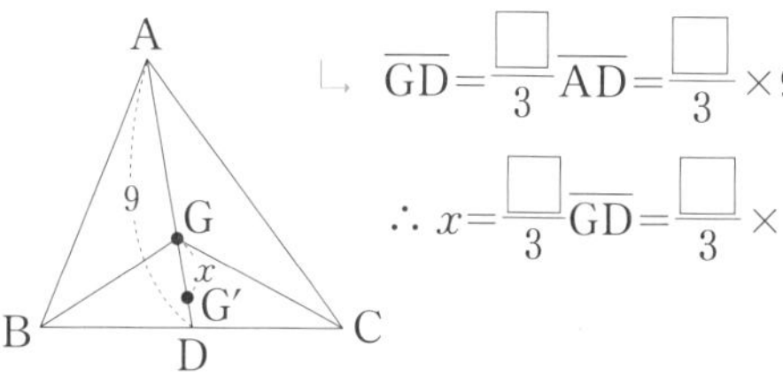

↳ $\overline{GD}=\frac{\square}{3}\overline{AD}=\frac{\square}{3}\times9=\square$

$\therefore x=\frac{\square}{3}\overline{GD}=\frac{\square}{3}\times\square=\square$

5.

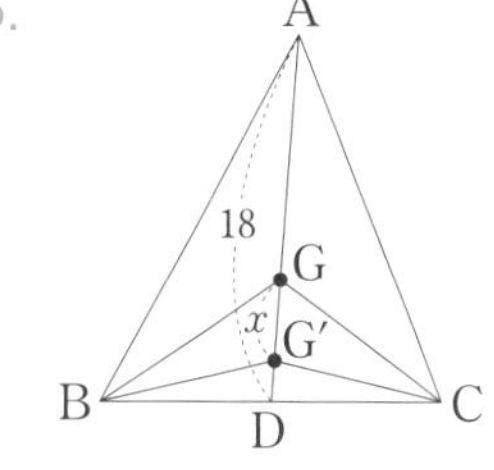

6.

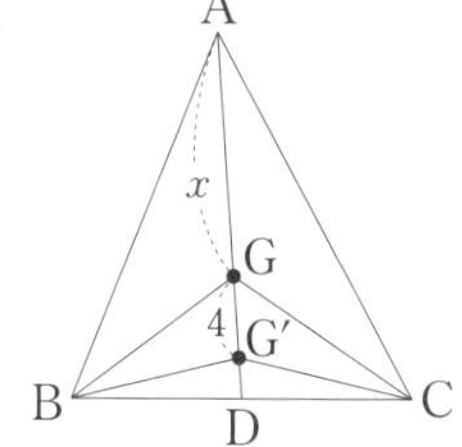

※ 다음 그림에서 점 G가 △ABC의 무게중심일 때, x의 값을 구하라.

7.

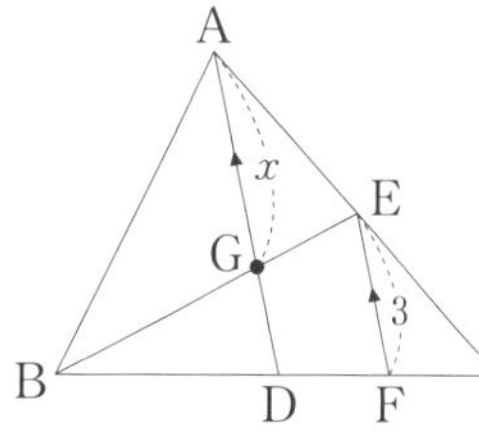

↳ 우선 중선의 길이를 구한 다음 x의 길이를 구한다.
△ADC에서 E, F는 $\overline{AC}$, $\overline{DC}$의 중점이므로 핵심 255 참조
$\overline{AD}=2\times\square=\square$
$\therefore x=\frac{2}{3}\overline{AD}=\square$

8.

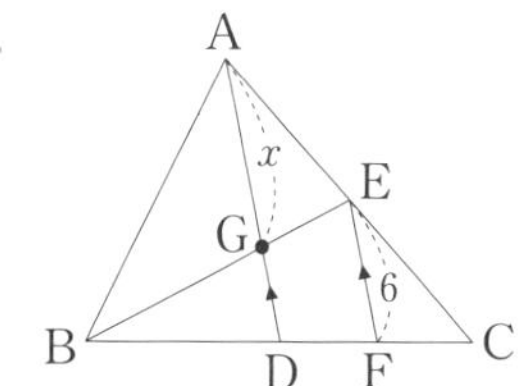

9.

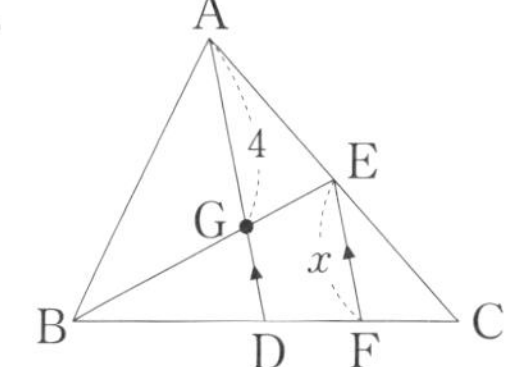

핵심 258 삼각형의 무게중심과 넓이

삼각형의 중선과 넓이 : 삼각형의 중선은 그 삼각형의 넓이를 이등분한다.

삼각형의 무게중심과 넓이 : 삼각형의 세 중선에 의하여 나누어지는 6개의 삼각형의 넓이는 모두 같다.

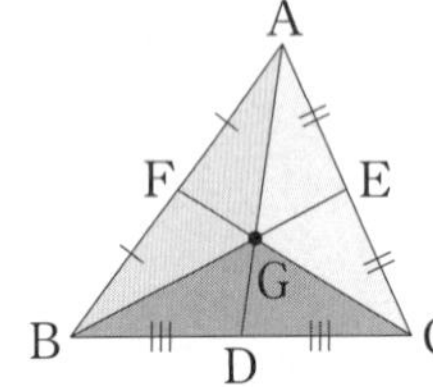

※ 그림에서 점 G는 △ABC의 무게중심이고 △ABC의 넓이가 24cm²일 때, 색칠한 부분의 넓이를 구하라.

1.

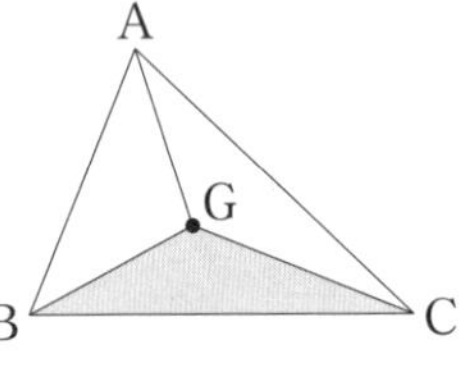

2.

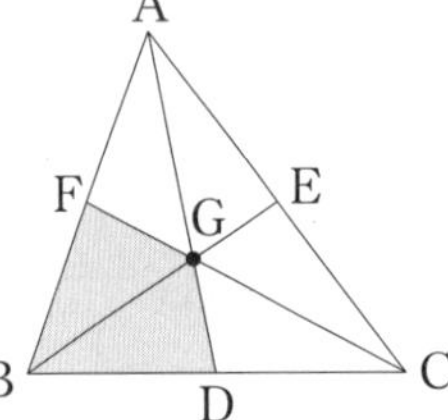

3.

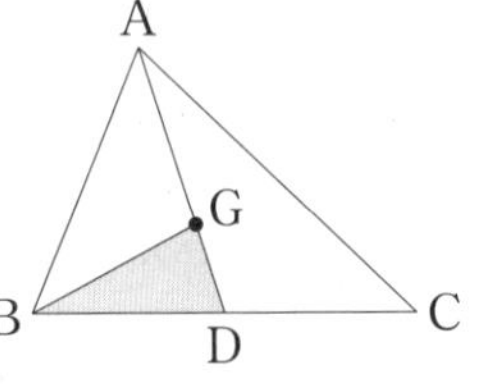

4.

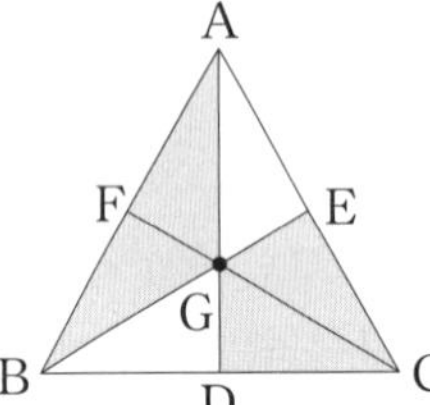

※ 그림에서 점 G는 △ABC의 무게중심이고 △ABC의 넓이가 36cm²일 때, 색칠한 부분의 넓이를 구하라.

5.

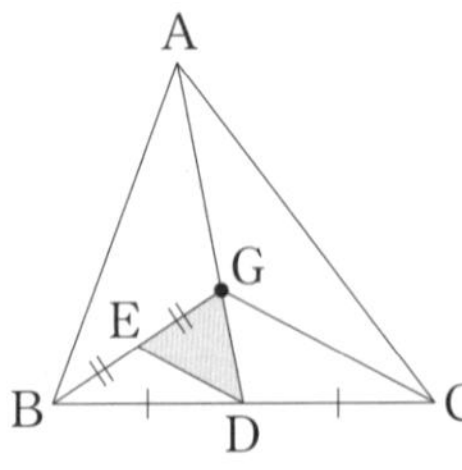

6.

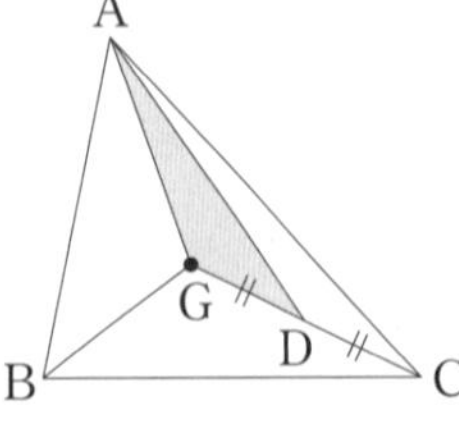

7.

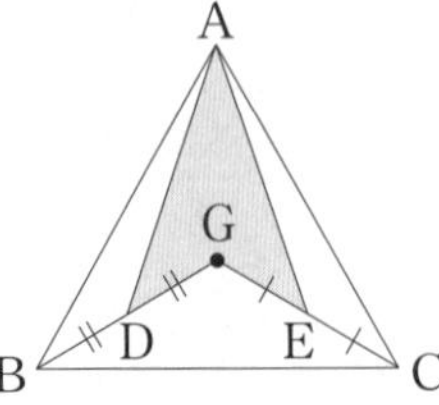

8.

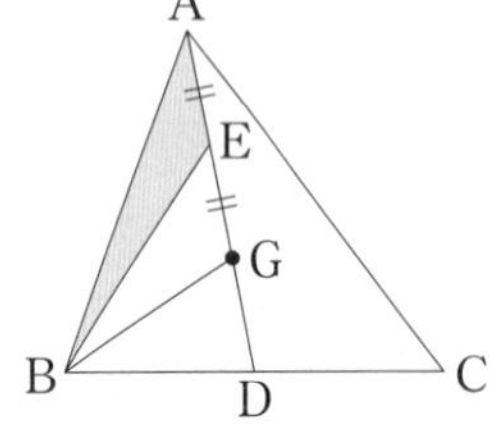

핵심 259 평행사변형과 삼각형의 무게중심

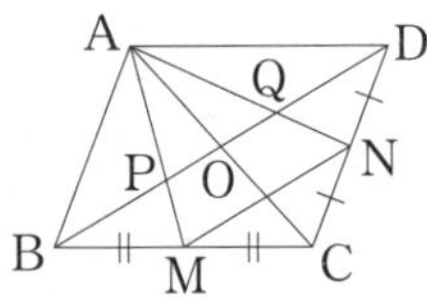

평행사변형 ABCD에서 M, N이 $\overline{BC}$, $\overline{DC}$의 중점일 때

- 점 P는 △ABC의 무게중심
- 점 Q는 △ACD의 무게중심
- $\overline{BP}=\overline{PQ}=\overline{QD}$ ⟵ $\overline{BO}=\overline{DO}$
  $\overline{BP}:\overline{PO}=2:1$, $\overline{DQ}:\overline{QO}=2:1$
- $\overline{MN}=\frac{1}{2}\overline{BD}$ ⟵ 점 M, N은 $\overline{BC}$, $\overline{CD}$의 중점

※ 아래 그림의 평행사변형 ABCD에서 점 M, N은 $\overline{BC}$, $\overline{DC}$의 중점이고 $\overline{BD}=12$cm일 때, 다음을 구하라.

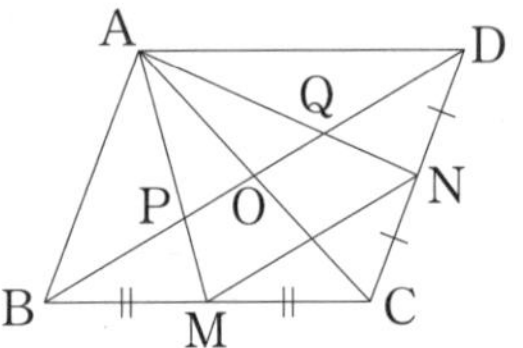

1. $\overline{BO}$의 길이

2. $\overline{BP}$의 길이

3. $\overline{PO}$의 길이

4. $\overline{PQ}$의 길이

※ 다음 그림의 평행사변형 ABCD에서 x의 값을 구하라.

5.

6.

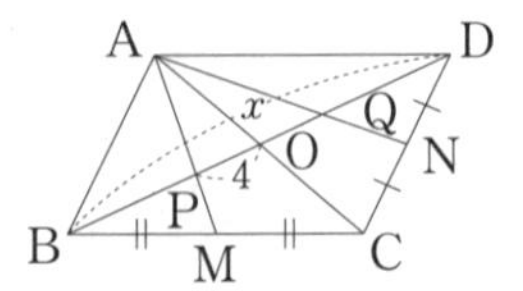

7.

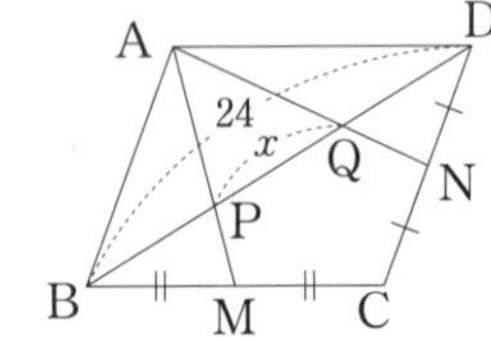

8.

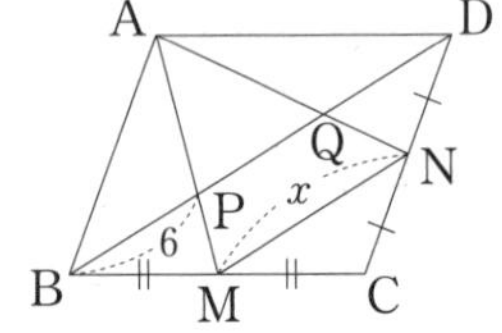

핵심

260 닮은 도형의 넓이의 비와 부피의 비

닮은 평면도형의 넓이의 비

- 닮음비가 $m : n$이면
  → 넓이의 비는 $m^2 : n^2$

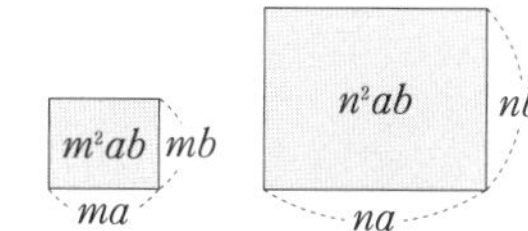

닮은 입체도형의 부피의 비

- 닮음비가 $m : n$이면
  → 부피의 비는 $m^3 : n^3$
  → 겉넓이의 비는 $m^2 : n^2$

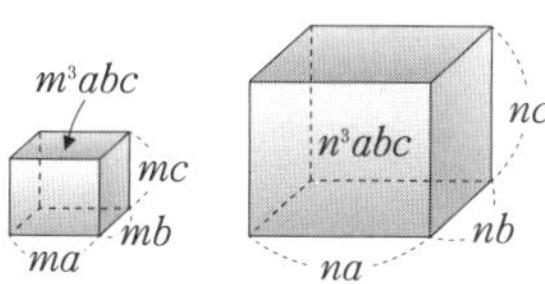

※ 다음을 구하라.

1. $\triangle ABC \backsim \triangle DEF$

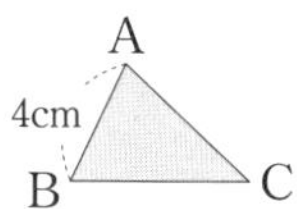

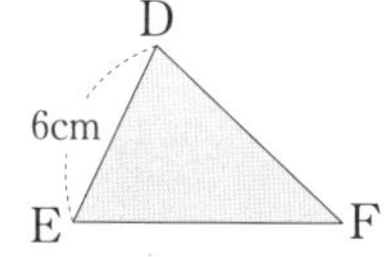

① $\triangle ABC$와 $\triangle DEF$의 닮음비

② $\triangle ABC$와 $\triangle DEF$의 넓이의 비

③ $\triangle ABC = 8cm^2$일 때, $\triangle DEF$의 넓이

2. $\overline{BC} /\!/ \overline{DE}$

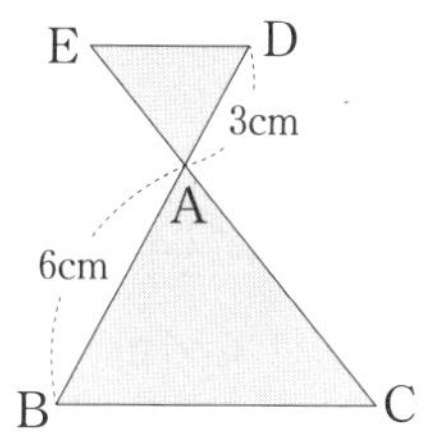

① $\triangle ABC$와 $\triangle ADE$의 닮음비

② $\triangle ABC$와 $\triangle ADE$의 넓이의 비

③ $\triangle ABC = 20cm^2$일 때, $\triangle ADE$의 넓이

※ 다음 그림에서 색칠한 부분의 넓이를 구하라.

3. $\triangle ABC = 16cm^2$

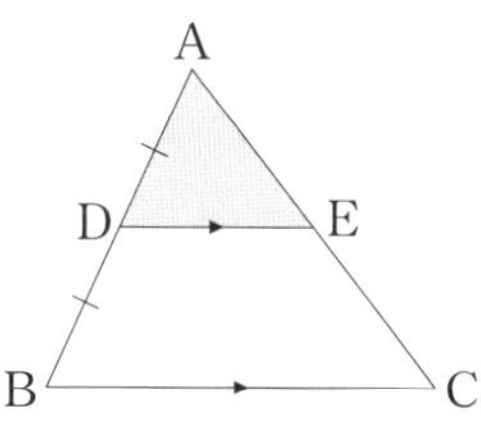

4. $\triangle ABC = 18cm^2$

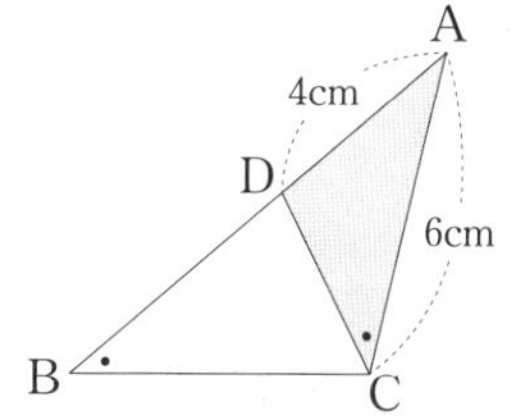

※ 아래 그림의 두 삼각기둥 (가), (나)가 서로 닮은 도형일 때, 다음을 구하라.

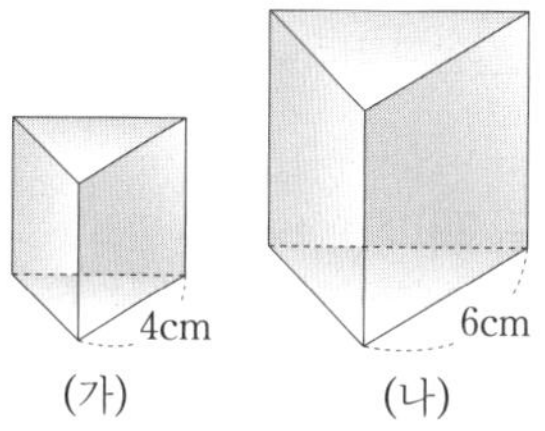

5. 닮음비

6. 겉넓이의 비

7. 부피의 비

8. (가)의 겉넓이가 $44cm^2$일 때, (나)의 겉넓이

9. (나)의 부피가 $54cm^3$일 때, (가)의 부피

※ 다음을 구하라.

10. 닮은 두 오각형의 닮음비가 7 : 5일 때, 넓이의 비

11. 닮은 두 육각기둥의 닮음비가 3 : 2일 때, 부피의 비

12. 닮은 두 부채꼴의 넓이의 비가 16 : 25일 때, 닮음비

13. 닮은 두 원뿔의 부피의 비가 27 : 125일 때, 닮음비

14. 두 구의 겉넓이의 비가 4 : 9일 때, 부피의 비

핵심

261 닮음의 활용

직접 측정하기 어려운 실제 거리나 높이 등을 닮음을 이용하여 구할 수 있다.

축도(줄일 縮, 그림 圖) : 도형을 일정한 비율로 줄여서 그린 그림

축척(줄일 縮, 자 尺) : 축도에서 실제 도형을 줄인 비율(닮음비)

축척의 다양한 표현

비율	1:50,000
분수	1/50,000
막대자	0 500m

축도에서의 길이와 실제 길이 사이의 관계

- (축척)$=\dfrac{\text{(축도에서의 길이)}}{\text{(실제 길이)}}$
- (축도에서의 길이)=(실제 길이)×(축척)
- (실제 길이)$=\dfrac{\text{(축도에서의 길이)}}{\text{(축척)}}$

축도에서의 길이 ÷ 실제 길이 × ÷ 축척

※ 고대 수학자 탈레스는 피라미드의 높이를 측량하기 위해 닮음을 이용하였다. 아래 그림과 같이 피라미드와 막대기의 그림자가 각각 350m, 5m이고 막대기의 길이는 2m일 때, 다음을 구하라.

1. △ABC와 △DEF의 닮음비

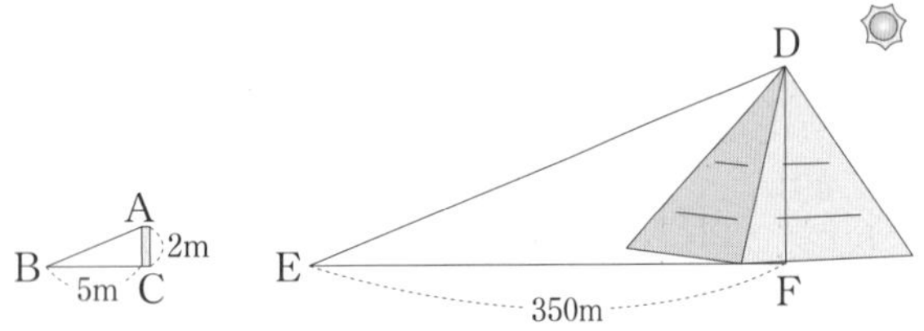

2. 피라미드의 높이

  ↳ $\overline{BC}:\overline{EF}=$ ☐ $:\overline{DF}$이므로

  $5:350=$ ☐ $:\overline{DF}$

  $\overline{DF}=$ ☐ m

※ 아래 그림은 강의 폭을 알아보기 위하여 측량한 것이다. 다음을 구하라.

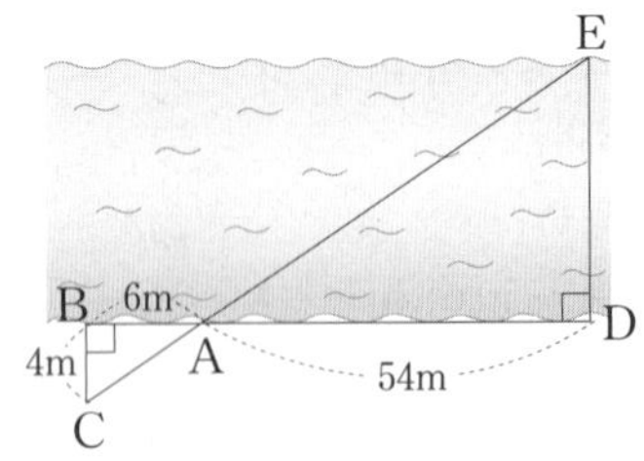

3. △ABC와 △ADE의 닮음비

4. 강의 폭

※ 축척이 $\dfrac{1}{10000}$인 지도에서 다음을 구하라.

5. 지도상에서 2cm인 두 지점 사이의 실제 거리

  ↳ 닮음비가 1:10000이므로 $2\text{cm}:x=1:10000$

  $\therefore x=2\times10000=$ ☐ (cm) = ☐ (m)

6. 실제 거리가 300m일 때, 지도상의 거리

7. 지도에서 넓이가 12cm^2인 땅의 실제 넓이

  ↳ 축척이 $\dfrac{1}{10000}$이므로

  (실제 땅의 넓이)$=12\times($ ☐ $)^2$

  $=12\times100000000(\text{cm}^2)$

  $=$ ☐ (m^2)

8. 실제 넓이가 40000m^2일 때, 지도에서의 넓이

| 실력테스트 |

1. 다음 그림의 두 삼각기둥이 서로 닮은 도형일 때, $x+y$의 값을 구하라.

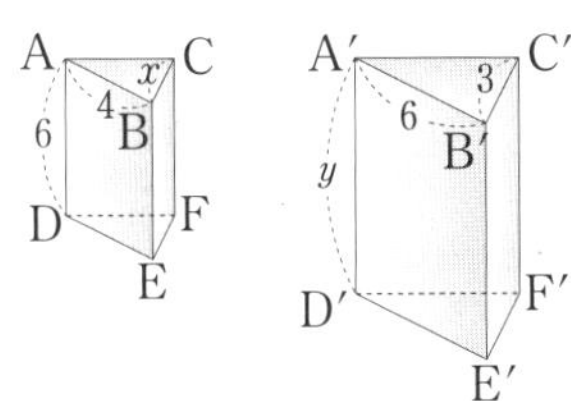

2. 오른쪽 그림과 같이 평행사변형 ABCD의 변 AD 위의 점 E와 꼭짓점 B를 이은 선분과 대각선 AC의 교점을 F라고 할 때, $\overline{AE}$의 길이는?

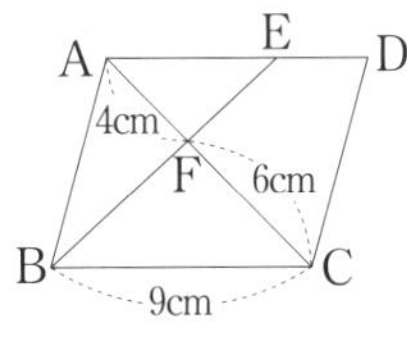

① 4cm ② 4.5cm ③ 5cm
④ 5.5cm ⑤ 6cm

3. 오른쪽 그림과 같이 $\angle A=90°$인 직각삼각형 ABC의 꼭짓점 A에서 $\overline{BC}$에 내린 수선의 발을 D라고 할 때, △ABC의 넓이는?

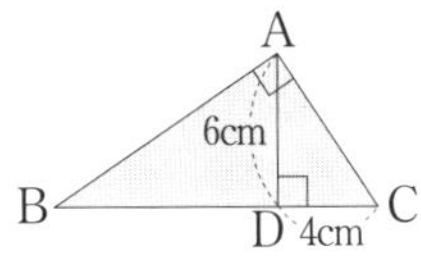

① $30cm^2$ ② $32cm^2$ ③ $35cm^2$
④ $38cm^2$ ⑤ $39cm^2$

4. 오른쪽 그림에서 $\overline{AB}/\!/\overline{CD}/\!/\overline{EF}$일 때, x의 값을 구하라.

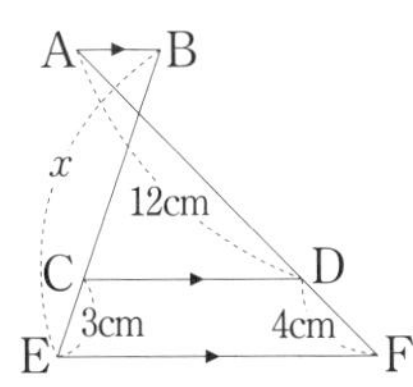

5. 오른쪽 그림과 같이 $\overline{BC}=18cm$인 이등변삼각형 ABC에서 밑변 BC의 중점을 D, △ABD와 △ADC의 무게중심을 각각 G, G′이라고 할 때, $\overline{GG'}$의 길이는?

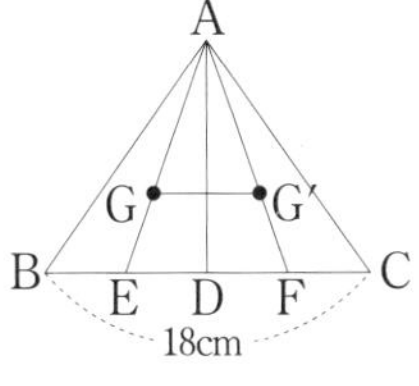

① 6cm ② 8cm ③ 9cm
④ 10cm ⑤ 12cm

6. 오른쪽 그림과 같이 평행사변형 ABCD의 대각선 AC와 BD의 교점을 O라 하고, 변 AD의 중점을 M이라고 하자. $\overline{AC}$와 $\overline{BM}$과의 교점을 P라 하고 $\triangle ABP=4cm^2$일 때, □ABCD의 넓이는?

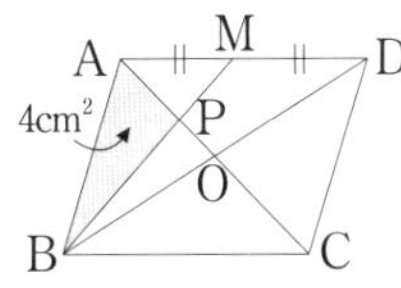

① $24cm^2$ ② $20cm^2$ ③ $16cm^2$
④ $12cm^2$ ⑤ $10cm^2$

7. 오른쪽 그림과 같은 원뿔 모양의 그릇에 그 깊이의 반까지 물을 부었다. 그릇을 채우는 데 총 40분이 걸린다고 할 때, 나머지를 채우는 데 걸리는 시간은?

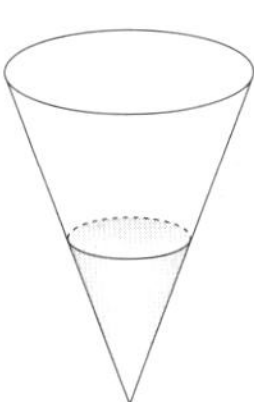

① 5분 ② 10분
③ 15분 ④ 25분 ⑤ 35분

8. 실제의 거리가 20m인 두 지점 사이의 거리가 4cm로 나타내어진 지도에서 넓이가 $18cm^2$인 땅의 실제 넓이를 구하라.

Science & Technology

지면에서 90cm 떨어진 곳에 전등이 켜져 있고, 그 아래에 그림과 같이 높이가 40cm인 원기둥이 놓여 있다. 원기둥의 한 밑면의 넓이가 $50cm^2$일 때, 빛이 닿지 않는 부분의 넓이를 구하라.

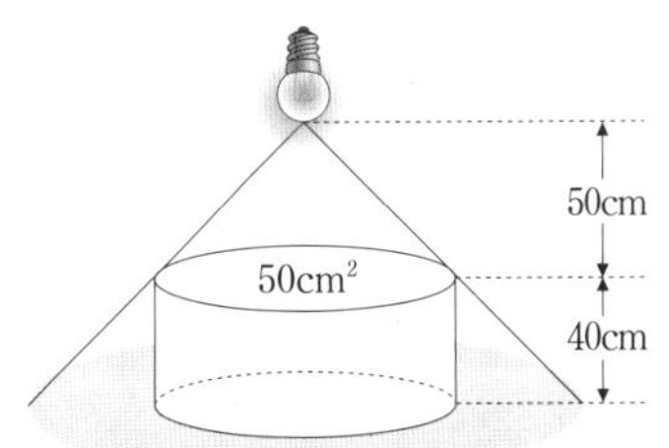

8. 피타고라스 정리

○ 피타고라스 정리를 이해하고 설명할 수 있다.

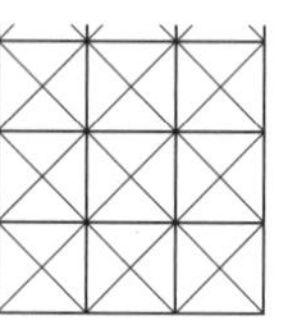

피타고라스 정리는 고대 그리스의 수학자 피타고라스가 그림처럼 생긴 신전의 바닥을 바라보며 떠올렸다고 한다.

직각삼각형에서 직각을 낀 두 변의 길이를 각각 a, b라 하고, 빗변의 길이를 c라고 하면

$$a^2+b^2=c^2$$

의 관계가 성립하는데, 이것을 피타고라스 정리라고 한다.
현재까지 발표된 피타고라스 정리에 대한 증명은 360여 가지나 된다.

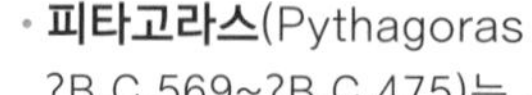

· **피타고라스**(Pythagoras : ?B.C.569~?B.C.475)는 그리스의 수학자로 음악과 수학으로 우주의 질서를 설명할 수 있다고 믿었으며, 특히 직각삼각형에 대한 많은 연구를 하였다.

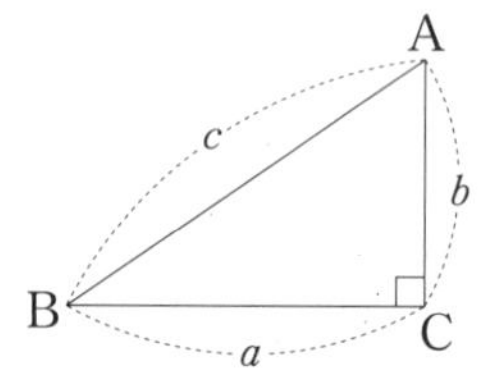

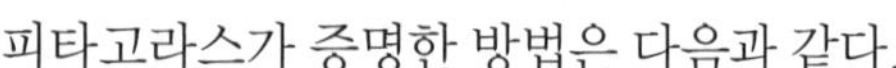

피타고라스가 증명한 방법은 다음과 같다.

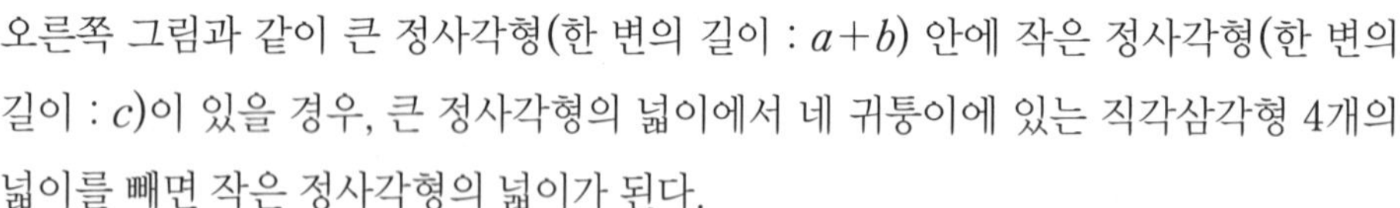

오른쪽 그림과 같이 큰 정사각형(한 변의 길이 : $a+b$) 안에 작은 정사각형(한 변의 길이 : c)이 있을 경우, 큰 정사각형의 넓이에서 네 귀퉁이에 있는 직각삼각형 4개의 넓이를 빼면 작은 정사각형의 넓이가 된다.

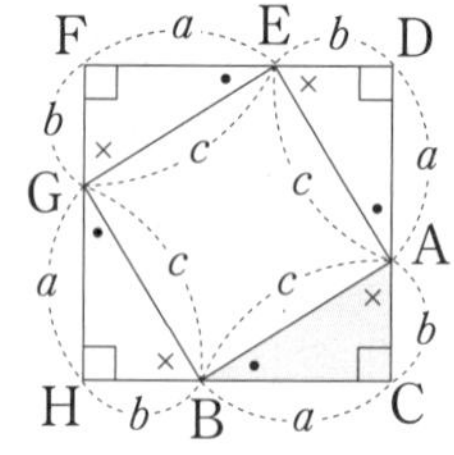

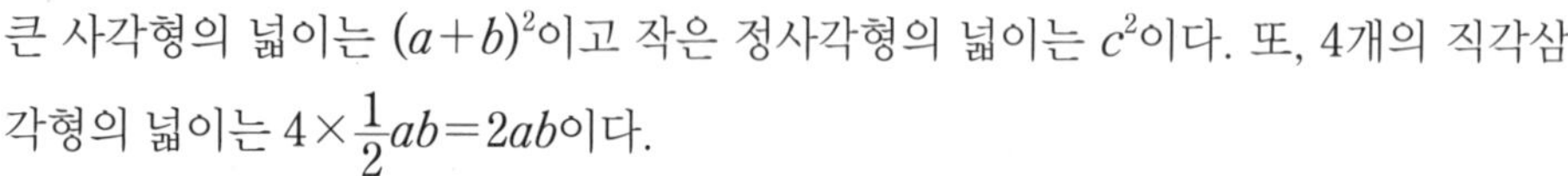

큰 사각형의 넓이는 $(a+b)^2$이고 작은 정사각형의 넓이는 c^2이다. 또, 4개의 직각삼각형의 넓이는 $4\times\frac{1}{2}ab=2ab$이다.

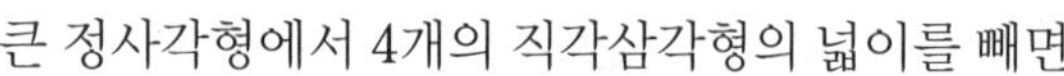

큰 정사각형에서 4개의 직각삼각형의 넓이를 빼면

$$(a+b)^2-2ab=(a^2+2ab+b^2)-2ab=a^2+b^2$$

이고, 이것이 작은 정사각형의 넓이인 c^2과 같으므로

$$a^2+b^2=c^2$$

이다. 이것은 직각삼각형의 변의 길이(a, b, c)에 관계없이 성립한다.
또, 세 변의 길이가 각각 a, b, c인 삼각형에서 $a^2+b^2=c^2$이면 이 삼각형은 빗변의 길이가 c인 직각삼각형이 된다.

WHY? 고대 이집트에서는 나일 강이 자주 범람하여 어디가 누구의 땅인지 잘 구별하기가 어려울 때가 많았다. 그래서 토지를 정확하게 측량할 수 있는 사람이 필요했는데, 이와 같은 일을 하는 사람을 '밧줄 측량사'라고 불렀다. 이들은 똑같은 간격으로 매듭을 엮은 밧줄을 이용하여 세 변의 길이의 비가 3:4:5인 삼각형을 만들면 직각이 된다는 것을 알았다. 측량술은 이와 같은 직각삼각형의 세 변의 길이의 비를 자연스럽게 실생활에 활용함으로써 더욱 발전할 수 있었다.

핵심 262 피타고라스 정리

직각삼각형에서 직각을 낀 두 변의 길이를 각각 a, b라 하고, 빗변의 길이를 c라고 하면

$$a^2+b^2=c^2$$

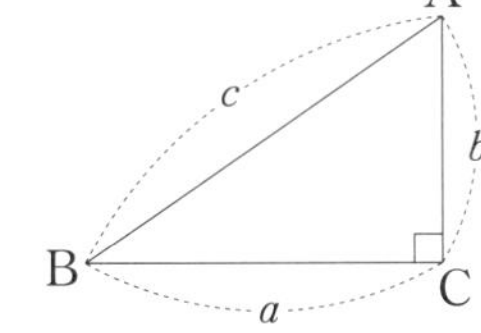

참고 직각삼각형의 세 변 중에서 두 변의 길이를 알면, 피타고라스 정리를 이용하여 나머지 한 변의 길이를 구할 수 있다.

※ $a^2+b^2=c^2$을 만족하는 세 자연수 (a, b, c)를 피타고라스 수라고 한다. 다음 중 피타고라스 수인 것은 ○표, 피타고라스 수가 아닌 것은 ×표 하여라.

1. (3, 4, 5) ( )

2. (5, 12, 13) ( )

3. (7, 8, 14) ( )

4. (8, 15, 17) ( )

5. (12, 16, 20) ( )

※ 다음 그림의 직각삼각형에서 x의 값을 구하라.

6.

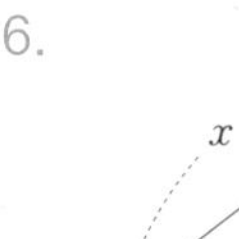

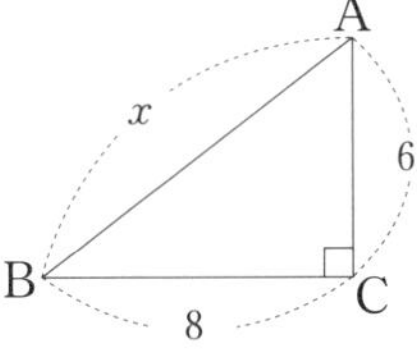

└ 피타고라스 정리에 의하여

$\overline{AB}^2=\overline{BC}^2+\overline{CA}^2$

$=8^2+\square^2=\square$

$\therefore x=\square$

7.

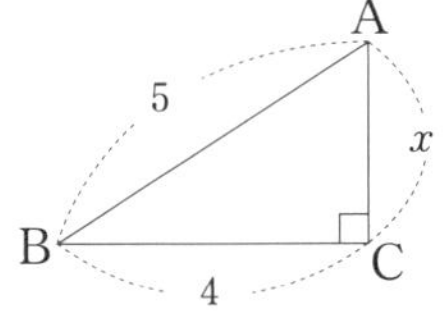

8.

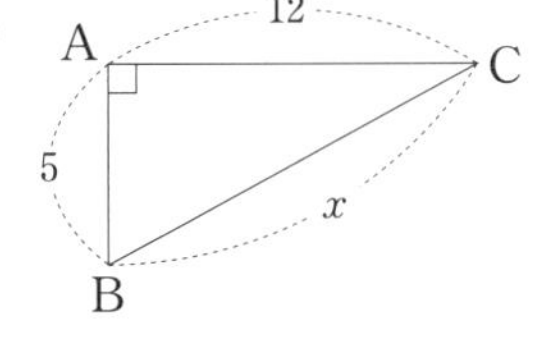

※ 다음 그림에서 x, y의 값을 구하라.

9.

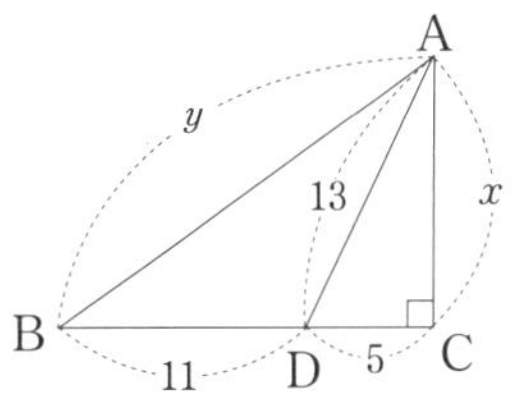

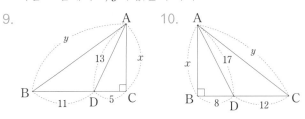

10.

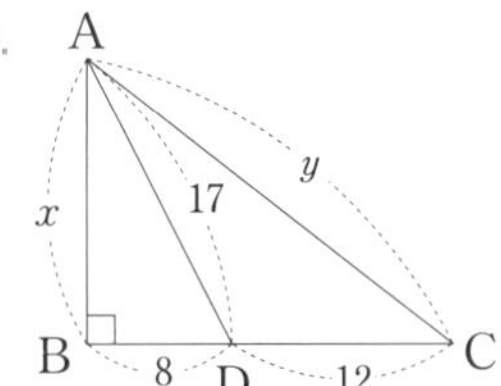

11.

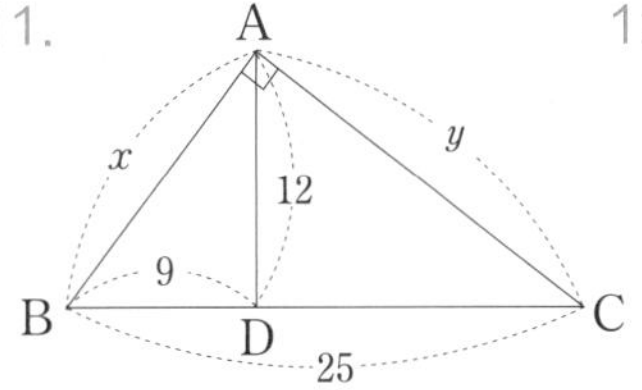

12.

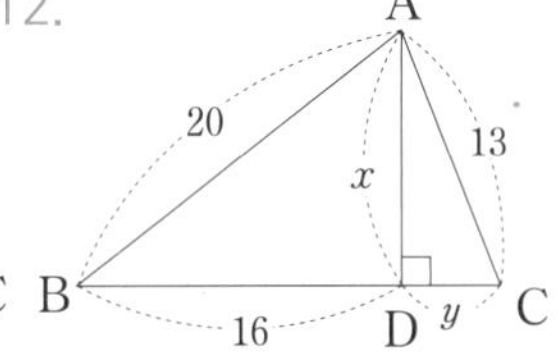

※ 다음 그림은 직각삼각형 ABC의 각 변을 한 변으로 하는 세 정사각형을 그린 것이다. $\overline{AB}$의 길이를 구하라.

13.

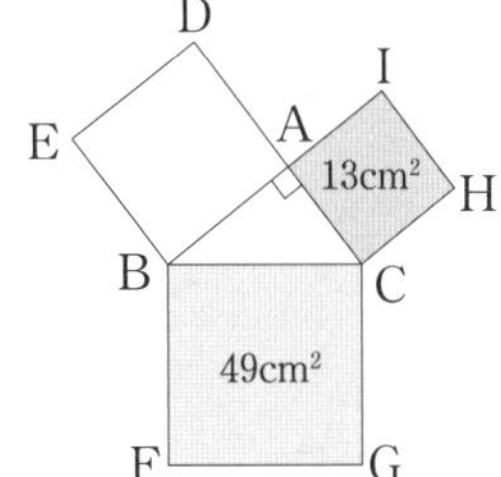

14

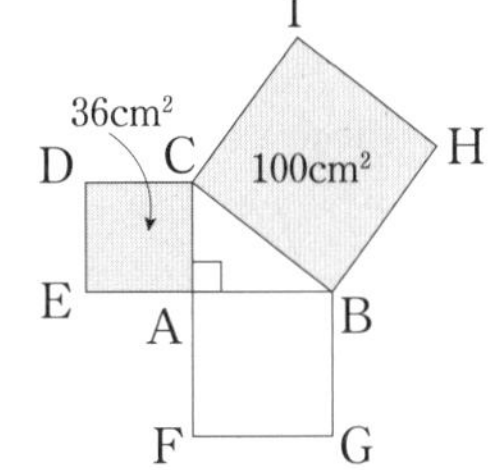

핵심 263 피타고라스 정리 설명 방법 (1) - 유클리드

오른쪽 그림과 같은 직각삼각형 ABC에서 정사각형 ACDE, AFGB, CBHI를 그리면

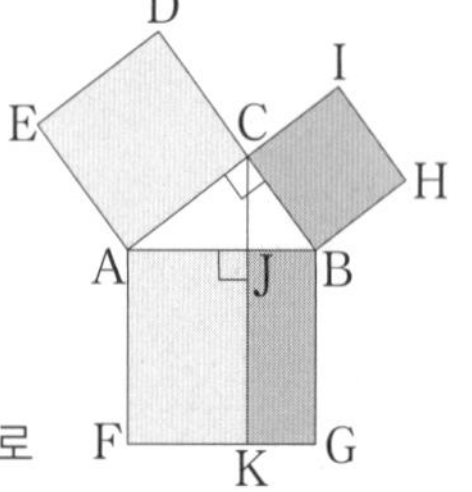

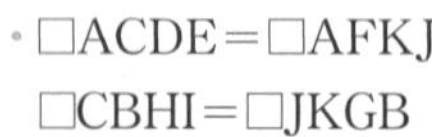

- □ACDE=□AFKJ
  □CBHI=□JKGB
- □AFGB=□ACDE+□CBHI이므로
  $\overline{AB}^2=\overline{CA}^2+\overline{BC}^2$

※ 오른쪽 그림은 직각삼각형 ABC의 각 변을 한 변으로 하는 세 정사각형을 그린 것이다. 다음 설명 중 옳은 것에는 ○표, 옳지 않은 것에는 ×표 하여라.

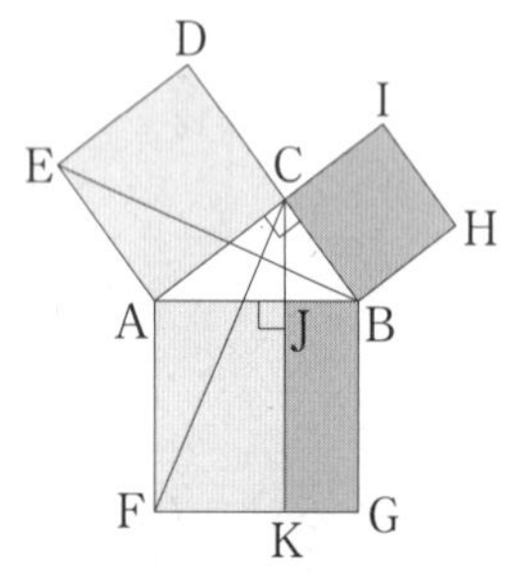

1. $\overline{AE}=\overline{AC}$ (　　)
2. $\overline{AB}=\overline{AF}$ (　　)
3. △EAB≠△CAF (　　)
4. △EAB≡△CAF (　　)
5. $\overline{EA}/\!/\overline{DB}$이므로 △EAB≡△EAC (　　)
6. $\overline{EA}/\!/\overline{DB}$이므로 △EAB=△EAC (　　)
7. $\overline{AF}/\!/\overline{CK}$이므로 △CAF≡△AFJ (　　)
8. $\overline{AF}/\!/\overline{CK}$이므로 △CAF=△AFJ (　　)
9. □ACDE≠□AFKJ (　　)
10. □CBHI=□JKGB (　　)
11. □ACDE+□CBHI=□AFGB (　　)

※ 다음 그림은 직각삼각형 ABC의 각 변을 한 변으로 하는 세 정사각형을 그린 것이다. 색칠한 부분의 넓이를 구하라.

12.

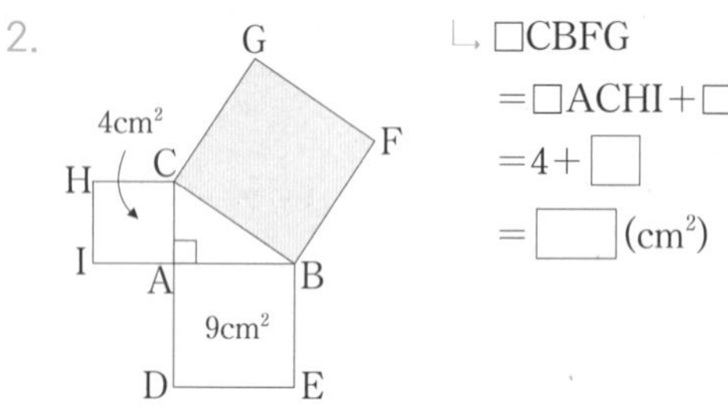

↳ □CBFG
=□ACHI+□ADEB
=4+□
=□(cm²)

13.

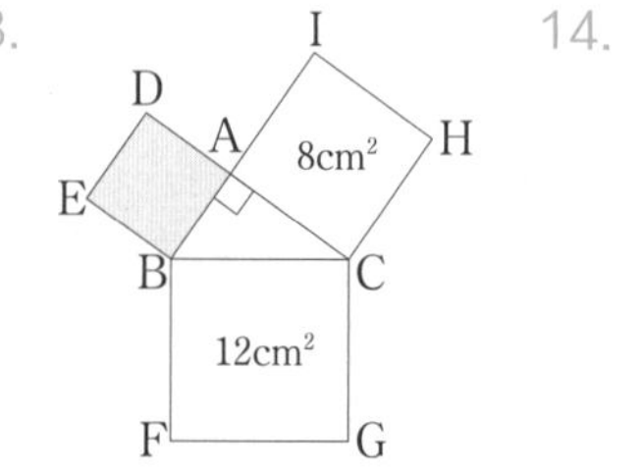

14.

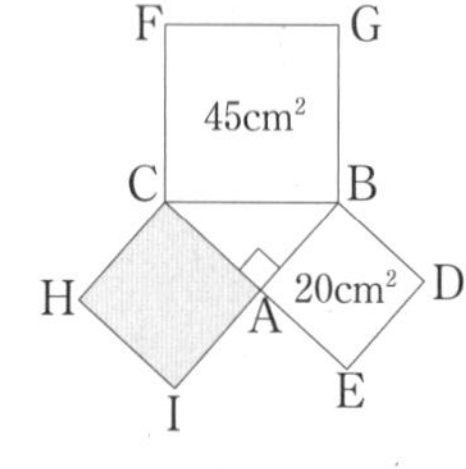

15.

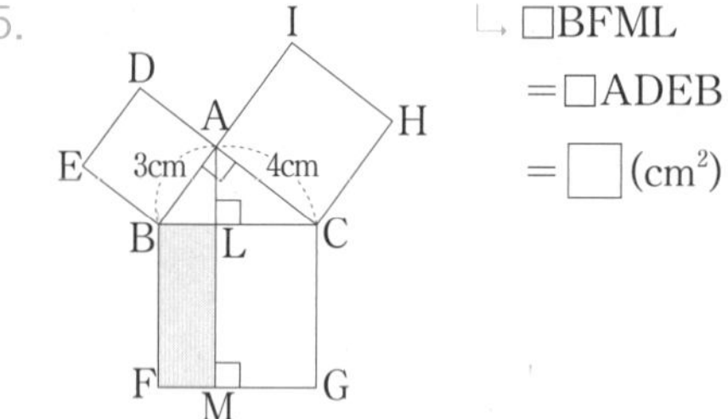

↳ □BFML
=□ADEB
=□(cm²)

16.

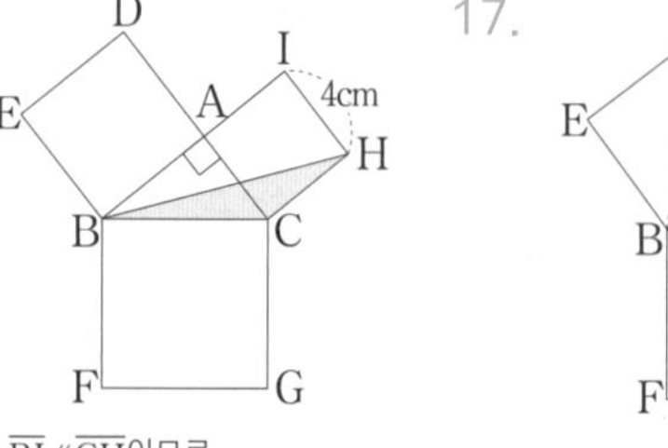

$\overline{BI}/\!/\overline{CH}$이므로
△BCH=△ACH(핵심 243 참조)

17.

D, I, E, A, H, 8cm, L, B, 10cm, C, F, M, G

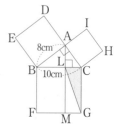

핵심 264 피타고라스 정리 설명 방법 (2) - 피타고라스

오른쪽 그림과 같이 직각삼각형 ABC에서 한 변의 길이가 $a+b$인 정사각형 CDFH를 만들면

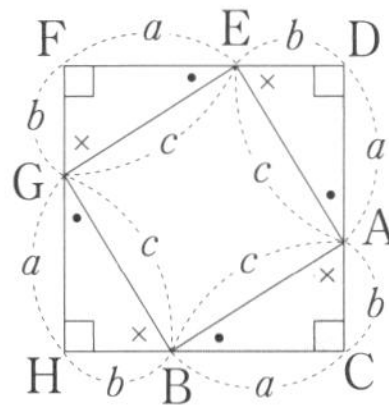

- △ABC≡△EAD ≡△GEF≡△BGH (SAS 합동)
- □AEGB는 한 변의 길이가 c인 정사각형이다.
- □CDFH=4×△ABC+□AEGB

  $(a+b)^2=4\times\frac{1}{2}ab+c^2$ $\therefore a^2+b^2=c^2$

핵심 265 피타고라스 정리 설명 방법 (3) - 바스카라

오른쪽 그림과 같이 직각삼각형 ABC와 합동인 삼각형을 붙여서 정사각형 ABDE를 만들면

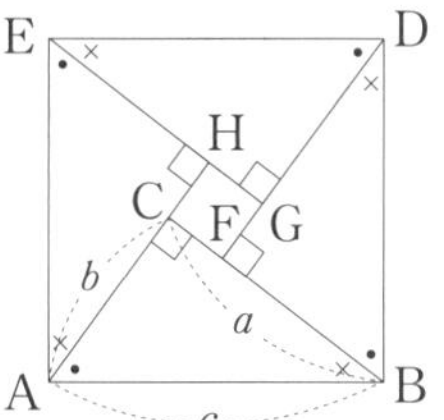

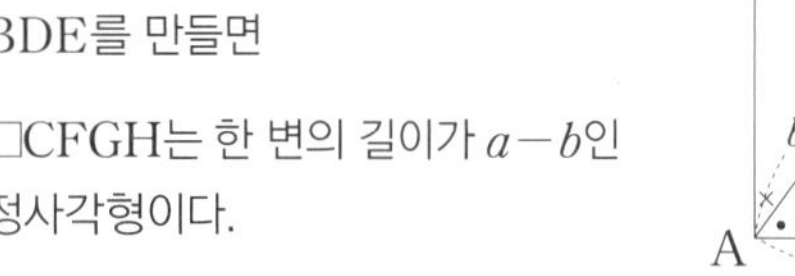

- □CFGH는 한 변의 길이가 $a-b$인 정사각형이다.
- □ABDE =4×△ABC+□CFGH이므로

  $c^2=4\times\frac{1}{2}ab+(a-b)^2$ $\therefore c^2=a^2+b^2$

※ 아래 그림에서 □ABCD는 정사각형이고 4개의 직각삼각형은 모두 합동이다. 다음을 구하라.

1. ① $\overline{AE}$의 길이

   └ $\overline{AE}=\overline{DH}=$ □

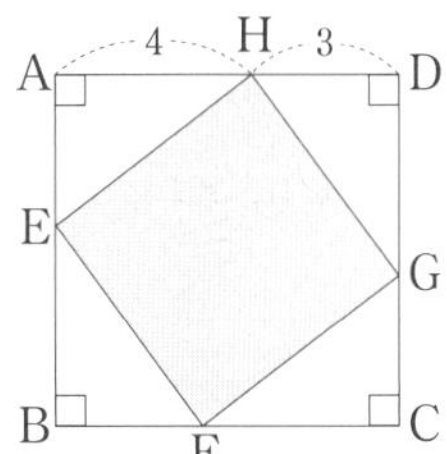

   ② $\overline{EH}^2$

   └ $\overline{EH}^2=4^2+$ □^{2}

   = □

   ③ □EFGH의 넓이

   └ □EFGH는 정사각형이므로 □EFGH=$\overline{EH}^2$= □

2. □EFGH의 넓이

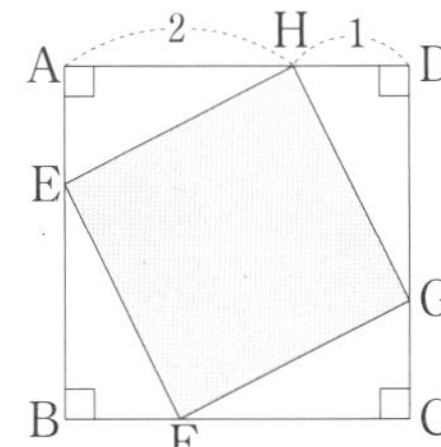

3. □EFGH의 넓이

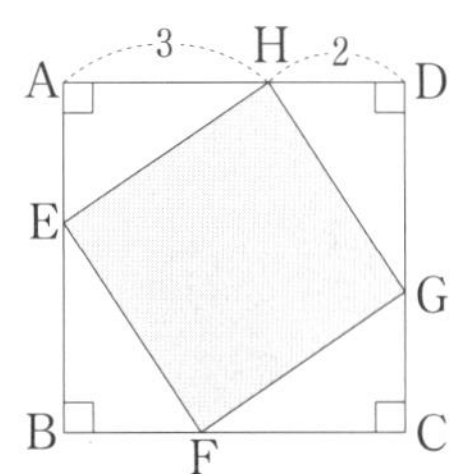

4. □ABCD의 넓이

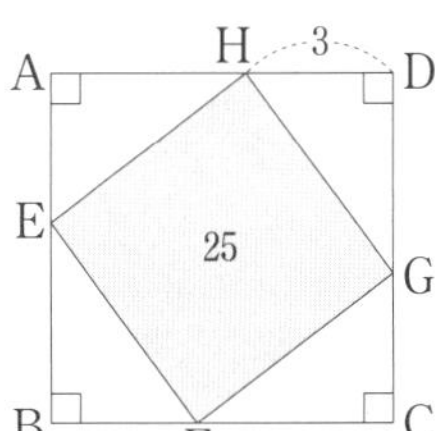

5. □ABCD의 넓이

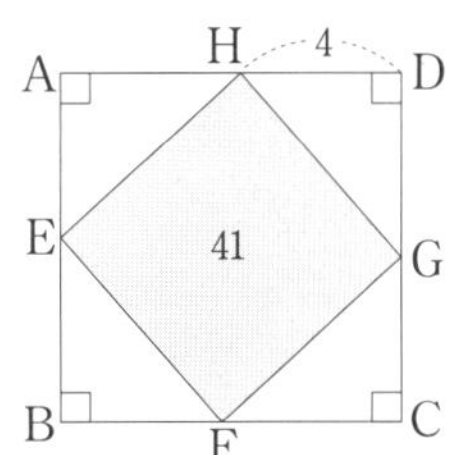

※ 아래 그림은 합동인 4개의 직각삼각형을 이용하여 정사각형을 만든 것이다. 다음을 구하라.

1. ① $\overline{BE}$의 길이

   └ $\overline{BE}^2=5^2-3^2=$ □

   $\overline{BE}=$ □

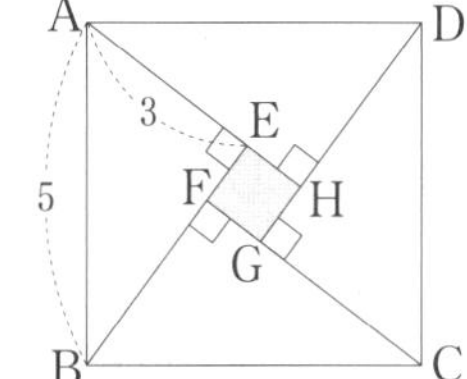

   ② $\overline{EF}$의 길이

   └ $\overline{EF}=\overline{BE}-\overline{BF}$

   = □ −3= □

   ③ □EFGH의 넓이

   └ □EFGH= □^{2}= □

2. □EFGH의 넓이

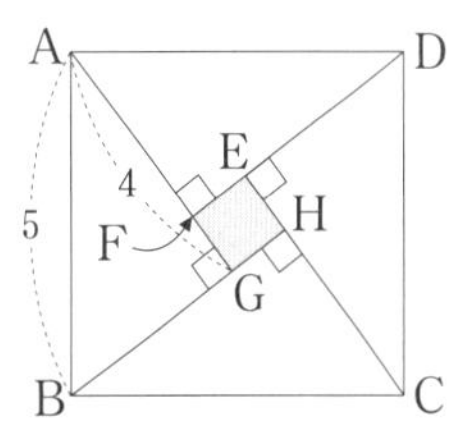

3. □EFGH의 넓이

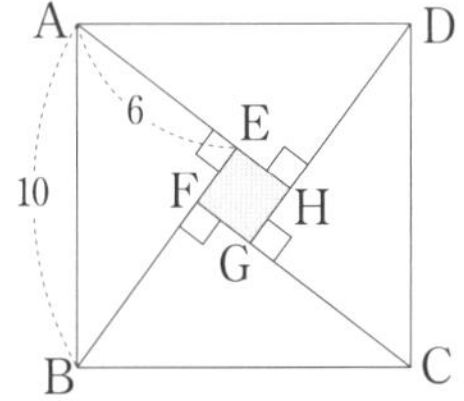

4. □ABCD의 넓이

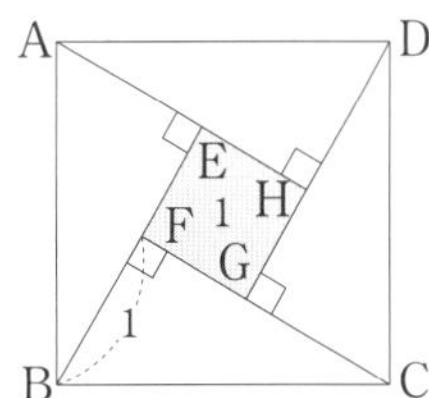

5. □ABCD의 넓이

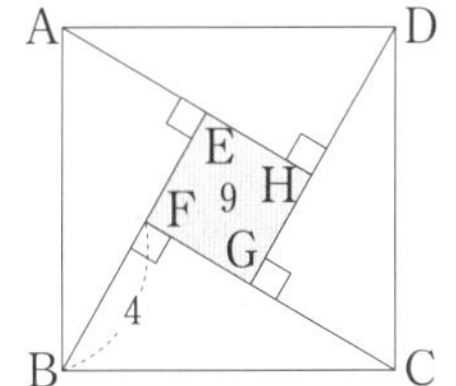

핵심

266 피타고라스 정리 설명 방법 (4) - 가필드

오른쪽 그림과 같이 직각삼각형 ABC와 합동인 삼각형 EAD를 세 점 C, A, D가 일직선이 되게 놓으면

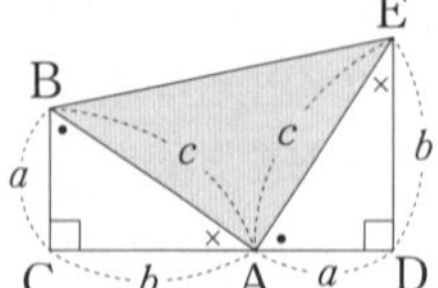

- △ABC≡△EAD
- △BAE는 ∠A=90°인 직각이등변삼각형이다.
- □BCDE=△BAE+2△ABC

  $\therefore a^2+b^2=c^2$

참고 미국의 20대 대통령 가필드는 위의 그림과 같은 사다리꼴을 이용하여 피타고라스 정리를 설명하였다.

(사다리꼴의 넓이)$=\frac{1}{2}\times$(밑변+윗변)$\times$(높이)이므로

$\frac{1}{2}(a+b)^2=\frac{1}{2}c^2+2\times\frac{1}{2}ab$, $(a+b)^2=c^2+2ab$ $\quad\therefore a^2+b^2=c^2$

※ 다음 그림에서 직각삼각형 ABC와 CDE는 합동이고 점 B, C, D가 한 직선 위에 있다. 다음을 구하라.

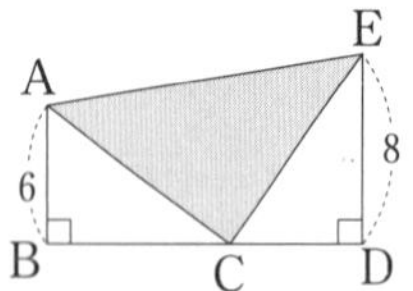

1. ① $\overline{BC}$의 길이

   ↳ $\overline{BC}=\overline{DE}=\square$

   ② $\overline{AC}^2$

   ↳ $\overline{AC}^2=6^2+\square^2=\square$

   ③ △ACE의 넓이

   ↳ △ACE는 ∠C=90°인 직각이등변삼각형이므로

   $\triangle ACE=\frac{1}{2}\times\overline{AC}\times\overline{CE}=\frac{1}{2}\times\overline{AC}^2$

   $=\frac{1}{2}\times\square=\square$

2. △ACE의 넓이

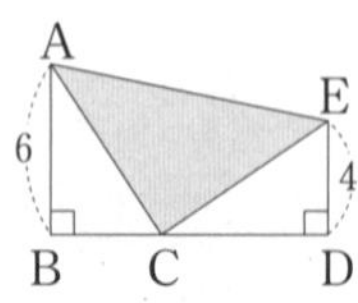

3. △ACE의 넓이

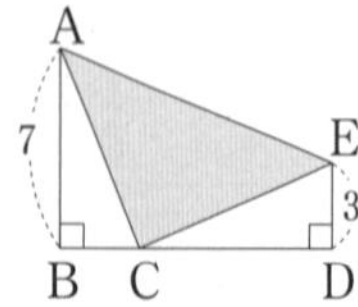

4. □ABDE의 넓이

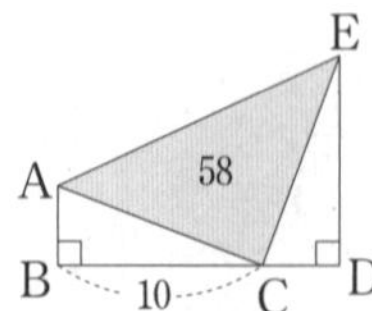

5. □ABDE의 넓이

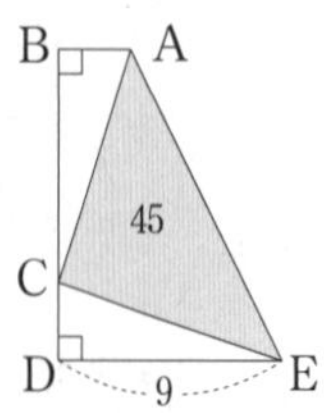

핵심

267 직각삼각형이 될 조건

- 세 변의 길이가 각각 a, b, c인 삼각형 ABC에서 $a^2+b^2=c^2$ 이면 이 삼각형은 빗변의 길이가 c인 직각삼각형이다.

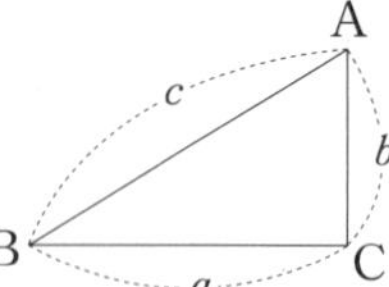

- c의 길이가 최대일 때

  $c^2>a^2+b^2$이면 ∠C가 둔각인 둔각삼각형

  $c^2=a^2+b^2$이면 ∠C=90°인 직각삼각형

  $c^2<a^2+b^2$이면 ∠C가 예각인 예각삼각형

※ 세 변의 길이가 각각 다음과 같은 삼각형 중에서 직각삼각형인 것은 ○표, 직각삼각형이 아닌 것은 ×표 하여라.

1. 3cm, 4cm, 5cm ( )

   ↳ 가장 긴 변의 길이는 5cm이고

   $\square^2=3^2+\square^2$이므로

   (직각삼각형이다, 직각삼각형이 아니다).

2. 2cm, 3cm, 4cm ( )

3. 5cm, 6cm, 7cm ( )

4. 5cm, 12cm, 13cm ( )

※ 세 변의 길이가 각각 다음과 같은 삼각형 중에서 직각삼각형인 것은 '직각', 둔각삼각형인 것은 '둔각', 예각삼각형인 것은 '예각'을 써넣어라.

5. 4, 5, 7 ( )

6. 5, 6, 9 ( )

7. 5, 7, 8 ( )

8. 5, 10, 12 ( )

9. 6, 8, 10 ( )

핵심 268 피타고라스 정리를 이용한 도형의 성질 (1)

• 사각형의 두 대각선이 직교할 때

$$\overline{AB}^2+\overline{CD}^2=\overline{AD}^2+\overline{BC}^2$$

$\overline{OA}^2+\overline{OB}^2+\overline{OC}^2+\overline{OD}^2$

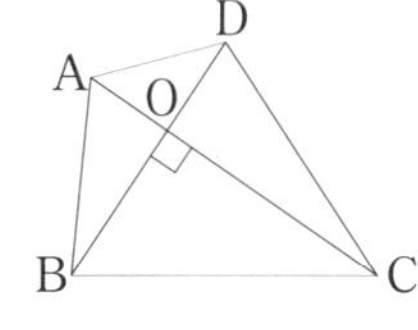

• 직사각형의 내부에 한 점 P가 있을 때

$$\overline{AP}^2+\overline{CP}^2=\overline{BP}^2+\overline{DP}^2$$

$(a^2+c^2)+(b^2+d^2)$ $(a^2+d^2)+(b^2+c^2)$

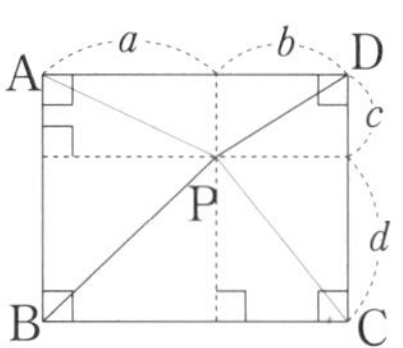

※ 다음 그림에서 x^2+y^2의 값을 구하라.

1.

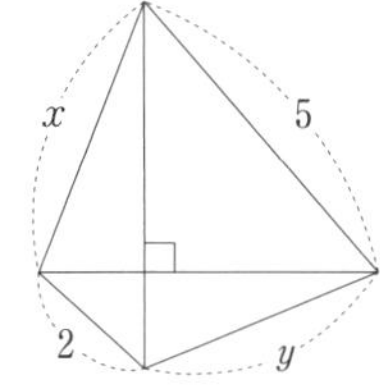

2.

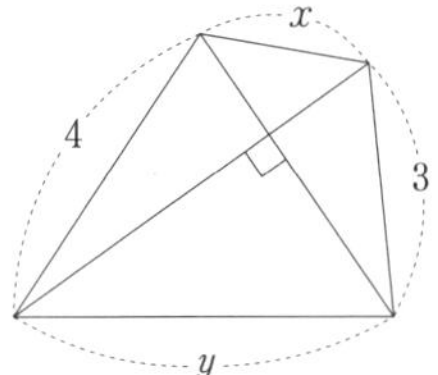

3.

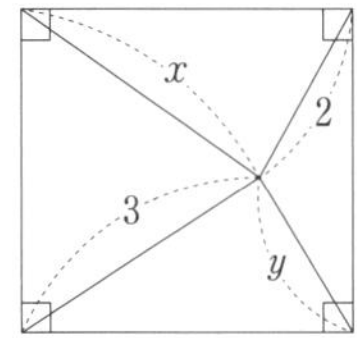

4.

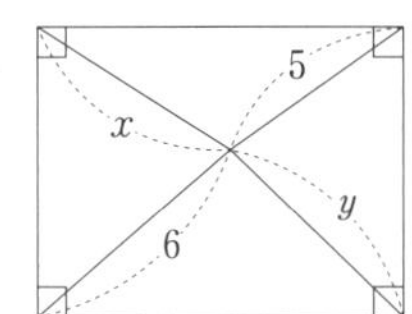

※ 다음 그림에서 x^2의 값을 구하라.

5.

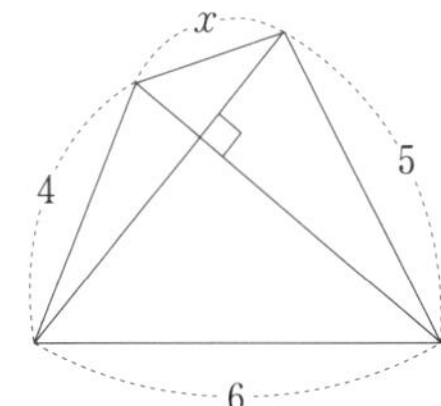

6.

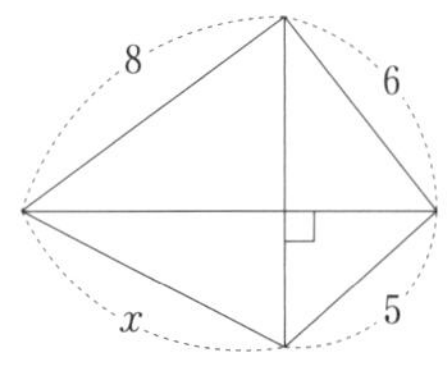

7.

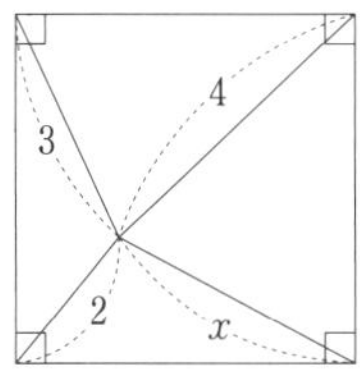

8.

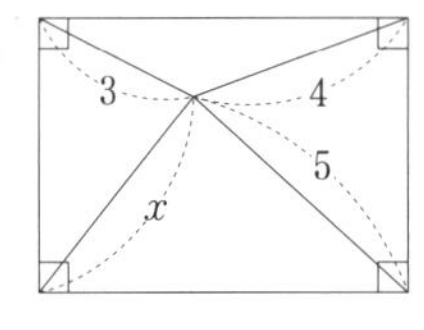

핵심 269 피타고라스 정리를 이용한 도형의 성질 (2)

$\angle A=90°$인 직각삼각형 ABC에서 $\overline{AB}$, $\overline{AC}$ 위에 각각 점 D, E가 있을 때

$$\overline{BC}^2+\overline{DE}^2=\overline{BE}^2+\overline{CD}^2$$

$(\overline{AB}^2+\overline{AC}^2)+(\overline{AD}^2+\overline{AE}^2)$ $(\overline{AB}^2+\overline{AE}^2)+(\overline{AC}^2+\overline{AD}^2)$

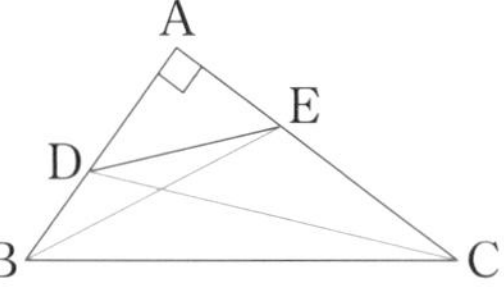

※ 다음 그림의 직각삼각형 ABC에서 $\overline{BE}^2+\overline{CD}^2$의 값을 구하라.

1.

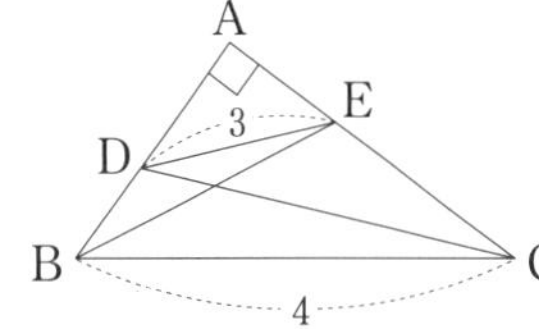

↳ $\overline{BE}^2+\overline{CD}^2$

$=\overline{DE}^2+\square^2$

$=3^2+\square^2=\square$

2.

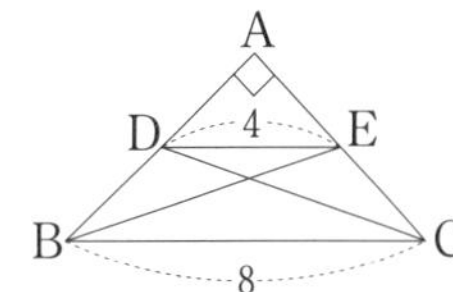

3.

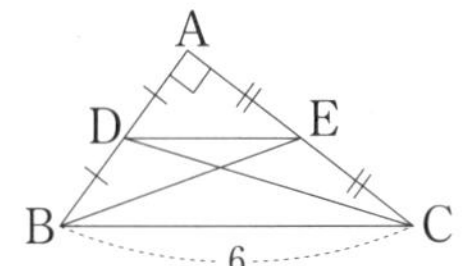

※ 다음 그림의 직각삼각형 ABC에서 x^2의 값을 구하라.

4.

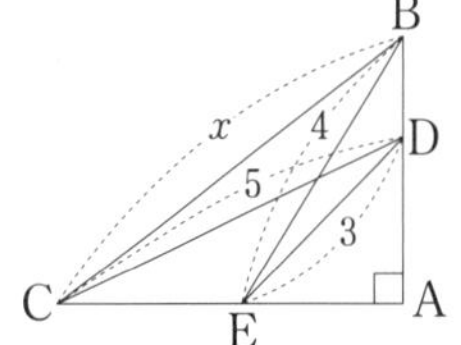

↳ $x^2+3^2=\square^2+4^2$

$\therefore x^2=\square$

5.

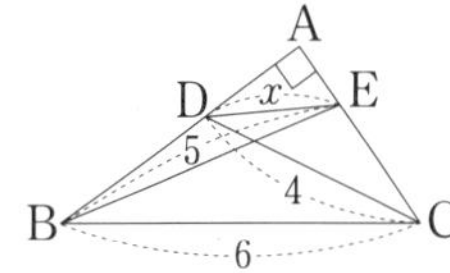

6.

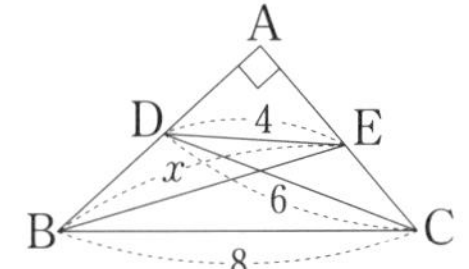

핵심

270 피타고라스 정리를 이용한 도형의 성질 (3)

• 직각삼각형 ABC의 세 변을 각각 지름으로 하는 반원의 넓이를 각각 S_1, S_2, S_3라고 할 때

$$S_1+S_2=S_3$$

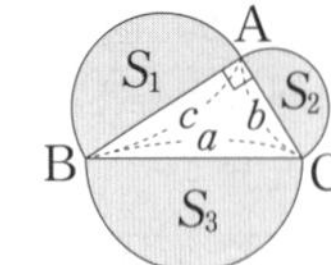

참고 $S_1+S_2=\frac{1}{2}\pi\left(\frac{c}{2}\right)^2+\frac{1}{2}\pi\left(\frac{b}{2}\right)^2=\frac{c^2+b^2}{8}\pi=\frac{a^2}{8}\pi=S_3$

$(\because c^2+b^2=a^2)$

• 직각삼각형 ABC의 세 변을 지름으로 하는 반원에서 색칠한 부분의 넓이를 각각 P, Q라고 하면

$$P+Q=\triangle ABC=\frac{1}{2}bc$$

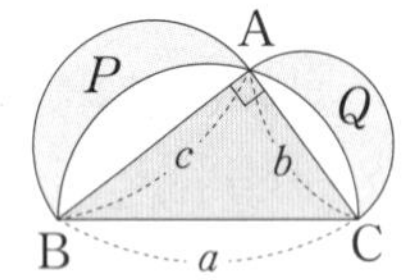

참고 $P+Q=\frac{c^2+b^2}{8}\pi+\triangle ABC-\frac{a^2}{8}\pi=\triangle ABC$ $(\because c^2+b^2=a^2)$

※ 다음 그림은 직각삼각형의 각 변을 지름으로 하는 반원을 그린 것이다. 색칠한 부분의 넓이를 구하라.

1.

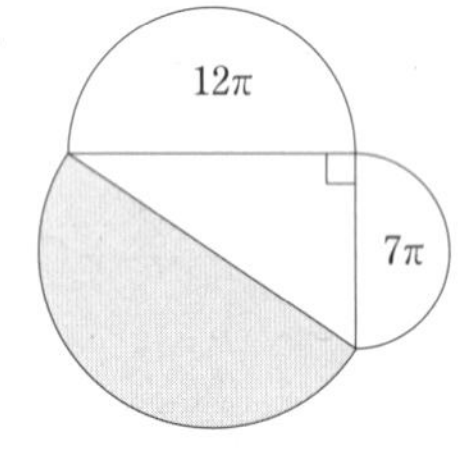

↳ (색칠한 부분의 넓이)

$=12\pi+\square=\square$

2.

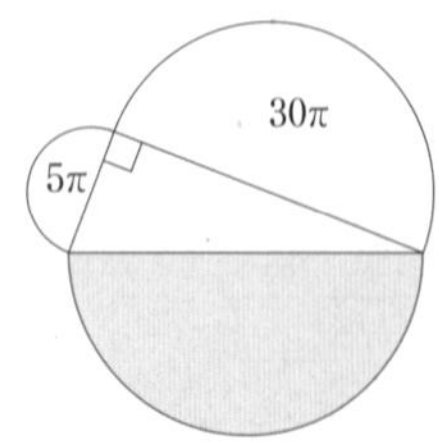

3.

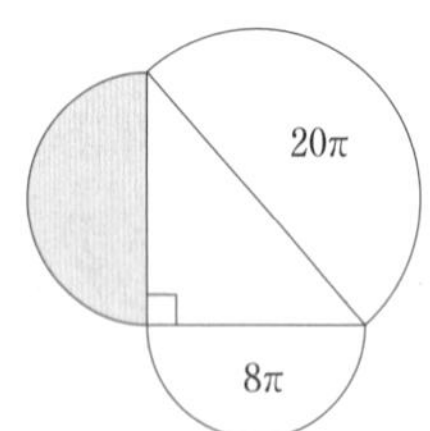

4.

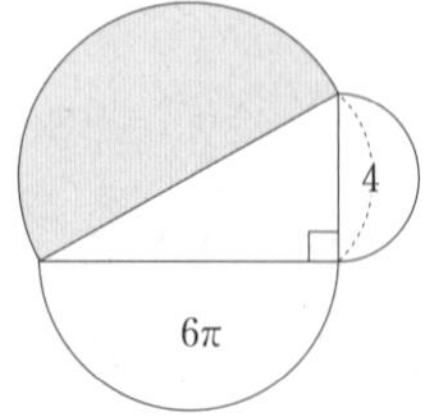

5.

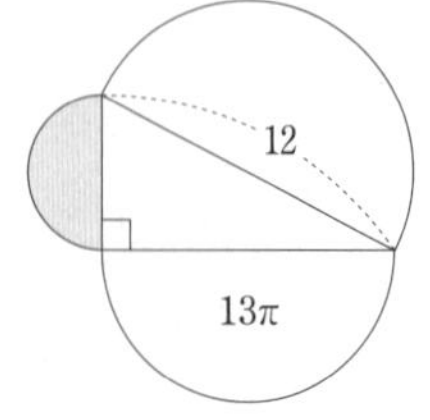

※ 다음 그림은 직각삼각형의 각 변을 지름으로 하는 반원을 그린 것이다. 색칠한 부분의 넓이를 구하라.

6.

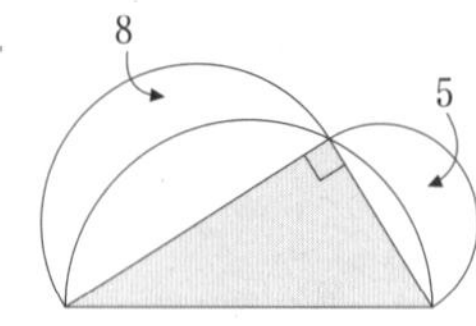

↳ (색칠한 부분의 넓이)

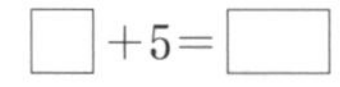

$\square+5=\square$

7.

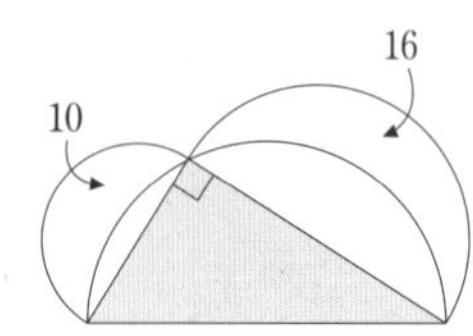

8.

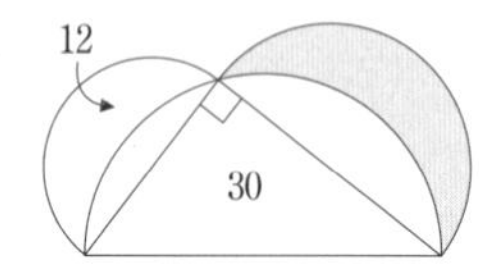

※ 다음 그림은 직각삼각형의 각 변을 지름으로 하는 반원을 그린 것이다. 색칠한 부분의 넓이가 아래와 같을 때, $\overline{BC}^2$의 값을 구하라.

9. 색칠한 부분의 넓이 : 16

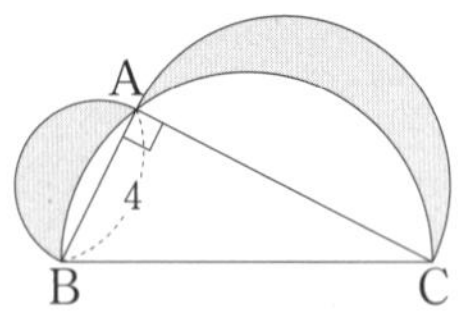

↳ 색칠한 부분의 넓이는 △ABC의 넓이와 같으므로

$\frac{1}{2}\times4\times\overline{AC}=\square$ $\therefore\ \overline{AC}=\square$

$\overline{BC}^2=4^2+\square^2=\square\sqrt{5}$

10. 색칠한 부분의 넓이 : 24

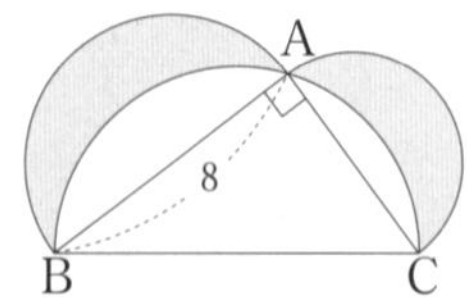

11. 색칠한 부분의 넓이 : 30

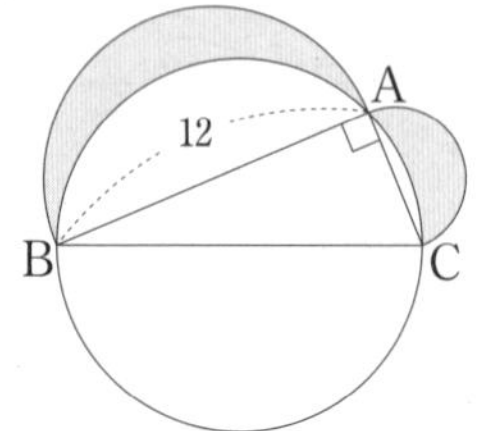

| 실력테스트 |

1. 오른쪽 그림에서 $\overline{BC}$의 길이를 구하라.

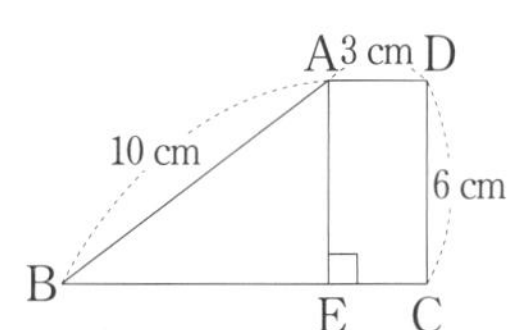

2. 오른쪽 그림과 같이 직각삼각형 ABC의 각 변을 한 변으로 하는 세 정사각형을 만들 때, 다음 중 △ABE와 넓이가 같은 것은?

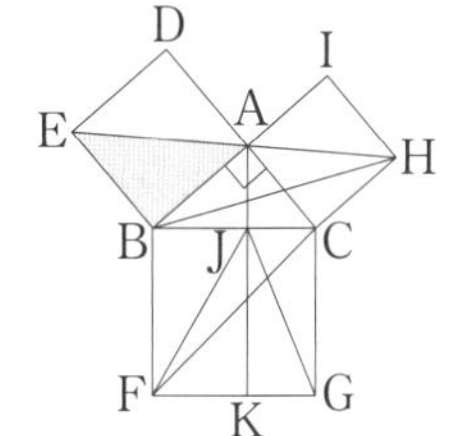

① △ACH ② △BFJ
③ △BCH ④ △JGC
⑤ △CFG

3. 오른쪽 그림에서 두 직각삼각형 ABE와 CDB는 서로 합동이고, 세 점 A, B, C는 한 직선 위에 있다. $\overline{AB}=4\text{cm}$, $\triangle EBD=10\text{cm}^2$일 때, 사다리꼴 ACDE의 넓이는?

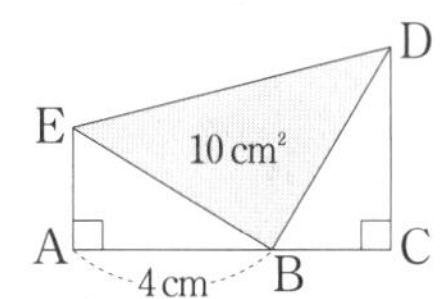
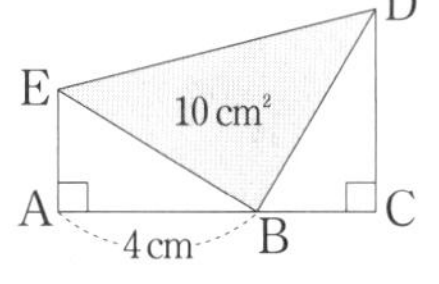

① 18cm^2 ② 19cm^2 ③ 20cm^2
④ 21cm^2 ⑤ 22cm^2

4. 오른쪽 그림에서 4개의 직각삼각형은 모두 합동이고, $\overline{AB}=13\text{cm}$, $\overline{AE}=12\text{cm}$일 때, □EFGH의 넓이를 구하여라.

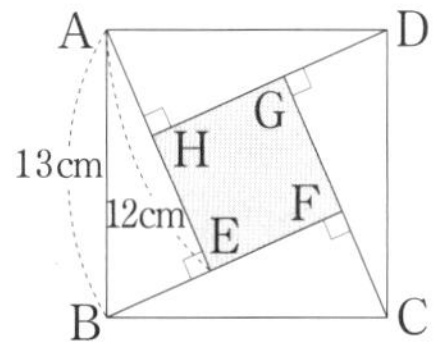

5. 오른쪽 사각형에서 두 대각선이 서로 직교할 때, $\overline{BC}^2$의 값을 구하라.

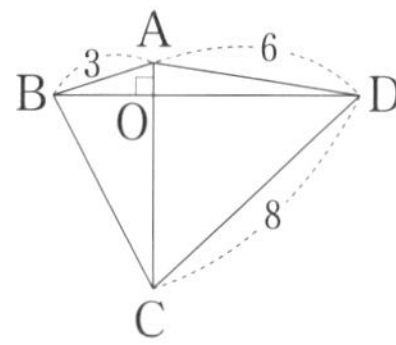

6. 오른쪽 그림과 같이 직사각형 ABCD의 내부에 한 점 P가 있다. $\overline{AP}=4$, $\overline{CP}=6$, $\overline{DP}=5$일 때, $\overline{BP}^2$의 값을 구하라.

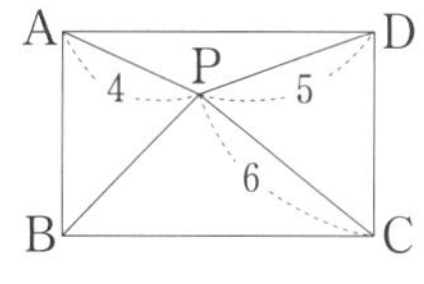

7. 오른쪽 그림과 같은 △ABC에서 $\angle A=90°$이고, $\overline{BE}=5$, $\overline{CD}=8$, $\overline{BC}=9$일 때, $\overline{DE}^2$의 값은?

① 4 ② 5 ③ 6
④ 7 ⑤ 8

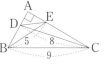

8. 오른쪽 그림은 직각삼각형 ABC의 세 변 AB, AC, BC를 지름으로 하는 반원을 각각 그린 것이다. 이때 색칠한 부분의 넓이는?

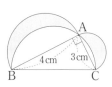

① 4cm^2 ② 6cm^2 ③ 8cm^2
④ 10cm^2 ⑤ 12cm^2

Science & Technology

모니터, TV, 스마트 폰, 태블릿 기기의 화면 크기는 대각선의 길이를 말한다. 오른쪽 TV의 가로가 40inch, 세로가 30inch일 때, 이 TV의 화면 크기는 얼마인지 구하라.

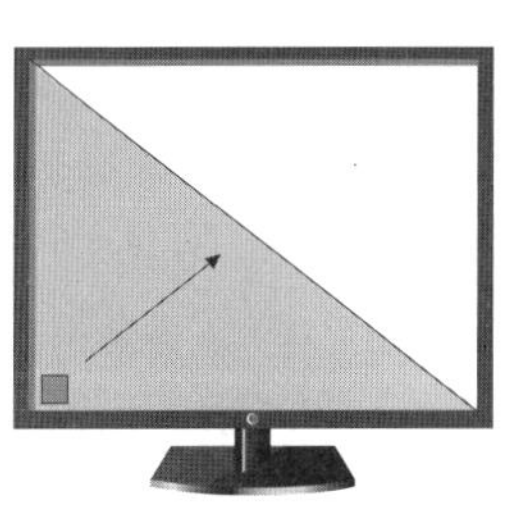

9. 삼각비

○ 삼각비의 뜻을 알고, 간단한 삼각비의 값을 구할 수 있다.
○ 삼각비를 활용하여 여러 가지 문제를 해결할 수 있다.

직각삼각형에서 직각이 아닌 두 내각 중 한 내각의 크기가 정해지면 나머지 한 내각의 크기도 정해진다. 그러므로 한 예각의 크기가 같은 모든 직각삼각형은 서로 닮은 도형이다. 오른쪽 그림과 같이 $\angle B=90°$인 직각삼각형 ABC에서 직각이 아닌 다른 한 각 $\angle A$의 값이 정해지면 직각삼각형의 크기에 관계없이 변의 길이의 비는 항상 일정하다. 이때 $\sin A=\frac{a}{b}$, $\cos A=\frac{c}{b}$, $\tan A=\frac{a}{c}$로 정하고 각각 $\angle A$에 대한 사인, 코사인, 탄젠트라고 한다.

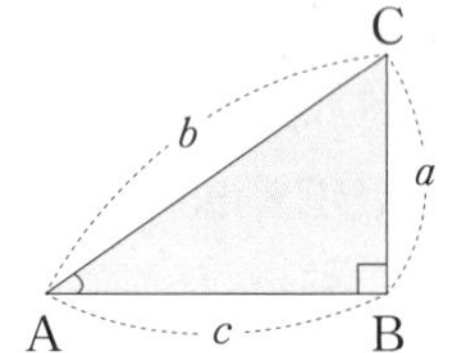

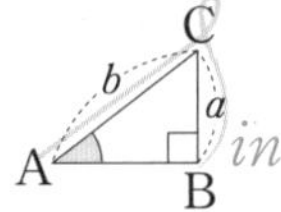

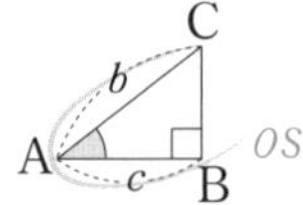

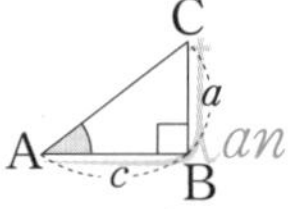

정삼각형의 한 변의 길이와 한 중선의 길이의 비, 정사각형의 한 변의 길이와 대각선의 길이의 비를 이용하면 30°, 45°, 60°의 삼각비의 값을 구할 수 있다. 이들 각에 대한 삼각비의 값은 오른쪽과 같다.

삼각비 \ A	30°	45°	60°
$\sin A$	$\frac{1}{2}$	$\frac{1}{\sqrt{2}}$	$\frac{\sqrt{3}}{2}$
$\cos A$	$\frac{\sqrt{3}}{2}$	$\frac{1}{\sqrt{2}}$	$\frac{1}{2}$
$\tan A$	$\frac{1}{\sqrt{3}}$	1	$\sqrt{3}$

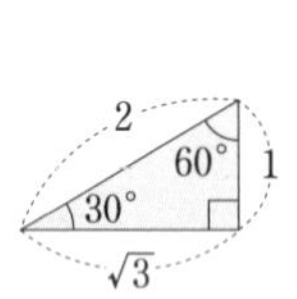

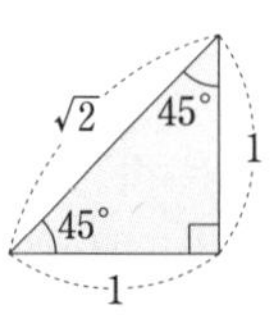

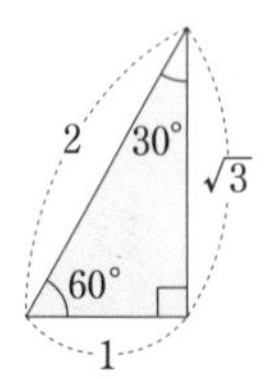

오른쪽 그림과 같이 직각삼각형 AOB에서 $\angle AOB$의 크기가 0°에 가까워지면 $\overline{AB}$의 길이는 0에 가까워지고, $\overline{OB}$의 길이는 1에 가까워진다. 따라서 $\sin 0°=0$, $\cos 0°=1$로 정한다. 또, $\angle AOB$의 크기가 90°에 가까워지면 $\overline{AB}$의 길이는 1에 가까워지고, $\overline{OB}$의 길이는 0에 가까워진다. 따라서 $\sin 90°=1$, $\cos 90°=0$으로 정한다. 마찬가지 방법으로 $\tan 0°=0$으로 정한다.

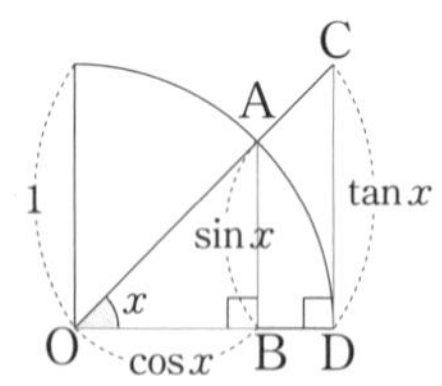

WHY? 영국은 19세기에 당시 식민지였던 인도 대륙의 지도를 만들기 위한 측량 사업에서 땅을 삼각형으로 나눈 후 삼각비를 사용하여 직접 측량하기 어려운 거리를 계산하였다. 이 측량 사업은 컴퓨터나 GPS(인공위성을 이용한 위치 측정 시스템)가 개발되기 전에 이루어진 가장 어려운 작업 중의 하나였고, 이 측량으로 세계에서 가장 높다고 밝혀진 에베레스트 산은 이 측량 사업의 책임자인 조지 에베레스트의 이름을 따서 지어진 것이다. 고대 이집트와 바빌로니아에서 시작된 삼각비의 개념은 중세 천문학의 발전은 물론 현대의 공학, 자연 과학의 발전에도 지대한 역할을 하고 있다.

핵심 271 삼각비의 뜻

삼각비 : 직각삼각형에서 두 변의 길이의 비

∠A의 삼각비 : ∠B=90°인 직각삼각형 ABC에서 대변의 길이를 각각 a, b, c라고 하면

$\sin A=\frac{a}{b}$ $\cos A=\frac{c}{b}$ $\tan A=\frac{a}{c}$

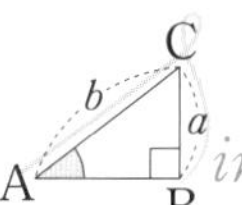
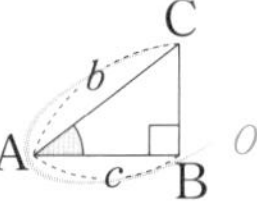
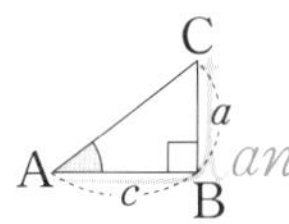

참고 삼각비에서 A는 ∠A의 크기를 나타낸다.

주의 $\sin A=\frac{(\text{높이})}{(\text{빗변의 길이})}$와 같이 암기할 때는 주의해야 한다.
각의 위치에 따라 '높이'와 '밑변의 길이'가 변하기 때문이다.

※ 다음 그림과 같은 직각삼각형 ABC에서 $\sin A$, $\cos A$, $\tan A$의 값을 차례로 구하라.

1.

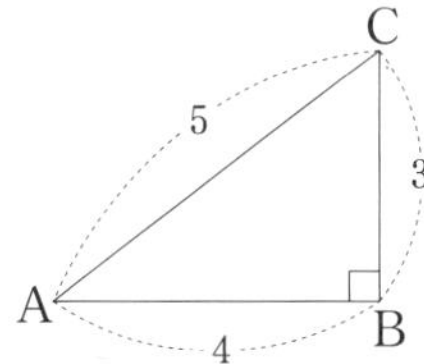

↳ $\sin A=\frac{\overline{BC}}{\overline{AC}}=\square$

$\cos A=\frac{\overline{AB}}{\overline{AC}}=\square$

$\tan A=\frac{\overline{BC}}{\overline{AB}}=\square$

2.

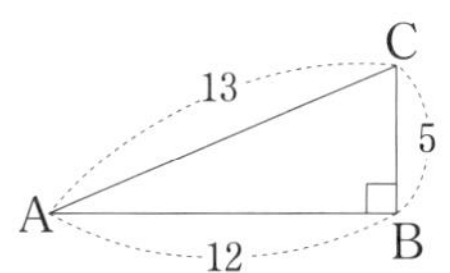

3.

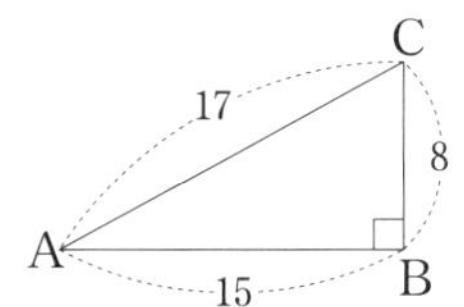

4.

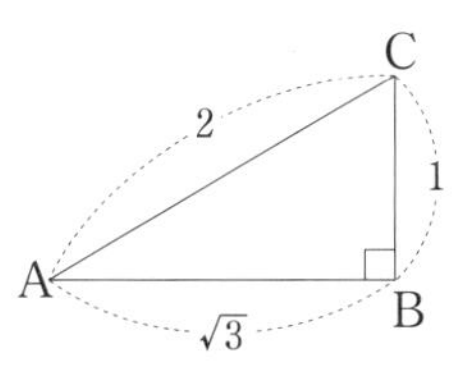

5.

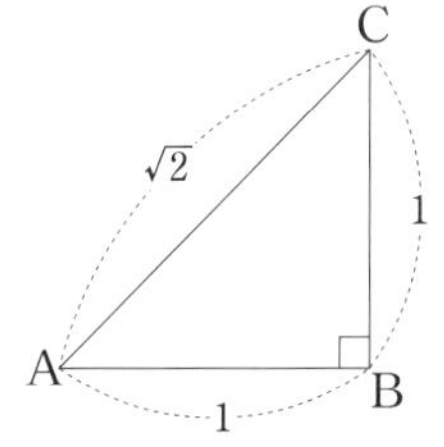

※ 다음 그림과 같은 직각삼각형 ABC에서 $\sin C$, $\cos C$, $\tan C$의 값을 차례로 구하라.

6.

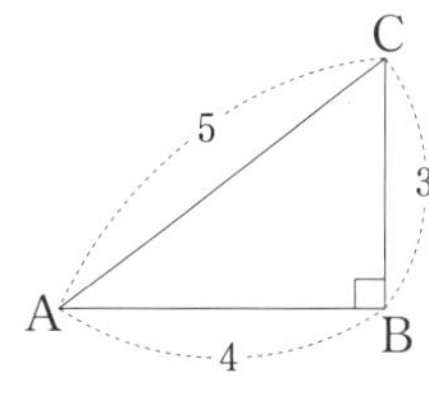

↳ $\sin C=\frac{\overline{AB}}{\overline{AC}}=\square$

$\cos C=\frac{\overline{BC}}{\overline{AC}}=\square$

$\tan C=\frac{\overline{AB}}{\overline{BC}}=\square$

7.

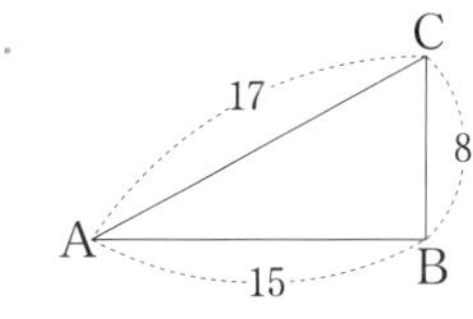

8.

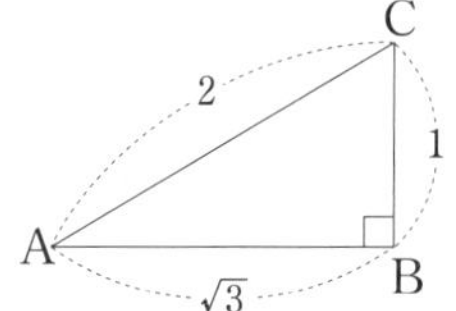

※ 삼각비의 값과 직각삼각형의 한 변의 길이가 다음과 같을 때, x의 값을 구하라.

9. $\sin A=\frac{\sqrt{2}}{2}$

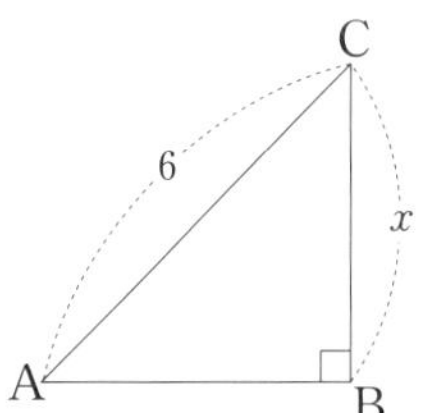

↳ $\sin A=\frac{\overline{BC}}{\overline{AC}}$이므로

$\frac{x}{6}=\frac{\sqrt{2}}{2}$

$\therefore x=\frac{\sqrt{2}}{2}\times 6=\square$

10. $\cos A=\frac{\sqrt{3}}{2}$

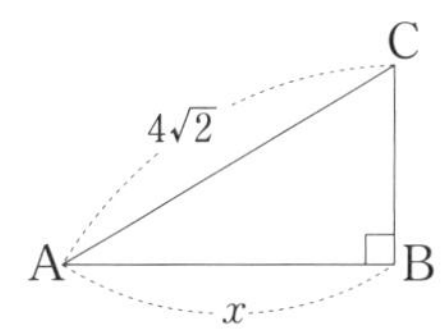

11. $\tan A=\frac{3}{4}$

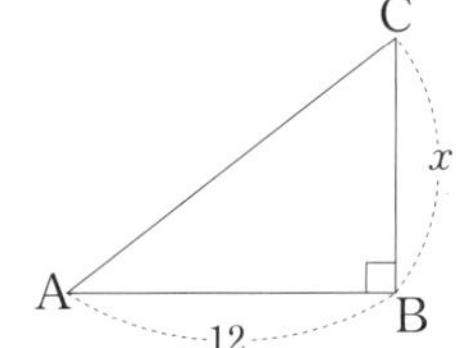

핵심

272 한 삼각비만 주어졌을 때 나머지 삼각비

사인, 코사인, 탄젠트 중 하나의 삼각비만 주어졌을 때, 나머지 삼각비의 값은 다음과 같이 구한다.

① 주어진 삼각비의 값만으로 직각삼각형을 그린다.

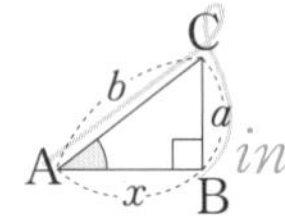

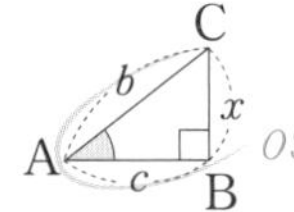

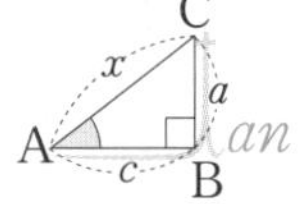

② 피타고라스 정리를 이용하여 나머지 한 변의 길이 x를 구한다.

③ 다른 두 삼각비의 값을 구한다.

※ $\angle B=90°$인 직각삼각형 ABC에서 다음 값을 직각삼각형을 그려서 구하라.

1. $\sin A=\frac{3}{5}$일 때, $\cos A$, $\tan A$

↳ $\sin A=\frac{3}{5}$이므로 $\overline{AC}=5$, $\overline{BC}=3$인 직각삼각형을 그린다.
피타고라스 정리에서
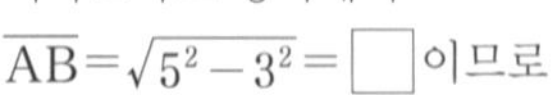
$\overline{AB}=\sqrt{5^2-3^2}=\square$이므로

$\cos A=\frac{\overline{AB}}{\overline{AC}}=\square$, $\tan A=\frac{\overline{BC}}{\overline{AB}}=\square$

C
5
3
A
B

2. $\cos A=\frac{1}{2}$일 때, $\sin A$, $\tan A$

3. $\tan A=\frac{2}{3}$일 때, $\sin A$, $\cos A$

4. $\tan C=\frac{12}{5}$일 때, $\sin C$, $\cos C$

핵심

273 특수각의 삼각비

한 내각의 크기가 60°인 직각삼각형과 45°인 직각삼각형 세 변의 길이 비는 그림과 같다.

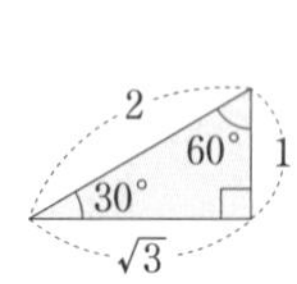

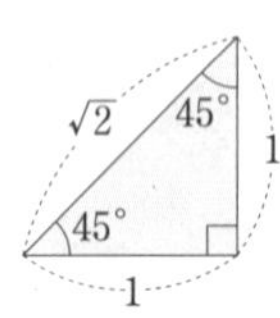

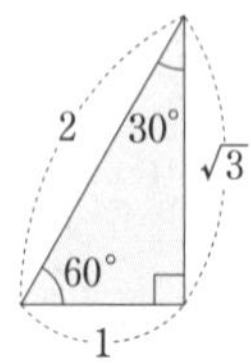

따라서 30°, 45°, 60°에 대한 삼각비의 값은 아래와 같다.

삼각비 \ A	30°	45°	60°	
$\sin A$	$\frac{1}{2}$	$\frac{\sqrt{2}}{2}$ $\frac{1}{\sqrt{2}}$	$\frac{\sqrt{3}}{2}$	sin값은 증가
$\cos A$	$\frac{\sqrt{3}}{2}$	$\frac{\sqrt{2}}{2}$ $\frac{1}{\sqrt{2}}$	$\frac{1}{2}$	cos값은 감소
$\tan A$	$\frac{\sqrt{3}}{3}$ $\frac{1}{\sqrt{3}}$	1	$\sqrt{3}$	tan값은 증가

※ 다음을 계산하여라.

1. $\cos 45°+\sin 45°$

↳ $\cos 45°+\sin 45°=\frac{\sqrt{2}}{2}+\square=\square$

2. $\sin 60°+\cos 30°$

3. $\sin 60°-\tan 30°$

4. $\tan 45°-\cos 60°$

5. $\tan 30°\times\tan 60°$

6. $\sin 45°\div\cos 30°$

7. $\tan 45°\div\cos 45°$

※ $0° < A < 90°$일 때, 다음을 만족하는 A의 값을 구하라.

8. $\cos A = \frac{1}{\sqrt{2}}$

↳ $\cos \square = \frac{1}{\sqrt{2}}$이므로 $A = \square$

9. $\sin A = \frac{1}{\sqrt{2}}$

10. $\tan A = \sqrt{3}$

11. $\cos A = \frac{1}{2}$

12. $\sin A = \frac{\sqrt{3}}{2}$

13. $\tan A = 1$

※ 삼각비의 값을 이용하여 다음 직각삼각형 ABC에서 x의 값을 구하라.

14.

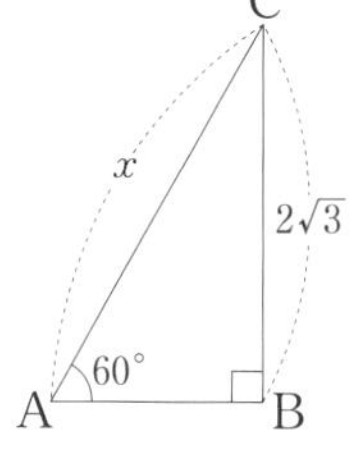

↳ $\sin 60° = \frac{\sqrt{3}}{2}$이므로

$\frac{\square}{x} = \frac{\sqrt{3}}{2}$, $\frac{x}{\square} = \frac{2}{\sqrt{3}}$

$\therefore x = \frac{2}{\sqrt{3}} \times \square = \square$

15.

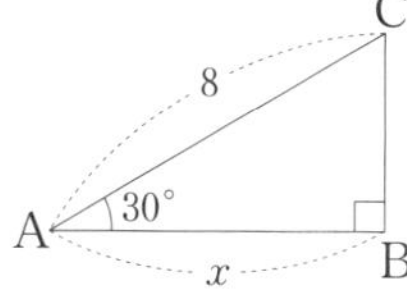

16.

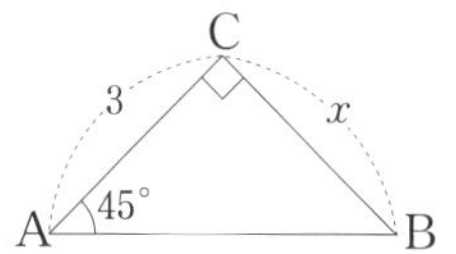

※ 삼각비의 값을 이용하여 다음 삼각형에서 x의 값을 구하라.

17.

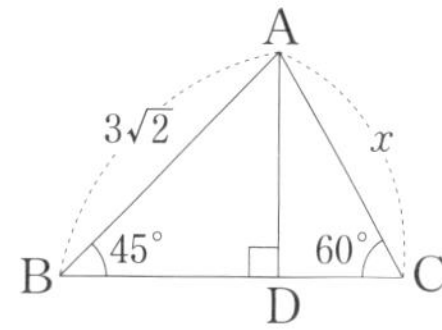

↳ $\triangle$ABD에서 $\sin 45° = \frac{1}{\sqrt{2}}$이므로 $\frac{\overline{AD}}{3\sqrt{2}} = \frac{1}{\sqrt{2}}$

$\therefore \overline{AD} = \square$

$\triangle$ADC에서 $\sin 60° = \frac{\sqrt{3}}{2}$이므로 $\frac{\square}{x} = \frac{\sqrt{3}}{2}$

$\therefore x = \frac{2}{\sqrt{3}} \times \square = \square$

18.

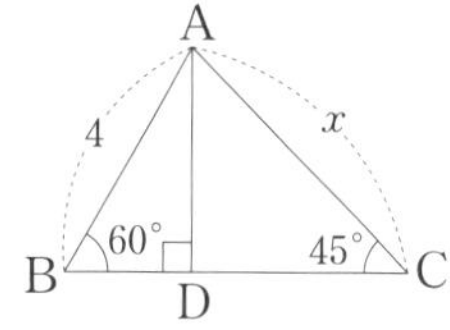

19.

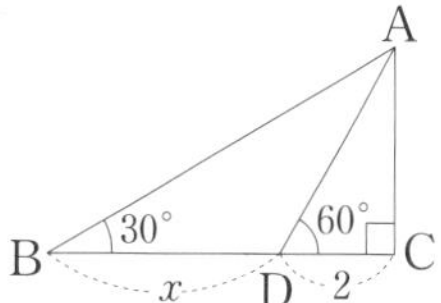

↳ $\triangle$ADC에서 $\tan 60° = \sqrt{3}$이므로 $\frac{\overline{AC}}{\square} = \sqrt{3}$

$\therefore \overline{AC} = \square$

$\triangle$ABC에서 $\tan 30° = \frac{1}{\sqrt{3}}$이므로

$\frac{\square}{x + \square} = \frac{1}{\sqrt{3}}$ $\quad \therefore x = \square$

20.

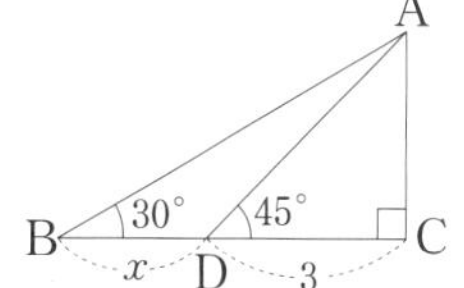

274 예각의 삼각비

예각의 삼각비 : 반지름의 길이가 1인 사분원에서 임의의 예각 x에 대하여

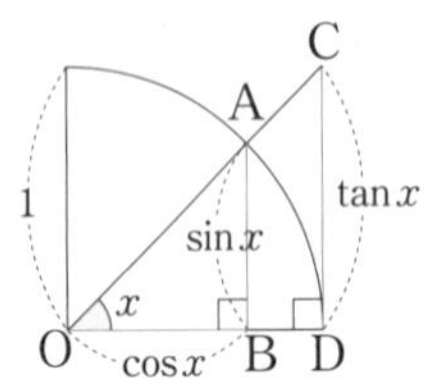

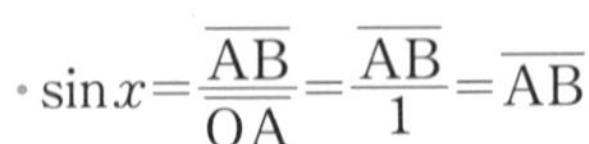

- $\sin x=\dfrac{\overline{AB}}{\overline{OA}}=\dfrac{\overline{AB}}{1}=\overline{AB}$
- $\cos x=\dfrac{\overline{OB}}{\overline{OA}}=\dfrac{\overline{OB}}{1}=\overline{OB}$
- $\tan x=\dfrac{\overline{CD}}{\overline{OD}}=\dfrac{\overline{CD}}{1}=\overline{CD}$

0°, 90°의 삼각비 값

삼각비 \ A	0°	90°
$\sin A$	0	1
$\cos A$	1	0
$\tan A$	0	정할 수 없다.

※ 오른쪽 그림과 같이 반지름의 길이가 1인 사분원을 보고 옳은 것에는 ○표, 옳지 않은 것에는 ×표 하여라.

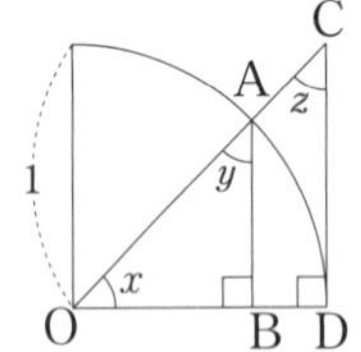

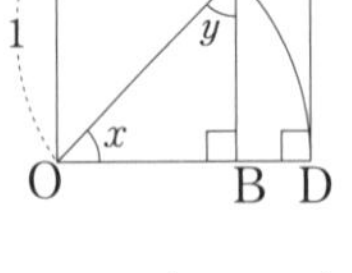

1. $\sin x=\overline{AB}$ (　　)

2. $\cos x=\overline{CD}$ (　　)

   ↳ $\cos x=\dfrac{\square}{\overline{OA}}=\square$

3. $\tan x=\overline{OD}$ (　　)

4. $\sin y=\overline{OA}$ (　　)

5. $\cos y=\overline{OB}$ (　　)

6. $\sin z=\overline{OD}$ (　　)

   ↳ $\overline{AB}$ // $\square$ 이므로 $\angle z=\square$

   $\therefore \sin z=\sin\square=\square$

7. $\cos z=\overline{AB}$ (　　)

8. $\tan z=\overline{CD}$ (　　)

※ 오른쪽 그림과 같이 좌표평면 위의 원점 O를 중심으로 하는 반지름의 길이가 1인 사분원을 보고 다음 삼각비의 값을 구하라.

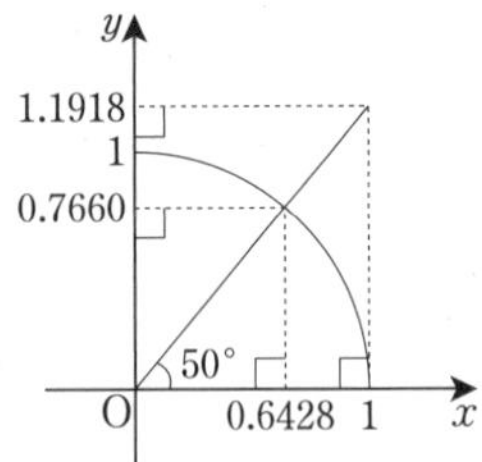

9. $\cos 50°$

10. $\sin 50°$

11. $\tan 50°$

12. $\cos 40°$

13. $\sin 40°$

※ 다음 삼각비의 값을 구하라.

14. $\sin 0°$

15. $\cos 0°$

16. $\tan 0°$

17. $\sin 90°$

18. $\cos 90°$

※ 다음을 계산하여라.

19. $\sin 0°+\cos 0°$

20. $\sin 90°-\cos 90°$

21. $\cos 0°\times\sin 90°+\tan 0°$

22. $(\cos 0°-\tan 0°)\times\sin 90°$

핵심

275 삼각비의 표

삼각비의 표 : 0°에서 90°사이의 각을 1° 간격으로 나누어 삼각비의 근삿값을 표로 나타낸 것

각도	사인(sin)	코사인(cos)	탄젠트(tan)
⋮		⋮	⋮
31°	0.5150	0.8572	0.6009
32° →	0.5299	0.8480	0.6249
33°	0.5446	0.8387	0.6494
⋮	⋮	⋮	⋮

삼각비의 표를 읽는 방법 : 삼각비의 표에서 가로줄과 세로줄이 만나는 곳의 수가 삼각비의 근삿값이다.

※ 다음 삼각비의 표를 보고 삼각비의 값을 구하라.

각도	사인(sin)	코사인(cos)	탄젠트(tan)
61°	0.8746	0.4848	1.8040
62°	0.8829	0.4695	1.8807
63°	0.8910	0.4540	1.9626
64°	0.8988	0.4384	2.0503

1. $\sin 62°$
2. $\sin 64°$
3. $\cos 61°$
4. $\cos 63°$
5. $\tan 62°$
6. $\tan 64°$

※ 삼각비의 표를 보고 다음을 만족하는 $\angle x$의 크기를 구하라.

각도	사인(sin)	코사인(cos)	탄젠트(tan)
72°	0.9511	0.3090	3.0777
73°	0.9563	0.2924	3.2709
74°	0.9613	0.2756	3.4874
75°	0.9659	0.2588	3.7321

7. $\sin x = 0.9511$
8. $\sin x = 0.9613$
9. $\cos x = 0.2924$
10. $\cos x = 0.2588$
11. $\tan x = 3.2709$
12. $\tan x = 3.7321$

※ 다음 삼각비의 표를 보고 x의 값을 구하라.

각도	사인(sin)	코사인(cos)	탄젠트(tan)
35°	0.5736	0.8192	0.7002
36°	0.5878	0.8090	0.7265
37°	0.6018	0.7986	0.7536
38°	0.6157	0.7880	0.7813

13.

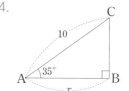

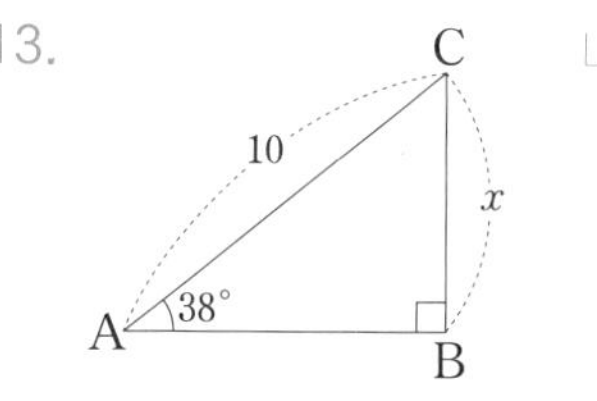

↳ $\sin 38° = \frac{x}{10} = \square$

$\therefore x = \square$

14. (A, B, C; $\angle A = 35°$, $\overline{AC} = 10$, $\overline{AB} = x$)

15. (A, B, C; $\angle A = 37°$, $\overline{AB} = 10$, $\overline{BC} = x$)

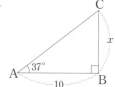

※ 다음 삼각비의 표를 보고 x의 값을 구하라.

각도	사인(sin)	코사인(cos)	탄젠트(tan)
39°	0.6293	0.7771	0.8098
40°	0.6428	0.7660	0.8391
41°	0.6561	0.7547	0.8693
42°	0.6691	0.7431	0.9004

16.

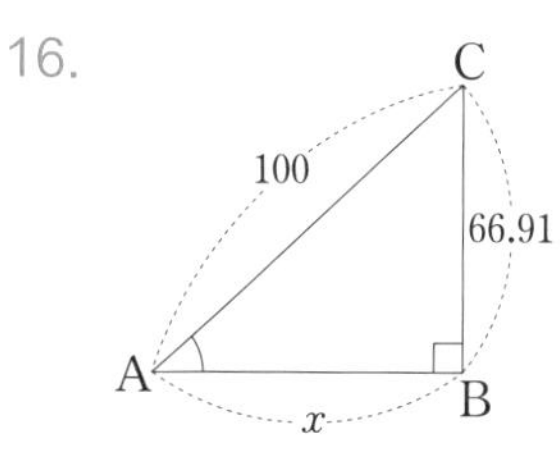

↳ $\sin A = \frac{66.91}{100} = 0.6691$

$\therefore A = \square$

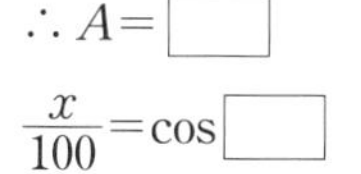

$\frac{x}{100} = \cos \square$

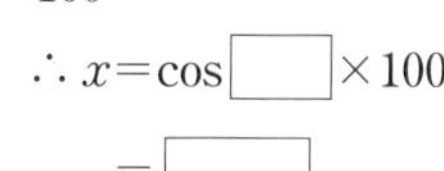

$\therefore x = \cos \square \times 100$

$= \square$

17.

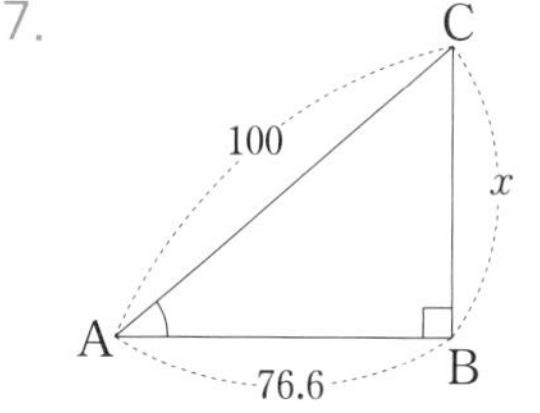

핵심 276 직각삼각형의 변의 길이

$\angle C=90^\circ$ 인 직각삼각형 ABC에서

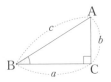

- $\angle B$의 크기와 빗변의 길이 c를 알 때
  $a=c\cos B,\ b=c\sin B$
- $\angle B$의 크기와 밑변의 길이 a를 알 때
  $b=a\tan B,\ c=\dfrac{a}{\cos B}$
- $\angle B$의 크기와 높이 b를 알 때
  $a=\dfrac{b}{\tan B},\ c=\dfrac{b}{\sin B}$

※ 오른쪽 그림과 같이 $\angle C=90^\circ$ 인 직각삼각형 ABC에 대하여 □ 안에 알맞은 것을 써넣어라.

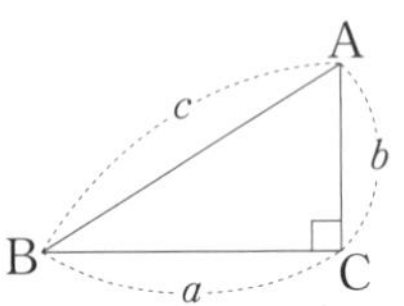

1. $\sin B=\dfrac{b}{c} \rightarrow b=$ □

2. $\cos B=\dfrac{a}{c} \rightarrow a=$ □

3. $\tan B=\dfrac{b}{a} \rightarrow b=$ □

4. $\sin A=\dfrac{a}{c} \rightarrow a=$ □

5. $\cos A=\dfrac{b}{c} \rightarrow b=$ □

6. $\tan A=\dfrac{a}{b} \rightarrow a=$ □

※ 주어진 삼각비의 값을 이용하여 다음 그림에서 x, y의 값을 소수 첫째 자리까지 각각 구하라.

7. $\sin 35^\circ=0.57,\ \cos 35^\circ=0.82,\ \tan 35^\circ=0.7$

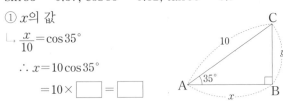

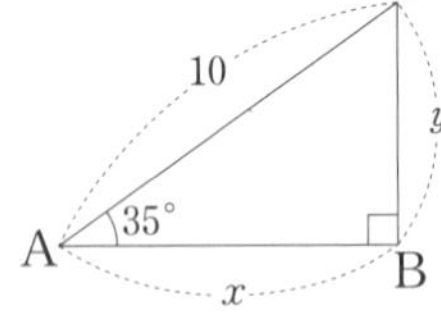

① x의 값

└ $\dfrac{x}{10}=\cos 35^\circ$

$\therefore x=10\cos 35^\circ$

$=10\times$ □ $=$ □

② y의 값

8. $\sin 64^\circ=0.9,\ \cos 64^\circ=0.44,\ \tan 64^\circ=2.05$

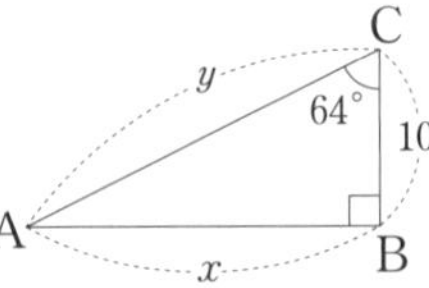

① x의 값

② y의 값

※ 주어진 삼각비의 값을 이용하여 건물의 높이를 구하라.

9. $\sin 58^\circ=0.85$
$\cos 58^\circ=0.53$
$\tan 58^\circ=1.6$

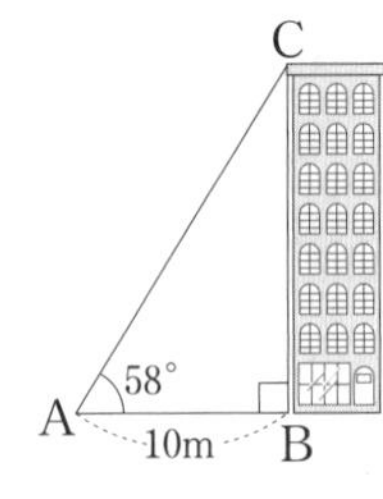

└ $\dfrac{\overline{BC}}{10}=\tan 58^\circ$

$\therefore \overline{BC}=10\tan 58^\circ$

$=10\times$ □ $=$ □ m

10. $\sin 72^\circ=0.95$
$\cos 72^\circ=0.31$
$\tan 72^\circ=3.01$

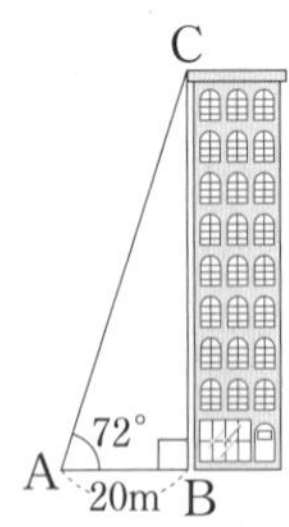

11. $\sin 30^\circ=0.5,\ \sin 45^\circ=0.71$
$\cos 30^\circ=0.87,\ \cos 45^\circ=0.71$
$\tan 30^\circ=0.58,\ \tan 45^\circ=1$

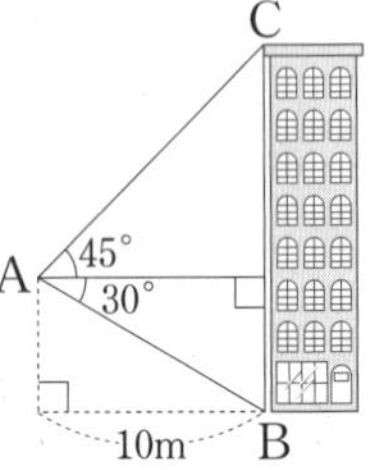

└ $\overline{BC}=10\tan 45^\circ+10\tan 30^\circ$

$=10\times$ □ $+10\times$ □

$=$ □ m

핵심

277 일반삼각형의 변의 길이

길이를 구하고자 하는 변이 빗변인 직각삼각형이 되도록 수선을 그어 주어진 삼각형을 2개의 직각삼각형으로 나눈다.

두 변의 길이와 끼인 각의 크기를 알 때

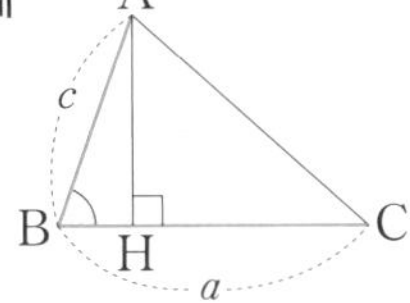

$\triangle$ABH에서 $\overline{AH}=c\sin B$,

$\overline{BH}=c\cos B$이므로

$\overline{CH}=\overline{BC}-\overline{BH}=a-c\cos B$

$\therefore \overline{AC}=\sqrt{\overline{AH}^2+\overline{CH}^2}$

$=\sqrt{(c\sin B)^2+(a-c\cos B)^2}$

한 변의 길이와 그 양 끝각의 크기를 알 때

수선으로 나누어진 두 직각삼각형의 높이가 같음을 이용하여 변의 길이를 구한다.

① $\overline{AB}$의 길이 ② $\overline{AC}$의 길이

$\overline{BH} \longrightarrow \overline{AB}\sin A=a\sin C$ $\overline{CH'} \longrightarrow \overline{AC}\sin A=a\sin B$

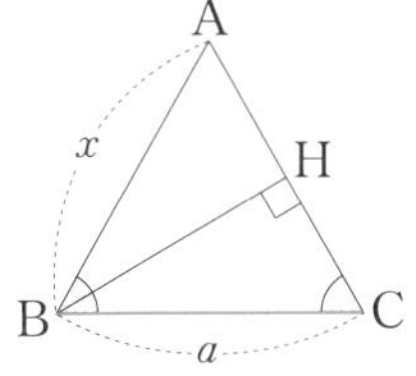

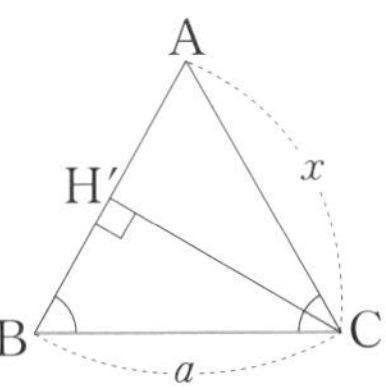

※ 오른쪽 삼각형 ABC에서 다음을 구하라.

1. $\overline{AH}$의 길이

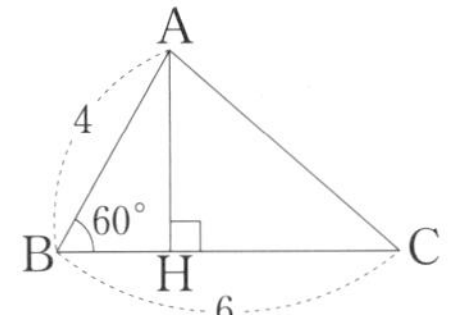

2. $\overline{BH}$의 길이

3. $\overline{CH}$의 길이

4. $\overline{AC}$의 길이

※ 다음 삼각형에서 $\overline{AC}$의 길이를 구하라.

5.

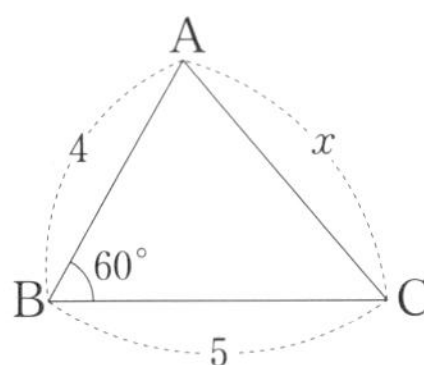

6.

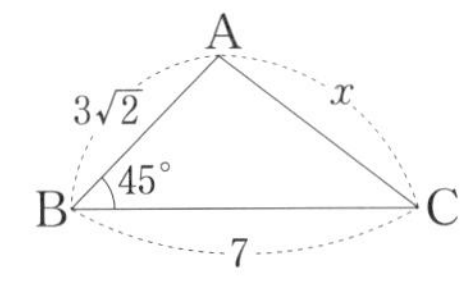

※ 오른쪽 삼각형 ABC에서 다음을 구하라.

7. $\overline{BH}$의 길이

└ $\overline{BH}=3\sqrt{2}\sin$ ☐

$=$ ☐

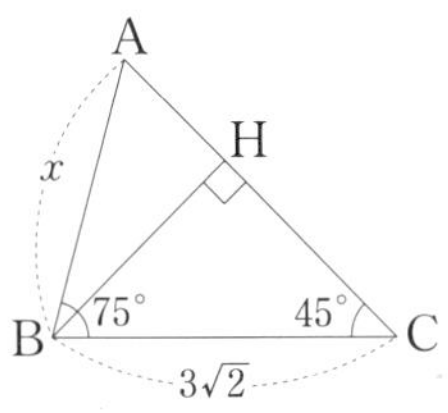

8. $\angle$ABH의 크기

└ $\angle ABH=75°-(90°-45°)=$ ☐

9. $\overline{AB}$의 길이

└ $\triangle$ABH에서 $\overline{BH}=x\cos$ ☐

$\therefore x=\dfrac{\overline{BH}}{\cos ☐}=$ ☐ $\div$ ☐ $=$ ☐

$\angle$ABH의 크기 대신 $\angle$A의 크기를 이용해서 다음과 같이 풀어도 된다.

$\overline{BH}=x\sin A$ $\therefore x=\dfrac{\overline{BH}}{\sin A}$

※ 다음 삼각형에서 $\overline{AB}$의 길이를 구하라.

10.

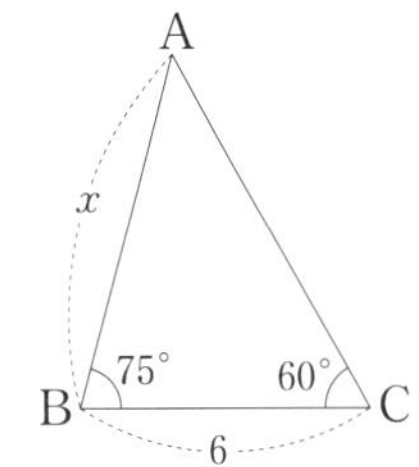

11.

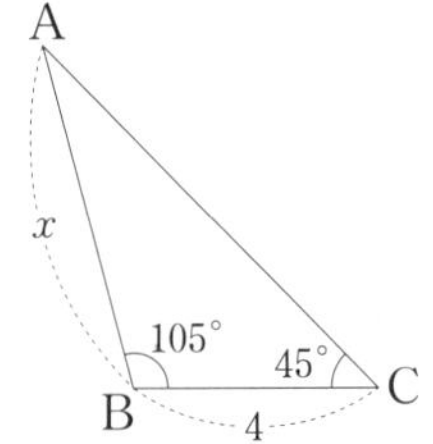

※ 다음 삼각형에서 $\overline{AC}$의 길이를 구하라.

12.

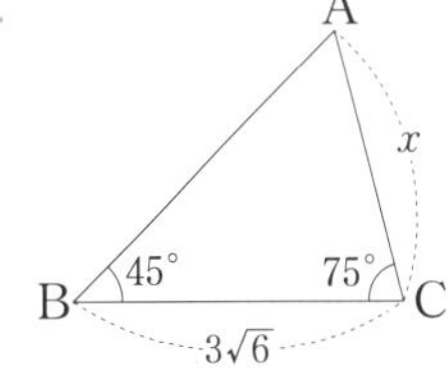

13.

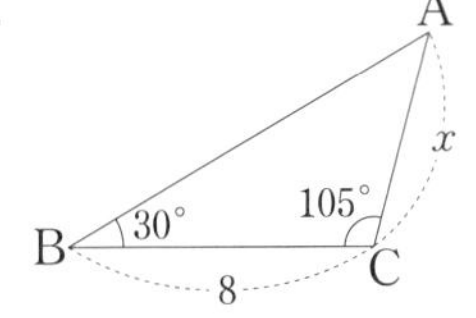

핵심

278 삼각형의 높이

밑변의 길이와 그 양 끝각의 크기가 주어진 삼각형의 높이 h는 삼각비를 이용하여 구할 수 있다.

예각삼각형의 높이

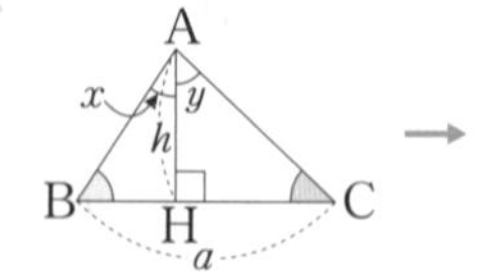

→

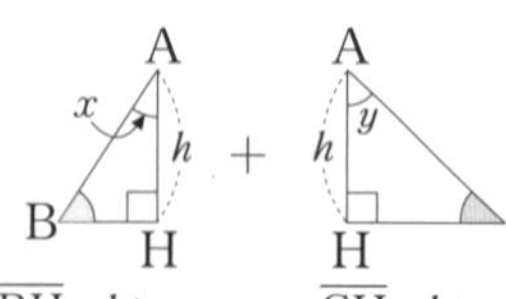

$\overline{\mathrm{BH}}=h\tan x$ + $\overline{\mathrm{CH}}=h\tan y$

$\overline{\mathrm{BH}}+\overline{\mathrm{CH}}=a$이므로 $h(\tan x+\tan y)=a$

$\therefore h=\dfrac{a}{\tan x+\tan y}$

둔각삼각형의 높이

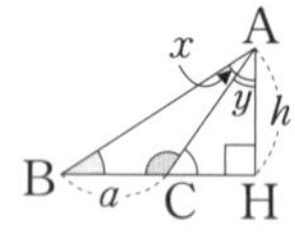

→

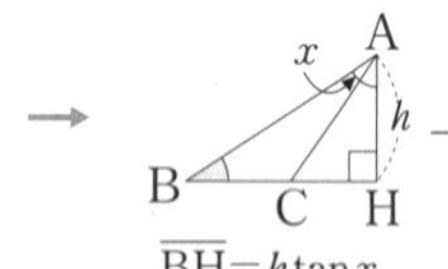

$\overline{\mathrm{BH}}=h\tan x$

−

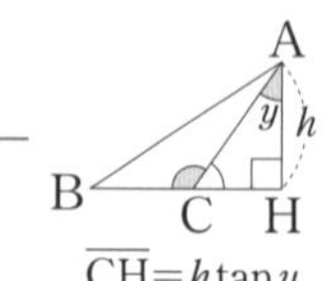

$\overline{\mathrm{CH}}=h\tan y$

$\overline{\mathrm{BH}}-\overline{\mathrm{CH}}=a$이므로 $h(\tan x-\tan y)=a$

$\therefore h=\dfrac{a}{\tan x-\tan y}$

※ 오른쪽 그림과 같은 삼각형 ABC의 높이는 $\overline{\mathrm{BH}}+\overline{\mathrm{HC}}=\overline{\mathrm{BC}}$에서 구할 수 있다. 물음에 답하여라.

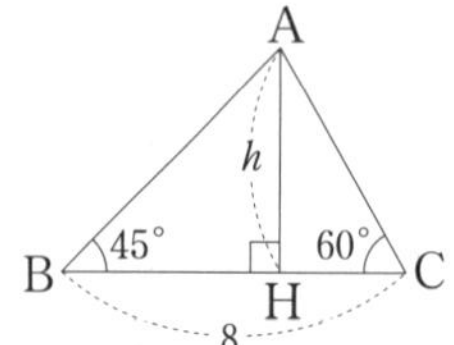

1. $\overline{\mathrm{BH}}$의 길이를 h를 이용하여 나타내어라.
   - ↳ $\angle\mathrm{BAH}=90°-\square=\square$이므로 $\overline{\mathrm{BH}}=h\tan\square=h$

2. $\overline{\mathrm{HC}}$의 길이를 h를 이용하여 나타내어라.
   - ↳ $\angle\mathrm{CAH}=90°-\square=\square$이므로 $\overline{\mathrm{HC}}=h\tan\square=\square h$

3. $\overline{\mathrm{BH}}+\overline{\mathrm{HC}}=\overline{\mathrm{BC}}$임을 이용하여 높이 h를 구하라.
   - ↳ $\overline{\mathrm{BH}}+\overline{\mathrm{HC}}=\overline{\mathrm{BC}}$이므로 $\left(1+\square\right)h=\square$
   - $\therefore h=\dfrac{\square}{1+\frac{\sqrt{3}}{3}}=\dfrac{\square}{3+\sqrt{3}}=\square(3-\sqrt{3})$

※ 다음 그림과 같은 삼각형 ABC에서 높이를 구하라.

4. 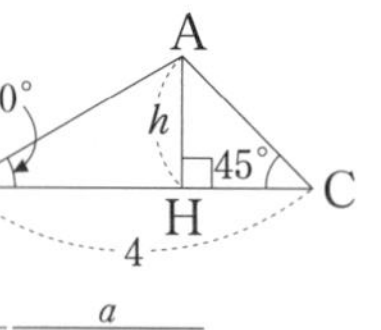

힌트 $h=\dfrac{a}{\tan x+\tan y}$

5. 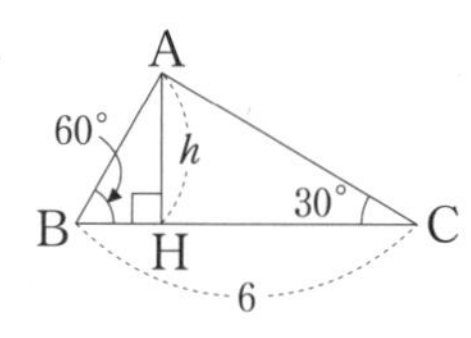

※ 오른쪽 그림과 같은 삼각형 ABC의 높이는 $\overline{\mathrm{BH}}-\overline{\mathrm{CH}}=\overline{\mathrm{BC}}$에서 구할 수 있다. 물음에 답하여라.

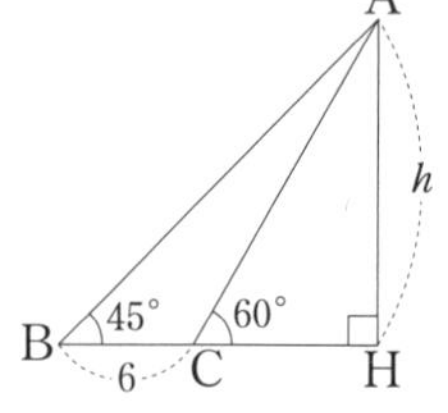

6. $\overline{\mathrm{BH}}$의 길이를 h를 이용하여 나타내어라.
   - ↳ $\angle\mathrm{BAH}=90°-\square=\square$이므로 $\overline{\mathrm{BH}}=h\tan\square=h$

7. $\overline{\mathrm{CH}}$의 길이를 h를 이용하여 나타내어라.
   - ↳ $\angle\mathrm{CAH}=90°-\square=\square$이므로 $\overline{\mathrm{CH}}=h\tan\square=\square h$

8. $\overline{\mathrm{BH}}-\overline{\mathrm{CH}}=\overline{\mathrm{BC}}$임을 이용하여 높이 h를 구하라.
   - ↳ $\overline{\mathrm{BH}}-\overline{\mathrm{CH}}=\overline{\mathrm{BC}}$이므로 $\left(1-\square\right)h=\square$
   - $\therefore h=\dfrac{\square}{1-\frac{\sqrt{3}}{3}}=\dfrac{\square}{3-\sqrt{3}}=\dfrac{\square(3+\sqrt{3})}{(3-\sqrt{3})(3+\sqrt{3})}$
   - $=\square(3+\sqrt{3})$

※ 다음 그림과 같은 삼각형 ABC에서 높이를 구하라.

9. 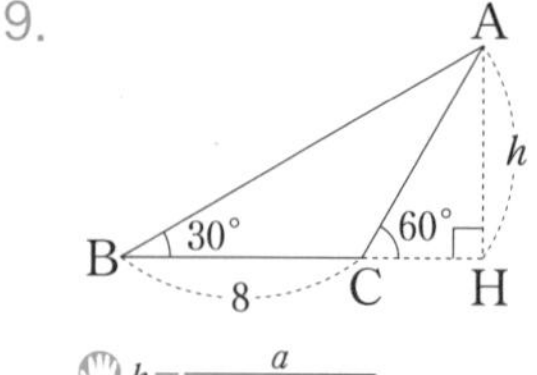

힌트 $h=\dfrac{a}{\tan x-\tan y}$

10. 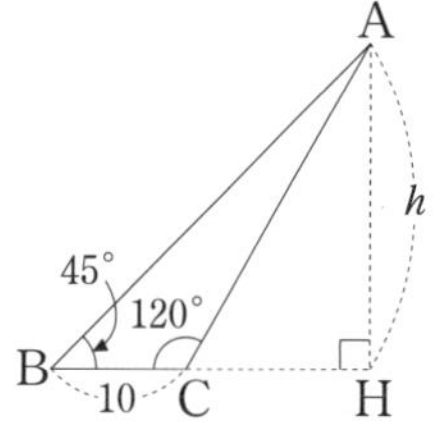

핵심

279 삼각형의 넓이

두 변의 길이 a, c와 그 끼인각 $\angle$B의 크기를 알 때, $\triangle$ABC의 넓이

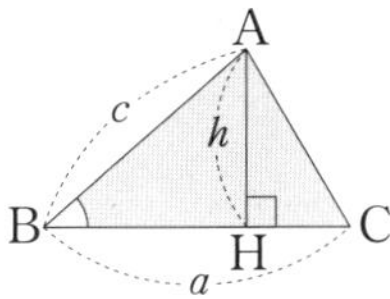

• $\angle$B가 예각일 때

$\triangle ABC=\frac{1}{2}ac\sin B$

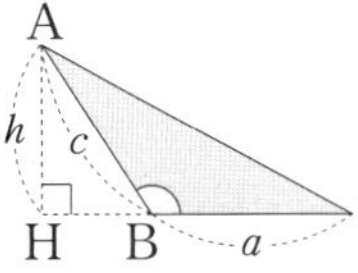

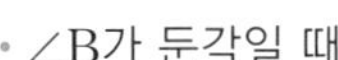

• $\angle$B가 둔각일 때

$\triangle ABC=\frac{1}{2}ac\sin(180°-B)$

※ 다음 삼각형 ABC의 넓이를 구하라.

1.

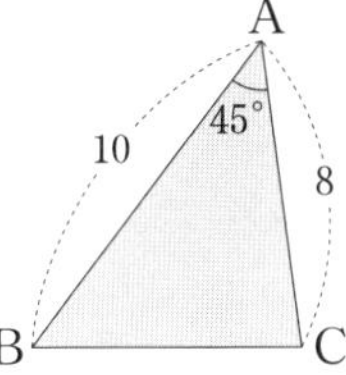

└, $\triangle ABC=\frac{1}{2}\times10\times8\times\sin$ ☐

$=\frac{1}{2}\times10\times8\times$ ☐

$=$ ☐

2.

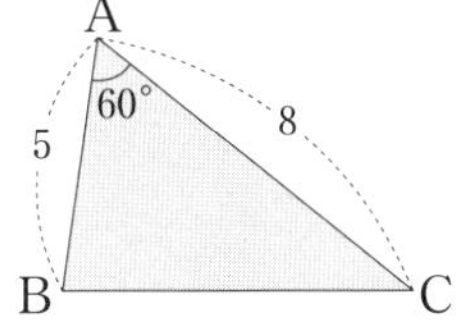

3.

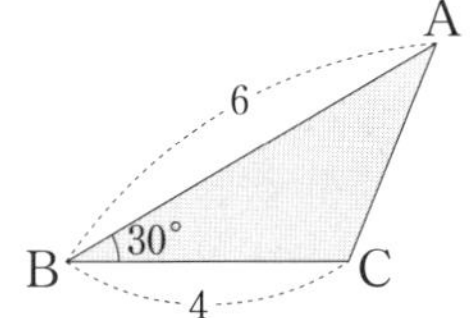

4.

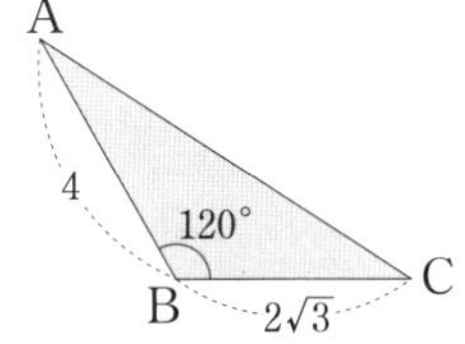

└, $\triangle ABC=\frac{1}{2}\times2\sqrt{3}\times4\times\sin(180°-$ ☐ $)$

$=\frac{1}{2}\times2\sqrt{3}\times4\times$ ☐ $=$ ☐

5.

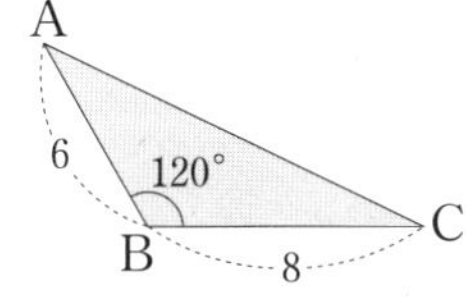

6.

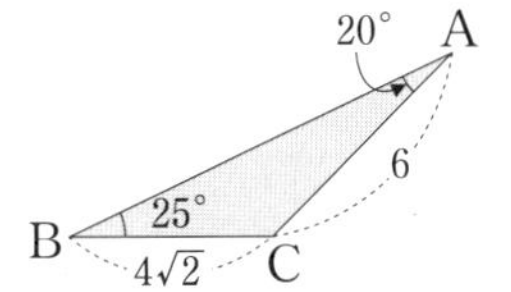

핵심

280 사각형의 넓이

평행사변형의 넓이 : 이웃하는 두 변의 길이가 a, b이고 그 끼인 각의 크기가 x인 평행사변형의 넓이 S는

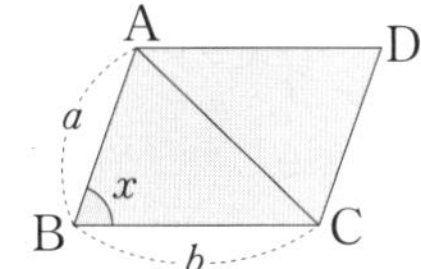

• x가 예각일 때 $S=ab\sin x$

• x가 둔각일 때 $S=ab\sin(180°-x)$

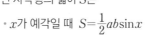

사각형의 넓이 : 두 대각선의 길이가 a, b이고 두 대각선이 이루는 각의 크기가 x인 사각형의 넓이 S는

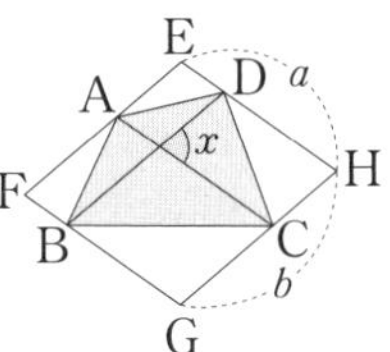

• x가 예각일 때 $S=\frac{1}{2}ab\sin x$

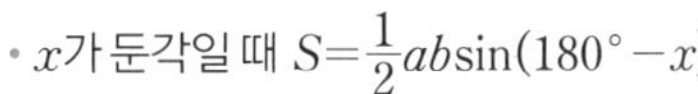

• x가 둔각일 때 $S=\frac{1}{2}ab\sin(180°-x)$

※ 다음 평행사변형 ABCD의 넓이를 구하라.

1.

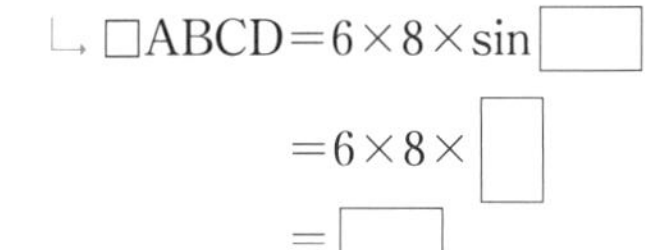

└, □ABCD$=6\times8\times\sin$ ☐

$=6\times8\times$ ☐

$=$ ☐

2.

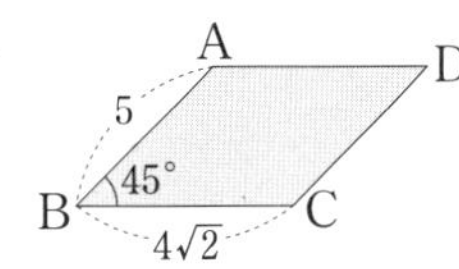

3.

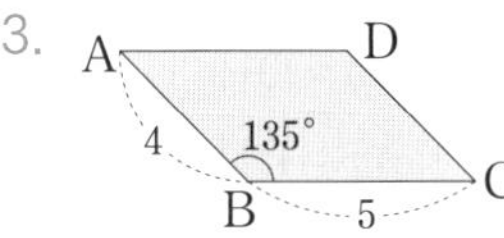

※ 다음 사각형 ABCD의 넓이를 구하라.

4.

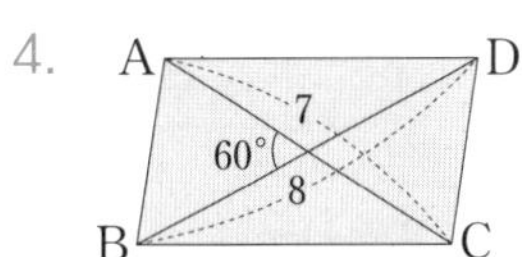

└, □ABCD$=\frac{1}{2}\times7\times8\times\sin$ ☐

$=\frac{1}{2}\times7\times8\times$ ☐

$=$ ☐

5.

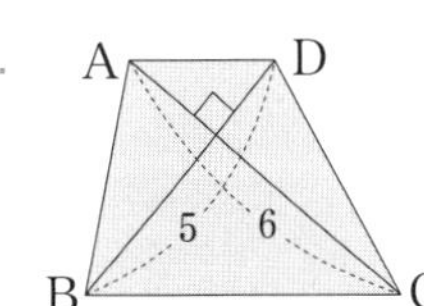

6.

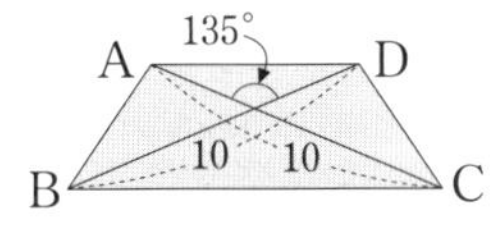

| 실력테스트 |

1. 오른쪽 그림의 직각삼각형 ABC에서 $\overline{AC}=40$, $\sin B=\frac{12}{13}$, $\sin C=\frac{3}{5}$일 때, $\overline{AB}$의 길이를 구하라.

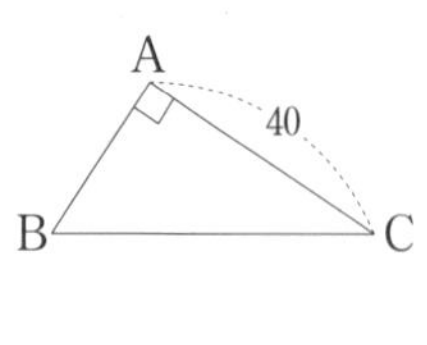

2. 오른쪽 그림의 △ABC에서 ∠B=60°, ∠C=45°, $\overline{BC}$=4cm일 때, $\overline{BH}$의 길이는?

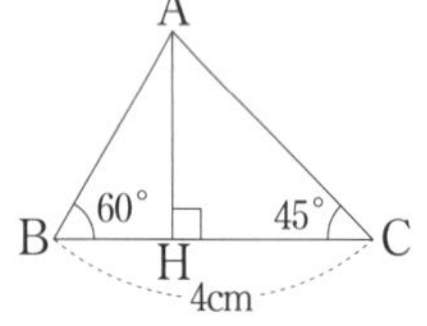

① $2(\sqrt{3}-1)$cm
② $3(\sqrt{3}-1)$cm　　③ $4(\sqrt{3}-1)$cm
④ $5(\sqrt{3}-1)$cm　　⑤ $6(\sqrt{3}-1)$cm

3. 오른쪽 그림에서 선분 AT는 반지름의 길이가 1인 원 O 위의 점 A에서의 접선이다. $\overline{BH}\perp\overline{OH}$이고, $\angle BOA=x$, $\angle OBH=y$일 때, 다음 중 옳은 것은?

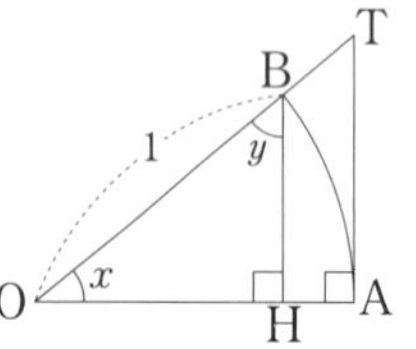

① $\cos x=\overline{OA}$　　② $\sin x=\overline{BH}$
③ $\cos y=\overline{OH}$　　④ $\tan y=\overline{OA}$
⑤ $\tan x=\overline{BH}$

4. 오른쪽 그림에서 $\overline{BC}$=10cm, ∠B=30°, ∠ACH=45°일 때, $\overline{AH}$의 길이는?

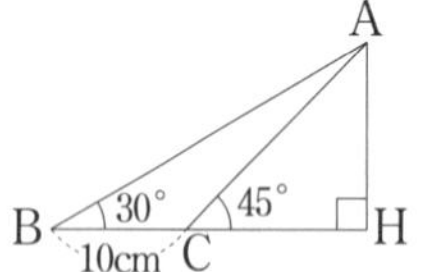

① $2(\sqrt{3}+1)$cm
② $3(\sqrt{3}+1)$cm　　③ $4(\sqrt{3}+1)$cm
④ $5(\sqrt{3}+1)$cm　　⑤ $6(\sqrt{3}+1)$cm

5. 강의 양쪽에 있는 두 지점 A, B 사이의 거리를 알기 위하여 오른쪽 그림과 같이 측량하였다. A, B 사이의 거리는?

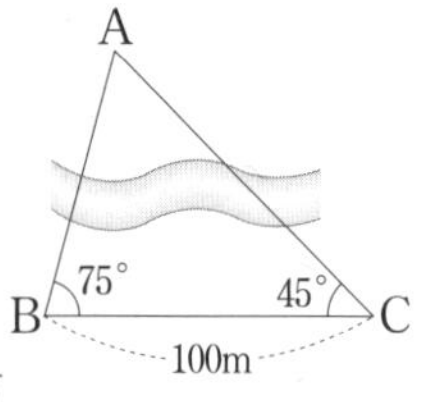

① $\frac{100\sqrt{2}}{3}$m　　② $\frac{100\sqrt{3}}{3}$m
③ $\frac{200}{3}$m　　④ $\frac{100\sqrt{5}}{3}$m
⑤ $\frac{100\sqrt{6}}{3}$m

6. 오른쪽 그림과 같은 □ABCD의 넓이는?

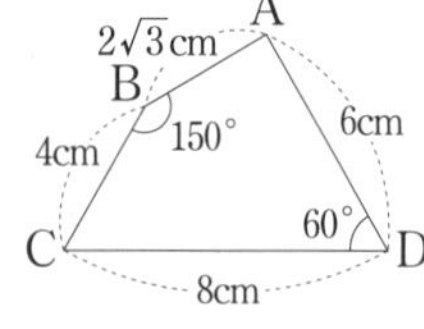

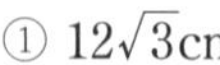

① $12\sqrt{3}$cm²　　② $13\sqrt{3}$cm²
③ $14\sqrt{3}$cm²　　④ $15\sqrt{3}$cm²
⑤ $16\sqrt{3}$cm²

7. 오른쪽 그림과 같은 □ABCD의 넓이를 구하라.

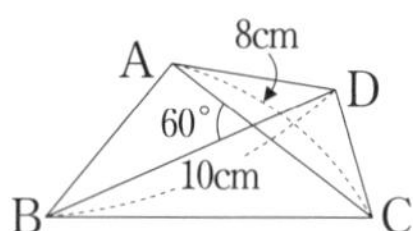

8. 오른쪽 그림과 같이 학교 옥상에서 철탑을 올려본 각과 내려본 각의 크기가 각각 15°, 10°이었다. 건물에서 철탑까지의 거리가 100m일 때, 이 철탑의 높이를 주어진 표를 이용하여 구하라.

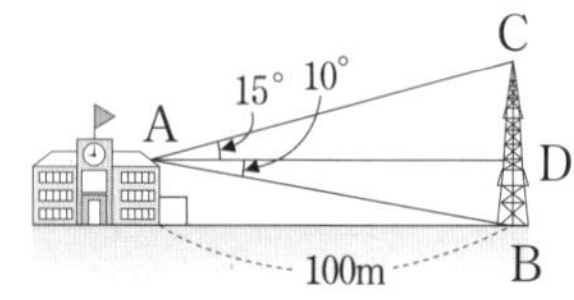

삼각비 / A	$\sin A$	$\cos A$	$\tan A$
10°	0.1736	0.9848	0.1763
15°	0.2588	0.9659	0.2679

Science & Technology

오른쪽 그림과 같이 길이가 2m인 그네가 $\overline{OA}$를 기준으로 60°의 각을 이루며 움직인다고 한다. 그네가 가장 높이 올라갈 때의 두 지점을 각각 B, C라고 할 때, 두 지점 B, C 사이의 거리를 구하라.

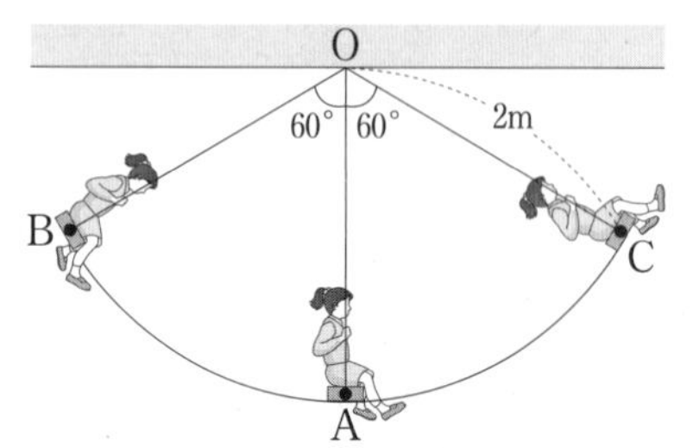

10. 원의 성질

○ 원의 현에 관한 성질과 접선에 관한 성질을 이해한다.
○ 원주각의 성질을 이해한다.

원의 중심에서 현에 내린 수선의 성질을 알아보자.

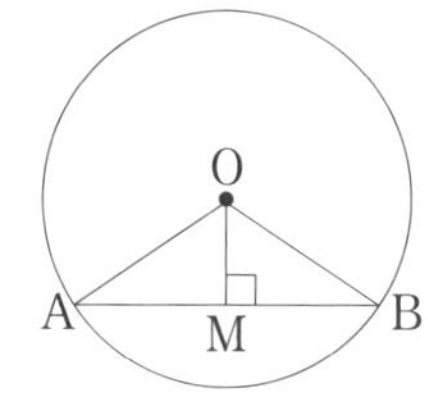

$\triangle$OAM과 $\triangle$OBM에서

$$\angle OMA = \angle OMB = 90^\circ,\ \overline{OA} = \overline{OB}\text{(반지름)},\ \overline{OM}\text{은 공통}$$

이므로 직각삼각형의 합동 조건에 의하여 $\triangle OAM \equiv \triangle OBM$이다.
따라서 $\overline{AM} = \overline{BM}$이다. 즉 원의 중심에서 현에 내린 수선은 그 현을 수직이등분한다.

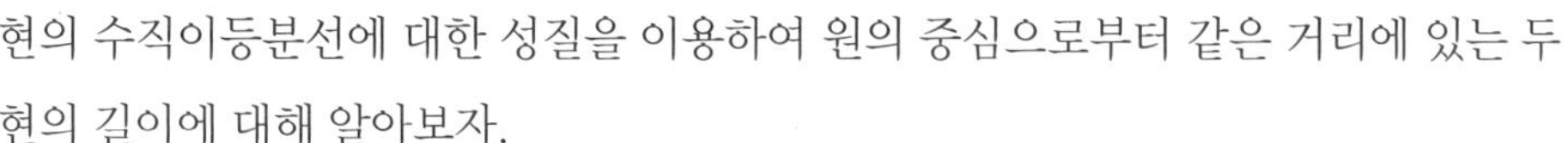

현의 수직이등분선에 대한 성질을 이용하여 원의 중심으로부터 같은 거리에 있는 두 현의 길이에 대해 알아보자.

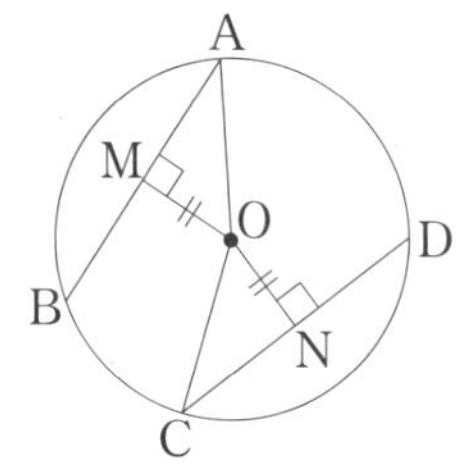

$\triangle$OAM과 $\triangle$OCN에서

$$\overline{OM} = \overline{ON},\ \angle OMA = \angle ONC = 90^\circ,\ \overline{OA} = \overline{OC}\text{(반지름)}$$

이므로 직각삼각형의 합동 조건에 의하여 $\triangle OAM \equiv \triangle OCN$이다.
따라서 $\overline{AM} = \overline{CN}$이다. 이때 $\overline{AB} = 2\overline{AM}$, $\overline{CD} = 2\overline{CN}$이므로 $\overline{AB} = \overline{CD}$이다. 따라서 한 원에서 중심으로부터 같은 거리에 있는 두 현의 길이는 같다.

원 O에서 호 AB를 제외한 원 위에 한 점 P가 있을 때, $\angle APB$를 $\widehat{AB}$에 대한 원주각이라고 한다. 한 원에서 한 호에 대한 원주각의 크기는 그 호에 대한 중심각의 크기의 $\frac{1}{2}$임을 알아보자.

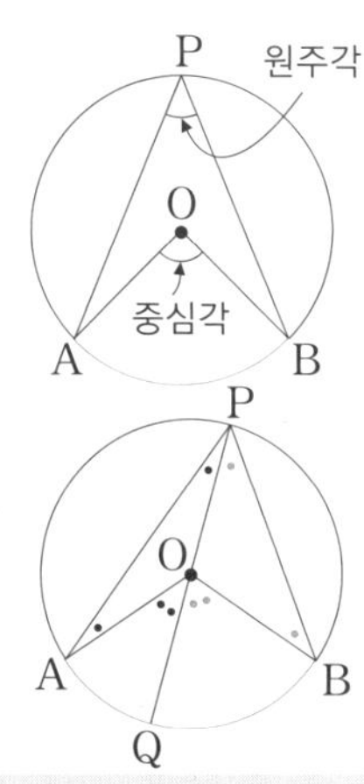

$\triangle$OAP와 $\triangle$OBP는 이등변삼각형이고 이등변삼각형의 두 밑각의 크기는 같으므로 $\angle AOQ = 2\angle APQ$, $\angle BOQ = 2\angle BPQ$이다.
따라서 $\angle AOB = 2\angle APB$이다. 즉 $\angle APB = \frac{1}{2}\angle AOB$이다.

WHY? 원은 같은 길이의 둘레로 가장 넓은 면을 만들어 주며 어느 방향에서 보아도 폭이 일정하다. 원은 그 실용성과 효율성이 뛰어나기 때문에 바퀴, 맨홀 뚜껑, 동전, 접시, 냄비의 밑면 등 일상생활에서 널리 사용되고 있다. 원을 완전한 도형으로 생각한 고대 바빌로니아 사람들은 지름의 약 3배가 원의 둘레의 길이와 같다는 사실을 알고 있었고, 이집트의 학자들은 반원에 대한 원주각은 직각이라는 사실을 알고 있었다. 이밖에도 지구와 태양, 일식과 월식, 원자의 전자 궤도 등 원으로 모형화할 수 있는 많은 자연 현상들은 끊임없는 관심과 연구의 대상이 되고 있다.

핵심 281 현의 수직이등분선

- 원의 중심에서 현에 내린 수선은 그 현을 이등분한다.
  → $\overline{OH}\perp\overline{AB}$이면 $\overline{AH}=\overline{BH}$
- 원에서 현의 수직이등분선은 그 원의 중심을 지난다.

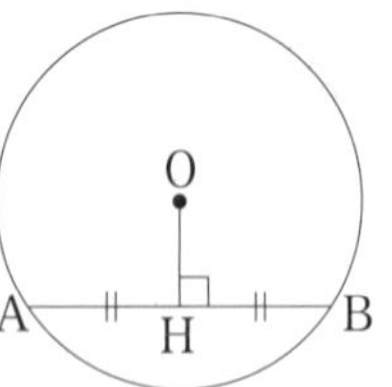

※ 다음 그림에서 x의 값을 구하라.

1.

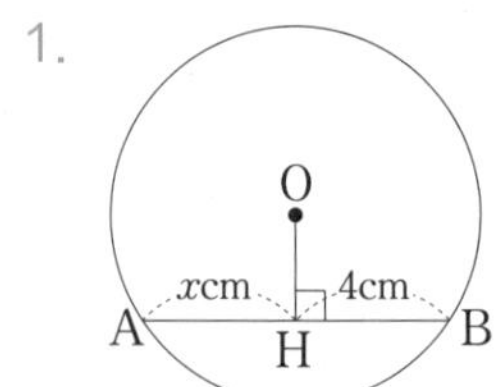

↳ 원의 중심에서 현에 내린 수선은 그 현을 이등분하므로
$\overline{AH}=\overline{BH}=\square$cm
$\therefore x=\square$

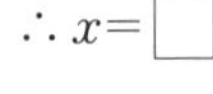

2.

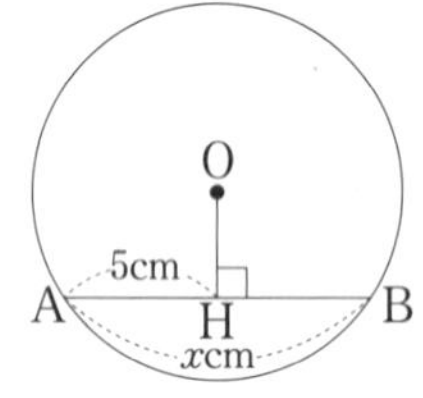

3.
6cm
A H B
$x$cm
O

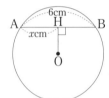

※ 다음 그림에서 x의 값을 구하라.

4.

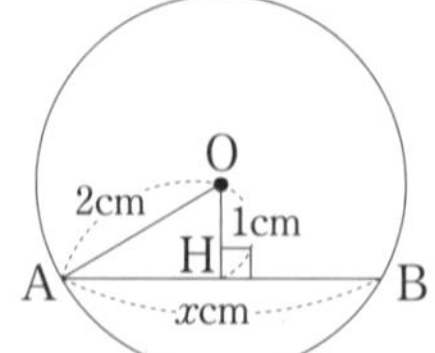

↳ $\overline{AH}=\sqrt{2^2-\square^2}=\square$(cm)
$\therefore x=2\overline{AH}=\square$

5.

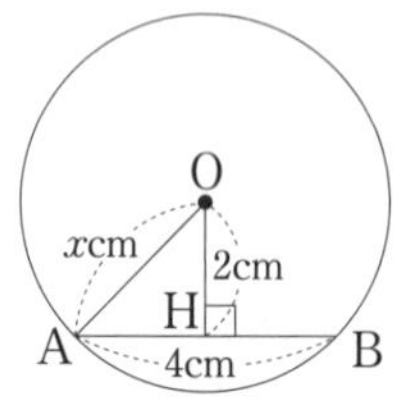

6.

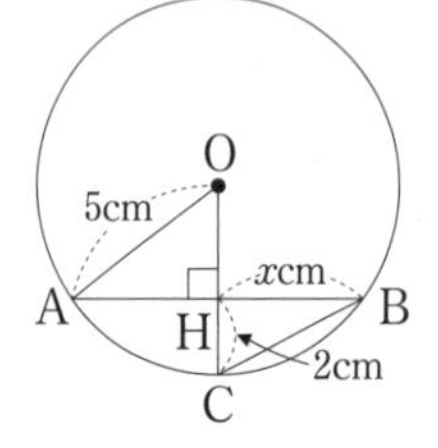

핵심 282 현의 길이

한 원 또는 합동인 두 원에서

- 원의 중심으로부터 같은 거리에 있는 두 현의 길이는 같다.
  → $\overline{OM}=\overline{ON}$이면 $\overline{AB}=\overline{CD}$
- 길이가 같은 두 현은 원의 중심으로부터 같은 거리에 있다.
  → $\overline{AB}=\overline{CD}$이면 $\overline{OM}=\overline{ON}$

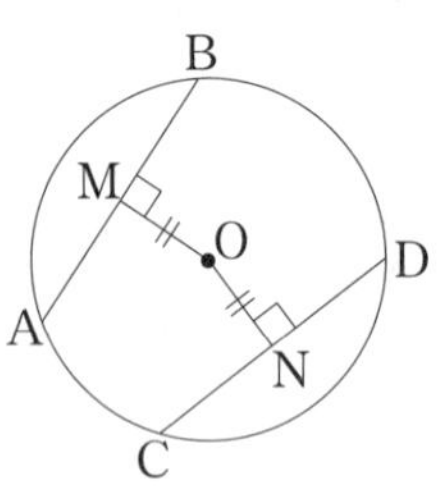

※ 오른쪽 그림에서 $\overline{AB}\perp\overline{OM}$, $\overline{CD}\perp\overline{ON}$, $\overline{OM}=\overline{ON}$일 때, 다음 중 옳은 것에는 ○표, 옳지 않은 것에는 ×표 하여라.

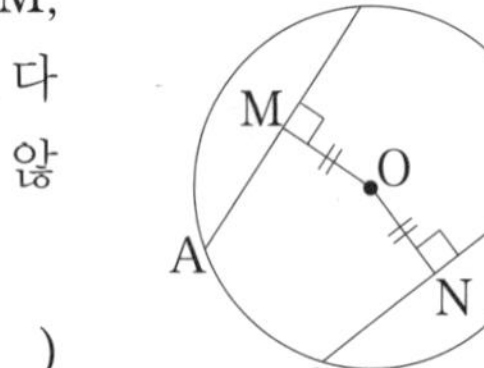

1. $\overline{AB}=\overline{CD}$ (　　)

2. $\overline{OB}\neq\overline{OC}$ (　　)

3. $\overline{MB}=\overline{CN}$ (　　)

4. $\overline{AB}\neq 2\overline{CN}$ (　　)

5. $\triangle OMB\equiv\triangle ONC$ (　　)

6. $\widehat{AB}\neq\widehat{CD}$ (　　)

※ 다음 그림에서 x의 값을 구하라.

7.

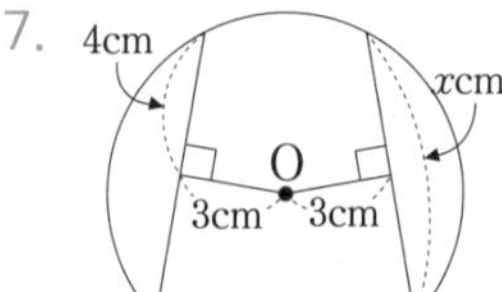

8.

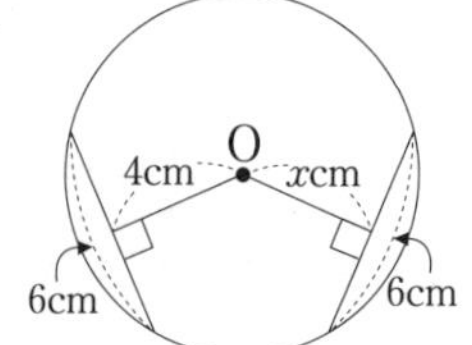

※ 다음 그림에서 x의 값을 구하라.

9.

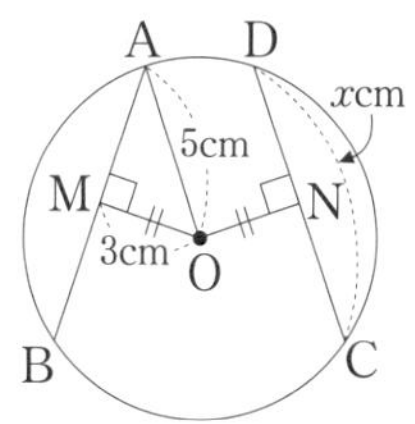

└→ $\overline{AM}=\sqrt{5^2-3^2}=4$(cm)이므로

$x=\overline{AB}=2\overline{AM}=$ □

10.

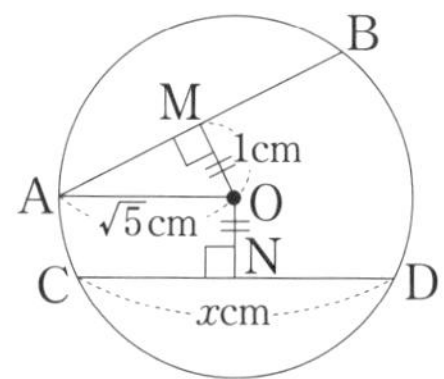

11.

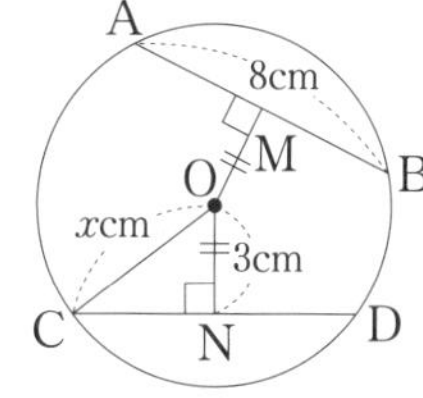

※ 다음 그림에서 $\angle x$의 크기를 구하라.

12.

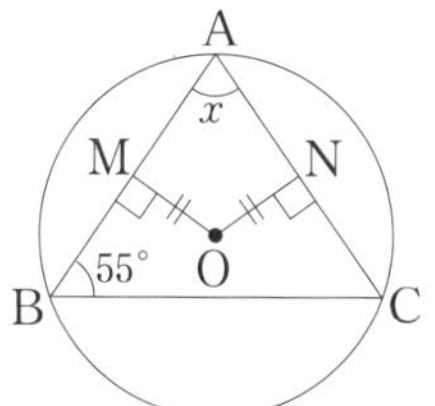

└→ $\overline{OM}=\overline{ON}$이므로 $\overline{AB}=\overline{AC}$

$\triangle$ABC는 이등변삼각형이므로

$\angle x=180°-2\times$ □ $=$ □

13.

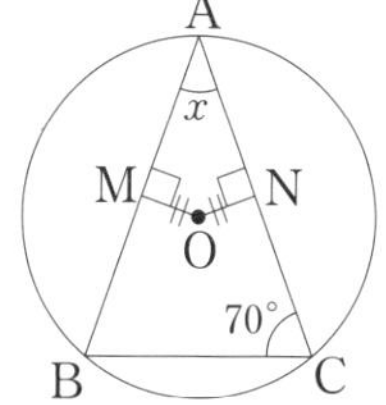

14.

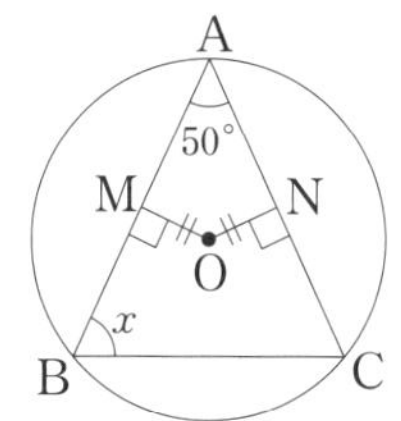

핵심

283 원의 접선의 길이

접선의 길이 : 원 밖의 한 점 P에서 원 O에 접선을 그을 때, 점 P에서 접점에 이르는 거리

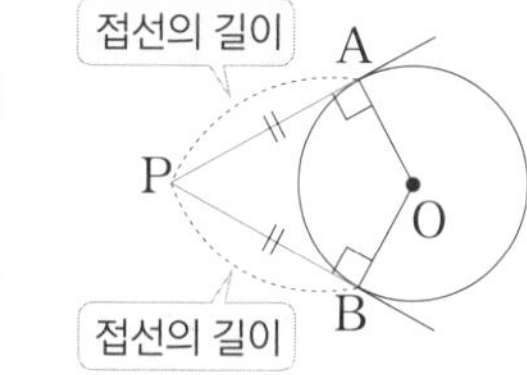

- 원 밖의 한 점에서 그 원에 그은 두 접선의 길이는 같다.

  → $\overline{PA}=\overline{PB}$

참고 원의 접선은 그 접점을 지나는 반지름에 수직이다.

※ 오른쪽 그림에서 두 직선 PA, PB는 원 O의 접선이고 점 A, B는 접점이다. 다음 중 옳은 것에는 ○표, 옳지 않은 것에는 ×표 하여라.

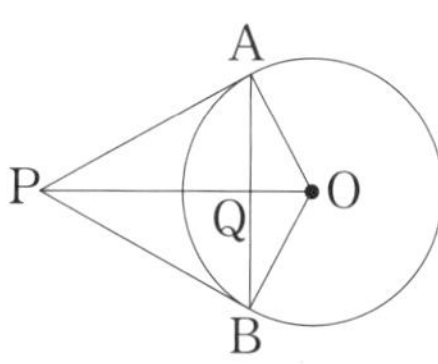

1. $\overline{AO}=\overline{BO}$ ( )

2. $\angle PAO\neq\angle PBO$ ( )

3. $\triangle OAP\equiv\triangle OBP$ (RHS 합동) ( )

4. $\overline{PA}^2=\overline{PO}^2+\overline{OA}^2$ ( )

5. $\angle PAB=\angle PBA$ ( )

※ 다음 그림에서 두 직선 PA, PB는 원 O의 접선이고 점 A, B는 접점일 때, x의 값을 구하라.

6.

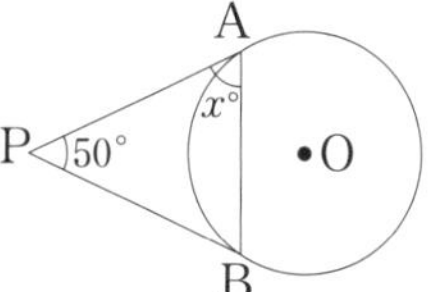

7.

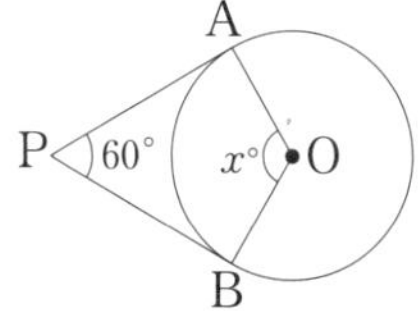

8.

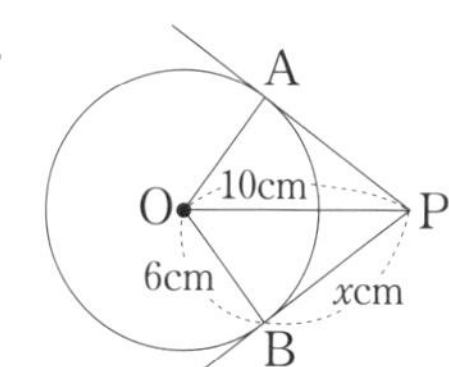

9.

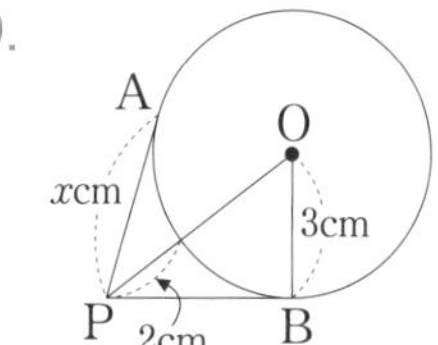

핵심 284 삼각형의 내접원

원 O가 $\triangle ABC$에 내접하고 내접원의 반지름의 길이가 r일 때

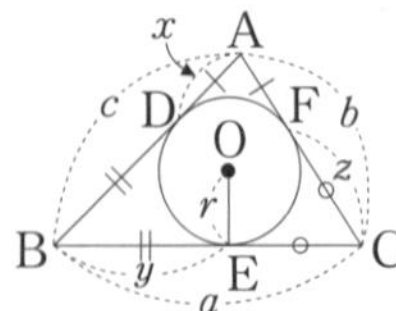

- 원 밖의 한 점에서 그 원에 그은 두 접선의 길이는 서로 같으므로
  $\overline{AD}=\overline{AF}$, $\overline{BD}=\overline{BE}$, $\overline{CE}=\overline{CF}$
- $\triangle ABC$의 둘레의 길이
  $a+b+c=2(x+y+z)$
- $\triangle ABC$의 넓이
  $\triangle ABC=\frac{1}{2}r(a+b+c)$

※ 다음 그림에서 원 O가 $\triangle ABC$에 내접할 때, x의 값을 구하라.

1.

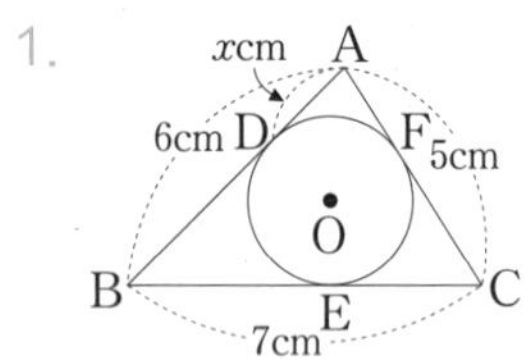

↳ $\overline{BD}=\overline{BE}=6-x$, $\overline{CE}=\overline{CF}=\square-x$이므로
$\overline{BC}$의 길이에서 $(6-x)+(\square-x)=7$ $\quad\therefore x=\square$

2.

A, 4cm, 10cm, D, F, O, B, xcm, E, C

3.

A, 5cm, D, F, 11cm, xcm, O, B, E, C, 14cm

※ 다음 그림에서 원 O가 $\triangle ABC$에 내접할 때, $x+y+z$의 값을 구하라.

4.

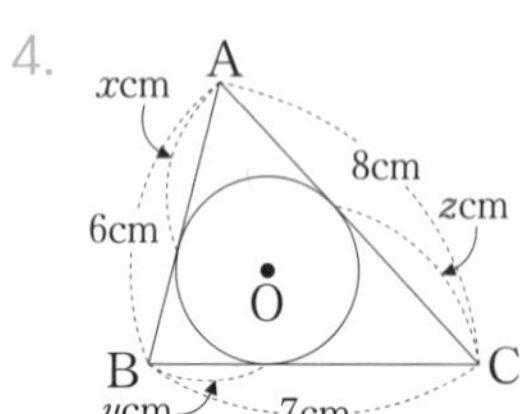

5.

A, zcm, 8cm, D, F, 7cm, xcm, O, B, E, C, 9cm, ycm

※ 다음 그림에서 원 O가 직각삼각형 ABC에 내접할 때, r의 값을 구하라.

6.

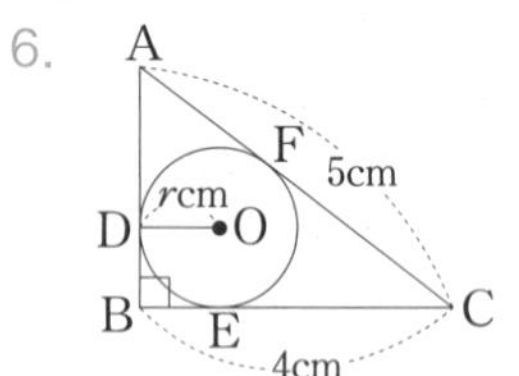

↳ $\overline{AB}=\sqrt{5^2-4^2}=\square$
$\square ODBE$는 정사각형이므로 $\overline{BD}=r$
$\overline{AD}=\overline{AF}=\square-r$, $\overline{CE}=\overline{CF}=4-r$이므로
$\overline{AC}$의 길이에서
$(\square-r)+(4-r)=\square$ $\quad\therefore r=\square$

7.

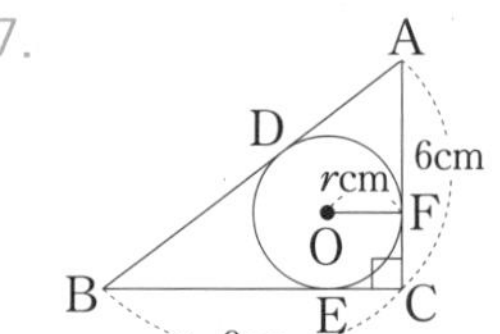

8.

A, F, 17cm, 8cm, rcm, D, O, B, E, C

※ 다음 그림에서 원 O가 직각삼각형 ABC에 내접할 때, 원 O의 넓이를 구하라.

9.

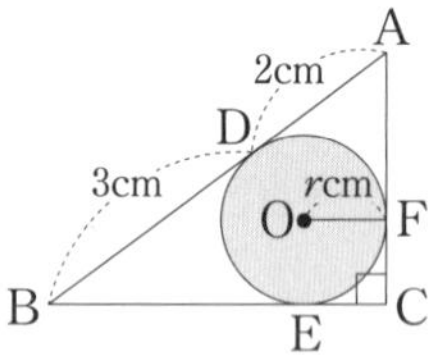

↳ $\overline{BC}=3+r$, $\overline{AC}=2+r$이므로
$(3+r)^2+(2+r)^2=\square^2$
$r^2+5r-6=0$, $(r-\square)(r+\square)=0$ $\quad\therefore r=\square$
$\therefore$ (원 O의 넓이)$=\pi\times\square^2=\square(\text{cm}^2)$

10.

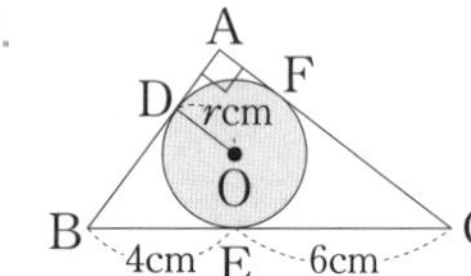

11.

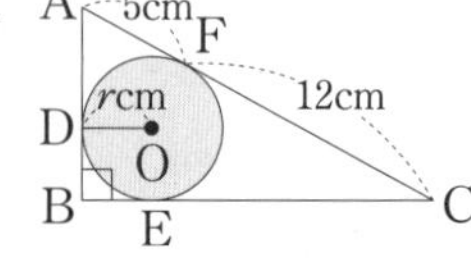

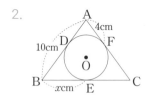

핵심 285 외접사각형의 성질

• 원에 외접하는 사각형의 두 쌍의 대변의 길이의 합은 같다.

→ $\overline{AB}+\overline{CD}=\overline{AD}+\overline{BC}$

• 두 쌍의 대변의 길이의 합이 서로 같은 사각형은 원에 외접한다.

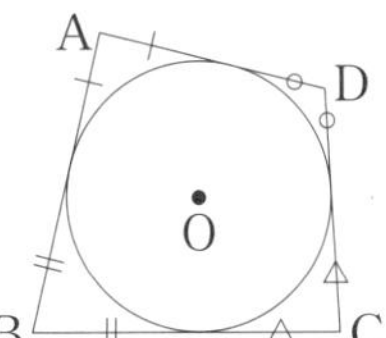

※ 오른쪽 그림에서 원 O가 □ABCD의 내접원일 때, 다음 중 옳은 것에는 ○표, 옳지 않은 것에는 ×표 하여라.

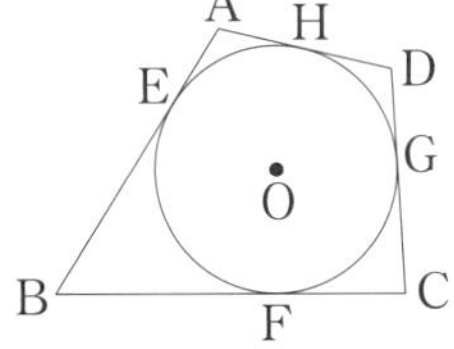

1. $\overline{AH}=\overline{DH}$ ( )

2. $\overline{FC}=\overline{CG}$ ( )

3. $\overline{AB}=\overline{BC}$ ( )

4. $\overline{AD}=\overline{CD}$ ( )

5. $\overline{AB}+\overline{AD}=\overline{BC}+\overline{CD}$ ( )

6. $\overline{AB}+\overline{CD}=\overline{AD}+\overline{BC}$ ( )

※ 다음 그림에서 원 O가 □ABCD의 내접원일 때, x의 값을 구하라.

7.

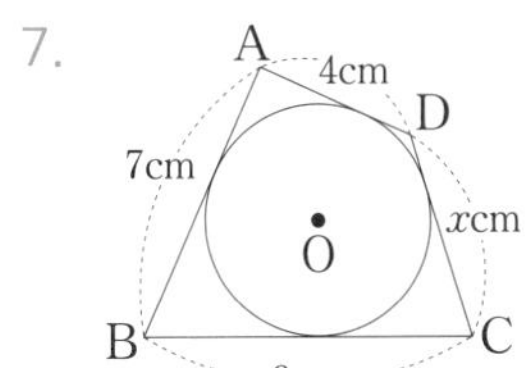

↳ $\overline{AB}+\overline{CD}$

$=\overline{AD}+\overline{BC}$이므로

$\square+x=4+\square$

$\therefore x=\square$

8.

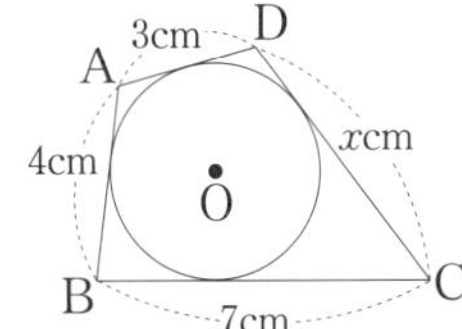

9.

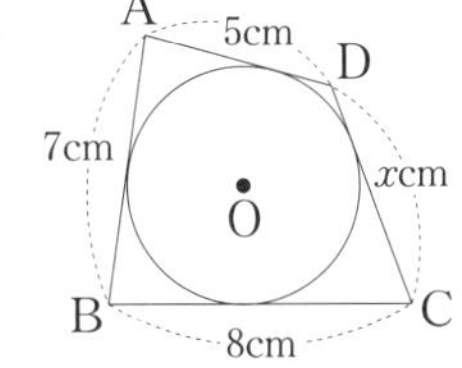

※ 다음 그림에서 원 O가 □ABCD의 내접원일 때, x의 값을 구하라.

10.

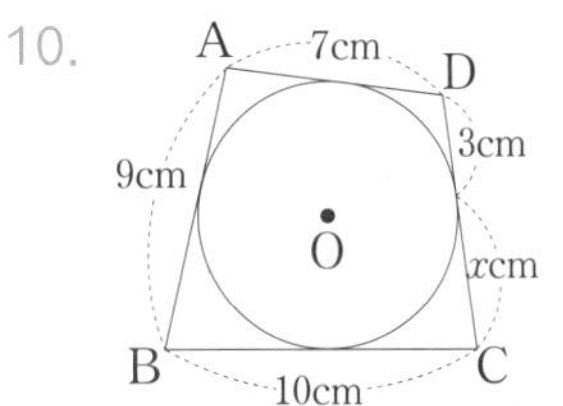

↳ $\overline{AB}+\overline{CD}=\overline{AD}+\overline{BC}$이므로

$\square+(3+x)=\square+10$

$\therefore x=\square$

11.

12.

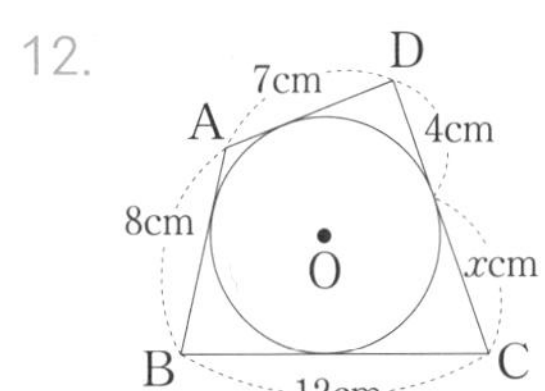

※ 다음 그림과 같이 직사각형 ABCD의 세 변과 접하는 원 O에서 $\overline{DE}$가 원 O의 접선일 때, x의 값을 구하라.

13.

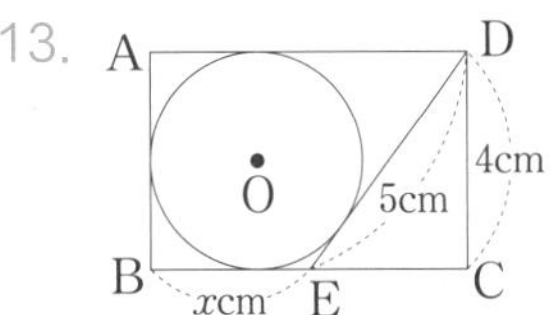

↳ $\overline{CE}=\sqrt{5^2-4^2}=\square$

$\overline{AD}=\overline{BC}=x+\square$,

$\overline{AB}+\overline{DE}=\overline{AD}+\overline{BE}$이므로

$4+5=(x+\square)+x$ 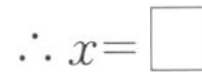

$\therefore x=\square$

14.

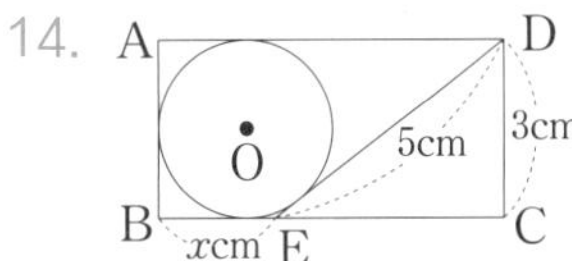

15.

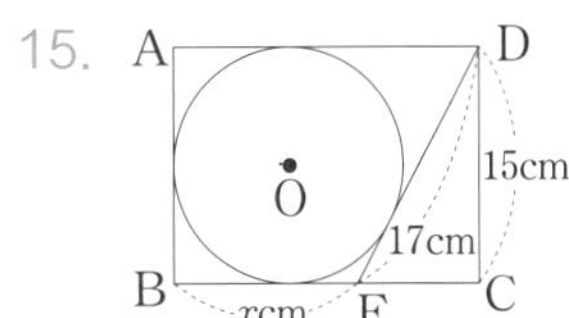

핵심

286 원주각과 중심각의 크기

원주각 : 원 O에서 호 AB를 제외한 원 위에 한 점 P가 있을 때, $\angle APB$를 $\overset{\frown}{AB}$에 대한 원주각이라고 한다.

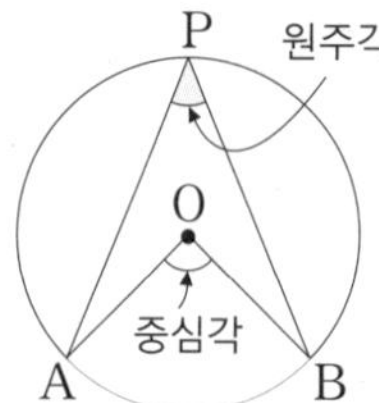

• 한 원에서 한 호에 대한 원주각의 크기는 그 호에 대한 중심각의 크기의 $\frac{1}{2}$이다.

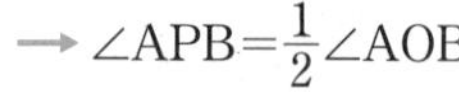

→ $\angle APB=\frac{1}{2}\angle AOB$

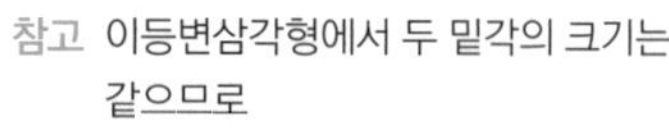

참고 이등변삼각형에서 두 밑각의 크기는 같으므로
$\angle AOQ=2\angle APQ$, $\angle QOB=2\angle QPB$

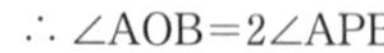

$\therefore \angle AOB=2\angle APB$

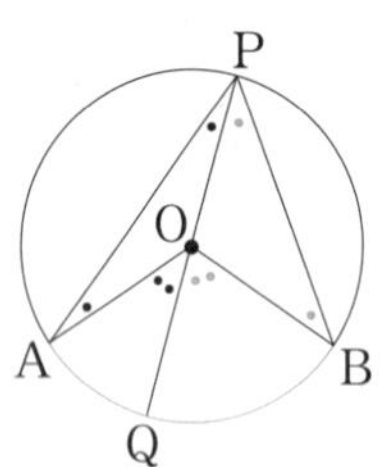

※ 다음 그림에서 $\angle x$의 크기를 구하라.

1.

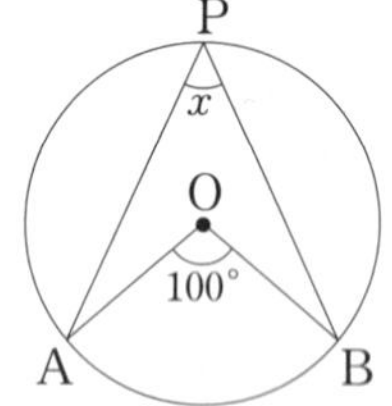

↳ $\angle APB=\frac{1}{\square}\angle AOB$이므로

$\angle x=\frac{1}{\square}\times 100^\circ=\square$

2.

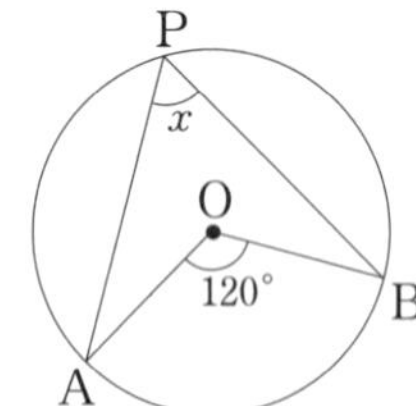

3.

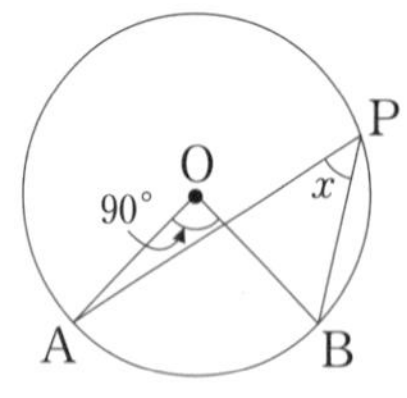

4.

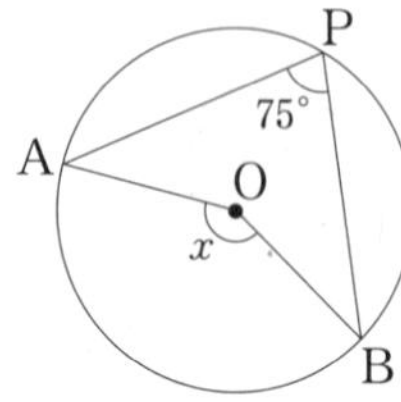

5.

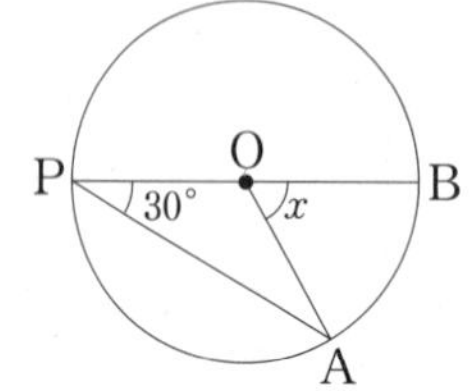

※ 다음 그림에서 $\angle x$, $\angle y$의 크기를 각각 구하라.

6.

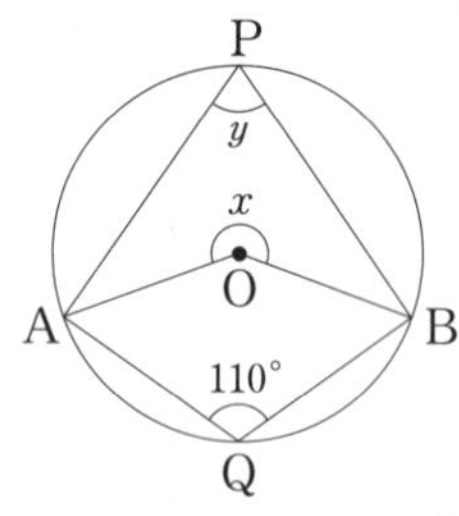

↳ $\angle x=\square\times 110^\circ=\square$

$\angle AOB=360^\circ-\angle x=\square$이므로

$\angle y=\frac{1}{2}\times\square=\square$

$\overset{\frown}{APB}$에 대한 중심각은 $\angle x$이고, 원주각은 $\angle AQB$이다.

7.

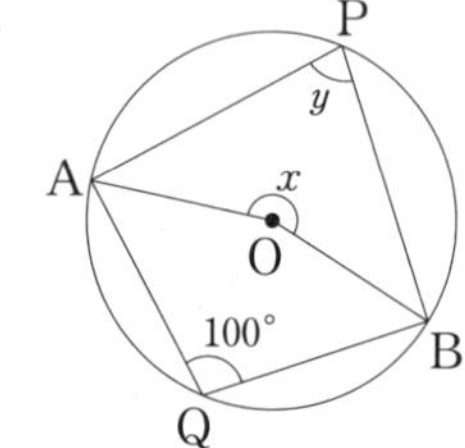

8.

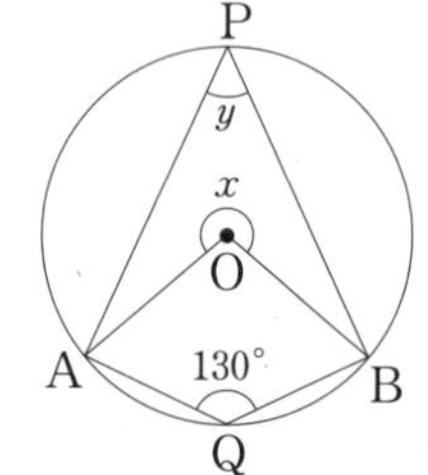

※ 다음 그림에서 직선 PA, PB가 원 O의 접선일 때, $\angle x$의 크기를 구하라.

9.

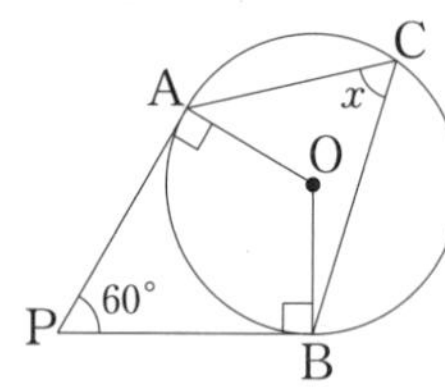

↳ $\angle PAO=\angle PBO$
$=90^\circ$이므로

$\angle AOB=\square$

$\therefore \angle x=\frac{1}{2}\angle AOB$
$=\frac{1}{2}\times\square=\square$

10.

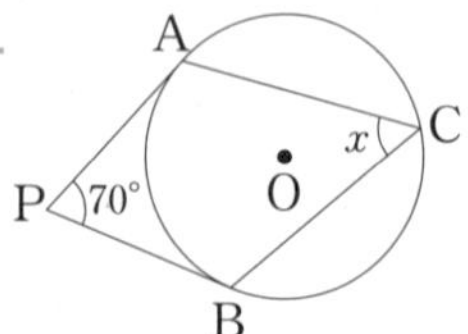

11. (그림: C, B, x, O, 50°, P, A)

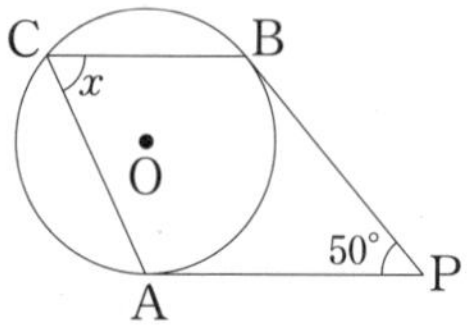

핵심

287 원주각의 성질

• 한 원에서 한 호에 대한 원주각의 크기는 모두 같다.

→ $\angle APB = \angle AQB = \angle ARB$

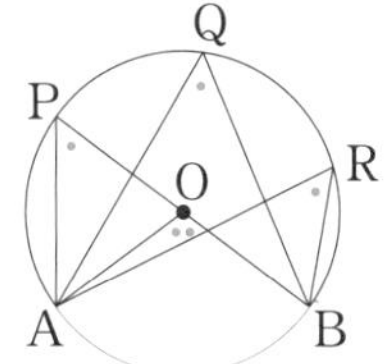

• 반원에 대한 원주각의 크기는 90°이다.

→ $\overline{AB}$가 원 O의 지름이면

$\angle APB = 90°$

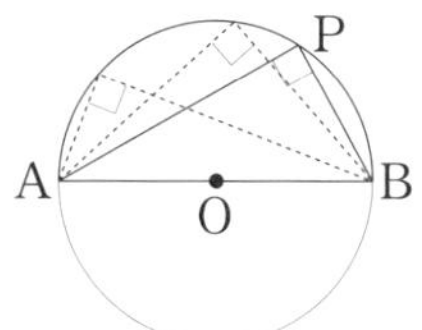

※ 다음 그림에서 $\angle x$의 크기를 구하라.

1.

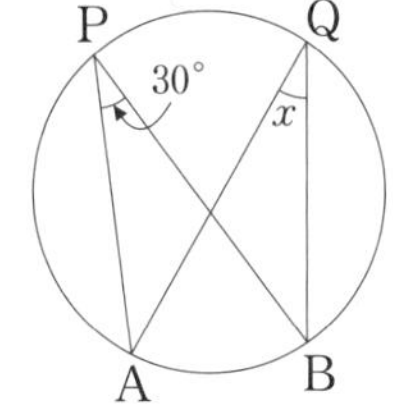

↳ 한 호에 대한 원주각의 크기는 같으므로

$\angle x = \angle APB =$ □

2.

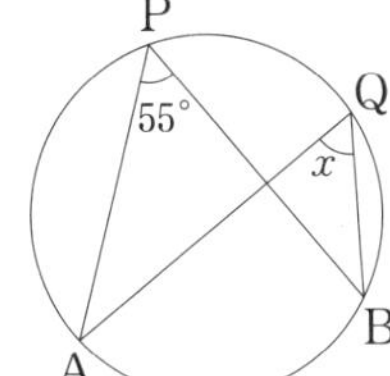

3.

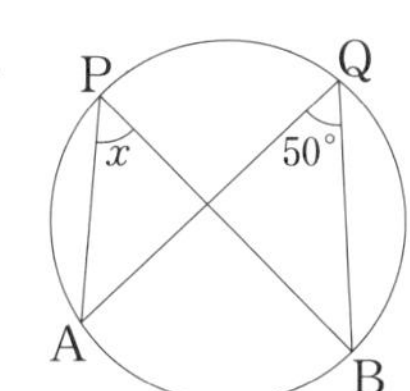

※ 다음 그림에서 $\angle x$, $\angle y$의 크기를 각각 구하라.

4.

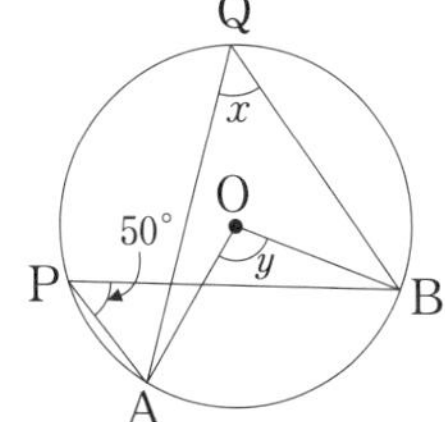

5.

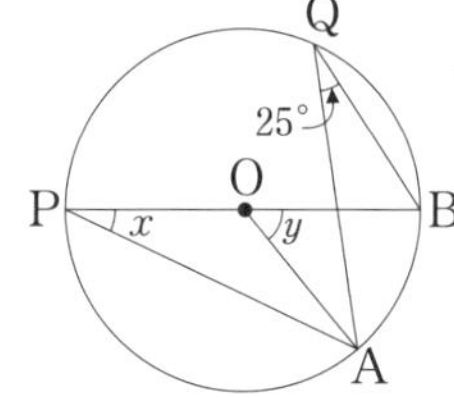

※ 다음 그림에서 $\overline{AB}$가 원 O의 지름일 때, $\angle x$, $\angle y$의 크기를 각각 구하라.

6.

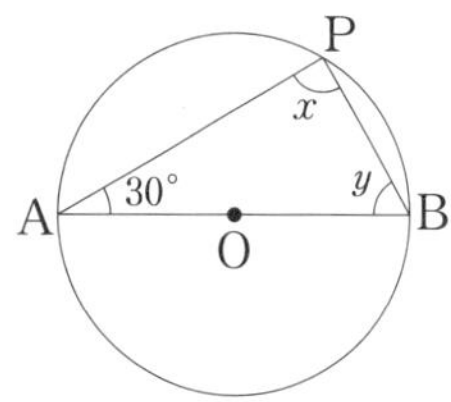

↳ $\overline{AB}$가 원 O의 지름이므로

$\angle x =$ □

$\angle y = 180° - (30° +$ □ $)$

$=$ □

7.

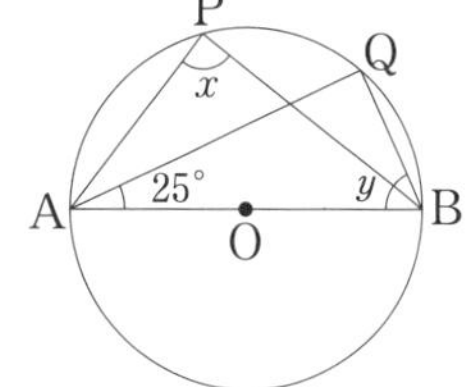

8.

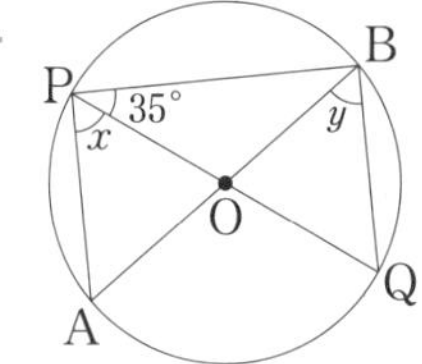

※ 다음 그림에서 $\overline{AB}$가 원 O의 지름일 때, $\angle x$의 크기를 각각 구하라.

9.

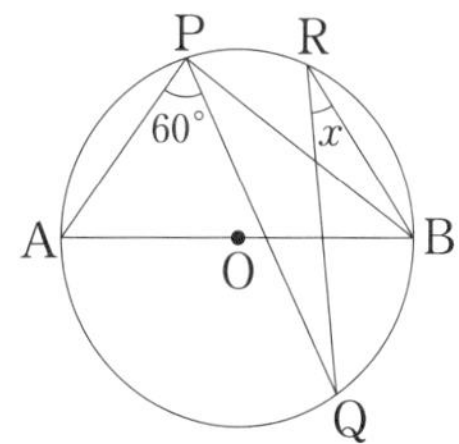

↳ $\angle APB =$ □ 이므로

$\angle QPB = 90° -$ □ $=$ □

$\therefore \angle x = \angle QPB =$ □

10.

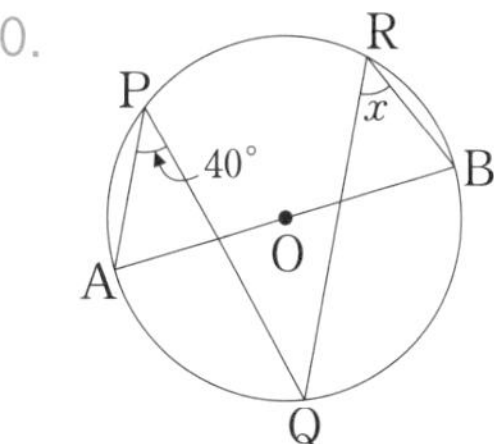

11.

P, 30°, A, O, x, R, B, Q

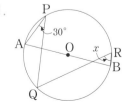

핵심

288 원주각의 크기와 호의 길이

한 원 또는 합동인 두 원에서

- 길이가 같은 호에 대한 원주각의 크기는 같다.

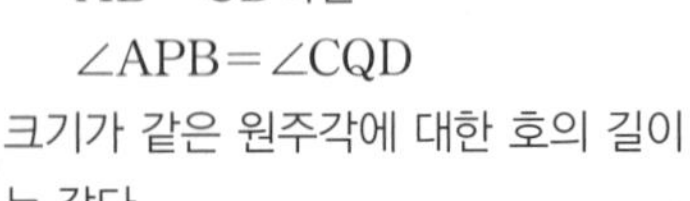

→ $\widehat{AB}=\widehat{CD}$이면 $\angle APB=\angle CQD$

- 크기가 같은 원주각에 대한 호의 길이는 같다.

→ $\angle APB=\angle CQD$이면 $\widehat{AB}=\widehat{CD}$

- 원주각의 크기와 호의 길이는 정비례한다.

※ 다음 그림에서 $\angle x$의 크기를 구하라.

1. 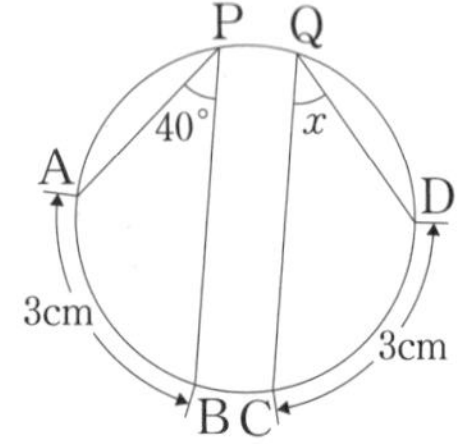

   ↳ $\widehat{AB}=\widehat{CD}$이므로 $\angle x=\angle APB=$ □

2. 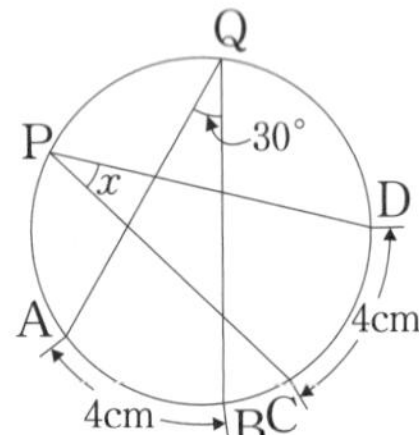

3. 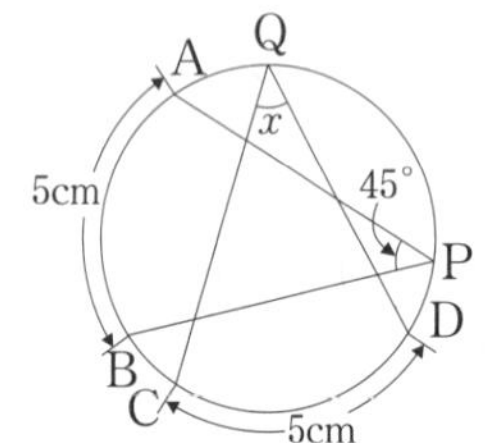

4. 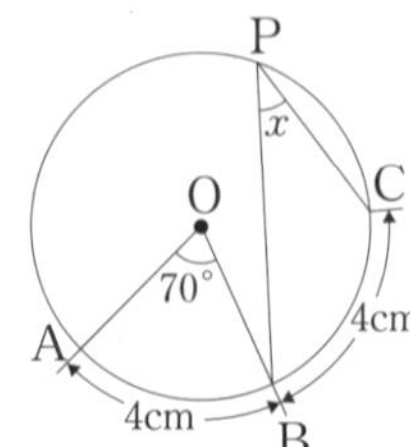

   ↳ $\widehat{AB}=\widehat{BC}$이므로 $\angle x=\frac{1}{2}\angle AOB=$ □

5. 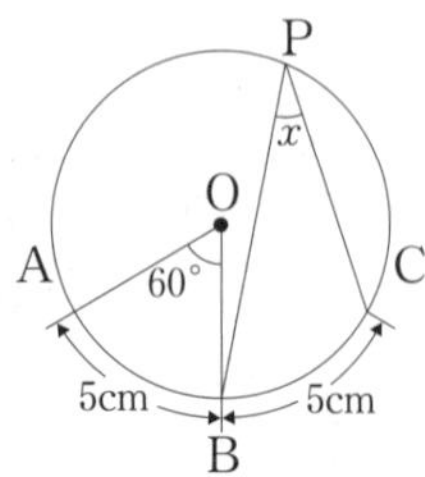

6. 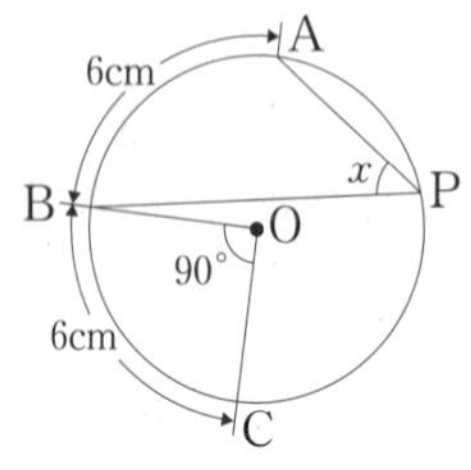

※ 다음 그림에서 x의 값을 구하라.

7. 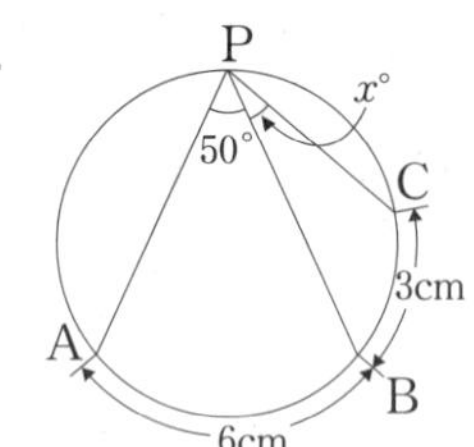

   ↳ $\widehat{AB}:\widehat{BC}=2:1$이므로 $2:1=$ □ $:x$ $\therefore x=$ □

8. 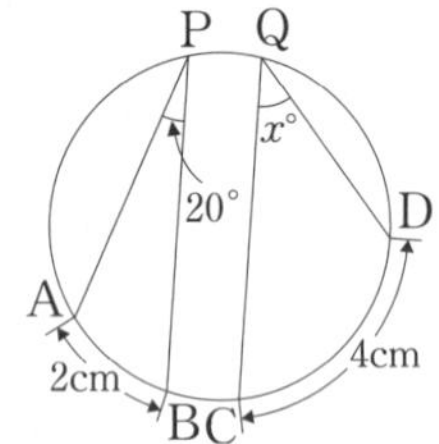

9. 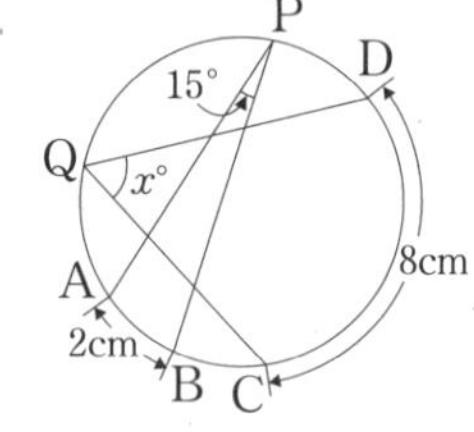

10. 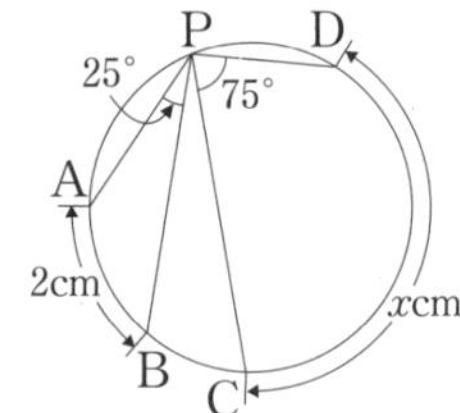

11. 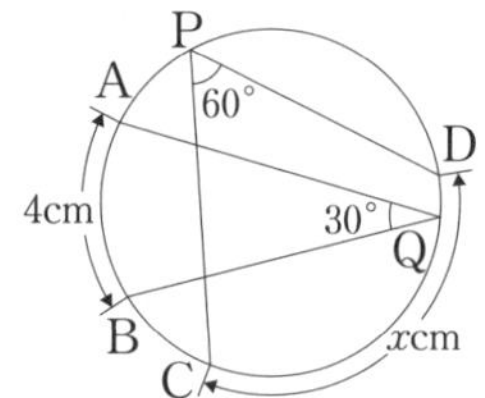

※ 원 O에 내접하는 △ABC에 대한 호의 길이의 비가 다음과 같을 때, $\angle A$, $\angle B$, $\angle C$의 크기를 각각 구하라.

12. $\widehat{AB}:\widehat{BC}:\widehat{CA}=1:3:5$

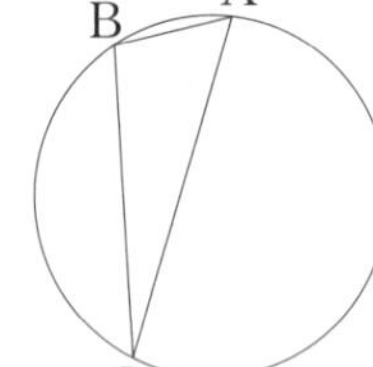

① $\angle A$

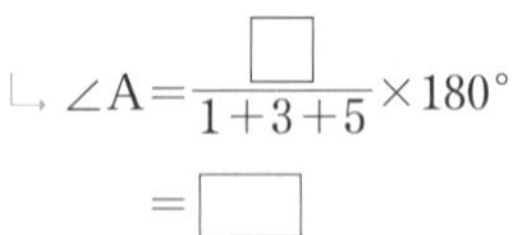

↳ $\angle A=\frac{\square}{1+3+5}\times 180^\circ$ $=$ □

② $\angle B$

③ $\angle C$

13. $\widehat{AB}:\widehat{BC}:\widehat{CA}=3:4:5$

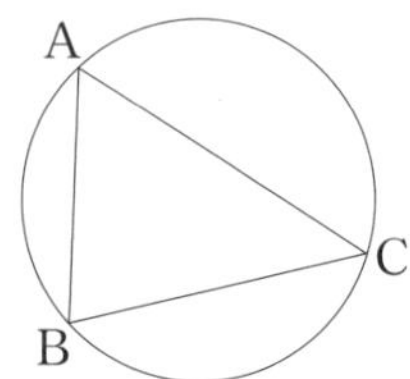

① $\angle A$

② $\angle B$

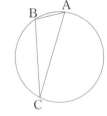

③ $\angle C$

핵심 289 네 점이 한 원 위에 있을 조건 - 원주각

두 점 C, D가 직선 AB에 대하여 같은 쪽에 있을 때,

$\angle ACB = \angle ADB$

이면 네 점 A, B, C, D는 한 원 위에 있다.

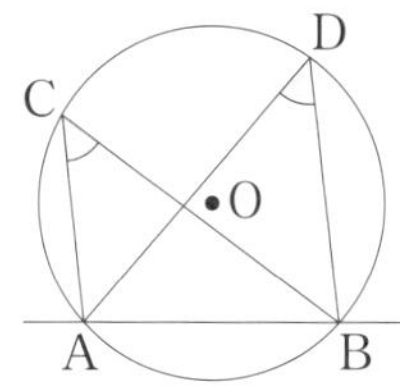

※ 다음 그림에서 네 점 A, B, C, D가 한 원 위에 있으면 ○표, 아니면 ×표 하여라.

1.

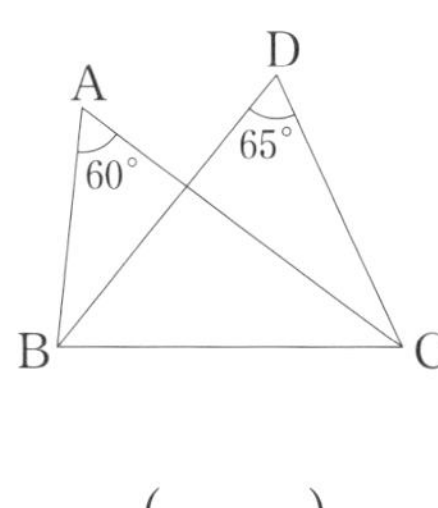

( )

2.

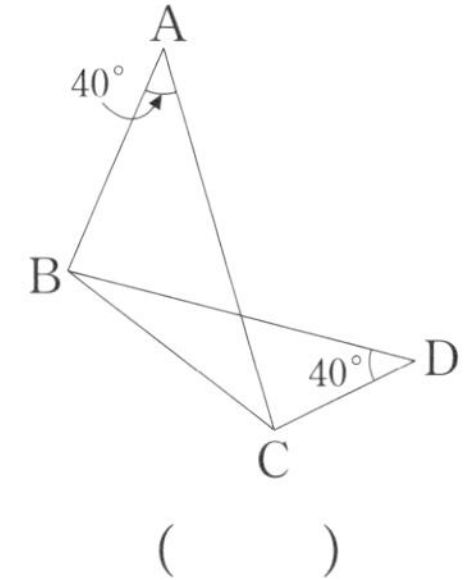

( )

3.

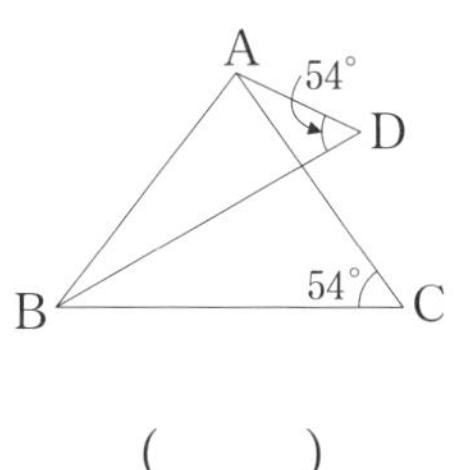

( )

4.

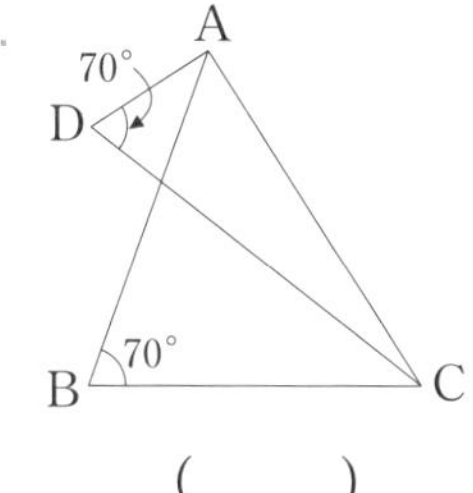

( )

5.

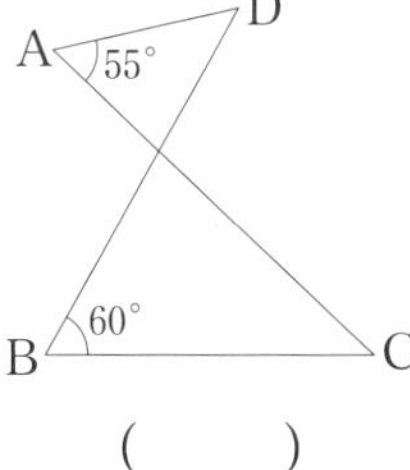

( )

6.

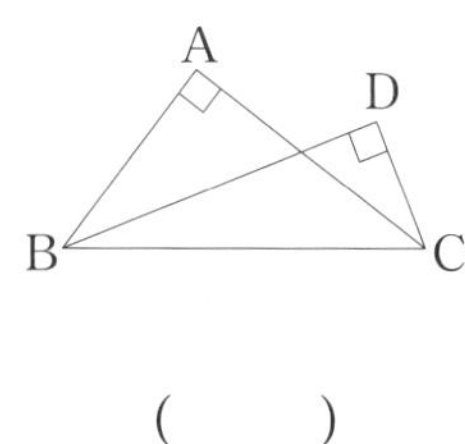

( )

7.

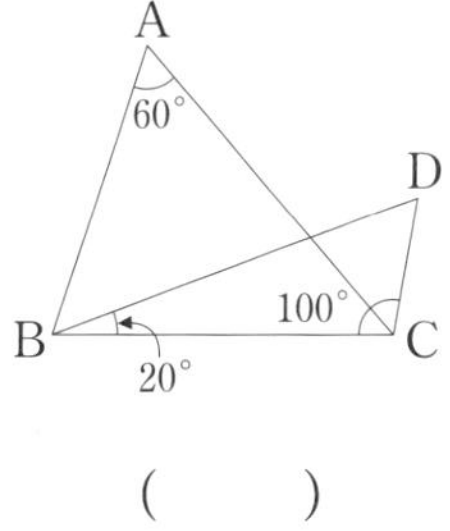

( )

8.

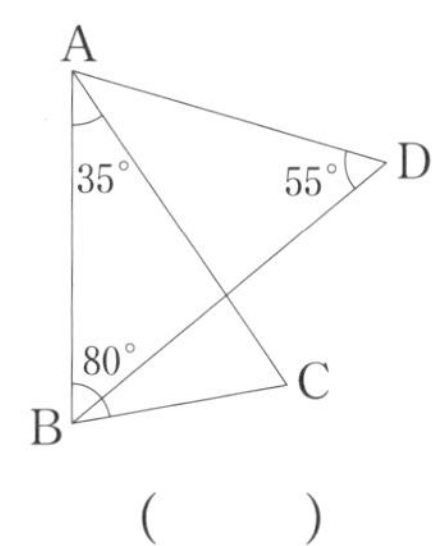

( )

※ 다음 그림에서 네 점 A, B, C, D가 한 원 위에 있도록 하는 $\angle x$의 크기를 구하라.

9.

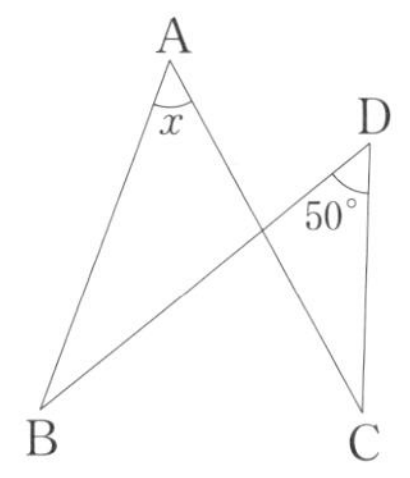

10.

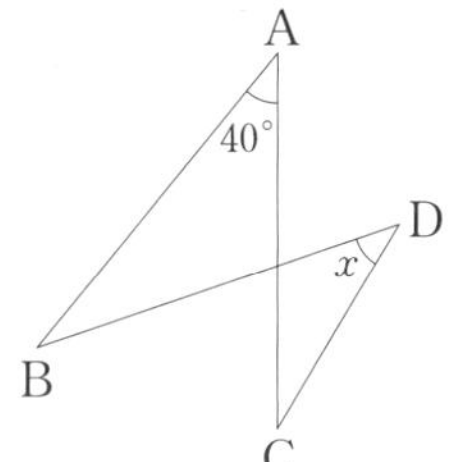

11.

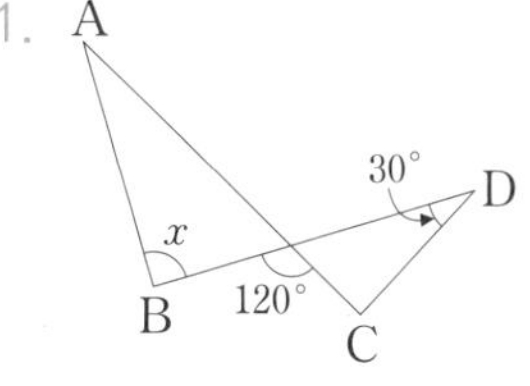

나비 모양에서 같은 쪽에 있는 두 각이 같으면 네 점은 한 원 위에 있다. 따라서 다른 쪽에 있는 두 각도 원주각이니까 크기가 같아 나비의 눈(●)이나 꼬리 쪽의 각(×)은 ◎=●+×로 기억하면 쉽다.

└ 네 점이 한 원 위에 있을 때 $\angle A = \angle D =$ □이다.
삼각형의 한 외각의 크기는 이웃하지 않는 두 내각의 크기의 합과 같으므로 $\angle x = 120° - \angle A =$ □

12.

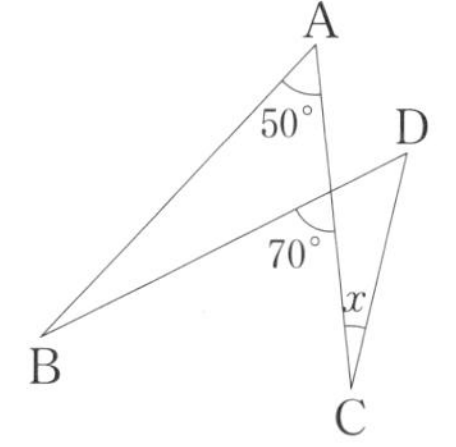

13.

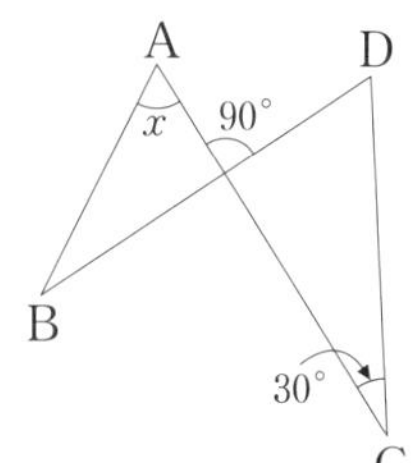

14.

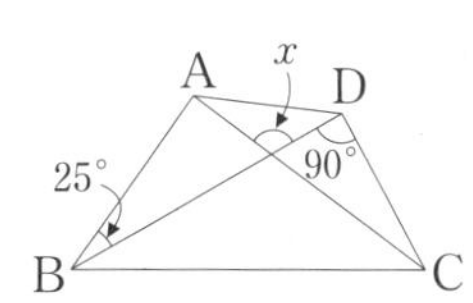

15.

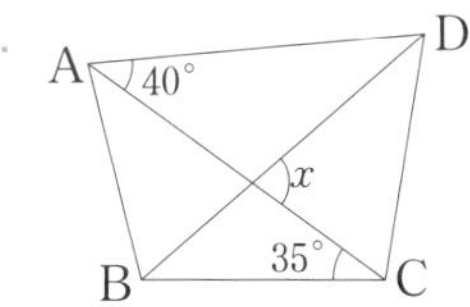

16.

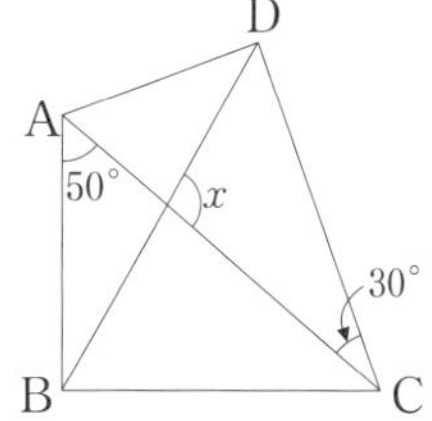

17.

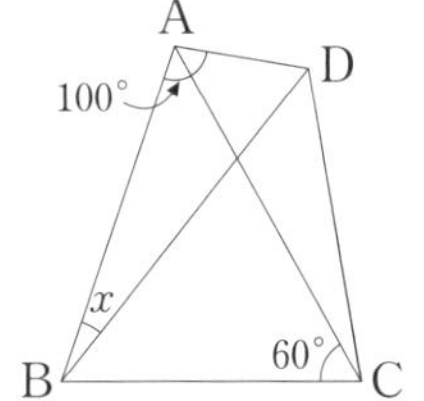

290 원에 내접하는 사각형의 성질

핵심

- 원에 내접하는 사각형의 한 쌍의 대각의 크기의 합은 180°이다.
  → $\angle A+\angle C=180°$
  $\angle B+\angle D=180°$

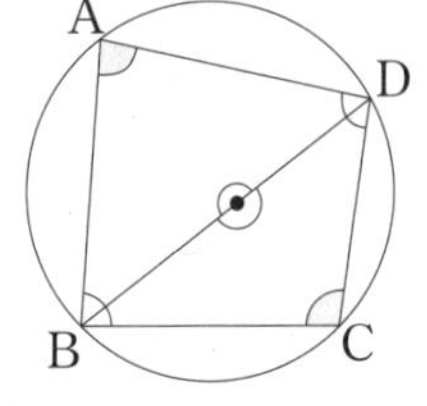

참고 원에 내접하는 사각형에서 한 쌍의 대각에 대한 중심각의 크기의 합이 360°이므로 원주각인 대각의 크기의 합은 180°이다.

- 원에 내접하는 사각형의 한 외각의 크기는 이웃하지 않는 내각의 크기와 같다.
  → $\angle DCE=\angle A$

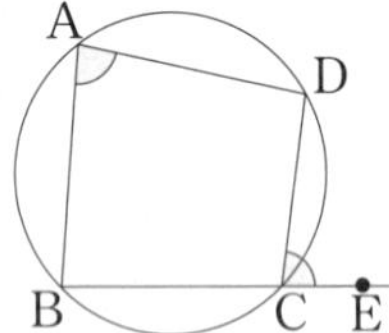

※ 다음 그림에서 □ABCD가 원에 내접할 때, $\angle x$, $\angle y$의 크기를 각각 구하라.

1.

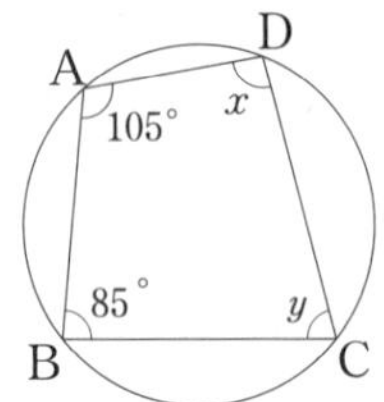

↳ $85°+\angle x=$ ☐ 이므로 $\angle x=$ ☐
☐ $+\angle y=180°$이므로 $\angle y=$ ☐

2.

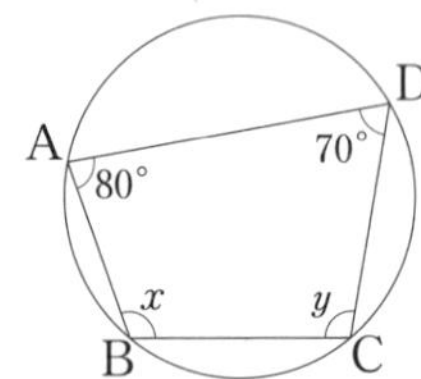

3.

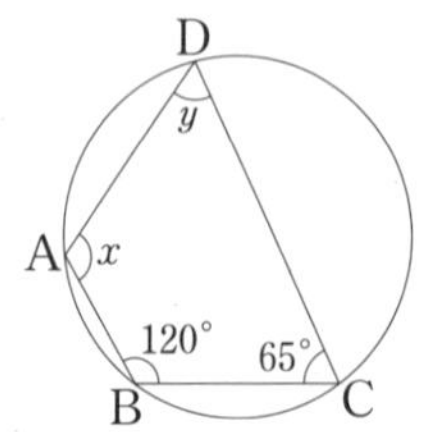

4.

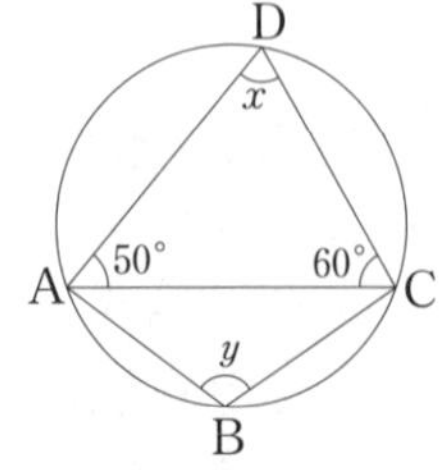

5.

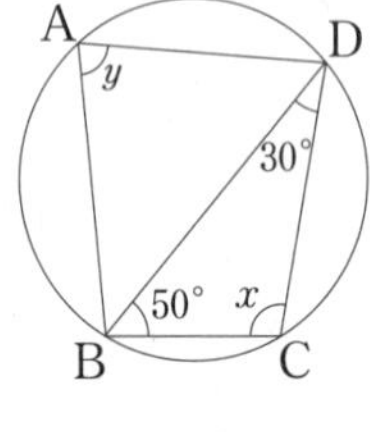

※ 다음 그림에서 □ABCD가 원에 내접할 때, $\angle x$의 크기를 구하라.

6.

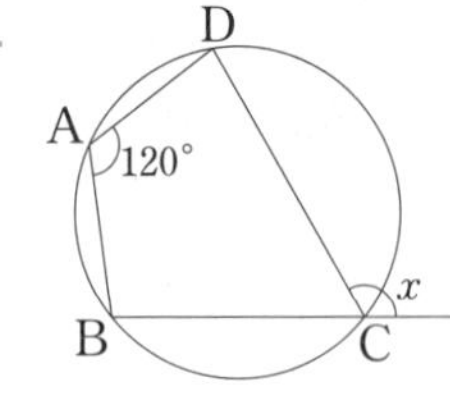

↳ 원에 내접하는 사각형의 한 외각의 크기는 이웃하지 않는 내각의 크기와 같으므로
$\angle x=\angle A=$ ☐

7.

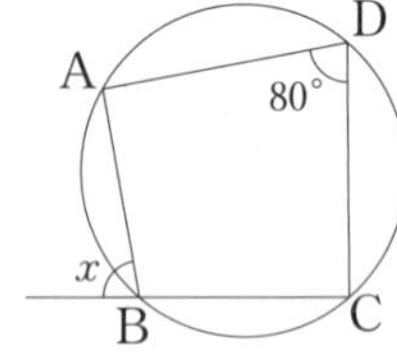

8.

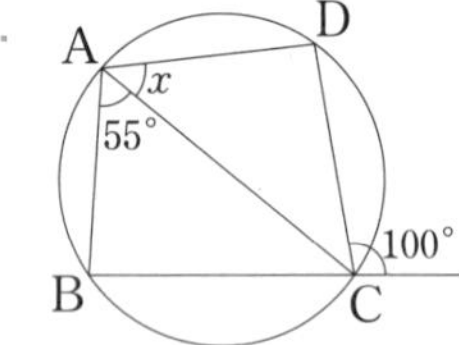

※ 다음 그림에서 $\angle x$의 크기를 구하라.

9.

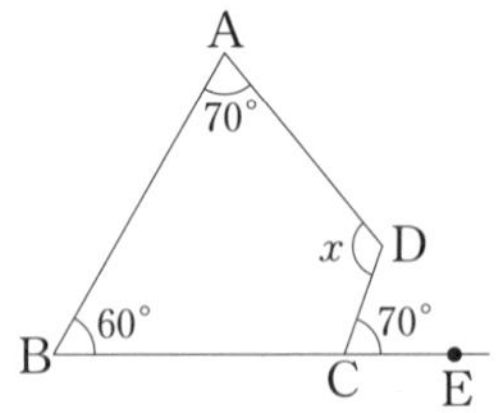

↳ $\angle BAD=\angle DCE$이므로 □ABCD는 원에 내접한다.
$\therefore \angle x=180°-$ ☐ $=$ ☐

10.

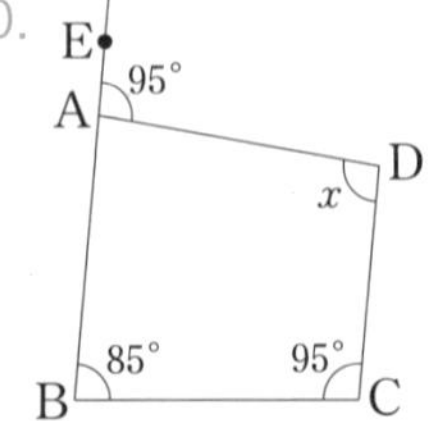

11.

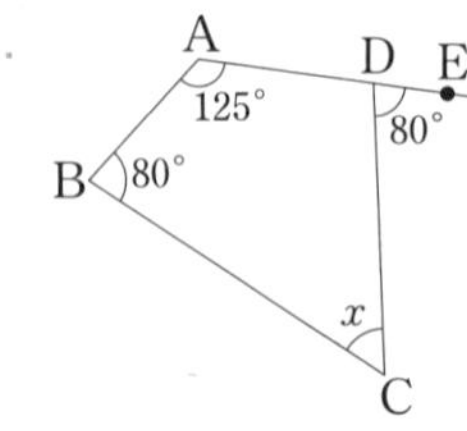

12.

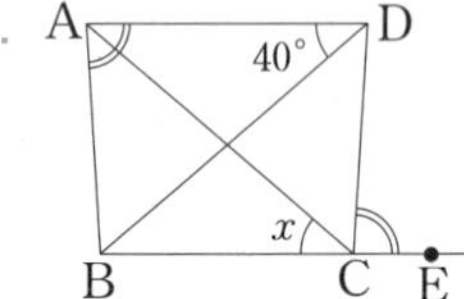

13.

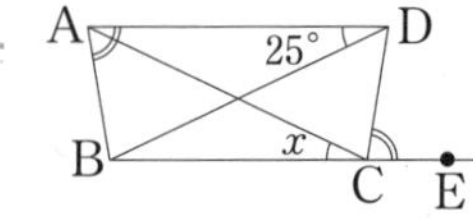

핵심

291 접선과 현이 이루는 각

접선과 현이 이루는 각

원의 접선과 그 접점을 지나는 현이 이루는 각의 크기는 그 각의 내부에 있는 호에 대한 원주각의 크기와 같다.

→ $\angle BAT = \angle BCA$

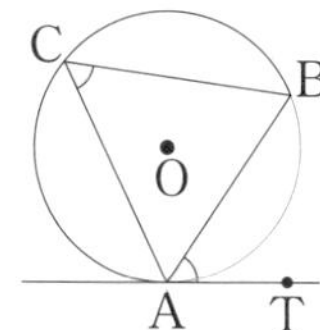

접선이 되기 위한 조건

원 O에서 $\angle BAT = \angle BCA$이면 직선 AT는 원 O의 접선이다.

※ 다음 그림에서 직선 AT가 원의 접선일 때, $\angle x$의 크기를 구하라.

1.

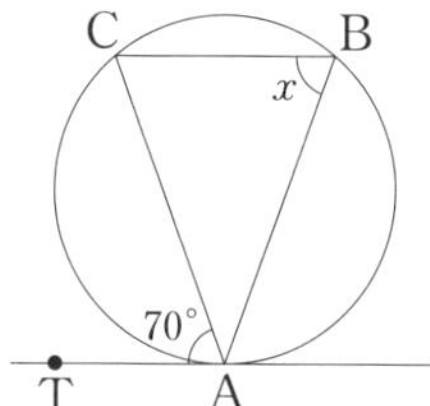

└ $\angle x = \angle CAT =$ ☐

2.

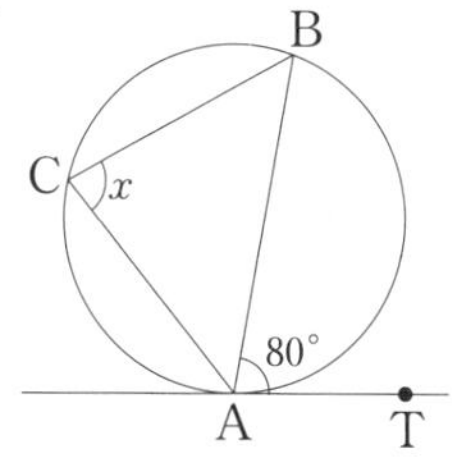

3.

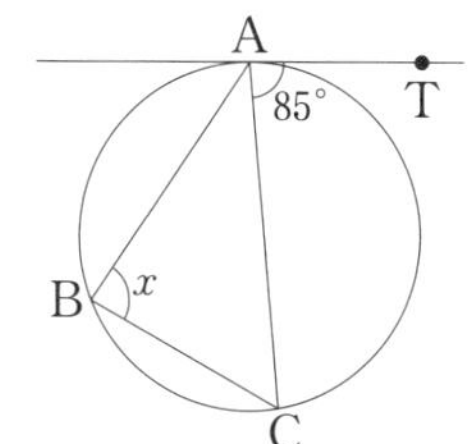

4.

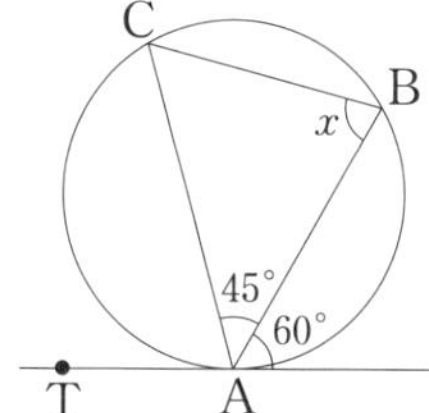

└ $\angle x = \angle CAT$

$= 180° - (45° +$ ☐ $)$

$=$ ☐

5.

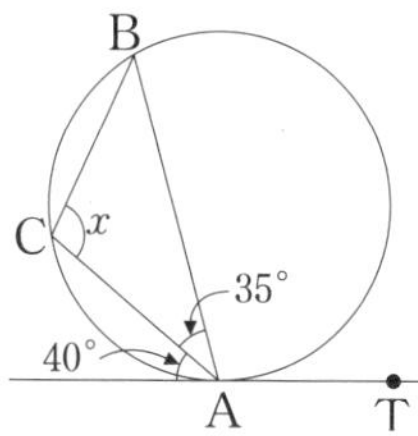

6.

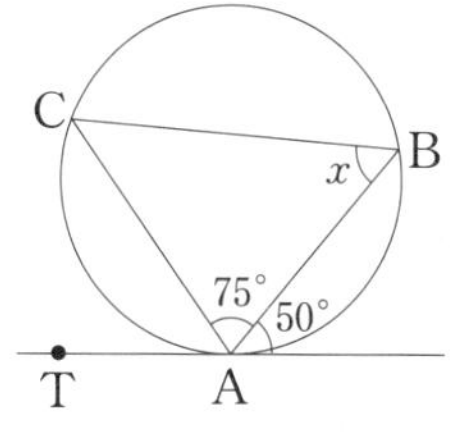

※ 다음 그림에서 직선 AT가 원 O의 접선일 때, $\angle x$의 크기를 구하라.

7.

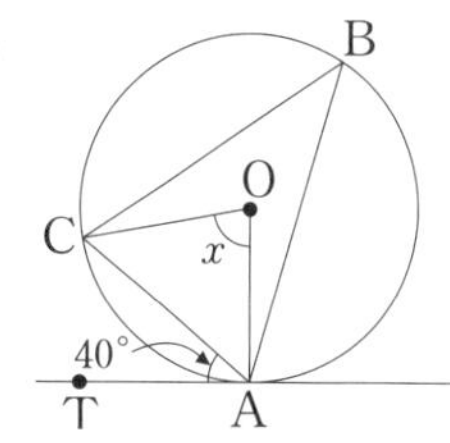

└ $\angle CBA = \angle CAT =$ ☐

이므로

$\angle x = 2\angle CBA = 2 \times$ ☐

$=$ ☐

핵심 286 참조

8.

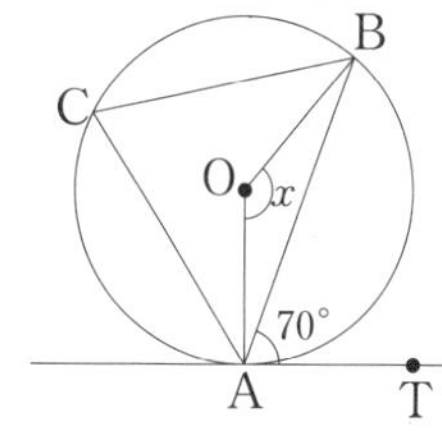

9.

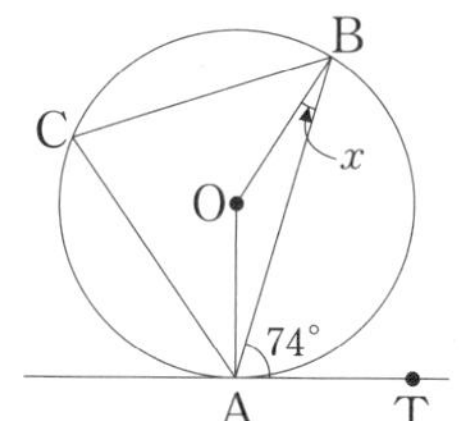

※ 다음 그림에서 직선 PT가 원 O의 접선이고 $\overline{PB}$가 원 O의 중심을 지날 때, $\angle x$의 크기를 구하라.

10.

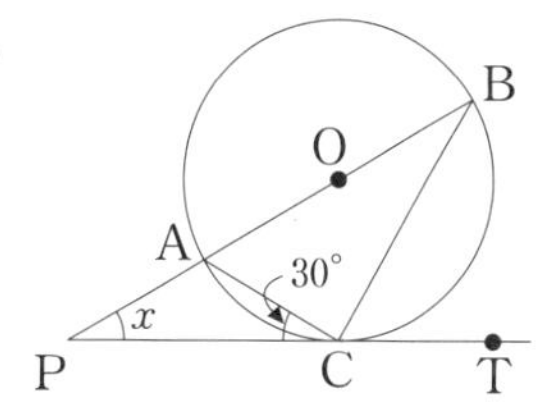

└ $\angle ABC = \angle ACP =$ ☐ 이고

$\overline{AB}$가 원 O의 지름이므로 $\angle ACB =$ ☐ 핵심 287 참조

$\triangle PBC$에서

$\angle x = 180° - \{30° + ($ ☐ $+ 90°)\}$

$=$ ☐

11.

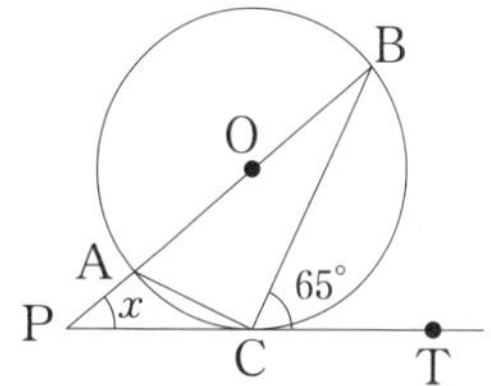

12.

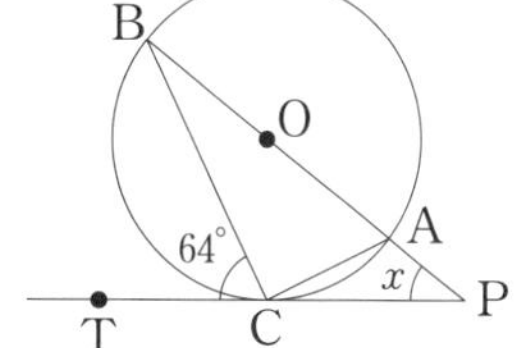

핵심 292 두 원에서 접선과 현이 이루는 각

• 두 원이 한 점 T에서 만날 때, 두 현 AC, BD는 평행하다.

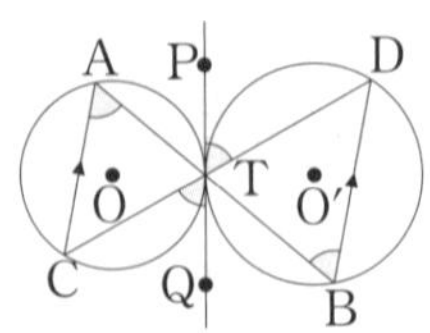

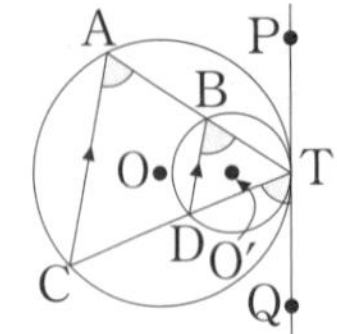

$\angle CAT = \angle DBT$이므로 $\overline{AC} /\!/ \overline{BD}$

※ 다음 □ 안에 알맞은 것을 써넣어라.

1. 두 원 O, O′이 점 T에서 외접하며, 점 T를 지나는 두 직선이 두 원과 각각 A, B 및 C, D에서 만날 때, $\overline{AC} /\!/ \overline{BD}$임을 보이는 과정이다.

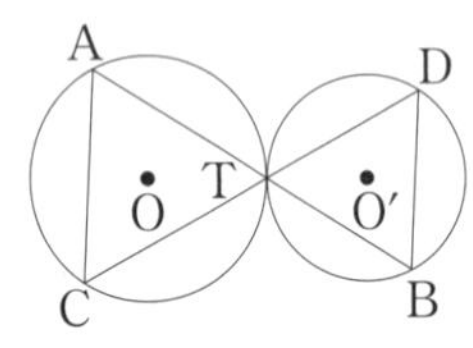

점 T를 지나고 원 O, O′에 공통인 접선 PQ를 그리면

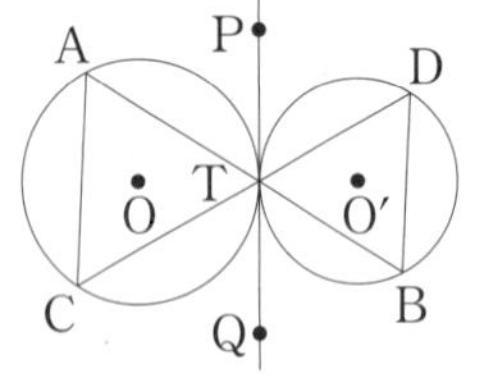

$\angle CAT =$ □,
$\angle DBT =$ □
$\angle CTQ =$ □(맞꼭지각)에서
$\angle CAT =$ □로 엇각이 같으므로
$\overline{AC} /\!/ \overline{BD}$ 핵심 182 참조

2. 두 원 O, O′이 점 T에서 내접하며, 점 T를 지나는 두 직선이 두 원과 각각 A, B 및 C, D에서 만날 때, $\overline{AC}$ $/\!/ \overline{BD}$임을 보이는 과정이다

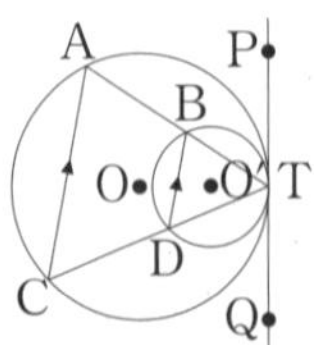

원의 접선과 현이 이루는 각의 크기에서
$\angle CAT =$ □
$\angle DBT =$ □
따라서 $\angle CAT =$ □로 동위각이 같으므로
$\overline{AC} /\!/ \overline{BD}$

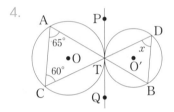

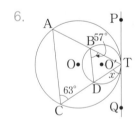

※ 다음 그림에서 직선 PQ가 두 원의 공통접선일 때, $\angle x$의 크기를 구하라.

3.

└ $\angle x = \angle CTQ$
$= \angle DTP$
$= \angle DBT =$ □

4.

5.

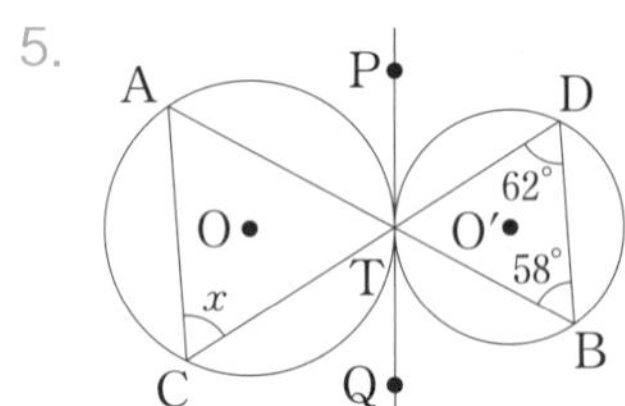

6.

└ $\angle x = \angle DBT =$ □

7.

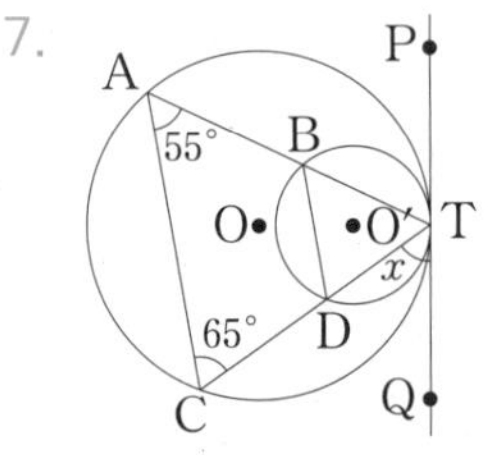

8.

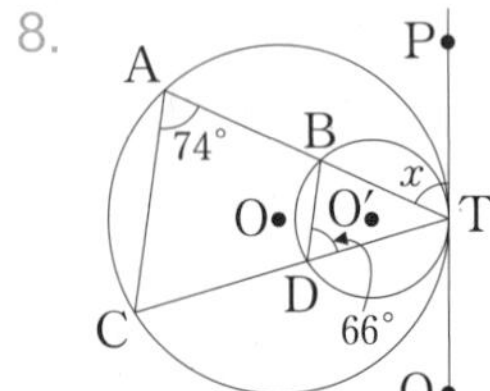

| 실력테스트 |

1. 오른쪽 그림에서 두 직선 PA, PB는 원의 접선이고 $\angle AOB = 110°$일 때, $\angle APB$의 크기를 구하라.

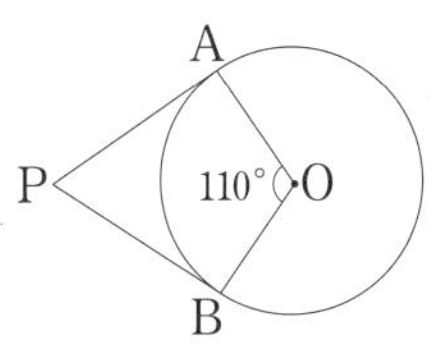

2. 오른쪽 그림에서 두 직선 PX, PY는 원 O의 접선이다. 점 C에서의 접선과 $\overline{PX}$, $\overline{PY}$와의 교점을 A, B라고 할 때, 선분 AB의 길이를 구하라.

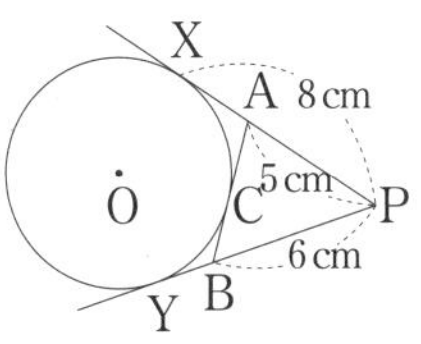

3. 오른쪽 그림에서 $\angle x + \angle y$의 크기는?

① 190° ② 195°
③ 200° ④ 205°
⑤ 210°

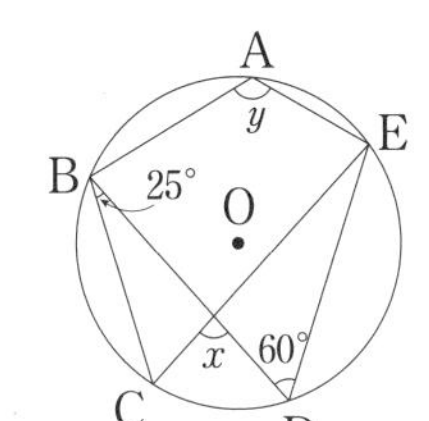

4. 오른쪽 그림에서 $\angle x + \angle y$의 크기는?

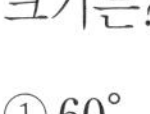
① 60° ② 70°

③ 80° ④ 90°
⑤ 100°

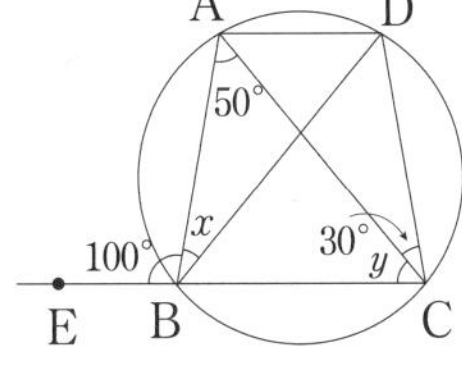

5. 오른쪽 그림에서 $\angle x$의 크기는?

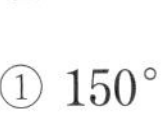
① 150° ② 155°
③ 160° ④ 165°
⑤ 170°

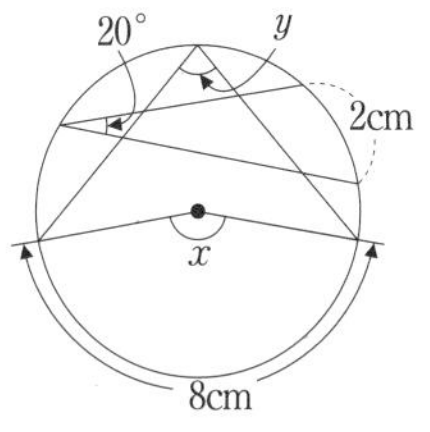

6. 오른쪽 그림과 같이 직사각형 ABCD의 세 변에 접하는 원 O가 있다. $\overline{BE}$는 원 O의 접선이고 $\overline{AB} = 4$, $\overline{BC} = 6$일 때, $\overline{BE}$의 길이를 구하라.

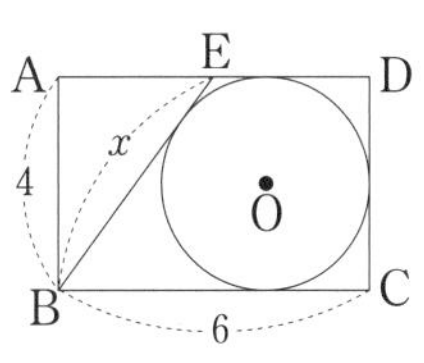

7. 오른쪽 그림에서 $\angle APB = 50°$, $\angle DQC = 100°$일 때, $\angle x$의 크기는?

① 20° ② 25°
③ 27° ④ 30° ⑤ 32°

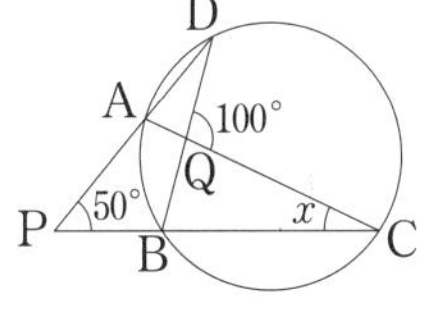

8. 오른쪽 그림과 같이 △ABC의 내접원이 각 변과 점 P, Q, R에서 접한다.
$\overline{AB} = 10\text{cm}$, $\overline{BC} = 12\text{cm}$, $\overline{AC} = 8\text{cm}$일 때, $x - y - z$의 값을 구하라.

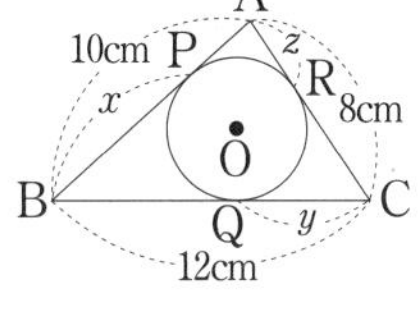

9. 오른쪽 그림과 같이 □ABCD가 원에 내접하고 $\angle P = 52°$, $\angle ABC = 116°$일 때, $\angle x$의 크기는?

① 52° ② 56°
③ 62° ④ 64° ⑤ 68°

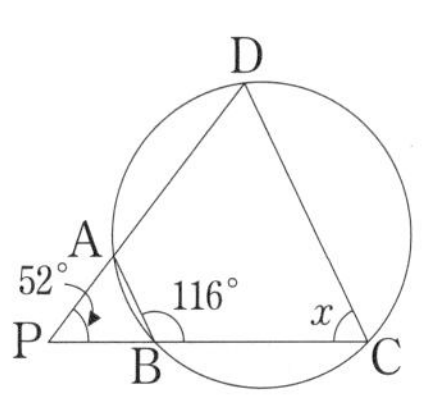

10. 오른쪽 그림에서 직선 CA는 원 O의 접선이고 $\overline{BC}$는 원 O의 중심을 지난다. $\angle TAB = 55°$일 때, $\angle ACB$의 크기를 구하라.

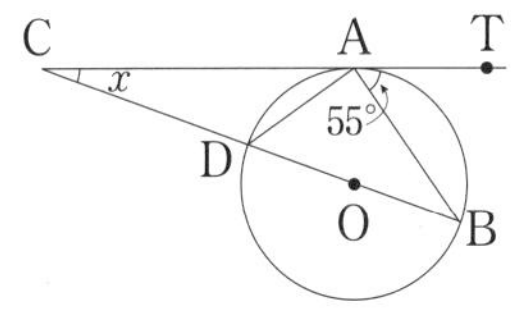

Science & Technology

우리 조상들은 뒤틀림이 없고 잘 썩지 않는 목재를 얻기 위해 통나무를 몇 년씩 바닷물이나 강물에 담가 놓았다가 사용하였다. 오른쪽 그림과 같이 물에 떠 있는 통나무의 지름의 길이를 구하라.

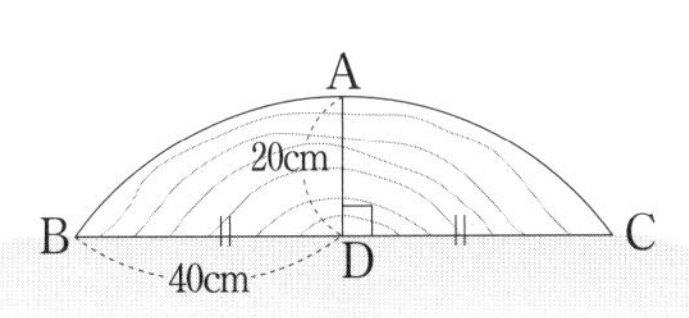

확률과 통계

학습 내용

중학교 수학 ❶	중학교 수학 ❷	중학교 수학 ❸
1. 자료의 정리와 해석	2. 확률과 그 기본 성질	3. 대푯값과 산포도, 상관관계

미래를 보는 눈, 통계

우리는 과거의 많은 경험과 자료를 토대로 미래에 일어날 가능성을 예측할 뿐만 아니라, 이를 통해 미래를 준비하는데 보다 나은 선택을 할 수 있다. 현대 사회에서 통계 자료는 스포츠나 일기 예보, 간단한 신문 기사 등에서 흔히 볼 수 있을 뿐만 아니라 경제 분야의 의사 결정 과정에서도 매우 중요한 정보로 활용되고 있다. 각종 통계 자료를 해석하는 능력은 오늘날 현대인의 필수적인 능력으로 자리 잡은 지 오래다.

1. 자료의 정리와 해석

○ 자료를 줄기와 잎 그림, 도수분포표, 히스토그램, 도수분포다각형으로 나타내고 해석할 수 있다.
○ 상대도수를 구하며, 이를 그래프로 나타내고, 상대도수의 분포를 이해한다.
○ 공학적 도구를 이용하여 실생활과 관련된 자료를 수집하고 표나 그래프로 정리하고 해석할 수 있다.

조사한 자료를 유지하면서 요약하는 방법으로 **줄기와 잎 그림**이 있다.

주로 세로 선의 왼쪽 줄기에는 십의 자리의 숫자를 쓰고, 오른쪽 잎에는 일의 자리 숫자를 쓴다. 줄기와 잎 그림은 자료의 분포 상태를 파악할 수 있을 뿐만 아니라 각 자료의 값을 알 수 있는 장점이 있다.

수집된 자료의 분포를 알아보기 쉽게 하려고 각 구간을 구분하여 **도수분포표**로 정리할 수도 있다. 오른쪽 그림과 같이 자료를 일정한 간격으로 나눈 다음, 각 구간에 속하는 자료의 개수를 써넣는다. 도수분포표는 각 구간에 얼마나 많은 자료가 있는지 잘 보여준다.

수면 시간(시간)	도수(명)
4이상 ~ 5미만	3
5 ~ 6	8
6 ~ 7	10
7 ~ 8	7
8 ~ 9	2
합계	30

도수분포표

도수분포표는 그래프로도 그릴 수 있는데, 이를 **히스토그램**이라고 한다. 구간마다 막대가 하나씩 그려져 있고, 막대의 높이는 그 구간의 자료 개수를 나타낸다. 또, 히스토그램에서 각 계급의 직사각형의 윗변 가운뎃점을 차례대로 선분으로 연결하여 그린 그래프를 **도수분포다각형**이라고 한다.

히스토그램

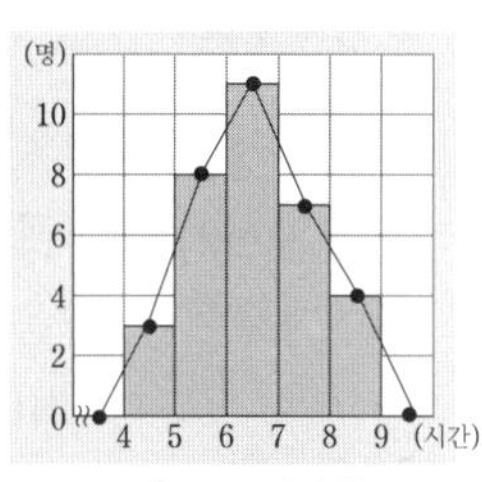

도수분포다각형

상대도수는 각 구간에 속하는 도수의 비율로서, 도수를 전체 자료의 수로 나눈 것이다. 각 구간에 상대도수를 대응시킨 상대도수의 히스토그램이나 상대도수의 분포다각형도 그릴 수 있는데, 상대도수의 분포다각형은 도수의 합이 다른 두 집단의 자료를 비교하는 데 편리하다.

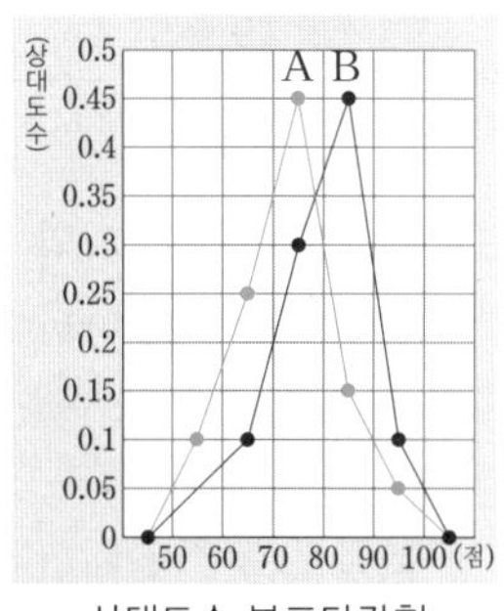

상대도수 분포다각형

WHY? 현대적인 통계조사는 1662년 존 그랜트라는 상인이 런던에서 처음으로 실시했는데, 그는 조사를 통해 얻은 이득을 이렇게 적고 있다. "성별, 출신지, 나이, 종교, 직업, 사회적 지위, 신분 등에 따른 인구 분포 현황을 알게 되었다. 그것을 활용한다면 무역이나 공공 업무를 훨씬 분명하고 질서정연하게 처리할 수 있으며, 그들이 무엇을 소비할지도 알 수 있을 것이고, 따라서 아예 가망성이 없는 곳에서 새로운 사업을 시작하는 시행착오를 겪지 않을 것이다."
이처럼 잘 정리된 통계 자료는 우리에게 미래를 들여다볼 수 있는 눈을 제공한다.

핵심

293 줄기와 잎 그림

오른쪽 그림과 같이 줄기와 잎을 이용하여 자료를 나타낸 그림을 **줄기와 잎 그림**이라고 한다. 이때 세로선의 왼쪽에 있는 수를 **줄기**, 오른쪽에 있는 수를 **잎**이라고 한다.

줄넘기 횟수

(3|1은 31회)

줄기	잎
3	1 1 2 6
4	0 5 5 5 8 9
5	2 3 3 4 4 7 8
6	1 2 8

줄기와 잎 그림으로 나타내기

① 줄기와 잎을 정한다.
② 세로선을 긋고, 세로선의 왼쪽에 줄기의 숫자를 쓴다.
③ 세로선의 오른쪽에 잎의 숫자를 크기가 작은 것부터 빠짐없이 순서대로 쓴다.
④ 줄기와 잎의 숫자에 대한 규칙을 설명한다.
 예 3|1은 31회
⑤ 줄기와 잎 그림에 알맞은 제목을 붙인다.
 예 줄넘기 횟수

※ 다음은 어느 동네에서 하루 동안 헌혈한 사람의 나이를 조사한 자료이다. 물음에 답하여라.

헌혈한 사람의 나이

(단위 : 세)

19, 17, 26, 23, 23,
26, 27, 30, 34, 41

1. 이 자료를 줄기와 잎 그림으로 나타내어라.

헌혈한 사람의 나이

(1|7은 17세)

줄기	잎
1	7 9
2	

2. 하루 동안 헌혈한 사람은 모두 몇 명인가?

3. 잎이 가장 많은 줄기를 말하여라.

4. 27살인 사람은 몇 번째로 나이가 많은지 말하여라.

※ 오른쪽 그림은 혜리네 반 학생들의 한 학기 봉사활동 시간을 조사하여 줄기와 잎 그림으로 나타낸 것이다. 물음에 답하여라.

봉사활동 시간

(1|6은 16시간)

줄기	잎
1	6 9
2	4 4 5 8 8
3	0 1 1 1 2 2 6
4	2

5. 혜리네 반 학생은 모두 몇 명인가?

6. 봉사활동 시간이 가장 많은 학생과 가장 적은 학생의 시간의 차를 구하라.

7. 잎이 가장 많은 줄기를 말하여라.

8. 혜리의 봉사활동 시간이 25시간일 때, 반에서 혜리의 봉사활동 시간은 적은 쪽에서 몇 번째인지 말하여라.

※ 오른쪽 그림은 병만이네 반 학생들의 하루 평균 통학 시간을 조사하여 줄기와 잎 그림으로 나타낸 것이다. 물음에 답하여라.

통학 시간

(0|4은 4분)

줄기	잎
0	4 6
1	0 0 2 8
2	0 0 3 4 5 6 7
3	6 9

9. 병만이네 반 학생은 모두 몇 명인가?

10. 통학 시간이 24분인 학생은 통학 시간이 몇 번째로 많이 걸리는지 구하라.

11. 통학 시간이 18분 이상 24분 이하인 학생은 모두 몇 명인지 구하라.

12. 잎이 가장 많은 줄기를 구하라.

※ 한국중학교 1학년 1반 학생 20명의 한 달 동안 휴대전화 문자메시지 발신 건수를 조사한 것이다.

31	38	37	45	59
72	74	84	56	34
22	57	23	39	12
18	25	67	59	33

다음을 수행하고 물음에 답하여라.

이 자료를 컴퓨터 프로그램을 이용하여 줄기와 잎 그림으로 나타내어 보자.

① https://www.geogebra.org에 접속하여 스프레드시트 창 항목을 클릭한다.

스마트폰은 기기의 버전에 따라 안정적인 접속이 되지 않을 수 있으므로, 컴퓨터를 이용하여 접속한다.

② 위의 자료를 스프레드시트 창에 입력한다.

③ 입력한 자료를 모두 선택(CTRL + A 또는 드래그)하고, 왼쪽 상단의 두 번째 메뉴 를 클릭한 후 일변량 분석 을 클릭한다.

④ 상단 중앙에 있는 콤보박스에서 줄기와 잎 그림을 클릭한다.

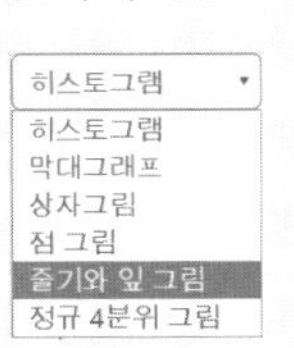

13. 잎이 가장 많은 줄기를 구하라.

14. 발신 건수가 60건 이상인 학생 수를 구하라.

15. 발신 건수가 8번째로 적은 학생의 발신 건수를 구하라.

16. 발신 건수가 40건 이상 60건 미만인 학생은 모두 몇 명인지 구하라.

17. 발신 건수가 가장 많은 학생과 가장 적은 학생의 발신 건수의 차를 구하라.

294 도수분포표

변량 : 키, 몸무게, 성적 등과 같이 자료를 수량으로 나타낸 것

계급 : 변량을 일정한 간격으로 나눈 구간

- 계급의 크기 : 계급의 양 끝값의 차, 즉 구간의 너비
- 계급의 개수 : 변량을 나눈 구간의 개수
- 계급값 : 각 계급을 대표하는 값으로 각 계급의 가운데 값

$$(\text{계급값})=\frac{(\text{계급의 양 끝값의 합})}{2}$$

도수 : 각 계급에 속하는 자료의 개수

도수분포표 : 주어진 자료를 몇 개의 계급으로 나누고, 각 계급의 도수를 조사하여 나타낸 표

※ 오른쪽 표는 승호네 반 학생 40명의 영어 성적을 조사하여 만든 도수분포표이다. 물음에 답하여라.

영어 성적(점)	도수(명)
50이상 ~ 60미만	3
60 ~ 70	4
B	21
80 ~ 90	A
90 ~ 100	2
합계	40

1. A의 값을 구하라.

2. B에 알맞은 계급을 말하여라.

3. 계급의 크기를 구하라.

4. 도수가 가장 큰 계급의 계급값을 구하라.

5. 계급값이 65점인 계급의 도수를 구하라.

6. 영어 성적이 70점 미만인 학생 수를 구하라.

7. 성적이 낮은 쪽에서 10번째인 학생이 속한 계급의 계급값을 구하라.

8. 영어 성적이 90점 이상인 학생들은 전체의 몇 %인지 구하라.

백분율(%) : $\frac{(\text{해당 점수의 학생 수})}{(\text{전체 학생 수})}\times 100$

핵심

295 히스토그램

히스토그램 : 도수분포표의 각 계급의 양 끝값을 가로축에 표시하고, 그 계급의 도수를 세로축에 표시하여 직사각형 모양으로 그린 그래프

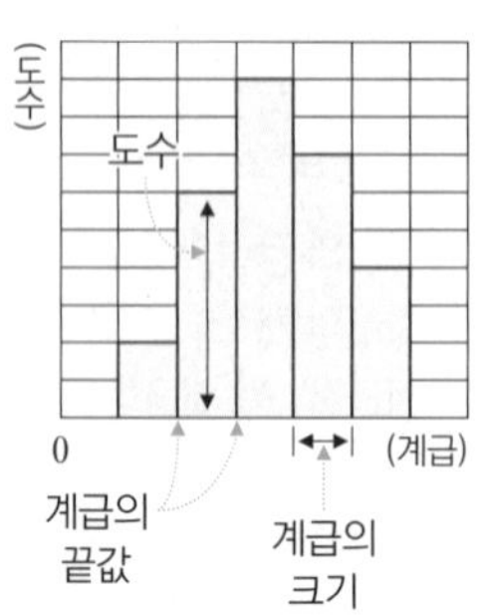

히스토그램을 그리는 순서

① 가로축에는 계급의 양 끝값을, 세로축에는 도수를 차례로 써넣는다.

② 각 계급의 크기를 가로로, 도수를 세로로 하는 직사각형을 그린다.

※ 다음 도수분포표를 보고, 히스토그램을 그려라.

1.

통학 시간(분)	학생 수(명)
0이상 ~ 4미만	1
4 ~ 8	4
8 ~ 12	7
12 ~ 16	5
16 ~ 20	3
합계	20

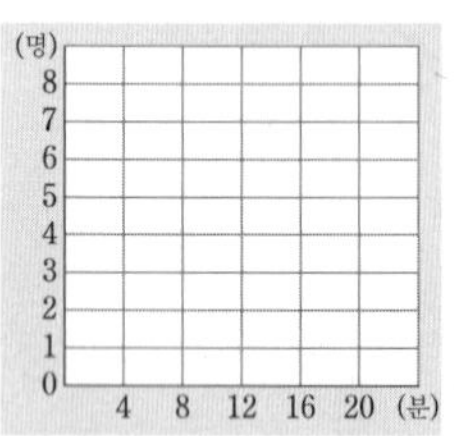

2.

몸무게(kg)	학생 수(명)
30이상 ~ 35미만	2
35 ~ 40	5
40 ~ 45	7
45 ~ 50	8
50 ~ 55	3
합계	25

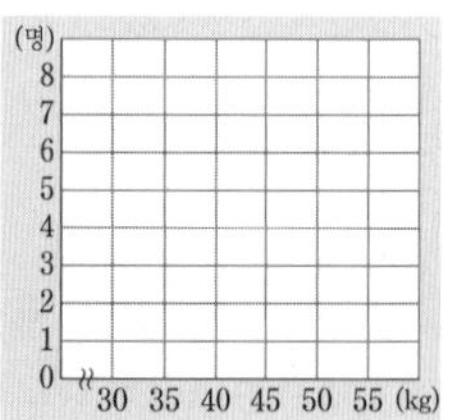

※ 다음 히스토그램을 보고, 도수분포표를 완성하여라.

3.

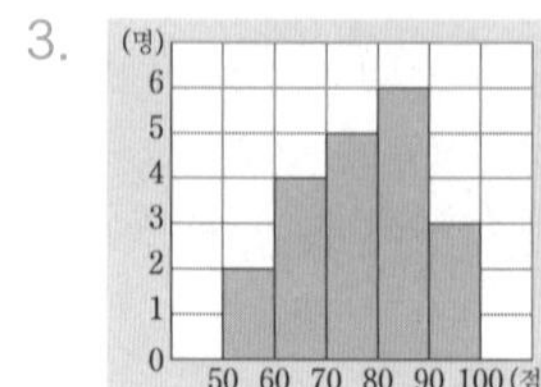

수학 점수(점)	학생 수(명)
50이상 ~ 60미만	
60 ~ 70	
70 ~ 80	
80 ~ 90	
90 ~ 100	
합계	

※ 오른쪽 그림은 혜리네 반 학생들의 한 학기 독서량을 히스토그램으로 나타낸 것이다. 물음에 답하여라.

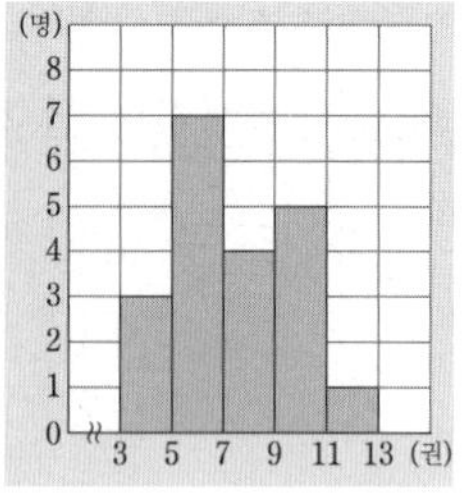

4. 계급의 크기를 구하라.

5. 도수의 총합을 구하라.

6. 도수가 가장 큰 계급의 계급값을 구하라.

7. 독서량이 6번째로 많은 학생이 속하는 계급의 계급값을 구하라.

8. 7권 이상 9권 미만인 학생은 전체의 몇 %인지 구하라.

9. 도수가 7인 직사각형의 넓이를 구하라.

10. 모든 직사각형의 넓이의 합을 구하라.

11. 계급값이 6권인 직사각형의 넓이는 계급값이 12권인 직사각형 넓이의 몇 배인지 구하라.

※ 오른쪽 그림은 성열이네 반 학생들의 영어 성적을 히스토그램으로 나타낸 것이다. 물음에 답하여라.

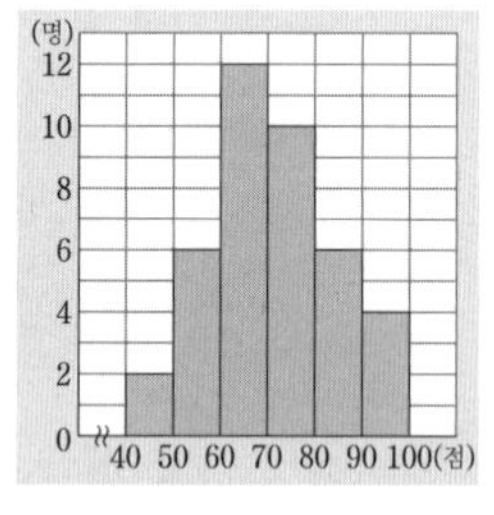

12. 성적이 15번째로 좋은 학생이 속하는 계급의 계급값을 구하라.

13. 성적이 70점 이상 90점 미만인 학생은 전체의 몇 %인지 구하라.

└ 도수의 총합은 $2+6+12+10+6+4=40$(명)이므로

$\frac{\square}{40}\times 100=\square$(%)

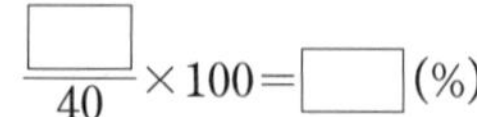

14. 계급값이 95점인 직사각형의 넓이는 계급값이 45점인 직사각형의 넓이의 몇 배인지 구하라.

핵심

296 도수분포다각형

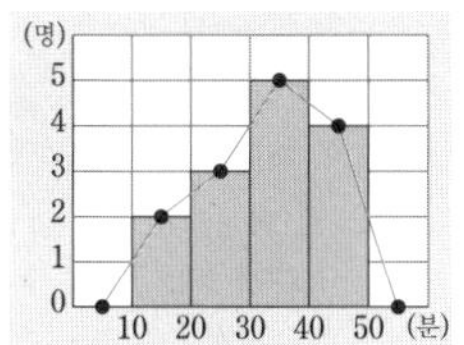

도수분포다각형 : 히스토그램에서 각 직사각형 윗변의 중점을 차례로 선분으로 연결하여 나타낸 다각형 모양의 그래프

도수분포다각형을 그리는 순서

① 히스토그램에서 각 직사각형의 윗변 중앙에 점을 찍는다.

② 히스토그램의 양 끝에 도수가 0이고 크기가 같은 계급을 하나씩 추가하여 중앙에 점을 찍은 후 점들을 차례로 선분으로 연결한다.

※ 다음 히스토그램에 도수분포다각형을 그려라.

1. 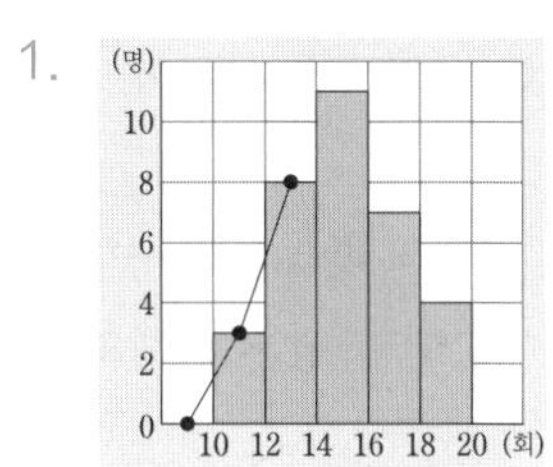

2. 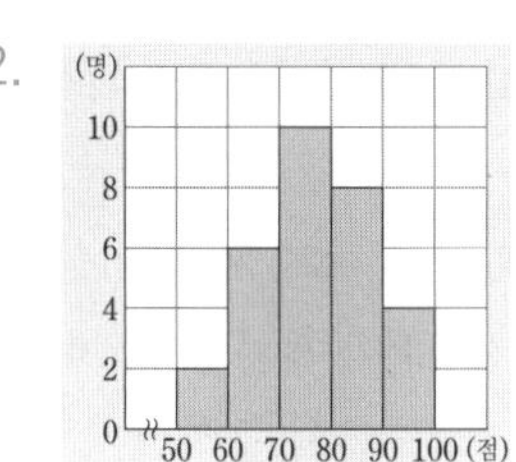

※ 다음 도수분포표를 보고 도수분포다각형을 그려라.

3.

독서량(권)	학생 수(명)
2이상 ~ 4미만	1
4 ~ 6	4
6 ~ 8	8
8 ~ 10	5
10 ~ 12	2
합계	20

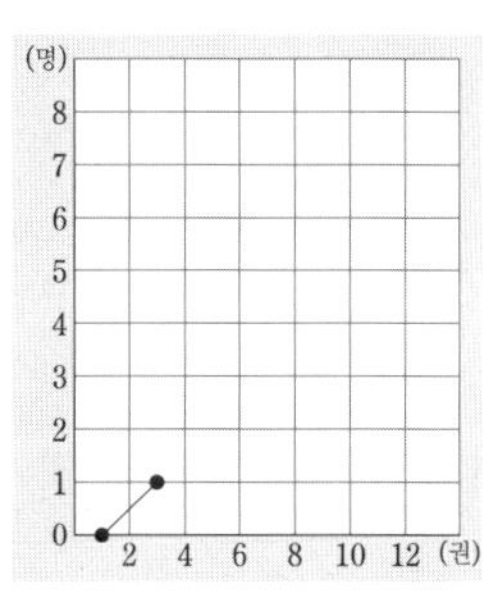

4.

국어 점수(점)	학생 수(명)
50이상 ~ 60미만	3
60 ~ 70	6
70 ~ 80	7
80 ~ 90	10
90 ~ 100	4
합계	30

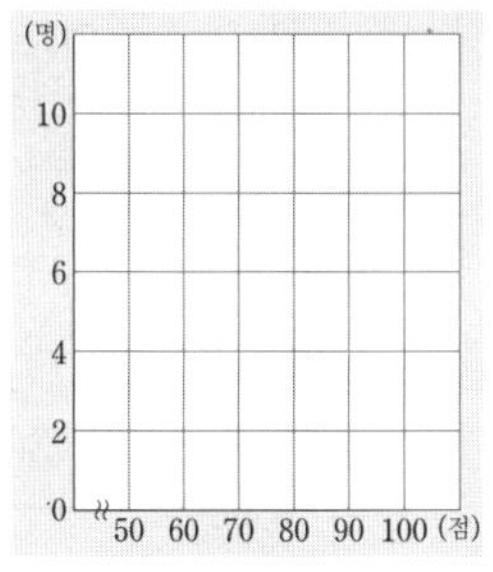

※ 오른쪽 그림은 준수네 반 학생들의 일주일 동안 컴퓨터 사용 시간을 도수분포다각형으로 나타낸 것이다. 물음에 답하여라.

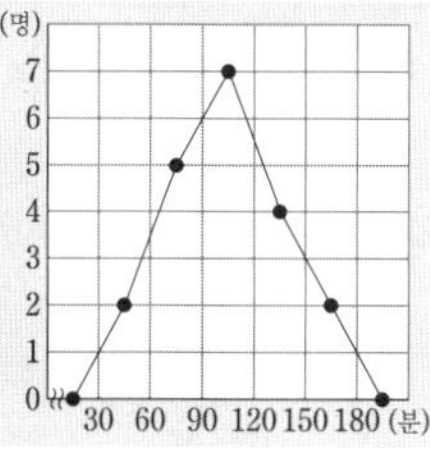

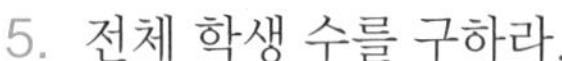

5. 전체 학생 수를 구하라.

6. 도수가 가장 큰 계급의 계급값을 구하라.

7. 사용 시간이 120분 이상인 학생 수를 구하라.

8. 사용 시간이 120분 이상인 학생은 전체의 몇 %인지 구하라.

9. 사용 시간이 6번째로 적은 학생이 속하는 계급의 계급값을 구하라.

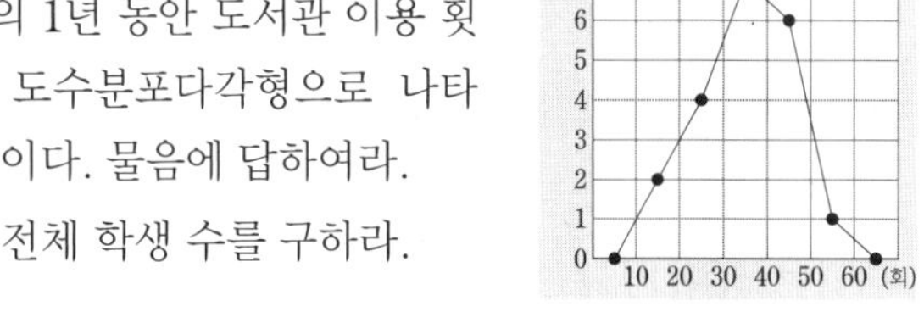

※ 오른쪽 그림은 수지네 반 학생들의 1년 동안 도서관 이용 횟수를 도수분포다각형으로 나타낸 것이다. 물음에 답하여라.

10. 전체 학생 수를 구하라.

11. 도수가 가장 작은 계급의 계급값을 구하라.

12. 이용 횟수가 10회 이상 30회 미만인 학생 수를 구하라.

13. 이용 횟수가 10회 이상 30회 미만인 학생은 전체의 몇 %인지 구하라.

14. 이용 횟수가 10번째로 많은 학생이 속하는 계급의 계급값을 구하라.

핵심

297 상대도수

상대도수 : 전체 도수에 대한 각 계급의 도수 비율

$$(\text{상대도수})=\frac{(\text{그 계급의 도수})}{(\text{전체 도수})}$$

상대도수의 특징

- 상대도수의 총합은 항상 1이다.
- 전체 도수가 다른 두 집단의 분포 상태를 비교할 때 편리하다.
- 각 계급의 상대도수는 그 계급의 도수에 정비례한다.

※ 다음 상대도수의 분포표에서 빈칸을 채워라.

1.

독서량(권)	도수(명)	상대도수
0이상 ~ 10미만	4	$\frac{4}{20}=0.2$
10 ~ 20	10	
20 ~ 30	6	
합계	20	1

2.

사회 점수(점)	도수(명)	상대도수
60이상 ~ 70미만	$30\times0.2=6$	0.2
70 ~ 80	$30\times0.3=9$	0.3
80 ~ 90		0.4
90 ~ 100		0.1
합계	30	

※ 다음 중 옳은 것에는 ○표, 옳지 않은 것에는 ×표를 하여라.

3. 상대도수는 각 계급의 도수가 전체 도수에서 차지하는 비율이다. ( )
4. 상대도수의 총합은 전체 도수에 따라 달라진다. ( )
5. 상대도수는 그 값이 1보다 큰 경우도 있다. ( )
6. 어떤 계급의 도수와 상대도수를 알면 도수의 총합을 구할 수 있다. ( )
7. 상대도수는 그 계급의 도수에 정비례한다. ( )

※ 다음은 창의네 반 학생들의 몸무게를 조사하여 나타낸 상대도수의 분포표이다. 물음에 답하여라.

무게(kg)	상대도수
40이상 ~ 45미만	0.05
45 ~ 50	0.1
50 ~ 55	0.35
55 ~ 60	0.3
60 ~ 65	0.15
65 ~ 70	0.05
합계	1

8. 몸무게가 45kg 이상 50kg 미만인 학생은 전체의 몇 %인지 구하라.
9. 몸무게가 55kg 이상인 학생은 전체의 몇 %인지 구하라.
10. 몸무게가 50kg 이상 65kg 미만인 학생은 전체의 몇 %인지 구하라.

※ 다음은 어느 해 우리나라 도시의 공기 오염도를 나타낸 표이다. 물음에 답하여라.

오염도(㎍/m^3)	도수(곳)	상대도수
0이상 ~ 10미만	2	0.05
10 ~ 20	C	0.2
20 ~ 30	10	D
30 ~ 40		0.15
40 ~ 50	14	
합계	A	B

11. A의 값을 구하라.

    $(\text{전체 도수})=\frac{(\text{그 계급의 도수})}{(\text{상대도수})}$

12. B의 값을 구하라.
13. C의 값을 구하라.
14. D의 값을 구하라.
15. 공기 오염도가 30㎍/㎥ 이하인 곳은 전체의 몇 %인지 구하라.

핵심 298 상대도수의 그래프

상대도수의 그래프 : 상대도수의 분포표를 히스토그램이나 도수분포다각형 모양으로 나타낸다.

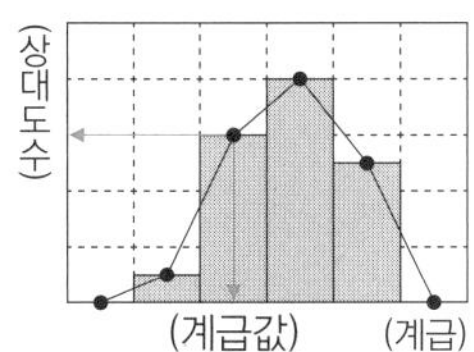

그래프를 그리는 순서

① 가로축에는 계급의 양 끝값을 써넣는다.
② 세로축에는 상대도수를 써넣는다.
③ 히스토그램이나 도수분포다각형과 같은 모양으로 그린다.

참고 전체 도수가 다른 두 집단의 자료를 비교할 때에는 도수분포다각형 모양의 그래프가 더 알맞다.

※ 오른쪽 상대도수의 그래프는 보아네 반 학생들의 운동 시간을 조사하여 나타낸 것이다. 운동 시간이 10분 이상 20분 미만인 학생이 4명일 때, 물음에 답하여라.

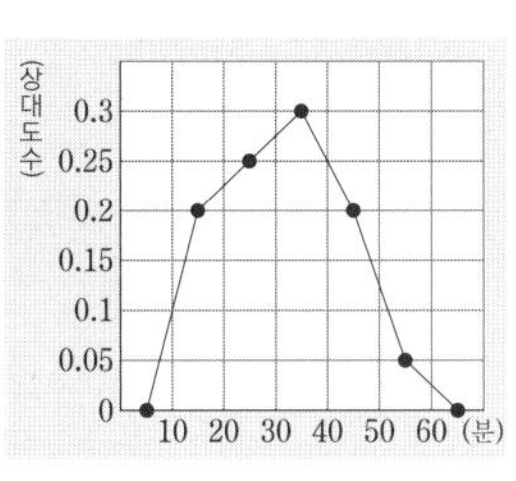

1. 도수가 가장 작은 계급의 계급값을 구하라.

2. 전체 학생 수를 구하라.
   ↳ (전체 도수) $= \dfrac{4}{0.2} = \square$ (명)

3. 운동 시간이 20분 이상 30분 미만인 학생 수를 구하라.
   ↳ 20분 이상 30분 미만인 계급의 상대도수가 0.25이므로
   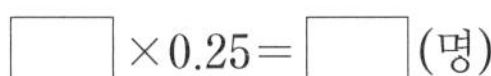
   $\square \times 0.25 = \square$ (명)

4. 운동 시간이 40분 이상인 학생 수를 구하라.

※ 오른쪽 상대도수의 그래프는 A 동아리 20명과 B 동아리 40명의 몸무게를 조사하여 나타낸 것이다. 물음에 답하여라.

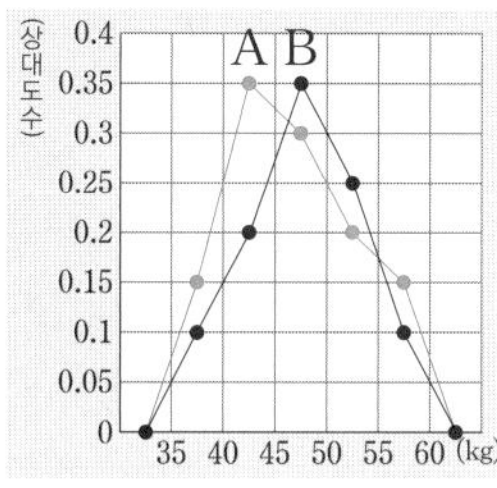

5. A 동아리에서 몸무게가 40kg 이상 50kg 미만인 학생 수를 구하라.

6. B 동아리에서 몸무게가 40kg 이상 50kg 미만인 학생 수를 구하라.

7. 몸무게가 45kg 미만인 학생의 비율은 어느 동아리가 더 높은지 말하여라.

8. 상대적으로 어느 동아리 학생의 몸무게가 더 가볍다고 할 수 있는지 말하여라.

※ 오른쪽 상대도수의 그래프는 효린이네 학교 1학년 남학생 100명과 여학생 200명의 음악 성적을 조사하여 나타낸 것이다. 물음에 답하여라.

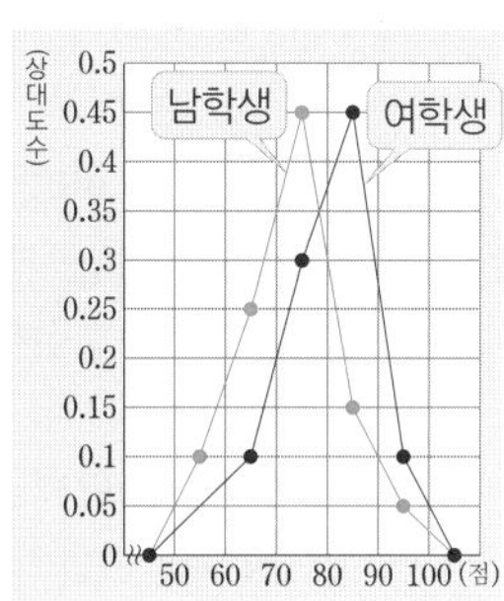

9. 70점 이상 80점 미만인 남학생 수를 구하라.

10. 70점 이상 80점 미만인 여학생 수를 구하라.

11. 점수가 80점 이상인 학생의 비율은 남학생이 높은지, 여학생이 높은지 말하여라.

12. 상대적으로 남학생과 여학생 중 누가 성적이 더 좋은지 말하여라.

| 실력테스트 |

1. 오른쪽 그림은 혜리네 반 학생들의 1년 동안 독서량을 조사하여 줄기와 잎 그림으로 나타낸 것이다. 다음 중 옳은 것은?

독서량

(0|4는 4권)

줄기	잎
0	4 5 6 6
1	0 1 2 3 4
2	1 2 2 5 5 5
3	0 1 4 6 7
4	7 8 8 9

① 줄기가 3인 잎은 6개이다.
② 잎이 가장 많은 줄기는 0이다.
③ 혜리네 반 전체 학생 수는 25명이다.
④ 줄기 0에 속하는 학생들이 읽은 책 수의 합은 21권이다.
⑤ 책을 40권 이상 읽은 학생은 3명이다.

2. 오른쪽 도수분포표는 어느 중학교 1학년 학생 50명의 몸무게를 조사하여 나타낸 것이다. 다음 중 옳지 않은 것은?

몸무게(kg)	학생 수(명)
35이상 ~ 40미만	5
40 ~ 45	8
45 ~ 50	14
50 ~ 55	A
55 ~ 60	9
60 ~ 65	4
합계	50

① 계급의 크기는 5kg이다.
② A의 값은 10이다.
③ 도수가 가장 작은 계급의 계급값은 63.5kg이다.
④ 몸무게가 45kg 이상 55kg 미만인 학생은 전체의 48%이다.
⑤ 몸무게가 10번째로 무거운 학생이 속하는 계급은 55kg 이상 60kg 미만이다.

3. 오른쪽 그림은 어느 학급 학생들의 하루 동안의 TV 시청 시간을 조사하여 히스토그램으로 나타낸 것이다. TV 시청 시간이 25분 이상 35분 미만인 학생이 전체의 30%일 때, TV 시청 시간이 35분 이상 45분 미만인 학생 수는?

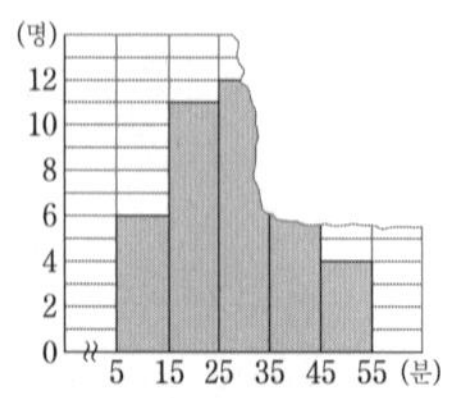

① 5명 ② 6명 ③ 7명 ④ 8명 ⑤ 9명

4. 오른쪽 그림은 어느 해 프로야구 선수들의 홈런 개수를 조사하여 도수분포다각형으로 나타낸 것이다. 조사 대상인 선수의 수를 a명, 홈런을 5번째로 많이 친 선수가 속하는 계급의 도수를 b명이라고 할 때, $a+b$의 값을 구하라.

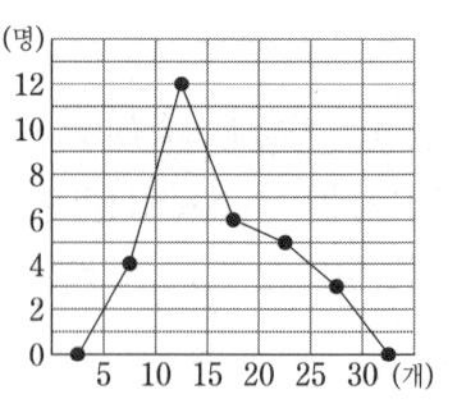

5. 다음 표는 어느 학급의 남학생 20명과 여학생 16명을 대상으로 좋아하는 과일을 조사하여 상대도수의 분포표로 나타낸 것의 일부이다. 전체 학생 중 귤을 좋아하는 학생의 상대도수는?

좋아하는 과일	상대도수	
	남학생	여학생
귤	0.4	0.625
배		

① 0.1 ② 0.2 ③ 0.3
④ 0.4 ⑤ 0.5

6. 오른쪽 그림은 어느 중학교 1학년 남학생과 여학생의 100m 달리기 기록을 조사하여 상대도수의 분포를 그래프로 나타낸 것이다. 다음 중 옳은 것을 모두 고르면? (정답 2개)

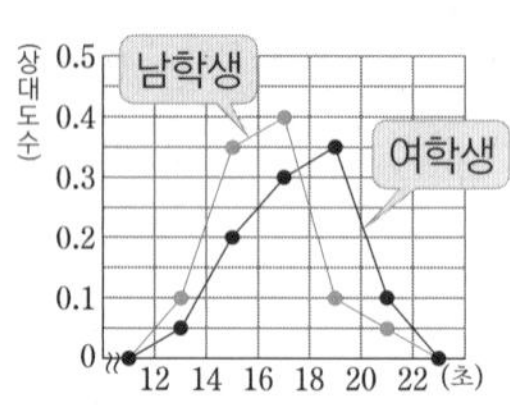

① 남학생의 기록이 여학생의 기록보다 좋다.
② 여학생의 기록 중 도수가 가장 큰 계급의 계급값은 17초이다.
③ 남학생이 총 20명이라면 그중 계급값이 15초인 학생은 6명이다.
④ 여학생 중 기록이 16초 미만인 학생은 45%이다.
⑤ 두 그래프와 가로축으로 둘러싸인 부분의 넓이는 같다.

2. 확률과 그 기본 성질

○ 경우의 수를 구할 수 있다.
○ 확률의 개념과 그 기본 성질을 이해하고, 확률을 구할 수 있다.

정화, 솔지, 찬미가 왼쪽부터 순서대로 한 줄로 서는 방법은 몇 가지가 있을까? 정화를 ①, 솔지를 ②, 찬미를 ③이라고 하면 3명이 서는 결과는 여러 가지로 나올 수 있다. 오른쪽 그림처럼 서는 결과를 나열해보면 서는 방법은 6가지가 있음을 알 수 있다.

①-②-③
  ③-②
②-①-③
  ③-①
③-①-②
  ②-①

정화-솔지-찬미, 정화-찬미-솔지, … 와 같이 어떤 일(3명이 한 줄로 서는 것)의 결과로 나타나는 것을 **사건**이라 하고, 사건이 일어나는 가짓수를 **경우의 수**라고 한다. 정화, 솔지, 찬미가 왼쪽부터 순서대로 한 줄로 서는 경우의 수는 6이다.

위의 그림처럼 일어날 수 있는 모든 경우를 나뭇가지 모양으로 나타낸 것을 수형도라고 한다.

'로또에서 1등이 될 확률', '내일 비가 올 확률' 등 일상생활에서 **확률**이란 말을 많이 접하게 된다.

확률(p)이란 어떤 일이 일어날 가능성의 정도를 말하며, 어떤 일이 일어나는 경우의 수(a)를 일어날 수 있는 전체 경우의 수(n)로 나눈 것을 말한다.

확률은 영어 단어 probability의 첫 글자 p로 나타내기도 한다.

$$\text{확률}(p)=\frac{\text{어떤 일이 일어나는 경우의 수}(a)}{\text{일어날 수 있는 모든 경우의 수}(n)}$$

예를 들어 눈이 6개인 주사위를 던져서 1의 눈이 나올 확률은 $\frac{1}{6}$이다. 나머지 눈에 대해서도 그 눈이 나올 확률은 모두 $\frac{1}{6}$이다. 사건이 일어날 가능성인 확률은 실제로는 편차가 있지만, 오랫동안 관찰하여 그 사건이 일어나는 횟수의 비율을 계산하면 $\frac{1}{6}$에 가깝게 된다.

WHY? 로또 복권, 자동차 보험, 생명 보험 등도 알고 보면 확률에 기초하여 계산한다. 또, 사기꾼들은 사람들이 확률에 대해 제대로 알지 못한다는 점을 이용해서 몹시 부당한 거래조차도 성공이 보장된 그럴듯한 거래인 것처럼 포장한다. 이런 사기꾼들이 쓰는 속임수를 들여다보면 처음에는 내가 훨씬 이익이 되는 거래처럼 느껴지지만 결국에는 몽땅 빼앗길 수밖에 없는 치밀한 계산이 숨어 있다. 이처럼 어떤 일이 일어나는 경우를 꼼꼼하게 따져 보면 일어날 가능성이 큰 것과 적은 것을 구분할 수 있다.

299 사건과 경우의 수

사건 : 실험이나 관찰에 의하여 일어나는 결과

경우의 수 : 사건이 일어나는 가짓수

예 한 개의 주사위를 던질 때, 짝수의 눈이 나온다.

사건	짝수의 눈이 나온다.
사건이 일어나는 경우	
경우의 수	3

※ 한 개의 주사위를 던질 때, 다음 사건이 일어나는 경우의 수를 구하라.

1. 홀수의 눈이 나온다.
   ↳ 주사위의 눈이 홀수인 경우는 □, □, □이므로 구하는 경우의 수는 □이다.

2. 3 이하의 눈이 나온다.
3. 4 이상의 눈이 나온다.
4. 2의 배수의 눈이 나온다.
5. 3의 배수의 눈이 나온다.
6. 16의 약수의 눈이 나온다.

※ 두 개의 주사위 A, B를 던질 때, 다음 사건이 일어나는 경우의 수를 구하라.

7. 두 눈의 수가 같다.
   ↳ 사건을 두 눈의 순서쌍으로 나타내면 두 눈의 수가 같은 경우는 (1, 1), (2, □), (3, 3), (4, □), (5, 5), (6, □)이므로 구하는 경우의 수는 □이다.

8. 두 눈의 수가 모두 홀수가 나온다.
9. 두 눈의 수가 모두 3의 배수가 나온다.
10. 두 눈의 수의 합이 6이다.
11. 두 눈의 수의 차가 4이다.
12. 두 눈의 수의 곱이 20이다.

300 사건 A 또는 B가 일어나는 경우의 수

사건 A, B가 일어나는 경우의 수가 각각 m, n이고, 사건 A, B가 동시에 일어나지 않을 때, 사건 A 또는 B가 일어나는 경우의 수는

(사건 A 또는 사건 B가 일어나는 경우의 수)$=m+n$

예 서울에서 대전까지 기차를 타고 가는 방법이 3가지, 버스를 타고 가는 방법이 2가지 있을 때, 서울에서 대전까지 기차 또는 버스를 타고 가는 경우의 수는 $3+2=5$

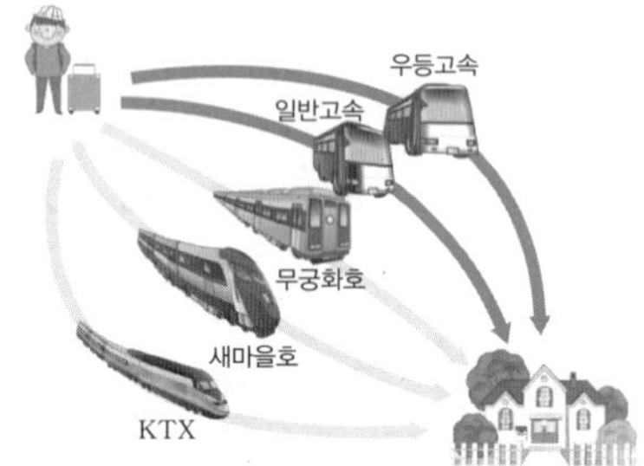

참고 ① 위의 예에서 버스와 기차를 동시에 타는 사건은 일어나지 않는다. 두 사건 A, B가 동시에 일어나지 않는다는 것은 사건 A가 일어나면 사건 B가 일어날 수 없고, 사건 B가 일어나면 사건 A가 일어날 수 없다는 뜻이다.
② '또는', '~이거나'라는 말이 있으면 각 사건의 경우의 수를 더한다.

※ 다음을 구하라.

1. 집에서 학교까지 버스를 타고 가는 방법이 4가지, 지하철을 타고 가는 방법이 2가지 있을 때, 집에서 학교까지 버스 또는 지하철을 타고 가는 경우의 수
   ↳ 동시에 두 가지 교통수단을 탈 수 없으므로, 집에서 학교까지 버스 또는 지하철을 타고 가는 경우의 수는 4+□=□

2. 한 개의 주사위를 던질 때, 3보다 작거나 4보다 큰 눈이 나오는 경우의 수
3. 서로 다른 두 개의 주사위를 던질 때, 두 눈의 수의 합이 3 또는 5가 되는 경우의 수

※ 빨간 공 5개, 노란 공 3개, 파란 공 2개가 들어 있는 주머니에서 공을 한 개 꺼낸다. 다음을 구하라.

4. 빨간 공 또는 노란 공이 나오는 경우의 수
   ↳ 동시에 두 개의 공을 꺼낼 수 없으므로 구하는 경우의 수는 5+□=□

5. 빨간 공 또는 파란 공이 나오는 경우의 수
6. 노란 공 또는 파란 공이 나오는 경우의 수

핵심

301 두 사건 A, B가 동시에 일어나는 경우의 수

사건 A가 일어나는 경우의 수가 m이고, 그 각각의 경우에 대하여 사건 B가 일어나는 경우의 수가 n이면

(두 사건 A, B가 동시에 일어나는 경우의 수)$=m\times n$

예 저고리가 2종류, 치마가 3종류 있을 때, 저고리와 치마를 짝지어 입는 경우의 수는 $2\times3=6$

참고 ① 위의 예에서 저고리 각각에 대하여 치마를 고를 수 있는 것처럼 사건 A와 사건 B가 동시에 일어난다는 것은 사건 A도 일어나고 사건 B도 일어난다는 뜻이다.
② '이고', '모두'라는 말이 있으면 각 사건의 경우의 수를 곱한다.

※ 한 개의 주사위를 두 번 던질 때, 다음을 구하라.

1. 처음 나온 눈의 수는 3의 배수이고, 나중에 나온 눈의 수는 2의 배수인 경우의 수
   ↳ 3의 배수 : □, □의 2개
   2의 배수 : □, □, □의 □개
   따라서 구하는 경우의 수는 $2\times$□$=$□

2. 두 눈의 수가 모두 홀수인 경우의 수

3. 두 눈의 수의 곱이 홀수가 되는 경우의 수

※ 아래 그림과 같은 도로망이 있을 때, P지점에서 Q지점을 거쳐 R지점까지 최단 거리로 가는 방법의 수를 구하라.

4.
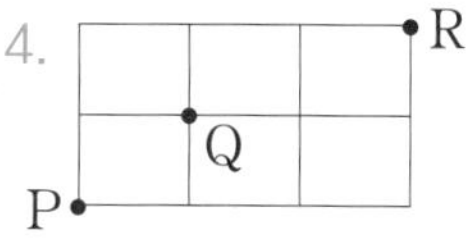

P → Q : □가지
Q → R : □가지
P → R : □$\times$□$=$□가지

5.
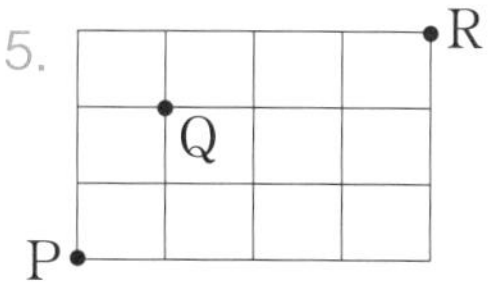

P → Q : □가지
Q → R : □가지
P → R : □$\times$□$=$□가지

핵심

302 동전 또는 주사위를 던질 때의 경우의 수

- 서로 다른 m개의 동전을 동시에 던질 때, 일어나는 모든 경우의 수
  → 각각의 동전에 대하여 앞면, 뒷면의 2가지이므로 2^m
- 서로 다른 n개의 주사위를 동시에 던질 때, 일어나는 모든 경우의 수
  → 각각의 주사위에 대하여 1, 2, 3, 4, 5, 6의 6가지이므로 6^n
- 서로 다른 m개의 동전과 n개의 주사위를 동시에 던질 때, 일어나는 모든 경우의 수
  → 두 사건이 동시에 일어나므로 $2^m\times6^n$

※ 다음을 구하라.

1. 서로 다른 동전 3개를 동시에 던질 때 일어나는 경우의 수

2. 서로 다른 동전 2개와 주사위 1개를 동시에 던질 때 일어나는 경우의 수
   ↳ 동전 2개를 각각 던지는 경우의 수는 2이고, 주사위 1개를 던지는 경우의 수는 6이다. 따라서 구하는 경우의 수는 $2\times$□$\times6=$□이다.

3. 서로 다른 동전 3개와 주사위 1개를 동시에 던질 때 일어나는 경우의 수

4. 서로 다른 동전 2개와 주사위 2개를 동시에 던질 때 일어나는 경우의 수

※ 각 면에 1부터 12까지의 자연수가 각각 하나씩 적힌 정십이면체를 두 번 던졌다. 바닥에 오는 면에 적힌 수를 읽을 때, 다음을 구하라.

5. 첫 번째에는 5의 배수, 두 번째에는 10의 약수가 나오는 경우의 수
   ↳ 5의 배수는 5, 10의 2가지, 10의 약수는 1, 2, 5, 10의 □가지이므로 구하는 경우의 수는 $2\times$□$=$□

6. 첫 번째에는 3의 배수, 두 번째에는 9의 약수가 나오는 경우의 수

7. 첫 번째에는 6의 배수, 두 번째에는 12의 약수가 나오는 경우의 수

핵심

303 한 줄로 세우는 경우의 수

• n명을 한 줄로 세우는 경우의 수
→ $n\times(n-1)\times(n-2)\times\cdots\times1$

• n명 중 2명을 뽑아 한 줄로 세우는 경우의 수
→ $n\times(n-1)$

• n명 중 3명을 뽑아 한 줄로 세우는 경우의 수
→ $n\times(n-1)\times(n-2)$

n명 중 1명을 뽑고 남은 $(n-1)$명 중 1명을 뽑는 경우의 수
$n\times(n-1)\times\cdots$
n명 중 1명을 뽑는 경우의 수

예 4명의 학생 A, B, C, D가 있을 때, 3명을 뽑아 한 줄로 세우는 경우의 수는 $4\times3\times2=24$이다.

※ 다음을 구하라.

1. 3명의 학생을 한 줄로 세우는 경우의 수
   ㄴ 맨 앞에 설 수 있는 사람은 3명
   두 번째에 설 수 있는 사람은 □명
   세 번째에 설 수 있는 사람은 □명
   따라서 3명을 한 줄로 세우는 경우의 수는
   $3\times$□$\times$□$=$□

2. 서로 다른 5권의 책을 책꽂이에 한 줄로 꽂는 경우의 수

※ 5명의 학생 A, B, C, D, E가 있다. 다음을 구하라.

3. 5명 중 2명을 뽑아 한 줄로 세우는 경우의 수

4. 5명 중 3명을 뽑아 한 줄로 세우는 경우의 수

5. 5명을 한 줄로 세울 때, B가 세 번째에 서는 경우의 수
   □□B□□에서 빈 자리에 A, C, D, E를 한 줄로 세우는 경우의 수와 같다.

6. 5명의 학생을 한 줄로 세울 때, A가 두 번째에 서는 경우의 수

7. 5명의 학생을 한 줄로 세울 때, A가 맨 앞에, E가 맨 뒤에 서는 경우의 수

핵심

304 한 줄로 세울 때 이웃하여 세우는 경우의 수

① 이웃하는 것을 하나로 묶어 한 줄로 세우는 경우의 수를 구한다.
② 묶음 안에서 자리를 바꾸는 경우의 수를 구한다.
③ ①과 ②의 경우의 수를 곱한다.

예 4명의 학생 A, B, C, D를 한 줄로 세울 때, A, B가 이웃하는 경우의 수는 (A B) C D
① A, B를 한 묶음으로 생각하여 3명을 한 줄로 세우는 경우의 수 : $3\times2\times1=6$
② A, B가 자리를 바꾸어 서는 경우의 수 : $2\times1=2$
③ 따라서 구하는 경우의 수는 $6\times2=12$이다.

※ A, B, C, D, E 5명을 한 줄로 세울 때, 다음을 구하라.

1. A, C가 이웃하여 서는 경우의 수
   ㄴ A, C를 한 묶음으로 하여 4명을 한 줄로 세우는 경우의 수는 $4\times3\times2\times1=$□
   A, C가 자리를 바꾸어 서는 경우의 수는 $2\times1=2$
   따라서 구하는 경우의 수는 □$\times2=$□

2. A, B, C가 이웃하여 서는 경우의 수

※ 남학생 2명, 여학생 3명을 한 줄로 세울 때, 다음을 구하라.

3. 남학생끼리 이웃하여 서는 경우의 수

4. 여학생끼리 이웃하여 서는 경우의 수

5. 남학생은 남학생끼리, 여학생은 여학생끼리 이웃하여 서는 경우의 수
   ㄴ 남학생과 여학생을 각각 한 묶음으로 하여 2명을 한 줄로 세우는 경우의 수는 □
   남학생끼리 자리를 바꾸어 서는 경우의 수는 2
   여학생끼리 자리를 바꾸어 서는 경우의 수는 □
   따라서 구하는 경우의 수는 □$\times2\times$□$=$□

6. 여학생끼리는 서로 이웃하지 않게 서는 경우의 수
   ∨(남)∨(남)∨와 같이 남학생 2명을 한 줄로 세우고 남자 사이와 양끝의 3개의 자리에 여자 3명을 세운다.

7. 남학생끼리는 서로 이웃하지 않게 서는 경우의 수

핵심

305 정수를 만드는 경우의 수

0을 포함하지 않는 경우 : 0이 아닌 서로 다른 한 자리 숫자가 각각 적힌 n장의 카드 중에서

- 2장을 뽑아 만들 수 있는 두 자리 정수의 개수
  → $n\times(n-1)$(개)
- 3장을 뽑아 만들 수 있는 세 자리 정수의 개수
  → $n\times(n-1)\times(n-2)$(개)

0을 포함하는 경우 : 0을 포함한 서로 다른 한 자리 숫자가 각각 적힌 n장의 카드 중에서

- 2장을 뽑아 만들 수 있는 두 자리 정수 개수
  → $(n-1)\times(n-1)$(개)
- 3장을 뽑아 만들 수 있는 세 자리 정수 개수
  → $(n-1)\times(n-1)\times(n-2)$(개)

※ 다음 숫자 카드 중에서 2장을 뽑아 만들 수 있는 두 자리 자연수의 개수를 구하라.

1. [1] [3] [5]

2. [2] [3] [5] [7]

3. [0] [2] [4]

   ↳ 10의 자리에 올 수 있는 숫자는 □, □의 2가지이고, 일의 자리에 올 수 있는 숫자는 □가지이므로, 만들 수 있는 자연수의 개수는 2×□=□(개)

4. [0] [1] [2] [5]

※ 4개의 숫자 카드 [0] [3] [6] [9] 중에서 2장을 뽑아 두 자리 자연수를 만들 때, 다음을 구하라.

5. 두 자리 짝수의 개수

   ↳ □ [0] → 빈칸에는 일의 자리 숫자 0을 제외한 3개
   □ [6] → 빈칸에는 0과 일의 자리 숫자 6을 제외한 □개
   따라서 구하는 두 자리 짝수는 3+□=□(개)

6. 두 자리 홀수의 개수

7. 두 자리 자연수 중 60보다 큰 수의 개수

핵심

306 대표를 뽑는 경우의 수

자격이 다른 대표를 뽑는 경우 : n명 중 자격이 다른 2명의 대표를 뽑는 경우의 수

→ $n\times(n-1)$

예 A, B, C, D, E, F 6명 중 반장, 부반장을 뽑는 경우 : 반장(①)을 뽑는 방법은 6명 중 한 명이므로 6가지, 부반장(②)을 뽑는 방법은 6명 중 반장으로 뽑힌 한 명을 제외한 5가지이다. 따라서 구하는 경우의 수는 $6\times5=30$이다.

자격이 같은 대표를 뽑는 경우 : n명 중 자격이 같은 2명의 대표를 뽑는 경우의 수

→ $\dfrac{n\times(n-1)}{2\times1}$

예 A, B, C, D, E, F 6명 중 임원 2명을 뽑는 경우 : 위의 그림에서 ①, ②를 임원이라고 하면 ①, ②가 바뀌어도 같은 경우가 된다.

즉 $\begin{cases}①:\mathrm{A},\ ②:\mathrm{B}\\ ①:\mathrm{B},\ ②:\mathrm{A}\end{cases}$는 같은 경우이다.

따라서 구하는 경우의 수는 $\dfrac{6\times5}{2\times1}=15$이다.

※ A, B, C, D 4명이 있다. 다음을 구하라.

1. 회장 1명, 부회장 1명을 뽑는 경우의 수

2. 회장 1명, 부회장 1명, 총무 1명을 뽑는 경우의 수

※ 남학생 3명, 여학생 4명이 있다. 다음을 구하라.

3. 회장, 부회장을 1명씩 뽑는 경우의 수

4. 회장, 부회장, 총무를 1명씩 뽑는 경우의 수

5. 대표 3명을 뽑는 경우의 수

6. 남학생, 여학생 대표를 각각 1명씩 뽑는 경우의 수

   힌트 남학생 중 대표 1명을 뽑는 경우의 수와 여학생 중 대표 1명을 뽑는 경우의 수를 곱한다.

7. 회장 1명, 부회장 2명을 뽑는 경우의 수

   힌트 회장 1명을 뽑는 경우의 수와 나머지 6명 중에서 부회장 2명을 뽑는 경우의 수를 곱한다.

핵심
307 확률의 뜻

확률 : 일어날 수 있는 모든 경우의 수에 대한 사건 A가 일어날 경우의 수의 비율

사건 A가 일어날 확률 : 모든 경우의 수가 n이고 어떤 사건 A가 일어나는 경우의 수가 a이면 사건 A가 일어날 확률 p는

$$p=\frac{(\text{사건 } A\text{가 일어나는 경우의 수})}{(\text{모든 경우의 수})}=\frac{a}{n}$$

참고 경우의 수를 이용하여 확률을 구할 때에는 각 사건이 일어날 가능성이 모두 같다고 생각한다.

※ 1에서 10까지의 숫자가 각각 적힌 10장의 카드에서 한 장을 뽑을 때, 다음 확률을 구하라.

1. 짝수가 나올 확률
   ↳ 모든 경우의 수 : 10, 짝수가 나오는 경우의 수 : □
   짝수가 나올 확률 : □

2. 3 이하의 수가 나올 확률

3. 4의 배수가 나올 확률

4. 6의 약수가 나올 확률

※ 서로 다른 두 개의 주사위를 동시에 던질 때, 다음 확률을 구하라.

5. 두 눈의 수가 서로 같을 확률
   ↳ 모든 경우의 수 : $6\times6=$□
   두 눈의 수가 같은 경우의 수 : □
   두 눈의 수가 같을 확률 : □

6. 두 눈의 수의 곱이 12일 확률

7. 두 눈의 수의 합이 5일 확률

8. 두 눈의 수의 차가 4일 확률

핵심
308 확률의 성질

확률의 범위
- 어떤 사건이 일어날 확률을 p라고 하면 $0\le p\le1$
- 반드시 일어나는 사건의 확률은 1이다.
- 절대로 일어나지 않는 사건의 확률은 0이다.

참고 $p=1$이라는 것은 $p=\frac{a}{n}$에서 $a=n$이므로 사건 A가 반드시 일어남을 뜻하고, $p=0$이라는 것은 $a=0$이므로 사건 A가 절대로 일어나지 않음을 뜻한다.

어떤 사건이 일어나지 않을 확률
- 사건 A가 일어날 확률을 p라고 하면
  (사건 A가 일어나지 않을 확률)$=1-p$

※ 다음 확률을 구하라.

1. 주사위 한 개를 던질 때, 6 이하의 눈이 나올 확률

2. 빨간 공 10개가 들어 있는 주머니에서 공 1개를 꺼낼 때, 파란 공이 나올 확률

3. 어떤 시험에 합격할 확률이 30%일 때, 불합격할 확률

4. 당첨 확률이 $\frac{1}{4}$인 복권이 당첨되지 않을 확률

※ 서로 다른 두 개의 주사위를 동시에 던질 때, 다음 확률을 구하라.

5. 두 눈의 수가 서로 다를 확률

6. 두 눈의 수의 합이 3 이상일 확률
   두 눈의 수의 합이 2 이하일 확률을 p라고 하면 두 눈의 수의 합이 3 이상일 확률은 $1-p$

7. 두 눈의 수의 차가 4 이하일 확률

8. 두 눈의 수의 곱이 30 미만일 확률

309 확률의 계산

핵심

사건 A가 일어날 확률을 p, 사건 B가 일어날 확률을 q라고 하면

(사건 A 또는 사건 B가 일어날 확률)$=p+q$

(두 사건 A와 B가 동시에 일어날 확률)$=p\times q$

참고 또는, ~이거나 → 확률의 덧셈 이용
이고, 모두 → 확률의 곱셈 이용

※ 서로 다른 두 개의 주사위 A, B를 동시에 던질 때, 다음 확률을 구하라.

1. 두 눈의 수의 합이 4 또는 12일 확률

   ㄴ 두 눈의 수의 합이 4일 확률 : □

   두 눈의 수의 합이 12일 확률 : □

   두 눈의 수의 합이 4 또는 12일 확률 :

   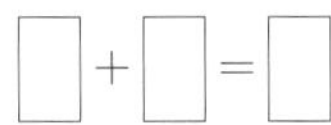

   두 눈의 수의 합이 4인 사건과 두 눈의 수의 합이 12인 사건은 동시에 일어나지 않는다. 즉 두 눈의 수의 합이 4인 사건이 일어나면 12인 사건은 일어나지 않고 12인 사건이 일어나면 4인 사건은 일어나지 않는다. 따라서 확률의 덧셈을 이용한다.

2. 두 눈의 수의 차가 4 또는 5일 확률

3. A는 홀수의 눈, B는 3의 배수의 눈이 나올 확률

   ㄴ A는 홀수의 눈일 확률 : □

   B는 3의 배수의 눈일 확률 : □

   A는 홀수의 눈, B는 3의 배수의 눈일 확률 :

   □ × □ = □

   두 주사위에서 하나는 홀수의 눈이 나오는 사건과 다른 하나는 3의 배수의 눈이 나오는 사건은 동시에 일어난다. 즉 홀수의 눈이 나오는 사건도 일어나고 3의 배수의 눈이 나오는 사건도 일어난다. 따라서 확률의 곱셈을 이용한다.

4. 모두 짝수의 눈이 나올 확률

※ 다음 확률을 구하라.

5. 명중률이 각각 $\frac{3}{4}$, $\frac{4}{9}$인 두 사람이 모두 과녁을 명중시킬 확률

6. 타율이 $\frac{1}{6}$인 야구 선수가 첫 번째 타석에서 안타를 치고, 두 번째 타석에서는 안타를 치지 못할 확률

7. 금요일에 비가 올 확률은 50%, 토요일에 비가 올 확률은 30%일 때, 금요일과 토요일 연속하여 비가 올 확률

※ 두 상자 A, B에 각각 1에서 5까지의 숫자가 하나씩 적힌 카드가 5장씩 들어 있다. 두 상자에서 각각 카드를 한 장씩 꺼낼 때, 다음 확률을 구하라.

8. 카드에 적힌 두 수의 합이 짝수일 확률

   ㄴ 두 수의 합이 짝수가 되는 것은 (홀수)+(홀수), (짝수)+(짝수)인 경우이다.

   모두 홀수일 확률 : $\frac{3}{5}\times\frac{3}{5}=$ □

   모두 짝수일 확률 : $\frac{2}{5}\times\frac{2}{5}=$ □

   따라서 구하는 확률은 □ + □ = □

9. 카드에 적힌 두 수의 합이 홀수일 확률

10. 카드에 적힌 두 수 모두 짝수이거나 두 수 모두 3의 배수일 확률

※ 다음 확률을 구하라.

11. 당첨률이 $\frac{1}{3}$, $\frac{3}{8}$인 두 장의 복권에서 적어도 한 장이 당첨될 확률

    하나도 당첨되지 않을 확률을 p라고 하면 적어도 한 장이 당첨될 확률은 $1-p$

12. 타율이 $\frac{1}{6}$인 야구 선수가 두 번의 타석에서 적어도 한 번은 안타를 칠 확률

13. A, B, C 세 사람의 합격률이 각각 $\frac{1}{2}$, $\frac{2}{3}$, $\frac{3}{4}$일 때, 적어도 한 명이 합격할 확률

핵심

310 연속하여 뽑는 경우의 확률

꺼낸 것을 다시 넣고 연속하여 뽑는 확률

• 처음에 뽑을 때와 나중에 뽑을 때의 조건이 같다.
⟶ 처음 사건이 나중 사건에 영향을 주지 않는다.

(처음 뽑을 때의 전체 개수) = (나중 뽑을 때의 전체 개수)

꺼낸 것을 다시 넣지 않고 연속하여 뽑는 확률

• 처음에 뽑을 때와 나중에 뽑을 때의 조건이 다르다.
⟶ 처음 사건이 나중 사건에 영향을 준다.

(처음 뽑을 때의 전체 개수) ≠ (나중 뽑을 때의 전체 개수)

※ 1부터 5까지의 자연수가 각각 적힌 5장의 카드가 들어 있는 주머니에서 1장의 카드를 꺼내 숫자를 확인하고 넣은 다음 다시 1장의 카드를 꺼낼 때, 다음 확률을 구하라.

1. 두 장의 카드에 적힌 수가 모두 짝수일 확률

2. 두 장의 카드에 적힌 수가 모두 홀수일 확률

3. 두 장의 카드에 적힌 수의 합이 짝수일 확률

↳ 두 장 모두 짝수일 확률 : □

두 장 모두 홀수일 확률 : □

따라서 두 수의 합이 짝수일 확률은

□ + □ = □

4. 처음에는 짝수가 나오고 나중에는 홀수가 나올 확률

5. 처음에는 홀수가 나오고 나중에는 짝수가 나올 확률

6. 적어도 하나는 짝수가 나올 확률

↳ 1 − □ = □

※ 3개의 당첨 제비를 포함하여 10개의 제비가 들어 있는 주머니에서 2개의 제비를 뽑을 때, 다음 확률을 구하라. (단, 꺼낸 제비는 다시 넣지 않는다.)

7. 두 번 모두 당첨 제비일 확률

↳ 첫 번째에 당첨 제비를 뽑을 확률 : $\frac{3}{10}$

두 번째에도 당첨 제비를 뽑을 확률 : $\frac{2}{\square}$

따라서 두 번 모두 당첨 제비일 확률은

$\frac{3}{10} \times \frac{2}{\square} = \square$

8. 두 번 모두 당첨 제비가 아닐 확률

9. 첫 번째에만 당첨 제비일 확률

10. 두 번째에만 당첨 제비일 확률

11. 적어도 한 번은 당첨 제비를 뽑을 확률

※ 상자 안에 들어 있는 9개의 제품 중 불량품이 2개 섞여 있다. 이 상자에서 두 개의 제품을 연속하여 꺼낼 때, 다음 확률을 구하라. (단, 한번 꺼낸 제품은 다시 넣지 않는다.)

12. 두 번 모두 불량품일 확률

13. 두 번 모두 합격품일 확률

14. 첫 번째에는 불량품이고, 두 번째에는 합격품일 확률

15. 첫 번째에는 합격품이고, 두 번째에는 불량품일 확률

16. 적어도 한 번은 불량품일 확률

| 실력테스트 |

1. 두 개의 주사위를 동시에 던질 때, 나오는 눈의 수의 합이 4 또는 5가 되는 경우의 수는?

① 4 ② 7 ③ 9
④ 10 ⑤ 12

2. 오른쪽 그림과 같은 도로망이 있다. A지점에서 P지점을 거쳐 B지점으로 갈 때, 최단 경로로 가는 경우의 수를 구하라.

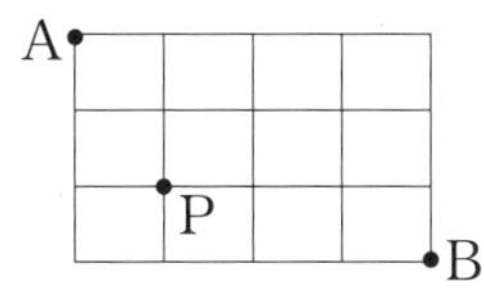

3. 지현, 가윤, 지윤, 현아, 소현 5명의 그룹이 한 줄로 설 때, 현아가 한가운데에 서는 경우의 수는?

① 4 ② 8 ③ 12
④ 24 ⑤ 36

4. 온유, 종현, 민호, 태민이가 일렬로 서서 사진을 찍으려고 한다. 온유와 종현이가 이웃하여 서는 경우의 수는?

① 10 ② 12 ③ 14
④ 16 ⑤ 18

5. 성규, 동우, 우현, 호야, 성열 5명의 학생 중 회장, 부회장, 총무를 각각 한 명씩 뽑는 경우의 수를 a, 5명 중 아침 당번 3명을 뽑는 경우의 수를 b라고 할 때, $a+b$의 값은?

① 30 ② 40 ③ 50
④ 60 ⑤ 70

6. 셔츠 4벌과 바지 3벌, 신발 2켤레가 있을 때, 셔츠와 바지, 신발을 하나씩 골라서 입는 경우의 수를 구하라.

7. 오른쪽 그림은 어느 해 9월의 달력이다. 이 달력에서 임의로 어느 한 날을 선택하였을 때, 금요일일 확률을 구하라.

일	월	화	수	목	금	토
			1	2	3	4
5	6	7	8	9	10	11
12	13	14	15	16	17	18
19	20	21	22	23	24	25
26	27	28	29	30		

8. [1] [3] [5] [7] 의 숫자 카드 중에서 2장을 뽑아 두 자리 자연수를 만들 때, 만든 수가 짝수일 확률을 구하라.

9. ○, ×표로 답하는 5개의 문제에 수험생이 아무렇게나 답안을 쓸 때, 적어도 두 문제 이상을 맞힐 확률을 구하라.

10. 주머니 속에 검은 구슬 4개와 흰 구슬 8개가 들어 있다. 이 중에서 1개의 구슬을 꺼낼 때, 검은 구슬이 나올 확률을 구하라.

11. 오른쪽 그림과 같이 점 P가 수직선 위의 원점에 놓여 있다. 동전 한 개를 던져 앞면이 나오면 오른쪽으로 2만큼, 뒷면이 나오면 왼쪽으로 1만큼 움직일 때, 동전을 세 번 던져 움직인 점 P의 위치가 3일 확률은?

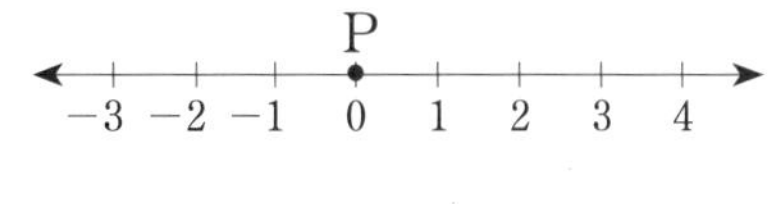

① $\frac{3}{8}$ ② $\frac{2}{5}$ ③ $\frac{1}{2}$ ④ $\frac{5}{8}$ ⑤ $\frac{3}{5}$

Science & Technology

A, B, C, D 네 명의 선수가 오른쪽 그림과 같이 토너먼트 방식에 의하여 씨름 시합을 하기로 하였다. 제비뽑기로 A와 B가 1회전에서 만날 확률을 구하라.

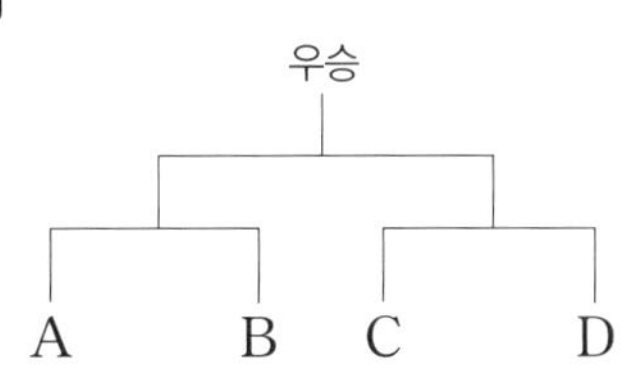

토너먼트란 경기를 거듭할 때마다 진 편을 제외시키고 이긴 편끼리 겨루면서 남은 두 팀이 최종 승부를 겨루는 방식

3. 대푯값과 산포도, 상관관계

○ 중앙값, 최빈값, 평균의 의미를 이해하고, 이를 구할 수 있다.
○ 분산과 표준편차의 의미를 이해하고, 이를 구할 수 있다.
○ 자료를 산점도로 나타내고, 이를 이용하여 상관관계를 말할 수 있다.

자료 전체의 특징을 대표적으로 나타내는 값을 **대푯값**이라고 하는데, 주어진 자료가 어떤 값을 중심으로 분포되어 있는지를 나타낸다.

대푯값으로는 **평균**을 가장 많이 사용하는데 또 다른 대푯값으로는 **중앙값**과 **최빈값**이 있다. 예를 들어

$$1 \quad 2 \quad 3 \quad 4 \quad 5 \quad 6 \quad 6$$

에서 한가운데 놓이는 값, 즉 네 번째 값인 4가 중앙값이다. 또, 이 자료에서는 6이 두 번으로 가장 많이 나왔으므로 최빈값은 6이다.

자료의 수가 짝수일 때에는 한가운데 놓이는 값이 두 개이므로 이 두 값의 평균을 중앙값으로 정한다.

$$10 \quad 95 \quad 100 \quad 105 \quad 110$$

과 같이 자료의 값 중에 매우 크거나 작은 값이 있을 때는 평균$\left(\frac{420}{5}=84\right)$은 그 극단적인 값에 영향을 받게 된다. 따라서 이때는 대푯값으로 평균보다는 크기순으로 나열했을 때 한가운데 놓이는 중앙값 100을 사용하는 것이 합리적이다.

한편, 최빈값은 자료가 가장 많이 집중된 값을 보여 준다. 선거에서는 가장 많은 표를 얻은 후보가 대표가 되는데 '트럼프, 힐러리, 트럼프, 힐러리, 트럼프'와 같이 표가 나왔다면 트럼프가 3번, 힐러리가 2번 나왔으므로 트럼프가 최빈값으로 대푯값이 된다.

자료의 특징을 평균과 같은 대푯값만으로 충분히 알 수 없을 때, 자료들이 대푯값 주위에 흩어져 있는 정도를 조사할 필요가 있다. 자료들이 대푯값 주위에 흩어져 있는 정도를 하나의 수로 나타낸 값을 **산포도**라고 하는데, 산포도는 평균을 대푯값으로 할 때 주로 사용한다. 또한, 두 변량 x, y 사이의 관계를 그림으로 알아보기 위해 이들을 순서쌍으로 하는 점 (x, y)를 좌표평면에 나타낸 것을 **산점도**라고 하며, x의 변화와 y의 변화 사이의 관계를 **상관관계**라고 한다.

자료들이 대푯값 주위에 가까이 모여 있으면 산포도는 작아지고, 대푯값에서 멀리 흩어져 있으면 산포도는 커진다.

산점도

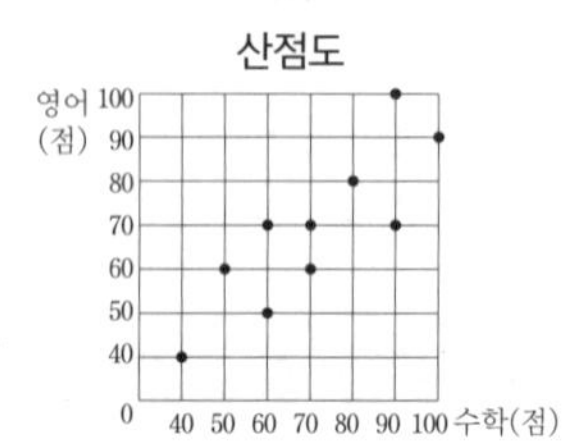

WHY? 대부분 기록경기에서는 정해진 거리를 가는 데 걸린 시간을 측정해서 등수를 결정한다. 따라서 출전할 선수들을 선발하고 훈련할 때에는 측정된 기록의 평균을 구하거나 기록을 도수분포표로 나타내어 분석하는 것이 필요하다. 이처럼 여러 가지 현상을 통계적으로 분석하는 것은 합리적인 의사 결정에 중요한 정보를 제공하므로 자연 과학이나 공학은 물론 경영학과 경제학 등의 사회 과학 분야에 이르기까지 널리 활용되고 있다.

핵심 311 대푯값과 평균

대푯값 : 자료의 중심 경향을 하나의 수로 나타낸 값으로 평균, 중앙값, 최빈값 등이 있다.

평균 : 변량의 총합을 변량의 개수로 나눈 값

$$(\text{평균})=\frac{(\text{변량})\text{의 총합}}{(\text{변량})\text{의 개수}}$$

※ 다음 변량들의 평균을 구하라.

1. 2, 1, 8, 9

ㄴ 변량은 2, 1, 8, 9의 4개이고,

$(\text{평균})=\frac{(\text{변량})\text{의 총합}}{(\text{변량})\text{의 개수}}$이므로

$\frac{2+\square+8+\square}{4}=\frac{\square}{4}=\square$

2. 2, 3, 7, 8, 12, 16

※ 다음 변량들의 평균이 [ ] 안의 수와 같을 때, x의 값을 구하라.

3. 5, 9, x, 4 [5]

4. 5, x, 4, 1, 3, 2 [3]

※ 두 변량 a, b의 평균이 5일 때, 다음 변량들의 평균을 구하라.

5. 2, a, b

ㄴ a, b의 평균이 5이므로 $\frac{a+b}{\square}=5$

$\therefore a+b=\square$

따라서 2, a, b의 평균은

$\frac{2+a+b}{3}=\frac{2+\square}{3}=\square$

6. 4, a, 2, b

핵심 312 중앙값, 최빈값

중앙값 : 자료를 작은 것부터 크기순으로 나열하였을 때, 가운데 위치한 값

- 자료의 개수가 홀수인 경우에는 가운데 위치한 자료의 값
- 자료의 개수가 짝수인 경우에는 가운데 위치한 두 자료의 평균

최빈값 : 자료의 값 중에 가장 많이 나타나는 값

- 자료의 값 중에서 도수가 가장 큰 값이 여러 개 있으면 그 값이 모두 최빈값이다.
- 각 자료 값의 도수가 모두 같으면 최빈값은 없다.

※ 다음 변량들의 중앙값을 구하라.

1. 21, 38, 10, 20, 37

2. 13, 5, 8, 10, 6, 15

※ 다음은 자료를 크기순으로 나열한 것이다. 이 자료의 중앙값이 [ ] 안의 수와 같을 때, x의 값을 구하라.

3. 2, 4, x, 9 [5]

ㄴ 자료의 개수가 짝수이므로 중앙에 있는 두 값 4, x의 평균이 중앙값 5이다.

$\frac{4+x}{\square}=5$ $\therefore x=\square$

4. 10, x, 27, 33 [23]

※ 다음 변량들의 최빈값을 구하라.

5. 8, 2, 3, 5, 6, 3

6. 7, 5, 7, 5, 7

7. 3, 6, 8, 10, 3, 6

최빈값은 평균이나 중앙값과는 달리 하나가 아니라 여러 개가 될 수 있다.

8. 1, 1, 3, 3, 5, 5

313 산포도, 편차

산포도 : 자료들이 대푯값을 중심으로 흩어져 있는 정도를 하나의 수로 나타낸 값

참고 산포도가 작으면 자료들이 대푯값 주위에 모여 있음을 나타내고, 산포도가 크면 자료들이 대푯값으로부터 멀리 흩어져 있음을 나타낸다.

편차 : 어떤 자료가 있을 때, 각 변량에서 평균을 뺀 값

$$(\text{편차})=(\text{변량})-(\text{평균})$$

- 편차의 총합은 항상 0이다.
- 평균보다 큰 변량의 편차는 양수이고, 평균보다 작은 변량의 편차는 음수이다.

참고 편차의 총합은 항상 0이므로 편차의 합으로는 변량들이 흩어져 있는 정도를 알 수 없다.

※ 다음 주어진 자료의 평균이 [ ] 안의 수와 같을 때, □ 안에 알맞은 수를 써넣어라.

1. [5]

변량	2	3	7	8
편차	-3	□	2	□

↳ (편차)=(변량)−(평균)이므로
첫 번째 빈칸은 $3-5=$□
두 번째 빈칸은 $8-5=$□

2. [10]

변량	7	10	9	14
편차	□	□	□	□

※ 다음 표에서 a의 값을 구하라.

3.

변량	0	9	4	7
편차		a		

(편차)=(변량)−(평균)이므로 우선 변량의 평균을 구한다.

4.

변량	A	B	C	D
편차	-2	a	-3	1

편차의 합은 항상 0이므로 $-2+a+(-3)+1=0$

314 분산, 표준편차

분산 : 각 편차의 제곱의 합을 전체 변량의 개수로 나눈 값, 즉 편차의 제곱의 평균

$$(\text{분산})=\frac{(\text{편차})^2\text{의 총합}}{(\text{변량의 개수})}$$

표준편차 : 분산의 음이 아닌 제곱근

$$(\text{표준편차})=\sqrt{(\text{분산})}$$

참고 자료의 분산 또는 표준편차가 작을수록 자료가 평균을 중심으로 몰려 있음을 뜻한다.

※ 표의 변량의 분산, 표준편차를 다음 순서로 구하라.

1.

변량	A	B	C	D
편차	1	a	-1	-3

① a의 값

② $(\text{편차})^2$의 총합
↳ $1^2+a^2+(-1)^2+(-3)^2=$□

③ 분산
↳ $(\text{분산})=\frac{(\text{편차})^2\text{의 총합}}{(\text{변량의 개수})}=\frac{□}{4}=$□

④ 표준편차
↳ $(\text{표준편차})=\sqrt{(\text{분산})}=$□

2.

변량	A	B	C	D
편차	4	0	a	-2

① a의 값 ② $(\text{편차})^2$의 총합

③ 분산 ④ 표준편차

3.

변량	A	B	C	D	E
편차	-3	a	5	1	-2

① a의 값 ② $(\text{편차})^2$의 총합

③ 분산 ④ 표준편차

핵심

315 도수분포표에서의 분산, 표준편차

도수분포표에서의 평균, 편차

• $(\text{평균}) = \dfrac{\{(\text{계급값}) \times (\text{도수})\}\text{의 총합}}{(\text{도수})\text{의 총합}}$

• $(\text{편차}) = (\text{계급값}) - (\text{평균})$

도수분포표에서의 분산, 표준편차

• $(\text{분산}) = \dfrac{\{(\text{편차})^2 \times (\text{도수})\}\text{의 총합}}{(\text{도수})\text{의 총합}}$

• $(\text{표준편차}) = \sqrt{\text{분산}}$

평균 → 편차 → $(\text{편차})^2$ → 분산 → 표준편차

※ 다음 표의 빈칸을 채워 완성하고, 평균을 구하라.

1.

계급	도수	계급값	(계급값)×(도수)
0이상 ~ 20미만	1	10	$10 \times 1 = 10$
20 ~ 40	1	30	$30 \times 1 = 30$
40 ~ 60	2		
60 ~ 80	4		
80 ~ 100	2		
합계	10		600

└ $(\text{평균}) = \dfrac{\{(\text{계급값}) \times (\text{도수})\}\text{의 총합}}{(\text{도수})\text{의 총합}}$

$= \dfrac{\square}{10} = \square$

2.

계급	도수	계급값	(계급값)×(도수)
0이상 ~ 20미만	4		
20 ~ 40	8		
40 ~ 60	15		
60 ~ 80	10		
80 ~ 100	3		
합계	40		

※ 표의 빈칸을 채워 완성하고, 분산과 표준편차를 구하라.

3.

편차	도수	$(\text{편차})^2$	$(\text{편차})^2 \times (\text{도수})$
-2	5	4	20
-1	3	1	3
0	2	0	0
1	5		
2	5		
합계	20		

① 분산　　② 표준편차

4.

편차	도수	$(\text{편차})^2$	$(\text{편차})^2 \times (\text{도수})$
-5	1	25	25
-3	2	9	18
0	2	0	0
3	3		
5	2		
합계	10		

① 분산　　② 표준편차

※ 다음을 구하라.

5.

계급값	1	3	5	7	9	합계
도수	1	3	6	a	5	20

① a의 값　　② 평균

③ 분산　　④ 표준편차

6.

계급값	2	4	6	8	10	합계
도수	1	2	a	2	1	10

① a의 값　　② 평균

③ 분산　　④ 표준편차

316 핵심 적절한 대푯값 선택, 산포도 해석

적절한 대푯값의 선택

- 대푯값으로는 평균을 주로 사용한다.
- 자료에 매우 크거나 작은 값이 있는 경우 대푯값으로 중앙값을 사용하는 것이 합리적이다.
- 선거에서와 같이 자료의 값 중에서 가장 많이 나오는 값을 대푯값으로 하는 경우 최빈값을 사용한다.
  - 예 '오바마, 힐러리, 오바마, 오바마, 힐러리'에서 오바마가 3번, 힐러리가 2번 나왔으므로 최빈값은 '오바마'이다.

산포도의 해석

- 분산 또는 표준편차가 작다.
  - ⟶ 변량이 평균 가까이에 분포되어 있다.
  - ⟶ 자료의 분포 상태가 고르다.
- 분산 또는 표준편차가 크다.
  - ⟶ 변량이 평균에서 멀리 떨어져 있다.
  - ⟶ 자료의 분포 상태가 고르지 않다.

※ 다음 물음에 답하여라.

1. 오른쪽과 같은 도수분포표에서 최빈값, 중앙값, 평균을 각각 구하라. 또, 최빈값과 평균 중 어떤 값이 대푯값으로 적당한지 구하라.

   자료가 도수분포표로 주어질 때에는 도수가 가장 큰 계급의 계급값이 최빈값이고, 크기순으로 한가운데 놓이는 값이 속하는 계급의 계급값이 중앙값이다.

계급	도수
0이상 ~ 2미만	8
2 ~ 4	8
4 ~ 6	4
6 ~ 8	3
8 ~ 10	2
합계	25

2. 다음은 냉장고 20대의 에너지 소비 효율 등급을 조사하여 그래프로 나타낸 것이다. 에너지 소비 효율 등급의 중앙값과 최빈값을 각각 구하라.

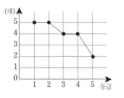

   (대) 5 4 3 2 1 0 / 1 2 3 4 5 등급

   ↳ 중앙값 : □등급, 최빈값 : □등급, □등급

3. 오른쪽 자료는 성은이네 반 학생 24명의 국어 점수를 줄기와 잎 그림으로 나타낸 것이다. 국어 점수의 중앙값과 최빈값을 각각 구하라.

(5|2은 52점)

줄기	잎
5	2 6
6	0 4 8
7	2 2 2 6 6 6
8	0 4 4 4 8
9	2 2 2 2 6 6 6
10	0

4. 다음 자료에서 사회와 과학 점수의 평균은 84점으로 서로 같다. 산포도가 더 큰 과목은 어떤 과목인가?

   사회 : 70 80 90 100

   과학 : 70 80 90 100

5. 다음 표는 A, B, C, D, E 다섯 학급 수학 성적의 평균과 표준편차를 나타낸 것이다. 성적이 가장 고르게 분포된 학급을 구하라.

학급	A	B	C	D	E
평균(점)	73	76	72	74	75
표준편차(점)	$2\sqrt{3}$	$3\sqrt{2}$	$\sqrt{15}$	$\sqrt{10}$	$5\sqrt{2}$

※ 다음은 미성이네 반 학생 24명의 혈액형을 조사하여 나타낸 것이다. 이 자료에 대한 설명으로 옳은 것에는 ○표, 옳지 않은 것에는 ×표 하여라.

A	A	B	O	O	O	AB	A
A	A	O	AB	B	B	B	B
AB	A	A	A	A	B	O	O

6. 최빈값은 A형이다. ( )
7. 미성이네 반 학생 중 임의로 선택한 한 명이 B형일 확률과 O형일 확률은 서로 같다. ( )
8. 미성이네 반 학생 중 임의로 선택한 한 명이 AB형일 확률은 $\frac{1}{6}$이다. ( )
9. 미성이네 반 학생 중 임의로 선택한 한 명이 최빈값인 혈액형일 확률이 가장 크다. ( )

317 산점도

산점도 : 두 변량 사이 x, y의 관계를 알아보기 위하여 이들을 순서쌍으로 하는 점 (x, y)를 좌표평면에 나타낸 그림

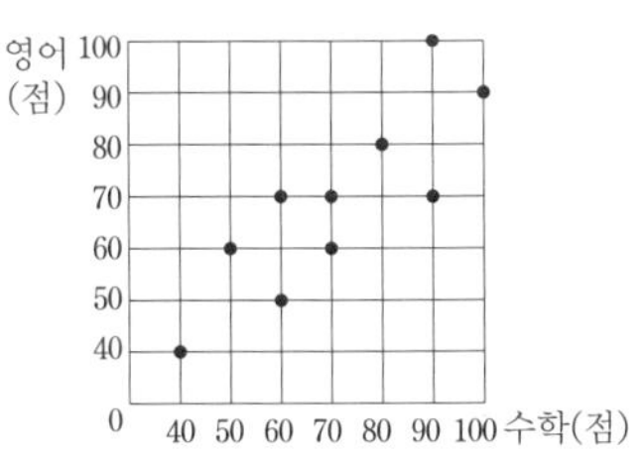

※ 아래 그림은 15명의 학생에 대한 지난 일 년 동안 읽은 책의 권수와 국어 성적의 산점도이다. 다음을 구하라.

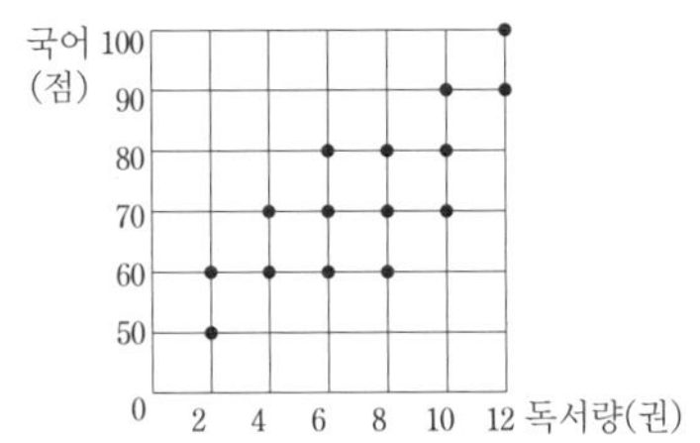

1. 책을 10권 이상 읽은 학생의 수

2. 국어 성적이 80점 이상인 학생의 수

3. 책을 8권 이상 읽고, 국어 성적이 80점 이상인 학생의 수

※ 아래 그림은 성은이네 반 학생들의 수학 성적과 과학 성적에 대한 산점도이다. □ 안에 A, B, C를 알맞게 써넣어라.

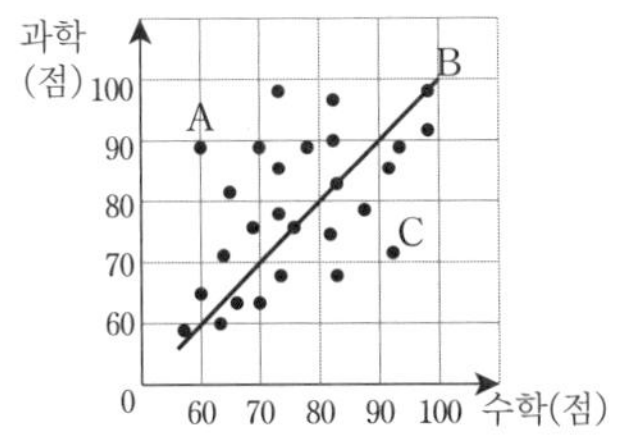

4. □는 수학 점수보다 과학 점수가 더 높다.

5. □는 과학 점수보다 수학 점수가 더 높다.

6. □는 수학과 과학을 모두 잘하는 편이다.

※ 아래 그림은 어느 반 학생 16명에 대한 국어와 수학 성적의 산점도이다. 다음을 구하라.

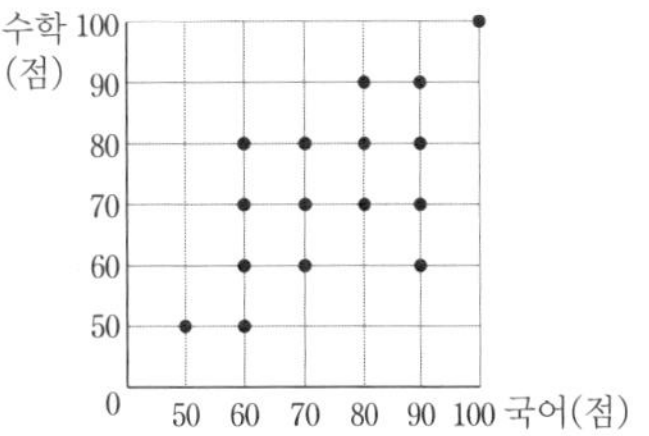

7. 국어와 수학 성적이 같은 학생의 수

8. 국어 성적보다 수학 성적이 높은 학생의 수

9. 수학보다 국어를 잘하는 학생의 수

※ 아래 그림은 경수네 반 학생들의 몸무게와 키에 대한 산점도이다. 옳은 것에는 ○표, 옳지 않은 것에는 ×표 하여라.

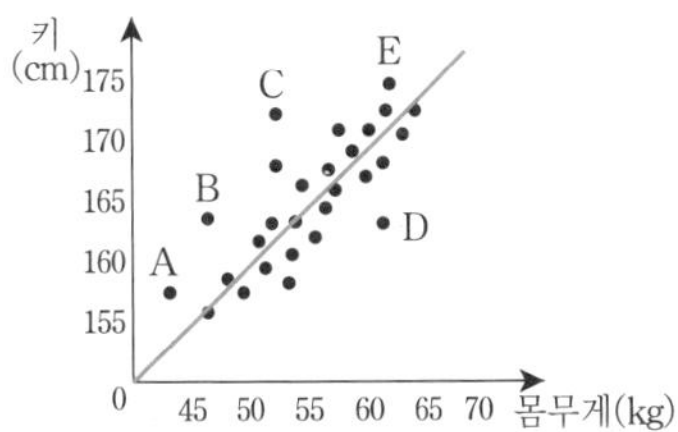

10. A는 몸무게에 비해 키가 작은 편이다. (　　)

11. C는 몸무게에 비해 키가 큰 편이다. (　　)

12. D는 몸무게에 비해 키가 큰 편이다. (　　)

13. B는 D보다 야윈 편이다. (　　)

14. E는 D에 비해 살이 찐 편이다. (　　)

핵심 318 상관관계

두 변량 x, y에서 x의 변화와 y의 변화 사이의 관계를 상관관계라 한다.

① **양의 상관관계** : x의 값이 커짐에 따라 y의 값도 대체로 커지는 상관관계

② **음의 상관관계** : x의 값이 커짐에 따라 y의 값이 대체로 작아지는 상관관계

③ **상관관계가 없는 경우** : 점들이 한 직선에 가까이 있다고 말하기 어려운 경우와 점들이 x축 또는 y축에 평행인 직선에 가까이 있는 경우

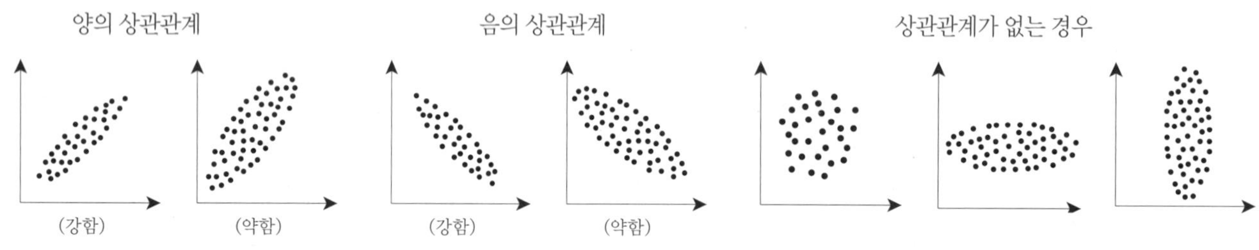

※ 다음 중 양의 상관관계가 있는 것에는 '양', 음의 상관관계가 있는 것에는 '음'이라 쓰고, 상관관계가 없는 것에는 ×표 하여라.

1. 가방의 무게와 성적 (　　)

2. 키와 몸무게 (　　)

3. 지능지수와 체력 (　　)

4. 산의 높이와 기온 (　　)

5. 시력과 앉은키 (　　)

6. 키와 걸을 때의 보폭 (　　)

7. 운동 시간과 비만도 (　　)

※ 오른쪽 그림은 어느 학급 학생들의 영어와 수학 성적에 대한 산점도이다. 다음 중 옳은 것에는 ○표, 옳지 않은 것에는 ×표 하여라.

수학 (점)
A
B
영어 (점)

8. 수학 성적이 좋을수록 영어 성적도 좋다. (　　)

9. 영어와 수학 성적은 음의 상관관계가 있다. (　　)

10. A는 수학에 비해 영어를 잘하는 편이다. (　　)

11. B는 영어에 비해 수학을 못하는 편이다. (　　)

12. B는 영어와 수학 성적이 모두 저조한 편이다. (　　)

핵심

319 공학 도구의 활용

- 수집된 자료를 효과적으로 분석·처리하기 위해 컴퓨터 활용이 필수적이다.
- 통계 프로그램은 다양한 종류가 있지만, 표에 숫자나 문자 자료를 입력하고 이를 조작하여 자료를 처리하는 방식은 유사하다.

참고 이 책에서 사용하는 '지오지브라'는 기하, 함수, 통계 등 다양하고 강력한 기능을 포함하는 세계적인 수학 프로그램으로 수백만 명이 사용하는 오픈소스 소프트웨어이다.

※ 한국중학교 3학년 학생 20명의 수학 점수와 과학 점수를 조사한 것이다.

번호	수학	과학	번호	수학	과학
1	55	45	11	40	35
2	70	80	12	55	65
3	40	50	13	95	80
4	45	55	14	85	90
5	60	75	15	30	30
6	40	40	16	100	95
7	70	65	17	50	60
8	90	80	18	35	40
9	30	35	19	85	70
10	25	30	20	65	75

다음을 수행하고 물음에 답하여라.

이 자료를 컴퓨터 프로그램을 이용하여 산점도로 나타내어 보자.

① https://www.geogebra.org에 접속하여 스프레드시트 창 항목을 클릭한다.

스마트폰은 기기의 버전에 따라 안정적인 접속이 되지 않을 수 있으므로, 컴퓨터를 이용하여 접속한다.

② 수학 점수와 과학 점수를 스프레드시트 창의 A열과 B열에 각각 입력하라.

	A	B
1	55	45
2	70	80
3		
4		

③ 입력한 자료를 모두 선택(CTRL + A 또는 드래그)하고, 왼쪽 상단의 두 번째 메뉴 {1,2} Σ 를 클릭한 후 이변량 회귀분석 을 클릭하여 산점도를 그린다.

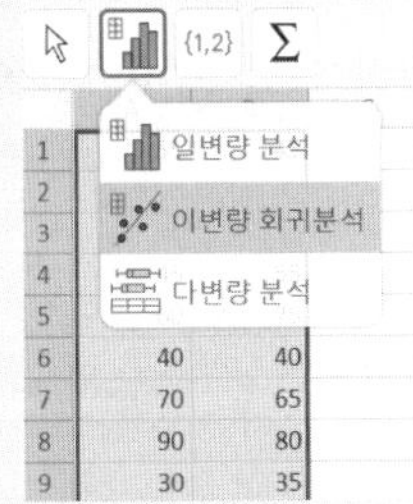

1. 산점도를 보고 수학 점수와 과학 점수의 상관관계를 말해 보라.

2. 자료가 선택되어 있는 상태에서 왼쪽 상단의 네 번째 메뉴 {1,2} Σ를 클릭한 후 합계, 평균을 각각 클릭하여 구해진 값을 다음 표에 써넣어라.

합계		평균	
수학(A)	과학(B)	수학(A)	과학(B)

3. 자료가 선택되어 있는 상태에서 왼쪽 상단의 네 번째 메뉴 {1,2} Σ를 클릭한 후 최댓값, 최솟값을 각각 클릭하여 구해진 값을 다음 표에 써넣어라.

최댓값		최솟값	
수학(A)	과학(B)	수학(A)	과학(B)

4. 산점도 오른쪽 상단의 첫 번째 메뉴 Σx 123/345 X⇆Y 를 클릭하여 구해진 값을 다음 표에 써넣어라.

수학 평균(X의 평균)	
과학 평균(Y의 평균)	
수학 표준편차(Sx)	
과학 표준편차(Sy)	

5. 수학과 과학 중 평균이 더 높은 과목을 말하라.

6. 수학과 과학 중 성적이 더 고른 과목을 말하라.

7. 산점도 그림 아래쪽의 회귀모델을 '없음'에서 '일차(선형)'으로 바꾸었을 때 나타나는 일차함수의 식을 쓰라.

8. 수학 점수가 55점인 학생은 과학 점수가 대략 몇 점일 것으로 예측되는지 쓰라. (7번 화면에서 나타난 일차함수의 식 아래에 있는 기호 연산의 '$x=$'에 55를 입력하여 답하라.)

| 실력테스트 |

1. 다음은 6개의 자료를 크기순으로 나열한 것이다. 이 자료의 중앙값이 8일 때, 변량 x의 값을 구하라.

$$4,\ 6,\ x,\ 9, 11,\ 13$$

2. 다음 자료의 평균, 중앙값, 최빈값을 모두 더한 값을 구하라.

$$2,\ 5,\ 8,\ 2,\ 6,\ 8,\ 4,\ 3,\ 8,\ 9$$

3. 다음 표에서 평균이 7일 때, n의 값을 구하라.

변량	5	6	7	8	9
도수	3	6	3	n	4

4. 다음 표는 변량 a, b, c, d, e에 대한 편차를 나타낸 것이다. 이 변량의 평균이 20일 때, 변량의 최댓값과 최솟값의 합을 구하라.

변량	a	b	c	d	e
편차	-2	4	-3	-1	2

5. 다음 중 옳은 것을 모두 고르면?(정답 2개)

① 평균에서 변량을 뺀 값을 편차라고 한다.
② 편차의 합은 항상 0이다.
③ 평균이 클수록 산포도가 커진다.
④ 평균이 서로 다른 두 집단은 표준편차도 서로 다르다.
⑤ 분산이 작을수록 변량이 평균 주위에 많이 모여 있다.

6. 다음은 A, B, C, D, E 다섯 명의 한 달 독서량에 대한 편차를 나타낸 표이다. 독서량의 분산은?

사람	A	B	C	D	E
편차(권)	4	-2	x	-3	-1

① 5.5　② 5.8　③ 6.0
④ 6.4　⑤ 6.8

7. 오른쪽 그림은 20명의 하루 컴퓨터 사용 시간을 조사하여 만든 히스토그램이다. 컴퓨터 사용 시간의 표준편차를 구하라.

평균 → 편차 → $(\text{편차})^2$ → 분산 → 표준편차

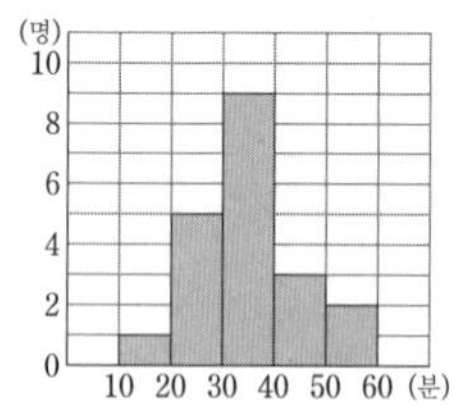

8. 다음 그림과 같이 수직선 위에 5개의 점이 같은 간격으로 놓여 있다. 이웃하는 점 사이의 거리가 1일 때, 이들 5개의 점의 좌표들의 표준편차를 구하라.

9. 오른쪽 그림은 키와 몸무게에 대한 산점도이다. A~E 중 가장 마른 사람은?

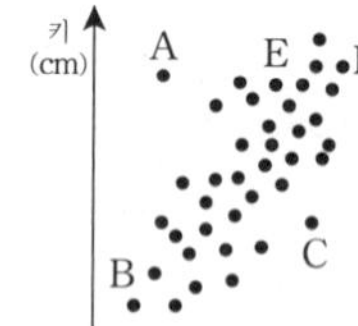

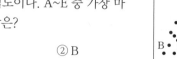

① A　② B
③ C　④ D
⑤ E

Science & Technology

오른쪽 그림은 미성이네 반 모둠 5명의 하루 동안의 컴퓨터 사용 시간을 조사하여 나타낸 줄기와 잎 그림이다. 컴퓨터 사용 시간의 분산을 구하라.

컴퓨터 사용 시간

(2|0은 20분)

줄기	잎
2	0 5
3	0 5
4	0

찾아보기

〈ㅈ〉

〈ㅊ~ㅍ〉

〈ㅎ〉

삼각비

$\sin A = \frac{a}{b}$ 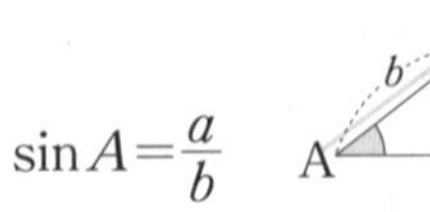

$\cos A = \frac{c}{b}$  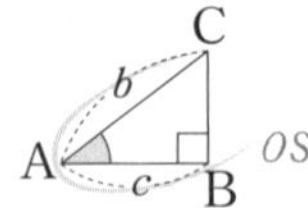

$\tan A = \frac{a}{c}$ 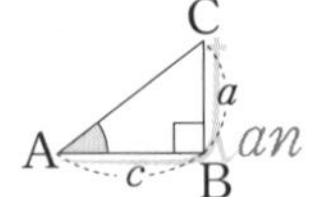

각도	사인(sin)	코사인(cos)	탄젠트(tan)
0°	**0.0000**	**1.0000**	**0.0000**
1°	0.0175	0.9998	0.0175
2°	0.0349	0.9994	0.0349
3°	0.0523	0.9986	0.0524
4°	0.0698	0.9976	0.0699
5°	0.0872	0.9962	0.0875
6°	0.1045	0.9945	0.1051
7°	0.1219	0.9925	0.1228
8°	0.1392	0.9903	0.1405
9°	0.1564	0.9877	0.1584
10°	0.1736	0.9848	0.1763
11°	0.1908	0.9816	0.1944
12°	0.2079	0.9781	0.2126
13°	0.2250	0.9744	0.2309
14°	0.2419	0.9703	0.2493
15°	0.2588	0.9659	0.2679
16°	0.2756	0.9613	0.2867
17°	0.2924	0.9563	0.3057
18°	0.3090	0.9511	0.3249
19°	0.3256	0.9455	0.3443
20°	0.3420	0.9397	0.3640
21°	0.3584	0.9336	0.3839
22°	0.3746	0.9272	0.4040
23°	0.3907	0.9205	0.4245
24°	0.4067	0.9135	0.4452
25°	0.4226	0.9063	0.4663
26°	0.4384	0.8988	0.4877
27°	0.4540	0.8910	0.5095
28°	0.4695	0.8829	0.5317
29°	0.4848	0.8746	0.5543
30°	**0.5000**	**0.8660**	**0.5774**
31°	0.5150	0.8572	0.6009
32°	0.5299	0.8480	0.6249
33°	0.5446	0.8387	0.6494
34°	0.5592	0.8290	0.6745
35°	0.5736	0.8192	0.7002
36°	0.5878	0.8090	0.7265
37°	0.6018	0.7986	0.7536
38°	0.6157	0.7880	0.7813
39°	0.6293	0.7771	0.8098
40°	0.6428	0.7660	0.8391
41°	0.6561	0.7547	0.8693
42°	0.6691	0.7431	0.9004
43°	0.6820	0.7314	0.9325
44°	0.6947	0.7193	0.9657
45°	**0.7071**	**0.7071**	**1.0000**

각도	사인(sin)	코사인(cos)	탄젠트(tan)
45°	**0.7071**	**0.7071**	**1.0000**
46°	0.7193	0.6947	1.0355
47°	0.7314	0.6820	1.0724
48°	0.7431	0.6691	1.1106
49°	0.7547	0.6561	1.1504
50°	0.7660	0.6428	1.1918
51°	0.7771	0.6293	1.2349
52°	0.7880	0.6157	1.2799
53°	0.7986	0.6018	1.3270
54°	0.8090	0.5878	1.3764
55°	0.8192	0.5736	1.4281
56°	0.8290	0.5592	1.4826
57°	0.8387	0.5446	1.5399
58°	0.8480	0.5299	1.6003
59°	0.8572	0.5150	1.6643
60°	**0.8660**	**0.5000**	**1.7321**
61°	0.8746	0.4848	1.8040
62°	0.8829	0.4695	1.8807
63°	0.8910	0.4540	1.9626
64°	0.8988	0.4384	2.0503
65°	0.9063	0.4226	2.1445
66°	0.9135	0.4067	2.2460
67°	0.9205	0.3907	2.3559
68°	0.9272	0.3746	2.4751
69°	0.9336	0.3584	2.6051
70°	0.9397	0.3420	2.7475
71°	0.9455	0.3256	2.9042
72°	0.9511	0.3090	3.0777
73°	0.9563	0.2924	3.2709
74°	0.9613	0.2756	3.4874
75°	0.9659	0.2588	3.7321
76°	0.9703	0.2419	4.0108
77°	0.9744	0.2250	4.3315
78°	0.9781	0.2079	4.7046
79°	0.9816	0.1908	5.1446
80°	0.9848	0.1736	5.6713
81°	0.9877	0.1564	6.3138
82°	0.9903	0.1392	7.1154
83°	0.9925	0.1219	8.1443
84°	0.9945	0.1045	9.5144
85°	0.9962	0.0872	11.4301
86°	0.9976	0.0698	14.3007
87°	0.9986	0.0523	19.0811
88°	0.9994	0.0349	28.6363
89°	0.9998	0.0175	57.2900
90°	**1.0000**	**0.0000**	**—**

정답 및 해설

중학수학 진단 평가 50제 수록

에듀인사이트

3년치
중학수학
한 권으로
총정리

정답 및 해설

중학수학 진단 평가 50제 수록

차례

I 수와 연산

핵심 001 스피드 정답

1. 4 2. 3^4 3. a^5 4. 3, 2
5. $3^3\times7^2$ 6. $a^2\times b^3$ 7. 3 8. $\left(\frac{1}{7}\right)^5$
9. 2, 3 10. $\frac{1}{2^2\times5^2\times7}$

1. $\underbrace{2\times2\times2\times2}_{4개}=2^{\boxed{4}}$
2. $\underbrace{3\times3\times3\times3}_{4개}=3^4$
3. $\underbrace{a\times a\times a\times a\times a}_{5개}=a^5$
4. $\underbrace{2\times2\times2}_{3개}\times\underbrace{5\times5}_{2개}=2^{\boxed{3}}\times5^{\boxed{2}}$
5. $\underbrace{3\times3\times3}_{3개}\times\underbrace{7\times7}_{2개}=3^3\times7^2$
6. $\underbrace{a\times a}_{2개}\times\underbrace{b\times b\times b}_{3개}=a^2\times b^3$
7. $\underbrace{\frac{2}{3}\times\frac{2}{3}\times\frac{2}{3}}_{3개}=\left(\frac{2}{3}\right)^{\boxed{3}}$
8. $\underbrace{\frac{1}{7}\times\frac{1}{7}\times\frac{1}{7}\times\frac{1}{7}\times\frac{1}{7}}_{5개}=\left(\frac{1}{7}\right)^5$
9. $\frac{1}{\underbrace{3\times3}_{2개}\times\underbrace{5\times5\times5}_{3개}}=\frac{1}{3^{\boxed{2}}\times5^{\boxed{3}}}$
10. $\frac{1}{\underbrace{2\times2}_{2개}\times\underbrace{5\times5}_{2개}\times7}=\frac{1}{2^2\times5^2\times7}$

핵심 002 스피드 정답

1. 6, 3, 3, 6 2. 1, 2, 4, 8
3. 1, 2, 5, 10 4. 1, 2, 3, 4, 6, 12
5. 1, 2, 4, 8, 16 6. 1, 3, 9, 27
7. 20, 40 8. 12, 24, 36, 48
9. 15, 30, 45 10. 26

1. 6을 두 자연수의 곱으로 나타내면
   $6=1\times\boxed{6}=2\times\boxed{3}$
   즉, 6은 1, 2, 3, 6으로 나누어 떨어지므로 6의 약수는 1, 2, $\boxed{3}$, $\boxed{6}$이다.
2. $8=1\times8=2\times4$
   따라서 8의 약수는 1, 2, 4, 8이다.
3. $10=1\times10=2\times5$
   따라서 10의 약수는 1, 2, 5, 10이다.
4. $12=1\times12=2\times6=3\times4$
   따라서 12의 약수는 1, 2, 3, 4, 6, 12이다.
5. $16=1\times16=2\times8=4\times4$
   따라서 16의 약수는 1, 2, 4, 8, 16이다.
6. $27=1\times27=3\times9$
   따라서 27의 약수는 1, 3, 9, 27이다.

핵심 003 스피드 정답

1. 1, 7, 소수 2. 1, 2, 4, 8, 합성수
3. 1, 3, 9, 합성수 4. 1, 13, 소수
5. 1, 2, 3, 6, 9, 18, 합성수
6. 1, 23, 소수 7. 11, 17, 23
8. 21, 48
9. 2, 3, 5, 7, 11, 13, 17, 19, 23, 29
10. × 11. ○ 12. ○
13. × 14. ○ 15. ○

1. $7=1\times7$이므로 약수는 1, 7뿐이다.
   7은 1과 자기 자신만을 약수로 가지므로 소수이다.
2. $8=1\times8=2\times4$이므로 약수는 1, 2, 4, 8이다. 따라서 8은 합성수이다.
3. $9=1\times9=3\times3$이므로 약수는 1, 3, 9이다.
   따라서 9는 합성수이다.
4. $13=1\times13$이므로 약수는 1, 13뿐이다.
   따라서 13은 소수이다.
5. $18=1\times18=2\times9=3\times6$이므로 약수는 1, 2, 3, 6, 9, 18이다. 따라서 18은 합성수이다.
6. $23=1\times23$이므로 약수는 1, 23뿐이다.
   따라서 23은 소수이다.
7. 1은 소수도 합성수도 아니다.
   11, 17, 23은 약수가 2개뿐이므로 소수이다.
   $14=1\times14=2\times7$
   $20=1\times20=2\times10=4\times5$
   이므로 14, 20은 합성수이다.
8. $21=1\times21=3\times7$
   $48=1\times48=2\times24=3\times16$
   $=4\times12=6\times8$
   이므로 21, 48은 합성수이다.
9.

~~1~~	②	③	~~4~~	⑤
~~6~~	⑦	~~8~~	~~9~~	10
⑪	12	⑬	14	15
16	⑰	18	⑲	20
21	22	㉓	24	25
26	27	28	㉙	30

   따라서 구하는 소수는 2, 3, 5, 7, 11, 13, 17, 19, 23, 29이다.
10. 1은 소수도 합성수도 아니다.
11. 15의 약수는 1, 3, 5, 15이므로 합성수이다.
12. 소수는 1과 자기 자신만을 약수로 가지므로 약수의 개수는 2개이다.
13. 가장 작은 합성수는 4이다.
14. 2의 배수 중에서 2는 소수이고, 유일한 짝수이다.
15. 합성수는 소수와 달리 1과 자기 자신 이외의 약수를 가지므로 약수가 3개 이상이다.

핵심 004 스피드 정답

1. 20, 10, 5, 5, 10, 20 2. 1, 3, 9, 27
3. 1, 2, 3, 5, 6, 10, 15, 30
4. 1, 3, 5, 9, 15, 45 5. 1, 2, 5, 10, 25, 50
6. 2, 5 7. 3 8. 2, 3, 5
9. 3, 5 10. 2, 5

1. $20=1\times\boxed{20}=2\times\boxed{10}=4\times\boxed{5}$
   따라서 20의 인수는 1, 2, 4, $\boxed{5}$, $\boxed{10}$, $\boxed{20}$이다.
2. $27=1\times27=3\times9$
   따라서 27의 인수는 1, 3, 9, 27이다.
3. $30=1\times30=2\times15=3\times10=5\times6$
   따라서 30의 인수는 1, 2, 3, 5, 6, 10, 15, 30이다.
4. $45=1\times45=3\times15=5\times9$
   따라서 45의 인수는 1, 3, 5, 9, 15, 45이다.

5. $50=1\times50=2\times25=5\times10$
따라서 50의 인수는 1, 2, 5, 10, 25, 50이다.

6. $20=1\times20=2\times10=4\times5$
따라서 20의 인수는 1, 2, 4, 5, 10, 20이고 이 중에서 소수는 2, 5이다. 소인수는 소수인 인수이므로 20의 소인수는 2, 5이다.

7. $27=1\times27=3\times9$
따라서 27의 인수는 1, 3, 9, 27이고 이 중에서 소인수는 3이다.

8. $30=1\times30=2\times15=3\times10=5\times6$
따라서 30의 인수는 1, 2, 3, 5, 6, 10, 15, 30이고 이 중에서 소인수는 2, 3, 5이다.

9. $45=1\times45=3\times15=5\times9$
따라서 45의 인수는 1, 3, 5, 9, 15, 45이고 이 중에서 소인수는 3, 5이다.

10. $50=1\times50=2\times25=5\times10$
따라서 50의 인수는 1, 2, 5, 10, 25, 50이고 이 중에서 소인수는 2, 5이다.

핵심 005 스피드 정답

1~10. 해설 참조

11. $24=2^3\times3$	12. $30=2\times3\times5$
13. $36=2^2\times3^2$	14. $45=3^2\times5$
15. $72=2^3\times3^2$	16. $80=2^4\times5$
17. 7^2, 7, 7, 49, 7	18. 2, 3
19. 2, 3, 5	20. 2, 3, 5
21. 2, 3, 5	22. 3, 9, 3, 3^2, 2
23. 6	24. 2
25. 42	26. 5

1. $12=2\times\boxed{6}$
$=2\times2\times\boxed{3}$
$\therefore 12=2^{\boxed{2}}\times\boxed{3}$

12 ⟨ $\boxed{2}$, 6 ⟨ 2, $\boxed{3}$
$\therefore 12=2^{\boxed{2}}\times\boxed{3}$

2. $28=2\times\boxed{14}$
$=2\times2\times\boxed{7}$
$\therefore 28=2^{\boxed{2}}\times\boxed{7}$

28 ⟨ $\boxed{2}$, 14 ⟨ 2, $\boxed{7}$
$\therefore 28=2^{\boxed{2}}\times\boxed{7}$

3. $50=2\times\boxed{25}$
$=2\times\boxed{5}\times5$
$\therefore 50=2\times\boxed{5^2}$

50 ⟨ $\boxed{2}$, 25 ⟨ 5, $\boxed{5}$
$\therefore 50=2\times\boxed{5^2}$

4. $90=2\times\boxed{45}$
$=2\times\boxed{3}\times15$
$=2\times3\times\boxed{3}\times5$
$\therefore 90=2\times3^{\boxed{2}}\times\boxed{5}$

90 ⟨ 2, $\boxed{45}$ ⟨ 3, $\boxed{15}$ ⟨ $\boxed{3}$, 5
$\therefore 90=2\times3^{\boxed{2}}\times\boxed{5}$

5. 2) 12
2) $\boxed{6}$
$\boxed{3}$
$\therefore 12=2^2\times\boxed{3}$

6. 2) 20
2) $\boxed{10}$
$\boxed{5}$
$\therefore 20=2^2\times\boxed{5}$

7. 2) 44
$\boxed{2}$) $\boxed{22}$
$\boxed{11}$
$\therefore 44=\boxed{2^2}\times\boxed{11}$

8. 2) 50
$\boxed{5}$) $\boxed{25}$
$\boxed{5}$
$\therefore 50=2\times\boxed{5^2}$

9. 2) 42
3) $\boxed{21}$
$\boxed{7}$
$\therefore 42=2\times\boxed{3}\times\boxed{7}$

10. 2) 60
2) $\boxed{30}$
3) $\boxed{15}$
$\boxed{5}$
$\therefore 60=2^2\times3\times\boxed{5}$

11. 2) 24
2) 12
2) 6
3
$\therefore 24=2^3\times3$

12. 2) 30
3) 15
5
$\therefore 30=2\times3\times5$

13. 2) 36
2) 18
3) 9
3
$\therefore 36=2^2\times3^2$

14. 3) 45
3) 15
5
$\therefore 45=3^2\times5$

15. 2) 72
2) 36
2) 18
3) 9
3
$\therefore 72=2^3\times3^2$

16. 2) 80
2) 40
2) 20
2) 10
5
$\therefore 80=2^4\times5$

17. $98=2\times\boxed{7^2}$이므로 98의 소인수는 2, $\boxed{7}$이다.
2) 98
$\boxed{7}$) $\boxed{49}$
$\boxed{7}$

18. 2) 108
2) 54
3) 27
3) 9
3
$108=2^2\times3^3$이므로 108의 소인수는 2, 3이다.

19. 2) 120
2) 60
2) 30
3) 15
5
$120=2^3\times3\times5$이므로 120의 소인수는 2, 3, 5이다.

20. 2) 150
3) 75
5) 25
5
$150=2\times3\times5^2$이므로 150의 소인수는 2, 3, 5이다.

21. 2) 240
2) 120
2) 60
2) 30
3) 15
5
$240=2^4\times3\times5$이므로 240의 소인수는 2, 3, 5이다.

22. 2) 18
$\boxed{3}$) $\boxed{9}$
$\boxed{3}$
$18=2\times\boxed{3^2}$이므로 제곱인 수가 되기 위해서는 지수가 모두 짝수가 되어야 하므로 곱해야 할 가장 작은 자연수는 $\boxed{2}$이다.

23. 2) 24
2) 12
2) 6
3
$24=2^3\times3$이므로 지수가 짝수가 되도록 곱해야 할 가장 작은 자연수는 $2\times3=6$이다.

24. 2) 32
2) 16
2) 8
2) 4
2
$32=2^5$이므로 지수가 짝수가 되도록 곱해야 할 가장 작은 자연수는 2이다.

25. 2) 168
2) 84
2) 42
3) 21
7
$168=2^3\times3\times7$이므로 지수가 짝수가 되도록 곱해야 할 가장 작은 자연수는 $2\times3\times7=42$이다.

26. 2) 180
2) 90
3) 45
3) 15
5
$180=2^2\times3^2\times5$이므로 곱해야 할 가장 작은 자연수는 5이다.

핵심 **006** 스피드 정답

1~3. 해설 참조

4. 3, 4 5. 5개 6. 3, 2, 12
7. 8개 8. 24개 9. 2, 2
10. 10개 11. 12개 12. 16개
13. 15개

1. $15=3\times5$

$\times$	1	5
1	1	5
3	3	15

따라서 15의 약수는 1, 3, 5, 15이다.

2. $28=2^2\times7$

$\times$	1	2	2^2
1	1	2	4
7	7	14	28

따라서 28의 약수는 1, 2, 4, 7, 14, 28이다.

3. $100=2^2\times5^2$

$\times$	1	2	2^2
1	1	2	4
5	5	10	20
5^2	25	50	100

따라서 100의 약수는 1, 2, 4, 5, 10, 20, 25, 50, 100이다.

4. $2^{③}$의 약수의 개수는 $\boxed{3}+1=\boxed{4}$(개)
5. 3^4의 약수의 개수는 $4+1=5$(개)
6. $2^3\times5^2$의 약수의 개수는
$(\boxed{3}+1)\times(\boxed{2}+1)=\boxed{12}$(개)
7. 5×11^3의 약수의 개수는
$(1+1)\times(3+1)=8$(개)
8. $2\times3^2\times5^3$의 약수는 2×3^2의 약수 각각에 대하여 1, 5, 5^2, 5^3을 곱한 것과 같다.
따라서 $2\times3^2\times5^3$의 약수의 개수는
$(1+1)\times(2+1)\times(3+1)=24$(개)
9. 2) 36, 2) 18, 3) 9, 3
$36=2^{\boxed{2}}\times3^{\boxed{2}}$의 약수의 개수는
$(2+1)\times(2+1)=9$(개)
10. 2) 48, 2) 24, 2) 12, 2) 6, 3
$48=2^4\times3$의 약수의 개수는
$(4+1)\times(1+1)=10$(개)
11. 2) 108, 2) 54, 3) 27, 3) 9, 3
$108=2^2\times3^3$의 약수의 개수는
$(2+1)\times(3+1)=12$(개)
12. 2) 120, 2) 60, 2) 30, 3) 15, 5
$120=2^3\times3\times5$의
약수의 개수는
$(3+1)\times(1+1)\times(1+1)$
$=16$(개)
13. 2) 144, 2) 72, 2) 36, 2) 18, 3) 9, 3
$144=2^4\times3^2$의 약수의 개수는
$(4+1)\times(2+1)=15$(개)

핵심 **007** 스피드 정답

1. ① 6, 9 ② 1, 3, 9, 27
③ 1, 3, 9 ④ 9
2. ① 1, 2, 3, 4, 6, 8, 12, 24
② 1, 2, 3, 4, 6, 9, 12, 18, 36
③ 1, 2, 3, 4, 6, 12 ④ 12
3. × 4. × 5. × 6. ○ 7. ○ 8. ×

1. ① $18=1\times18=2\times9=3\times6$이므로 18의 약수는 1, 2, 3, $\boxed{6}$, $\boxed{9}$, 18이다.
② $27=1\times27=3\times9$이므로 27의 약수는 1, 3, 9, 27이다.
③ 18과 27의 공통인 약수는 1, 3, 9이다.
④ 18과 27의 공통인 약수 중 가장 큰 수는 9이다.
2. ① $24=1\times24=2\times12=3\times8=4\times6$이므로 24의 약수는 1, 2, 3, 4, 6, 8, 12, 24이다.
② $36=1\times36=2\times18=3\times12=4\times9=6\times6$이므로 36의 약수는 1, 2, 3, 4, 6, 9, 12, 18, 36이다.
③ 24와 36의 공약수는 1, 2, 3, 4, 6, 12이다.
④ 24와 36의 최대공약수는 12이다.
3. 6과 16의 최대공약수는 2이다. 따라서 6과 16은 서로소가 아니다.
4. 8과 24의 최대공약수는 8이다. 따라서 8과 24는 서로소가 아니다.
5. 18과 32의 최대공약수는 2이다. 따라서 18과 32는 서로소가 아니다.
6. 24와 35의 최대공약수는 1이다. 따라서 24와 35는 서로소이다.
7. 26과 45의 최대공약수는 1이다. 따라서 26과 45는 서로소이다.
8. 42와 63의 최대공약수는 21이다. 따라서 42와 63은 서로소가 아니다.

핵심 **008** 스피드 정답

1. ① 24, 30
② 9, 18, 27, 36, 45, 54, ⋯
③ 18, 36, 54, ⋯
④ 18
2. ① 10, 20, 30, 40, 50, 60, ⋯
② 15, 30, 45, 60, 75, 90, ⋯
③ 30, 60, 90, ⋯
④ 30
3. 8개 4. 5개 5. 3개 6. 4개
7. 2개 8. 1개

1. ① 6의 배수는 6, 12, 18, $\boxed{24}$, $\boxed{30}$, 36, ⋯이다.
② 9의 배수는 9, 18, 27, 36, 45, 54, ⋯이다.
③ 6과 9의 공통인 배수는 18, 36, 54, ⋯이다.
④ 6과 9의 공통인 배수 중 가장 작은 수는 18이다.
2. ① 10의 배수는 10, 20, 30, 40, 50, 60, ⋯이다.
② 15의 배수는 15, 30, 45, 60, 75, 90, ⋯이다.
③ 10과 15의 공배수는 30, 60, 90, ⋯이다.
④ 10과 15의 최소공배수는 30이다.
3. 두 자연수의 공배수는 최소공배수의 배수이므로 4와 6의 공배수는 최소공배수인 12의 배수이다. 따라서 100 이하, 12의 배수는 8개이다.
4. 6과 9의 공배수는 최소공배수인 18의 배수이다. 따라서 100 이하, 18의 배수는 5개이다.
5. 10과 15의 공배수는 최소공배수인 30의 배수이다. 따라서 100 이하, 30의 배수는 3개이다.

6. 12와 24의 공배수는 최소공배수인 24의 배수이다. 따라서 100 이하, 24의 배수는 4개이다.

7. 14와 21의 공배수는 최소공배수인 42의 배수이다. 따라서 100 이하, 42의 배수는 2개이다.

8. 24와 32의 공배수는 최소공배수인 96의 배수이다. 따라서 100 이하, 96의 배수는 1개이다.

핵심 009 스피드 정답

1~3. 해설 참조
4. 최대공약수 12, 최소공배수 72
5. 최대공약수 6, 최소공배수 180
6. 최대공약수 3, 최소공배수 18
7. 최대공약수 5, 최소공배수 30
8. 최대공약수 12, 최소공배수 24
9. 최대공약수 7, 최소공배수 42
10. 최대공약수 8, 최소공배수 96
11. 최대공약수 12, 최소공배수 120
12. 최대공약수 10, 최소공배수 1260
13. 최대공약수 5, 최소공배수 60
14. 최대공약수 6, 최소공배수 216

---

1. 12, 15

$12=2^2\times\boxed{3}$
$15=\boxed{3}\times5$

(최대공약수)$=\boxed{3}$
(최소공배수)$=\boxed{2^2}\times3\times\boxed{5}=\boxed{60}$

2. 15, 24

$15=3\times5$
$24=2^3\times3$

(최대공약수)$=3$
(최소공배수)$=2^3\times3\times5=120$

3. 6, 12, 40

$6=\boxed{2}\times3$
$12=\boxed{2^2}\times3$
$40=\boxed{2^3}\times5$

(최대공약수)$=\boxed{2}$
(최소공배수)$=\boxed{2^3}\times3\times5=\boxed{120}$

4. $2^2\times3$
$2^3\times3^2$

(최대공약수)$=2^2\times3=12$
(최소공배수)$=2^3\times3^2=72$

5. 2×3^2
$2^2\times3\times5$

(최대공약수)$=2\times3=6$
(최소공배수)$=2^2\times3^2\times5=180$

6. $6=2\times3$
$9=3^2$

(최대공약수)$=3$
(최소공배수)$=2\times3^2=18$

7. $10=2\times5$
$15=3\times5$

(최대공약수)$=5$
(최소공배수)$=2\times3\times5=30$

8. $12=2^2\times3$
$24=2^3\times3$

(최대공약수)$=2^2\times3=12$
(최소공배수)$=2^3\times3=24$

9. $14=2\times7$
$21=3\times7$

(최대공약수)$=7$
(최소공배수)$=2\times3\times7=42$

10. $24=2^3\times3$
$32=2^5$

(최대공약수)$=2^3=8$
(최소공배수)$=2^5\times3=96$

11. $24=2^3\times3$
$60=2^2\times3\times5$

(최대공약수)$=2^2\times3=12$
(최소공배수)$=2^3\times3\times5=120$

12. $2^2\times3\times5$
$2\times3^2\times5$
$2\times5\times7$

(최대공약수)$=2\times5=10$
(최소공배수)$=2^2\times3^2\times5\times7=1260$

13. $15=3\times5$
$20=2^2\times5$
$30=2\times3\times5$

(최대공약수)$=5$
(최소공배수)$=2^2\times3\times5=60$

14. $24=2^3\times3$
$36=2^2\times3^2$
$54=2\times3^3$

(최대공약수)$=2\times3=6$
(최소공배수)$=2^3\times3^3=216$

핵심 010 스피드 정답

1~3. 해설 참조
4. 최대공약수 3, 최소공배수 36
5. 최대공약수 4, 최소공배수 80
6. 최대공약수 5, 최소공배수 175
7. 최대공약수 12, 최소공배수 24
8. 최대공약수 8, 최소공배수 96
9. 최대공약수 7, 최소공배수 42
10. 최대공약수 12, 최소공배수 120
11. 최대공약수 2, 최소공배수 24
12. 최대공약수 6, 최소공배수 180
13. 최대공약수 12, 최소공배수 360
14. 최대공약수 12, 최소공배수 360

1.
2) 20 30
$\boxed{5}$) $\boxed{10}$ 15
2 $\boxed{3}$

(최대공약수)$=2\times\boxed{5}=\boxed{10}$
(최소공배수)$=2\times\boxed{5}\times2\times\boxed{3}=\boxed{60}$

2.
2) 6 12 30
$\boxed{3}$) $\boxed{3}$ 6 $\boxed{15}$
1 $\boxed{2}$ $\boxed{5}$

(최대공약수)$=2\times\boxed{3}=\boxed{6}$
(최소공배수)$=2\times\boxed{3}\times1\times\boxed{2}\times\boxed{5}=\boxed{60}$

3.
2) 4 28 42
$\boxed{2}$) $\boxed{2}$ 14 $\boxed{21}$
$\boxed{7}$) $\boxed{1}$ $\boxed{7}$ $\boxed{21}$
1 $\boxed{1}$ $\boxed{3}$

(최대공약수)=2

(최소공배수)$=2\times2\times7\times1\times1\times3=84$

잠깐!

세 수의 최대공약수는 세 수의 공통 약수만을 취한다. 반면 최소공배수는 나머지 두 수에 공통인 약수가 있으면 더 이상 나눌 수 없을 때까지 계속 나눈다.

4. 3) 9 12
   3 4

(최대공약수)=3

(최소공배수)$=3\times3\times4=36$

5. 4) 16 20
   4 5

(최대공약수)=4

(최소공배수)$=4\times4\times5=80$

잠깐!

계속 2로 나눌 필요 없이 한 번에 나눌 수 있는 약수가 있으면 계산 속도가 빨라진다.

6. 5) 25 35
   5 7

(최대공약수)=5

(최소공배수)$=5\times5\times7=175$

7. 12) 12 24
   1 2

(최대공약수)=12

(최소공배수)$=12\times2=24$

8. 8) 24 32
   3 4

(최대공약수)=8

(최소공배수)$=8\times3\times4=96$

9. 7) 14 21
   2 3

(최대공약수)=7

(최소공배수)$=7\times2\times3=42$

10. 6) 24 60
    2) 4 10
    2 5

(최대공약수)$=6\times2=12$

(최소공배수)$=6\times2\times2\times5=120$

11. ②) 6 8 12
    3) 3 4 6
    2) 1 4 2
    1 2 1

(최대공약수)=2

(최소공배수)$=2\times3\times2\times1\times2\times1=24$

12. ②) 12 18 30
    ③) 6 9 15
    2 3 5

(최대공약수)$=2\times3=6$

(최소공배수)$=2\times3\times2\times3\times5=180$

13. ④) 24 36 60
    ③) 6 9 15
    2 3 5

(최대공약수)$=4\times3=12$

(최소공배수)$=4\times3\times2\times3\times5=360$

14. ⑥) 36 60 72
    ②) 6 10 12
    3) 3 5 6
    1 5 2

(최대공약수)$=6\times2=12$

(최소공배수)$=6\times2\times3\times1\times5\times2=360$

핵심 011 스피드 정답

1. 12, 3, 36 2. 112 3. 8 4. 9
5. 16 6. 20 7. 30 8. 25
9. 12 10. 30 11. 16, 12 12. 20
13. 27 14. 30 15. 4, 80 16. 60
17. 4 18. 4

1. $A\times B=L\times G=\boxed{12}\times\boxed{3}=\boxed{36}$
2. $A\times B=L\times G=28\times4=112$
3. $10\times B=40\times2$에서 $B=8$
4. $12\times B=36\times3$에서 $B=9$
5. $6\times B=48\times2$에서 $B=16$

	A	B	G	L
6.	20	15	5	60
7.	6	10	2	30
8.	10	25	5	50
9.	24	36	12	72
10.	15	6	3	30

11. $A\times\boxed{16}=48\times4$에서 $A=\boxed{12}$
12. $A\times30=60\times10$에서 $A=20$
13. $18\times A=54\times9$에서 $A=27$
14. $20\times A=60\times10$에서 $A=30$
15. $320=$(최소공배수)$\times\boxed{4}$에서
    (최소공배수)$=\boxed{80}$
16. $600=$(최소공배수)$\times10$에서
    (최소공배수)$=60$
17. $160=40\times$(최대공약수)에서
    (최대공약수)$=4$
18. $240=60\times$(최대공약수)에서
    (최대공약수)$=4$

핵심 012 스피드 정답

1. 24 2. 6 3. 30
4. 해설 참조 5. 15명 6. 6명
7. 8명 8. 15명 9. 18명
10. 해설 참조 11. 6cm 12. 18cm
13. 12cm 14. 8cm

1. 48과 72의 최대공약수는 24이므로 구하는 가장 큰 수는 24이다.
2. 54와 66의 최대공약수는 6이므로 구하는 가장 큰 수는 6이다.
3. 60과 90의 최대공약수는 30이므로 구하는 가장 큰 수는 30이다.
4. ① 사과와 귤을 똑같이 나누어 줄 수 있는 학생 수는 20과 $\boxed{36}$의 공약수이다.

   ② 2) 20 $\boxed{36}$
   $\boxed{2}$) $\boxed{10}$ 18
   5 $\boxed{9}$

   ③ 똑같이 나누어 줄 수 있는 최대 학생 수는 20, $\boxed{36}$의 최대공약수인 $\boxed{4}$명이다.
5. 45와 60의 최대공약수는 15이므로 똑같이 나누어 줄 수 있는 최대 학생 수는 15명이다.
6. 48과 54의 최대공약수는 6이므로 똑같이 나누어 줄 수 있는 최대 학생 수는 6명이다.
7. 56과 48의 최대공약수는 8이므로 똑같이 나누어 줄 수 있는 최대 학생 수는 8명이다.
8. 60과 45의 최대공약수는 15이므로 똑같이 나누어 줄 수 있는 최대 학생 수는 15명이다.
9. 72와 54의 최대공약수는 18이므로 똑같이 나누어 줄 수 있는 최대 학생 수는 18명이다.
10. 정사각형 색종이의 한 변의 길이는 24와 18의 $\boxed{최대}$공약수이어야 한다. 따라서 구하는 한 변의 길이는 $\boxed{6}$cm이다.

    2) 24 18
    $\boxed{3}$) $\boxed{12}$ 9
    4 $\boxed{3}$

11. 18과 48의 최대공약수는 6이므로 구하는 길이는 6cm이다.

12. 36과 54의 최대공약수는 18이므로 구하는 길이는 18cm이다.

13. 48과 60의 최대공약수는 12이므로 구하는 길이는 12cm이다.

14. 56과 72의 최대공약수는 8이므로 구하는 길이는 8cm이다.

핵심 013 스피드 정답

1. 36, 36	2. 60	3. 6, 6
4. 18cm	5. 30cm	6. 36cm
7. 24, 24	8. 10시 30분	9. 11시
10. 해설 참조	11. A 3바퀴, B 4바퀴	
12. A 3바퀴, B 4바퀴		

1. 9와 12의 최소공배수는 [36]이므로 구하는 가장 작은 수는 [36]이다.
2. 12와 20의 최소공배수는 60이므로 구하는 가장 작은 수는 60이다.
3. 2와 3의 최소공배수는 [6]이므로 구하는 정사각형 한 변의 길이는 [6]cm이다.
4. 6과 9의 최소공배수는 18이므로 구하는 정사각형 한 변의 길이는 18cm이다.
5. 10과 15의 최소공배수는 30이므로 구하는 정사각형 한 변의 길이는 30cm이다.
6. 12와 18의 최소공배수는 36이므로 구하는 정사각형 한 변의 길이는 36cm이다.
7. 12와 8의 최소공배수가 [24]이므로 A버스와 B버스가 다시 처음으로 동시에 출발하게 되는 시각은 10시 [24]분이다.
8. 15와 10의 최소공배수가 30이므로 A버스와 B버스가 다시 처음으로 동시에 출발하게 되는 시각은 10시 30분이다.
9. 20과 15의 최소공배수가 60이므로 A버스와 B버스가 다시 처음으로 동시에 출발하게 되는 시각은 11시이다.
10. 9와 6의 최소공배수는 [18]이므로 [18]개의 톱니가 회전하면 같은 톱니에서 처음으로 다시 맞물린다.

(A의 회전 수)=[18]÷9=[2](바퀴)

(B의 회전 수)=[18]÷6=[3](바퀴)

11. 12와 9의 최소공배수는 36이므로 36개의 톱니가 회전하면 같은 톱니에서 처음으로 다시 맞물린다.

(A의 회전 수)=36÷12=3(바퀴)

(B의 회전 수)=36÷9=4(바퀴)

12. 20과 15의 최소공배수는 60이므로 60개의 톱니가 회전하면 같은 톱니에서 처음으로 다시 맞물린다.

(A의 회전 수)=60÷20=3(바퀴)

(B의 회전 수)=60÷15=4(바퀴)

실력테스트 25쪽 스피드 정답

1. 4개	2. ④, ⑤	3. ④	4. ④
5. ⑤	6. ②	7. ②	8. 1260
9. 7개	10. 3바퀴		

Science & Technology 144초 후

1. 소수는 1과 자기 자신 이외에는 약수가 없는 수이므로 5, 11, 19, 61의 4개이다.
2. ④ 소수가 아닌 수에는 1과 합성수가 있다. 1은 합성수와 달리 약수가 하나뿐이다.

⑤ 1은 소수들의 곱으로 나타낼 수 없다.

3. ① $2^3=2\times2\times2=8$

② $5+5+5+5=5\times4=20$

③ $7\times7\times7=7^3$

⑤ $\frac{1}{4}\times\frac{1}{4}\times\frac{1}{4}=\frac{1}{4^3}$

4. ④ $120=2^3\times3\times5$
5. $225=3^2\times5^2$의 약수는 3^2의 약수와 5^2의 약수를 각각 곱하여 구할 수 있다. 즉, 1, 3, 3^2과 1, 5, 5^2의 곱으로 나타내진다. 따라서 $225=3^2\times5^2$의 약수가 아닌 것은 ⑤ $3^3\times5$이다.
6. $2^3\times3\times5^2$

$2\times5^3\times7$

(최대공약수)$=2\times5^2$

7. 두 자연수의 곱은 최소공배수와 최대공약수의 곱과 같으므로

$84\times A=14\times420$ ∴ $A=70$

8. 두 자연수의 곱은 최소공배수와 최대공약수의 곱과 같으므로

$2^3\times3^3\times5\times7=$(최소공배수)$\times(2\times3)$

∴ (최소공배수)$=\frac{2^3\times3^3\times5\times7}{2\times3}$

$=2^2\times3^2\times5\times7$

$=1260$

9. 가능한 많은 학생들에게 나누어 줄 선물꾸러미의 개수는 35, 21, 14의 최대공약수인 7개이다.
10. 72, 36, 24의 최소공배수인 72개의 톱니가 회전하면 같은 톱니에서 처음으로 다시 맞물린다.

∴ (C의 회전 수)=72÷24=3(바퀴)

Science & Technology

세 개의 등대가 동시에 불이 켜지는 것은 10+6, 16+8, 26+10의 최소공배수인 144초 후이다.

핵심 014 스피드 정답

1. −3	2. −4	3. +150, −200
4. +1	5. −2	6. +3
7. −5	8. $\frac{4}{2}$, +9	9. −5
10. −5, $\frac{4}{2}$, 0, +9		

3. 해발은 + : 해발 150m → [+150]m

해저는 − : 해저 200m → [−200]m

4. 0보다 1만큼 큰 수 → +1
5. 0보다 2만큼 작은 수 → −2
6. 0보다 3만큼 큰 수 → +3
7. 0보다 5만큼 작은 수 → −5
8. $\frac{4}{2}=2$로 양의 정수이다.

핵심 015 스피드 정답

1. +2, $\frac{2}{3}$, 3 2. +2, 3

3. +2, 0, −1, $-\frac{6}{3}$, 3 4. −0.1, $\frac{2}{3}$

5. −0.1, +2, 0, $\frac{2}{3}$, −1, $-\frac{6}{3}$, 3

6. ○ 7. ○ 8. ○ 9. ○ 10. × 11. ×

10. (×), 유리수는 분자와 분모가 모두 정수이고 분모는 0이 아니어야 한다.
11. (×), 유리수는 양의 유리수, 0, 음의 유리수로 이루어져 있다.

핵심 016 스피드 정답

1. 0　2. -1, $+2$　3~6. 해설 참조

3. 

4. 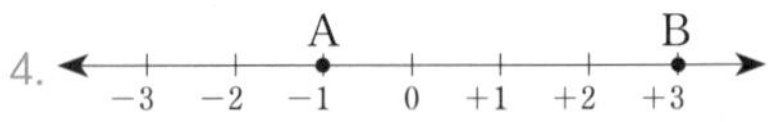

5.

6.

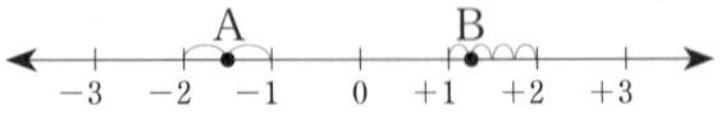

핵심 017 스피드 정답

1. 5　2. 4.5　3. 0　4. $\frac{5}{2}$
5. $+2.5$, -2.5　6. $+1$
7. $-\frac{1}{2}$　8. 2, 4, -4, $+2$
9. -9, $+7$, -6.8, $+5.3$, -4

1. $|-5|=5$
2. $|+4.5|=4.5$
3. 0의 절댓값은 0이다.
4. $\left|-\frac{5}{2}\right|=\frac{5}{2}$
5. 절댓값이 2.5인 수는 $+2.5$, -2.5의 2개이다. 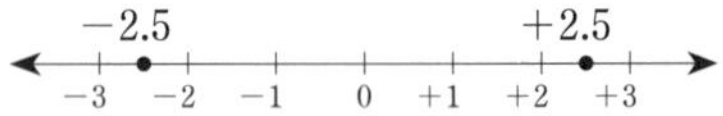
6. 절댓값이 1인 수는 $+1$, -1이고 이 중에서 양수는 $+1$이다. 
7. 절댓값이 $\frac{1}{2}$인 수는 $+\frac{1}{2}$, $-\frac{1}{2}$이고 이 중에서 음수는 $-\frac{1}{2}$ 이다. 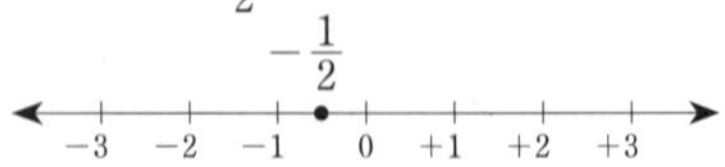
8. $|-5|=5$, $|+2|=\boxed{2}$, $|-3|=3$, $|-4|=\boxed{4}$, $|+1|=1$이므로 절댓값이 큰 수부터 차례로 나열하면 -5, $\boxed{-4}$, -3, $\boxed{+2}$, $+1$이다.
9. $|-4|=4$, $|+5.3|=5.3$, $|-6.8|=6.8$, $|-9|=9$, $|+7|=7$이므로 절댓값이 큰 수부터 차례로 나열하면 -9, $+7$, -6.8, $+5.3$, -4이다.

핵심 018 스피드 정답

1. >　2. <　3. <　4. <
5. >　6. >　7. -6, 0, $+4$
8. -3, -2, -1.5　9. -6, -4, $-\frac{7}{2}$, 0
10. -6, -5.4, 0, $+\frac{27}{5}$, $+6$
11. ×　12. ○　13. ×　14. ○

1. (양수) > 0
2. (음수) < 0
3. (음수) < 0 < (양수)
4. 양수끼리는 절댓값이 클수록 크다.
5. 음수끼리는 절댓값이 클수록 작다.
6. $|-3|=3$이므로 (양수) > (음수)
7. (음수) < 0 < (양수)이므로 작은 수부터 차례로 쓰면 -6, 0, $+4$
8. 음수끼리는 절댓값이 클수록 작은 수이므로 작은 수부터 차례로 쓰면 -3, -2, -1.5
9. (음수) < 0, $|-6| > |-4| > \left|-\frac{7}{2}\right|$이므로 작은 수부터 차례로 쓰면 -6, -4, $-\frac{7}{2}$, 0
10. $+\frac{27}{5}<+6$, $-6<-5.4$이므로 작은 수부터 차례로 쓰면 -6, -5.4, 0, $+\frac{27}{5}$, $+6$
11. (×), 음수는 0보다 작다.
13. (×), 수직선에서 왼쪽에 있을수록 더 작은 수이다.

핵심 019 스피드 정답

1~2. 해설 참조
3. $-1<x\le 2$　4. $-3\le x<-2$
5. -1, 0, 1　6. -1, 0, 1

1. x는 2보다 작지 않다. → $x \; \textcircled{\ge} \; 2$

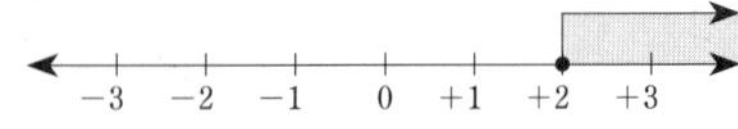

2. x는 -2보다 크고 1보다 크지 않다.
→ $-2 \; \textcircled{<} \; x \; \textcircled{\le} \; 1$

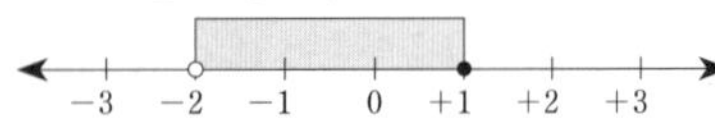

5. 수직선에 원점에서의 거리가 2 미만인 정수를 찾아 표시하면 다음과 같다.

핵심 020 스피드 정답

1. $+6$　2. $+5$, $+6$　3. -4
4. -5, -6　5. 8, 13　6. $+20$
7. $+7$　8. 3, 12　9. -20
10. -10.5　11. $+2$　12. $+3$
13. -4　14. -2　15. $+5$
16. $+17$　17. -13　18. -19

5. $(+5)+(+8)=+(5+\boxed{8})=+\boxed{13}$
6. $(+13)+(+7)=+(13+7)=+20$
7. $(+0.5)+(+6.5)=+(0.5+6.5)=+7$
8. $(-9)+(-3)=-(9+\boxed{3})=-\boxed{12}$
9. $(-8)+(-12)=-(8+12)=-20$
10. $(-4.2)+(-6.3)=-(4.2+6.3)=-10.5$
11. $\left(+\frac{3}{5}\right)+\left(+\frac{7}{5}\right)=+\left(\frac{3}{5}+\frac{7}{5}\right)=+\frac{10}{5}=+2$
12. $\left(+\frac{7}{9}\right)+\left(+\frac{20}{9}\right)=+\left(\frac{7}{9}+\frac{20}{9}\right)=+\frac{27}{9}=+3$
13. $\left(-\frac{1}{2}\right)+\left(-\frac{7}{2}\right)=-\left(\frac{1}{2}+\frac{7}{2}\right)=-\frac{8}{2}=-4$
14. $\left(-\frac{6}{7}\right)+\left(-\frac{8}{7}\right)=-\left(\frac{6}{7}+\frac{8}{7}\right)=-\frac{14}{7}=-2$

핵심 021 스피드 정답

1. -4　2. -1　3. -2

4. +1 5. 4, 4 6. +5
7. 25, 10 8. +7 9. 3, 6
10. −7 11. 12, 6 12. −16
13. +2 14. −5 15. +3
16. −1 17. −2 18. −3
19. +9 20. +15

5. $(+8)+(-4)=+(8-\boxed{4})=+\boxed{4}$
6. $(+12)+(-7)=+(12-7)=+5$
7. $(-15)+(+25)=+(\boxed{25}-15)=+\boxed{10}$
8. $(-8)+(+15)=+(15-8)=+7$
9. $(-9)+(+3)=-(9-\boxed{3})=-\boxed{6}$
10. $(-16)+(+9)=-(16-9)=-7$
11. $(+12)+(-18)=-(18-\boxed{12})=-\boxed{6}$
12. $(+14)+(-30)=-(30-14)=-16$
13. $(+5.5)+(-3.5)=+(5.5-3.5)=+2$
14. $(+2.3)+(-7.3)=-(7.3-2.3)=-5$
15. $\left(-\frac{1}{2}\right)+\left(+\frac{7}{2}\right)=+\left(\frac{7}{2}-\frac{1}{2}\right)$
$=+\frac{6}{2}=+3$
16. $\left(-\frac{16}{9}\right)+\left(+\frac{7}{9}\right)=-\left(\frac{16}{9}-\frac{7}{9}\right)$
$=-\frac{9}{9}=-1$

핵심 022 스피드 정답

1. 교환법칙 2. 교환법칙, 결합법칙
3. 0 4. −7 5. +2
6. +5 7. $+\frac{3}{5}$ 8. 0

3. $(+4)+(-10)+(+6)$
$=(+4)+(+6)+(-10)$
$=(+10)+(-10)=0$
4. $(-4.6)+(+3)+(-5.4)$
$=(-4.6)+(-5.4)+(+3)$
$=(-10)+(+3)=-7$
5. $(+2)+(-1.3)+(-3)+(+4.3)$
$=(+2)+(-4.3)+(+4.3)=+2$
6. $\left(-\frac{1}{4}\right)+(+3)+\left(+\frac{9}{4}\right)$
$=\left(-\frac{1}{4}\right)+\left(+\frac{9}{4}\right)+(+3)$
$=\left(+\frac{8}{4}\right)+(+3)=(+2)+(+3)=+5$
7. $\left(+\frac{3}{7}\right)+\left(-\frac{2}{5}\right)+\left(+\frac{4}{7}\right)$
$=\left(+\frac{3}{7}\right)+\left(+\frac{4}{7}\right)+\left(-\frac{2}{5}\right)$
$=(+1)+\left(-\frac{2}{5}\right)=+\left(1-\frac{2}{5}\right)=+\frac{3}{5}$
8. $\left(+\frac{3}{2}\right)+\left(-\frac{2}{3}\right)+\left(-\frac{1}{2}\right)+\left(-\frac{1}{3}\right)$
$=\left(+\frac{3}{2}\right)+\left(-\frac{1}{2}\right)+\left(-\frac{2}{3}\right)+\left(-\frac{1}{3}\right)$
$=(+1)+(-1)=0$

핵심 023 스피드 정답

1. +10, +13 2. +11 3. −10, −14
4. −20 5. −8, +2 6. +3
7. +10, +8 8. +5 9. −14
10. +9 11. −4 12. $+\frac{5}{6}$
13. $-\frac{11}{12}$

1. $(+3)-(-10)=(+3)+(\boxed{+10})=\boxed{+13}$
2. $(+7)-(-4)=(+7)+(+4)=+11$
3. $(-4)-(+10)=(-4)+(\boxed{-10})=\boxed{-14}$
4. $(-8)-(+12)=(-8)+(-12)=-20$
5. $(+10)-(+8)=(+10)+(\boxed{-8})$
$=+(10-8)=\boxed{+2}$
6. $(+15)-(+12)=(+15)+(-12)$
$=+(15-12)=+3$
7. $(-2)-(-10)=(-2)+(\boxed{+10})$
$=+(10-2)=\boxed{+8}$
8. $(-8)-(-13)=(-8)+(+13)$
$=+(13-8)=+5$
9. $0-(+14)=0+(-14)=-14$
10. $(+5.5)-(-3.5)=(+5.5)+(+3.5)$
$=+9$
11. $(-1.5)-(+2.5)=(-1.5)+(-2.5)$
$=-(1.5+2.5)=-4$
12. $\left(+\frac{1}{3}\right)-\left(-\frac{1}{2}\right)=\left(+\frac{1}{3}\right)+\left(+\frac{1}{2}\right)$
$=+\left(\frac{1}{3}+\frac{1}{2}\right)=+\left(\frac{2}{6}+\frac{3}{6}\right)=+\frac{5}{6}$
13. $\left(-\frac{1}{4}\right)-\left(+\frac{2}{3}\right)=\left(-\frac{1}{4}\right)+\left(-\frac{2}{3}\right)$
$=-\left(\frac{1}{4}+\frac{2}{3}\right)=-\left(\frac{3}{12}+\frac{8}{12}\right)=-\frac{11}{12}$

핵심 024 스피드 정답

1. 3, +1 2. +2 3. +15
4. −1 5. +8 6. −7, −2
7. +3 8. −5 9. −7
10. +3.4 11~12. 해설 참조
13. 5 14. −5 15. 13
16. −1 17. 5 18. $-\frac{5}{4}$

1. $-2+3=(-2)+(+\boxed{3})=+(3-2)=\boxed{+1}$
2. $-5+7=(-5)+(+7)=+(7-5)=+2$
3. $10+5=(+10)+(+5)=+15$
4. $-4.2+3.2=(-4.2)+(+3.2)$
$=-(4.2-3.2)=-1$
5. $2.6+5.4=(+2.6)+(+5.4)=+8$
6. $5-7=(+5)-(+7)=(+5)+(\boxed{-7})$
$=-(7-5)=\boxed{-2}$
7. $-6+9=(-6)+(+9)=+(9-6)=+3$
8. $3-8=(+3)-(+8)=(+3)+(-8)$
$=-(8-3)=-5$
9. $-4.5-2.5=(-4.5)-(+2.5)$
$=(-4.5)+(-2.5)=-(4.5+2.5)=-7$
10. $5.7-2.3=(+5.7)-(+2.3)$
$=+(5.7-2.3)=+3.4$

11. (→ +, ↓ −)

3	5	8
7	6	13
−4	−1	−5

12. (→ +, ↓ −)

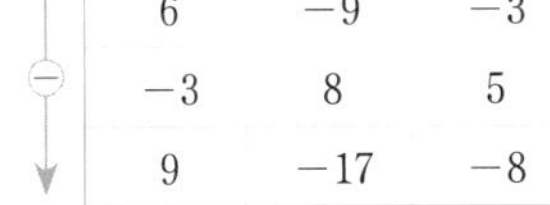

6	−9	−3
−3	8	5
9	−17	−8

13. $4-6+7=-2+7=5$

14. $3-6-2=-3-2=-5$

15. $5-3+13-2=2+13-2=15-2=13$

16. $-6-11+18-2=-17+18-2$
$=1-2=-1$

17. $5.3-4.1+3.8=1.2+3.8=5$

18. $\frac{1}{2}+\frac{2}{3}-\frac{5}{4}-\frac{7}{6}$
$=\frac{6}{12}+\frac{8}{12}-\frac{15}{12}-\frac{14}{12}=-\frac{15}{12}=-\frac{5}{4}$

핵심 025 스피드 정답

1. 9, $+72$ 2. $+30$ 3. $+10$
4. 6, -24 5. -21 6. -3
7~8 해설 참조
9. $\frac{1}{2}$, $\frac{3}{5}$, $\frac{3}{10}$ 10. $+\frac{9}{20}$ 11. $+\frac{9}{2}$
12. $+6$ 13. $+\frac{1}{2}$ 14. $+\frac{1}{3}$
15. $\frac{2}{3}$, $\frac{4}{5}$, $\frac{8}{15}$ 16. $-\frac{2}{3}$ 17. -3
18. $-\frac{3}{4}$ 19. $-\frac{2}{5}$ 20. $-\frac{3}{4}$

1. $(+8)\times(+9)=+(8\times\boxed{9})=\boxed{+72}$
2. $(-5)\times(-6)=+(5\times6)=+30$
3. $(+2.5)\times(+4)=+(2.5\times4)=+10$
4. $(+4)\times(-6)=-(4\times\boxed{6})=\boxed{-24}$
5. $(-3)\times(+7)=-(3\times7)=-21$
6. $(+0.5)\times(-6)=-(0.5\times6)=-3$
7.

-12
$+6$ -2
$+6$ $+1$ -2

8.

$+60$
-6 -10
-3 $+2$ -5

9. $\left(+\frac{1}{2}\right)\times\left(+\frac{3}{5}\right)=+\left(\boxed{\frac{1}{2}}\times\boxed{\frac{3}{5}}\right)=+\boxed{\frac{3}{10}}$

10. $\left(-\frac{3}{5}\right)\times\left(-\frac{3}{4}\right)=+\left(\frac{3}{5}\times\frac{3}{4}\right)=+\frac{9}{20}$

11. $\left(+\frac{9}{4}\right)\times(+2)=+\left(\frac{9}{\underset{2}{\cancel{4}}}\times\underset{1}{\cancel{2}}\right)=+\frac{9}{2}$

12. $\left(-\frac{9}{2}\right)\times\left(-\frac{4}{3}\right)=+\left(\frac{\overset{3}{\cancel{9}}}{\underset{1}{\cancel{2}}}\times\frac{\overset{2}{\cancel{4}}}{\underset{1}{\cancel{3}}}\right)=+6$

13. $\left(+\frac{5}{7}\right)\times\left(+\frac{7}{10}\right)=+\left(\frac{\overset{1}{\cancel{5}}}{\underset{1}{\cancel{7}}}\times\frac{\overset{1}{\cancel{7}}}{\underset{2}{\cancel{10}}}\right)=+\frac{1}{2}$

14. $\left(-\frac{5}{2}\right)\times\left(-\frac{2}{15}\right)=+\left(\frac{\overset{1}{\cancel{5}}}{\underset{1}{\cancel{2}}}\times\frac{\overset{1}{\cancel{2}}}{\underset{3}{\cancel{15}}}\right)=+\frac{1}{3}$

15. $\left(+\frac{2}{3}\right)\times\left(-\frac{4}{5}\right)=-\left(\boxed{\frac{2}{3}}\times\boxed{\frac{4}{5}}\right)=-\boxed{\frac{8}{15}}$

16. $\left(-\frac{1}{4}\right)\times\left(+\frac{8}{3}\right)=-\left(\frac{1}{\underset{1}{\cancel{4}}}\times\frac{\overset{2}{\cancel{8}}}{3}\right)=-\frac{2}{3}$

17. $\left(+\frac{3}{5}\right)\times(-5)=-\left(\frac{3}{\underset{1}{\cancel{5}}}\times\underset{1}{\cancel{5}}\right)=-3$

18. $\left(-\frac{1}{3}\right)\times\left(+\frac{9}{4}\right)=-\left(\frac{1}{\underset{1}{\cancel{3}}}\times\frac{\overset{3}{\cancel{9}}}{4}\right)=-\frac{3}{4}$

19. $\left(+\frac{3}{2}\right)\times\left(-\frac{4}{15}\right)=-\left(\frac{\overset{1}{\cancel{3}}}{\underset{1}{\cancel{2}}}\times\frac{\overset{2}{\cancel{4}}}{\underset{5}{\cancel{15}}}\right)=-\frac{2}{5}$

20. $\left(-\frac{2}{5}\right)\times\left(+\frac{15}{8}\right)=-\left(\frac{\overset{1}{\cancel{2}}}{\underset{1}{\cancel{5}}}\times\frac{\overset{3}{\cancel{15}}}{\underset{4}{\cancel{8}}}\right)=-\frac{3}{4}$

핵심 026 스피드 정답

1. 교환법칙 2. 교환법칙, 결합법칙
3. $+140$ 4. $+8$ 5. $+2$
6. $+\frac{4}{3}$ 7. $+\frac{4}{15}$ 8. $+\frac{2}{5}$

3. $(-5)\times(+7)\times(-4)$
$=(-5)\times(-4)\times(+7)$
$=(+20)\times(+7)=+140$

4. $(+2)\times(-\overset{2}{\cancel{6}})\times\left(-\frac{2}{\underset{1}{\cancel{3}}}\right)$
$=(+2)\times(+4)=+8$

5. $(-5)\times\left(+\frac{1}{4}\right)\times\left(-\frac{8}{5}\right)$
$=(-\overset{1}{\cancel{5}})\times\left(-\frac{8}{\underset{1}{\cancel{5}}}\right)\times\left(+\frac{1}{4}\right)$
$=(+\overset{2}{\cancel{8}})\times\left(+\frac{1}{\underset{1}{\cancel{4}}}\right)=+2$

6. $\left(+\frac{5}{3}\right)\times(-2)\times\left(-\frac{6}{15}\right)$
$=\left(+\frac{\overset{1}{\cancel{5}}}{\underset{1}{\cancel{3}}}\right)\times\left(-\frac{\overset{2}{\cancel{6}}}{\underset{3}{\cancel{15}}}\right)\times(-2)$
$=\left(-\frac{2}{3}\right)\times(-2)=+\frac{4}{3}$

7. $\left(+\frac{2}{5}\right)\times\left(-\frac{\overset{2}{\cancel{14}}}{\underset{3}{\cancel{9}}}\right)\times\left(-\frac{\overset{1}{\cancel{3}}}{\underset{1}{\cancel{7}}}\right)$
$=\left(+\frac{2}{5}\right)\times\left(+\frac{2}{3}\right)=+\frac{4}{15}$

8. $\left(-\frac{4}{3}\right)\times\left(+\frac{4}{5}\right)\times\left(-\frac{3}{8}\right)$
$=\left(-\frac{\overset{1}{\cancel{4}}}{\underset{1}{\cancel{3}}}\right)\times\left(-\frac{\overset{1}{\cancel{3}}}{\underset{2}{\cancel{8}}}\right)\times\left(+\frac{4}{5}\right)$
$=\left(+\frac{1}{\underset{1}{\cancel{2}}}\right)\times\left(+\frac{\overset{2}{\cancel{4}}}{5}\right)=+\frac{2}{5}$

핵심 027 스피드 정답

1. $+9$ 2. -9 3. -27 4. -27
5. $+16$ 6. -64 7. $-\frac{1}{27}$ 8. $+\frac{1}{81}$
9. $+\frac{4}{9}$ 10. $-\frac{2}{27}$ 11. -9 12. -36
13. -8 14. $-\frac{1}{2}$ 15. -10

1. $(-3)^2=(-3)\times(-3)=+9$
2. $-3^2=-(3\times3)=-9$
3. $(-3)^3=(-3)\times(-3)\times(-3)=-27$
4. $-3^3=-(3\times3\times3)=-27$
5. $(-4)^2=(-4)\times(-4)=+16$
6. $(-4)^3=(-4)\times(-4)\times(-4)=-64$
7. $\left(-\frac{1}{3}\right)^3=\left(-\frac{1}{3}\right)\times\left(-\frac{1}{3}\right)\times\left(-\frac{1}{3}\right)=-\frac{1}{27}$
8. $\left(-\frac{1}{3}\right)^4=\left(-\frac{1}{3}\right)\times\left(-\frac{1}{3}\right)\times\left(-\frac{1}{3}\right)\times\left(-\frac{1}{3}\right)$
$=+\frac{1}{81}$
9. $\left(-\frac{2}{3}\right)^2=\left(-\frac{2}{3}\right)\times\left(-\frac{2}{3}\right)=+\frac{4}{9}$
10. $-\frac{2}{3^3}=-\frac{2}{3\times3\times3}=-\frac{2}{27}$
11. $(-3)^2\times(-1)^3$
$=(-3)\times(-3)\times(-1)\times(-1)\times(-1)$
$=(+9)\times(-1)=-9$
12. $-3^2\times(-2)^2$
$=-(3\times3)\times(-2)\times(-2)$
$=(-9)\times(+4)=-36$
13. $(-1)^{50}=\underbrace{(-1)\times(-1)\times\cdots\times(-1)}_{\text{짝수개}}=+1$

이므로

$(-1)^{50}\times(-2)^3$

$=(+1)\times(-2)\times(-2)\times(-2)=-8$

14. $2^2\times\left(-\frac{1}{2}\right)^3$

$=2\times2\times\left(-\frac{1}{2}\right)\times\left(-\frac{1}{2}\right)\times\left(-\frac{1}{2}\right)=-\frac{1}{2}$

15. $(-10)^{2017}\times\left(-\frac{1}{10}\right)^{2016}$

$=\underbrace{(-10)\times(-10)\times\cdots\times(-10)}_{2017\text{개(홀수개)}}$

$\times\underbrace{\left(-\frac{1}{10}\right)\times\left(-\frac{1}{10}\right)\times\cdots\times\left(-\frac{1}{10}\right)}_{2016\text{개(짝수개)}}$

$=\left\{(-10)\times\left(-\frac{1}{10}\right)\right\}$

$\times\left\{(-10)\times\left(-\frac{1}{10}\right)\right\}$

$\times\cdots\times\left\{(-10)\times\left(-\frac{1}{10}\right)\right\}\times(-10)$

$=-10$

핵심 028 스피드 정답

1. +, 5, 30　2. -48　3. $+80$
4. $+60$　5. -84　6. $+\frac{12}{5}$
7. $-\frac{2}{5}$　8. $-\frac{5}{6}$　9. -64
10. $+40$

1. 음의 정수는 -2, -5의 2개, 즉 짝수 개이므로 곱의 부호는 $\boxed{+}$이다.

$(-2)\times(+3)\times(-5)=+(2\times3\times\boxed{5})$

$=+\boxed{30}$

2. $(-2)\times(-8)\times(-3)=-(2\times8\times3)$

$=-48$

3. $(+2)\times(-8)\times(-5)=+(2\times8\times5)$

$=+80$

4. $(-3)\times(+5)\times(-4)=+(3\times5\times4)$

$=+60$

5. $(-7)\times(-6)\times(-2)=-(7\times6\times2)$

$=-84$

6. $\left(-\frac{1}{2}\right)\times(+4)\times\left(-\frac{6}{5}\right)$

$=+\left(\frac{1}{2}\times4\times\frac{6}{5}\right)=+\frac{12}{5}$

7. $\left(+\frac{1}{2}\right)\times\left(-\frac{4}{3}\right)\times\left(+\frac{3}{5}\right)$

$=-\left(\frac{1}{2}\times\frac{4}{3}\times\frac{3}{5}\right)=-\frac{2}{5}$

8. $\left(-\frac{5}{3}\right)\times\left(-\frac{5}{6}\right)\times\left(-\frac{3}{5}\right)$

$=-\left(\frac{5}{3}\times\frac{5}{6}\times\frac{3}{5}\right)=-\frac{5}{6}$

9. $(-2)\times(+8)\times(-1)\times(-4)$

$=-(2\times8\times1\times4)=-64$

10. $(-5)\times(+2)\times(-1)\times(+4)$

$=+(5\times2\times1\times4)=+40$

핵심 029 스피드 정답

1. 8, -15, -7　2. -1　3. -3
4. 12　5. -12, 5, -7, -49
6. -200　7. 20　8. -6
9. 18　10. -120

1. $12\times\left\{\frac{2}{3}+\left(-\frac{5}{4}\right)\right\}=12\times\frac{2}{3}+12\times\left(-\frac{5}{4}\right)$

$=(\boxed{8})+(\boxed{-15})$

$=\boxed{-7}$

2. $6\times\left\{\frac{1}{2}+\left(-\frac{2}{3}\right)\right\}=6\times\frac{1}{2}+6\times\left(-\frac{2}{3}\right)$

$=3+(-4)=-1$

3. $(-35)\times\left\{\frac{2}{7}+\left(-\frac{1}{5}\right)\right\}$

$=(-35)\times\frac{2}{7}+(-35)\times\left(-\frac{1}{5}\right)$

$=(-10)+(+7)=-3$

4. $8\times\left\{4+\left(-\frac{5}{2}\right)\right\}$

$=8\times4+8\times\left(-\frac{5}{2}\right)$

$=32+(-20)=12$

5. $7\times(-12)+7\times5=7\times(\boxed{-12}+\boxed{5})$

$=7\times(\boxed{-7})=\boxed{-49}$

6. $4\times(-24)+4\times(-26)$

$=4\times\{(-24)+(-26)\}$

$=4\times(-50)=-200$

7. $27\times2+(-17)\times2=\{27+(-17)\}\times2$

$=10\times2=20$

8. $2\times4.8+2\times(-7.8)$

$=2\times\{4.8+(-7.8)\}$

$=2\times(-3)=-6$

9. $6\times(-2.9)+6\times5.9$

$=6\times\{(-2.9)+5.9\}$

$=6\times3=18$

10. $24\times(-1.2)+76\times(-1.2)$

$=(24+76)\times(-1.2)$

$=100\times(-1.2)=-120$

핵심 030 스피드 정답

1. $+5$　2. $+5$　3. $+6$　4. $+3$
5. $+4$,　6. $+4$　7. -3　8. -4
9. -5　10. 0　11. $+11$　12. -9
13. -42　14. 0　15. $+9$　16. -20

1. $(+10)\div(+2)=+(10\div2)=+5$
2. $(+15)\div(+3)=+(15\div3)=+5$
3. $(+48)\div(+8)=+(48\div8)=+6$
4. $(+30)\div10=+(30\div10)=+3$
5. $(-12)\div(-3)=+(12\div3)=+4$
6. $(-16)\div(-4)=+(16\div4)=+4$
7. $(+21)\div(-7)=-(21\div7)=-3$
8. $(-24)\div(+6)=-(24\div6)=-4$
9. $(-100)\div20=-(100\div20)=-5$
10. $0\div(-100)=0$

핵심 031 스피드 정답

1. $\frac{1}{3}$　2. $-\frac{1}{2}$　3. 5　4. $-\frac{2}{5}$
5. 2　6. $\frac{5}{6}$　7. $+\frac{4}{5}$, $+\frac{3}{10}$　8. $+\frac{7}{10}$
9. $-\frac{6}{5}$　10. $-\frac{6}{5}$　11. $+\frac{5}{2}$　12. -3

1. $3\times\frac{1}{3}=1$이므로 3의 역수는 $\frac{1}{3}$
2. $(-2)\times\left(-\frac{1}{2}\right)=1$이므로 -2의 역수는 $-\frac{1}{2}$
3. $\frac{1}{5}\times5=1$이므로 $\frac{1}{5}$의 역수는 5
4. $\left(-\frac{5}{2}\right)\times\left(-\frac{2}{5}\right)=1$이므로 $-\frac{5}{2}$의 역수는 $-\frac{2}{5}$

5. $0.5=\frac{1}{2}$이고 $\frac{1}{2}\times2=1$이므로 0.5의 역수는 2

6. $1.2=\frac{6}{5}$이고 $\frac{6}{5}\times\frac{5}{6}=1$이므로 1.2의 역수는 $\frac{5}{6}$

7. $\left(+\frac{3}{8}\right)\div\left(+\frac{5}{4}\right)=\left(+\frac{3}{8}\right)\times\left(\boxed{+\frac{4}{5}}\right)=\boxed{+\frac{3}{10}}$

8. $\left(-\frac{7}{6}\right)\div\left(-\frac{5}{3}\right)=\left(-\frac{7}{6}\right)\times\left(-\frac{3}{5}\right)=+\frac{7}{10}$

9. $\left(-\frac{9}{5}\right)\div\left(+\frac{3}{2}\right)=\left(-\frac{9}{5}\right)\times\left(+\frac{2}{3}\right)=-\frac{6}{5}$

10. $\left(+\frac{3}{2}\right)\div\left(-\frac{5}{4}\right)=\left(+\frac{3}{2}\right)\times\left(-\frac{4}{5}\right)=-\frac{6}{5}$

11. $(-6)\div\left(-\frac{12}{5}\right)=(-6)\times\left(-\frac{5}{12}\right)=+\frac{5}{2}$

12. $\left(-\frac{3}{2}\right)\div(+0.5)=\left(-\frac{3}{2}\right)\div\left(+\frac{1}{2}\right)$

$=\left(-\frac{3}{2}\right)\times(+2)=-3$

핵심 032 스피드 정답

1. 14	2. 30	3. 1	4. −16
5. −1	6. 0	7. −11	8. −4
9. −42	10. −20	11. 5	12. 5
13. −5	14. 20	15. 39	16. 0
17. $-\frac{1}{3}$	18. −2	19. −1	20. −7

1. $(-2)\times(-4)+6=+(2\times4)+6$

$=8+6=14$

2. $24-36\div(-6)$

$=24-36\times\left(-\frac{1}{6}\right)=24+(-36)\times\left(-\frac{1}{6}\right)$

$=24+6=30$

3. $-3+7\times3-17$

$=-3+21-17=-(3+17)+21$

$=-20+21=1$

4. $3\times(-7)-(-30)\div6$

$=(-21)-(-5)=(-21)+(+5)$

$=-(21-5)=-16$

5. $\left(-\frac{9}{8}\right)+\frac{1}{3}\div\frac{8}{3}$

$=\left(-\frac{9}{8}\right)+\frac{1}{3}\times\frac{3}{8}=\left(-\frac{9}{8}\right)+\frac{1}{8}$

$=-\left(\frac{9}{8}-\frac{1}{8}\right)=-1$

6. $\left(-\frac{2}{7}\right)-\frac{5}{7}\div\left(-\frac{5}{2}\right)$

$=\left(-\frac{2}{7}\right)+\left(-\frac{5}{7}\right)\times\left(-\frac{2}{5}\right)$

$=\left(-\frac{2}{7}\right)+\frac{2}{7}=0$

7. $(-4)\times3-(-1)^5$

$=(-12)-(-1)=(-12)+(+1)$

$=-(12-1)=-11$

8. $(-1)^3\times(-5)-3^2$

$=(-1)\times(-5)-9$

$=(+5)-9=-4$

9. $(-8)\times5-18\div3^2$

$=(-40)+(-18)\div9$

$=(-40)+(-2)=-42$

10. $-3^2\times2+(-2)^3\div4$

$=(-9)\times2+(-8)\div4$

$=(-18)+(-2)=-20$

11. $10+(-2)^2\div\left(-\frac{4}{5}\right)$

$=10+4\times\left(-\frac{5}{4}\right)$

$=10+(-5)=5$

12. $(-3)^2-9\div\left(-\frac{3}{2}\right)^2$

$=9+(-9)\times\left(+\frac{4}{9}\right)$

$=9+(-4)=5$

13. $(-7)+\{(-6)\div3+4\}$

$=(-7)+\{(-2)+4\}$

$=(-7)+2=-5$

14. $18-2\times[5-\{2+(6-2)\}]$

$=18-2\times[5-\{2+4\}]$

$=18-2\times[5-6]=18-2\times(-1)$

$=18+2=20$

15. $(-18)\div(-2)+6\times\{(-1)^2+4\}$

$=9+6\times\{1+4\}$

$=9+30=39$

16. $\frac{1}{2}+(-1)\div\left\{6-(-2)^2\right\}$

$=\frac{1}{2}+(-1)\div\{6-4\}$

$=\frac{1}{2}+(-1)\times\left(\frac{1}{2}\right)$

$=\frac{1}{2}-\frac{1}{2}=0$

17. $\frac{3}{7}\times\{(-2)+(-5)\}\div(-3)^2$

$=\frac{3}{7}\times(-7)\times\frac{1}{9}=-\frac{1}{3}$

18. $\left(-\frac{5}{2}\right)\div\left\{\left(-\frac{1}{4}\right)+\frac{3}{2}\right\}$

$=\left(-\frac{5}{2}\right)\div\left\{\left(-\frac{1}{4}\right)+\frac{6}{4}\right\}$

$=\left(-\frac{5}{2}\right)\times\frac{4}{5}=-2$

19. $\frac{4}{5}+\left\{(-2)-\frac{2}{5}\right\}\div\frac{4}{3}$

$=\frac{4}{5}+\left(-\frac{12}{5}\right)\div\frac{4}{3}=\frac{4}{5}+\left(-\frac{12}{5}\right)\times\frac{3}{4}$

$=\frac{4}{5}+\left(-\frac{9}{5}\right)=-1$

20. $5-2\times\left\{(-2)^4+4\div\left(-\frac{2}{5}\right)\right\}$

$=5-2\times\left\{16+4\times\left(-\frac{5}{2}\right)\right\}$

$=5-2\times\{16+(-10)\}$

$=5-2\times6=5-12=-7$

실력테스트 39쪽 스피드 정답

1. ③ 2. ① < ② > ③ > ④ >

3. ③ 4. ⑤ 5. 3 6. $-\frac{3}{2}$

7. ㉣, ㉤, ㉢, ㉡, ㉠

8. +1 9. +11 10. $-\frac{19}{12}$ 11. −6

12. −40 13. $-\frac{3}{2}$ 14. +4 15. −4

16. $-\frac{13}{3}$ 17. 9 Science & Technology $-\frac{4}{7}$

2. 수직선에서 오른쪽에 있는 수일수록 큰 수이다.

① $3<4$ ② $-2>-3$

③ $\frac{1}{2}>\frac{1}{3}$ ④ $0>-20$

3. ③ 양의 유리수, 0, 음의 유리수를 통틀어 유리수라고 한다.

4. ① $(-10)-(-5)=(-10)+(+5)$

$=-(10-5)=-5$

② $0\div(+7)=0$

③ $-3^4=-(3\times3\times3\times3)=-81$

④ $(-25)\times(+3)\times(-2)^2$
$=(-25)\times(+3)\times(+4)$
$=-(25\times3\times4)=-300$

⑤ $(-36)\div(-5)\div6$
$=(-36)\times\left(-\frac{1}{5}\right)\times\frac{1}{6}$
$=+\left(\overset{6}{\cancel{36}}\times\frac{1}{5}\times\frac{1}{\underset{1}{\cancel{6}}}\right)=+\frac{6}{5}$

5. $0+a+(-3)=0$ $\quad\therefore a=3$
$b+2+(-3)=0$에서
$b+(-1)=0$ $\quad\therefore b=1$
$b+c+0=0$에서 $b=1$이므로
$1+c+0=0$ $\quad\therefore c=-1$
$\therefore a+b+c=3+1+(-1)$
$=4+(-1)=3$

6. $a\times(-4)=-2$이므로 $a=\frac{1}{2}$
$b\div\frac{1}{2}=-4$, 즉 $b\times2=-4$이므로
$b=-2$
$\therefore a+b=\frac{1}{2}+(-2)=-\frac{3}{2}$

8. $(-6)+(+7)=+(7-6)=+1$

9. $(+5)-(-6)=(+5)+(+6)$
$=+(5+6)=+11$

10. $\left(-\frac{1}{3}\right)-\left(+\frac{5}{4}\right)=\left(-\frac{1}{3}\right)+\left(-\frac{5}{4}\right)$
$=-\left(\frac{1}{3}+\frac{5}{4}\right)$
$=-\left(\frac{4}{12}+\frac{15}{12}\right)=-\frac{19}{12}$

11. $-3+5-1-7$
$=(-3)+(+5)+(-1)+(-7)$
$=(-3)+(-1)+(-7)+(+5)$
$=(-11)+(+5)=-6$

12. $(-8)\times(+5)=-(8\times5)=-40$

13. $\left(+\frac{5}{3}\right)\times\left(-\frac{9}{10}\right)=-\left(\frac{\overset{1}{\cancel{5}}}{\underset{1}{\cancel{3}}}\times\frac{\overset{3}{\cancel{9}}}{\underset{2}{\cancel{10}}}\right)=-\frac{3}{2}$

14. $(-24)\div(-6)=+(24\div6)=+4$

15. $\left(-\frac{2}{3}\right)\div\left(+\frac{1}{6}\right)=-\left(\frac{2}{\underset{1}{\cancel{3}}}\times\underset{2}{\cancel{6}}\right)=-4$

16. $1-(-2)^3\times(-3)\div\frac{9}{2}$
$=1-(-8)\times(-3)\times\frac{2}{9}$
$=1-\left(8\times\underset{1}{\cancel{3}}\times\frac{2}{\underset{3}{\cancel{9}}}\right)=1-\frac{16}{3}=-\frac{13}{3}$

17. $\{8-(-2)^2\}\times3-(-9)\div(-3)$
$=\{8-4\}\times3-(9\div3)$
$=4\times3-3=9$

Science & Technology

마주 보는 면에 있는 두 수는 곱이 1이므로 역수 관계에 있다.

$2\times\frac{1}{2}=1$이므로 2와 마주 보는 면의 수는 $\frac{1}{2}$

마찬가지 방법으로 $-0.5=-\frac{1}{2}$과 마주 보는 면의 수는 -2, $1\frac{3}{4}=\frac{7}{4}$과 마주 보는 면의 수는 $\frac{4}{7}$이다.

따라서 보이지 않는 세 면에 있는 수의 곱은

$\frac{1}{2}\times(-2)\times\frac{4}{7}=-\frac{4}{7}$

핵심 033 스피드 정답

1. A	2. B	3. A	4. B
5. A	6. B	7. B	8. B
9. B	10. B	11. 유	12. 무
13. 유	14. 무	15. 유	16. 무
17. 무한	18. 유한	19. 무한	20. 무한
21. 유한	22. 무한	23. 유한	

17. $\frac{2}{3}=\boxed{2}\div\boxed{3}=\boxed{0.666\cdots}\rightarrow$ $\boxed{\text{무한}}$소수

18. $\frac{3}{5}=\boxed{3}\div\boxed{5}=\boxed{0.6}\rightarrow$ $\boxed{\text{유한}}$소수

19. $\frac{5}{6}=\boxed{5}\div\boxed{6}=\boxed{0.8333\cdots}\rightarrow$ $\boxed{\text{무한}}$소수

20. $\frac{4}{9}=\boxed{4}\div\boxed{9}=\boxed{0.444\cdots}\rightarrow$ $\boxed{\text{무한}}$소수

21. $\frac{13}{10}=\boxed{13}\div\boxed{10}=\boxed{1.3}\rightarrow$ $\boxed{\text{유한}}$소수

22. $\frac{6}{11}=\boxed{6}\div\boxed{11}=\boxed{0.545454\cdots}\rightarrow$ $\boxed{\text{무한}}$소수

23. $\frac{7}{20}=\boxed{7}\div\boxed{20}=\boxed{0.35}\rightarrow$ $\boxed{\text{유한}}$소수

핵심 034 스피드 정답

1~5. 해설 참조		6. ×	7. ○
8. ×	9. ○	10. ○	11. ×
12. 유한	13. 무한	14. 무한	15. 유한
16. 유한	17. 무한	18. 유한	19. 유한
20. 무한			

1. $\frac{4}{5}=\frac{4\times\boxed{2}}{5\times\boxed{2}}=\frac{8}{10}=0.8$

2. $\frac{1}{4}=\frac{1}{2^2}=\frac{1\times\boxed{5^2}}{2^2\times\boxed{5^2}}=\frac{25}{100}=0.25$

3. $\frac{3}{20}=\frac{3}{2^2\times5}=\frac{3\times\boxed{5}}{2^2\times5\times\boxed{5}}$
$=\frac{\boxed{15}}{100}=\boxed{0.15}$

4. $\frac{4}{25}=\frac{4}{5^2}=\frac{4\times\boxed{2^2}}{5^2\times\boxed{2^2}}=\frac{\boxed{16}}{\boxed{100}}=\boxed{0.16}$

5. $\frac{1}{40}=\frac{1}{2^3\times5}=\frac{1\times\boxed{5^2}}{2^3\times5\times\boxed{5^2}}$
$=\frac{\boxed{25}}{\boxed{1000}}=\boxed{0.025}$

6. $\frac{7}{3^2\times5}$은 분모에 2나 5 이외의 소인수 3이 있으므로 유한소수로 나타낼 수 없다.

7. $\frac{3}{2^2\times5}$은 분모의 소인수가 2와 5뿐이므로 유한소수로 나타낼 수 있다.

8. $\frac{3}{2\times5\times7}$은 분모에 2나 5 이외의 소인수 7이 있으므로 유한소수로 나타낼 수 없다.

9. $\frac{22}{5\times11}$를 기약분수로 나타내면 $\frac{2}{5}$이다. 분모의 소인수가 5뿐이므로 유한소수로 나타낼 수 있다.

10. $\frac{27}{2^2\times3^2\times5}$을 기약분수로 나타내면 $\frac{3}{2^2\times5}$이다. 분모의 소인수가 2와 5뿐이므로 유한소수로 나타낼 수 있다.

11. $\frac{30}{2^4\times3^2\times5}$을 기약분수로 나타내면 $\frac{1}{2^3\times3}$이다. 분모에 2나 5 이외의 소인수 3이 있으므로 유한소수로 나타낼 수 없다.

12. $\frac{9}{4}=\frac{3}{2^2}\rightarrow$ 유한소수

13. $\frac{2}{9}=\frac{2}{3^2}\rightarrow$ 무한소수

14. $\frac{7}{12}=\frac{7}{2^2\times3}$ → 무한소수

15. $\frac{6}{15}=\frac{2}{5}$ → 유한소수

16. $\frac{15}{24}=\frac{5}{2^3}$ → 유한소수

17. $\frac{20}{45}=\frac{4}{3^2}$ → 무한소수

18. $\frac{12}{60}=\frac{1}{5}$ → 유한소수

19. $\frac{13}{65}=\frac{1}{5}$ → 유한소수

20. $\frac{10}{75}=\frac{2}{3\times5}$ → 무한소수

핵심 035 스피드 정답

1. ○ 2. ○ 3. ○ 4. × 5. ×
6. $0.\dot{7}$ 7. $0.2\dot{4}$ 8. $0.\dot{1}2\dot{5}$ 9. $1.\dot{6}\dot{3}$
10. $1.7\dot{2}\dot{4}$ 11. 3, 0.666…, $0.\dot{6}$ 12. $0.8\dot{3}$
13. $0.\dot{7}\dot{2}$

4. 0.101001000…은 소수점 아래의 숫자 배열이 일정하지 않으므로 순환하지 않는 무한소수이다.
5. 3.141592168…은 소수점 아래의 숫자 배열이 일정하지 않으므로 순환하지 않는 무한소수이다.
6. 0.777… → $0.\dot{7}$
7. 0.2444… → $0.2\dot{4}$
8. 0.125125125… → $0.\dot{1}2\dot{5}$
9. 1.636363… → $1.\dot{6}\dot{3}$
10. 1.7242424… → $1.7\dot{2}\dot{4}$
11. $\frac{2}{3}=2\div\boxed{3}=\boxed{0.666\cdots}$ → $0.\dot{6}$
12. $\frac{5}{6}=5\div6=0.8333\cdots$ → $0.8\dot{3}$
13. $\frac{8}{11}=8\div11=0.727272\cdots$ → $0.\dot{7}\dot{2}$

핵심 036 스피드 정답

1. 해설 참조 2. $\frac{22}{45}$ 3. $\frac{2131}{990}$ 4. $\frac{7}{9}$
5. $\frac{11}{9}$ 6. $\frac{2}{11}$ 7. $\frac{107}{999}$ 8. ㉣
9. ㉤ 10. ㉡ 11. ㉢ 12. ㉠

1. $x=0.1\dot{7}=0.1777\cdots$로 놓으면

$$\begin{array}{rl} \boxed{100}\,x= & 17.777\cdots \\ -)\ \boxed{10}\,x= & 1.777\cdots \\ \hline \boxed{90}\,x= & 16 \end{array}$$

$\therefore x=\boxed{\frac{16}{90}}=\boxed{\frac{8}{45}}$

2. $x=0.4\dot{8}=0.4888\cdots$로 놓으면

$$\begin{array}{rl} 100x= & 48.888\cdots \\ -)\ 10x= & 4.888\cdots \\ \hline 90x= & 44 \end{array}$$

$\therefore x=\frac{44}{90}=\frac{22}{45}$

3. $x=2.1\dot{5}\dot{2}=2.1525252\cdots$로 놓으면

$$\begin{array}{rl} 1000x= & 2152.525252\cdots \\ -)\ 10x= & 21.525252\cdots \\ \hline 990x= & 2131 \end{array}$$

$\therefore x=\frac{2131}{990}$

4. $x=0.\dot{7}=0.777\cdots$로 놓으면

$$\begin{array}{rl} 10x= & 7.777\cdots \\ -)\ x= & 0.777\cdots \\ \hline 9x= & 7 \end{array}$$

$\therefore x=\frac{7}{9}$

5. $x=1.\dot{2}=1.222\cdots$로 놓으면

$$\begin{array}{rl} 10x= & 12.222\cdots \\ -)\ x= & 1.222\cdots \\ \hline 9x= & 11 \end{array}$$

$\therefore x=\frac{11}{9}$

6. $x=0.\dot{1}\dot{8}=0.181818\cdots$로 놓으면

$$\begin{array}{rl} 100x= & 18.181818\cdots \\ -)\ x= & 0.181818\cdots \\ \hline 99x= & 18 \end{array}$$

$\therefore x=\frac{18}{99}=\frac{2}{11}$

7. $x=0.\dot{1}0\dot{7}=0.107107\cdots$로 놓으면

$$\begin{array}{rl} 1000x= & 107.107107\cdots \\ -)\ x= & 0.107107\cdots \\ \hline 999x= & 107 \end{array}$$

$\therefore x=\frac{107}{999}$

핵심 037 스피드 정답

1~4. 해설 참조 5. $\frac{13}{33}$ 6. $\frac{1204}{999}$
7. $\frac{122}{495}$ 8. $\frac{1943}{900}$

1. $0.\dot{1}2\dot{4}=\frac{\boxed{124}}{999}$
2. $1.\dot{2}3\dot{5}=\frac{\boxed{1235}-\boxed{1}}{999}=\frac{\boxed{1234}}{999}$
3. $0.1\dot{0}\dot{6}=\frac{\boxed{106}-\boxed{1}}{990}=\frac{\boxed{105}}{990}=\frac{\boxed{7}}{\boxed{66}}$
4. $2.4\dot{0}\dot{3}=\frac{\boxed{2403}-\boxed{24}}{990}=\frac{\boxed{2379}}{990}=\frac{\boxed{793}}{\boxed{330}}$
5. $0.\dot{3}\dot{9}=\frac{39}{99}=\frac{13}{33}$
6. $1.\dot{2}0\dot{5}=\frac{1205-1}{999}=\frac{1204}{999}$
7. $0.2\dot{4}\dot{6}=\frac{246-2}{990}=\frac{244}{990}=\frac{122}{495}$
8. $2.15\dot{8}=\frac{2158-215}{900}=\frac{1943}{900}$

핵심 038 스피드 정답

1. ○ 2. ○ 3. ○ 4. × 5. ○
6. × 7. ○ 8. ○ 9. × 10. ○

2. 유한소수와 순환하는 무한소수는 유리수이고 순환하지 않는 무한소수는 유리수가 아니다.
3. 모든 순환소수는 분모가 0이 아닌 분수 꼴로 나타낼 수 있으므로 유리수이다.
4. 순환소수 중에 유리수가 아닌 것은 없다.
5. 모든 유한소수는 분모가 0이 아닌 분수 꼴로 나타낼 수 있으므로 유리수이다.
6. 순환하지 않는 무한소수는 분모가 0이 아닌 분수 꼴로 나타낼 수 없으므로 유리수가 아니다.
9. 순환소수는 소수점 아래의 0이 아닌 숫자가 유한개가 아니지만 유리수이다.
10. 기약분수의 분모에 2나 5 이외의 소인수가 있으면 유한소수로 나타낼 수 없다.

실력테스트 45쪽 스피드 정답

1. 73 2. ②, ⑤ 3. ①, ④ 4. ④
5. ③ 6. ③, ④
7. (가) 1000 (나) 10 (다) 990 (라) 5182 (마) $\frac{2591}{495}$
8. ⑤ 9. $\frac{14}{45}$ 10. $\frac{2131}{990}$ 11. $\frac{10363}{3330}$
12. $\frac{107}{2475}$ Science & Technology -3

1. $\frac{26}{400}=\frac{\boxed{13}}{200}=\frac{\boxed{13}\times\boxed{5}}{200\times\boxed{5}}=\frac{\boxed{65}}{1000}=0.065$

$\therefore a=13,\ b=5,\ c=65$

$\therefore a-b+c=13-5+65=73$

2. 기약분수로 나타냈을 때 분모에 2나 5 이외의 소인수가 있으면 분모를 10의 거듭제곱으로 나타낼 수 없다.

① $\frac{9}{30}=\frac{3}{10}$

② $\frac{6}{28}=\frac{3}{14}=\frac{3}{2\times7}$

③ $\frac{13}{65}=\frac{1}{5} \leftarrow \frac{1\times2}{5\times2}=\frac{2}{10}$

④ $\frac{3}{16}=\frac{3}{2^4} \leftarrow \frac{3\times5^4}{2^4\times5^4}=\frac{3\times5^4}{10000}$

⑤ $\frac{3}{18}=\frac{1}{6}=\frac{1}{2\times3}$

따라서 분모를 10의 거듭제곱으로 나타낼 수 없는 것은 ②, ⑤이다.

3. ① $\frac{15}{2^2\times3^2\times5}=\frac{1}{2^2\times3}$

② $\frac{30}{3\times5^2}=\frac{2}{5}$

③ $\frac{12}{2^3\times3\times5}=\frac{1}{2\times5}$

④ $\frac{2^2}{24}=\frac{1}{6}=\frac{1}{2\times3}$

⑤ $\frac{2^2\times3^2}{72}=\frac{1}{2}$

따라서 유한소수로 나타낼 수 없는 것은 ①, ④이다.

4. $\frac{5\times a}{2^3\times7}$가 유한소수가 되려면 a는 7의 배수이어야 한다.

5. $\frac{42}{30\times x}=\frac{7}{5\times x}$을 기약분수로 나타내었을 때 분모에 2나 5 이외의 소인수가 있으면 유한소수로 나타낼 수 없다.

③ $\frac{7}{5\times x}=\frac{7}{5\times21}=\frac{1}{5\times3}$이므로 유한소수로 나타낼 수 없다.

6. ① 순환소수는 분모가 0이 아닌 분수로 나타낼 수 있으므로 유리수이다.

②, ⑤ 분모가 0이 아닌 유리수를 소수로 나타내면 유한소수 또는 순환소수가 된다.

③ 순환소수는 모두 분수로 나타낼 수 있다.

④ 무한소수 중에서 순환하는 무한소수, 즉 순환소수는 분수로 나타낼 수 있으므로 유리수이다.

7. $x=5.2\dot{3}\dot{4}$로 놓으면

$x=5.2343434\cdots$ …… ㉠

㉠의 양변에 $\boxed{1000}$, $\boxed{10}$을 각각 곱하면

$\boxed{1000}x=5234.343434\cdots$ …… ㉡

$\boxed{10}x=\ \ 52.343434\cdots$ …… ㉢

㉡－㉢을 하면 $\boxed{990}x=\boxed{5182}$

$\therefore x=\frac{5182}{990}=\boxed{\frac{2591}{495}}$

따라서 (가)~(마)에 알맞은 수는

(가) 1000 (나) 10 (다) 990

(라) 5182 (마) $\frac{2591}{495}$

8. ⑤ $5.1\dot{2}=\frac{512-51}{90}$

9. $0.3\dot{1}=\frac{31-3}{90}=\frac{28}{90}=\frac{14}{45}$

10. $2.1\dot{5}\dot{2}=\frac{2152-21}{990}=\frac{2131}{990}$

11. $3.1\dot{1}\dot{2}\dot{0}=\frac{31120-31}{9990}=\frac{31089}{9990}=\frac{10363}{3330}$

12. $0.04\dot{3}\dot{2}=\frac{432-4}{9900}=\frac{428}{9900}=\frac{107}{2475}$

Science & Technology

순환마디에 있는 5개의 숫자가 2 → 3 → 4 → 5 → 6 →⋯의 순서로 반복되므로

$2015=403\times5,\ 2017=403\times5+2$

에서 2015번째 자리의 숫자는 6, 2017번째 자리의 숫자는 3이다.

$\therefore b-a=3-6=-3$

핵심 039 스피드 정답

1. 2, −2, −2, 2	2. −5, 5	3. −10, 10
4. −0.5, 0.5	5. $-\frac{1}{3}, \frac{1}{3}$	6. −1, 1
7. 0	8. −6, 6	9. −0.7, 0.7
10. −3, 3	11. $-\frac{4}{5}, \frac{4}{5}$	12. $-\frac{9}{4}, \frac{9}{4}$

1. $\boxed{2}^2=4,\ (\boxed{-2})^2=4$

따라서 구하는 수는 $\boxed{-2}$, $\boxed{2}$이다.

2. $5^2=25,\ (-5)^2=25$

따라서 구하는 수는 −5, 5이다.

3. $10^2=100,\ (-10)^2=100$

따라서 구하는 수는 −10, 10이다.

4. $0.5^2=0.25,\ (-0.5)^2=0.25$

따라서 구하는 수는 −0.5, 0.5이다.

5. $\left(\frac{1}{3}\right)^2=\frac{1}{9},\ \left(-\frac{1}{3}\right)^2=\frac{1}{9}$

따라서 구하는 수는 $-\frac{1}{3}, \frac{1}{3}$이다.

6. $1^2=1,\ (-1)^2=1$이므로 1의 제곱근은 −1, 1이다.

7. 제곱하여 0이 되는 것은 0뿐이므로 0의 제곱근은 $\boxed{0}$ 하나뿐이다.

8. $6^2=36,\ (-6)^2=36$이므로 36의 제곱근은 −6, 6이다.

9. $0.7^2=0.49,\ (-0.7)^2=0.49$이므로 0.49의 제곱근은 −0.7, 0.7이다.

10. 제곱하여 3^2이 되는 것은 −3, 3이다. 따라서 3^2의 제곱근은 −3, 3이다.

11. $\left(\frac{4}{5}\right)^2=\frac{16}{25},\ \left(-\frac{4}{5}\right)^2=\frac{16}{25}$이므로 $\frac{16}{25}$의 제곱근은 $-\frac{4}{5}, \frac{4}{5}$이다.

12. $\left(-\frac{9}{4}\right)^2=\left(\frac{9}{4}\right)^2$이므로 $\left(-\frac{9}{4}\right)^2$의 제곱근은 $-\frac{9}{4}, \frac{9}{4}$이다.

핵심 040 스피드 정답

1~2. 해설 참조	3. $\sqrt{2}$	4. 8
5. −0.2	6. $-\frac{2}{3}$	7. $\sqrt{3}, -\sqrt{3}$
8. $\sqrt{11}, -\sqrt{11}$	9. $\sqrt{13}$	10. $\sqrt{15}$

1.

양수 a	a의 양의 제곱근	a의 음의 제곱근
9	3	−3
4^2	4	−4
$(-5)^2$	5	−5
$(0.2)^2$	0.2	−0.2
$\left(-\frac{3}{5}\right)^2$	$\frac{3}{5}$	$-\frac{3}{5}$

2.

양수 a	a의 제곱근	제곱근 a
5	$\sqrt{5}, -\sqrt{5}$	$\sqrt{5}$
7	$\sqrt{7}, -\sqrt{7}$	$\sqrt{7}$
10	$\sqrt{10}, -\sqrt{10}$	$\sqrt{10}$

3. 2의 제곱근은 $\sqrt{2}, -\sqrt{2}$이고 이 중에서 양의 제곱근은 $\sqrt{2}$이다.

4. 64의 제곱근은 8, -8이고 이 중에서 양의 제곱근은 8이다.

5. 0.04의 제곱근 0.2, -0.2이고 이 중에서 음의 제곱근은 -0.2이다.

6. $\frac{4}{9}$의 제곱근은 $\frac{2}{3}$, $-\frac{2}{3}$이고 이 중에서 음의 제곱근은 $-\frac{2}{3}$이다.

7. 3의 제곱근은 $\sqrt{3}$, $-\sqrt{3}$이다.

8. 11의 제곱근은 $\sqrt{11}$, $-\sqrt{11}$이다.

9. 제곱근 13은 13의 제곱근 $\sqrt{13}$, $-\sqrt{13}$ 중에서 양수인 것을 뜻하므로 $\sqrt{13}$이다.

10. 제곱근 15는 15의 제곱근 $\sqrt{15}$, $-\sqrt{15}$ 중에서 양수인 것을 뜻하므로 $\sqrt{15}$이다.

핵심 041 스피드 정답

1. 3	2. 3	3. 5	4. 5
5. 3	6. 3	7. 5	8. 5
9. $\frac{3}{2}$	10. $\frac{3}{4}$	11. 7	12. 16
13. 7	14. -5	15. -1	16. 0
17. 16	18. $\frac{9}{4}$		

1. 제곱근의 뜻에서 3의 양의 제곱근 $\sqrt{3}$을 제곱하면 3이 되므로 $(\sqrt{3})^2=3$

2. 제곱근의 뜻에서 3의 음의 제곱근 $-\sqrt{3}$을 제곱하면 3이 되므로 $(-\sqrt{3})^2=3$

3. 제곱근의 뜻에서 5의 양의 제곱근 $\sqrt{5}$를 제곱하면 5가 되므로 $(\sqrt{5})^2=5$

4. 제곱근의 뜻에서 5의 음의 제곱근 $-\sqrt{5}$를 제곱하면 5가 되므로 $(-\sqrt{5})^2=5$

5. $\sqrt{3^2}=\sqrt{9}$이다. 9의 양의 제곱근은 3이므로 $\sqrt{3^2}=3$

6. $\sqrt{(-3)^2}=\sqrt{9}$이다. 9의 양의 제곱근은 3이므로 $\sqrt{(-3)^2}=3$

7. $\sqrt{5^2}=\sqrt{25}$이다. 25의 양의 제곱근은 5이므로 $\sqrt{5^2}=5$

8. $\sqrt{(-5)^2}=\sqrt{25}$이다. 25의 양의 제곱근은 5이므로 $\sqrt{(-5)^2}=5$

9. $\sqrt{\left(\frac{3}{2}\right)^2}=\sqrt{\frac{9}{4}}$이다. $\frac{9}{4}$의 양의 제곱근은 $\frac{3}{2}$이므로 $\sqrt{\left(\frac{3}{2}\right)^2}=\frac{3}{2}$

10. $\sqrt{\left(-\frac{3}{4}\right)^2}=\sqrt{\frac{9}{16}}$이다. $\frac{9}{16}$의 양의 제곱근은 $\frac{3}{4}$이므로 $\sqrt{\left(-\frac{3}{4}\right)^2}=\frac{3}{4}$

11. $\sqrt{4^2}+\sqrt{(-3)^2}=4+3=7$

12. $\sqrt{7^2}+\sqrt{(-9)^2}=7+9=16$

13. $\sqrt{25}+\sqrt{(-2)^2}=5+2=7$

14. $\sqrt{16}-\sqrt{81}=4-9=-5$

15. $\sqrt{(-2)^2}+(-\sqrt{3^2})=2+(-3)=-1$

16. $\sqrt{3^2}-\sqrt{(-3)^2}=3-3=0$

17. $(\sqrt{7})^2+(-\sqrt{9})^2=7+9=16$

18. $\left(\sqrt{\frac{3}{2}}\right)^2+\left(-\sqrt{\frac{3}{4}}\right)^2=\frac{3}{2}+\frac{3}{4}=\frac{9}{4}$

핵심 042 스피드 정답

1. >	2. <	3. <	4. >
5. >	6. <	7. $2a$	8. $-2a$
9. $2a$	10. $-2a$	11. $2-a$	12. $-a+2$
13. $4-2a$			

1. 부등식의 양변에 양수 2를 곱하면 부등호의 방향은 변하지 않으므로 $a>0$ 일 때, $2a \textcircled{>} 0$

2. 부등식의 양변에 양수 2를 곱하면 부등호의 방향은 변하지 않으므로 $a<0$ 일 때, $2a \textcircled{<} 0$

3. 부등식의 양변에 음수 -2를 곱하면 부등호의 방향은 반대가 되므로 $a>0$ 일 때, $-2a \textcircled{<} 0$

4. 부등식의 양변에 음수 -2를 곱하면 부등호의 방향은 반대가 되므로 $a<0$ 일 때, $-2a \textcircled{>} 0$

5. $0<a<2 \rightarrow 0<a,\ a<2$
   $a<2$의 양변에 -1을 곱하면 $-a>-2$
   다시 양변에 2를 더하면 $2-a \textcircled{>} 0$

6. $0<a<2 \rightarrow 0<a,\ a<2$
   $a<2$의 양변에 -2를 더하면 $a-2 \textcircled{<} 0$

7. $a>0$이므로 $2a>0$, $\sqrt{(2a)^2}=2a$

8. $a<0$이므로 $2a<0$, $\sqrt{(2a)^2}=-2a$

9. $a>0$이므로 $-2a<0$
   $\sqrt{(-2a)^2}=-(-2a)=2a$

10. $a<0$이므로 $-2a>0$, $\sqrt{(-2a)^2}=-2a$

11. $0<a<2$이므로 $2-a>0$
    $\sqrt{(2-a)^2}=2-a$

12. $0<a<2$이므로 $a-2<0$
    $\sqrt{(a-2)^2}=-(a-2)=-a+2$

13. $0<a<2$이므로 $2-a>0$, $a-2<0$
    $\sqrt{(2-a)^2}+\sqrt{(a-2)^2}$
    $=(2-a)-(a-2)=2-a-a+2$
    $=4-2a$

핵심 043 스피드 정답

1. <	2. <	3. >	4. <
5. >, 2, 4, >	6. <	7. <	8. <
9. >	10. >	11. 9, 9	12. 6개
13. 3개			

2. $2^2<(-3)^2$이므로 $\sqrt{2^2} \textcircled{<} \sqrt{(-3)^2}$

5. $2=\sqrt{\boxed{2}^2}=\sqrt{\boxed{4}}$이므로 $2 \textcircled{>} \sqrt{2}$

6. $3=\sqrt{3^2}=\sqrt{9}$이므로 $3 \textcircled{<} \sqrt{10}$

7. $\frac{1}{8}=\sqrt{\left(\frac{1}{8}\right)^2}=\sqrt{\frac{1}{64}}$이므로 $\frac{1}{8} \textcircled{<} \sqrt{\frac{1}{8}}$

8. $0.1=\sqrt{0.1^2}=\sqrt{0.01}$이므로 $0.1 \textcircled{<} \sqrt{0.1}$

9. $2=\sqrt{2^2}=\sqrt{4}$이므로 $2<\sqrt{5}$
   $\therefore -2 \textcircled{>} -\sqrt{5}$

10. $\frac{1}{2}=\sqrt{\left(\frac{1}{2}\right)^2}=\sqrt{\frac{1}{4}}$이므로 $\frac{1}{2}<\sqrt{\frac{1}{3}}$
    $\therefore -\frac{1}{2} \textcircled{>} -\sqrt{\frac{1}{3}}$

11. $\sqrt{x}\le 3$의 양변을 제곱하면 $x\le \boxed{9}$
    따라서 9 이하의 자연수 x의 개수는 $\boxed{9}$개이다.

12. $3<\sqrt{x}<4$의 각 변을 제곱하면 $9<x<16$
    따라서 자연수 x는 10, 11, 12, ⋯, 15로 6개이다.

13. $1<\sqrt{x}\le 2$의 각 변을 제곱하면 $1<x\le 4$
    따라서 자연수 x는 2, 3, 4로 3개이다.

핵심 044 스피드 정답

1. 무	2. 유	3. 무	4. 유
5. 유	6. 유	7. 무	8. 유
9. ×	10. ×	11. ○	12. ○
13. ○	14. ○		

2. $\sqrt{9}=\sqrt{3^2}=3$이므로 유리수이다.

4. $\sqrt{\frac{4}{25}}=\sqrt{\left(\frac{2}{5}\right)^2}=\frac{2}{5}$이므로 유리수이다.

6. $0.\dot{2}3\dot{5}$는 순환소수이므로 유리수이다.
   즉 $0.\dot{2}3\dot{5}=\frac{235}{999}$이므로 유리수이다.

7. 원주율 $\pi=3.141592653\cdots$은 순환하지 않는 무한소수이므로 무리수이다.

8. $\sqrt{0.25}=\sqrt{0.5^2}=0.5$이므로 유리수이다.

9. (×), 순환하는 무한소수는 유리수이다.

10. (×), 근호 안의 수가 제곱수인 경우 근호를 사용하지 않고 나타낼 수 있으므로 유리수이다.

11. (○), 유리수는 $\frac{(정수)}{(0이\ 아닌\ 정수)}$ 꼴로 나타낼 수 있는 수이고, 무리수는 유리수가 아니므로 이 형태로 나타낼 수 없다.

12. (○), 무한소수 중에서 순환소수는 유리수이다.

13. (○), 순환소수는 $\frac{(정수)}{(0이\ 아닌\ 정수)}$ 꼴로 나타낼 수 있으므로 유리수이다.

14. (○), 근호 안이 제곱수이므로 근호를 사용하지 않고 나타낼 수 있다. 즉 유리수이다.

핵심 045 스피드 정답

1. $\sqrt{2}$, $\sqrt{2}$	2. $-1+\sqrt{2}$	3. $3-\sqrt{2}$
4. 해설 참조	5. $2+\sqrt{2}$	6. 해설 참조
7. $-2-\sqrt{5}$		

1. $\overline{AB}=\sqrt{2}$이고 점 P가 기준점인 0의 오른쪽에 있으므로 $P(0+\boxed{\sqrt{2}})=P(\boxed{\sqrt{2}})$

2. $\overline{AB}=\sqrt{2}$이고 점 P가 기준점인 -1의 오른쪽에 있으므로 $P(-1+\sqrt{2})$

3. $\overline{AB}=\sqrt{2}$이고 점 P가 기준점인 3의 왼쪽에 있으므로 $P(3-\sqrt{2})$

4. □ABCD의 넓이는 2이므로 □ABCD의 한 변의 길이는 $\boxed{\sqrt{2}}$이다. $\therefore \overline{CP}=\boxed{\sqrt{2}}$
   점 C의 좌표가 0이므로
   $P(0-\boxed{\sqrt{2}})=P(\boxed{-\sqrt{2}})$

5. □ABCD의 넓이는 2이므로 $\overline{CP}=\sqrt{2}$
   점 C의 좌표가 2이므로 $P(2+\sqrt{2})$

6. □ABCD의 넓이는 $\boxed{5}$이므로 □ABCD의 한 변의 길이는 $\boxed{\sqrt{5}}$이다. $\therefore \overline{CP}=\boxed{\sqrt{5}}$
   점 C의 좌표가 1이므로 $P(1+\boxed{\sqrt{5}})$

7. □ABCD의 넓이는 5이므로 $\overline{CP}=\sqrt{5}$
   점 C의 좌표가 -2이므로 $P(-2-\sqrt{5})$

핵심 046 스피드 정답

1. ×	2. ○	3. ×	4. ○
5. ○	6. ×	7. ○	8. ○
9. ○	10. ○	11. ○	12. ×

1. (×), 서로 다른 두 유리수 사이에는 무수히 많은 유리수가 존재한다.

3. (×), 수직선은 유리수와 무리수로 완전히 메울 수 있다.

6. (×), 유리수와 무리수만으로 수직선을 완전히 메울 수 있다.

8. (○), 두 수의 평균은 두 수 사이에 있다.

9. (○), $\sqrt{5}+0.1=2.336<2.449=\sqrt{6}$
   따라서 $\sqrt{5}+0.1$은 $\sqrt{5}$와 $\sqrt{6}$ 사이에 있다.

10. (○), $\sqrt{5}+0.2=2.436<2.449=\sqrt{6}$
    따라서 $\sqrt{5}+0.2$는 $\sqrt{5}$와 $\sqrt{6}$ 사이에 있다.

11. (○), $\sqrt{6}-0.2=2.249>2.236=\sqrt{5}$
    따라서 $\sqrt{6}-0.2$는 $\sqrt{5}$와 $\sqrt{6}$ 사이에 있다.

12. (×), $\sqrt{6}-0.3=2.149<2.236=\sqrt{5}$
    따라서 $\sqrt{6}-0.3$은 $\sqrt{5}$와 $\sqrt{6}$ 사이에 없다.

핵심 047 스피드 정답

1. $<$, $<$, $<$	2. $<$	3. $<$	4. $>$
5. $>$	6. $>$	7. $<$	8. $>$
9. $>$	10. $>$	11. $>$	12. $<$
13. $>$	14. $<$		

1. $\sqrt{5}-1-2=\sqrt{5}-3=\sqrt{5}-\sqrt{9}\ ⓒ\!\!<\ 0$ → $\sqrt{5}-1-2=\sqrt{5}-3=\sqrt{5}-\sqrt{9}\,\textcircled{<}\,0$
   $\therefore \sqrt{5}-1\,\textcircled{<}\,2$

2. $\sqrt{3}+1-3=\sqrt{3}-2=\sqrt{3}-\sqrt{4}<0$
   $\therefore \sqrt{3}+1<3$

3. $\sqrt{10}-1-3=\sqrt{10}-4=\sqrt{10}-\sqrt{16}<0$
   $\therefore \sqrt{10}-1<3$

4. $\sqrt{5}+2-(\sqrt{3}+2)=\sqrt{5}-\sqrt{3}>0$
   $\therefore \sqrt{5}+2>\sqrt{3}+2$

5. $\sqrt{7}-1-(\sqrt{5}-1)=\sqrt{7}-\sqrt{5}>0$
   $\therefore \sqrt{7}-1>\sqrt{5}-1$

6. $3+\sqrt{5}-(\sqrt{8}+\sqrt{5})=3-\sqrt{8}=\sqrt{9}-\sqrt{8}>0$
   $\therefore 3+\sqrt{5}>\sqrt{8}+\sqrt{5}$

7. $2-\sqrt{6}-(\sqrt{5}-\sqrt{6})=2-\sqrt{5}=\sqrt{4}-\sqrt{5}<0$
   $\therefore 2-\sqrt{6}<\sqrt{5}-\sqrt{6}$

8. $\sqrt{5}+2-(\sqrt{5}+\sqrt{3})=2-\sqrt{3}=\sqrt{4}-\sqrt{3}>0$
   $\therefore \sqrt{5}+2>\sqrt{5}+\sqrt{3}$

9. $\sqrt{6}-\sqrt{8}-(\sqrt{6}-3)=-\sqrt{8}+3$
   $=-\sqrt{8}+\sqrt{9}>0$
   $\therefore \sqrt{6}-\sqrt{8}>\sqrt{6}-3$

10. $3+\sqrt{3}-(\sqrt{3}+2)=3-2=1>0$
    $\therefore 3+\sqrt{3}>\sqrt{3}+2$

11. $4-\sqrt{8}-(\sqrt{14}-\sqrt{8})=4-\sqrt{14}$
    $=\sqrt{16}-\sqrt{14}>0$
    $\therefore 4-\sqrt{8}>\sqrt{14}-\sqrt{8}$

12. $\sqrt{12}+\sqrt{15}-(\sqrt{12}+4)=\sqrt{15}-4$
    $=\sqrt{15}-\sqrt{16}<0$
    $\therefore \sqrt{12}+\sqrt{15}<\sqrt{12}+4$

13. $5-\sqrt{2}-(5-\sqrt{3})=-\sqrt{2}+\sqrt{3}>0$
    $\therefore 5-\sqrt{2}>5-\sqrt{3}$

14. $3+\sqrt{5}-(3+\sqrt{6})=\sqrt{5}-\sqrt{6}<0$
    $\therefore 3+\sqrt{5}<3+\sqrt{6}$

핵심 048 스피드 정답

1. 5, 15	2. $\sqrt{20}$	3. $\sqrt{48}$
4. 6	5. $\sqrt{\frac{4}{3}}$	6. 2, 2, 6, 10
7. $20\sqrt{21}$	8. 2, 2	9. $5\sqrt{2}$

10. $-5\sqrt{3}$ 11. $-7\sqrt{2}$ 12. 3, 18
13. $\sqrt{48}$ 14. $-\sqrt{125}$ 15. $-\sqrt{72}$

1. $\sqrt{3}\sqrt{5}=\sqrt{3\times\boxed{5}}=\sqrt{\boxed{15}}$
2. $\sqrt{2}\sqrt{10}=\sqrt{2\times10}=\sqrt{20}$
3. $\sqrt{3}\sqrt{16}=\sqrt{3\times16}=\sqrt{48}$
4. $\sqrt{\frac{10}{3}}\sqrt{\frac{9}{5}}=\sqrt{\frac{\cancel{10}^{2}}{\cancel{3}_{1}}\times\frac{\cancel{9}^{3}}{\cancel{5}_{1}}}=\sqrt{\boxed{6}}$
5. $\sqrt{\frac{14}{15}}\sqrt{\frac{10}{7}}=\sqrt{\frac{\cancel{14}^{2}}{\cancel{15}_{3}}\times\frac{\cancel{10}^{2}}{\cancel{7}_{1}}}=\sqrt{\frac{4}{3}}$
6. $3\sqrt{2}\times2\sqrt{5}=(3\times\boxed{2})\times\sqrt{\boxed{2}\times5}$
$=\boxed{6}\sqrt{\boxed{10}}$
7. $5\sqrt{3}\times4\sqrt{7}=(5\times4)\times\sqrt{3\times7}=20\sqrt{21}$
8. $\sqrt{28}=\sqrt{\boxed{2}^2\times7}=\boxed{2}\sqrt{7}$
9. $\sqrt{50}=\sqrt{5^2\times2}=5\sqrt{2}$
10. $-\sqrt{75}=-\sqrt{5^2\times3}=-5\sqrt{3}$
11. $-\sqrt{98}=-\sqrt{7^2\times2}=-7\sqrt{2}$
12. $3\sqrt{2}=\sqrt{\boxed{3}^2\times2}=\sqrt{\boxed{18}}$
13. $4\sqrt{3}=\sqrt{4^2\times3}=\sqrt{48}$
14. $-5\sqrt{5}=-\sqrt{5^2\times5}=-\sqrt{125}$
15. $-6\sqrt{2}=-\sqrt{6^2\times2}=-\sqrt{72}$

핵심 049 스피드 정답

1. 6, 3 2. $\sqrt{3}$ 3. 3
4. $\sqrt{\frac{10}{3}}$ 5. $\frac{1}{2}\sqrt{\frac{7}{2}}$ 6. $\sqrt{5}$
7. $\sqrt{10}$ 8. $2\sqrt{30}$ 9. 3, 3
10. $\frac{\sqrt{3}}{5}$ 11. $\frac{\sqrt{21}}{20}$ 12. $\sqrt{\frac{3}{4}}$
13. $\sqrt{\frac{5}{9}}$ 14. $\sqrt{\frac{13}{49}}$

1. $\frac{\sqrt{6}}{\sqrt{2}}=\sqrt{\frac{\boxed{6}}{2}}=\sqrt{\boxed{3}}$
2. $\frac{\sqrt{18}}{\sqrt{6}}=\sqrt{\frac{18}{6}}=\sqrt{3}$
3. $\frac{\sqrt{27}}{\sqrt{3}}=\sqrt{\frac{27}{3}}=\sqrt{9}=3$
4. $\sqrt{10}\div\sqrt{3}=\sqrt{\frac{10}{3}}$
5. $3\sqrt{7}\div6\sqrt{2}=\frac{3}{6}\sqrt{\frac{7}{2}}=\frac{1}{2}\sqrt{\frac{7}{2}}$
6. $\frac{\sqrt{3}}{\sqrt{5}}\div\frac{\sqrt{3}}{\sqrt{25}}=\frac{\sqrt{3}}{\sqrt{5}}\times\frac{\sqrt{25}}{\sqrt{3}}=\sqrt{\frac{25}{5}}=\sqrt{5}$
7. $\sqrt{15}\div\sqrt{3}\times\sqrt{2}=\frac{\sqrt{15}}{\sqrt{3}}\times\sqrt{2}$
$=\sqrt{5}\times\sqrt{2}=\sqrt{10}$
8. $2\sqrt{10}\times\sqrt{6}\div\sqrt{2}=2\sqrt{10}\times\frac{\sqrt{6}}{\sqrt{2}}$
$=2\sqrt{10}\times\sqrt{3}=2\sqrt{30}$
9. $\sqrt{\frac{2}{9}}=\sqrt{\frac{2}{\boxed{3}^2}}=\frac{\sqrt{2}}{\sqrt{3^2}}=\frac{\sqrt{2}}{\boxed{3}}$
10. $\sqrt{\frac{3}{25}}=\sqrt{\frac{3}{5^2}}=\frac{\sqrt{3}}{\sqrt{5^2}}=\frac{\sqrt{3}}{5}$
11. $\sqrt{\frac{21}{400}}=\sqrt{\frac{21}{20^2}}=\frac{\sqrt{21}}{\sqrt{20^2}}=\frac{\sqrt{21}}{20}$
12. $\frac{\sqrt{3}}{2}=\frac{\sqrt{3}}{\sqrt{2^2}}=\frac{\sqrt{3}}{\sqrt{4}}=\sqrt{\frac{3}{4}}$
13. $\frac{\sqrt{5}}{3}=\frac{\sqrt{5}}{\sqrt{3^2}}=\frac{\sqrt{5}}{\sqrt{9}}=\sqrt{\frac{5}{9}}$
14. $\frac{\sqrt{13}}{7}=\frac{\sqrt{13}}{\sqrt{7^2}}=\frac{\sqrt{13}}{\sqrt{49}}=\sqrt{\frac{13}{49}}$

핵심 050 스피드 정답

1~3. 해설 참조 4. $\frac{3\sqrt{5}}{5}$
5. $\frac{\sqrt{6}}{2}$ 6. $\frac{\sqrt{10}}{2}$ 7. $\frac{\sqrt{70}}{10}$
8. $\frac{\sqrt{6}}{12}$ 9. $\frac{\sqrt{6}}{8}$ 10. $\frac{\sqrt{10}}{12}$

1. $\frac{2}{\sqrt{3}}=\frac{2\times\boxed{\sqrt{3}}}{\sqrt{3}\times\boxed{\sqrt{3}}}=\frac{2\boxed{\sqrt{3}}}{\boxed{3}}$
2. $\frac{\sqrt{3}}{\sqrt{7}}=\frac{\sqrt{3}\times\boxed{\sqrt{7}}}{\sqrt{7}\times\boxed{\sqrt{7}}}=\frac{\boxed{\sqrt{21}}}{\boxed{7}}$
3. $\frac{\sqrt{5}}{\sqrt{8}}=\frac{\sqrt{5}}{2\sqrt{2}}=\frac{\sqrt{5}\times\boxed{\sqrt{2}}}{2\sqrt{2}\times\boxed{\sqrt{2}}}=\frac{\boxed{\sqrt{10}}}{4}$
4. $\frac{3}{\sqrt{5}}=\frac{3\times\sqrt{5}}{\sqrt{5}\times\sqrt{5}}=\frac{3\sqrt{5}}{5}$
5. $\frac{3}{\sqrt{6}}=\frac{3\times\sqrt{6}}{\sqrt{6}\times\sqrt{6}}=\frac{3\sqrt{6}}{6}=\frac{\sqrt{6}}{2}$
6. $\frac{\sqrt{5}}{\sqrt{2}}=\frac{\sqrt{5}\times\sqrt{2}}{\sqrt{2}\times\sqrt{2}}=\frac{\sqrt{10}}{2}$
7. $\sqrt{\frac{7}{10}}=\frac{\sqrt{7}}{\sqrt{10}}=\frac{\sqrt{7}\times\sqrt{10}}{\sqrt{10}\times\sqrt{10}}=\frac{\sqrt{70}}{10}$
8. $\frac{\sqrt{3}}{6\sqrt{2}}=\frac{\sqrt{3}\times\sqrt{2}}{6\sqrt{2}\times\sqrt{2}}=\frac{\sqrt{6}}{12}$
9. $\frac{\sqrt{3}}{\sqrt{32}}=\frac{\sqrt{3}}{4\sqrt{2}}=\frac{\sqrt{3}\times\sqrt{2}}{4\sqrt{2}\times\sqrt{2}}=\frac{\sqrt{6}}{8}$
10. $\frac{\sqrt{5}}{\sqrt{72}}=\frac{\sqrt{5}}{6\sqrt{2}}=\frac{\sqrt{5}\times\sqrt{2}}{6\sqrt{2}\times\sqrt{2}}=\frac{\sqrt{10}}{12}$

핵심 051 스피드 정답

1. 3, 7 2. $7\sqrt{5}$ 3. 2, 3
4. $-5\sqrt{6}$ 5. 2, 2, 5 6. $8\sqrt{2}$
7. $5\sqrt{3}$ 8. $6\sqrt{3}$ 9. 3, 3, 2
10. $2\sqrt{3}$ 11. $2\sqrt{3}$ 12. $4\sqrt{3}$
13. $3\sqrt{2}$ 14. $\sqrt{2}$ 15. 0
16. $6\sqrt{3}$ 17. $2\sqrt{5}$ 18. $6\sqrt{3}$

1. $4\sqrt{2}+3\sqrt{2}=(4+\boxed{3})\sqrt{2}=\boxed{7}\sqrt{2}$
2. $3\sqrt{5}+4\sqrt{5}=(3+4)\sqrt{5}=7\sqrt{5}$
3. $5\sqrt{3}-2\sqrt{3}=(5-\boxed{2})\sqrt{3}=\boxed{3}\sqrt{3}$
4. $2\sqrt{6}-7\sqrt{6}=(2-7)\sqrt{6}=-5\sqrt{6}$
5. $\sqrt{8}+3\sqrt{2}=\boxed{2}\sqrt{2}+3\sqrt{2}=(\boxed{2}+3)\sqrt{2}$
$=\boxed{5}\sqrt{2}$
6. $\sqrt{50}+3\sqrt{2}=5\sqrt{2}+3\sqrt{2}=(5+3)\sqrt{2}$
$=8\sqrt{2}$
7. $\sqrt{12}+3\sqrt{3}=2\sqrt{3}+3\sqrt{3}=(2+3)\sqrt{3}$
$=5\sqrt{3}$
8. $\sqrt{12}+\sqrt{48}=2\sqrt{3}+4\sqrt{3}=(2+4)\sqrt{3}$
$=6\sqrt{3}$
9. $\sqrt{27}-\sqrt{3}=\boxed{3}\sqrt{3}-\sqrt{3}=(\boxed{3}-1)\sqrt{3}$
$=\boxed{2}\sqrt{3}$
10. $\sqrt{48}-2\sqrt{3}=4\sqrt{3}-2\sqrt{3}=(4-2)\sqrt{3}$
$=2\sqrt{3}$
11. $\sqrt{75}-\sqrt{27}=5\sqrt{3}-3\sqrt{3}=(5-3)\sqrt{3}$
$=2\sqrt{3}$
12. $2\sqrt{3}+9\sqrt{3}-7\sqrt{3}=(2+9-7)\sqrt{3}$
$=4\sqrt{3}$
13. $4\sqrt{2}-10\sqrt{2}+9\sqrt{2}=(4-10+9)\sqrt{2}$
$=3\sqrt{2}$
14. $5\sqrt{2}-3\sqrt{2}-\sqrt{2}=(5-3-1)\sqrt{2}=\sqrt{2}$

15. $2\sqrt{2}+\sqrt{18}-\sqrt{50}=2\sqrt{2}+3\sqrt{2}-5\sqrt{2}$
$=(2+3-5)\sqrt{2}=0$

16. $\sqrt{75}-2\sqrt{3}+\sqrt{27}=5\sqrt{3}-2\sqrt{3}+3\sqrt{3}$
$=(5-2+3)\sqrt{3}=6\sqrt{3}$

17. $\sqrt{5}+\sqrt{45}-\sqrt{20}=\sqrt{5}+3\sqrt{5}-2\sqrt{5}$
$=(1+3-2)\sqrt{5}=2\sqrt{5}$

18. $\sqrt{48}-\sqrt{27}+\sqrt{75}=4\sqrt{3}-3\sqrt{3}+5\sqrt{3}$
$=(4-3+5)\sqrt{3}=6\sqrt{3}$

핵심 052 스피드 정답

1. 6, 10 2. $\sqrt{15}-\sqrt{21}$ 3. $\sqrt{15}+\sqrt{35}$
4. $\sqrt{30}-\sqrt{66}$ 5. $\sqrt{10}+\sqrt{15}$ 6. $\sqrt{30}-\sqrt{42}$
7. $\sqrt{21}+\sqrt{35}$ 8. $\sqrt{55}-\sqrt{77}$ 9. 2, 3, 4
10. $5\sqrt{2}+15$ 11. $3\sqrt{2}-\sqrt{6}$ 12. $2\sqrt{6}-6$
13. $6\sqrt{2}+12$ 14. $30\sqrt{2}-15$ 15. 3, 6
16. $\sqrt{5}+\sqrt{3}$ 17. $\sqrt{7}-\sqrt{3}$ 18. $6\sqrt{6}+5\sqrt{2}$
19. $4\sqrt{5}-3$

1. $\sqrt{2}(\sqrt{3}+\sqrt{5})=\sqrt{2}\sqrt{3}+\sqrt{2}\sqrt{5}$
$=\sqrt{\boxed{6}}+\sqrt{\boxed{10}}$

2. $\sqrt{3}(\sqrt{5}-\sqrt{7})=\sqrt{3}\sqrt{5}-\sqrt{3}\sqrt{7}$
$=\sqrt{15}-\sqrt{21}$

3. $\sqrt{5}(\sqrt{3}+\sqrt{7})=\sqrt{5}\sqrt{3}+\sqrt{5}\sqrt{7}$
$=\sqrt{15}+\sqrt{35}$

4. $\sqrt{6}(\sqrt{5}-\sqrt{11})=\sqrt{6}\sqrt{5}-\sqrt{6}\sqrt{11}$
$=\sqrt{30}-\sqrt{66}$

5. $(\sqrt{2}+\sqrt{3})\sqrt{5}=\sqrt{2}\sqrt{5}+\sqrt{3}\sqrt{5}$
$=\sqrt{10}+\sqrt{15}$

6. $(\sqrt{5}-\sqrt{7})\sqrt{6}=\sqrt{5}\sqrt{6}-\sqrt{7}\sqrt{6}$
$=\sqrt{30}-\sqrt{42}$

7. $(\sqrt{3}+\sqrt{5})\sqrt{7}=\sqrt{3}\sqrt{7}+\sqrt{5}\sqrt{7}$
$=\sqrt{21}+\sqrt{35}$

8. $(\sqrt{5}-\sqrt{7})\sqrt{11}=\sqrt{5}\sqrt{11}-\sqrt{7}\sqrt{11}$
$=\sqrt{55}-\sqrt{77}$

9. $\sqrt{2}(\sqrt{6}+\sqrt{8})=\sqrt{2}\sqrt{6}+\sqrt{2}\sqrt{8}$
$=\sqrt{12}+\sqrt{16}$
$=\boxed{2}\sqrt{\boxed{3}}+\boxed{4}$

10. $(\sqrt{10}+3\sqrt{5})\sqrt{5}=\sqrt{10}\sqrt{5}+3\sqrt{5}\sqrt{5}$
$=\sqrt{50}+15=5\sqrt{2}+15$

11. $\sqrt{3}(\sqrt{6}-\sqrt{2})=\sqrt{3}\sqrt{6}-\sqrt{3}\sqrt{2}$
$=\sqrt{18}-\sqrt{6}=3\sqrt{2}-\sqrt{6}$

12. $(\sqrt{8}-\sqrt{12})\sqrt{3}=\sqrt{8}\sqrt{3}-\sqrt{12}\sqrt{3}$
$=\sqrt{24}-\sqrt{36}=2\sqrt{6}-6$

13. $2\sqrt{3}(\sqrt{6}+\sqrt{12})=2\sqrt{3}\sqrt{6}+2\sqrt{3}\sqrt{12}$
$=2\sqrt{18}+2\sqrt{36}$
$=6\sqrt{2}+12$

14. $3\sqrt{5}(2\sqrt{10}-\sqrt{5})$
$=3\sqrt{5}\times2\sqrt{10}-3\sqrt{5}\sqrt{5}$
$=6\sqrt{50}-15=30\sqrt{2}-15$

15. $(\sqrt{6}+\sqrt{12})\div\sqrt{2}=\sqrt{\frac{6}{2}}+\sqrt{\frac{12}{2}}$
$=\sqrt{\boxed{3}}+\sqrt{\boxed{6}}$

16. $(\sqrt{35}+\sqrt{21})\div\sqrt{7}=\sqrt{\frac{35}{7}}+\sqrt{\frac{21}{7}}$
$=\sqrt{5}+\sqrt{3}$

17. $(\sqrt{42}-\sqrt{18})\div\sqrt{6}=\sqrt{\frac{42}{6}}-\sqrt{\frac{18}{6}}$
$=\sqrt{7}-\sqrt{3}$

18. $(6\sqrt{42}+5\sqrt{14})\div\sqrt{7}=6\sqrt{\frac{42}{7}}+5\sqrt{\frac{14}{7}}$
$=6\sqrt{6}+5\sqrt{2}$

19. $(8\sqrt{10}-6\sqrt{2})\div\sqrt{8}$
$=8\sqrt{\frac{10}{8}}-6\sqrt{\frac{2}{8}}$
$=\sqrt{\frac{8^2\times10}{8}}-\sqrt{\frac{6^2\times2}{8}}$
$=\sqrt{80}-\sqrt{9}=4\sqrt{5}-3$

핵심 053 스피드 정답

1. 6, 10, 2 2. $\frac{\sqrt{15}-\sqrt{6}}{3}$ 3. $\frac{\sqrt{6}}{2}+\sqrt{3}$
4. $2-2\sqrt{3}$ 5. 해설 참조 6. $2+\sqrt{3}$
7. $\sqrt{5}-\sqrt{3}$ 8. $2\sqrt{5}+2\sqrt{3}$ 9. $\frac{\sqrt{21}-3}{2}$
10. $2\sqrt{2}+2$ 11. $3-\sqrt{6}$ 12. $5+2\sqrt{5}$

1. $\frac{\sqrt{3}+\sqrt{5}}{\sqrt{2}}=\frac{(\sqrt{3}+\sqrt{5})\sqrt{2}}{\sqrt{2}\sqrt{2}}=\frac{\sqrt{\boxed{6}}+\sqrt{\boxed{10}}}{\boxed{2}}$

2. $\frac{\sqrt{5}-\sqrt{2}}{\sqrt{3}}=\frac{(\sqrt{5}-\sqrt{2})\sqrt{3}}{\sqrt{3}\sqrt{3}}=\frac{\sqrt{15}-\sqrt{6}}{3}$

3. $\frac{\sqrt{3}+\sqrt{6}}{\sqrt{2}}=\frac{(\sqrt{3}+\sqrt{6})\sqrt{2}}{\sqrt{2}\sqrt{2}}=\frac{\sqrt{6}+\sqrt{12}}{2}$
$=\frac{\sqrt{6}+2\sqrt{3}}{2}=\frac{\sqrt{6}}{2}+\sqrt{3}$

4. $\frac{\sqrt{12}-6}{\sqrt{3}}=\frac{(\sqrt{12}-6)\sqrt{3}}{\sqrt{3}\sqrt{3}}$
$=\frac{\sqrt{36}-6\sqrt{3}}{3}=\frac{6-6\sqrt{3}}{3}$
$=2-2\sqrt{3}$

5. $\frac{1}{2+\sqrt{3}}=\frac{\boxed{2-\sqrt{3}}}{(2+\sqrt{3})(\boxed{2-\sqrt{3}})}$
$=\frac{2-\sqrt{3}}{4-3}=\boxed{2-\sqrt{3}}$

6. $\frac{1}{2-\sqrt{3}}=\frac{2+\sqrt{3}}{(2-\sqrt{3})(2+\sqrt{3})}$
$=\frac{2+\sqrt{3}}{4-3}=2+\sqrt{3}$

7. $\frac{2}{\sqrt{5}+\sqrt{3}}=\frac{2(\sqrt{5}-\sqrt{3})}{(\sqrt{5}+\sqrt{3})(\sqrt{5}-\sqrt{3})}$
$=\frac{2(\sqrt{5}-\sqrt{3})}{5-3}=\sqrt{5}-\sqrt{3}$

8. $\frac{4}{\sqrt{5}-\sqrt{3}}=\frac{4(\sqrt{5}+\sqrt{3})}{(\sqrt{5}-\sqrt{3})(\sqrt{5}+\sqrt{3})}$
$=\frac{4(\sqrt{5}+\sqrt{3})}{5-3}=2(\sqrt{5}+\sqrt{3})$
$=2\sqrt{5}+2\sqrt{3}$

9. $\frac{2\sqrt{3}}{\sqrt{7}+\sqrt{3}}=\frac{2\sqrt{3}(\sqrt{7}-\sqrt{3})}{(\sqrt{7}+\sqrt{3})(\sqrt{7}-\sqrt{3})}$
$=\frac{2\sqrt{3}\sqrt{7}-2\sqrt{3}\sqrt{3}}{7-3}$
$=\frac{\sqrt{21}-\sqrt{3}\sqrt{3}}{2}=\frac{\sqrt{21}-3}{2}$

10. $\frac{2\sqrt{2}}{2-\sqrt{2}}=\frac{2\sqrt{2}(2+\sqrt{2})}{(2-\sqrt{2})(2+\sqrt{2})}$
$=\frac{4\sqrt{2}+4}{4-2}=2\sqrt{2}+2$

11. $\frac{\sqrt{3}}{\sqrt{3}+\sqrt{2}}=\frac{\sqrt{3}(\sqrt{3}-\sqrt{2})}{(\sqrt{3}+\sqrt{2})(\sqrt{3}-\sqrt{2})}$
$=\frac{3-\sqrt{6}}{3-2}=3-\sqrt{6}$

12. $\frac{\sqrt{5}}{\sqrt{5}-2}=\frac{\sqrt{5}(\sqrt{5}+2)}{(\sqrt{5}-2)(\sqrt{5}+2)}$
$=\frac{5+2\sqrt{5}}{5-4}=5+2\sqrt{5}$

핵심 054 스피드 정답

1. $3\sqrt{6}+\sqrt{15}$ 2. $2+3\sqrt{3}$ 3. $9\sqrt{2}$

4. $7\sqrt{6}+6\sqrt{2}$ 5. $4\sqrt{2}$ 6. $3-3\sqrt{10}$

7. $4-2\sqrt{6}$ 8. 1 9. $\frac{4}{3}\sqrt{3}+\frac{1}{2}\sqrt{2}$

10. $4\sqrt{2}$ 11. 2, 4, 0, 2 12. 10

13. 12 14. $\frac{1}{2}$ 15. 2

16. $2\sqrt{2}$ 17. $-2\sqrt{3}$ 18. -1

19. B, $-2\sqrt{2}$ 20. $2\sqrt{3}$

1. $\sqrt{3}(\sqrt{2}-\sqrt{5})+2\sqrt{3}(\sqrt{5}+\sqrt{2})$
$=\sqrt{6}-\sqrt{15}+2\sqrt{15}+2\sqrt{6}$
$=(1+2)\sqrt{6}+\{(-1)+2\}\sqrt{15}$
$=3\sqrt{6}+\sqrt{15}$

2. $\sqrt{3}(2\sqrt{3}+1)+\sqrt{2}(\sqrt{6}-\sqrt{8})$
$=\sqrt{3}\times2\sqrt{3}+\sqrt{3}+\sqrt{12}-\sqrt{16}$
$=6+\sqrt{3}+2\sqrt{3}-4$
$=6-4+(1+2)\sqrt{3}=2+3\sqrt{3}$

3. $\sqrt{3}(2\sqrt{6}+2\sqrt{2})+(\sqrt{18}-\sqrt{24})$
$=2\sqrt{18}+2\sqrt{6}+\sqrt{18}-\sqrt{24}$
$=(2+1)\sqrt{18}+2\sqrt{6}-2\sqrt{6}$
$=3\sqrt{18}=9\sqrt{2}$

4. $2\sqrt{6}(3-\sqrt{12})+\sqrt{3}(\sqrt{2}+6\sqrt{6})$
$=6\sqrt{6}-2\sqrt{72}+\sqrt{6}+6\sqrt{18}$
$=6\sqrt{6}-12\sqrt{2}+\sqrt{6}+18\sqrt{2}$
$=(6+1)\sqrt{6}+\{(-12)+18\}\sqrt{2}$
$=7\sqrt{6}+6\sqrt{2}$

5. $(2-\sqrt{6})\div\sqrt{2}+\sqrt{3}(\sqrt{6}+1)$
$=\frac{2}{\sqrt{2}}-\frac{\sqrt{6}}{\sqrt{2}}+\sqrt{18}+\sqrt{3}$
$=\sqrt{2}-\sqrt{3}+3\sqrt{2}+\sqrt{3}$
$=(1+3)\sqrt{2}=4\sqrt{2}$

6. $(\sqrt{18}-2\sqrt{5})\div\sqrt{2}-\sqrt{5}\left(\sqrt{2}+\frac{2}{\sqrt{2}}\right)$
$=\frac{\sqrt{18}}{\sqrt{2}}-\frac{2\sqrt{5}}{\sqrt{2}}-\sqrt{10}-\frac{2\sqrt{5}}{\sqrt{2}}$
$=3-\sqrt{10}-\sqrt{10}-\sqrt{10}=3-3\sqrt{10}$

7. $(\sqrt{27}-3\sqrt{2})\div\sqrt{3}-\sqrt{2}\left(\sqrt{3}-\frac{1}{\sqrt{2}}\right)$
$=\frac{\sqrt{27}}{\sqrt{3}}-\frac{3\sqrt{2}}{\sqrt{3}}-\sqrt{6}+1$
$=3-\frac{3\sqrt{6}}{3}-\sqrt{6}+1=4-2\sqrt{6}$

8. $\frac{\sqrt{27}+3}{\sqrt{3}}-\frac{\sqrt{8}+\sqrt{6}}{\sqrt{2}}$
$=\frac{\sqrt{27}}{\sqrt{3}}+\frac{3}{\sqrt{3}}-\frac{\sqrt{8}}{\sqrt{2}}-\frac{\sqrt{6}}{\sqrt{2}}$
$=3+\sqrt{3}-2-\sqrt{3}=1$

9. $\frac{1+\sqrt{6}}{\sqrt{3}}-\frac{1-\sqrt{6}}{\sqrt{2}}$
$=\frac{1}{\sqrt{3}}+\frac{\sqrt{6}}{\sqrt{3}}-\frac{1}{\sqrt{2}}+\frac{\sqrt{6}}{\sqrt{2}}$
$=\frac{\sqrt{3}}{3}+\sqrt{2}-\frac{\sqrt{2}}{2}+\sqrt{3}$
$=\left(\frac{1}{3}+1\right)\sqrt{3}+\left(1-\frac{1}{2}\right)\sqrt{2}$
$=\frac{4}{3}\sqrt{3}+\frac{1}{2}\sqrt{2}$

10. $\frac{\sqrt{2}}{2+\sqrt{3}}+\frac{\sqrt{2}}{2-\sqrt{3}}$
$=\frac{\sqrt{2}(2-\sqrt{3})}{(2+\sqrt{3})(2-\sqrt{3})}+\frac{\sqrt{2}(2+\sqrt{3})}{(2-\sqrt{3})(2+\sqrt{3})}$
$=\frac{2\sqrt{2}-\sqrt{6}}{4-3}+\frac{2\sqrt{2}+\sqrt{6}}{4-3}$
$=2\sqrt{2}-\sqrt{6}+2\sqrt{2}+\sqrt{6}=4\sqrt{2}$

11. $3\sqrt{2}-5\sqrt{2}+a\sqrt{2}+4$
$=(3-5+a)\sqrt{2}+4$
$=(-2+a)\sqrt{\boxed{2}}+\boxed{4}$이므로
$a-2=\boxed{0}$ $\therefore a=\boxed{2}$

12. $3-12\sqrt{3}+2\sqrt{3}+a\sqrt{3}$
$=3+(-12+2+a)\sqrt{3}$이므로
$-10+a=0$ $\therefore a=10$

13. $8\sqrt{6}+4\sqrt{6}-a\sqrt{6}-10$
$=(8+4-a)\sqrt{6}-10$이므로
$12-a=0$ $\therefore a=12$

14. $5+a\sqrt{3}-\frac{4}{3}-\frac{\sqrt{3}}{2}$
$=5-\frac{4}{3}+\left(a-\frac{1}{2}\right)\sqrt{3}$이므로
$a-\frac{1}{2}=0$ $\therefore a=\frac{1}{2}$

15. $\frac{a}{\sqrt{2}}-2+3\sqrt{2}-\sqrt{32}$
$=\frac{\sqrt{2}a}{2}-2+3\sqrt{2}-4\sqrt{2}$
$=\left(\frac{a}{2}+3-4\right)\sqrt{2}-2$이므로
$\frac{a}{2}-1=0$ $\therefore a=2$

16. $A+B=(\sqrt{2}+\sqrt{3})+(\sqrt{2}-\sqrt{3})=2\sqrt{2}$

17. $B-A=(\sqrt{2}-\sqrt{3})-(\sqrt{2}+\sqrt{3})$
$=\sqrt{2}-\sqrt{3}-\sqrt{2}-\sqrt{3}=-2\sqrt{3}$

18. $AB=(\sqrt{2}+\sqrt{3})\times(\sqrt{2}-\sqrt{3})$
$=2-3=-1$

19. $\frac{1}{A}+\frac{1}{B}=\frac{A+\boxed{B}}{AB}=\frac{2\sqrt{2}}{-1}=\boxed{-2\sqrt{2}}$

20. $\frac{1}{A}-\frac{1}{B}=\frac{B-A}{AB}=\frac{-2\sqrt{3}}{-1}=2\sqrt{3}$

핵심 055 스피드 정답

1. 1.109 2. 1.145 3. 1.020

4. 1.114 5. 1.149 6. 9.965

7. 10, 10, 14.14 8. 44.72

9. 141.4 10. 20, 20, 0.4472

11. 0.1414 12. 0.04472

7. $\sqrt{200}=\sqrt{100\times2}=\boxed{10}\sqrt{2}$
$=\boxed{10}\times1.414=\boxed{14.14}$

8. $\sqrt{2000}=\sqrt{100\times20}=10\sqrt{20}$
$=10\times4.472=44.72$

9. $\sqrt{20000}=\sqrt{10000\times2}=100\sqrt{2}$
$=100\times1.414=141.4$

10. $\sqrt{0.2}=\sqrt{\frac{\boxed{20}}{100}}=\frac{\sqrt{\boxed{20}}}{10}=\frac{4.472}{10}$
$=\boxed{0.4472}$

11. $\sqrt{0.02}=\sqrt{\frac{2}{100}}=\frac{\sqrt{2}}{10}=\frac{1.414}{10}$
$=0.1414$

12. $\sqrt{0.002}=\sqrt{\frac{20}{10000}}=\frac{\sqrt{20}}{100}=\frac{4.472}{100}$
$=0.04472$

핵심 056 스피드 정답

1. 4, 9, 2, 2

2. 정수 부분 3, 소수 부분 $\sqrt{10}-3$

3. 정수 부분 5, 소수 부분 $\sqrt{29}-5$

4. 정수 부분 3, 소수 부분 $2\sqrt{3}-3$

5. 정수 부분 6, 소수 부분 $3\sqrt{5}-6$

6. 4, 9, 2, 3, 5, 5, 2

7. 정수 부분 0, 소수 부분 $3-\sqrt{6}$

8. 정수 부분 7, 소수 부분 $2\sqrt{5}-4$

9. 정수 부분 3, 소수 부분 $2\sqrt{10}-6$

---

1. $2=\sqrt{\boxed{4}}<\sqrt{5}<\sqrt{\boxed{9}}=3$이므로
$\sqrt{5}$의 정수 부분은 $\boxed{2}$이고
소수 부분은 $\sqrt{5}-\boxed{2}$이다.

2. $\sqrt{9}<\sqrt{10}<\sqrt{16}$이므로
$\sqrt{10}$의 정수 부분은 3이고
소수 부분은 $\sqrt{10}-3$이다.

3. $\sqrt{25}<\sqrt{29}<\sqrt{36}$이므로
$\sqrt{29}$의 정수 부분은 5이고
소수 부분은 $\sqrt{29}-5$이다.

4. $\sqrt{9}<2\sqrt{3}=\sqrt{12}<\sqrt{16}$이므로
$2\sqrt{3}$의 정수 부분은 3이고
소수 부분은 $2\sqrt{3}-3$이다.

5. $\sqrt{36}<3\sqrt{5}=\sqrt{45}<\sqrt{49}$이므로
$3\sqrt{5}$의 정수 부분은 6이고
소수 부분은 $3\sqrt{5}-6$이다.

6. $\sqrt{\boxed{4}}<\sqrt{6}<\sqrt{\boxed{9}}$이므로
$\boxed{2}+3<\sqrt{6}+3<\boxed{3}+3$
따라서 $\sqrt{6}+3$의 정수 부분은 $\boxed{5}$이고
소수 부분은 $\sqrt{6}+3-\boxed{5}=\sqrt{6}-\boxed{2}$이다.

7. $\sqrt{4}<\sqrt{6}<\sqrt{9}$이므로 $-3<-\sqrt{6}<-2$,
$3-3<3-\sqrt{6}<3-2$
따라서 $3-\sqrt{6}$의 정수 부분은 0이고
소수 부분은 $3-\sqrt{6}$이다.

8. $2\sqrt{5}=\sqrt{20}$에서
$\sqrt{16}<2\sqrt{5}<\sqrt{25}$이므로
$4+3<2\sqrt{5}+3<5+3$
따라서 $2\sqrt{5}+3$의 정수 부분은 7이고
소수 부분은 $2\sqrt{5}+3-7=2\sqrt{5}-4$이다.

9. $2\sqrt{10}=\sqrt{40}$에서
$\sqrt{36}<2\sqrt{10}<\sqrt{49}$이므로
$6-3<2\sqrt{10}-3<7-3$
따라서 $2\sqrt{10}-3$의 정수 부분은 3이고
소수 부분은 $2\sqrt{10}-3-3=2\sqrt{10}-6$이다.

실력테스트 57쪽 스피드 정답

1. ⑤	2. ④	3. ④
4. ⑤	5. ③	6. $2\sqrt{2}-1$
7. ②	8. ②	9. ①
10. $5+2\sqrt{3}$	11. ⑤	12. ③

Science & Technology ④

---

1. ① $\sqrt{64}$, 즉 8의 제곱근은 $\sqrt{8}, -\sqrt{8}$이다.
② $\sqrt{(-3)^2}=\sqrt{9}=3$의 제곱근은 $\sqrt{3}, -\sqrt{3}$이고 이 중 음의 제곱근은 $-\sqrt{3}$이다.
③ 0의 제곱근은 0이다.
④ 제곱하여 음수가 되는 경우는 없으므로 음수의 제곱근은 생각하지 않는다.

2. $\sqrt{81}-\sqrt{(-2)^2}\times(-\sqrt{3})^2\times\left\{-\sqrt{(-1)^2}\right\}$
$=9-2\times3\times(-1)=9+6=15$

3. $a<0$일 때 $\sqrt{a^2}=-a$이므로
$\sqrt{(-a)^2}-\sqrt{9a^2}=\sqrt{a^2}-3\sqrt{a^2}=-2\sqrt{a^2}$
$=-2\times(-a)=2a$

4. $\sqrt{\dfrac{240}{x}}$이 자연수가 되기 위해서는 $\dfrac{240}{x}$이 완전제곱수(자연수의 제곱)이어야 한다.
$240=2^4\times3\times5$이므로
x의 값이 3×5, $3\times5\times2^2$, $3\times5\times2^4$이면
$\sqrt{\dfrac{240}{x}}$은 자연수가 된다.
이 중에서 가장 작은 자연수 x의 값은
$3\times5=15$이다.

5. ① $(3-\sqrt{2})-(-\sqrt{3})=3-\sqrt{2}+\sqrt{3}>0$
$\therefore 3-\sqrt{2}>-\sqrt{3}$
② $(3\sqrt{2}-1)-(2\sqrt{3}-1)$
$=3\sqrt{2}-2\sqrt{3}=\sqrt{18}-\sqrt{12}>0$
$\therefore 3\sqrt{2}-1>2\sqrt{3}-1$
③ $(4\sqrt{2}-1)-(2\sqrt{2}+1)$
$=2\sqrt{2}-2=\sqrt{8}-\sqrt{4}>0$
$\therefore 4\sqrt{2}-1>2\sqrt{2}+1$
④ $(2\sqrt{5}+1)-(3\sqrt{3}+1)$
$=2\sqrt{5}-3\sqrt{3}=\sqrt{20}-\sqrt{27}<0$
$\therefore 2\sqrt{5}+1<3\sqrt{3}+1$
⑤ $(2\sqrt{2}+\sqrt{3})-(3+\sqrt{3})$
$=2\sqrt{2}-3=\sqrt{8}-\sqrt{9}<0$
$\therefore 2\sqrt{2}+\sqrt{3}<3+\sqrt{3}$

> **잠깐!**
> **두 실수의 대소 관계**
> 두 실수 a, b에 대하여
> $a-b>0$이면 $a>b$
> $a-b<0$이면 $a<b$
> $a-b=0$이면 $a=b$

6. $\overline{PC}=\sqrt{2}$, $\overline{BQ}=\sqrt{2}$이므로
$\overline{PQ}=\overline{PC}+\overline{BQ}-\overline{BC}$
$=\sqrt{2}+\sqrt{2}-1=2\sqrt{2}-1$

7. $2\sqrt{2}<x<\sqrt{5}+2$를 만족하는 x는
$2\sqrt{2}-x<0$, $x-(\sqrt{5}+2)<0$이다.
① $2\sqrt{2}-3=\sqrt{8}-\sqrt{9}<0$
$3-(\sqrt{5}+2)=1-\sqrt{5}<0$
② $2\sqrt{2}-5=\sqrt{8}-\sqrt{25}<0$
$5-(\sqrt{5}+2)=3-\sqrt{5}=\sqrt{9}-\sqrt{5}>0$
③ $2\sqrt{2}-\sqrt{10}=\sqrt{8}-\sqrt{10}<0$
$\underset{\sqrt{10}<4}{\sqrt{10}}-\underset{\sqrt{5}+2>4}{(\sqrt{5}+2)}<0$
④ $2\sqrt{2}-2\sqrt{3}=\sqrt{8}-\sqrt{12}<0$
$2\sqrt{3}-(\sqrt{5}+2)=\underset{\sqrt{12}<4}{\sqrt{12}}-\underset{\sqrt{5}+2>4}{(\sqrt{5}+2)}<0$
⑤ $2\sqrt{2}-(\sqrt{5}+1)=\underset{\sqrt{8}<3}{\sqrt{8}}-\underset{\sqrt{5}+1>3}{(\sqrt{5}+1)}<0$
$\sqrt{5}+1-(\sqrt{5}+2)=-1<0$
따라서 ② 5는 $2\sqrt{2}$와 $\sqrt{5}+2$ 사이의 수가 아니다.

8. $\sqrt{72}=\sqrt{2^3\times3^2}=\sqrt{2^3}\sqrt{3^2}$
$=(\sqrt{2})^3\times(\sqrt{3})^2=a^3b^2$

9. $\dfrac{\sqrt{2}}{2-\sqrt{2}}=\dfrac{\sqrt{2}(2+\sqrt{2})}{(2-\sqrt{2})(2+\sqrt{2})}=\dfrac{2\sqrt{2}+2}{4-2}$
$=\sqrt{2}+1$ $\quad\therefore a=1, b=1$
$\therefore a-b=0$

10. $1<\sqrt{3}<2$이므로 $-2<-\sqrt{3}<-1$
각 변에 5를 더하면 $3<5-\sqrt{3}<4$
따라서 $5-\sqrt{3}$의 정수 부분은 3이고 소수 부분은 $5-\sqrt{3}-3=2-\sqrt{3}$이다.
$\therefore a=3, b=2-\sqrt{3}$
$3a-2b=3\times3-2(2-\sqrt{3})$
$=9-4+2\sqrt{3}=5+2\sqrt{3}$

11. ① $\sqrt{50}=\sqrt{100\times0.5}=10\sqrt{0.5}=10a$

② $\sqrt{500}=\sqrt{100\times5}=10\sqrt{5}=10b$

③ $\sqrt{0.05}=\sqrt{\frac{5}{100}}=\frac{\sqrt{5}}{10}=\frac{b}{10}$

④ $\sqrt{0.005}=\sqrt{\frac{5}{1000}}=\sqrt{\frac{0.5}{100}}$

$=\frac{\sqrt{0.5}}{10}=\frac{a}{10}$

⑤ $\sqrt{0.0005}=\sqrt{\frac{5}{10000}}=\frac{\sqrt{5}}{100}=\frac{b}{100}$

12. $\sqrt{0.32}=\sqrt{\frac{32}{100}}=\frac{4\sqrt{2}}{10}=\frac{4\times1.414}{10}$

$=\frac{5.656}{10}=0.5656$

Science & Technology

추가 왕복하는 시간은 추의 길이의 제곱근에 정비례하므로 추의 길이가 0.24배가 되면 왕복하는 시간은 $\sqrt{0.24}$배가 된다.

$\sqrt{0.24}=\sqrt{\frac{24}{100}}=\frac{2\sqrt{6}}{10}=\frac{4.898}{10}=0.4898$

이므로 왕복하는 시간은 0.4898배가 된다.

문자와 식

057

스피드 정답

1. x
2. $1500\times y$(원)
3. a, b, a, b
4. $10000-800\times x$(원)
5. $5000-500\times a$(원)
6. $80\times t$(km)
7. $4\times x$(cm)
8. $\frac{1}{2}\times a\times b$($\text{cm}^2$)

4. 800원짜리 아이스크림 x개의 가격
→ $800\times x$(원)
지불한 금액 → 10000(원)
(거스름돈)=(지불한 금액)−(물건의 가격)
$=10000-800\times x$(원)

5. 500원짜리 지우개 a개의 가격
→ $500\times a$(원)
지불한 금액 → 5000(원)
(거스름돈)$=5000-500\times a$(원)

6. (거리)=(속력)×(시간)$=80\times t$(km)

8. (삼각형의 넓이)
$=\frac{1}{2}\times$(밑변의 길이)×(높이)
$=\frac{1}{2}\times a\times b$($\text{cm}^2$)

핵심 058

스피드 정답

1. $2a$
2. $-3b$
3. $-ab$
4. $0.1ab$
5. $3(x+y)$
6. $-(x+2)$
7. x^3y
8. $-x^2y$
9. $\frac{a}{3}$
10. $\frac{-2}{a}$
11. $\frac{a}{b}$
12. $\frac{a}{bc}$
13. $\frac{m+n}{3}$
14. $\frac{1}{3n+2}$
15. $3\frac{x}{y}$
16. $\frac{1}{5}xyz$

2. $b\times(-3)=-3b$ ← 수와 문자의 곱은 수를 문자 앞에 쓴다.

3. $a\times(-1)\times b=(-1)\times ab$
$=-ab$ ← 1이나 −1과 문자의 곱에서는 숫자 1을 생략한다.

4. $b\times 0.1\times a$
$=0.1ab$ ← 0.1은 생략할 수 없고 문자는 알파벳 순서로 쓴다.

5. $(x+y)\times 3$
$=3(x+y)$ ← 문자를 포함한 괄호가 있을 때에도 숫자를 괄호 앞에 쓴다.

6. $(x+2)\times(-1)$
$=-(x+2)$ ← 1이나 −1과 괄호가 있는 식의 곱에서도 숫자 1은 생략한다.

7. $x\times y\times x\times x$
$=x^3y$ ← 같은 문자의 곱은 거듭제곱으로 나타낸다.

8. $x\times(-1)\times x\times y$
$=-x^2y$ ← 같은 문자의 곱은 거듭제곱으로 나타내고 문자 앞의 숫자 1은 생략한다.

12. $a\div b\div c=a\times\frac{1}{b}\times\frac{1}{c}=\frac{a}{bc}$

15. $x\times 3\div y=x\times 3\times\frac{1}{y}=3\frac{x}{y}\left(=\frac{3x}{y}\right)$

16. $x\times y\div 5\times z=x\times y\times\frac{1}{5}\times z=\frac{1}{5}xyz$

핵심 059

스피드 정답

1. −3, 9, 10
2. −7
3. −2
4. 1
5. 6
6. $\frac{3}{10}$
7. −2, 3, −1
8. 11
9. 3
10. 13
11. 1
12. $\frac{1}{2}$
13. 1

1. $1-3x=1-3\times(\boxed{-3})=1+\boxed{9}=\boxed{10}$
2. $3x+2=3\times(-3)+2=-9+2=-7$
3. $\frac{6}{x}=\frac{6}{-3}=-2$
4. $-\frac{x}{3}=-\frac{-3}{3}=-(-1)=1$
5. $x^2+x=(-3)^2+(-3)=9+(-3)=6$
6. $\frac{2x+3}{3x-1}=\frac{2\times(-3)+3}{3\times(-3)-1}=\frac{-3}{-10}=\frac{3}{10}$
7. $2a+b=2\times(\boxed{-2})+\boxed{3}=\boxed{-1}$
8. $-4a+b=-4\times(-2)+3=11$
9. $b(a+b)=3\times\{(-2)+3\}=3\times 1=3$
10. $a^2+b^2=(-2)^2+3^2=4+9=13$
11. $(a+b)^2=\{(-2)+3\}^2=1^2=1$
12. $\frac{a+b}{2}=\frac{(-2)+3}{2}=\frac{1}{2}$
13. $\frac{b-2}{a+3}=\frac{3-2}{(-2)+3}=1$

핵심 060

스피드 정답

1~7. 해설 참조

8. $5-3x$, $\frac{x+1}{2}$
9. $-\frac{1}{3}x$

		항	상수항	x의 계수
1.	$3x-2$	$3x$, -2	-2	3
2.	$x-2y+5$	x, $-2y$, 5	5	1
3.	$3x^2$	$3x^2$	0	0
4.	-10	-10	-10	0
5.	$-\frac{3}{4}x$	$-\frac{3}{4}x$	0	$-\frac{3}{4}$
6.	$\frac{1}{2}x^2+\frac{2}{3}$	$\frac{1}{2}x^2$, $\frac{2}{3}$	$\frac{2}{3}$	0
7.	$0.5x-2.3y$	$0.5x$, $-2.3y$	0	0.5

단항식 : $3x^2$, -10, $-\frac{3}{4}x$

[8-9] 분모에 미지수가 있는 것은 분수식으로 일차식이 아니다.

핵심 061

스피드 정답

1. 4, 12
2. $-12b$
3. $-3a$
4. $-2b$
5. $12a$
6. 3, 3, 6
7. $-2x-7$
8. $-10x+5$
9. $-2x+3$
10. $3x-6$
11. $3x-4$
12. $x+3$
13. $-50x+25$
14. $-6x-4$

1. $3a\times 4=3\times\boxed{4}\times a=\boxed{12}a$
2. $2b\times(-6)=2\times(-6)\times b=-12b$
3. $(-15a)\div 5=(-15)\times a\times\frac{1}{5}$
$=(-15)\times\frac{1}{5}\times a=-3a$
4. $8b\div(-4)=8\times b\times\left(-\frac{1}{4}\right)$
$=8\times\left(-\frac{1}{4}\right)\times b=-2b$
5. $\left(-\frac{9}{2}a\right)\div\left(-\frac{3}{8}\right)=\left(-\frac{\overset{3}{\cancel{9}}}{\underset{1}{\cancel{2}}}a\right)\times\left(-\frac{\overset{4}{\cancel{8}}}{\underset{1}{\cancel{3}}}\right)=12a$
6. $3(x+2)=\boxed{3}\times x+\boxed{3}\times 2=3x+\boxed{6}$
7. $-(2x+7)=-2x-7$
8. $(2x-1)\times(-5)$
$=2x\times(-5)+(-1)\times(-5)$
$=-10x+5$

9. $\frac{1}{4}(-8x+12)$

$=\frac{1}{4}\times(-8x)+\frac{1}{4}\times 12=-2x+3$

10. $(2x-4)\times\frac{3}{2}$

$=2x\times\frac{3}{2}+(-4)\times\frac{3}{2}=3x-6$

11. $\left(\frac{1}{2}x-\frac{2}{3}\right)\times 6$

$=\frac{1}{2}x\times 6+\left(-\frac{2}{3}\right)\times 6=3x-4$

12. $(3x+9)\div 3$

$=(3x+9)\times\frac{1}{3}=3x\times\frac{1}{3}+9\times\frac{1}{3}$

$=x+3$

13. $(-10x+5)\div\frac{1}{5}$

$=(-10x)\times 5+5\times 5=-50x+25$

14. $(15x+10)\div\left(-\frac{5}{2}\right)$

$=15x\times\left(-\frac{2}{5}\right)+10\times\left(-\frac{2}{5}\right)$

$=-6x-4$

핵심 062 스피드 정답

1. $5a$와 $4a$, -3과 1　2. $3x$와 $\frac{x}{2}$, -1과 4
3. 7, 2　4. $2x$　5. $3a-2b$
6. $x+4y$　7. $-2a$　8. $x-y+5$
9. $2x-2$　10. $5x-1$　11. $-x+4$
12. $-7x+7$　13. $15x+8$

3. $-5a+7a=(-5+\boxed{7})a=\boxed{2}a$
4. $4x-2x=(4-2)x=2x$
5. $b-2a-3b+5a=-2a+5a+b-3b$
$=(-2+5)a+(1-3)b=3a-2b$
6. $x+2y-y+3y$
$=x+(2-1+3)y=x+4y$
7. $-6a+3+4a-3$
$=(-6+4)a+3-3=-2a$
8. $3x-1+4y-2x-5y+6$
$=(3-2)x+(4-5)y-1+6$
$=x-y+5$
9. $-x+(3x-2)$
$=-x+3x-2=(-1+3)x-2$
$=2x-2$
10. $2x-(-3x+1)$
$=2x+3x-1=(2+3)x-1$
$=5x-1$
11. $(x+3)+(-2x+1)$
$=x+3-2x+1=(1-2)x+3+1$
$=-x+4$
12. $(3x+2)-5(2x-1)$
$=3x+2-5\times 2x-5\times(-1)$
$=3x+2-10x+5$
$=(3-10)x+2+5$
$=-7x+7$
13. $5(x+4)-2(-5x+6)$
$=5\times x+5\times 4-2\times(-5x)-2\times 6$
$=5x+20+10x-12$
$=(5+10)x+20-12$
$=15x+8$

핵심 063 스피드 정답

1. 6, 3, 5　2. $-\frac{5}{3}$　3. $\frac{4x-1}{6}$
4. $\frac{-5x+11}{9}$　5. $\frac{19x-10}{6}$　6. $\frac{x+11}{12}$
7. $\frac{10x-8}{3}$　8. $\frac{-8x-24}{5}$　9. $\frac{5x+6}{6}$
10. $\frac{9x+32}{12}$　11. $\frac{5x-8}{3}$　12. 11
13. $6x-1$　14. $3x-7$　15. $-4x+3$
16. $-$, 2, 2, 2, 5, 2　17. $-6x+4$
18. $-2x-4$　19. $-a+4$　20. $6x+17$
21. $2x-3$　22. $3x+5$

1. $\frac{x-3}{2}+\frac{x+1}{4}=\frac{2x-\boxed{6}}{4}+\frac{x+1}{4}$
$=\frac{(2+1)x-6+1}{4}$
$=\frac{\boxed{3}x-\boxed{5}}{4}$

2. $\frac{x-4}{2}-\frac{3x-2}{6}$
$=\frac{3x-12}{6}-\frac{3x-2}{6}$
$=\frac{(3-3)x-12-(-2)}{6}=\frac{-10}{6}=-\frac{5}{3}$

3. $\frac{x+1}{3}+\frac{2x-3}{6}$
$=\frac{2x+2}{6}+\frac{2x-3}{6}=\frac{(2+2)x+2-3}{6}$
$=\frac{4x-1}{6}$

4. $\frac{-x+2}{3}-\frac{2x-5}{9}$
$=\frac{-3x+6}{9}-\frac{2x-5}{9}$
$=\frac{(-3-2)x+6-(-5)}{9}=\frac{-5x+11}{9}$

5. $\frac{3x-4}{2}+\frac{5x+1}{3}$
$=\frac{9x-12}{6}+\frac{10x+2}{6}$
$=\frac{(9+10)x-12+2}{6}=\frac{19x-10}{6}$

6. $\frac{x+3}{4}+\frac{-x+1}{6}$
$=\frac{3x+9}{12}+\frac{-2x+2}{12}$
$=\frac{(3-2)x+9+2}{12}=\frac{x+11}{12}$

7. $\frac{x-2}{3}+3x-2$
$=\frac{x-2}{3}+\frac{9x-6}{3}$
$=\frac{(1+9)x-2-6}{3}=\frac{10x-8}{3}$

8. $-2x-5+\frac{2x+1}{5}$
$=\frac{-10x-25}{5}+\frac{2x+1}{5}$
$=\frac{(-10+2)x-25+1}{5}=\frac{-8x-24}{5}$

9. $\left(\frac{x}{2}+\frac{1}{3}\right)+\left(\frac{x}{3}+\frac{2}{3}\right)$
$=\frac{3x+2}{6}+\frac{2x+4}{6}=\frac{(3+2)x+2+4}{6}$
$=\frac{5x+6}{6}$

10. $\left(\frac{x}{4}+2\right)+\left(\frac{x}{2}+\frac{2}{3}\right)$
$=\frac{x+8}{4}+\frac{3x+4}{6}=\frac{3x+24}{12}+\frac{6x+8}{12}$
$=\frac{(3+6)x+24+8}{12}=\frac{9x+32}{12}$

11. $\left(2x-\frac{2}{3}\right)-\left(\frac{x}{3}+2\right)$
$=\frac{6x-2}{3}-\frac{x+6}{3}=\frac{(6-1)x-2-6}{3}$

$=\frac{5x-8}{3}$

12. $6\left(\frac{1}{2}x+2\right)-3\left(x+\frac{1}{3}\right)$

$=6\times\frac{1}{2}x+6\times2-3\times x-3\times\frac{1}{3}$

$=3x+12-3x-1$

$=(3-3)x+12-1=11$

13. $4\left(2x+\frac{1}{2}\right)-6\left(\frac{x}{3}+\frac{1}{2}\right)$

$=4\times2x+4\times\frac{1}{2}-6\times\frac{x}{3}-6\times\frac{1}{2}$

$=8x+2-2x-3$

$=(8-2)x+2-3=6x-1$

14. $\frac{2}{3}(3x-6)+\frac{1}{4}(4x-12)$

$=\frac{2}{3}\times3x+\frac{2}{3}\times(-6)+\frac{1}{4}\times4x$

$+\frac{1}{4}\times(-12)$

$=2x-4+x-3=(2+1)x-4-3$

$=3x-7$

15. $-\frac{3}{4}(8x-12)+\frac{2}{3}(3x-9)$

$=\left(-\frac{3}{4}\right)\times8x+\left(-\frac{3}{4}\right)\times(-12)$

$+\frac{2}{3}\times3x+\frac{2}{3}\times(-9)$

$=-6x+9+2x-6$

$=(-6+2)x+9-6=-4x+3$

16. $3x-\{1-(2x+3)\}$

$=3x-(1-2x\boxed{-}3)$

$=3x-(-2x-\boxed{2})$

$=3x+\boxed{2}x+\boxed{2}=\boxed{5}x+\boxed{2}$

17. $2x-\{3x-(4-5x)\}$

$=2x-(3x-4+5x)$

$=2x-(8x-4)=2x-8x+4$

$=-6x+4$

18. $5x+\{x-4(2x+1)\}$

$=5x+(x-8x-4)$

$=5x+(-7x-4)=5x-7x-4$

$=-2x-4$

19. $-3a+\{3a-(a-5)-1\}$

$=-3a+(3a-a+5-1)$

$=-3a+(2a+4)=-a+4$

20. $2x-1-2\{x-3(x+3)\}$

$=2x-1-2(x-3x-9)$

$=2x-1-2(-2x-9)$

$=2x-1+4x+18=6x+17$

21. $-2x+[3x+1-\{1-(x-3)\}]$

$=-2x+\{3x+1-(1-x+3)\}$

$=-2x+\{3x+1-(4-x)\}$

$=-2x+(3x+1-4+x)$

$=-2x+(4x-3)=2x-3$

22. $-[3(x-2)-\{3+4(x-1)\}]+2x$

$=-\{3x-6-(3+4x-4)\}+2x$

$=-\{3x-6-(-1+4x)\}+2x$

$=-(3x-6+1-4x)+2x$

$=-(-x-5)+2x$

$=x+5+2x=3x+5$

실력테스트 64쪽 스피드 정답

1. ③ 2. ⑤ 3. ② 4. ⑤
5. $8x+6$ 6. ③ 7. 해설 참조
8. ③ 9. ③ 10. -4

Science & Technology ②

1. ① 닭의 다리는 2개, 소의 다리는 4개이므로 $(2x+4y)$개

③ 5개에 a원인 지우개 1개의 값 → $\frac{a}{5}$원

⑤ 전체 거리가 10km이므로 10km에서 간 거리를 뺀다.

2. ① $0.1\times x\times y=0.1xy$

② $2\times a\div\frac{1}{b}=2\times a\times b=2ab$

③ $a\div(b\times c)=a\times\frac{1}{b\times c}=\frac{a}{bc}$

④ $x\div y\times5=x\times\frac{1}{y}\times5=\frac{5x}{y}$

3. ① $2a\div b\div c=2a\times\frac{1}{b}\times\frac{1}{c}=\frac{2a}{bc}$

② $a\div2b\div c=a\times\frac{1}{2b}\times\frac{1}{c}=\frac{a}{2bc}$

③ $a\times b\div2c=a\times b\times\frac{1}{2c}=\frac{ab}{2c}$

④ $a\div2b+c=a\times\frac{1}{2b}+c=\frac{a}{2b}+c$

⑤ $a\div b-2c=a\times\frac{1}{b}-2c=\frac{a}{b}-2c$

4. $x^2-y=2^2-(-3)=4+3=7$

5. 직육면체의 마주 보는 두 면은 넓이가 같으므로

(겉넓이)$=2\times$(앞면$+$밑면$+$옆면)의 넓이

$=2\times(x\times3+x\times1+1\times3)$

$=2\times(4x+3)=8x+6$

6. ③ x의 계수는 -1이다.

7.

일차식	$x+2$	$x-1$	$-3x+1$	x
x의 계수	1	1	-3	1
상수항	2	-1	1	0
$x=-1$일 때 식의 값	1	-2	4	-1

8. $\frac{2x-1}{3}-\frac{x+1}{2}$

$=\frac{4x-2}{6}-\frac{3x+3}{6}=\frac{(4-3)x-2-3}{6}$

$=\frac{x-5}{6}=\frac{x}{6}-\frac{5}{6}$

x의 계수 $\frac{1}{6}$과 상수항 $-\frac{5}{6}$의 합은

$\frac{1}{6}+\left(-\frac{5}{6}\right)=-\frac{2}{3}$

9. $-2x+6-\{3x-(4-5x)-2\}$

$=-2x+6-(3x-4+5x-2)$

$=-2x+6-(8x-6)$

$=-2x+6-8x+6=-10x+12$

따라서 $-10x+12=Ax+B$이므로

$A=-10$, $B=12$

$\therefore A+B=-10+12=2$

10. $\frac{2}{3}(6x-15)-\frac{2}{5}(10x-15)$

$=\frac{2}{3}\times6x+\frac{2}{3}\times(-15)-\frac{2}{5}\times10x$

$-\frac{2}{5}\times(-15)$

$=4x-10-4x+6=-4$

따라서 일차항의 계수 0과 상수항 -4의 합은 -4

Science & Technology

꽃밭의 가로 길이는 $(10-x)$m이고, 세로 길이는 $(10-4)$m이므로 꽃밭의 넓이는

$(10-x)\times6=10\times6-x\times6$

$=60-6x(\text{m}^2)$

핵심 064 스피드 정답

1. 3, 11 2. $45-x=31$ 3. $60x=180$
4. $x=-1$ 5. $x=1$ 6. 방
7. 방 8. 항 9. 항

4. x값을 주어진 방정식에 차례로 대입하면

$2\times(-1)+3=1$, $2\times0+3=3\neq1$,

$2\times1+3=5\neq1$

따라서 주어진 방정식의 해는 $x=-1$이다.

5. x값을 주어진 방정식에 차례로 대입하면

(좌변)$=3\times(-1)+2=-1$

(우변)$=4\times(-1)+1=-3$

∴ (좌변)≠(우변)

(좌변)$=3\times0+2=2$

(우변)$=4\times0+1=1$

∴ (좌변)≠(우변)

(좌변)$=3\times1+2=5$

(우변)$=4\times1+1=5$

∴ (좌변)=(우변)

따라서 주어진 방정식의 해는 $x=1$이다.

8. (좌변)$=x+2x=(1+2)x=3x$, (우변)$=3x$

즉, (좌변)=(우변)이므로 x값에 관계없이 항상 성립하는 항등식이다.

9. (좌변)$=2x+3$

(우변)$=2(x-1)+5=2x-2+5$

$=2x+3$

즉, (좌변)=(우변)이므로 x값에 관계없이 항상 성립하는 항등식이다.

핵심 065 스피드 정답

1. 3	2. 5	3. 2, 6, 6, 2
4. 2	5. 2, 3, 3	6. $x=1$
7. $x=1$	8. $x=3$	9. $x=-5$

1. 양변에 같은 수 3을 더해도 등식은 성립하므로

$a=b$이면 $a+3=b+\boxed{3}$

2. 양변에서 같은 수 5를 빼도 등식은 성립하므로

$a=b$이면 $a-5=b-\boxed{5}$

3. 양변에 같은 수 6을 곱해도 등식은 성립하므로

$\frac{a}{2}=\frac{b}{3}$이면 $\frac{a}{2}\times\boxed{6}=\frac{b}{3}\times\boxed{6}$

$\rightarrow 3a=\boxed{2}b$

4. 양변을 같은 수 10으로 나누어도 등식은 성립하므로

$2a=5b$이면 $\frac{2a}{10}=\frac{5b}{10}$ $\quad\therefore \frac{a}{5}=\frac{b}{\boxed{2}}$

5. $3x-2=7$의 양변에 같은 수 2를 더해도 등식은 성립하므로

$3x-2+2=7+\boxed{2}$, $3x=9$

양변을 같은 수 3으로 나누어도 등식은 성립하므로

$\frac{3x}{\boxed{3}}=\frac{9}{\boxed{3}}$ $\quad\therefore x=3$

6. $2x+1=3$

양변에서 1을 빼면

$2x+1-1=3-1$, $2x=2$

양변을 2로 나누면 $\frac{2x}{2}=\frac{2}{2}$ $\quad\therefore x=1$

7. $3x-5=-2$

양변에 5를 더하면

$3x-5+5=-2+5$, $3x=3$

양변을 3으로 나누면

$\frac{3x}{3}=\frac{3}{3}$ $\quad\therefore x=1$

8. $\frac{x}{3}+1=2$

양변에서 1을 빼면

$\frac{x}{3}+1-1=2-1$, $\frac{x}{3}=1$

양변에 3을 곱하면

$\frac{x}{3}\times3=1\times3$ $\quad\therefore x=3$

9. $\frac{2}{5}x+1=-1$

양변에서 1을 빼면

$\frac{2}{5}x+1-1=-1-1$, $\frac{2}{5}x=-2$

양변에 $\frac{5}{2}$를 곱하면

$\frac{2}{5}x\times\frac{5}{2}=-2\times\frac{5}{2}$ $\quad\therefore x=-5$

핵심 066 스피드 정답

1. 4	2. $-x=3-2$	3. $5x-4x=3$
4. $2x+x=6-3$	5. $x+3x=5-7$	
6. $-2x=1$	7. $x=2$	8. $-3x=-6$
9. $-\frac{2}{3}x=-6$	10. $\frac{2}{3}x=6$	11. ○
12. ○	13. ×	14. ×
15. 3	16. -1	

1. $\underline{x+4}=6 \rightarrow x=6-\boxed{4}$

2. $\underline{2}-x=3 \rightarrow -x=3-2$

3. $5x=\underline{4x}+3 \rightarrow 5x-4x=3$

4. $2x\underline{+3}=\underline{-x}+6 \rightarrow 2x+x=6-3$

5. $x\underline{+7}=5\underline{-3x} \rightarrow x+3x=5-7$

6. $x-2=3x-1 \rightarrow x-3x=-1+2$

$\rightarrow -2x=1$

7. $2x+1=x+3 \rightarrow 2x-x=3-1$

$\rightarrow x=2$

8. $-x+1=2x-5 \rightarrow -x-2x=-5-1$

$\rightarrow -3x=-6$

9. $\frac{1}{3}x+2=x-4 \rightarrow \frac{1}{3}x-x=-4-2$

$\rightarrow -\frac{2}{3}x=-6$

10. $x-2=\frac{1}{3}x+4 \rightarrow x-\frac{1}{3}x=4+2$

$\rightarrow \frac{2}{3}x=6$

11. $3x-1=8 \rightarrow 3x-9=0$

∴ 일차방정식

12. $2x+5=3x-4 \rightarrow -x+9=0$

∴ 일차방정식

13. $2x-1=1+2x \rightarrow 2=0$

∴ 일차방정식이 아니다.

14. $\frac{1}{2}(x-4)=\frac{1}{2}x-2$

$\rightarrow \frac{1}{2}x-2=\frac{1}{2}x-2$

$\rightarrow 0=0$

∴ 일차방정식이 아니다.

핵심 067 스피드 정답

1. x, 2, 4	2. $x=-2$	3. $x=1$
4. $x=10$	5. $x=2$	6. 6, 4, 3
7. $x=5$	8. $x=-1$	9. $x=-3$
10. $x=7$	11. $x=1$	

1. $3x-10=x-2$

x를 포함한 항은 좌변으로, 상수항은 우변으로 이항하면

$3x-\boxed{x}=-2+10$, $\boxed{2}x=8$

양변을 2로 나누면

$x=\boxed{4}$

2. $4x=-5x-18$

$4x+5x=-18$

$9x=-18$ $\quad\therefore x=-2$

3. $4x-3=2x-1$

$4x-2x=-1+3$

$2x=2$ $\quad\therefore x=1$

4. $5x-3=3x+17$

$5x-3x=17+3$

$2x=20$ $\quad\therefore x=10$

5. $x+4=4x-2$

$x-4x=-2-4$

$-3x=-6$ $\quad\therefore x=2$

6. $3(2x-3)=2x+3$

분배법칙을 이용하여 괄호를 풀면

$3\times2x+3\times(-3)=2x+3$

$\boxed{6}x-9=2x+3$

x를 포함한 항은 좌변으로, 상수항은 우변으로 이항하면

$6x-2x=3+9$, $\boxed{4}x=12$

$\therefore x=\boxed{3}$

7. $3(x+1)=4x-2$

$3x+3=4x-2$

$3x-4x=-2-3$

$-x=-5$ $\quad\therefore x=5$

8. $2(6x-9)=3(8x-2)$

$12x-18=24x-6$

$12x-24x=-6+18$

$-12x=12$ $\quad\therefore x=-1$

9. $5(x-1)=4(2x+1)$

$5x-5=8x+4$

$5x-8x=4+5$

$-3x=9$ $\quad\therefore x=-3$

10. $5x+3(12-x)=50$

$5x+36-3x=50$

$2x=50-36$

$2x=14$ $\quad\therefore x=7$

11. $3(2x-5)-(x-10)=0$

$6x-15-x+10=0$

$5x-5=0$

$5x=5$ $\quad\therefore x=1$

핵심 068 스피드 정답

1. $x=6$	2. $x=-2$	3. $x=40$
4. $x=4$	5. $x=-20$	6. $x=10$
7. $x=10$	8. $x=-6$	9. $x=5$
10. $x=10$	11. 2, 2, 2, 4, -4	
12. $x=-22$	13. $x=2$	14. $x=1$
15. -2, 2, 6	16. $a=3$	17. $a=-1$
18. $a=-\frac{1}{8}$	19. -1, -1, -1, 4	
20. $a=11$	21. $a=-6$	22. $a=2$

1. $0.6x-1.5=0.4x-0.3$

양변에 10을 곱해 계수를 정수로 고치면

$6x-15=4x-3$

$6x-4x=-3+15$

$2x=12$ $\quad\therefore x=6$

2. $0.5x-0.2=0.4(x-1)$

양변에 10을 곱하면

$5x-2=4(x-1)$, $5x-2=4x-4$

$5x-4x=-4+2$ $\quad\therefore x=-2$

3. $0.21x-1.8=0.16x+0.2$

양변에 100을 곱하면

$21x-180=16x+20$

$21x-16x=20+180$

$5x=200$ $\quad\therefore x=40$

4. $0.3x-1.4=0.2x-1$

양변에 10을 곱하면

$3x-14=2x-10$

$3x-2x=-10+14$ $\quad\therefore x=4$

5. $0.12x+2.6=0.01x+0.4$

양변에 100을 곱하면

$12x+260=x+40$

$12x-x=40-260$

$11x=-220$ $\quad\therefore x=-20$

6. $\frac{1}{4}x-2=\frac{x-7}{6}$

분모 4, 6의 최소공배수 12를 양변에 곱하면

$\left(\frac{1}{4}x-2\right)\times12=\frac{x-7}{6}\times12$

$3x-24=2x-14$

$3x-2x=-14+24$ $\quad\therefore x=10$

7. $\frac{1}{2}x-7=8-x$

2를 양변에 곱하면

$x-14=16-2x$, $x+2x=16+14$

$3x=30$ $\quad\therefore x=10$

8. $\frac{1}{3}x-6=\frac{3}{2}x+1$

분모 3, 2의 최소공배수 6을 양변에 곱하면

$\left(\frac{1}{3}x-6\right)\times6=\left(\frac{3}{2}x+1\right)\times6$

$2x-36=9x+6$, $2x-9x=6+36$

$-7x=42$ $\quad\therefore x=-6$

9. $\frac{6-x}{5}-\frac{2x-3}{10}=-\frac{1}{2}$

분모 5, 10, 2의 최소공배수 10을 양변에 곱하면

$\frac{6-x}{5}\times10-\frac{2x-3}{10}\times10=-\frac{1}{2}\times10$

$(6-x)\times2-(2x-3)=-5$

$12-2x-2x+3=-5$

$-4x+15=-5$, $-4x=-5-15$

$-4x=-20$ $\quad\therefore x=5$

10. $\frac{-2x-1}{3}+\frac{1}{2}=1-\frac{x+5}{2}$

분모 3, 2의 최소공배수 6을 양변에 곱하면

$\frac{-2x-1}{3}\times6+\frac{1}{2}\times6=1\times6-\frac{x+5}{2}\times6$

$-4x-2+3=6-3x-15$

$-4x+3x=-9-1$

$-x=-10$ $\quad\therefore x=10$

11. $(x-2):(x+1)=2:1$

외항의 곱은 내항의 곱과 같으므로

$x-2=\boxed{2}(x+1)$

$x-2=\boxed{2}x+\boxed{2}$

$x-2x=2+2$

$-x=\boxed{4}$ $\quad\therefore x=\boxed{-4}$

12. $(x-2):(x+6)=3:2$

$(x-2)\times2=(x+6)\times3$

$2x-4=3x+18$, $2x-3x=18+4$

$-x=22$ $\quad\therefore x=-22$

13. $(x+2):(6x+4)=1:4$

$(x+2)\times4=6x+4$

$4x+8=6x+4$, $4x-6x=4-8$

$-2x=-4$ $\quad\therefore x=2$

14. $(1.5x+3):(2-0.2x)=5:2$
$(1.5x+3)\times2=(2-0.2x)\times5$
$3x+6=10-x$, $3x+x=10-6$
$4x=4$ $\therefore x=1$

15. 주어진 방정식에 $x=-2$를 대입하면
$\boxed{-2}+a=4$, $a=4+\boxed{2}$ $\therefore a=\boxed{6}$

16. 주어진 방정식에 $x=-2$를 대입하면
$a\times(-2)+3=-3$
$-2a=-3-3$
$-2a=-6$ $\therefore a=3$

17. 주어진 방정식에 $x=-2$를 대입하면
$a\times(-2)+1=-2\times(-2)+a$
$-2a-a=4-1$
$-3a=3$ $\therefore a=-1$

18. 주어진 방정식에 $x=-2$를 대입하면
$3\{a\times(-2)+1\}=2\{a-(-2)\}$
$-6a+3=2a+4$, $-6a-2a=4-3$
$-8a=1$ $\therefore a=-\frac{1}{8}$

19. 두 방정식의 해가 같으므로 $x+3=2$의 해는 $x+a=3$을 만족한다.
$x+3=2$에서 $x=\boxed{-1}$
$x=\boxed{-1}$을 $x+a=3$에 대입하면
$\boxed{-1}+a=3$ $\therefore a=3+1=\boxed{4}$

20. $3-2x=-7+3x$에서
$-2x-3x=-7-3$
$-5x=-10$ $\therefore x=2$
$x=2$를 $3+4x=a$에 대입하면
$3+4\times2=a$ $\therefore a=11$

21. $3x+7=-4x-7$에서
$3x+4x=-7-7$
$7x=-14$ $\therefore x=-2$
$x=-2$를 $a(x+4)=3x-6$에 대입하면
$a(-2+4)=3\times(-2)-6$
$2a=-12$ $\therefore a=-6$

22. $2x-4=3(x-1)$에서
$2x-4=3x-3$
$2x-3x=-3+4$
$-x=1$ $\therefore x=-1$
$x=-1$을 $2(x+a)=5x+7$에 대입하면
$2(-1+a)=5\times(-1)+7$
$-2+2a=2$, $2a=2+2$
$2a=4$ $\therefore a=2$

핵심 069 스피드 정답

1. $800x=4000$ 2. $(5+x)\times2=15$
3. $4x=x-12$ 4. $(x+3)\times2=30$
5. $80x=240$ 6. 21
7. 6 8. 7 9. 6

6. 어떤 수를 x라고 하면
$x-5=16$ $\therefore x=21$
따라서 어떤 수는 21이다.

7. 어떤 수를 x라고 하면
$3x+2=20$
$3x=18$ $\therefore x=6$
따라서 어떤 수는 6이다.

8. 어떤 수를 x라고 하면
$3x=x+14$
$2x=14$ $\therefore x=7$
따라서 어떤 수는 7이다.

9. 어떤 수를 x라고 하면
$x+10=3x-2$
$-2x=-12$ $\therefore x=6$
따라서 어떤 수는 6이다.

핵심 070 스피드 정답

1. 해설 참조 2. 37
3. x, x, 3년 후 4. 4년 후

1. 십의 자리 숫자를 x라고 하면
처음 수 : $x\times\boxed{10}+4$
십의 자리와 일의 자리를 바꾼 수 :
$4\times\boxed{10}+x$이므로
$4\times\boxed{10}+x=(x\times\boxed{10}+4)+27$
$40+x=10x+31$
$9x=9$ $\therefore x=\boxed{1}$
따라서 처음 수는 $\boxed{14}$이다.

2. 십의 자리의 숫자를 x라고 하면
처음 수 : $10x+7$
십의 자리와 일의 자리를 바꾼 수 :
$70+x$이므로
$70+x=(10x+7)+36$
$70+x=10x+43$
$9x=27$ $\therefore x=3$
따라서 처음 수는 37이다.

3. x년 후, 아버지와 보라의 나이는
아버지 : $45+\boxed{x}$, 보라 : $13+\boxed{x}$이므로
$45+x=(13+x)\times3$
$45+x=39+3x$
$2x=6$ $\therefore x=3$
따라서 아버지 나이가 보라 나이의 3배가 되는 것은 3년 후이다.

4. x년 후, 이모와 성규의 나이는
이모 : $32+x$, 성규 : $14+x$이므로
$32+x=(14+x)\times2$
$32+x=28+2x$ $\therefore x=4$
따라서 이모 나이가 성규 나이의 2배가 되는 것은 4년 후이다.

핵심 071 스피드 정답

1. 10, 400, 10, 6, 6, 4
2. 사과 4개, 귤 6개
3. 연필 6자루, 볼펜 4자루
4. 자두 7개, 복숭아 3개

1. 아이스크림의 개수를 x개라고 하면
음료수의 개수는 $(\boxed{10}-x)$개이므로
$\boxed{400}x+600(\boxed{10}-x)=4800$
$400x+6000-600x=4800$
$-200x=-1200$ $\therefore x=\boxed{6}$
따라서 아이스크림은 $\boxed{6}$개, 음료수는 $10-6=\boxed{4}$개를 샀다.

2. 사과의 개수를 x개라고 하면
귤의 개수는 $(10-x)$개이므로
$800x+300(10-x)=5000$
$800x+3000-300x=5000$
$500x=2000$ $\therefore x=4$
따라서 사과는 4개, 귤은 $10-4=6$(개)를 샀다.

3. 400원짜리 연필을 x자루라고 하면 500원짜리 볼펜은 $(10-x)$자루이므로
$400x+500(10-x)=5000-600$

$400x+5000-500x=4400$

$-100x=-600$ $\therefore x=6$

따라서 연필은 6자루, 볼펜은 $10-6=4$(자루)를 샀다.

4. 자두의 개수를 x개라고 하면 복숭아는 $(10-x)$개이므로

$600x+800(10-x)=7000-400$

$600x+8000-800x=6600$

$-200x=-1400$ $\therefore x=7$

따라서 자두는 7개, 복숭아는 $10-7=3$(개)를 샀다.

핵심 072 스피드 정답

1. 8, 11, 11, 11, 47 2. 104개
3. 5, 24, 24, 24, 85 4. 78명

1. 아이들 수를 x명이라고 하면

사탕의 개수에서

$4x+3=5x-\boxed{8}$, $4x-5x=-8-3$

$-x=-11$ $\therefore x=\boxed{11}$

따라서 아이들 수는 $\boxed{11}$명이므로 사탕의 개수는 $4\times\boxed{11}+3=\boxed{47}$(개)이다.

2. 사람들 수를 x명이라고 하면

귤의 개수에서

$3x+20=5x-36$, $3x-5x=-36-20$

$-2x=-56$ $\therefore x=28$

따라서 사람들 수는 28명이므로 귤의 개수는 $3\times28+20=104$(개)이다.

3. 의자의 수를 x개라고 하면

학생의 수에서

$3x+13=\boxed{5}(x-7)$

$3x+13=5x-35$, $3x-5x=-35-13$

$-2x=-48$ $\therefore x=\boxed{24}$

따라서 의자의 수는 $\boxed{24}$개이므로 학생의 수는 $3\times\boxed{24}+13=\boxed{85}$(명)이다.

4. 의자의 수를 x개라고 하면

학생의 수에서

$4x+6=5(x-3)+3$

$4x+6=5x-15+3$, $4x-5x=-12-6$

$-x=-18$ $\therefore x=18$

따라서 의자의 수는 18개이므로 학생의 수는 $4\times18+6=78$(명)이다.

핵심 073 스피드 정답

1. 3, x, 3, x, 2, 4, 4 2. 6km
3. 4km 4. 3km 5. 4km
6. 6km 7. 2km 8. 5km

1. 모두 2시간이 걸렸으므로 시간에 대한 방정식을 세운다.

올라갈 때 걸린 시간은 $\frac{x}{\boxed{3}}$이고

내려올 때 걸린 시간은 $\frac{\boxed{x}}{6}$이므로

전체 걸린 시간은 $\frac{x}{\boxed{3}}+\frac{\boxed{x}}{6}=\boxed{2}$

양변에 6을 곱하면

$2x+x=12$ $\therefore x=\boxed{4}$

따라서 올라간 거리는 $\boxed{4}$km이다.

2. 올라간 거리를 x라고 하면

올라갈 때 걸린 시간은 $\frac{x}{2}$이고

내려올 때 걸린 시간은 $\frac{x}{3}$이므로

전체 걸린 시간은 $\frac{x}{2}+\frac{x}{3}=5$

$3x+2x=30$ $\therefore x=6$

따라서 올라간 거리는 6km이다.

3. 올라간 거리를 x라고 하면

올라갈 때 걸린 시간은 $\frac{x}{2}$이고

내려올 때 걸린 시간은 $\frac{x}{4}$이므로

전체 걸린 시간은 $\frac{x}{2}+\frac{x}{4}=3$

$2x+x=12$, $3x=12$

$\therefore x=4$

따라서 올라간 거리는 4km이다.

4. 두 지점 사이의 거리를 x라고 하면

갈 때 걸린 시간은 $\frac{x}{3}$

올 때 걸린 시간은 $\frac{x}{3}$이므로

전체 걸린 시간은 $\frac{x}{3}+\frac{x}{3}=2$

$2x=6$ $\therefore x=3$

따라서 두 지점 사이의 거리는 3km이다.

5. 두 지점 사이의 거리를 x라고 하면

갈 때 걸린 시간은 $\frac{x}{2}$

올 때 걸린 시간은 $\frac{x}{4}$이므로

전체 걸린 시간은 $\frac{x}{2}+\frac{x}{4}=3$

$2x+x=12$, $3x=12$

$\therefore x=4$

따라서 두 지점 사이의 거리는 4km이다.

6. 두 지점 사이의 거리를 x라고 하면

갈 때 걸린 시간은 $\frac{x}{6}$

올 때 걸린 시간은 $\frac{x}{4}$이므로

전체 걸린 시간은

$\frac{x}{6}+\frac{x}{4}=\frac{150}{60}=\frac{15}{6}$

$2x+3x=30$, $5x=30$

$\therefore x=6$

따라서 두 지점 사이의 거리는 6km이다.

7. 두 지점 사이의 거리를 x라고 하면

갈 때 걸린 시간은 $\frac{x}{4}$

올 때 걸린 시간은 $\frac{x}{3}$이므로

전체 걸린 시간은

$\frac{x}{4}+\frac{x}{3}=\frac{70}{60}=\frac{7}{6}$

$3x+4x=14$, $7x=14$

$\therefore x=2$

따라서 두 지점 사이의 거리는 2km이다.

8. 두 지점 사이의 거리를 x라고 하면

갈 때 걸린 시간은 $\frac{x}{5}$

올 때 걸린 시간은 $\frac{x}{3}$이므로

전체 걸린 시간은

$\frac{x}{5}+\frac{x}{3}=\frac{160}{60}=\frac{16}{6}$

$6x+10x=80$, $16x=80$

$\therefore x=5$

따라서 두 지점 사이의 거리는 5km이다.

실력테스트 72쪽 스피드 정답

1. ⑤ 2. ② 3. ⑤
4. ④ 5. ⑤ 6. ②

7. ② 8. ⑤

9. 학생 8명, 토마토 42개 10. 7km

Science & Technology 32cm

1. [ ] 안의 수를 주어진 방정식에 대입하여 등식이 성립함을 확인한다.

① $-2+5=3\neq 7$

② $-2+3=1\neq -5$

③ $2\times(-8)-16=-32\neq 0$

④ $3\times(-7)-6=-27\neq 15$

⑤ $\dfrac{-6}{6}+1=0$

따라서 옳은 것은 ⑤이다.

2. 등식 $3x+2b=ax-8$이 항등식이어야 모든 x에 대해 항상 참이다.

따라서 $3=a$, $2b=-8$이므로 $a=3$, $b=-4$

$\therefore a-b=3-(-4)=7$

3. ⑤ $x+y=0 \rightarrow x=-y$

4. $3x+8=2x+5$에서 $x=-3$

$x=-3$을 $2x+a=-5x$에 대입하면

$-6+a=15 \qquad \therefore a=21$

5. $x=8$을 $3x+a=\dfrac{1}{2}x+5a$에 대입하면

$24+a=4+5a$, $-4a=-20$

$\therefore a=5$

6. ① $3x=x+6$, $2x=6 \qquad \therefore x=3$

② $x-2=4-2x$, $3x=6 \qquad \therefore x=2$

③ $2(x-1)=3x-5$

$2x-2=3x-5$

$-x=-3 \qquad \therefore x=3$

④ $2x-11=-5$, $2x=6 \qquad \therefore x=3$

⑤ $3x+2=x+8$, $2x=6 \qquad \therefore x=3$

7. x년 후 아버지 나이는 $48+x$,

아들의 나이는 $14+x$이므로

$48+x=(14+x)\times 3$

$48+x=42+3x$

$-2x=-6 \qquad \therefore x=3$

따라서 아버지 나이가 아들 나이의 3배가 되는 것은 3년 후이다.

8. 두 지점 사이의 거리를 x라고 하면

갈 때 걸린 시간은 $\dfrac{x}{30}$

올 때 걸린 시간은 $\dfrac{x}{20}$이므로

전체 걸린 시간은 $\dfrac{x}{30}+\dfrac{x}{20}=1$

$2x+3x=60$

$5x=60 \qquad \therefore x=12$

따라서 두 지점 사이의 거리는 12km이다.

9. 학생 수를 x명이라고 하면

$5x+2=6x-6$

$-x=-8 \qquad \therefore x=8$

따라서 학생 수는 8명이고 토마토의 개수는 $5\times 8+2=42$(개)이다.

10. 올라간 거리를 x라고 하면

올라간 시간은 $\dfrac{x}{2}$

내려온 시간은 $\dfrac{x+3}{4}$이므로

전체 걸린 시간은

$\dfrac{x}{2}+\dfrac{x+3}{4}=6$

$2x+x+3=24$

$3x=21$이므로 $\qquad \therefore x=7$

따라서 올라간 거리는 7km이다.

Science & Technology

액자 사이의 간격을 x라고 하면

전체 벽의 길이는

$5x+4\times 60=400$

$5x=400-240=160 \qquad \therefore x=32$

따라서 액자 사이의 간격을 32cm로 하면 된다.

핵심 074 스피드 정답

1. 5, 3, 8	2. x^8	3. 5^{10}
4. a^8	5. x^9	6. 2^{10}
7. 3, 2, 5, 6	8. $2^3\times 3^9$	9. 5
10. 2	11. 3, 8	12. 4, 2

1. $a^5\times a^3=a^{\boxed{5}+\boxed{3}}=a^{\boxed{8}}$

2. $x^2\times x^6=x^{2+6}=x^8$

3. $5^6\times 5^4=5^{6+4}=5^{10}$

4. $a^3\times a\times a^4=a^{3+1+4}=a^8$

5. $x^3\times x^2\times x^4=x^{3+2+4}=x^9$

6. $2^3\times 2^2\times 2^5=2^{3+2+5}=2^{10}$

7. $x^2\times y^4\times x^3\times y^2=x^2\times x^3\times y^4\times y^2$

$=x^{2+\boxed{3}}\times y^{4+\boxed{2}}$

$=x^{\boxed{5}}y^{\boxed{6}}$

8. $2^2\times 3^4\times 3^5\times 2=2^{2+1}\times 3^{4+5}=2^3\times 3^9$

9. $a^3\times a^{\square}=a^{3+\square}=a^8$

$3+\square=8$이므로 $\square=5$

10. $2^3\times 2^{\square}=2^{3+\square}$,

$32=2^5$이므로

$3+\square=5 \qquad \therefore \square=2$

11. $x^4\times x^{\square}\times y^5\times y^3=x^{4+\square}y^{5+3}$

$x^{4+\square}y^8=x^7y^{\square}$이므로

$\square$ 안에 알맞은 수는 차례대로 3, 8이다.

12. $2\times 3\times 4\times 5\times 6=2\times 3\times 2^2\times 5\times(2\times 3)$

$=2^{1+2+1}\times 3^{1+1}\times 5$

$2^4\times 3^2\times 5=2^{\square}\times 3^{\square}\times 5$이므로

$\square$ 안에 알맞은 수는 차례대로 4, 2이다.

핵심 075 스피드 정답

1. a^{12}	2. x^{14}	3. a^3b^{16}
4. $x^{10}y^8$	5. 6	6. 4
7. 3	8. 1, 2, 2, 2	9. 8, 8, 8
10. 8, 8, 4, 4, 4		

1. $(a^3)^4=a^{3\times 4}=a^{12}$

2. $(x^3)^2\times(x^2)^4=x^{3\times 2}\times x^{2\times 4}$

$=x^6\times x^8=x^{6+8}=x^{14}$

3. $a^3\times(b^3)^2\times(b^2)^5=a^3\times b^{3\times 2}\times b^{2\times 5}$

$=a^3\times b^6\times b^{10}$

$=a^3\times b^{6+10}=a^3b^{16}$

4. $y^2\times(x^5)^2\times(y^2)^3=y^2\times x^{5\times 2}\times y^{2\times 3}$

$=x^{10}\times y^{2+2\times 3}=x^{10}y^8$

5. $(a^{\square})^2=a^{\square\times 2}=a^{12}$

$\square\times 2=12 \qquad \therefore \square=6$

6. $(x^{\square})^2\times(x^4)^3=x^{\square\times 2}\times x^{4\times 3}$

$=x^{\square\times 2+12}=x^{20}$

$\square\times 2+12=20 \qquad \therefore \square=4$

7. $(2^3)^4\times(2^{\square})^3=2^{3\times 4}\times 2^{\square\times 3}$

$=2^{12+\square\times 3}=2^{21}$

$12+\square\times 3=21 \qquad \therefore \square=3$

8. $2^5=2^{4+\boxed{1}}=2^4\times\boxed{2}=a\times\boxed{2}=\boxed{2}a$

9. $2^{32}=2^{4\times\boxed{8}}=(2^4)^{\boxed{8}}=a^{\boxed{8}}$

10. $4^8=(2^2)^{\boxed{8}}=2^{2\times\boxed{8}}=2^{4\times\boxed{4}}=(2^4)^{\boxed{4}}=a^{\boxed{4}}$

핵심 **076** 스피드 정답

1. a	2. x^4	3. 5^8
4. 1	5. 1	6. 1
7. $\frac{1}{c^3}$	8. $\frac{1}{z^5}$	9. $\frac{1}{3^6}$
10. a^7	11. x^4	12. $\frac{1}{y^2}$
13. 5, 3	14. x^2	15. y^6
16. $a=4$	17. $a=7$	18. $a=3$

1. $a^5\div a^4=a^{5-4}=a$
2. $x^8\div x^4=x^{8-4}=x^4$
3. $5^{12}\div 5^4=5^{12-4}=5^8$
4. $b^2\div b^2=1$
5. $y^7\div y^7=1$
6. $3^{10}\div 3^{10}=1$
7. $c^2\div c^5=\frac{1}{c^{5-2}}=\frac{1}{c^3}$
8. $z^3\div z^8=\frac{1}{z^{8-3}}=\frac{1}{z^5}$
9. $3^3\div 3^9=\frac{1}{3^{9-3}}=\frac{1}{3^6}$
10. $(a^2)^5\div a^3=a^{2\times5-3}=a^7$
11. $(x^3)^4\div(x^4)^2=x^{3\times4-4\times2}=x^4$
12. $y^4\div(y^3)^2=y^4\div y^6=\frac{1}{y^{6-4}}=\frac{1}{y^2}$
13. $a^8\div a^3\div a^2=a^{8-3}\div a^2$
$=a^{\boxed{5}}\div a^2=a^{5-2}=a^{\boxed{3}}$
14. $(x^3)^4\div(x^2)^3\div(x^2)^2$
$=x^{12}\div x^6\div x^4$
$=x^{12-6}\div x^4=x^6\div x^4=x^{6-4}=x^2$
15. $(y^4)^5\div(y^3)^2\div(y^2)^4$
$=y^{20}\div y^6\div y^8=y^{20-6-8}=y^6$
16. $(x^3)^a\div x^2=x^{3a-2}=x^{10}$
$3a-2=10 \qquad \therefore a=4$
17. $x^a\div x^3\div x^4=1$에서
$x^{a-3}\div x^4=1$
$a-3=4 \qquad \therefore a=7$
18. $x^a\div x^6=\frac{1}{x^3}$에서
$\frac{1}{x^{6-a}}=\frac{1}{x^3}$
$6-a=3 \qquad \therefore a=3$

핵심 **077** 스피드 정답

1. a^6b^3	2. $x^{28}y^{21}$	3. $8a^{15}$
4. $16x^{12}$	5. $27a^6b^{12}$	6. $25x^6y^8$
7. $\frac{b^3}{a^6}$	8. $\frac{y^{12}}{x^6}$	9. $\frac{8}{a^{12}}$
10. $\frac{x^{12}}{25}$	11. $\frac{4a^6}{b^{10}}$	12. $\frac{8x^{15}}{27y^6}$
13. $9a^{10}$	14. $-8x^6$	15. $25a^4b^2$
16. $-8x^3y^6$	17. $\frac{9}{a^2}$	18. $-\frac{8}{a^9}$
19. $\frac{16a^6}{b^4}$	20. $-\frac{y^{15}}{27x^3}$	21. $a=3, b=2$
22. $a=2, b=6$		

1. $(a^2b)^3=a^{2\times3}b^3=a^6b^3$
2. $(x^4y^3)^7=x^{4\times7}y^{3\times7}=x^{28}y^{21}$
3. $(2a^5)^3=2^3a^{5\times3}=8a^{15}$
4. $(4x^6)^2=4^2x^{6\times2}=16x^{12}$
5. $(3a^2b^4)^3=3^3a^{2\times3}b^{4\times3}=27a^6b^{12}$
6. $(5x^3y^4)^2=5^2x^{3\times2}y^{4\times2}=25x^6y^8$
7. $\left(\frac{b}{a^2}\right)^3=\frac{b^3}{a^{2\times3}}=\frac{b^3}{a^6}$
8. $\left(\frac{y^4}{x^2}\right)^3=\frac{y^{4\times3}}{x^{2\times3}}=\frac{y^{12}}{x^6}$
9. $\left(\frac{2}{a^4}\right)^3=\frac{2^3}{a^{4\times3}}=\frac{8}{a^{12}}$
10. $\left(\frac{x^6}{5}\right)^2=\frac{x^{6\times2}}{5^2}=\frac{x^{12}}{25}$
11. $\left(\frac{2a^3}{b^5}\right)^2=\frac{2^2a^{3\times2}}{b^{5\times2}}=\frac{4a^6}{b^{10}}$
12. $\left(\frac{2x^5}{3y^2}\right)^3=\frac{2^3x^{5\times3}}{3^3y^{2\times3}}=\frac{8x^{15}}{27y^6}$
13. $(-3a^5)^2=(-3)^2a^{5\times2}=9a^{10}$
14. $(-2x^2)^3=(-2)^3x^{2\times3}=-8x^6$
15. $(-5a^2b)^2=(-5)^2a^{2\times2}b^2=25a^4b^2$
16. $(-2xy^2)^3=(-2)^3x^3y^{2\times3}=-8x^3y^6$
17. $\left(-\frac{3}{a}\right)^2=(-1)^2\cdot\frac{3^2}{a^2}=\frac{9}{a^2}$
18. $\left(-\frac{2}{a^3}\right)^3=(-1)^3\cdot\frac{2^3}{a^{3\times3}}=-\frac{8}{a^9}$
19. $\left(-\frac{4a^3}{b^2}\right)^2=(-1)^2\cdot\frac{4^2a^{3\times2}}{b^{2\times2}}=\frac{16a^6}{b^4}$
20. $\left(-\frac{y^5}{3x}\right)^3=(-1)^3\cdot\frac{y^{5\times3}}{3^3x^3}=-\frac{y^{15}}{27x^3}$
21. $(x^ay^3)^2=x^{2a}y^6=x^6y^{3b}$이므로
$2a=6,\ 6=3b \qquad \therefore a=3, b=2$
22. $72^3=(8\times9)^3=(2^3\times3^2)^3=2^9\times3^6$
$(2^3\times3^2)^3=(2^3\times3^a)^3$이므로 $a=2$
$2^9\times3^6=2^9\times3^b$이므로 $b=6$
$\therefore a=2, b=6$

핵심 **078** 스피드 정답

1. $6ab$	2. $30xy$	3. $-12ab$
4. $-15xy$	5. $12a^4b^3$	6. $-6x^3y^2$
7. a^3b^3	8. $-10x^3y^3$	9. $-8a^4b^4$
10. $-16x^3y$	11. $36a^2b^4$	12. $-4x^7y^8$
13. $3a^5b^3$	14. $-\frac{1}{2}x^{13}y^7$	15. $a=2, b=3$
16. $a=2, b=7$	17. $a=5, b=5$	

1. $2a\times3b=6ab$
2. $5x\times6y=30xy$
3. $(-4a)\times3b=-12ab$
4. $5x\times(-3y)=-15xy$
5. $3ab^2\times4a^3b=12a^4b^3$
6. $2x^2y\times(-3xy)=-6x^3y^2$
7. $\frac{3}{5}a^2b\times\frac{5}{3}ab^2=\frac{3}{5}\times\frac{5}{3}a^3b^3=a^3b^3$
8. $\frac{5}{2}x^2y\times(-4xy^2)=\frac{5}{2}\times(-4)x^3y^3$
$=-10x^3y^3$
9. $(-ab)\times(2ab)^3=(-ab)\times8a^3b^3=-8a^4b^4$
10. $(-2x)^2\times(-4xy)=4x^2\times(-4xy)$
$=-16x^3y$
11. $(3b)^2\times(-2ab)^2=9b^2\times4a^2b^2=36a^2b^4$
12. $(-xy^2)^3\times(2x^2y)^2=-x^3y^6\times4x^4y^2$
$=-4x^7y^8$
13. $\left(\frac{1}{3}a^2b\right)^2\times27ab=\frac{1}{9}a^4b^2\times27ab=3a^5b^3$
14. $(-2x^3y)^3\times\left(\frac{1}{2}xy\right)^4=-8x^9y^3\times\frac{1}{16}x^4y^4$
$=-\frac{1}{2}x^{13}y^7$
15. $3x^2\times ax=3ax^3$
$3ax^3=6x^b$이므로

$3a=6,\ 3=b \qquad \therefore a=2,\ b=3$

16. $(xy^3)^2\times 2x^3y=x^2y^6\times 2x^3y=2x^5y^7$

$2x^5y^7=ax^5y^b$이므로 $a=2,\ b=7$

17. $ax^3y^3\times(-xy^2)^2=ax^3y^3\times x^2y^4=ax^5y^7$

$ax^5y^7=5x^by^7$이므로 $a=5,\ b=5$

핵심 079 스피드 정답

1. $2a^2$	2. $-4x^6$	3. $2a^3$
4. $-4x^2y$	5. $\frac{3}{2a}$	6. $\frac{5x}{2}$
7. $-\frac{2}{x}$	8. $-\frac{5}{2x^2y}$	9. $\frac{2a^2}{b^2}$
10. $-3x^2$	11. $-16ab^3$	12. $\frac{4x}{y}$
13. -1	14. $-3x^5y^{15}$	15. $a=2,\ b=3$
16. $a=4,\ b=10$		

1. $4a^3\div 2a=\frac{4a^3}{2a}=2a^2$

2. $12x^8\div(-3x^2)=\frac{12x^8}{-3x^2}=-4x^6$

3. $6a^4b\div 3ab=\frac{6a^4b}{3ab}=2a^3$

4. $8x^3y^2\div(-2xy)=\frac{8x^3y^2}{-2xy}=-4x^2y$

5. $\frac{2a}{3}\times\frac{3}{2a}=1$이므로 $\frac{2a}{3}$의 역수는 $\frac{3}{2a}$

6. $\frac{2}{5x}\times\frac{5x}{2}=1$이므로 $\frac{2}{5x}$의 역수는 $\frac{5x}{2}$

7. $-\frac{1}{2}x\times\left(\frac{-2}{x}\right)=1$이므로

$-\frac{1}{2}x$의 역수는 $-\frac{2}{x}$

8. $-\frac{2}{5}x^2y\times\left(-\frac{5}{2x^2y}\right)=1$이므로

$-\frac{2}{5}x^2y$의 역수는 $-\frac{5}{2x^2y}$

9. $3a^5b^5\div\frac{3}{2}a^3b^7=3a^5b^5\times\frac{2}{3a^3b^7}=\frac{2a^2}{b^2}$

10. $2x^3y^3\div\left(-\frac{2}{3}xy^3\right)=2x^3y^3\times\left(-\frac{3}{2xy^3}\right)$

$=-3x^2$

11. $12a^2b^4\div\left(-\frac{3}{4}ab\right)=12a^2b^4\times\left(-\frac{4}{3ab}\right)$

$=-16ab^3$

12. $\left(-\frac{2}{3}x^2y\right)\div\left(-\frac{1}{6}xy^2\right)$

$=\left(-\frac{2x^2y}{3}\right)\times\left(-\frac{6}{xy^2}\right)=\frac{4x}{y}$

13. $8a^8b^4\div(-2a^2b)^3\div a^2b$

$=8a^8b^4\times\frac{1}{-8a^6b^3}\times\frac{1}{a^2b}=-1$

14. $(-3x^2y^5)^2\div\left(-\frac{3}{x^2y^6}\right)\div xy$

$=9x^4y^{10}\times\left(-\frac{x^2y^6}{3}\right)\times\frac{1}{xy}$

$=-3x^{4+2-1}y^{10+6-1}=-3x^5y^{15}$

15. $(x^4y^2)^a\div(x^2y^b)^3=\frac{x^{4a}y^{2a}}{x^6y^{3b}}$

$\frac{x^{4a}y^{2a}}{x^6y^{3b}}=\frac{x^2}{y^5}$이므로 지수끼리 비교하면

$4a-6=2,\ \ 3b-2a=5$

$4a-6=2$에서 $4a=8 \qquad \therefore a=2$

$a=2$를 $3b-2a=5$에 대입하면

$3b-2\times2=5,\ 3b=9 \qquad \therefore b=3$

16. $(5xy^a)^2\div x^{12}y^6=\frac{25x^2y^{2a}}{x^{12}y^6}$

$\frac{25x^2y^{2a}}{x^{12}y^6}=\frac{25y^2}{x^b}$이므로 지수끼리 비교하면

$12-2=b,\ 2a-6=2$

$12-2=b$에서 $b=10$

$2a-6=2$에서 $2a=8 \qquad \therefore a=4$

핵심 080 스피드 정답

1. $6b^2$	2. $8xy^3$	3. $9b^4$
4. $8y^7$	5. a^4	6. $\frac{6a}{b^2}$
7. $5xy^2$	8. $4a^3b^5$	9. $\frac{1}{8}x^8y$
10. $4ab^4$	11. $10a^2$	

1. $3ab^3\times4a^2b\div2a^3b^2$

$=\frac{3ab^3\times4a^2b}{2a^3b^2}=6b^2$

2. $12x^3y^2\times2y\div3x^2$

$=\frac{12x^3y^2\times2y}{3x^2}=8xy^3$

3. $6ab^2\div2a^2b\times3ab^3$

$=\frac{6ab^2\times3ab^3}{2a^2b}=9b^4$

4. $16xy^4\div4x^2y\times2xy^4$

$=\frac{16xy^4\times2xy^4}{4x^2y}=8y^7$

5. $(-a^3)\div(-2a)^3\times8a^4$

$=(-a^3)\div(-8a^3)\times8a^4$

$=\frac{(-a^3)\times8a^4}{-8a^3}=a^4$

6. $2ab\times(3ab)^2\div3a^2b^5$

$=\frac{2ab\times9a^2b^2}{3a^2b^5}=\frac{6a}{b^2}$

7. $(2xy)^2\div(-4x^2y)\times(-5xy)$

$=\frac{4x^2y^2\times(-5xy)}{-4x^2y}=5xy^2$

8. $(-2ab)^3\div(-4a)\times2ab^2$

$=\frac{(-8a^3b^3)\times2ab^2}{-4a}=4a^3b^5$

9. $\left(-\frac{3}{2}xy^2\right)^3\times\left(\frac{x^2}{y}\right)^4\div(-27x^3y)$

$=\left(-\frac{27}{8}x^3y^6\right)\times\frac{x^8}{y^4}\times\frac{1}{-27x^3y}$

$=\left(-\frac{27}{8}\right)\times\left(\frac{1}{-27}\right)\times\frac{x^3y^6\times x^8}{y^4\times x^3y}$

$=\frac{1}{8}x^8y$

10. (삼각형의 넓이)

$=\frac{1}{2}\times$(밑변의 길이)$\times$(높이)이므로

$4a^3b^5=\frac{1}{2}\times$(밑변의 길이)$\times2a^2b$

$4a^3b^5=a^2b\times$(밑변의 길이)

$\therefore$ (밑변의 길이)$=\frac{4a^3b^5}{a^2b}=4ab^4$

11. (직육면체의 부피)

$=$(가로)$\times$(세로)$\times$(높이)이므로

$25a^3b^2=2ab\times$(세로)$\times\frac{5}{4}b$

$\therefore$ (세로)$=25a^3b^2\div2ab\div\frac{5}{4}b$

$=25a^3b^2\times\frac{1}{2ab}\times\frac{4}{5b}=10a^2$

핵심 081 스피드 정답

1. $4a+3b$	2. $3x+2y$	3. $2a+4b$
4. $-5x+2y$	5. $4a+b-1$	6. $-x-4y+2$
7. $5b$	8. $4x+5y$	9. $4a^2-5a$
10. $-3b^2+8b$	11. $3x^2-5x$	12. $3a^2+a+1$

13. b^2+b-2 14. $2x^2+5x$ 15. $5a^2-9a$

16. $-4x+2$

---

1. $(a+2b)+(3a+b)$
$=a+2b+3a+b$
$=(1+3)a+(2+1)b=4a+3b$

2. $(2x-y)+(x+3y)$
$=2x-y+x+3y$
$=(2+1)x+(-1+3)y=3x+2y$

3. $(3a+2b)-(a-2b)$
$=3a+2b-a+2b$
$=(3-1)a+(2+2)b=2a+4b$

4. $(x-2y)-(6x-4y)$
$=x-2y-6x+4y$
$=(1-6)x+(-2+4)y=-5x+2y$

5. $(a+3b+1)+(3a-2b-2)$
$=a+3b+1+3a-2b-2$
$=(1+3)a+(3-2)b+1-2$
$=4a+b-1$

6. $(-2x-y+1)-(-x+3y-1)$
$=-2x-y+1+x-3y+1$
$=(-2+1)x+(-1-3)y+1+1$
$=-x-4y+2$

7. $3a+b+\{3b-(3a-b)\}$
$=3a+b+\{3b-3a+b\}$
$=3a+b+\{4b-3a\}$
$=3a+b+4b-3a$
$=(3-3)a+(1+4)b=5b$

8. $6x-[x+y-\{3y-(x-3y)\}]$
$=6x-[x+y-\{3y-x+3y\}]$
$=6x-[x+y-\{6y-x\}]$
$=6x-[x+y-6y+x]$
$=6x-[2x-5y]=6x-2x+5y$
$=4x+5y$

9. $(a^2-4a)+(3a^2-a)$
$=a^2-4a+3a^2-a$
$=(1+3)a^2+(-4-1)a=4a^2-5a$

10. $(-b^2+3b)+(-2b^2+5b)$
$=-b^2+3b-2b^2+5b$
$=(-1-2)b^2+(3+5)b=-3b^2+8b$

11. $(2x^2-2x)-(-x^2+3x)$
$=2x^2-2x+x^2-3x$
$=(2+1)x^2+(-2-3)x=3x^2-5x$

12. $(a^2-2a+3)+(2a^2+3a-2)$
$=a^2-2a+3+2a^2+3a-2$
$=(1+2)a^2+(-2+3)a+3-2$
$=3a^2+a+1$

13. $(-b^2+2b+1)+(2b^2-b-3)$
$=-b^2+2b+1+2b^2-b-3$
$=(-1+2)b^2+(2-1)b+1-3$
$=b^2+b-2$

14. $(3x^2+2x+1)-(x^2-3x+1)$
$=3x^2+2x+1-x^2+3x-1$
$=(3-1)x^2+(2+3)x+1-1$
$=2x^2+5x$

15. $3a^2-4a-\{3a+1-(2a^2-2a+1)\}$
$=3a^2-4a-\{3a+1-2a^2+2a-1\}$
$=3a^2-4a-\{-2a^2+5a\}$
$=3a^2-4a+2a^2-5a$
$=(3+2)a^2+(-4-5)a=5a^2-9a$

16. $x^2-2x-\{4x^2-1-(3x^2-2x+1)\}$
$=x^2-2x-\{4x^2-1-3x^2+2x-1\}$
$=x^2-2x-\{x^2+2x-2\}$
$=x^2-2x-x^2-2x+2=-4x+2$

핵심 082 스피드 정답

1. $6a^2+2a$ 2. $-2x^2+4x$ 3. $15a^2+6ab$
4. $-6x^2+10xy$ 5. $6a^2+2ab-10a$
6. $-9x^2-15xy-3x$ 7. $6a^2-8a$
8. $-12x^2+24xy$ 9. $-6a^2+15a$
10. $-12x^2+8xy$ 11. $6a^3+2a^2-10a$
12. $-2x^3+6x^2-4x$ 13. $-6a^2+12a$
14. $-15x^2+20x$ 15. $-3a^3+a^2+2a$
16. x^3+2x^2-3x

---

1. $2a(3a+1)$
$=2a\times3a+2a\times1=6a^2+2a$

2. $-x(2x-4)$
$=(-x)\times2x+(-x)\times(-4)$
$=-2x^2+4x$

3. $3a(5a+2b)$
$=3a\times5a+3a\times2b=15a^2+6ab$

4. $-2x(3x-5y)$
$=(-2x)\times3x+(-2x)\times(-5y)$
$=-6x^2+10xy$

5. $2a(3a+b-5)$
$=2a\times3a+2a\times b+2a\times(-5)$
$=6a^2+2ab-10a$

6. $-3x(3x+5y+1)$
$=(-3x)\times3x+(-3x)\times5y+(-3x)\times1$
$=-9x^2-15xy-3x$

7. $\frac{2}{3}a(9a-12)$
$=\frac{2}{3}a\times9a+\frac{2}{3}a\times(-12)=6a^2-8a$

8. $-\frac{6}{5}x(10x-20y)$
$=\left(-\frac{6}{5}x\right)\times10x+\left(-\frac{6}{5}x\right)\times(-20y)$
$=-12x^2+24xy$

9. $(2a-5)\times(-3a)$
$=2a\times(-3a)+(-5)\times(-3a)$
$=-6a^2+15a$

10. $(3x-2y)\times(-4x)$
$=3x\times(-4x)+(-2y)\times(-4x)$
$=-12x^2+8xy$

11. $(3a^2+a-5)\times2a$
$=3a^2\times2a+a\times2a+(-5)\times2a$
$=6a^3+2a^2-10a$

12. $(x^2-3x+2)\times(-2x)$
$=x^2\times(-2x)+(-3x)\times(-2x)$
$+2\times(-2x)=-2x^3+6x^2-4x$

13. $(4a-8)\times\left(-\frac{3}{2}a\right)$
$=4a\times\left(-\frac{3}{2}a\right)+(-8)\times\left(-\frac{3}{2}a\right)$
$=-6a^2+12a$

14. $(18x-24)\times\left(-\frac{5}{6}x\right)$
$=18x\times\left(-\frac{5}{6}x\right)+(-24)\times\left(-\frac{5}{6}x\right)$
$=-15x^2+20x$

15. $(9a^2-3a-6)\times\left(-\frac{a}{3}\right)$
$=9a^2\times\left(-\frac{a}{3}\right)+(-3a)\times\left(-\frac{a}{3}\right)$
$+(-6)\times\left(-\frac{a}{3}\right)=-3a^3+a^2+2a$

16. $(-5x^2-10x+15)\times\left(-\frac{x}{5}\right)$

$=(-5x^2)\times\left(-\frac{x}{5}\right)+(-10x)\times\left(-\frac{x}{5}\right)$

$+15\times\left(-\frac{x}{5}\right)=x^3+2x^2-3x$

핵심 **083** 스피드 정답

1. $2a+4$	2. $2x-1$	3. $-a+3$
4. $3y+2$	5. $3b+2a$	6. $2x+3$
7. $-2+3a^2b^2$	8. $2xy+3$	9. $6a+4$
10. $2y+6$	11. $-3a+15$	12. $3y+6x$
13. $6-4a^2b^2$	14. $-12xy-6$	

1. $(4a+8)\div2=\frac{4a+8}{2}=2a+4$

2. $(10x-5)\div5=\frac{10x-5}{5}=2x-1$

3. $(3ab-9b)\div(-3b)=\frac{3ab-9b}{-3b}=-a+3$

4. $(6xy+4x)\div2x=\frac{6xy+4x}{2x}=3y+2$

5. $(9ab^2+6a^2b)\div3ab=\frac{9ab^2+6a^2b}{3ab}=3b+2a$

6. $(8x^2y+12xy)\div4xy$

$=\frac{8x^2y+12xy}{4xy}=2x+3$

7. $(6ab^2-9a^3b^4)\div(-3ab^2)$

$=\frac{6ab^2-9a^3b^4}{-3ab^2}=-2+3a^2b^2$

8. $(8x^2y^3+12xy^2)\div4xy^2$

$=\frac{8x^2y^3+12xy^2}{4xy^2}=2xy+3$

9. $(3ab+2b)\div\frac{b}{2}=(3ab+2b)\times\frac{2}{b}=6a+4$

10. $(xy+3x)\div\frac{1}{2}x$

$=(xy+3x)\times\frac{2}{x}=2y+6$

11. $(ab-5b)\div\left(-\frac{1}{3}b\right)$

$=(ab-5b)\times\left(-\frac{3}{b}\right)=-3a+15$

12. $(2xy^2+4x^2y)\div\frac{2xy}{3}$

$=(2xy^2+4x^2y)\times\frac{3}{2xy}=3y+6x$

13. $(9ab^2-6a^3b^4)\div\frac{3}{2}ab^2$

$=(9ab^2-6a^3b^4)\times\frac{2}{3ab^2}=6-4a^2b^2$

14. $(16x^2y^3+8xy^2)\div\left(-\frac{4}{3}xy^2\right)$

$=(16x^2y^3+8xy^2)\times\left(-\frac{3}{4xy^2}\right)$

$=-12xy-6$

핵심 **084** 스피드 정답

1. $2a^2-3ab+a+2b$	2. $3x^2+12x+2y$
3. $a^2+3ab-4a$	4. $5x^2-6x$
5. $6a^2-5ab$	6. x^2y-xy
7. $3ab-6a+2$	8. $-3x-3xy+2$
9. $5a-8b$	10. $5x-9y$
11. $3ab-2b$	12. $2a+3b^2$

1. $a(2a-3b)+(a^2+2ab)\div a$

$=2a^2-3ab+\frac{a^2+2ab}{a}$

$=2a^2-3ab+a+2b$

2. $3x(x+5)-(6x^2-4xy)\div2x$

$=3x^2+15x-\frac{6x^2-4xy}{2x}$

$=3x^2+15x-3x+2y$

$=3x^2+12x+2y$

3. $a(a+b)+(6a^2b-12a^2)\div3a$

$=a^2+ab+\frac{6a^2b-12a^2}{3a}$

$=a^2+ab+2ab-4a$

$=a^2+3ab-4a$

4. $2x(x-2)-(6x^2y-4xy)\div(-2y)$

$=2x^2-4x-\frac{6x^2y-4xy}{-2y}$

$=2x^2-4x+3x^2-2x=5x^2-6x$

5. $(15a^2b+5ab^2)\div5b+(a-2b)\times3a$

$=\frac{15a^2b+5ab^2}{5b}+3a^2-6ab$

$=3a^2+ab+3a^2-6ab=6a^2-5ab$

6. $(x^3y^2-3x^2y^2)\div(-xy)+(x-2)\times2xy$

$=\frac{x^3y^2-3x^2y^2}{-xy}+2x^2y-4xy$

$=-x^2y+3xy+2x^2y-4xy$

$=x^2y-xy$

7. $(9ab^2-6ab)\div3b-\frac{8a^2-4a}{2a}$

$=\frac{9ab^2-6ab}{3b}-4a+2$

$=3ab-2a-4a+2$

$=3ab-6a+2$

8. $(6xy-9xy^2)\div3y-\frac{15x^2-6x}{3x}$

$=\frac{6xy-9xy^2}{3y}-5x+2$

$=2x-3xy-5x+2$

$=-3x-3xy+2$

9. $(3a^2-6ab)\div3a+(2ab-3b^2)\div\frac{1}{2}b$

$=\frac{3a^2-6ab}{3a}+(2ab-3b^2)\times\frac{2}{b}$

$=a-2b+4a-6b=5a-8b$

10. $(4x^2-6xy)\div2x+(2xy-4y^2)\div\frac{2}{3}y$

$=\frac{4x^2-6xy}{2x}+(2xy-4y^2)\times\frac{3}{2y}$

$=2x-3y+3x-6y=5x-9y$

11. (직사각형의 넓이)=(가로)×(세로)이므로

$3a^2b-2ab=a\times$(세로)

(세로)$=(3a^2b-2ab)\div a$

$=\frac{3a^2b-2ab}{a}=3ab-2b$

12. (직육면체의 부피)

=(가로)×(세로)×(높이)이므로

$6a^2b+9ab^3=3a\times b\times$(높이)

(높이)$=(6a^2b+9ab^3)\div3ab$

$=\frac{6a^2b+9ab^3}{3ab}=2a+3b^2$

핵심 **085** 스피드 정답

1. -1	2. -8	3. -3
4. -7	5. 0	6. 3
7. 4, 2, 2, 1	8. $8x+2$	9. $8x-7$
10. $7x$	11. $-7y$	12. $5x+13y$
13. $-2x-8y$	14. $14y$	

1. $3x+y=3\times(-1)+2$

$=-3+2=-1$

2. $2x-3y=2\times(-1)-3\times2$
$=-2-6=-8$

3. $-x-2y=-(-1)-2\times2$
$=1-4=-3$

4. $2(x+y)-3(-x+y)$
$=2\times(-1+2)-3\times\{-(-1)+2\}$
$=2\times1-3\times3=2-9=-7$

5. $(12x^2y+6xy^2)\div3xy$
$=\dfrac{12x^2y+6xy^2}{3xy}=4x+2y$
$=4\times(-1)+2\times2=0$

6. $\dfrac{3x^2y-2xy+4xy^2}{xy}$
$=3x-2+4y$
$=3\times(-1)-2+4\times2$
$=-3-2+8=3$

7. $6x+2y-3=6x+2(-2x+1)-3$
$=6x-\boxed{4}x+\boxed{2}-3$
$=\boxed{2}x-\boxed{1}$

8. $2x-3y+5$
$=2x-3(-2x+1)+5$
$=2x+6x-3+5=8x+2$

9. $4x-2y-5$
$=4x-2(-2x+1)-5$
$=4x+4x-2-5=8x-7$

10. $A+3B=(x-3y)+3(2x+y)$
$=x-3y+6x+3y=7x$

11. $2A-B=2(x-3y)-(2x+y)$
$=2x-6y-2x-y=-7y$

12. $-3A+4B=-3(x-3y)+4(2x+y)$
$=-3x+9y+8x+4y$
$=5x+13y$

13. $3A-4B-(A-2B)$
$=3A-4B-A+2B$
$=2A-2B$
$=2(x-3y)-2(2x+y)$
$=2x-6y-4x-2y$
$=-2x-8y$

14. $B-A-(3A-B)$
$=B-A-3A+B$
$=-4A+2B$
$=-4(x-3y)+2(2x+y)$
$=-4x+12y+4x+2y=14y$

핵심 086 스피드 정답

1. $-4, 6, 2, 3$ 2. $y=2x+6$ 3. $y=-2x+3$
4. $y=\frac{1}{3}x-5$ 5. $y=4x-7$ 6. $x=-2y+3$
7. $x=2y-4$ 8. $x=-2y+7$ 9. $x=\frac{1}{3}y-4$
10. $x=\frac{1}{3}y+\frac{2}{3}$ 11. $x=\frac{1}{3}y-\frac{2}{3}$
12. $a=-b-c+15$ 13. $y=\frac{3}{2}x+\frac{15}{2}$
14. $h=\dfrac{2S}{a+b}$ 15. $y=\frac{2}{7}x$
16. $y=\frac{7}{4}x$ 17. $y=3x$
18. $x=\frac{5}{9}(y-32)$ 19. 15℃
20. $2y+x=16$ 21. $y=8-\frac{x}{2}$
22. 5

---

1. $4x-2y-6=0$에서 y항만 좌변에 남기고 모두 우변으로 이항하면
$-2y=\boxed{-4}x+\boxed{6}$
양변을 -2로 나누면
$y=\boxed{2}x-\boxed{3}$

2. $-4x+2y=12$
$2y=4x+12$ $\therefore y=2x+6$

3. $6x+3y=9$
$3y=-6x+9$ $\therefore y=-2x+3$

4. $x=3y+15$
$-3y=-x+15$ $\therefore y=\frac{1}{3}x-5$

5. $4x=y+7$
$-y=-4x+7$ $\therefore y=4x-7$

6. $2x+4y-6=0$
$2x=-4y+6$ $\therefore x=-2y+3$

7. $-2x+4y=8$
$-2x=-4y+8$ $\therefore x=2y-4$

8. $3x+6y=21$
$3x=-6y+21$ $\therefore x=-2y+7$

9. $y=3x+12$
$-3x=-y+12$ $\therefore x=\frac{1}{3}y-4$

10. $3x-y=2$
$3x=y+2$ $\therefore x=\frac{1}{3}y+\frac{2}{3}$

11. $3x-y+2=0$
$3x=y-2$ $\therefore x=\frac{1}{3}y-\frac{2}{3}$

12. $5=\dfrac{a+b+c}{3}$
$a+b+c=15$ $\therefore a=-b-c+15$

13. $-3x+2y=15$
$2y=3x+15$ $\therefore y=\frac{3}{2}x+\frac{15}{2}$

14. $S=\frac{1}{2}(a+b)h$
$\frac{1}{2}(a+b)h=S$
$h=S\div\frac{1}{2}(a+b)$
$=S\times\dfrac{2}{a+b}=\dfrac{2S}{a+b}$ $\therefore h=\dfrac{2S}{a+b}$

15. $(x+y):(2x-y)=3:4$
$3(2x-y)=4(x+y)$, $6x-3y=4x+4y$
$-7y=-2x$ $\therefore y=\frac{2}{7}x$

16. $(2x-y):(-3x+2y)=1:2$
$-3x+2y=2(2x-y)$, $-3x+2y=4x-2y$
$4y=7x$ $\therefore y=\frac{7}{4}x$

17. $\frac{1}{x}:\frac{1}{y}=3:1$, $\frac{3}{y}=\frac{1}{x}$ $\therefore y=3x$

18. $y=\frac{9}{5}x+32$, $\frac{9}{5}x+32=y$
$\frac{9}{5}x=y-32$ $\therefore x=\frac{5}{9}(y-32)$

19. $x=\frac{5}{9}(y-32)$에 $y=59$를 대입하면
$x=\frac{5}{9}\times(59-32)=\frac{5}{9}\times27=15$
따라서 섭씨온도로 15℃이다.

21. $2y+x=16$
$2y=16-x$ $\therefore y=8-\frac{x}{2}$

22. $y=8-\frac{x}{2}$에 $x=6$을 대입하면
$y=8-\frac{6}{2}=8-3=5$

실력테스트 81쪽 스피드 정답

1. ③ 2. ③ 3. ①
4. ⑤ 5. ② 6. 1
7. a^2+a-1 8. ③ 9. ①

10. ②

Science & Technology

① ag ② $\frac{3}{4}b$g ③ $c=\frac{24a+18b}{a+b}$

1. ① $a^4+a^4=2a^4$

② $b^3\times b^4=b^{3+4}=b^7$

③ $a^{10}\div a^4=a^{10-4}=a^6$

④ $(-2b^3)^2=(-2)^2b^6=4b^6$

⑤ $\left(\frac{a^3}{b}\right)^2=\frac{a^6}{b^2}$

따라서 옳은 것은 ③이다.

2. $2^x\times 4^2=2^x\times(2^2)^2=2^x\times 2^4=2^{x+4}$

$2^{x+4}=2^7$이므로 $x+4=7$ $\quad\therefore x=3$

3. $25^4=(5^2)^4=5^8=(5^4)^2=a^2$

4. 어떤 식을 A라고 하면

$A\div\left(-\frac{2a^2}{b}\right)^3=\frac{b^8}{8a^8}$ ← 양변에 $\left(-\frac{2a^2}{b}\right)^3$을 곱한다.

$A=\frac{b^8}{8a^8}\times\left(-\frac{2a^2}{b}\right)^3$

$=\frac{b^8}{8a^8}\times\left(-\frac{8a^6}{b^3}\right)=-\frac{b^5}{a^2}$

따라서 바르게 계산하면

$A\times\left(-\frac{2a^2}{b}\right)^3=\left(-\frac{b^5}{a^2}\right)\times\left(-\frac{2a^2}{b}\right)^3$

$=\left(-\frac{b^5}{a^2}\right)\times\left(-\frac{8a^6}{b^3}\right)=8a^4b^2$

5. ① $(3^2)^3=3^{2\times3}=3^6$

② $3^{12}\div 3^2=3^{12-2}=3^{10}$

③ $3^3\times 3^3=3^{3+3}=3^6$

④ $3^2\times 3^2\times 3^2=3^{2+2+2}=3^6$

⑤ $3^5+3^5+3^5=3\times 3^5=3^{1+5}=3^6$

따라서 나머지 넷과 다른 하나는 ②이다.

6. $3x-[2x-2y-\{3x-y-(x+3y)\}]$

$=3x-[2x-2y-\{3x-y-x-3y\}]$

$=3x-[2x-2y-\{2x-4y\}]$

$=3x-[2x-2y-2x+4y]$

$=3x-[2y]=3x-2y$

따라서 $3x-2y=ax+by$이므로

$a+b=3+(-2)=1$

7. $(4a^2b-8ab+2b)\div(-2b)$

$+(a^2x-ax)\div\frac{1}{3}x$

$=\frac{4a^2b-8ab+2b}{-2b}+(a^2x-ax)\times\frac{3}{x}$

$=-2a^2+4a-1+3a^2-3a$

$=a^2+a-1$

8.

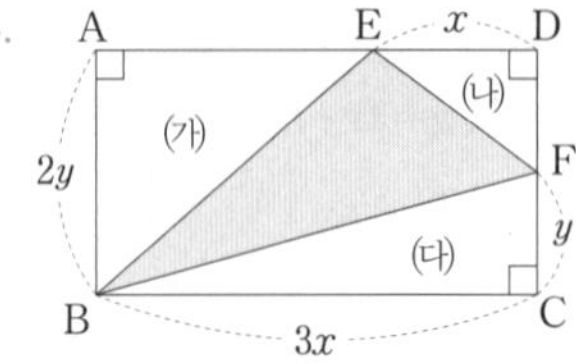

$\square$ABCD$=3x\times 2y=6xy$

(가)의 넓이$)=\frac{1}{2}\times(3x-x)\times 2y=2xy$

(나)의 넓이$)=\frac{1}{2}\times x\times(2y-y)=\frac{1}{2}xy$

(다)의 넓이$)=\frac{1}{2}\times 3x\times y=\frac{3}{2}xy$

$\therefore$ (색칠한 넓이)

=($\square$ABCD의 넓이)−(3개의 삼각형의 넓이)

$=6xy-\left(2xy+\frac{1}{2}xy+\frac{3}{2}xy\right)$

$=6xy-4xy=2xy$

9. $2x+3y+4=y-4x-2$를

y에 대하여 정리하면

$3y-y=-4x-2-2x-4$

$2y=-6x-6$ $\quad\therefore y=-3x-3$

$4y+10x+12$

$=4\times(-3x-3)+10x+12$

$=-12x-12+10x+12=-2x$

10. $\frac{6x^2y-9xy}{-3x}-\frac{8xy^2-4y^2}{2y}$

$=-2xy+3y-4xy+2y=-6xy+5y$

$-6xy+5y$에 $x=1$, $y=2$를 대입하면

$-6\times1\times2+5\times2=-12+10=-2$

Science & Technology

① 24K 반지는 순금이므로 금의 무게는 ag이다.

② 18K 목걸이는 $\frac{18}{24}$이 금이므로

$b\times\frac{18}{24}=\frac{3}{4}b$(g)

③ cK 팔찌의 무게는 $(a+b)$g이고 반지와 목걸이에 들어 있던 금의 무게는

$\left(a+\frac{3}{4}b\right)$g이므로

$\frac{a+\frac{4}{3}b}{a+b}=\frac{c}{24}$

양변에 24를 곱하면

$c=\frac{a+\frac{3}{4}b}{a+b}\times 24=\frac{24a+18b}{a+b}$

핵심 087 스피드 정답

1. × 2. × 3. ○
4. × 5. ○ 6. ×
7. ○ 8. ○ 9. $x+2>10$
10. $3x-2<5$ 11. $2x\geq x+6$
12. $4x-3\leq 20$ 13. $3x\geq 10$

3. 부등호를 사용하여 수 또는 식의 대소 관계를 나타낸 식을 부등식이라고 한다.

핵심 088 스피드 정답

1. 3, < 2. ○ 3. × 4. ○
5. × 6. ○ 7. ○ 8. 4
9. 3 10. 1, 2 11. −2, −1
12. 0, 1 13. 0, 1, 2 14. 2 15. 0, 1, 2

2. $x=2$를 대입하면

(좌변)$=5-2\times2=1$, (우변)$=6$

즉, (좌변)<(우변)이고 주어진 부등식을 만족하므로 해이다.

3. $x=-1$을 대입하면

(좌변)$=5\times(-1)+2=-3$

(우변)$=3\times(-1)=-3$

즉, (좌변)=(우변)이고 주어진 부등식을 만족하지 않으므로 해가 아니다.

4. $x=1$을 대입하면

(좌변)$=4\times1+1=5$, (우변)$=5$

즉, (좌변)=(우변)이고 주어진 부등식(같거나 크다)을 만족하므로 해이다.

5. $x=3$을 대입하면

(좌변)$=-2\times3+3=-3$

(우변)$=3+5=8$

즉, (좌변)<(우변)이고 주어진 부등식을 만

족하지 않으므로 해가 아니다.

6. $x=-2$를 대입하면

(좌변)$=2(-2+3)=2$, (우변)$=-4$

즉, (좌변)>(우변)이고 주어진 부등식을 만족하므로 해이다.

7. $x=1$을 대입하면

(좌변)$=\frac{1}{2}-4=-\frac{7}{2}$

(우변)$=5-\frac{1}{3}=\frac{14}{3}$

즉, (좌변)<(우변)이고 주어진 부등식을 만족하므로 해이다.

9. $x=1$일 때

$2\times1-1=1<3$이므로 해가 아니다.

$x=2$일 때

$2\times2-1=3=3$이므로 해가 아니다.

$x=3$일 때

$2\times3-1=5>3$이므로 해이다.

따라서 구하는 해는 3이다.

13. $x=0$일 때

$3\times0-1<2\times0+1$이므로 해이다.

$x=1$일 때

$3\times1-1<2\times1+1$이므로 해이다.

$x=2$일 때

$3\times2-1=2\times2+1$이므로 해이다.

$x=3$일 때

$3\times3-1>2\times3+1$이므로 해가 아니다.

따라서 구하는 해는 0, 1, 2이다.

핵심 089 스피드 정답

1. <	2. <	3. <	4. <
5. >	6. >	7. <	8. >
9. <	10. >	11. <	12. >
13. <	14. ≤	15. >	16. ≥

[1~6] 주어진 부등식의 양변에 같은 수를 더하거나 뺄 때, 같은 양수를 곱하거나 나눌 때에는 부등호의 방향이 바뀌지 않는다. 그러나 양변에 같은 음수를 곱하거나 나눌 때에는 부등호의 방향이 바뀐다.

7. $a<b \to 2a<2b \to 2a-1\ \boxed{<}\ 2b-1$

8. $a<b \to -a>-b \to -a+3\ \boxed{>}\ -b+3$

9. $a<b \to \frac{a}{3}<\frac{b}{3} \to \frac{a}{3}-4\ \boxed{<}\ \frac{b}{3}-4$

10. $a<b \to -\frac{3}{2}a>-\frac{3}{2}b$

$\to -\frac{3}{2}a+1\ \boxed{>}\ -\frac{3}{2}b+1$

[11~14] 주어진 부등식의 양변에 같은 음수를 곱하거나 나눌 때에만 부등호의 방향이 바뀐다.

15. $2a+5>2b+5 \to 2a>2b \to a\ \boxed{>}\ b$

16. $-3a+4\le-3b+4 \to -3a\le-3b$

$\to a\ \boxed{\ge}\ b$

핵심 090 스피드 정답

1~8. 해설 참조

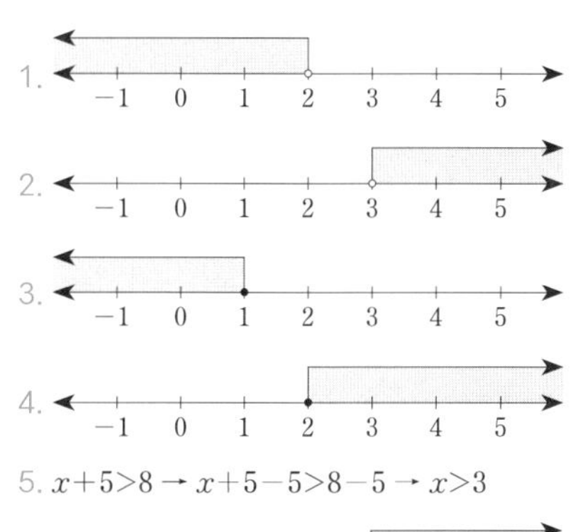

5. $x+5>8 \to x+5-5>8-5 \to x>3$

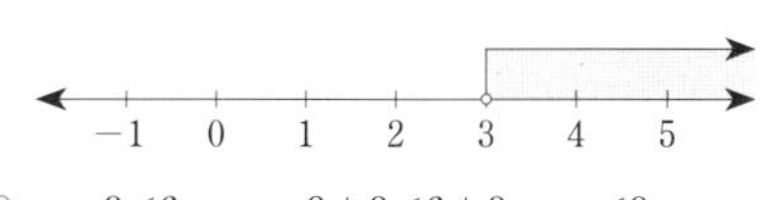

6. $x-3<6 \to x-3+3<6+3 \to x<9$

7. $\frac{1}{2}x\ge4 \to \frac{1}{2}x\times2\ge4\times2 \to x\ge8$

8. $-5x\le15 \to -5x\div(-5)\ge15\div(-5)$

$\to x\ge-3$

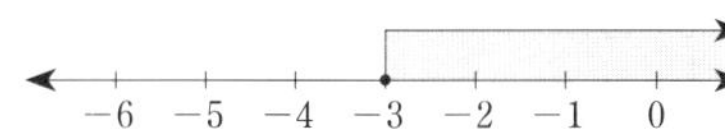

핵심 091 스피드 정답

1. 4
2. $-x<3-2$
3. $5x-4x\ge3$
4. $x+2x\le7$
5. $2x+x<6-3$
6. $-2x-6x>-4-12$
7. $3x-x<8-2$
8. $-3x-2x>3-8$
9. $x+3x\le5-7$
10. $-2x\ge-3-5$
11. $2x<2+4$
12. ○
13. ×
14. ○
15. ×
16. ×
17. ○
18. ×
19. ×
20. ○

12. $3x+5<5 \to 3x+5-5<0$

$\to 3x<0$ (일차부등식)

13. $2x+5=3x-4$는 등식이다.

14. $2x-7\ge6+x \to 2x-x-7-6\ge0$

$\to x-13\ge0$ (일차부등식)

15. $2x-1\le1+2x \to 2x-2x-1-1\le0$

$\to -2\le0$, 일차부등식이 아니다.

17. $4(x-1)\le x+3 \to 4x-4-x-3\le0$

$\to 3x-7\le0$ (일차부등식)

18. $\frac{1}{2}(x-4)\ge\frac{1}{2}x-2$

$\to \frac{1}{2}x-2-\frac{1}{2}x+2\ge0 \to 0>0$

일차부등식이 아니다.

19. $x^2+2x+1>0$은 좌변이 이차식이므로 일차부등식이 아니다.

20. $x^2+5x<x^2-3 \to x^2-x^2+5x+3<0$

$\to 5x+3<0$ (일차부등식)

핵심 092 스피드 정답

1. 5, 2, 4, 2
2. $x\le8$
3. $x<8$
4. $x\ge-2$
5. $x<2$
6. $x\le7$
7. $x>8$

1. $3x-5<x-1 \to 3x-x<-1+\boxed{5}$

$\to \boxed{2}x<\boxed{4}$　　$\therefore x<\boxed{2}$

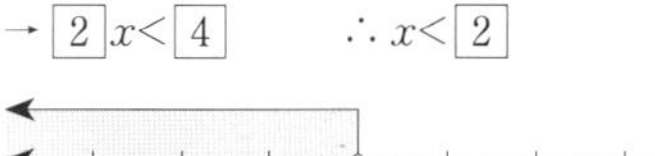

2. $2x+3\ge3x-5 \to 2x-3x\ge-5-3$

$\rightarrow -x \geq -8 \qquad \therefore x \leq 8$

3. $2x+6>3x-2 \rightarrow 2x-3x>-2-6$
$\rightarrow -x>-8 \qquad \therefore x<8$

4. $x+5 \leq 9+3x \rightarrow x-3x \leq 9-5$
$\rightarrow -2x \leq 4 \qquad \therefore x \geq -2$

5. $-2x+12>6x-4 \rightarrow -2x-6x>-4-12$
$\rightarrow -8x>-16 \qquad \therefore x<2$

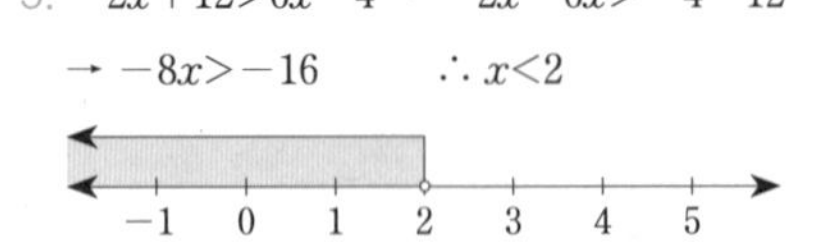

6. $2x+16 \geq 2+4x \rightarrow 2x-4x \geq 2-16$
$\rightarrow -2x \geq -14 \qquad \therefore x \leq 7$

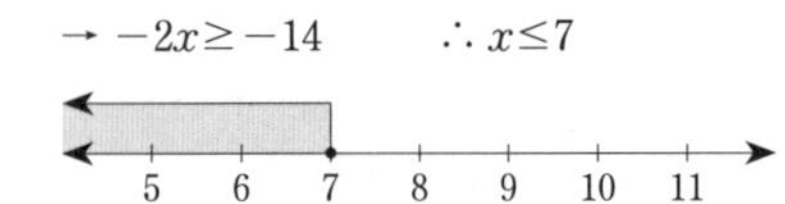

7. $2x+18<-6+5x \rightarrow 2x-5x<-6-18$
$\rightarrow -3x<-24 \qquad \therefore x>8$

핵심 **093** 스피드 정답

1. $x<-2$ 2. $x<5$ 3. $x<3$
4. $x \geq \frac{1}{3}$ 5. $x \geq 0$ 6. $x>-1$
7. $x>2$ 8. $x \geq 3$ 9. $x \geq 3$
10. $x<1$ 11. $x \leq -2$ 12. $x>-2$
13. $x>6$ 14. $x \leq 1$ 15. $x \leq -8$

1. $-3(x-1)>-x+7$
$-3x+3>-x+7$
$-3x+x>7-3$
$-2x>4 \qquad \therefore x<-2$

2. $5x-9<2(x+3)$
$5x-9<2x+6$
$5x-2x<6+9$
$3x<15 \qquad \therefore x<5$

3. $-(x-6)>3(x-2)$
$-x+6>3x-6$
$-x-3x>-6-6$
$-4x>-12 \qquad \therefore x<3$

4. $1-(x+2) \leq 4(2x-1)$
$1-x-2 \leq 8x-4$
$-x-8x \leq -4+1$
$-9x \leq -3 \qquad \therefore x \geq \frac{1}{3}$

5. $x-(3-x) \geq 1-4(x+1)$
$x-3+x \geq 1-4x-4$
$2x+4x \geq -3+3$
$6x \geq 0 \qquad \therefore x \geq 0$

6. $0.5x-1<1.5x$ ← 양변에 10을 곱한다.
$5x-10<15x$
$5x-15x<10$
$-10x<10 \qquad \therefore x>-1$

7. $0.5x+0.6>0.3x+1$
$5x+6>3x+10$
$5x-3x>10-6$
$2x>4 \qquad \therefore x>2$

8. $1-0.7x \leq 0.3x-2$
$10-7x \leq 3x-20$
$-7x-3x \leq -20-10$
$-10x \leq -30 \qquad \therefore x \geq 3$

9. $0.3x-1 \geq 0.5-0.2x$
$3x-10 \geq 5-2x$
$3x+2x \geq 5+10$
$5x \geq 15 \qquad \therefore x \geq 3$

10. $\frac{3x+1}{2}-\frac{x+7}{4}<0$ ← 양변에 4를 곱한다.
$2(3x+1)-(x+7)<0$
$6x+2-x-7<0$
$5x-5<0$
$5x<5 \qquad \therefore x<1$

11. $\frac{3}{2}+\frac{1}{4}x \leq -\frac{1}{2}x$
$6+x \leq -2x$
$x+2x \leq -6$
$3x \leq -6 \qquad \therefore x \leq -2$

12. $\frac{x}{3}-\frac{1}{2}<x+\frac{5}{6}$
$2x-3<6x+5$
$2x-6x<5+3$
$-4x<8 \qquad \therefore x>-2$

13. $0.3x+\frac{2(x-3)}{5}>3$ ← 양변에 10을 곱한다.
$3x+4(x-3)>30$
$3x+4x-12>30$
$7x>30+12$
$7x>42 \qquad \therefore x>6$

14. $1.1x+\frac{3}{5} \leq 0.7x+1$
$11x+6 \leq 7x+10$
$11x-7x \leq 10-6$
$4x \leq 4 \qquad \therefore x \leq 1$

15. $0.2x+5 \leq 1-\frac{2x+4}{5}$
$2x+50 \leq 10-2(2x+4)$
$2x+50 \leq 10-4x-8$
$2x+4x \leq 2-50$
$6x \leq -48 \qquad \therefore x \leq -8$

핵심 **094** 스피드 정답

1. ① $20x+60$ ② 20, 60, 24.5 ③ 24, 24
2. ① $\frac{x}{2}+\frac{x}{3}$ ② $x \leq 2.4$ ③ 2.4km

1. ① 1개에 20kg인 상자 x개의 무게는 $20x$이고 사람의 몸무게가 60kg이므로 전체 무게는 $20x+60$(kg)이다.
② $\boxed{20}x+\boxed{60} \leq 550$
$2x+6 \leq 55$
$2x \leq 49 \qquad \therefore x \leq \boxed{24.5}$

2. ① 올라갈 때 걸린 시간은 $\frac{x}{2}$, 내려올 때 걸린 시간은 $\frac{x}{3}$이므로 전체 시간은 $\frac{x}{2}+\frac{x}{3}$이다.
② $\frac{x}{2}+\frac{x}{3} \leq 2$
$3x+2x \leq 12,\ 5x \leq 12 \qquad \therefore x \leq 2.4$
③ 따라서 최대 2.4km 지점까지 올라갈 수 있다.

실력테스트 87쪽 스피드 정답

1. ④ 2. ③ 3. ④ 4. ②
5. ④ 6. 0 7. ③ 8. ③
9. ③ 10. 2km

Science & Technology 7송이 이상

1. ④ $-2\geq 2\times 2$ (거짓)

2. $x+4>0$ $\therefore x>-4$

① $x-4<0$ $\therefore x<4$

② $2x+1>x+5$ $\therefore x>4$

③ $x+2<2x+6,\ -x<4$ $\therefore x>-4$

④ $-x>4$ $\therefore x<-4$

⑤ $x+2>6$ $\therefore x>4$

따라서 주어진 부등식과 해가 같은 것은 ③이다.

3. ㉠ (×), c가 음수일 때에는 $a<b$이면 $ac>bc$이다.

㉡ (○), $a-c>b-c,\ a>b$ $\therefore a-b>0$

㉢ (○), $ac>bc$의 양변을 양수 c로 나누어도 부등호의 방향은 바뀌지 않으므로 $a>b$

4. ① $2a-5<2b-5,\ 2a<2b$ $\therefore a<b$

② $5-3(a+1)<5-3(b+1)$

$5-3a-3<5-3b-3$

$-3a<-3b$ $\therefore a>b$

③ $\frac{a}{4}+1<\frac{b}{4}+1,\ \frac{a}{4}<\frac{b}{4}$ $\therefore a<b$

④ $-a>-b$ $\therefore a<b$

⑤ $-2a+3>-2b+3,\ -2a>-2b$

$\therefore a<b$

5. $\frac{x-2}{4}-\frac{2x-1}{5}<0$

$5(x-2)-4(2x-1)<0$

$5x-10-8x+4<0$

$-3x<6$ $\therefore x>-2$

$x>-2$인 가장 작은 정수는 -1이다.

6. $-2\leq x<1$의 각 변에 3을 곱하면

$-6\leq 3x<3$

이 부등식의 각 변에서 2를 빼면

$-8\leq 3x-2<1$

따라서 가장 큰 정수는 0이다.

7. $a-3x\geq -x$에서 $-2x\geq -a$ $\therefore x\leq\frac{a}{2}$

부등식을 만족하는 자연수 x의 개수가 2개이므로

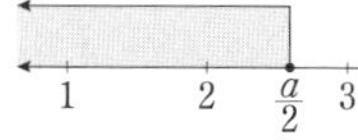

$2\leq\frac{a}{2}<3$

$\therefore 4\leq a<6$

8. 50kg짜리 물건의 개수를 x개라고 하면

$50x+120<750$

$5x<75-12$

$5x<63$ $\therefore x<12.6$

x는 자연수이므로 한 번에 운반 가능한 물건의 최대 개수는 12개이다.

9. 사다리꼴의 높이를 $x$cm라 하면

$\frac{1}{2}\times(7+11)\times x\geq 54$

$9x\geq 54$ $\therefore x\geq 6$

따라서 최소 6cm 이상이어야 한다.

10. 걸은 거리를 $x$km라고 하면 달린 거리는 $(4-x)$km이므로

$\frac{x}{4}+\frac{4-x}{6}\leq\frac{5}{6}$ $\therefore x\leq 2$

따라서 최대 2km까지를 시속 4km로 걸을 수 있다.

Science & Technology

장미를 x송이 산다고 하면

$1000x>850x+1000$

$100x>85x+100$

$15x>100$ $\therefore x>\frac{20}{3}$

따라서 시장에 가서 사는 것이 싼 것은 최소 7송이 이상 살 경우이다.

핵심 095 스피드 정답

1. × 2. ○ 3. × 4. ○ 5. ○ 6. × 7~8. 해설 참조 9. ○ 10. ×

1. 두 미지수 x, y에 대한 일차방정식은 $ax+by+c=0$ (a, b, c는 상수, $a\neq 0, b\neq 0$)의 꼴이다.

3. $\frac{1}{x}+2y=3$은 분모에 미지수 x가 있으므로 일차방정식이 아니다.

6. $3x+y=2x+y$를 정리하면 $x=0$이므로 미지수가 하나인 x에 대한 일차방정식이다.

7. $x+y=4$

x	1	2	3	4
y	3	2	1	0

x, y가 자연수이므로 해는 (1, 3), (2, 2), (3, 1)이다.

8. $3x+y=10$

x	1	2	3	4
y	7	4	1	-2

x, y가 자연수이므로 해는 (1, 7), (2, 4), (3, 1)이다.

9. $2x-y=5$에 $x=3, y=1$을 대입하면

$2\times 3-1=5$

따라서 (3, 1)은 주어진 일차방정식을 만족하므로 해이다.

10. $2x-y=5$에 $x=2, y=3$을 대입하면

$2\times 2-3=1\neq 5$

따라서 (2, 3)은 주어진 일차방정식을 만족하지 않으므로 해가 아니다.

핵심 096 스피드 정답

1. 해설 참조 2. × 3. ○ 4. × 5. ○ 6. ○

1. $\begin{cases}x-y=1 & \cdots ㉠\\ x+2y=5 & \cdots ㉡\end{cases}$에 $x=\boxed{3}, y=\boxed{1}$을 각각 대입하면

$\begin{cases}3-\boxed{1}=2\neq 1\\ \boxed{3}+2=5\end{cases}$

따라서 $x=3, y=1$은 방정식 ㉡만 만족하므로 주어진 연립방정식의 (해이다, 해가 아니다).

2. $\begin{cases}2x-y=5\\ x+3y=10\end{cases}$에 $x=3, y=1$을 각각 대입하면

$\begin{cases}6-1=5\\ 3+3=6\neq 10\end{cases}$

따라서 주어진 연립방정식의 해가 아니다.

3. $\begin{cases}3x-y=8\\ 2x-3y=3\end{cases}$에 $x=3, y=1$을 각각 대입하면

$\begin{cases}9-1=8\\ 6-3=3\end{cases}$

따라서 주어진 연립방정식의 해이다.

4. $\begin{cases}x-4y=-1\\ 2x+3y=8\end{cases}$에 $x=3, y=1$을 각각 대입하면

$\begin{cases}3-4=-1\\ 6+3=9\neq 8\end{cases}$

따라서 주어진 연립방정식의 해가 아니다.

5. $\begin{cases}x+2y=5\\ 3x+5y=14\end{cases}$에 $x=3, y=1$을 각각 대입하면

$\begin{cases} 3+2=5 \\ 9+5=14 \end{cases}$

따라서 주어진 연립방정식의 해이다.

6. $\begin{cases} 4x+y=13 \\ x-5y=-2 \end{cases}$에 $x=3$, $y=1$을 각각 대입하면

$\begin{cases} 12+1=13 \\ 3-5=-2 \end{cases}$

따라서 주어진 연립방정식의 해이다.

핵심 097 스피드 정답

1. 4
2. $+$, -4
3. 6, 12, $-$, -7, 7
4. 8
5. $+$, 9, 24, 11, 33
6. 5, -25, $+$, 6, 14, 11, -11
7. 5, 3, 3, 3, 3
8. $x=3$, $y=3$
9. $x=2$, $y=1$
10. $x=2$, $y=3$
11. $x=6$, $y=1$
12. $x=2$, $y=-1$
13. $x=-1$, $y=-1$
14. $x=2$, $y=1$

---

8. $\begin{cases} x+y=6 & \cdots\cdots ㉠ \\ 3x-2y=3 & \cdots\cdots ㉡ \end{cases}$

㉠$\times 2+$㉡을 하면

$$\begin{array}{rl} 2x+2y=12 & \\ +\underline{)\ 3x-2y=\ 3} & \\ 5x \qquad =15 & \therefore x=3 \end{array}$$

$x=3$을 ㉠에 대입하면

$3+y=6 \qquad \therefore y=3$

9. $\begin{cases} 3x+y=7 & \cdots\cdots ㉠ \\ -x+2y=0 & \cdots\cdots ㉡ \end{cases}$

㉠$\times 2-$㉡을 하면

$$\begin{array}{rl} 6x+2y=14 & \\ -\underline{)\ -x+2y=\ 0} & \\ 7x \qquad =14 & \therefore x=2 \end{array}$$

$x=2$를 ㉠에 대입하면

$6+y=7 \qquad \therefore y=1$

10. $\begin{cases} 3x-y=3 & \cdots\cdots ㉠ \\ x-3y=-7 & \cdots\cdots ㉡ \end{cases}$

㉠$\times 3-$㉡을 하면

$$\begin{array}{rl} 9x-3y=9 & \\ -\underline{)\ x-3y=-7} & \\ 8x \qquad =16 & \therefore x=2 \end{array}$$

$x=2$를 ㉡에 대입하면

$2-3y=-7 \qquad \therefore y=3$

11. $\begin{cases} 2x-3y=9 & \cdots\cdots ㉠ \\ 3x+2y=20 & \cdots\cdots ㉡ \end{cases}$

㉠$\times 2+$㉡$\times 3$을 하면

$$\begin{array}{rl} 4x-6y=18 & \\ +\underline{)\ 9x+6y=60} & \\ 13x \qquad =78 & \therefore x=6 \end{array}$$

$x=6$을 ㉠에 대입하면

$12-3y=9 \qquad \therefore y=1$

12. $\begin{cases} 2x-3y=7 & \cdots\cdots ㉠ \\ 5x+2y=8 & \cdots\cdots ㉡ \end{cases}$

㉠$\times 2+$㉡$\times 3$을 하면

$$\begin{array}{rl} 4x-6y=14 & \\ +\underline{)\ 15x+6y=24} & \\ 19x \qquad =38 & \therefore x=2 \end{array}$$

$x=2$를 ㉡에 대입하면

$10+2y=8 \qquad \therefore y=-1$

13. $\begin{cases} -3x+2y=1 & \cdots\cdots ㉠ \\ 2x-5y=3 & \cdots\cdots ㉡ \end{cases}$

㉠$\times 2+$㉡$\times 3$을 하면

$$\begin{array}{rl} -6x+\ 4y=2 & \\ +\underline{)\ 6x-15y=9} & \\ -11y=11 & \therefore y=-1 \end{array}$$

$y=-1$을 ㉡에 대입하면

$2x+5=3 \qquad \therefore x=-1$

14. $\begin{cases} 3x-5y=1 & \cdots\cdots ㉠ \\ -4x+3y=-5 & \cdots\cdots ㉡ \end{cases}$

㉠$\times 4+$㉡$\times 3$을 하면

$$\begin{array}{rl} 12x-20y=4 & \\ +\underline{)\ -12x+\ 9y=-15} & \\ -11y=-11 & \therefore y=1 \end{array}$$

$y=1$을 ㉠에 대입하면

$3x-5=1 \qquad \therefore x=2$

핵심 098 스피드 정답

1. $2y-3$, $2y-3$
2. $-x+1$, 3
3. $2x-1$, 2
4. $y-2$, 3
5. $y+1$, $y+1$, 1, 1, 1, 2, 2, 1
6. $x=2$, $y=3$
7. $x=2$, $y=1$
8. $x=1$, $y=-1$
9. $x=2$, $y=-1$
10. $x=-1$, $y=1$
11. $x=1$, $y=0$
12. $x=1$, $y=3$

핵심 098 스피드 정답

1. $2y-3$, $2y-3$
2. $-x+1$, 3
3. $2x-1$, 2
4. $y-2$, 3
5. $y+1$, $y+1$, 1, 1, 1, 2, 2, 1
6. $x=2$, $y=3$
7. $x=2$, $y=1$
8. $x=1$, $y=-1$
9. $x=2$, $y=-1$
10. $x=-1$, $y=1$
11. $x=1$, $y=0$
12. $x=1$, $y=3$

---

1. $\begin{cases} x=2y-3 & \cdots\cdots ㉠ \\ 2x+3y=1 & \cdots\cdots ㉡ \end{cases}$

$2x+3y=1 \rightarrow 2(\boxed{2y-3})+3y=1$ ← $\boxed{2y-3}$

$4y-6+3y=1$, $7y=7$

$\therefore y=1$

2. $\begin{cases} y=-x+1 & \cdots\cdots ㉠ \\ 3x+2y=5 & \cdots\cdots ㉡ \end{cases}$

$3x+2y=5 \rightarrow 3x+2(-x+1)=5$ ← $\boxed{-x+1}$

$3x-2x+2=5$

$\therefore x=\boxed{3}$

3. $\begin{cases} y=2x-1 & \cdots\cdots ㉠ \\ y=-x+5 & \cdots\cdots ㉡ \end{cases}$

$y=-x+5 \rightarrow 2x-1=-x+5$ ← $\boxed{2x-1}$

$3x=6$

$\therefore x=\boxed{2}$

4. $\begin{cases} 3x=y-2 & \cdots\cdots ㉠ \\ 3x=2y-5 & \cdots\cdots ㉡ \end{cases}$

$3x=2y-5 \rightarrow y-2=2y-5$ ← $\boxed{y-2}$

$-y=-3$

$\therefore y=\boxed{3}$

5. $\begin{cases} x-y=1 & \cdots\cdots ㉠ \\ 2x+3y=7 & \cdots\cdots ㉡ \end{cases}$

㉠을 x에 대하여 풀면

$x=y+1 \cdots\cdots ㉠'$

㉠'을 ㉡에 대입하면

$2x+3y=7 \rightarrow 2(\boxed{y+1})+3y=7$ ← $\boxed{y+1}$

$2y+2+3y=7$

$5y=5 \qquad \therefore y=\boxed{1}$

$y=\boxed{1}$을 ㉠′에 대입하면

$x=\boxed{1}+1=\boxed{2}$

따라서 구하는 연립방정식의 해는

$x=\boxed{2}$, $y=\boxed{1}$이다.

6. $\begin{cases} x+y=5 & \cdots\cdots ㉠ \\ 5x-2y=4 & \cdots\cdots ㉡ \end{cases}$

㉠을 x에 대하여 풀면

$x=-y+5$ ⋯⋯ ㉠′

㉠′을 ㉡에 대입하면

$5x-2y=4 \to 5(-y+5)-2y=4$

↑ $-y+5$

$-5y+25-2y=4$

$-7y=-21 \qquad \therefore y=3$

$y=3$을 ㉠′에 대입하면

$x=-3+5=2$

따라서 구하는 연립방정식의 해는

$x=2$, $y=3$이다.

7. $\begin{cases} x+2y=4 & \cdots\cdots ㉠ \\ -3x+5y=-1 & \cdots\cdots ㉡ \end{cases}$

㉠을 x에 대하여 풀면

$x=-2y+4$ ⋯⋯ ㉠′

㉠′을 ㉡에 대입하면

$-3x+5y=-1 \to -3(-2y+4)+5y=-1$

↑ $-2y+4$

$6y-12+5y=-1$

$11y=11 \qquad \therefore y=1$

$y=1$을 ㉠′에 대입하면

$x=-2+4=2$

따라서 구하는 연립방정식의 해는

$x=2$, $y=1$이다.

8. $\begin{cases} 2x-y=3 & \cdots\cdots ㉠ \\ 5x+3y=2 & \cdots\cdots ㉡ \end{cases}$

㉠을 y에 대하여 풀면

$y=2x-3$ ⋯⋯ ㉠′

㉠′을 ㉡에 대입하면

$5x+3y=2 \to 5x+3(2x-3)=2$

↑ $2x-3$

$5x+6x-9=2$

$11x=11 \qquad \therefore x=1$

$x=1$을 ㉠′에 대입하면

$y=2-3=-1$

따라서 구하는 연립방정식의 해는

$x=1$, $y=-1$이다.

9. $\begin{cases} 2x-y=5 & \cdots\cdots ㉠ \\ 2x+3y=1 & \cdots\cdots ㉡ \end{cases}$

㉠을 $2x$에 대하여 풀면

$2x=y+5$ ⋯⋯ ㉠′

㉠′을 ㉡에 대입하면

$2x+3y=1 \to (y+5)+3y=1$

↑ $y+5$

$4y=-4$

$\therefore y=-1$

$y=-1$을 ㉠′에 대입하면

$2x=-1+5=4 \qquad \therefore x=2$

따라서 구하는 연립방정식의 해는

$x=2$, $y=-1$이다.

10. $\begin{cases} x+3y=2 & \cdots\cdots ㉠ \\ 2x+3y=1 & \cdots\cdots ㉡ \end{cases}$

㉠을 $3y$에 대하여 풀면

$3y=-x+2$ ⋯⋯ ㉠′

㉠′을 ㉡에 대입하면

$2x+3y=1 \to 2x+(-x+2)=1$

↑ $-x+2$

$x+2=1$

$\therefore x=-1$

$x=-1$을 ㉠′에 대입하면

$3y=1+2=3 \qquad \therefore y=1$

따라서 구하는 연립방정식의 해는

$x=-1$, $y=1$이다.

11. $\begin{cases} x-3y=1 & \cdots\cdots ㉠ \\ 2x+3y=2 & \cdots\cdots ㉡ \end{cases}$

㉠을 $3y$에 대하여 풀면

$3y=x-1$ ⋯⋯ ㉠′

㉠′을 ㉡에 대입하면

$2x+3y=2 \to 2x+(x-1)=2$

↑ $x-1$

$3x=3$

$\therefore x=1$

$x=1$을 ㉠′에 대입하면

$3y=1-1=0 \qquad \therefore y=0$

따라서 구하는 연립방정식의 해는

$x=1$, $y=0$이다.

12. $\begin{cases} -3x+2y=3 & \cdots\cdots ㉠ \\ 5x-2y=-1 & \cdots\cdots ㉡ \end{cases}$

㉠을 $2y$에 대하여 풀면

$2y=3x+3$ ⋯⋯ ㉠′

㉠′을 ㉡에 대입하면

$5x-2y=-1 \to 5x-(3x+3)=-1$

↑ $3x+3$

$5x-3x-3=-1$

$2x=2 \qquad \therefore x=1$

$x=1$을 ㉠′에 대입하면

$2y=3+3=6 \qquad \therefore y=3$

따라서 구하는 연립방정식의 해는

$x=1$, $y=3$이다.

핵심 099 스피드 정답

1. 2, 3, 2, 1, −1
2. $x=-3$, $y=2$
3. $x=1$, $y=-2$
4. $x=0$, $y=5$
5. $x=3$, $y=-1$
6. $x=1$, $y=-2$

1. $\begin{cases} 2(x-y)+3y=1 \\ x+2(x-y)=5 \end{cases}$

$\begin{cases} 2x-2y+3y=1 \\ x+2x-2y=5 \end{cases}$

$\begin{cases} \boxed{2}x+y=1 & \cdots\cdots ㉠ \\ \boxed{3}x-\boxed{2}y=5 & \cdots\cdots ㉡ \end{cases}$

㉠×2+㉡을 하면

$$\begin{array}{rl} 4x+2y=2 & \\ +\,)\ 3x-2y=5 & \\ \hline 7x \quad\ =7 & \end{array} \qquad \therefore x=\boxed{1}$$

$x=1$을 ㉠에 대입하면

$2+y=1 \qquad \therefore y=\boxed{-1}$

2. $\begin{cases} 2(x+y)+3y=4 \\ 5x-4(x-y)=5 \end{cases}$

$\begin{cases} 2x+2y+3y=4 \\ 5x-4x+4y=5 \end{cases}$

$\begin{cases} 2x+5y=4 & \cdots\cdots ㉠ \\ x+4y=5 & \cdots\cdots ㉡ \end{cases}$

㉠−㉡×2를 하면

$$\begin{array}{rl} 2x+5y=4 & \\ -\,)\ 2x+8y=10 & \\ \hline -3y=-6 & \end{array} \qquad \therefore y=2$$

$y=2$를 ㉡에 대입하면

$x+8=5 \qquad \therefore x=-3$

4. $\begin{cases} x+4(y-1)=16 \\ 3(x+2)-2y=-4 \end{cases}$

$\begin{cases} x+4y-4=16 \\ 3x+6-2y=-4 \end{cases}$

$\begin{cases} x+4y=20 & \cdots\cdots ㉠ \\ 3x-2y=-10 & \cdots\cdots ㉡ \end{cases}$

㉠+㉡×2를 하면

$$\begin{array}{r} x+4y=20 \\ +\underline{)\ 6x-4y=-20} \\ 7x \quad\ =0 \end{array} \qquad \therefore x=0$$

$x=0$을 ㉠에 대입하면

$0+4y=20 \qquad \therefore y=5$

핵심 100 스피드 정답

1. 2, 4, 5, 2, 1　2. $x=3, y=2$
3. $x=2, y=3$　4. $x=5, y=-3$
5. $x=-4, y=-6$

1. $\begin{cases} \frac{1}{2}x-\frac{1}{3}y=\frac{2}{3} \\ \frac{1}{3}x+\frac{1}{6}y=\frac{5}{6} \end{cases}$

분모의 최소공배수 6을 곱하여 계수를 정수로 바꾼다.

$\begin{cases} 3x-\boxed{2}y=\boxed{4} & \cdots\cdots ㉠ \\ 2x+y=\boxed{5} & \cdots\cdots ㉡ \end{cases}$

㉠+㉡×2를 하면

$$\begin{array}{r} 3x-2y=4 \\ +\underline{)\ 4x+2y=10} \\ 7x \quad\ =14 \end{array} \qquad \therefore x=\boxed{2}$$

$x=2$를 ㉡에 대입하면

$4+y=5 \qquad \therefore y=\boxed{1}$

2. $\begin{cases} \frac{1}{3}x+\frac{1}{2}y=2 \\ \frac{2}{3}x-\frac{1}{4}y=\frac{3}{2} \end{cases}$

분모의 최소공배수 6, 12를 각각 곱하여 계수를 정수로 바꾼다.

$\begin{cases} 2x+3y=12 & \cdots\cdots ㉠ \\ 8x-3y=18 & \cdots\cdots ㉡ \end{cases}$

㉠+㉡을 하면 $10x=30 \qquad \therefore x=3$

$x=3$을 ㉠에 대입하면

$6+3y=12 \qquad \therefore y=2$

3. $\begin{cases} x-\frac{y}{6}=\frac{3}{2} \\ \frac{x}{3}-\frac{y}{2}=-\frac{5}{6} \end{cases}$

$\begin{cases} 6x-y=9 & \cdots\cdots ㉠ \\ 2x-3y=-5 & \cdots\cdots ㉡ \end{cases}$

㉠×3−㉡을 하면

$$\begin{array}{r} 18x-3y=27 \\ -\underline{)\ 2x-3y=-5} \\ 16x \quad\ =32 \end{array} \qquad \therefore x=2$$

$x=2$를 ㉠에 대입하면

$12-y=9 \qquad \therefore y=3$

5. $\begin{cases} \frac{x}{2}=\frac{x+y}{5} \\ \frac{1}{2}(x-y)=x+5 \end{cases}$

$\begin{cases} 5x=2(x+y) \\ x-y=2(x+5) \end{cases}$

$\begin{cases} 3x-2y=0 & \cdots\cdots ㉠ \\ -x-y=10 & \cdots\cdots ㉡ \end{cases}$

㉠−㉡×2를 하면

$$\begin{array}{r} 3x-2y=0 \\ -\underline{)\ -2x-2y=20} \\ 5x \quad\ =-20 \end{array} \qquad \therefore x=-4$$

$x=-4$를 ㉡에 대입하면

$4-y=10 \qquad \therefore y=-6$

핵심 101 스피드 정답

1. 5, 15, 5, 19, 5　2. $x=-1, y=1$
3. $x=4, y=2$　4. $x=3, y=-1$
5. $x=3, y=4$　6. $x=2, y=-2$

1. $\begin{cases} 0.1x+0.5y=1.5 \\ 0.5x-0.3y=1.9 \end{cases}$

10의 거듭제곱을 양변에 각각 곱해 계수를 정수로 만든다.

$\begin{cases} x+\boxed{5}y=\boxed{15} & \cdots\cdots ㉠ \\ \boxed{5}x-3y=\boxed{19} & \cdots\cdots ㉡ \end{cases}$

㉠×5−㉡을 하면

$$\begin{array}{r} 5x+25y=75 \\ -\underline{)\ 5x-\ 3y=19} \\ 28y=56 \end{array} \qquad \therefore y=2$$

$y=2$를 ㉠에 대입하면

$x+10=15 \qquad \therefore x=\boxed{5}$

2. $\begin{cases} 0.3x+0.4y=0.1 \\ 0.6x+0.5y=-0.1 \end{cases}$

$\begin{cases} 3x+4y=1 & \cdots\cdots ㉠ \\ 6x+5y=-1 & \cdots\cdots ㉡ \end{cases}$

㉠×2−㉡을 하면

$$\begin{array}{r} 6x+8y=2 \\ -\underline{)\ 6x+5y=-1} \\ 3y=3 \end{array} \qquad \therefore y=1$$

$y=1$을 ㉠에 대입하면

$3x+4=1 \qquad \therefore x=-1$

4. $\begin{cases} \frac{x}{4}+\frac{y}{3}=\frac{5}{12} \\ 0.3x-0.1y=1 \end{cases}$

$\begin{cases} 3x+4y=5 & \cdots\cdots ㉠ \\ 3x-y=10 & \cdots\cdots ㉡ \end{cases}$

㉠−㉡을 하면 $5y=-5 \qquad \therefore y=-1$

$y=-1$을 ㉡에 대입하면

$3x+1=10 \qquad \therefore x=3$

핵심 102 스피드 정답

1. $x=-3, y=6$　2. $x=-2, y=-2$
3. $x=2, y=2$　4. $x=1, y=-6$
5. $x=7, y=-4$　6. $x=4, y=2$

1. $x+2y=-x+y=9$

$\begin{cases} x+2y=9 & \cdots\cdots ㉠ \\ -x+y=9 & \cdots\cdots ㉡ \end{cases}$

㉠+㉡을 하면 $3y=18 \qquad \therefore y=6$

$y=6$을 ㉡에 대입하면

$-x+6=9 \qquad \therefore x=-3$

2. $2x+y=x+2y=-6$

$\begin{cases} 2x+y=-6 & \cdots\cdots ㉠ \\ x+2y=-6 & \cdots\cdots ㉡ \end{cases}$

㉠×2−㉡을 하면

$$\begin{array}{r} 4x+2y=-12 \\ -\underline{)\ x+2y=-6} \\ 3x \quad\ =-6 \end{array} \qquad \therefore x=-2$$

$x=-2$를 ㉠에 대입하면

$-4+y=-6 \qquad \therefore y=-2$

3. $2x-3y+1=y-3=x+2y-7$

$\begin{cases} 2x-3y+1=y-3 \\ y-3=x+2y-7 \end{cases}$

$\begin{cases} 2x-4y=-4 & \cdots\cdots ㉠ \\ -x-y=-4 & \cdots\cdots ㉡ \end{cases}$

㉠+㉡×2를 하면

$\begin{array}{r} 2x-4y=-4 \\ +\underline{)\ -2x-2y=-8} \\ -6y=-12 \end{array}$ $\therefore y=2$

$y=2$를 ㉡에 대입하면

$-x-2=-4$ $\therefore x=2$

4. $x+y=4x+2y+3=3x+2y+4$

$\begin{cases} x+y=4x+2y+3 \\ x+y=3x+2y+4 \end{cases}$

$\begin{cases} -3x-y=3 & \cdots\cdots ㉠ \\ -2x-y=4 & \cdots\cdots ㉡ \end{cases}$

㉠−㉡을 하면 $-x=-1$ $\therefore x=1$

$x=1$을 ㉠에 대입하면

$-3-y=3$ $\therefore y=-6$

5. $\dfrac{x+y}{3}=\dfrac{2x+y}{10}=1$

$\begin{cases} \dfrac{x+y}{3}=1 \\ \dfrac{2x+y}{10}=1 \end{cases}$

$\begin{cases} x+y=3 & \cdots\cdots ㉠ \\ 2x+y=10 & \cdots\cdots ㉡ \end{cases}$

㉡−㉠을 하면 $x=7$

$x=7$을 ㉠에 대입하면

$7+y=3$ $\therefore y=-4$

6. $\dfrac{2x+4}{6}=\dfrac{x+y}{3}=x-y$

$\begin{cases} \dfrac{2x+4}{6}=\dfrac{x+y}{3} \\ \dfrac{2x+4}{6}=x-y \end{cases}$

$\begin{cases} 2x+4=2x+2y \\ 2x+4=6x-6y \end{cases}$

$\begin{cases} -2y=-4 & \cdots\cdots ㉠ \\ -4x+6y=-4 & \cdots\cdots ㉡ \end{cases}$

㉠에서 $y=2$

$y=2$를 ㉡에 대입하면

$-4x+12=-4$ $\therefore x=4$

핵심 103 스피드 정답

1. ○	2. ×	3. ×
4. ○	5. 2	6. −4
7. $a\neq-2$	8. $a=4$	

1. $\begin{cases} 2x+y=3 \\ 4x+2y=6 \end{cases}$에서 $\dfrac{2}{4}=\dfrac{1}{2}=\dfrac{3}{6}$이므로

주어진 연립방정식의 해는 무수히 많다.

2. $\begin{cases} 2x+y=-3 \\ -6x-3y=6 \end{cases}$에서 $\dfrac{2}{-6}=\dfrac{1}{-3}\neq\dfrac{-3}{6}$이므로 주어진 연립방정식의 해는 없다.

3. $\begin{cases} -x+2y=5 \\ 3x-6y=15 \end{cases}$에서 $\dfrac{-1}{3}=\dfrac{2}{-6}\neq\dfrac{5}{15}$

이므로 주어진 연립방정식의 해는 없다.

4. $\begin{cases} x-3y=-4 \\ -2x+6y=8 \end{cases}$에서 $\dfrac{1}{-2}=\dfrac{-3}{6}=\dfrac{-4}{8}$

이므로 주어진 연립방정식의 해는 무수히 많다.

5. 연립방정식의 해가 무수히 많으면 x항, y항, 상수항의 비가 같으므로

$\dfrac{1}{2}=\dfrac{a}{4}=\dfrac{3}{6}$ $\therefore a=2$

6. $\dfrac{2}{-6}=\dfrac{-3}{9}=\dfrac{a}{12}$ $\therefore a=-4$

7. 연립방정식의 해가 없으면 x항, y항의 비가 같고, 상수항의 비는 다르다. 즉,

$\dfrac{1}{-4}=\dfrac{-3}{12}\neq\dfrac{a}{8}$ $\therefore a\neq-2$

8. $\dfrac{12}{a}=\dfrac{3}{1}\neq\dfrac{6}{-2}$ $\therefore a=4$

핵심 104 스피드 정답

1. $x+y=15$	2. $x-y=7$
3. $\begin{cases} x+y=15 \\ x-y=7 \end{cases}$	4. $x=11$, $y=4$
5. $2x+y=4$	6. $3x-y=1$
7. $\begin{cases} 2x+y=4 \\ 3x-y=1 \end{cases}$	8. $x=1$, $y=2$

4. $\begin{cases} x+y=15 & \cdots\cdots ㉠ \\ x-y=7 & \cdots\cdots ㉡ \end{cases}$

㉠+㉡을 하면 $2x=22$ $\therefore x=11$

$x=11$을 ㉠에 대입하면

$11+y=15$ $\therefore y=4$

8. $\begin{cases} 2x+y=4 & \cdots\cdots ㉠ \\ 3x-y=1 & \cdots\cdots ㉡ \end{cases}$

㉠+㉡을 하면 $5x=5$ $\therefore x=1$

$x=1$을 ㉠에 대입하면

$2+y=4$ $\therefore y=2$

핵심 105 스피드 정답

1. $x+y=14$	2. y, 10, 10, y, +
3. $x=6$, $y=8$	4. 68
5. 59	6. 28

3. $\begin{cases} x+y=14 \\ 10y+x=(10x+y)+18 \end{cases}$

$\begin{cases} x+y=14 \\ -9x+9y=18 \end{cases}$ ← 9로 양변을 나눈다.

$\begin{cases} x+y=14 & \cdots\cdots ㉠ \\ -x+y=2 & \cdots\cdots ㉡ \end{cases}$

㉠+㉡에서 $2y=16$ $\therefore y=8$

$y=8$을 ㉠에 대입하면

$x+8=14$ $\therefore x=6$

5. 십의 자리의 숫자를 x, 일의 자리의 숫자를 y라고 하면

$\begin{cases} x+y=14 \\ 10y+x=(10x+y)+36 \end{cases}$

$\begin{cases} x+y=14 \\ -9x+9y=36 \end{cases}$

$\begin{cases} x+y=14 & \cdots\cdots ㉠ \\ -x+y=4 & \cdots\cdots ㉡ \end{cases}$

㉠+㉡을 하면 $2y=18$ $\therefore y=9$

$y=9$를 ㉠에 대입하면

$x+9=14$ $\therefore x=5$

따라서 구하는 수는 59이다.

6. $\begin{cases} x+y=10 \\ 10y+x=(10x+y)\times3-2 \end{cases}$

$\begin{cases} x+y=10 & \cdots\cdots ㉠ \\ -29x+7y=-2 & \cdots\cdots ㉡ \end{cases}$

㉠×7−㉡을 하면

$$\begin{array}{r} 7x+7y=70 \\ -\underline{)\ -29x+7y=-2} \\ 36x \qquad =72 \end{array} \qquad \therefore x=2$$

$x=2$를 ㉠에 대입하면

$2+y=10 \qquad \therefore y=8$

따라서 구하는 수는 28이다.

핵심 106 스피드 정답

1. $x+y=29$ 2. 5, 5, 2
3. $x=21$, $y=8$
4. 혜리 : 21살, 남동생 : 8살
5. 규태 : 13살, 이모 : 21살
6. 보라 : 13살, 아버지 : 38살

3. $\begin{cases} x+y=29 \\ x+5=(y+5)\times 2 \end{cases}$

$\begin{cases} x+y=29 \cdots\cdots ㉠ \\ x-2y=5 \cdots\cdots ㉡ \end{cases}$

㉠−㉡을 하면 $3y=24 \qquad \therefore y=8$

$y=8$을 ㉠에 대입하면

$x+8=29 \qquad \therefore x=21$

5. 현재 규태의 나이를 x, 이모의 나이를 y라고 하면 $x+y=34$

5년 전 규태의 나이 : $x-5$

5년 전 이모의 나이 : $y-5$

$\therefore y-5=(x-5)\times 2,\ 2x-y=5$

두 식을 연립하면

$\begin{cases} x+y=34 \cdots\cdots ㉠ \\ 2x-y=5 \cdots\cdots ㉡ \end{cases}$

㉠+㉡을 하면 $3x=39 \qquad \therefore x=13$

$x=13$을 ㉠에 대입하면

$13+y=34 \qquad \therefore y=21$

따라서 현재 규태의 나이는 13살, 이모의 나이는 21살이다.

6. 현재 보라의 나이를 x, 아버지의 나이를 y라고 하면

$\begin{cases} x+y=51 \\ y+12=(x+12)\times 2 \end{cases}$

$\begin{cases} x+y=51 \cdots\cdots ㉠ \\ -2x+y=12 \cdots\cdots ㉡ \end{cases}$

㉠−㉡을 하면 $3x=39 \qquad \therefore x=13$

$x=13$을 ㉠에 대입하면

$13+y=51 \qquad \therefore y=38$

따라서 현재 보라의 나이는 13살, 아버지의 나이는 38살이다.

핵심 107 스피드 정답

1. $x+y=10$ 2. 600, 600 3. $x=6$, $y=4$
4. 자두 6개, 복숭아 4개
5. 사과 5개, 귤 10개
6. 50원짜리 6개, 100원짜리 14개
7. 연필 500원, 공책 800원

3. $\begin{cases} x+y=10 \\ 300x+600y=4200 \end{cases}$ ← 300으로 양변을 나눈다.

$\begin{cases} x+y=10 \cdots\cdots ㉠ \\ x+2y=14 \cdots\cdots ㉡ \end{cases}$

㉡−㉠을 하면 $y=4$

$y=4$를 ㉠에 대입하면

$x+4=10 \qquad \therefore x=6$

따라서 자두는 6개, 복숭아는 4개를 샀다.

5. 사과와 귤의 개수를 각각 x, y라고 하면

$\begin{cases} x+y=15 \\ 600x+200y=5000 \end{cases}$ ← 200으로 양변을 나눈다.

$\begin{cases} x+y=15 \cdots\cdots ㉠ \\ 3x+y=25 \cdots\cdots ㉡ \end{cases}$

㉡−㉠을 하면 $2x=10 \qquad \therefore x=5$

$x=5$를 ㉠에 대입하면

$5+y=15 \qquad \therefore y=10$

따라서 사과는 5개, 귤은 10개를 샀다.

6. 50원짜리와 100원짜리 동전의 개수를 각각 x, y라고 하면

$\begin{cases} x+y=20 \\ 50x+100y=1700 \end{cases}$ ← 50으로 양변을 나눈다.

$\begin{cases} x+y=20 \cdots\cdots ㉠ \\ x+2y=34 \cdots\cdots ㉡ \end{cases}$

㉡에서 ㉠을 빼면 $y=14$

$y=14$를 ㉠에 대입하면

$x+14=20 \qquad \therefore x=6$

따라서 50원짜리는 6개, 100원짜리는 14개이다.

7. 연필 한 자루와 공책 한 권의 값을 각각 x, y라고 하면

$\begin{cases} 5x+2y=4100 \cdots\cdots ㉠ \\ 3x+4y=4700 \cdots\cdots ㉡ \end{cases}$

㉠×2−㉡을 하면

$$\begin{array}{r} 10x+4y=8200 \\ -\underline{)\ 3x+4y=4700} \\ 7x \qquad =3500 \end{array} \qquad \therefore x=500$$

$x=500$을 ㉠에 대입하면

$2500+2y=4100$

$2y=1600 \qquad \therefore y=800$

따라서 연필 한 자루는 500원, 공책 한 권은 800원이다.

핵심 108 스피드 정답

1. $x+y=6$ 2. 4, 4 3. $x=4$, $y=2$
4. 4km 5. 버스 10km, 도보 2km
6. 올라간 거리 4km, 내려온 거리 6km

3. $\begin{cases} x+y=6 \\ \dfrac{x}{8}+\dfrac{y}{4}=1 \end{cases}$

$\begin{cases} x+y=6 \cdots\cdots ㉠ \\ x+2y=8 \cdots\cdots ㉡ \end{cases}$

㉠, ㉡을 연립하여 풀면 $x=4$, $y=2$

5. 버스를 타고간 거리와 걸어서 간 거리를 각각 x, y라고 하면

$\begin{cases} x+y=12 \\ \dfrac{x}{20}+\dfrac{y}{4}=1 \end{cases}$

$\begin{cases} x+y=12 \cdots\cdots ㉠ \\ x+5y=20 \cdots\cdots ㉡ \end{cases}$

㉠, ㉡을 연립하여 풀면 $x=10$, $y=2$

따라서 버스를 타고간 거리는 10km, 걸어서 간 거리는 2km이다.

6. 올라간 거리와 내려온 거리를 각각 x, y라고 하면

$\begin{cases} x=y-2 \\ \dfrac{x}{2}+\dfrac{y}{3}=4 \end{cases}$

$\begin{cases} x=y-2 \cdots\cdots ㉠ \\ 3x+2y=24 \cdots\cdots ㉡ \end{cases}$

㉠을 ㉡에 대입하면

$3(y-2)+2y=24$

$5y=30$ $\therefore y=6$

$y=6$을 ㉠에 대입하면

$x=6-2=4$

따라서 올라간 거리는 4km, 내려온 거리는 6km이다.

핵심 109 스피드 정답

1. $x+y=165$ 2. 0.1, 6, 0.1, 6
3. $x=75, y=90$
4. 수학 75점, 영어 90점
5. 여자 280명, 남자 220명
6. 오리 950마리, 닭 150마리
7. $x-y=2000$ 8. 0.3, 1.3
9. $x=16000, y=14000$
10. 티셔츠 A 16000원, 티셔츠 B 14000원
11. 5000원, 4000원
12. 바지 A 50000원, 티셔츠 B 20000원

3. $\begin{cases} x+y=165 \\ 0.2x-0.1y=6 \end{cases}$

$\begin{cases} x+y=165 & \cdots\cdots ㉠ \\ 2x-y=60 & \cdots\cdots ㉡ \end{cases}$

㉠+㉡을 하면

$3x=225$ $\therefore x=75$

$x=75$를 ㉠에 대입하면

$75+y=165$ $\therefore y=90$

5. 작년에 지원한 여자와 남자 지원자 수를 각각 x, y라고 하면

$x+y=520-20=500$

올해 지원한 여자와 남자 지원자 수의 증가량은

$0.15x-0.1y=20$

두 식을 연립하면

$\begin{cases} x+y=500 & \cdots\cdots ㉠ \\ 15x-10y=2000 & \cdots\cdots ㉡ \end{cases}$

㉠×10+㉡을 하면

$$\begin{array}{rr} & 10x+10y=5000 \\ +) & 15x-10y=2000 \\ \hline & 25x \quad =7000 \end{array} \qquad \therefore x=280$$

$x=280$을 ㉠에 대입하여 풀면 $y=220$

따라서 작년에 지원한 여자 지원자 수는 280명, 남자 지원자 수는 220명이다.

6. 작년에 사육한 오리와 닭의 수를 각각 x, y라고 하면

$x+y=1100$

사육한 오리와 닭의 증가량은

$-0.06x+0.08y=-45$

두 식을 연립하면

$\begin{cases} x+y=1100 & \cdots\cdots ㉠ \\ -6x+8y=-4500 & \cdots\cdots ㉡ \end{cases}$

㉠×6+㉡을 하면

$$\begin{array}{rr} & 6x+6y=6600 \\ +) & -6x+8y=-4500 \\ \hline & 14y=2100 \end{array} \qquad \therefore y=150$$

$y=150$을 ㉠에 대입하여 풀면 $x=950$

따라서 작년에 이 농장에서 사육한 오리는 950마리, 닭은 150마리이다.

9. $\begin{cases} x-y=2000 \\ 1.3x+1.3y=39000 \end{cases}$

$\begin{cases} x-y=2000 & \cdots\cdots ㉠ \\ x+y=30000 & \cdots\cdots ㉡ \end{cases}$

㉠+㉡을 하면 $2x=32000$

$\therefore x=16000$

$x=16000$을 ㉠에 대입하여 풀면

$y=14000$

11. 두 음악 CD의 원가를 각각 $x, y(x>y)$라고 하면

$\begin{cases} x-y=1000 & \cdots\cdots ㉠ \\ 3x+3y=27000 & \cdots\cdots ㉡ \end{cases}$ ← 300%는 원가의 3배

㉠×3+㉡을 하면

$$\begin{array}{rr} & 3x-3y=3000 \\ +) & 3x+3y=27000 \\ \hline & 6x \quad =30000 \end{array} \qquad \therefore x=5000$$

$x=5000$을 ㉠에 대입하여 풀면 $y=4000$

따라서 두 음악 CD의 원가는 5000원과 4000원이다.

12. 바지 A와 티셔츠 B의 정가를 각각 x, y라고 하면

$\begin{cases} x=y+30000 \\ (x+y)\times(1-0.2)=56000 \end{cases}$

$\begin{cases} x-y=30000 & \cdots\cdots ㉠ \\ x+y=70000 & \cdots\cdots ㉡ \end{cases}$

㉠+㉡을 하면 $2x=100000$

$\therefore x=50000$

$x=50000$을 ㉡에 대입하여 풀면

$y=20000$

따라서 바지 A의 정가는 50000원, 티셔츠 B의 정가는 20000원이다.

실력테스트 98쪽 스피드 정답

1. -2 2. ① 3. ⑤ 4. ⑤
5. ② 6. $a=1, b=-12$
7. 사과 480원, 귤 160원 8. 400cm^2
9. 어른 4명, 청소년 3명 10. ⑤

Science & Technology 사과 190상자, 배 330상자

1. $x+ay-8=0$에 $(4, -2)$를 대입하면

$4+a\times(-2)-8=0$

$-2a=4$ $\therefore a=-2$

2. $\begin{cases} ax+by=5 \\ bx+ay=7 \end{cases}$에 (2, 1)을 대입하면

$\begin{cases} 2a+b=5 & \cdots\cdots ㉠ \\ 2b+a=7 & \cdots\cdots ㉡ \end{cases}$

㉠×2−㉡을 하면

$$\begin{array}{rr} & 4a+2b=10 \\ -) & a+2b=7 \\ \hline & 3a \quad =3 \end{array} \qquad \therefore a=1$$

$a=1$을 ㉠에 대입하면

$2+b=5$ $\therefore b=3$

$\therefore a-b=1-3=-2$

3. $\begin{cases} x+y=3 & \cdots\cdots ㉠ \\ 2x-y=a & \cdots\cdots ㉡ \end{cases}$

$\begin{cases} 3x+y=7 & \cdots\cdots ㉢ \\ x+by=5 & \cdots\cdots ㉣ \end{cases}$

해가 같은 두 연립방정식이므로

$\begin{cases} x+y=3 & \cdots\cdots ㉠ \\ 3x+y=7 & \cdots\cdots ㉢ \end{cases}$

의 해를 구한 다음 ㉡, ㉣에 대입하여 상수 a, b의 값을 구할 수 있다.

㉢−㉠을 하면 $2x=4$ $\therefore x=2$

$x=2$를 ㉠에 대입하면 $y=1$

$x=2, y=1$을 ㉡, ㉣에 대입하면

$2\times2-1=a \quad \therefore a=3$

$2+b=5 \quad \therefore b=3$

$\therefore a+b=3+3=6$

4. $\begin{cases} \frac{x}{3}+\frac{y}{4}=2 \\ 0.1x+0.3y=1.5 \end{cases}$

$\begin{cases} 4x+3y=24 & \cdots\cdots ㉠ \\ x+3y=15 & \cdots\cdots ㉡ \end{cases}$

㉠−㉡을 하면 $3x=9 \quad \therefore x=3$

$x=3$을 ㉡에 대입하면

$3+3y=15 \quad \therefore y=4$

$\therefore a+b=3+4=7$

5. $\frac{x+y}{3}=\frac{2x+y}{5}=\frac{x+3y}{2}$에서

$\begin{cases} \frac{x+y}{3}=\frac{x+3y}{2} \\ \frac{2x+y}{5}=\frac{x+3y}{2} \end{cases}$

분모의 최소공배수를 곱하여 정리하면

$\begin{cases} x+7y=0 \\ x+13y=0 \end{cases}$

연립하여 풀면 $x=0, y=0$

$\therefore a+b=0$

6. $\begin{cases} 3x-ay=2 \\ bx+4y=-8 \end{cases}$에서 연립방정식의 해가 무수히 많으려면 x항, y항, 상수항의 비가 모두 같아야 한다.

$\frac{3}{b}=\frac{-a}{4}=\frac{2}{-8}$

$\frac{3}{b}=\frac{2}{-8}$에서 $b=-12$

$\frac{-a}{4}=\frac{2}{-8}$에서 $a=1$

7. 사과 한 개와 귤 한개의 값을 각각 x, y라고 하면

$\begin{cases} 4x+3y=2400 & \cdots\cdots ㉠ \\ 6x+2y=3200 & \cdots\cdots ㉡ \end{cases}$

㉠×2−㉡×3을 하면

$$\begin{array}{rl} 8x+6y=4800 & \\ -\underline{)\ 18x+6y=9600} & \\ -10x \quad =-4800 & \quad \therefore x=480 \end{array}$$

$x=480$을 ㉠에 대입하면

$1920+3y=2400 \quad \therefore y=160$

따라서 사과 한 개의 값은 480원, 귤 한 개의 값은 160원이다.

8. 직사각형의 가로 길이와 세로 길이를 각각 x, y라고 하면

$\begin{cases} x=y+9 \\ 2(x+y)=82 \end{cases}$

$\begin{cases} x-y=9 & \cdots\cdots ㉠ \\ x+y=41 & \cdots\cdots ㉡ \end{cases}$

㉠+㉡을 하면 $2x=50 \quad \therefore x=25$

$x=25$를 ㉡에 대입하면

$25+y=41 \quad \therefore y=16$

따라서 직사각형의 넓이는

$25\times16=400(\text{cm}^2)$

9. 어른 수와 청소년 수를 각각 x, y라고하면

$\begin{cases} 1200x+800y=7200 \\ x+y=7 \end{cases}$

$\begin{cases} 12x+8y=72 & \cdots\cdots ㉠ \\ x+y=7 & \cdots\cdots ㉡ \end{cases}$

㉠−㉡×8을 하면

$$\begin{array}{rl} 12x+8y=72 & \\ -\underline{)\ 8x+8y=56} & \\ 4x \quad =16 & \quad \therefore x=4 \end{array}$$

$x=4$를 ㉡에 대입하여 풀면 $y=3$

따라서 어른 수는 4명, 청소년 수는 3명이다.

10. 갈 때의 거리와 올 때의 거리를 각각 x, y라고 하면

$\begin{cases} x+y=21 \\ \frac{x}{6}+\frac{y}{8}=3 \end{cases}$

$\begin{cases} x+y=21 & \cdots\cdots ㉠ \\ 4x+3y=72 & \cdots\cdots ㉡ \end{cases}$

㉡−㉠×3을 하면

$$\begin{array}{rl} 4x+3y=72 \\ -\underline{)\ 3x+3y=63} \\ x \quad = 9 \end{array}$$

$x=9$를 ㉠에 대입하여 풀면 $y=12$

따라서 올 때의 거리는 12km이다.

Science & Technology

작년에 수확한 사과와 배를 각각 x상자, y상자라고 하면

$\begin{cases} x+y=500 \\ -0.05x+0.1y=500\times0.04 \end{cases}$

$\begin{cases} x+y=500 & \cdots\cdots ㉠ \\ -5x+10y=2000 & \cdots\cdots ㉡ \end{cases}$

㉠×5+㉡을 하면

$$\begin{array}{rl} 5x+\ 5y=2500 & \\ +\underline{)\ -5x+10y=2000} & \\ 15y=4500 & \quad \therefore y=300 \end{array}$$

$y=300$을 ㉠에 대입하여 풀면 $x=200$

따라서 올해 수확량은

사과 : $(1-0.05)x=(1-0.05)\times200$

$=200-10$

$=190$(상자)

배 : $(1+0.1)y=(1+0.1)\times300$

$=300+30$

$=330$(상자)

핵심 **110** 스피드 정답

1. x^2+2x+1	2. $x^2+4xy+4y^2$
3. x^2-2x+1	4. $x^2-4xy+4y^2$
5. x^2-1	6. x^2-1
7. x^2-4y^2	8. x^2+2x-3
9. x^2-x-6	10. x^2-4x+3
11. $x^2-2xy-3y^2$	12. $x^2-7xy+10y^2$
13. $2x^2+3x+1$	14. $6x^2+x-2$
15. $2x^2+3xy-2y^2$	16. $6x^2-xy-2y^2$
17. $A=-4, B=-7$	18. $A=5, B=14$

1. $(x+1)(x+1)$

$=x^2+x+x+1=x^2+2x+1$

2. $(x+2y)(x+2y)$

$=x^2+2xy+2yx+4y^2=x^2+4xy+4y^2$

3. $(x-1)(x-1)$

$=x^2-x-x+1=x^2-2x+1$

4. $(x-2y)(x-2y)$

$=x^2-2xy-2yx+4y^2=x^2-4xy+4y^2$

5. $(x+1)(x-1)$

$=x^2-x+x-1=x^2-1$

6. $(-x+1)(-x-1)$

$=x^2+x-x-1=x^2-1$

7. $(x+2y)(x-2y)$

$=x^2-2xy+2yx-4y^2=x^2-4y^2$

8. $(x-1)(x+3)$

$=x^2+3x-x-3=x^2+2x-3$

9. $(x+2)(x-3)$

$=x^2-3x+2x-6=x^2-x-6$

10. $(x-1)(x-3)$

$=x^2-3x-x+3=x^2-4x+3$

11. $(x+y)(x-3y)$

$=x^2-3xy+yx-3y^2$

$=x^2-2xy-3y^2$

12. $(x-2y)(x-5y)$

$=x^2-5xy-2yx+10y^2$

$=x^2-7xy+10y^2$

13. $(2x+1)(x+1)$

$=2x^2+2x+x+1=2x^2+3x+1$

14. $(2x-1)(3x+2)$

$=6x^2+4x-3x-2=6x^2+x-2$

15. $(2x-y)(x+2y)$

$=2x^2+4xy-yx-2y^2$

$=2x^2+3xy-2y^2$

16. $(3x-2y)(2x+y)$

$=6x^2+3xy-4yx-2y^2$

$=6x^2-xy-2y^2$

17. $(x-3)(x+A)$

$=x^2+Ax-3x-3A$

$=x^2+(A-3)x-3A$

$x^2+(A-3)x-3A=x^2+Bx+12$이므로

$A-3=B,\ -3A=12$

$\therefore A=-4,\ B=-7$

18. $(3x+A)(4x-2)$

$=12x^2-6x+4Ax-2A$

$=12x^2+(-6+4A)x-2A$

$12x^2+(-6+4A)x-2A$

$=12x^2+Bx-10$이므로

$-6+4A=B,\ -2A=-10$

$\therefore A=5,\ B=14$

핵심 111 스피드 정답

1. x^2+4x+4	2. x^2+6x+9
3. $4x^2+4x+1$	4. $9x^2+6x+1$
5. $x^2+6xy+9y^2$	6. $4x^2+12xy+9y^2$
7. x^2-4x+4	8. x^2-6x+9
9. $4x^2-4x+1$	10. $4x^2-12xy+9y^2$
11. $x^2-6xy+9y^2$	12. $x^2+4xy+4y^2$
13. x^2-4	14. x^2-9
15. $4x^2-9$	16. $9x^2-4$
17. x^2-4y^2	18. x^2-9y^2
19. $4x^2-9y^2$	20. $9x^2-4y^2$
21. $9x^2-25y^2$	22. $25x^2-9y^2$

1. $(x+2)^2=x^2+2\cdot x\cdot 2+2^2$

$=x^2+4x+4$

2. $(x+3)^2=x^2+2\cdot x\cdot 3+3^2$

$=x^2+6x+9$

3. $(2x+1)^2=(2x)^2+2\cdot 2x\cdot 1+1^2$

$=4x^2+4x+1$

4. $(3x+1)^2=(3x)^2+2\cdot 3x\cdot 1+1^2$

$=9x^2+6x+1$

5. $(x+3y)^2=x^2+2\cdot x\cdot 3y+(3y)^2$

$=x^2+6xy+9y^2$

6. $(2x+3y)^2=(2x)^2+2\cdot 2x\cdot 3y+(3y)^2$

$=4x^2+12xy+9y^2$

7. $(x-2)^2=x^2-2\cdot x\cdot 2+2^2$

$=x^2-4x+4$

8. $(x-3)^2=x^2-2\cdot x\cdot 3+3^2$

$=x^2-6x+9$

9. $(2x-1)^2=(2x)^2-2\cdot 2x\cdot 1+1^2$

$=4x^2-4x+1$

10. $(2x-3y)^2=(2x)^2-2\cdot 2x\cdot 3y+(3y)^2$

$=4x^2-12xy+9y^2$

11. $(-x+3y)^2$

$=(-x)^2+2\cdot(-x)\cdot(3y)+(3y)^2$

$=x^2-6xy+9y^2$

12. $(-x-2y)^2=\{-(x+2y)\}^2$

$=(x+2y)^2$

$=x^2+2\cdot x\cdot 2y+(2y)^2$

$=x^2+4xy+4y^2$

13. $(x+2)(x-2)=x^2-2^2=x^2-4$

14. $(x-3)(x+3)=x^2-3^2=x^2-9$

15. $(2x+3)(2x-3)=(2x)^2-3^2=4x^2-9$

16. $(3x-2)(3x+2)=(3x)^2-2^2=9x^2-4$

17. $(x+2y)(x-2y)=x^2-(2y)^2=x^2-4y^2$

18. $(x-3y)(x+3y)=x^2-(3y)^2=x^2-9y^2$

19. $(2x+3y)(2x-3y)=(2x)^2-(3y)^2$

$=4x^2-9y^2$

20. $(3x-2y)(3x+2y)=(3x)^2-(2y)^2$

$=9x^2-4y^2$

21. $(-3x+5y)(-3x-5y)$

$=(-3x)^2-(5y)^2=9x^2-25y^2$

22. $(-5x-3y)(-5x+3y)$

$=(-5x)^2-(3y)^2=25x^2-9y^2$

핵심 112 스피드 정답

1. 3, 2, 3, 2, 5, 6	2. −2, 4, −2, 4, 2, 8
3. $x^2-7x+10$	4. x^2+6x+5
5. $x^2+10x+24$	6. x^2+2x-8
7. $x^2+3x-18$	8. $x^2-8x+12$
9. $x^2-10x+24$	10. $x^2+3xy+2y^2$
11. $x^2+7xy+12y^2$	12. $x^2+3xy-10y^2$
13. $x^2+xy-12y^2$	14. $x^2-11xy+30y^2$
15. $a=5,\ b=-6$	16. $a=-6,\ b=8$

1. $(x+3)(x+2)$

$=x^2+(\boxed{3}+\boxed{2})x+\boxed{3}\times\boxed{2}$

$=x^2+\boxed{5}x+\boxed{6}$

2. $(x-2)(x+4)$

$=x^2+(\boxed{-2}+\boxed{4})x+\boxed{-2}\times\boxed{4}$

$=x^2+\boxed{2}x-\boxed{8}$

3. $(x-2)(x-5)$

$=x^2+(-2-5)x+(-2)\times(-5)$

$=x^2-7x+10$

4. $(x+1)(x+5)$

$=x^2+(1+5)x+1\times 5$

$=x^2+6x+5$

5. $(x+4)(x+6)$
$=x^2+(4+6)x+4\times 6$
$=x^2+10x+24$
6. $(x-2)(x+4)$
$=x^2+(-2+4)x+(-2)\times 4$
$=x^2+2x-8$
7. $(x+6)(x-3)$
$=x^2+(6-3)x+6\times(-3)$
$=x^2+3x-18$
8. $(x-2)(x-6)$
$=x^2+(-2-6)x+(-2)\times(-6)$
$=x^2-8x+12$
9. $(x-4)(x-6)$
$=x^2+(-4-6)x+(-4)\times(-6)$
$=x^2-10x+24$
10. $(x+y)(x+2y)$
$=x^2+(y+2y)x+y\times 2y$
$=x^2+3xy+2y^2$
11. $(x+3y)(x+4y)$
$=x^2+(3y+4y)x+3y\times 4y$
$=x^2+7xy+12y^2$
12. $(x-2y)(x+5y)$
$=x^2+(-2y+5y)x+(-2y)\times 5y$
$=x^2+3xy-10y^2$
13. $(x+4y)(x-3y)$
$=x^2+(4y-3y)x+4y\times(-3y)$
$=x^2+xy-12y^2$
14. $(x-5y)(x-6y)$
$=x^2+(-5y-6y)x+(-5y)\times(-6y)$
$=x^2-11xy+30y^2$
15. $(x-1)(x+6)$
$=x^2+(-1+6)x+(-1)\times 6$
$=x^2+5x-6$
$x^2+5x-6=x^2+ax+b$이므로
$\therefore a=5, b=-6$
16. $(x-2y)(x-4y)$
$=x^2+(-2y-4y)x+(-2y)\times(-4y)$
$=x^2-6xy+8y^2$
$x^2-6xy+8y^2=x^2+axy+by^2$이므로
$\therefore a=-6, b=8$

핵심 113 스피드 정답

1. 5, 1, 5, 1, 10, 3
2. 4, 2, -3, -3, 4, 6
3. 2, 9
4. 4, 16
5. $4x^2+16x+15$
6. $6x^2-7x-20$
7. $6x^2-x-12$
8. $12x^2-22x+8$
9. $10x^2+17xy+3y^2$
10. $15x^2-xy-2y^2$
11. $2x^2+xy-10y^2$
12. $8x^2-16xy+6y^2$
13. $a=6, b=-5, c=-4$
14. $a=2, b=-11, c=5$

---

1. $(2x+3)(5x+1)$
$=(2\times\boxed{5})x^2+(2\times\boxed{1}+3\times\boxed{5})x+3\times\boxed{1}$
$=\boxed{10}x^2+17x+\boxed{3}$
2. $(4x-3)(x+2)$
$=(\boxed{4}\times 1)x^2+(4\times\boxed{2}+\boxed{-3}\times 1)x$
$+\boxed{-3}\times 2$
$=\boxed{4}x^2+5x-\boxed{6}$
3. $(x-2y)(\square x-5y)$
$=2x^2-\square xy+10y^2$
에서 우변의 이차항의 계수가 2이므로 좌변의 □의 값은 2이다.
$(x-2y)(2x-5y)$
$=2x^2+(-5-4)xy+10y^2$
$=2x^2-9xy+10y^2$
이므로 우변의 □의 값은 9이다.
4. $(2x-y)(\square x-6y)=8x^2-\square xy+6y^2$
에서 우변의 이차항의 계수가 8이므로 좌변의 □의 값은 4이다.
$(2x-y)(4x-6y)$
$=8x^2+(-12-4)xy+6y^2$
$=8x^2-16xy+6y^2$
이므로 우변의 □의 값은 16이다.
5. $(2x+5)(2x+3)$
$=4x^2+(6+10)x+15$
$=4x^2+16x+15$
6. $(2x-5)(3x+4)$
$=6x^2+(8-15)x-20$
$=6x^2-7x-20$
7. $(3x+4)(2x-3)$
$=6x^2+(-9+8)x-12$
$=6x^2-x-12$
8. $(3x-4)(4x-2)$
$=12x^2+(-6-16)x+8$
$=12x^2-22x+8$
9. $(2x+3y)(5x+y)$
$=10x^2+(2+15)xy+3y^2$
$=10x^2+17xy+3y^2$
10. $(3x+y)(5x-2y)$
$=15x^2+(-6+5)xy-2y^2$
$=15x^2-xy-2y^2$
11. $(x-2y)(2x+5y)$
$=2x^2+(5-4)xy-10y^2$
$=2x^2+xy-10y^2$
12. $(2x-y)(4x-6y)$
$=8x^2+(-12-4)xy+6y^2$
$=8x^2-16xy+6y^2$
13. $(3x-4)(2x+1)$
$=6x^2+(3-8)x-4$
$=6x^2-5x-4$
$6x^2-5x-4=ax^2+bx+c$이므로
$a=6, b=-5, c=-4$
14. $(2x-y)(x-5y)$
$=2x^2+(-10-1)xy+5y^2$
$=2x^2-11xy+5y^2$
$2x^2-11xy+5y^2=ax^2+bxy+cy^2$이므로
$a=2, b=-11, c=5$

핵심 114 스피드 정답

1. 2, 2, 10
2. 4, 4, 4
3. 28
4. 20
5. 21
6. 33
7. 14
8. 24

---

1. $x^2+y^2=(x+y)^2-\boxed{2}xy$
$=4^2-\boxed{2}\times 3=\boxed{10}$
2. $(x-y)^2=(x+y)^2-\boxed{4}xy$
$=4^2-\boxed{4}\times 3=\boxed{4}$
3. $x^2+y^2=(x+y)^2-2xy$
$=6^2-2\times 4=28$

4. $(x-y)^2=(x+y)^2-4xy$
$\quad=6^2-4\times4=20$
5. $x^2+y^2=(x-y)^2+2xy$
$\quad=3^2+2\times6=21$
6. $(x+y)^2=(x-y)^2+4xy$
$\quad=3^2+4\times6=33$
7. $x^2+y^2=(x-y)^2+2xy$
$\quad=2^2+2\times5=14$
8. $(x+y)^2=(x-y)^2+4xy$
$\quad=2^2+4\times5=24$

핵심 115 스피드 정답

1. x, 5, $2x^2$, $10x$	2. x^2+6x+9
3. $9x^2-12x+4$	4. x^2-1
5. x^2+2x-8	6. $6x^2+19x+10$
7. $6x^2-5xy-6y^2$	8. x^2y
9. $2y$	10. x^2
11. $(x-1)^2$	12. x

2. $(x+3)^2=x^2+2\cdot x\cdot3+3^2$
$\quad=x^2+6x+9$
3. $(3x-2)^2=(3x)^2-2\cdot(3x)\cdot2+2^2$
$\quad=9x^2-12x+4$
5. $(x-2)(x+4)=x^2+(-2+4)x+(-2)\cdot4$
$\quad=x^2+2x-8$
6. $(3x+2)(2x+5)$
$=3\cdot2x^2+(3\cdot5+2\cdot2)x+2\cdot5$
$=6x^2+19x+10$
7. $(2x-3y)(3x+2y)$
$=2\cdot3x^2+\{2\cdot2+(-3)\cdot3\}xy$
$\quad+(-3)\cdot2y^2$
$=6x^2-5xy-6y^2$
8. $A=B\times C$에서 곱해진 각각의 식 B, C, $B\times C$를 A의 인수라고 한다.
따라서 $x^2(y-x)=x^2\times(y-x)$
$\quad=x\times x\times(y-x)$
이므로 인수는 x, x^2, $(y-x)$, $x(y-x)$, $x^2(y-x)$이다.
$\therefore$ x, x^2, ~~x^2y~~, $x(y-x)$, $x^2(y-x)$
9. $3xy(x+2y)=3\times x\times y\times(x+2y)$
$\therefore$ 3, x, ~~$2y$~~, xy, $xy(x+2y)$
10. $xy^2(x+1)=x\times y\times y\times(x+1)$
$\therefore$ x, y, ~~x^2~~, y^2, $xy(x+1)$
11. $(x+1)^2(x-1)$
$=(x+1)\times(x+1)\times(x-1)$
$\therefore$ $x+1$, $(x+1)(x-1)$, $(x+1)^2$, ~~$(x-1)^2$~~
12. $2(x+1)(x+3)=2\times(x+1)\times(x+3)$
$\therefore$ 2, ~~x~~, $x+1$, $x+3$, $(x+1)(x+3)$

핵심 116 스피드 정답

1. xy, xy	2. $a^2(a+2)$
3. $2ab(3a-1)$	4. $a(x+y-z)$
5. $a^3(a^2-b+a)$	6. $2a^2b(1+4ab-2b^2)$
7. $(x+y)$, $(x+y)$	8. $(x-y)(1+5xy)$
9. $(a-b)(3-x-3y)$	10. $(x-3)(2a-b)$
11. $(a-b)(x+y)$	12. $(3a-1)(xy+1)$

2. a^3+2a^2에서 공통 인수가 a^2이므로
$a^3+2a^2=a^2(a+2)$
3. $6a^2b-2ab$에서 공통 인수가 $2ab$이므로
$6a^2b-2ab=2ab(3a-1)$
4. $ax+ay-az$에서 공통 인수가 a이므로
$ax+ay-az=a(x+y-z)$
5. $a^5-a^3b+a^4$에서 공통 인수가 a^3이므로
$a^5-a^3b+a^4=a^3(a^2-b+a)$
6. $2a^2b+8a^3b^2-4a^2b^3$에서 공통 인수가 $2a^2b$이므로
$2a^2b+8a^3b^2-4a^2b^3=2a^2b(1+4ab-2b^2)$
8. 공통 인수 $(x-y)$로 묶어 인수분해하면
$(x-y)+5xy(x-y)=(x-y)(1+5xy)$
9. 공통 인수 $(a-b)$로 묶어 인수분해하면
$3(a-b)-(x+3y)(a-b)$
$=(a-b)(3-x-3y)$
10. 공통 인수 $(x-3)$으로 묶어 인수분해하면
$(x-3)(a+b)+(x-3)(a-2b)$
$=(x-3)(a+b+a-2b)$
$=(x-3)(2a-b)$
11. $b-a=-(a-b)$이므로 $a-b$로 묶어 인수분해하면
$x(a-b)-y(b-a)$
$=x(a-b)+y(a-b)=(a-b)(x+y)$
12. $xy(3a-1)-(1-3a)$
$=xy(3a-1)+(3a-1)=(3a-1)(xy+1)$

핵심 117 스피드 정답

1. 10, 10, 10	2. 7, 7, 7	3. $(x+2)^2$
4. $(x-3)^2$	5. $(x+6)^2$	6. $(x-9)^2$
7. $(4x+1)^2$	8. $(5x-1)^2$	9. $(3x+2)^2$
10. $(5x-4)^2$	11. $(2x+3y)^2$	12. $(3x-4y)^2$
13. $(5x+3y)^2$	14. $(6x-4y)^2$	15. $\left(x+\frac{1}{2}\right)^2$
16. $\left(x-\frac{1}{2}\right)^2$		

1. $x^2+20x+100=(x+\boxed{10})^2$
$x^2+2\times x\times\boxed{10}+\boxed{10}^2$
2. $x^2-14x+49=(x-\boxed{7})^2$
$x^2-2\times x\times\boxed{7}+\boxed{7}^2$
3. $x^2+4x+4=(x+2)^2$
$x^2+2\times x\times2+2^2$
4. $x^2-6x+9=(x-3)^2$
$x^2-2\times x\times3+3^2$
5. $x^2+12x+36=(x+6)^2$
$x^2+2\times x\times6+6^2$
6. $x^2-18x+81=(x-9)^2$
$x^2-2\times x\times9+9^2$
7. $16x^2+8x+1=(4x+1)^2$
$(4x)^2+2\times4x\times1+1^2$
8. $25x^2-10x+1=(5x-1)^2$
$(5x)^2-2\times5x\times1+1^2$
9. $9x^2+12x+4=(3x+2)^2$
$(3x)^2+2\times3x\times2+2^2$
10. $25x^2-40x+16=(5x-4)^2$
$(5x)^2-2\times5x\times4+4^2$
11. $4x^2+12xy+9y^2=(2x+3y)^2$
$(2x)^2+2\times2x\times3y+(3y)^2$
12. $9x^2-24xy+16y^2=(3x-4y)^2$
$(3x)^2-2\times3x\times4y+(4y)^2$

13. $\underline{25x^2+30xy+9y^2}=(5x+3y)^2$
$(5x)^2+2\times5x\times3y+(3y)^2$

14. $\underline{36x^2-48xy+16y^2}=(6x-4y)^2$
$(6x)^2-2\times6x\times4y+(4y)^2$

15. $\underline{x^2+x+\frac{1}{4}}=\left(x+\frac{1}{2}\right)^2$
$x^2+2\times x\times\frac{1}{2}+\left(\frac{1}{2}\right)^2$

16. $\underline{x^2-x+\frac{1}{4}}=\left(x-\frac{1}{2}\right)^2$
$x^2-2\times x\times\frac{1}{2}+\left(\frac{1}{2}\right)^2$

핵심 118 스피드 정답

1. 9	2. 16	3. $25y^2$	4. $36y^2$
5. $\frac{1}{4}$	6. $\frac{1}{4}y^2$	7. 9	8. $49y^2$
9. 6	10. 8	11. 10	12. 18
13. 12	14. 24	15. 16	16. 70

1. $x^2+6x+\square=x^2+2\times x\times3+3^2$
$\therefore \square=9$

2. $x^2-8x+\square=x^2-2\times x\times4+4^2$
$\therefore \square=16$

3. $x^2+10xy+\square=x^2+2\times x\times5y+(5y)^2$
$\therefore \square=25y^2$

4. $x^2-12xy+\square=x^2-2\times x\times6y+(6y)^2$
$\therefore \square=36y^2$

5. $x^2+x+\square=x^2+2\times x\times\frac{1}{2}+\left(\frac{1}{2}\right)^2$
$\therefore \square=\frac{1}{4}$

6. $x^2-xy+\square=x^2-2\times x\times\frac{1}{2}y+\left(\frac{1}{2}y\right)^2$
$\therefore \square=\frac{1}{4}y^2$

잠깐!
x^2의 계수가 1이 아닌 경우
x^2 항을 거듭제곱으로 나타내어
①, ②, ③, ④의 순서로 완전제곱식을 만든다.
$\underset{①}{\bigcirc^2}+\underset{②}{2\times\bigcirc\times\bigstar}+\underset{③}{\bigstar^2}=\underset{④}{(\bigcirc+\bigstar)^2}$

7. $4x^2+12x+\square=(2x)^2+2\times2x\times3+3^2$
$\therefore \square=9$

8. $4x^2-28xy+\square$
$=(2x)^2-2\times2x\times7y+(7y)^2 \ \therefore \square=49y^2$

9. $\square$는 양수이어야 하므로 $\square=2\sqrt{9}=6$

10. $\square$는 양수이어야 하므로 $\square=2\sqrt{16}=8$

11. x^2의 계수가 1이 아닌 kx^2+ax+b 꼴인 경우 $(\sqrt{k}x\pm\sqrt{b})^2=kx^2\pm2\sqrt{kb}x+b$에서 x의 계수는 $a=\pm2\sqrt{kb}$이다.
따라서 $\square$ 안에 알맞은 양수는
$\square=2\times\sqrt{25}\times\sqrt{1}=10$

12. $\square$ 안에 알맞은 양수는 $2\times\sqrt{81}\times\sqrt{1}=18$

13. $\square$ 안에 알맞은 양수는 $2\times\sqrt{4}\times\sqrt{9}=12$

14. $\square$ 안에 알맞은 양수는 $2\times\sqrt{9}\times\sqrt{16}=24$

15. $\square$ 안에 알맞은 양수는 $2\times\sqrt{4}\times\sqrt{16}=16$

16. $\square$ 안에 알맞은 양수는
$2\times\sqrt{25}\times\sqrt{49}=70$

핵심 119 스피드 정답

1. 3, 3, 3	2. $(x+5)(x-5)$
3. $(2x+1)(2x-1)$	4. $(6x+7)(6x-7)$
5. 2, 3, 3, 3	6. $(5x+9y)(5x-9y)$

7. $\left(x+\frac{2}{3}y\right)\left(x-\frac{2}{3}y\right)$

8. $\left(\frac{1}{2}x+\frac{1}{3}y\right)\left(\frac{1}{2}x-\frac{1}{3}y\right)$

9. $\left(\frac{1}{5}x+\frac{1}{7}y\right)\left(\frac{1}{5}x-\frac{1}{7}y\right)$

10. $\left(\frac{3}{4}x+\frac{2}{5}y\right)\left(\frac{3}{4}x-\frac{2}{5}y\right)$

11. 4, 4, 4, 2, 2

12. $(x^2+9)(x+3)(x-3)$

13. 2, 4, 2, 2, 2, 2, 2 14. $5(x+2)(x-2)$

15. $x(1+x)(1-x)$ 16. $y(x+y)(x-y)$

17. $5(x+2y)(x-2y)$

18. $\frac{1}{2}\left(x+\frac{1}{2}y\right)\left(x-\frac{1}{2}y\right)$

2. $x^2-25=x^2-5^2=(x+5)(x-5)$

3. $4x^2-1=(2x)^2-1^2=(2x+1)(2x-1)$

4. $36x^2-49=(6x)^2-7^2=(6x+7)(6x-7)$

6. $25x^2-81y^2=(5x)^2-(9y)^2$
$=(5x+9y)(5x-9y)$

7. $x^2-\frac{4}{9}y^2=x^2-\left(\frac{2}{3}y\right)^2$
$=\left(x+\frac{2}{3}y\right)\left(x-\frac{2}{3}y\right)$

8. $\frac{1}{4}x^2-\frac{1}{9}y^2=\left(\frac{1}{2}x\right)^2-\left(\frac{1}{3}y\right)^2$
$=\left(\frac{1}{2}x+\frac{1}{3}y\right)\left(\frac{1}{2}x-\frac{1}{3}y\right)$

9. $\frac{1}{25}x^2-\frac{1}{49}y^2=\left(\frac{1}{5}x\right)^2-\left(\frac{1}{7}y\right)^2$
$=\left(\frac{1}{5}x+\frac{1}{7}y\right)\left(\frac{1}{5}x-\frac{1}{7}y\right)$

10. $\frac{9}{16}x^2-\frac{4}{25}y^2=\left(\frac{3}{4}x\right)^2-\left(\frac{2}{5}y\right)^2$
$=\left(\frac{3}{4}x+\frac{2}{5}y\right)\left(\frac{3}{4}x-\frac{2}{5}y\right)$

12. $x^4-81=(x^2)^2-9^2$
$=(x^2+9)(x^2-9)$
$=(x^2+9)(x+3)(x-3)$

14. $5x^2-20=5(x^2-4)=5(x^2-2^2)$
$=5(x+2)(x-2)$

15. $x-x^3=x(1-x^2)=x(1+x)(1-x)$

16. $x^2y-y^3=y(x^2-y^2)=y(x+y)(x-y)$

17. $5x^2-20y^2=5(x^2-4y^2)=5\{x^2-(2y)^2\}$
$=5(x+2y)(x-2y)$

18. $\frac{1}{2}x^2-\frac{1}{8}y^2=\frac{1}{2}\left(x^2-\frac{1}{4}y^2\right)$
$=\frac{1}{2}\left\{x^2-\left(\frac{1}{2}y\right)^2\right\}=\frac{1}{2}\left(x+\frac{1}{2}y\right)\left(x-\frac{1}{2}y\right)$

핵심 120 스피드 정답

1. 2, −2, 1, 2	2. 5, 7
3. −1, −4	4. 3, 7
5. −2, 5	6. 5, −11
7. 3, −3, 1, 3, 1, 3	8. $(x+2)(x+3)$
9. $(x-5)(x+6)$	10. $(x-3)(x-7)$
11. $(x+2)(x+5)$	12. $(x-5)(x-7)$
13. $(x-5)(x+8)$	14. $(x-3y)(x-4y)$
15. $(x-3y)(x+6y)$	16. $(x+6y)(x-7y)$

2.

곱이 35인 두 정수	두 정수의 합
1, 35	36
5, 7	12
$-1, -35$	-36
$-5, -7$	-12

따라서 구하는 두 정수는 5, 7이다.

3.

곱이 4인 두 정수	두 정수의 합
1, 4	5
2, 2	4
$-1, -4$	-5
$-2, -2$	-4

따라서 구하는 두 정수는 -1, -4이다.

4.

곱이 21인 두 정수	두 정수의 합
1, 21	22
3, 7	10
$-1, -21$	-22
$-3, -7$	-10

따라서 구하는 두 정수는 3, 7이다.

5.

곱이 -10인 두 정수	두 정수의 합
$-1, 10$	9
$1, -10$	-9
$-2, 5$	3
$2, -5$	-3

따라서 구하는 두 정수는 -2, 5이다.

6.

곱이 -55인 두 정수	두 정수의 합
$-1, 55$	54
$1, -55$	-54
$-5, 11$	6
$5, -11$	-6

따라서 구하는 두 정수는 5, -11이다.

8. 곱이 6이고 합이 5인 두 정수는 2, 3이므로 $x^2+5x+6=(x+2)(x+3)$

9. 곱이 -30이고 합이 1인 두 정수는 -5, 6이므로 $x^2+x-30=(x-5)(x+6)$

10. 곱이 21이고 합이 -10인 두 정수는 -3, -7이므로 $x^2-10x+21=(x-3)(x-7)$

11. 곱이 10이고 합이 7인 두 정수는 2, 5이므로 $x^2+7x+10=(x+2)(x+5)$

12. 곱이 35이고 합이 -12인 두 정수는 -5, -7이므로 $x^2-12x+35=(x-5)(x-7)$

13. 곱이 -40이고 합이 3인 두 정수는 -5, 8이므로 $x^2+3x-40=(x-5)(x+8)$

14. 곱이 12이고 합이 -7인 두 정수는 -3, -4이므로

$x^2-7xy+12y^2=(x-3y)(x-4y)$

15. 곱이 -18이고 합이 3인 두 정수는 -3, 6이므로 $x^2+3xy-18y^2=(x-3y)(x+6y)$

16. 곱이 -42이고 합이 -1인 두 정수는 6, -7이므로

$x^2-xy-42y^2=(x+6y)(x-7y)$

핵심 121

스피드 정답

1~4. 해설 참조 5. $(2x+1)(3x+1)$
6. $(2x+1)(x+3)$ 7. $(3x-8)(x+3)$
8. $(4x-1)(3x+2)$ 9. $(5x-6)(x-2)$
10. $(6x-1)(x-5)$ 11. $(8x-9)(x+1)$
12. $(3x+2)(x-4)$ 13. $(2x-y)(x-3y)$
14. $(5x+8y)(2x-3y)$

1. $3x^2+10x+8=(x+\boxed{2})(\boxed{3x}+4)$

$x \to \boxed{2} \to \boxed{6x}$
$\boxed{3x} \to 4 \to +)\ 4x$
$10x$

2. $2x^2+x-10=(x-\boxed{2})(\boxed{2x}+5)$

$x \to \boxed{-2} \to \boxed{-4x}$
$\boxed{2x} \to 5 \to +)\ 5x$
x

3. $4x^2-16x+15=(2x-\boxed{3})(\boxed{2x}-5)$

$2x \to \boxed{-3} \to \boxed{-6x}$
$\boxed{2x} \to -5 \to +)\ -10x$
$-16x$

4. $6x^2-11x-21=(x-\boxed{3})(\boxed{6x}+7)$

$x \to \boxed{-3} \to \boxed{-18x}$
$\boxed{6x} \to 7 \to +)\ 7x$
$-11x$

5. $6x^2+5x+1=(2x+1)(3x+1)$

$2x \to 1 \to 3x$
$3x \to 1 \to +)\ 2x$
$5x$

6. $2x^2+7x+3=(2x+1)(x+3)$

$2x \to 1 \to x$
$x \to 3 \to +)\ 6x$
$7x$

7. $3x^2+x-24=(3x-8)(x+3)$

$3x \to -8 \to -8x$
$x \to 3 \to +)\ 9x$
x

8. $12x^2+5x-2=(4x-1)(3x+2)$

$4x \to -1 \to -3x$
$3x \to 2 \to +)\ 8x$
$5x$

9. $5x^2-16x+12=(5x-6)(x-2)$

$5x \to -6 \to -6x$
$x \to -2 \to +)\ -10x$
$-16x$

10. $6x^2-31x+5=(6x-1)(x-5)$

$6x \to -1 \to -x$
$x \to -5 \to +)\ -30x$
$-31x$

11. $8x^2-x-9=(8x-9)(x+1)$

$8x \to -9 \to -9x$
$x \to 1 \to +)\ 8x$
$-x$

12. $3x^2-10x-8=(3x+2)(x-4)$

$3x \to 2 \to 2x$
$x \to -4 \to +)\ -12x$
$-10x$

13. $2x^2-7xy+3y^2=(2x-y)(x-3y)$

$2x \to -y \to -xy$
$x \to -3y \to +)\ -6xy$
$-7xy$

14. $10x^2+xy-24y^2=(5x+8y)(2x-3y)$

$5x \to 8y \to 16xy$
$2x \to -3y \to +)\ -15xy$
xy

핵심 122

스피드 정답

1. 1, 1 2. $(x-y+6)^2$
3. $(x+2y-2)^2$ 4. $(2x-y-5)^2$
5. $(x+y+4)(x+y-8)$
6. $(3x+2y+1)(3x+2y+5)$
7. $(3x-2y-3)(3x-2y+8)$

8. $(3x-5y+2)(3x-5y-8)$

9. 3, 3, 1, 2, 1, 2

10. $(x-y-2)(x-y+3)$

11. $(x+y+2)(x+y+4)$

12. $(x-y+2)(x-y-8)$

13. $(3x+y-1)(3x+y-3)$

14. $(2x-y+3)(2x-y-5)$

15. $(3x+2y+2)(3x+2y+9)$

16. $(2x-3y-4)(2x-3y+6)$

---

2. $x-y=A$라고 하면
$(x-y)^2+12(x-y)+36$
$=A^2+12A+36=(A+6)^2$
$=(x-y+6)^2$

3. $x+2y=A$라고 하면
$(x+2y)^2-4(x+2y)+4$
$=A^2-4A+4=(A-2)^2$
$=(x+2y-2)^2$

4. $2x-y=A$라고 하면
$(2x-y)^2-10(2x-y)+25$
$=A^2-10A+25=(A-5)^2$
$=(2x-y-5)^2$

5. $x+y=A$라고 하면
$(x+y)^2-4(x+y)-32$
$=A^2-4A-32=(A+4)(A-8)$
$=(x+y+4)(x+y-8)$

6. $3x+2y=A$라고 하면
$(3x+2y)^2+6(3x+2y)+5$
$=A^2+6A+5=(A+1)(A+5)$
$=(3x+2y+1)(3x+2y+5)$

7. $3x-2y=A$라고 하면
$(3x-2y)^2+5(3x-2y)-24$
$=A^2+5A-24=(A-3)(A+8)$
$=(3x-2y-3)(3x-2y+8)$

8. $3x-5y=A$라고 하면
$(3x-5y)^2-6(3x-5y)-16$
$=A^2-6A-16=(A+2)(A-8)$
$=(3x-5y+2)(3x-5y-8)$

10. $x-y=A$라고 하면
$(x-y)(x-y+1)-6$
$=A(A+1)-6=A^2+A-6$
$=(A-2)(A+3)$
$=(x-y-2)(x-y+3)$

11. $x+y=A$라고 하면
$(x+y)(x+y+6)+8$
$=A(A+6)+8=A^2+6A+8$
$=(A+2)(A+4)$
$=(x+y+2)(x+y+4)$

12. $x-y=A$라고 하면
$(x-y)(x-y-6)-16$
$=A(A-6)-16=A^2-6A-16$
$=(A+2)(A-8)$
$=(x-y+2)(x-y-8)$

13. $3x+y=A$라고 하면
$(3x+y)(3x+y-4)+3$
$=A(A-4)+3=A^2-4A+3$
$=(A-1)(A-3)$
$=(3x+y-1)(3x+y-3)$

14. $2x-y=A$라고 하면
$(2x-y)(2x-y-2)-15$
$=A(A-2)-15=A^2-2A-15$
$=(A+3)(A-5)$
$=(2x-y+3)(2x-y-5)$

15. $3x+2y=A$라고 하면
$(3x+2y)(3x+2y+11)+18$
$=A(A+11)+18=A^2+11A+18$
$=(A+2)(A+9)$
$=(3x+2y+2)(3x+2y+9)$

16. $2x-3y=A$라고 하면
$(2x-3y)(2x-3y+2)-24$
$=A(A+2)-24=A^2+2A-24$
$=(A-4)(A+6)$
$=(2x-3y-4)(2x-3y+6)$

핵심 123 스피드 정답

1. $2xy$, $x+y$
2. $3y(x-2)^2$
3. $2y(2x+y)(2x-y)$
4. $y(3+x)(3-x)$
5. $x(x+6)(x-1)$
6. $2y(3x+1)(x-2)$
7. $(x+y)(x+y+1)$
8. y, y, y, y
9. $(x+3y-2)(x-3y+2)$
10. $(x+y+5)(x-y+1)$
11. $(x+y-3)(x-y-3)$
12. $(y+x+2)(y-x-2)$
13. $5y(x+2y)(x-2y)$
14. $3xy(x+2y)(x-2y)$
15. 1, 1, 1, 1
16. $(y-1)(x-2)$
17. $(y-3)(x-3)$
18. $(x-2)(y-1)$
19. $(x+y)(x+1)$
20. $(x-y)(x-1)$
21. $(x+1)(x^2+1)$
22. $(x-2)(x+1)(x-1)$
23. $x-2$, x^2-3x+2, $x-1$, $y+x-1$
24. $(x+1)(y+x-2)$
25. $(x+1)(y+x-4)$
26. $(x+3)(y+x+3)$
27. $(x-1)(x-2y-3)$
28. $(x+2y)(z+x+2y)$
29. $(x-3y)(z+x-3y)$
30. $(x-y)(2z+x-y)$

---

2. $3x^2y-12xy+12y$
$=3y(x^2-4x+4)=3y(x-2)^2$

3. $8x^2y-2y^3$
$=2y(4x^2-y^2)=2y(2x+y)(2x-y)$

4. $-x^2y+9y$
$=y(9-x^2)=y(3+x)(3-x)$

5. x^3+5x^2-6x
$=x(x^2+5x-6)=x(x+6)(x-1)$

6. $6x^2y-10xy-4y$
$=2y(3x^2-5x-2)=2y(3x+1)(x-2)$

7. $(x+y)^2+(x+y)$
$=(x+y)(x+y+1)$

9. $x^2-(3y-2)^2$
$=\{x+(3y-2)\}\{x-(3y-2)\}$

$=(x+3y-2)(x-3y+2)$

10. $(x+3)^2-(y+2)^2$

$=\{(x+3)+(y+2)\}\{(x+3)-(y+2)\}$

$=(x+y+5)(x-y+1)$

11. $x^2-6x+9-y^2$

$=(x-3)^2-y^2=(x-3+y)(x-3-y)$

$=(x+y-3)(x-y-3)$

12. $-x^2-4x-4+y^2$

$=-(x+2)^2+y^2$

$=(y+x+2)(y-x-2)$

13. $5x^2y-20y^3$

$=5y(x^2-4y^2)=5y(x+2y)(x-2y)$

14. $3x^3y-12xy^3$

$=3xy(x^2-4y^2)=3xy(x+2y)(x-2y)$

16. $xy-x-2y+2$

$=x(y-1)-2(y-1)=(y-1)(x-2)$

17. $xy-3x-3y+9$

$=x(y-3)-3(y-3)=(y-3)(x-3)$

18. $xy-2y+2-x$

$=y(x-2)-(x-2)=(x-2)(y-1)$

19. $x^2+xy+x+y$

$=x(x+y)+(x+y)=(x+y)(x+1)$

20. $x^2-xy+y-x$

$=x(x-y)-(x-y)=(x-y)(x-1)$

21. x^3+x^2+x+1

$=x^2(x+1)+(x+1)=(x+1)(x^2+1)$

22. x^3-2x^2-x+2

$=x^2(x-2)-(x-2)=(x-2)(x^2-1)$

$=(x-2)(x+1)(x-1)$

24. $x^2+xy-x+y-2$

$=y(x+1)+(x^2-x-2)$

$=y(x+1)+(x+1)(x-2)$

$=(x+1)(y+x-2)$

25. $x^2+xy-3x+y-4$

$=y(x+1)+(x^2-3x-4)$

$=y(x+1)+(x+1)(x-4)$

$=(x+1)(y+x-4)$

26. $x^2+xy+6x+3y+9$

$=y(x+3)+(x^2+6x+9)$

$=y(x+3)+(x+3)^2$

$=(x+3)(y+x+3)$

27. $x^2-2xy-4x+2y+3$

$=-2y(x-1)+(x^2-4x+3)$

$=-2y(x-1)+(x-3)(x-1)$

$=(x-1)(x-2y-3)$

28. $x^2+4y^2+4xy+xz+2yz$

$=z(x+2y)+(x^2+4xy+4y^2)$

$=z(x+2y)+(x+2y)^2$

$=(x+2y)(z+x+2y)$

29. $xz-3yz+x^2+9y^2-6xy$

$=z(x-3y)+(x^2-6xy+9y^2)$

$=z(x-3y)+(x-3y)^2$

$=(x-3y)(z+x-3y)$

30. $x^2+y^2+2xz-2yz-2xy$

$=2z(x-y)+(x^2+y^2-2xy)$

$=2z(x-y)+(x-y)^2$

$=(x-y)(2z+x-y)$

핵심 124 스피드 정답

1. 3400	2. 10	3. 10000	4. 900
5. 144	6. 1	7. 6400	8. 400
9. 3	10. 4	11. 8	

1. $67^2-33^2=(67+33)\times(67-33)$

$=100\times34=3400$

2. $5\times1.5^2-5\times0.5^2=5(1.5^2-0.5^2)$

$=5(1.5+0.5)(1.5-0.5)$

$=5\times2\times1=10$

3. $97^2+2\times97\times3+3^2=(97+3)^2$

$=100^2=10000$

4. $32^2-2\times32\times2+2^2=(32-2)^2$

$=30^2=900$

5. $\dfrac{96^2+76^2-16-24^2}{100}$

$=\dfrac{(96^2-4^2)+(76^2-24^2)}{100}$

$=\dfrac{(96+4)(96-4)+(76+24)(76-24)}{100}$

$=\dfrac{100(92+52)}{100}=144$

6. $\dfrac{2019\times2020+2019}{2020^2-1}$

$=\dfrac{2019\times(2020+1)}{(2020+1)(2020-1)}$

$=\dfrac{2019\times2021}{2021\times2019}$

$=1$

7. $a^2+8a+16=(a+4)^2$이므로 이 식에 $a=76$을 대입하면

$(a+4)^2=(76+4)^2=80^2=6400$

8. $a^2-6a+9=(a-3)^2$이므로 이 식에 $a=23$을 대입하면

$(a-3)^2=(23-3)^2=20^2=400$

9. $a^2-4a+4=(a-2)^2$이므로 이 식에 $a=2+\sqrt{3}$을 대입하면

$(a-2)^2=(2+\sqrt{3}-2)^2=(\sqrt{3})^2=3$

10. $x^2-2xy+y^2=(x-y)^2$이므로 이 식에 $x-y=(\sqrt{3}+1)-(\sqrt{3}-1)=2$를 대입하면

$(x-y)^2=2^2=4$

11. $x^2-2xy+y^2-4=(x-y)^2-2^2$이므로 이 식에 $x-y=(2+\sqrt{3})-(2-\sqrt{3})=2\sqrt{3}$을 대입하면

$(x-y)^2-2^2=(2\sqrt{3})^2-2^2$

$=12-4=8$

실력테스트 108쪽 스피드 정답

1. ④	2. ④	3. ②	4. ⑤
5. ③, ④	6. ⑤	7. ⑤	8. ⑤
9. ①	10. $x+3$		

Science & Technology

① 225	② 1225	③ 3025	④ 7225
⑤ 121	⑥ 441	⑦ 361	⑧ 841
⑨ 144	⑩ 484	⑪ 324	⑫ 784
⑬ 169	⑭ 529	⑮ 289	⑯ 729
⑰ 196	⑱ 576	⑲ 256	⑳ 676

1. ① $(-x+5)(-x-5)=(-x)^2-5^2$

$=x^2-25$

② $(y+3)(y-2)=y^2+y-6$

③ $(2b+1)(2b-1)=(2b)^2-1^2=4b^2-1$

⑤ $(a+5)(5-a)=(5+a)(5-a)=25-a^2$

$=-a^2+25$

2. $(1-x)(1+x)(1+x^2)$

$=(1-x^2)(1+x^2)=1-x^4$

$1-x^4=1-x^{\square}$이므로 $\square=4$

3. $(2x+a)(bx-4)$

$=2bx^2+(-8+ab)x-4a$

$2bx^2+(-8+ab)x-4a$

$=-2x^2+cx+12$이므로

$2b=-2,\ -8+ab=c,\ -4a=12$

$\therefore a=-3,\ b=-1,\ c=-5$

$\therefore a+b+c=-3-1-5=-9$

4. (색칠한 부분의 넓이)$=(x-3)(x+2)$

$=x^2-x-6$

5. ① $9x^2-25y^2=(3x+5y)(3x-5y)$

② $6x^2-10x-4=(3x+1)(2x-4)$

⑤ $2x^2-4x-30=2(x-5)(x+3)$

6. ① $x^2+2x+1=(x+1)^2$

② $a^2-a+\frac{1}{4}=\left(a-\frac{1}{2}\right)^2$

$a^2-2\times a\times\frac{1}{2}+\left(\frac{1}{2}\right)^2$

③ $16x^2+24xy+9y^2=(4x+3y)^2$

$(4x)^2+2\times4x\times3y+(3y)^2$

④ $25a^2-10a+1=(5a-1)^2$

$(5a)^2-2\times5a\times1+1^2$

⑤ $4x^2-12xy+36y^2$

$(2x)^2-2\times2x\times3y+(3y)^2+27y^2$

7. $(3x+1)^2-4(x-1)^2$

$=(3x+1)^2-\{2(x-1)\}^2$

$=\{(3x+1)+2(x-1)\}\{(3x+1)-2(x-1)\}$

$=(5x-1)(x+3)$ …… ㉠

$(x-2)(x-1)-(x-2)(3x+5)$

$=(x-2)\{(x-1)-(3x+5)\}$

$=(x-2)(-2x-6)$

$=-2(x-2)(x+3)$ …… ㉡

㉠, ㉡에서 두 다항식의 공통 인수는 $(x+3)$이다.

8. $(2x-b)(x+5)$

$=2x^2+(2\times5-b\times1)x-5b$

$ax^2+7x-15=2x^2+(10-b)x-5b$

이므로 $a=2,\ b=3$

$\therefore a-b=2-3=-1$

9. $x^2-y^2-3x-3y$

$=(x+y)(x-y)-3(x+y)$

$=(x+y)(x-y-3)$ …… ㉠

$x+y=(\sqrt{2}+1)+(\sqrt{2}-1)=2\sqrt{2}$

$x-y=(\sqrt{2}+1)-(\sqrt{2}-1)=2$

㉠에 $x+y,\ x-y$의 값을 대입하면

$(x+y)(x-y-3)=2\sqrt{2}\,(2-3)=-2\sqrt{2}$

10. (도형 (가)의 넓이)$=x^2-3^2=(x+3)(x-3)$

(도형 (나)의 넓이)

$=$(가로의 길이)$\times(x-3)$

두 도형 (가), (나)의 넓이가 같으므로 도형 (나)의 가로의 길이는 $x+3$

핵심 125 스피드 정답

1. ○	2. ○	3. ×	4. ○
5. ○	6. ×	7. ○	8. 0
9. -1	10. 2		

11. $a=1,\ b=-1,\ c=-2$

12. $a=1,\ b=2,\ c=-8$

13. $a=6,\ b=1,\ c=-2$

6. 괄호를 풀고 모든 항을 좌변으로 이항하여 정리하면 $-x-1=0$이므로 일차방정식이다.

[8~10] 이차항의 계수가 0이 아니어야 한다.

11. $(x+1)(x-2)=0,\ x^2-x-2=0$

$\therefore a=1,\ b=-1,\ c=-2$

12. $(x-2)(x+4)=0,\ x^2+2x-8=0$

$\therefore a=1,\ b=2,\ c=-8$

13. $(2x-1)(3x+2)=0,\ 6x^2+x-2=0$

$\therefore a=6,\ b=1,\ c=-2$

핵심 126 스피드 정답

1. ×, 1, 1, 1, 해가 아니다		2. ○
3. ×	4. ○	5. ○
6. ×	7. 4, 0, 1, 1	8. 1
9. -1	10. -4	11. 2

1. $x=\boxed{1}$을 $x^2+x=0$에 대입하면

$\boxed{1}^2+\boxed{1}=2\neq0$

따라서 $x=1$은 주어진 방정식의 (해이다, 해가 아니다).

8. $x=-1$일 때, $(-1)^2+(-1)-2=-2$

$x=1$일 때, $1^2+1-2=0$

$x=2$일 때, $2^2+2-2=4$

따라서 주어진 방정식의 해는 $x=1$이다.

9. $x=-1$일 때, $(-1)^2-3\times(-1)-4=0$

$x=1$일 때, $1^2-3\times1-4=-6$

$x=2$일 때, $2^2-3\times2-4=-6$

따라서 주어진 방정식의 해는 $x=-1$이다.

10. $x=1$은 주어진 방정식을 만족하므로

$1^2+a\times1+3=0 \qquad \therefore a=-4$

11. $x=-2$는 주어진 방정식을 만족하므로

$a\times(-2)^2+3\times(-2)-2=0$

$4a-8=0 \qquad \therefore a=2$

핵심 127 스피드 정답

1. ○	2. ○	3. ○	4. ×

5. 0, 0, 0, -3　6. $x=0$ 또는 $x=6$

7. $x=1$ 또는 $x=3$　8. $x=-2$ 또는 $x=4$

9. $x=3$ 또는 $x=-2$

10. $x=-1$ 또는 $x=-7$

11. $x=\frac{1}{2}$ 또는 $x=\frac{1}{3}$

12. $x=-\frac{2}{3}$ 또는 $x=\frac{3}{5}$

13. $x=\frac{3}{4}$ 또는 $x=-\frac{2}{5}$

14. $x=-\frac{1}{3}$ 또는 $x=-\frac{5}{2}$

15. 4, -1, -4　16. $x=5$ 또는 $x=-6$

17. $x=-2$ 또는 $x=6$　18. $x=2$ 또는 $x=-5$

19. $x=-2$ 또는 $x=4$　20. $x=1$ 또는 $x=4$

21. $x=3$ 또는 $x=4$　22. $x=3$ 또는 $x=-6$

23. $x=-2$ 또는 $x=3$　24. $x=0$ 또는 $x=-5$

25. $x=0$ 또는 $x=2$

26. $x=-\frac{1}{3}$ 또는 $x=-\frac{1}{2}$

27. $x=-\frac{1}{2}$ 또는 $x=-3$

28. $x=\frac{8}{3}$ 또는 $x=-3$

29. $x=\frac{1}{2}$ 또는 $x=-3$

30. $x=\frac{6}{5}$ 또는 $x=2$

31. $x=\frac{2}{3}$ 또는 $x=\frac{3}{2}$

32. $x=\frac{9}{8}$ 또는 $x=-1$

33. $x=-\frac{2}{3}$ 또는 $x=4$

34. $x=\frac{1}{2}$ 또는 $x=3$

35. $x=-\frac{8}{5}$ 또는 $x=\frac{3}{2}$

---

16. $x^2+x-30=0$
$(x-5)(x+6)=0$
$\therefore x=5$ 또는 $x=-6$

17. $x^2-4x-12=0$
$(x+2)(x-6)=0$
$\therefore x=-2$ 또는 $x=6$

18. $x^2+3x-10=0$
$(x-2)(x+5)=0$
$\therefore x=2$ 또는 $x=-5$

19. $x^2-2x-8=0$
$(x+2)(x-4)=0$
$\therefore x=-2$ 또는 $x=4$

20. $x^2-5x+4=0$
$(x-1)(x-4)=0$
$\therefore x=1$ 또는 $x=4$

21. $x^2-7x+12=0$
$(x-3)(x-4)=0$
$\therefore x=3$ 또는 $x=4$

22. $x^2+3x-18=0$
$(x-3)(x+6)=0$
$\therefore x=3$ 또는 $x=-6$

23. $x^2-x-6=0$
$(x+2)(x-3)=0$
$\therefore x=-2$ 또는 $x=3$

24. $x^2+5x=0$
$x(x+5)=0$
$\therefore x=0$ 또는 $x=-5$

25. $4x^2-8x=0$
$4x(x-2)=0$
$\therefore x=0$ 또는 $x=2$

26. $6x^2+5x+1=0$
$(3x+1)(2x+1)=0$
$\therefore x=-\frac{1}{3}$ 또는 $x=-\frac{1}{2}$

27. $2x^2+7x+3=0$
$(2x+1)(x+3)=0$
$\therefore x=-\frac{1}{2}$ 또는 $x=-3$

28. $3x^2+x-24=0$
$(3x-8)(x+3)=0$
$\therefore x=\frac{8}{3}$ 또는 $x=-3$

29. $2x^2+5x-3=0$
$(2x-1)(x+3)=0$
$\therefore x=\frac{1}{2}$ 또는 $x=-3$

30. $5x^2-16x+12=0$
$(5x-6)(x-2)=0$
$\therefore x=\frac{6}{5}$ 또는 $x=2$

31. $6x^2-13x+6=0$
$(3x-2)(2x-3)=0$
$\therefore x=\frac{2}{3}$ 또는 $x=\frac{3}{2}$

32. $8x^2-x-9=0$
$(8x-9)(x+1)=0$
$\therefore x=\frac{9}{8}$ 또는 $x=-1$

33. $3x^2-10x-8=0$
$(3x+2)(x-4)=0$
$\therefore x=-\frac{2}{3}$ 또는 $x=4$

34. $2x^2-7x+3=0$
$(2x-1)(x-3)=0$
$\therefore x=\frac{1}{2}$ 또는 $x=3$

35. $10x^2+x-24=0$
$(5x+8)(2x-3)=0$
$\therefore x=-\frac{8}{5}$ 또는 $x=\frac{3}{2}$

핵심 128 스피드 정답

1. 1, -1 2. $x=3$ 3. $x=-5$
4. $x=7$ 5. $x=-\frac{1}{6}$ 6. $x=\frac{1}{8}$
7. $x=-\frac{3}{2}$ 8. $x=\frac{4}{5}$ 9. 4, 4
10. 9 11. 36 12. 1
13. 10 14. 8 15. 12

---

5. $36x^2+12x+1=0$
$(6x+1)^2=0 \qquad \therefore x=-\frac{1}{6}$

6. $64x^2-16x+1=0$
$(8x-1)^2=0 \qquad \therefore x=\frac{1}{8}$

7. $4x^2+12x+9=0$
$(2x+3)^2=0 \qquad \therefore x=-\frac{3}{2}$

8. $25x^2-40x+16=0$
$(5x-4)^2=0 \qquad \therefore x=\frac{4}{5}$

12. $a+3=\left(\frac{4}{2}\right)^2=4 \qquad \therefore a=1$

13. $2a-4=\left(\frac{8}{2}\right)^2=16$
$2a=20 \qquad \therefore a=10$

14. $x^2+ax+16=0$
$\left(x+\frac{a}{2}\right)^2=0,\ \left(\frac{a}{2}\right)^2=16$
$\frac{a}{2}=\pm4,\ a=\pm8$
$a>0$이므로 구하는 a의 값은 8이다.

15. $x^2-ax+36=0$
$\left(x-\frac{a}{2}\right)^2=0,\ \left(\frac{a}{2}\right)^2=36$
$\frac{a}{2}=\pm6,\ a=\pm12$
$a>0$이므로 구하는 a의 값은 12이다.

핵심 129 스피드 정답

1. $x=\pm\sqrt{3}$ 2. $x=\pm\sqrt{5}$ 3. $x=\pm3$
4. $x=\pm\sqrt{5}$ 5. $x=\pm2$ 6. $x=\pm3$
7. $\sqrt{7}$, $\sqrt{7}$ 8. $x=5\pm\sqrt{3}$
9. $x=-2\pm\sqrt{5}$ 10. $x=8$ 또는 $x=2$
11. $x=0$ 또는 $x=-4$ 12. $x=7$ 또는 $x=-1$
13. $\sqrt{5}$, $\sqrt{5}$ 14. $x=2\pm\sqrt{7}$
15. $x=-4\pm\sqrt{6}$ 16. $x=3$ 또는 $x=-1$
17. $x=1$ 또는 $x=-5$ 18. $x=8$ 또는 $x=2$

---

8. $(x-5)^2=3,\ x-5=\pm\sqrt{3}$
$\therefore x=5\pm\sqrt{3}$

9. $(x+2)^2=5,\ x+2=\pm\sqrt{5}$
$\therefore x=-2\pm\sqrt{5}$

10. $(x-5)^2=9,\ x-5=\pm3$

$x=5\pm3$　　$\therefore x=8$ 또는 $x=2$

11. $(x+2)^2=4,\ x+2=\pm2$
$x=-2\pm2$　　$\therefore x=0$ 또는 $x=-4$

12. $(x-3)^2=16,\ x-3=\pm4$
$x=3\pm4$　　$\therefore x=7$ 또는 $x=-1$

14. $5(x-2)^2=35,\ (x-2)^2=7$
$x-2=\pm\sqrt{7}$　　$\therefore x=2\pm\sqrt{7}$

15. $7(x+4)^2=42,\ (x+4)^2=6$
$x+4=\pm\sqrt{6}$　　$\therefore x=-4\pm\sqrt{6}$

16. $3(x-1)^2=12,\ (x-1)^2=4$
$x-1=\pm2,\ x=1\pm2$
$\therefore x=3$ 또는 $x=-1$

17. $4(x+2)^2=36,\ (x+2)^2=9$
$x+2=\pm3,\ x=-2\pm3$
$\therefore x=1$ 또는 $x=-5$

18. $6(x-5)^2=54,\ (x-5)^2=9$
$x-5=\pm3,\ x=5\pm3$
$\therefore x=8$ 또는 $x=2$

핵심 130　스피드 정답

1. 3, 3, 3, 10, 3, $\pm\sqrt{10}$, 3, $\sqrt{10}$
2. $x=2\pm\sqrt{2}$　3. $x=-4\pm\sqrt{17}$
4. $x=5\pm\sqrt{21}$　5. $x=-6\pm\sqrt{39}$
6. $x=-7\pm\sqrt{47}$　7. 2, 2, 2, 2, 2, $\sqrt{2}$
8. $x=2\pm\sqrt{2}$　9. $x=-1$ 또는 $x=-3$
10. $x=-2\pm\sqrt{2}$　11. $x=2\pm2\sqrt{2}$
12. $x=3\pm\sqrt{13}$

2. $x^2-4x+2=0,\ x^2-4x=-2$
$x^2-4x+4=-2+4$
$(x-2)^2=2,\ x-2=\pm\sqrt{2}$
$\therefore x=2\pm\sqrt{2}$

3. $x^2+8x-1=0,\ x^2+8x=1$
$x^2+8x+16=1+16$
$(x+4)^2=17,\ x+4=\pm\sqrt{17}$
$\therefore x=-4\pm\sqrt{17}$

4. $x^2-10x+4=0,\ x^2-10x=-4$
$x^2-10x+25=-4+25$
$(x-5)^2=21,\ x-5=\pm\sqrt{21}$
$\therefore x=5\pm\sqrt{21}$

5. $x^2+12x-3=0,\ x^2+12x=3$
$x^2+12x+36=3+36$
$(x+6)^2=39,\ x+6=\pm\sqrt{39}$
$\therefore x=-6\pm\sqrt{39}$

6. $x^2+14x+2=0,\ x^2+14x=-2$
$x^2+14x+49=-2+49$
$(x+7)^2=47,\ x+7=\pm\sqrt{47}$
$\therefore x=-7\pm\sqrt{47}$

8. $3x^2-12x+6=0,\ x^2-4x+2=0$
$x^2-4x=-2$
$x^2-4x+4=-2+4$
$(x-2)^2=2,\ x-2=\pm\sqrt{2}$
$\therefore x=2\pm\sqrt{2}$

9. $4x^2+16x+12=0$
$x^2+4x+3=0,\ x^2+4x=-3$
$x^2+4x+4=-3+4$
$(x+2)^2=1,\ x+2=\pm1$
$x=-2\pm1$
$\therefore x=-1$ 또는 $x=-3$

10. $5x^2+20x+10=0$
$x^2+4x+2=0,\ x^2+4x=-2$
$x^2+4x+4=-2+4$
$(x+2)^2=2,\ x+2=\pm\sqrt{2}$
$\therefore x=-2\pm\sqrt{2}$

11. $-6x^2+24x+24=0$
$x^2-4x-4=0,\ x^2-4x=4$
$x^2-4x+4=4+4$
$(x-2)^2=8,\ x-2=\pm2\sqrt{2}$
$\therefore x=2\pm2\sqrt{2}$

12. $-8x^2+48x+32=0$
$x^2-6x-4=0,\ x^2-6x=4$
$x^2-6x+9=4+9$
$(x-3)^2=13,\ x-3=\pm\sqrt{13}$
$\therefore x=3\pm\sqrt{13}$

핵심 131　스피드 정답

1. 해설 참조　2. $x=\dfrac{-1\pm\sqrt{33}}{4}$
3. $x=\dfrac{5\pm\sqrt{5}}{2}$　4. $x=\dfrac{1\pm\sqrt{17}}{4}$
5. $x=\dfrac{-5\pm\sqrt{33}}{4}$　6. $x=\dfrac{-3\pm\sqrt{5}}{2}$
7. $x=\dfrac{-5\pm\sqrt{13}}{6}$　8. $x=\dfrac{-3\pm\sqrt{17}}{2}$
9. $x=\dfrac{2\pm\sqrt{10}}{3}$　10. $x=\dfrac{-7\pm\sqrt{57}}{2}$
11. $x=\dfrac{7\pm\sqrt{29}}{10}$　12. $x=4\pm\sqrt{7}$

1. $a=\boxed{2},\ b=-5,\ c=\boxed{1}$이므로
$x=\dfrac{-(-5)\pm\sqrt{(\boxed{-5})^2-4\times2\times\boxed{1}}}{2\times\boxed{2}}$
$=\dfrac{5\pm\sqrt{\boxed{17}}}{\boxed{4}}$

2. $a=2,\ b=1,\ c=-4$이므로
$x=\dfrac{-1\pm\sqrt{1^2-4\times2\times(-4)}}{2\times2}$
$=\dfrac{-1\pm\sqrt{33}}{4}$

3. $a=1,\ b=-5,\ c=5$이므로
$x=\dfrac{-(-5)\pm\sqrt{(-5)^2-4\times1\times5}}{2\times1}$
$=\dfrac{5\pm\sqrt{5}}{2}$

4. $a=2,\ b=-1,\ c=-2$이므로
$x=\dfrac{-(-1)\pm\sqrt{(-1)^2-4\times2\times(-2)}}{2\times2}$
$=\dfrac{1\pm\sqrt{17}}{4}$

5. $a=2,\ b=5,\ c=-1$이므로
$x=\dfrac{-5\pm\sqrt{5^2-4\times2\times(-1)}}{2\times2}$
$=\dfrac{-5\pm\sqrt{33}}{4}$

6. $a=1,\ b=3,\ c=1$이므로
$x=\dfrac{-3\pm\sqrt{3^2-4\times1\times1}}{2\times1}$
$=\dfrac{-3\pm\sqrt{5}}{2}$

9. $a=3,\ b=-4,\ c=-2$이므로

$$x=\frac{-(-4)\pm\sqrt{(-4)^2-4\times3\times(-2)}}{2\times3}$$

$$=\frac{4\pm2\sqrt{10}}{6}=\frac{2\pm\sqrt{10}}{3}$$

12. $a=1$, $b=-8$, $c=9$이므로

$$x=\frac{-(-8)\pm\sqrt{(-8)^2-4\times1\times9}}{2\times1}$$

$$=\frac{8\pm2\sqrt{7}}{2}=4\pm\sqrt{7}$$

핵심 132 스피드 정답

1~8. 해설 참조 9. -4, -16, 4

10. $k=9$ 11. $k>16$ 12. $k<3$

13. $k=2$ 14. $k>\frac{16}{3}$

	$ax^2+bx+c=0$	b^2-4ac의 값	근의 개수
1.	$x^2+2x-3=0$	16	2개
2.	$x^2-5x+1=0$	21	2개
3.	$x^2+6x+9=0$	0	1개
4.	$x^2-x+4=0$	-15	0개
5.	$3x^2+7x-2=0$	73	2개
6.	$5x^2-6x+1=0$	16	2개
7.	$4x^2+4x+1=0$	0	1개
8.	$2x^2-x+3=0$	-23	0개

10. $6^2-4\times1\times k=0$ $\therefore k=9$

11. $(-8)^2-4\times1\times k<0$ $\therefore k>16$

12. $6^2-4\times3\times k>0$ $\therefore k<3$

13. $(-4)^2-4\times2\times k=0$ $\therefore k=2$

14. $8^2-4\times3\times k<0$ $\therefore k>\frac{16}{3}$

핵심 133 스피드 정답

1. 2, 5, 2, 5 2. $x=2$ 또는 $x=6$

3. $x=1$ 또는 $x=-4$ 4. $x=3\pm\sqrt{5}$

5. $x=-2\pm\sqrt{7}$ 6. $x=-3$

7. $x=\frac{-3\pm\sqrt{14}}{2}$ 8. $x=\frac{3\pm\sqrt{7}}{2}$

9. $x=-2\pm\sqrt{6}$ 10. $x=1$ 또는 $x=2$

11. $x=-1$ 또는 $x=-11$

12. $x=10$ 13. $x=\frac{1\pm\sqrt{7}}{3}$

2. $x^2-4(2x-3)=0$

$x^2-8x+12=0$, $(x-2)(x-6)=0$

$\therefore x=2$ 또는 $x=6$

3. $(x+1)(x+2)=6$

$x^2+3x+2=6$

$x^2+3x-4=0$, $(x-1)(x+4)=0$

$\therefore x=1$ 또는 $x=-4$

4. $x(x-2)-4(x-1)=0$

$x^2-2x-4x+4=0$

$x^2-6x+4=0$

$$\therefore x=\frac{-(-6)\pm\sqrt{(-6)^2-4\times1\times4}}{2\times1}$$

$$=\frac{6\pm2\sqrt{5}}{2}=3\pm\sqrt{5}$$

5. $x(x-4)=2x^2-3$

$x^2-4x=2x^2-3$, $x^2+4x-3=0$

$$x=\frac{-4\pm\sqrt{4^2-4\times1\times(-3)}}{2\times1}$$

$$=\frac{-4\pm2\sqrt{7}}{2}=-2\pm\sqrt{7}$$

6. $\frac{1}{6}x^2+x+\frac{3}{2}=0$

$x^2+6x+9=0$, $(x+3)^2=0$

$\therefore x=-3$

7. $x^2+3x-\frac{5}{4}=0$

$4x^2+12x-5=0$

$$\therefore x=\frac{-12\pm\sqrt{12^2-4\times4\times(-5)}}{2\times4}$$

$$=\frac{-12\pm4\sqrt{14}}{8}=\frac{-3\pm\sqrt{14}}{2}$$

8. $\frac{1}{2}x^2-\frac{3}{2}x+\frac{1}{4}=0$

$2x^2-6x+1=0$

$$\therefore x=\frac{-(-6)\pm\sqrt{(-6)^2-4\times2\times1}}{2\times2}$$

$$=\frac{6\pm2\sqrt{7}}{4}=\frac{3\pm\sqrt{7}}{2}$$

9. $\frac{1}{4}x^2+x-\frac{1}{2}=0$

$x^2+4x-2=0$

$$\therefore x=\frac{-4\pm\sqrt{4^2-4\times1\times(-2)}}{2\times1}$$

$$=\frac{-4\pm2\sqrt{6}}{2}=-2\pm\sqrt{6}$$

10. $0.1x^2-0.3x+0.2=0$

$x^2-3x+2=0$, $(x-1)(x-2)=0$

$\therefore x=1$ 또는 $x=2$

11. $0.01x^2+0.12x+0.11=0$

$x^2+12x+11=0$, $(x+1)(x+11)=0$

$\therefore x=-1$ 또는 $x=-11$

12. $0.01x^2-0.2x+1=0$

$x^2-20x+100=0$, $(x-10)^2=0$

$\therefore x=10$

13. $0.3x^2-0.2x-0.2=0$

$3x^2-2x-2=0$

$$\therefore x=\frac{-(-2)\pm\sqrt{(-2)^2-4\times3\times(-2)}}{2\times3}$$

$$=\frac{2\pm2\sqrt{7}}{6}=\frac{1\pm\sqrt{7}}{3}$$

핵심 134 스피드 정답

1. 1, 3, 4, 3 2. $x^2-x-6=0$

3. $3x^2-12x+12=0$ 4. $2x^2+20x+50=0$

5. $2-\sqrt{3}$, $2-\sqrt{3}$, $2-\sqrt{3}$, 3, 1

6. 4 7. -2 8. -6

9. 0 10. 7 11. 1

12. 0 13. 7 14. 5

15. $4\sqrt{3}$ 16. 6 17. $\frac{2\sqrt{10}}{3}$

18. 6, 6, 6, 1, 5, -1, -5

19. $x=\frac{1}{2}$ 또는 $x=-\frac{1}{3}$

2. $(x+2)(x-3)=0$ $\therefore x^2-x-6=0$

3. $3(x-2)^2=0$ $\therefore 3x^2-12x+12=0$

4. $2(x+5)^2=0$ $\therefore 2x^2+20x+50=0$

6. 한 근이 $3-\sqrt{5}$이므로 다른 한 근은 $3+\sqrt{5}$이다.

$x^2-6x+k=\{x-(3-\sqrt{5})\}\{x-(3+\sqrt{5})\}$이므로

$k=(3-\sqrt{5})(3+\sqrt{5})$

$=9-5=4$

7. 한 근이 $1+\sqrt{2}$이므로 다른 한 근은 $1-\sqrt{2}$이다.

$x^2+kx-1=\{x-(1+\sqrt{2})\}\{x-(1-\sqrt{2})\}$
이므로

$k=-(1+\sqrt{2})-(1-\sqrt{2})=-2$

8. 한 근이 $3-\sqrt{6}$ 이므로 다른 한 근은 $3+\sqrt{6}$ 이다.
$x^2+kx+3=\{x-(3-\sqrt{6})\}\{x-(3+\sqrt{6})\}$
이므로
$k=-(3-\sqrt{6})-(3+\sqrt{6})$
$=-6$

9. $x=-2$를 $x^2-ax-(2+a)=0$에 대입하면
$4+2a-2-a=0$ $\therefore a=-2$
주어진 이차방정식은 $x^2+2x=0$
$x(x+2)=0$ $\therefore x=0$ 또는 $x=-2$
따라서 다른 한 근은 $x=0$이다.

10. $x=3$을 $x^2+2ax-(4a-1)=0$에 대입하면
$9+6a-4a+1=0$ $\therefore a=-5$
주어진 이차방정식은 $x^2-10x+21=0$
$(x-3)(x-7)=0$
$\therefore x=3$ 또는 $x=7$
따라서 다른 한 근은 $x=7$이다.

11. $x=-2$를 $x^2+x+a=0$에 대입하면
$4-2+a=0$ $\therefore a=-2$
주어진 이차방정식은 $x^2+x-2=0$
$(x+2)(x-1)=0$
$\therefore x=-2$ 또는 $x=1$
따라서 다른 한 근은 $x=1$이다.

12. $x=-1$을 $2x^2-ax+2a+4=0$에 대입하면
$2+a+2a+4=0$ $\therefore a=-2$
주어진 이차방정식은 $2x^2+2x=0$
$2x(x+1)=0$ $\therefore x=0$ 또는 $x=-1$
따라서 다른 한 근은 $x=0$이다.

13. $x^2-x-12=0$의 좌변을 인수분해하면
$(x-4)(x+3)=0$
$\therefore x=4$ 또는 $x=-3$
$\alpha>\beta$이므로 $\alpha=4, \beta=-3$
$\therefore \alpha-\beta=4-(-3)=7$

14. $x^2-x-6=0$의 좌변을 인수분해하면
$(x+2)(x-3)=0$
$\therefore x=-2$ 또는 $x=3$
$\alpha>\beta$이므로 $\alpha=3, \beta=-2$
$\therefore \alpha-\beta=3-(-2)=5$

15. $(x-2)^2=12, x-2=\pm2\sqrt{3}$
$\therefore x=2\pm2\sqrt{3}$
$\alpha>\beta$이므로 $\alpha=2+2\sqrt{3}, \beta=2-2\sqrt{3}$
$\therefore \alpha-\beta=2+2\sqrt{3}-(2-2\sqrt{3})=4\sqrt{3}$

16. $5(x-2)^2=45, (x-2)^2=9,$
$x-2=\pm3, x=2\pm3$
$\therefore x=5$ 또는 $x=-1$
$\alpha>\beta$이므로 $\alpha=5, \beta=-1$
$\therefore \alpha-\beta=5-(-1)=6$

17. $\frac{(3x+1)^2}{2}=5$에서 $(3x+1)^2=10$
$3x+1=\pm\sqrt{10}, 3x=-1\pm\sqrt{10}$
$\therefore x=\frac{-1\pm\sqrt{10}}{3}$
$\alpha>\beta$이므로
$\alpha=\frac{-1+\sqrt{10}}{3}$,
$\beta=\frac{-1-\sqrt{10}}{3}$
$\therefore \alpha-\beta=\frac{-1+\sqrt{10}}{3}-\frac{-1-\sqrt{10}}{3}$
$=\frac{2\sqrt{10}}{3}$

19. 두 근이 2, -3이고 x^2의 계수가 1인 이차방정식은 $(x-2)(x+3)=0$
$x^2+x-6=0$ $\therefore a=1, b=-6$
따라서 $-6x^2+x+1=0$을 풀면
$6x^2-x-1=0, (2x-1)(3x+1)=0$
$\therefore x=\frac{1}{2}$ 또는 $x=-\frac{1}{3}$

핵심 135 스피드 정답

1. $x+1$	2. $x+1, x+1, 30$
3. $x=5$ 또는 $x=-6$	4. 5
5. $x+1$	6. $x^2+x-56=0$
7. $x=7$ 또는 $x=-8$	8. 7쪽, 8쪽
9. 0	10. $t^2-8t=0$
11. $t=0$ 또는 $t=8$	12. 8초 후
13. $x-5$	14. $x^2-5x-126=0$
15. $x=-9$ 또는 $x=14$	
16. 14cm	

3. $x^2+x-30=0, (x-5)(x+6)=0$
$\therefore x=5$ 또는 $x=-6$

6. $x^2+(x+1)^2=113$
$x^2+x^2+2x+1=113$
$2x^2+2x-112=0, x^2+x-56=0$

7. $x^2+x-56=0, (x-7)(x+8)=0$
$\therefore x=7$ 또는 $x=-8$

8. 펼쳐진 면의 쪽수는 자연수이므로 각각 7쪽, 8쪽이다.

10. 지면에서의 높이는 0이므로
$-5t^2+40t=0, t^2-8t=0$

11. $t^2-8t=0, t(t-8)=0$
$\therefore t=0$ 또는 $t=8$

14. $x(x-5)=126, x^2-5x-126=0$

15. $x^2-5x-126=0, (x+9)(x-14)=0$
$\therefore x=-9$ 또는 $x=14$

실력테스트 117쪽 스피드 정답

1. ③	2. ①	3. ⑤	
4. $x=\frac{1}{3}$ 또는 $x=-1$		5. $x=2$ 또는 $x=3$	
6. ④	7. 2개	8. ④	9. 28
10. ④			

Science & Technology 20초

1. ③ $2x^2-5x-1=2x(x-3)$에서
$2x^2-5x-1=2x^2-6x$
즉 $x-1=0$이므로 이차방정식이 아니다.

2. $x^2-7x+10=0, (x-2)(x-5)=0$
$\therefore x=2$ 또는 $x=5$
$x^2-9x+14=0, (x-2)(x-7)=0$
$\therefore x=2$ 또는 $x=7$
따라서 두 이차방정식을 동시에 만족시키는 x의 값은 2이다.

3. $(x-1)(x-5)=3$
$x^2-6x+5=3, x^2-6x=-2$
$x^2-6x+\left(\frac{6}{2}\right)^2=-2+\left(\frac{6}{2}\right)^2$
$(x-3)^2=7$ $\therefore a=-3, b=7$

$\therefore b-a=7-(-3)=10$

4. $x(x-2)-(2x+1)(2x-1)=0$

$x^2-2x-(4x^2-1)=0$

$-3x^2-2x+1=0,\ 3x^2+2x-1=0$

$(3x-1)(x+1)=0$

$\therefore x=\frac{1}{3}$ 또는 $x=-1$

5. 이차방정식 $x^2+2kx+6k-9=0$이 중근을 가지려면 좌변이 완전제곱식이어야 하므로

$\left(\frac{2k}{2}\right)^2=6k-9,\ k^2-6k+9=0$

$(k-3)^2=0 \qquad \therefore k=3$

따라서 $x^2-5x+2k=0$에서

$x^2-5x+6=0,\ (x-2)(x-3)=0$

$\therefore x=2$ 또는 $x=3$

6. $\frac{2}{5}x^2-0.3=\frac{7}{10}x$의 양변에 10을 곱하면

$4x^2-3=7x,\ 4x^2-7x-3=0$

근의 공식을 이용하면

$$x=\frac{-(-7)\pm\sqrt{(-7)^2-4\times4(-3)}}{2\times4}$$

$$=\frac{7\pm\sqrt{97}}{8}$$

따라서 $a=7,\ b=97$이므로

$b-a=97-7=90$

7. $x^2-4x+k=0$이 중근을 가지므로

$(-4)^2-4\times1\times k=0,\ 4k=16$

$\therefore k=4$

$5x^2+2x-3=0$에서

$2^2-4\times5\times(-3)>0$

이므로 서로 다른 2개의 근을 갖는다.

8. $x^2+x-12=0$의 좌변을 인수분해하면

$(x-3)(x+4)=0$

$\therefore x=3$ 또는 $x=-4$

$\alpha>\beta$이므로 $\alpha=3,\ \beta=-4$

$\therefore \alpha-\beta=3-(-4)=7$

9. 차가 2이므로 두 자연수를 $x,\ x+2$라고 하면

$x(x+2)=195,\ x^2+2x-195=0$

$(x+15)(x-13)=0$

$\therefore x=-15$ 또는 $x=13$

그런데 x는 자연수이므로 $x=13$

따라서 두 수는 13, 15이므로 그 합은 28이다.

10. 네 자연수를 $x,\ x+1,\ x+2,\ x+3$이라고 하면

$(x+3)^2-x^2=(x+1)(x+2)-3$

$6x+9=x^2+3x-1$

$x^2-3x-10=0,\ (x+2)(x-5)=0$

$\therefore x=-2$ 또는 $x=5$

따라서 네 자연수는 5, 6, 7, 8이므로 가장 큰 수는 8이다.

Science & Technology

해수면의 높이는 0이므로

$-5t^2+60t+800=0$

$t^2-12t-160=0,\ (t+8)(t-20)=0$

$\therefore t=-8$ 또는 $t=20$

따라서 화산 분출물이 해수면에 도달할 때까지 걸리는 시간은 20초이다.

Ⅲ 함수

핵심 136 스피드 정답

1~3. 해설 참조

4. A(−3), B(0), C(1), D$\left(\frac{5}{2}\right)$

5. A$\left(-\frac{5}{2}\right)$, B(−1), C(2), D$\left(\frac{7}{2}\right)$

6. A$\left(-\frac{7}{2}\right)$, B(−2), C$\left(\frac{1}{2}\right)$, D(3)

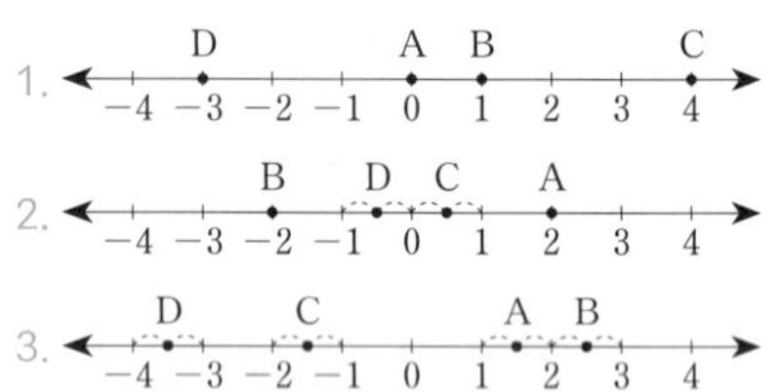

핵심 137 스피드 정답

1~4. 해설 참조

5. A(4, 2) 6. B(−3, 3) 7. C(−4, −4)

8. D(0, −2) 9. A(3, 0) 10. B(0, −4)

[1~4]

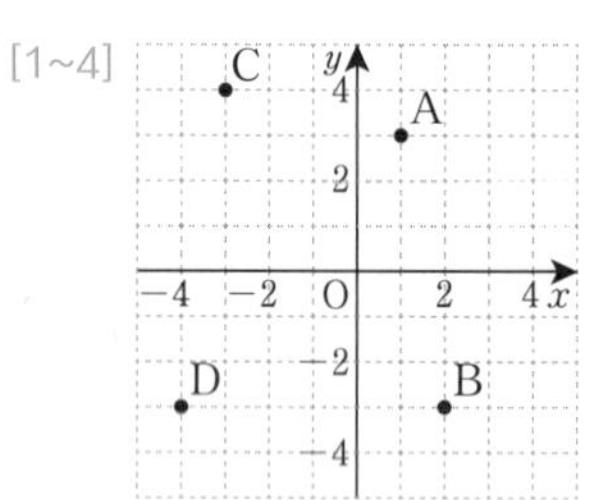

9. x축 위에 있는 점의 y좌표는 0이고 x좌표가 3이므로 A(3, 0)

10. y축 위에 있는 점의 x좌표는 0이고 y좌표가 −4이므로 B(0, −4)

핵심 138 스피드 정답

1~4. 해설 참조

5. +, +, 1 6. 제 4 사분면

7. 제 2 사분면 8. 제 3 사분면

1. 제 2 사분면
2. 제 4 사분면
3. 제 3 사분면
4. 제 1 사분면

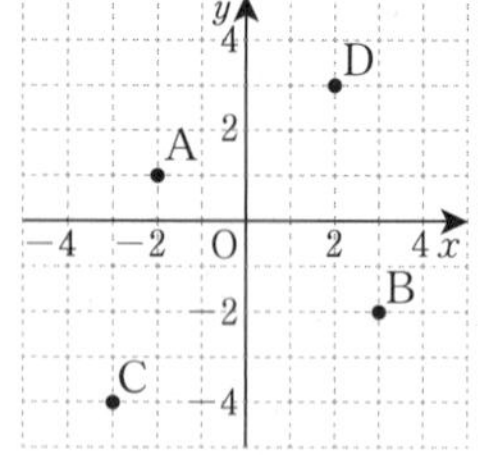

6. 점 P(a, b)가 제 2 사분면 위의 점이므로 부호는 (−, +), 즉 $a<0$, $b>0$
따라서 B(b, a)의 부호는 (+, −)이므로 제 4 사분면 위의 점이다.

7. 점 P(a, b)가 제 2 사분면 위의 점이므로 부호는 (−,+), 즉 $a<0$, $b>0$
따라서 C(ab, b)의 부호는 (−, +)이므로 제 2 사분면 위의 점이다.

8. 점 P(a, b)가 제 2 사분면 위의 점이므로 부호는 (−, +), 즉 $a<0$, $b>0$
따라서 D(ab, a)의 부호는 (−, −)이므로 제 3 사분면 위의 점이다.

핵심 139 스피드 정답

1. B(3, 2) 2. C(−3, −2) 3. D(−3, 2)

4. B(−2, −4) 5. C(2, 4) 6. D(2, −4)

7. B(3, −4) 8. C(3, 4) 9. 해설 참조

10. 24

1. x축에 대하여 대칭인 점은 x좌표는 그대로이고 y좌표의 부호만 바뀌므로
A(3, −2) $\xrightarrow{x축\ 대칭}$ B(3, 2)

2. y축에 대하여 대칭인 점은 y좌표는 그대로이고 x좌표의 부호만 바뀌므로
A(3, −2) $\xrightarrow{y축\ 대칭}$ C(−3, −2)

3. 원점에 대하여 대칭인 점은 x좌표, y좌표의 부호가 모두 바뀌므로
A(3, −2) $\xrightarrow{원점\ 대칭}$ D(−3, 2)

9.

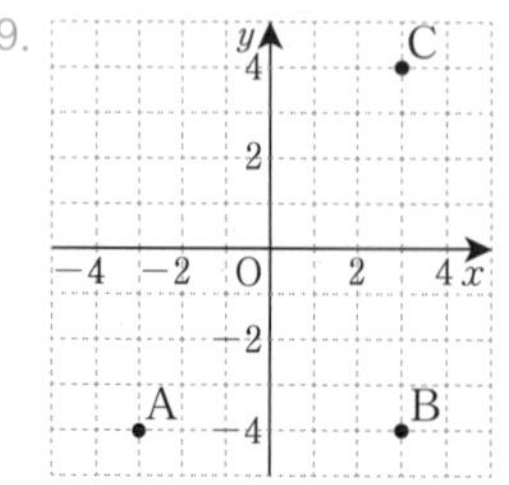

10. $\overline{AB}=6$, $\overline{BC}=8$이므로 삼각형 ABC의 넓이는 $\frac{1}{2}\times6\times8=24$

핵심 140 스피드 정답

1. 20 2. 30, 120, 160, 250, 90, 90, 180

3. 280초 4. ㄱ 5. ㄹ

6. ㄴ 7. ㄷ 8. ㄷ

9. ㄹ 10. ○ 11. ×

12. ○ 13. × 14. 10분

15. 7000km 16. ㄴ 17. ㄱ, ㄴ, ㄷ

18. 80m 19. 10분 20. 6번

3. 280초 후에 속력이 0이 되었으므로 움직이기 시작해서 정지할 때까지 걸린 시간은 280초이다.

4. 시간의 흐름에 따라 거리가 늘어나는 것은 보기 중 ㄱ이다.

5. 시간의 흐름에 따라 거리가 늘어나다가 거리의 변화가 없이 일정 시간이 흐른 후 다시 거리가 줄어드는 것은 보기 중 ㄹ이다.

6. 시간의 흐름에 따라 거리가 줄어들다가 거리의 변화가 없이 일정 시간이 흐른 후 다시 거리가 줄어드는 것은 보기 중 ㄴ이다.

7. 시간의 흐름에 관계없이 거리의 변화가 없는 것은 보기 중 ㄷ이다.

8. 그릇이 원기둥 모양이므로 일정한 속력으로 물을 채울 때 물의 높이가 일정하게 높아진다.

9. 아랫부분에 있는 원기둥의 밑면이 윗부분에 있는 원기둥의 밑면보다 넓기 때문에 물의 높이가 아랫부분의 원기둥에서는 천천히 높아지다가 윗부분의 원기둥에서는 빠르게 높아진다.

10. 가장 늦게 도착한 사람은 시간이 가장 많이 걸린 사람이므로 보아이다.

11. 경수는 처음에는 천천히 가다가 중간에 빠른 속력으로 이동해서 제일 먼저 도착하였다.

13. 보아는 처음에는 가장 빠른 속력으로 갔지만 중간에 멈추어 시간을 보내고 이동하여 가장 늦게 도착하였다.

16. 세로축은 평균 온도에서 기준 온도를 뺀 값

이므로 보기에서 온도가 가장 낮은 해는 1910년이다.

17. 연도별 4월 평균 온도에서 기준 온도를 뺀 격차가 점점 상승하므로 4월의 평균 지구 온도가 점점 올라가고 있음을 알 수 있다. 특히 1960년을 전후하여 지구의 온도는 급격히 올라가고 있다.

19. 그래프가 일정하게 반복되므로 가장 높은(또는 낮은) 곳을 기준으로 다시 돌아올 때까지의 시간을 구한다. 가장 높은 곳을 기준으로 하여 다시 돌아오는 시간은 5분에서 15분까지 10분 걸렸으므로 한 바퀴 회전하는 데 걸린 시간은 10분이다.

20. 60분을 한 바퀴 회전하는 데 걸린 시간으로 나누면

$60 \div 10 = 6$(번)

핵심 141 스피드 정답

1. 80, 160, 240, 320　2. 정비례

3. $y=80x$　4. 5, 10, 15, 20

5. 정비례　6. $y=5x$　7. ○

8. ×　9. ○　10. ×

11. ○　12. ○　13. 1, $\frac{1}{5}$, $\frac{1}{5}$

14. $y=3x$　15. $y=x$　16. $y=2x$

7. $y=500x$이므로 정비례한다.

8. $y=\frac{5}{x}$이므로 정비례하지 않는다.

9. $y=10x$이므로 정비례한다.

10. $x+y=230$이므로 x가 2배, 3배, 4배, …로 변할 때, y가 2배, 3배, 4배, …로 변하지 않으므로 정비례하지 않는다.

11. $y=2x$이므로 정비례한다.

12. $y=8x$이므로 정비례한다.

14. $y=ax$에 $x=1$, $y=3$을 대입하면

$3=a$

$\therefore y=3x$

15. $y=ax$에 $x=-6$, $y=-6$을 대입하면

$-6=-6a$, $a=1$　$\therefore y=x$

16. $y=ax$에 $x=-2$, $y=-4$를 대입하면

$-4=-2a$, $a=2$　$\therefore y=2x$

핵심 142 스피드 정답

1~6. 해설 참조　7. 아래, 2, 4

8. 제 1 사분면, 제 3 사분면

9. 제 2 사분면, 제 4 사분면

10. 제 1 사분면, 제 3 사분면

11. ㉡　12. ㉠　13. ㉢　14. ㉣

1.

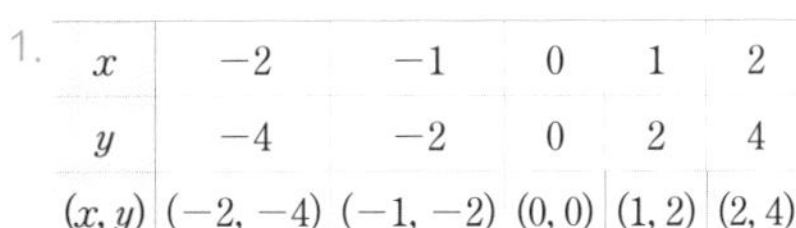

x	-2	-1	0	1	2
y	-4	-2	0	2	4
(x, y)	$(-2, -4)$	$(-1, -2)$	$(0, 0)$	$(1, 2)$	$(2, 4)$

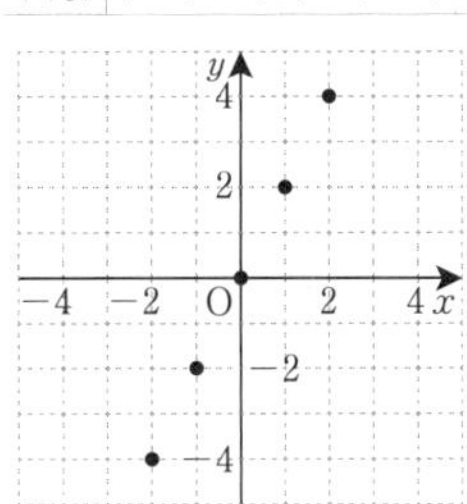

2.

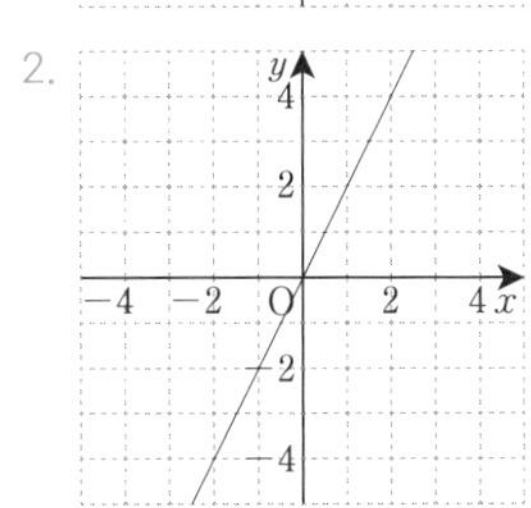

3. $y=-2x \rightarrow (0, \boxed{0}), (1, \boxed{-2})$

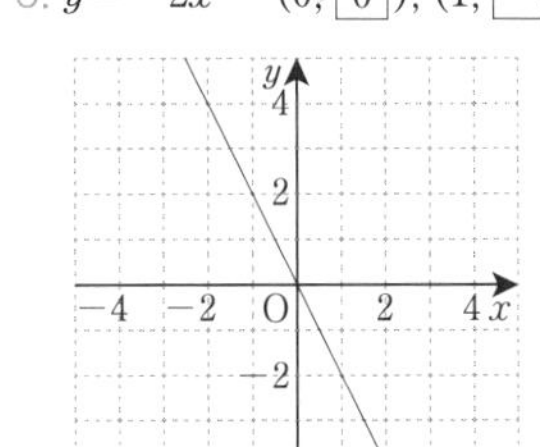

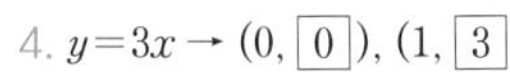

4. $y=3x \rightarrow (0, \boxed{0}), (1, \boxed{3})$

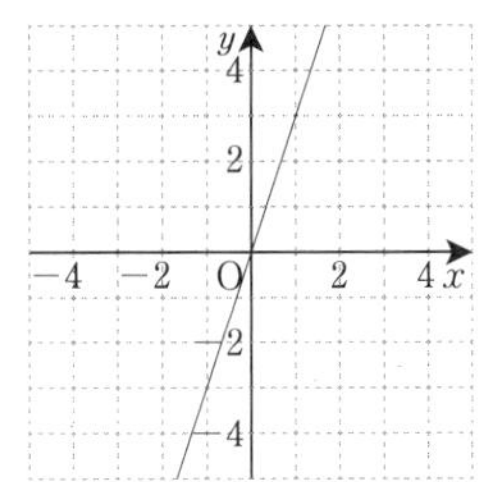

5. $y=-\frac{1}{2}x \rightarrow (0, \boxed{0}), (2, \boxed{-1})$

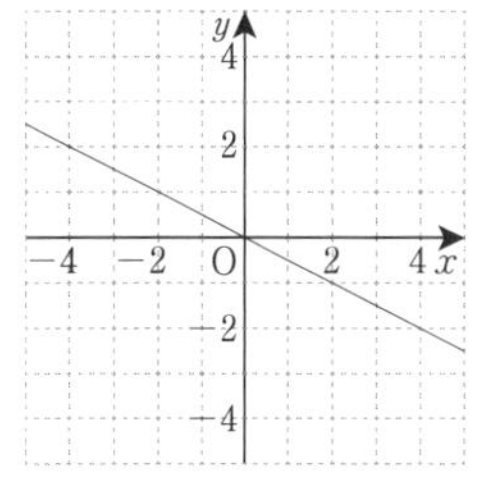

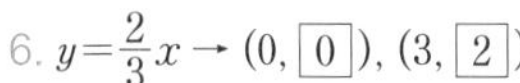

6. $y=\frac{2}{3}x \rightarrow (0, \boxed{0}), (3, \boxed{2})$

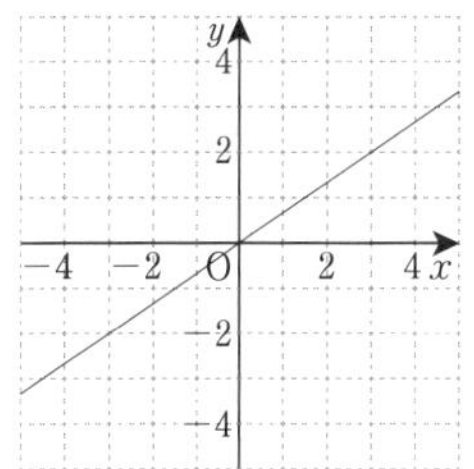

8. $y=5x$의 그래프는 $y=ax$에서 $a>0$이므로 오른쪽 위로 향하는 직선이다. 따라서 제 1 사분면과 제 3 사분면을 지난다.

11. $y=-2x$의 그래프는 (0, 0)과 (1, −2)를 지나므로 ㉡이다.

12. $y=-\frac{2}{3}x$의 그래프는 (0, 0)과 (3, −2)를 지나므로 ㉠이다.

13. $y=\frac{3}{2}x$의 그래프는 (0, 0)과 (2, 3)을 지나므로 ㉢이다.

14. $y=\frac{1}{3}x$의 그래프는 (0, 0)과 (3, 1)을 지나므로 ㉣이다.

핵심 143 스피드 정답

1. 12, 6, 4, 3, 2, 1　2. 반비례

3. $y=\frac{12}{x}$　4. 50, 25, 10, 5, 2, 1

5. 반비례　6. $y=\frac{50}{x}$　7. ×

8. 정　9. 정　10. 정

11. 반　12. 반　13. 1, 3, 3

14. $y=\frac{5}{x}$　15. $y=\frac{36}{x}$　16. $y=\frac{8}{x}$

7. $x+y=24$이므로 x가 2배, 3배, 4배, …로 변할 때, y가 2배, 3배, 4배, …로 변하지 않으므로 정비례하지 않는다. 그렇다고 y가 $\frac{1}{2}$배, $\frac{1}{3}$

배, $\frac{1}{4}$배, …로 변하지도 않으므로 반비례하지도 않는다.

8. $y=4x$이므로 정비례한다.

9. $y=6x$이므로 정비례한다.

10. $y=100x$이므로 정비례한다.

11. $y=\frac{1200}{x}$이므로 반비례한다.

12. $y=\frac{360}{x}$이므로 반비례한다.

14. $y=\frac{a}{x}$에 $x=1$, $y=5$를 대입하면

$5=a \qquad \therefore y=\frac{5}{x}$

15. $y=\frac{a}{x}$에 $x=-6$, $y=-6$을 대입하면

$-6=\frac{a}{-6}$, $a=36 \qquad \therefore y=\frac{36}{x}$

16. $y=\frac{a}{x}$에 $x=-2$, $y=-4$를 대입하면

$-4=\frac{a}{-2}$, $a=8 \qquad \therefore y=\frac{8}{x}$

핵심 144 스피드 정답

1~6. 해설 참조

7. 제 2 사분면, 제 4 사분면

8. 제 1 사분면, 제 3 사분면

9. 제 1 사분면, 제 3 사분면

10. 제 2 사분면, 제 4 사분면

11. × 12. ○ 13. ×

14. × 15. ×

1.

x	-6	-3	-2	-1	1	2	3	6
y	1	2	3	6	-6	-3	-2	-1

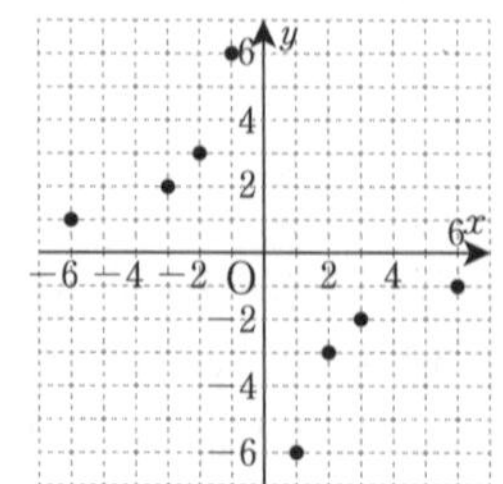

2.

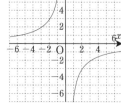

3.

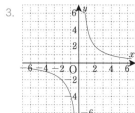

4.

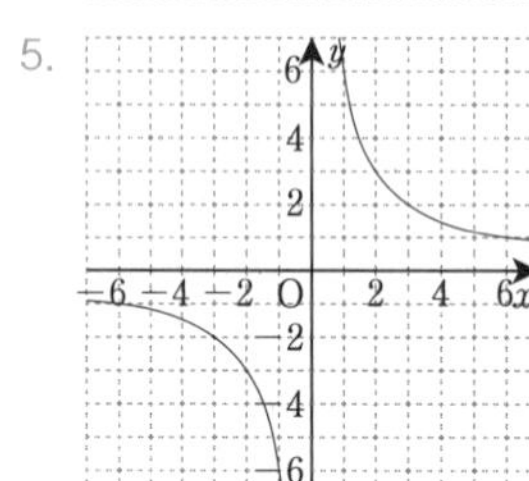

5.

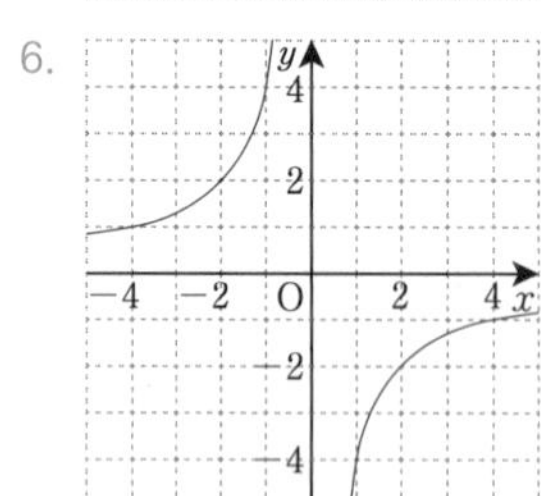

6.

[7~10] $y=\frac{a}{x}$의 그래프는 $a>0$일 때 x, y는 같은 부호이므로 제 1 사분면(+, +), 제 3 사분면(−, −)을 지나고, $a<0$일 때 x, y는 다른 부호이므로 제 2 사분면(−, +), 제 4 사분면(+, −)을 지난다.

11. $y=\frac{a}{x}$의 그래프는 좌표축과 만나지 않는다.

13. $y=-\frac{20}{x}$에 $x=-4$를 대입하면

$y=-\frac{20}{-4}=5$이므로 $(-4, 5)$를 지난다.

15. $y=\frac{a}{x}$의 그래프는 a의 절댓값이 클수록 xy의 절댓값도 커지므로 원점에서 멀어진다.

따라서 $y=-\frac{20}{x}$의 그래프는 $y=\frac{2}{x}$의 그래프보다 원점에서 멀다.

핵심 145 스피드 정답

1. $2, -\frac{2}{3}, -\frac{2}{3}x$ 2. $y=\frac{1}{2}x$

3. $y=-\frac{3}{x}$ 4. $y=\frac{12}{x}$

5. $-1, -2, -2, -2, 2$

6. $a=-8$ 7. $a=\frac{1}{2}, b=8$

8. $a=-12, b=6$

2. 점$(-2, -1)$을 지나므로 $y=ax$에 $x=-2$, $y=-1$을 대입하면

$-1=a\times(-2) \qquad \therefore a=\frac{1}{2}$

따라서 그래프의 식은 $y=\frac{1}{2}x$이다.

3. 원점에 대칭인 곡선이므로 $y=\frac{a}{x}$에 $x=3$, $y=-1$을 대입하면

$-1=\frac{a}{3} \qquad \therefore a=-3$

따라서 그래프의 식은 $y=-\frac{3}{x}$이다.

4. $y=\frac{a}{x}$에 $x=4$, $y=3$을 대입하면

$3=\frac{a}{4} \qquad \therefore a=12$

따라서 그래프의 식은 $y=\frac{12}{x}$이다.

6. 점 P는 $y=-2x$의 그래프 위의 점이므로

$-4=-2x \qquad \therefore x=2$

$\therefore$ P$(2, -4)$

또, 점 P는 $y=\frac{a}{x}$의 그래프 위의 점이므로

$-4=\frac{a}{2} \qquad \therefore a=-8$

7. $y=ax$에 $x=4$, $y=2$를 대입하면

$2=4a \qquad \therefore a=\frac{1}{2}$

$y=\frac{b}{x}$에 $x=4$, $y=2$를 대입하면

$2=\frac{b}{4}$ $\quad\therefore b=8$

8. 점 P는 $y=-3x$의 그래프 위의 점이므로

$b=-3\times(-2)=6$ $\quad\therefore$ P$(-2, 6)$

점 P는 $y=\frac{a}{x}$의 그래프 위의 점이므로

$6=\frac{a}{-2}$ $\quad\therefore a=-12$

핵심 146 스피드 정답

1. ① 해설 참조 ② 35장 ③ 24초
2. ① $y=1.5x$ ② 30km ③ 40분
3. ① 해설 참조 ② 6cm ③ 4cm
4. ① $y=\frac{120}{x}$ ② 40cm^3 ③ 6기압
5. ① $y=\frac{600}{x}$ ② 6시간 ③ 200대

1. ①

x(초)	1	2	3	…	x
y(장)	5	10	15	…	$5x$

10초에 50장을 인쇄하므로 1초에 5장을 인쇄한다.

따라서 구하는 관계식은 $y=5x$이다.

② $y=5\times7=35$(장)

③ $120=5\times x$ $\quad\therefore x=24$(초)

2. ② $y=1.5\times20=30$(km)

③ $60=1.5\times x$ $\quad\therefore x=40$(분)

3. ①

x(cm)	1	2	3	…	x
y(cm)	60	30	20	…	$\frac{60}{x}$

$xy=60$ $\quad\therefore y=\frac{60}{x}$

② $y=\frac{60}{10}=6$(cm)

③ $15=\frac{60}{x}$ $\quad\therefore x=4$(cm)

4. ① 반비례 관계에 있으므로 $y=\frac{a}{x}$ 꼴이다.

$x=2$, $y=60$을 대입하면

$60=\frac{a}{2}$ $\quad\therefore a=120$

따라서 구하는 관계식은 $y=\frac{120}{x}$이다.

② $y=\frac{120}{3}=40$(cm^3)

③ $20=\frac{120}{x}$ $\quad\therefore x=6$(기압)

5. ① 정해진 양의 일을 하는데 필요한 기계의 대수 x와 작업 시간 y는 반비례 관계에 있으므로 $y=\frac{a}{x}$ 꼴이다.

$x=40$, $y=15$를 대입하면

$15=\frac{a}{40}$ $\quad\therefore a=600$

따라서 구하는 관계식은 $y=\frac{600}{x}$이다.

② $y=\frac{600}{100}=6$(시간)

③ $3=\frac{600}{x}$ $\quad\therefore x=\frac{600}{3}=200$(대)

핵심 147 스피드 정답

1. 시간, 100, 100, 100, 12, 4
2. 20분 3. 15만 톤 4. 3시간
5. 3기압

1. ① 구하는 것은 (시간, 거리)이다.

② 거리 1200m에 대응하는 그래프 위의 점을 찾는다.

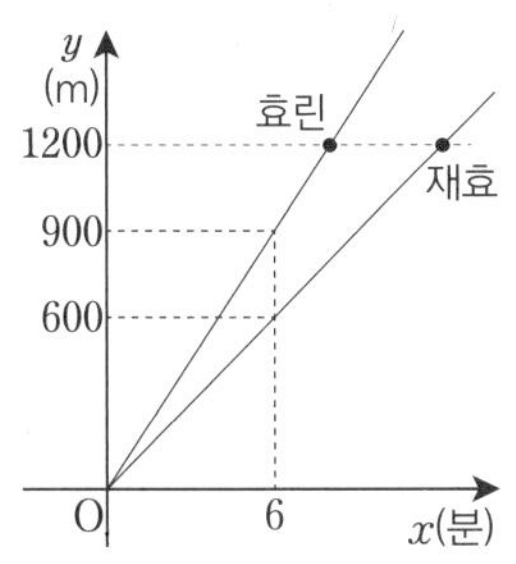

③ 관계식을 세우고 문제 뜻에 맞게 답한다.

[관계식]

효린 : 1분에 150m를 간다. → $y=150x$

재효 : 1분에 [100]m를 간다. → $y=$[100]x

[1200m에 대응하는 시간]

효린 : $1200=150x$ $\quad\therefore x=8$(분)

재효: $1200=$[100]x $\quad\therefore x=$[12](분)

따라서 효린이는 [4]분을 기다려야 한다.

2. ① 구하는 것은 시간이다.

② 거리 6km에 대응하는 그래프 위의 점을 찾는다.

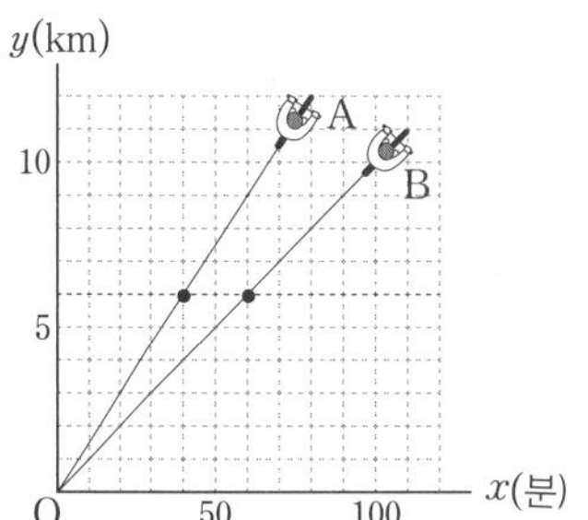

③ 관계식을 세우고 문제 뜻에 맞게 답한다.

[관계식]

A : $y=\frac{3}{20}x$, B : $y=\frac{1}{10}x$

[6km에 대응하는 시간]

A : $6=\frac{3}{20}x$ $\quad\therefore x=6\times\frac{20}{3}=40$(분)

B : $6=\frac{1}{10}x$ $\quad\therefore x=6\times10=60$(분)

따라서 6km 떨어진 곳에 동시에 도착하려면 B는 A보다 20분 먼저 출발해야 한다.

3. ① 구하는 것은 물의 양이다.

② 1시간에 대응하는 그래프 위의 점을 찾는다.

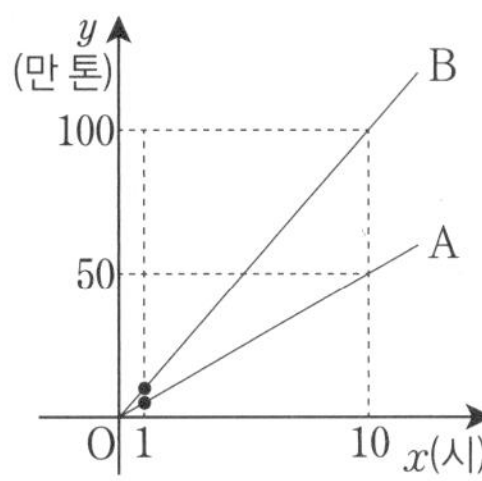

③ 관계식을 세우고 문제 뜻에 맞게 답한다.

[관계식]

A : $y=5x$, B : $y=10x$

[1시간에 대응되는 물의 양]

A : $y=5\times1=5$(만 톤)

B : $y=10\times1=10$(만 톤)

따라서 두 개의 수문 A, B에서 1시간 동안 방류되는 물의 양은 15만 톤이다.

4. ① 구하는 것은 시간이다.

② 시속 100km에 대응하는 그래프 위의 점을 찾는다.

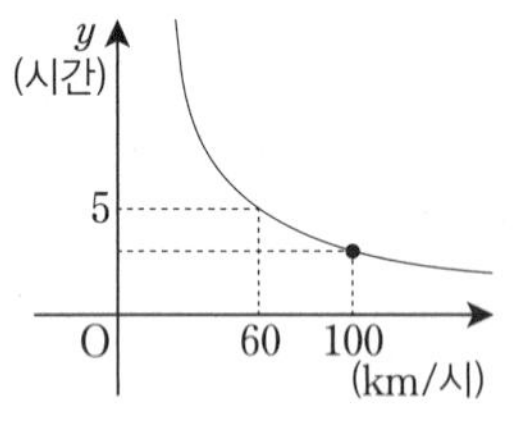

③ 관계식을 세우고 문제 뜻에 맞게 답한다.

[관계식]

속력과 시간은 반비례 관계이므로 관계식은 $y=\frac{a}{x}$ 꼴이다. (60, 5)는 그래프 위의 점이므로

$5=\frac{a}{60}$ $\therefore a=300$

$\therefore y=\frac{300}{x}$

[시속 100km에 대응하는 시간]

관계식 $y=\frac{300}{x}$에서 $x=100$을 대입하면

$y=\frac{300}{100}=3$(시간)

따라서 시속 100km로 달릴 때, 도착지까지 걸리는 시간은 3시간이다.

5. ① 구하는 것은 기압이다.

② 부피 8L에 대응하는 그래프 위의 점을 찾는다.

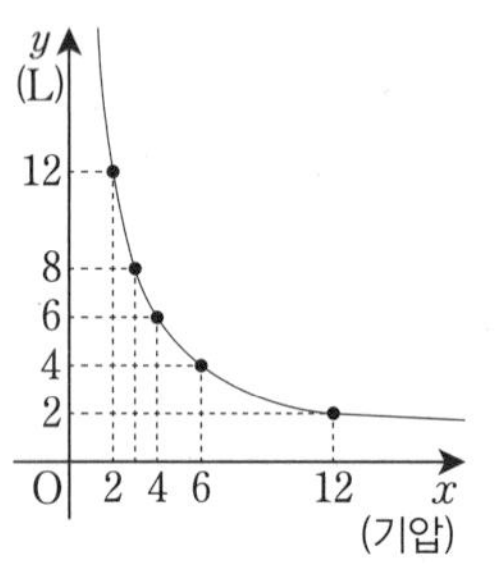

③ 관계식을 세우고 문제 뜻에 맞게 답한다.

[관계식]

(4, 6)은 $y=\frac{a}{x}$의 그래프 위의 점이므로

$6=\frac{a}{4}$ $\therefore a=24$

$\therefore y=\frac{24}{x}$

[부피 8L에 대응하는 기압]

$y=\frac{24}{x}$에 $y=8$을 대입하면

$x=\frac{24}{8}=3$(기압)

따라서 기체의 부피가 8L가 되는 것은 3기압일 때이다.

실력테스트 131쪽 스피드 정답

1. ③	2. ②	3. ㄴ, ㄷ	4. ②
5. ⑤	6. −1	7. ③	8. −12
9. 10분 후			

Science & Technology 8kg

1. 아랫부분에 있는 원기둥의 밑면이 중간 부분에 있는 원기둥의 밑면보다 넓기 때문에 물의 높이가 아랫부분의 원기둥에서는 천천히 높아지다가 중간 부분의 원기둥에서는 빠르게 높아진다. 다시 윗부분의 원기둥에서는 아랫부분의 원기둥처럼 천천히 높아진다.

2. 각 사분면의 좌표의 부호는
제 1 사분면 (+, +), 제 2 사분면 (−, +),
제 3 사분면 (−, −), 제 4 사분면 (+, −)
이고, x축 위의 점은 y좌표가 0, y축 위의 점은 x좌표가 0이다.
① A(3, −4) → 제 4 사분면
③ C(0, 3) → y축 위
④ D(2, 5) → 제 1 사분면
⑤ E(−2, 0) → x축 위

3. A(x, y)가 제 2 사분면 (−, +) 위의 점이므로 $x<0$, $y>0$이다.
ㄱ. $x+y<0$ (×)
ㄴ. $x-y<0$ (○)
ㄷ. $x\times y<0$ (○)
ㄹ. $x\div y>0$ (×)

4. y축에 대하여 대칭인 점은 y좌표는 그대로이고 x좌표의 부호만 바뀌므로
A(−2, 2) $\xrightarrow{y\text{축 대칭}}$ C(2, 2)
B(−3, −2) $\xrightarrow{y\text{축 대칭}}$ D(3, −2)

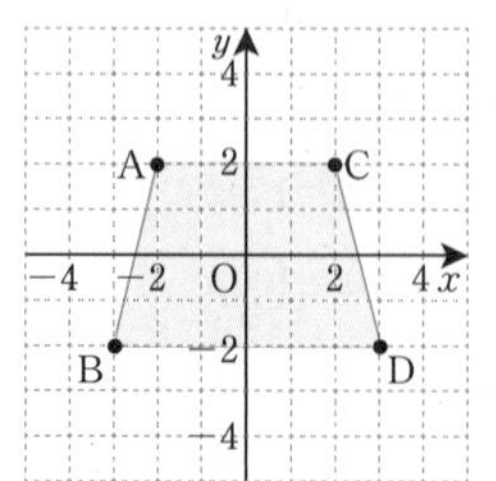

따라서 네 점 A, B, C, D를 꼭짓점으로 하는 사각형은 사다리꼴이고 그 넓이는

$\frac{1}{2}\times$(밑변의 길이+윗변의 길이)$\times$(높이)

$=\frac{1}{2}\times(6+4)\times4=20$

5. $y=\frac{8}{x}$의 그래프 위에 있는 점은 $xy=8$을 만족한다.

6. 점 (−3, 2)는 $y=\frac{a}{x}$의 그래프 위의 점이므로

$2=\frac{a}{-3}$ $\therefore a=-6$

또, (b, 6)도 $y=\frac{a}{x}=\frac{-6}{x}$의 그래프 위의 점이므로 $6=\frac{-6}{b}$ $\therefore b=-1$

7. 점 P(a, 2)는 $y=-2x$의 그래프 위의 점이므로
$2=-2\times a$ $\therefore a=-1$
$\therefore$ Q(a, $2a$)=Q(−1, −2)
따라서 점 Q는 제 3 사분면 위의 점이다.

8. 점 Q는 $y=-\frac{4}{3}x$의 그래프 위의 점이므로

$4=-\frac{4}{3}x$ $\therefore x=-3$ $\therefore$ Q(−3, 4)

또, 점 Q는 $y=\frac{p}{x}$의 그래프 위의 점이므로

$4=\frac{p}{-3}$ $\therefore p=-12$

9. 시간을 x, 거리를 y라고 하면 A 그래프는 (20, 8)을 지나므로 $y=\frac{2}{5}x$이고
B 그래프는 (20, 2)를 지나므로
$y=\frac{1}{10}x$가 된다.
두 사람 사이의 거리가 3km가 되는 것은
$3=\frac{2}{5}x-\frac{1}{10}x$ ⋯ ㉠일 때이다.
㉠×10을 하면
$30=4x-x$
$3x=30$ $\therefore x=10$
따라서 구하는 시간은 10분 후이다.

Science & Technology

추의 무게 y는 거리 x에 반비례하므로
$y=\frac{a}{x}$에 $x=40$, $y=2$를 대입하면
$a=80$
$y=\frac{80}{x}$에 $x=10$을 대입하면
$y=\frac{80}{10}=8$(kg)
따라서 물체 A의 무게는 8kg이다.

핵심 148 스피드 정답

1. ○ 2. × 3. ○ 4. ○
5. × 6. 4, 20 7. −12 8. 2
9. −3 10. 2 11. 0 12. 2a, 2
13. −4 14. $\frac{a}{3}$, 6 15. −12
16. 9, 3, 3, 3, 8 17. 11

2. 하나의 x값에 대응하는 y값이 하나만 정해질 때 함수이다. 자연수 x에 대응하는 약수 y는

1 → 1, 2 → 1, 2, 3 → 1, 3, 4 → 1, 2, 4, …

이고, 2 이상의 자연수 x에 대응하는 y값은 여러 개이므로 함수가 아니다.

3. 자연수 x에 대응하는 약수의 개수 y는 1 → 1, 2 → 2, 3 → 2, 4 → 3,…이고, 자연수 x 에 대응하는 약수의 개수 y는 하나씩만 정해지므로 함수이다.

5. 자연수 x보다 작은 소수 y는 1 → 없다, 2 → 없다(1은 소수가 아니다), 3 → 2, 4 → 2와 3, 5 → 2와 3, …이고 자연수 x보다 작은 소수 y는 없거나 2개 이상일 때가 있으므로 함수가 아니다.

10. $3f(2)+5g(-4)$

$=3\times(2\times2)+5\times\left(\frac{8}{-4}\right)$

$=12-10=2$

11. $2f(-3)+3g(2)$

$=2\times\{2\times(-3)\}+3\times\frac{8}{2}$

$=-12+12=0$

13. $f(x)=ax$이므로 $f(-3)=-3a$

$f(-3)=12$에서 $-3a=12$ ∴ $a=-4$

15. $f(x)=\frac{a}{x}$이므로 $f(-2)=\frac{a}{-2}$

$f(-2)=6$에서 $\frac{a}{-2}=6$ ∴ $a=-12$

17. $f(2)=a\times2-4=6$

$2a-4=6,\ 2a=10$ ∴ $a=5$

$f(x)=5x-4$이므로

$f(3)=5\times3-4=11$

핵심 149 스피드 정답

1. ○ 2. × 3. ×
4. × 5. × 6. ×
7. $y=60x$(일차함수)
8. $y=x^2$(일차함수가 아니다)
9. $y=1200x$(일차함수)
10. 5 11. −1 12. 4

2. $y=f(x)$에서 $f(x)$가 x의 일차식일 때 일차함수이다.

3. $y=\frac{3}{x}$은 분모에 x가 있으므로 일차함수가 아니다. 분모에 x를 포함한 함수는 분수함수이다.

5. $y=x(x+1)$의 우변을 전개하면 $y=x^2+x$가 되므로 x의 일차함수가 아니다.

6. $y=-3(x+1)+3x$의 우변을 전개하여 정리하면 $y=-3$이 되므로 x의 일차함수가 아니다.

10. $f(2)=2\times2+1=5$

11. $f(-1)=2\times(-1)+1=-1$

12. $f(2)+f(-1)=5+(-1)=4$

핵심 150 스피드 정답

1~3. 해설 참조

4. $y=2x+1$ 5. $y=-3x+2$
6. $y=\frac{2}{3}x-1$ 7. $y=-\frac{1}{4}x-3$

1.

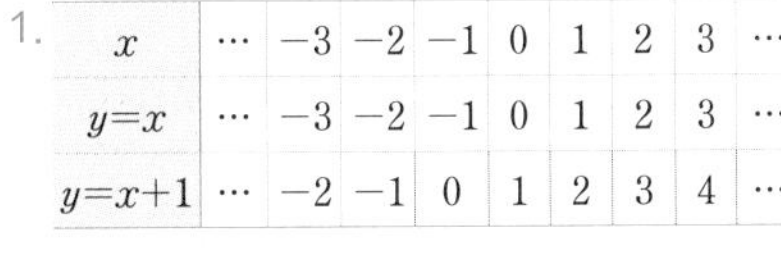

x	…	−3	−2	−1	0	1	2	3	…
$y=x$	…	−3	−2	−1	0	1	2	3	…
$y=x+1$	…	−2	−1	0	1	2	3	4	…

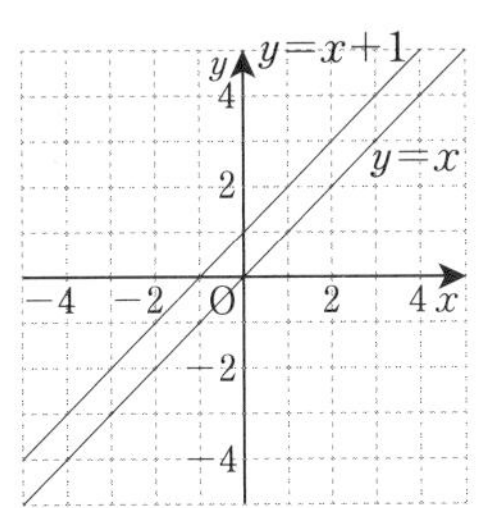

[2~3]

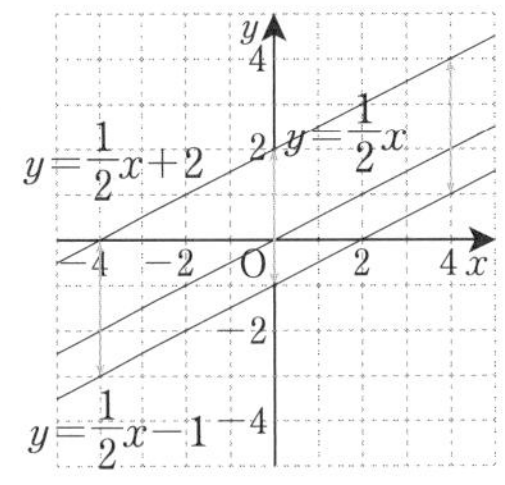

2. $y=\frac{1}{2}x+2$의 그래프는 $y=\frac{1}{2}x$의 그래프를 y축의 방향으로 2만큼 평행이동한 것이다.

3. $y=\frac{1}{2}x-1$의 그래프는 $y=\frac{1}{2}x$의 그래프를 y축의 방향으로 −1만큼 평행이동한 것이다.

핵심 151 스피드 정답

1. −2, −2 2. 2, 1 3. −2, 3
4. 3, −3 5. −2, 2 6. 2, 4
7. 4, −2 8. 4, 6

핵심 152 스피드 정답

1~6. 해설 참조

1.

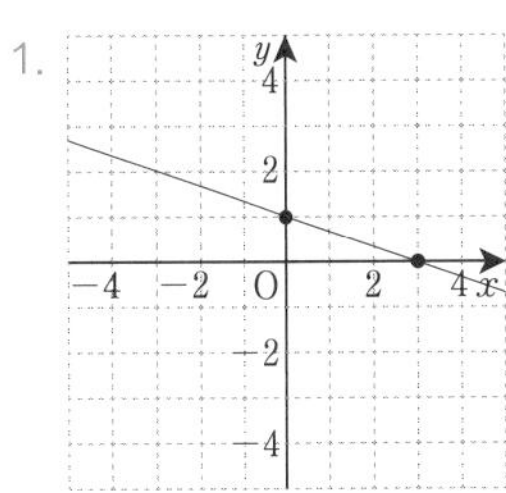

2.

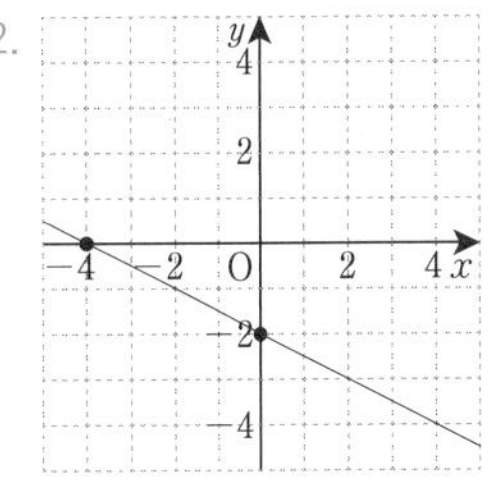

3. $y=x+3$

x절편 : $0=x+3$ ∴ $x=-3$

y 절편 : $y=0+3=3$

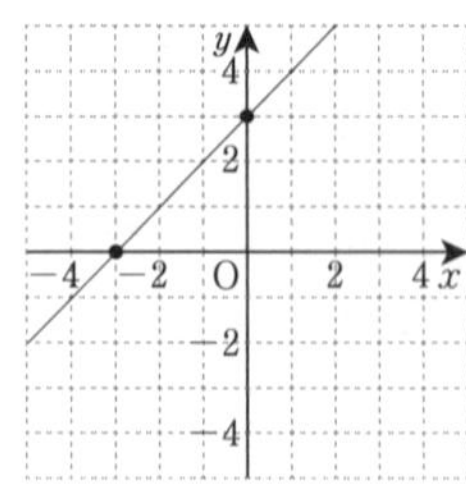

4. $y=-2x+4$

x절편 : $0=-2x+4$ $\therefore x=2$

y절편 : $y=-2\times0+4=4$

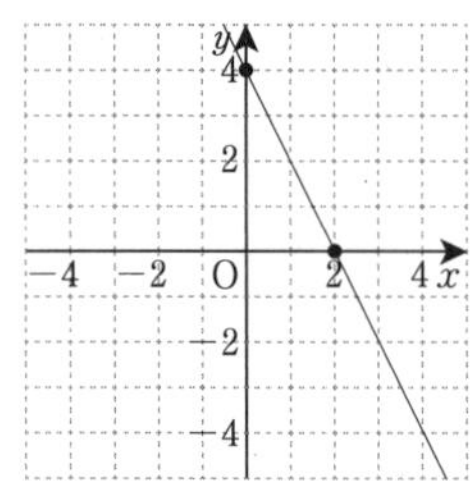

5. $y=\frac{1}{2}x+2$

x절편 : $0=\frac{1}{2}x+2$ $\therefore x=-4$

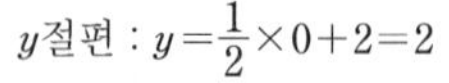

y절편 : $y=\frac{1}{2}\times0+2=2$

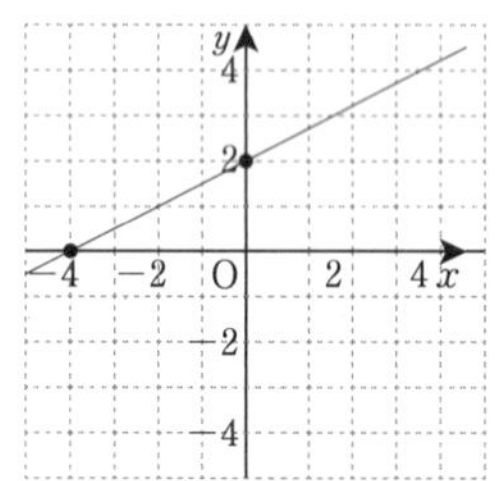

6. $y=\frac{4}{3}x-4$

x절편 : $0=\frac{4}{3}x-4$ $\therefore x=3$

y절편 : $y=\frac{3}{4}\times0-4=-4$

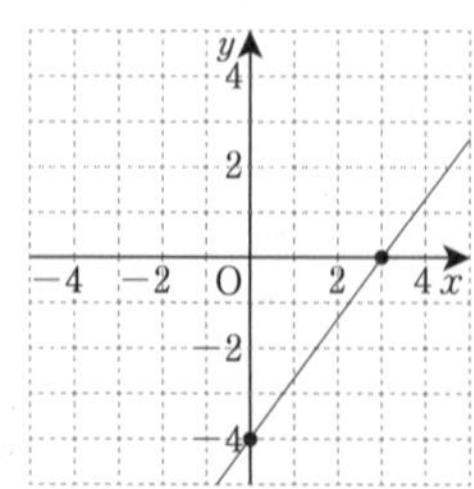

핵심 153 스피드 정답

1. 기울기 -2, y절편 5
2. 기울기 5, y절편 3
3. 기울기 $\frac{1}{2}$, y절편 -1
4. 기울기 $-\frac{2}{3}$, y절편 2

5. 2, 2, 6 6. 12 7. -3 8. 2 9. $\frac{3}{2}$ 10. $-\frac{2}{3}$ 11. $-\frac{1}{7}$ 12. $\frac{2}{5}$ 13. 1 14. $-\frac{1}{2}$ 15. 2 16. $-\frac{5}{7}$ 17. ㉠ 18. ㉣ 19. ㉥ 20. ㉤

6. $\frac{(y\text{값의 증가량})}{3}=4$

$\therefore$ (y값의 증가량)$=12$

7. $\frac{(y\text{값의 증가량})}{3}=-1$

$\therefore$ (y값의 증가량)$=-3$

8. $\frac{(y\text{값의 증가량})}{3}=\frac{2}{3}$

$\therefore$ (y값의 증가량)$=2$

9. 그래프에서 x값이 2 증가할 때 y값이 3 증가하므로 (기울기)$=\frac{3}{2}$

10. 그래프에서 x값이 3 증가할 때 y값이 -2 증가(2 감소)하므로 (기울기)$=-\frac{2}{3}$

11. A$(-3, 3)$, B$(4, 2)$이므로

(기울기)$=\frac{2-3}{4-(-3)}=-\frac{1}{7}$

12. C$(-5, -4)$, D$(0, -2)$이므로

(기울기)$=\frac{-2-(-4)}{0-(-5)}=\frac{2}{5}$

13. 두 점의 좌표가 $(-1, 1)$, $(3, 5)$이므로

(기울기)$=\frac{5-1}{3-(-1)}=\frac{4}{4}=1$

14. 두 점의 좌표가 $(-2, 4)$, $(4, 1)$이므로

(기울기)$=\frac{1-4}{4-(-2)}=\frac{-3}{6}=-\frac{1}{2}$

15. 두 점의 좌표가 $(3, -2)$, $(5, 2)$이므로

(기울기)$=\frac{2-(-2)}{5-3}=\frac{4}{2}=2$

16. 두 점의 좌표가 $(-3, 5)$, $(4, 0)$이므로

(기울기)$=\frac{0-5}{4-(-3)}=-\frac{5}{7}$

핵심 154 스피드 정답

1~6. 해설 참조

1. ① y절편이 1이므로 y축 위에 점 $(0, 1)$을 나타낸다.

② 기울기가 $\frac{2}{3}$이므로 점 $(0, 1)$에서 x축으로 3만큼, y축으로 2만큼 이동한 점을 나타낸다.

③ 두 점을 지나는 직선을 그린다.

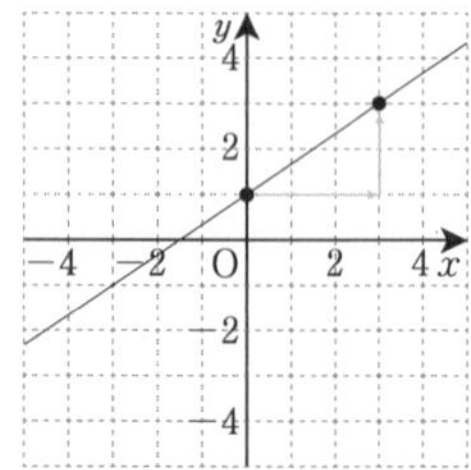

2. ① y축 위에 점 $(0, -2)$를 나타낸다.

② x축으로 2, y축으로 -3만큼 이동한 점을 나타낸다.

③ 두 점을 지나는 직선을 그린다.

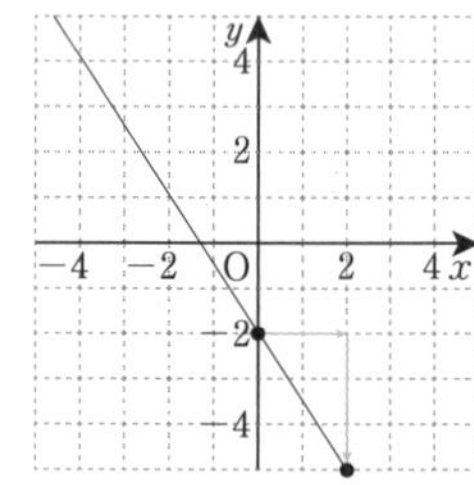

3. $y=2x+1$의 그래프는 기울기가 2, y절편이 1인 직선이다.

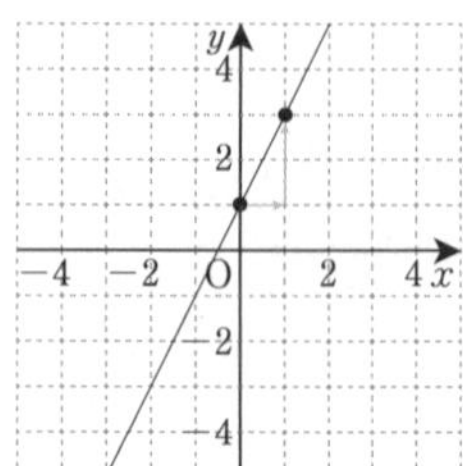

4. $y=-2x-1$의 그래프는 기울기가 -2, y절편이 -1인 직선이다.

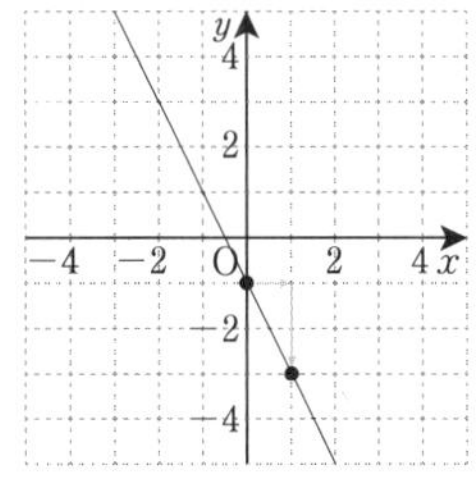

5. $y=-\frac{1}{2}x+1$의 그래프는 기울기가 $-\frac{1}{2}$, y절편이 1인 직선이다.

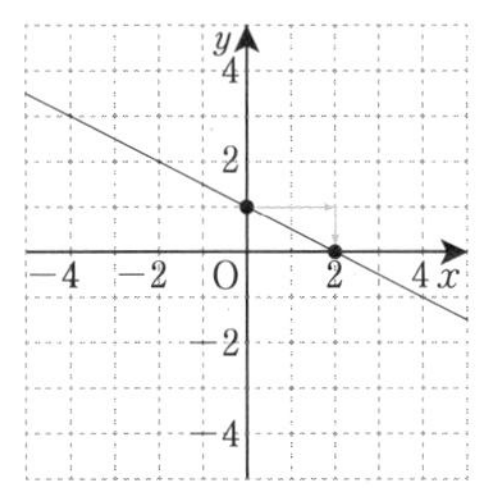

6. $y=\frac{4}{3}x-2$의 그래프는 기울기가 $\frac{4}{3}$, y절편이 -2인 직선이다.

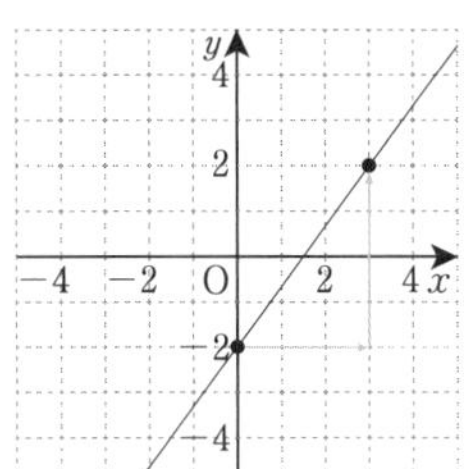

핵심 155 스피드 정답

1. ㉡ 2. ㉢ 3. ㉠
4. ㉣ 5. $a<0$, $b>0$ 6. $a>0$, $b<0$

[1~4]
㉠, ㉡ 기울기 $a<0$
㉠ y절편 $b<0$ ㉡ y절편 $b>0$
㉢, ㉣ 기울기 $a>0$
㉢ y절편 $b>0$ ㉣ y절편 $b<0$

5. 기울기 $-a>0$, y절편 $b>0$
$\therefore a<0, b>0$

6. 기울기 $-a<0$, y절편 $b<0$
$\therefore a>0, b<0$

핵심 156 스피드 정답

1. ㉡ 2. ㉠ 3. ㉣ 4. ㉤
5. ㉢ 6. $-\frac{1}{2}$, 2 7. $a=-3$, $b\neq-3$
8. $\frac{1}{2}$, -2 9. $a=-\frac{1}{3}$, $b=-2$

7. $y=2ax-6$, $y=-6x+2b$
두 그래프가 평행하므로 기울기가 같고 y절편은 다르다.
$2a=-6$, $-6\neq2b$
$\therefore a=-3, b\neq-3$

9. $y=-ax-4$, $y=\frac{1}{3}x+2b$
두 그래프가 일치하므로 기울기와 y절편이 모두 같다.
$-a=\frac{1}{3}$, $-4=2b$
$\therefore a=-\frac{1}{3}, b=-2$

핵심 157 스피드 정답

1. $y=-2x+3$ 2. $y=\frac{2}{3}x-1$ 3. $y=2x+3$
4. $y=2x-5$ 5. $y=-x+5$ 6. $y=2x+8$
7. $y=\frac{2}{5}x-3$ 8. $y=\frac{3}{4}x-4$ 9. $y=-3x+6$

3. 기울기가 2이고 y축과 점 (0, 3)에서 만나므로 y절편은 3이다. $\therefore y=2x+3$

4. $y=2x+5$와 평행하므로 기울기는 2이고 점 (0, -5)를 지나므로 y절편은 -5이다.
$\therefore y=2x-5$

5. 기울기가 -1이므로 $y=-x+b$라 놓자.
점 (3, 2)를 지나므로 $x=3$, $y=2$를 대입하면
$2=-3+b$ $\therefore b=5$
$\therefore y=-x+5$

(다른 풀이)
$y-2=-(x-3)$
$y-2=-x+3$ $\therefore y=-x+5$

잠깐!
한 점 (x_1, y_1)을 지나고 기울기가 a인 직선 위의 임의의 점을 (x, y)라고 하면 기울기는 일정하므로
$\frac{y-y_1}{x-x_1}=a$
$\therefore y-y_1=a(x-x_1)$

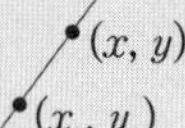

6. 기울기가 2이므로 $y=2x+b$라 놓자.
점 $(-2, 4)$를 지나므로
$4=2\times(-2)+b$ $\therefore b=8$
$\therefore y=2x+8$

(다른 풀이)
$y-4=2(x+2)$
$y-4=2x+4$ $\therefore y=2x+8$

7. 기울기가 $\frac{2}{5}$이므로 $y=\frac{2}{5}x+b$라 놓자.
점 (5, -1)을 지나므로
$-1=\frac{2}{5}\times5+b$ $\therefore b=-3$
$\therefore y=\frac{2}{5}x-3$

(다른 풀이)
$y+1=\frac{2}{5}(x-5)$
$y+1=\frac{2}{5}x-2$ $\therefore y=\frac{2}{5}x-3$

8. 기울기가 $\frac{3}{4}$이므로 $y=\frac{3}{4}x+b$라 놓자.
점 (4, -1)을 지나므로
$-1=\frac{3}{4}\times4+b$ $\therefore b=-4$
$\therefore y=\frac{3}{4}x-4$

(다른 풀이)
$y+1=\frac{3}{4}(x-4)$
$y+1=\frac{3}{4}x-3$ $\therefore y=\frac{3}{4}x-4$

9. 기울기가 -3이므로 $y=-3x+b$라 놓자.
$y=\frac{1}{2}x-1$의 그래프와 x축 위에서 만나므로
$0=\frac{1}{2}x-1$ $\therefore x=2$
즉, (2, 0)을 지난다.
$y=-3x+b$에 $x=2$, $y=0$을 대입하면
$0=-3\times2+b$ $\therefore b=6$

$\therefore y=-3x+6$

(다른 풀이)

$y=\frac{1}{2}x-1$과 x축과의 교점은

$0=\frac{1}{2}x-1$ $\therefore x=2$

기울기가 -3이고 $(2, 0)$을 지나므로

$y-0=-3(x-2)$ $\therefore y=-3x+6$

핵심 158 스피드 정답

1. 3, 2, 2, 3, 1, 2. 1 2. $y=-3x+1$
3. $y=-3x$ 4. $y=2x+2$ 5. $y=2x+4$
6. $y=2x+6$ 7. $y=-\frac{1}{2}x+1$ 8. $y=-3x$
9. $y=-3x+12$ 10. $y=-x-1$

2. 기울기는 $a=\frac{4-(-2)}{-1-1}=\frac{6}{-2}=-3$

$y=-3x+b$로 놓으면 점 $(1, -2)$를 지나므로

$-2=-3\times1+b$ $\therefore b=1$

$\therefore y=-3x+1$

(다른 풀이)

$y-(-2)=\frac{4-(-2)}{-1-1}(x-1)$

$y+2=-3(x-1)$, $y+2=-3x+3$

$\therefore y=-3x+1$

3. 기울기는 $a=\frac{-3-6}{1-(-2)}=\frac{-9}{3}=-3$

$y=-3x+b$로 놓으면 점 $(-2, 6)$을 지나므로

$6=-3\times(-2)+b$ $\therefore b=0$

$\therefore y=-3x$

(다른 풀이)

$y-6=\frac{-3-6}{1-(-2)}(x+2)$

$y-6=\frac{-9}{3}(x+2)$

$y-6=-3x-6$ $\therefore y=-3x$

4. 기울기는 $a=\frac{4-0}{1-(-1)}=2$

$y=2x+b$로 놓으면 점 $(-1, 0)$을 지나므로

$0=2\times(-1)+b$ $\therefore b=2$

$\therefore y=2x+2$

(다른 풀이)

$y-0=\frac{4-0}{1-(-1)}(x+1)$

$y=2(x+1)$ $\therefore y=2x+2$

5. 기울기는 $a=\frac{-2-6}{-3-1}=\frac{-8}{-4}=2$

$y=2x+b$로 놓으면 점 $(1, 6)$을 지나므로

$6=2\times1+b$ $\therefore b=4$

$\therefore y=2x+4$

(다른 풀이)

$y-6=\frac{-2-6}{-3-1}(x-1)$

$y-6=2(x-1)$

$y-6=2x-2$ $\therefore y=2x+4$

6. 기울기는 $a=\frac{12-2}{3-(-2)}=\frac{10}{5}=2$

$y=2x+b$로 놓으면 점 $(-2, 2)$를 지나므로

$2=2\times(-2)+b$ $\therefore b=6$

$\therefore y=2x+6$

(다른 풀이)

$y-2=\frac{12-2}{3-(-2)}(x+2)$

$y-2=2(x+2)$

$y-2=2x+4$ $\therefore y=2x+6$

7. 두 점 $(2, -1)$, $(-2, 1)$을 지나는 직선의 기울기는 $a=\frac{1-(-1)}{-2-2}=\frac{2}{-4}=-\frac{1}{2}$

$y=-\frac{1}{2}x+b$로 놓으면 점$(2, -1)$을 지나므로

$-1=-\frac{1}{2}\times2+b$ $\therefore b=0$

$\therefore y=-\frac{1}{2}x$

이 직선을 y축 방향으로 1만큼 평행이동한 그래프의 식은 $y=-\frac{1}{2}x+1$

8. 두 점 $(-1, 6)$, $(2, -3)$을 지나는 직선의 기울기는 $a=\frac{-3-6}{2-(-1)}=-3$

$y=-3x+b$로 놓으면 점$(-1, 6)$을 지나므로

$6=-3\times(-1)+b$ $\therefore b=3$

$\therefore y=-3x+3$

이 직선을 y축 방향으로 -3만큼 평행이동한 그래프의 식은 $y=-3x$

9. 두 점 $(3, -2)$, $(1, 4)$를 지나는 직선의 기울기는 $a=\frac{4-(-2)}{1-3}=-3$

$y=-3x+b$로 놓으면 $(3, -2)$를 지나므로

$-2=-3\times3+b$ $\therefore b=7$

$\therefore y=-3x+7$

이 직선을 y축 방향으로 5만큼 평행이동한 그래프의 식은 $y=-3x+12$

10. 두 점 $(-3, 4)$, $(2, -1)$을 지나는 직선의 기울기는 $a=\frac{-1-4}{2-(-3)}=-1$

$y=-x+b$로 놓으면 $(-3, 4)$를 지나므로

$4=-(-3)+b$ $\therefore b=1$

$\therefore y=-x+1$

이 직선을 y축 방향으로 -2만큼 평행이동한 그래프의 식은 $y=-x-1$

핵심 159 스피드 정답

1. $y=-\frac{1}{3}x+1$ 2. $y=2x+2$
3. $y=-\frac{1}{3}x-1$ 4. $y=2x-2$
5. $y=\frac{3}{2}x-3$ 6. $y=-\frac{2}{3}x+2$
7. $y=\frac{3}{2}x+3$ 8. $y=-\frac{2}{3}x-4$
9. $y=\frac{4}{5}x-2$

1. 두 점 $(3, 0)$, $(0, 1)$을 지나는 직선의 기울기는 $a=\frac{1-0}{0-3}=-\frac{1}{3}$

$y=-\frac{1}{3}x+b$로 놓으면 점$(3, 0)$을 지나므로

$0=-\frac{1}{3}\times3+b$ $\therefore b=1$

$\therefore y=-\frac{1}{3}x+1$

(다른 풀이)

x절편이 3, y절편이 1이므로

$\frac{x}{3}+\frac{y}{1}=1$, $x+3y=3$

$3y=-x+3$ $\therefore y=-\frac{1}{3}x+1$

2. 두 점 $(-1, 0)$, $(0, 2)$를 지나는 직선의 기울기는 $a=\frac{2-0}{0-(-1)}=2$

$y=2x+b$로 놓으면 점$(-1, 0)$을 지나므로

$0=2\times(-1)+b \qquad \therefore b=2$

$\therefore y=2x+2$

(다른 풀이)

x절편이 -1, y절편이 2이므로

$\frac{x}{-1}+\frac{y}{2}=1,\ -2x+y=2$

$\therefore y=2x+2$

3. 두 점 $(-3, 0)$, $(0, -1)$을 지나는 직선의 기울기는 $a=\frac{-1-0}{0-(-3)}=-\frac{1}{3}$

$y=-\frac{1}{3}x+b$로 놓으면 점 $(-3, 0)$을 지나므로

$0=-\frac{1}{3}\times(-3)+b \qquad \therefore b=-1$

$\therefore y=-\frac{1}{3}x-1$

(다른 풀이)

x절편이 -3, y절편이 -1이므로

$\frac{x}{-3}+\frac{y}{-1}=1,\ -x-3y=3$

$3y=-x-3 \qquad \therefore y=-\frac{1}{3}x-1$

4. 두 점 $(1, 0)$, $(0, -2)$를 지나는 직선의 기울기는 $a=\frac{-2-0}{0-1}=2$

$y=2x+b$로 놓으면 점$(1, 0)$을 지나므로

$0=2\times1+b \qquad \therefore b=-2$

$\therefore y=2x-2$

(다른 풀이)

x절편이 1, y절편이 -2이므로

$\frac{x}{1}+\frac{y}{-2}=1,\ 2x-y=2$

$\therefore y=2x-2$

5. 두 점 $(2, 0)$, $(0, -3)$을 지나는 직선의 기울기는 $a=\frac{-3-0}{0-2}=\frac{3}{2}$

$y=\frac{3}{2}x+b$로 놓으면 점$(2, 0)$을 지나므로

$0=\frac{3}{2}\times2+b \qquad \therefore b=-3$

$\therefore y=\frac{3}{2}x-3$

(다른 풀이)

x절편이 2, y절편이 -3이므로

$\frac{x}{2}+\frac{y}{-3}=1,\ 3x-2y=6$

$2y=3x-6 \qquad \therefore y=\frac{3}{2}x-3$

6. x절편이 3, y절편이 2이므로 기울기는

$a=-\frac{2}{3}$

$y=-\frac{2}{3}x+b$로 놓으면 점$(3, 0)$을 지나므로

$0=-\frac{2}{3}\times3+b \qquad \therefore b=2$

$\therefore y=-\frac{2}{3}x+2$

(다른 풀이)

$\frac{x}{3}+\frac{y}{2}=1,\ 2x+3y=6$

$3y=-2x+6 \qquad \therefore y=-\frac{2}{3}x+2$

7. x절편이 -2, y절편이 3이므로 기울기는

$a=-\frac{3}{-2}=\frac{3}{2}$

$y=\frac{3}{2}x+b$로 놓으면 점$(-2, 0)$을 지나므로

$0=\frac{3}{2}\times(-2)+b \qquad \therefore b=3$

$\therefore y=\frac{3}{2}x+3$

(다른 풀이)

$\frac{x}{-2}+\frac{y}{3}=1,\ -3x+2y=6$

$2y=3x+6 \qquad \therefore y=\frac{3}{2}x+3$

8. x절편이 -6, y절편이 -4이므로 기울기는

$a=-\frac{-4}{-6}==-\frac{2}{3}$

$y=-\frac{2}{3}x+b$로 놓으면 점$(-6, 0)$을 지나므로

$0=-\frac{2}{3}\times(-6)+b \qquad \therefore b=-4$

$\therefore y=-\frac{2}{3}x-4$

(다른 풀이)

$\frac{x}{-6}+\frac{y}{-4}=1,\ -2x-3y=12$

$3y=-2x-12 \qquad \therefore y=-\frac{2}{3}x-4$

9. x절편이 $\frac{5}{2}$, y절편이 -2이므로 기울기는

$a=-\frac{-2}{\frac{5}{2}}=\frac{4}{5}$

$y=\frac{4}{5}x+b$로 놓으면 점$(\frac{5}{2}, 0)$을 지나므로

$0=\frac{4}{5}\times\frac{5}{2}+b \qquad \therefore b=-2$

$\therefore y=\frac{4}{5}x-2$

(다른 풀이)

$\frac{x}{\frac{5}{2}}+\frac{y}{-2}=1,\ \frac{2x}{5}+\frac{y}{-2}=1$

$4x-5y=10,\ 5y=4x-10$

$\therefore y=\frac{4}{5}x-2$

핵심 **160** 스피드 정답

1. 2, 2 2. 2, 6 3. 2, 8 4. 12분
5. 30cm 6. 24시간 7. 4초 후

4. 처음 물의 온도는 8°C이고 1분에 7°C씩 증가하므로 $y=7x+8$

$y=92$를 대입하면 $92=7x+8$

$\therefore x=12$(분)

5. 물체의 무게가 20g당 1cm씩 늘어나므로

1g당 $\frac{1}{20}$cm씩 늘어난다.

물체의 무게를 x, 용수철의 길이를 y라고 하면

$y=\frac{1}{20}x+20$

$x=200$을 대입하면

$y=\frac{1}{20}\times200+20=30$(cm)

6. x시간 후의 태풍과 서울 사이의 거리를 $y$km라고 하면

$y=-25x+600$

$y=0$을 대입하면

$0=-25x+600 \qquad \therefore x=24$(시간)

7. x초 후의 사다리꼴 넓이를 $y\text{cm}^2$라고 하면

$y=\frac{1}{2}(14-2x+14)\times8$

$\therefore y=112-8x$

$y=80$을 대입하면

$80=112-8x \qquad \therefore x=4$(초)

핵심 161 스피드 정답

1. $y=-2x+4$ 2. $y=\frac{1}{2}x+2$ 3. $y=-3x+6$

4. $y=\frac{1}{3}x+2$ 5~8. 해설 참조

9. ○ 10. × 11. ×

12. ○ 13. ×

[5~8] 주어진 일차방정식을 $y=ax+b$의 꼴로 나타내면 다음과 같다.

5. $x-y+2=0$, $y=x+2$
6. $2x+y=4$, $y=-2x+4$
7. $3x-2y-6=0$, $2y=3x-6$

$y=\frac{3}{2}x-3$

8. $x+2y=-4$, $2y=-x-4$

$y=-\frac{1}{2}x-2$

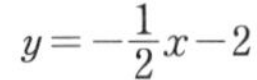

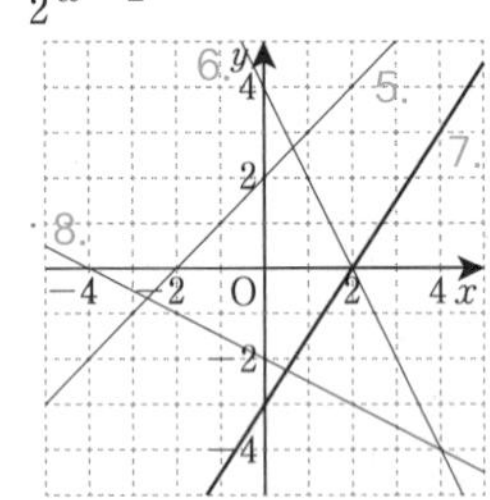

잠깐!

절편을 이용하여 그래프 그리기

직선 $ax+by+c=0$에서 $a\neq0$, $b\neq0$, $c\neq0$일때에는 $\frac{x}{m}+\frac{y}{n}=1$의 꼴로 고친 후, x절편 m, y절편 n을 이용하여 그래프를 그릴 수도 있다.

5. $x-y+2=0$, $x-y=-2$, $-\frac{x}{2}+\frac{y}{2}=1$

$\therefore$ x절편 -2, y절편 2

6. $2x+y=4$, $\frac{x}{2}+\frac{y}{4}=1$

$\therefore$ x절편 2, y절편 4

7. $3x-2y-6=0$, $3x-2y=6$, $\frac{x}{2}+\frac{y}{-3}=1$

$\therefore$ x절편 2, y절편 -3

8. $x+2y=-4$, $-x-2y=4$, $\frac{x}{-4}+\frac{y}{-2}=1$

$\therefore$ x절편 -4, y절편 -2

10. $2x-5y+20=0$의 x절편은

$2x-5\times0+20=0$ $\therefore x=-10$

11. $2x-5y+20=0$의 y절편은

$2\times0-5y+20=0$ $\therefore y=4$

12. $x=-5$, $y=2$를 대입하면

$2\times(-5)-5\times2+20=0$

따라서 점$(-5, 2)$를 지난다.

13. $2x-5y+20=0$

$5y=2x+20$ $\therefore y=\frac{2}{5}x+4$

따라서 $y=\frac{5}{2}x$의 그래프와 평행하지 않다.

핵심 162 스피드 정답

1. ㉡ 2. ㉠ 3. ㉣ 4. ㉢

5~8. 해설 참조 9. $y=-1$ 10. $x=2$

11. $x=5$ 12. $y=0$

5. $x=4$ 6. $x=-3$

7. $y=2$ 8. $y=-3$

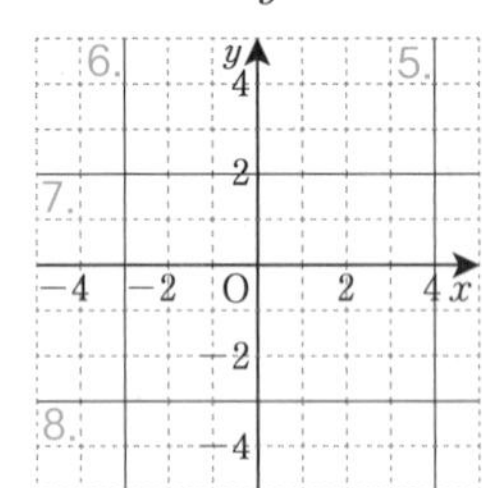

핵심 163 스피드 정답

1. $x=0$, $y=-1$ 2. $x=2$, $y=1$

3. $a=\frac{3}{2}$, $b=1$ 4. $a=2$, $b=3$

5. $a=2$, $b=1$ 6. $a=-1$, $b=2$

3. 두 직선의 교점의 좌표 $(-1, 2)$는 각각의 일차방정식을 모두 만족하므로

$-1-2a=-4$에서 $-2a=-3$

$\therefore a=\frac{3}{2}$

$-1+2=b$에서 $b=1$

4. 두 직선의 교점의 좌표 $(3, 1)$은 각각의 일차방정식을 모두 만족하므로

$3a+1=7$에서 $3a=6$ $\therefore a=2$

$6-b=3$에서 $b=3$

5. 두 직선의 교점의 좌표 $(3, 2)$는 각각의 일차방정식을 모두 만족하므로

$3a-2=4$에서 $3a=6$ $\therefore a=2$

$3+2b=5$에서 $2b=2$ $\therefore b=1$

6. 두 직선의 교점의 좌표 $(2, 3)$은 각각의 일차방정식을 모두 만족하므로

$2a+3=1$에서 $2a=-2$ $\therefore a=-1$

$-2+3b=4$에서 $3b=6$ $\therefore b=2$

핵심 164 스피드 정답

1. 2, 1, 4, 평행, 0 2. 1개

3. 무수히 많다. 4. $a=1$, $b=4$

5. $a=-6$, $b=-\frac{1}{2}$ 6. 2 7. -3

2. $\begin{cases}2x-y=2\\3x-2y=2\end{cases}$

$\frac{2}{3}\neq\frac{-1}{-2}$이므로 두 직선은 한 점에서 만난다.

따라서 해는 1개이다.

3. $\begin{cases}x-y=2\\2x-2y=4\end{cases}$

$\frac{1}{2}=\frac{-1}{-2}=\frac{2}{4}$이므로 두 직선은 일치한다.

따라서 해는 무수히 많다.

4. $\begin{cases}3x+ay=2\\6x+2y=b\end{cases}$의 해가 무수히 많으므로 두 직선은 일치한다.

$\frac{3}{6}=\frac{a}{2}=\frac{2}{b}$이어야 하므로

$\frac{3}{6}=\frac{a}{2}$에서 $6a=6$ $\therefore a=1$

$\frac{3}{6}=\frac{2}{b}$에서 $3b=12$ $\therefore b=4$

5. $\begin{cases}ax+8y=1\\3x-4y=b\end{cases}$의 해가 무수히 많으므로 두 직선은 일치한다.

$\frac{a}{3}=\frac{8}{-4}=\frac{1}{b}$이어야 하므로

$\frac{a}{3}=\frac{8}{-4}$에서 $-4a=24$ $\therefore a=-6$

$\frac{8}{-4}=\frac{1}{b}$에서 $8b=-4$ $\therefore b=-\frac{1}{2}$

6. $\begin{cases}x+y=2\\ax+2y=8\end{cases}$의 해가 없으므로 두 직선은 평행

하다.

$\frac{1}{a}=\frac{1}{2}\neq\frac{2}{8}$이어야 하므로

$\frac{1}{a}=\frac{1}{2}$에서 $a=2$

7. $\begin{cases}ax-y+1=0\\3x+y-5=0\end{cases}$의 해가 없으므로 두 직선은 평행하다.

$\frac{a}{3}=\frac{-1}{1}\neq\frac{1}{-5}$이어야 하므로

$\frac{a}{3}=\frac{-1}{1}$에서 $a=-3$

실력테스트 | 143쪽 | 스피드 정답

1. ② 2. ② 3. ⑤
4. $a>0$, $b<0$ 5. $y=-2x$
6. ③ 7. 30분 후 8. ⑤ 9. ①
10. 6 Science & Technology 501개

1. $y=3x-2$의 그래프를 y축의 방향으로 p만큼 평행이동한 그래프의 식은

$y=3x-2+p$

이고, 점 $(2, 6)$을 지나므로

$6=3\times2-2+p$ $\therefore p=2$

2. $y=3x-1$과 평행한 직선의 식은 $y=3x+b$

x절편이 2이므로

$0=3\times2+b$ $\therefore b=-6$

$\therefore y=3x-6$

$x=1$을 대입하면

$y=3\times1-6=-3$

이므로 점 $(1, -3)$을 지난다.

3. 세 점 A(1, 1), B(2, 3), C$(-2, -k)$가 한 직선 위에 있으므로 직선 AB의 기울기와 직선 AC의 기울기가 같다.

$\frac{3-1}{2-1}=\frac{-k-1}{-2-1}$, $\frac{2}{1}=\frac{-k-1}{-3}$

$-k-1=-6$, $-k=-5$

$\therefore k=5$

4. 그래프에서 (x절편)>0, (y절편)>0이다.

$y=-ax-b$에서 y절편은 $-b$이고

$0=-ax-b$에서 x절편은 $-\frac{b}{a}$이다.

$\therefore -\frac{b}{a}>0$, $-b>0$

즉, $\frac{b}{a}<0$, $b<0$이므로 a, b는 서로 다른 부호이고 b는 음수이다.

$\therefore a>0$, $b<0$

5. $y=-2x+9$와 평행한 직선의 식은

$y=-2x+b$이고 점 $(3, -6)$을 지나므로

$-6=-2\times3+b$ $\therefore b=0$

$\therefore y=-2x$

6. $y=ax+b$에서 $f(3)=3a+b$이다.

주어진 그래프가 $(3, 0)$을 지나므로

$f(3)=3a+b=0$

7. 3분마다 9L의 물이 흘러 나가므로 1분마다 3L의 물이 흘러 나간다. 따라서 x분 후에 물통에 남아 있는 물의 양 y는

$y=-3x+150$이다.

$y=60$을 대입하면

$60=-3x+150$, $3x=90$

$\therefore x=30$(분)

따라서 물통에 물이 60L가 남아 있는 것은 30분 후이다.

8. y축에 평행한 직선의 식은 $x=p$ 꼴이다.

즉, y값에 관계없이 x값은 일정하므로

$a+3=2a-1$ $\therefore a=4$

9. A의 x좌표는

$x+1=-2x+4$, $3x=3$ $\therefore x=1$

$x=1$을 $y=x+1$에 대입하면 $y=2$

$\therefore$ A(1, 2)

점 B의 x좌표는 $0=x+1$ $\therefore x=-1$

점 C의 x좌표는 $0=-2x+4$ $\therefore x=2$

따라서 구하는 삼각형의 넓이는

$\frac{1}{2}\times3\times2=3$

10. 두 직선 $2x-ay+1=0$, $4x-6y+b=0$의 교점이 무수히 많으므로 두 직선은 일치한다.

$\frac{2}{4}=\frac{-a}{-6}=\frac{1}{b}$이어야 하므로

$\frac{2}{4}=\frac{-a}{-6}$에서 $4a=12$ $\therefore a=3$

$\frac{2}{4}=\frac{1}{b}$에서 $2b=4$ $\therefore b=2$

$\therefore ab=3\times2=6$

Science & Technology

x(정육각형의 개수)	1	2	3	…
y(선분의 개수)	6	11	16	…

x값이 1 증가할 때마다 y값은 5씩 증가하므로 기울기 $a=5$이다.

$y=5x+b$로 놓고 $(1, 6)$을 대입하면

$6=5\times1+b$ $\therefore b=1$

$\therefore y=5x+1$

정육각형 100개를 그릴 때 선분의 개수 y는

$y=5\times100+1=501$(개)

핵심 165 | 스피드 정답

1. × 2. ○ 3. ○ 4. ×
5. ○ 6. × 7. × 8. ○
9. ○ 10. ① 0 ② 1 ③ 0
11. ① 5 ② 4 ③ 5

[3~4] $y=-\frac{x^2}{4}+1$과 같이 분모에 수가 있는 경우 $y=-\frac{1}{4}x^2+1$로 고쳐쓸 수 있으므로 이차함수이다.

그러나 $y=\frac{3}{x^2}$과 같이 분모에 미지수 x를 포함한 경우 우변을 다항식으로 나타낼 수 없다. 이와 같이 분모에 미지수를 포함한 함수를 분수함수라고 한다.

6. $y=2x+10$이므로 일차함수이다.

7. $y=\frac{3}{2}x$이므로 일차함수이다.

8. $y=\frac{1}{2}x^2$이므로 이차함수이다.

9. $y=x(x+1)=x^2+x$이므로 이차함수이다.

10. ① $f(-1)=-(-1)^2+1=-1+1=0$

② $f(0)=0+1=1$

③ $f(1)=-1+1=0$

11. ① $f(0)=0-0+5=5$

② $f(1)=1-2+5=4$

③ $f(2)=4-4+5=5$

핵심 166 | 스피드 정답

1~3. 해설 참조

4. 아래로　　　5. y축

6. 감소한다.　　　7. x축

1.

x	⋯	-3	-2	-1	0	1	2	3	⋯
$y=-x^2$	⋯	-9	-4	-1	0	-1	-4	-9	⋯

[2~3]

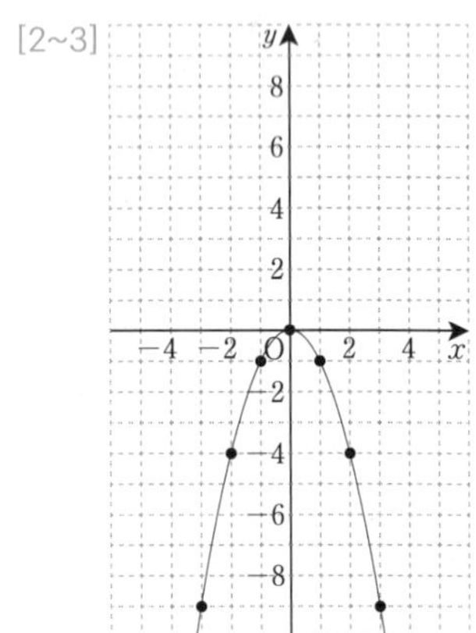

핵심 167 스피드 정답

1. ㄴ, ㄷ, ㅁ　　2. ㄴ과 ㄹ, ㄷ과 ㅂ

3. ㅁ　　4. ㄱ　　5. 4

6. 2　　7. $\frac{1}{3}$　　8. -1

2. x축에 대칭인 그래프는 $y=ax^2$에서 a의 절댓값이 같고 부호가 다르다.

[3~4] 포물선의 폭은 $y=ax^2$에서 a의 절댓값이 클수록 좁아지고, a의 절댓값이 작을수록 넓어진다.

5. $(1, 4)$는 $y=ax^2$ 위의 점이므로
　$4=a\times1$　　$\therefore a=4$

6. $(-2, 8)$은 $y=ax^2$ 위의 점이므로
　$8=a\times(-2)^2$　　$\therefore a=2$

7. $(3, 3)$은 $y=ax^2$ 위의 점이므로
　$3=a\times3^2$　　$\therefore a=\frac{1}{3}$

8. $(2, -4)$는 $y=ax^2$ 위의 점이므로
　$-4=a\times2^2$　　$\therefore a=-1$

핵심 168 스피드 정답

1. $y=x^2+1$　2. $y=-x^2+2$　3. $y=2x^2-1$

4. $y=-\frac{1}{2}x^2+3$　　5. y, 2

6. y, 5　　7. y, -3　　8. y, -7

9~10. 해설참조　11. $(0, 3)$　　12. $(0, 2)$

13. $(0, 4)$　　14. $(0, -3)$

[9~10]

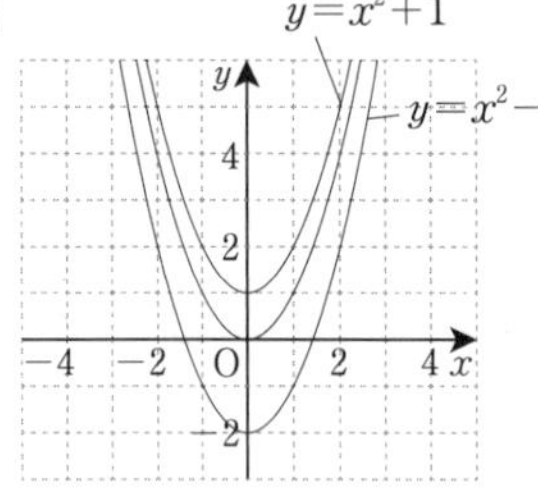

[11~14] 꼭짓점이 $(0, 0)$인 $y=ax^2$의 그래프를 y축 방향으로 q만큼 평행이동한 것이 $y=ax^2+q$의 그래프이므로 꼭짓점은 $(0, q)$이다.

핵심 169 스피드 정답

1. $y=(x-1)^2$　　2. $y=-(x+1)^2$

3. $y=2(x-4)^2$　　4. $y=-2(x-2)^2$

5. x, -2　　6. x, -4　　7. x, 2

8. x, 5　　9~10. 해설 참조

11. 축의 방정식 : $x=3$, 꼭짓점 : $(3, 0)$

12. 축의 방정식 : $x=-2$, 꼭짓점 : $(-2, 0)$

[1~8] $y=ax^2$의 그래프를 x축의 방향으로 p만큼 평행이동한 그래프의 식은 $y=a(x-p)^2$으로, $y=ax^2$의 그래프를 y축의 방향으로 q만큼 평행이동한 그래프의 식이 $y=ax^2+q$였던 것과 다름에 주의해야 한다.

[9~10]

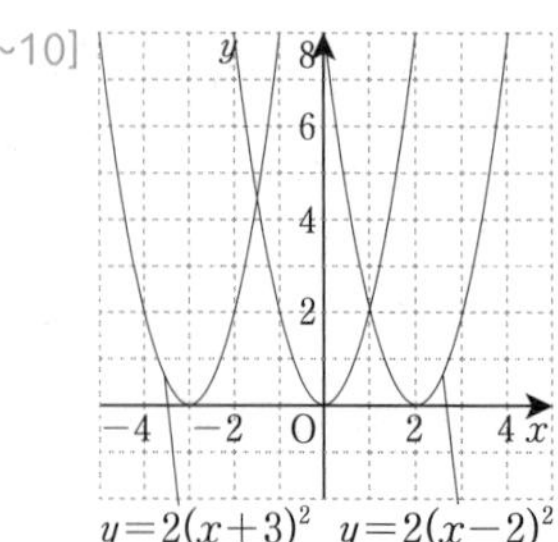

[11~12] 축의 방정식이 $x=0$이고, 꼭짓점이 $(0, 0)$인 $y=ax^2$의 그래프를 x축의 방향으로 p만큼 평행이동한 것이 $y=a(x-p)^2$의 그래프이므로 축의 방정식은 $x=p$, 꼭짓점은 $(p, 0)$이다.

핵심 170 스피드 정답

1. $y=(x-2)^2+1$　　2. $y=-(x+1)^2+2$

3. $y=3(x+2)^2-3$　　4. $y=-2(x-3)^2-2$

5. -3, 1　　6. 1, -3　　7. -2, 5

8~9. 해설 참조

10. 축의 방정식 : $x=1$, 꼭짓점 : $(1, -5)$

11. 축의 방정식 : $x=-3$, 꼭짓점 : $(-3, 2)$

[8~9]

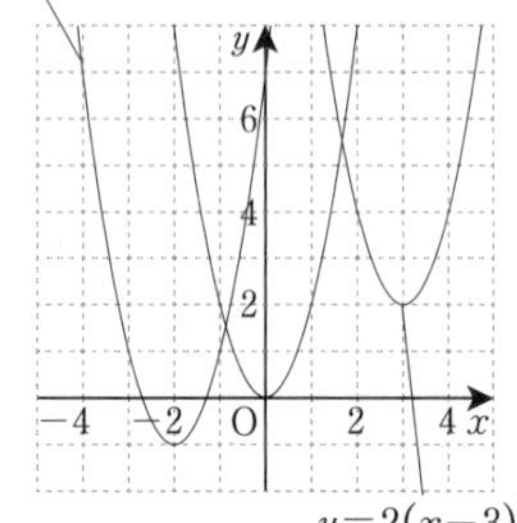

핵심 171 스피드 정답

1. 5, 1, 5, 1, 6　　2. $y=(x-3)^2+1$

3. $y=-(x-2)^2+6$　　4. $y=(x-2)^2+1$

5. 4, 4, 2, 4, 2, 3　　6. $y=2(x-1)^2+2$

7. $y=-\frac{1}{2}(x-4)^2+11$

8. $y=\frac{1}{3}(x+3)^2-7$

9. 축의 방정식 : $x=-2$, 꼭짓점 : $(-2, -3)$,
　y축과의 교점 : $(0, 1)$

10. 축의방정식 : $x=3$, 꼭짓점 : $(3, 5)$,
　y축과의 교점 : $(0, -4)$

11. 축의 방정식 : $x=2$, 꼭짓점 : $(2, -5)$,
　y축과의 교점 : $(0, -9)$

12. 축의 방정식 : $x=-4$, 꼭짓점 : $(-4, -7)$,
　y축과의 교점 : $(0, 1)$

13~16. 해설 참조

17. ㄴ 18. ㄷ 19. ㄱ 20. ㄹ

2. $y=x^2-6x+10$
$=(x^2-6x+9-9)+10$
$=(x^2-6x+9)-9+10$
$=(x-3)^2+1$

3. $y=-x^2+4x+2$
$=-(x^2-4x+4-4)+2$
$=-(x^2-4x+4)+4+2$
$=-(x-2)^2+6$

4. $y=x^2-4x+5$
$=(x^2-4x+4-4)+5$
$=(x^2-4x+4)-4+5$
$=(x-2)^2+1$

6. $y=2x^2-4x+4$
$=2(x^2-2x+1-1)+4$
$=2(x^2-2x+1)-2+4$
$=2(x-1)^2+2$

7. $y=-\frac{1}{2}x^2+4x+3$
$=-\frac{1}{2}(x^2-8x+16-16)+3$
$=-\frac{1}{2}(x^2-8x+16)+8+3$
$=-\frac{1}{2}(x-4)^2+11$

8. $y=\frac{1}{3}x^2+2x-4$
$=\frac{1}{3}(x^2+6x+9-9)-4$
$=\frac{1}{3}(x^2+6x+9)-3-4$
$=\frac{1}{3}(x+3)^2-7$

9. $y=x^2+4x+1$에서
축의 방정식은 $x=-\frac{4}{2\times 1}=-2$
꼭짓점의 y좌표는 $x=-2$일 때 y값이므로
$y=(-2)^2+4\times(-2)+1=-3$
따라서 꼭짓점은 $(-2, -3)$
y축과의 교점은 $(0, 1)$

10. $y=-x^2+6x-4$에서
축의 방정식은 $x=-\frac{6}{2\times(-1)}=3$
꼭짓점의 y좌표는 $x=3$일 때 y값이므로
$y=-3^2+6\times 3-4=5$
따라서 꼭짓점은 $(3, 5)$
y축과의 교점은 $(0, -4)$

11. $y=-x^2+4x-9$에서
축의 방정식은 $x=-\frac{4}{2\times(-1)}=2$
꼭짓점의 y좌표는 $x=2$일 때 y값이므로
$y=-2^2+4\times 2-9=-5$
따라서 꼭짓점은 $(2, -5)$
y축과의 교점은 $(0, -9)$

12. $y=\frac{1}{2}x^2+4x+1$에서
축의 방정식은 $x=-\frac{4}{2\times\frac{1}{2}}=-4$
꼭짓점의 y좌표는 $x=-4$일 때 y값이므로
$y=\frac{1}{2}\times(-4)^2+4\times(-4)+1=-7$
따라서 꼭짓점은 $(-4, -7)$
y축과의 교점은 $(0, 1)$

[13~16]

13. $y=x^2-2x+2=(x^2-2x+1)+1$
$=(x-1)^2+1$

14. $y=-x^2-2x+3=-(x^2+2x+1-1)+3$
$=-(x^2+2x+1)+1+3$
$=-(x+1)^2+4$

15. $y=3x^2+12x+9=3(x^2+4x+4-4)+9$
$=3(x^2+4x+4)-12+9$
$=3(x+2)^2-3$

16. $y=-2x^2+8x-10$
$=-2(x^2-4x+4-4)-10$
$=-2(x^2-4x+4)+8-10$
$=-2(x-2)^2-2$

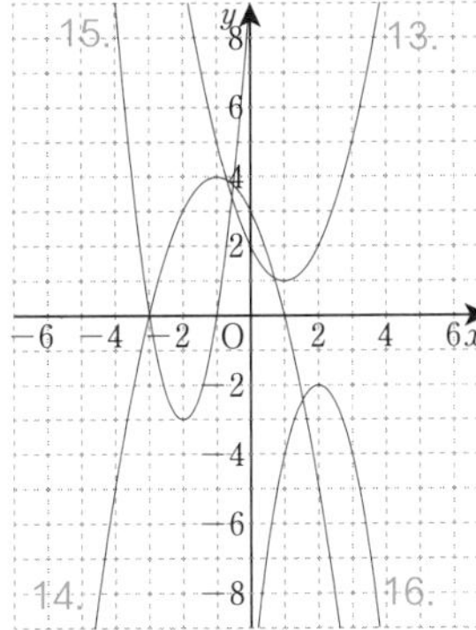

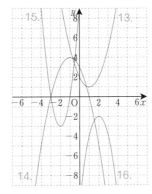

17. $y=x^2-4x-1$에서
축의 방정식은 $x=-\frac{-4}{2\times 1}=2$
꼭짓점의 y좌표는 $x=2$일 때 y값이므로
$y=2^2-4\times 2-1=-5$
따라서 꼭짓점은 $(2, -5)$
y축과의 교점은 $(0, -1)$ ∴ ㄴ

18. $y=-x^2-2x+2$에서
축의 방정식은 $x=-\frac{-2}{2\times(-1)}=-1$
꼭짓점의 y좌표는 $x=-1$일 때 y값이므로
$y=-(-1)^2-2\times(-1)+2=3$
따라서 꼭짓점은 $(-1, 3)$
y축과의 교점은 $(0, 2)$ ∴ ㄷ

19. $y=\frac{1}{2}x^2-2x-1$에서
축의 방정식은 $x=-\frac{-2}{2\times\frac{1}{2}}=2$
꼭짓점의 y좌표는 $x=2$일 때 y값이므로
$y=\frac{1}{2}\times 2^2-2\times 2-1=-3$
따라서 꼭짓점은 $(2, -3)$
y축과의 교점은 $(0, -1)$ ∴ ㄱ

20. $y=-\frac{1}{2}x^2+2x+2$에서
축의 방정식은 $x=-\frac{2}{2\times\left(-\frac{1}{2}\right)}=2$
꼭짓점의 y좌표는 $x=2$일 때 y값이므로
$y=-\frac{1}{2}\times 2^2+2\times 2+2=4$
따라서 꼭짓점은 $(2, 4)$
y축과의 교점은 $(0, 2)$ ∴ ㄹ

핵심 172 스피드 정답

1. 1, 1, 2, 2, 1
2. $y=-5(x-2)^2-1$
3. $y=-\frac{1}{9}(x-1)^2+2$
4. $y=2(x-2)^2-3$
5. $y=2(x+2)^2+3$
6. $y=(x-1)^2-4$
7. $y=-\frac{1}{2}(x+2)(x-2)$
8. $y=\frac{1}{3}(x-3)^2$
9. $y=-\frac{1}{3}(x+3)^2+3$
10. $y=(x-1)^2-5$
11. 4, -1, 4, 1
12. $y=\frac{3}{2}x^2-\frac{5}{2}x-1$
13. $y=-x^2+2x+5$

14. 2, 2, 2, 2, 2, 6

15. $y=-\frac{1}{2}x^2+\frac{1}{2}x+3$

---

2. 꼭짓점의 좌표가 (2, −1)이므로
$y=a(x-2)^2-1$
점 (1, −6)을 지나므로
$-6=a(1-2)^2-1$
$-6=a-1$　　$\therefore a=-5$
$\therefore y=-5(x-2)^2-1$

3. 꼭짓점의 좌표가 (1, 2)이므로
$y=a(x-1)^2+2$
점 (−2, 1)을 지나므로
$1=a(-2-1)^2+2$
$1=9a+2$　　$\therefore a=-\frac{1}{9}$
$\therefore y=-\frac{1}{9}(x-1)^2+2$

4. 꼭짓점의 좌표가 (2, −3)이므로
$y=a(x-2)^2-3$
점 (0, 5)를 지나므로
$5=a(0-2)^2-3$
$5=4a-3$　　$\therefore a=2$
$\therefore y=2(x-2)^2-3$

5. 꼭짓점의 좌표가 (−2, 3)이므로
$y=a(x+2)^2+3$
점 (0, 11)을 지나므로
$11=a(0+2)^2+3$
$11=4a+3$　　$\therefore a=2$
$\therefore y=2(x+2)^2+3$

6. 꼭짓점의 좌표가 (1, −4)이므로
$y=a(x-1)^2-4$
점 (−1, 0)을 지나므로
$0=a(-1-1)^2-4$
$0=4a-4$　　$\therefore a=1$
$\therefore y=(x-1)^2-4$

7. x축과 두 점 (−2, 0), (2, 0)에서 만나므로
$y=a(x+2)(x-2)$
점 (0, 2)를 지나므로
$2=a(0+2)(0-2)$　　$\therefore a=-\frac{1}{2}$
$\therefore y=-\frac{1}{2}(x+2)(x-2)$

8. x축과 한 점 (3, 0)에서만 만나므로
$y=a(x-3)^2$
점 (0, 3)을 지나므로
$3=a(0-3)^2$　　$\therefore a=\frac{1}{3}$
$\therefore y=\frac{1}{3}(x-3)^2$

9. 꼭짓점의 좌표가 (−3, 3)이므로
$y=a(x+3)^2+3$
원점 (0, 0)을 지나므로
$0=a(0+3)^2+3$　　$\therefore a=-\frac{1}{3}$
$\therefore y=-\frac{1}{3}(x+3)^2+3$

10. 꼭짓점의 좌표가 (1, −5)이므로
$y=a(x-1)^2-5$
점 (0, −4)를 지나므로
$-4=a(0-1)^2-5$
$-4=a-5$　　$\therefore a=1$
$\therefore y=(x-1)^2-5$

12. 점 (0, −1)을 지나므로 $y=ax^2+bx-1$로 놓고 (1, −2), (−1, 3)을 각각 대입하면
$-2=a+b-1,\ 3=a-b-1$
$\begin{cases}a+b=-1\\a-b=4\end{cases}$
연립하여 풀면 $a=\frac{3}{2},\ b=-\frac{5}{2}$
$\therefore y=\frac{3}{2}x^2-\frac{5}{2}x-1$

13. 점 (0, 5)를 지나므로 $y=ax^2+bx+5$로 놓고 (−2, −3), (2, 5)를 각각 대입하면
$-3=4a-2b+5,\ 5=4a+2b+5$
$\begin{cases}4a-2b=-8\\4a+2b=0\end{cases}$
연립하여 풀면 $a=-1,\ b=2$
$\therefore y=-x^2+2x+5$

15. $y=a(x+2)(x-3)$에
$x=0,\ y=3$을 대입하면
$3=a\times(0+2)\times(0-3)$
$3=-6a$　　$\therefore a=-\frac{1}{2}$
$\therefore y=-\frac{1}{2}(x+2)(x-3)$
$=-\frac{1}{2}(x^2-x-6)$
$=-\frac{1}{2}x^2+\frac{1}{2}x+3$

핵심 173 스피드 정답

1. 최댓값 4　2. 최솟값 −4　3. 최솟값 −2
4. 최댓값 3　5. $x=0$에서 최댓값 0
6. $x=0$에서 최솟값 2　7. $x=2$에서 최솟값 0
8. $x=-2$에서 최댓값 −1
9. 2, 7, −2, 7　10. $x=1$에서 최댓값 −3
11. $x=1$에서 최솟값 −3
12. $x=2$에서 최댓값 4
13. $x=2$에서 최솟값 −8
14. $b=-12,\ c=-20$　15. $b=4,\ c=-5$
16. $b=4,\ c=8$　17. $b=-8,\ c=4$
18. 20m　19. 45m

---

10. $y=-2x^2+4x-5$
$=-2(x^2-2x+1-1)-5$
$=-2(x^2-2x+1)+2-5$
$=-2(x-1)^2-3$
따라서 $x=1$에서 최댓값 −3을 갖는다.

11. $y=2x^2-4x-1$
$=2(x^2-2x+1-1)-1$
$=2(x^2-2x+1)-2-1$
$=2(x-1)^2-3$
따라서 $x=1$에서 최솟값 −3을 갖는다.

12. $y=-x^2+4x$
$=-(x^2-4x+4-4)$
$=-(x^2-4x+4)+4$
$=-(x-2)^2+4$
따라서 $x=2$에서 최댓값 4를 갖는다.

13. $y=2x^2-8x$
$=2(x^2-4x+4-4)$
$=2(x^2-4x+4)-8$
$=2(x-2)^2-8$
따라서 $x=2$에서 최솟값 −8을 갖는다.

14. $y=-2x^2+bx+c$가 $x=-3$에서 최댓값 −2를 가지므로
$y=-2(x+3)^2-2$
$=-2(x^2+6x+9)-2$
$=-2x^2-12x-20$
$\therefore b=-12,\ c=-20$

15. $y=-x^2+bx+c$가 $x=2$에서 최댓값 −1

을 가지므로

$y=-(x-2)^2-1$

$=-(x^2-4x+4)-1$

$=-x^2+4x-5$

$\therefore b=4, c=-5$

16. $y=2x^2+bx+c$가 $x=-1$에서 최솟값 6을 가지므로

$y=2(x+1)^2+6$

$=2(x^2+2x+1)+6$

$=2x^2+4x+8$

$\therefore b=4, c=8$

17. $y=2x^2+bx+c$가 $x=2$에서 최솟값 -4를 가지므로

$y=2(x-2)^2-4$

$=2(x^2-4x+4)-4$

$=2x^2-8x+4$

$\therefore b=-8, c=4$

18. $y=-5x^2+20x$

$=-5(x^2-4x+4-4)$

$=-5(x^2-4x+4)+20$

$=-5(x-2)^2+20$

따라서 축구공의 최고 높이는 $x=2$일 때 20m가 된다.

19. $y=-5x^2+30x$

$=-5(x^2-6x+9-9)$

$=-5(x^2-6x+9)+45$

$=-5(x-3)^2+45$

따라서 물로켓의 최고 높이는 $x=3$일 때 45m가 된다.

실력테스트 151쪽 스피드 정답

1. ③ 2. $a=-2$, $b=-2$ 3. ④, ⑤
4. 1 5. ③ 6. ④ 7. ④
8. $b=6$, $c=-1$ Science & Technology 5m

1. ③ $x<0$일 때, x의 값이 증가하면 y의 값이 감소하는 것은 ㄱ, ㄷ, ㄹ이다.

2. 점 $(-1, -2)$는 $y=ax^2$ 위의 점이므로

$-2=a\times(-1)^2$ $\quad\therefore a=-2$

$\therefore y=-2x^2$

또, $(1, b)$도 $y=-2x^2$ 위의 점이므로

$b=-2\times1^2=-2$

3. ①주어진 그래프는 아래로 볼록한 포물선이다.

②주어진 그래프는 $y=\frac{1}{4}x^2$의 그래프를 x축의 방향으로 -3, y축의 방향으로 -2만큼 평행이동한 것이다.

③꼭짓점의 좌표는 $(-3, -2)$이다.

4. $y=-2x^2$의 그래프를 x축의 방향으로 2, y축의 방향으로 3만큼 평행이동한 그래프의 식은 $y=-2(x-2)^2+3$

$(1, a)$는 그래프 위의 점이므로

$a=-2(1-2)^2+3=-2+3=1$

5. ① $y=x^2+2$

꼭짓점 $(0, 2)$, y절편 2

② $y=-(x-4)^2$

꼭짓점 $(4, 0)$, y절편 -16

③ $y=(x-3)^2-10$

꼭짓점 $(3, -10)$, y절편 -1

④ $y=-(x+3)^2+1$

꼭짓점 $(-3, 1)$, y절편 -8

⑤ $y=2(x-1)^2-1$

꼭짓점 $(1, -1)$, y절편 1

이상에서 그래프가 모든 사분면을 지나는 것은 ③이다.

6. 이차함수 $y=ax^2+bx+c$에서 $a>0$이므로 그래프는 아래로 볼록이다.

축의 방정식은 $x=-\frac{b}{2a}$이고, 조건에서

$a>0$, $b<0$이므로 $ab<0$, $-ab>0$

$\therefore -\frac{b}{2a}>0$

즉, 꼭짓점의 x좌표는 양수이다.

조건에서 $c<0$이므로 y절편은 음수이다.

이상에서 $y=ax^2+bx+c$의 그래프로 알맞은 것은 ④이다.

7. $y=a(x-\alpha)^2$ 꼴이면 꼭짓점이 x축 위에 있다. 즉, 포물선이 x축과 한 점에서 만날 때이다.

① x축과 두 점에서 만난다.

② $y=x^2+4x+3=(x+1)(x+3)$이므로 x축과 두 점에서 만난다.

③ $y=-3x^2+2x=x(-3x+2)$이므로 x축과 두 점에서 만난다.

④ $y=x^2-4x+4=(x-2)^2$은 x축과 한 점에서 만나고 꼭짓점이 $(2, 0)$이다.

⑤ $y=x^2+x+2=\left(x+\frac{1}{2}\right)^2+\frac{7}{4}$로 x축과 만나지 않는다.

8. $y=-3x^2+bx+c$가 $x=1$에서 최댓값 2를 가지므로

$y=-3(x-1)^2+2$

$=-3(x^2-2x+1)+2$

$=-3x^2+6x-1$

$\therefore b=6, c=-1$

Science & Technology

$y=-5x^2+10x$

$=-5(x^2-2x+1-1)$

$=-5(x-1)^2+5$

따라서 물의 최고 높이는 $x=1$일 때 5m가 된다.

Ⅳ 기하

핵심 174 스피드 정답

1. C 2. D 3. 선분 AC
4. 선분 BD 5. 4개 6. 5개
7. 교점 6개, 교선 9개 8. 교점 6개, 교선 10개

[5~6] 평면도형에서 교점의 개수는 꼭짓점의 개수와 같다.
[7~8] 입체도형에서 교점의 개수는 꼭짓점의 개수와 같고, 교선의 개수는 모서리의 개수와 같다.

핵심 175 스피드 정답

1. $=$ 2. $\neq$ 3. $=$
4. $\neq$ 5. $=$
6. 직선 3개, 반직선 6개, 선분 3개
7. 직선 1개, 반직선 4개, 선분 3개

6. 직선 : $\overleftrightarrow{AB}$, $\overleftrightarrow{BC}$, $\overleftrightarrow{CA}$의 3개
반직선 : $\overrightarrow{AB}$, $\overrightarrow{BA}$, $\overrightarrow{BC}$, $\overrightarrow{CB}$, $\overrightarrow{CA}$, $\overrightarrow{AC}$의 6개
선분 : $\overline{AB}$, $\overline{BC}$, $\overline{CA}$의 3개
7. 직선 : $\overleftrightarrow{AB}=\overleftrightarrow{BC}=\overleftrightarrow{CA}$의 1개
반직선 : $\overrightarrow{AB}$, $\overrightarrow{BA}$, $\overrightarrow{BC}$, $\overrightarrow{CA}$의 4개
선분 : $\overline{AB}$, $\overline{BC}$, $\overline{CA}$의 3개

핵심 176 스피드 정답

1. 6 2. 8 3. 4
4. 5 5. 2 6. 4
7. $\frac{1}{2}$ 8. $\frac{1}{4}$ 9. $\frac{3}{4}$
10. 5 11. 2 12. 12
13. 9

[5~9] 점 M은 $\overline{AB}$의 중점이므로 $\overline{AM}=\overline{MB}$
점 N은 $\overline{AM}$의 중점이므로 $\overline{AN}=\overline{NM}$
5. $\overline{AB}=\overline{AM}+\overline{MB}=\overline{AM}+\overline{AM}=\boxed{2}\,\overline{AM}$
6. $\overline{AB}=2\overline{AM}=2(\overline{AN}+\overline{NM})$
$=2\times2\overline{AN}=\boxed{4}\,\overline{AN}$
9. $\overline{NB}=\overline{NM}+\overline{MB}=\frac{1}{2}\overline{AM}+\overline{AM}=\frac{3}{2}\overline{AM}$
$=\frac{3}{2}\times\frac{1}{2}\overline{AB}=\boxed{\frac{3}{4}}\,\overline{AB}$

핵심 177 스피드 정답

1. 20° 2. 90° 3. 140° 4. 70°
5. 50° 6. 30°, 예각 7. 150°, 둔각
8. 90°, 직각 9. 20°, 예각 10. 180°, 평각
11. 50° 12. 70° 13. 45° 14. 60°

[6~10] 각의 크기에 따른 분류
0°<(예각)<90°, (직각)=90°,
90°<(둔각)<180°, (평각)=180°
[11~14] (평각)=180°, (직각)=90°임을 이용한다.

핵심 178 스피드 정답

1. ∠DOE 2. ∠EOF 3. ∠FOB
4. ∠BOD 5. 60° 6. 90°
7. 30° 8. 120° 9. 60°, 30°
10. 35° 11. 40° 12. 24°
13. 45° 14. 25° 15. 30°
16. 40° 17. 45° 18. 36°

7. $\angle AOB=90°-\angle BOC=90°-\angle EOF$
$=90°-60°=30°$
8. $\angle BOF=180°-\angle BOC=180°-\angle EOF$
$=180°-60°=120°$
10. $x+50°=3x-20°$
$2x=70°$ $\therefore x=35°$
11. $(2x-40°)+(x+10°)=90°$
$3x=120°$ $\therefore x=40°$
12. $3x-12°=60°$
$3x=72°$ $\therefore x=24°$
13. $x+2x+45°=180°$
$3x=135°$ $\therefore x=45°$
14. $x+(2x+40°)+(3x-10°)=180°$
$6x=150°$ $\therefore x=25°$
15. $\angle x+2\angle x+3\angle x=180°$
$6\angle x=180°$ $\therefore \angle x=30°$
16. $\angle x+\angle y+\angle z=180°$이고
$\angle y=2\angle x$, $\angle z=\frac{3}{2}\angle x$이므로
$\angle x+2\angle x+\frac{3}{2}\angle x=180°$
$\frac{9}{2}\angle x=180°$ $\therefore \angle x=40°$
(빠른 풀이) $\angle x$의 크기는 180°의
$\frac{2}{2+4+3}=\frac{2}{9}$배이므로 $180°\times\frac{2}{9}=40°$
17. $\angle x=180°\times\frac{3}{3+4+5}=180°\times\frac{1}{4}=45°$
18. $\angle x=180°\times\frac{3}{3+4+8}=180°\times\frac{1}{5}=36°$

핵심 179 스피드 정답

1. ⊥ 2. ⊥ 3. 수선 4. DO
5. O 6. DO 7. 해설 참조
8. A : 3cm, B : 1cm, C : 2cm, D : 2cm
9. ① B ② 8cm 10. ① A ② 8cm
11. ① C ② 7cm 12. ① A ② 7cm

7.
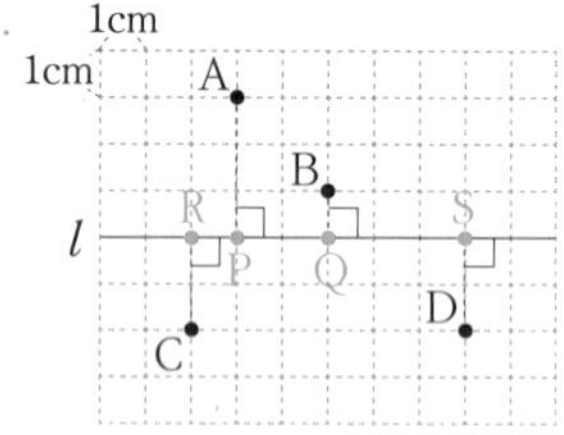

핵심 180 스피드 정답

1. $\angle f$ 2. $\angle d$ 3. $\angle f$ 4. $\angle c$
5. 80° 6. 110° 7. 80° 8. 70°

6. $\angle g$의 동위각은 $\angle c$이므로
$\angle c=180°-70°=110°$
8. $\angle f$의 엇각인 $\angle d$의 크기는 70°

핵심 181 스피드 정답

1. 130° 2. 135° 3. 60° 4. 65°
5. 115° 6. 40° 7. 120° 8. 70°

[1~8] 평행한 두 직선이 다른 한 직선과 만날 때, 동위각과 엇각의 크기는 같다.

핵심 182 스피드 정답

1. ○ 2. ○ 3. × 4. ×
5. ○ 6. ○ 7. × 8. ×
9. $m /\!/ n$ 10. $p /\!/ q$, $l /\!/ n$
11. $p /\!/ q$, $l /\!/ n$ 12. $l /\!/ m$
13. 115° 14. 65° 15. 65°

[11~12] 두 직선 p, q와 다른 한 직선이 만나서 생기는 동위각 또는 엇각의 크기를 우선 비교한다.

11.

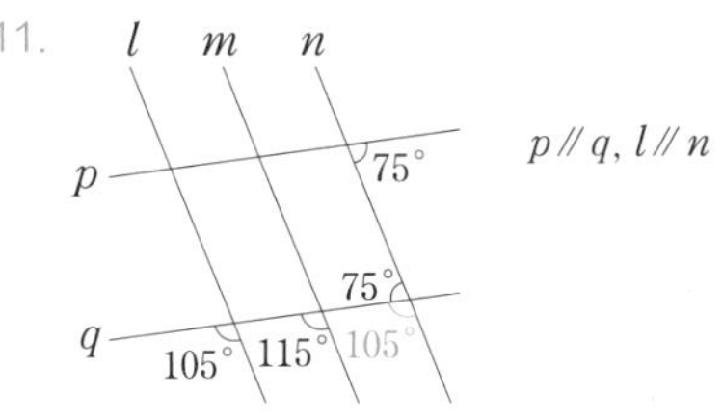

$p /\!/ q$, $l /\!/ n$

12.

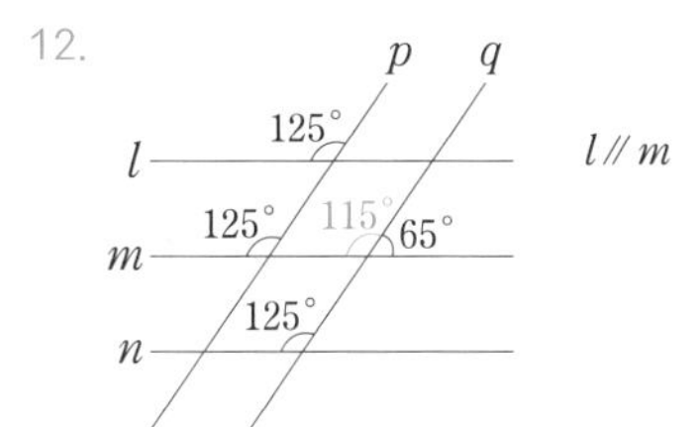

$l /\!/ m$

13. p, q와 m에서 엇각의 크기가 70°로 같으므로 $p /\!/ q$ $\therefore \angle x=115°$
14. l, m과 q에서 엇각의 크기가 60°로 같으므로 $l /\!/ m$ $\therefore \angle x=65°$
15. p, q와 l에서 엇각의 크기가 65°로 같으므로 $p /\!/ q$ $\therefore \angle x=180°-115°=65°$

핵심 183 스피드 정답

1. 50°, 60°, 50°, 110° 2. 140° 3. 50°
4. 50° 5. 85° 6. 60°, 40°, 100°
7. 40° 8. 20° 9. 105° 10. 95°
11. 35° 12. 35°

[6~12] 두 직선 l, m에 평행한 직선을 그어 생각한다.

8.

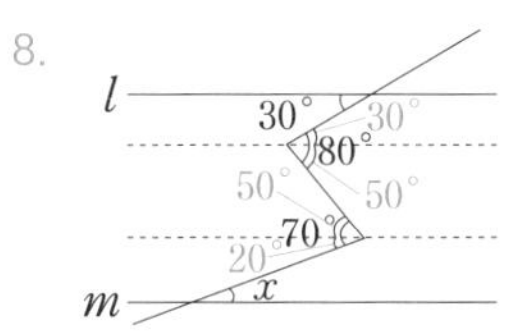

핵심 184 스피드 정답

1. 30°, 30°, 60° 2. 100° 3. 65°

2.

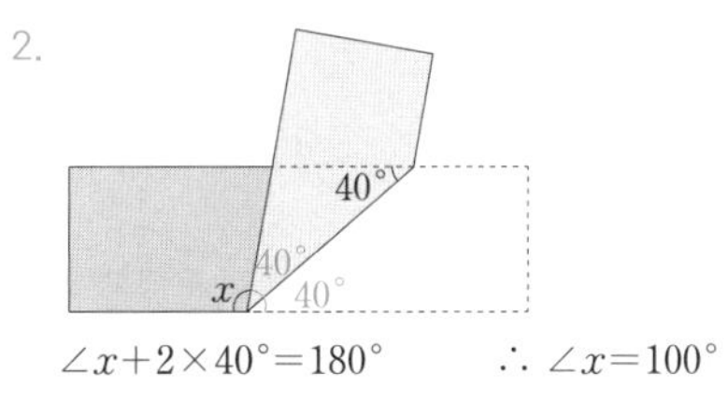

$\angle x+2\times 40°=180°$ $\therefore \angle x=100°$

3.

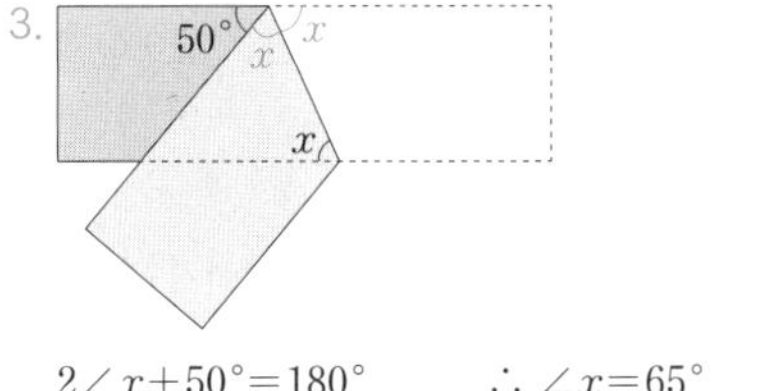

$2\angle x+50°=180°$ $\therefore \angle x=65°$

핵심 185 스피드 정답

1. B, E, D 2. A, C 3. E, C
4. A, B, D 5. A, D
6. C, D, E, F, G, H 7. A, B, C, D
8. E, F, G, H

[1~4] • 점 P가 직선 위에 있다.
⇒ 직선이 점 P를 지난다.
• 점 P가 직선 위에 있지 않다.
⇒ 직선이 점 P를 지나지 않는다.
⇒ 점 P가 직선 밖에 있다.

핵심 186 스피드 정답

1. 직선 BC 2. 직선 AB, 직선 DC
3. ○ 4. ○ 5. ○
6. × 7. ×

6. $\overleftrightarrow{BC}$와 만나는 직선은 $\overleftrightarrow{AB}$, $\overleftrightarrow{CD}$, $\overleftrightarrow{AF}$, $\overleftrightarrow{DE}$이다.
7. $\overleftrightarrow{CD}$와 만나는 직선은 $\overleftrightarrow{BC}$, $\overleftrightarrow{DE}$, $\overleftrightarrow{AB}$, $\overleftrightarrow{EF}$의 4개이다.

핵심 187 스피드 정답

1. $\overline{DE}$, $\overline{GF}$ 2. $\overline{AC}$, $\overline{AD}$, $\overline{BE}$, $\overline{BC}$, $\overline{BF}$
3. $\overline{DG}$, $\overline{EF}$, $\overline{CG}$, $\overline{CF}$ 4. 2개
5. 4개 6. 1개 7. 6개

3. $\overline{AB}$와 만나지도 않고 평행하지도 않은 모서리는 $\overline{DG}$, $\overline{EF}$, $\overline{CG}$, $\overline{CF}$
5. $\overline{AB}$, $\overline{BC}$, $\overline{FG}$, $\overline{GH}$의 4개
7. $\overline{AB}$, $\overline{BC}$, $\overline{CD}$, $\overline{FG}$, $\overline{GH}$, $\overline{HI}$의 6개

핵심 188 스피드 정답

1. 면 ABCD, 면 ABFE
2. 면 AEHD, 면 BFGC
3. 면 CGHD, 면 EFGH 4. ㄱ, ㄹ

4. 평면 P 위에 있는 서로 다른 두 개의 직선과 두 직선의 교점을 지나는 직선 l과 수직이면 평면 P와 직선 l은 수직이다.

핵심 189 스피드 정답

1. 면 EFGH 2. 4개 3. 6개
4. 면 BFGC, 면 AEHD 5. $\overline{BG}$

2. 면 ABFE, 면 BFGC, 면 CGHD, 면 AEHD로 4개

실력테스트 165쪽 스피드 정답

1. ②, ③, ⑤ 2. 8cm 3. ③
4. $\angle a=130°$, $\angle b=50°$ 5. 90°
6. $\angle x=50°$, $\angle y=80°$ 7. $p /\!/ q$, $m /\!/ n$
8. 5 9. ④

Science & Technology

$\angle a=57°$, $\angle b=57°$, $\angle c=123°$

2. 점 C는 $\overline{AB}$의 중점이므로 $\overline{CB}=12$cm
$\overline{CB}=\overline{CD}+\overline{DB}=\frac{1}{2}\overline{DB}+\overline{DB}=\frac{3}{2}\overline{DB}$
$\frac{3}{2}\overline{DB}=12$ $\therefore \overline{DB}=8$(cm)
3. $\overline{AE}\perp\overline{BO}$이므로 $\angle AOB=90°$
$\angle AOC=4\angle BOC$이므로
$\angle AOB=3\angle BOC=90°$
$\therefore \angle BOC=30°$ …… ㉠
$\angle COE=90°-\angle BOC=60°$
$\angle COE=\angle COD+3\angle COD=60°$
$\therefore \angle COD=15°$ …… ㉡
㉠, ㉡에서
$\angle BOD=\angle BOC+\angle COD=45°$
(빠른 풀이)
$\angle BOC=\angle x$, $\angle COD=\angle y$라고 놓으면
$\angle AOC+\angle COD+\angle DOE=180°$이므로
$4\angle x+\angle y+3\angle y=180°$
$\therefore \angle x+\angle y=45°$
4. 맞꼭지각의 크기는 서로 같으므로
$\angle a=40°+90°=130°$
$\angle a+\angle b=180°$이므로
$130°+\angle b=180°$
$\therefore \angle b=50°$
5.

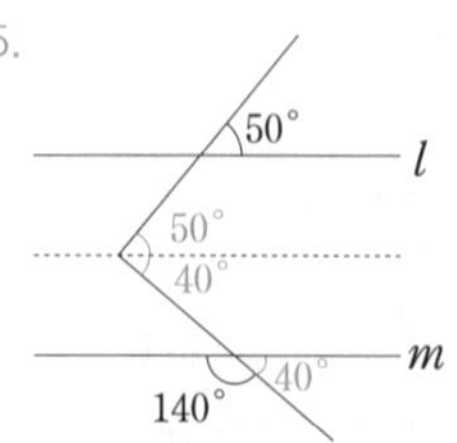

$\therefore \angle x=50°+40°=90°$
6. 평행선 사이의 엇각과 접은 각은 그 크기가 같으므로
$\angle x=\angle GFC=\angle EGF=50°$
$\angle y=180°-2\angle x=80°$
7.

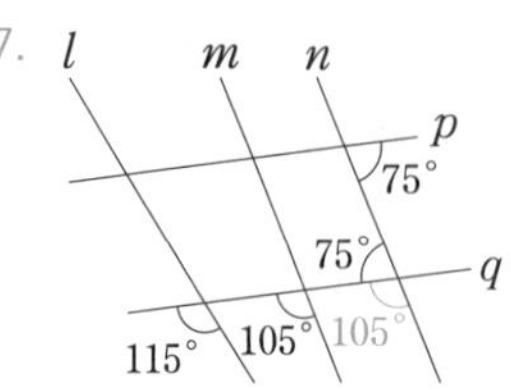

직선 p, q와 n에서 엇각의 크기가 같으므로 $p /\!/ q$
직선 m, n과 q에서 동위각의 크기가 같으므로 $m /\!/ n$
8. $\overline{AB}$와 평행한 면은 면 EFGH이므로
$a=1$
$\overline{CG}$와 꼬인 위치에 있는 모서리는
$\overline{AB}$, $\overline{AD}$, $\overline{EF}$, $\overline{EH}$이므로
$b=4$
$\therefore a+b=5$
9. ① 한 직선에 평행한 두 평면은 만날 수도 있다.
② 한 평면에 수직인 두 직선은 평행하다.
③ 한 평면에 평행한 두 직선은 평행할 수도 있고 꼬인 위치에 있을 수도 있다.
⑤ 한 평면에 수직인 두 평면은 평행할 수도 있고 만날 수도 있다.

Science & Technology

평행한 두 직선 l, m이 다른 한 직선과 만날 때, 동위각의 크기와 엇각의 크기는 같다.
$\therefore \angle a=57°$, $\angle b=57°$, $\angle c=123°$

핵심 190 스피드 정답

1. × 2. ○ 3. × 4. ○
5. ○ 6. 자 7. 컴퍼스
8. 컴퍼스, $\overline{AB}$ 9. ㉢, ㉡, ㉣, ㉤
10. $\overline{OB}$, $\overline{O'C}$ 11. $\overline{CD}$

9. ㉠ 점 O를 중심으로 하는 원을 그려 반직선 OX, OY와 만나는 점을 각각 A, B라고 한다.
㉢ 점 O′을 중심으로 하고 ㉠에서 그린 원과 반지름의 길이가 같은 원을 그려 반직선 O′P와 만나는 점을 D라고 한다.
㉡ ㉠에서 선분 AB의 길이에 맞게 컴퍼스를 맞춘다.
㉣ 점 D를 중심으로, 선분 AB의 길이를 반지름으로 하는 원을 그려 ㉢에서 그린 원과 만나는 점을 C라고 한다.
㉤ 점 O′과 C를 지나는 반직선 O′C를 그으면 ∠CO′P가 구하는 각이다.

핵심 191 스피드 정답

1. 5cm 2. 4cm 3. 53°
4. ○, 4, 5, 있다 5. × 6. ○
7. ×

[4~7] 가장 긴 선분의 길이가 나머지 두 선분의 길이의 합보다 작아야 한다.

핵심 192 스피드 정답

1. $\overline{BC}$, $\overline{AC}$ 2. $\overline{BC}$, $\overline{AC}$ 3. $\overline{BC}$, $\angle C$, $\overline{AC}$

1. ① 한 직선을 긋고 그 위에 선분 a와 길이가 같은 선분 BC를 잡는다.
② 점 B와 점 C를 중심으로 하고 선분 AB, 선분 AC를 반지름으로 하는 원을 각각 그려 이 두 원이 만나는 점과 점 B, 점 C를 잇는다.
2. ① ∠B와 같은 크기의 각을 작도한다.
② 각의 연장선 위에 선분 BC, 선분 AB를 그린 후 A와 C를 잇는다.
3. ① 한 직선을 긋고, 선분 BC를 작도한다.
② ∠B와 ∠C를 작도하여 만나는 점 A에서 점 B, 점 C를 잇는다.

핵심 193 스피드 정답

1. × 2. × 3. ○
4. × 5. × 6. ○

1. (×), 가장 긴 변의 길이가 나머지 두 변의 길이의 합보다 작아야 한다.
2. (×), $\overline{AB}$, $\overline{BC}$의 끼인 각 ∠B가 주어져야

한다.

4. (×), 모양은 같고 크기가 다른 삼각형이 무수히 많이 그려진다.

핵심 194 스피드 정답

1. ① GHI ② ∠G ③ ∠H ④ $\overline{GH}$ ⑤ $\overline{HI}$
2. ① HGFE ② G ③ 80° ④ 120° ⑤ 6cm ⑥ 5cm

1. △ABC≡△GHI이므로
∠A의 대응각은 ∠G, ∠B의 대응각은 ∠H,
$\overline{AB}$의 대응변은 $\overline{GH}$, $\overline{BC}$의 대응변은 $\overline{HI}$
2. □ABCD≡□HGFE이므로
꼭짓점 B의 대응점은 G
∠A=∠H=80°
∠E=∠D=120°
$\overline{FG}=\overline{BC}$=6cm
$\overline{AD}=\overline{HE}$=5cm

핵심 195 스피드 정답

1. SSS	2. ASA	3. ASA
4. PRQ	5. JLK	6. NOM

7. △ABD≡△CBD, SSS 합동
8. △ABM≡△ACM, SAS 합동
9. △ABO≡△CDO, SAS 합동
10. △ABM≡△DCM, SAS 합동
11. △ABC≡△CDE, SAS 합동
12. △BCG≡△DCE, SAS 합동
13. △AOD≡△COB, △AEB≡△CED
14. △AOD≡△COB, △AEB≡△CED

3. △ABC에서
∠A=180°−(40°+60°)=80°이므로
∠A=∠E
또, ∠B=∠F, $\overline{AB}=\overline{EF}$이므로
△ABC≡△EFD (ASA 합동)
4. △PRQ에서
∠Q=180°−(70°+50°)=60°
∠B=∠R, ∠C=∠Q, $\overline{BC}=\overline{RQ}$이므로
△ABC≡△PRQ (ASA 합동)
12. △BCG와 △DCE에서
∠BCD=∠ECG=90°이고
∠DCG가 공통이므로 ∠BCG=∠DCE
$\overline{BC}=\overline{DC}$, $\overline{CG}=\overline{CE}$
∴ △BCG≡△DCE (SAS 합동)
13. △AOD와 △COB에서
$\overline{AO}=\overline{CO}$, $\overline{OD}=\overline{OB}$, ∠O는 공통
△AOD≡△COB (SAS 합동)
따라서 △AEB와 △CED에서 ∠B=∠D 이고 ∠AEB=∠DCE(맞꼭지각)이므로
∠BAE=∠DCE
$\overline{AB}=\overline{CD}$이므로 △AEB≡△CED

실력테스트 171쪽 스피드 정답

1. ⑤	2. ④, ⑤	3. ①, ⑤
4. x=110, y=3	5. ㄹ, ㅁ	6. ②
7. ⑤	Science & Technology ASA 합동	

2. ① 가장 긴 선분의 길이가 나머지 두 선분의 길이의 합보다 작아야 한다.
② 모양이 같고 크기가 다른 삼각형이 무수히 많이 그려진다.
③ ∠B가 $\overline{AC}$, $\overline{CA}$의 끼인 각이 아니므로 삼각형이 2개로 그려지거나 삼각형이 그려지지 않는다.
3. ∠A가 주어져 있으므로
• 두 변의 길이와 그 끼인 각
• 한 변의 길이와 그 양 끝각
의 조건에서 생각한다.
4. □ABCD≡□EFGH이므로 대응하는 꼭짓점은 A와 E, B와 F, C와 G, D와 H이다.
5.
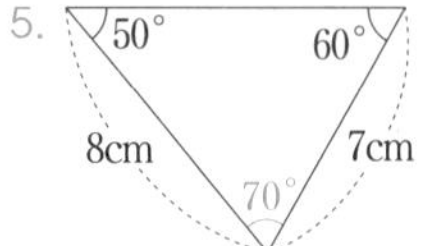

6. △ACE와 △BCD에서 ∠ACD는 공통,
∠ACB=∠DCE(정삼각형이므로 한 각의 크기는 60°이다)이므로 ∠ACE=∠BCD
또, $\overline{AC}=\overline{BC}$, $\overline{CE}=\overline{CD}$이므로
△ACE≡△BCD(SAS 합동)
∴ ∠BDC=∠AEC=60°−35°=25°
7. △BCE와 △DCF에서
∠BCE=∠DCF=90°
$\overline{BC}=\overline{DC}$, $\overline{CE}=\overline{CF}$
∴ △BCE≡△DCF (SAS 합동)
∴ $\overline{DF}=\overline{BE}$=25(cm)

Science & Technology
△ABC와 △ABD에서
$\overline{AB}$는 공통이고 양 끝각의 크기가 같으므로
△ABC≡△ABD (ASA 합동)

핵심 196 스피드 정답

1. 140°	2. 80°	3. 120°
4. 60°	5. 55°	6. 115°

[3~6] 각 꼭짓점에서 내각의 크기와 외각의 크기의 합은 180°이다.

핵심 197 스피드 정답

1. 7개	2. 4개	3. 14개
4. 9개	5. 20개	6. 5, 오각형
7. 구각형	8. 3, 3, 3, 7, 10, 10, 십각형	
9. 십이각형		

2. 주어진 다각형은 칠각형이므로 한 꼭짓점에서 그을 수 있는 대각선의 개수는 7−3=4(개)
3. 대각선의 총 개수는 $\frac{7(7-3)}{2}$=14(개)
4. $\frac{6(6-3)}{2}$=9(개)
5. $\frac{8(8-3)}{2}$=20(개)
7. 구하는 다각형을 n각형이라고 하면
$n-3=6$ $\therefore n=9$
따라서 구하는 다각형은 구각형이다.
9. 구하는 다각형을 n각형이라고 하면
$\frac{n(n-3)}{2}=54$
$n^2-3n-108=0$
$(n-12)(n+9)=0$ $\therefore n=12$
따라서 구하는 다각형은 십이각형이다.

핵심 198 스피드 정답

1. 110° 2. 30° 3. 30° 4. 25°
5. 70° 6. 40° 7. 125° 8. 140°
9. 75° 10. 130°
11. $\angle x=40°$, $\angle y=25°$
12. $\angle x=50°$, $\angle y=55°$
13. $\angle x=105°$, $\angle y=55°$
14. $\angle x=110°$, $\angle y=45°$

1. 삼각형의 세 내각의 크기의 합은 180°이므로
   $\angle x+30°+40°=180°$ $\therefore \angle x=110°$
2. $\angle x+60°+90°=180°$ $\therefore \angle x=30°$
3. $\angle x+\angle 2x+\angle 3x=180°$
   $\angle 6x=180°$ $\therefore \angle x=30°$
4. $\angle x+\angle 3x+80°=180°$
   $\angle 4x=100°$ $\therefore \angle x=25°$
5. 오른쪽에 있는 삼각형에서 한 내각의 크기는
   $180°-(60°+40°)=80°$

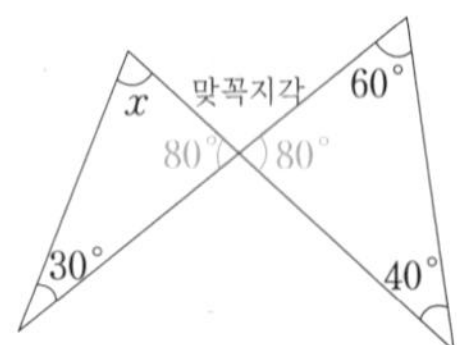

왼쪽에 있는 삼각형에서
   $\angle x=180°-(30°+80°)=70°$
6. 오른쪽에 있는 삼각형에서 한 내각의 크기는
   $180°-(90°+40°)=50°$

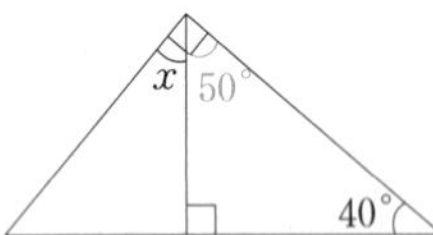

$\therefore \angle x=90°-50°=40°$
7. 삼각형의 한 외각의 크기는 그와 이웃하지 않는 두 내각의 크기의 합과 같으므로
   $\angle x=45°+80°=125°$
8. $\angle x=90°+50°=140°$
9.

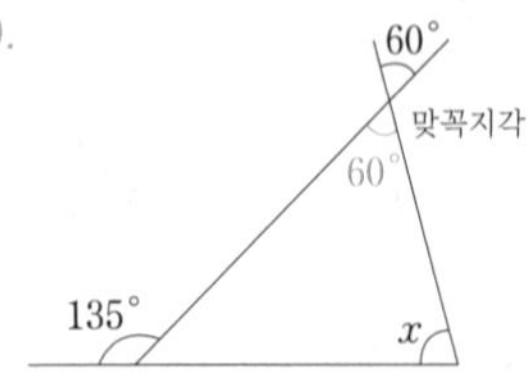

$135°=60°+\angle x$ $\therefore \angle x=75°$
10.

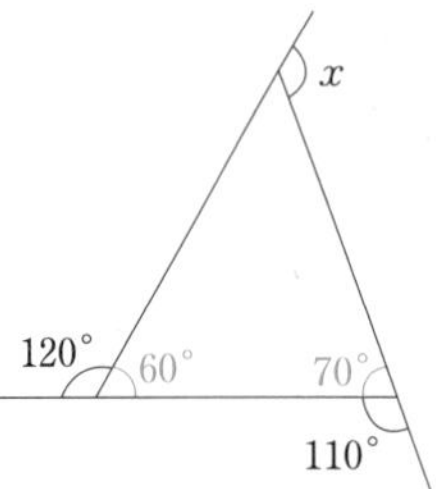

$\angle x=60°+70°=130°$
11. △ABO에서
   $\angle x+45°=85°$ $\therefore \angle x=40°$
   △CDO에서
   $60°+\angle y=85°$ $\therefore \angle y=25°$
12. △ABO에서
   $\angle x+35°=85°$ $\therefore \angle x=50°$
   △CDO에서
   $30°+\angle y=85°$ $\therefore \angle y=55°$
13. △ABO에서
   $65°+45°=\angle x$ $\therefore \angle x=105°$
   △CDO에서
   $50°+\angle y=\angle x=105°$ $\therefore \angle y=55°$
14. △ABO에서
   $75°+35°=\angle x$ $\therefore \angle x=110°$
   △CDO에서
   $\angle y+65°=\angle x=110°$ $\therefore \angle y=45°$

핵심 199 스피드 정답

1. 3개 2. 3, 540° 3. 360°
4. 720° 5. 1080° 6. 100°
7. 120° 8. 80° 9. 70°

1. 오각형의 한 꼭짓점에서 대각선을 그어 만들어지는 삼각형의 개수는 $5-2=3$(개)
3. 사각형은 $4-2=2$(개)의 삼각형으로 나눌수 있고 삼각형 내각의 크기의 합은 180°이므로, 사각형 내각의 크기의 합은 $2\times180°=360°$
4. $(6-2)\times180°=720°$
5. $(8-2)\times180°=1080°$
6. 사각형의 내각의 크기의 합은
   $(4-2)\times180°=360°$이므로
   $\angle x+100°+105°+55°=360°$
   $\angle x+260°=360°$ $\therefore \angle x=100°$
7. 오각형의 내각의 크기의 합은
   $(5-2)\times180°=540°$이므로
   $\angle x+100°+120°+90°+110°=540°$
   $\angle x+420°=540°$ $\therefore \angle x=120°$
8. 사각형의 내각의 크기의 합은 360°이므로
   $\angle x+80°+130°+(180°-110°)=360°$
   $\angle x+280°=360°$ $\therefore \angle x=80°$
9. 오각형의 내각의 크기의 합은 540°이므로
   $(180°-50°)+95°+100°+105°$
   $+(180°-\angle x)=540°$
   $610°-\angle x=540°$ $\therefore \angle x=70°$

핵심 200 스피드 정답

1. 110° 2. 130° 3. 75°
4. 115° 5. $\angle x=80°$, $\angle y=90°$
6. $\angle x=85°$, $\angle y=95°$

1. 다각형의 외각의 크기의 합은 항상 360°이므로
   $\angle x+130°+120°=360°$
   $\angle x+250°=360°$
   $\therefore \angle x=110°$
2. $\angle x+80°+60°+90°=360°$
   $\angle x+230°=360°$ $\therefore \angle x=130°$
3. $\angle x+80°+85°+50°+70°=360°$
   $\angle x+285°=360°$ $\therefore \angle x=75°$
4. $(180°-\angle x)+60°+80°+85°+70°=360°$
   $475°-\angle x=360°$ $\therefore \angle x=115°$
5. $\angle x=180°-100°=80°$
   $\angle y+70°+(180°-140°)+80°+80°$
   $=360°$
   $\angle y+270°=360°$ $\therefore \angle y=90°$
6. $\angle x+60°+65°+50°+45°+55°=360°$
   $\angle x+275°=360°$ $\therefore \angle x=85°$
   $\angle y=180°-85°=95°$

핵심 201 스피드 정답

1. 4, 90°, 180°, 90°
2. $\angle x=60°$, $\angle y=120°$
3. $\angle x=45°$, $\angle y=135°$

4. $\angle x=40°$, $\angle y=140°$

5. 12, 정십이각형, 180°, 150°

6. 정36각형, 170° 7. 6, 정육각형

8. 정팔각형 9. 정오각형 10. 5, 5, 72°

11. 36° 12. 30°

---

2. $\angle x=\frac{360°}{6}=60°$

$\angle y=180°-60°=120°$

3. $\angle x=\frac{360°}{8}=45°$

$\angle y=180°-45°=135°$

4. $\angle x=\frac{360°}{9}=40°$

$\angle y=180°-40°=140°$

6. 정n각형이라고 하면 한 외각의 크기는

$\frac{360°}{n}=10°$이므로 $n=36$

따라서 구하는 정다각형은 정36각형이고 한 내각의 크기는 $180°-10°=170°$이다.

8. 한 외각의 크기는 $180°\times\frac{1}{4}=45°$

정n각형이라고 하면 $\frac{360°}{n}=45°$ $\therefore n=8$

따라서 구하는 정다각형은 정팔각형이다.

9. 한 외각의 크기는 $180°\times\frac{2}{5}=72°$

정n각형이라고 하면 $\frac{360°}{n}=72°$ $\therefore n=5$

따라서 구하는 정다각형은 정오각형이다.

11. 정n각형이라고 하면

$180°\times(n-2)=1440$

$n-2=8$ $\therefore n=10$

따라서 한 외각의 크기는 $\frac{360°}{10}=36°$

12. 정n각형이라고 하면

$180°\times(n-2)=1800°$

$n-2=10$ $\therefore n=12$

따라서 한 외각의 크기는 $\frac{360°}{12}=30°$

핵심 202 스피드 정답

1~6. 해설 참조

7. $\overline{BD}$ 8. $\overline{AE}$ 9. $\overline{BC}$

10. $\overset{\frown}{CD}$ 11. $\overset{\frown}{BC}$ 12. $\angle COD$

13. $\angle COD$ 14. × 15. ○

16. ○ 17. × 18. ×

---

1. 호 AB

2. 현 AB

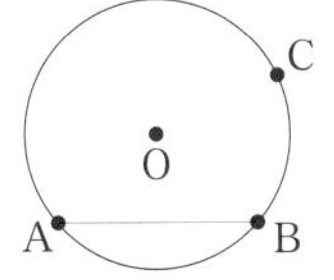

3. 부채꼴 AOB

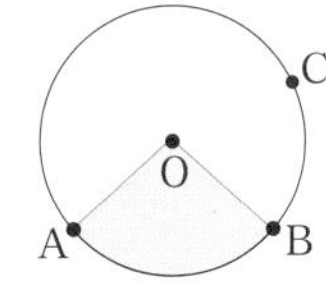

4. 호 AB의 중심각

5. 호 ACB의 중심각

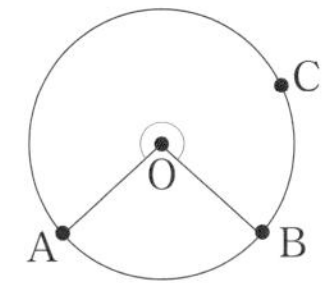

6. 호 AB와 현 AB로 이루어진 활꼴

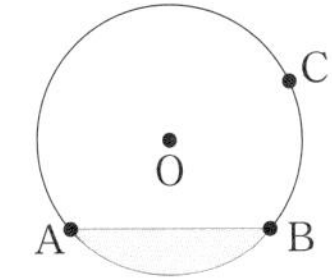

14. 지름은 원 위의 두 점을 잇는 선분이므로 현이다.

17. $\overset{\frown}{BC}$는 작은 쪽 호, $\overset{\frown}{BAC}$는 큰 쪽의 호이므로 중심각의 크기는 다르다.

18. $\overset{\frown}{BC}$와 $\overline{BC}$로 둘러싸인 도형은 활꼴이다.

핵심 203 스피드 정답

1. 7 2. 4, 2 3. 2 4. 40

5. 6, 40 6. 120 7. 1, 4, 30, 60

8. $x=6$, $y=45$

---

1. 중심각의 크기가 같으면 호의 길이가 같으므로 $x=7$

3. 호의 길이는 중심각의 크기에 정비례하므로

$120:40=6:x$ $\therefore x=2$

4. 호의 길이가 같으면 중심각의 크기가 같으므로 $x=40$

6. $30:x=3:12$ $\therefore x=120$

8. $90:180=x:(9+3)$

$2x=12$ $\therefore x=6$

$90:y=6:3$

$2y=90$ $\therefore y=45$

핵심 204 스피드 정답

1. 3, 9 2. 12 3. 9

4. 90 5. 120 6. 80

---

2. $90:45=x:6$ $\therefore x=12$

3. $60:100=x:15$

$5x=45$ $\therefore x=9$

4. $45:x=4:8$ $\therefore x=90$

5. $40:x=5:15$ $\therefore x=120$

6. $x:120=6:9$

$3x=240$ $\therefore x=80$

핵심 205 스피드 정답

1. $l=6\pi$cm, $S=9\pi$cm^2

2. $l=10\pi$cm, $S=25\pi$cm^2

3. $l=8\pi$cm, $S=16\pi$cm^2

4. $l=20\pi$cm, $S=100\pi$cm^2

5. $l=16\pi$cm, $S=16\pi$cm^2

6. $l=24\pi$cm, $S=48\pi$cm^2

---

1. $l=2\pi r=2\pi\times3=6\pi$(cm)

$S=\pi r^2=\pi\times3^2=9\pi$(cm^2)

2. $l=2\pi\times5=10\pi$(cm)

$S=\pi\times5^2=25\pi$(cm^2)

3. 반지름의 길이가 4cm이므로

$l=2\pi\times4=8\pi$(cm)

$S=\pi\times4^2=16\pi$(cm^2)

4. 반지름의 길이가 10cm이므로

$l=2\pi\times10=20\pi$(cm)

$S=\pi\times10^2=100\pi$(cm^2)

5. 큰 원과 작은 원의 둘레 길이와 넓이를 각각 l_1, l_2와 S_1, S_2라고 하면

$l=l_1+l_2=2\pi\times5+2\pi\times3=16\pi(\text{cm})$
$S=S_1-S_2=\pi\times5^2-\pi\times3^2=16\pi(\text{cm}^2)$

6. 큰 원과 작은 원의 둘레 길이와 넓이를 각각 l_1, l_2와 S_1, S_2라고 하면
$l=2\pi\times8+2\pi\times4=24\pi(\text{cm})$
$S=S_1-S_2=\pi\times8^2-\pi\times4^2=48\pi(\text{cm}^2)$

핵심 206 스피드 정답

1. 60, 2π	2. 2πcm	3. 2πcm
4. 4πcm	5. 4, 90	6. 120°
7. 60°	8. 300°	9. 45, 8
10. 9cm	11. 6cm	12. 12cm
13. 60, 6π	14. $3\pi\text{cm}^2$	15. $12\pi\text{cm}^2$
16. $8\pi\text{cm}^2$	17. $24\pi\text{cm}^2$	18. $12\pi\text{cm}^2$
19. $24\pi\text{cm}^2$	20. $\frac{10}{3}\pi\text{cm}^2$	21. $20\pi\text{cm}^2$
22. $18\pi\text{cm}^2$	23. $12\pi\text{cm}^2$	

24. $(16-4\pi)\text{cm}^2$ 25. $(200-50\pi)\text{cm}^2$
26. $(64-16\pi)\text{cm}^2$ 27. $2\pi\text{cm}^2$

2. $2\pi r\times\frac{x}{360}=2\pi\times4\times\frac{90}{360}=2\pi(\text{cm})$

3. $2\pi\times9\times\frac{40}{360}=2\pi(\text{cm})$

4. $2\pi\times6\times\frac{120}{360}=4\pi(\text{cm})$

6. $2\pi\times9\times\frac{x}{360°}=6\pi$
$\therefore x=6\pi\times\frac{360°}{2\pi\times9}=120°$

7. $2\pi\times6\times\frac{x}{360°}=2\pi$ $\therefore x=60°$

8. $2\pi\times3\times\frac{x}{360°}=5\pi$
$\therefore x=5\pi\times\frac{360°}{2\pi\times3}=300°$

10. $2\pi\times r\times\frac{120}{360}=6\pi$
$\therefore r=\frac{6\pi}{2\pi}\times\frac{360}{120}=9(\text{cm})$

11. $2\pi\times r\times\frac{60}{360}=2\pi$ $\therefore r=6(\text{cm})$

12. $2\pi\times r\times\frac{120}{360}=8\pi$
$\therefore r=\frac{8\pi}{2\pi}\times\frac{360}{120}=12(\text{cm})$

14. $\pi\times3^2\times\frac{120}{360}=3\pi(\text{cm}^2)$

15. $\pi\times4^2\times\frac{270}{360}=12\pi(\text{cm}^2)$

16. $\pi\times8^2\times\frac{45}{360}=8\pi(\text{cm}^2)$

17. $\pi\times6^2\times\frac{240}{360}=24\pi(\text{cm}^2)$

18. $\pi\times12^2\times\frac{30}{360}=12\pi(\text{cm}^2)$

19. $\pi\times8^2\times\frac{135}{360}=24\pi(\text{cm}^2)$

20. $\pi\times6^2\times\frac{60}{360}-\pi\times4^2\times\frac{60}{360}$
$=\pi\times(6^2-4^2)\times\frac{60}{360}$
$=\pi\times20\times\frac{1}{6}=\frac{10}{3}\pi(\text{cm}^2)$

21. $\pi\times(8^2-4^2)\times\frac{150}{360}$
$=\pi\times48\times\frac{5}{12}=20\pi(\text{cm}^2)$

22. 작은 두 반원의 크기가 같으므로 색칠한 부분의 넓이는
$\pi\times6^2\times\frac{180}{360}=18\pi(\text{cm}^2)$

23. 큰 반원의 반지름의 길이는 7cm이고 작은 두 반원의 반지름의 길이는 각각 4cm, 3cm 이므로 색칠한 부분의 넓이는
$\pi\times(7^2-4^2-3^2)\times\frac{180}{360}=12\pi(\text{cm}^2)$

24. $4^2-\pi\times4^2\times\frac{90}{360}=16-4\pi(\text{cm}^2)$

25.
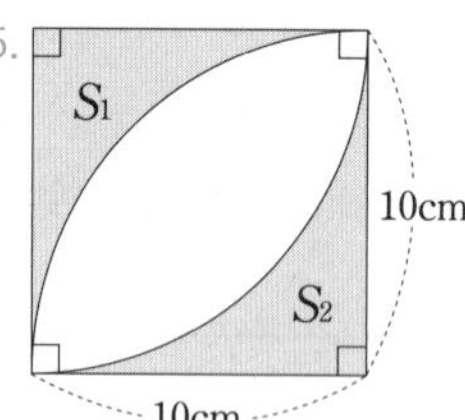

색칠한 부분의 넓이는 S_1의 넓이의 2배이다.
$S_1=10^2-\pi\times10^2\times\frac{90}{360}$
$=100-25\pi(\text{cm}^2)$
따라서 색칠한 부분의 넓이는
$S_1+S_2=2S_1=2\times(100-25\pi)$
$=200-50\pi(\text{cm}^2)$

26. $8^2-4\times\left(\pi\times4^2\times\frac{90}{360}\right)=64-16\pi(\text{cm}^2)$

27. $\pi\times4^2\times\frac{90}{360}-\pi\times2^2\times\frac{180}{360}$
$=4\pi-2\pi=2\pi(\text{cm}^2)$

핵심 207 스피드 정답

1. 4π, 12π	2. $25\pi\text{cm}^2$	3. $48\pi\text{cm}^2$	
4. $5\pi\text{cm}^2$	5. $16\pi\text{cm}^2$	6. 5cm	
7. 8cm	8. 8cm	9. 9cm	10. 12cm

2. $S=\frac{1}{2}rl=\frac{1}{2}\times5\times10\pi=25\pi(\text{cm}^2)$

3. $S=\frac{1}{2}\times12\times8\pi=48\pi(\text{cm}^2)$

4. $S=\frac{1}{2}\times5\times2\pi=5\pi(\text{cm}^2)$

5. $S=\frac{1}{2}\times8\times4\pi=16\pi(\text{cm}^2)$

6. $S=\frac{1}{2}rl$이므로
$10\pi=\frac{1}{2}\times r\times4\pi$ $\therefore r=5(\text{cm})$

7. $20\pi=\frac{1}{2}\times r\times5\pi$ $\therefore r=8(\text{cm})$

8. $32\pi=\frac{1}{2}\times r\times8\pi$ $\therefore r=8(\text{cm})$

9. $9\pi=\frac{1}{2}\times r\times2\pi$ $\therefore r=9(\text{cm})$

10. $60\pi=\frac{1}{2}\times r\times10\pi$ $\therefore r=12(\text{cm})$

실력테스트 182쪽 스피드 정답

1. ②	2. ③	3. 60°	4. ⑤
5. 정구각형		6. 120°	7. ④
8. ②	9. 32cm^2	10. 45°	

Science & Technology $50\pi\text{m}^2$

1. 한 꼭짓점에서 4개의 대각선을 그을 수 있는 다각형은 칠각형이다.
따라서 칠각형의 대각선의 총 개수는
$\frac{7\times(7-3)}{2}=14$

2. $\frac{180°\times(n-2)}{n}=135°$이므로
$45n=360$ $\therefore n=8$
따라서 정팔각형의 대각선의 총 개수는
$\frac{8\times(8-3)}{2}=20$

(다른 풀이)

다각형의 외각의 합은 항상 360°이고, 내각과 외각의 합은 180°이므로 한 외각의 크기가 45°인 정다각형은 $\frac{360°}{n}=45°$에서 정팔각형이다. 따라서 정팔각형의 대각선의 총 개수는

$\frac{8\times(8-3)}{2}=20$

3. 다음 그림에서

$\angle ADC=180°-150°=30°$

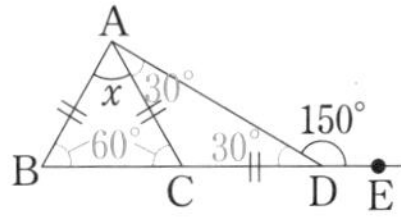

$\triangle ADC$는 이등변삼각형이므로

$\angle CAD=\angle ADC=30°$

$\angle ACB$는 $\triangle ACD$의 외각이므로

$\angle ACB=30°+30°=60°$

$\triangle ABC$는 이등변삼각형이므로

$\angle ABC=\angle ACB=60°$

$\therefore \angle x=180°-(60°+60°)=60°$

4.

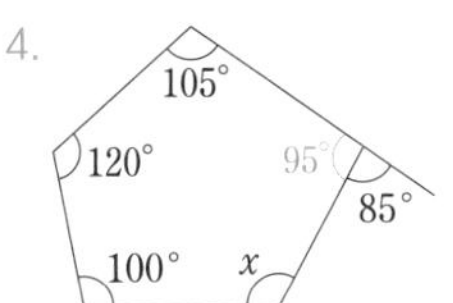

오각형의 내각의 크기의 합은

$180°\times(5-2)=540°$이므로

$\angle x+95°+105°+120°+100°=540°$

$\therefore \angle x=120°$

5. 한 내각의 크기는 $180°\times\frac{7}{9}=140°$이므로

한 외각의 크기는 $180°-140°=40°$이다.

$\frac{360°}{n}=40°$ $\therefore n=9$

따라서 구하는 정다각형은 정구각형이다.

6. 한 원에서 중심각의 크기는 호의 길이에 비례하므로

$\angle BOC=\frac{4}{3+4+5}\times360°=120°$

7.

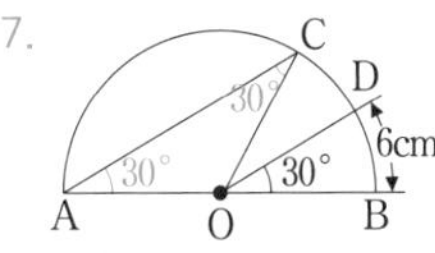

$\angle CAO=\angle DOB=30°$(동위각)

$\angle ACO=\angle CAO=30°$(반지름이 같으므로 이등변삼각형)

$\therefore \angle AOC=120°$

$\overset{\frown}{AC}:6=120°:30°$

$\therefore \overset{\frown}{AC}=24(cm)$

8. 오른쪽 그림과 같이 색칠한 도형의 일부를 옮기면 구하는 넓이는

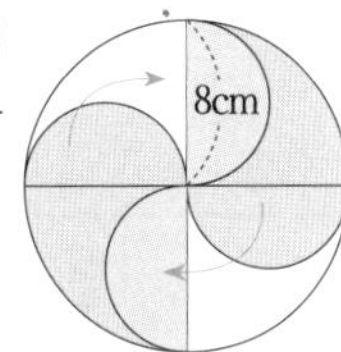

$\pi\times8^2\times\frac{1}{2}$

$=32\pi(cm^2)$

9. 오른쪽 그림과 같이 색칠한 도형의 일부를 옮기면 구하는 넓이는

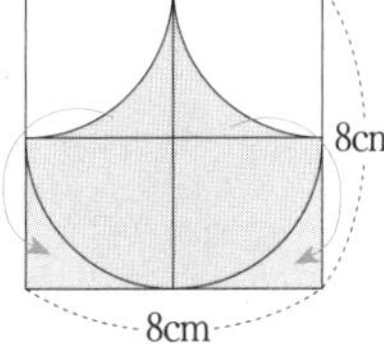

$8\times4=32(cm^2)$

10. 부채꼴의 반지름의 길이를 r라고 하면

$2\pi=\frac{1}{2}\times r\times\pi$ $\therefore r=4$

부채꼴의 중심각의 크기를 x라고 하면

$2\pi\times4\times\frac{x}{360°}=\pi$

$\therefore x=45°$

Science & Technology

소가 움직일 수 있는 영역은 다음과 같다.

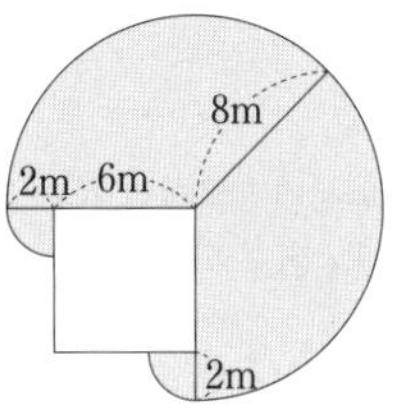

따라서 구하는 영역의 넓이는

$\pi\times8^2\times\frac{3}{4}+2\times\left(\pi\times2^2\times\frac{1}{4}\right)$

$=48\pi+2\pi=50\pi(m^2)$

핵심 208 스피드 정답

1. ○ 2. × 3. × 4. ○
5. 오면체 6. 오면체 7. 오면체 8. 칠면체
9. 6, 9 10. 8, 12 11. 5, 8 12. 6, 9
13. 6, 10 14. 10, 15

[1~4] 2와 3은 다각형인 면으로 둘러싸인 도형이 아니므로 다면체가 아니다. 즉, 곡면으로 된 입체도형은 다면체가 아니다.

핵심 209 스피드 정답

1. 삼각형, 삼각뿔대 2. 사각형, 사각뿔대
3. 오각형, 오각뿔대 4~8. 해설 참조
9. 육각뿔대 10. 오각뿔 11. 육각뿔

		가	나	다
4.	옆면의 모양	사다리꼴	사다리꼴	사다리꼴
5.	높이	6cm	5cm	7cm
6.	면의 개수	5개	6개	7개
7.	꼭짓점의 개수	6개	8개	10개
8.	모서리의 개수	9개	12개	15개

9. 두 밑면이 평행하고 옆면의 모양이 사다리꼴이므로 각뿔대이다. 또, 팔면체에서 두 밑면을 뺀 옆면의 개수가 6개이므로 밑면의 모양은 육각형이다.

따라서 구하는 입체도형은 육각뿔대이다.

10. 옆면의 모양이 삼각형이고 밑면이 오각형이므로 구하는 입체도형은 오각뿔이다.

11. 밑면이 육각형이고 옆면의 모양이 삼각형이므로 구하는 입체도형은 육각뿔이다.

핵심 210 스피드 정답

1. 정사각형, 정삼각형, 정오각형, 정삼각형
2. 3, 4, 3, 5 3. 4, 8, 6 4. 6, 12, 12
5. 4, 6, 8, 12 6. ○ 7. ○
8. × 9. × 10. ×
11. 정사면체, 정팔면체, 정이십면체
12. 정육면체 13. 정십이면체 14. 정이십면체
15. 정사면체, 정육면체, 정십이면체

8. 한 꼭짓점에 3개 이상의 면이 모여야 하는데 정육각형이 3개 모이면 360°가 되어 정다면체를 만들 수 없다.

9. 모든 면이 합동인 정다각형이라도 각 꼭짓점에 모인 면의 개수가 다르면 정다면체가 아니다.

10. 각 꼭짓점에 모인 면의 개수가 같아도 모든 면이 합동인 정다각형이 아니면 정다면체가 아니다.

핵심 **211** 스피드 정답

1. ○ 2. × 3. ○
4. 모서리 FE 5. 모서리 CD 6. ○
7. × 8. ○ 9. 모서리 KJ
10. 모서리 IH

[1~3] 정사면체는 한 꼭짓점에 모이는 면의 개수가 3개이다. 그런데 2는 한 꼭짓점에 모이는 면의 개수가 4개이므로 정사면체를 만들 수 없다.

[4~5]

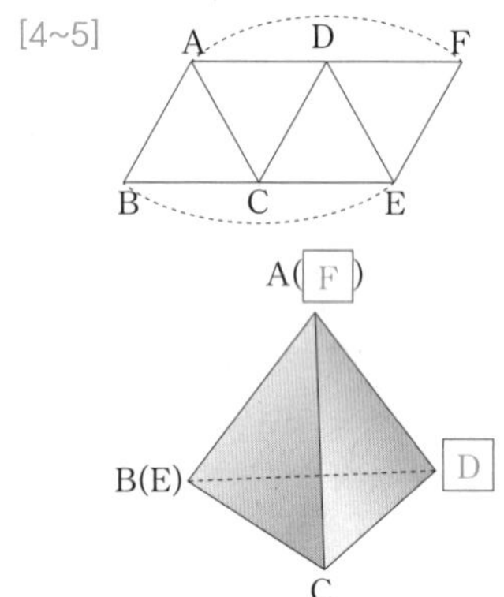

겨냥도에서
모서리 AB와 겹치는 모서리 : 모서리 FE
모서리 AB와 꼬인 위치에 있는 모서리 : 모서리 CD

[6~8] 6번과 8번은 가로로 4개의 정사각형으로 옆면을 만들고 위와 아래에 있는 정사각형으로 평행한 두 밑면을 만들 수 있다.
그러나 7번은 4개의 옆면은 만들어지지만 밑면이 겹쳐지므로 정육면체를 만들 수 없다.

7번의 전개도가 다음과 같이 주어질 때 정육면체를 만들 수 있다.

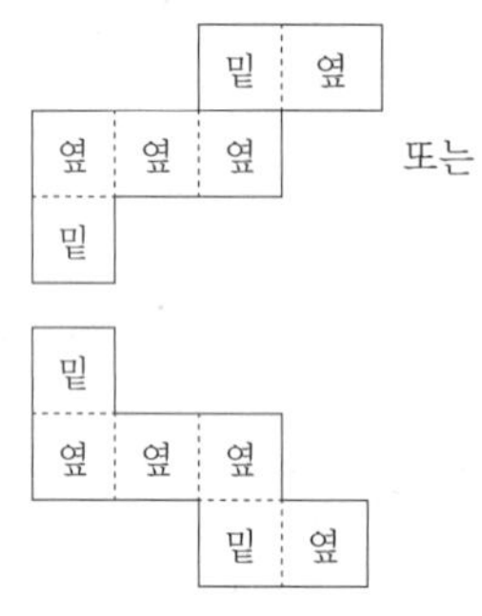

[9~10]

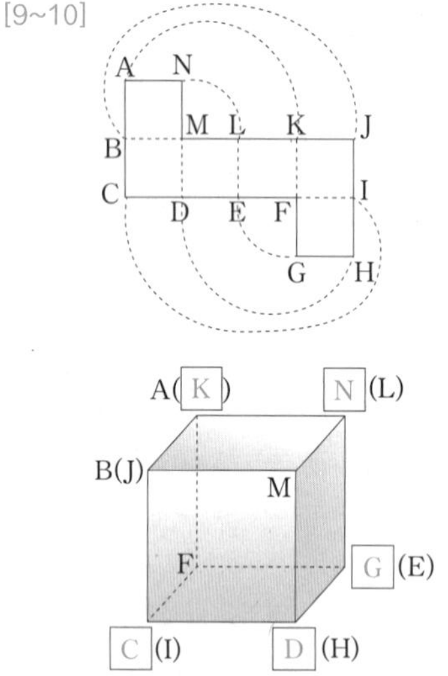

겨냥도에서
모서리 AB와 겹치는 모서리 : 모서리 KJ
모서리 CD와 겹치는 모서리 : 모서리 IH

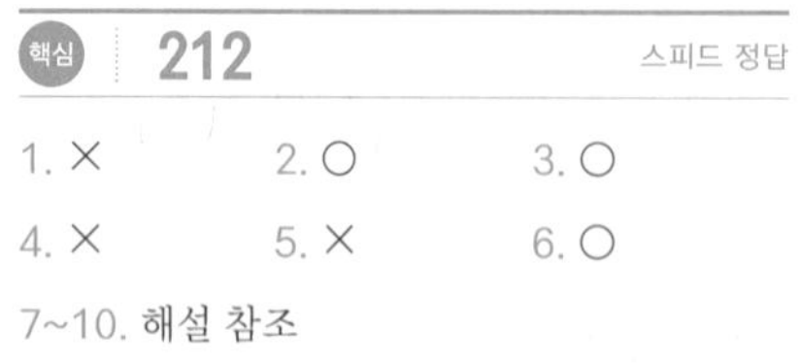

핵심 **212** 스피드 정답

1. × 2. ○ 3. ○
4. × 5. × 6. ○
7~10. 해설 참조

7. 8.

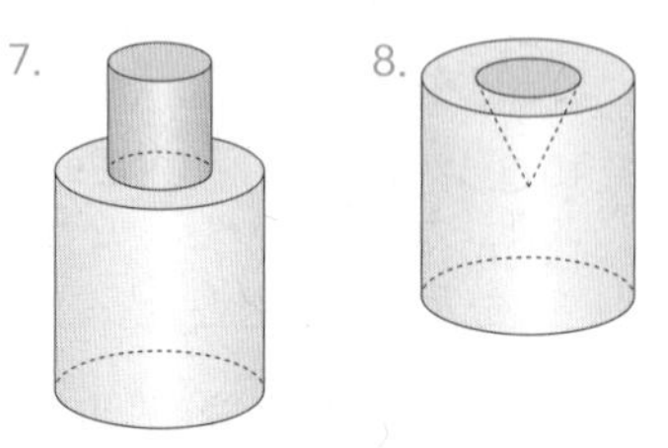

9. 10.

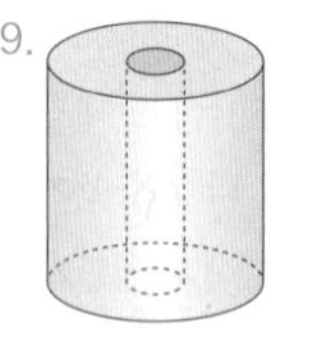

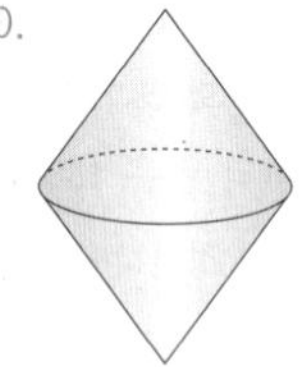

핵심 **213** 스피드 정답

1~4. 해설 참조 5. × 6. ○
7. × 8. ○ 9. × 10. ○

1. 2.

3. 4.

핵심 **214** 스피드 정답

1. ① 24 ② 24, 120 ③ 24, 120, 168
2. ① $6cm^2$ ② $40cm^2$ ③ $52cm^2$
3. ① $37cm^2$ ② $378cm^2$ ③ $452cm^2$
4. ① 3, 9π ② 3, 5, 30π ③ 9, 30, 48π
5. ① $16\pi cm^2$ ② $48\pi cm^2$ ③ $80\pi cm^2$
6. ① $25\pi cm^2$ ② $80\pi cm^2$ ③ $130\pi cm^2$
7. ① $21\pi cm^2$ ② $140\pi cm^2$ ③ $182\pi cm^2$

2. ① (밑넓이)$=3\times2=6(cm^2)$
② (옆넓이)$=10\times4=40(cm^2)$
③ (겉넓이)$=6\times2+40=52(cm^2)$
3. ① (밑넓이)$=7\times7-4\times3=37(cm^2)$
② (옆넓이)$=28\times9+14\times9=378(cm^2)$
③ (겉넓이)$=37\times2+378=452(cm^2)$
5. ① (밑넓이)$=\pi\times4^2=16\pi(cm^2)$
② (옆넓이)$=2\pi\times4\times6=48\pi(cm^2)$
③ (겉넓이)$=16\pi\times2+48\pi=80\pi(cm^2)$
6. ① (밑넓이)$=\pi\times5^2=25\pi(cm^2)$
② (옆넓이)$=2\pi\times5\times8=80\pi(cm^2)$

③ (겉넓이)$=25\pi\times2+80\pi=130\pi(\text{cm}^2)$

7. ① (밑넓이)$=\pi\times5^2-\pi\times2^2=21\pi(\text{cm}^2)$

② (옆넓이)$=2\pi\times5\times10+2\pi\times2\times10$

$=140\pi(\text{cm}^2)$

③ (겉넓이)$=21\pi\times2+140\pi=182\pi(\text{cm}^2)$

핵심 215 스피드 정답

1. ① 3, 4, 6 ② 6, 30
2. ① 16cm^2 ② 96cm^3
3. ① 28cm^2 ② 112cm^3
4. ① $2, 4\pi$ ② $4, 5, 20\pi$
5. ① $9\pi\text{cm}^2$ ② $54\pi\text{cm}^3$
6. ① $16\pi\text{cm}^2$ ② $160\pi\text{cm}^3$
7. ① $3\pi\text{cm}^2$ ② $15\pi\text{cm}^3$

---

2. ① (밑넓이)$=\frac{1}{2}\times(3+5)\times4=16(\text{cm}^2)$

② (부피)$=16\times6=96(\text{cm}^3)$

3. ① (밑넓이)$=\frac{1}{2}\times8\times4+\frac{1}{2}\times8\times3$

$=16+12=28(\text{cm}^2)$

② (부피)$=28\times4=112(\text{cm}^3)$

5. ① (밑넓이)$=\pi\times3^2=9\pi(\text{cm}^2)$

② (부피)$=9\pi\times6=54\pi(\text{cm}^3)$

6. ① (밑넓이)$=\pi\times4^2=16\pi(\text{cm}^2)$

② (부피)$=16\pi\times10=160\pi(\text{cm}^3)$

7. ① (밑넓이)$=\pi\times3^2\times\frac{1}{3}=3\pi(\text{cm}^2)$

② (부피)$=3\pi\times5=15\pi(\text{cm}^3)$

핵심 216 스피드 정답

1. ① 4, 4, 16 ② 4, 4, 48 ③ 16, 48, 64
2. ① 9cm^2 ② 30cm^2 ③ 39cm^2
3. ① 25cm^2 ② 60cm^2 ③ 85cm^2
4. ① $3, 9\pi$ ② $3, 6\pi$ ③ $5, 6, 15\pi$

④ $9, 15, 24\pi$

5. ① $4\pi\text{cm}^2$ ② $4\pi\text{cm}$ ③ $10\pi\text{cm}^2$

④ $14\pi\text{cm}^2$

6. ① $9\pi\text{cm}^2$ ② $6\pi\text{cm}$ ③ $27\pi\text{cm}^2$

④ $36\pi\text{cm}^2$

7. ① $20\pi\text{cm}^2$ ② $30\pi\text{cm}^2$ ③ $50\pi\text{cm}^2$

---

2. ① (밑넓이)$=3\times3=9(\text{cm}^2)$

② (옆넓이)$=\frac{1}{2}\times3\times5\times4=30(\text{cm}^2)$

③ (겉넓이)$=9+30=39(\text{cm}^2)$

3. ① (밑넓이)$=5\times5=25(\text{cm}^2)$

② (옆넓이)$=\frac{1}{2}\times5\times6\times4=60(\text{cm}^2)$

③ (겉넓이)$=25+60=85(\text{cm}^2)$

5. ① (밑넓이)$=\pi\times2^2=4\pi(\text{cm}^2)$

② (부채꼴의 호의 길이)$=2\pi\times2=4\pi(\text{cm})$

③ (옆넓이)$=\frac{1}{2}\times5\times4\pi=10\pi(\text{cm}^2)$

④ (겉넓이)$=4\pi+10\pi=14\pi(\text{cm}^2)$

6. ① (밑넓이)$=\pi\times3^2=9\pi(\text{cm}^2)$

② (부채꼴의 호의 길이)$=2\pi\times3=6\pi(\text{cm})$

③ (옆넓이)$=\frac{1}{2}\times9\times6\pi=27\pi(\text{cm}^2)$

④ (겉넓이)$=9\pi+27\pi=36\pi(\text{cm}^2)$

7. ① (두 밑면의 넓이의 합)

$=\pi\times2^2+\pi\times4^2=20\pi(\text{cm}^2)$

②

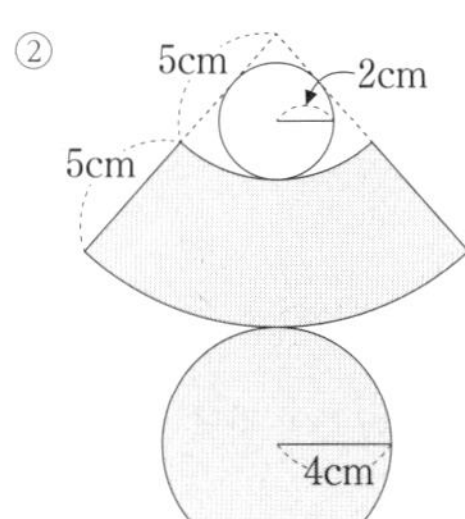

(바깥쪽 호의 길이)$=2\pi\times4=8\pi$

(안쪽 호의 길이)$=2\pi\times2=4\pi$

(옆넓이)$=\frac{1}{2}\times10\times8\pi-\frac{1}{2}\times5\times4\pi$

$=30\pi(\text{cm}^2)$

③ (겉넓이)$=20\pi+30\pi=50\pi(\text{cm}^2)$

핵심 217 스피드 정답

1. ① 4, 5, 10 ② 10, 3, 10
2. ① 20cm^2 ② 40cm^3
3. ① 18cm^2 ② 6cm ③ 36cm^3
4. ① 160cm^3 ② 20cm^3 ③ 140cm^3
5. ① $2, 4\pi$ ② $4, 3, 4\pi$
6. ① $9\pi\text{cm}^2$ ② $24\pi\text{cm}^3$
7. ① $96\pi\text{cm}^3$ ② $12\pi\text{cm}^3$ ③ $84\pi\text{cm}^3$

---

2. ① (밑넓이)$=5\times4=20(\text{cm}^2)$

② (부피)$=\frac{1}{3}\times20\times6=40(\text{cm}^3)$

3. ① $\triangle\text{BCD}=\frac{1}{2}\times6\times6=18(\text{cm}^2)$

② $\overline{\text{CG}}=6\text{cm}$

③ (부피)$=\frac{1}{3}\times18\times6=36(\text{cm}^3)$

4. ① $\frac{1}{3}\times(8\times6)\times10=160(\text{cm}^3)$

② $\frac{1}{3}\times(4\times3)\times5=20(\text{cm}^3)$

③ $160-20=140(\text{cm}^3)$

6. ① (밑넓이)$=\pi\times3^2=9\pi(\text{cm}^2)$

② (부피)$=\frac{1}{3}\times9\pi\times8=24\pi(\text{cm}^3)$

7. ① $\frac{1}{3}\times(\pi\times6^2)\times8=96\pi(\text{cm}^3)$

② $\frac{1}{3}\times(\pi\times3^2)\times4=12\pi(\text{cm}^3)$

③ $96\pi-12\pi=84\pi(\text{cm}^3)$

핵심 218 스피드 정답

1. $3, 36\pi$ 2. $100\pi\text{cm}^2$
3. ① $32\pi\text{cm}^2$ ② $16\pi\text{cm}^2$ ③ $48\pi\text{cm}^2$
4. ① $48\pi\text{cm}^2$ ② $16\pi\text{cm}^2$ ③ $64\pi\text{cm}^2$

---

2. (겉넓이)$=4\pi\times5^2=100\pi(\text{cm}^2)$

3. ① $\frac{1}{2}\times(4\pi\times4^2)=32\pi(\text{cm}^2)$

② $\pi\times4^2=16\pi(\text{cm}^2)$

③ $32\pi+16\pi=48\pi(\text{cm}^2)$

4. ① $\frac{3}{4}\times(4\pi\times4^2)=48\pi(\text{cm}^2)$

② $2\times\left(\frac{1}{2}\times\pi\times4^2\right)=16\pi(\text{cm}^2)$

③ $48\pi+16\pi=64\pi(\text{cm}^2)$

핵심 219 스피드 정답

1. 2, $\frac{32}{3}\pi$ 2. $288\pi\text{cm}^3$
3. $8\pi\text{cm}^3$ 4. $\frac{63}{2}\pi\text{cm}^3$ 5. $18\pi\text{cm}^3$
6. $36\pi\text{cm}^3$ 7. $54\pi\text{cm}^3$ 8. 1 : 2 : 3

2. $\frac{4}{3}\pi\times6^3=288\pi(\text{cm}^3)$
3. $\frac{3}{4}\times\left(\frac{4}{3}\pi\times2^3\right)=8\pi(\text{cm}^3)$
4. $\frac{7}{8}\times\left(\frac{4}{3}\pi\times3^3\right)=\frac{63}{2}\pi(\text{cm}^3)$
5. $\frac{1}{3}\times(\pi\times3^2)\times6=18\pi(\text{cm}^3)$
6. $\frac{4}{3}\pi\times3^3=36\pi(\text{cm}^3)$
7. $(\pi\times3^2)\times6=54\pi(\text{cm}^3)$
8. (원뿔의 부피) : (구의 부피) : (원기둥의 부피)
$=18\pi : 36\pi : 54\pi=1 : 2 : 3$

실력테스트 195쪽 스피드 정답

1. 팔각뿔대 2. ③ 3. ④
4. ⑤ 5. ③ 6. ③
7. ① 5 ② $100\pi\text{cm}^2$ 8. $9\pi\text{cm}^3$

Science & Technology $32\pi\text{cm}^2$

1. 구하는 입체도형은 두 밑면이 서로 평행하고, 옆면의 모양이 사다리꼴이므로 각뿔대이다. 그런데 면이 10개이므로 팔각뿔대이다.
2. 주어진 입체도형의 옆면의 모양은
① 사각기둥 — 직사각형
② 사각뿔 — 삼각형
④ 정육면체 — 정사각형
⑤ 오각뿔 — 삼각형
3. ④ 정삼각형이 한 꼭짓점에 5개씩 모인 정다면체는 정이십면체이다.
4. ⑤ 원뿔을 회전축을 포함하는 평면으로 자르면 그 단면은 이등변삼각형이 된다.
5. 1회전시켜 생긴 입체도형은 원기둥에서 작은 원기둥만큼 속이 빈 모양이 된다.
(밑넓이)$=\pi\times4^2-\pi\times2^2=12\pi(\text{cm}^2)$
(바깥쪽 원기둥의 겉넓이)
$=2\pi\times4\times5=40\pi(\text{cm}^2)$
(안쪽 원기둥의 겉넓이)
$=2\pi\times2\times5=20\pi(\text{cm}^2)$
$\therefore$ (겉넓이)$=12\pi\times2+40\pi+20\pi$
$=84\pi(\text{cm}^2)$
6. 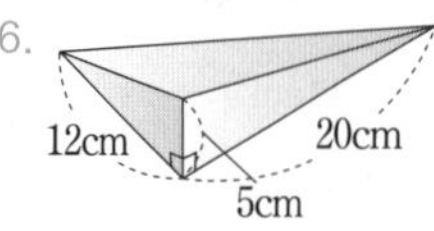

남아 있는 물의 부피는 그림과 같은 삼각뿔의 부피이므로
(부피)$=\frac{1}{3}\times\left(\frac{1}{2}\times12\times5\right)\times20$
$=200(\text{cm}^3)$
7. ① 부채꼴의 호의 길이는 밑면인 원의 둘레의 길이와 같으므로
$2\pi\times15\times\frac{120}{360}=2\pi r$ $\therefore r=5$
② (겉넓이)$=\pi\times5^2+\pi\times5\times15=100\pi(\text{cm}^2)$
8. 원기둥의 밑면의 반지름의 길이를 $r$cm라고 하면
$\pi\times r^2\times2r=27\pi$ $\therefore r^3=\frac{27}{2}$
따라서 구하는 원뿔의 부피는
$\frac{1}{3}\pi\times r^2\times2r=\frac{2}{3}\pi r^3=\frac{2}{3}\pi\times\frac{27}{2}$
$=9\pi(\text{cm}^3)$

Science & Technology
공의 반지름의 길이는 4cm이다.
(한 조각의 넓이)$=\frac{1}{2}\times$(공의 겉넓이)
$=\frac{1}{2}\times(4\pi\times4^2)$
$=32\pi(\text{cm}^2)$

핵심 220 스피드 정답

1. 4 2. 7 3. 10
4. 11cm 5. 22cm

2. $\angle A$가 꼭지각인 이등변삼각형이므로
$\overline{AB}=\overline{AC}$ $\therefore \overline{AC}=7(\text{cm})$
4. $\angle A$가 꼭지각인 이등변삼각형이므로
$\overline{AC}=\overline{AB}=4$
따라서 둘레의 길이는 $4+4+3=11(\text{cm})$

핵심 221 스피드 정답

1. 55° 2. 50° 3. 90°
4. 130°, 50° 5. 120° 6. 125°

2. $\triangle ABC$가 $\overline{AB}=\overline{AC}$인 이등변삼각형이므로
$\angle B=\angle C$
삼각형의 내각의 크기의 합은 180°이므로
$80^\circ+2\angle x=180^\circ$ $\therefore \angle x=50^\circ$
3. $\angle x+2\times45^\circ=180^\circ$ $\therefore \angle x=90^\circ$
5. 꼭지각의 크기가 60°이므로 두 밑각
$\angle B$, $\angle C$의 크기는 $\frac{180^\circ-60^\circ}{2}=60^\circ$이다.
$\therefore \angle x=180^\circ-60^\circ=120^\circ$
6. 꼭지각의 크기가 70°이므로 두 밑각
$\angle B$, $\angle C$의 크기는 $\frac{180^\circ-70^\circ}{2}=55^\circ$이다.
$\therefore \angle x=180^\circ-55^\circ=125^\circ$

핵심 222 스피드 정답

1. 10, 5 2. 3 3. 8 4. 6
5. 2 6. 90° 7. 55° 8. 50°
9. 90° 10. 40° 11. 45° 12. 52°

7. 이등변삼각형 ABC에서 $\overline{AD}$는 밑변 BC에 수직이므로 꼭지각 $\angle A$를 이등분한다.
$\angle BAD=\angle CAD=35^\circ$
$\therefore \angle x=90^\circ-35^\circ=55^\circ$
8. 이등변삼각형 ABC에서 $\overline{AD}$는 밑변 BC에 수직이므로 꼭지각 $\angle A$를 이등분한다.
$\angle CAD=\angle BAD=40^\circ$
$\therefore \angle x=90^\circ-40^\circ=50^\circ$
9. 이등변삼각형 ABC에서 $\overline{AD}$는 밑변 BC를 이등분하므로
$\overline{AD}\perp\overline{BC}$ $\therefore \angle x=90^\circ$
10. $\angle BDA=90^\circ$이므로
$\angle x=90^\circ-50^\circ=40^\circ$
11. $\angle C=\angle B=45^\circ$, $\angle ADC=90^\circ$이므로
$\angle x=90^\circ-45^\circ=45^\circ$
12. $\angle BAD=\angle CAD=38^\circ$, $\angle ADB=90^\circ$이므로
$\angle x=90^\circ-38^\circ=52^\circ$

핵심 223 스피드 정답

1. 6 2. 5 3. 7 4. 4

5. 8 6. 3 7. 8 8. 9

9. $\angle$CAD, $\overline{AD}$, $\overline{AC}$

10. $\angle$ACB, $\angle$ABC, $\angle$ACB

1. $\angle A=\angle B$이므로 $\overline{CA}=\overline{CB}$ $\therefore x=6$
2. $\angle A=\angle C$이므로 $\overline{BA}=\overline{BC}$ $\therefore x=5$
3. $\angle B=180°-(50°+65°)=65°$
   $\angle B=\angle C$이므로 $\overline{AB}=\overline{AC}$
   $\therefore x=7$
4. $\angle B=180°-(72°+54°)=54°$
   $\angle B=\angle C$이므로 $\overline{AB}=\overline{AC}$
   $\therefore x=4$
5. $\angle B=\angle C$이므로 $\angle A$의 이등분선 AD는 밑변 BC를 이등분한다.
   $\therefore x=2\times4=8$
6. $\angle BAD=90°-55°=35°$
   이등변삼각형에서 꼭지각의 이등분선은 밑변을 수직이등분하므로
   $x=\frac{1}{2}\times6=3$
7. $\triangle$DBC와 $\triangle$CAD는 이등변삼각형이므로
   $\overline{DB}=\overline{DC}=\overline{AC}$ $\therefore x=8$
8. $\triangle$DBC와 $\triangle$CAD는 이등변삼각형이므로
   $\overline{DB}=\overline{DC}=\overline{AC}$
   $\triangle$CAD는 정삼각형이므로 $x=9$

핵심 224 스피드 정답

1. 70°, 70°, 70°, 110° 2. 110° 3. 115°

4. 102° 5. 78° 6. 44°, 68°, 112°

7. 56° 8. 56°, 22° 9. 24° 10. 32°

11. $\angle x=50°$, $\angle y=100°$ 12. 이등변삼각형

2. $\triangle$ABC에서 $\angle ABC=\angle ACB=55°$
   $\therefore \angle BAC=70°$
   $\triangle$BDA에서 $\angle BDA=\angle BAD=70°$
   $\therefore \angle x=180°-70°=110°$
3. $\triangle$ABC에서 $\angle ABC=\angle ACB=65°$
   $\triangle$CDB에서 $\angle CDB=\angle CBD=65°$
   $\therefore \angle x=180°-65°=115°$
4. $\triangle$ABC에서 $\angle ABC=\angle ACB=68°$
   $\therefore \angle DBC=\frac{1}{2}\times68°=34°$
   $\triangle$DBC에서 $\angle x=34°+68°=102°$
5. $\triangle$ABC에서 $\angle ABC=\angle ACB=68°$
   $\therefore \angle ACD=\frac{1}{2}\times68°=34°$
   $\triangle$ADC에서 $\angle x=44°+34°=78°$
9. $\angle ACB=\frac{1}{2}(180°-48°)=66°$
   $\angle ACE=180°-66°=114°$
   $\angle DCE=\frac{1}{2}\angle ACE=57°$
   $\triangle$BCD에서
   $33°+\angle x=57°$ $\therefore \angle x=24°$
10. $\angle ACB=\frac{1}{2}(180°-64°)=58°$
   $\angle ACE=180°-58°=122°$
   $\angle DCE=\frac{1}{2}\angle ACE=61°$
   $\triangle$BCD에서
   $29°+\angle x=61°$ $\therefore \angle x=32°$
11. $\overline{AD}\,/\!/\,\overline{BC}$이므로
   $\angle x=\angle AEF=50°$(엇각)
   또, $\angle FEG=\angle FEA=50°$(접은 각)
   $\triangle$FEG에서
   $\angle y=50°+50°=100°$
12. $\angle GEF=\angle GFE$이므로
   $\triangle$GEF는 $\overline{GE}=\overline{GF}$인 이등변삼각형이다.

핵심 225 스피드 정답

1. $\angle$E, $\angle$EDF 2. ㉮≡㉲, ㉯≡㉳

3. 4 4. 7 5. 26 6. 27

7. 90°, $\overline{CA}$, 8, 14 8. 12cm^2

2. ㉮≡㉲(RHS 합동)
   ㉯≡㉳(RHA 합동)
3. $\triangle AEB\equiv\triangle AED$(RHS 합동)이므로
   $x=4$
4. $\triangle BEC\equiv\triangle BED$(RHA 합동)이므로
   $\overline{BD}=\overline{BC}=5$
   $\therefore x=5+2=7$
5. $\triangle AEB\equiv\triangle AED$(RHS 합동)이므로
   $\angle EAD=32°$
   $\therefore x°=90°-(32°+32°)=26°$
6. $\triangle AEC\equiv\triangle AED$(RHS 합동)이므로
   $\angle EAD=x°$, $2x°+36°=90°$
   $\therefore x°=27°$
8. $\angle DAB+\angle EAC=90°$
   $\angle DAB+\angle ABD=90°$
   $\therefore \angle ABD=\angle EAC$
   또, $\overline{AB}=\overline{CA}$이므로
   $\triangle ABD\equiv\triangle CAE$(RHA 합동)
   $\therefore \overline{AE}=\overline{BD}=6$
   $\therefore \triangle CAE=\frac{1}{2}\times4\times6=12(\text{cm}^2)$

핵심 226 스피드 정답

1. ○ 2. ○ 3. × 4. ○

5. × 6. ○ 7. 3 8. 8

9. 3 10. 130 11. 80 12. 24cm

13. 42cm

1. 외심에서 각 변에 내린 수선은 각 선분을 이등분한다.
2. 외심에서 각 꼭짓점에 이르는 거리는 같다.
3. 정삼각형일 때에만 성립한다.
4. $\triangle$OAD와 $\triangle$OBD에서
   $\overline{AD}=\overline{BD}$, $\overline{OD}$는 공통
   $\angle ODA=\angle ODB$
   $\therefore \triangle OAD\equiv\triangle OBD$(SAS 합동)
5. $\overline{OE}\neq\overline{OF}$이므로 $\triangle$OCE와 $\triangle$OCF는 합동이 아니다.
6. 외심에서 각 꼭짓점에 이르는 거리는 같으므로
   $\triangle$OCA는 $\overline{OA}=\overline{OC}$인 이등변삼각형이다.
   $\therefore \angle OAF=\angle OCF$
8. $x=2\times4=8$
9. $\overline{OA}=\overline{OB}=\overline{OC}$이므로 $x=3$
10. $\triangle$OBC는 $\overline{OB}=\overline{OC}$인 이등변삼각형이므로
   $\angle OCB=\angle OBC=25°$
   $\therefore x°=180°-2\times25°=130°$
11. $x°=180°-2\times50°=80°$
12. 외심은 세 변의 수직이등분선의 교점이므로
   $\overline{BD}=\overline{AD}$, $\overline{CE}=\overline{BE}$, $\overline{CF}=\overline{AF}$

따라서 $\triangle ABC$의 둘레의 길이는

$(4+4)+(5+5)+(3+3)$

$=2\times(4+5+3)$

$=24(cm)$

13. $2\times(7+6+8)=42(cm)$

핵심 227 스피드 정답

1. 35°	2. 30°	3. 22°	4. 30°
5. 110°	6. 110°	7. 37°	8. 49°
9. 58°	10. 42°	11. 3	12. 5
13. 60	14. 34		

1. $40°+15°+\angle x=90°$

$\therefore \angle x=35°$

2. $40°+20°+\angle x=90°$

$\therefore \angle x=30°$

3. $\angle x+28°+40°=90°$

$\therefore \angle x=22°$

4. $24°+\angle x+36°=90°$ $\therefore \angle x=30°$

5. $\angle x=2\times(35°+20°)=110°$

6. $\angle x=2\times(25°+30°)=110°$

7. $114°=2\times(\angle x+20°)$

$\angle x+20°=57°$ $\therefore \angle x=37°$

8. $\angle OAB=\frac{180°-138°}{2}=21°$

$140°=2\times(21°+\angle x)$

$21°+\angle x=70°$ $\therefore \angle x=49°$

9. $\angle x+32°=90°$ $\therefore \angle x=58°$

10. $48°+\angle x=90°$ $\therefore \angle x=42°$

11. 외심에서 세 꼭짓점에 이르는 거리는 같으므로 $x=3$

12. 외심에서 세 꼭짓점에 이르는 거리는 같으므로 $x=5$

13. 외심에서 세 꼭짓점에 이르는 거리는 같으므로 $\triangle OBC$는 $\overline{OB}=\overline{OC}$인 이등변삼각형이다.

$\triangle OBC$에서 $x°=2\times30°=60°$

14. $\triangle OBC$는 $\overline{OB}=\overline{OC}$인 이등변삼각형이므로

$2x°=68°$ $\therefore x°=34°$

핵심 228 스피드 정답

1. ×	2. ○	3. ×	4. ○
5. ×	6. ○	7. P, S	8. Q, R
9. 43	10. 3	11. 9	

4. $\overline{IC}$는 $\angle C$의 내각의 이등분선이고 $\triangle ICE$, $\triangle ICF$의 공통 변이므로

$\triangle ICE\equiv\triangle ICF$(RHA 합동)

6. $\overline{IB}$는 $\angle B$의 내각의 이등분선이므로

$\angle DBI=\angle EBI$

[7~8] 외심은 세 변의 수직이등분선의 교점이고 외심에서 세 꼭짓점에 이르는 거리는 같다. 내심은 세 내각의 이등분선의 교점이고 내심에서 각 변에 이르는 거리는 같다. 따라서 외심은 P, S이고 내심은 Q, R이다.

9. 내심은 세 내각의 이등분선이므로 $x°=43°$

10. 내심에서 각 변에 이르는 거리는 같으므로

$x=3$

11. $\triangle ICE\equiv\triangle ICF$(RHA 합동)이므로

$x=9$

핵심 229 스피드 정답

1. 90°, 40°	2. 20°	3. 25°
4. 20°, 20°, 30°		5. 50°
6. 70°	7. 60°, 120°	8. 132°
9. 68°	10. 80°, 130°, 130°, 20°	
11. 30°	12. 25°	

2. $40°+30°+\angle x=90°$ $\therefore \angle x=20°$

3. $30°+\angle x+35°=90°$ $\therefore \angle x=25°$

5. $\frac{1}{2}\angle x+30°+35°=90°$

$\frac{1}{2}\angle x=25°$ $\therefore \angle x=50°$

6. $\frac{1}{2}\angle x+20°+35°=90°$

$\frac{1}{2}\angle x=35°$ $\therefore \angle x=70°$

8. $\angle x=90°+\frac{1}{2}\times84°=132°$

9. $124°=90°+\frac{1}{2}\times\angle x$

$\frac{1}{2}\angle x=34°$ $\therefore \angle x=68°$

11. $\frac{76°}{2}+\angle x+22°=90°$

$38°+\angle x+22°=90°$ $\therefore \angle x=30°$

12. $\angle x+18°+\frac{94°}{2}=90°$

$\angle x+18°+47°=90°$ $\therefore \angle x=25°$

핵심 230 스피드 정답

1. 6, 2	2. 2cm	3. 4cm	4. 1cm
5. 3cm	6. 4, 4, 8	7. 3	8. 4
9. 30°	10. 3	11. 7cm	12. 8, 17
13. 3, 5, 3, 5, 19			

2. 내접원의 반지름의 길이를 r라고 하면

$\frac{1}{2}\times r\times(5+12+13)=30$

$\therefore r=2(cm)$

3. 내접원의 반지름의 길이를 r라고 하면

$\frac{1}{2}\times r\times(10+24+26)=120$

$\therefore r=4(cm)$

4. $\frac{1}{2}\times r\times(3+4+5)=\frac{1}{2}\times4\times3$

$12r=12$ $\therefore r=1(cm)$

5. $\frac{1}{2}\times r\times(8+15+17)=\frac{1}{2}\times15\times8$

$40r=120$ $\therefore r=3(cm)$

7. $\overline{AD}=\overline{AF}=x$, $\overline{BD}=\overline{BE}=5$

$8=x+5$ $\therefore x=3$

8. $\overline{AD}=\overline{AF}=x$이므로

$\overline{BD}=12-x$, $\overline{CF}=10-x$

$\overline{BC}=\overline{BE}+\overline{CE}=\overline{BD}+\overline{CF}$이므로

$14=(12-x)+(10-x)$

$2x=8$ $\therefore x=4$

9. 점 I는 세 내각의 이등분선의 교점이므로

$\angle IBC=\angle IBD=30°$

또, $\overline{DE}\,/\!/\,\overline{BC}$이므로

$\angle DIB=\angle IBC=30°$ (엇각)

10. $\triangle DBI$는 $\angle DIB=\angle DBI$인 이등변삼각형이므로

$\overline{DI}=\overline{DB}=\boxed{3}(cm)$

11. 점 I는 세 내각의 이등분선의 교점이고

$\overline{DE} /\!/ \overline{BC}$이므로 $\triangle EIC$는

$\overline{EI}=\overline{EC}=4$(cm)인 이등변삼각형이다.

$\therefore \overline{DE}=\overline{DI}+\overline{IE}=\overline{DB}+\overline{EC}$

$=3+4=7$(cm)

12. 점 I는 세 내각의 이등분선의 교점이고 $\overline{DE} /\!/ \overline{BC}$이므로 $\triangle DBI$와 $\triangle EIC$는 이등변삼각형이다.

($\triangle ADE$의 둘레의 길이)

$=(\overline{AD}+\overline{DI})+(\overline{IE}+\overline{AE})$

$=(\overline{AD}+\overline{DB})+(\overline{EC}+\overline{AE})$

$=\overline{AB}+\overline{AC}$

$=9+\boxed{8}$

$=\boxed{17}$(cm)

실력테스트 | 207쪽 스피드 정답

1. ④ 2. 65° 3. ① 4. 50°
5. 125° 6. ④ 7. 2cm² 8. ②

Science & Technology 52m

1. $\triangle ABC$는 이등변삼각형이므로

$\angle C=\frac{1}{2}(180°-32°)=74°$

$\triangle BCD$도 이등변삼각형이므로

$\angle BDC=\angle C=74°$

2. $\angle BAC=180°-(90°+40°)=50°$

$\triangle ADB \equiv \triangle ADE$ (RHS 합동)이므로

$\angle BAD=\angle DAE=\frac{1}{2}\angle BAC$

$=\frac{1}{2}\times 50°=25°$

$\therefore \angle ADE=180°-(90°+25°)=65°$

3. $\triangle ABD \equiv \triangle CAE$ (RHA 합동)이므로

$\overline{BD}=\overline{AE}=\frac{2}{5+2}\times 28=8$,

$\overline{CE}=\overline{DA}=\frac{5}{5+2}\times 28=20$

$\triangle ABC=\square DBCE-(\triangle ABD+\triangle CAE)$

$=\square DBCE-2\times\triangle ABD$

$=\frac{1}{2}\times(20+8)\times 28$

$-2\times\left(\frac{1}{2}\times 20\times 8\right)$

$=392-160=232(\text{cm}^2)$

4. $\overline{OB}=\overline{OC}$이므로 $\angle OBC=\angle OCB=40°$

$\therefore \angle A=\frac{1}{2}\angle BOC=\frac{1}{2}\times 100°=50°$

5. 점 I는 세 내각의 이등분선의 교점이므로

$\angle IBC=\angle IBA=25°$

$\angle ICB=\angle ICA=30°$

$\triangle IBC$에서

$\angle BIC=180°-(25°+30°)=125°$

6. $\angle A=\frac{1}{2}\angle BOC=\frac{1}{2}\times 96°=48°$

$\angle BIC=90°+\frac{1}{2}\angle A=90°+24°=114°$

7. 내접원의 반지름의 길이를 r라고 하면

$\triangle ABC=\triangle IAB+\triangle IBC+\triangle ICA$

$\frac{1}{2}\times 4\times 3=\frac{1}{2}r\times(5+4+3)$

$12=12r \qquad \therefore r=1$

$\therefore \triangle IBC=\frac{1}{2}\times 4\times 1=2(\text{cm}^2)$

8. $\overline{AP}=\overline{AR}=2$

$\overline{BQ}=\overline{BP}=6-2=4$

$\overline{QC}=\overline{RC}=3$

$\therefore \overline{BC}=4+3=7$

내접원의 반지름의 길이가 1cm이므로

$\triangle ABC=\frac{1}{2}\times 1\times(6+7+5)=9(\text{cm}^2)$

Science & Technology

조회대, 정문, 농구대에서 같은 거리에 있는 지점은 세 지점을 꼭짓점으로 하는 삼각형의 외심이다. 세 지점은 직각삼각형을 이루므로 외심은 정문과 농구대의 중점이다. 따라서 각각 $104\div 2=52$(m)씩 달리게 된다. **핵심 227의 직각삼각형의 외심의 위치 참조**

핵심 231 스피드 정답

1. $x=4$, $y=3$ 2. $x=70$, $y=110$
3. $x=5$, $y=6$ 4. $x=30$, $y=4$
5. $x=55$, $y=80$ 6. $x=75$, $y=7$

1. 평행사변형은 두 쌍의 대변의 길이가 같으므로

$x=4$, $y=3$

2. 평행사변형은 대각의 크기가 같으므로

$y°=110°$

$\overline{AD} /\!/ \overline{BC}$이므로 $x°+y°=180°$

$\therefore x°=180°-y°=180°-110°=70°$

3. 평행사변형의 두 대각선은 서로 다른 것을 이등분하므로 $x=5$, $y=6$

4. $\overline{AB} /\!/ \overline{DC}$이므로 $x°=30°$(엇각)

$\overline{BD}$는 $\overline{AC}$를 이등분하므로 $y=4$

5. $\overline{AD} /\!/ \overline{BC}$이므로 $x°=55°$

$\triangle OBC$에서

$y°=25°+x°=25°+55°=80°$

6. $\overline{AD} /\!/ \overline{BC}$이므로 $\angle ACB=\angle CAD=40°$

$\triangle OBC$에서

$x°=35°+\angle ACB=35°+40°=75°$

$\overline{AC}$는 $\overline{BD}$를 이등분하므로 $y=7$

핵심 232 스피드 정답

1. ○ 2. × 3. ○ 4. ×
5. 5, 6 6. 60, 120 7. 6, 2 8. 8

1. (○), 두 쌍의 대변의 길이가 각각 같으므로 평행사변형이다.
2. (×), 두 쌍의 대각의 크기가 같아야 한다.
3. (○), 한 쌍의 대변이 평행하고, 그 길이가 같으므로 평행사변형이다.
4. (×), 두 대각선이 서로 다른 것을 이등분해야 한다.
5. 두 쌍의 대변의 길이가 같으면 평행사변형이다.
6. 두 쌍의 대각의 크기가 같으면 평행사변형이다.
7. 대각선이 서로 다른 것을 이등분하면 평행사변형이다.
8. 한 쌍의 대변이 평행하고, 그 길이가 같으면 평행사변형이다.

핵심 233 스피드 정답

1. 10cm² 2. 5cm² 3. 10cm²
4. 18cm² 5. 11cm² 6. 5, 14
7. 7cm² 8. 24, 12 9. 11cm²

1. $\frac{1}{2}\square ABCD=\frac{1}{2}\times 20=10(\text{cm}^2)$

2. $\frac{1}{4}\square ABCD=\frac{1}{4}\times 20=5(cm^2)$

3. $\frac{1}{2}\square ABCD=\frac{1}{2}\times 20=10(cm^2)$

4. $\triangle PAB+\triangle PCD=\frac{1}{2}\square ABCD$

$=\frac{1}{2}\times 36=18(cm^2)$

5. $7+\triangle PCD=\frac{1}{2}\square ABCD=\frac{1}{2}\times 36=18$

$\therefore \triangle PCD=18-7=11(cm^2)$

7. $12+9=\triangle PDA+14$

$\therefore \triangle PDA=7(cm^2)$

9. $16+\triangle PCD=\frac{1}{2}\square ABCD=\frac{1}{2}\times 54=27$

$\therefore \triangle PCD=11(cm^2)$

핵심 234 스피드 정답

1. 8, 90
2. $x=7$, $y=70$
3. $x=5$, $y=35$
4. $x=12$, $y=60$
5. $x=14$, $y=65$

2. 직사각형은 두 대각선의 길이가 같고, 서로 다른 것을 이등분하므로 $x=7$

$\triangle ODC$는 $\overline{OC}=\overline{OD}$인 이등변삼각형이므로

$y°+2\times 55°=180°$ $\therefore y°=70°$

3. $x=\frac{10}{2}=5$

$\triangle OAD$는 $\overline{OA}=\overline{OD}$인 이등변삼각형이므로

$y°=\angle ODA=90°-55°=35°$

4. $x=2\times 6=12$

$\triangle OAB$에서 $\overline{OA}=\overline{OB}$이고

$\angle AOB=y°$이므로

$y°+2\times 60°=180°$ $\therefore y°=60°$

5. $x=2\times 7=14$

$\angle OAD=\frac{180°-130°}{2}=25°$

$\therefore y°=90°-\angle OAD=90°-25°=65°$

핵심 235 스피드 정답

1. ○	2. ×	3. ○	4. ×
5. 90	6. 10	7. 3	8. 8

1. (○), 평행사변형에서 한 내각이 직각이면 직사각형이다.
2. (×), 평행사변형에서 인접한 두 변의 길이가 같은 것은 직사각형이 되는 조건이 아니다.
3. (○), 평행사변형에서 두 대각선의 길이가 같으면 직사각형이다.
4. (×), 평행사변형에서 두 대각선이 직교하는 것은 직사각형이 되는 조건이 아니다.

핵심 236 스피드 정답

1. 5, 수직이등분, 90
2. $x=6$, $y=37$
3. $x=8$, $y=100$
4. $x=5$, $y=60$
5. $x=4$, $y=30$

2. 마름모는 네 변의 길이가 모두 같으므로

$x=6$

마름모는 두 대각선이 서로 다른 것을 수직이등분하므로 $\angle AOD=90°$

$53°+y°=90°$ $\therefore y°=37°$

3. 마름모는 네 변의 길이가 모두 같으므로

$x=8$

마름모는 평행사변형의 성질을 모두 만족하므로 $\angle BCD=\angle BAD=y°$

$\triangle CBD$는 두 밑각이 같은 이등변삼각형이므로

$y°+2\times 40°=180°$ $\therefore y°=100°$

4. 마름모는 두 대각선이 서로 다른 것을 수직이등분하므로 $x=5$

$\overline{AD}=\overline{CD}$이므로 $\angle CAD=y°$

$\triangle AOD$에서 $y°+30°=90°$ $\therefore y°=60°$

5. 마름모는 두 대각선이 서로 다른 것을 수직이등분하므로 $x=4$

$\overline{AD}\mathbin{/\!/}\overline{BC}$이므로 $\angle CAD=60°$

$\triangle AOD$에서 $60°+y°=90°$ $\therefore y°=30°$

핵심 237 스피드 정답

1. ○	2. ×	3. ○	4. ○
5. ×	6. 5	7. 90	8. 53
9. 40			

1. (○), 평행사변형에서 이웃하는 두 변의 길이가 같으면 마름모이다.
2. (×), 평행사변형에서 두 대각선의 길이가 같으면 직사각형이다.
3. (○), 평행사변형에서 두 대각선이 직교하면 마름모이다.
4. (○), $\angle ABD=\angle ADB$이므로 $\overline{AB}=\overline{AD}$이다.

평행사변형에서 이웃한 두 변의 길이가 같으면 마름모이다.

5. (×), 평행사변형에서 이웃한 두 각의 크기가 같으면 직사각형이다.

8. $\overline{AD}=\overline{DC}$이면 주어진 평행사변형은 마름모가 되므로

$\angle ACD=\angle CAD=\boxed{53}°$

9. $\angle ABO=\boxed{40}°$이면 $\angle AOB=90°$가 되므로 두 대각선이 직교한다. 즉, 주어진 평행사변형은 마름모가 된다.

핵심 238 스피드 정답

1. 5, 90, 90, 45
2. $x=7$, $y=45$
3. $x=10$, $y=90$
4. $x=8$, $y=80$
5. $x=4$, $y=70$

2. 정사각형은 네 변의 길이가 모두 같으므로

$x=7$

또 정사각형의 두 대각선은 길이가 같고, 서로 다른 것을 수직이등분하므로 $\triangle OAD$에서

$y°=\frac{90°}{2}=45°$

3. 정사각형의 두 대각선은 길이가 같고, 서로 다른 것을 수직이등분하므로

$x=2\times 5=10$, $y°=90°$

4. 정사각형은 네 변의 길이가 모두 같으므로

$x=8$

$\overline{DA}=\overline{DC}$, $\angle ADC=90°$이므로

$\angle CAD=\frac{90°}{2}=45°$

$\triangle EAD$에서 삼각형의 한 외각은 인접하지 않은 두 내각의 합과 같으므로

$y°=\angle CAD+35°$

$=80°$

5. 정사각형은 네 변의 길이가 모두 같으므로
$x=4$
$\angle ADB=45°$이므로 $\triangle AED$에서
$y°=25°+45°=70°$

핵심 239 스피드 정답

1. ○ 2. × 3. ○ 4. ×
5. ○ 6. 3 7. 6 8. 90
9. 45

1. (○), 직사각형에서 이웃한 두 변의 길이가 같으면 정사각형이다.
2. (×), 두 대각선의 길이가 같은 것은 직사각형의 성질이다.
3. (○), 직사각형에서 두 대각선이 직교하면 정사각형이다.
4. (×), $\angle AOB=\angle COD$는 모든 경우에 성립하는 교각의 성질이다.
5. (○), 직사각형의 두 대각선의 길이가 같은 것에서 $\triangle OAB$와 $\triangle OBC$는 이등변삼각형이다.
$\angle ABO=\angle OBC=45°$이면 $\angle AOB=90°$가 되어 주어진 직사각형은 정사각형이 된다.

핵심 240 스피드 정답

1. × 2. ○ 3. × 4. ×
5. ○ 6. 90 7. 45 8. 4
9. 6

1. (×), 평행사변형에서 성립하는 성질이다.
2. (○), 마름모에서 두 대각선의 길이가 같으면 정사각형이다.
3. (×), 마름모에서 성립하는 성질이다.
4. (×), 마름모에서 성립하는 성질이다.
5. (○), 마름모(평행사변형)에서 인접한 두 내각의 크기가 같으면 그 내각은 직각이다.
7. $\triangle ABD$는 $\overline{AB}=\overline{AD}$인 이등변삼각형이므로 $\angle ABD=\boxed{45}°$이면 $\angle BAD=90°$가 되어 정사각형이 된다.

핵심 241 스피드 정답

1. $\overline{BD}$ 2. $\angle C$ 3. $\overline{DC}$ 4. $\triangle DCB$
5. $\triangle ODC$ 6. $\overline{DO}$ 7. $\overline{CO}$ 8. $\angle DCA$
9. 4 10. 10 11. 2 12. 70°
13. 55° 14. 30° 15. 8 16. 1
17. 3 18. 7 19. 10 20. 14

1. 등변사다리꼴이므로 두 대각선의 길이가 같다.
2. 등변사다리꼴이므로 아랫변 양 끝각의 크기가 같다.
3. 등변사다리꼴이므로 평행하지 않은 한 쌍의 대변의 길이가 같다.
4. 등변사다리꼴이므로 $\triangle ABC$와 $\triangle DCB$에서
$\overline{BC}$는 공통, $\overline{AB}=\overline{DC}$,
$\angle ABC=\angle DCB$
$\therefore \triangle ABC \equiv \boxed{\triangle DCB}$(SAS 합동)
5. $\triangle ABC\equiv\triangle DCB$이므로
$\triangle OAB\equiv\boxed{\triangle ODC}$
6. $\triangle OAB\equiv\triangle ODC$이므로 $\overline{AO}=\boxed{\overline{DO}}$
7. $\triangle OAB\equiv\triangle ODC$이므로 $\overline{BO}=\boxed{\overline{CO}}$
8. $\triangle OAB\equiv\triangle ODC$이므로
$\angle ABD=\boxed{\angle DCA}$
13. $\overline{AD}/\!/\overline{BC}$이므로 $\angle DBC=35°$
$\therefore \angle x=\angle ABC=20°+\angle DBC$
$=20°+35°=55°$
14. $\overline{AD}/\!/\overline{BC}$이므로 $\angle ACB=40°$
$40°+\angle x=70°$ $\therefore \angle x=30°$
15. 직각삼각형 ABE, DCF에서
$\overline{AB}=\overline{DC}$, $\angle ABE=\angle DCF$이므로
$\triangle ABE\equiv\triangle DCF$ (RHA 합동)
$\therefore x=2+4+2=8$
16. $5=x+3+x$ $\therefore x=1$
17. $12=x+6+x$ $\therefore x=3$
18. $x=15-8=7$
19. 등변사다리꼴이므로
$\overline{AB}=\overline{DC}=\overline{AE}$
$\therefore \angle AEB=\angle ABE=60°$
따라서 $\triangle ABE$는 정삼각형이므로 $\overline{BE}=6$이다.
$\therefore x=6+4=10$
20.

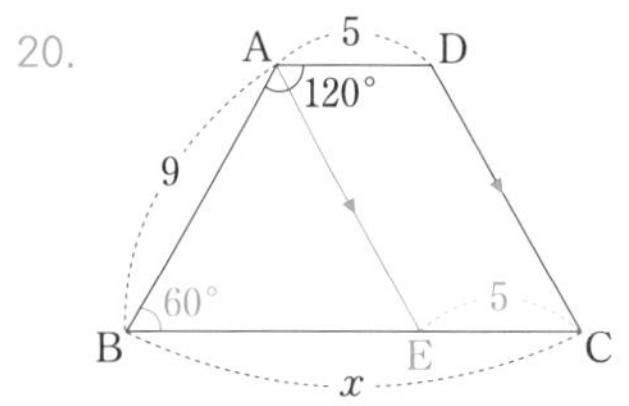

등변사다리꼴이므로
$\overline{AB}=\overline{DC}=\overline{AE}$
$\overline{AD}/\!/\overline{BC}$이므로 $\angle B=60°$
따라서 $\triangle ABE$는 정삼각형이므로
$\overline{BE}=9$
$\therefore x=9+5=14$

핵심 242 스피드 정답

1. ㄷ, ㅁ, ㅂ 2. ㄴ, ㄷ, ㄹ, ㅁ
3. ㄹ, ㅁ 4. ㄹ, ㅁ 5. ㄷ, ㅁ
6. ㅂ 7. 평행사변형 8. 정사각형
9. 평행사변형 10. 마름모 11. 마름모
12. 직사각형

1. 두 대각선의 길이가 같은 것은 직사각형, 정사각형, 등변사다리꼴이다.

2. 두 대각선이 서로 다른 것을 이등분하는 것은 평행사변형에 속하는 사각형이다.

3. 두 대각선이 직교하는 것은 마름모와 정사각형이다.

4. 네 변의 길이가 모두 같은 것은 마름모와 정사각형이다.

5. 네 내각의 크기가 같은 것은 직사각형에 속하는 사각형이다.

6. 평행사변형에 속하는 사각형은 서로 마주보는 변끼리 길이가 같다. 한 쌍의 대변이 평행한 사다리꼴에서 다른 한 쌍의 대변의 길이가 같은 것은 등변사다리꼴이다.

7. 사각형

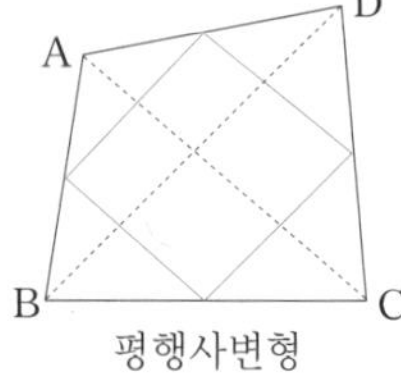

평행사변형

8. 정사각형

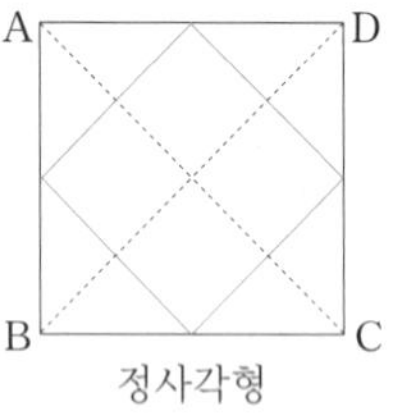

정사각형

9. 평행사변형

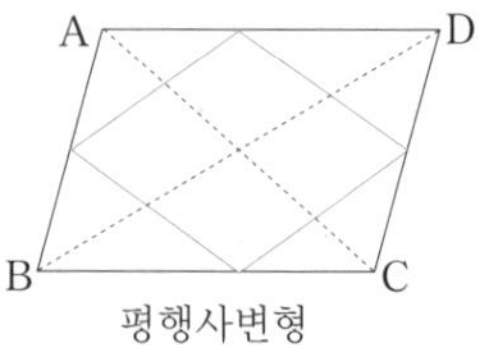

평행사변형

10. 등변사다리꼴

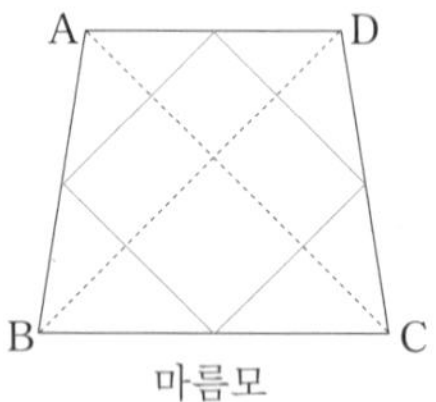

마름모

11. 직사각형

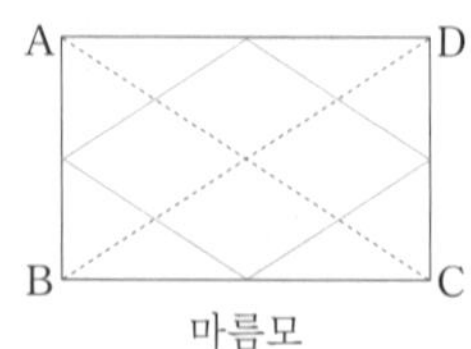

마름모

12. 마름모

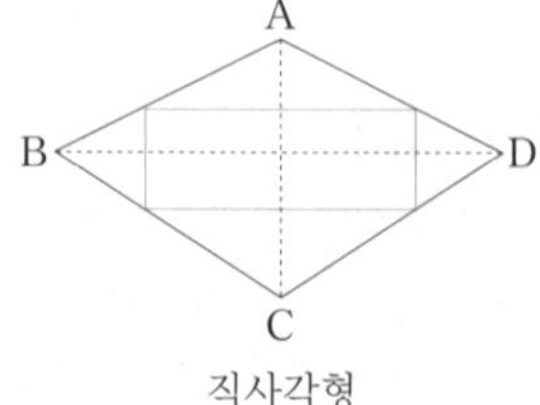

직사각형

잠깐!

각 변의 중점을 연결한 도형

그려지는 도형의 각 변은 모두 대각선에 평행이 된다. 이때, 주어진 대각선이 수직인 정사각형과 마름모의 각 변의 중점을 연결한 도형은 변과 변이 이루는 각이 90°이고, 등변사다리꼴과 직사각형의 두 대각선의 길이가 같으므로 각 도형의 중점을 연결한 도형은 마름모가 된다.

핵심 243 스피드 정답

1. △EBC 2. △ECD 3. △EBD
4. 2, 1, 16 5. $12cm^2$ 6. 6
7. $15cm^2$ 8. 6, 10 9. ABC, 20
10. $20cm^2$ 11. $20cm^2$

[1~3] 주어진 삼각형과 밑변의 길이가 같은 삼각형에서 찾는다.

5. $\triangle ABD=\frac{1}{2}\triangle ABC=\frac{1}{2}\times 32=16$

$\triangle BDE=\frac{3}{1+3}\triangle ABD=\frac{3}{4}\times 16=12(cm^2)$

7. $\triangle ABC=\triangle DBC=6+9=15(cm^2)$

10. $\overline{AD}/\!/\overline{BC}$이므로 $\triangle DEC=\triangle AEC$

$\triangle ABE+\triangle DEC$

$=\triangle ABE+\triangle AEC$

$=\triangle ABC=20(cm^2)$

11. $\overline{AC}/\!/\overline{DE}$이므로 $\triangle ACD=\triangle ACE$

$\triangle ACD=\triangle ACE=\triangle ABC=20(cm^2)$

핵심 244 스피드 정답

1. ACD 2. ACE, ABE
3. $13cm^2$ 4. $30cm^2$ 5. $16cm^2$
6. 3, 16 7. $27cm^2$ 8. $18cm^2$

3. $\square ABCD=\triangle ABC+\triangle ACD$

$=\triangle ABC+\triangle ACE$

$=5+8=13(cm^2)$

4. $\triangle DEB+\triangle DBC$

$=\triangle DAB+\triangle DBC$

$=\square ABCD=30(cm^2)$

5. $\triangle ACD=\triangle ACE$

$=\triangle ABE-\triangle ABC$

$=30-14=16(cm^2)$

7. $\overline{AC}/\!/\overline{DE}$이므로 $\square ABCD=\triangle ABE$

$\triangle ABE=\frac{1}{2}\times(4+5)\times 6=27(cm^2)$

8. $\overline{AC}/\!/\overline{DE}$이므로 $\square ABCD=\triangle ABE$

$\triangle ABE=\frac{1}{2}\times(6+3)\times 4=18(cm^2)$

실력테스트 219쪽 스피드 정답

1. 90° 2. ③ 3. 5cm 4. ⑤
5. ② 6. $14cm^2$ 7. 45° 8. $32cm^2$

Science & Technology 해설 참조

1. □ABCD가 평행사변형이므로

$\overline{AB}/\!/\overline{CD}$, $\overline{AD}/\!/\overline{BC}$이다.

$\overline{AB}/\!/\overline{CD}$이므로 $\angle DCA=60°$

$\overline{AD}/\!/\overline{BC}$이므로 $\angle DAC=\angle x$(엇각)

△ACD에서 $\angle x+30°+\angle y+60°=180°$

$\therefore \angle x+\angle y=90°$

2. ③ $\angle BAC=\angle ACD$

3. $\overline{AD}/\!/\overline{BC}$이므로

$\angle AEB=\angle EBF=\angle ABE$

따라서 △ABE는 이등변삼각형이므로

$\overline{AE}=\overline{AB}=10$

$\therefore \overline{DE}=\overline{AD}-\overline{AE}=15-10=5(cm)$

4. $\overline{AB}=\overline{CD}$ (평행사변형의 대변)

$\angle ABE=\angle CDF$ (엇각)

$\angle BEA=\angle DFC=90°$

$\therefore \triangle ABE\equiv\triangle CDF$(RHA 합동)

따라서 $\overline{AE}=\overline{CF}$이고 $\overline{AE}/\!/\overline{CF}$이므로

□AECF는 평행사변형이다.

5. ②는 마름모가 되기 위한 조건이다.

6. □ABCD=50이므로

$\triangle PAD+\triangle PBC=\frac{1}{2}\square ABCD=25$

$\triangle PAD+11=25$

$\therefore \triangle PAD=14(cm^2)$

7. □ABCD는 등변사다리꼴이므로 밑변의 양 끝각의 크기가 같다.

$\angle B=\angle DCB=70°$

$\therefore \angle ACB=\angle DCB-\angle ACD$

$=70° - 25° = 45°$

또, $\overline{AD} /\!/ \overline{BC}$이므로

$\angle DAC = \angle ACB = 45°$ (엇각)

8. $\overline{AC} /\!/ \overline{DE}$이므로 $\triangle ACE = \triangle ACD$

$\triangle ABE = \triangle ABC + \triangle ACE$

$= \triangle ABC + \triangle ACD$

$= \square ABCD = 32(cm^2)$

Science & Technology

$\overline{GE}$를 한변으로 하고 $\triangle GEF$와 넓이가 같은 삼각형을 만들려면 다음 그림과 같이 점 F를 지나고 $\overline{GE}$와 평행한 선을 긋는다. 이때 $\overline{AD}$, $\overline{BC}$와 만나는 점을 각각 P, Q라고 한다.

$\overline{GE} /\!/ \overline{PQ}$이므로 $\triangle GEF = \triangle GEQ$가 된다.

오각형 ABEFG의 넓이는 사다리꼴 모양의 사각형 ABQG의 넓이와 같다.

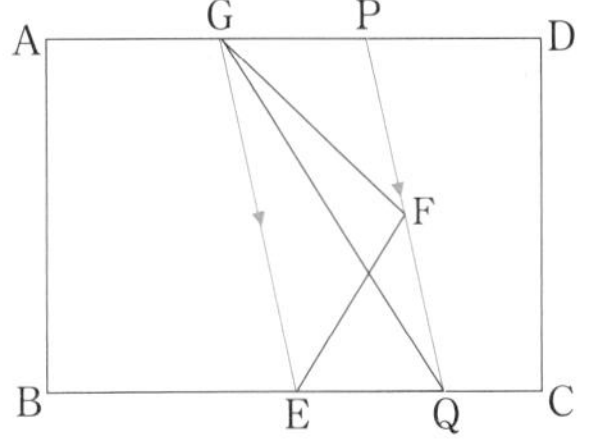

핵심 245 스피드 정답

1. E 2. $\angle H$ 3. $\overline{FG}$
4. H 5. 모서리 HI 6. 면 FIJ

[1~3] 두 도형의 꼭짓점은 대응하는 순서대로 나타내므로
$\square ABCD \backsim \square EFGH$에서 점 A에는 점 E가 대응하고, $\angle D$에는 $\angle H$가 대응한다. 또 $\overline{BC}$에는 $\overline{FG}$가 대응한다.

핵심 246 스피드 정답

1. 35° 2. 2:1 3. 5cm 4. 3:4
5. 24cm 6. 8cm 7. 12cm

1. $\triangle ABC \backsim \triangle DEF$이므로 A에 D가 대응하고, 대응하는 각의 크기는 서로 같으므로
$\angle A = \angle D = 35°$

2. $\triangle ABC$와 $\triangle DEF$에서
$\overline{AC} : \overline{DF} = 12 : 6 = 2 : 1$이므로 닮음비는 2 : 1이다.

3. $\triangle ABC$와 $\triangle DEF$의 닮음비가 2 : 1이므로
$\overline{AB} : \overline{DE} = 2 : 1$
$10 : \overline{DE} = 2 : 1$ $\therefore \overline{DE} = 5(cm)$

4. 두 닮은 입체도형에서 대응하는 모서리의 길이의 비는 일정하다.
$\triangle ABC$와 $\triangle GHI$에서
$\overline{AC} : \overline{GI} = 12 : 16 = 3 : 4$
이므로, 두 삼각기둥의 닮음비는 3 : 4이다.

5. $\overline{CF} : \overline{IL} = 3 : 4$
$18 : \overline{IL} = 3 : 4$ $\therefore \overline{IL} = 24(cm)$

6. $\overline{DE} : \overline{JK} = 3 : 4$
$6 : \overline{JK} = 3 : 4$ $\therefore \overline{JK} = 8(cm)$

7. $\overline{EF} : \overline{KL} = 3 : 4$
$9 : \overline{KL} = 3 : 4$ $\therefore \overline{KL} = 12(cm)$

핵심 247 스피드 정답

1. SSS 닮음 2. SAS 닮음 3. AA 닮음
4. $\triangle BAC \backsim \triangle BED$(SAS 닮음)
5. $\triangle BAD \backsim \triangle BDC$(SSS 닮음)
6. $\triangle ADE \backsim \triangle ACB$(AA 닮음)
7. 6 8. $\frac{15}{2}$ 9. 6

1. 대응하는 세 변의 길이의 비가 같으므로 SSS 닮음이다.

2. 대응하는 두 쌍의 변의 길이의 비가 같고, 그 끼인 각의 크기가 같으므로 SAS 닮음이다.

3. 대응하는 두 쌍의 각의 크기가 같으므로 AA 닮음이다.

4. $\triangle BAC$와 $\triangle BED$에서
$\overline{BA} : \overline{BE} = 1 : 2$
$\overline{BC} : \overline{BD} = 1 : 2$
$\angle ABC = \angle EBD$
$\therefore \triangle BAC \backsim \triangle BED$(SAS 닮음)

5. $\triangle BAD$와 $\triangle BDC$에서
$\overline{BA} : \overline{BD} = 2 : 3$
$\overline{BD} : \overline{BC} = 2 : 3$
$\overline{AD} : \overline{DC} = 2 : 3$
$\therefore \triangle BAD \backsim \triangle BDC$(SSS 닮음)

6. $\triangle ADE$와 $\triangle ACB$에서
$\angle A$는 공통, $\angle AED = \angle ABC$
$\therefore \triangle ADE \backsim \triangle ACB$(AA 닮음)

7. $\triangle CDE$와 $\triangle CAB$에서
$\angle C$는 공통, $\angle CDE = \angle CAB$
$\therefore \triangle CDE \backsim \triangle CAB$(AA 닮음)
$\overline{CD} : \overline{CA} = 4 : (5+3) = 1 : 2$이므로
$\overline{CE} : \overline{CB} = 5 : (4+x) = 1 : 2$
$10 = 4 + x$ $\therefore x = 6$

8. $\angle A$는 공통, $\angle ACD = \angle ABC$이다.
$\triangle ACD \backsim \triangle ABC$(AA 닮음)에서
$\overline{AD} : \overline{AC} = 6 : 8 = 3 : 4$이므로
$\overline{CD} : \overline{BC} = x : 10 = 3 : 4$
$4x = 30$ $\therefore x = \frac{15}{2}$

9. $\triangle BDE$와 $\triangle BAC$에서
$\angle B$는 공통
$\overline{BD} : \overline{BA} = 8 : (6+6) = 2 : 3$
$\overline{BE} : \overline{BC} = 6 : (8+1) = 2 : 3$
$\therefore \triangle BDE \backsim \triangle BAC$(SAS 닮음)
$\overline{DE} : \overline{AC} = 4 : x = 2 : 3$ $\therefore x = 6$

핵심 248 스피드 정답

1. $\triangle ABC \backsim \triangle AHB \backsim \triangle BHC$
2. ① $\overline{AB}$ ② $\overline{BC}$ 3. ① $\overline{AB}$ ② $\overline{BH}$
4. 6 5. 20 6. 5 7. 6
8. 8 9. 2

2. $\triangle ABC \backsim \triangle AHB \backsim \triangle BHC$이므로
$\overline{AC}$에 대응하는 변은
① $\triangle AHB$에서 $\overline{AB}$
② $\triangle BHC$에서 $\overline{BC}$

3. $\triangle ABC \backsim \triangle AHB \backsim \triangle BHC$이므로
$\overline{AH}$에 대응하는 변은
① $\triangle ABC$에서 $\overline{AB}$
② $\triangle BHC$에서 $\overline{BH}$

4. $\triangle CED \backsim \triangle CAB$(AA 닮음)이고 닮음비는
$\overline{CD} : \overline{CB} = 5 : (6+4) = 1 : 2$이므로
$\overline{ED} : \overline{AB} = 3 : x = 1 : 2$ $\therefore x = 6$

5. △BEA ∽ △CDA (AA 닮음)이고 닮음비는

$\overline{EA}:\overline{DA}=8:10=4:5$이므로

$\overline{AB}:\overline{AC}=(10+6):x=4:5$

$\therefore x=\dfrac{16\times5}{4}=20$

6. △CAB ∽ △CFD (AA 닮음)이고 닮음비는

$\overline{BC}:\overline{DC}=12:(8+6)=6:7$이다.

$x=12-\overline{FC}$이므로 $\overline{FC}$의 길이를 구하면

$\overline{AC}:\overline{FC}=6:\overline{FC}=6:7$

$\therefore \overline{FC}=7$

$\therefore x=12-7=5$

7. $\overline{CA}^2=\overline{AH}\times\overline{AB}$이므로

$4^2=2\times(2+x)$

$8=2+x$ $\quad\therefore x=6$

8. $\overline{AH}^2=\overline{HB}\times\overline{HC}$이므로

$4^2=x\times2$ $\quad\therefore x=8$

9. $\overline{AC}^2=\overline{CH}\times\overline{CB}$이므로

$x^2=1\times(1+3)=2^2$ $\quad\therefore x=2$

핵심 249 스피드 정답

1. 15, 10 2. 6 3. 3 4. 4
5. 3 6. 6 7. 8 8. ○
9. ○ 10. × 11. × 12. ×
13. ○

2. $12:x=10:5$ $\quad\therefore x=6$

3. $8:4=6:x$ $\quad\therefore x=3$

4. $6:3=8:x$ $\quad\therefore x=4$

5. $x:3=(10-5):5$ $\quad\therefore x=3$

6. $\overline{AD}:\overline{DB}=\overline{AE}:\overline{EC}$이므로

$10:(10+5)=x:9$ $\quad\therefore x=6$

7. $2:x=3:(3+9)$ $\quad\therefore x=8$

8. $\overline{AB}:\overline{AD}=\overline{AC}:\overline{AE}$

$\therefore \overline{BC}\,/\!/\,\overline{DE}$

10. $\overline{AB}:\overline{AD}\neq\overline{AC}:\overline{AE}$

따라서 $\overline{BC}$와 $\overline{DE}$는 평행하지 않다.

12. $\overline{AB}:\overline{AD}\neq\overline{AC}:\overline{AE}$

따라서 $\overline{BC}$와 $\overline{DE}$는 평행하지 않다.

13. $\overline{AD}:\overline{DB}=\overline{AE}:\overline{EC}$

$\therefore \overline{BC}\,/\!/\,\overline{DE}$

핵심 250 스피드 정답

1. 4, 3, 2 2. 5 3. 12
4. 4 : 3 5. 4 : 3 6. 9cm^2

2. $10:6=x:(8-x)$

$6x=80-10x$ $\quad\therefore x=5$

3. $8:x=(10-6):6$ $\quad\therefore x=12$

4. $\overline{BD}:\overline{CD}=\overline{AB}:\overline{AC}=4:3$

6. △ABD : △ADC = 4 : 3이므로

12 : △ADC = 4 : 3

∴ △ADC = 9(cm^2)

핵심 251 스피드 정답

1. $\overline{AB}$, $\overline{BD}$, 3, 6, 2 2. 9 3. 5
4. 5 5. 6

2. $\overline{AB}:\overline{AC}=\overline{BD}:\overline{CD}$이므로

$4:3=12:x$ $\quad\therefore x=9$

3. $x:4=(2+8):8$, $8x=40$ $\quad\therefore x=5$

4. $8:x=16:(16-6)$, $16x=80$ $\quad\therefore x=5$

5. $7:4=(x+8):8$

$4x+32=56$, $4x=24$ $\quad\therefore x=6$

핵심 252 스피드 정답

1. 6, 2, 4 2. 9 3. 9 4. 9

2. $4:(x-6)=8:6$, $4:(x-6)=4:3$

$x-6=3$ $\quad\therefore x=9$

3. $x:6=15:10$, $x:6=3:2$

$2x=18$ $\quad\therefore x=9$

4. $8:6=12:x$, $4:3=12:x$

$4x=36$ $\quad\therefore x=9$

핵심 253 스피드 정답

1. 6 2. 6, 7 3. 7, 4, 3 4. 9
5. 12 6. 7 7. 4, 4 8. 2, 4
9. 8 10. 13 11. 14

5.

△ABH에서 $\overline{EG}:7=4:(4+3)$

$\therefore \overline{EG}=4$

$\therefore \overline{EF}=\overline{EG}+\overline{GF}=4+8=12$

6.

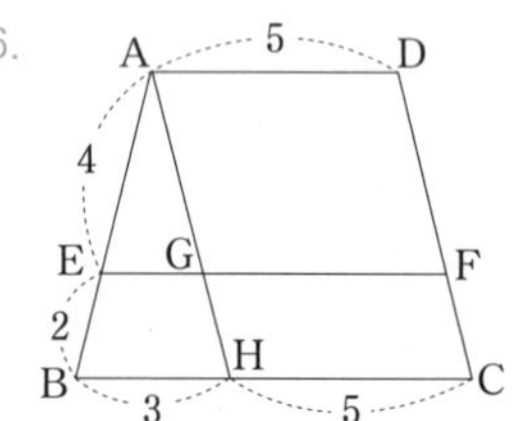

△ABH에서 $\overline{EG}:3=4:(4+2)$

$\therefore \overline{EG}=2$

$\therefore \overline{EF}=\overline{EG}+\overline{GF}=2+5=7$

10.

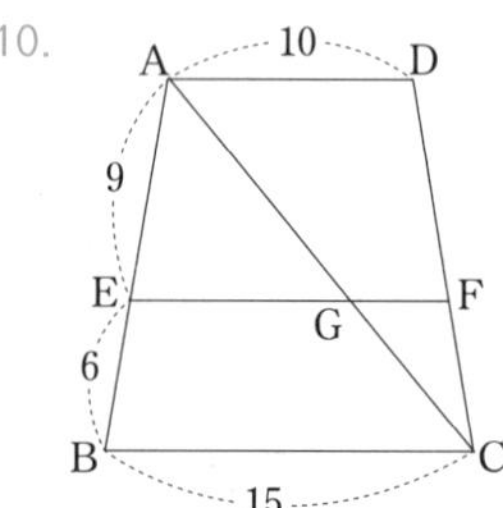

△ABC에서 $\overline{EG}:15=9:(9+6)$

$\therefore \overline{EG}=9$

△CDA에서 $\overline{GF}:10=6:(6+9)$

$\therefore \overline{GF}=4$

$\therefore \overline{EF}=\overline{EG}+\overline{GF}=13$

11.

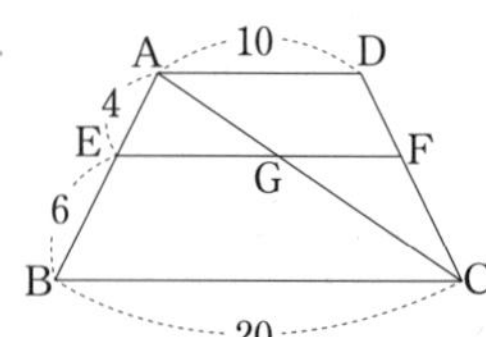

△ABC에서 $\overline{EG}:20=4:(4+6)$

$\therefore \overline{EG}=8$

△CDA에서 $\overline{GF}:10=6:(6+4)$

$\therefore \overline{GF}=6$

$\therefore \overline{EF}=\overline{EG}+\overline{GF}=14$

핵심 254 스피드 정답

1. 9　2. $\overline{BD}$, 9　3. 9, 15, $\frac{18}{5}$
4. $\frac{10}{3}$　5. $\frac{24}{5}$

4. $\overline{AB} /\!/ \overline{EF} /\!/ \overline{DC}$이므로

$\overline{EF}=\frac{10\times5}{10+5}=\frac{50}{15}=\frac{10}{3}$

5. $\overline{AB} /\!/ \overline{EF} /\!/ \overline{DC}$이므로

$\overline{EF}=\frac{12\times8}{12+8}=\frac{96}{20}=\frac{24}{5}$

핵심 255 스피드 정답

1. $x=5$, $y=12$　2. $x=7$, $y=4$
3. ① 8 ② 16 ③ 12　4. ① 1 ② 4 ③ 3

1. $\overline{AM}=\overline{MB}$, $\overline{MN} /\!/ \overline{BC}$이므로

$\overline{AN}=\overline{NC}$　$\therefore x=5$

$\overline{MN}=\frac{1}{2}\overline{BC}$이므로

$6=\frac{1}{2}\times y$　$\therefore y=12$

2. $\overline{AM}=\overline{MB}$, $\overline{MN} /\!/ \overline{BC}$이므로

$\overline{AN}=\overline{NC}$　$\therefore x=7$

$\overline{MN}=\frac{1}{2}\overline{BC}$이므로 $y=4$

3. ③ $\overline{BF}=16$, $\overline{EF}=4$이므로

$\overline{BE}=\overline{BF}-\overline{EF}=12$

4. ① $\overline{GF}=\frac{1}{2}\overline{DE}=1$

② $\overline{BF}=2\overline{DE}=4$

③ $\overline{BG}=\overline{BF}-\overline{GF}=3$

핵심 256 스피드 정답

1. 9　2. 10　3. 2　4. 4

1. △ABC에서 $\overline{MQ}=\frac{1}{2}\overline{BC}=5$

△CAD에서 $\overline{QN}=\frac{1}{2}\overline{AD}=4$

$\therefore x=\overline{MQ}+\overline{QN}=5+4=9$

2. $\overline{AC}$와 $\overline{MN}$의 교점을 Q라고 하면

△ABC에서 $\overline{MQ}=\frac{1}{2}x$

△CAD에서 $\overline{QN}=\frac{1}{2}\times14=7$

$\overline{MN}=\overline{MQ}+\overline{QN}$이므로

$12=\frac{1}{2}x+7$　$\therefore x=10$

3. △ABC에서 $\overline{MQ}=\frac{1}{2}\overline{BC}=7$

△BAD에서 $\overline{MP}=\frac{1}{2}\overline{AD}=5$

$\therefore x=\overline{MQ}-\overline{MP}=7-5=2$

4. △ABC에서 $\overline{MQ}=\frac{1}{2}\overline{BC}=4$

$\overline{MP}=\overline{PQ}$(•는 같다는 의미)이므로

$\overline{MP}=\frac{1}{2}\overline{MQ}=2$

△BAD에서 $x=2\overline{MP}=4$

핵심 257 스피드 정답

1. $x=6$, $y=6$　2. $x=4$, $y=15$
3. $x=3$, $y=2$　4. 1, 1, 3, 2, 2, 3, 2
5. 4　6. 12　7. 3, 6, 4
8. 8　9. 3

1. 무게중심은 세 중선의 교점이므로

$\overline{AE}=\overline{EC}$　$\therefore x=\frac{1}{2}\overline{AC}=6$

무게중심은 중선의 길이를 꼭짓점으로부터 2 : 1로 나누므로

$y:3=2:1$　$\therefore y=6$

2. $8:x=2:1$　$\therefore x=4$

$5:\overline{GC}=1:2$　$\therefore \overline{GC}=10$

$\therefore y=5+\overline{GC}=15$

3. 점 D는 $\overline{AB}$의 중점이므로 $x=\frac{1}{2}\overline{AB}=3$

직각삼각형에서 빗변의 중심은 외심이므로

$\overline{AD}=\overline{BD}=\overline{DC}=3$

G는 무게중심이므로 $y=\frac{2}{3}\overline{DC}=2$

5. $\overline{GD}=\frac{1}{3}\overline{AD}=\frac{1}{3}\times18=6$

$\therefore x=\frac{2}{3}\overline{GD}=\frac{2}{3}\times6=4$

6. $\overline{G'D}=\frac{1}{2}\overline{GG'}=\frac{1}{2}\times4=2$

$\overline{GD}=4+2=6$

$\therefore x=2\overline{GD}=2\times6=12$

8. △ADC에서 E, F는 $\overline{AC}$, $\overline{DC}$의 중점이므로

$\overline{AD}=2\times6=12$　$\therefore x=\frac{2}{3}\overline{AD}=8$

9. $\overline{GD}=\frac{1}{2}\overline{AG}=2$

$\overline{AD}=\overline{AG}+\overline{GD}=6$

△ADC에서 E, F는 $\overline{AC}$, $\overline{DC}$의 중점이므로

$x=\frac{1}{2}\overline{AD}=\frac{1}{2}\times6=3$

핵심 258 스피드 정답

1. $8cm^2$　2. $8cm^2$　3. $4cm^2$　4. $16cm^2$
5. $3cm^2$　6. $6cm^2$　7. $12cm^2$　8. $6cm^2$

[1~4] 삼각형의 세 중선에 의하여 나누어지는 6개의 삼각형의 넓이는 모두 같다.

1. $\frac{2}{6}\times24=8(cm^2)$

2. $\frac{2}{6}\times24=8(cm^2)$

3. $\frac{1}{6}\times24=4(cm^2)$

4. $\frac{4}{6}\times24=16(cm^2)$

5. $\triangle GBD=\frac{1}{6}\triangle ABC=\frac{1}{6}\times36=6$

$\overline{GE}=\overline{EB}$이므로

$\triangle GED=\frac{1}{2}\triangle GBD=\frac{1}{2}\times6=3(cm^2)$

6. $\triangle GCA=\frac{1}{3}\triangle ABC=\frac{1}{3}\times36=12$

$\overline{GD}=\overline{DC}$이므로

$\triangle GDA=\frac{1}{2}\triangle GCA=\frac{1}{2}\times12=6(cm^2)$

7. $\triangle GDA=\frac{1}{2}\triangle GBA=\frac{1}{2}\times\frac{1}{3}\triangle ABC$

$=\frac{1}{6}\triangle ABC$

$\triangle GEA=\frac{1}{2}\triangle GCA=\frac{1}{2}\times\frac{1}{3}\triangle ABC$

$=\frac{1}{6}\triangle ABC$

따라서 색칠한 부분의 넓이는

$2\times\frac{1}{6}\triangle ABC=\frac{1}{3}\triangle ABC$

$=\frac{1}{3}\times36=12(cm^2)$

8. $\triangle ABD=\frac{1}{2}\triangle ABC=\frac{1}{2}\times 36=18$

$\triangle ABE=\frac{1}{3}\triangle ABD=\frac{1}{3}\times 18=6(cm^2)$

핵심 259 스피드 정답

1. 6cm 2. 4cm 3. 2cm 4. 4cm
5. 6 6. 24 7. 8 8. 9

1. 평행사변형의 두 대각선은 서로 다른 것을 이등분하므로

$\overline{BO}=\frac{1}{2}\overline{BD}=\frac{1}{2}\times 12=6(cm)$

2. △ABC에서 P는 중선의 교점이므로 △ABC의 무게중심이다.

$\therefore \overline{BP}=\frac{2}{3}\overline{BO}=\frac{2}{3}\times 6=4(cm)$

3. $\overline{PO}=\frac{1}{3}\overline{BO}=\frac{1}{3}\times 6=2(cm)$

4. Q는 △ACD의 무게중심이고

$\overline{DO}=\overline{BO}$이므로

$\overline{QO}=\overline{PO}=2$

$\therefore \overline{PQ}=2+2=4(cm)$

5. $\overline{BO}=\frac{1}{2}\overline{BD}=\frac{1}{2}\times 18=9$

$\therefore x=\frac{2}{3}\overline{BO}=\frac{2}{3}\times 9=6$

6. $\overline{BO}=3\overline{PO}=3\times 4=12$

$\therefore x=2\overline{BO}=2\times 12=24$

7. $\overline{BP}=\overline{PQ}=\overline{QD}$

$\therefore x=\frac{1}{3}\overline{BD}=\frac{1}{3}\times 24=8$

8. $\overline{BD}=3\overline{BP}=3\times 6=18$

점 M, N은 $\overline{BC}$, $\overline{CD}$의 중점이므로

$x=\frac{1}{2}\overline{BD}=\frac{1}{2}\times 18=9$

핵심 260 스피드 정답

1. ① 2 : 3 ② 4 : 9 ③ $18cm^2$
2. ① 2 : 1 ② 4 : 1 ③ $5cm^2$
3. $4cm^2$ 4. $8cm^2$ 5. 2 : 3 6. 4 : 9
7. 8 : 27 8. $99cm^2$ 9. $16cm^3$ 10. 49 : 25
11. 27 : 8 12. 4 : 5 13. 3 : 5 14. 8 : 27

1. ② 닮음비가 2 : 3이므로

넓이의 비는 $2^2 : 3^2=4 : 9$

③ 넓이의 비가 4 : 9이므로

$8 : \triangle DEF=4 : 9$

$\therefore \triangle DEF=18(cm^2)$

2. ③ 넓이의 비가 4 : 1이므로

$20 : \triangle ADE=4 : 1$

$\therefore \triangle ADE=5(cm^2)$

3. △ADE와 △ABC의 닮음비가 1 : 2이므로 넓이의 비는 1 : 4이다.

$\triangle ADE : 16=1 : 4$

$\therefore \triangle ADE=4(cm^2)$

4. △ACD와 △ABC의 닮음비가 2 : 3이므로 넓이의 비는 4 : 9이다.

$\triangle ACD : 18=4 : 9$

$\therefore \triangle ACD=8(cm^2)$

7. 닮음비가 2 : 3이므로

부피의 비는 $2^3 : 3^3=8 : 27$이다.

8. 겉넓이의 비가 4 : 9이므로

44 : (나)의 겉넓이=4 : 9

$\therefore$ (나)의 겉넓이$=99(cm^2)$

9. 부피의 비가 8 : 27이므로

(가)의 부피 : 54=8 : 27

$\therefore$ (가)의 부피$=16(cm^3)$

12. 넓이의 비가 $4^2 : 5^2$이므로 닮음비는 4 : 5

13. 부피의 비가 $3^3 : 5^3$이므로 닮음비는 3 : 5

14. 넓이의 비가 $2^2 : 3^2$이므로 닮음비는 2 : 3이다. 따라서 부피의 비는 $2^3 : 3^3=8 : 27$이다.

핵심 261 스피드 정답

1. 1 : 70 2. $\overline{AC}$, 2, 140 3. 1 : 9
4. 36m 5. 20000, 200 6. 3cm
7. 10000, 120000 8. $4cm^2$

4. 닮음비가 1 : 9이므로

$4 : \overline{DE}=1 : 9$ $\therefore \overline{DE}=36(m)$

6. (축도에서의 길이)=(실제 길이)×(축척)이므로

(지도상의 거리)

$=300\times\frac{1}{10000}=\frac{3}{100}(m)=3(cm)$

8. (지도에서의 넓이) : (실제 넓이)

$=1 : 100000000$,

$40000(m^2)=400000000(cm^2)$이므로

(지도에서의 넓이)$=\frac{400000000}{100000000}=4(cm^2)$

실력테스트 233쪽 스피드 정답

1. 11 2. ⑤ 3. ⑤ 4. 12cm
5. ① 6. ① 7. ⑤ 8. $450m^2$

Science & Technology $162cm^2$

1. 닮음비가 $\overline{AB} : \overline{A'B'}=4 : 6=2 : 3$이므로

$x : 3=2 : 3$ $\therefore x=2$

$6 : y=2 : 3$ $\therefore y=9$

$\therefore x+y=11$

2. △FAE와 △FCB에서

∠FAE=∠FCB, ∠AFE=∠CFB이므로

△FAE∽△FCB

따라서 $\overline{FA} : \overline{FC}=\overline{AE} : \overline{CB}$에서

$4 : 6=\overline{AE} : 9$ $\therefore \overline{AE}=6(cm)$

3. $\overline{AD}^2=\overline{BD}\times\overline{CD}$이므로

$36=\overline{BD}\times 4$ $\therefore \overline{BD}=9$

$\triangle ABC=\frac{1}{2}\times\overline{BC}\times\overline{AD}$

$=\frac{1}{2}\times 13\times 6=39(cm^2)$

4.

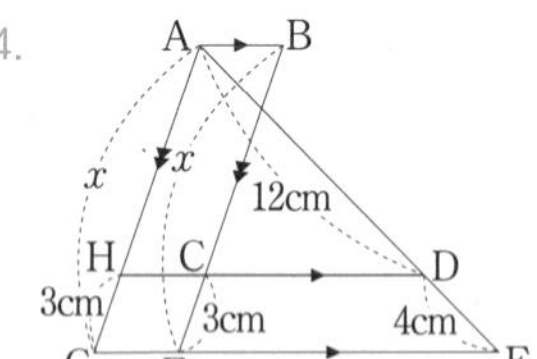

△AGF에서 $\overline{HD}$ // $\overline{GF}$이므로

$x : 3=(12+4) : 4$ $\therefore x=12(cm)$

5. $\overline{GG'}$과 $\overline{AD}$가 만나는 점을 H라고 하면 △AED에서

$\overline{AG} : \overline{AE}=\overline{GH} : \overline{ED}$ 핵심 249 참조

이므로

$2 : 3=\overline{GH} : \frac{9}{2}$ ($\overline{BC}$의 $\frac{1}{4}$이므로)

$\therefore \overline{GH}=3$

$\therefore \overline{GG'}=6(cm)$

6. 점 P는 △ABD의 무게중심이므로

$\triangle ABD = 3\triangle ABP = 3\times4 = 12$

$\therefore \square ABCD = 2\triangle ABD = 24(cm^2)$

7. 원뿔 모양의 그릇 부피와 물의 부피의 비는 $2^3:1$이다.

그릇을 완전히 채울 때까지 걸리는 시간이 40분이므로 그릇 높이의 반까지 채우는 데 걸리는 시간 x는

$8:1=40:x$ $\therefore x=5$(분)

따라서 나머지를 채우는 데 걸리는 시간은 35분이다.

8. 20(m)=2000(cm)를 4cm로 나타내었으므로

축척은 $\frac{4}{2000}=\frac{1}{500}$

$\therefore$ (실제 땅의 넓이)$=18\times500^2$

$=4500000(cm^2)$

$=450(m^2)$

Science & Technology

닮음비가 5 : 9이므로 넓이의 비는 25 : 81이다.

50 : (빛이 닿지 않는 부분의 넓이)=25 : 81

$\therefore$ (빛이 닿지 않는 부분의 넓이)$=162(cm^2)$

핵심 262 스피드 정답

1. ○ 2. ○ 3. ×
4. ○ 5. ○
6. 6, 10^2(또는 100), 10 7. 3
8. 13 9. $x=12$, $y=20$
10. $x=15$, $y=25$ 11. $x=15$, $y=20$
12. $x=12$, $y=5$ 13. 6cm
14. 8cm

1. $3^2+4^2=9+16=25=5^2$ (○)
2. $5^2+12^2=25+144=169=13^2$ (○)
3. $7^2+8^2=49+64=113\neq14^2=196$ (×)
4. $8^2+15^2=289=17^2$ (○)
5. $12^2+16^2=144+256=400=20^2$ (○)

잠깐!

세 자연수 (a, b, c)가 피타고라스 수이면 (na, nb, nc) (단, n은 자연수)도 피타고라스 수이다.

$\leftarrow (na)^2+(nb)^2=n^2(a^2+b^2)=n^2c^2=(nc)^2$ 이므로

예 (3, 4, 5)가 피타고라스 수이므로 (2×3, 2×4, 2×5), (3×3, 3×4, 3×5), (4×3, 4×4, 4×5), …도 피타고라스 수이다.

7. $5^2=4^2+x^2$, $x^2=25-16=9$ $\therefore x=3$
8. $x^2=5^2+12^2=25+144=169$ $\therefore x=13$
9. 직각삼각형 ADC에서

$13^2=5^2+x^2$, $x^2=169-25=144$

$\therefore x=12$

직각삼각형 ABC에서

$y^2=(11+5)^2+x^2=256+144=400$

$\therefore y=20$

10. 직각삼각형 ABD에서

$17^2=8^2+x^2$, $x^2=289-64=225$

$\therefore x=15$

직각삼각형 ABC에서

$y^2=(8+12)^2+x^2=400+225=625$

$\therefore y=25$

잠깐!

$(★5)^2$ 꼴의 거듭제곱의 암산은

★×(★+1)을 앞에 쓰고 뒤에 25를 붙여 주기만 하면 된다.

예 25^2은

십의 자리 2와 2보다 1 큰 수인 3을 곱한 6을 앞에 쓰고 뒤에 25를 붙이면 625이다.

45^2은

십의 자리 4와 4보다 1 큰 수인 5를 곱한 20을 앞에 쓰고 뒤에 25를 붙이면 2025이다.

11. 직각삼각형 ABD에서

$x^2=9^2+12^2=81+144=225$

$\therefore x=15$

직각삼각형 ADC에서

$y^2=(25-9)^2+12^2=256+144=400$

$\therefore y=20$

(다른 풀이)

세 변의 길이가 3 : 4 : 5인 삼각형은 직각삼각형이므로

$3:4:5=9:12:x$에서 $x=15$

마찬가지로

$3:4:5=12:(25-9):y=12:16:y$에서

$y=20$

12. 직각삼각형 ABD에서

$20^2=16^2+x^2$, $x^2=400-256=144$

$\therefore x=12$

직각삼각형 ADC에서

$13^2=x^2+y^2=12^2+y^2$,

$y^2=169-144=25$ $\therefore y=5$

13. 피타고라스 정리에 의하여

$\overline{AB}^2=\overline{BC}^2-\overline{AC}^2=49-13=36$

$\therefore \overline{AB}=6(cm)$

14. 피타고라스 정리에 의하여

$\overline{AB}^2=\overline{BC}^2-\overline{AC}^2=100-36=64$

$\therefore \overline{AB}=8(cm)$

핵심 263 스피드 정답

1. ○ 2. ○ 3. × 4. ○
5. × 6. ○ 7. × 8. ○
9. × 10. ○ 11. ○ 12. 9, 13
13. $4cm^2$ 14. $25cm^2$ 15. 9 16. $8cm^2$
17. $18cm^2$

[1~11] $\square ACDE=\square AFKJ$

$\square CBHI=\square JKGB$

$\triangle EAB\equiv\triangle CAF$ (SAS 합동)

즉 $\overline{EA}=\overline{CA}$, $\overline{AF}=\overline{AB}$이고 $\angle CAB$는 공통이고 나머지는 직각으로 끼인 각이 같다. 핵심 195 참조

$\triangle HAB\equiv\triangle CGB$ (SAS 합동)

잠깐!

$\square ACDE=\square AFKJ$인 이유

$\triangle EAC$와 $\triangle EAB$에서

$\overline{EA}\,/\!/\,\overline{DB}$이므로

$\triangle EAC=\triangle EAB$

(밑변의 길이가 같고 평행선의 높이가 같으면 삼각형의 넓이 또한 같다. 핵심 243 참조)

$\triangle EAB$와 $\triangle CAF$에서

$\triangle EAB\equiv\triangle CAF$ (SAS 합동)

$\triangle CAF$와 $\triangle AFJ$에서

$\overline{AF}\,/\!/\,\overline{CK}$이므로

$\triangle CAF=\triangle AFJ$

$\therefore \triangle EAC=\triangle AFJ$

$\therefore \square ACDE=\square AFKJ$

13. $\square ADEB=\square BFGC-\square ACHI$

$=12-8=4(cm^2)$

14. $\square ACHI=45-20=25(cm^2)$

15. $\triangle EBC\equiv\triangle ABF$

$\overline{DC}\,/\!/\,\overline{EB}$이므로

$\triangle EBC=\triangle EBA=\frac{1}{2}\square ADEB$

$\overline{BF}\,/\!/\,\overline{AM}$이므로

$\triangle ABF=\triangle LBF=\frac{1}{2}\square BFML$

$\therefore \square ADEB=\square BFML$

$\square BFML=3^2=\boxed{9}(cm^2)$

16. $\overline{BI} /\!/ \overline{CH}$이므로

$\triangle BCH=\triangle ACH=\frac{1}{2}\square ACHI$

$=\frac{1}{2}\times 4^2=8(cm^2)$

17. $\overline{AM} /\!/ \overline{CG}$이므로 $\triangle LGC=\triangle AGC$

$\triangle AGC\equiv\triangle HBC$

$\overline{BI} /\!/ \overline{CH}$이므로

$\triangle HBC=\triangle ACH$

$\therefore \triangle LGC=\triangle ACH=\frac{1}{2}\square ACHI$

$=\frac{1}{2}\times\overline{AC}^2=\frac{1}{2}\times(10^2-8^2)$

$=\frac{1}{2}\times 6^2=18(cm^2)$

핵심 264 스피드 정답

1. ① 3 ② 3, 5 ③ 25　2. 5
3. 13　4. 5　5. 65

2. $\overline{AE}=\overline{DH}=1$

$\overline{EH}^2=2^2+1^2=5$

$\therefore \square EFGH=\overline{EH}^2=5$

3. $\overline{AE}=\overline{DH}=2$

$\overline{EH}^2=3^2+2^2=13$

$\therefore \square EFGH=\overline{EH}^2=13$

4. 4개의 삼각형은 모두 합동인 직각삼각형이므로 $\square EFGH$는 정사각형이고, 넓이가 25이므로 $\overline{HG}^2=25$이다.

$\overline{DG}^2=25-3^2=16$　$\therefore \overline{DG}=4$

$\overline{AH}=\overline{DG}$이므로

$\overline{AD}=\overline{AH}+\overline{HD}=4+3=7$

$\therefore \square ABCD=7^2=49$

5. $\overline{DG}^2=41-4^2=25$　$\therefore \overline{DG}=5$

$\overline{AH}=\overline{DG}$이므로

$\overline{AD}=\overline{AH}+\overline{HD}=5+4=9$

$\therefore \square ABCD=9^2=81$

핵심 265 스피드 정답

1. ① 16, 4 ② 4, 1 ③ 1, 1　2. 1
3. 4　4. 5　5. 65

2. $\overline{BG}^2=5^2-4^2=9$, $\overline{BG}=3$

$\overline{GH}=\overline{BH}-\overline{BG}=\overline{AG}-\overline{BG}=4-3=1$

$\therefore \square EFGH=1^2=1$

3. $\overline{BE}^2=10^2-6^2=64$, $\overline{BE}=8$

$\overline{EF}=\overline{BE}-\overline{BF}=\overline{BE}-\overline{AE}=8-6=2$

$\therefore \square EFGH=2^2=4$

4. $\overline{FE}=1$, $\overline{FC}=\overline{BE}=\overline{BF}+\overline{FE}=1+1=2$

$\overline{BC}^2=\overline{BF}^2+\overline{FC}^2=1^2+2^2=5$

$\therefore \square ABCD=\overline{BC}^2=5$

5. $\overline{FE}=3$, $\overline{FC}=\overline{BE}=\overline{BF}+\overline{FE}=4+3=7$

$\overline{BC}^2=\overline{BF}^2+\overline{FC}^2=4^2+7^2=16+49=65$

$\therefore \square ABCD=\overline{BC}^2=65$

핵심 266 스피드 정답

1. ① 8 ② 8, 100 ③ 100, 50　2. 26
3. 29　4. 98　5. 72

2. $\overline{BC}=\overline{DE}=4$

$\overline{AC}^2=6^2+4^2=52$

$\therefore \triangle ACE=\frac{1}{2}\times\overline{AC}^2=\frac{1}{2}\times 52=26$

3. $\overline{BC}=\overline{DE}=3$

$\overline{AC}^2=7^2+3^2=58$

$\therefore \triangle ACE=\frac{1}{2}\times\overline{AC}^2=\frac{1}{2}\times 58=29$

4. $\triangle ACE=\frac{1}{2}\overline{AC}^2$이므로

$58=\frac{1}{2}\overline{AC}^2$, $\overline{AC}^2=116$

$\overline{AB}^2=116-10^2=16$, $\overline{AB}=4$

$\therefore \square ABDE=58+2\triangle ABC$

$=58+2\times\left(\frac{1}{2}\times 10\times 4\right)=98$

5. $\triangle ACE=\frac{1}{2}\overline{CE}^2$이므로

$45=\frac{1}{2}\overline{CE}^2$, $\overline{CE}^2=90$

$\overline{CD}^2=90-9^2=9$, $\overline{CD}=3$

$\therefore \square ABCD=45+2\times\left(\frac{1}{2}\times 9\times 3\right)=72$

핵심 267 스피드 정답

1. ○, 5, 4, 직각삼각형이다　2. ×
3. ×　4. ○　5. 둔각
6. 둔각　7. 예각　8. 둔각
9. 직각

2. 가장 긴 변의 길이는 4cm이고
$4^2=16\neq 2^2+3^2=13$이므로 직각삼각형이 아니다.
3. 가장 긴 변의 길이는 7 cm이고
$7^2\neq 5^2+6^2=61$이므로 직각삼각형이 아니다.
4. 가장 긴 변의 길이는 13 cm이고
$13^2=5^2+12^2=169$이므로 직각삼각형이다.
5. 가장 긴 변의 길이는 7이고
$7^2=49>4^2+5^2=41$이므로 둔각삼각형이다.
6. 가장 긴 변의 길이는 9이고
$9^2=81>5^2+6^2=61$이므로 둔각삼각형이다.
7. 가장 긴 변의 길이는 8이고
$8^2=64<5^2+7^2=74$이므로 예각삼각형이다.
8. 가장 긴 변의 길이는 12이고
$12^2=144>5^2+10^2=125$이므로 둔각삼각형이다.
9. 가장 긴 변의 길이는 10이고
$10^2=6^2+8^2=100$이므로 직각삼각형이다.

핵심 268 스피드 정답

1. 29　2. 25　3. 13　4. 61
5. 5　6. 53　7. 11　8. 18

1. 두 대각선이 직교하므로
$x^2+y^2=2^2+5^2=29$
2. $x^2+y^2=4^2+3^2=25$
3. $x^2+y^2=3^2+2^2=13$
4. $x^2+y^2=6^2+5^2=61$
5. $x^2+6^2=4^2+5^2$
$x^2=41-36=5$
6. $x^2+6^2=8^2+5^2$
$x^2=89-36=53$
7. $3^2+x^2=2^2+4^2$

$x^2=20-9=11$

8. $x^2+4^2=3^2+5^2$

$x^2=18$

핵심 269 스피드 정답

1. $\overline{BC}$, 4, 25	2. 80	3. 45
4. 5, 32	5. 5	6. 44

2. $\overline{BE}^2+\overline{CD}^2=4^2+8^2=80$

3. D, E는 $\overline{AB}$, $\overline{AC}$의 중점이므로

$\overline{DE}=\frac{1}{2}\overline{BC}=\frac{1}{2}\times6=3$ 핵심 255 참조

$\overline{BE}^2+\overline{CD}^2=3^2+6^2=45$

5. $x^2+6^2=5^2+4^2$

$x^2=41-36=5$

6. $4^2+8^2=x^2+6^2$

$x^2=80-36=44$

핵심 270 스피드 정답

1. 7π, 19π	2. 35π	3. 12π
4. 8π	5. 5π	6. 8, 13
7. 26	8. 18	9. 16, 8, 8, 80
10. 100	11. 169	

2. (색칠한 부분의 넓이)$=5\pi+30\pi=35\pi$

3. (색칠한 부분의 넓이)$=20\pi-8\pi=12\pi$

4. (색칠한 부분의 넓이)

$=6\pi+\frac{1}{2}\times\pi\times2^2$

$=6\pi+2\pi=8\pi$

5. (색칠한 부분의 넓이)

$=\frac{1}{2}\times\pi\times6^2-13\pi$

$=18\pi-13\pi=5\pi$

7. (색칠한 부분의 넓이)$=10+16=26$

8. (색칠한 부분의 넓이)$=30-12=18$

10. $\frac{1}{2}\times8\times\overline{AC}=24$ $\therefore\overline{AC}=6$

$\overline{BC}^2=8^2+6^2=100$

11. $\frac{1}{2}\times12\times\overline{AC}=30$ $\therefore\overline{AC}=5$

$\overline{BC}^2=12^2+5^2=169$

실력테스트 241쪽 스피드 정답

1. 11cm	2. ②	3. ①
4. 49cm^2	5. 37	6. 27
7. ⑤	8. ②	

Science & Technology 50(inch)

1. □AECD는 직사각형이므로 두 쌍의 대변의 길이가 각각 같다.

$\therefore\overline{AE}=\overline{DC}=6$cm, $\overline{EC}=\overline{AD}=3$cm

직각삼각형 ABE에서 $\overline{AB}^2=\overline{AE}^2+\overline{BE}^2$이므로

$10^2=6^2+\overline{BE}^2$, $\overline{BE}^2=100-36=64$

따라서 $\overline{BE}=8$이므로

$\overline{BC}=\overline{BE}+\overline{EC}=8+3=11$(cm)

2. $\overline{DC}\,/\!/\,\overline{EB}$이므로

$\triangle ABE=\triangle CBE$

$\triangle CBE\equiv\triangle FBA$ (SAS 합동)

$\overline{BF}\,/\!/\,\overline{AK}$이므로

$\triangle FBA=\triangle BFJ$

$\therefore\triangle ABE=\triangle BFJ$

3. $\triangle ABE\equiv\triangle CDB$이므로

$\overline{BE}=\overline{BD}$, $\angle EBD=90°$

$\triangle EBD$는 직각이등변삼각형이므로

$\frac{1}{2}\times\overline{BE}^2=10$, $\overline{BE}^2=20$

$\overline{EA}^2=20-4^2=4$, $\overline{EA}=2$

$\therefore$ □ACDE$=10+2\times\left(\frac{1}{2}\times4\times2\right)$

$=18(\text{cm}^2)$

4. $\overline{BE}^2=13^2-12^2=5^2$이므로 $\overline{BE}=5$

$\overline{EF}=\overline{BF}-\overline{BE}=\overline{AE}-\overline{BE}=12-5=7$

$\therefore$ □EFGH$=7^2=49(\text{cm}^2)$

5. □ABCD의 두 대각선이 서로 직교하므로

$3^2+8^2=6^2+\overline{BC}^2$

$\therefore\overline{BC}^2=37$

6. $4^2+6^2=5^2+\overline{BP}^2$ $\therefore\overline{BP}^2=27$

7. $\overline{DE}^2+9^2=5^2+8^2$ $\therefore\overline{DE}^2=8$

8. (색칠한 부분의 넓이)

$=\triangle ABC=\frac{1}{2}\times4\times3=6(\text{cm}^2)$

Science & Technology

대각선의 길이를 c라 하면

$40^2+30^2=c^2$, $2500=c^2$

$\therefore c=50$(inch)

핵심 271 스피드 정답

1. $\frac{3}{5}$, $\frac{4}{5}$, $\frac{3}{4}$

2. $\sin A=\frac{5}{13}$, $\cos A=\frac{12}{13}$, $\tan A=\frac{5}{12}$

3. $\sin A=\frac{8}{17}$, $\cos A=\frac{15}{17}$, $\tan A=\frac{8}{15}$

4. $\sin A=\frac{1}{2}$, $\cos A=\frac{\sqrt{3}}{2}$, $\tan A=\frac{1}{\sqrt{3}}$

5. $\sin A=\frac{1}{\sqrt{2}}$, $\cos A=\frac{1}{\sqrt{2}}$, $\tan A=1$

6. $\frac{4}{5}$, $\frac{3}{5}$, $\frac{4}{3}$

7. $\sin C=\frac{15}{17}$, $\cos C=\frac{8}{17}$, $\tan C=\frac{15}{8}$

8. $\sin C=\frac{\sqrt{3}}{2}$, $\cos C=\frac{1}{2}$, $\tan C=\sqrt{3}$

9. $3\sqrt{2}$	10. $2\sqrt{6}$	11. 9

2.

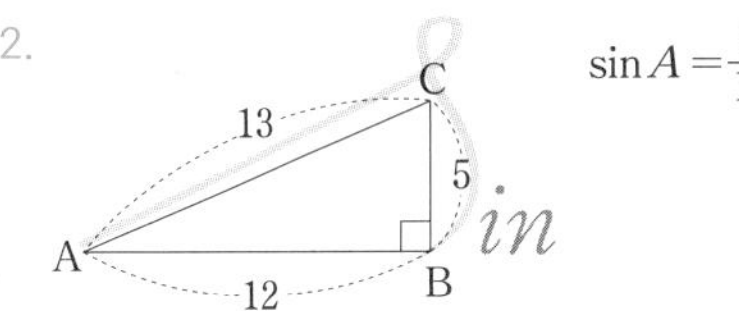

$\sin A=\frac{5}{13}$

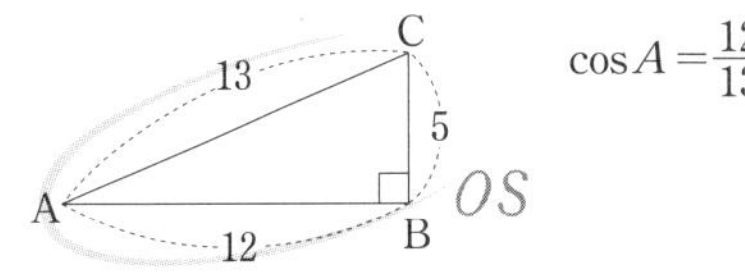

$\cos A=\frac{12}{13}$

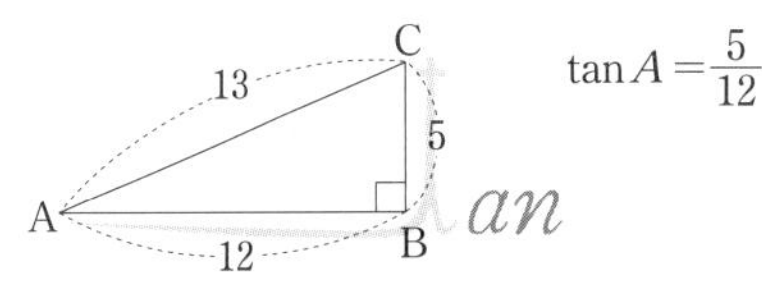

$\tan A=\frac{5}{12}$

7.

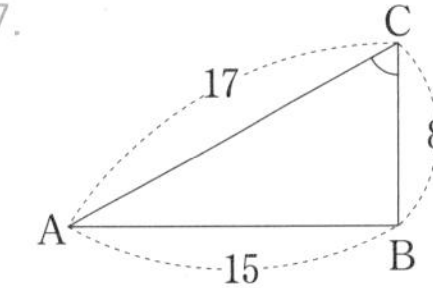

$\sin C=\frac{\overline{AB}}{\overline{AC}}=\frac{15}{17}$

$\cos C=\frac{\overline{BC}}{\overline{AC}}=\frac{8}{17}$

$\tan C=\frac{\overline{AB}}{\overline{BC}}=\frac{15}{8}$

8.

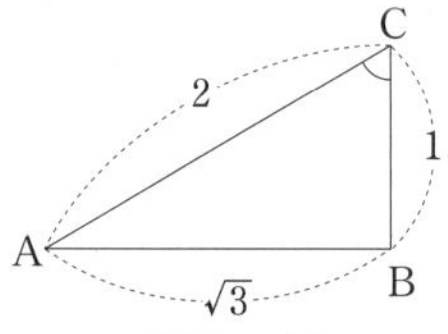

$\sin C=\dfrac{\overline{AB}}{\overline{AC}}=\dfrac{\sqrt{3}}{2}$

$\cos C=\dfrac{\overline{BC}}{\overline{AC}}=\dfrac{1}{2}$

$\tan C=\dfrac{\overline{AB}}{\overline{BC}}=\sqrt{3}$

10. $\cos A=\dfrac{\overline{AB}}{\overline{AC}}$이므로 $\dfrac{x}{4\sqrt{2}}=\dfrac{\sqrt{3}}{2}$

$\therefore x=\dfrac{\sqrt{3}}{2}\times 4\sqrt{2}=2\sqrt{6}$

11. $\tan A=\dfrac{\overline{BC}}{\overline{AB}}$이므로

$\dfrac{x}{12}=\dfrac{3}{4}$

$\therefore x=\dfrac{3}{4}\times 12=9$

272 스피드 정답

1. $4,\ \dfrac{4}{5},\ \dfrac{3}{4}$
2. $\sin A=\dfrac{\sqrt{3}}{2},\ \tan A=\sqrt{3}$
3. $\sin A=\dfrac{2}{\sqrt{13}},\ \cos A=\dfrac{3}{\sqrt{13}}$
4. $\sin C=\dfrac{12}{13},\ \cos C=\dfrac{5}{13}$

2. $\cos A=\dfrac{1}{2}$이므로 $\overline{AC}=2$, $\overline{AB}=1$인 직각삼각형을 그린다.

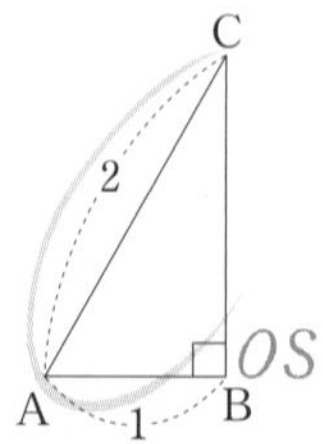

피타고라스 정리에서

$\overline{BC}=\sqrt{2^2-1^2}=\sqrt{3}$이므로

$\sin A=\dfrac{\sqrt{3}}{2}$, $\tan A=\sqrt{3}$

3.

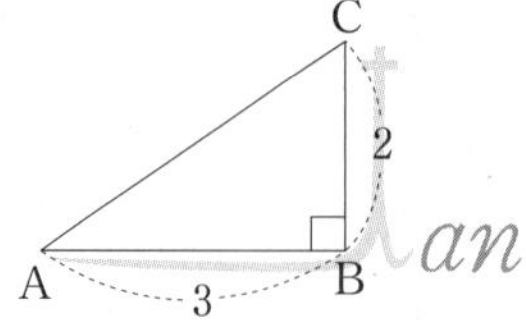

$\overline{AC}=\sqrt{3^2+2^2}=\sqrt{13}$이므로

$\sin A=\dfrac{2}{\sqrt{13}},\ \cos A=\dfrac{3}{\sqrt{13}}$

4.

$\overline{AC}=\sqrt{5^2+12^2}=13$이므로

$\sin C=\dfrac{12}{13},\ \cos C=\dfrac{5}{13}$

273 스피드 정답

1. $\dfrac{\sqrt{2}}{2}, \sqrt{2}$	2. $\sqrt{3}$	3. $\dfrac{\sqrt{3}}{6}$	4. $\dfrac{1}{2}$
5. 1	6. $\dfrac{\sqrt{6}}{3}$	7. $\sqrt{2}$	8. 45°, 45°
9. 45°	10. 60°	11. 60°	12. 60°
13. 45°	14. $2\sqrt{3}, 2\sqrt{3}, 2\sqrt{3}, 4$	15. $4\sqrt{3}$	
16. 3	17. $3, 3, 3, 2\sqrt{3}$		18. $2\sqrt{6}$
19. $2, 2\sqrt{3}, 2\sqrt{3}, 2, 4$	20. $3\sqrt{3}-3$		

2. $\sin 60°+\cos 30°=\dfrac{\sqrt{3}}{2}+\dfrac{\sqrt{3}}{2}=\sqrt{3}$

3. $\sin 60°-\tan 30°=\dfrac{\sqrt{3}}{2}-\dfrac{\sqrt{3}}{3}=\dfrac{\sqrt{3}}{6}$

4. $\tan 45°-\cos 60°=1-\dfrac{1}{2}=\dfrac{1}{2}$

5. $\tan 30°\times\tan 60°=\dfrac{\sqrt{3}}{3}\times\sqrt{3}=1$

6. $\sin 45°\div\cos 30°=\dfrac{\sqrt{2}}{2}\div\dfrac{\sqrt{3}}{2}=\dfrac{\sqrt{2}}{\sqrt{3}}=\dfrac{\sqrt{6}}{3}$

7. $\tan 45°\div\cos 45°=1\div\dfrac{\sqrt{2}}{2}=\dfrac{2}{\sqrt{2}}=\sqrt{2}$

9. $\sin 45°=\dfrac{1}{\sqrt{2}}$이므로 $A=45°$

10. $\tan 60°=\sqrt{3}$이므로 $A=60°$

11. $\cos 60°=\dfrac{1}{2}$이므로 $A=60°$

12. $\sin 60°=\dfrac{\sqrt{3}}{2}$이므로 $A=60°$

13. $\tan 45°=1$이므로 $A=45°$

15. $\cos 30°=\dfrac{\sqrt{3}}{2}$이므로

$\dfrac{x}{8}=\dfrac{\sqrt{3}}{2}\qquad\therefore x=\dfrac{\sqrt{3}}{2}\times 8=4\sqrt{3}$

16. $\tan 45°=1$이므로

$\dfrac{x}{3}=1\qquad\therefore x=3$

18. △ABD에서 $\sin 60°=\dfrac{\sqrt{3}}{2}$이므로

$\dfrac{\overline{AD}}{4}=\dfrac{\sqrt{3}}{2}\qquad\therefore \overline{AD}=2\sqrt{3}$

△ADC에서 $\sin 45°=\dfrac{1}{\sqrt{2}}$이므로

$\dfrac{2\sqrt{3}}{x}=\dfrac{1}{\sqrt{2}}\qquad\therefore x=2\sqrt{6}$

20. △ADC에서 $\tan 45°=1$이므로

$\dfrac{\overline{AC}}{3}=1\qquad\therefore \overline{AC}=3$

△ABC에서 $\tan 30°=\dfrac{1}{\sqrt{3}}$이므로

$\dfrac{3}{x+3}=\dfrac{1}{\sqrt{3}}\qquad\therefore x=3\sqrt{3}-3$

274 스피드 정답

1. ○	2. ×, $\overline{OB}$, $\overline{OB}$	3. ×	
4. ×	5. ×	6. ×, $\overline{CD}$, $\angle y$, y, $\overline{OB}$	
7. ○	8. ×	9. 0.6428	10. 0.7660
11. 1.1918	12. 0.7660	13. 0.6428	14. 0
15. 1	16. 0	17. 1	18. 0
19. 1	20. 1	21. 1	22. 1

3. (×), $\tan x=\dfrac{\overline{CD}}{\overline{OD}}=\dfrac{\overline{CD}}{1}=\overline{CD}$

4. (×), $\sin y=\dfrac{\overline{OB}}{\overline{OA}}=\dfrac{\overline{OB}}{1}=\overline{OB}$

5. (×), $\cos y=\dfrac{\overline{AB}}{\overline{OA}}=\dfrac{\overline{AB}}{1}=\overline{AB}$

7. (○), $\overline{AB}\,/\!/\,\overline{CD}$이므로 $\angle z=\angle y$

$\therefore \cos z=\cos y=\dfrac{\overline{AB}}{\overline{OA}}=\dfrac{\overline{AB}}{1}=\overline{AB}$

8. (×), $\tan z=\dfrac{\overline{OD}}{\overline{CD}}=\dfrac{1}{\overline{CD}}$

[9~13]

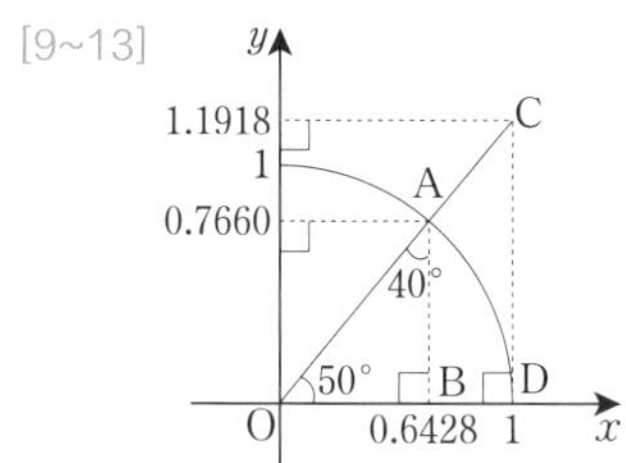

9. $\cos 50° = \frac{\overline{OB}}{\overline{OA}} = \frac{\overline{OB}}{1} = 0.6428$

10. $\sin 50° = \frac{\overline{AB}}{\overline{OA}} = \frac{\overline{AB}}{1} = 0.7660$

11. $\tan 50° = \frac{\overline{CD}}{\overline{OD}} = \frac{\overline{CD}}{1} = 1.1918$

12. $\cos 40° = \frac{\overline{AB}}{\overline{OA}} = \frac{\overline{AB}}{1} = 0.7660$

13. $\sin 40° = \frac{\overline{OB}}{\overline{OA}} = \frac{\overline{OB}}{1} = 0.6428$

19. $\sin 0° + \cos 0° = 0 + 1 = 1$

20. $\sin 90° - \cos 90° = 1 - 0 = 1$

21. $\cos 0° \times \sin 90° + \tan 0° = 1 \times 1 + 0 = 1$

22. $(\cos 0° - \tan 0°) \times \sin 90°$
$= (1-0) \times 1 = 1$

핵심 275 스피드 정답

1. 0.8829 2. 0.8988 3. 0.4848
4. 0.4540 5. 1.8807 6. 2.0503
7. 72° 8. 74° 9. 73°
10. 75° 11. 73° 12. 75°
13. 0.6157, 6.157 14. 8.192
15. 7.536 16. 42°, 42°, 42°, 74.31
17. 64.28

[1~6] 삼각비의 표에서 각도의 가로줄과 삼각비의 세로줄이 만나는 곳의 수가 삼각비의 근삿값이다.

7. $\sin 72° = 0.9511$이므로 $x = 72°$
8. $\sin 74° = 0.9613$이므로 $x = 74°$
9. $\cos 73° = 0.2924$이므로 $x = 73°$
10. $\cos 75° = 0.2588$이므로 $x = 75°$
11. $\tan 73° = 3.2709$이므로 $x = 73°$
12. $\tan 75° = 3.7321$이므로 $x = 75°$

14. $\cos 35° = \frac{x}{10} = 0.8192$ $\quad \therefore x = 8.192$

15. $\tan 37° = \frac{x}{10} = 0.7536$ $\quad \therefore x = 7.536$

17. $\cos A = \frac{76.6}{100} = 0.766$ $\quad \therefore A = 40°$

$\frac{x}{100} = \sin 40°$

$\therefore x = \sin 40° \times 100 = 0.6428 \times 100$
$= 64.28$

핵심 276 스피드 정답

1. $c\sin B$ 2. $c\cos B$ 3. $a\tan B$
4. $c\sin A$ 5. $c\cos A$ 6. $b\tan A$
7. ① 0.82, 8.2 ② 5.7
8. ① 20.5 ② 22.7 9. 1.6, 16
10. 60.2m 11. 1, 0.58, 15.8

[1~6] 공식을 외우기보다는 "삼각비는 직각삼각형의 두 변 사이의 길이의 비이므로 ⇨ 한 변의 길이와 삼각비를 알면 다른 변의 길이를 구할 수 있다."라는 것을 이해하는 것이 중요하다.

7. ② $\frac{y}{10} = \sin 35°$

$\therefore y = 10 \times \sin 35° = 10 \times 0.57 = 5.7$

8. ① $\frac{x}{10} = \tan 64°$

$\therefore x = 10\tan 64° = 10 \times 2.05 = 20.5$

② $\frac{10}{y} = \cos 64°$

$\therefore y = \frac{10}{\cos 64°} = \frac{10}{0.44} = 22.7$

10. $\frac{\overline{BC}}{20} = \tan 72°$

$\therefore \overline{BC} = 20 \times 3.01 = 60.2(\text{m})$

핵심 277 스피드 정답

1. $2\sqrt{3}$ 2. 2 3. 4 4. $2\sqrt{7}$
5. $\sqrt{21}$ 6. 5 7. 45°, 3 8. 30°
9. 30°, 30°, 3, $\frac{\sqrt{3}}{2}$, $2\sqrt{3}$ 10. $3\sqrt{6}$
11. $4\sqrt{2}$ 12. 6 13. $4\sqrt{2}$

[1~13] 삼각비는 직각삼각형의 변 사이의 길이의 비이므로 "주어진 삼각형을 2개의 직각삼각형으로 나눈 다음 ⇨ 삼각비를 이용하여 다른 변의 길이를 구할 수 있다."라는 것을 이해하는 것이 중요하다.

1. $\overline{AH} = \overline{AB}\sin 60°$
$= 4 \times \frac{\sqrt{3}}{2} = 2\sqrt{3}$ 핵심 273 참조

2. $\overline{BH} = \overline{AB}\cos 60° = 4 \times \frac{1}{2} = 2$

3. $\overline{CH} = \overline{BC} - \overline{BH} = 6 - 2 = 4$

4. $\overline{AC} = \sqrt{\overline{CH}^2 + \overline{AH}^2}$
$= \sqrt{4^2 + (2\sqrt{3})^2} = 2\sqrt{7}$

5.

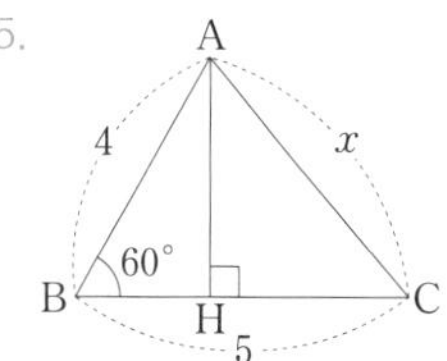

△ABH에서

$\overline{AH} = 4\sin 60°$
$= 4 \times \frac{\sqrt{3}}{2} = 2\sqrt{3}$

$\overline{BH} = 4\cos 60°$
$= 4 \times \frac{1}{2} = 2$

△ACH에서 $\overline{CH} = \overline{BC} - \overline{BH} = 5 - 2 = 3$

$\therefore \overline{AC} = \sqrt{\overline{CH}^2 + \overline{AH}^2}$
$= \sqrt{3^2 + (2\sqrt{3})^2} = \sqrt{21}$

6.

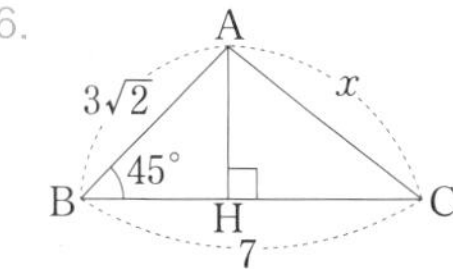

△ABH에서

$\overline{AH} = 3\sqrt{2}\sin 45°$
$= 3\sqrt{2} \times \frac{1}{\sqrt{2}} = 3$

$\overline{BH} = 3$

△ACH에서

$\overline{CH} = \overline{BC} - \overline{BH} = 7 - 3 = 4$

$\therefore \overline{AC} = \sqrt{\overline{CH}^2 + \overline{AH}^2} = \sqrt{4^2 + 3^2} = 5$

[10~13] 구하는 변이 빗변이 되도록 주어진 삼각형을 2개의 직각삼각형으로 나눈다.

10.

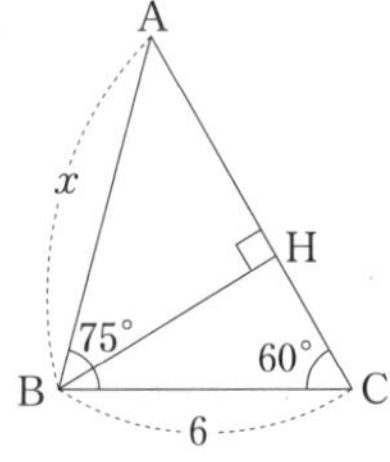

$\triangle$BCH에서

$\overline{BH}=6\sin 60^\circ$

$=6\times\frac{\sqrt{3}}{2}=3\sqrt{3}$

$\triangle$ABH에서 $\angle$ABH$=45^\circ$이므로

$\overline{BH}=x\cos 45^\circ$

$=x\times\frac{1}{\sqrt{2}}=3\sqrt{3}$

$\therefore x=3\sqrt{6}$

11.

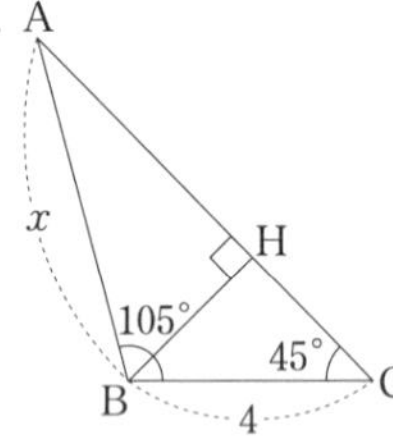

$\triangle$BCH에서

$\overline{BH}=4\sin 45^\circ$

$=4\times\frac{\sqrt{2}}{2}=2\sqrt{2}$

$\triangle$ABH에서 $\angle$ABH$=60^\circ$이므로

$\overline{BH}=x\cos 60^\circ=x\times\frac{1}{2}=2\sqrt{2}$

$\therefore x=4\sqrt{2}$

12.

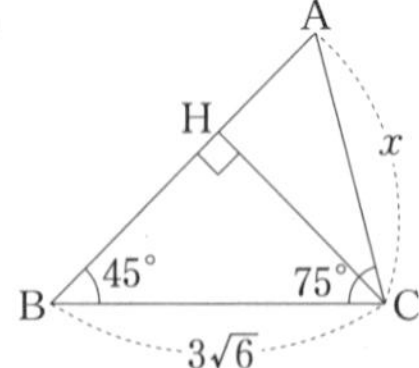

$\triangle$BCH에서

$\overline{CH}=3\sqrt{6}\sin 45^\circ=3\sqrt{6}\times\frac{1}{\sqrt{2}}=3\sqrt{3}$

$\triangle$ACH에서 $\angle$ACH$=30^\circ$이므로

$\overline{CH}=x\cos 30^\circ=x\times\frac{\sqrt{3}}{2}=3\sqrt{3}$

$\therefore x=6$

13.

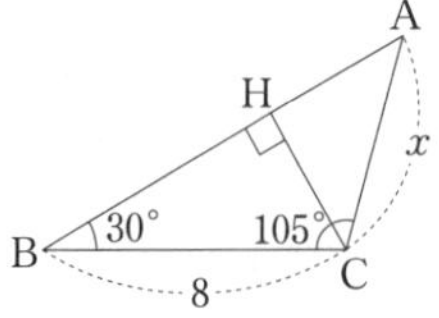

$\triangle$BCH에서

$\overline{CH}=8\sin 30^\circ=8\times\frac{1}{2}=4$

$\triangle$ACH에서 $\angle$ACH$=45^\circ$이므로

$\overline{CH}=x\cos 45^\circ=x\times\frac{1}{\sqrt{2}}=4$

$\therefore x=4\sqrt{2}$

핵심 278 스피드 정답

1. $45^\circ, 45^\circ, 45^\circ$
2. $60^\circ, 30^\circ, 30^\circ, \frac{\sqrt{3}}{3}$
3. $\frac{\sqrt{3}}{3}$, 8, 8, 24, 4
4. $2(\sqrt{3}-1)$
5. $\frac{3}{2}\sqrt{3}$
6. $45^\circ, 45^\circ, 45^\circ$
7. $60^\circ, 30^\circ, 30^\circ, \frac{\sqrt{3}}{3}$
8. $\frac{\sqrt{3}}{3}$, 6, 6, 18, 18, 3
9. $4\sqrt{3}$
10. $5(3+\sqrt{3})$

4. $\angle$BAH$=90^\circ-30^\circ=60^\circ$

$\angle$CAH$=90^\circ-45^\circ=45^\circ$이고

$\overline{BH}+\overline{CH}=\overline{BC}$이므로

$h(\tan 60^\circ+\tan 45^\circ)=4$

$\therefore h=\frac{4}{\tan 60^\circ+\tan 45^\circ}$

$=\frac{4}{\sqrt{3}+1}=\frac{4(\sqrt{3}-1)}{(\sqrt{3}+1)(\sqrt{3}-1)}$

$=2(\sqrt{3}-1)$

5. $\angle$BAH$=30^\circ$, $\angle$CAH$=60^\circ$이므로

$h(\tan 30^\circ+\tan 60^\circ)=6$

$\therefore h=\frac{6}{\tan 30^\circ+\tan 60^\circ}$

$=\frac{6}{\frac{\sqrt{3}}{3}+\sqrt{3}}=\frac{18}{\sqrt{3}+3\sqrt{3}}$

$=\frac{18}{4\sqrt{3}}=\frac{3}{2}\sqrt{3}$

9. $\angle$BAH$=60^\circ$, $\angle$CAH$=30^\circ$이고

$\overline{BH}-\overline{CH}=\overline{BC}$이므로

$h(\tan 60^\circ-\tan 30^\circ)=8$

$\therefore h=\frac{8}{\tan 60^\circ-\tan 30^\circ}$

$=\frac{8}{\sqrt{3}-\frac{\sqrt{3}}{3}}=\frac{24}{2\sqrt{3}}=4\sqrt{3}$

10. $\angle$BAH$=45^\circ$, $\angle$CAH$=30^\circ$이고

$\overline{BH}-\overline{CH}=\overline{BC}$이므로

$h(\tan 45^\circ-\tan 30^\circ)=10$

$\therefore h=\frac{10}{\tan 45^\circ-\tan 30^\circ}$

$=\frac{10}{1-\frac{\sqrt{3}}{3}}=\frac{30}{3-\sqrt{3}}$

$=\frac{30(3+\sqrt{3})}{(3-\sqrt{3})(3+\sqrt{3})}=5(3+\sqrt{3})$

핵심 279 스피드 정답

1. $45^\circ, \frac{\sqrt{2}}{2}, 20\sqrt{2}$
2. $10\sqrt{3}$
3. 6
4. $120^\circ, \frac{\sqrt{3}}{2}$, 6
5. $12\sqrt{3}$
6. 12

2. $\triangle ABC=\frac{1}{2}\times 5\times 8\times\sin 60^\circ$

$=\frac{1}{2}\times 5\times 8\times\frac{\sqrt{3}}{2}=10\sqrt{3}$

3. $\triangle ABC=\frac{1}{2}\times 4\times 6\times\sin 30^\circ$

$=\frac{1}{2}\times 4\times 6\times\frac{1}{2}=6$

5. $\triangle ABC=\frac{1}{2}\times 8\times 6\times\sin(180^\circ-120^\circ)$

$=\frac{1}{2}\times 8\times 6\times\frac{\sqrt{3}}{2}=12\sqrt{3}$

6. $\angle C=180^\circ-(25^\circ+20^\circ)=135^\circ$

$\triangle ABC=\frac{1}{2}\times 4\sqrt{2}\times 6\times\sin(180^\circ-135^\circ)$

$=\frac{1}{2}\times 4\sqrt{2}\times 6\times\frac{1}{\sqrt{2}}=12$

핵심 280 스피드 정답

1. $60^\circ, \frac{\sqrt{3}}{2}, 24\sqrt{3}$
2. 20
3. $10\sqrt{2}$
4. $60^\circ, \frac{\sqrt{3}}{2}, 14\sqrt{3}$
5. 15
6. $25\sqrt{2}$

2. $\square ABCD=5\times 4\sqrt{2}\times\sin 45^\circ$

$=5\times 4\sqrt{2}\times\frac{1}{\sqrt{2}}$

$=20$

3. $\square ABCD=4\times5\times\sin(180°-135°)$

$=4\times5\times\frac{\sqrt{2}}{2}$

$=10\sqrt{2}$

5. $\square ABCD=\frac{1}{2}\times5\times6\times\sin90°$

$=\frac{1}{2}\times5\times6\times1$

$=15$ 핵심 274 참조

6. $\square ABCD=\frac{1}{2}\times10\times10\times\sin(180°-135°)$

$=\frac{1}{2}\times10\times10\times\frac{\sqrt{2}}{2}$

$=25\sqrt{2}$

실력테스트 252쪽 스피드 정답

1. 26	2. ①	3. ②	4. ④
5. ⑤	6. ③	7. $20\sqrt{3}\text{cm}^2$	8. 44.42m

Science & Technology $2\sqrt{3}$m

1. $\sin B=\frac{40}{\overline{BC}}=\frac{12}{13}$에서 $\overline{BC}=\frac{130}{3}$

$\sin C=\frac{\overline{AB}}{\frac{130}{3}}=\frac{3}{5}$이므로 $\overline{AB}=26$

2. $\overline{BH}=x$라고 하면

$\tan60°=\frac{\overline{AH}}{\overline{BH}}=\frac{\overline{AH}}{x}=\sqrt{3}$에서

$\overline{AH}=\sqrt{3}x$

$\tan45°=\frac{\overline{AH}}{\overline{CH}}=\frac{\overline{AH}}{4-x}=1$에서

$\overline{AH}=4-x$

$\sqrt{3}x=4-x,\ (\sqrt{3}+1)x=4$

$\therefore x=\frac{4}{\sqrt{3}+1}=\frac{4(\sqrt{3}-1)}{(\sqrt{3}+1)(\sqrt{3}-1)}$

$=2(\sqrt{3}-1)(\text{cm})$

3. ① $\cos x=\frac{\overline{OH}}{\overline{OB}}=\frac{\overline{OH}}{1}=\overline{OH}$

③ $\cos y=\frac{\overline{BH}}{\overline{OB}}=\frac{\overline{BH}}{1}=\overline{BH}$

④ $\tan y=\frac{\overline{OA}}{\overline{AT}}=\frac{1}{\overline{AT}}$

⑤ $\tan x=\frac{\overline{AT}}{\overline{OA}}=\frac{\overline{AT}}{1}=\overline{AT}$

4. $\triangle ABC$에서 $\overline{AH}=x$라고 하면

$\overline{BH}=10+x$ ($\triangle AHC$는 양 끝각이 같은 이등변 삼각형)이므로

$\tan30°=\frac{x}{10+x}=\frac{1}{\sqrt{3}}$

$\sqrt{3}x=10+x,\ (\sqrt{3}-1)x=10$

$\therefore x=\frac{10}{\sqrt{3}-1}=\frac{10(\sqrt{3}+1)}{(\sqrt{3}-1)(\sqrt{3}+1)}$

$=5(\sqrt{3}+1)(\text{cm})$

5.

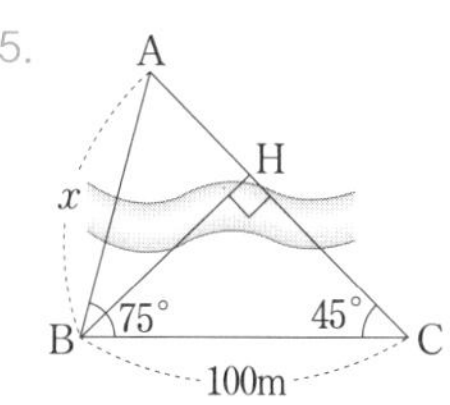

$\overline{BH}=100\cos45°=100\times\frac{\sqrt{2}}{2}=50\sqrt{2}$

$\triangle ABH$에서 $\angle ABH=30°$이므로

$\overline{BH}=x\cos30°=x\times\frac{\sqrt{3}}{2}=50\sqrt{2}$

$\therefore x=50\sqrt{2}\times\frac{2}{\sqrt{3}}=\frac{100\sqrt{6}}{3}(\text{m})$

6. $\square ABCD=\triangle ABC+\triangle ACD$

$=\frac{1}{2}\times2\sqrt{3}\times4\times\sin(180°-150°)$

$+\frac{1}{2}\times8\times6\times\sin60°$

$=2\sqrt{3}+12\sqrt{3}=14\sqrt{3}(\text{cm}^2)$

7. $\square ABCD=\frac{1}{2}\times10\times8\times\sin60°$

$=\frac{1}{2}\times10\times8\times\frac{\sqrt{3}}{2}=20\sqrt{3}(\text{cm}^2)$

8. $\overline{BD}=100\tan10°=100\times0.1763=17.63$

$\overline{CD}=100\tan15°=100\times0.2679=26.79$

$\therefore \overline{BC}=17.63+26.79=44.42(\text{m})$

Science & Technology

$\overline{BC}$와 $\overline{AO}$의 교점을 M이라고 하자.

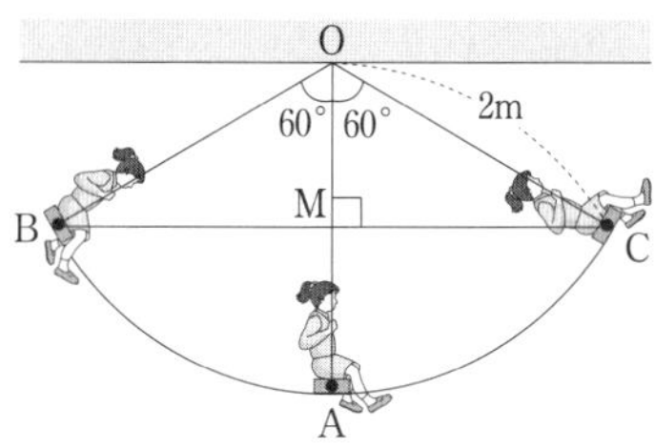

직각삼각형 OBM에서

$\overline{BM}=\overline{OB}\sin60°=2\times\frac{\sqrt{3}}{2}=\sqrt{3}$

$\therefore \overline{BC}=2\overline{BM}=2\sqrt{3}(\text{m})$

핵심 281 스피드 정답

1. 4, 4	2. 10	3. 3
4. 1, $\sqrt{3}$, $2\sqrt{3}$	5. $2\sqrt{2}$	6. 4

2. $\overline{AH}=\overline{BH}=5\text{cm}$이므로

$x=2\overline{AH}=2\times5=10$

3. $\overline{AH}=\overline{BH}=\frac{1}{2}\overline{AB}=\frac{1}{2}\times6=3(\text{cm})$이므로

$x=3$

5. $\overline{AH}=\frac{1}{2}\overline{AB}=\frac{1}{2}\times4=2(\text{cm})$

$\therefore x=\sqrt{2^2+2^2}=2\sqrt{2}$

6. $\overline{OC}=\overline{OA}=5\text{cm}$(원의 반지름)이므로

$\overline{OH}=5-2=3$

$\triangle OAH$에서 $x^2+3^2=5^2$ $\quad\therefore x=4$

핵심 282 스피드 정답

1. ○	2. ×	3. ○	4. ×
5. ○	6. ×	7. 8	8. 4
9. 8	10. 4	11. 5	
12. 55°, 70°		13. 40°	14. 65°

1. (○), 원의 중심으로부터 같은 거리에 있는 두 현의 길이는 같다.

2. (×), B, C는 원의 중심 O에서 같은 거리에 있다.

3. (○), $\overline{OM}=\overline{ON}$이므로 $\overline{AB}=\overline{CD}$

$\overline{MB}=\frac{1}{2}\overline{AB},\ \overline{CN}=\frac{1}{2}\overline{CD}$

$\therefore \overline{MB}=\overline{CN}$

4. (×), $\overline{AB}=\overline{CD}$, $\overline{CD}=2\overline{CN}$

$\therefore \overline{AB}=2\overline{CN}$

5. (○), $\triangle OMB$, $\triangle ONC$는 직각삼각형이고

$\overline{OB}=\overline{OC},\ \overline{OM}=\overline{ON}$이므로

$\triangle OMB\equiv\triangle ONC$ (RHS 합동)

핵심 225 참조

6. (×), $\triangle AOB\equiv\triangle COD$ (SSS 합동 핵심 195 참조)이므로 $\angle AOB=\angle COD$이다.

$\therefore \overset{\frown}{AB}=\overset{\frown}{CD}$ 핵심 203 참조

7. $x=2\times4=8$

8. 두 현의 길이가 같으므로 원의 중점에서 같은 거리에 있다.

$\therefore x=4$

10. $\overline{AM}=\sqrt{(\sqrt{5})^2-1^2}=2(cm)$이므로

$x=\overline{AB}=2\overline{AM}=4$

11. $\overline{CN}=\frac{1}{2}\overline{AB}=4(cm)$이므로

$x=\sqrt{4^2+3^2}=5$

13. $\overline{OM}=\overline{ON}$이므로 $\overline{AB}=\overline{AC}$

$\triangle ABC$는 이등변삼각형이므로

$\angle x=180°-2\times70°=40°$

14. $\overline{OM}=\overline{ON}$이므로 $\overline{AB}=\overline{AC}$

$\triangle ABC$는 이등변삼각형이므로

$\angle x=\frac{180°-50°}{2}=65°$

핵심 283 스피드 정답

1. ○	2. ×	3. ○	4. ×
5. ○	6. 65	7. 120	8. 8
9. 4			

2. (×), 원의 접선은 그 접점을 지나는 반지름에 수직이므로 $\angle PAO=\angle PBO=90°$

3. (○), $\triangle OAP$와 $\triangle OBP$는 직각삼각형이고 $\overline{PO}$는 공통, $\overline{OA}=\overline{OB}$이므로

$\triangle OAP\equiv\triangle OBP$ (RHS 합동)

4. (×), $\triangle OAP$는 $\overline{PO}$가 빗변인 직각삼각형이므로 $\overline{PA}^2=\overline{PO}^2-\overline{OA}^2$

5. (○), $\triangle PAB$는 $\overline{PA}=\overline{PB}$인 이등변삼각형이므로 $\angle PAB=\angle PBA$

6. $\triangle PAB$는 $\overline{PA}=\overline{PB}$인 이등변삼각형이므로

$x°=\frac{180°-50°}{2}=65°$

7. $\angle PAO=\angle PBO=90°$이고 사각형의 네 내각의 합은 360°이므로

$60°+2\times90°+x°=360°$

$\therefore x°=120°$

8. $x=\sqrt{10^2-6^2}=8$

9. $x=\overline{PB}=\sqrt{(2+3)^2-3^2}=4$

핵심 284 스피드 정답

1. 5, 5, 2	2. 6	3. 8	4. $\frac{21}{2}$
5. 12	6. 3, 3, 3, 5, 1		7. 2
8. 3	9. 5, 1, 6, 1, 1, π		10. $4\pi cm^2$
11. $9\pi cm^2$			

2. $\overline{AD}=\overline{AF}=4$, $\overline{BD}=\overline{BE}=x$이므로

$\overline{AB}$의 길이에서

$4+x=10 \quad \therefore x=6$

3. $\overline{AD}=\overline{AF}=5$, $\overline{CE}=\overline{CF}=14-x$이므로

$\overline{AC}$의 길이에서

$5+(14-x)=11 \quad \therefore x=8$

4. $x+y+z=\frac{1}{2}(6+7+8)=\frac{21}{2}$

5. $x+y+z=\frac{1}{2}(8+9+7)=12$

7. $\overline{AB}=\sqrt{8^2+6^2}=10$

□OECF는 정사각형이므로 $\overline{CF}=r$

$\overline{AF}=\overline{AD}=6-r$, $\overline{BE}=\overline{BD}=8-r$이므로

$\overline{AB}$의 길이에서

$(6-r)+(8-r)=10 \quad \therefore r=2$

8. $\overline{BC}=\sqrt{17^2-8^2}=15$

□ODBE는 정사각형이므로 $\overline{BD}=r$

$\overline{AD}=\overline{AF}=8-r$,

$\overline{CE}=\overline{CF}=15-r$이므로

$\overline{AC}$의 길이에서

$(8-r)+(15-r)=17 \quad \therefore r=3$

10. $\overline{AB}=r+4$, $\overline{AC}=r+6$이므로

$(r+4)^2+(r+6)^2=10^2$

$r^2+10r-24=0$

$(r-2)(r+12)=0 \quad \therefore r=2$

$\therefore$ (원 O의 넓이)$=\pi\times2^2=4\pi(cm^2)$

11. $\overline{AB}=5+r$, $\overline{BC}=r+12$이므로

$(5+r)^2+(r+12)^2=17^2$

$r^2+17r-60=0$

$(r-3)(r+20)=0 \quad \therefore r=3$

$\therefore$ (원 O의 넓이)$=\pi\times3^2=9\pi(cm^2)$

핵심 285 스피드 정답

1. ×	2. ○	3. ×	4. ×
5. ×	6. ○	7. 7, 8, 5	8. 6
9. 6	10. 9, 7, 5	11. 5	12. 7
13. 3, 3, 3, 3		14. 2	15. 12

[1~4] 원 밖의 한 점에서 그 원에 그은 두 접선의 길이는 같다.

[5~6] 원에 외접하는 사각형에서 두 쌍의 대변의 길이의 합은 같다.

8. $4+x=3+7 \quad \therefore x=6$

9. $7+x=5+8 \quad \therefore x=6$

11. $(3+x)+6=5+9 \quad \therefore x=5$

12. $8+(4+x)=7+12 \quad \therefore x=7$

14. $\overline{CE}=\sqrt{5^2-3^2}=4$

$\overline{AD}=x+4$

$\overline{AB}+\overline{DE}=\overline{AD}+\overline{BE}$이므로

$3+5=(x+4)+x \quad \therefore x=2$

15. $\overline{CE}=\sqrt{17^2-15^2}=8$

$\overline{AD}=x+8$이므로

$15+17=(x+8)+x \quad \therefore x=12$

핵심 286 스피드 정답

1. 2, 2, 50°	2. 60°	3. 45°	4. 150°
5. 60°	6. 2, 220°, 140°, 140°, 70°		
7. $\angle x=200°$, $\angle y=80°$			
8. $\angle x=260°$, $\angle y=50°$			
9. 120°, 120°, 60°		10. 55°	11. 65°

2. $\angle x=\frac{1}{2}\times120°=60°$

3. $\angle x=\frac{1}{2}\times90°=45°$

4. $\angle x=2\times75°=150°$

5. $\angle x=2\times30°=60°$

7. $\angle x=2\times100°=200°$

$\angle AOB=360°-200°=160°$

$\angle y=\frac{1}{2}\times160°=80°$

8. $\angle x=2\times130°=260°$

$\angle AOB=360°-260°=100°$

$\angle y=\frac{1}{2}\times 100°=50°$

10. $\angle AOB=110°$

$\therefore \angle x=\frac{1}{2}\times 110°=55°$

11. $\angle AOB=130°$

$\therefore \angle x=\frac{1}{2}\times 130°=65°$

핵심 287 스피드 정답

1. 30° 2. 55° 3. 50°
4. $\angle x=50°$, $\angle y=100°$
5. $\angle x=25°$, $\angle y=50°$
6. 90°, 90°, 60°
7. $\angle x=90°$, $\angle y=65°$
8. $\angle x=55°$, $\angle y=55°$
9. 90°, 60°, 30°, 30° 10. 50° 11. 60°

---

4. 한 호에 대한 원주각의 크기는 같으므로

$\angle x=\angle APB=50°$

중심각의 크기는 원주각의 크기의 2배이므로

$\angle y=2\times 50°=100°$

5. $\angle x=\angle AQB=25°$

$\angle y=2\times 25°=50°$

7. $\overline{AB}$가 지름이므로 $\angle x=90°$

$\angle AQB=90°$이므로

$\angle y=180°-(25°+90°)=65°$

8. $\overline{AB}$는 지름이므로 $\angle APB=90°$

$\angle x+35°=90°$ $\therefore \angle x=55°$

$\widehat{AQ}$에 대한 원주각의 크기에서

$\angle y=\angle APQ=55°$

10. $\overline{AB}$가 지름이므로 $\angle APB=90°$

$\angle QPB=90°-40°=50°$

$\therefore \angle x=\angle QPB=50°$

11. $\overline{AB}$가 지름이므로 $\angle APB=90°$

$\angle QPB=90°-30°=60°$

$\therefore \angle x=\angle QPB=60°$

핵심 288 스피드 정답

1. 40° 2. 30° 3. 45° 4. 35°
5. 30° 6. 45° 7. 50, 25 8. 40
9. 60 10. 6 11. 8
12. ① 3, 60° ② 100° ③ 20°
13. ① 60° ② 75° ③ 45°

---

2. $\widehat{AB}=\widehat{CD}$이므로 $\angle x=\angle AQB=30°$

3. $\widehat{AB}=\widehat{CD}$이므로 $\angle x=\angle APB=45°$

5. $\widehat{AB}=\widehat{BC}$이므로 $\angle x=\frac{1}{2}\angle AOB=30°$

6. $\widehat{AB}=\widehat{BC}$이므로 $\angle x=\frac{1}{2}\angle BOC=45°$

8. $\widehat{AB}:\widehat{CD}=1:2$이므로

$1:2=20:x$ $\therefore x=40$

9. $\widehat{AB}:\widehat{CD}=1:4$이므로

$1:4=15:x$ $\therefore x=60$

10. $\angle APB:\angle CPD=1:3$이므로

$1:3=2:x$ $\therefore x=6$

11. $\angle AQB:\angle CPD=1:2$이므로

$1:2=4:x$ $\therefore x=8$

12. 원주각의 크기와 호의 길이는 정비례하고 삼각형의 세 내각의 합은 180°이다.

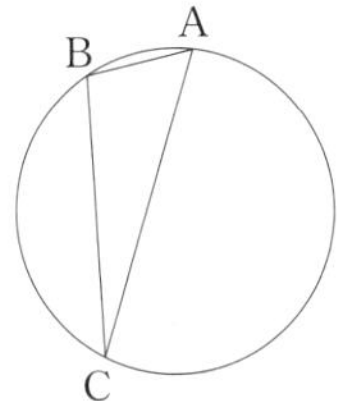

$\widehat{AB}:\widehat{BC}:\widehat{CA}=\angle C:\angle A:\angle B$

$=1:3:5$이므로

① $\angle A=\frac{\boxed{3}}{1+3+5}\times 180°=\boxed{60°}$

② $\angle B=\frac{5}{1+3+5}\times 180°=100°$

③ $\angle C=\frac{1}{1+3+5}\times 180°=20°$

13. $\widehat{AB}:\widehat{BC}:\widehat{CA}=\angle C:\angle A:\angle B$

$=3:4:5$이므로

① $\angle A=\frac{4}{3+4+5}\times 180°=60°$

② $\angle B=\frac{5}{3+4+5}\times 180°=75°$

③ $\angle C=\frac{3}{3+4+5}\times 180°=45°$

핵심 289 스피드 정답

1. × 2. ○ 3. ○ 4. ○
5. × 6. ○ 7. ○ 8. ×
9. 50° 10. 40° 11. 30°, 90°
12. 20° 13. 60° 14. 115° 15. 75°
16. 100° 17. 20°

[1~8] 두 점 C, D가 직선 AB에 대하여 같은 쪽에 있을 때 $\angle ACB=\angle ADB$이면 네 점 A, B, C, D는 한 원 위에 있다.

5. 두 점 A, B는 직선 CD에 대하여 같은 쪽에 있지만 $\angle CAD\neq\angle CBD$이므로 네 점 A, B, C, D는 한 원 위에 있지 않다.

7. 두 점 A, D는 직선 BC에 대하여 같은 쪽에 있고

$\angle BDC=180°-(20°+100°)=60°$

에서 $\angle BAC=\angle BDC$이므로 네 점 A, B, C, D는 한 원 위에 있다.

8. 두 점 D, C는 직선 AB에 대하여 같은 쪽에 있고

$\angle ACB=180°-(35°+80°)=65°$

에서 $\angle ADB\neq\angle ACB$이므로 네 점 A, B, C, D는 한 원 위에 있지 않다.

[9~10] 네 점이 한 원 위에 있을 때 크기가 같은 호에 대한 원주각의 크기는 같다.

12. 네 점이 한 원 위에 있을 때

$\angle D=\angle A$에서 $\angle D=50°$

삼각형의 한 외각의 크기는 이웃하지 않는 두 내각의 크기의 합과 같다.

$\angle x+50°=70°$이므로 $\angle x=20°$

13. 네 점이 한 원 위에 있을때

$\angle B=\angle C$에서 $\angle B=30°$

$\angle x+30°=90°$이므로 $\angle x=60°$

14. 네 점이 한 원 위에 있을 때

$\angle ACD=\angle ABD=25°$이므로

$\angle x=\angle ACD+\angle BDC$

$=25°+90°=115°$

15. 네 점이 한 원 위에 있을 때

$\angle DBC=\angle DAC=40°$이므로

$\angle x=\angle DBC+\angle ACB$

$=40°+35°=75°$

16. 네 점이 한 원 위에 있을 때

$\angle BDC=\angle BAC=50°$이므로

$50°+\angle x+30°=180°$

$\therefore \angle x=100°$

17. 네 점이 한 원 위에 있을 때

$\angle ADB=\angle ACB=60°$이므로

$\angle x=180°-(100°+60°)=20°$

핵심 290 스피드 정답

1. 180°, 95°, 105°, 75°
2. $\angle x=110°$, $\angle y=100°$
3. $\angle x=115°$, $\angle y=60°$
4. $\angle x=70°$, $\angle y=110°$
5. $\angle x=100°$, $\angle y=80°$ 6. 120°
7. 80° 8. 45° 9. 60°, 120°
10. 95° 11. 55° 12. 40° 13. 25°

2. $\angle x+70°=180°$이므로 $\angle x=110°$

$80°+\angle y=180°$이므로 $\angle y=100°$

3. $\angle x+65°=180°$이므로 $\angle x=115°$

$\angle y+120°=180°$이므로 $\angle y=60°$

4. $\angle x=180°-(50°+60°)=70°$

$\angle y=180°-\angle x=110°$

5. $\angle x=180°-(50°+30°)=100°$

$\angle y=180°-\angle x=80°$

7. 원에 내접하는 사각형의 한 외각의 크기는 이와 이웃하지 않는 내각의 크기와 같으므로 $\angle x=\angle D=80°$

8. $55°+\angle x=100°$ $\therefore \angle x=45°$

10. $\angle EAD=\angle DCB$이므로 □ABCD는 원에 내접한다.

$\therefore \angle x=180°-85°=95°$

11. $\angle EDC=\angle CBA$이므로 □ABCD는 원에 내접한다.

$\therefore \angle x=180°-125°=55°$

12. $\angle BAD=\angle DCE$이므로 □ABCD는 원에 내접한다. $\overparen{AB}$의 원주각의 크기가 같으므로 $\angle x=\angle ADB=40°$

핵심 291 스피드 정답

1. 70° 2. 80° 3. 85° 4. 60°, 75°
5. 105° 6. 55° 7. 40°, 40°, 80°
8. 140° 9. 16° 10. 30°, 90°, 30°, 30°
11. 40° 12. 38°

5. $\angle x=\angle BAT=180°-(40°+35°)=105°$

6. $\angle x=\angle CAT=180°-(75°+50°)=55°$

8. $\angle BCA=\angle BAT=70°$이므로

$\angle x=2\angle BCA=140°$

9. $\angle BCA=\angle BAT=74°$이므로

$\angle AOB=2\angle BCA=148°$

$\therefore \angle x=\dfrac{180°-148°}{2}=16°$

11. $\angle BAC=\angle BCT=65°$이고

$\overline{AB}$가 원 O의 지름이므로 $\angle ACB=90°$

$\therefore \angle ABC=180°-(65°+90°)=25°$

$\triangle PBC$에서 $\angle ACP=\angle ABC$이므로

$\angle x=180°-\{25°+(25°+90°)\}=40°$

12. $\angle BAC=\angle BCT=64°$이고

$\overline{AB}$가 원 O의 지름이므로 $\angle ACB=90°$

$\therefore \angle ABC=180°-(90°+64°)=26°$

$\triangle PBC$에서 $\angle ACP=\angle ABC$이므로

$\angle x=180°-\{26°+(90°+26°)\}=38°$

핵심 292 스피드 정답

1. $\angle CTQ$, $\angle DTP$, $\angle DTP$, $\angle DBT$
2. $\angle CTQ$, $\angle DTQ$, $\angle DBT$ 3. 50°
4. 60° 5. 62° 6. 57°
7. 55° 8. 66°

4. $\angle x=\angle BTQ=\angle ATP=\angle ACT=60°$

잠깐!

두 원이 한 점에서 만날 때 두 현 AC, BD는 평행인 것을 이용해서 풀어도 된다.

즉 $\overline{AC} /\!/ \overline{BD}$이므로 $\angle x=60°$

5. $\angle x=\angle ATP=\angle BTQ=\angle BDT=62°$

7. $\angle x=\angle CAT=55°$

8. $\angle x=\angle BDT=66°$

실력테스트 265쪽 스피드 정답

1. 70° 2. 5 cm 3. ④ 4. ③
5. ③ 6. 5 7. ② 8. −1
9. ④ 10. 20°

Science & Technology 100cm

1. $\angle PAO=\angle PBO=90°$이고 사각형의 네 내각의 합은 360°이므로

$110°+2\times 90°+\angle APB=360°$

$\therefore \angle APB=70°$

2. $\overline{PX}=\overline{PY}$에서 $\overline{PY}=8$이므로

$\overline{BY}=\overline{BC}=8-6=2$

또 $\overline{AX}=\overline{AC}=8-5=3$

$\therefore \overline{AB}=\overline{AC}+\overline{BC}=3+2=5(cm)$

3. 사각형 ABDE가 원에 내접하므로

$\angle y+60°=180°$, $\angle y=120°$

원주각의 성질에 의하여

$\angle CBD=\angle CED=25°$

삼각형의 한 외각의 크기는 이와 이웃하지 않은 두 내각의 크기의 합과 같으므로

$\angle x=\angle CED+\angle BDE=25°+60°=85°$

$\therefore \angle x+\angle y=85°+120°=205°$

4. 원주각의 성질에 의하여

$\angle x=\angle ACD=30°$

삼각형 ABC에서 한 외각의 크기는 이와 이웃하지 않은 두 내각의 크기의 합과 같으므로

$\angle ABE=\angle BAC+\angle y$, $100°=50°+\angle y$,

$\angle y=50°$

$\therefore \angle x+\angle y=30°+50°=80°$

5. $2:8=20°:\angle y$이므로 $\angle y=80°$

$\angle x=2\angle y$이므로

$\angle x=2\times 80°=160°$

6.

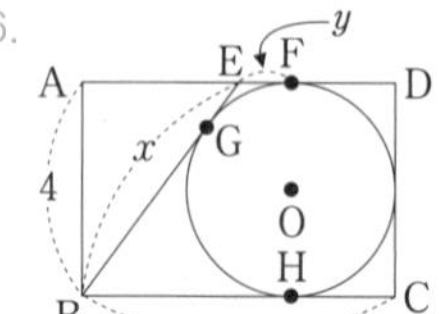

그림과 같이

$\overline{EF}=y$라고 하면 $\overline{AB}=\overline{CD}=4$이므로

$\overline{DF}=2$

$\overline{BH}=\overline{BG}=6-2=4$에서

$\overline{BE}=4+y$, $\overline{AE}=4-y$이므로

$(4+y)^2=(4-y)^2+4^2 \qquad \therefore y=1$

$\therefore \overline{BE}=4+1=5$

7. 원주각의 성질에 의하여 $\angle ADB=\angle x$

삼각형 PBD에서 한 외각의 크기는 이와 이웃하지 않은 두 내각의 크기의 합과 같으므로

$\angle DBC=50°+\angle PDB=50°+\angle x$

마찬가지로 삼각형 QBC에서

$\angle DBC+\angle x=100°$이므로

$(50°+\angle x)+\angle x=100°$, $2\angle x=50°$

$\therefore \angle x=25°$

8. $\overline{BP}=\overline{BQ}$, $\overline{AR}=\overline{AP}$, $\overline{CR}=\overline{CQ}$이므로

$x+y=12$, $y+z=8$, $x+z=10$

$x+y+z=15$

$\therefore x=7, y=5, z=3$

$\therefore x-y-z=-1$

9. □ABCD가 원에 내접하므로

$\angle PAB=\angle x$

△PAB에서

$116°=52°+\angle x \qquad \therefore \angle x=64°$

10. 접선과 현이 이루는 각의 크기에서

$\angle TAB=\angle ADB=55°$

반원에 대한 원주각의 크기는 90°이므로

$\angle BAD=90°$

$\angle CAD=180°-(55°+90°)=35°$

삼각형 ADB에서 한 외각의 크기는 이와 이웃하지 않은 두 내각의 크기의 합과 같으므로

$\angle x+\angle CAD=\angle x+35°=55°$

$\therefore \angle x=20°$

Science & Technology

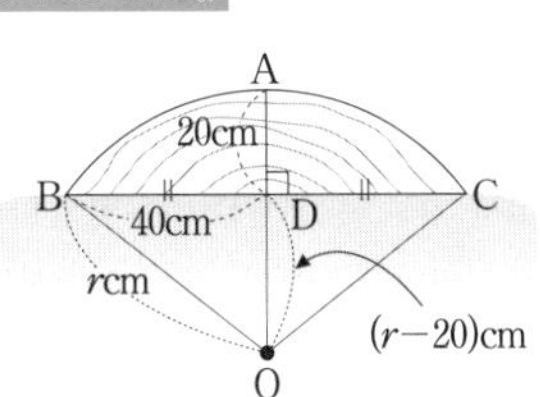

$\overline{AD}$를 연장하여 통나무의 중심을 O, 반지름의 길이를 $r$cm라고 하면

$\overline{OB}=r$cm, $\overline{OD}=(r-20)$cm 이므로

△OBD에서

$r^2=40^2+(r-20)^2$

$40r=1600+400$

$40r=2000 \qquad \therefore r=50$

따라서 통나무의 지름의 길이는 100cm이다.

확률과 통계

핵심 293 스피드 정답

1. 해설 참조	2. 10명	3. 2
4. 4번째	5. 15명	6. 26시간
7. 3	8. 5번째	9. 15명
10. 6번째	11. 5명	12. 2
13. 3	14. 4명	15. 34건
16. 5명	17. 72건	

1. 헌혈한 사람의 나이

(1|7은 17세)

줄기	잎				
1	7	9			
2	3	3	6	6	7
3	0	4			
4	1				

2. 줄기 1에 잎이 2개, 줄기 2에 잎이 5개, 줄기 3에 잎이 2개, 줄기 4에 잎이 1개이므로
   $2+5+2+1=10$(명)
3. 줄기 2에 잎이 5개로 가장 많다. 따라서 구하는 줄기는 2이다.
4. 27살은 나이가 많은 순서인 줄기 4에서부터 차례로 4번째에 해당한다.
6. 봉사 활동 시간이 가장 많은 학생은 42시간, 가장 적은 학생은 10시간이므로 시간의 차는
   $42-16=26$(시간)
13. 문자 메시지 발신 건수

(1|2는 12건)

줄기	잎					
1	2	8				
2	2	3	5			
3	1	3	4	7	8	9
4	5					
5	6	7	9	9		
6	7					
7	2	4				
8	4					

   줄기 3에 잎이 6개로 가장 많다. 따라서 구하는 줄기는 3이다.
14. 줄기 6에 잎이 1개, 줄기 7에 잎이 2개, 줄기 8에 잎이 1개이므로
   $1+2+1=4$(명)
15. 줄기 1에서부터 차례로 8번째로 해당하는 값이므로 34건이다.
16. 줄기 4에 잎이 1개, 줄기 5에 잎이 4개이므로
   $1+4=5$(명)
17. 가장 많은 학생은 84건, 가장 적은 학생은 12건이므로 발신 건수의 차는
   $84-12=72$(건)

핵심 294 스피드 정답

1. 10	2. 70점 이상 80점 미만	
3. 10점	4. 75점	5. 4명
6. 7명	7. 75점	8. 5%

1. 도수의 총합이 40이므로
   $A=40-(3+4+21+2)=10$
3. 계급의 크기는 일정하고, 계급의 크기는 계급의 양 끝값의 차, 즉
   (계급의 큰 쪽 끝값)−(계급의 작은 쪽 끝값)
   과 같으므로
   (계급의 크기)$=60-50=10$(점)
4. 도수가 가장 큰 계급은 70점 이상 80점 미만이므로
   $$(\text{계급값})=\frac{(\text{계급의 양 끝값의 합})}{2}=\frac{70+80}{2}=75(\text{점})$$
6. 성적이 70점 미만인 학생 수는 50점 이상 60점 미만인 계급과 60점 이상 70점 미만인 계급의 도수를 모두 합한 것이므로
   $3+4=7$(명)
7. 성적이 낮은 쪽에서 10번째 학생이 속하는 계급은 70점 이상 80점 미만이므로 계급값은
   $\frac{70+80}{2}=75$(점)
8. 전체 학생 수는 40명이고 영어 성적이 90점 이상인 학생은 2명이므로
   $\frac{2}{40}\times100=5(\%)$

핵심 295 스피드 정답

1~3. 해설 참조		4. 2권
5. 20	6. 6권	7. 10권
8. 20%	9. 14	10. 40
11. 7배	12. 75점	13. 16, 40
14. 2배		

1.

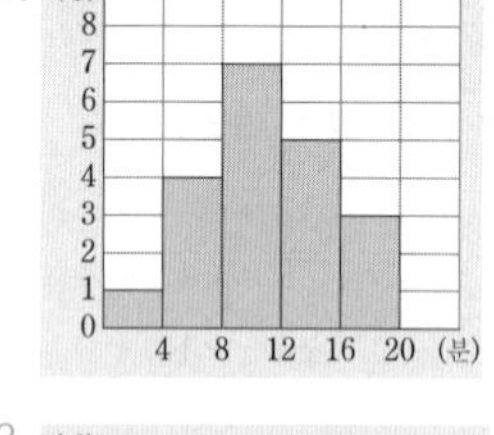

2.

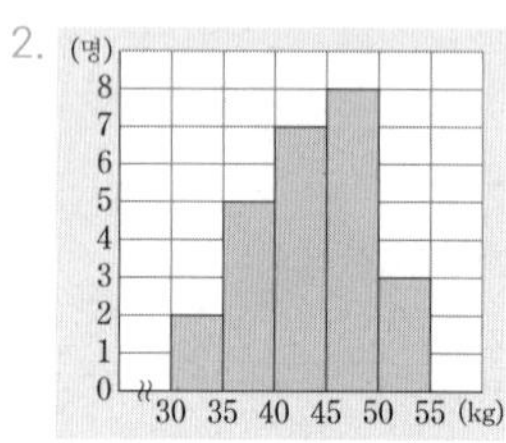

3.

수학 점수(점)	학생 수(명)
50이상 ~ 60미만	2
60 ~ 70	4
70 ~ 80	5
80 ~ 90	6
90 ~ 100	3
합계	20

4. 계급의 크기는 일정하고
   (계급의 큰 쪽 끝값)−(계급의 작은 쪽 끝값)과 같으므로 $5-3=2$(권)
5. 도수의 총합은 $3+7+4+5+1=20$
6. 도수가 가장 큰 계급은 5권 이상 7권 미만이므로 계급값은 $\frac{5+7}{2}=6$(권)
7. 11권 이상이 1명, 9권 이상이 $1+5=6$(명)이므로 독서량이 6번째로 많은 학생이 속하는 계급은 9권 이상 11권 미만이다.
   따라서 계급값은 $\frac{9+11}{2}=10$(권)
8. 전체 학생은 20명이고 독서량이 7권 이상 9권 미만인 학생은 4명이므로
   $\frac{4}{20}\times100=20(\%)$

10. $2\times(3+7+4+5+1)=40$

11. 계급값이 6권인 직사각형의 넓이는

$7\times2=14$

계급값이 12권인 직사각형의 넓이는

$1\times2=2$ $\quad\therefore \frac{14}{2}=7$(배)

14. 계급값이 95점인 계급의 도수는 4, 계급값이 45점인 계급의 도수는 2이다. 계급의 크기가 일정하므로 직사각형의 넓이는 도수에 비례한다.

$\therefore \frac{4}{2}=2$(배)

핵심 296 스피드 정답

1~4. 해설 참조		5. 20명
6. 105분	7. 6명	8. 30%
9. 75분	10. 20명	11. 55회
12. 6명	13. 30%	14. 35회

[1~4] 히스토그램의 양 끝에 도수가 0인 계급을 하나씩 추가하여 그 중점과 직사각형의 중점을 모두 연결한다.

1.

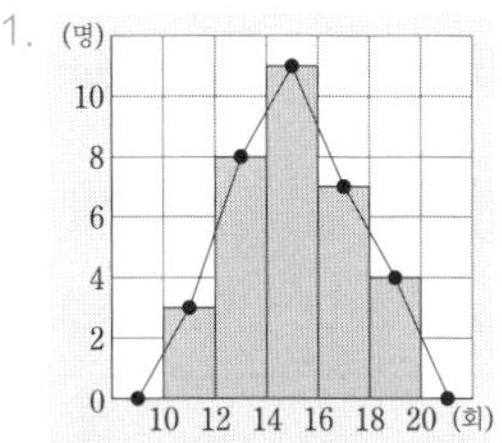

2.

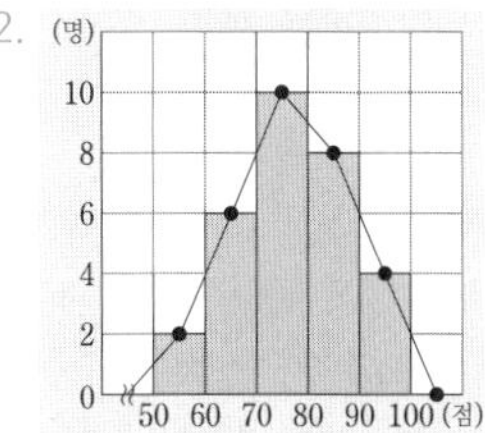

3.

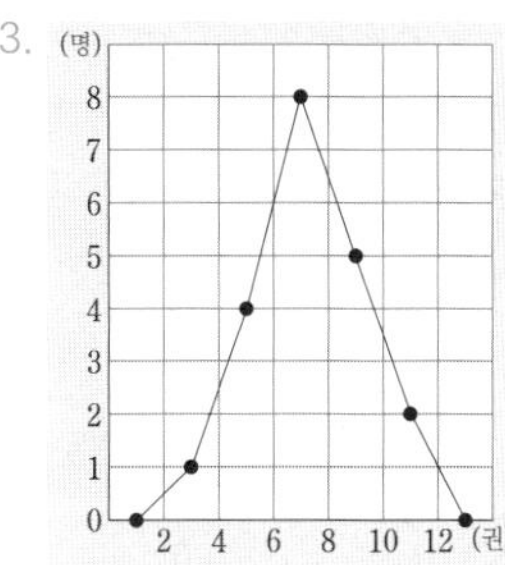

4.

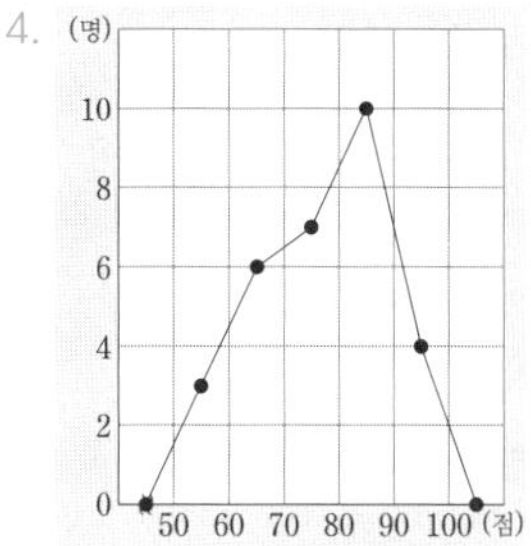

5. $2+5+7+4+2=20$(명)

6. 90분 이상 120분 미만이므로 계급값은

$\frac{90+120}{2}=105$(분)

8. 전체 학생 수가 20명이므로

$\frac{6}{20}\times100=30(\%)$

9. 60분 미만이 2명, 90분 미만이 $2+5=7$(명)이므로 사용 시간이 6번째로 적은 학생이 속하는 계급은 60분 이상 90분 이하이고, 계급값은 $\frac{60+90}{2}=75$(분)

10. $2+4+7+6+1=20$(명)

13. $\frac{6}{20}\times100=30(\%)$

핵심 297 스피드 정답

1~2. 해설 참조		3. ○
4. ×	5. ×	6. ○
7. ○	8. 10%	9. 50%
10. 80%	11. 40	12. 1
13. 8	14. 0.25	15. 50%

1.

독서량(권)	도수(명)	상대도수
0이상 ~ 10미만	4	$\frac{4}{20}=0.2$
10 ~ 20	10	$\frac{10}{20}=0.5$
20 ~ 30	6	$\frac{6}{20}=0.3$
합계	20	1

2.

사회 점수(점)	도수(명)	상대도수
60이상 ~ 70미만	$30\times0.2=6$	0.2
70 ~ 80	$30\times0.3=9$	0.3
80 ~ 90	$30\times0.4=12$	0.4
90 ~ 100	$30\times0.1=3$	0.1
합계	30	1

4. 상대 도수의 총합은 항상 1이다.

6. (상대도수)$=\frac{(\text{그 계급의 도수})}{(\text{전체 도수})}$이므로

어떤 계급의 도수와 상대도수를 알면 도수의 총합을 알 수 있다.

8. 45kg 이상 50kg 미만인 계급의 상대도수가 0.1이므로 $0.1\times100=10(\%)$

9. $(0.3+0.15+0.05)\times100=50(\%)$

10. $(0.35+0.3+0.15)\times100=80(\%)$

11. (전체 도수)$=\frac{(\text{그 계급의 도수})}{(\text{상대도수})}$이고

0 이상 10 미만인 계급의 도수는 2, 상대도수는 0.05이므로

$A=\frac{2}{0.05}=\frac{200}{5}=40$

13. $C=40\times0.2=8$

14. $D=\frac{10}{40}=0.25$

15. $(0.05+0.2+0.25)\times100=50(\%)$

핵심 298 스피드 정답

1. 55분	2. 20	3. 20, 5
4. 5명	5. 13명	6. 22명
7. A 동아리	8. A 동아리	9. 45명
10. 60명	11. 여학생	12. 여학생

4. $20\times(0.2+0.05)=5$(명)

5. $20\times(0.35+0.3)=13$(명)

6. $40\times(0.2+0.35)=22$(명)

7. 45kg 미만의 학생의 비율은

A 동아리 : $0.15+0.35=0.5$

B 동아리 : $0.1+0.2=0.3$

이므로 45kg 미만인 학생의 비율은 A 동아리가 높다.

8. B 동아리보다 A 동아리의 그래프가 왼쪽으로 치우쳐 있으므로 A 동아리 학생의 몸무게가 더 가볍다.

9. $100\times0.45=45$(명)

10. $200\times0.3=60$(명)

11. 점수가 80점 이상인 학생의 비율은

남학생 : $0.15+0.05=0.2$

여학생 : $0.45+0.1=0.55$

이므로 여학생의 비율이 높다.

12. 남학생보다 여학생의 그래프가 오른쪽으로 치우쳐 있으므로 여학생의 성적이 더 좋다.

실력테스트 | 274쪽 스피드 정답

1. ④	2. ③	3. ③
4. 35	5. ⑤	6. ①, ⑤

1. ① 줄기가 3인 잎은 5개이다.
② 잎이 가장 많은 줄기는 2이다.
③ 혜리네 반 전체 학생 수는 24명이다.
⑤ 책을 40권 이상 읽은 학생은 4명이다.

2. ③ 도수가 가장 작은 계급은 60kg 이상 65kg 미만이고 계급값은 $\frac{60+65}{2}=62.5(\text{kg})$

3. 25분 이상 35분 미만인 계급의 도수는 12이고 상대도수가 0.3이므로

(전체 도수)$=\frac{12}{0.3}=40$(명)

35분 이상 45분 미만인 계급의 도수는

$40-(6+11+12+4)=7$(명)

4. 조사 대상 선수의 합은

$4+12+6+5+3=30$(명)

이다.

홈런을 25개 이상 친 선수는 3명, 20개 이상 친 선수는 $3+5=8$(명)이므로 홈런을 5번째로 많이 친 선수가 속하는 계급은 20개 이상 25개 미만이고, 이 계급의 도수는 5명이다.

$\therefore a+b=30+5=35$

5. 귤을 좋아하는 남학생은 $20\times0.4=8$(명), 귤을 좋아하는 여학생은 $16\times0.625=10$(명)이므로 전체 학생 중 귤을 좋아하는 학생의 비율은 $\frac{8+10}{36}=0.5$

6. ① 여학생보다 남학생의 그래프가 왼쪽으로 치우쳐 있으므로 여학생보다 남학생의 기록이 좋다.
② 여학생의 기록 중 상대도수가 가장 큰 계급은 18초 이상 20초 미만이고, 계급값은 $\frac{18+20}{2}=19$(초)이다.
③ $20\times0.35=7$(명)
④ 여학생 중 기록이 16초 미만인 비율은 $(0.05+0.2)\times100=25(\%)$
⑤ 상대도수의 총합은 항상 1이므로 두 그래프와 가로축으로 둘러싸인 부분의 넓이는 같다.

핵심 299 스피드 정답

1. 1, 3, 5, 3	2. 3	3. 3
4. 3	5. 2	6. 3
7. 2, 4, 6, 6	8. 9	9. 4
10. 5	11. 4	12. 2

6. 16의 약수가 나오는 경우는 1, 2, 4이므로 구하는 경우의 수는 3이다.

8. 두 눈이 홀수가 나오는 경우는

(1, 1), (1, 3), (1, 5), (3, 1), (3, 3), (3, 5), (5, 1), (5, 3), (5, 5)

이므로 구하는 경우의 수는 9이다.

9. 두 눈이 모두 3의 배수가 나오는 경우는

(3, 3), (3, 6), (6, 3), (6, 6)

이므로 구하는 경우의 수는 4이다.

10. 눈의 수의 합이 6인 경우는

(1, 5), (2, 4), (3, 3), (4, 2), (5, 1)

이므로 구하는 경우의 수는 5이다.

11. 눈의 수의 차가 4인 경우는

(1, 5), (2, 6), (5, 1), (6, 2)

이므로 구하는 경우의 수는 4이다.

12. 눈의 수의 곱이 20인 경우는 (4, 5), (5, 4)이므로 구하는 경우의 수는 2이다.

핵심 300 스피드 정답

1. 2, 6	2. 4	3. 6
4. 3, 8	5. 7	6. 5

2. 3보다 작은 경우는 1, 2의 2가지, 4보다 큰 경우는 5, 6의 2가지이므로 구하는 경우의 수는

$2+2=4$

3. 눈의 수의 합이 3인 경우는 (1, 2), (2, 1)의 2가지, 눈의 수의 합이 5인 경우는 (1, 4), (2, 3), (3, 2), (4, 1) 4가지이므로 구하는 경우의 수는 $2+4=6$

5. 빨간 공이 나오는 경우는 5가지, 파란 공이 나오는 경우는 2가지이므로 경우의 수는

$5+2=7$

6. 노란 공이 나오는 경우는 3가지, 파란 공이 나오는 경우는 2가지이므로 구하는 경우의 수는 $3+2=5$

핵심 301 스피드 정답

1. 3, 6, 2, 4, 6, 3, 3, 6	2. 9	3. 9
4. 2, 3, 2, 3, 6	5. 3, 4, 3, 4, 12	

3. (홀수)×(홀수)=(홀수)이므로 첫 번째와 두 번째 나오는 눈이 모두 홀수이어야 한다. 따라서 구하는 경우의 수는 $3\times3=9$

핵심 302 스피드 정답

1. 8	2. 2, 24	3. 48	4. 144
5. 4, 4, 8	6. 12	7. 12	

1. 동전 1개를 던질 때 일어나는 경우의 수는 앞면, 뒷면의 2이므로, 동전 3개를 던질 때 일어나는 경우의 수는 $2\times2\times2=8$

3. $2\times2\times2\times6=48$

4. $2\times2\times6\times6=144$

6. 3의배수는 3, 6, 9, 12의 4가지, 9의 약수는 1, 3, 9의 3가지이므로 구하는 경우의 수는

$4\times3=12$

7. 6의 배수는 6, 12의 2가지, 12의 약수는 1, 2, 3, 4, 6, 12의 6가지이므로 구하는 경우의 수는 $2\times6=12$

핵심 303 스피드 정답

1. 2, 1, 2, 1, 6	2. 120	3. 20

4. 60　5. 24　6. 24

7. 6

2. $5\times4\times3\times2\times1=120$
3. $5\times4=20$
4. $5\times4\times3=60$
5. $4\times3\times2\times1=24$
6. □A□□□에서 빈 자리에 B, C, D, E를 한 줄로 세우는 경우의 수와 같다.
   $\therefore 4\times3\times2\times1=24$
7. A□□□E에서 빈 자리에 B, C, D를 한 줄로 세우는 경우의 수와 같다.
   $\therefore 3\times2\times1=6$

핵심 304 스피드 정답

1. 24, 24, 48　2. 36　3. 48

4. 36　5. 2, 6, 2, 6, 24

6. 12　7. 72

2. A, B, C를 한 묶음으로 하여 3명을 한 줄로 세우는 경우의 수는
   $3\times2\times1=6$
   A, B, C가 자리를 바꾸어 서는 경우의 수는
   $3\times2\times1=6$
   따라서 구하는 경우의 수는 $6\times6=36$
3. 남학생을 한 묶음으로 하여 4명을 한 줄로 세우는 경우의 수는
   $4\times3\times2\times1=24$
   남학생의 자리를 바꾸어 서는 경우의 수는
   $2\times1=2$
   따라서 구하는 경우의 수는 $24\times2=48$
4. 여학생을 한 묶음으로 하여 3명을 한 줄로 세우는 경우의 수는
   $3\times2\times1=6$
   여학생끼리 자리를 바꾸어 서는 경우의 수는
   $3\times2\times1=6$
   따라서 구하는 경우의 수는 $6\times6=36$
6. ∨남∨남∨
   남학생 2명을 한 줄로 세우는 경우의 수는
   $2\times1=2$
   남학생 사이와 양끝의 3개의 자리에 여학생 3명을 한 줄로 세우는 경우의 수는
   $3\times2\times1=6$
   따라서 구하는 경우의 수는 $2\times6=12$
7. ∨여∨여∨여∨
   여학생 3명을 한 줄로 세우고 여학생 사이사이와 양 끝의 4개의 자리에 남자 2명을 차례로 세운다.
   여학생 3명을 한 줄로 세우는 경우의 수는
   $3\times2\times1=6$
   여학생 사이사이와 양 끝의 4개의 자리에 남자 2명을 한 줄로 세우는 경우의 수는
   $4\times3=12$(잠깐! 참조)
   따라서 구하는 경우의 수는 $6\times12=72$

> **잠깐!**
> ∨(A)여∨(B)여∨(C)여∨(D)에서 첫 번째 남학생이 설 수 있는 자리는 4가지이고, 두 번째 남학생이 설 수 있는 자리는 3가지이다.

핵심 305 스피드 정답

1. 6개　2. 12개　3. 2, 4, 2, 2, 4

4. 9개　5. 2, 2, 5　6. 4개

7. 5개

1. 십의 자리에 올 수 있는 숫자는 1, 3, 5의 3가지이고, 일의 자리에 올 수 있는 숫자는 십의 자리에 온 숫자를 제외한 2가지이므로, 만들 수 있는 두 자리 자연수의 개수는
   $3\times2=6$(개)
2. $4\times3=12$(개)
4. $3\times3=9$(개)
6. □ 3 → 빈칸에는 0과 일의 자리 숫자 3을 제외한 2개
   □ 9 → 빈칸에는 0과 일의 자리 숫자 9를 제외한 2개
   따라서 구하는 두 자리 홀수는 $2+2=4$(개)
7. 6 □ → 빈칸에는 0과 십의 자리 숫자 6을 제외한 2개
   9 □ → 빈칸에는 십의 자리 숫자 9를 제외한 3개
   $\therefore 2+3=5$(개)

핵심 306 스피드 정답

1. 12　2. 24　3. 42　4. 210

5. 35　6. 12　7. 105

1. 회장이 될 수 있는 사람은 4명이고, 부회장이 될 수 있는 사람은 회장을 제외한 3명이다.
   따라서 구하는 경우의 수는 $4\times3=12$
2. $4\times3\times2=24$
3. $7\times6=42$
4. $7\times6\times5=210$
5. 7명 중에서 자격이 같은 3명의 대표를 뽑는 경우이므로
   $\frac{7\times6\times5}{3\times2\times1}=35$
   ← 3명이 자리를 바꾸어도 같은 경우가 되므로 나눈다.
6. $3\times4=12$
7. 회장 1명을 뽑는 경우의 수는 7, 나머지 6명 중에서 부회장 2명을 뽑는경우의 수는
   $\frac{6\times5}{2\times1}=15$
   $\therefore 7\times15=105$

핵심 307 스피드 정답

1. 5, $\frac{1}{2}$　2. $\frac{3}{10}$　3. $\frac{1}{5}$

4. $\frac{2}{5}$　5. 36, 6, $\frac{1}{6}$　6. $\frac{1}{9}$

7. $\frac{1}{9}$　8. $\frac{1}{9}$

2. 1, 2, 3의 3가지 경우이므로 $\frac{3}{10}$
3. 4, 8의 2가지 경우이므로 $\frac{2}{10}=\frac{1}{5}$
4. 1, 2, 3, 6의 4가지 경우이므로 $\frac{4}{10}=\frac{2}{5}$
6. (2, 6), (3, 4), (4, 3), (6, 2)의 4가지 경우이므로 $\frac{4}{36}=\frac{1}{9}$
7. (1, 4), (2, 3), (3, 2), (4, 1)의 4가지 경우이므로 $\frac{4}{36}=\frac{1}{9}$

8. (1, 5), (2, 6), (5, 1), (6, 2)의 4가지 경우이므로 $\frac{4}{36}=\frac{1}{9}$

핵심 308 스피드 정답

1. 1 2. 0 3. 70% 4. $\frac{3}{4}$
5. $\frac{5}{6}$ 6. $\frac{35}{36}$ 7. $\frac{17}{18}$ 8. $\frac{11}{12}$

2. 주머니 속에는 빨간 공만 있으므로 파란공이 나오는 경우는 없다. 따라서 구하는 확률은 0이다.
3. $1-0.3=0.7$
따라서 불합격 할 확률은 70%
4. $1-\frac{1}{4}=\frac{3}{4}$
따라서 당첨되지 않을 확률은 $\frac{3}{4}$
5. 두 눈의 수가 같은 경우는 6가지이므로 두 눈의 수가 같을 확률은 $\frac{6}{36}=\frac{1}{6}$
따라서 두 눈의 수가 서로 다른 확률은
$1-\frac{1}{6}=\frac{5}{6}$
6. 두 눈의 수의 합이 2 이하인 경우는 (1, 1)의 1가지이므로 두 눈의 수가 2 이하일 확률은 $\frac{1}{36}$
따라서 두 눈의 수의 합이 3 이상일 확률은
$1-\frac{1}{36}=\frac{35}{36}$
7. 두 눈의 수의 차가 5 이상인 경우는 (1, 6), (6, 1)의 2가지이므로 두 눈의 수의 차가 5 이상일 확률은 $\frac{2}{36}=\frac{1}{18}$
따라서 두 눈의 수의 차가 4 이하일 확률은
$1-\frac{1}{18}=\frac{17}{18}$
8. 두 눈의 수의 곱이 30 이상인 경우는 (5, 6), (6, 5), (6, 6)의 3가지이므로 두 눈의 수의 곱이 30 이상일 확률은 $\frac{3}{36}=\frac{1}{12}$
따라서 두 눈의 수의 곱이 30 미만일 확률은
$1-\frac{1}{12}=\frac{11}{12}$

핵심 309 스피드 정답

1. $\frac{1}{12}$, $\frac{1}{36}$, $\frac{1}{12}$, $\frac{1}{36}$, $\frac{1}{9}$ 2. $\frac{1}{6}$
3. $\frac{1}{2}$, $\frac{1}{3}$, $\frac{1}{2}$, $\frac{1}{3}$, $\frac{1}{6}$ 4. $\frac{1}{4}$ 5. $\frac{1}{3}$
6. $\frac{5}{36}$ 7. 15%
8. $\frac{9}{25}$, $\frac{4}{25}$, $\frac{9}{25}$, $\frac{4}{25}$, $\frac{13}{25}$ 9. $\frac{12}{25}$
10. $\frac{1}{5}$ 11. $\frac{7}{12}$ 12. $\frac{11}{36}$ 13. $\frac{23}{24}$

1. 두 눈의 수의 합이 4일 확률 : $\frac{3}{36}=\boxed{\frac{1}{12}}$
(1, 3), (2, 2), (3, 1)
두 눈의 수의 합이 12일 확률 : $\boxed{\frac{1}{36}}$
(6, 6)
두 눈의 수의 합이 4 또는 12일 확률 :
$\boxed{\frac{1}{12}}+\boxed{\frac{1}{36}}=\boxed{\frac{1}{9}}$
2. 두 눈의 수의 차가 4일 확률 : $\frac{4}{36}=\frac{1}{9}$
(1, 5), (2, 6), (5, 1), (6, 2)
두 눈의 수의 차가 5일 확률 : $\frac{2}{36}=\frac{1}{18}$
(1, 6), (6, 1)
두 눈의 수의 차가 4 또는 5일 확률 :
$\frac{1}{9}+\frac{1}{18}=\frac{1}{6}$
3. A는 홀수의 눈일 확률 : $\frac{3}{6}=\boxed{\frac{1}{2}}$
1, 3, 5
B는 3의 배수의 눈일 확률 : $\frac{2}{6}=\boxed{\frac{1}{3}}$
3, 6
A는 홀수의눈, B는 3의 배수의 눈일 확률 :
$\boxed{\frac{1}{2}}\times\boxed{\frac{1}{3}}=\boxed{\frac{1}{6}}$
4. $\frac{1}{2}\times\frac{1}{2}=\frac{1}{4}$
5. $\frac{3}{4}\times\frac{4}{9}=\frac{1}{3}$
6. $\frac{1}{6}\times\left(1-\frac{1}{6}\right)=\frac{1}{6}\times\frac{5}{6}=\frac{5}{36}$ (치지 못할 확률)
7. $0.5\times0.3=0.15$
따라서 이틀 연속하여 비가 올 확률은 15%
9. 두 수의 합이 홀수가 되는 것은
(홀수)+(짝수), (짝수)+(홀수)인 경우이다.
A는 홀수, B는 짝수일 확률 : $\frac{3}{5}\times\frac{2}{5}=\frac{6}{25}$
A는 짝수, B는 홀수일 확률 : $\frac{2}{5}\times\frac{3}{5}=\frac{6}{25}$
따라서 구하는 확률은 $\frac{6}{25}+\frac{6}{25}=\frac{12}{25}$
10. 모두 짝수일 확률 : $\frac{2}{5}\times\frac{2}{5}=\frac{4}{25}$
모두 3의 배수일 확률 : $\frac{1}{5}\times\frac{1}{5}=\frac{1}{25}$
따라서 구하는 확률은 $\frac{4}{25}+\frac{1}{25}=\frac{1}{5}$
11. 1−(두 장 모두 당첨되지 않을 확률)
$=1-\frac{2}{3}\times\frac{5}{8}=1-\frac{5}{12}=\frac{7}{12}$
12. 1−(두 번 모두 안타를 치지 못할 확률)
$=1-\frac{5}{6}\times\frac{5}{6}=1-\frac{25}{36}=\frac{11}{36}$
13. 1−(세 사람 모두 불합격할 확률)
$=1-\frac{1}{2}\times\frac{1}{3}\times\frac{1}{4}=1-\frac{1}{24}=\frac{23}{24}$

핵심 310 스피드 정답

1. $\frac{4}{25}$ 2. $\frac{9}{25}$
3. $\frac{4}{25}$, $\frac{9}{25}$, $\frac{4}{25}$, $\frac{9}{25}$, $\frac{13}{25}$ 4. $\frac{6}{25}$
5. $\frac{6}{25}$ 6. $\frac{9}{25}$, $\frac{16}{25}$ 7. 9, 9, $\frac{1}{15}$ 8. $\frac{7}{15}$
9. $\frac{7}{30}$ 10. $\frac{7}{30}$ 11. $\frac{8}{15}$ 12. $\frac{1}{36}$
13. $\frac{7}{12}$ 14. $\frac{7}{36}$ 15. $\frac{7}{36}$ 16. $\frac{5}{12}$

1. 1장의 카드를 뽑을 때 짝수일 확률 : $\frac{2}{5}$
2장 모두 짝수일 확률 : $\frac{2}{5}\times\frac{2}{5}=\frac{4}{25}$
2. 1장의 카드를 뽑을 때 홀수일 확률 : $\frac{3}{5}$
2장 모두 홀수일 확률 : $\frac{3}{5}\times\frac{3}{5}=\frac{9}{25}$
4. $\frac{2}{5}\times\frac{3}{5}=\frac{6}{25}$
5. $\frac{3}{5}\times\frac{2}{5}=\frac{6}{25}$
8. $\frac{7}{10}\times\frac{6}{9}=\frac{7}{15}$
9. 첫 번째에는 당첨 제비, 두 번째에는 당첨 제비가 아니므로 $\frac{3}{10}\times\frac{7}{9}=\frac{7}{30}$
10. 첫 번째에는 당첨 제비가 아니고, 두 번째에는 당첨 제비이므로 $\frac{7}{10}\times\frac{3}{9}=\frac{7}{30}$
11. $1-\frac{7}{15}=\frac{8}{15}$

12. $\frac{2}{9}\times\frac{1}{8}=\frac{1}{36}$

13. $\frac{7}{9}\times\frac{6}{8}=\frac{7}{12}$

14. $\frac{2}{9}\times\frac{7}{8}=\frac{7}{36}$

15. $\frac{7}{9}\times\frac{2}{8}=\frac{7}{36}$

16. $1-\frac{7}{12}=\frac{5}{12}$

실력테스트 | 283쪽 스피드 정답

1. ② 2. 12 3. ④ 4. ②

5. ⑤ 6. 24 7. $\frac{2}{15}$ 8. 0

9. $\frac{13}{16}$ 10. $\frac{1}{3}$ 11. ①

Science & Technology $\frac{1}{3}$

1. 눈의 수의 합이 4인 경우는 (1, 3), (2, 2), (3, 1)의 3가지, 눈의 수의 합이 5인 경우는 (1, 4), (2, 3), (3, 2), (4, 1)의 4가지이므로 구하는 경우의 수는 $3+4=7$
2. A → P : 3가지
   P → B : 4가지
   A → B : $3\times4=12$가지
3. □□현아□□에서 빈 자리에 지현, 가윤, 지윤, 소현을 한 줄로 세우는 경우의 수와 같다.
   $\therefore 4\times3\times2\times1=24$
4. 온유와 종현이를 한 묶음으로 하여 3명을 한 줄로 세우는 경우의 수는 $3\times2\times1=6$
   온유와 종현이가 자리를 바꾸어 서는 경우의 수는 $2\times1=2$
   따라서 구하는 경우의 수는 $6\times2=12$
5. 회장이 될 수 있는 사람은 5명이고, 부회장은 회장을 제외한 4명, 총무는 회장과 부회장을 제외한 3명이다.
   $\therefore a=5\times4\times3=60$
   아침 당번은 자격이 같은 3명을 뽑는 경우이므로 $b=\frac{5\times4\times3}{\boxed{3\times2\times1}}=10$
   ← 3명이 자리를 바꾸어도 같은 경우가 되므로 나눈다.
   $\therefore a+b=60+10=70$
6. 셔츠, 바지, 신발을 각각 1개씩 고르는 사건은 동시에 일어나므로 구하는 경우의 수는
   $4\times3\times2=24$
8. 홀수인 숫자 카드만 있으므로 만든 수가 짝수가 되는 경우는 없다. 따라서 구하는 확률은 0이다.
9. 각각의 문제를 맞힐 확률은 $\frac{1}{2}$이다.
   5문제 중 첫 번째 문제만 맞힐 확률은
   $\frac{1}{2}\times\frac{1}{2}\times\frac{1}{2}\times\frac{1}{2}\times\frac{1}{2}=\frac{1}{32}$
   이고, 두 번째, 세 번째, 네 번째, 다섯 번째 문제만 맞힐 확률도 마찬가지로 $\frac{1}{32}$이 된다.
   따라서 한 문제만 맞힐 확률은 $\frac{5}{32}$,
   5문제 모두 틀릴 확률은 $\frac{1}{32}$
   이므로 두 문제 이상을 맞힐 확률은
   $1-\left(\frac{5}{32}+\frac{1}{32}\right)=\frac{26}{32}=\frac{13}{16}$
10. 모든 경우의 수는 $4+8=12$이고 검은 구슬이 나올 경우의 수는 4이므로 구하는 확률은 $\frac{4}{12}=\frac{1}{3}$
11. (앞면, 앞면, 뒷면), (앞면, 뒷면, 앞면), (뒷면, 앞면, 앞면)의 3가지 경우이므로 $\frac{3}{8}$

Science & Technology

4명의 선수를 한 줄로 세우는 경우의 수는
$4\times3\times2\times1=24$
A, B가 1회전에서 만나는 경우는 A, B를 한 묶음으로 하여 맨 앞이나 맨 뒤에 세우는 경우와 같다.
(AB)□□ : $2\times2=4$
□□(AB) : $2\times2=4$
A, B가 1회전에서 만나는 경우의 수는 $4+4=8$이므로 구하는 확률은 $\frac{8}{24}=\frac{1}{3}$

핵심 311 스피드 정답

1. 1, 9, 20, 5 2. 8 3. 2
4. 3 5. 2, 10, 10, 4 6. 4

2. $\frac{2+3+7+8+12+16}{6}=\frac{48}{6}=8$
3. 변량이 4개이고 평균이 5이다.
   $(\text{평균})=\frac{(\text{변량})\text{의 총합}}{(\text{변량})\text{의 개수}}$에서
   $\frac{5+9+x+4}{4}=5$이므로
   $18+x=20$ $\therefore x=2$
4. $\frac{5+x+4+1+3+2}{6}=3$이므로
   $15+x=18$ $\therefore x=3$
6. a, b의 평균이 5이므로
   $\frac{a+b}{2}=5$ $\therefore a+b=10$
   따라서 4, a, 2, b의 평균은
   $\frac{4+a+2+b}{4}=\frac{6+10}{4}=4$

핵심 312 스피드 정답

1. 21 2. 9 3. 2, 6
4. 19 5. 3 6. 7
7. 3, 6 8. 최빈값은 없다.

1. 크기순으로 나열하면 10, 20, 21, 37, 38이므로 중앙에 오는 중앙값은 21이다.
2. 크기순으로 나열하면 5, 6, 8, 10, 13, 15이므로 중앙에 오는 두 값은 8, 10이다. 따라서 중앙값은 8, 10의 평균인 $\frac{8+10}{2}=9$
4. $\frac{x+27}{2}=23$, $x+27=46$ $\therefore x=19$
5. 8, 2, 5, 6은 도수가 1이고 3은 도수가 2이므로 가장 많이 나타난 값, 즉 최빈값은 3이다.
7. 도수가 가장 큰 값은 3과 6이므로 최빈값은 3, 6이다.
8. 자료의 도수가 모두 같으면 최빈값은 없다.

핵심 313 스피드 정답

1. −2, 3, −2, 3 2. −3, 0, −1, 4
3. 4 4. 4

3. $(\text{평균})=\frac{0+9+4+7}{4}=\frac{20}{4}=5$이므로
   (편차)=(변량)−(평균)에서
   $a=9-5$ $\therefore a=4$
4. 편차의 총합은 항상 0이므로

$(-2)+a+(-3)+1=0$

$a-4=0 \qquad \therefore a=4$

핵심 314 스피드 정답

1. ① 3 ② 20 ③ 20, 5 ④ $\sqrt{5}$
2. ① -2 ② 24 ③ 6 ④ $\sqrt{6}$
3. ① -1 ② 40 ③ 8 ④ $2\sqrt{2}$

1. ① 편차의 총합은 0이므로

$1+a+(-1)+(-3)=0$

$a-3=0 \qquad \therefore a=3$

② $1^2+3^2+(-1)^2+(-3)^2$

$=1+9+1+9=\boxed{20}$

2. ① $4+0+a+(-2)=0 \qquad \therefore a=-2$

② $4^2+0^2+(-2)^2+(-2)^2=24$

③ $(\text{분산})=\frac{24}{4}=6$

④ $(\text{표준편차})=\sqrt{6}$

3. ① $(-3)+a+5+1+(-2)=0 \quad \therefore a=-1$

② $(-3)^2+(-1)^2+5^2+1^2+(-2)^2=40$

③ $(\text{분산})=\frac{40}{5}=8$

④ $(\text{표준편차})=\sqrt{8}=2\sqrt{2}$

핵심 315 스피드 정답

1~2. 해설 참조

3. ① 2.4 ② $\sqrt{2.4}$ 4. ① 12 ② $2\sqrt{3}$
5. ① 5 ② 6 ③ 5.4 ④ $\sqrt{5.4}$
6. ① 4 ② 6 ③ 4.8 ④ $\sqrt{4.8}$

1.

계급	도수	계급값	(계급값)×(도수)
0이상 ~ 20미만	1	10	$10\times1=10$
20 ~ 40	1	30	$30\times1=30$
40 ~ 60	2	50	$50\times2=100$
60 ~ 80	4	70	$70\times4=280$
80 ~ 100	2	90	$90\times2=180$
합계	10		600

$(\text{평균})=\frac{\{(\text{계급값})\times(\text{도수})\}\text{의 총합}}{(\text{도수})\text{의 총합}}$

$=\frac{\boxed{600}}{10}=\boxed{60}$

2.

계급	도수	계급값	(계급값)×(도수)
0이상 ~ 20미만	4	10	$10\times4=40$
20 ~ 40	8	30	$30\times8=240$
40 ~ 60	15	50	$50\times15=750$
60 ~ 80	10	70	$70\times10=700$
80 ~ 100	3	90	$90\times3=270$
합계	40		2000

$(\text{평균})=\frac{2000}{40}=50$

3.

편차	도수	(편차)^2	(편차)^2×(도수)
-2	5	4	20
-1	3	1	3
0	2	0	0
1	5	1	5
2	5	4	20
합계	20		48

① $(\text{분산})=\frac{\{(\text{편차})^2\times(\text{도수})\}\text{의 총합}}{(\text{도수})\text{의 총합}}$

$=\frac{48}{20}=2.4$

② $(\text{표준편차})=\sqrt{2.4}$

4.

편차	도수	(편차)^2	(편차)^2×(도수)
-5	1	25	25
-3	2	9	18
0	2	0	0
3	3	9	27
5	2	25	50
합계	10		120

① $(\text{분산})=\frac{120}{10}=12$

② $(\text{표준편차})=\sqrt{12}=2\sqrt{3}$

5. ① 도수의 총합이 20이므로

$1+3+6+a+5=20 \qquad \therefore a=5$

② (평균)

$=\frac{1}{20}\{1\times1+3\times3+5\times6+7\times5+9\times5\}$

$=\frac{120}{20}=6$

③ (분산)

$=\frac{1}{20}\{(1-6)^2\times1+(3-6)^2\times3$

$+(5-6)^2\times6+(7-6)^2\times5$

$+(9-6)^2\times5\}$

$=\frac{108}{20}=5.4$

④ $(\text{표준편차})=\sqrt{5.4}$

6. ① 도수의 총합이 10이므로

$1+2+a+2+1=10 \qquad \therefore a=4$

② (평균)

$=\frac{1}{10}\{2\times1+4\times2+6\times4+8\times2+10\times1\}$

$=\frac{60}{10}=6$

③ $(\text{분산})=\frac{1}{10}\{(2-6)^2\times1+(4-6)^2\times2$

$+(6-6)^2\times4+(8-6)^2\times2$

$+(10-6)^2\times1\}$

$=\frac{48}{10}=4.8$

④ $(\text{표준편차})=\sqrt{4.8}$

핵심 316 스피드 정답

1. 해설 참조 2. 2.5, 1, 2
3. 중앙값 82점, 최빈값 92점
4. 사회 5. D학급 6. ○
7. ○ 8. × 9. ○

1. 최빈값 : 계급의 도수가 가장 큰 계급의 계급값이므로 $\frac{0+2}{2}=1$, $\frac{2+4}{2}=3$

중앙값 : 25개의 도수 가운데 크기순으로 13번째인 값이 속하는 계급의 계급값이므로

$\frac{2+4}{2}=3$

평균 : $\frac{1}{25}\{1\times8+3\times8+5\times4+7\times3+9\times2\}$

$=\frac{91}{25}=3.64$

이 자료는 극단적인 자료가 있지 않고, 최빈값도 2가지가 나오므로 대푯값으로 평균이 적당하다.

2. 중앙값 : 20개의 도수 가운데 크기순으로 10번째 자료와 11번째 자료의 평균이므로

$\frac{2+3}{2}=\boxed{2.5}$(등급)

최빈값 : 가장 많이 나타난 값, 즉 최빈값은 $\boxed{1}$등급, $\boxed{2}$등급

3. 중앙값 : 국어 점수의 줄기와 잎이 작은 것부터 순서대로 나열되어 있으므로 12번째 자료와 13번째 자료의 평균이다.

$\frac{80+84}{2}=82$(점)

최빈값 : 가장 많이 나타난 값, 즉 최빈값은 92점

4. 과학 점수보다 사회 점수가 평균을 중심으로 넓게 흩어져 있으므로 산포도가 크다.

5. D학급의 표준편차가 가장 작으므로 D 학급이 다른 반에 비해 평균을 중심으로 점수가 고르게 분포되어 있다.

6. (○), A형 9명, B형 6명, AB형 3명, O형 6명이므로 최빈값은 A형이다.

8. (×), $\frac{3}{24}=\frac{1}{8}$

핵심 317 스피드 정답

1. 5명	2. 6명	3. 5명
4. A	5. C	6. B
7. 6명	8. 4명	9. 6명
10. ×	11. ○	12. ×
13. ○	14. ×	

[4~6]

A : 수학 약 60점, 과학 약 88점,

B : 수학 약 98점, 과학 약 98점,

C : 수학 약 92점, 과학 약 72점 이므로

수학 점수보다 과학 점수가 더 높은 학생은 A이고, 과학 점수보다 수학 점수가 더 높은 학생은 C, 수학과 과학을 모두 잘하는 편인 학생은 B이다.

[7~9] 대각선을 긋고 생각해 본다. 대각선에 있는 점은 수학 점수와 국어 점수가 같은 학생, 대각선 위쪽에 있는 점은 수학을 국어보다 잘하는 학생, 대각선 아래쪽에 있는 점은 수학보다 국어를 잘하는 학생을 나타낸다.

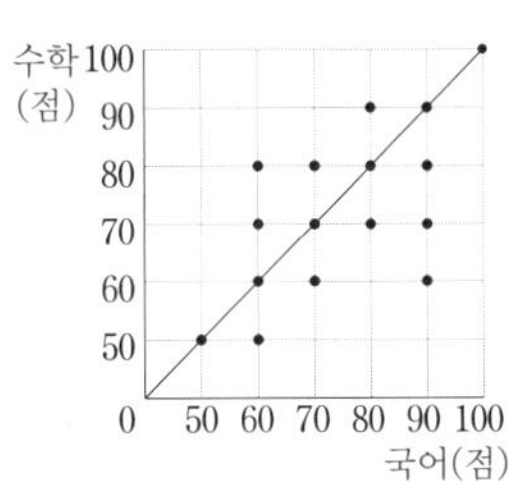

7. 국어와 수학 성적이 같은 학생은 대각선에 있는 점에 해당하므로 구하는 학생 수는 6명이다.

8. 국어 성적보다 수학 성적이 높은 학생은 대각선보다 위쪽에 있는 점에 해당하므로 구하는 학생 수는 4명이다.

9. 수학보다 국어를 잘하는 학생은 대각선 아래쪽에 있는 점에 해당하므로 구하는 학생 수는 6명이다.

[10~14] 대각선을 기준으로 생각해 본다.

대각선 위쪽 : 몸무게에 비해 키가 큰 편

대각선 아래쪽 : 키에 비해 몸무게가 많이 나가는 편

대각선 근처 : 키와 몸무게가 알맞은 편

10. A는 반에서 키가 작은 편이지만, 몸무게에 비해 키가 큰 편이다.

12. D는 키에 비해 몸무게가 많이 나가는 편이다. 즉 몸무게에 비해 키가 작은 편이다.

13. B와 D는 키가 비슷하고 몸무게는 B가 D보다 작다. 따라서 B는 D보다 야윈 편이다.

14. E와 D는 몸무게가 비슷하고 키는 E가 D보다 크다. 따라서 E는 D에 비해 마른 편이다.

핵심 318 스피드 정답

1. ×	2. 양	3. ×
4. 음	5. ×	6. 양
7. 음	8. ○	9. ×
10. ×	11. ○	12. ×

1. 가방의 무게와 성적 ⇒ 상관관계가 없다
2. 키와 몸무게 ⇒ 양의 상관관계
3. 지능지수와 체력 ⇒ 상관관계가 없다
4. 산의 높이와 기온 ⇒ 음의 상관관계
5. 시력과 앉은키 ⇒ 상관관계가 없다
6. 키와 걸을 때의 보폭 ⇒ 양의 상관관계
7. 운동 시간과 비만도 ⇒ 음의 상관관계
9. 영어와 수학 성적은 양의 상관관계가 있다.
10. A는 영어 성적은 낮고 수학 성적은 높다. 즉 A는 수학에 비해 영어를 못한다.

[11~12] B는 영어 성적은 높고 수학 성적은 낮다. 즉 B는 영어에 비해 수학을 못한다. 또 B는 산점도에서 영어 성적이 월등한 편이다.

핵심 319 스피드 정답

1. 양의 상관관계	2. 해설 참조
3. 해설 참조	4. 해설 참조
5. 과학	6. 과학
7. $y=0.81x+12.31$	8. 57.1029

1.

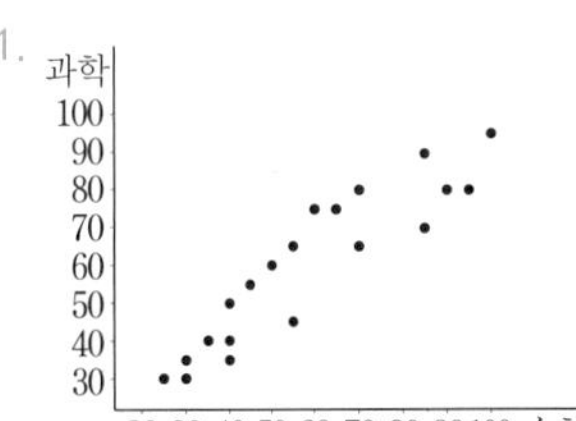

x의 값이 커짐에 따라 y의 값도 대체로 커지는 양의 상관관계이다.

2.

합계		평균	
수학(A)	과학(B)	수학(A)	과학(B)
1165	1195	58.25	59.75

3.

최댓값		최솟값	
수학(A)	과학(B)	수학(A)	과학(B)
100	95	25	30

4.

수학 평균(X의 평균)	58.25
과학 평균(Y의 평균)	59.75
수학 표준편차(S_X)	23.3551
과학 표준편차(S_Y)	20.6777

실력테스트 292쪽 스피드 정답

1. 7	2. 19	3. 4
4. 41	5. ②, ⑤	6. ⑤
7. 10분	8. $\sqrt{2}$	9. ①

Science & Technology 50

1. $\frac{x+9}{2}=8$ $\quad\therefore x=7$

2. 주어진 자료를 크기 순으로 나열하면 2, 2, 3, 4, 5, 6, 8, 8, 8, 9이다.

평균 : $\frac{1}{10}\{2+2+3+4+5+6+8+8+8+9\}$

$=\frac{55}{10}=5.5$

중앙값 : $\frac{5+6}{2}=5.5$

최빈값 : 8

∴ (평균)+(중앙값)+(최빈값)

$=5.5+5.5+8=19$

3. (평균)

$=\frac{5\times3+6\times6+7\times3+8\times n+9\times4}{3+6+3+n+4}$

$=7$

$\frac{108+8n}{16+n}=7 \qquad \therefore n=4$

4. 평균은 20이다. 편차가 양수인 것 중 가장 큰 변량이 최댓값, 음수인 것 중 절대값이 가장 큰 변량이 최솟값이다.

최댓값 $b=20+4=24$

최솟값 $c=20-3=17$

$\therefore b+c=41$

5. ① 변량에서 평균을 뺀 값이 편차이다.

③ 평균이 크다고 산포도가 커지는 것이 아니고 자료들이 평균 주위에 흩어진 정도에 따라 산포도의 값이 달라진다.

④ 평균이 달라도 표준편차는 같을 수 있다.

6. 편차의 합이 0이므로

$4+(-2)+x+(-3)+(-1)=0$

$\therefore x=2$

(분산)

$=\frac{4^2+(-2)^2+2^2+(-3)^2+(-1)^2}{5}$

$=\frac{34}{5}=6.8$

7. 히스토그램으로부터 도수분포표를 만들면 다음과 같다.

계급(분)	도수	계급값	(계급값)×(도수)	편차	(편차)^2×(도수)
10이상 ~ 20미만	1	15	15	−20	400
20 ~ 30	5	25	125	−10	500
30 ~ 40	9	35	315	0	0
40 ~ 50	3	45	135	10	300
50 ~ 60	2	55	110	20	800
합계	20		700		2000

(평균)$=\frac{700}{20}=35$(분)

∴ (표준편차)$=\sqrt{\frac{2000}{20}}=\sqrt{100}=10$(분)

8. 5개의 점의 좌표를 각각 $a-2$, $a-1$, a, $a+1$, $a+2$로 놓으면

(평균)

$=\frac{(a-2)+(a-1)+a+(a+1)+(a+2)}{5}$

$=a$

각 좌표들의 편차는 −2, −1, 0, 1, 2이므로

(분산)$=\frac{(-2)^2+(-1)^2+0^2+1^2+2^2}{5}$

$=\frac{10}{5}=2$

∴ (표준편차)$=\sqrt{2}$

9. B는 키도 작고 몸무게도 가벼우나, A는 키가 크고 몸무게는 가벼우므로 가장 마른 사람은 A이다.

Science & Technology

(평균)$=\frac{20+25+30+35+40}{5}=30$(분)

시간(분)	20	25	30	35	40	합계
편차	−10	−5	0	5	10	0
(편차)^2	100	25	0	25	100	250

(분산)$=\frac{\{(\text{편차})^2\text{의 총합}\}}{5}=\frac{250}{5}=50$

중학수학 진단 평가

50

• 자신의 점수에 따라 이 책을 활용하는 방법에 대해서는 본 책 7쪽을 참고하시길 바랍니다.

• 정답은 124쪽에 있습니다.

중학수학 진단 평가 50제

	제한 시간
	60분
	총 문항 수
중학수학 3년 전과정 평가 문항 수록(선다형: 32, 단답형: 18)	50문항

1. 다음 중 옳은 것은?

① $2^3=6$
② $5+5+5+5=5^4$
③ $7\times7\times7=3^7$
④ $2\times2\times3\times3\times3\times7=2^2\times3^3\times7$
⑤ $\frac{1}{4}\times\frac{1}{4}\times\frac{1}{4}=\frac{3}{4^3}$

2. 두 수 $2^3\times3\times5^2$, $2\times5^3\times7$의 최대공약수는?

① 2×5　② 2×5^2
③ $2^3\times5^3$　④ $2\times3\times5\times7$
⑤ $2^3\times3\times5^3\times7$

3. 다음 중 계산 결과가 양수인 것은?

① $(-10)-(-5)$　② $0\div(+7)$
③ -3^4　④ $(-25)\times(+3)\times(-2)^2$
⑤ $(-36)\div(-5)\div6$

4. 오른쪽 그림에서 삼각형의 세 변에 놓인 세 수의 합이 각각 0일 때, $a+b+c$의 값을 구하라.

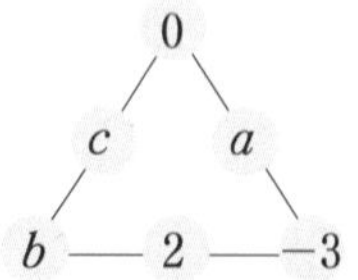

5. 다음은 분수 $\frac{26}{400}$을 유한소수로 나타내는 과정이다. $a-b+c$의 값을 구하라.

$$\frac{26}{400}=\frac{a}{200}=\frac{a\times b}{200\times b}=\frac{c}{1000}=0.065$$

6. 다음 분수 중 유한소수로 나타낼 수 없는 것은? (정답 2개)

① $\frac{15}{2^2\times3^2\times5}$　② $\frac{30}{3\times5^2}$　③ $\frac{12}{2^3\times3\times5}$
④ $\frac{2^2}{24}$　⑤ $\frac{2^2\times3^2}{72}$

7. $\sqrt{81}-\sqrt{(-2)^2}\times(-\sqrt{3})^2\times\{-\sqrt{(-1)^2}\}$을 계산하면?

① 9　② 11　③ 13　④ 15　⑤ 17

8. 다항식 $3x^2-x-1$에 대한 설명으로 옳지 않은 것은?

① 다항식의 차수는 2이다.
② 항은 모두 3개이다.
③ x의 계수는 0이다.
④ x^2의 계수는 3이다.
⑤ 상수항은 -1이다.

9. 일차방정식 $3x+a=\frac{1}{2}x+5a$의 해가 $x=8$일 때, 상수 a의 값은?

① -5　② -3　③ 2
④ 3　⑤ 5

10. 현재 아버지 나이는 48살이고 아들 나이는 14살이다. 아버지 나이가 아들 나이의 3배가 되는 것은 몇 년 후인가?

① 2년 후　② 3년 후　③ 5년 후
④ 6년 후　⑤ 8년 후

11. 다음 중 계산 결과가 나머지 넷과 다른 하나는?

① $(3^2)^3$ ② $3^{12} \div 3^2$ ③ $3^3 \times 3^3$
④ $3^2 \times 3^2 \times 3^2$ ⑤ $3^5 + 3^5 + 3^5$

12. $(2x+a)(bx-4) = -2x^2 + cx + 12$를 만족하는 상수 a, b, c에 대하여 $a+b+c$의 값은?

① -15 ② -9 ③ -7 ④ -5 ⑤ 1

13. 일차부등식 $\frac{x-2}{4} - \frac{2x-1}{5} < 0$을 만족하는 가장 작은 정수는?

① -5 ② -4 ③ -2 ④ -1 ⑤ 1

14. 한 번에 750kg까지 운반할 수 있는 엘리베이터가 있다. 몸무게의 합이 120kg인 두 사람이 이 엘리베이터로 1개에 50kg인 물건을 운반할 때, 한 번에 최대 몇 개까지 가능한가?

① 10개 ② 11개 ③ 12개 ④ 13개 ⑤ 14개

15. 연립방정식 $\begin{cases} ax+by=5 \\ bx+ay=7 \end{cases}$의 해가 $(2, 1)$일 때, 상수 a, b에 대하여 $a-b$의 값은?

① -2 ② -1 ③ 0
④ 1 ⑤ 2

16. 사과 4개, 귤 3개를 사면 2400원, 사과 6개, 귤 2개를 사면 3200원이라고 한다. 사과 한 개의 값과 귤 한 개의 값을 각각 구하라.

17. 다항식 $ax^2+7x-15$를 인수분해하면 $(2x-b)(x+5)$라고 할 때, $a-b$의 값은?

① 5 ② 3 ③ 1
④ 0 ⑤ -1

18. 이차방정식 $x^2-4x+k=0$이 중근을 가질 때, 이차방정식 $(k+1)x^2+2x-3=0$의 근의 개수를 구하라.

19. 오른쪽 그림은 A, B 두 사람이 같은 지점을 동시에 출발하여 간 거리와 시간과의 관계를 나타낸 그래프이다. 두 사람 사이의 거리가 3km가 되는 것은 출발하여 몇 분 후인지 구하라.

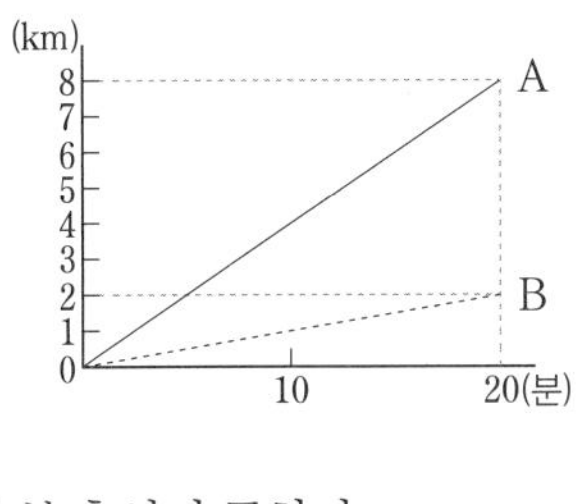

20. 점 $P(a, 2)$가 직선 $y=-2x$ 위의 점일 때, 점 $Q(a, 2a)$는 제 몇 사분면 위의 점인가?

① 제 1 사분면 ② 제 2 사분면
③ 제 3 사분면 ④ 제 4 사분면
⑤ 어느 사분면에도 속하지 않는다.

21. 일차함수 $y=3x-2$의 그래프를 y축의 방향으로 p만큼 평행이동한 그래프가 점 (2, 6)을 지날 때, p의 값은?

① 1　② 2　③ 3
④ 4　⑤ 5

22. 오른쪽 그림은 $y=ax+b$의 그래프이다. $3a+b$의 값은?

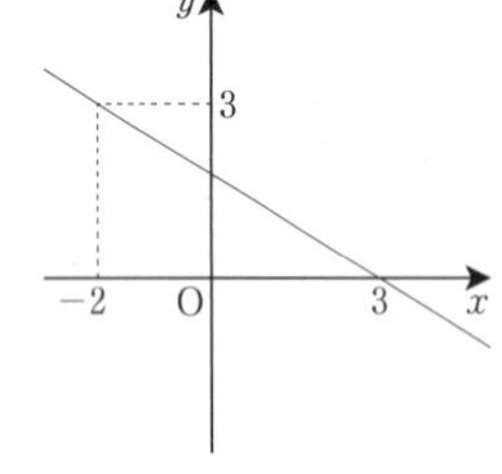

① −2　② −1
③ 0　④ 1
⑤ 2

23. $a>0,\ b<0,\ c<0$일 때, 다음 중 이차함수 $y=ax^2+bx+c$의 그래프로 알맞은 것은?

① 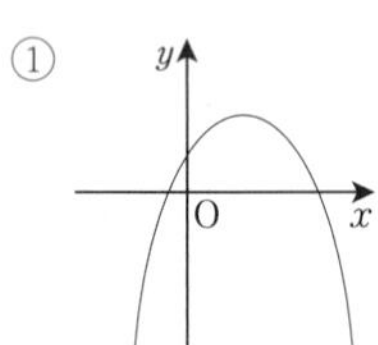

② 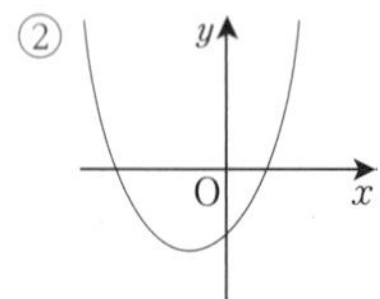

③ 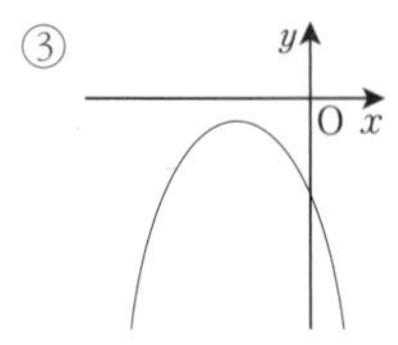

④ 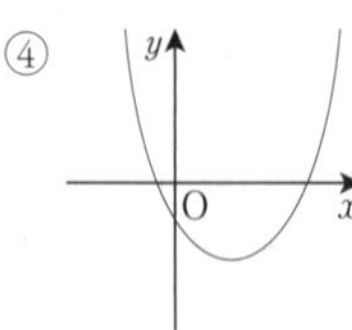

⑤ 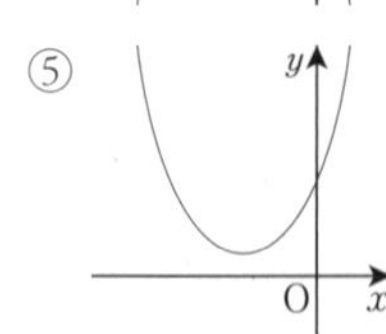

24. 이차함수 $y=-3x^2+bx+c$가 $x=1$일 때, 최댓값 2를 갖는다고 할 때, 상수 b, c의 값을 구하라.

25. 오른쪽 그림에서 $l \mathbin{/\!/} m$일 때, $\angle x$의 크기를 구하라.

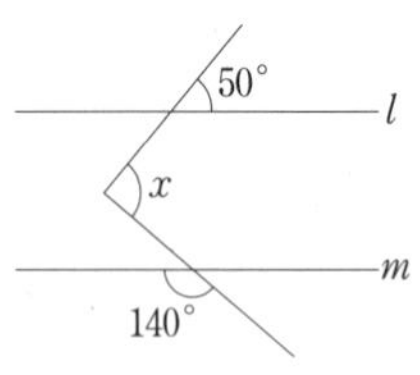

26. 아래 그림에서 사각형 ABCD와 사각형 EFGH가 합동일 때, x, y의 값을 각각 구하라.

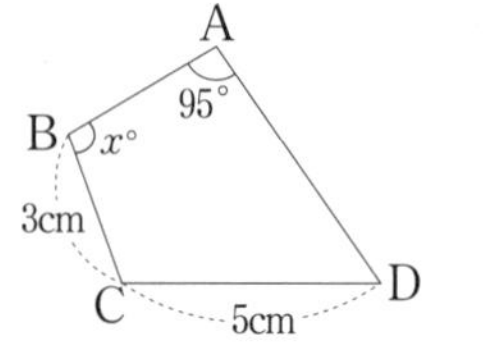

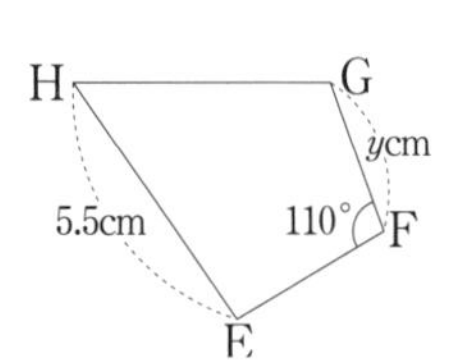

27. 한 꼭짓점에서 4개의 대각선을 그을 수 있는 다각형의 대각선의 총 개수는?

① 9　② 14　③ 27
④ 35　⑤ 44

28. 오른쪽 그림의 반원 O에서 $\overline{AC} \mathbin{/\!/} \overline{OD}$일 때, $\overset{\frown}{AC}$의 길이는?

C
D
6cm
30°
A　O　B

① 6cm　② 12cm
③ 18cm　④ 24cm　⑤ 27cm

29. 다음 조건을 모두 만족하는 입체도형을 구하라.

> (가) 십면체이다.
> (나) 두 밑면은 서로 평행하다.
> (다) 옆면의 모양은 사다리꼴이다.

30. 오른쪽 그림과 같이 직육면체 모양의 그릇에 물을 가득 채운 후 그릇을 기울여 물을 흘려보냈다. 이때, 남아 있는 물의 부피는?

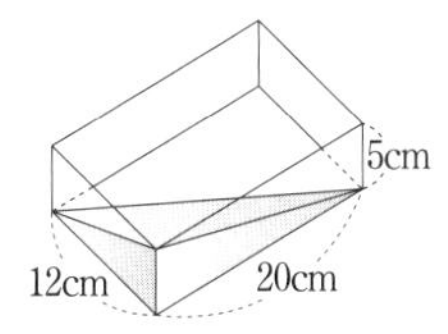

① $100cm^3$ ② $150cm^3$ ③ $200cm^3$
④ $250cm^3$ ⑤ $300cm^3$

31. 오른쪽 그림에서 $\overline{AB}=\overline{AC}$, $\overline{BC}=\overline{BD}$, $\angle BAC=32°$일 때, $\angle BDC$의 크기는?

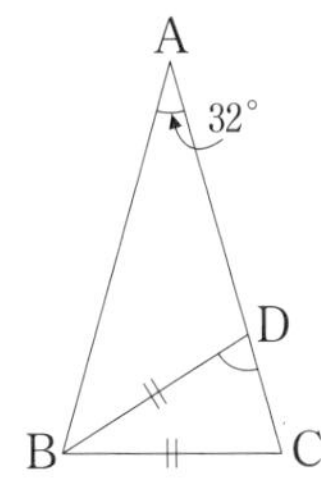

① 68° ② 70°
③ 72° ④ 74°
⑤ 76°

32. 오른쪽 그림에서 원 O는 △ABC의 외접원일 때, ∠A의 크기를 구하라.

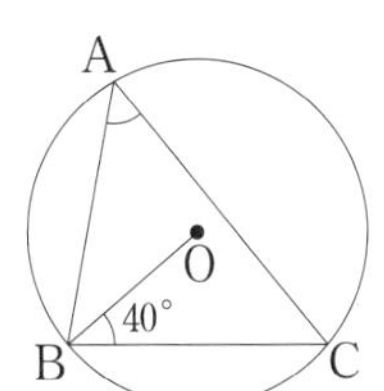

33. 오른쪽 그림에서 점 I는 △ABC의 내심이고, $\angle ABI=25°$, $\angle ACI=30°$일 때, ∠BIC의 크기를 구하라.

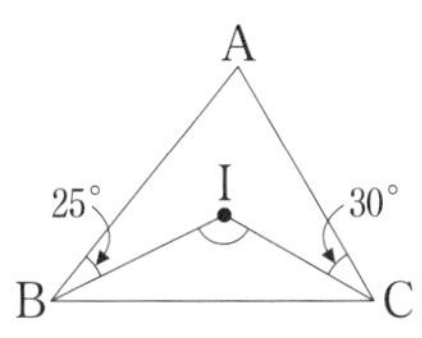

34. 오른쪽 그림과 같은 평행사변형 ABCD의 꼭짓점 A, C에서 대각선 BD에 내린 수선의 발을 각각 E, F라고 할 때, 다음 중 옳지 않은 것은?

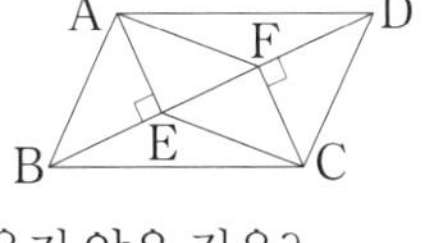

① △ABE≡△CDF ② $\overline{AE}=\overline{CF}$
③ $\overline{AF}=\overline{CE}$ ④ ∠EAF=∠FCE
⑤ $\overline{BE}=\overline{EF}$

35. 오른쪽 그림에서 $\overline{AC}/\!/\overline{DE}$이고, □ABCD$=32cm^2$일 때, △ABE의 넓이를 구하라.

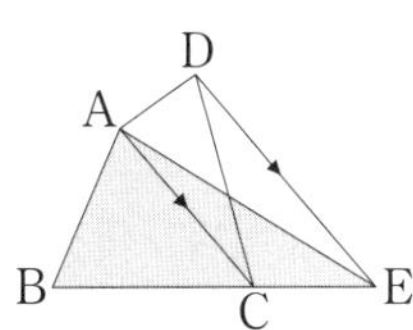

36. 오른쪽 그림과 같이 평행사변형 ABCD의 변 AD 위의 점 E와 꼭짓점 B를 이은 선분과 대각선 AC의 교점을 F라고 할 때, $\overline{AE}$의 길이는?

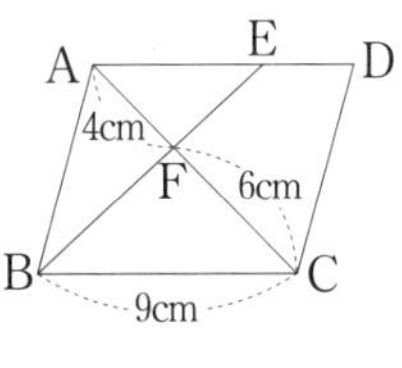

① 4cm ② 4.5cm ③ 5cm
④ 5.5cm ⑤ 6cm

37. 오른쪽 그림에서 $\overline{AB} /\!/ \overline{CD} /\!/ \overline{EF}$일 때, x의 값을 구하라.

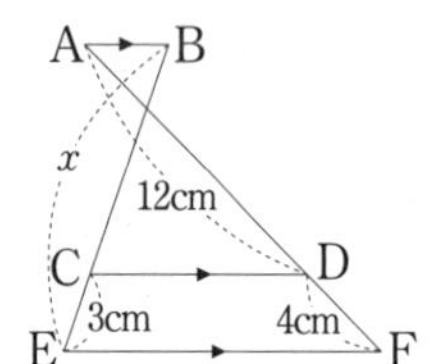

38. 오른쪽 그림과 같이 $\overline{BC}=18\text{cm}$인 이등변삼각형 ABC에서 밑변 BC의 중점을 D, △ABD와 △ADC의 무게중심을 각각 G, G′이라고 할 때, $\overline{GG'}$의 길이는?

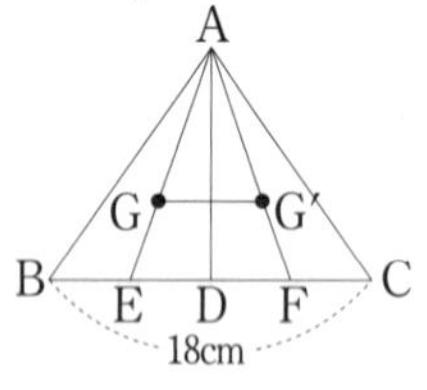

① 6cm ② 8cm ③ 9cm
④ 10cm ⑤ 12cm

39. 오른쪽 그림은 직각삼각형 ABC의 각 변을 한 변으로 하는 세 정사각형을 그린 것이다. 색칠한 부분의 넓이를 구하라.

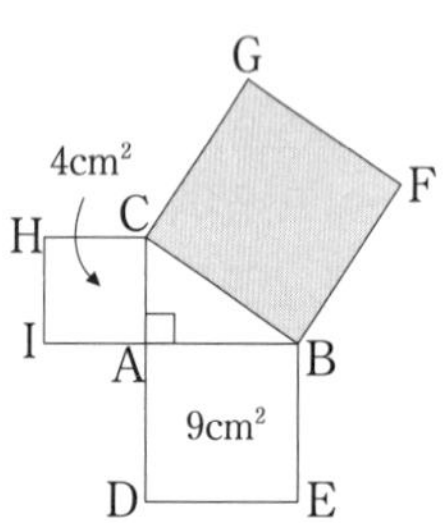

40. 오른쪽 그림에서 선분 AT는 반지름의 길이가 1인 원 O 위의 점 A에서의 접선이다. $\overline{BH}\perp\overline{OH}$이고, $\angle BOA=x$, $\angle OBH=y$일 때, 다음 중 옳은 것은?

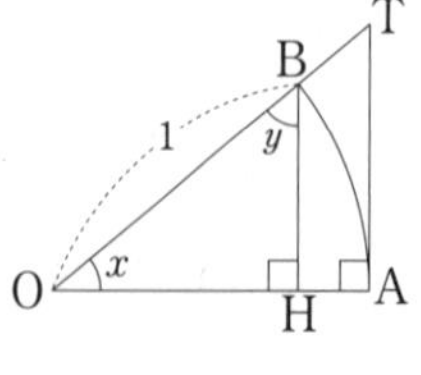

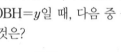

① $\cos x=\overline{OA}$ ② $\sin x=\overline{BH}$
③ $\cos y=\overline{OH}$ ④ $\tan y=\overline{OA}$
⑤ $\tan x=\overline{BH}$

41. 오른쪽 그림과 같은 □ABCD의 넓이를 구하라.

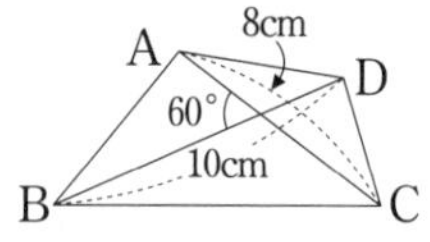

42. 오른쪽 그림에서 두 직선 PX, PY는 원 O의 접선이다. 점 C에서의 접선과 $\overline{PX}$, $\overline{PY}$와의 교점을 A, B라고 할 때, 선분 AB의 길이를 구하라.

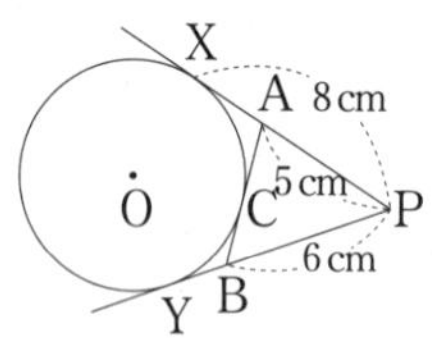

43. 오른쪽 그림에서 $\angle x$의 크기는?

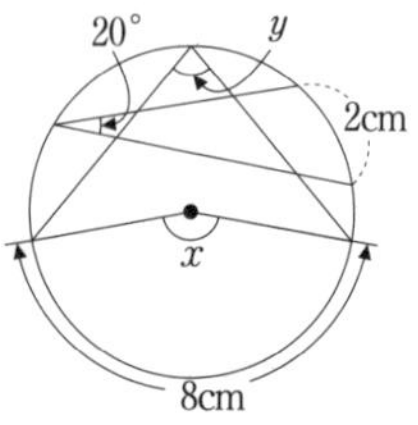

① 150° ② 155°
③ 160° ④ 165°
⑤ 170°

44. 오른쪽 그림과 같이 □ABCD가 원에 내접하고 $\angle P=52°$, $\angle ABC=116°$일 때, $\angle x$의 크기는?

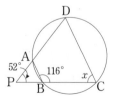

① 52° ② 56° ③ 62° ④ 64° ⑤ 68°

45. 오른쪽 그림은 혜리네 반 학생들의 1년 동안 독서량을 조사하여 줄기와 잎 그림으로 나타낸 것이다. 다음 중 옳은 것은?

독서량

(0|4는 4권)

줄기	잎
0	4 5 6 6
1	0 1 2 3 4
2	1 2 2 5 5 5
3	0 1 4 6 7
4	7 8 8 9

① 줄기가 3인 잎은 6개이다.

② 잎이 가장 많은 줄기는 0이다.

③ 혜리네 반 전체 학생 수는 25명이다.

④ 줄기 0에 속하는 학생들이 읽은 책 수의 합은 21권이다.

⑤ 책을 40권 이상 읽은 학생은 3명이다.

46. 오른쪽 그림은 어느 중학교 1학년 남학생과 여학생의 100m 달리기 기록을 조사하여 상대도수의 분포를 그래프로 나타낸 것이다. 다음 중 옳은 것을 모두 고르면? (정답 2개)

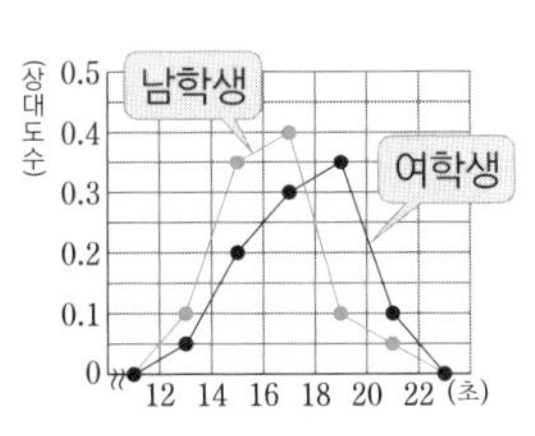

① 남학생의 기록이 여학생의 기록보다 좋다.

② 여학생의 기록 중 도수가 가장 큰 계급의 계급값은 17초이다.

③ 남학생이 총 20명이라면 그중 계급값이 15초인 학생은 6명이다.

④ 여학생 중 기록이 16초 미만인 학생은 45%이다.

⑤ 두 그래프와 가로축으로 둘러싸인 부분의 넓이는 같다.

47. 지현, 가윤, 지윤, 현아, 소현 5명의 그룹이 한 줄로 설 때, 현아가 한가운데에 서는 경우의 수는?

① 4　② 8　③ 12　④ 24　⑤ 36

48. [1] [3] [5] [7] 의 숫자 카드 중에서 2장을 뽑아 두 자리 자연수를 만들 때, 만든 수가 짝수일 확률을 구하라.

49. 다음 자료의 평균, 중앙값, 최빈값을 모두 더한 값을 구하라.

2, 5, 8, 2, 6, 8, 4, 3, 8, 9

50. 다음 자료들 중에서 산포도가 가장 큰 것은?

① 1, 5, 1, 5, 1, 5, 1, 5, 1, 5

② 1, 5, 1, 5, 1, 5, 3, 3, 3, 3

③ 2, 4, 2, 4, 2, 4, 2, 4, 2, 4

④ 2, 4, 2, 4, 2, 4, 3, 3, 3, 3

⑤ 3, 3, 3, 3, 3, 3, 3, 3, 3, 3

중학수학 진단 평가 50제 정답

이 진단 평가지에는 중학수학 5개 영역의 문제가 골고루 출제되어 있어, 중학 3년간의 내용을 객관적으로 평가하는 데 도움을 줍니다. 해답을 맞춰 보면서 자신의 부족한 영역이 어디에 있는지 판단해 보고, 《3년 치 중학수학 한 권으로 총정리》를 풀어 보면서 보완하도록 합시다. 전체 문항 수는 50문항이며 배점은 2점입니다.

번호	정답	단원명	번호	정답	단원명	번호	정답	단원명
1	④	소인수분해	18	2개	이차방정식	35	$32cm^2$	사각형의 성질
2	②	소인수분해	19	10분 후	좌표평면과 그래프	36	⑤	도형의 닮음
3	⑤	정수와 유리수	20	③	좌표평면과 그래프	37	12cm	도형의 닮음
4	3	정수와 유리수	21	②	일차함수와 그래프, 일차함수와 일차방정식의 관계	38	①	도형의 닮음
5	73	유리수와 순환소수	22	③	일차함수와 그래프, 일차함수와 일차방정식의 관계	39	$13cm^2$	피타고라스 정리
6	①, ④	유리수와 순환소수	23	④	이차함수와 그래프	40	②	삼각비
7	④	제곱근과 실수	24	$b=6$, $c=-1$	이차함수와 그래프	41	$20\sqrt{3}cm^2$	삼각비
8	③	문자의 사용과 식의 계산	25	90°	기본 도형	42	5cm	원의 성질
9	⑤	일차방정식	26	$x=110$, $y=3$	작도와 합동	43	③	원의 성질
10	②	일차방정식	27	②	평면도형의 성질	44	④	원의 성질
11	②	식의 계산	28	④	평면도형의 성질	45	④	자료의 정리와 해석
12	②	식의 계산	29	팔각뿔대	입체도형의 성질	46	①, ⑤	자료의 정리와 해석
13	④	일차부등식	30	③	입체도형의 성질	47	④	확률과 그 기본 성질
14	③	일차부등식	31	④	삼각형의 성질	48	0	확률과 그 기본 성질
15	①	연립일차방정식	32	50°	삼각형의 성질	49	19	대푯값과 산포도, 상관관계
16	사과 480원, 귤 160원	연립일차방정식	33	125°	삼각형의 성질	50	①	대푯값과 산포도, 상관관계
17	⑤	다항식의 곱셈과 인수분해	34	⑤	사각형의 성질			

http://edu.insightbook.co.kr